U0221561

《植物保护学》(第二版)编写人员名单

主　编　叶恭银

副主编　楼兵干　蔡新忠　方　琦　徐志宏

编写人员(按姓氏笔画排序)

方　琦　叶恭银　朱金文　刘银泉

吴　琼　余　虹　汪　芳　宋凤鸣

张志钰　陈　云　陈卫良　施祖华

姚洪渭　徐志宏　蒋明星　楼兵干

蔡新忠

《植物保护学》(第一版)编写人员名单

主　编　叶恭银

副主编　楼兵干　郑经武　姚洪渭　徐志宏

编写人员(按姓氏笔画排序)

叶恭银　朱金文　刘银泉　余　虹

宋凤鸣　张志钰　陈学新　郑经武

施祖华　祝增荣　姚洪渭　徐志宏

葛秀春　蒋明星　楼兵干

国家级精品资源共享课"植物保护学"配套教材

（第二版）

植物保护学

Plant Protection Science

叶恭银 主编

ZHEJIANG UNIVERSITY PRESS
浙江大学出版社
·杭州·

图书在版编目(CIP)数据

植物保护学/叶恭银主编. —2版. —杭州:浙
江大学出版社,2024.2
ISBN 978-7-308-20975-5

Ⅰ.①植… Ⅱ.①叶… Ⅲ.①植物保护—教材
Ⅳ.①S4

中国版本图书馆 CIP 数据核字(2020)第 252748 号

植物保护学(第二版)

ZHIWU BAOHUXUE

主编 叶恭银

策划编辑	黄娟琴	
责任编辑	阮海潮	
责任校对	王元新	
封面设计	周　灵	
出版发行	浙江大学出版社	
	(杭州市天目山路 148 号　邮政编码 310007)	
	(网址:http://www.zjupress.com)	
排　　版	杭州星云光电图文制作有限公司	
印　　刷	杭州高腾印务有限公司	
开　　本	889mm×1194mm　1/16	
印　　张	37.5	
字　　数	1142 千	
版 印 次	2024 年 2 月第 2 版　2024 年 2 月第 1 次印刷	
书　　号	ISBN 978-7-308-20975-5	
定　　价	108.00 元	

版权所有　侵权必究　印装差错　负责调换

浙江大学出版社市场运营中心联系方式:0571-88925591;http://zjdxcbs.tmall.com

序

植物保护学是围绕保护植物免受有害生物危害之目标,综合利用多学科理论与技术,研究和探索经济有效的治理技术和科学的实施途径,提高植物生产的经济效益,维护生态环境,确保经济社会可持续发展的应用性学科。植物保护科学技术是预防和控制农业生物灾害,提高农业综合生产能力,实现粮食安全、食品安全和生态安全目标的重要保证。

我国是一个有害生物种类繁多、灾害频发、灾害损失严重、农业生态环境脆弱的农业大国。随着农业种植结构的调整、有害生物致害性的不断变异以及全球经济一体化的进程,农作物有害生物的发生与危害不断呈现出新变化、新问题,形势日趋严峻,由此而引发了一系列涉及政治、经济、科学、社会及国家安全等重大问题。因此,在新形势下遵照21世纪高等学校的"厚基础、宽口径、高素质、强能力、广适应"人才培养目标,造就基础扎实、创新能力强的植物保护科技人才显得极为必要。

该教材就是在此背景下,由多年担任植物保护学相关课程教学和研究的教师,取国内外教材及新论著之长,集编委各自专长的经验与智慧编写而成。她融植物保护学的基础理论和实践应用于一体,不仅涵盖植物保护学的经典理论与技术,而且介绍了植物保护学与现代分子生物学、化学生态学、信息技术和生物技术等新兴学科交叉融合而涌现的新知识、新技术。该教材内容新颖、定位恰当、结构合理、语言精练、图文并茂,是一部适用于综合性高等院校农学学科专业及农业高等院校非植物保护专业的优秀教材。

最后,深信该教材的出版不仅将受到广大读者的欢迎,而且有利于提高"植物保护学"课程教学质量,培养出掌握新理论、新技术的高素质、复合型植物保护科技人才。

郭予元

中国工程院院士

2006 年 10 月 30 日

前言(第二版)

植物保护学是围绕保护植物免受有害生物危害的目标,综合利用多学科理论与方法,研究和探索经济有效治理技术和科学实施途径,提高植物生产的经济效益,维护生态环境,确保经济社会可持续发展的应用型学科。近年来,现代生命科学、计算机科学与技术等学科发展迅速,信息技术、智能技术和生物技术不断发展并广泛应用于植物保护学,对植物保护学产生了很大的影响,新理论、新见解、新成果不断涌现,植物保护学的内涵与外延随之更新迭代。因此,为了使学生及时了解掌握学科前沿及发展趋势,实现"知农、爱农、强农、兴农"的新农科人才培养目标,完善更新《植物保护学》教材有关内容显得颇为迫切。

自本教材第一版 2006 年出版以来,与其配套的"植物保护学"课程先后获国家精品课程(2008)、国家级精品资源共享课程(2016)(http://www.icourses.cn/sCourse/course_4268.html)。本教材第二版以习近平新时代中国特色社会主义思想和党的二十大精神为指导,落实立德树人根本任务。第二版在保持第一版框架的基础上,结合多年的教学实践,根据近年来植物保护学科和植物保护行业的发展,对有关内容进行了全面系统修订,并将有关最新成果尽量体现于教材内容中,以满足新农科人才培养的教学要求。主要修编工作包括:绪论部分更新了有害生物防治的主要历程、成就和发展方向;第一章植物病理基础部分更新了菌物分类系统;第三章昆虫学基础更新了分类内容;第四章有害生物预测预报增添了调查与预测新方法;第五章删除了无公害农产品与有害生物治理;第十一章删除了无公害茶生产中的病虫防治。另外,又系统更新了各作物代表性病虫的学名、防治的药剂等。此外,以嵌入二维码的形式提供教学 PPT 和有关法律法规,供学习参考。

第二版编写的分工如下:绪论由叶恭银编写,第一章由蔡新忠编写,第二章由叶恭银、余虹编写,第三章由方琦、吴琼编写,第四章由叶恭银、方琦编写,第五章由叶恭银、汪芳编写,第六章由宋凤鸣、蒋明星编写,第七章由陈云、刘银泉编写,第八章由楼兵干、姚洪渭编写,第九章由楼兵干、施祖华编写,第十章由楼兵干、徐志宏编写,第十一章由叶恭银、陈卫良、姚洪渭编写,第十二章由朱金文编写。张志钰承担有关插图的筛选与绘制。全书最后由叶恭银补充完善、协调并完成统稿工作,方琦、汪芳协助有关工作。

限于编者学识水平和时间,教材中难免存在一些疏漏或问题,不当之处敬请批评指正！另外,需要特别说明的是,编写过程中引用了许多文献,因受教材篇幅所限,不少学者发表的文献或图片未在参考文献中予以充分体现,在此表示歉意,并对各位对教学的支持表示衷心感谢！

编者

2023 年秋,于启真湖畔

前言(第一版)

　　本教材是浙江省"十五"重点建设教材,主要针对综合性高等院校生物学和农学学科,以及农业高等院校非植物保护专业类本科生学习需要而编写,旨在满足这些学科的学生在学习和掌握本专业知识和技能的基础上,了解和掌握植物保护学的基础理论知识,并触类旁通地掌握研究或解决相关作物有害生物危害等实际问题的基本方法和技能,以实现"厚基础、宽口径、高素质、强能力、广适应"的培养目标。

　　植物保护学是围绕保护植物免受有害生物危害之目标,综合利用多学科知识,研究和探索经济有效的治理技术和科学的实施途径,提高植物生产的经济效益,维护生态环境,确保经济社会可持续发展的应用型学科。植物保护的控制对象是指那些危害人类目标植物及其相关产品,并能造成经济损失的生物,包括植物病原微生物、寄生性植物、植物病原性线虫、植食性软体动物、植食性昆虫与螨类、杂草、鼠类、鸟类、兽类等,涉及内容相当广泛。为此,以往在植物生产类各专业中有关植物保护学课程设置,多是以作物(如大田作物、蔬菜、果树、园林花卉等)为主线自成独立的教材体系,其结果是内容庞杂,多有交叉和重复,已难以适应21世纪人才培养目标的需要。另外,自20世纪90年代以来,分子生物学、发育遗传学、化学生态学、计算机科学等学科飞速发展,信息技术和生物技术已广泛应用于植物保护学,对植物保护学产生了很大的影响,新成果、新理论、新见解不断涌现,传统的教材已难以反映学科前沿及发展趋势。因此,编写一本融多植物系统与多种有害生物于一体,既有理论知识,又有应用技术,既体现经典,又彰显新颖的综合性《植物保护学》教材是颇为必要的。

　　选材和编写"基础理论部分"时,在了解、把握植物保护学发展趋势的基础上,强调尽量吸收植物保护学及其相关学科的新成果和新趋势,使基础理论部分体现出"既经典,又新颖"。选材和编写"实践应用部分"时,注重现代农业发展中出现的植物保护新问题,以及可持续农业对植物保护的新需求,并在保持国内长期以来按"作物"编写病虫害这一惯例的同时,尽量按有害生物的生物学特性和分类学地位来归纳编写,以促使学生能从"研究性"的角度去学习、理解、归纳并掌握同类有害生物的形态特征、发生发展与危害规律,以及防治技术等。在代表性有害生物的选择及其发生发展规律的介绍上,强调立足东南沿海,顾及全国,以确保学生所学的知识实现点和面的协调统一。

　　本书共分绪论、基础理论篇和实践应用篇三大部分,其中后两者合计12章。绪论概

述了植物保护学的概念与范畴、植物保护的作用与地位,以及我国植物保护事业的发展与展望。基础理论篇分述了植物病理学基础、蜱螨学基础、昆虫学基础、有害生物调查与预测预报、有害生物治理技术与策略。实践应用篇分述了水稻病虫害、旱粮和油料作物病虫害、棉花病虫害、蔬菜病虫害、果树病虫害、茶树病虫害,以及农田常见杂草的识别与防治。本教材编写的分工如下:绪论由叶恭银编写,第一章由郑经武编写,第二章由余虹编写,第三章由叶恭银、陈学新编写,第四章由叶恭银、祝增荣编写,第五章由叶恭银、姚洪渭编写,第六章由宋凤鸣、蒋明星编写,第七章由郑经武、刘银泉编写,第八章由楼兵干、姚洪渭编写,第九章由楼兵干、施祖华编写,第十章由楼兵干、徐志宏编写,第十一章由葛秀春、叶恭银编写,第十二章由朱金文编写。张志钰承担有关插图的筛选与绘制。全书最后由叶恭银补充、协调并完成统稿工作,姚洪渭协助有关工作。

在编写过程中,力求表达简练,在有限的篇幅内系统介绍植物保护的基本知识、基本原理和基本方法;力求图文并茂,强化学生的直观印象,激发学生的学习兴趣;力图对主要术语与名词、有害生物名称作出中英文对照,以帮助学生提高专业英语水平。各章后附有思考与讨论题,供学生在课本内容复习与文献查阅相结合的基础上在课后开展研究性学习,培养学生的创新能力。尽管一心一意地努力将本教材编得完美无瑕,但是由于编者水平和时间所限,编写中难免存在一些疏漏或问题需要完善,敬请批评指正。

在编写过程中,得到了浙江大学教务处、浙江大学农业与生物技术学院及其所属植物保护系的大力支持;浙江大学程家安教授和郑重教授在百忙之中挤出时间审阅、修改绪论等,并提出许多宝贵的意见。谨此鸣谢!

编者

2006 年盛夏,于华家池畔

目 录

绪 论

基础理论篇

第一章 植物病理学基础

绪　　论

植物是人类直接或间接赖以生存的重要生物资源。为了充分利用植物资源,人类发展了植物资源的各种培育和加工技术,从而形成了农业、林业和各种植物产品的加工、储藏和运输产业。然而,在植物的生长发育及其相关产品的加工储运过程中常常遭受各种因素的损害,这些因素可称为植物害源。植物害源种类多种多样,依据其性质可分成两类:一是生物性害源,包括植物病原微生物、害虫、害螨、害鼠、杂草等有害生物;二是非生物性害源,包括极端低温、极端高温、盐碱、微量元素失调和工业"三废"毒害等。这些因子对植物及其相关产品的致害方式各不相同,有的能单独致害,如虫害、极端温度等;有的是协同致害的,如多数真菌性病害需要适宜的温湿度条件才能发生、发展和致病。不仅如此,各类因子对植物及其相关产品造成的伤害表征也各不相同。人类在长期的生产实践中,针对危害植物的各种因子创造和发展了多种减灾途径及其技术,其中生物性害源的驱除、避免或控制一直是植物保护技术的主要着眼点,也是本书阐述的重点。植物保护学就是一门研究如何减少或避免植物及其产品遭受灾害的应用型学科。

第一节　植物保护学的概念与范畴

植物保护(plant protection)是保护农作物、林木、花卉等植物在生长发育过程中和储运期植物农产品免受有害生物危害的科学研究、技术开发和生产活动的总称,包括对有害生物实施监测、预报、预防、治理、控制和检验检疫等一系列活动过程的各项工作。植物保护学(plant protection science)是围绕保护植物免受有害生物危害的目标,综合利用多学科理论与方法,研究和探索经济有效治理技术和科学实施途径,提高植物生产的经济效益,维护生态环境,确保经济社会可持续发展的应用型学科。早期的植物保护仅是服务于农作物生产,减少病虫危害引起当季作物损失的一项技术措施;随着人员来往和经济贸易等活动的增加,导致一些局部分布的有害生物种类扩散蔓延,并带来严重危害事件的增加,植物检疫便成为植物保护的一项重要任务,从而使植物保护上升为与国家法规治理相关的一项工作;随着"可持续发展"概念的提出,植物保护的目标也从减少当季作物损失发展到危害损失的持续控制,其涉及的领域也从传统的农业生产发展到环境和资源保护的社会公益事业。因此,植物保护的目标不断提高,植物保护的内容不断增加,植物保护服务领域不断拓宽,植物保护学已发展成为一门综合性学科。

一、植物保护的研究对象

植物保护的保护对象通常包括大田作物、果树、蔬菜、林木等与人类主要农业生产活动相关的目标植物及其相关产品。随着经济的发展和人类环境保护意识的增强,人们逐步意识到保护森林、草原植被以及人居环境中园林植物的重要性,森林、植被、园林植物也成为重要的保护对象,其中单以保护森林为主要内容,就已形成了分支学科,即森林保护学。可见,植物保护有着广义和狭义的保护对象,前者是指在特定时间和地域范围内人类认定有价值的不同目标植物及其产品,而后者则是指人类的栽培作物。农业上所指的植物保护一般指狭义的栽培作物保护。

植物保护的控制对象是有害生物(pests)。有害生物是指那些危害人类目标植物及其相关产品，并能造成经济损失的生物。这些生物包括植物病原微生物、寄生性植物、植物病原性线虫、植食性软体动物、植食性昆虫与螨类、杂草、鼠类、鸟类、兽类等。植物，尤其是绿色植物，作为能源物质的初级生产者，处于生物圈食物链的基层。以植物为寄主和食物的生物数量之大、种类之多都是相当惊人的，它们都可能给植物体造成伤害，并在条件适宜时大量繁殖，使伤害蔓延加重，对人类目标植物的生产造成经济上的损失。因此，这些生物都是潜在的有害生物。虽然环境中存在着数量众多的潜在有害生物，但绝大部分对目标植物的伤害都达不到经济危害水平，只有其中极少部分可以较好地适应农业生态环境，造成目标植物或森林植被等明显的经济损失，甚至暴发性发生并给人类造成巨大的经济损失，这时的潜在有害生物才上升为真正的有害生物，其所造成的灾害则称为生物灾害(biological disaster)。由于农业生态环境的时间变化，在不同的地块，通常会出现不同的有害生物。一般来说，在同一地块的相同作物中，有些有害生物仅是偶尔造成经济危害，这被称为偶发性有害生物；而有些则是经常造成经济危害，被称为常发性有害生物；还有一些虽然是偶发性的，但一旦发生，就暴发成灾，这一类又被称为间歇暴发性有害生物。后两者是植物保护的重点控制对象。

依据2020年3月26日国务院第725号令颁布的《农作物病虫害防治条例》，根据农作物病虫害的特点及其对农业生产的危害程度，将农作物病虫害分为下列三类：一类农作物病虫害，是指常年发生面积特别大或者可能给农业生产造成特别重大损失的农作物病虫害(其名录由国务院农业农村主管部门制定、公布)；二类农作物病虫害，是指常年发生面积大或者可能给农业生产造成重大损失的农作物病虫害(其名录由省、自治区、直辖市人民政府农业农村主管部门制定、公布，并报国务院农业农村主管部门备案)；三类农作物病虫害，是指一类农作物病虫害和二类农作物病虫害以外的其他农作物病虫害。新发现的农作物病虫害可能给农业生产造成重大或者特别重大损失的，在确定其分类前，按照一类农作物病虫害管理。2020年9月15日，农业农村部根据《农作物病虫害防治条例》有关规定发布公告了《一类农作物病虫害名录》，具体包括：10种虫害，即草地贪夜蛾 *Spodoptera frugiperda* (Smith)、飞蝗 *Locusta migratoria* Linnaeus 和其他迁移性蝗虫、草地螟 *Loxostege sticticalis* Linnaeus、黏虫[东方黏虫 *Mythimna separata*(Walker)和劳氏黏虫 *Leucania loryi* Duponchel]、稻飞虱[褐飞虱 *Nilaparvata lugens*(Stål)和白背飞虱 *Sogatella furcifera*(Horváth)]、稻纵卷叶螟 *Cnaphalocrocis medinalis*(Guenée)、二化螟 *Chilo suppressalis*(Walker)、小麦蚜虫[荻草谷网蚜 *Sitobion miscanthi*(Takahashi)、禾谷缢管蚜 *Rhopalosiphum padi*(Linnaeus)和麦二叉蚜 *Schizaphis graminum*(Rondani)]、马铃薯甲虫 *Leptinotarsa decemlineata*(Say)、苹果蠹蛾 *Cydia pomonella*(Linnaeus)；7种病害，即小麦条锈病 *Puccinia striiformis* f. sp. *tritici*(Erikss)、小麦赤霉病 *Fusarium graminearum* Schwabe、稻瘟病 *Magnaporthe oryzae* B. Couch、南方水稻黑条矮缩病 Southern rice black-streaked dwarf virus、马铃薯晚疫病 *Phytophthora infestans*(Mont.)de Bary、柑橘黄龙病 *Candidatus* Liberobacter asiaticum、梨火疫病[梨火疫病 *Erwinia amylovora*(Burr) Winslow et al. 和亚洲梨火疫病 *Erwinia pyrifoliae* Kim et al.]。

植物保护的依靠对象是天敌(natural enemy)。天敌是指在自然界中能寄生、捕食或危害另一种生物的某种生物。不同天敌在自然界中对其相关的有害生物种群消长具有调控作用。因此，为了充分发挥天敌的自然控制作用，需要研究天敌与有害生物间的相互关系及其自然控制作用。对自然控制作用强，且容易人工繁育的种类，还可通过人工繁育、人工释放与利用等方法，使其得到充分利用。可见，天敌也是植物保护的重要研究对象。

因此，植物保护工作的重点是研究特定生态系统中植物、目标有害生物及其天敌间的相互关系，并探索发挥依靠对象的自然控制作用，以将控制对象的种群数量控制在一定水平以下而不会给保护对象带来经济损失。在自然界中，尽管植物保护也涉及植物缺素、冻害和日灼等非生物影响因子，但主要是指控制植物的生物灾害。

二、植物保护的技术措施

一般来说，控制有害生物对植物的危害有两类方式，即防和治。根据控制技术的性质，可将有关技术分为农业防治、物理防治、生物防治、化学防治和植物检疫等五类。防是阻止有害生物与植物的接触和侵害。如利用防虫网、害虫驱避剂、保护性杀菌剂、抗性植物品种与植物检疫等防治措施均属于此类。而治则是指有害生物发生或流行达到经济危害水平时，采取措施阻止有害生物的危害或减轻危害造成的损失。如使用化学农药、释放天敌，以及轮作、清理田园等绝大多数植物保护措施均属于此类。控制有害生物仅是植物保护的手段，其最终目的是获得最大的经济、生态和社会效益。

应该指出，植物保护并非保护植物不受任何损害，而是将损害控制在一定程度，以不致影响人类的物质利益和环境利益。这是因为自然界中存在大量的潜在有害生物，在任何情况下，其都会对植物造成一定程度的损伤或危害。此外，植物自身也具备一定的抗性和自我补偿能力，轻微的损伤并不影响植物的生长发育，对于非收获部位来说，轻微的损伤也不会导致产量和品质的明显下降。因此，完全阻止有害生物对植物的损害相当困难，如果投入的成本大于所获得的效益，那么该植物保护措施就无法接受。

三、植物保护的研究内容

植物保护研究的内容包括基础理论、应用技术、植保器材和推广技术等，主要是要探明不同有害生物的生物学特性、与环境的互作关系、发生与成灾规律，建立准确的预测预报技术，以及科学、高效、安全的防治措施与合理的防治策略，并将其顺利实施。所涉及的研究与应用内容主要如下。

（一）有害生物及其天敌的形态学与分类学

主要研究各类有害生物和天敌的形态结构和功能，根据生物分类学的原理和方法，对有害生物和天敌的各种类群进行系统分类并命名。因为自然界中生物类群数量巨大，形态各异，若不加分类，不立系统，则无从认识，难以研究利用，所以形态学和分类学的研究是正确诊断或鉴别有害生物，以及保护利用天敌的基础。

（二）有害生物及其天敌的生物学与生态学

主要研究各类有害生物与天敌的生活史、生活周期或侵染循环、生活习性、繁殖方式、生长发育与行为特性、抗逆性及其机制等，揭示有害生物成灾机制，找出其发生发展过程中的薄弱环节，为研发安全、高效、高选择性防治技术提供必要的依据和思路。同时，研究病原菌或害虫与寄主植物之间、病原菌与拮抗菌或害虫与天敌之间的互作关系，充分发挥寄主植物、天敌或拮抗菌的自然控制作用，为开发利用寄主植物本身、天敌或拮抗菌控制有害生物的防治方法提供生物学与生态学理论依据。

（三）有害生物及其天敌的生理学与分子生物学

主要研究各类有害生物与天敌的生理学特性、遗传变异、组学（基因组、转录组、蛋白质组、代谢组等）信息与重要基因功能等，揭示重要有害生物致害性、变异性、灾变性及寄主抗性的生理生化与分子机理，及天敌控制作用的生理生化与分子机理等，研究挖掘天敌的有益基因资源，为有害生物控制及天敌利用提供生理学与分子生物学理论基础。

（四）有害生物与灾害预测预报

主要研究各类有害生物的发生发展或流行规律、危害规律，以及各种环境因子（包括气候因子、寄

主及天敌等生物因子,以及土壤、肥料等其他非生物因子)对其的影响。同时,开展有害生物的诊断或鉴别、监测与预测预报关键技术,以及有害生物调查的取样方法等研究,及时准确预测有害生物的发生期、发生量及危害损失程度,从而确保经济、合理、有效的防治措施得以及时实施。

(五)有害生物的检验监测技术

主要根据有害生物形态学、生态学、生理学与分子生物学特征等,重点研究危险性有害生物的形态鉴别、生物学检测、免疫学检测、性信息素引诱检测、生物化学检测与分子检测等精确、快速检验监测方法与技术,为防止危险性有害生物的入侵与蔓延提供技术保障体系。随着信息技术与生物技术的不断发展,将图像处理与智能识别、基因或基因组检测等与有害生物的精准鉴别紧密结合,研发有害生物图文信息与鉴定系统,以及有害生物高通量分子检测技术平台等,提高检验监测的准确性与时效性,实现快速、实时检验监测。通过与化学生态学技术的结合,研发以信息素为载体的有害生物的高效诱集技术,以监测有害生物的发生时间与发生量信息。此外,还研究有害生物抗药性的发生发展趋势,研究并建立抗性检验监测的生物学方法和分子检测技术体系,为防止抗性危险性有害生物的入侵与蔓延,或及时控制本土抗性有害生物种群增长提供技术保障。

(六)有害生物防治技术和策略

主要研究各类有害生物的防治策略和关键技术。研究重要有害生物控制的理论和方法,如开展病虫害绿色控制的基础生物学的研究、抗性及其相关基因的鉴定和抗病虫种质与品种的创制,基因工程抗性植物的培育与安全性的评价、新型抗病抗虫药物及提高寄主抗性药剂的研制、抗逆性天敌的培育等。针对不同保护对象及防治对象所需采取的策略和防治技术,开展有针对性的研究,建立经济、有效、与环境和谐的防治对策与措施。同时,研发高效适用的植物保护器械也十分重要,以提高有害生物防治措施的实施效能。

(七)有害生物控制技术的推广和实施

有害生物控制技术的推广是植物保护系统工程的重要组成部分,也是植物保护工作落实到位的关键所在。不同区域因农作物种植结构、栽培模式和气候条件等的不同,其有害生物的种类以及发生发展规律等也是不同的。因此,探索适合特定区域特点的有害生物控制关键技术推广体系和模式是极为必要的,只有这样才能使有害生物控制技术得到真正的实施。在推广上,不仅要将科学研究成果推广应用,更要结合实际,通过研究与示范,将有关技术进一步实用化,使第一线生产者更容易掌握与实际操作。

四、植物保护的相关学科

植物保护学是一门多学科相互渗透、融合的学科,它不仅本身可分成植物病理学、农业昆虫学、农药学、农螨学、杂草学、农业鼠害学、植物检疫学等分支学科,而且与植物学、微生物学、动物学、生态学、植物生理学、细胞生物学、遗传学、生物化学、分子生物学、生物组学(基因组学、蛋白质组学、转录组学、代谢组学)、生物统计学、生物信息学、气象学、作物栽培学、作物育种学、土壤学、作物营养学、经济学、计算机科学、信息科学、环境科学、化学工程等学科有着极为密切的关系(图0-1)。因此,在学习、研究与实践应用中要始终关注相关学科的发展趋势,及时将新理论与新技术应用于植物保护学的研究与实践中,以使其不断地完善发展,在现代农业可持续发展与环境保护中发挥更大作用。

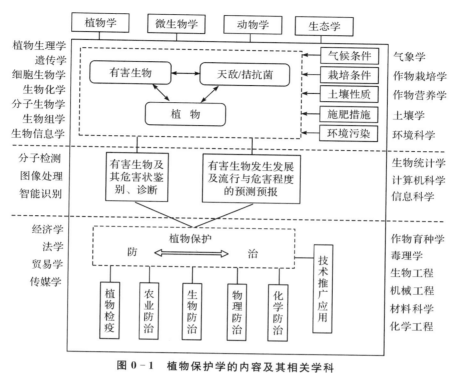

图 0 - 1　植物保护学的内容及其相关学科

第二节　植物保护的作用与地位

植物保护学是一门与人类生存和发展密切相关的学科,涉及有害生物的应急防治和事先预防、现有有害生物的防治和未来有害生物的预测、农业增值增效、食品安全、人体健康、环境保护和可持续发展、技术推广和执法管理等,在保障农业生产安全、食品安全、生态安全、公共安全乃至国家安全等方面有着重要的作用和地位。

一、植物保护与农业可持续发展

有害生物在农业生产过程中不仅造成产量损失乃至绝收,而且还可直接导致农产品品质下降,出现腐烂、霉变等,营养和口感也变差,甚至产生有毒或有害物质影响人畜的健康与安全。据联合国粮农组织(Food and Agriculture Organization of the United Nations,FAO)估计,全球每年因病虫草害损失约占粮食总量的三分之一,其中因病害、虫害和草害损失约各占 10%、14% 和 11%。全球每年因有害生物所造成的经济损失达 12000 亿美元。我国是世界上农作物病、虫、草、鼠等生物灾害发生较为严重的国家之一,常年发生以农作物为寄主的生物 1700 多种,其中可造成严重危害的不到 100 种,有 53 种属全球 100 种最具危害性的有害生物。据统计,在 21 世纪初,全国病虫草鼠害年均发生面积达 3.3 亿多 hm^2 次,较 20 世纪 80 年代增加 41%;虽经防治挽回大量经济损失,但每年仍损失粮食 4000 万 t,其他农作物如棉花损失 24%,蔬菜和水果损失 20%~30%。可见,植物保护技术的先进性、可靠性及其推广实施的有效性对确保农业生产的可持续发展是极为重要的。

古代农业中,有害生物对作物造成的生物灾害是农业生产、人类发展和社会稳定的重要制约因素。在我国古代,蝗灾给中华民族造成巨大灾难。据史书记载,自唐朝后期至清朝末年的 1000 年间,

有 300 多年发生蝗灾。在蝗虫暴发年份，飞蝗过处，草木一空，饥民流离，尸骨遍野。人们将蝗灾、旱灾和黄河水患并列为制约中华民族发展的三大自然灾害。在欧洲，1845 年马铃薯晚疫病大流行，其导致的爱尔兰饥馑举世闻名，25 万多人饿死，数百万人背井离乡，仅迁往北美大陆的就有 50 多万人。

近现代农业中，因植物保护科学技术的发展，一些毁灭性的生物灾害得到了较好的控制。但是，高产精细耕作措施的出现以及农作物的集约化栽培为有害生物提供了更适宜发生的环境条件，病、虫、草、鼠等有害生物对农业生产的严重威胁仍是有增无减。例如，在美国有害生物发生记录从 1926 年到 1960 年就增加了 3 倍。1942 年，孟加拉国因水稻胡麻斑病大流行导致水稻几乎绝收，200 多万人死于饥荒。自 20 世纪 50 年代以来，我国有害生物发生面积也呈逐年增长之趋势，某些已经被控制的有害生物死灰复燃，有的次要的有害生物则上升成主要的有害生物。其原因有：高产优质植物良种及多熟制为有害生物提供了充足而优良的食物和寄主；大面积单一品种及频繁的异地引种有利于有害生物暴发危害；精细耕作使农田物种群落高度简化，加之化学农药的广泛使用，杀伤天敌，致使有害生物失去天敌等有效的生态控制；有害生物在长期持续的植物品种或化学农药选择压力下，产生的新生物型或抗药性群体又强化了其暴发危害的风险。显然，近现代农业的发展不断对植物保护工作提出新的要求。

现代农业受到全球气候变化、农业产业结构调整、农田耕作制度变更以及害虫适应性变异等因素的影响，主要有害生物猖獗危害发生面积不断扩大、危害频率不断增加、灾害程度不断加重。在此背景下，植物保护工作的重要性愈加突出。据统计，2016—2020 年，全国农作物病虫草鼠害年发生面积 4.006 亿～4.470 亿 hm² 次，平均 4.230 亿 hm² 次，比 2011—2015 年均值 4.781 亿 hm² 次减少 11.52%；防治面积 4.997 亿～5.393 亿 hm² 次，平均 5.259 亿 hm² 次，比 2011—2015 年均值 5.750 亿 hm² 次减少 8.54%。就 2016—2020 年全国粮食作物病虫害防治挽回损失情况分析可知，通过病虫害防治，年均挽回粮食损失 8337.38 万～9170.18 万 t，平均 8728.08 万 t，占全年粮食总产的 12.67%～13.89%，平均 13.17%；防治后仍造成损失 1448.86 万～1709.20 万 t，占全年粮食总产的 2.16%～2.59%，平均 2.35%。若以挽回损失表示植物保护贡献，则"十三五"期间全国粮食生产的植物保护贡献率为 13.17%，其中水稻、小麦和玉米病虫害防治的植保贡献率平均各为 16.42%、15.53% 和 8.56%。通过开展植物保护工作，控制病虫发生危害，有效降低了被害损失。可见，植物保护工作是现代农业生产中必不可少的技术支撑与保障。

现代农业是可持续发展的，是一种环境不退化、技术上应用适当、经济上能维持及社会可接受的农业生产方式，是一种生态健全、技术先进、经济合理、社会公正的理想农业发展模式。这种农业生产体系，要求做到保护生物的多样性；要求在农业发展过程中，保持人、环境、自然与经济的和谐统一，即重视对环境保护、资源的节约利用，把农业发展建立在自然环境良性循环的基础之上；要求生产的是绿色、安全的各类农产品。针对这些要求，现代植物保护又注入了"可持续发展"理念。其将过去仅针对危害作物生产的有害生物防治的传统植物保护，扩展到保护农业生产系统的可持续植物保护。其指导思想是从农业生态系统的整体功能出发，在充分了解农田生态系统结构与功能的基础上，加强发挥自然控制因素、生物防治、抗性品种栽培和有害生物与天敌（益菌）动态监测，综合使用包括有害生物防治措施在内的各种生态控制手段，通过综合、优化、设计和实施，将有害生物防治与其他措施融为一体，建立实体的生态工程技术，对农田生态系统及其作物—有害生物—天敌（益菌）关系进行合理的调节和控制，变对抗为利用，变控制为调节，充分发挥农田系统内各种生物资源的作用，尽可能地少用化肥、农药等化学产品，使农业生产得以可持续发展。在防治方法上，更为强调综合使用农业防治、作物抗性和生物防治，以取代目前以化学防治为主的综合防治。现代植物保护特别重视农业生态系统的整体功能和农业的可持续发展，要求在开展害虫防治研究时，既考虑到防治对象、依靠对象与被保护对象，又考虑到土壤、生物资源、能源、农事活动等整个农业生产体系中的各个组分；既考虑到当时当地害虫的发生与危害，也考虑到未来及更大时空尺度的害虫发生动态与防治的生态风险分析；既考虑到满足当代人的生存需要,也不致破坏后人赖以生存的资源基础和环境条件,建立一个可持续的有害生物管理体系。可见,现代植物保护是农业可持续发展的重要技术保障体系。

二、植物保护与生态环境保护

植物保护在保护生态环境方面起着非常重要的作用。一方面,植物保护不仅保护大田农作物,还保护人类生态环境的森林、草原植被和园林植物。人类为了改变生态环境栽种的人工林和草地等,因不具备原始森林一样稳定的生态系统,像大田作物一样容易受有害生物的危害,因此要专门对其实施植物保护。如我国为了阻止风沙蔓延而建立的生态工程——三北防护林,经常遭受透翅蛾和天牛的危害,必须实施植物保护,才能达到预期目标。另一方面,植物保护通过植物检疫控制危险性有害生物的入侵、传播与扩散,保护人类的生态环境。这不仅是控制已知的有害生物,而且还避免引入的生物种群在新环境下演变成有害生物。如早年我国作为饲料和绿肥引进的空心莲子草,由于没能进行严格的安全评估,在引种后已演变成恶性杂草。

植物保护在控制有害生物,维护人类利益的同时,由于认识的局限,某些技术措施也会对自然界产生一定的负面影响,其中最典型的就是化学农药在环境中释放所造成的"3R"问题,即农药残留(residue)、有害生物再猖獗(resurgence)和有害生物抗药性(resistance)。在化学农药开发的初期,一般仅考虑田间防治效果,导致一批高毒、高残留农药投入田间使用,并且由于当时对化学农药的过度依赖,致使"3R"问题迅速呈现。第一,由于一些农药毒性高、分解慢,残存在农产品中以及进入空气、土壤和水体中,导致人畜中毒,直接或间接影响人畜健康及安全,并在生态食物链中富集,影响自然生态,出现农药残留问题。第二,广谱杀生性农药的使用也会大量杀伤有害生物的天敌及有益生物,严重破坏自然生态的控制作用,用药后残存的有害生物及一些次要有害生物种群数量剧增,暴发危害,以致农田有害生物越治越多,形成再猖獗,使药剂防治次数不断增加。第三,在反复大量使用化学农药的人为选择压力下,有害生物适应演化形成了抗药性,使正常剂量的农药无法达到防治效果,导致用药量不断增加。药剂防治次数和用药量的增加又加重了化学防治的"3R"问题,形成恶性循环。1962年,美国生物学家蕾切尔·卡逊(Rachel Carson)发表的《寂静的春天》(*Silent Spring*),对此进行了详细而生动的描述,并在社会上引起强烈反响。

为了确保农业高产稳产,减少植物保护对生态环境的负面影响,人们逐步形成了利用多种有效技术措施进行有害生物综合治理的共识,以减少化学防治的负效应。各国政府成立专门机构控制农药的开发与使用,相继禁用了一批高毒、高残留以及具有"三致"(致癌、致畸、致突变)慢性毒性的农药,如DDT、六六六等,并研发了一系列高效、低毒、低残留、高选择性农药品种,以及控制生长发育和行为调节药剂,减少农药使用量,加之多种综合防治措施的实施,使目前化学防治的"3R"问题得到很大改善。显然,植物保护在保护人类物质利益的同时,还要从生态学的角度出发,保护人类的环境利益。

三、植物保护与生物多样性保护

植物保护通过保护生态环境和防止外来生物入侵与蔓延等途径对生物多样性的保护也有很重要的作用。生物多样性(biological diversity 或 biodiversity)是指一定空间范围内所有生物种类、种类遗传变异及生存环境的总称,包括所有不同的动物、植物、微生物及其拥有的基因,以及其与生存环境所组成的生态系统。其包含四个层次,即遗传多样性(genetic diversity)、物种多样性(species diversity)、生态系统多样性(ecosystem diversity)和景观多样性(landscape diversity)。由于生物多样性是人类社会赖以生存的物质基础,善加保护,才能使生物资源得以持续利用。这始终是人类社会确保持续发展的全球性战略任务。

有害生物暴发成灾,往往导致生物赖以生存的天然或人工植被受害,甚至毁灭,其后果使各种生物失去了生存的环境。植物保护通过采取控制生物灾害的有效措施,即能保障植被得到保护或恢复。当然,在植物保护措施的实施中,要求注重环境生态的保护与农业生态系统平衡的维护,充分发挥自然天敌作用,倡导不用或少用化学农药,以防止其对非目标生物的负面作用。植物保护措施的实施要有经济学的观念,要与环境生态相协调,不要将那些危害在经济损失允许范围内的生物"误"作有害生物而加以滥杀。如高山草原的田鼠、鼠兔以及旱獭有时被当作危害动物而被毒死。其实,这些哺乳动物是健康草原的必要组成部分,不仅具有通风排水、增加土地持水容量的作用,而且其洞穴还为许多鸟类繁殖提供隐蔽场所,其本身还为许多重要的食肉动物提供食物。当这些啮齿动物和鼠兔遭受大量毒杀后,其后果是引起草原的严重退化,生物多样性丧失,甚至导致沙漠化。因此,植物保护在保护农业生产或保护天然植被的同时,要充分考虑维护生态平衡,充分发挥好保护生物多样性的功能。反过来,保护生物多样性对有效控制有害生物也是极为有益的。例如,丰富多样的天敌,当其自然控制作用得到充分发挥时即能控制有害生物暴发成灾。又如,克服农业生态系统单一作物单一品种种植的局面,种植多种作物或多种品种,丰富农田生态系统中植物多样性,为天敌等提供不同的生存生境,在有害生物的控制中也能起到很好的成效或延缓有害生物产生种内变异。如,利用水稻品种多样性间栽法,即在不减少杂交稻基本苗的前提下,按一定的行比增加一行优质常规水稻品种,对稻瘟病的防效达 81.1%～98.6%,并减少 60% 以上的农药用量。

植物检疫是植物保护的重要措施之一,它是防止外来入侵生物(invasive alien species)的入侵与扩散蔓延的重要保障。外来入侵生物对本土生物多样性的负面影响主要表现在下列几方面:一是破坏景观的自然性和完整性;二是摧毁生态系统;三是危害生物多样性,如入侵的紫茎泽兰 *Eupatorium adenophorum* Spreng、飞机草 *E. odoratum* L. 等可分泌化感化合物抑制其他植物发芽和生长,排挤本地植物并阻碍植被的恢复。又如,美洲斑潜蝇 *Liriomyza sativae* Blanchard 于 1993 年在我国海南三亚市首次被发现,1995 年就蔓延至我国 21 个省(自治区、直辖市)的蔬菜产区暴发危害,受害面积达 148.8 万 hm²,减产 30%～40%,现在除青海、西藏和黑龙江以外全国各地均有不同程度的发生。即使通常被用作天敌应用的异色瓢虫 *Harmonia axyridis* Pall 也会对引入地瓢虫多样性产生重要影响,它可通过对食物资源的争夺而影响其他捕食性瓢虫种群数量,在相近生态位水平内产生直接或者间接的影响,甚至替代其他瓢虫。为此,异色瓢虫已被世界自然保护联盟(International Union for Conservation of Nature,IUCN)列入全球入侵物种数据库(Global Invasive Species Database,GISD)(http://www.issg.org/database/species)。四是影响遗传多样性,如入侵物种可与同属近缘种,甚至不同属的种[如,加拿大一枝黄花 *Solidago canadensis* L. 可与假蓍紫菀 *Aster ptarmicoides*(Nees)Torr. A. Gray.]杂交,其结果可导致遗传侵蚀。可见,植物检疫是防止外来生物入侵的重要手段,对保护本土生物多样性至关重要。

四、植物保护与人类健康

植物保护工作与人类的健康直接相关。随着无公害农业、绿色农业和有机农业的发展,植物保护更加强调使用农业防治、生物防治为主体的有害生物综合治理策略与技术,以尽量减少使用化学农药,即使要用化学农药,也要用高效、低毒、低残留、高选择性农药,以及那些控制生长发育和行为调节的药剂。另外,注重药剂使用技术,尽量减少农药对操作人员的毒害及对环境的污染。

为了实现这一目标,我国高度重视农药管理工作,先后制定了一系列相关的法律法规及公告。自 1978 年实行登记制度以来,农药管理工作不断完善和发展。1981 年,农业部颁布了《农药安全使用标准》,1982 年,农业部和卫生部共同制定颁布《农药安全使用规定》,禁止在果品、蔬菜、茶叶、中药材等作物上使用高毒农药;1982 年农业部和化工部共同颁布《农药登记规定》,以加强对进口和国产农药的管理；1988—1990 年，农业部先后分 4 批公布了《农药安全使用准则》，对 107 种农药制定颁发了 260 项标准，对防止农药急性中毒起到了很大作用；1997 年，国务院颁布了我国第一部《农药管理条例》，进一步规范农药生产、销售和使用行为，使我国农药管理工作逐步走上法制化道路，此后分别于 2001 年和 2017 年又对《农药管理条例》进行了修订。同时，全面禁止使用与生产一些高毒、高残留及具有"三致"慢性毒性的农药。如 20 世纪 70 年代禁止汞制剂生产；80 年代对六六六、DDT 等高残留有机氯农药作出停止生产和使用的决定；90 年代先后颁发停产和禁用对人有致畸作用的杀虫脒的决定，以及在茶叶上禁用三氯杀螨醇、氰戊菊酯及其异构体。2006 年，农业部、国家发展和改革委员会、国家工商行政管理总局和国家质量监督检验检疫总局联合发布公告，规定自 2007 年 1 月 1 日起，全面禁止在国内销售和使用甲胺磷、对硫磷、甲基对硫磷、久效磷和磷胺 5 种高毒有机磷农药。2014 年，农业部发布公告，决定对绿磺隆、胺苯磺隆、甲磺隆、福美肿、福美甲肿、毒死蜱和三唑磷等 7 种药剂采取进一步禁限用管理措施，其中 2015 年 12 月 31 日起禁止绿磺隆、福美肿和福美甲肿各种制剂产品、胺苯磺隆和甲磺隆单剂产品在国内销售和使用，2016 年 12 月 31 日起禁止毒死蜱和三唑磷在蔬菜上使用，2017 年 7 月 1 日起禁止胺苯磺隆和甲磺隆复合制剂产品在国内销售和使用。就百草枯，农业部先后发布公告明确 2014 年 7 月 1 日起停止水剂生产，并于 2016 年 7 月 1 日起停止在国内销售和使用，2020 年 9 月 26 日起禁止可溶胶制剂的销售和使用。又如，2021 年 6 月 11 日，农业农村部表示，启动食用农产品"治违禁控药残促提升"三年行动，分期分批淘汰现存的 10 种高毒农药，特别是率先淘汰在蔬菜上残留检出较多的高毒农药，这 10 种农药为涕灭威、灭线磷、水胺硫磷、甲拌磷、甲基异柳磷、克百威（呋喃丹）、氧乐果、灭多威、磷化铝、氯化苦。

　　为了有力保障我国农产品质量安全、指导农业生产科学合理用药、促进农产品国际贸易健康发展，还需对农药的残留进行严格管理。如，国家卫生健康委、农业农村部和国家市场监督管理总局联合发布了《食品安全国家标准　食品中农药最大残留限量》（GB 2763—2021）标准，并于 2021 年 9 月 3 日起正式实施。该标准规定了 564 种农药在 376 种（类）食品中 10092 项最大残留限量，标准数量突破 1 万项，达到国际食品法典委员会（Codex Alimentarius Commission，CAC）的近 2 倍。涉及农药基本覆盖我国批准使用的农药品种和主要植物源性农产品。与 2019 版标准相比，新增农药品种 81 个、残留限量 2985 项。其中，蔬菜、水果等居民日常消费的重点农产品的限量标准数量增长明显，分别增加了 960 项和 615 项，占新增限量总数的 32.2% 和 20.6%，两类限量总数分别占 2021 版标准限量总数的 32.0% 和 24.5%。

　　此外，外来入侵生物不仅破坏生态环境、危及动植物安全，有些还直接引起人类过敏甚至死亡。如豚草所产生的花粉是引起人类花粉过敏症的主要病原，导致近年北方地区"枯草热"症逐年上升。又如红火蚁 *Solenopsis invicta* Buren 对人有攻击性和重复蜇刺的能力，人体被红火蚁叮蜇后有被火灼伤般疼痛感，其后会出现灼伤般的水疱，多数人仅感觉疼痛、不舒服，少数人对毒液中的毒蛋白过敏，会产生过敏性休克，有死亡的危险。有的携带人畜共患病原，如福寿螺 *Pomacea canaliculata* (Lamarck) 携带寄生虫，麝鼠可传播野兔热，严重影响人类健康。在这方面植物保护通过植物检疫或有效防治措施，同样可发挥应有的作用。

五、植物保护与农产品贸易

　　植物保护可通过植物检疫控制经国际农产品贸易途径而入侵的外来有害生物或潜在有害生物，以及控制国内区域性检疫对象通过贸易流通扩散至其他区域。随着农产品贸易全球化和流通渠道多元化，外来有害生物入侵问题也在加重。据统计，入侵我国的外来生物已达 662 种，2000 年以来，新发重大入侵物种有 97 种，每年直接经济损失逾 2000 亿元，其中农业占 62.5% 以上，严重威胁农业生产。例如，草地贪夜蛾 *Spodoptera frugiperda* (Smith) 于 2018 年 12 月首次侵入我国，2019 年 10 月侵入

我国西南、华南、江南、长江中下游、黄淮、西北、华北地区的 26 个省(自治区、直辖市),最北抵达北京,其间经全国植保部门联动监测与防制,全国见虫面积仍有 100 多万 hm^2,对玉米等粮食作物生产安全构成了重大威胁。又如,全国检验检疫部门仅在 2016 年在进境口岸就共计截获外来有害生物 6305 种、122 万次,种类数同比增加 1.8%,截获次数同比增加 15.97%,其中,检疫性有害生物 360 种、11.8 万次,首次截获检疫性有害生物 29 种,如绵毛豚草 Ambrosia grayi(A. Nelson)Shinners、七角星蜡蚧 Ceroplastes stellifer(Westwood)等;旅邮检截获禁止进境物 58.3 万批次,同比增长 16.87%,从中检出有害生物 8 万余批次,同比增长 27.87%。显然,面对外来有害生物随贸易和对外交流渠道进入我国的风险,植物检疫工作肩负重要的责任。有害生物入侵风险也可能被利用成为国际贸易的技术壁垒之一。因此,为保护国家利益,在打破有的国家利用危险生物入侵问题所设置的贸易壁垒或所采取的歧视政策的同时,我们也必须通过植物检疫构筑自己的技术壁垒,以阻止有害生物入侵。

先进的植物保护技术也是确保我国农产品突破国际贸易中的"绿色贸易壁垒"的保障。绿色贸易壁垒简称绿色壁垒,又称环境壁垒,意为一个国家或地区为保护动植物和人类的生命健康和安全,保护环境和生态,实现可持续发展,采取的在国际上普遍接受的、对境外商品进口所设置的一种准入限制和禁止措施。其中,农产品的农药最大残留限量(maximum residue limits,MRL)标准多作为限制手段。在茶叶方面,日本在 2006 年 5 月底正式实施农业化学品残留限量的"肯定列表制度",其中有 276 条关于茶叶的最大残留限量要求,且残留限量有十分严格的规定;欧盟从 2000 年 7 月初开始实施新的茶叶农残限量措施,而且间隔一到两年就再修订,其中 2014 年 8 月再次增加残留检测项目,出现了嘧霉胺、啶氧菌酯、异丙隆等检测,2017 年检测项目增加到 216 种,限量更为严格。这些均影响到我国茶叶出口。据报道,我国茶叶出口占比由 2008 年的 23.61% 下降至 2018 年的 13.94%。在蔬菜出口方面也存在类似情况,日本在"肯定列表制度"中对蔬菜农药残留限量也作出严格规定,最为严苛的即为其中的"一律标准",该标准规定对未设限农药残留均以 0.01 mg/kg 为标准来定,这与世界贸易组织中的贸易技术壁垒协议(Technical Barriers to Trade,TBT)和动植物卫生检疫措施协议(Agreement on Sanitary and Phytosanitary Measures,SPS)中都明确规定的具有准绳作用的国际食品法典委员会(CAC)的标准的规定相去甚远。这也严重影响了我国蔬菜对日本的出口。据报道,我国蔬菜对日出口以农药残留问题为主而受阻的比例由 2008 年的 23.05% 上升至 2016 年的 28.12%。因此,植物保护要采取有效的措施,从源头上禁止、限制和控制化学农药的使用,实施"从农田到餐桌"全面质量控制,减少农产品中的农药残留,突破"绿色贸易壁垒",促进我国农产品国际贸易高质量安全发展。

第三节　我国植物保护事业的发展与展望

我国早在公元前 239 年的《吕氏春秋》中就已经提到适时播种减轻虫灾。在公元 304 年的晋代,广东等地橘农就利用黄猄蚁防治柑橘害虫,开创了世界上最早记载的生物防治先河。但是,总的来看,在 20 世纪中期以前,防治手段还是比较落后,技术含量十分低下。20 世纪 50 年代后,我国植物保护事业进入全面和快速的发展时期,在植物保护体系的建立与发展、植物保护技术的研究与应用、植物保护法律法规的建立与完善,以及重大有害生物的有效控制等方面都取得了长足的进步。

一、植物保护体系的建立与发展

(一)植物检疫体系

主要任务是依据国家法规,对危害植物及其产品并能随其传播蔓延的具有危险性的病原微生物、害虫和杂草进行检验和处理,以防止人为传播蔓延。构建有守卫我国各陆海空口岸的中国进出境植物检疫体系,以及肩负对内检疫任务的国内农业植物检疫体系和森林植物检疫体系。

(二)病虫预测预报体系

主要任务是预测病虫害未来的发生期、发生量、危害程度及扩散分布趋势,为开展病虫害防治提供情报信息和咨询服务。通过逐步发展,现已形成了从中央、省(自治区、直辖市)、地、县到乡级较为完善的病虫测报体系。农业农村部信息显示,至 2020 年依托植物保护能力提升工程在全国已布设重大病虫测报区域站 1360 个、田间病虫监测点 10000 个,初步构建了全国农作物病虫疫情测报网,实现了全国性重大病虫害和植物疫情网络直报。

(三)抗药性监测体系

主要任务是监测农作物有害生物抗药性发生发展趋势。截至 1998 年,我国已建设有省级监测站 5 个、地(市)级站 7 个、县级站 27 个,主要对棉花、水稻、蔬菜等 18 种病虫抗药性进行监测,基本建成了全国农作物病虫抗药性监测体系。"十三五"期间,我国系统开展了 40 种重大病虫草害对田间 60 种常见药剂抗性监测与抗性水平分析,并制定了 6 个农业行业标准。

(四)农药研究开发体系

主要任务是研发新农药,开展农药登记、生物测定、残留检测和质量监督。20 余年来,我国加大了新农药创制的投入,建立了一批国家级、省部级农药科技创新平台,形成了涵盖分子设计、化学合成、生物测试、靶标发现、产业化等环节的较完整的农药创制体系,并在此基础上创制了一批具有自主知识产权的创制品种。同时,早在 1963 年就建有农药管理专门机构,即现在的农业农村部农药检定所,其承担农业农村部赋予的全国农药登记和管理的具体工作:负责农药登记管理、农药质量检测、农药生物测定、农药残留监测、农药市场监督、农药信息交流及对外合作与服务等工作。在此基础上全国有关省级农业农村部门也成立有农药检定所,承担生测试验、残留检测试验等工作。

(五)植物保护社会化服务体系

主要任务是为农民或农业生产经营者提供技术咨询和统一防治等服务。各级植保部门联合有关企业,以服务为宗旨,通过设立植保医院、植保公司或专业化服务队等模式,逐步组建了植物保护新技术推广网、信息服务网,加快了植物保护新技术、新产品的推广速度,提高了植物保护防灾减灾能力。

(六)植物保护教学科研体系

主要任务是培养植物保护专门人才,开展植物保护新理论、新技术及其应用等研究。目前,各省(自治区、直辖市)都有农业大学或相关学院,大多设有植物保护专业或方向,且有学士、硕士和博士学位培养体系。研究机构大多隶属农业科学院所和高等院校,以及中国科学院部分所(室)。

(七)植物保护学术交流体系

主要任务是促进全国植物保护领域的科技工作者和相关单位的学术交流与服务。成立有全国植物保护领域的科技工作者自愿组成的依法登记具有学术性、公益性、科普性的法人社会团体——中国植物保护学会(1962 年 6 月成立),以及与此相关的中国昆虫学会(1944 年 10 月成立)和中国植物病理学会(1929 年成立)。同时,各省(自治区、直辖市)也成立相应的学会。这些学会积极开展各项学术交流和有关业务活动,提高会员学术水平和业务能力,为促进科学技术的繁荣和发展,促进科学技术的普及与推广,促进科技人才的成长,促进科学技术与经济的结合作出贡献。出版有《植物保护》《中国植保

导刊《植物保护学报》《植物病理学报》《生物防治通报》（现为《中国生物防治学报》）、《昆虫学报》《昆虫知识》（现为《应用昆虫学报》）《昆虫分类学报》《昆虫天敌》（现为《环境昆虫学报》）《生物安全学报》《农药》《现代农药》《农药学报》《农药科学与管理》以及英文版刊物 *Insect Science*，*Phytopathology Research* 和 *Plant Stress* 等，为我国和国际植物保护学术界同行提供成果展示与交流平台。

二、有害生物防治的发展历程与主要成就

（一）有害生物防治的发展历程

有害生物的防治策略和国家农业生产的发展阶段及科技发展水平有密切的关系。新中国成立以来，我国农业有害生物的防治策略及其相应技术大致经历了 4 个时期。

第一，农业防治为主。新中国成立初期，在我国化学工业体系尚未建立的背景下，有害生物防治以农业防治为主。农业防治是通过改善农田环境条件，减少或避免作物病虫害的发生发展，最终实现作物增产的有害生物防治策略。农业防治措施主要包括改良农田环境、合理施肥与密植、深耕改土、种植优良抗性品种、合理密植、及时清除田间杂草等。其中，改良农田环境可以有效破坏害虫的栖息繁衍条件；合理施肥与密植能够通过改善农作物生长状态提高抗病虫能力；深耕改土可将杂草和作物秸秆上的虫卵或病原翻入地下，或将地下有害生物翻出，降低其存活率；种植优良抗性品种可降低病虫危害。农业防治策略最成功的案例是通过改良东亚飞蝗 *Locusta migratoria manilensis*（Meyen）产卵繁殖的滩涂地，解决了蝗患难题。

第二，化学防治为主。20 世纪 60 年代以后，我国建立了较完整的农药工业体系，化学防治的技术与方法得到了快速发展。有机氯、有机磷等有机合成农药被广泛开发并应用于害虫防治，如敌百虫和乐果等有机磷农药对害虫防效显著，深受农民欢迎。化学农药在害虫防治方面具有见效快、易操作、受地域和季节影响较小、经济效益高等优势，很快成为农业害虫防治的主要措施，其在农业重大害虫暴发危害的应急防控方面具有无可比拟的优势。例如，在水稻害虫防治上，鉴于迁飞性害虫稻飞虱常常在几天内对迁入区的水稻造成毁灭性的危害，化学农药的及时高效使用保障了水稻的稳产高产。但是化学农药的过度使用导致害虫抗药性迅速增加、农药使用寿命迅速缩短、生物多样性降低、生态环境破坏以及农产品质量安全等一系列问题。

第三，综合防治。20 世纪 70 年代中期以来，鉴于化学防治的局限性，开始强调农业防治、生物防治、化学防治和物理防治等各项措施协调应用，在保证防治效果的同时，注重生态环境保护。1975 年，在河南新乡的全国植物保护工作会议上制定了"预防为主，综合防治"的植保方针，使有害生物综合防治的理论与实践有了很大发展，明确从"农业生态系统总体出发，充分利用自然控制因素"的防治原则，改变了单一依赖化学农药的局面。综合防治不仅考虑有害生物本身，同时将寄主植物、天敌在内的整个农田生态系统考虑进来，充分发挥抗性品种、栽培、生态等多种因素的作用，采用最合理的综合性策略开展有害生物防治。此阶段，在研究明确主要农作物主要有害生物发生规律的基础上，研发了水稻、小麦、玉米、棉花、蔬菜和果树等的主要有害生物综合防治技术体系。例如，从改进棉铃虫 *Helicoverpa armigera*（Hübner）中期预报、制定科学防治指标、配套措施保护、利用天敌控害、抗药性检测与治理、利用抗虫品种等多维度考虑，组建了北方棉区棉铃虫综合防控关键技术体系。进入 20 世纪 90 年代后，在综合防治技术体系构建中开始更加重视有害生物的控制与食物安全、生态安全保障的结合，强调防治有害生物不仅要注重防治效果和防治成本，而且要考虑农药残留、环境污染和有害生物抗药性等负面作用。其间抗虫转 Bt 基因棉花（Bt 棉）于 1997 年开始用于防控棉花主要害虫棉铃虫和棉红铃虫，区域性地控制了棉铃虫的危害。综合防治技术开始与农业的可持续发展理论接轨，并促使防灾减灾与无公害农业、绿色农业和有机农业发展需求有机地结合起来。

第四,绿色防控。进入 21 世纪以来,随着我国经济社会的发展,对农业发展提出了高产、优质、生态、安全等更高的新要求。建设资源节约型和环境友好型高质量农业成为农业发展的方向。与此同时,由于气候变化、耕作制度、贸易交流频繁、病虫草抗药性增强等诸多因素,农业重大病虫害暴发与入侵频率增加,并且呈现出新的特点,有害生物防控风险加剧。随着我国植物保护学科基础研究不断取得重大突破,防控产品不断丰富,预测预报与防治技术日渐完善,植保新理念在实践中不断优化完善。在继续秉持"预防为主,综合防治"方针的基础上,2006 年 4 月在湖北省襄樊召开全国植物保护工作会议,提出"公共植保、绿色植保"的新理念,绿色防控的植保发展战略正式确定,有害生物防控进入了新的阶段。2012 年,在中国植物保护学会成立 50 周年之际召开的全国农作物重大病虫害防控高层论坛上增加"科学植保",形成现代植保的"科学植保、公共植保、绿色植保"三大理念,更加重视生态系统平衡,关注生态、资源、环境的可持续发展,将人类行为、植物、有害生物、传播媒介、环境影响等统筹考虑,逐步实现有害生物防控和农业可持续发展,建立了一整套高效有力的工作机制,完善了"政府主导、部门联动、属地管理、联防联控"的纵向分级负责、横向联合协作的植保防控机制。2015 年 4 月,农业部印发《关于打好农业面源污染防治攻坚战的实施意见》,明确力争到 2020 年农业面源污染加剧的趋势得到有效遏制,实现"一控两减三基本"。其中,"两减"即减少化肥和农药使用量,实施化肥、农药零增长行动。就植保而言,要求农作物病虫害绿色防控覆盖率达 30% 以上,农药利用率达到 40% 以上。这对绿色防控提出了新要求。

2020 年 3 月 26 日,国务院第 725 号令颁布了《农作物病虫害防治条例》(以下简称《条例》),并于 2020 年 5 月 1 日起施行。《条例》共 7 章 45 条,重点规定了农作物病虫害防控的基本原则、主体责任,并按照病虫害防控的主要环节,对监测与预报、预防与控制、应急处置、专业化服务和相应法律责任作了明确规定。《条例》的颁布实施是我国植物保护发展史上的重要里程碑,开启了依法植保的新纪元,对于提升植保社会地位,落实农作物重大病虫害的防控责任,扎实推进农作物重大病虫害绿色防控和统防统治融合发展,全面提升重大病虫害监测预警、预防控制、应急防控和社会化服务能力,切实减轻危害损失,保障国家粮食安全和重要农产品有效供给具有重要意义。

其间,植保科学研究显著进步,植保基础理论、植保产品研发与应用核心技术、配套体系创新与推广应用取得了一批重大成果,自主创新能力引领产业进步,整体处于国际先进水平。植保法制建设日臻完善;植保防治能力显著提高,病虫害预测预报、应急防治储备保障与处理能力、病虫防控标准化上升到历史最好阶段。例如,更加专业高效的新型植保服务系统得到构建与发展;甲胺磷、甲基对硫磷、硫丹等多种高毒农药停止使用;以物理防治和生物防治等绿色防控技术为依托的新型防控技术体系不断发展完善;农业有害生物数字化监测预警平台和专业化防治组织体系逐步建立与完善;大型自走式植保机械、航空植保机械等广泛应用。

(二)有害生物防治的主要成就

新中国成立以来,我国植物保护工作体制机制、研究与应用均取得了重大进展,对有害生物监测与控制手段明显改进,防灾减灾能力显著提高,对保障农业优质高产发挥了重要的作用。例如,逐步建立了贯通国家—省—市—县—乡、镇的五级、覆盖全国的植保体系,确立了"预防为主、综合防治"植保工作方针、"科学植保、公共植保、绿色植保"植保工作理念,制定了《进出境动植物检疫法》《植物检疫条例》《农药管理条例》《农作物病虫害防治条例》等法律法规。又如,通过一代代植保人实践、探索创新,扎实推进改治并举、源头治理、联合监测、抗性治理、阻截防控等工作,在破除千年蝗灾、力克小麦条锈病、遏制棉铃虫再"猖獗"、阻截草地贪夜蛾、严控马铃薯甲虫疫情蔓延等方面取得突出成就,实现了对农作物重大病虫害的持续有效控制,为稳定粮食生产作出了不可替代的贡献。下面概述有关基础性工作、基础研究、应用研究与主要应用成就。

1. 基础性工作

全面掌握了我国农作物病虫害种类及发生情况。由中国农业科学院植物保护研究所等牵头,自1979起先后出版了《中国农作物病虫害》3个版本。其中,2014年的第三版系统地梳理了水稻、麦类、玉米、薯类、高粱及其他旱粮、棉花、大豆、油菜、花生及其他油料作物、蔬菜、果树、西瓜及甜瓜、储粮、茶树、热带作物、桑树及柞树、麻类、糖料作物、烟草、牧草等各类农作物病虫害,以及杂食性害虫、地下害虫、农田杂草、农牧区鼠害;包含病虫草鼠害对象1665种(病害775种、害虫739种、杂草109种、害鼠42种);详细介绍了病害的分布与危害、症状、病原、病害循环、流行规律、防治技术,害虫的分布与危害、形态特征、生活习性、发生规律、防治技术,农田杂草的形态特征、生物学特性、发生规律、防除技术,农牧区害鼠的形态特征、分布与危害、生态习性、防治技术,以及水稻、小麦、玉米、棉花、茶树、储粮等病虫害综合防治技术。由中国科学院动物志编辑委员会组织出版了55卷《中国经济昆虫志》,汇总并介绍了重要经济昆虫的类别、形态特征、分布规律等。

2. 基础研究

我国学者一直高度重视有害生物发生发展及成灾机制等有关植物保护基础研究,特别是进入21世纪以来更是突飞猛进,在各个分支领域中取得了一些原创性研究成果,先后在 *Cell*、*Nature*、*Science* 等国际顶级期刊上发表了多篇论文。在国际学术期刊上发表论文的数量也逐年上升,具体表现如下。

(1)诠释了多种重要作物病原菌、害虫及天敌的基因组信息

已完成稻瘟病、白叶枯病菌、小麦赤霉病、麦类锈病、作物枯萎病等重要病害病原物,东亚飞蝗、稻飞虱(褐飞虱、白背飞虱、灰飞虱)、烟粉虱、棉蚜、绿盲蝽、小菜蛾、玉米螟、二化螟、草贪夜蛾、斜纹夜蛾、苹果蠹蛾等害虫,以及菜蛾盘绒茧蜂、蝶蛹金小蜂、七星瓢虫等天敌的基因组测序工作,为从基因水平深入研究病虫致害与灾变机理,以及天敌控害机理提供了重要的数据资源。

(2)阐明了农作物重大病虫流行迁飞规律

从20世纪60年代开始,相继揭示了黏虫、褐飞虱、白背飞虱、稻纵卷叶螟、草地螟、甜菜夜蛾、小地老虎、飞蝗等具有迁飞性的害虫的迁飞规律,构建了国家迁飞害虫监测预警技术体系;揭示了中国小麦条锈病大区流行体系,建立了我国小麦条锈病准确的预测预报体系、条锈菌早期检测的分子体系,实现了对小麦条锈病的准确预测。

(3)揭示了多种重要病虫的致害机理

系统揭示了小麦赤霉病菌、稻瘟菌、小麦条锈菌、大豆疫霉菌、水稻矮缩病毒和双生病毒等致病机理和灾变规律。系统揭示了东亚飞蝗、稻飞虱、烟粉虱、棉蚜、棉铃虫、小菜蛾、玉米螟、二化螟等害虫发生规律及灾变机制。

(4)发掘了一批植物抗病虫相关基因

分离鉴定得一大批重要抗性基因,为推进病虫害防控提供了新手段,包括水稻抗白叶枯、抗稻瘟病、抗水稻飞虱、小麦抗白粉病及赤霉病,以及玉米抗病基因。发现了苏云金芽孢杆菌 *Bacillus thuringiensis* Berliner(简称 Bt)的高毒力 Cry1A、Cry1Ie、Cry9 等300多种杀虫晶体蛋白,且有的已用于转基因抗虫水稻、玉米、大豆、马铃薯等研究。

(5)创新了病虫入侵机理及预警技术

明确了烟粉虱、斑潜蝇、大豆疫霉、紫茎泽兰、豚草等重要入侵生物的入侵扩散路径与危害特性;挖掘了烟粉虱、斑潜蝇、苹果蠹蛾、小麦矮腥黑穗病菌、梨火疫病菌等快速识别的靶识基因,以及蓟马类、实蝇类、介壳虫类、粉虱类等的DNA条形码快速识别的靶识基因,明确了苹果蠹蛾、橘小实蝇等的远程快速监测的靶向信息素和信息获取与传输的技术要素。

(6)揭示了农田杂草群落及其演替规律

明确了夏熟(麦、油)作物田杂草以猪殃殃属为优势的旱作地杂草植被类型和以看麦娘属为优势

的稻茬田杂草植被类型与分布,以及节节麦、雀麦、大穗看麦娘、多花黑麦草等杂草的生物学特性与扩散机制,提出了杂草群落复合体的概念和相应治理策略。

3. 应用研究与主要应用成就

我国植保科技创新日新月异,尤其是进入21世纪以来农作物病虫草鼠害综合防治的应用基础与应用研究全面进步,监测预警技术不断完善,农药创制能力迅速提升,农药品种结构日益合理,生物防治产品创制能力提升,配套应用技术进步,理化诱控、生态调控等单项防控技术迅速发展,为农作物灾害防控起到关键的科技支撑作用。

(1)作物病虫害监测预警技术及应用

利用遥感、地理信息系统和全球定位系统技术、分子定量技术、生态环境建模分析和计算机网络信息交换技术,结合各种地理数据如病虫害发生的历史数据和作物布局及气象变化与预测等众多相关信息,采用空间分析、人工智能和模拟模型等手段和方法,进行预测预报和防治决策,将农作物病虫害的监测预警提高到一个新的高度。在水稻"两迁"害虫监测、黏虫大发生预警、蚜虫监测预警、棉铃虫和草地螟等区域性暴发成灾风险分析、小麦病虫害危害监测等方面取得较大进展。研究开发出新型虫情测报灯、病原菌孢子捕捉仪、雷达实时监测技术体系、田间小气候观测系统、病虫害田间调查智能识别应用程序、病虫害田间发生实时监测系统等专用仪器设备,促进了我国农作物病虫害监测预报技术的科技进步。建立了粮、棉、油、果树、蔬菜、茶叶、桑树等农作物近180多种(含病害63种、虫害99种、鼠害15种)主要有害生物的监测方法和预测预报办法及有关的生物学资料和参数。

(2)化学农药合成创制技术与应用

新中国成立后,我国的农药工业从无到有获得了迅速发展,农药种类也经历了低效高毒(无机农药)、高效高毒(有机氯、有机磷等)、高效低毒(拟除虫菊酯类农药等)、高效低毒低残留(氟虫腈、磺酰脲类除草剂等)等不同发展阶段,目前我国农药已进入高效低风险时代。其中,1956年我国第一家现代化学农药厂天津农药厂正式投产,1983年我国全面停产高残留的DDT、六六六等有机氯农药,引起农药工业的第一次大规模品种结构调整。目前,我国建立了涵盖分子设计、化学合成、生物测试、靶标发现、产业推进等环节的较完整的农药创制体系,一批具有新颖作用机制或新颖骨架的高效低风险小分子农药引领市场新潮流。创制出了毒氟磷、氰烯菌酯、丁吡吗啉、哌虫啶、环氧虫啶、环吡氟草酮等多个具有自主知识产权的农药新品种,使我国成为世界上第六个具有新农药创制能力的国家。这些品种在农业生产中已发挥了重要作用,如毒氟磷是国际首个免疫诱抗型农作物病毒病害调控剂,在我国南方水稻黑条缩病防控中发挥了重要作用。

同时,农药防控手段不断迭代升级,施药方式高效化、绿色化、安全化。农药利用率进一步提升,使用技术日益完善,如种子包衣技术、种苗处理技术、土壤消毒技术、缓释制剂和控制释放技术、树干注射技术、低容量喷雾技术、航空植保作业监管与自动计量系统、无人机精准喷洒与控制系统得到研发与广泛应用。

(3)生物防治产品创制及其应用技术

我国一直重视农作物有害生物的生物防治产品创制及其应用技术的探索和攻关,挖掘培育了一批新型生防资源,创制了一批天敌昆虫和微生物农药产品,研制了一批轻简化的生物防治应用技术;攻克了天敌昆虫大规模、高品质、工厂化生产技术,优化天敌昆虫与生防微生物制剂的联合增效技术,实现了我国生物防治应用比重和应用领域的重大突破。已人工繁育并应用的天敌有赤眼蜂、平腹小蜂、瓢虫、草蛉、蠋蝽和捕食螨等;微生物杀虫剂有绿僵菌和白僵菌制剂,棉铃虫、斜纹夜蛾、甜菜夜蛾、茶尺蠖等核多角体病毒制剂,以及防治鳞翅目、双翅目和鞘翅目等害虫的苏云金芽孢杆菌杀虫制剂;微生物杀菌剂有木霉菌、荧光假单胞杆菌、芽孢杆菌、放射性土壤农杆菌等;农用抗生素有井冈霉素、公主岭霉素、浏阳霉素、春雷霉素、中生菌素、多抗菌素、"农抗120"、武夷菌素等。此外,通过深入研究

植物水杨酸、茉莉酸和乙烯等抗病虫通路,发展了新型植物免疫诱抗剂及相关产品诱导激活植物免疫系统,使植物获得系统性抗性,有效抵御病虫的危害。已研发有氨基寡糖素、"阿泰灵"、植物蛋白、香菇多糖等。

（4）理化诱控与生态调控等技术研究与应用

防虫网、色板诱杀和灯光诱杀等物理防治方法广泛用于害虫防治。防虫网主要用于温室害虫的防治,色板诱杀用于蚜虫、粉虱、叶蝉、斑潜蝇、蓟马等害虫的诱捕,太阳能杀虫灯和频振式杀虫灯用于多种害虫防控。选育推广作物抗病品种,基本上控制了稻瘟病、小麦条锈病、小麦秆锈病、玉米大斑病、玉米小斑病、玉米丝黑穗病、棉花枯萎病、马铃薯晚疫病等病害的大面积流行。围绕害虫行为调控,利用昆虫或植物来源的信息化合物可以特异性地调节靶标昆虫行为的原理,将人工合成的来源于昆虫、植物等的信息化合物用释放器缓释到田间,干扰昆虫的交配、取食、产卵等正常行为,减少靶标害虫的种群数量,达到控制靶标害虫之目的。

近年来,害虫食诱剂、性诱剂等研发与利用技术发展迅速。如已能合成棉铃虫、梨小食心虫等20多种昆虫的性信息素,并研制了多种高效、特效的剂型加以应用。研发了植物载体技术、保育生物防治技术、天敌推拉技术、生态免疫技术、高效释放技术、隔离阻断技术、诱捕诱杀技术、迷向趋避技术等;通过优选试验组合、优化配套措施、科学组装单项技术,实现多种技术手段的高效集成。充分利用农田生态系统的自身免疫功能,通过调整作物布局,引入伴生植物,调节农田昆虫及微生物种类和结构,创造有利于有益生物类群生存繁衍和控害作用,充分发挥生物多样性的调节效能,提升农田环境的自我修复能力,实现对农业病虫害的可持续治理。

（5）转基因作物研发应用与安全性评价

我国自1997年开始种植Bt棉,目前年种植面积近300万hm²,占全国棉花面积的90%以上。Bt棉的种植有不仅有效控制了棉铃虫对棉花的危害,而且高度抑制了棉铃虫在非转基因的玉米、大豆、花生和蔬菜等其他作物田的发生与危害。同时,Bt棉的应用显著降低了杀虫剂的施用量,保护了农田生态环境,提升了天敌昆虫的害虫防控生态服务功能,经济和生态效益显著。2006年,我国抗番木瓜环斑病毒（PRSV）转基因番木瓜商业化应用,从根本上解决了番木瓜生产受PRSV威胁的问题,产生了极大的经济、社会和环境效益。同时,培育了一大批具有产业化前景的优良抗虫转基因作物新品系,如转Bt基因抗虫水稻和玉米品系表现出优良的害虫防控效果,达到了商业化应用的技术要求。

随着转基因技术的发展和应用,我国已经建立了完善的抗虫水稻、玉米、大豆和棉花等转基因作物安全评价技术体系,研制了一系列安全评价新技术新方法,发展了转基因生物检测技术100余项,并建立了相应数据库。相关技术已广泛用于转基因作物新品系的安全评价工作。建立的农田生态和自然生态风险监测技术体系已应用于我国Bt棉的安全监测,为有效的抗性治理奠定基础。

（6）外来入侵生物的监测与防控技术及应用

近年来,我国成功构建了入侵生物早期预警体系。建立了入侵生物预警数据库平台,其中"中国外来入侵生物数据库"提供了750余种外来有害物种基本信息。建立了入侵生物全程风险评估技术体系,完成了小麦矮腥黑穗病、香蕉穿孔线虫、红火蚁、马铃薯甲虫、葡萄根瘤蚜、橘小实蝇、加拿大一枝黄花等近百种入侵生物的适生性风险分析,确定了其在我国的潜在分布范围,并制定了近百种外来入侵生物的控制预案与管理措施。针对不同入侵生物,发展了入侵生物检测监测技术、点线根除与阻截控制技术和区域减灾技术体系。

（7）杂草与鼠害治理技术及应用

明确了我国部分稻区稻田稗、鳢肠等对二氯喹啉酸、五氟磺草胺等除草剂的抗性水平及机理;明确了麦田茵草、看麦娘、日本看麦娘、耿氏硬草、娘蒿、荠菜、牛繁缕对精噁唑禾草灵、甲基二磺隆等除草剂的抗性水平,发现一些与杂草抗药性相关的差异蛋白和与调节相关的microRNA,部分抗药性种群谷胱甘肽 S 转移酶(GSTs)、细胞色素 P450 氧化酶系活性较敏感种群有所增强。

我国是最早提出鼠害生态治理理念的国家之一。随着害鼠综合治理理念的发展,不育控制技术、围网-陷阱系统(trap-barrier system,TBS)技术等控制技术也逐渐被纳入鼠害生态调控技术的范畴。利用长达 30 年的历史数据证明了厄尔尼诺-南方涛动等气候条件是布氏田鼠等重要害鼠种类暴发的重要启动因子,为害鼠监测预警及预测预报提供了重要的理论依据。环境友好型鼠害防控技术,如物理防治、生态调控等在鼠害综合防控体系中占据越来越高的比例。针对多个关键害鼠鼠种测试了多种不育药物,以炔雌醚与左炔诺孕酮的研究最为深入,对害鼠激素、生殖器官等的影响,不育生理机制的探索,环境行为检测等方面进行了全面深入的研究,并针对黑线毛足鼠、长爪沙鼠等进行了一定规模的野外实际防治研究。

三、有害生物防治存在的问题与展望

尽管我国植保工作已经取得了显著成绩,但在防治技术、体制机制等方面仍面临一些新情况、新问题:一是受异常气候、农业生态环境变化和外来生物等的影响,有害生物发生的复杂性增加,面积扩大,防治任务更加艰巨;二是化学农药的使用减量任务依然艰巨,抗药性问题仍不断出现,农药污染仍未得到根本解决,防治难度加大,不当防治方法对环境与生态系统保护、生物多样性保护及人类健康等所造成的负面影响依然存在;三是有些地区仍过分依赖单纯的化学防治,造成综合防治发展不平衡;四是植物保护技术和手段仍比较落后,智能化、信息化和机械化水平仍不高,影响监测防控工作的科学性、时效性和准确性;五是植物保护法律法规和标准有待进一步完善,已有的需要进一步落实落细;六是植物保护体系需要进一步健全,植保工作的社会管理和公共服务职能有待突显;七是植物保护的专业化、社会化服务程度有待强化,多元化专业防治组织需要进一步发展。这些问题若得不到解决,则难以实现新时代植物保护的工作目标,即降低有害生物引起经济损失的风险、降低植保技术对生物多样性的影响、降低农业投入对环境质量的影响、降低植保技术对食品安全性的影响,提高农民持续控制病虫危害的能力和提高农田生态系统发展的可持续性。

针对植物保护工作存在的新情况、新问题,首先要更新观念。在观念上要以可持续发展的要求指导植物保护工作,使植保工作得到持续发展,使其不仅要为人类粮食安全服务,还要为人类生存安全服务(表 0-1)。在行动上要进一步落实"科学植保、公共植保、绿色植保"三大植物保护工作理念。"科学植保"就是要明确植物保护本身就是一门学科,具有特定的研究对象和相应的研究机构、科技体系、管理制度。同时,植物保护又是农业生产不可或缺的重要措施,需要综合利用多学科知识,并随着相关学科的发展,不断以先进的理论、方法、技术、装备、人才来武装,持续提高植物保护的科技水平。这就要求我们把科学植保理念贯穿于病虫害监测防治的全过程、各环节,充分利用现代科学技术与物质装备,不断强化植保基础研究、技术集成和推广应用,深入研究并顺应病虫害发生危害规律,着力推动防控策略由单一病虫、单一作物防治向区域整体控害和可持续治理转变。"公共植保"就是把植保工作作为农业和农村公共事业的重要组成部分,突出其社会管理和公共服务职能。植物检疫和农药管理等植保工作本身就是执法工作,属于公共管理;许多农作物病虫具有迁飞性、流行性和暴发性,其监测和防控需要政府组织实施跨区域的统一监测和防治;如果病虫害和检疫性有害生物监测防控不到位,将危及国家粮食安全;农作物病虫害防治应纳入公共卫生的范畴,作为农业和农村公共服务事业来支持和发展。"绿色植保"就是把植保工作作为人与自然和谐系统的重要组成部分,突出其对高产、优质、高效、生态、安全农业的保障和支撑作用。植保工作就是植物卫生事业,要采取生态治理、农业防治、生物控制、物理诱杀等综合防治措施,以确保农业可持续发展;要选用低毒高效农药,应用先进施药机械和科学施药技术,减轻残留、污染,避免人畜中毒和作物药害,以生产"绿色安全农产品";植保还要防范外来有害生物入侵和传播,以确保环境安全和生态安全。

表 0 - 1　植物保护工作的观念

考虑的角度	过去	现在、未来
追求的目标	保证产量	保证产量与质量,保护环境与资源
防治时效性	即时	长期、持续
保护空间	目标田间	生态系统
保护作物	单一作物	复杂(多种)植物
瞄准的对象	目标有害物种	群落、生态系统
依靠的技术	依赖外部干扰	强调自然控制
涉及领域	植保技术	农业技术+非技术
涉及人员	农业生产	全社会

更新理念的同时,应在构建新型植物保护体系和强化设施建设的基础上,通过吸收新兴学科的新理论和新技术,积极研究和推广应用既对有害生物高效,又对环境安全的植物保护新技术,以切实提高有害生物监测防控能力。未来可围绕下列几方面加以深入推进创新研究与应用。

(1)农作物生物灾害新规律、新对策研究

我国农业生产规模、结构的调整,将直接影响农业生态系统的结构和农作物病虫害的种群演化。在农业生态环境及农事作业方面,全球气候变暖、温室大棚等保护地种植面积迅速增加,导致农作物有害生物越冬区域逐年北扩,害虫发生期提前,危害时间延长;免耕技术和秸秆还田等耕作制度变革,导致田间宿存的害虫和病原物数量增加,能迅速导致减产损失;跨区麦类作物机械化作业,有害生物会附着机具上远距离传播,迅速扩大发生面积。此外,国际农产品贸易量增加,导致外来生物入侵的风险增加。这些新的农业生产形势和多种要素交互作用,必然会影响我国主要农作物生物灾害发生规律,因此,应加强农作物生物灾害新规律、新对策的研究,满足新形势下农作物生物灾害防控的新需要。

(2)植物保护新理论、新方法研究

现代生命科学理论与生物技术、信息技术、新材料与先进制造技术的迅猛发展,促进了传统植保与新兴学科的交叉融合。基于现代生命科学发展产生的基因编辑、RNA 干扰、转基因技术、纳米生物技术、免疫调节技术等,已经或继续激发产生植物保护新理论、新方法;基于病虫防控的信息化、智能化、机械化,研究农作物生物灾害大面积种群治理新理论;基于生物防治与生态调控的融合,创新有害生物生态调控策略、微生物农药效价提升理论、天敌产品货架期滞育调控理论等;基于统防统治等组织形式,完善"科学植保、公共植保、绿色植保"的我国特色农业病虫害防控新理论。在新方法方面,基于现代生命科学和信息科学等基础学科的新理论不断融入植物有害生物的检测、监测、预警与控制各个阶段,系统性地解析农业重大病虫害致害性及其变异与作物特异抗病虫性的机理,利用高通量蛋白-蛋白互作网络大规模鉴定和分析病原物效应子与植物抗病相关蛋白间的互作关系等。

(3)农作物有害生物监测预警新技术、新手段研发

新型昆虫雷达、高灵敏度的孢子捕捉器等仪器设备的研发应用,对于迁飞性、流行性、暴发性农作物有害生物的监测预警技术将更加精准。对东南亚、南亚国家的草地贪夜蛾、稻飞虱、稻纵卷叶螟等迁飞性害虫入侵我国的时间、规模、降落区域等预警,可满足提前防控的要求;对我国境内的小麦锈病、白粉病、棉铃虫、黏虫等重大病虫害,其越冬越夏基地、扩散蔓延程度等,中长期预测的准确率进一步提升,区域迁飞阻断的植物保护新手段或将成为可能。深化遥感(remote sensing, RS)、地理信息系统(geographic information system, GIS)、全球定位系统(global positioning system, GPS)技术、分子定量技术、计算机网络信息交换技术,结合大数据、云计算等手段,采用空间分析、人工智能、模拟模型等手段和方法共同进行农作物有害生物的预测预报。深入探索农作物病虫害监测预警所需的先进检测、监测及信息化、数字化技术,提升远距离、高精度的监测预警技术,建立检测技术、监测方法及预

警水平的标准化,研发创制新型昆虫雷达、病虫害远程诊断 APP、智能化预测预报装备,为病虫害及时阻截、快速扑灭、科学防治提供技术支撑。

（4）农作物有害生物防控新技术、新产品研发

为保障农产品质量安全,减少传统化学农药的残留,在未来新型农作物生物灾害防控技术和产品必然成为创新重点。依靠科技进步,革新病虫害持续控制技术,研究生物防治、植物免疫、信息素防控、理化诱杀、信息迷向及生态调控的新技术。在绿色化学农药方面,聚焦原药化合物合成,开展不对称合成、微流控反应等制造技术创新,发展农药分子设计技术,使具有国际竞争力的绿色化学农药新品种和新制剂实现产业化。在生物农药方面,建立生防微生物资源库,对标微生物农药效价提升和产品不稳定瓶颈,创制高效价工程菌株,优化微生物发酵和稳定表达技术;优化天敌工厂化扩繁技术,延长天敌昆虫货架期;研制 RNA 干扰剂、信息素诱控剂等新产品。发展害虫诱杀新型光源与应用技术、害虫化学通信调控物质利用技术和害虫辐照不育技术等,降低环境风险,提升防控效果。

（5）自动化、智能化植物保护新装备与新系统研发

随着劳动力人口结构性变化,需要研发适合我国国情的专业化大中型现代植保机械。加快研制大型自走式植保机械和仿形施药机械,大力发展植保无人机,突破病虫害图像与光谱识别技术,优化超低容量喷雾技术,实现变量喷雾与自动控制,提高农药利用率。研制装备中央处理芯片和各种各样传感器或无线通信系统的装置,实现在动态环境下通过电子信息技术逻辑运算传导传递发出适宜指令,指挥植保机械完成正确动作,从而达到病虫害准确监测、精准对靶施药等植保工作智能化的目标,解决目前局部发病全田用药的难题。研发新型大中型及无人机等现代植保机械,精准对靶施药的人工智能装置,基于历史数据挖掘和智能化远程控制的植物保护作业系统等,提升农作物病虫害防控的装备水平。

（6）农作物病虫害绿色可持续控制新模式、新体系研究

未来一段时期我国农业产业结构调整和土地流转规模将进一步扩大,大面积机械化主粮种植区、设施蔬菜种植区、农牧交错带、生态脆弱区、边疆高原区等,都需要有效的区域性农作物病虫害绿色可持续控制模式。因此,需要研究并优化防控重大农作物病虫害治理技术,丰富绿色防控手段,满足专业化统防统治需求,开展轻简化实用技术的组装,建立区域性监测预警与绿色治理体系,开展大区域的技术应用,以保障控害丰产、促进农业兴旺、推进乡村振兴。

总之,随着植物保护工作新理念的推动与落实,加之植物保护新技术新方法的不断涌现,我国的植物保护事业必将得到高质量高水平的发展,并将在保障粮食安全、食品安全、生态安全、公共安全和国家安全中发挥更大的作用。

思考与讨论题

1. 什么是植物保护? 简述植物保护的研究对象、技术措施与研究内容。

2. 我国农业有害生物防治的发展经历了几个阶段? 各阶段的特点是什么?

3. 结合文献查阅,以具体实例论证植物保护在人类社会发展中的作用与地位。

4. 结合文献查阅,阐述植物保护学与其他学科的关系,并举例说明植物保护学与其他学科交叉融合对植物保护学发展的作用。

☆教学课件

基础理论篇

第一章　植物病理学基础

植物是人类赖以生存的基础之一。植物的健康生长与正常发育能提供更多更好的粮油食品和果蔬产品等。在自然生长发育过程中，植物会遇到许多来自各方面的挑战和威胁，其中植物病害是严重危害农业生产的自然灾害，严重时可以造成农作物产量大幅度下降、农产品品质变劣，并可能导致农产品安全问题，严重影响国民经济和人民生活。我国是世界贸易组织成员，带有危险性病害的农产品不能进出口，这将极大影响外贸交易；有一些带病的农产品，人畜食后还会引起中毒。因此，防治植物病害对促进国民经济的发展和提高人民生活水平有着极为重要的意义。

虽然所有植物病害均对植物本身有害，但有些病害却对人类的生活有利或可利用。如茭草受黑粉菌侵染后嫩茎膨大而鲜嫩，即为茭白，适于作菜肴；观赏植物郁金香在感染碎锦病毒后，花冠色彩斑斓，提高了观赏价值。这些对人们的生活和经济带来的好处是人们认识自然和改造自然的一部分，通常不称为病害或不作为病害来对待。

植物病害发展和流行一直处于动态变化之中。有些植物病害过去在局部地区严重发生，现在已近乎绝迹；有些病害过去已通过适宜的办法得到控制，但现在又有回升的趋势；有些病害因栽培方式（传统的田间栽培改为设施栽培）的改变，其发生规律也发生了相应的变化；有些病害的发生规律至今还不清楚；有许多重要的病害在防治上还缺乏有效的治理方法；有些病害是因经贸交流或农产品的调运从异国或异地传入。随着我国耕作制度和栽培技术的不断改进，特别是设施栽培植物面积的不断扩大，以及农产品的商品化和国际贸易的广泛开展等，还会不断遇到植物病害的新问题。

植物病理学（plant pathology）是阐述植物病害发生发展规律及其防控的学科，主要研究植物病害发生的各种生物因子和非生物因子及其引起病害的机制、病原物和寄主之间的相互作用机制和控制病害发生、减轻发病程度及其造成损失的方法和技术等，是一门应用型学科。20世纪末的10余年，特别是进入21世纪以来，各类学科尤其是分子生物学的技术和方法在植物病害的诊断、病原鉴定、植物和病原物的互作以及病害的治理等方面都有了深入的应用，促使现代植物病理学取得了一系列突破性进展。本章就植物病害的基本概念、植物病害的生物病原类型、植物侵染性病害的发生发展过程、寄主和病原物的相互作用和植物病害的诊断作重点介绍。

第一节　植物病害概述

一、植物病害的概念

在自然界中，植物的生长和发育受众多内在因素和外在因素的影响，其中包括非生物因素（如不适宜的土壤结构、养分状况、水分供应、环境污染等）和生物因素（主要是各种有害生物的侵袭及土壤和植物中微生物区系等）的制约和威胁。植物在长期的进化过程中，对环境的影响形成了一定的适应能力，如果某些环境因素对它的影响超出了它的适应范围，植物将不能正常地生长发育，或将受到损害，就会诱发成病害。所谓植物病害，是指任何进入植物体内或在植物体外的生物或非生物因素，对植物产生连续的干扰和破坏作用，使植物遭受持续的损害，当这种有害的影响超出植物能适应的范围

时,在植物的内部或外部,在生理和组织结构上就会发生病理变化而出现病态,当这种影响超出植物能适应的最大限度时,植物会局部或整株死亡。从中可以看出植物病害的形成过程是动态的,是一个病理变化的过程,这不同于昆虫和高等动物对植物造成的机械伤害。引起植物发病的所有这些生物的或非生物的因素,统称为病因。

二、一些重要的植物病理学术语

(一)寄生物和寄主

在植物病理学中,把寄生于其他生物的生物称为寄生物(parasite),被寄生的生物称为寄主(host)。在相当长的一个阶段,只把能诱发病害的寄生物称为病原物(pathogen)。现在把任何诱发病害的生物因素和非生物因素通称为病原物,其中诱发病害的生物因素称为生物病原物(biotic pathogen),诱发病害的非生物因素称为非生物病原物(abiotic pathogen)。本教材中所涉及的病原物大多为生物病原物。

(二)病原生物的寄生性

寄生性(parasitism)是寄生物从寄主体内夺取养分和水分等生活物质以维持其生存和繁殖的特性。寄生是生物间的一种生活方式,这两种生物之间的关系称为寄生关系。引起植物病害的生物病原物大多为寄生物,但寄生程度存在很大的差异。有的寄生物只能从活的寄主细胞或组织中获得所需要的营养物质,称专性寄生物,其营养方式为活体营养型(biotroph);有的除寄生生活外,还可以在死的植物组织上生活,或者以死的有机质作为生活所需要的营养物质,称非专性寄生物,这种可以以死亡的有机体作为营养来源的营养方式称为死体营养型(necrotroph);还有一些生物只能从死的有机体上获得营养,称为腐生物(saprophyte)。

在引起植物病害的病原生物中,霜霉菌、白锈菌、白粉菌、锈菌、病毒、寄生性种子植物和植物寄生线虫等,都是专性寄生的活体营养型。大多数植物病原真菌和植物病原细菌是非专性寄生的,但它们寄生能力的强弱有所不同。寄生能力很弱的接近于腐生物,寄生能力很强的则接近于专性寄生物。弱寄生物的寄生方式大多是先分泌一些酶或其他能破坏或杀死寄主细胞和组织的物质,然后从死亡的细胞和组织中获得所需的养分。强寄生物和专性寄生物的寄生方式则与此不同,它们最初对寄主细胞和组织的直接破坏作用较小,主要从活的寄主细胞和组织中获得所需的养分。因此一般将弱寄生物称作低级寄生物,寄生能力强的寄生物称作活体寄生物或高级寄生物。

不同寄生物从寄主体内夺取生活物质的成分也并不完全相同。有一些寄生性种子植物,如菟丝子,要从寄主体内吸取所有的生活物质,包括各种有机养分、无机盐和水等,属于全寄生型;而另一类寄生性种子植物,如桑寄生科,植物体内大多有叶绿素,可通过自身的光合作用合成其所需的有机物质,但仍然需要寄主供给水分和无机盐等成分,这种寄生性称为半寄生型。

(三)病原生物的致病性和致病力

致病性(pathogenicity)是异养生物侵染寄主植物并诱发病害能力的特性。病原物除从寄主细胞和组织中掠夺大量的养分和水分,影响植物正常的生长和发育外,还可产生一些有害代谢产物,如某些酶、毒素和激素等,使寄主植物细胞正常的生理功能遭到破坏,引起一系列内部组织和外部形态病变,表现出各式各样的症状。致病性是病原物较为固定的特性,一种寄生物能否成为某种植物的病原物,主要决定于一种寄生物是否能克服该种植物的自然免疫性,如能克服,则可成为该种植物的病原物,如不能克服则不能成为该种植物的病原物。致病性是病原物在"种"的水平上对寄主植物的致病能力或特性,如有些病原物引起叶斑,有的病原物会造成寄主组织的腐烂,有的引起组织的畸形等。

所谓致病力,是指在某一病原物对特定的寄主植物有致病性的前提下,病原物种内的不同小种(或菌系、致病型、株系等)对寄主植物的不同品种的致病能力存在强弱差异的现象。

病原物对寄主植物的致病能力是相对的,随着寄主植物的遗传分化情况、生育阶段的变化,以及生长发育状况和周围环境条件等因素的影响而提高或降低。一种寄生物成为某种植物的病原物后,同种内的不同小种(真菌、线虫)、菌系或致病型(细菌)、株系(病毒)对所适应的寄主植物的致病力可能不同,有的致病力强,有的致病力弱,有的甚至不能致病。病原物致病能力的差异表现在病斑的大小、产孢的快慢与产孢量的多少、潜育期的长短以及产量的损失程度等,通常用毒力(virulence)的强弱来表示。

(四)共生现象和寄生现象

自然界中各种生物的生存常常不是孤立的,各种生物之间构成一定的关系。两种不同的生物共同生活在一起的现象称为共生现象(symbiosis)。有些生物是异养的,自身不能制造营养物质,需要从其他生物吸取。一种生物与另一种生物生活在一起并从中吸取营养的现象称为寄生现象(parasitism)。

当两种不同的生物共生时,有的彼此没有利害关系,有的对双方有利,有的对一方有利但对另一方无害,有的对一方有害或对双方都有害。这些共生关系可概括为三类。

1. 互惠性共生(mutualism)

两种不同的生物共生,彼此有利。如豆科植物与根围的固氮根瘤细菌,豆科植物供给根瘤细菌生长发育所需要的养分,根瘤细菌能把空气中的氮固定为氮化合物,可被豆科植物利用来合成蛋白质。因此固氮根瘤细菌与豆科植物之间的共生关系是互惠的。

2. 共栖性共生(commensalism)

两种不同的生物共生,彼此没有利害关系。如许多根围和叶围的微生物与高等植物的关系,根和叶的分泌物对微生物生长有利,微生物对高等植物却无害。

3. 致病性共生(pathosism)

两种不同的生物共生有拮抗作用,对一方或对双方都有害。如许多致病病原物与寄主植物以及土壤中一些对病原物有拮抗作用的微生物与相应的病原物之间的共生关系。

从上述共生现象、寄生现象、寄生物和致病性等概念可以看出:① 寄生现象是共生现象的一种,寄生不一定是有害的,即寄生物不一定是病原物。例如豆科植物与根瘤细菌之间的共生关系。② 不是所有的生物病原物都是寄生物,即能致病的不一定是寄生物。例如土壤中植物的根围有些微生物并没有进入植物的体内吸取养分而致病,而是在植物的根外分泌一些对植物有害的物质,可使植物根部扭曲或生长矮化,这些微生物也是生物病原物,但不是寄生物。③ 寄生性和致病性是两个不同的概念,寄生性的强弱与致病力的强弱不一定相一致。

了解和掌握生物间共生的特点,对于理解农业生态系统中各种生物间的相互关系和作用是非常重要的。例如在土壤中的病原物引起的病害中,在植物的根围存在着复杂的微生物群,彼此之间存在致病的与致病的、致病的与非致病的、非致病的与非致病的生物之间的生存竞争和相互作用,是非常复杂的共生关系。要了解植物病害的发生发展规律和制定有效的防治策略和方法,就必须具备生物间共生的意识。

三、植物病害的类型

病因的不同造成的植物病害种类很多,病害的表现形式也多种多样。每一种植物上都可以发生多种病害,一种病原生物能侵染数十种甚至超过百种的寄主植物,引起不同的症状;同一种植物也会因品种抗病性的不同、所处生育期的差异等而出现不同的症状。

植物病害有多种分类方法。按照植物或作物的类型可分为果树病害、蔬菜病害、大田作物病害和森林病害等;按照病害的症状表现可分为花叶或变色型病害、斑点或坏死型病害和腐烂型病害等;按照病原生物的类型可分为黏菌病害、卵菌病害、真菌病害、细菌病害、菌原体病害、病毒病害和线虫病害等;按传播方式和介体特点可分为种传病害、土传病害、气传病害和介体传播病害等。比较客观和实用的是按照病因类型来区分的方法,其优点是既可知道发病的原因,又可知道病害的发生特点和防治对策等。按照病因来分,植物病害分为两大类。一类是因生物病原物侵染造成的病害称为侵染性植物病害。生物病原物包括菌物、原核生物(包括细菌、植原体、螺旋体等)、病毒、线虫和寄生性种子植物等(图1-1)。因为生物病原物能够在植株间传染,所以此类病害又称传染性植物病害。另一类是由植物自身的原因或不利的环境条件所引起的植物病害,即无生物病原物的参与,称为非侵染性植物病害,这类病害在植株间不会传染,因此又称非传染性病害。

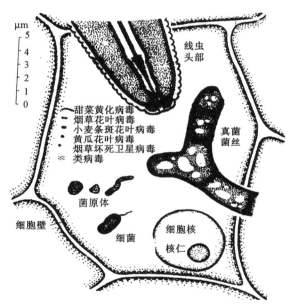

图1-1 植物病原物与植物细胞大小比较

(一)侵染性病害

按照病原生物种类的不同,包括:

(1)由黏菌侵染引起的黏菌病害,如十字花科植物根肿病;

(2)由卵菌侵染引起的卵菌病害,如马铃薯晚疫病;

(3)由真菌侵染引起的真菌病害,如稻瘟病;

(4)由细菌侵染引起的细菌病害,如水稻白叶枯病;

(5)由病毒侵染引起的病毒病害,如黄瓜花叶病毒病;

(6)由线虫侵染引起的线虫病害,如茄科植物的根结线虫病;

(7)由寄生性种子植物引起的寄生植物病害,如柑橘菟丝子病。

（二）非侵染性病害

按病因的不同，包括：

（1）植物自身的遗传因子引起的遗传性病害或生理性病害；

（2）一些物理因素恶化所造成的病害，如风、雨、雷电、冰雹等的侵害以及旱、涝等灾害等；

（3）一些化学因素恶化所造成的病害，如土壤缺素症或植物营养失调症、环境污染对植物的毒害、化学农药的滥用对植物造成的药害等。

四、植物病害的症状

症状（symptom）是指植物受病原生物侵染、不良环境因素侵扰或自身因子影响后，内部的生理活动和外观的生长发育所显示的特征性异常状态。植物病害的症状表现非常复杂，按照在植物体内显示部位的不同，可分为外部症状和内部症状（图1-2）。

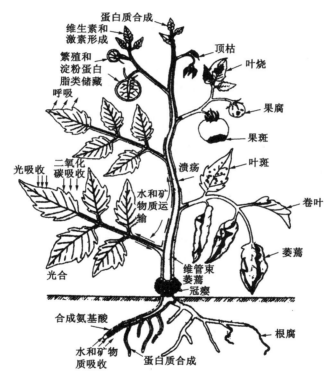

图1-2　植物器官的基本功能及病害的症状类型

内部症状是指植物在受到病原物的侵染后，在植物体内细胞形态或组织结构上发生的变化，只有在光学显微镜甚至电子显微镜下才能识别。例如，某些病毒侵染植物后在植物组织或细胞内形成的内含体；一些植物萎蔫病组织中形成的侵填体等。

植物病害的外部症状通常由病状和病征两部分构成。病状是指植物受病原物侵染后，肉眼可识别的植物本身的异常表现，如在叶部形成的坏死斑点、植株萎蔫或根部形成的肿瘤等。而病征是指在发病部位形成的病原物的营养体或繁殖体，如真菌寄生植物后在发病部位形成的白色粉状物、霉状物和锈状物等。

不同类型病原物所致植物病害的症状存在较大的差异。有些病害如许多真菌病害和细菌病害既有病状，又有明显的病征；但有些病害如病毒和菌原体病害，只能看到病状，而没有病征。各种类型的病害大多有其独特的症状，常常作为田间诊断的重要依据。但是，特别要注意的是：不同病害可表现相似的症状；同一病害因寄主品种、受害部位、生育期、发病阶段和环境条件等的差异，也可造成不同的症状；当多种病原物共同侵染和危害同一种植物时，常常引起一些复合病害，其表现症状不同于某一病原物单独侵染和危害时造成的症状。这些是在利用田间病害症状进行诊断时特别需要注意之处。

(一)病状类型

1. 变色(discolor)

变色指植物受病原物侵染患病后局部或全株失去正常的绿色或发生颜色变化的现象。植物绿色部分均匀变色，叶绿素的合成受抑制呈褪绿(chlorosis)或被破坏呈黄化(yellow)。有的植物叶片发生不均匀褪色，呈黄绿相间，称为花叶(mosaic)。有的叶绿素合成受抑制，而花青素生成过盛，叶色变红或紫红称为红叶。

2. 坏死(necrosis)

坏死指植物的细胞和组织受到病原物的侵染、破坏而死亡的现象。植物患病后最常见的坏死是在发病部位形成各种形状、不同大小和颜色的病斑(spot)。病斑可以发生在植物的根、茎、叶、果等各个部分，形状、大小和颜色多种多样，但轮廓一般都比较清楚。有的病斑受叶脉限制，形成角斑；有的病斑上具有多圈轮纹，称为轮斑；有的病斑具有明显外圈，称为环斑；有的病斑呈长条状坏死，称为条纹或条斑，有的病斑可以脱落，形成穿孔。病斑可以不断扩大或多个联合，造成叶枯、枝枯、茎枯、穗枯等。另外，有的病组织木栓化，病部表面隆起、粗糙，形成疮痂(scab)；有的病组织，如树木茎干的皮层坏死，病部开裂凹陷，边缘木栓化，形成溃疡(canker)。

3. 腐烂(rot)

某些植物病原真菌和细菌侵染寄主植物后造成植物细胞和组织发生大面积的消解和破坏，称为腐烂。腐烂可以分为干腐(dry rot)、湿腐(wet rot)和软腐(soft rot)。若细胞消解较慢，腐烂组织中的水分能及时蒸发而消失，则称为干腐。如细胞消解较快，腐烂组织不能及时失水，则称为湿腐。若胞壁中间层先受到破坏，出现细胞离析后再发生细胞的消解，则称为软腐。植物的根、茎、花、果都可以发生腐烂，幼嫩或多肉的组织更容易发生。根据腐烂的部位，可分为根腐、基腐、茎腐、花腐、果腐等。幼苗的根或茎腐烂，导致地上部迅速倒伏或死亡，通常称为立枯(wilt)或猝倒(damping-off)。

4. 萎蔫(wilt)

许多植物病原生物侵染寄主植物后，直接或间接影响植物维管束组织中木质部导管对水分的传输，造成植物由于失水而枝叶萎垂的现象，称为萎蔫。萎蔫有生理性和病理性之分。生理性萎蔫是由于土壤中含水量过少或高温时过强的蒸腾作用而使植物暂时缺水，若及时供水，则植物可以恢复正常。病理性萎蔫是指植物根或茎的维管束组织受到破坏而发生供水不足所出现的凋萎现象，如黄萎、枯萎、青枯等。这种凋萎大多不能恢复，甚至导致植株死亡。

5. 畸形(malformation)

某些病原物的代谢产物或分泌物会抑制或刺激病组织或细胞生长受阻或过度增生等，从而导致植物出现形态异常现象，称为畸形。植物发生抑制性病变，生长发育不良，可出现植株矮缩(dwarf)，或叶片皱缩(crinkle)、卷叶(leaf roll)、蕨叶(fern leaf)等。病组织或细胞也可以发生增生性病变，生长发育过度,病部膨大,形成瘤肿(gall),枝或根过度分枝,分别产生丛枝(rosette)和发根(hairy roots);有的病株比健株高而细弱,形成徒长。此外,植物花器变成叶片状结构,使植物不能正常开花结实,称为变叶(phyllody)。

(二)病征类型

许多病原物在植物的病部表面形成肉眼可见的各种特殊结构,包括营养体、子实体、休眠结构等,通称为病征。不同病原物形成的病征在颜色、质地、形态和结构上有显著区别,是病害诊断重要依据。根据形态特征的差异,病征可分为以下几种主要类型。

1. 霉状物

病原物在寄主发病部位形成各种毛绒状霉层,其颜色、质地和结构多种多样,如霜霉、青霉、绿霉、赤霉、黑霉、灰霉、紫霉等。

2. 粉状物

病原物在寄主发病部位形成不同颜色粉层,如白色粉状物、红色粉状物和黑色粉状物等。

3. 锈状物

病部表面形成小疱状突起,破裂后散出白色或铁锈色的粉状物,如许多锈病和白锈病造成的病征。

4. 颗粒状物

寄主感病部位产生大小、形状及着生情况差异很大的颗粒状物。有的是针尖大的黑色或褐色小粒点,埋生在寄主的组织中,不易与寄主组织分离,如真菌的子囊果或分生孢子果;有的是较大的颗粒,如真菌的菌核和胞囊类线虫在寄主根部形成的胞囊等。

5. 索状物

部分真菌的菌丝在寄主植物根或茎病部表面聚集形成的白色和紫色绳索状物,如白纹羽病和紫纹羽病形成的白色菌索和紫色菌索。

6. 脓状物

通常在潮湿条件下,植物病原细菌会在寄主病部产生黄褐色、胶黏状的脓状物,即菌脓,干燥后形成黄褐色的薄膜或胶粒。这是细菌病害的典型病征。

第二节　植物病害的生物病原类型

引起植物病害的生物病原物很多,根据各类群病原的种类、分布和危害性等因素,最重要的类型可概括为植物病原菌物(包括植物病原黏菌、卵菌和真菌)、原核生物(包括植物病原细菌、植原体和螺旋体等)、植物病毒、植物病原线虫和寄生性种子植物等。

一、植物病原菌物

菌物是具有细胞核的异养生物,包括真菌界的真菌、藻物界的卵菌以及原生动物界的黏菌和根肿菌。菌物是生物中一个非常庞大的类群,在自然界的分布很广,据估计有 150 多万种,其中已被《菌物词典》(第十版)描述的只有约 10 万种。菌物有如下主要特征:①有真正的细胞核,为真核生物;②营养体简单,大多为菌丝体,细胞壁的主要成分为几丁质或纤维素;③无叶绿素或其他光合色素,营养方式为异养型,需从外界吸收营养物质;④繁殖时大多产生各种类型的孢子。

菌物的生活方式多种多样,其中大部分腐生,少数共生和寄生。植物病原菌物是指那些可以寄生

在植物上并引起植物病害的菌物。在所有病原生物中,菌物引起的植物病害种类最多,造成的损失也最大。农业生产上许多重要病害如霜霉病、白粉病、锈病、黑粉病等均由菌物引起。

(一)植物病原菌物的主要性状

1. 营养体

菌物营养生长阶段的结构称为营养体。大多数菌物的营养体为丝状体,单根丝状体称为菌丝(hypha),许多菌丝纠结在一起统称菌丝体(mycelium)。菌丝体在培养基质上生长的形态称为菌落(colony)。菌丝呈管状,具有细胞壁和细胞质,呈无色或有色,细胞壁成分主要是几丁质(真菌)或纤维素(卵菌)。低等真菌的菌丝没有隔膜(septum),称为无隔菌丝,而高等真菌的菌丝有许多隔膜,称为有隔菌丝。此外,菌物中的原生动物包括黏菌和根肿菌的营养体不是丝状体,而是无细胞壁且形状可变的原质团(plasmodium);有些壶菌和酵母的营养体则是具细胞壁、卵圆形的单细胞。有些壶菌的单细胞营养体具有假根(rhizoid)或根状菌丝;而有的酵母菌芽殖产生的芽孢子相互连接成链状,与菌丝类似,称为假菌丝(pseudomycelium)。

寄生在植物上的真菌和卵菌往往以菌丝体在寄主的细胞间或穿透细胞扩展蔓延。有些寄生性较强的真菌和卵菌如活体营养生物侵入寄主后,菌丝体会在寄主细胞内形成吸收养分的特殊结构——吸器(haustorium)。因菌物种类不同,侵染时所形成吸器的形状也存在差异,如霜霉菌的吸器为丝状,白锈菌的吸器为小球状,白粉菌的吸器为掌状,而锈菌的吸器为指状(图1-3)。此外,有些植物病原菌物孢子萌发形成的芽管或菌丝顶端分化形成膨大高压、帮助牢固附着寄主表面的附着胞(appressorium);有些菌物的营养菌丝还会形成帮助附着或吸收养分的附着枝(hyphopodium)、帮助深入基质吸取营养并固着菌体的假根;有些捕食性菌物的菌丝还会特化形成可以套住或粘住小动物从而获取养料的菌环和菌网。

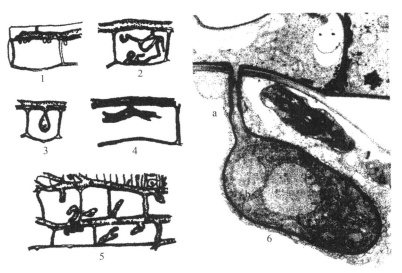

图1-3 菌物的吸器类型

1.白锈菌 2.霜霉菌 3～4.白粉菌 5.锈菌 6.条形柄锈菌成熟吸器透射电镜照片,
成熟的吸器由管状的颈部(a)和顶端膨大的吸器体(b)组成

有些菌物的菌丝体生长到一定阶段,分散的菌丝体可以密集地纠结在一起形成菌组织。根据菌丝体纠结的程度将菌组织分为两类。

(1)疏丝组织(prosenchyma)

当菌物的菌丝体纠结得比较疏松时,还可以看到菌丝的长型细胞,菌丝的细胞大致平行排列,这种菌组织为疏丝组织。

（2）拟薄壁组织（pseudoparenchyma）

如果菌物的菌丝体纠结得十分紧密，菌组织中的菌丝细胞接近圆形、椭圆形或多角形，与高等植物的薄壁细胞相似，称拟薄壁组织。

菌组织发育到一定阶段会形成不同的菌组织体。菌组织体主要有菌核（sclerotium）、子座（stroma）和菌索（rhizomorph）等。这些菌组织体在菌物生活史中所起的作用也不尽相同。菌核是由菌丝紧密交织而成的休眠体，内层是疏丝组织，外层是拟薄壁组织，表皮细胞壁厚、色深、较坚硬，其功能主要是抵抗不良环境，但当条件适宜时，菌核能萌发产生新的营养菌丝或从上面形成新的繁殖体；子座是由菌丝在寄主表面或表皮下交织形成的一种垫状结构，有时是菌组织与寄主组织结合而形成，其主要功能是形成产生孢子的结构，但也有助于度过不良环境的作用；菌索是由菌丝体平行组成的长条形绳索状结构，外形与植物的根有些相似，所以也称根状菌索，菌索可抵抗不良环境，也有助于菌体在基质上蔓延。

2. 菌物的繁殖

当营养生长进行到一定时期时，菌物就开始转入繁殖生长阶段，形成各种繁殖体，即子实体（fruiting body）。菌物的繁殖体包括无性繁殖形成的无性孢子和有性生殖产生的有性孢子。

（1）无性繁殖（asexual reproduction）

无性繁殖是指营养体不经过核配和减数分裂产生后代个体的繁殖。无性繁殖产生的后代称为无性孢子。常见的无性孢子有四种类型。

①游动孢子（zoospore）：形成于游动孢子囊（zoosporangium）内。游动孢子囊由菌丝或孢囊梗顶端膨大而成。游动孢子无细胞壁，具有1～2根鞭毛，释放后能在水中游动（图1-4）。

②孢囊孢子（sporangiospore）：形成于孢子囊（sporangium）内。孢子囊由孢囊梗的顶端膨大而成。孢囊孢子有细胞壁，无鞭毛，释放后可随风飞散（图1-4）。

③分生孢子（conidium）：产生于由菌丝分化而形成的分生孢子梗（conidiophore）上，顶生、侧生或串生，形状、大小多种多样，单胞或多胞，无色或有色，成熟后从孢子梗上脱落（图1-4）。有些真菌的分生孢子和分生孢子梗着生在分生孢子果内。孢子果主要有两种类型，即近球形、具孔口的分生孢子器（pycnidium）和杯状或盘状的分生孢子盘（acervulus）。

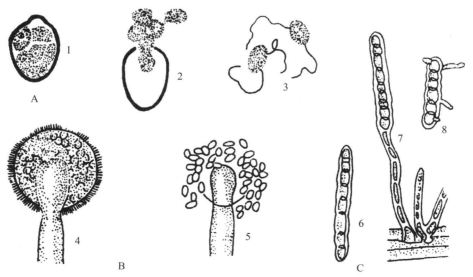

图1-4 菌物的无性孢子类型

A. 游动孢子：1. 游动孢子囊 2. 孢子囊萌发 3. 游动孢子 B. 孢囊孢子：4. 孢囊梗和孢子囊
5. 孢子囊破裂释放游动孢子 C. 分生孢子：6. 分生孢子 7. 分生孢子梗 8. 分生孢子萌发

此外,在条件不适时,有些菌物的菌丝或孢子中某些细胞会膨大变圆、原生质浓缩、细胞壁加厚而形成一种特殊的无性孢子,称为厚垣孢子(chlamydospore)(图1-5)。它能抵抗不良环境,待条件适宜时再萌发成菌丝。

图1-5 菌物的厚垣孢子

(2)有性生殖(sexual reproducion)

菌物生长发育到一定时期,一般到作物生长季节的后期,进行有性生殖。多数菌物由菌丝分化产生性器官即配子囊(gametangium),通过雌、雄配子囊结合产生有性孢子。其整个过程可分为质配、核配和减数分裂三个阶段。第一个阶段是质配,即经过两个性细胞或性器官的融合,两者的细胞质和细胞核(N)合并在同一细胞中,形成双核期($N+N$)。第二阶段是核配,就是在融合的细胞内两个单倍体的细胞核结合成一个二倍体的细胞核($2N$)。第三阶段是减数分裂,二倍体细胞核经过两次连续的分裂,形成四个单倍体的核(N),从而回到原来的单倍体阶段。经过有性生殖,菌物可产生五种类型的有性孢子(图1-6)。

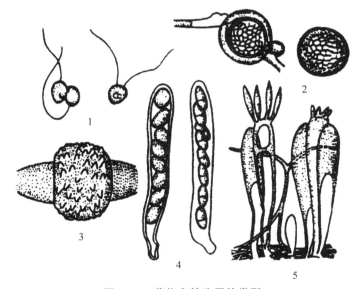

图1-6 菌物有性孢子的类型

1.合子 2.卵孢子 3.接合孢子 4.子囊及子囊孢子 5.担子及担孢子

①休眠孢子囊(resting sporangium):通常由两个游动配子配合形成的合子发育而成,萌发时发生减数分裂释放出单倍体的游动孢子。一些低等的菌物(如壶菌和根肿菌等)有性生殖通常产生此类有性孢子。其中,根肿菌的休眠孢子囊萌发时通常仅释放出一个游动孢子,其休眠孢子囊也称为休眠孢子(resting spore)。

②卵孢子(oospore):由两个异型配子囊——雄器和藏卵器接触后,雄器的细胞质和细胞核经授精管进入藏卵器,与卵球核配,最后受精的卵球发育成厚壁的、二倍体的卵孢子,系卵菌的有性孢子。

③接合孢子(zygospore):由两个配子囊融合成一个细胞,并在这个细胞中进行质配和核配后形成的厚壁孢子。接合孢子萌发时进行减数分裂,并长出芽管,端生一个孢子囊或直接形成菌丝。这是接合菌有性生殖产生的孢子类型。

④子囊孢子(ascospore):由两个异型配子囊——雄器和产囊体相结合,经质配、核配和减数分裂而形成的单倍体孢子。子囊孢子着生在无色透明、棒状或卵圆形的囊状结构即子囊(ascus)内。每个子囊中一般形成8个子囊孢子。子囊通常产生在具包被的子囊果内。子囊果一般有四种类型,即球

状而无孔口的闭囊壳(cleiothecium)；瓶状或球状且有真正壳壁和固定孔口的子囊壳(perithecium)；由子座溶解而成、无真正壳壁和固定孔口的子囊腔(locule)；盘状或杯状的子囊盘(apothecium)。这是子囊菌有性生殖产生的孢子类型。

⑤担孢子(basidiospore)：通常直接由"＋""－"菌丝结合形成双核菌丝，之后双核菌丝的顶端细胞膨大成棒状的担子(basidium)。在担子内的双核经过核配和减数分裂，最后在担子上产生4个外生的单倍体的担孢子。这是担子菌有性生殖产生的孢子类型。

菌物的有性生殖存在性分化现象。有些菌物单个菌株就能完成有性生殖，称为同宗配合(homothallism)；而多数菌物需要两个性亲和的菌株生长在一起才能完成有性生殖，称为异宗配合(heterothallism)。异宗配合真菌的有性生殖需要不同菌株间的配对或杂交，因此有性后代比同宗配合真菌具有更大的变异性，这有益于增强此类真菌的适应性与生活能力。

3．生活史

菌物的生活史(life cycle)是指从一种孢子萌发开始，经过一定的营养生长和繁殖阶段，最后产生同一种孢子的过程。真菌的典型生活史包括无性和有性两个阶段。无性阶段包括营养生长阶段和无性繁殖阶段，往往在生长季节可以连续多次产生大量的无性孢子，这对病害的传播起着重要作用。真菌的有性阶段一般在植物生长或病菌侵染的后期只产生一次有性孢子，其作用除了繁衍后代外，主要是度过不良环境，并作为病害在下一生长季节的初侵染来源。

从菌物生活史中细胞核的变化来看，一个完整的生活史由单倍体和二倍体两个阶段组成。两个单倍体细胞经质配、核配后，形成二倍体阶段，再经减数分裂进入单倍体时期。根据生活史中单倍体、二倍体和双核阶段的有无及长短差异，可将菌物的生活史分为五种类型(图1-7)。

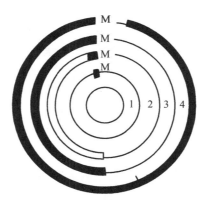

图1-7　菌物五种生活史类型示意图

每圈代表一种生活史；M表示减数分裂；单线表示单倍体阶段；双线表示双核单倍体阶段；黑线表示二倍体阶段

①无性型：只有无性阶段即单倍体时期，如无性型菌物(anamorphic fungi)。

②单倍体型：营养体和无性繁殖体为单倍体，有性生殖过程中质配后立即进行核配和减数分裂，二倍体阶段很短，如部分鞭毛菌、接合菌和低等子囊菌等。

③单倍体—双核型：有单核单倍体和双核单倍体菌丝，高等子囊菌和多数担子菌为此类型。

④单倍体—二倍体型：生活史中单倍体和二倍体时期互相交替，这种现象在菌物中较少，仅见于少数低等鞭毛菌。

⑤二倍体型：单倍体仅限于配子囊时期，整个生活史主要是二倍体阶段，如卵菌。

（二）植物病原菌物的主要类群

在最早的有关生物的分类系统中，人们将生物分为动物界和植物界，真菌属于藻菌植物。Whittaker

(1969)提出生物分为 5 个界,在 5 界系统中,最低等的是原核生物界(Procaryotae),包括有细胞形态而没有固定细胞核的低等生物。其次是原生生物界(Protista),包括有固定细胞核的单细胞的原始生物。随后从原生生物界根据营养方式的不同向 3 个方向演化,形成光合作用的植物界(Plantae)、吸收方式的菌物界(Fungi)和摄食方式的动物界(Animalia)。此后,有人还提出非细胞形态的生物——病毒,应单独成立一个界,即病毒界,放在原核生物界之前。这样从纵的方面看,整个生物的演化从非细胞生物开始,发展到原核生物,再进化到真核生物(单细胞→多细胞)。总之,不管是在 5 界还是 6 界系统中,菌物已独立成为一个界。该分类系统被大多数真菌分类学者所接受,应用了相当长一个阶段。Cavalier-Smith(1988—1989)提出生物 8 界分类系统,其中无细胞壁的黏菌包括根肿菌归为原生动物界(Protozoa),细胞壁主要成分为纤维素、营养体为 2N 的卵菌确定为藻物界(Chromista),其他真菌则归为真菌界,因此菌物,即传统意义上的"真菌"或广义的"真菌",已分别隶属于 3 个不同的界。该 8 界分类系统被 1995 年出版的《菌物词典》(*Ainsworth Bisby's Dictionary of the Fungi*)(第八版)接受。国内学者建议将传统的"真菌(Fungi)"改称为"菌物",将"真菌学(Mycology)"改称为"菌物学"。1997 年,《真菌学报》更名为《菌物系统》,英文刊名 *Acta Mycologica Sinica* 改为 *Mycosystema*;2004 年,又更名为《菌物学报》,英文刊名仍为 *Mycosystema*。

关于菌物的分类,学术界曾先后提出不同的分类系统,其中 Ainsworth(1971,1973)依据生物分类的 5 界学说提出的分类系统曾被大多数人所接受。该系统将菌物作为一界,根据营养体的特征分为两个门,即营养体为变形体或原质团的黏菌门(Myxocota)和营养体主要是菌丝体的真菌门(Eumycota)。植物病原真菌几乎都属于真菌门。根据营养体、无性繁殖和有性生殖的特征,真菌门分为 5 个亚门,即鞭毛菌亚门(Mastigomycotina)、接合菌亚门(Zygomycotina)、子囊菌亚门(Ascomycotina)、担子菌亚门(Basidiomycotina)和半知菌亚门(Deuteromycotina)。但该系统存在一些争议,如黏菌、卵菌和狭义的真菌在营养体结构和营养方式等方面存在显著差异;鉴于"半知菌"的同一菌物有性态和无性态的DNA 序列是一致的,因此将"半知菌"单独进行分类不能反映菌物系统发育关系。有鉴于此,1995 年出版的《菌物辞典》(第八版)将菌物分为 3 个界:将黏菌和根肿菌划归原生动物界(Protozoa),将卵菌和丝壶菌划归藻物界(也称假菌界,Chromista),而将其余的壶菌、接合菌、子囊菌和担子菌划归真菌界(Fungi)。原来的半知菌亚门不再保留,据其有性态分别归入子囊菌和担子菌,将没发现有性态的归到有丝分裂孢子真菌(Mitosporic fungi),不分纲目科,直接归到属。2001 年出版的《菌物辞典》(第九版)取消"有丝分裂孢子真菌"的名称,改为无性态真菌(anamorphic fungi);2008 年出版的第十版将近 3000 个没有"法统地位"的无性型属菌物找到正统名称归属,被归到子囊菌门中,与纲平行,其下直接分属。虽然"半知菌"没有单独的分类学意义上的"门""纲""目""科"分类等级的划分,但其"属"分类单元名称仍然存在分类学意义。

对菌物的命名遵从《藻类、菌物和植物国际命名法规》(ICN)。随着传统的"半知菌"分类问题的解决,越来越多的菌物学家主张"一种菌物一个学名"(one fungus one name)。自 2012 年起,国际菌物命名委员会推广"一种菌物一个学名"制,过去一个菌物种有性态一个名、无性态一个名的命名法已取消。至于采取无性阶段还是有性阶段的名称对一种菌物进行统一命名没有严格的规定,一般视其重要性、命名时间迟早等决定。由于无性态是植物病害中最常见和危害最严重的阶段,很多无性态名称往往早于有性态,因此很多菌物采用无性态名称。例如,无性世代学名 *Fusarium*(1809)和 *Phomopsis*(1905)被保留,而对应的有性世代学名 *Gibberella*(1877)和 *Diaporthe*(1870)被废弃。

1. **植物病原原生动物**

原生动物为单细胞真核生物,营养体为原质团,营养方式为吞噬或光合作用(叶绿体无淀粉和藻胆体)。无性繁殖产生含非直管状鞭毛的游动孢子,有性生殖产生休眠孢子囊。植物病原原生动物仅有植黏菌纲(Phytomyxea),纲下 1 目根肿菌目(Plasmodiophorida),目下 2 科 15 属 50 种。根肿菌有丝分裂时染色体与伸长的核仁近似十字形。无性繁殖时,由单倍体原质团形成薄壁的游动孢子囊,内生多个双鞭长短不一的尾鞭型鞭毛的游动孢子。有性生殖时,两个游动配子或孢子配合形成合子后发育成二倍体原质团,再由后者产生厚壁的休眠孢子(囊)。休眠孢子是否聚集以及休眠孢子堆的形态是根肿菌分属的重要依据。

根肿菌为活体营养生物,引起植物病害的主要属包括根肿菌属 *Plasmodiophora*、粉痂菌属 *Spongospora* 和多黏菌属 *Polymyxa* 等。根肿菌属休眠孢子散生在寄主细胞内,呈鱼卵状,危害植物根部,导致根部肿大。代表性种如引起十字花科植物根肿病的芸薹根肿菌 *Plasmodiophora brassicae*。粉痂菌属休眠孢子联合形成多孔(中间有缝隙)的海绵状圆球。代表性种如引起马铃薯粉痂病的马铃薯粉痂菌 *S. subterranea*。多黏菌属休眠孢子聚生形成休眠孢子堆,但不引起寄主细胞和根部肿大。代表性种如禾谷多黏菌 *Polymyxa graminis*,可传播小麦土传花叶病毒和小麦梭条花叶病毒等多种植物病毒。

2. 植物病原藻菌

藻菌的营养体大多数是发达的无隔菌丝体,且为二倍体,少数低等藻菌是多核有壁的单细胞。藻菌的细胞壁主要成分为纤维素。营养方式为吸收或原始光养型(叶绿体无淀粉和藻胆体)。无性繁殖形成游动孢子囊,其中形成多个由一根直管状和另一根尾鞭型组成的双鞭毛游动孢子;有性生殖时,由菌丝细胞特化成雄器和藏卵器两种异型配子囊,通过质配、核配,藏卵器中受精的卵球最终发育成1至多个厚壁的二倍体卵孢子。因有性生殖产生卵孢子,故藻菌也称为卵菌。卵菌可以从水生、两栖到陆生,腐生、兼性寄生至专性寄生。

对卵菌的分类地位,学术界曾有较大的争论。卵菌的营养体为二倍体,其他真菌为单倍体;卵菌的细胞壁主要成分为纤维素,其他真菌大多为几丁质;卵菌的有性生殖为卵配生殖,这种方式在其他真菌中很少见;卵菌的赖氨酸合成途径为二氨基庚二酸途径,其他真菌为氨基己二酸途径;卵菌的 25S rRNA 分子量为 1.42×10^6,其他真菌为 $(1.3 \sim 1.36) \times 10^6$。此外,卵菌的线粒体、高尔基体、细胞核膜、细胞壁的超微结构与其他真菌也有明显差异。

藻物界分丝壶菌门(Hyphochytriomycota)、网黏菌门(Labyrinthumycota)和卵菌门(Oomycota)3 个门,其中与植物病害相关的主要为卵菌门。卵菌门下只有 1 个纲,即卵菌纲(Oomycetes)。《菌物辞典》(第十版)将卵菌纲分为 8 目 19 科 95 属 911 种,其中白锈目(Albuginales)、霜霉目(Peronosporales)、腐霉目(Pythiales)和水霉目(Saprolegniales)4 个目能引起植物病害。这些目的主要区别在于孢囊梗分化程度、游动孢子两游现象(diplanetism)的有无、藏卵器内的卵球(或卵孢子)数目以及生活环境等。水霉目孢囊梗不分化,游动孢子有两游现象,即从孢子囊释放出的梨形游动孢子,经一定时期的游动,鞭毛收缩形成具细胞壁的休止孢。休止孢萌发形成肾形游动孢子,鞭毛侧生在凹陷处,可再游动一个时期,然后休止,萌发长出芽管。水霉目藏卵器内有 1 至多个卵球或卵孢子。其他 3 个目的游动孢子均无两游现象,藏卵器中只有 1 个卵球或卵孢子。此外,腐霉目孢囊梗分化不明显,无限生长,水生、两栖或陆生,腐生或寄生。霜霉目为活体营养生物,寄生于植物细胞间隙,并形成吸器吸取营养,孢囊梗分化明显且复杂,有限生长,陆生,均为植物病原物。白锈目也为活体营养型植物病原物,但孢囊梗不分化,短棒形,其上串生孢子囊。引起植物病害的重要属包括:

①绵霉属 *Achlya*:隶属水霉目。孢子囊棍棒形,孢子释放时聚集在囊口休止。藏卵器内多卵球。绵霉是一种弱寄生菌,如引起水稻烂秧的稻绵霉 *A. oryzae*。

②腐霉属 *Pythium*;隶属腐霉目。孢囊梗菌丝状,孢子囊球状或裂瓣状,萌发时产生泡囊,原生质转入泡囊内形成游动孢子。藏卵器内单卵球。腐霉多生于潮湿肥沃的土壤中,引起多种作物幼苗的根腐、猝倒以及瓜果的腐烂,如瓜果腐霉 *P. aphanidermatum*(图 1-8)。

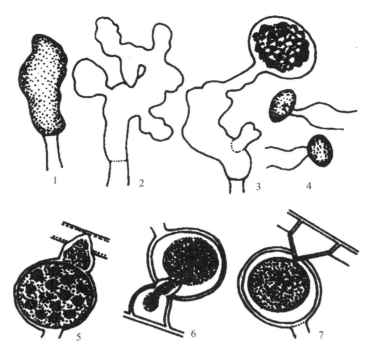

图1-8 瓜果腐霉

1～2.孢子囊 3.孢子囊萌发形成的泡囊 4.游动孢子 5.藏卵器和雄器 6.交配 7.卵孢子的形成

③疫霉属 *Phytophthora*：隶属霜霉目。孢囊梗分化不显著至显著。孢子囊近球形、卵形或梨形。游动孢子在孢子囊内形成，不形成泡囊。藏卵器内单卵球。寄生性较强，可引起多种作物的疫病，如引起马铃薯晚疫病的致病疫霉 *P. infestans*（图1-9）。

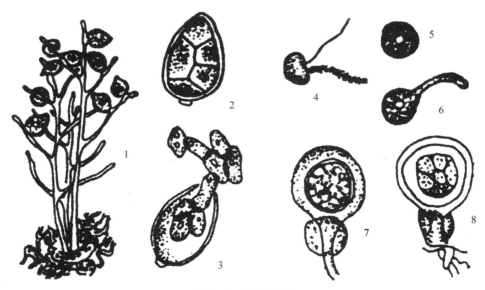

图1-9 致病疫霉

1.孢囊梗和孢子囊 2.孢子囊 3.孢子囊萌发 4.游动孢子 5.休止孢
6.休止孢萌发 7.穿过雄器形成的藏卵器 8.藏卵器中形成的卵孢子

④霜霉属 *Peronospora*：隶属霜霉目霜霉科。孢囊梗有限生长，形成二叉状锐角分枝，末端尖锐。孢子囊卵圆形，成熟后易脱落，可随风传播，萌发时一般直接产生芽管，不形成游动孢子。藏卵器内单卵球。霜霉科真菌是鞭毛菌亚门中的最高级类群，都是陆生、专性寄生的活体营养生物，本科包括多个重要属，属间鉴别的主要特征是孢囊梗的分枝方式及末端的形态学特征等（图1-10）。该类卵菌可引起多种植物的霜霉病，如引起十字花科植物霜霉病的寄生霜霉 *P. parasitica*。

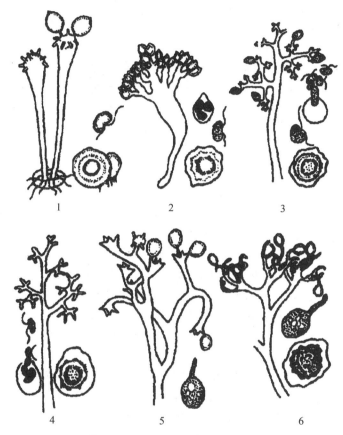

图1-10　霜霉菌重要属的特征
1.圆梗霉属　2.指梗霉属　3.单轴霉属　4.拟霜霉属　5.盘梗霉属　6.霜霉属

⑤白锈属 *Albugo*：隶属白锈目。孢囊梗平行排列在寄主表皮下，短棍棒形。孢子囊串生。藏卵器内单卵球，卵孢子壁有纹饰（图1-11）。白锈属卵菌均是专性寄生的活体营养生物，引起植物的白锈病，如引起十字花科植物白锈病的白锈菌 *A.candida*。

3.植物病原真菌

真菌为真核生物，营养体通常为丝状体，营养方式为吸收，通过产生各类孢子进行繁殖。真菌分布极为广泛，大多为死体营养，但有许多真菌寄生植物，引起各类植物病害，是致病种类最多的植物病原物。

植物病原真菌的营养体绝大多数为有隔菌丝体，细胞壁主要成分为几丁质和β-葡聚糖。少数真菌的营养体为卵圆形单细胞。真菌菌丝可特化形成吸器、附着胞、附着枝、假根、菌环和菌网等变态结构，帮助吸取营养、固着菌体或捕食。真菌菌丝中的细胞可形成厚垣孢子，起抵抗不良环境条件的作用。菌丝体还能形成菌核、子座和菌索等组织体，以抵抗不良环境条件，产孢和蔓延扩散。

植物病原真菌的无性繁殖产生游动孢子、孢囊孢子和分生孢子3类无性孢子，有性生殖产生休眠孢子囊、接合孢子、子囊孢子和担孢子4类有性孢子。

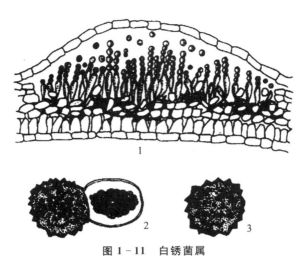

图 1-11 白锈菌属

1.寄主表面的孢子囊堆 2.卵孢子萌发 3.卵孢子

植物病原真菌的生活史主要分为三种类型:① 无性型,如无性真菌;② 单倍体型,如壶菌和接合菌;③ 单倍体—双核型,如担子菌和高等子囊菌。

《真菌辞典》(第十版)把真菌界划分为 7 个门,包括壶菌门(Chytridiomycota)、芽枝霉门(Blastocladiomycota)、新丽鞭毛菌门(Neocallimastigomycota)、小丛壳菌门(Glomeromycota)、接合菌门(Zygomycota)、子囊菌门(Ascomycota)和担子菌门(Basidiomycota),共记载了 36 纲、140 目、560 科、8283 属、97861 种真菌。其中植物病原真菌归属壶菌门、芽枝霉门、接合菌门、子囊菌门和担子菌门。另外,没有或尚未发现有性态的真菌在第九版中归为无性真菌类(anamorphic fungi),在第十版中全部归入子囊菌门和担子菌门,取消了单独的正式分类,但其属仍有实用意义而得到保留。植物病原真菌的主要类群包括:

(1)壶菌门

壶菌门真菌营养体形态差异较大。较低等的为多核、具细胞壁的单细胞,有的可形成假根;较高等的可形成较发达的无隔菌丝体。无性繁殖时产生游动孢子囊,部分有囊盖,囊内有多个游动孢子,游动孢子后生 1 根尾鞭(图 1-12)。有性生殖大多产生休眠孢子囊,萌发时释放 1 至多个游动孢子。壶菌一般水生、腐生,少数可寄生植物。

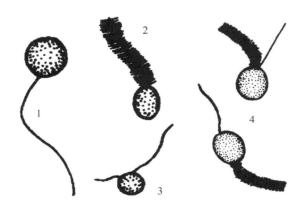

图 1-12 游动孢子的类型

1.后生尾鞭(壶菌) 2.前生茸鞭(丝壶菌) 3.双鞭不等长(根肿菌) 4.双鞭等长(卵菌)

壶菌门有 2 纲 4 目 706 种。其中只有少数壶菌目(Chytridiales)真菌是高等植物的寄生物,较主要的如集壶菌科(Synchytriaceae)的集壶菌属 *Synchytrium*:菌体整体产果、内寄生式;营养体成熟时形成具有总外壁的孢子囊堆(形成多个孢子囊),割裂形成游动孢子;两个游动孢子(配子)配合形成接合子(合子),发育成休眠孢子囊。植物寄生菌,引起畸形症状。最重要的是引起马铃薯癌肿病的内生集壶菌 S. endobioticum。

(2) 芽枝霉门

芽枝霉门原本归于壶菌门之中,但根据对 DNA 序列的系统发生关系研究结果将其提升为门。绝大多数腐生于土壤及淡水之中。较主要的植物寄生菌如节壶菌属 Physoderma;营养体为寄主组织内的膨大细胞,其间有丝状体相连;休眠孢子囊扁球形,黄褐色,有囊盖,萌发时释放出多个游动孢子;高等植物的专性寄生菌,侵染寄主常引起病斑稍隆起,但不引起寄主组织过度生长,如引起玉米褐斑病的玉蜀黍节壶菌 P. maydis(图 1-13)。

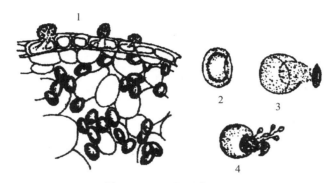

图 1-13　玉蜀黍节壶菌

1.寄主表面的游动孢子和寄主体内的休眠孢子囊　2.休眠孢子囊放大　3～4.休眠孢子囊萌发

(3) 接合菌门

本门真菌的营养体为无隔菌丝体,无性繁殖形成孢囊孢子,有性生殖产生接合孢子。这类真菌陆生,多数腐生,有的是昆虫的寄生物和共生物,有些与高等植物形成菌根,少数可寄生植物,引起果、薯的软腐和瓜类花腐病等。接合菌亚门分 4 亚门 10 目 27 科 168 属 1065 种,其中导致植物病害的为毛霉菌亚门(Mucoromycetina)、毛霉菌目(Mucorales),其中代表性属是根霉属 Rhizopus,其特征是菌丝分化出匍匐丝和假根。孢囊梗单生或丛生,与假根对生,端生球状孢子囊,孢子囊内生许多孢囊孢子。接合孢子由两个同型配子囊结合而形成,近球形,黑色,有瘤状突起。根霉大多腐生,有些具一定的弱寄生性,如引起甘薯软腐病的匍枝根霉 R. stolonifer(图 1-14)。

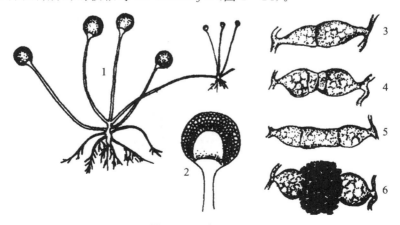

图 1-14　匍枝根霉

1.孢囊梗、孢子囊、假根和匍匐枝　2.放大的孢子囊　3.原配子囊　4.原配子囊分化为配子囊和配子囊柄

5.配子囊交配　6.交配后形成的接合孢子

（4）子囊菌门

本门真菌的营养体为有隔菌丝体,少数为单细胞。许多子囊菌的菌丝体可以形成子座和菌核等。无性繁殖产生各种类型的分生孢子;有性生殖形成子囊孢子。子囊菌门真菌都是陆生,有腐生、寄生和共生,其中包括许多重要的植物病原物。

子囊菌门是真菌的最大类群,其传统分类依据主要是子囊果的有无及类型和子囊的特征,其中子囊果类型主要包括子囊壳、闭囊壳、子囊腔和子囊盘(图1-15)。目前也将分子序列,尤其是核糖体基因组序列数据作为重要分类依据。《真菌辞典》(第十版)将子囊菌门分为3亚门15纲68目327科6355属64163种。设立的3个亚门为外囊菌亚门(Taphrinomycotina)、盘菌亚门(Pezizomycotina)[也称子囊菌亚门(Ascomycotina)]和酵母菌亚门(Saccharomycotina)。其中与植物病害有关的是外囊菌亚门和盘菌亚门。

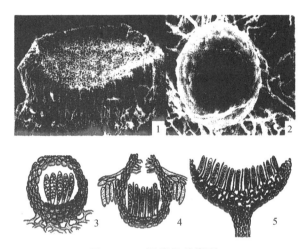

图1-15 子囊果的类型
1.子囊盘外观 2.闭囊壳外观 3.闭囊壳剖面图 4.子囊壳剖面图 5.子囊盘剖面图

1）外囊菌亚门:包括许多低等的子囊菌,主要特征是子囊裸生,没有子囊果。营养体为单细胞或不很发达的菌丝体。无性繁殖少见,可裂殖或芽殖。有性生殖比较简单,不形成特殊的配子囊,子囊不由产囊丝形成。

外囊菌亚门包括1纲1目,即外囊菌目(Taphrinales),均为植物病原物,寄生性强,导致植物各组织的畸形。外囊菌目的重要属为外囊菌属 *Taphrina*,其主要特征:子囊长圆筒形,平行排列在寄主表面,呈栅栏状子实层,不形成子囊果;子囊孢子芽殖产生芽孢子。外囊菌都是蕨类或高等植物的寄生物,会引起叶片、枝梢和果实的畸形,如引起桃缩叶病的畸形外囊菌 *T. deformans*(图1-16)。

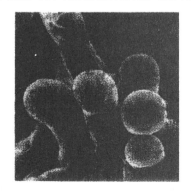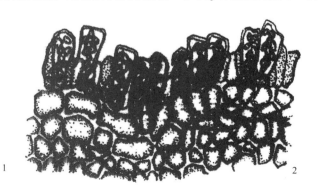

图1-16 畸形外囊菌
1.寄主表面子囊层扫描电镜照片 2.栅栏状排列的子囊

2）盘菌亚门：盘菌亚门的主要特征是形成子囊果，子囊由产囊丝发育而成。无性繁殖形成分生孢子。该亚门包括所有形成子囊果的子囊菌，其中包含众多大型子囊菌，分10纲，其中与植物病害相关的主要包括散囊菌纲（Eurotiomycetes）、锤舌菌纲（Leotiomycetes）、座囊菌纲（Dothideomycetes）和粪壳菌纲（Sordariomycetes）等。

①散囊菌纲：本纲的特征是子囊果为没有固定孔口的闭囊壳，子囊散生在闭囊壳内。由于子囊壁很早胶化和消解，所以成熟的闭囊壳中往往只能看到分散的子囊孢子。子囊由产囊丝形成，子囊间没有侧丝。

散囊菌纲包括10目，与植物病害相关的重要目为散囊菌目（Euratiales），其无性阶段发达，产生大量的分生孢子。散囊菌大多为土壤中动植物残体的腐生物，少数可引起种子和果实的腐烂。含3科49属928种，代表性属如散囊菌属 *Eurotium*，无性阶段为曲霉属 *Aspergillus* 和青霉属 *Penicillium*，包括引起柑橘腐烂的重要病原物指状青霉 *Penicillium digitatum*。

②锤舌菌纲：本纲的特征是子囊果多为盘状或杯状的子囊盘。子囊和侧丝整齐排列成子实层。子囊单囊壁，可强力弹射子囊孢子。少数产生闭囊壳。无性孢子产生情况少。本纲分5目19科641属5587种，其中与植物病害相关的为白粉菌目（Erysiphales）、柔膜菌目（Helotiales）和斑痣菌目（Rhytismatales）。白粉菌目真菌一般称作白粉菌，都是高等植物的专性寄生物，引起各种植物的白粉病。其菌丝体常生长在寄主表面，产生吸器伸入寄主表皮或叶肉细胞。无性繁殖产生大量椭圆形、单细胞的分生孢子。有性生殖形成的子囊果是闭囊壳，内生一个或多个规则排列的卵圆形子囊，闭囊壳上生有各种形状的附属丝。白粉菌分属的主要依据是闭囊壳上附属丝的形态及壳内的子囊数目，本目包括单丝壳属 *Sphaerotheca*、叉丝单囊壳属 *Podosphaera*、布氏白粉菌属 *Blumeria*、白粉菌属 *Erysiphe*、钩丝壳属 *Unicinula*、叉丝壳属 *Microsphaera* 和球针壳属 *Phyllactinia* 等重要属（图1-17）。柔膜菌目真菌子囊盘有柄或无柄，生于子座或基质内，有的产生菌核，菌核萌发形成子囊盘。斑痣菌目子囊盘无柄，生于寄主表皮下子座内。本纲的代表属如下：

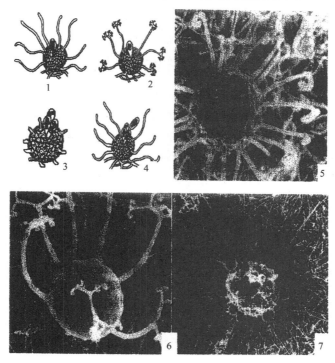

图1-17　白粉菌重要属的特征
1.单丝壳属　2.叉丝单囊壳属　3.布氏白粉菌属　4.白粉菌属　5.钩丝壳属　6.叉丝壳属　7.球针壳属

布氏白粉属 *Blumeria*：隶属白粉菌目，闭囊壳上的附属丝不发达，呈短菌丝状，闭囊壳内含多个子囊，分生孢子梗基部膨大呈近球形，如引起禾本科植物白粉病的禾布氏白粉菌 *B. graminis*。

核盘菌属 *Sclerotinia*：属柔膜菌目，菌丝体在寄主表面或组织内形成菌核，菌核萌发产生长柄的褐色子囊盘，子囊盘表面为由子囊和侧丝组成的子实层（图1-18）。子囊孢子椭圆形或纺锤形，单胞，无色，如引起油菜菌核病的核盘菌 *S. sclerotiorum*。

图1-18 核盘菌属子囊和子囊盘

葡萄孢盘菌属 *Botryotinia*：属柔膜菌目，菌丝体在寄主角质层或表皮下形成菌核，表面隆起，周围有胶质物。菌核萌发形成子囊盘。子囊盘杯状至盘形，褐色。子囊孢子椭圆形，单胞，无色。无性态为葡萄孢属 *Botrytis*。常见种有引起多种仁果类和核果类果实腐烂病的富氏葡萄孢盘菌 *Botryotinia fuckeliana*，常见其无性态灰葡萄孢 *Botrytis cinerea*。

③座囊菌纲：本纲的特征是子囊果为子囊腔，即子囊着生在子座消解形成的腔中，因而子囊果壁是子座性质的，顶端孔口也是由子座消解而来的。这种内生子囊的子座称作子囊座。有的子囊间有子座消解形成的丝状残余物即拟侧丝（pseudoparaphysis）。有的子囊腔周围菌组织被挤压得很像子囊壳的壳壁，因而有人称其为假囊壳（pseudoperithecium）。座囊菌的另一特征是子囊壁双层，即双囊壁。

座囊菌纲分为2亚纲5个目及亚纲未定的4目，其中与植物病害关系较大的是多腔菌目（Myriangiales）、格孢腔菌目（Pleosporales）和葡萄座球菌目（Botryosphaeriales），主要依据子囊在子座中的着生方式和拟侧丝的有无及序列同源性对它们加以区分。多腔菌目子座内有多个子囊腔，每个子囊腔内生单个子囊。格孢腔菌目子囊果多为假囊壳，子囊间有拟侧丝，子囊孢子常为多胞或砖隔胞。葡萄座球菌目子座较发达，内有单个子囊腔，有些子囊腔为假囊壳，子囊间拟侧丝持久存在或早期消解，子囊孢子为单胞或双胞。本纲与植物病害相关的代表性属有：

痂囊腔菌属 *Elsinoe*：多腔菌目成员。子囊不规则地散生在子座内，每个子囊腔中只有一个球形的子囊。子囊孢子大多长圆筒形，有3个横隔（图1-19）。无性态为痂圆孢属 *Sphaceloma*。此属真菌大多侵染寄主的表皮组织，引起细胞增生和组织木栓化，使病斑表面粗糙或突起，因而引起的病害一般称作疮痂病。如引起葡萄黑痘病的葡萄痂囊腔菌 *E. ampelina*，常见的是其无性阶段即葡萄痂圆孢 *Sphaceloma ampelinum*。

黑星菌属 *Venturia*：格孢腔菌目成员。假囊壳大多在病组织表皮下形成，孔口周围有少数黑色、多隔的刚毛。子囊平行排列，有拟侧丝。子囊孢子椭圆形，双胞，大小不等（图1-20）。无性态为黑星孢属 *Fusicladium*。此属真菌大多危害果树和树木的叶片、枝条和果实，引起的病害常称为黑星病，如分别引起苹果黑星病的苹果黑星菌 *V. inaequalis* 和梨黑星病的纳雪黑星菌 *V. nashicola*。

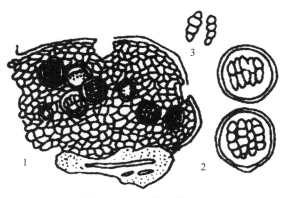

图 1 - 19　痂囊腔菌属

1.散生于子囊腔的子囊座　2.子囊　3.子囊孢子

旋孢腔菌属 *Cochliobolus*：格孢腔菌目成员。假囊壳近球形，子囊圆筒形。子囊孢子线形，多细胞，无色至淡橄榄色，在子囊中呈螺旋状排列（图 1 - 20）。无性态为双极蠕孢属/平脐蠕孢属 *Bipolaris* 和弯孢属 *Curvularia*。本属真菌多寄生禾本科植物，有性阶段很少发生。我国常见的有官部旋孢腔菌 *Cochliobolus miyabeanus*，寄生于水稻，引起水稻胡麻斑病；异旋孢腔菌 *Cochliobolus heterostrophus*，寄生于玉米，引起玉米小斑病。

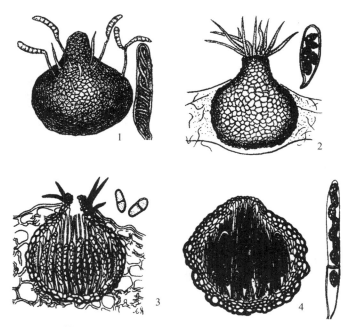

图 1 - 20　格孢腔菌目常见属子囊腔和子囊

1.旋孢腔菌属　2.核腔菌属　3.黑星菌属　4.格孢腔菌属

核腔菌属 *Pyrenophora*：格孢腔菌目成员。假囊壳球形，顶部有刚毛，初期埋生，后突破寄主组织外露。子囊圆筒形或棍棒形，子囊间有拟侧丝。子囊孢子卵圆形至椭圆形，砖格状分隔，无色或黄褐色图 1 - 20。无性态为德氏霉属 *Drechslera*。本属真菌多寄生于麦类作物，如麦类核腔菌 *P. graminea* 寄生于大麦，引起条纹病。

格孢腔菌属 *Pleospora*：格孢腔菌目成员。子座后期突破基物，通常膜质、黑色、圆形、光滑。子囊棍棒状。子囊孢子卵圆形或长圆形，有纵隔膜，褐色，拟侧丝明显（图 1 - 20）。无性态为匍柄霉属 *Stemphylium*。如枯叶隔孢腔菌 *P. herbarum* 侵染葱、蒜、辣椒等植物，引起黑斑病、叶枯病等。

球座菌属 *Guignardia*：葡萄座球菌目成员。子囊座生于寄主表皮下，球形或亚球形，暗色，子囊座顶端有孔口，无喙；子囊棍棒形，束生，子囊之间无拟侧丝；子囊孢子单胞，椭圆形或梭形，无色。无性态为叶点霉属 *Phyllosticta* 和细小穴壳属 *Leptodothiorella*。本属大多寄生危害植物的茎、叶和果实。如引起葡萄黑腐病的葡萄球座菌 *G. bidwellii* 以及引起柑橘黑斑病的柑橘球座菌 *G. citricarpa*。

④粪壳菌纲：本纲的特征是子囊果通常为子囊壳，囊壳的下部呈球形或近球形，上部有一个长、短不一的喙，喙部孔口内侧常有一层短丝状的缘丝。子囊一般为单囊壁，囊壁不开裂。子囊间可有侧丝，有些侧丝早期消解。本纲包括了绝大多数非地衣化的、子囊果为子囊壳、囊壁不开裂的子囊菌。下分肉座菌亚纲（Hypocreomycetidae）、粪壳菌亚纲（Sordariomycetidae）和炭角菌亚纲（Xylariomycetidae）3亚纲15目64科1119属10564种。与植物病害相关的主要包括肉座菌目（Hypocreales）、微囊菌目（Microascales）和间座壳菌目（Diaporthales）等。肉座菌目子座发达，内生子囊壳，子座和壳壁鲜艳。微囊菌目子囊壁早期易消解，子囊孢子散生在子囊壳内。间座壳菌目子囊壳单个或多个聚生于子座内，有一长颈伸出。本纲中与植物病害有关的代表性属包括：

赤霉属 *Gibberella*：隶属肉座菌目。子囊壳单生或群生于子座上，壳壁蓝色或紫色。子囊孢子梭形，有2～3个隔膜。赤霉属的无性阶段大多数属于镰孢属 *Fusarium*。该属中有一些重要植物病原物，如引起麦类赤霉病的玉蜀黍赤霉 *G. zeae*（图1－21）和引起水稻恶苗病的藤仓赤霉 *G. fujikuroi*。

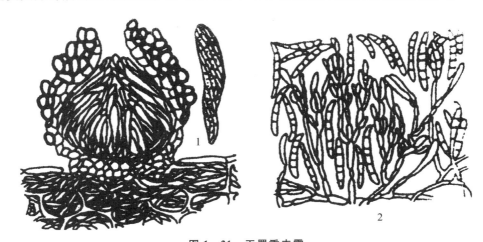

图1－21　玉蜀黍赤霉
1. 子囊壳和子囊　2. 分生孢子梗和分生孢子

长喙壳属 *Ceratocystis*：隶属微囊菌目。子囊果是具长颈的子囊壳，子囊散生，子囊间无侧丝，子囊壁早期溶解。无性态为鞘孢属 *Chalara*。重要的病原物有引起甘薯黑斑病的甘薯长喙壳 *C. fimbriata*（图1－22）等。

黑腐皮壳属 *Valsa*：隶属间座壳菌目。子座非常发达，子囊壳埋生于子座基部，深褐色，有长颈伸出子座。子囊孢子腊肠状，单胞，无色或暗色。无性态为壳囊胞属 *Cytospora*。大多腐生或弱寄生，只能危害树皮，不能危害绿色部分。重要的病原物有引起苹果腐烂病的苹果黑腐皮壳 *V. mali* 等。

（5）担子菌门

本门真菌的营养体是有隔菌丝体。多数担子菌营养菌丝体的每个细胞均为双核，所以也称双核菌丝体。双核菌丝体可以形成菌核、菌索和担子果等结构。担子菌一般没有无性繁殖，即不产生无性孢子。有性生殖除锈菌外，通常不形成特殊分化的性器官，而由双核菌丝体的细胞直接产生担子和担孢子。分类地位明确的担子菌门有3亚门16纲52目177科1589属31515种。

根据担子果的有无和担子果的发育类型及序列同源性，担子菌门分为3亚门：伞菌亚门（Agaricomycotina）、黑粉菌亚门（Ustilaginomycotina）和柄锈菌亚门（Pucciniomycotina）。

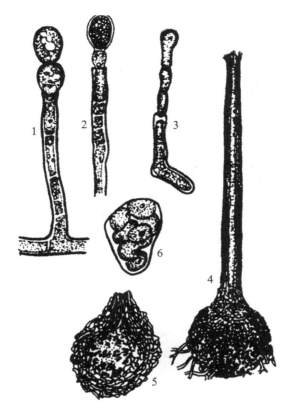

图 1－22 甘薯长喙壳

1.厚壁分生孢子 2.薄壁分生孢子 3.薄壁分生孢子萌发 4.子囊壳 5.子囊壳剖面 6.子囊和子囊孢子

①伞菌亚门形成担子果,常称作高等担子菌。担子果发育有裸果型、半被果型和被果型之分。这类担子菌大多腐生,许多是食用菌和药用菌,如蘑菇、平菇、香菇、草菇、猴头菇、木耳、银耳、竹荪、灵芝等,而很少有植物病原物。柄锈菌亚门和黑粉菌亚门是低等担子菌,没有担子果,而在寄主植物上形成成堆的冬孢子。冬孢子大多厚壁,萌发形成担子,即先菌丝,先菌丝上产生担孢子。这两个亚门包含许多重要植物病原物,尤其是黑粉菌和锈菌为寄生高等植物的活体营养生物,分别引起多种作物的黑粉病和锈病。

②黑粉菌亚门:黑粉菌(smut)主要以双核菌丝体在寄主的细胞间寄生,普遍形成吸器伸入寄主细胞内吸取营养,后期在寄主组织内产生成堆黑色粉状的冬孢子。有时冬孢子单独或与不孕细胞一起形成孢子球。冬孢子萌发时,其中的两个细胞核进行核配,然后在萌发形成的先菌丝中进行减数分裂。因此,冬孢子和先菌丝相当于原担子和后担子。先菌丝上侧生或顶生担孢子。不同性别的担孢子结合后形成侵染丝(双核菌丝)再侵入寄主。黑粉菌虽是活体营养的,但不是专性寄生物,多半引起全株性侵染,少数为局部侵染。黑粉菌在人工培养时形成酵母状菌落。

黑粉菌亚门下分 3 纲:黑粉菌纲(Ustilaginomycetes)、根肿黑粉菌纲(Entorrhizomycetes)和外担子菌纲(Exobasidiomycete)。其中与植物病害联系密切的是黑粉菌纲的黑粉菌目(Ustilaginales)以及外担子菌纲的腥黑粉菌目(Tilletiales)。黑粉菌分类的主要依据是冬孢子和担子的性状,如孢子的大小、形状、纹饰、有无不孕细胞、萌发方式、孢子堆的形态和担子分隔的有无等。黑粉菌危害农作物的重要属有黑粉菌属和腥黑粉菌属等。

黑粉菌属 *Ustilago*:隶属黑粉菌目。冬孢子堆黑褐色,成熟时呈粉状;冬孢子散生,单胞,近球形,壁光滑或有纹饰,萌发产生的担子(先菌丝)有横隔,担孢子侧生或顶生,有些种的冬孢子可直接产生芽管而不是形成先菌丝,因而不产生担孢子。重要的病原物有引起小麦散黑穗病的小麦散黑粉菌 U. *tritici*、引起大麦坚黑穗病的大麦坚黑粉菌 U. *hordei* 和引起玉米瘤黑粉病的玉蜀黍黑粉菌 U. *maydis* 等。

腥黑粉菌属 *Tilletia*：隶属腥黑粉菌目。冬孢子呈堆粉状或带胶合状，大多产生在植物的子房内，常有腥味；孢子萌发产生无隔的先菌丝，顶生成束的担孢子。如引起小麦腥黑穗病的 3 个种，即小麦网腥黑粉菌 T. *caries*、小麦光腥黑粉菌 T. *laevis* 和小麦矮腥黑粉菌 T. *contraversa*（图 1 – 23）。

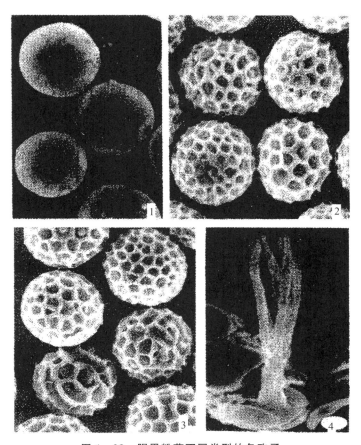

图 1 – 23　腥黑粉菌不同类型的冬孢子

1.光腥黑粉菌　2.网腥黑粉菌　3.矮星黑粉菌　4.冬孢子萌发

③柄锈菌亚门：锈菌（rust）比黑粉菌复杂得多。柄锈菌亚门以菌丝体寄生在寄主细胞间隙，常形成吸器伸入寄主细胞内获取营养。营养体有单核和双核两种菌丝体，都能寄生植物。有些锈菌两种菌丝体在一种植物上寄生，称为单主寄生，有的则在两种分类上很不相近的植物上寄生才能完成生活史，称为转主寄生。通常认为锈菌是专性寄生的活体营养生物，但是已有少数锈菌可在人工培养基上生长。锈菌与黑粉菌的主要区别是它的冬孢子由双核菌丝体的顶端细胞而不是中间细胞形成；担孢子着生在先菌丝产生的小梗上，释放时可以强力弹射，而黑粉菌的担孢子则直接着生在无小梗的先菌丝上，成熟后不能弹出。

锈菌生活史中可产生多种类型的孢子，最多的有五种，即性孢子、锈孢子、夏孢子、冬孢子和担孢子，这种现象称多型现象。其中锈孢子、夏孢子和冬孢子是双核孢子。能产生两种或以上双核孢子的生活史称为长生活史；只能产生一种双核孢子的生活史称为短生活史。以引起小麦秆锈病的禾柄锈菌 *Puccinia graminis* 为例，在有的国家，担孢子萌发形成的单核菌丝体侵染野生植物——小檗 *Berberis* sp. 后，在寄主表皮下形成性孢子器，内生单核的性孢子和受精丝。不同性别的性孢子与受精丝交配后形成双核菌丝体，并在叶片的下表皮形成锈孢子器，内生双核的锈孢子。随后，锈孢子不能侵染小檗,只能侵染小麦。锈孢子经传播,萌发成芽管从气孔侵入小麦,并在寄主体内形成双核菌丝体,然后在表皮下形成双核的夏孢子,聚集成夏孢子堆。在生长季节中夏孢子可连续产生多次,不断传播危害。在小麦生长后期,双核菌丝体形成休眠的双核冬孢子,聚集成冬孢子堆。冬孢子萌发形成先菌丝,先菌丝的 4 个细胞上侧生小梗,上面着生单核担孢子。以后担孢子再侵染小檗。由于禾柄锈菌的夏孢子对高温和低温都很敏感,因此通常是在北方春麦区越夏,秋季自北向南传到冬麦区,在南方冬麦上越冬,来年春天自南向北传至北方冬麦区及春麦区。

锈菌的分类主要根据冬孢子的形态、分隔、排列和萌发的形式。柄锈菌亚门下分 8 纲 18 目 36 科。与植物病害关系最密切的是柄锈菌纲(Pucciniomycetes)下面的柄锈菌目(Pucciniales),可以引起多种植物的锈病,常造成农作物的严重损失。危害农作物的代表性锈菌属有柄锈菌属和胶锈菌属等。

柄锈菌属 *Puccinia*:隶属柄锈菌目。冬孢子有柄,双胞,深褐色,单主或转主寄生,性孢子器球形;锈孢子器杯状或筒状,锈孢子单胞,球形或椭圆形,夏孢子黄褐色,单胞,近球形,壁上有微刺,单生,有柄。引起许多重要的禾谷类锈病,如引起小麦秆锈病的禾柄锈菌小麦专化型 *P. graminis* f. sp. *tritici*、引起小麦条锈病的条形柄锈菌小麦专化型 *P. striiformis* f. sp. *tritici* 和引起小麦叶锈病的隐匿柄锈菌小麦专化型 *P. recondita* f. sp. *tritici* 等(图 1−24)。

胶锈菌属 *Gymnosporangium*:隶属柄锈菌目。冬孢子双细胞,浅黄色至暗褐色,具有长柄;冬孢子柄遇水膨胀胶化;锈孢子器长管状,锈孢子串生,近球形,黄褐色,表面有小的瘤状突起;无夏孢子阶段;此属锈菌大多侵染果树和树木,并转主寄生,即担孢子侵染蔷薇科植物,如梨树等,而锈孢子则侵害桧属 *Juniperus* 植物。重要的病原物有引起梨锈病的亚洲胶锈菌 *G. asiaticum* 等(图 1−25)。

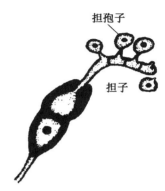

图 1−24 柄锈菌属冬孢子萌发产生的担子和担孢子

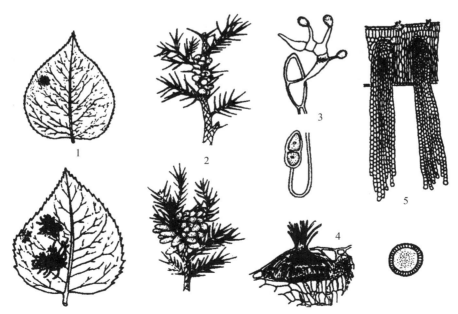

图 1−25 亚洲胶锈菌的生活史

1.叶片正面的性孢子器和叶片背面的锈孢子器 2.桧柏上的冬孢子角和吸水膨大后的冬孢子角

3.冬孢子及其萌发 4.性孢子器 5.锈孢子器和锈孢子

（6）无性真菌

无性真菌的营养体为分枝繁茂的有隔菌丝体，无性繁殖产生大量的各种类型分生孢子，有性生殖还没有被发现，已发现的，绝大多数是子囊菌，少数为担子菌。因此，长期以来，对于许多真菌来说，它们的无性态和有性态分别属于不同的类群，并同时具有两个学名。如引起小麦赤霉病的病菌，无性态学名是禾谷镰孢 *Fusarium graminearum*，有性态学名为玉蜀黍赤霉 *Gibberella zeae*。自 2012 年起，国际菌物命名委员会推广"一种菌物一个学名"制，很多菌物采用无性态名称。

无性真菌传统归类的重要依据之一是载孢体（conidiomata）。载孢体是着生分生孢子的结构。无性真菌的载孢体有两大类型；第一类，没有孢子果，分生孢子梗散生，或束生形成孢梗束（synnema），或着生在分生孢子座（sporodochium）上；第二类，形成孢子果，分生孢子梗和分生孢子着生在近球形、具孔口的分生孢子器中，或盘状的分生孢子盘内（图 1－26）。

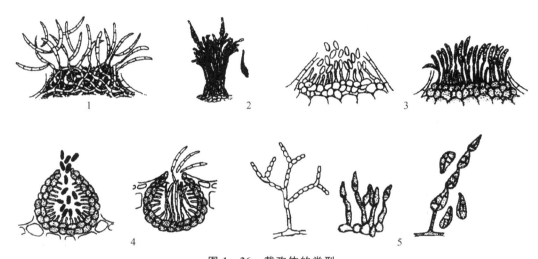

图 1－26　载孢体的类型
1.分生孢子座　2.孢梗束　3.分生孢子盘　4.分生孢子器　5.分生孢子梗

产生分生孢子是无性真菌的典型特征。无性真菌分生孢子的生成方式通常分为体生式（thallic）和芽生式（blastic）两大类。体生式是指营养菌丝的整个细胞作为产孢细胞，以断裂的方式形成分生孢子，这种孢子称为菌丝型分生孢子或节孢子（arthrospore）。芽生式是指产孢细胞以芽殖的方式产生分生孢子，分生孢子的形成过程仅涉及产孢细胞的一部分，这种孢子称为芽殖型分生孢子。根据分生孢子的形成是涉及产孢细胞的内壁还是全壁（内、外壁），上述生成分生孢子的两种方式可进一步分为全壁体生式（holothallic）、内壁体生式（enterothallic）和全壁芽生式（holoblastic）、内壁芽生式（enteroblastic）。大多数分生孢子的形成是芽生式的，依据产孢方式的特征，芽生式还可分为合轴式、环痕式、瓶梗式、孔生式等各种类型。

无性真菌分生孢子的分隔、形状和颜色多种多样。根据分隔情况分为单细胞、双细胞、多细胞和砖隔多细胞；形态有卵圆形、椭圆形、梨形、镰刀形、棒形、线形螺旋形、星形等；根据颜色分无色或有色。少数无性真菌不产生分生孢子。

长期以来，真菌学家关于无性真菌的分类意见有较大差异，但通常用于分类的主要依据是载孢体的类型、分生孢子的生成方式和分生孢子的特征。根据 Ainsworth（1973）的分类系统，"半知菌亚门"分为 3 个纲，即芽孢纲（Blastomycetes）、丝孢纲（Hyphomycetes）和腔孢纲（Coelomycetes）。芽孢纲包括酵母菌和类似酵母的真菌，而丝孢纲和腔孢纲真菌可以寄生植物，其中有些是重要植物病原物。2001 年出版的《菌物辞典》（第十版）根据分生孢子果的有无，将无性真菌分为丝孢纲和腔孢纲。

①丝孢纲:本纲真菌不形成孢子果,分生孢子梗散生、束生或着生在分生孢子座上,梗上着生分生孢子。根据分生孢子形成与否和载孢体类型,丝孢纲分为4个目。

丝孢目(Moniliales):分生孢子梗散生。

束梗孢目(Stilbellales):分生孢子梗聚生形成孢梗束。

瘤座菌目(Tuberculariales):分生孢子梗着生在分生孢子座上。

无孢目(Agonomycetales):不产生分生孢子。

丝孢纲真菌大多是高等植物重要寄生物,有些是人体的寄生菌和工业上的重要真菌。与植物病害相关的代表性属包括:

梨孢属 *Pyricularia*:丝孢目成员。分生孢子梗细长,淡褐色,顶部以合轴式延伸,呈屈膝状弯曲,全壁芽生合轴式产孢。分生孢子梨形,无色至淡橄榄色,大多3个细胞(图1-27)。此属真菌寄生性较强,主要危害禾本科植物。最重要的种是引起稻瘟病的灰梨孢 *P. grisea*。有性态为稻大角间座壳 *Magnaporthe oryzae*,但在自然条件下很少见。大角间座壳属为子囊菌,隶属子囊菌门、粪壳菌纲、粪壳菌亚纲、大角间座壳科。

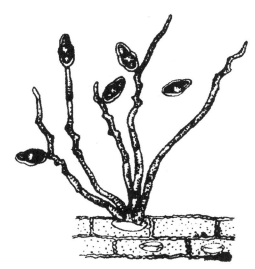

图 1-27　梨孢属

双极蠕孢属 *Bipolaris*:丝孢目成员。分生孢子梗细长,多隔,下部挺直,上部呈屈膝状弯曲,内壁芽生孔出式产孢。分生孢子多细胞,褐色,大多呈棱形,直或稍弯曲。分生孢子脐点稍突出,基部平截。此属是从原来的长蠕孢属 *Helminthosporium* 中划出的一个新属。如引起玉米小斑病的玉蜀黍双极蠕孢 *B. maydis* 等。其有性态为旋孢腔菌属 *Cochliobolus*,隶属子囊菌门、座囊菌纲、格孢腔菌目。

镰孢属 *Fusarium*:瘤座菌目成员。分生孢子梗无色,在自然条件下常结合成分生孢子座,但在人工培养下分生孢子梗多为单生,很少形成分生孢子座,内壁芽生瓶梗式产孢。该属真菌通常产生两种类型分生孢子:大型分生孢子多细胞,镰刀形,无色,基部常有一显著突起;小型分生孢子多为单细胞,无色,卵圆形或椭圆形,单生或串生,两种分生孢子常聚集成黏孢子团。有些种菌丝或分生孢子的细胞可形成近球形的厚垣孢子(图1-28)。在培养基上常产生红、紫、黄或蓝色等色素。有性态大多属于子囊菌的赤霉属 *Gibberella*、丛壳属 *Nectria* 和菌寄生属 *Hypomyces*。此属真菌一般称作镰刀菌,有寄生和腐生的,寄生能力强弱不同。寄生性的镰刀菌可引起多种植物的根腐、茎腐、穗腐、果腐及块根、块茎的腐烂,典型的是可侵染寄主植物维管束组织引起萎蔫的病状,如引起棉花枯萎病的尖镰孢萎蔫专化型 *F. oxysporium* f. sp. *vasinfectum* 等。

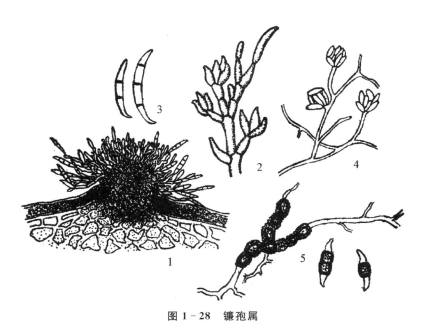

图1-28 镰孢属

1.分生孢子座 2.分生孢子梗 3.大型分生孢子 4.分生孢子梗和小型分生孢子

5.产生于菌丝间和大型分生孢子间的厚垣孢子

丝核菌属 *Rhizoctonia*：无孢目成员。菌丝褐色，多为近直角分枝，在分枝处有缢缩。菌核褐色或黑色，表面粗糙，形状不一，表里颜色相同，菌核间有丝状体相连。不产生分生孢子(图1-29)。这是一类重要的具有寄生性的土壤习居菌，主要侵染植物根、茎引起猝倒或立枯。代表种如茄丝核菌 *R. solani*，可引起水稻纹枯病、玉米纹枯病和棉花立枯病等。其有性态为瓜亡革菌 *Thanatephorus cucumeris*，是一种担子菌。亡革菌属隶属担子菌门、伞菌亚门(Agaricomycotina)、伞菌纲(Agaricomycetes)、鸡油菌目(Cantharellales)、角担菌科(Ceratobasidiaceae)。

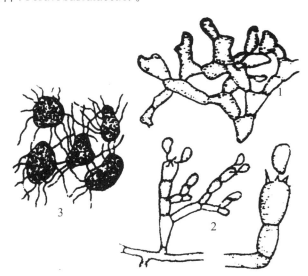

图1-29 立枯丝核菌

1.菌丝体 2.担子和担孢子 3.菌核

②腔孢纲：本纲真菌的共同特点是分生孢子产生在分生孢子盘或分生孢子器等分生孢子果内，分生孢子梗短小，人们对产孢细胞形成分生孢子的方式了解较少。腔孢纲通常分为黑盘孢目

（Melanconiales）和球壳孢目（Sphaeropsidales）2个目。黑盘孢目真菌的分生孢子形成于分生孢子盘内；球壳孢目真菌分生孢子产生于分生孢子器内。腔孢纲包括许多重要的植物病原菌，在病部侵染和危害后往往形成可见的小黑粒或小黑点等病征，即病菌的分子孢子盘或分生孢子器。与植物病害相关的代表性属有：

炭疽菌属 *Colletotrichum*：黑盘孢目典型成员。分生孢子盘生于寄主表皮下，有时生有褐色、具分隔的刚毛；分生孢子梗无色至褐色，内壁芽生瓶梗式产孢；分生孢子无色，单胞，长椭圆形或新月形，萌发后芽管顶端常产生附着胞（图1-30）。炭疽菌属真菌的寄主范围很广，有20多个种，可引起多种植物的炭疽病。最常见的是胶孢炭疽菌 *C. gloeosporiodes*，有性态为围小丛壳 *Glomerella cingulata*，引起棉花、苹果、葡萄、辣椒、茄子等植物的炭疽病。小丛壳属 *Glomerella* 隶属子囊菌门、粪壳菌纲、肉座菌亚纲、小丛壳科。

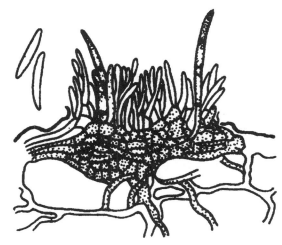

图1-30 炭疽菌属的分生孢子盘和分生孢子

壳囊孢属 *Cytospora*：球壳孢目成员。分生孢子器着生在瘤状或球状子座组织中，分生孢子器腔不规则地分为数室，具有一个共同的孔口。分生孢子梗无色透明；分生孢子单胞、无色、香蕉形（图1-31）。重要的病原物是梨壳囊孢菌 *C. carphosperma*，引起梨树腐烂病。有性态为梨黑腐皮壳 *Valsa pyri*，隶属子囊菌门、粪壳菌纲、粪壳菌亚纲、间座壳菌目、黑腐皮壳科。

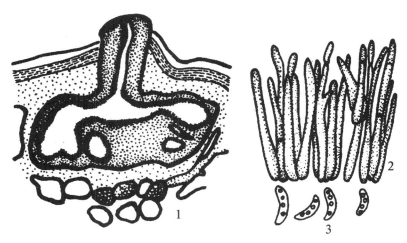

图1-31 壳囊孢属

1.着生于子座内的分生孢子器 2.分生孢子梗 3.分生孢子

二、植物病原原核生物

原核生物(prokaryote)是指一类由细胞壁和细胞膜(细菌、放线菌)或只有细胞膜(菌原体)包围细胞质,但无固定细胞核的单细胞生物。它的遗传物质(DNA)分散在细胞质内,没有核膜包围而成的固定细胞核。细胞质中含核糖体(70S),没有内质网、线粒体和叶绿体等细胞器(图1-32)。核糖体由50S和30S两个亚基组成,其中30S亚基中的16S rRNA序列分析是确定原核生物亲缘关系的重要依据之一。引起植物病害的原核生物包括细菌、菌原体等,侵染植物可引起许多重要的病害,如水稻白叶枯病、茄科植物青枯病、十字花科植物软腐病、桑萎缩病和泡桐丛枝病等。

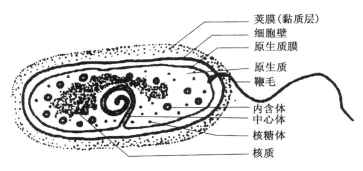

图1-32 细菌内部结构示意图

(一)植物病原原核生物的主要性状

1. 形态和结构

细菌的形态有球状、杆状和螺旋状(图1-33)。植物病原细菌大多为杆状,因而称为杆菌(rod)。菌体大小多数为$(0.5\sim0.8)\mu m\times(1\sim3)\mu m$。细菌细胞壁由肽聚糖、脂类和蛋白质组成。细胞壁外有以多糖为主形成的黏质层,比较厚而固定的黏质层称为荚膜。植物病原细菌细胞壁外有厚薄不等的黏质层,但很少有荚膜。细胞壁内是半透性的细胞质膜。大多数植物病原细菌有鞭毛(flagellum)。鞭毛从细胞质膜下粒状鞭毛基体上产生,穿过细胞壁和黏质层延伸到体外,鞭毛基部有鞭毛鞘。着生在菌体一端或两端的鞭毛称为极鞭,着生在菌体四周的鞭毛称为周鞭。细菌鞭毛的数目和着生位置是属分类的重要依据。细菌表面还有许多细短的纤毛或菌毛(pilus)。

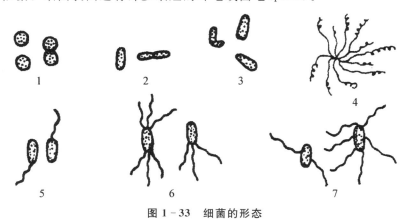

图1-33 细菌的形态

1.球菌 2.杆菌 3.棒杆菌 4.链丝菌 5.单鞭菌 6.多鞭毛极生 7.周生鞭毛

细菌没有固定的细胞核,它的核物质集中在细胞质的中央,形成一个椭圆形或近圆形的核区。在有些细菌中,还有独立于核质之外的呈环状结构的遗传因子,称为质粒(plasmid)。它是环形双链DNA,编码细菌的抗药性、育性或致病性等性状。细胞质中有颗粒状内含物,如核糖体、异粒体、中心体、气泡和液泡等。一些芽孢杆菌在菌体内可以形成一种称作芽孢的内生孢子,芽孢具有很强的抗逆能力。植物病原细菌通常无芽孢。

染色反应具有重要的鉴别作用,其中最重要的是革兰氏染色。革兰氏染色是指细菌经结晶紫染色、碘液媒染、酒精脱色和番红复染的系列染色,最后显示蓝紫色的为革兰氏染色反应阳性(G$^+$),呈现红色的则为阴性(G$^-$)。植物病原细菌革兰氏染色反应大多呈阴性,少数为阳性。

植物菌原体没有细胞壁,没有革兰氏染色反应,也无鞭毛等其他附属结构。菌体外缘为三层结构的单位膜。植物菌原体包括植原体(phytoplasma)和螺原体(spiroplasma)两种类型。植原体的形态、大小变化较大,表现为多型性,如圆形、椭圆形、哑铃形、梨形等,大小为80~1000 nm。细胞内有颗粒状的核糖体和丝状的核酸物质。螺原体菌体呈线条状,在其生活史的主要阶段菌体呈螺旋形。一般长度为2~4 μm,直径为100~200 nm,在人工培养基上通常形成煎蛋状菌落。

2. 繁殖、遗传和变异

原核生物多以裂殖的方式进行繁殖。细菌分裂时菌体先稍微伸长,细胞质膜自菌体中部向内延伸,同时形成新的细胞壁,最后母细胞从中间分裂为两个细胞。细菌的繁殖很快,在适宜的条件下,每20 min就可以分裂一次。植原体还可以芽殖法进行繁殖,即繁殖时菌体芽生长出分枝,断裂而成子细胞。

原核生物的遗传物质主要是存在于核区内的DNA,但在一些细菌的细胞质中还有独立的遗传物质,如质粒。核质和质粒共同构成了原核生物的基因组。在细胞分裂过程中,基因组亦同步分裂,然后均匀地分配到两个子细胞中,从而保证了亲代的各种性状能稳定地遗传给子代。原核生物基因组的大小一般为$(4~6)×10^6$碱基对(bp),相当于分子量为$(1~50)×10^9$,但菌原体的较小,分子量约为$(5~10)×10^8$。

原核生物经常发生变异,这些变异包括形态变异、生理变异和致病性变异等。表型性状由遗传物质控制,原核生物发生变异的原因还不完全清楚,通常有两种不同性质的变异。一种变异是突变,细菌自然突变率很低,通常为十万分之一。但是细菌繁殖快,繁殖量也大,增加了发生变异的可能性。另一种变异是通过结合、转化和转导方式,一个细菌的遗传物质进入另一个细菌体内,使DNA发生部分改变,从而形成性状不同的后代。

3. 生理特性

大多数植物病原细菌为死体营养生物,对营养的要求不严格,可在一般人工培养基上生长。在固体培养基上形成的菌落颜色多为白色、灰白色或黄色等。但有一类寄生植物维管束的细菌在人工培养基上难以培养(如木质菌属 *Xylella*)或不能培养(如韧皮杆菌属 *Liberobacter*),称之为维管束难养细菌(fastidious vascular bacteria)。植原体至今还不能人工培养,而螺原体需在含有甾醇的培养基上才能生长,在固体培养基上形成煎蛋状菌落。绝大多数病原细菌好氧,少数兼性厌气。对细菌的生长来说,培养基的酸碱度以中性偏碱为宜,培养的最适温度一般为26~30℃,在33~40℃时停止生长,50℃、10 min时多数死亡。

4. 细菌的群体性状

细菌的个体非常小,在高倍光学显微镜下勉强能观察到它的形态。但是,细菌经大量繁殖而聚集的细菌群体是肉眼可见的。由单个或少数几个细菌在固体培养基上形成的细菌群体称为菌落(colony),而由较多细菌长出的群体称为菌苔(lawn)。用液体培养基,细菌还能形成菌膜、菌环以及各种沉淀。不同种类细菌的菌落,其大小、形状、边缘的形态、隆起情况(图1-34)和颜色等各不相同,有时可以成为一个种的特征。菌落的大小在 1 mm 到几厘米,大多数种的菌落呈白色、灰白色,有些种呈红色、黄色或其他颜色。有的种产生的色素可以扩散到培养基中。另外,植物病原细菌在寄生受害部位产生的菌脓等也是细菌的群体典型特征。

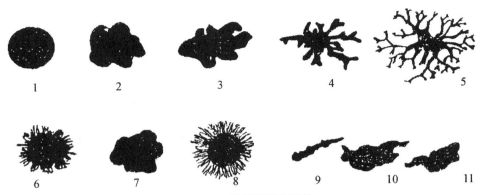

图 1-34 平板菌落的形状

1.圆形 2.不规则 3.变形虫状 4~5.假根状 6.丝状 7.卷发状 8.菌丝状 9~11.念珠状

(二)植物病原原核生物的主要类群

原核生物的形态差异较小,许多生理生化性状亦较相似,原核生物界内各成员间的系统与亲缘关系难以据此确定。《伯杰氏细菌鉴定手册》(第九册,1994)列举了总的分类纲要,并采用 Gibbons 和 Murray(1978)的分类系统,将原核生物界分为 4 个门、7 个纲、35 个组群。与植物病害有关的原核生物分属于薄壁菌门(Phylum Gracilicutes)、厚壁菌门(Phylum Firmicutes)和软壁菌门(Phylum Tenericutes),而疵壁菌门(Phylum Mendosicutes)是一类没有进化的原细菌或古细菌。薄壁菌门和厚壁菌门的成员有细胞壁,而软壁菌门没有细胞壁,也称菌原体。之后,《伯杰氏系统细菌学手册》(第二版)根据 16S rRNA 序列的相似性将原核生物分为古菌域(Archaea)和细菌域(Bacteria)两大域。古菌域主要包括适应高温、高盐等极端条件下生活的古菌以及部分动物消化道中生活的共生菌。细菌域包含所有真正的细菌即真细菌,下分 24 门 32 纲。植物病原原核生物均为真细菌,隶属变形菌门(Proteobacteria)、放线菌门(Actinobacteria)和厚壁菌门(Phylum Firmicutes)。根据细胞壁有无和革兰氏染色反应情况,出于实用目的,真细菌分为 3 个表型亚群(phenotypic subgroup):①有细胞壁、G^-细菌;②有细胞壁、G^+细菌;③无细胞壁的细菌,也称柔膜菌。与植物病害相关的原核生物有大约 30 属,代表性属如下:

①农杆菌属 *Agrobacterium*:隶属变形菌门 α 变形菌纲。菌体短杆状,大小为(0.6~1.0)μm ×(1.5~3.0)μm,鞭毛 1~6 根,周生或侧生。好气性,代谢为呼吸型。适宜生长温度为 25~28℃。革兰氏染色反应阴性,无芽孢。营养琼脂上菌落为圆形、隆起、光滑,灰白色至白色,质地黏稠,不产生色素。氧化酶反应阴性,过氧化氢酶反应阳性。DNA 中 G+C 含量为 57%~63%(物质的量比,下同)。该属细菌都是土壤习居菌,已知的植物病原菌有 4 个种。这些病原细菌都带有除染色体之外的遗传物质,即 1 种大分子的质粒,它控制着细菌的致病性和抗药性等,如侵染寄主引起肿瘤症状的质粒称为"致瘤质粒"(tumor inducing plasmid,即 Ti 质粒),引起寄主产生不定根的称为"致发根质粒"(rhizogen inducing plasmid,即 Ri 质粒)。代表病原菌是根癌农杆菌 *A. tumefaciens*,其寄主范围极广,可侵害 90 多科 300 多种双子叶植物,尤以蔷薇科植物为主,引起桃、苹果、葡萄、月季等根癌病。

②欧文氏菌属 *Erwinia*:隶属变形菌门 γ 变形菌纲。菌体短杆状,大小为(0.5~1.0)μm×(1~3)μm,革兰氏染色反应阴性。多根周生鞭毛。兼性厌气性,代谢为呼吸型或发酵型,无芽孢,营养琼脂上菌落圆形、隆起、灰白色。氧化酶阴性,过氧化氢酶阳性。适宜生长温度为 27~30℃。DNA 中 G+

C 含量为 49.8％～54.1％。目前欧文氏菌属包括 9 个种,重要的植物病原菌有解淀粉欧文氏菌 *E. amylovora*,其会引起梨火疫病,是我国对外检疫性病害。

③泛菌属 *Pantoea*:隶属变形菌门 γ 变形菌纲。菌体短杆状,革兰氏染色反应阴性。鞭毛周生。兼性厌气性,菌落光滑、圆形、半透明、略突起,边缘整齐,无色或淡黄色;利用木糖、核糖等产酸;最适宜生长温度为 30℃。DNA 中 G＋C 含量为 49.7％～60.6％。该属广泛存在于水和土壤中以及植物和人体表面。泛菌属下分 7 个种,包括引起水稻内颖褐变病的成团泛菌 *P. agglomerans*、引起玉米细菌性枯萎病的斯氏泛菌斯氏亚种 *P. stewartii* subsp. *stewartii* 等。

④果胶杆菌属 *Pectobacterium*:隶属变形菌门 γ 变形菌纲。菌体杆状,革兰氏染色反应阴性。鞭毛周生。兼性厌气性,适宜生长温度为 27～30℃。DNA 中 G＋C 含量为 50.5％～56.1％。该属下分 4 个种,代表种为胡萝卜果胶杆菌 *P. carotovorum*,寄主范围很广。该种下分 5 个亚种,可侵害十字花科、禾本科、茄科等 20 多科的数百种果蔬和大田作物,引起肉质或多汁组织的软腐,如引起十字花科蔬菜软腐病的胡萝卜果胶杆菌胡萝卜亚种 *P. carotovorum* subsp. *carotovorum*。

⑤假单胞菌属 *Pseudomonas*:隶属变形菌门 γ 变形菌纲。菌体短杆状或略弯,单生,大小为 $(0.5～1.0)\mu m \times (1.5～5.0)\mu m$,鞭毛 1～4 根或多根,极生。革兰氏染色反应阴性,严格好气性,代谢为呼吸型。无芽孢。营养琼脂上的菌落圆形、隆起、灰白色,有荧光反应的为白色或褐色,有些种产生褐色素扩散到培养基中。氧化酶多为阴性,少数为阳性,过氧化氢酶阳性,DNA 中 G＋C 含量为 58％～69％。该属成员众多,包括 53 个正式种和 8 个待定种。其中重要植物病原物是丁香假单胞菌 *P. syringae*,下分 37 个致病变种,寄主范围很广,可侵害多种木本和草本植物的枝、叶、花和果,引起各种叶斑或坏死症状以及茎秆溃疡,如引起桑细菌性疫病的丁香假单胞菌桑树致病变种 *P. syringae* pv. *mori*。

⑥噬酸菌属 *Acidovorax*:隶属变形菌门 β 变形菌纲。菌体短杆状或略弯,鞭毛极生,多单根,偶有 2～3 根。菌落圆形、光滑,边缘略有扇形扩展,中央突起,质地均匀或略有颗粒状,微黄色,边缘有半透明带。革兰氏染色反应阴性,氧化酶阳性,最适生长温度为 30～35℃。DNA 中 G＋C 含量为 62％～70％。该属下分 7 个种,包括引起西瓜、甜瓜等瓜类作物细菌性果斑病的西瓜噬酸菌 *A. citrulli*。

⑦劳尔氏菌属 *Ralstonia*:隶属变形菌门 β 变形菌纲。菌体短杆状,鞭毛极生或周生,有的无鞭毛。革兰氏染色反应阴性,好气性,氧化酶和过氧化氢酶阳性。DNA 中 G＋C 含量为 64％～68％。该属下分 11 个种,包括引起茄科作物青枯病的茄科劳尔氏菌 *R. solanacearum*。

⑧黄单胞菌属 *Xanthomonas*:隶属变形菌门 γ 变形菌纲。菌体短杆状,多单生,少双生,大小为 $(0.4～0.6)\mu m \times (1.0～2.9)\mu m$,单鞭毛,极生。革兰氏染色反应阴性。严格好气性,代谢为呼吸型。营养琼脂上的菌落圆形、隆起、蜜黄色,产生非水溶性黄色素。氧化酶阴性,过氧化氢酶阳性,适宜生长温度为 25～30℃。DNA 中 G＋C 含量为 63.3％～69.7％。该属下分 20 个种,均为植物病原菌,如引起甘蓝黑腐病的野油菜黄单胞菌野油菜致病变种 *X. campestris* pv. *campestris*、引起水稻白叶枯病的稻黄单胞菌水稻致病变种 *X. oryzae* pv. *oryzae* 和引起水稻细菌性条斑病的稻黄单胞菌稻生致病变种 *X. oryzae* pv. *oryzicola*。

⑨木质菌属 *Xylella*:隶属变形菌门 γ 变形菌纲。菌体短杆状,单生,大小为 $(0.25～0.35)\mu m \times (0.9～3.5)\mu m$,细胞壁波纹状,无鞭毛,革兰氏染色反应阴性,好气性,氧化酶阴性,过氧化氢酶阳性。对营养要求十分苛刻,要求有生长因子。营养琼脂上菌落有两种类型:一是枕状凸起,半透明,边缘整齐;另一是脐状,表面粗糙,边缘波纹状。DNA 中 G＋C 含量为 51.0％～52.4％。目前确认的病原种是难养木质菌 *X. fastidiosa*,引起葡萄皮尔氏病、苜蓿矮化病、桃伪果病等。该菌由叶蝉类昆虫传播,侵染木质部后在导管中生存、蔓延,使全株表现叶片边缘焦枯、叶灼、早落、枯死、生长缓慢、生长势弱、结果减少和变小、植株萎蔫等症状,最终导致全株死亡。

⑩韧皮杆菌属 *Liberibacter*：隶属变形菌门 α 变形菌纲。菌体短杆状、梭形、椭圆形或香肠形，无鞭毛，革兰氏染色反应阴性，可存活于木虱的血淋巴和唾液腺，由木虱传播。寄生于韧皮部，至今未能人工培养。该属有 3 个种，包括引起柑橘黄龙病的亚洲韧皮杆菌 *L. asiaticus*。

⑪棒形杆菌属 *Clavibacter*：隶属放线菌门放线菌纲（Actinobacteria）。菌体短杆状、棒状至不规则杆状，大小为（0.40～0.75）μm ×（0.8～2.5）μm，无鞭毛，不产生内生孢子，革兰氏染色反应阳性。好气性、呼吸型代谢，营养琼脂上菌落为圆形、光滑、凸起，不透明，多为灰白色，氧化酶阴性，过氧化氢酶阳性。DNA 中 G＋C 含量为 67％～78％。该属包括 5 个种、7 个亚种，重要的病原菌有密执安棒形杆菌环腐亚种 *C. michiganensis* subsp. *sepedonicus*，主要危害马铃薯的维管束组织，引起环状维管束组织坏死，故称为环腐病。

该属是 1984 年 Davis 等从棒杆菌属 *Corynebacterium* 移出建立的新属。多年来，棒杆菌属包括寄生人、动物、植物及腐生的棒形细菌。但根据细胞化学成分分析、蛋白质电泳、DNA 同源性和血清学等研究，它是 1 个具有明显异源性的群体。目前认为棒杆菌属只包含寄生人和动物及腐生的棒形细菌，而植物病原棒形细菌（plant pathogenic coryneform bacteria）分别归于棍状杆菌属 *Clavibacter*、短小杆菌属 *Curtobacterium*、红球菌属 *Rodococcus* 和节杆菌属 *Arthrobacter*。

⑫链霉菌属 *Streptomyces*：隶属放线菌门放线菌纲。链霉菌属是放线菌中唯一能引起植物病害的属。营养琼脂上菌落圆形、紧密，多灰白色，菌体丝状、纤细、无隔膜，直径为 0.4～1.0 μm，辐射状向外扩散，可形成基质内菌丝和气生菌丝。在气生菌丝即产孢丝顶端产生链球状或螺旋状的孢子。孢子的形态色泽因种而异，是分类依据之一。链霉菌多为土壤习居性微生物，少数侵害植物，如引起马铃薯疮痂病的疮痂链霉菌 *S. scabies*。

⑬螺原体属 *Spiroplasma*：隶属厚壁菌门柔膜菌纲（Mollicutes）。菌体的基本形态为螺旋形，繁殖时可产生分枝，分枝亦呈螺旋形。生长繁殖时需要提供甾醇，在固体培养基上的菌落很小，煎蛋状，直径为 1 mm 左右，常在主菌落周围形成更小的卫星菌落。菌体无鞭毛，但可在培养液中作旋转运动，属兼性厌氧菌。基因组分子量约为 $5×10^8$～$5×10^9$，DNA 中 G＋C 含量为 24％～31％。植物螺原体有 3 个种，主要寄生于双子叶植物韧皮部，由叶蝉传播。重要的植物病原螺原体如柑橘螺原体 *S. citri*，引起柑橘等植物的僵化病。柑橘受害后表现为枝条直立，节间缩短，叶变小，丛生枝或丛芽，树皮增厚，植株矮化，且全年可开花，但结果小而少，多畸形，易脱落。

⑭植原体属 *Phytoplasma*：隶属厚壁菌门柔膜菌纲。植原体属即原来的类菌原体（mycoplasma-like organism，MLO）。菌体的基本形态为圆球形或椭圆形，但在韧皮部筛管中或在穿过细胞壁上的胞间连丝时，可以成为变形体状，如丝状、杆状或哑铃状等。菌体大小为 80～1000 nm。目前还不能人工培养。植原体主要存在于植物韧皮部筛管中，由叶蝉传播，引起植物黄化、矮缩和丛枝等症状。常见的植原体病害有桑萎缩病、泡桐丛枝病、枣疯病等，如引起桑萎缩病的翠菊植原体 *P. asteris*。

三、植物病原病毒

病毒（virus）是包被在蛋白或脂蛋白保护性衣壳中，只能在适合的寄主细胞内完成自身复制的一个或多个基因组的核酸分子。病毒区别于其他生物的主要特征是：①病毒是非细胞结构的分子寄生物，主要由核酸及保护性衣壳组成；②病毒是专性寄生物，其核酸复制和蛋白质合成需要寄主提供原料和场所。病毒可以寄生人、动物、植物和微生物等。病毒寄生植物，有的引起病害；有的对寄主基本没有影响，例如许多寄生花卉植物的病毒则为人们所利用。因此，只有侵染植物而又引起病害的病毒才是植物病原病毒，有时简称为植物病毒。植物病毒引起的病害数量和危害性仅次于真菌。大田作物和果树、蔬菜上的许多病毒病都是农业生产上的突出问题，如水稻条纹叶枯病、小麦土传花叶病、麦类黄矮病、大麦黄化花叶病、大豆花叶病、油菜病毒病、番茄病毒病、烟草花叶病等。

（一）植物病毒的一般性状

1. 形态、结构与组分

（1）植物病毒形态

植物病毒的基本形态为粒体（virion 或 particle），大部分病毒的粒体为球状、杆状和线状，少数为弹状、杆菌状和双联体状等。球状病毒也称为多面体病毒或二十面体（icosahedral particle）病毒。直径大多为 20～35 nm，少数可以达到 70～80 nm。杆状病毒粒体刚直，不易弯曲，大小多为（20～80）nm ×（100～250）nm。线状病毒粒体有不同程度的弯曲，大小多为（11～13）nm×750 nm，个别的长可达 2000 nm 以上（图 1-35）。此外，有的病毒由两个球状病毒粒体联合在一起，称为双联病毒（或双生病毒）；有的像弹头，称为弹状病毒；还有的呈丝线状，柔软不定形。

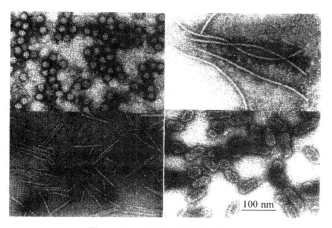

图 1-35 植物病毒粒体形态

（2）植物病毒结构

完整的病毒粒体由一个或多个核酸分子（RNA 或 DNA）包被在蛋白或脂蛋白衣壳里构成。绝大多数病毒粒体由核酸和蛋白衣壳（capsid）组成，但植物弹状病毒（plant rhabdovirus）粒体外有囊膜（envelope）包被。杆状或线状病毒粒体的中间是螺旋状的核酸链，外面是由许多蛋白质亚基（subunit）组成的衣壳。蛋白质亚基也排列成螺旋状，核酸链就嵌在亚基的凹痕处。因此，粒体是中空的。以烟草花叶病毒的粒体为例，每个粒体大致有 2100 个蛋白质亚基，排成 130 圈，每圈亚基间隔约 2.3 nm，每三圈有 49 个亚基，其粒体直径是 18 nm，核酸链的直径是 8 nm。

球状病毒的结构较复杂，其粒体表面是由 20 个正三角形组合而成的。因此，球状病毒也叫二十面体病毒。有些病毒的一个正三角形又分成更多更小的三角形，如六十面体等。

（3）植物病毒组分

病毒的主要成分是核酸和蛋白质。如果只有核酸而无蛋白衣壳，则称为类病毒（viroid）。病毒的核酸有 RNA 和 DNA 两种类型，并有单链和双链之分。绝大多数植物病毒的核酸是单链 RNA（ssRNA），极少数为双链 RNA（dsRNA）、单链 DNA（ssDNA）或双链 DNA（dsDNA）。不同形态病毒中核酸的比例不同，通常球状病毒的核酸含量高，占粒体重量的 15%～45%；线状和杆状病毒中核酸含量为 5%～6%；而在弹状病毒中核酸只占 1% 左右。植物病毒的蛋白可分为结构蛋白与非结构蛋白。结构蛋白主要是包被在病毒外部的衣壳蛋白（coat protein, CP），弹状病毒还有囊膜蛋白。非结构蛋白包括病毒复制所需的酶及传播、运动需要的功能蛋白等。值得指出的是，类病毒没有蛋白质衣壳，仅为小分子量（$1×10^5$ 左右）、具有很高碱基配对的单链环状 RNA。除蛋白和核酸外，植物病毒含量最大的是水分，例如在番茄丛矮病毒和芜菁黄花叶病毒的结晶体中，水分的含量分别为 47% 和 58%。有些病毒如弹状病毒还有少量的脂类和糖蛋白存在于囊膜中。某些病毒粒体还含有多胺，主要是精胺和亚精胺,它们与核酸上的磷酸基团相互作用,以稳定折叠的核酸分子。此外,金属离子也是许多病毒必需的,主要有钙离子、钠离子和镁离子等。

(4)多分体病毒

大多数植物病毒的所有遗传信息都存在于1条核酸链上,包被在1种粒体中,但有些病毒的遗传信息存在于两条或两条以上核酸链上,包被在两种或两种以上颗粒中,称为多分体病毒。多分体病毒中单独1个粒体不能侵染,必须是1组粒体同时侵染才能全部表达遗传特性。如烟草脆裂病毒属*Tobravirus*和蠕传病毒属*Nepovirus*有两条核酸链包被在两种粒体中,称为二分体病毒。黄瓜花叶病毒属*Cucumovirus*有3条核酸链被包装在3种粒体中,称为三分体病毒。

(5)卫星病毒及卫星RNA

有些RNA病毒伴随低分子量的小粒体病毒,这种小粒体病毒称为卫星病毒(satellite virus),其依赖的病毒称为辅助病毒。卫星病毒RNA与辅助病毒RNA无同源性,单独不能侵染,要依赖辅助病毒才能侵染和增殖,但能抑制辅助病毒的复制,影响其浓度和致病力。此外,在有些RNA病毒中还发现伴随小分子的RNA,这种小分子的RNA称为卫星RNA(satellite RNA,sRNA)。它与卫星病毒的主要区别是其与辅助病毒包被在同一衣壳内,而其他性状与卫星病毒相似。

2.复制和增殖

病毒侵染植物以后,在活细胞内增殖主要需要两个步骤:一是病毒核酸的复制(replication),即从亲代向子代病毒传送核酸性状的过程;二是病毒核酸信息的表达(gene expression),即按照mRNA的序列来合成病毒专化性蛋白的过程。这两个步骤遵循遗传信息传递的一般规律,但也因病毒核酸类型的变化而存在具体细节上的不同。

植物病毒核酸的复制与一般细胞生物的主要不同点是反转录的出现,即有的病毒RNA可以在病毒编码的反转录酶的作用下,变成互补的DNA链。但大多数植物病毒的核酸复制,仍然是由RNA复制RNA。病毒核酸的复制需要寄主提供复制的场所(通常是在细胞质或细胞核内)、复制所需的原材料和能量。病毒本身提供的主要是模板核酸和专化的聚合酶(polymerase),也称复制酶。

病毒基因组信息的表达主要有两个方面:一是病毒基因组转录出mRNA的过程,二是mRNA的翻译即表达。病毒核酸的转录和翻译同样需要寄主提供场所和原材料,大部分植物病毒核酸的转录在细胞质内进行,部分在细胞核进行,并需要寄主提供转录酶、核苷酸、ATP等物质。mRNA的翻译需要寄主核糖体的参与,还需要寄主提供氨基酸、tRNA等。植物病毒基因组的翻译产物主要包括病毒的衣壳蛋白和复制酶等。有些产物可与病毒的核酸及寄主细胞成分等物质聚集在一起,形成具一定大小和形状的内含体(inclusion)。内含体的形状有各种晶体状或不定形体,可分为细胞核内含体(nuclear inclusion)和细胞质内含体(cytoplasmic inclusion)两类。不同属的植物病毒往往产生不同类型、不同形状的内含体,这种差异可用于某些病毒的鉴定(图1-36)。

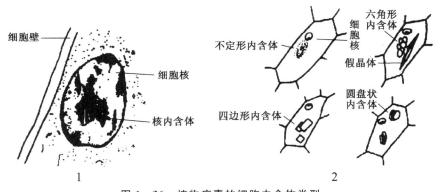

图1-36 植物病毒的细胞内含体类型

1.细胞核内含体 2.细胞质内含体

植物病毒的增殖过程,除了核酸复制和基因表达外,还包括病毒粒体脱壳(uncoating)和新粒体的装配。植物病毒以被动方式通过微伤(机械或介体造成的伤口)直接进入寄主活细胞,并脱壳而释放核酸,然后病毒核酸进行复制、转录和表达。新合成的核酸与衣壳蛋白再进行装配,成为完整的子代病毒粒体。子代病毒粒体可不断增殖并通过胞间联丝进行扩散转移。

3. 传播方式

病毒的传播是完全被动的。根据自然传播方式的不同,植物病毒传播可分为介体传播和非介体传播。介体传播(vector transmission)是指病毒依附在其他生物体上,借助其他生物体的活动而进行的传播及侵染。在病毒传播中没有其他生物体介入的传播方式称非介体传播,包括汁液接触传播、嫁接传播和花粉传播。病毒随种子和无性繁殖材料传带而扩大分布的情况也是一种非介体传播。

(1)非介体传播

①机械传播:机械传播也称为汁液摩擦传播,是指病株汁液通过与健株表面的各种机械伤口摩擦接触,进行传播。田间的接触或室内的摩擦接种均可称为机械传播。在田间病毒的传播主要由植株间接触、农事操作、农机具及修剪工具污染、人和动物活动等造成。这类病毒存在于表皮细胞,浓度高、稳定性强。通常引起花叶型症状的病毒以及由蚜虫、线虫传播的病毒较易机械传播,而引起黄化型症状的病毒和存在于韧皮部的病毒难以或不能机械传播。

②无性繁殖材料和嫁接传播:病毒大多具有系统侵染的特点,在植物体内除生长点外各部位均可带毒,因而以块根、块茎、球茎和接穗芽作为繁殖材料就会引起病毒的传播。嫁接是园艺上普通的农事活动,嫁接可以传播任何种类的病毒和菌原体病害。

③种子和花粉传播:据估计,约有1/5的已知病毒可以种传。种子带毒的危害主要表现在早期侵染和远距离传播。种传病毒的寄主以豆科、葫芦科、菊科植物为多,而茄科植物却很少。如南方菜豆花叶病毒、大豆花叶病毒侵染的菜豆、豇豆和大豆有些种子可传毒。病毒种传的主要特点是:母株早期受侵染,病毒才能侵染花器;病毒进入种胚才能产生带毒种子。仅种皮或胚乳带毒常不能种传,但烟草花叶病毒污染种皮可传毒是个例外,种传病毒大多可以机械传播,症状常为花叶,若可经蚜虫传播则为非持久性的。

由花粉直接传播的病毒数量并不多,现在知道的有十几种,多数危害木本植物,如危害樱桃的桃环斑病毒、樱桃卷叶病毒等。这些花粉也可以由蜜蜂携带传播。

(2)介体传播

自然界能传播植物病毒的介体种类很多,主要有昆虫、螨、线虫、真菌、菟丝子等,其中以昆虫最为重要。在传播昆虫中,多数是刺吸式昆虫,特别是蚜虫、叶蝉、飞虱等更为重要。目前已知的昆虫介体约有400多种,其中约200种属于蚜虫类,130多种属于叶蝉类。根据介体昆虫传播病毒的特性,植物病毒可分为3种类型。

①口针型(style-borne):这类病毒也称为非持久性病毒(non-persistent virus)。病毒只存在于昆虫口针的前端。昆虫在病株上取食几分钟后就能传播病毒,但保持传毒的时间不长,一般数分钟后当口针里的病毒全部排完,就不能再起传毒作用。属于这一类的病毒一般都可以通过汁液接触传播,传毒昆虫主要是蚜虫,引起的病害症状多为花叶型,如芜菁花叶病毒、大豆花叶病毒等。

②循回型(circulative):此类病毒包括所有半持久性病毒(semi-persistent virus)和部分持久性病毒(persistent virus)。介体在病株上取食较长的时间才能获毒,但不能立即传毒,经过几小时至几天的循回期后,介体才能传毒。在循回期内,病毒从介体昆虫的口针经中肠和血淋巴到达唾液腺,再经唾液的分泌才开始侵染寄主。昆虫保持传毒的时间虽然比口针型长些,但还是有限的,一般不超过4 d。病毒大多存在于植物的维管束,引起黄化或卷叶等症状。属于这一类的病毒一般不能通过汁液接触传播,而是由较专化的蚜虫传播,如大麦黄矮病毒;有的可以由叶蝉、飞虱传染,如甜菜缩顶病毒。

③增殖型（propagative）：这类病毒为部分持久性病毒。病毒在昆虫体内的转移时间更长，并能进行增殖。所以，获毒的昆虫可终身传毒，有的还能经卵传毒。属于这一类的病毒都不能通过汁液接触传播。传毒昆虫主要是叶蝉和飞虱。引起黄化、矮缩、丛生等病害症状，如水稻矮缩病毒、水稻条纹病毒等。

4. 对外界条件的稳定性

不同的病毒对外界条件的稳定性不同，这种特性可作为鉴定病毒的依据之一。对外界条件的稳定性试验主要包括稀释限点（dilution end point，DEP）、热钝化温度（thermal inactivation point，TIP）和体外存活期（longevity *in vitro*，LIV）的测定。

①稀释限点：指病汁液保持侵染力的最大稀释度。例如，烟草花叶病毒的稀释限点为 100 万倍左右，而黄瓜花叶病毒为 1000～10000 倍。

②热钝化温度：指病汁液加热处理 10 min，使病毒失去传染力的最低处理温度。例如，烟草花叶病毒的热钝化温度为 90～93℃，而黄瓜花叶病毒为 55～65℃。

③体外存活期：指病汁液在室温（20～22℃）下能保存其侵染力的最长时间。例如，烟草花叶病毒的体外存活期为 1 年以上，而黄瓜花叶病毒仅为 1 周左右。

（二）植物病毒的主要类群

1. 分类与命名

植物病毒的分类工作由国际病毒分类委员会（International Committeeon Taxonomy of Viruses，ICTV）植物病毒分会负责。长期以来，多数学者认为病毒"种"的概念难以界定，采用门、纲、目、科、属、种的等级分类方案还不成熟。所以近代植物病毒分类的基本单元不是"种"，而是成员（member），近似于属的分类单元称为组（group）。1995 年，在 ICTV 发表的《病毒分类与命名》第六次报告中，植物病毒与动物病毒和细菌病毒一样实现了按科、属、种分类。植物病毒分类依据的是：①构成病毒基因组的核酸类型（DNA 或 RNA）；②核酸是单链还是双链；③病毒粒体是否存在脂蛋白包膜；④病毒形态；⑤核酸多分体现象等。根据上述主要特性，ICTV 将植物病毒分为 9 个科（或亚科）、47 个病毒属、729个种或可能种。其中 RNA 病毒有 8 个科、42 个属、624 个种，占病毒总数的 85.60%。在 RNA 病毒中，ssRNA 占绝大多数，而 dsRNA 则较少。另外，DNA（dsDNA 和 ssDNA）病毒有 1 个科、5 个属。ICTV 于 2000 年公布的病毒分类的第七次报告中将植物病毒分为 15 个科、72 个属，包括 909 个种。随着测序等技术的大量应用，新的病毒不断被鉴定。到 2012 年，ICTV 认可的植物病毒有 3 目 25 科3 亚科 120 属 1114 种，包含类病毒 2 科 8 属 32 种。近年来，通过宏基因组测序鉴定出的病毒序列数量和多样性远远超过了传统实验鉴定的病毒分离株。传统的 5 级病毒分类阶元（目、科、亚科、属、种）一直沿用至 2017 年。2017 年，ICTV 已允许根据基因组序列信息对病毒进行分类，从而大大简化了新病毒批准的流程，使得新病毒数量迅速大量增加，促使分类系统不断革新。ICTV 于 2020 年 3 月批准的 2019 病毒分类系统，全面采用了十五级分类阶元，分别为域、亚域、界、亚界、门、亚门、纲、亚纲、目、亚目、科、亚科、属、亚属、种。寄主为植物的病毒包括了植物病毒和亚病毒感染因子（类病毒、卫星病毒和卫星核酸）。植物病毒共有 1608 种，涉及 2 个域、3 个界、8 个门、13 个纲、16 个目、31 个科、8 个亚科、132 个属、3 个亚属。亚病毒感染因子包括 33 种类病毒，涉及 2 个科、8 个属；6 种卫星病毒，涉及 4 个属；142 种卫星核酸，涉及 2 个科、2 个亚科和 13 个属。植物病毒的目以上分类系统见表 1-1。

植物病毒种的名称目前不采用拉丁文双名法，仍以寄主英文俗名加上症状来命名，如烟草花叶病毒为 Tobacco mosaic virus，缩写为 TMV；黄瓜花叶病毒为 Cucumber mosaic virus，缩写为 CMV。属及以上分类阶元名称为专用国际名称，属名常由典型成员寄主名称（英文或拉丁文）缩写加主要特点描述（英文或拉丁文）缩写加 virus 拼组而成，如黄瓜花叶病毒属的学名为 *Cucu-mo-virus*，烟草花叶病毒属的学名为 *Toba-mo-virus*。属名书写时应用斜体，而种的书写不采用斜体。15 级分类阶元的顺序及学名后缀分别是:域 Realm(后缀:-viria)、亚域 Subrealm(后缀:-vira)、界 Kingdom(后缀:-virae)、亚界 Subkingdom(后缀:-virites)、门 Phylum(后缀:-viricota)、亚门 Subphylum(后缀:-viricotina)、纲 Class(后缀:-viricetes)、亚纲 Subclass(后缀:-viricetidae)、目 Order(后缀:-virales)、亚目 Suborder(后缀:-virineae)、科 Family(后缀:-viridae)、亚科 Subfamily(后缀:-virinae)、属 Genus(后缀:-virus)、亚属 Subgenus(后缀:-virus)、种 Species(后缀:-virus)。

　　类病毒(viroid)在命名时遵循与病毒类似的规则,因缩写名易与病毒混淆,新命名规则规定类病毒的缩写为 Vd,如马铃薯纺锤块茎类病毒 Potato spindle tuber viroid 缩写为 PSTVd。

表 1-1　植物病毒的目以上分类系统(ICTV,2019)

域 Realm	界 Kingdom	门 Phylum	亚门 Subphylum	纲 Class	目 Order
单链 DNA 病毒域 Monodnaviria	称德病毒界 Shotokuvirae	环状 Rep 编码单链 DNA 病毒门 Cressdnaviricota	—	Rep 编码单链病毒纲 Repensiviricetes 精氨酸指纹病毒纲 Arfiviricetes	双生植物真菌病毒目 Geplafuvirales 多分体基因病毒目 Mulpavirales
RNA 病毒域 Riborviria	正 RNA 病毒域 Orthornavirae	负链 RNA 病毒门 Negarnaviricota	简单病毒亚门 Haploviricotina	米尔恩病毒纲 Milneviricetes 单分子负链荆楚病毒纲 Monjiviricetes	蛇形病毒目 Serpentovirales 单分子负链 RNA 病毒目 Mononegavirales
			复杂病毒亚门 Polyploviricotina	艾略特病毒纲 Ellioviricetes	布尼亚病毒目 Bunyavirales
		双链 RNA 病毒门 Duplornaviricota	—	呼肠孤病毒纲 Resentoviricetes	呼肠孤病毒目 Reovirales
		小 RNA 超群病毒门 Pisuviricota	—	小双 RNA 病毒纲 Duplopiviricetes	小双 RNA 病毒目 Durnavirales
			—	小 RNA 南方菜豆套式病毒纲 Pisoniviricetes	小 RNA 病毒目 Picornavirales 类南方豆叶病毒目 Sobelivirales
			—	星状及马铃薯病毒纲 Stelpaviricetes	马铃薯病毒目 Patatavirales
		黄病毒门 Kitrinoviricota	—	甲型超群病毒纲 Alsuviricetes	类戊型肝炎病毒目 Hepelivirales 马泰利病毒目 Martellivirales 芜菁黄花叶病毒目 Tymovirales
			—	丛矮黄症卡莫四体病毒纲 Tolucaviricetes	类番茄丛矮病毒目 Tolivirales
		光滑及裸露 RNA 病毒门 Lenarviricota	—	欧尔密病毒纲 Miaviricetes	类欧尔密病毒目 Ourlivirales
	副 RNA 病毒界 Pararnavirae	逆转录病毒门 Artverviricota	—	逆转录病毒纲 Reutraviricetes	逆转录病毒目 Ortervirales

2. 重要的属及典型种

（1）烟草花叶病毒属及 TMV

烟草花叶病毒属 *Tobamovirus* 包括 33 个种，典型种为烟草花叶病毒（TMV）。病毒粒体为直杆状，直径为 18 nm，长 300 nm；核酸为一条正单链 RNA，分子量为 6395 个核苷酸（nt）（2×10^6）；衣壳蛋白为一条多肽，158 个氨基酸，分子量为 17000~18000。烟草花叶病毒的寄主范围较广，自然传播不需要生物介体，主要通过病汁液接触传播。对外界环境的抵抗力强，其体外存活期一般在几个月以上，在干燥的叶片中可以存活 50 多年。引起烟草、番茄等作物的花叶病。

（2）马铃薯 Y 病毒属及 PVY

马铃薯 Y 病毒属 *Potyvirus* 是植物病毒中最大的一个属，含有 146 个种。典型种为马铃薯 Y 病毒（Potato virus Y，PVY）。病毒粒体为线状，大小为（11~15）nm× 750 nm。病毒核酸为一条正单链 RNA，分子量约为 9700 nt（2700~3650），衣壳蛋白为一条多肽，267 个氨基酸，分子量为 30000~47000。主要以蚜虫进行非持久性传播，绝大多数可通过机械传播，个别可以种传。所有种均可在寄主细胞内产生风轮状内含体，也有的产生核内含体或不定形内含体。PVY 分布广泛，主要侵染茄科作物如马铃薯、番茄、烟草等。侵染马铃薯后，引起下部叶片轻花叶，上部叶片变小，脉间褪绿花叶，叶片皱缩下卷，叶背部叶脉上出现少量条斑。

（3）黄瓜花叶病毒属及 CMV

黄瓜花叶病毒属 *Cucumovirus* 有 4 个种，典型种是黄瓜花叶病毒（CMV）。粒体球状，直径为 28 nm。三分体病毒，基因组含 3 条正链单链 RNA，分子量分别为 3357 nt（1.3×10^6）、3050 nt（1.1×10^6）和 2216 nt（0.8×10^6）。衣壳蛋白的分子量为 24500。在 CMV 中，有卫星 RNA 存在。在自然界主要依赖多种蚜虫以非持久性方式传播，也可经汁液接触而机械传播。CMV 寄主范围很广，自然寄主有 67 个科 470 种植物，因而有人称为植物的"流感性病毒"。

（4）黄症病毒属及 BYDY

黄症病毒属 *Luteovirus* 有 6 个种，典型种为大麦黄矮病毒（Barley yellow dwarf virus，BYDY）。粒体球形，直径为 20~30 nm，分子量为 6.5×10^6；核酸为 1 条正单链 RNA，衣壳蛋白分子量为 22000~23000。大麦黄矮病毒由一至数种蚜虫以持久性、循回型方式进行传播，但不能在虫体内增殖，也不能经卵传播。寄主范围很广，可侵染大麦、小麦、燕麦、黑麦等 100 多种禾本科植物。在我国，主要引起大麦和小麦的黄矮病。病株叶片金黄色，显著矮化，故名黄矮病。

（5）真菌传杆状病毒属及 WSbMV

真菌传杆状病毒属 *Furavirus* 有 6 个种，典型种是小麦土传花叶病毒（Wheat soil-borne mosaic virus，WSbMV）。粒体杆状，直径为 20 nm，长为 92~160 nm 或 250~300 nm。二分体病毒，核酸为两条正单链 RNA，分子量分别为（1.83~2.49）$\times 10^6$ 和（1.23~1.83）$\times 10^6$，衣壳蛋白的分子量为 19700~23000。小麦土传花叶病毒的自然寄主范围很窄，由土壤中真菌介体禾谷多黏菌 *Polymyxa graminis* 传播。介体真菌是小麦根部的弱寄生菌，对小麦生长的直接影响不大，但其休眠孢子带毒，在萌发形成游动孢子时可将病毒传播到健康的植株。病毒主要危害冬小麦和大麦，开始在叶片上形成短线状褪绿条纹，后逐渐变黄、矮化，重病株不能抽穗。

四、植物病原线虫

线虫（nematode）是动物界中数量和种类仅次于昆虫的一大类群。大多数线虫生活于海洋、淡水和土壤中。生活在土壤中取食真菌、细菌和藻类等微生物的线虫称为自由生活线虫；有一些线虫是人、动物和植物体内的寄生虫。广义上说，凡是与植物有关的线虫都可以称为植物线虫。寄生于植的线虫称为植物病原线虫。寄生植物的线虫可以引起许多重要的植物线虫病害,如大豆胞囊线虫病、花生根结线虫病、甘薯茎线虫病和水稻干尖线虫病等。此外,有些线虫还能传播真菌、细菌和病毒,加重它们对植物的危害。

(一)植物病原线虫的一般性状

1. 形态和结构

植物寄生线虫的虫体细长,多呈长纺锤形和梭形,从中部向两端渐细,长 0.2～12 mm,宽 0.01～0.05 mm,少数类群的雌虫膨大成梨形、柠檬型、肾形、珍珠状或其他不规则囊状。

线虫的虫体结构较简单,可分为体壁和体腔。体壁的最外面是一层平滑而有横纹或纵纹或突起不透水的表皮层,称角质层。里面是下皮层,再下面是线虫运动的肌肉层。线虫体腔内有消化系统、生殖系统、神经系统等器官(图 1-37)。线虫的消化系统是从口孔连到肛门的直通管道。口孔上有 6 个突出的唇片,口孔的后面是口腔。口腔下面是很细的食道,食道的中部可以膨大而形成一个中食道球,后面为细长的食道峡部。食道的末端为食道腺,一般由 3 个腺细胞构成,它们的作用是分泌唾液或消化液,所以食道腺也称唾液腺。食道以下是肠,其末端变细形成直肠,在体壁的开口为肛门。植物寄生线虫的口腔内有一个针刺状的骨化器官称作口针(spear 或 stylet)(图 1-38),线虫借助口针能穿刺植物的细胞和组织,并且向植物组织内分泌消化酶,消解寄主细胞中的物质,然后吸入食道。植物寄生线虫的主要食道类型有 3 种:①垫刃型食道(Tylenchoid oesophagi),整个食道可分为 4 部分,靠近口孔是细狭的前体部,往后是膨大的中食道球,之后是峡部,其后是膨大的食道腺。背食道腺开口位于口针基球附近,而腹食道腺则开口于中食道球腔内。②滑刃型食道(Aphelenchoid oesophagi),整个食道构造与垫刃食道相似,但中食道球较大,背、腹食道腺均开口于中食道球腔内。③矛线型食道(Dorylaimoid oesophagi),口针强大,食道分两部分,食道管的前部较细长,后部膨大呈瓶状。线虫的食道类型是线虫分类鉴定的重要依据。

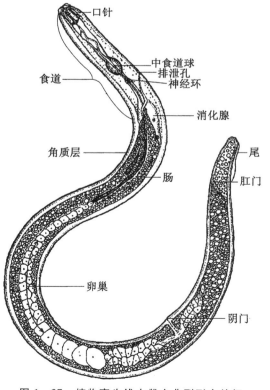

图 1-37 植物寄生线虫雌虫典型形态特征

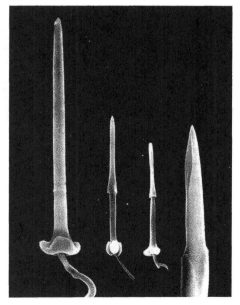

图 1-38 不同类群植物寄生线虫的口针

线虫的生殖系统非常发达,有的占据了体腔的很大部分。雌虫有 1 个或 2 个卵巢,通过输卵管连到子宫和阴门。子宫的一部分可以膨大而形成受精囊。雌虫的阴门和肛门是分开的(图 1 – 39)。雄虫有 1 个或 1 对精巢,但一般只有 1 个精巢。雄虫的生殖孔和肛门是同一个孔口,称为泄殖孔。精巢连接输精管和虫体末端的泄殖腔。泄殖腔内有 1 对交合刺(spicule),有的还有引带和交合伞等附属器官(图 1 – 40)。

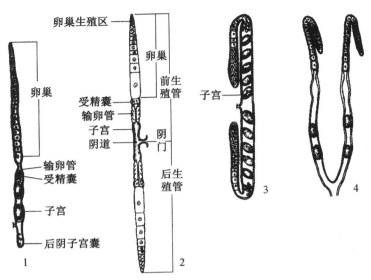

图 1 – 39　线虫雌虫的生殖系统
1.单生殖管　2～4.双生殖管

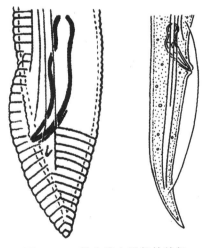

图 1 – 40　线虫雄虫尾部的特征

2. 生活史和生态

线虫的一生经卵、幼虫和成虫 3 个时期。两性交配后雌虫产卵,雄虫一般随后死亡。卵孵化出幼虫,幼虫发育到一定时期就蜕皮,每蜕皮 1 次,增加 1 个龄期。幼虫一般有 4 个龄期。第 1 龄幼虫大多是在卵内发育的,所以从卵孵化出来的幼虫已经是 2 龄幼虫。许多植物病原线虫的 2 龄幼虫是侵染寄主的虫态,所以也称侵染性幼虫。在适宜的环境条件下,线虫一般 3～4 周 1 代,1 个生长季节可发生几代,但有的线虫 1 代短则几天,长则 1 年。

植物病原线虫都有一段时期生活或存活在土壤中,所以土壤的环境条件对线虫的生长、发育有很大的影响。土壤的温、湿度高,线虫的活动性能强,体内的养分消耗快,存活的时间较短;在干燥和低温条件下,存活时期就较长。不良的土壤通气条件可缩短它的存活期。许多线虫可以休眠状态在植物体外长期存活,如土壤中未孵化的卵,特别是卵囊和胞囊中的卵,存活期更长。

线虫大多生活在土壤的耕作层中,从地面到20 cm深的土层中线虫较多,特别是在根际周围土壤中更多。这主要是由于有些线虫只有在根部寄生后才能大量繁殖,同时根部的分泌物对线虫有一定的吸引力,或者能刺激线虫卵孵化。在整个生长季节内,线虫在土壤中移动的范围很少超过30～100 cm。当然通过人为的传带、种苗的调运、风和灌溉水以及耕作农具的携带等,传播的距离就更远。

3. 寄生性和致病性

植物病原线虫均为专性寄生,少数寄生在高等植物上的线虫也能寄生真菌,可以在真菌上培养。但到目前为止,植物病原线虫尚不能在人工培养基上生长和发育。植物病原线虫利用口针穿刺寄主细胞和组织的结构,分泌唾液及酶类,从寄主细胞内吸收液态的养分。线虫的寄生方式有外寄生和内寄生。外寄生线虫的虫体大部分留在植物体外,仅以头部穿刺到寄主的细胞和组织进行取食。内寄生线虫的虫体进入植物组织内取食,有的固定在一处寄生,但多数在寄生过程中是移动的。有的线虫在发育过程中其寄生方式可以改变。有些外寄生的线虫,到一定时期可进入组织内寄生。即使是典型的内寄生线虫,在幼虫整个虫体进入植物组织之前,也有一段时间是外寄生的。线虫可以寄生植物的各个部位。由于多数线虫存活在土壤中,因此植物的根和地下茎、鳞茎和块茎等最容易受侵染。植物地上的茎、叶、芽、花、穗等部位,也可以被各种不同种类的线虫寄生。

线虫的穿刺取食并在组织内造成的创伤,对植物有一定的影响,但线虫对植物破坏作用最大的是其食道腺的分泌物。食道腺的分泌物,除去有助于口针穿刺细胞壁和消解细胞内含物便于取食外,还可能有以下影响:刺激寄主细胞的增大,以致形成巨型细胞或合胞体;刺激细胞分裂形成瘤肿和根部的过度分枝等畸形;抑制根茎顶端分生组织细胞的分裂;溶解中胶层使细胞离析;溶解细胞壁和破坏细胞。植物受线虫侵害后可表现各种症状。线虫除本身引起病害外,还与其他病原物的侵染和危害有一定的关系。土壤中存在着许多其他病原物,植物根部受到线虫侵染后,容易遭受其他病原物的侵染,从而加重病害的发生。例如,棉花根部受线虫侵染后,更容易发生枯萎病,常形成并发症。

(二)植物病原线虫的主要类群

传统的分类系统把线虫列为线形动物门(Nemathelminthes)或假体腔动物门(Aschelminthes)中的一个纲,称为线虫纲。20世纪80年代后,线虫成为一个单独的门——线虫门(Nematoda)。根据侧尾腺的有无分为侧尾腺纲(Secernentea或Phasmidia)和无侧尾腺纲(Adenophorea或Aphasmidia)。植物病原线虫主要属于侧尾腺纲中的垫刃目(Tylenchida)和滑刃目(Aphelenchida),其中比较重要的五个属为粒线虫属、根结线虫属、异皮线虫属、茎线虫属和滑刃线虫属。

1. 粒线虫属 *Anguina*

垫刃目成员。雌虫和雄虫均为蠕虫形,虫体较长,属于个体较大的植物寄生线虫。垫刃型食道,口针较小。雌虫往往呈卷曲状,单卵巢;雄虫稍弯,但不卷曲,交合伞几乎包到尾尖,交合刺粗而宽。卵母细胞和精母细胞多行,排列成轴状。大多寄生在禾本科植物的地上部,形成虫瘿(gall)。粒线虫属有11个种,最重要的代表种是小麦粒线虫 *A. tritici*,引起小麦粒线虫病,有时也危害黑麦(图1-41)。

2. 根结线虫属 *Meloidogyne*

垫刃目成员。雌虫和雄虫异形,雄虫细长,而成熟雌虫呈梨形。雄虫尾短,交合刺粗壮,无交合伞。雌虫双卵巢,阴门和肛门在虫体后部,阴门周围的角质膜形成特征性的花纹即会阴花纹,是鉴定

种的重要依据(图1-42)。后期雌虫将卵全部排在体外的胶质卵囊(egg sac)中。根结线虫属与异皮线虫属的主要区别是植物受害的根部肿大,形成瘤状根结(root knot);成熟雌虫不形成胞囊。该属线虫是一类分布广泛、危害严重的植物病原线虫,可以寄生许多单子叶和双子叶植物。该属至少有100个种,其中最重要的有4个种:南方根结线虫 *M. incognita*、北方根结线虫 *M. hapla*、花生根结线虫 *M. arenaria* 和爪哇根结线虫 *M. javanica*。

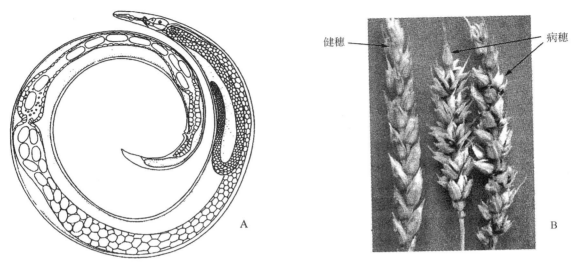

图 1-41　小麦粒线虫雌虫全虫(A)和危害症状(B)

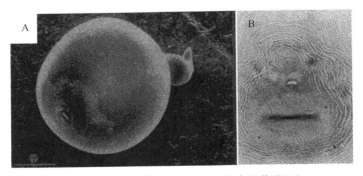

图 1-42　根结线虫的雌虫(A)和会阴花纹(B)

3. 异皮线虫属 *Heterodera*

垫刃目成员,又称胞囊线虫属。雌虫与雄虫异形,雄虫细长,而成熟雌虫呈柠檬状(图1-43)。雄虫尾短,无交合伞。雌虫双卵巢,阴门和肛门位于尾端,有突出的阴门锥,阴门裂两侧双膜孔。后期雌虫体角质层变厚,呈深褐色,而形成胞囊(cyst)。所谓胞囊实质上是含有大量卵的死去的雌虫尸体。异皮线虫属现有至少80个种,都侵染植物根部,可危害大豆、甜菜、马铃薯、麦类等多种作物,如我国发生普遍而严重的大豆胞囊线虫 *H. glycines*。

4. 茎线虫属 *Ditylenchus*

垫刃目成员。雌虫和雄虫均细长,典型的垫刃型食道。雄虫交合伞包至尾长的3/4,不达尾尖;雌虫单卵巢。卵母细胞和精母细胞1行或2行排列,不成轴状排列。雌、雄虫的尾部都很尖细,侧线4~6条。该属线虫危害地上部的茎叶和地下的根、块根、块茎、鳞茎等,主要引起寄主组织的坏死和腐烂。茎线虫属已报道至少90个种,其中引起甘薯茎线虫病和马铃薯腐烂病的毁坏茎线虫 *D. destructor*(图1-44)。

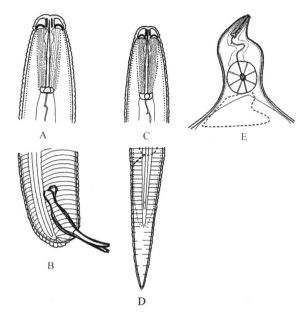

图 1 - 43　异皮线虫属

A. 雄虫头部　B. 雄虫尾部　C. 2 龄幼虫头部　D. 2 龄幼虫尾部　E. 雌虫体前部

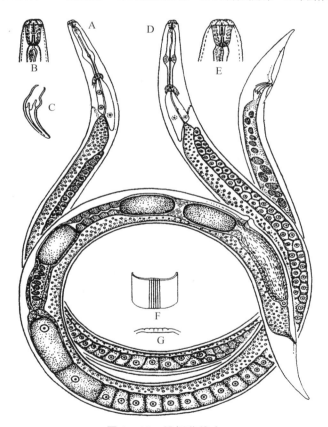

图 1 - 44　毁坏茎线虫

雄虫:A. 整体　B. 头部　C. 交合刺　雌虫:D. 整体　E. 头部　F. 体中部侧区　G. 侧区横切面

5. 滑刃线虫属 *Aphelenchoides*

滑刃目成员。雌虫和雄虫均细长,滑刃型食道,口针较长。雄虫尾端弯曲呈镰刀形,尾尖有 4 个突起,交合刺强大,呈玫瑰刺状,无交合伞。雌虫尾端不弯曲,从阴门后渐细,单卵巢。可以寄生植物和昆虫,寄生植物主要危害叶片和芽,所以也称作叶芽线虫。滑刃线虫属已报道至少 160 多种,其中引起水稻干尖线虫病的贝西滑刃线虫 *A. besseyi* 是我国稻区常见的、比较重要的病原线虫。

五、寄生性种子植物

植物大多自养,但少数由于根系或叶片退化或缺乏足够的叶绿素而营寄生生活,称为寄生性植物。除了少数低等的藻类植物可以寄生植物而引起藻斑病外,大多数寄生性植物是高等植物中的双子叶植物,也称寄生性种子植物。寄生性种子植物在热带和亚热带分布较多,大多寄生在山野植物和树木上,其中有些是药用植物。少数寄生性种子植物寄生于农作物上,如大豆菟丝子、瓜类列当等,在农业生产上可造成较大的危害。

(一)寄生性种子植物的一般性状

寄生性种子植物从寄主植物上获得营养物质的方式和成分各有不同。根据对寄主的依赖程度或获取寄主营养成分的不同,寄生性种子植物可分为全寄生和半寄生两类。全寄生是指寄生性植物叶片退化,叶绿素消失,根系也退变成吸根,并以吸根中的导管和筛管分别与寄主植物的导管和筛管相连,从寄主植物上夺取其自身所需的全部生活物质的一种寄生方式,如菟丝子 *Cuscuta* 和列当 *Orobanche* 等。有些寄生性植物的茎叶有叶绿素,能进行正常的光合作用,但根系退化,以吸根的导管与寄主维管束的导管相连,吸取寄主植物的水分和无机盐,这种寄生方式称为半寄生,如寄生林木的桑寄生 *Loranthus* 和槲寄生 *Viscum* 等。由于寄生物对寄主的寄生关系主要是水分的依赖关系,因而也称为水寄生。根据寄生部位不同,寄生性种子植物可分为茎寄生和根寄生。寄生在植物茎秆上的为茎寄生,有菟丝子、桑寄生等;寄生在植物根部的为根寄生,有列当、独脚金 *Striga* 等。

寄生性种子植物都有一定的致病性,致病力因种类而异。通常全寄生类的致病力比半寄生类的要强。寄生性种子植物对寄主植物的影响,主要是抑制其生长。草本植物受害后一般表现为植株矮小、黄化,严重时全株枯死。木本植物受害后通常出现落叶、落果、顶枝枯死、叶面缩小、开花延迟或不开花、不结实,最终亦会导致死亡,但树势退败较慢。

(二)寄生性种子植物的主要类群

寄生性种子植物都是双子叶植物,有 12 个科,其中最重要的是桑寄生科(Loranthaceae)、旋花科(Convolculaceae)和列当科(Orobanchaceae)。桑寄生科的植物都是半寄生的灌木,危害热带或亚热带林木。旋花科的菟丝子和列当则是农业生产上重要的全寄生种子植物。

1. 菟丝子属 *Cuscuta*

菟丝子是攀缘寄主的一年生草本植物,没有根和叶,或叶片退化成鳞片状,无叶绿素。茎为黄白色,丝状,呈旋卷状,用以缠绕寄主,在接触处长出吸盘(haustorium),侵入寄主体内。花很小,白色至淡黄色,排列成头状花序。果为开裂的球状蒴果,有种子 2～4 枚。种子很小,卵圆形,黄褐色至黑褐色,表面粗糙(图 1-45)。

菟丝子的种子成熟后落入土中或脱粒时混在作物种子内,成为来年菟丝子病害的主要侵染来源。第二年当作物播种后,菟丝子种子发芽,生出旋卷的幼茎。当幼茎接触到寄主就缠绕其上,长出吸盘侵入寄主维管束中寄生,同时下部的茎逐渐萎缩,与土壤分离,以后上部的茎不断缠绕寄主,并向四周蔓延危害。菟丝子有许多种类,可危害大豆、花生、马铃薯、苜蓿、胡麻等多种作物,如引起大豆菟丝子病害的中国菟丝子 *C. chinensis* 和危害蔷薇科植物的日本菟丝子 *C. japonicus* 等。

图 1-45 寄生在胡椒植株上的菟丝子

2. 列当属 *Orobanche*

列当是一年生草本植物,没有叶绿素和真正的根,叶片退化为短而尖的鳞片状。茎单生或偶有分枝,高约 10～20 cm,最高可达 50 cm,黄色至紫褐色。穗状花序,花瓣联合成筒状,白色或紫红色,也有米黄色和蓝紫色等。果实为蒴果,有种子 500～2000 枚。种子细小,呈葵花籽形,长度一般不超过 0.5 mm(图 1-46)。

图 1-46 寄生在蚕豆根部的列当

列当主要寄生在双子叶植物的根部。落在土里的列当种子,经过休眠后在适宜的温、湿度条件下萌发成线状的幼芽。当幼芽遇到适当的寄主植物的根,就以吸根(radicle)侵入寄主根内吸取养分。在吸根生长的同时,根外形成的瘤状膨大组织向上长出花茎。随着吸根的增加,列当的地上花茎数也相应增加。寄主植物因养分和水分被列当吸取,生长不良,产量减少。我国主要有埃及列当 *O. aegyptica*,大多分布在新疆等地,寄生在瓜类、豆类、番茄、烟草、马铃薯、花生、向日葵以及辣椒等植物上。

第三节　植物侵染性病害的发生发展过程

一、病原物的侵染过程

病原物的侵染过程(infection process)是指病原物与寄主植物可侵染部位接触,并侵入寄主,在植物体内繁殖和扩展,使寄主显示病害症状的过程。对寄主植物而言,病原物的侵染过程,也是植物个体遭受病原物侵染后的发病过程,因而也称为病程(pathogenesis)。

病原物的侵染过程是一个连续的过程。为了便于说明病原物的侵染活动,一般将侵染过程划分为侵入前期、侵入期、潜育期和发病期。

(一)侵入前期

侵入前期是指病原物侵入前与寄主植物存在相互关系并直接影响病原物侵入的时期。根据病原物是否与寄主植物接触,侵入前期可分为接触以前和接触以后两个阶段。许多病原物的侵入前期多从病原物与寄主植物接触开始到形成某种侵入机构为止,因而也称为接触期(contact period)。但是,有些病原物在接触寄主植物前就受到根或叶外渗物质的影响和周围各种微生物的竞争。因此,接触寄主以前这一阶段对病原物的侵入也较为重要。

侵入前期植物表面的理化状况和微生物组成对病原物影响最大。病原物接触寄主前,植物的根分泌物能引诱土壤中植物线虫和真菌的游动孢子向根部聚集,促使真菌孢子和病原物休眠体的萌发。此外,接触寄主前,病原物还受到根围或叶围其他微生物的影响。这种影响包括微生物的拮抗作用和位置竞争作用。因此,在植物病害生物防治中,可应用具有拮抗作用的微生物施入土壤来防治土传病害,或应用对寄主植物有益的微生物在植物根围或体表定殖,从而使病原物不能在侵染部位立足。病原物与寄主接触后,在植物表面常常有一段生长活动阶段,如真菌休眠机构萌发所产生的芽管、菌丝的生长、细菌的分裂繁殖、线虫幼虫的蜕皮和生长等。这些生长活动有助于病原物到达它侵入植物的部位。同样,病原物侵入前的这些生长活动也受到植物表面的理化状况影响。例如,植物气孔分泌的水滴可以诱使真菌的芽管和菌丝趋向气孔生长,以利于从气孔侵入。植物体表的水滴和分泌物对真菌孢子的萌发和芽管的生长有一定的刺激作用。

侵入前期也是病原物与寄主植物相互识别的时期。病原物对感病寄主的亲和性和对抗病寄主的非亲和性反应,与其对应的寄主蛋白质、氨基酸等细胞表面物质的特异性识别有关,这已成为目前分子植物病理学研究的热门课题。

(二)侵入期

侵入期(penetration period)是从病原物开始侵入寄主到侵入后与寄主建立寄生关系的一段时间。病原物侵入寄主植物通常有直接侵入、自然孔口侵入和伤口侵入三种途径。

1. 直接侵入

直接侵入是指病原物直接穿透寄主表面保护层的侵入。以真菌为例,直接侵入的典型过程是:附着于寄主表面的真菌孢子萌发形成芽管,芽管顶端膨大产生附着胞(appressorium),附着胞分泌黏液固定芽管并产生较细的侵染钉,以侵染钉直接穿透植物的角质层,再穿过细胞壁进入细胞内,也有的穿过角质层后先在细胞间扩展,再穿过细胞壁进入细胞内,侵染钉穿过角质层和细胞壁后变粗,恢复原来的菌丝状。侵染钉穿透角质层时靠机械压力和分泌的酶共同起作用,而穿过细胞壁主要靠酶的作用(图1-47)。另外,植物寄生线虫均可以通过其口针直接侵入寄主的细胞和组织中(图1-48)。

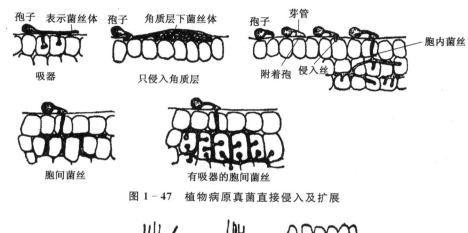

图1-47　植物病原真菌直接侵入及扩展

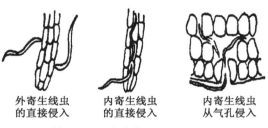

图1-48　寄生线虫的侵入方式

2. 自然孔口侵入

许多真菌和细菌从自然孔口侵入(图1-49、图1-50),有些植物寄生线虫也可以从自然孔口(如气孔)侵入(图1-48)。所谓的自然孔口包括气孔、水孔、皮孔、柱头、蜜腺等,其中以气孔侵入最为普遍和重要。许多真菌孢子落在植物叶片表面,在适宜的条件下萌发形成芽管,然后芽管直接从气孔和水孔等自然孔口侵入(图1-49)。不少细菌也能从气孔侵入寄主。有的病原物如稻白叶枯病菌 *Xanthomonas oryzae* pv. *oryzae* 可以从植物叶片的水孔侵入。

3. 伤口侵入

伤口侵入是指病原物从植物表面各种损伤的伤口侵入寄主。这些伤口除包括外因造成的机械损伤外,还包括植物自身在生长过程中的自然伤口,如叶片脱落后的叶痕和侧根穿过皮层时所形成的伤口等。通过伤口侵入是许多细菌的主要侵入方式之一(图1-50)。植物病毒从伤口侵入比较特殊,它进入细胞所需的伤口,必须是受伤细胞不死亡的微伤。有些病原物除以伤口作为侵入途径外,还利用伤口的营养物质。因此,在接种时补充一些营养物质,往往可以增强其侵染能力。还有些经伤口侵入的病原物则先在伤口处的死亡组织中生活并提高寄生能力,然后再进一步侵入健全的组织。这类病原物有时称为伤口寄生物,大多是寄生性较弱的死体营养生物。

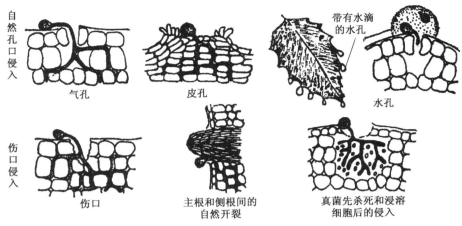

图 1-49　植物病原真菌通过自然孔口或伤口侵入

图 1-50　植物病原细菌从自然孔口侵入

各类病原物的侵入途径各不相同。病原真菌中,寄生性强的真菌以直接侵入或自然孔口侵入为主,寄生性弱的真菌主要从伤口或衰亡的组织侵入。病原原核生物中,一般细菌主要经自然孔口或伤口侵入,寄生维管束的难培养细菌和植物菌原体只能由昆虫介体和嫁接形成的伤口侵入。植物病毒一般经伤口侵入,这些伤口包括机械微伤口和介体传染时造成的伤口。病原线虫一般以穿刺方式直接侵入寄主,有时也可经自然孔口侵入。寄生性种子植物产生吸根直接侵入寄主。

病原物的侵入受环境因素的影响,其中以湿度和温度影响最大。湿度是病原物侵入的必要条件。细菌侵入需要有水滴和水膜存在;绝大多数真菌的侵入,湿度越高越有利,最好有水滴存在。温度主要影响病原物萌发与侵入的速度。各种病原物在其适当的温度范围内,一般侵入快,侵入率高。温、湿度对一些病原真菌的侵入影响往往具有综合作用,如小麦叶锈菌的夏孢子萌发侵入的最适温度为15～20℃,在此适温下叶面只要保持6 h左右的水膜,病菌即侵入叶片;如温度为12℃,叶面结水则需保持16 h才能侵入;低于10℃,即使叶面长期结水,也不能或极少侵入。温、湿度除直接影响病原物侵入外,还会通过寄主植物生长和抗病力间接影响病原物的侵入。光照与侵入也有一定关系。对于气孔侵入的病原真菌,因为光照关系到气孔的开闭而影响其侵入。

(三)潜育期

潜育期(incubation period)是指从病原物侵入寄主后与寄主建立寄生关系到寄主开始表现症状的一段时间。病原物侵入寄主后,首先要从寄主体内获得营养物质和水分,建立寄生关系,然后在寄主体内繁殖扩展,最后引致寄主发病。在这一过程中,寄主对病原物的抵抗极其复杂。侵入寄主的病原物不一定都能建立寄生关系,即使建立了寄生关系的病原物,也不一定都能顺利地在寄主体内扩展而引起发病。例如,小麦散黑穗病菌 *Ustilago tritici* 从小麦花器侵入后,虽然已与寄主建立了寄生关系,并以菌丝体潜伏在种胚内越夏,但当种子萌发时,潜伏的菌丝体不一定都进入幼苗生长点;而进入幼苗生长点的病菌,也不一定都能引起最后发病。有人用同一批麦种,检查了种胚和幼苗生长点的带菌率和小麦最后的发病率,发现小麦散黑穗的最后发病率小于幼苗生长点的带菌率;幼苗生长点的带菌率小于种胚带菌率。

潜育期内病原物与寄主的关系,最基本的是营养关系。病原物从寄主植物获得营养物质的方式一般分为死体营养和活体营养。侵入寄主后,不同病原物的扩展也不相同。病原真菌大部分以菌丝体在寄主细胞间扩展或直接穿过细胞扩展,有的形成吸器伸进寄主细胞吸取养分和水分。病原细菌一般先在寄主薄壁组织细胞间繁殖、扩展,寄主细胞壁破坏后才进入细胞内。引起萎蔫的真菌和细菌从寄主薄壁细胞组织进入维管束导管繁殖、蔓延。植物病毒进入寄主细胞后,就在细胞中增殖,经胞间连丝由一个细胞扩展到另一个细胞,并可进入韧皮部,在筛管中快速运转,引起全株性感染。各类病原物在寄主内扩展,基本上可以归纳为两类。一类是病原物侵入后扩展的范围局限于侵入点附近,这种侵染称为局部侵染(local infection),所形成的病害称为局部性病害。大多数植物病害属于局部性病害。另一类是病原物可以从侵入点扩展到寄主的大部分或全株,这种侵染称为系统侵染(systemic infection),所引起的病害称为系统性病害。许多维管束病害和绝大多数病毒和菌原体病害属于系统性病害。

病原物在植物体内的繁殖和蔓延,消耗了植物的养分和水分,同时由于病原物分泌的酶、毒素和生长激素或其他物质的作用,破坏了植物的细胞和组织,改变了寄主的新陈代谢,从而引致寄主植物发病。另外,植物对于病原物的侵染并不完全是被动的,也发生一系列的防卫反应,以抵抗病原物的扩展。因此,潜育期实际上是病原物与寄主植物相互斗争的过程。

病害潜育期长短,主要决定于病害种类和环境条件。有的病害潜育期较长,有的较短,一般3～10 d。但是,有些病害的潜育期很长,如小麦散黑穗病潜育期将近1年;有些木本植物的病毒病或菌原体病害,潜育期可达2～5年。同一种病害潜育期长短主要受温度影响,受湿度影响较小。例如,稻瘟病在最适温度26～28℃时,潜育期为4.5 d;24～25℃时,5.5 d;17～18℃时,8 d;9～11℃时,13～18 d。

有些病害还有潜伏侵染现象,即病原物侵入寄主后长期处于潜育阶段,不表现或暂不表现症状,而成为带菌或带毒的植物。引起潜伏侵染的原因很多,可能是寄主有高度的耐病力,或者是病原物在寄主体内发展受到限制,也可能是环境条件不适宜症状出现等。

(四)发病期

经过潜育期后,从寄主植物出现症状开始即进入发病期。发病期是病斑不断扩展和病原物大量产生繁殖体的时期。随着症状的发展,真菌病害往往在受害部位产生孢子,因而称为产孢期。病原物新产生的繁殖体可成为再次侵染的来源。不同病害在发病期形成孢子的迟早不同。有的在潜育期一结束便立即产生孢子,如锈菌和黑粉菌孢子几乎与症状同时出现。大多数真菌是在发病后期或在死亡的组织上产生孢子,其有性孢子的形成要更迟一些,通常要到植物生长后期或经过一段休眠期才产生或成熟。在发病期,寄主植物也表现出某种反应,如阻碍病斑发展、抑制病原物繁殖体产生和加强自身代谢补偿等。

环境条件,特别是温、湿度,对症状出现后病斑扩大和病原物繁殖体形成影响很大。多数病原真菌产生孢子的最适温度为25℃左右,低于10℃孢子难以形成。马铃薯晚疫病、烟草黑胫病在潮湿条件下病斑迅速扩大并产生大量孢子;气候干燥,病斑则停止发展。稻瘟病典型病斑,在相对湿度小于89%时,不产生孢子;在相对湿度93%以上时,湿度越大,产孢量越大。

二、病害循环

所谓病害循环(disease cycle),是指病害从寄主植物的上一个生长季节开始发病到下一个生长季节再度发病的过程。主要涉及病原物的越冬和越夏、病原物的传播及病原物的初侵染与再侵染三个

方面。以苹果黑星病为例,说明病害循环的典型过程。苹果黑星病菌 *Venturia inaequalis* 在受侵染的枯死落叶上以腐生方式越冬并产生子囊壳。春季子囊壳成熟,产生的子囊孢子随气流传播到生长的叶片和果实上,引起初次侵染。在适宜的条件下,由初次侵染发病部位产生的分生孢子经过气流传播引起再次侵染。再次侵染可以发生多次。秋季苹果落叶后,病菌又在落叶上越冬。越冬后的病菌,经传播引起苹果下一生长季节的发病。不同的病害,其病害循环的特点不同。了解各种病害循环的特点是认识病害发生、发展规律的核心,也是对病害进行系统分析、预测预报及制定防治对策的依据。

(一)病原物的越冬和越夏

病原物的越冬(over wintering)和越夏(over summering)是指病原物以一定的方式在特定场所渡过不利其生存和生长的冬天及夏天的过程。热带和亚热带地区没有四季之分,全年各种植物可以正常生长,因而植物病害不断发生,病原物基本无越冬和越夏问题。但我国大多数纬度较高即温带地区或纬度低而海拔较高的地区,存在明显的四季差异。这些地区多数植物是冬前收获或冬季休眠的,所以越冬问题显得更为突出。

病原物越冬和越夏有寄生、腐生和休眠 3 种方式。各种病原物越冬或越夏的方式不同。活体营养生物如白粉菌、锈菌和黑粉菌等,只能在受害植物的组织内以寄生方式或在寄主体外以休眠体进行越冬或越夏。死体营养生物包括多数病原真菌和细菌,通常在病株残体和土壤中以腐生方式或以休眠结构越冬或越夏。植物病毒和菌原体大多只能在活的植物体和传播介体内生存。病原线虫主要以卵、幼虫等形态在植物体或土壤中越冬或越夏。

病原物的越冬和越夏场所一般也是下一个生长季节的初侵染来源。病原物的越冬越夏场所主要有以下几种。

1. 种子、苗木和无性繁殖器官

种苗和无性繁殖器官携带病原物,往往是下一年初侵染最有效的来源。病原物在种苗萌发生长时,又无需经过传播接触而引起侵染。由种苗和无性繁殖材料带菌而引起感染的病株,往往成为田间的发病中心而向四周扩展。

病原物在种苗和无性繁殖材料上越冬、越夏,有多种不同的情况。①病原物各种休眠机构混杂于种子中。例如,小麦粒线虫的虫瘿、大豆菟丝子的种子、油菜菌核病菌的菌核等。②病原物休眠孢子附着于种子表面。例如,小麦腥黑穗病菌、秆黑粉病菌的冬孢子、谷子白发病菌的卵孢子等。③病原物潜伏在种苗及其他繁殖材料内部。例如,大、小麦散黑穗病菌潜伏在种胚内,甘薯黑斑病菌、甘薯茎线虫在块根中越冬,马铃薯病毒、环腐细菌在块茎中越冬。④病原物既可以繁殖体附着于种子表面,又可以菌丝体潜伏于种子内部,例如,棉花枯萎病菌和黄萎病菌等。

2. 田间病株

有些活体营养病原物必须在活的寄主上寄生才能存活。例如,小麦锈菌的越夏、越冬,在我国都要寄生在田间生长的小麦上。小麦秆锈菌因不耐低温,只能在闽粤东南沿海温暖地区的冬麦上越冬;小麦条锈菌不耐高温,只能在夏季冷凉的西北高山高原春麦上越夏;小麦叶锈菌对温度适应范围较广,可以在我国广大冬麦区的自生麦上越夏,冬麦麦苗上越冬。

有些侵染一年生植物的病毒,当冬季无栽培植物时,就转移到其他栽培或野生寄主上越冬、越夏。例如,油菜花叶病毒、黄瓜花叶病毒等都可以在多年生野生植物上寄生、越冬。

3. 病株残体

许多病原真菌和细菌,一般都在病株残体中潜伏存活,或以腐生方式在残体上生活一定的时期。例如,稻瘟病菌,玉米大、小斑病菌,水稻白叶枯病菌等,都以病株残体为主要的越冬场所。残体中病原物存活时间的长短,主要取决于残体分解腐烂的快慢。一般情况下,病原物在残体中由于寄主组织

的保护因对环境的抵抗力较强,受到土壤中腐生菌的抑制作用较小,存活时间较长;在寄主残体分解腐烂后,其中的病原物也逐渐死亡。

4. 土壤

土壤是许多病原物重要的越夏、越冬场所。病原物以休眠机构或休眠孢子散落于土壤中,并在土壤中长期存活,如黑粉菌的冬孢子、菟丝子和列当的种子、某些线虫的胞囊或卵囊等。有的病原物的休眠体,先存在于病残体内,在残体分解腐烂后,再散于土壤中,如十字花科植物根肿菌的休眠孢子、霜霉菌的卵孢子、植物根结线虫的卵等。还有一些病原物,可以腐生方式在土壤中存活。以土壤作为越冬、越夏场所的病原真菌和细菌,大体可分为土壤寄居菌和土壤习居菌两类。土壤寄居菌只能在土壤中的病株残体上腐生或休眠越冬,在残体分解腐烂后,就不能在土壤中存活。土壤习居菌对土壤适应性强,在土壤中可以长期存活,并且能够繁殖,丝核菌 *Rhizoctonia* 和镰孢菌 *Fusarium* 等真菌都是土壤习居菌的代表。

5. 粪肥

人为地将病株残体误作积肥,会导致病原物混入粪肥中。此外,少数病原物随病残体通过牲畜排泄物而混入粪肥。例如,谷子白发病菌卵孢子和小麦腥黑穗病菌冬孢子,经牲畜肠胃后仍具有生活力,如果粪肥不腐熟而施到田间,病原物就会侵染。

6. 昆虫或其他介体

一些由昆虫传播的病毒可以在昆虫体内增殖并越冬或越夏。例如,水稻黄矮病病毒和普通矮缩病病毒可以在传毒的黑尾叶蝉体内越冬。小麦土传花叶病毒在禾谷多黏菌休眠孢子中越夏。

（二）病原物的传播

病原物从越冬、越夏场所到达寄主感病部位,或者从已经形成的发病中心向四周扩散,均需经过传播(dissemination)才能实现。不同病原物传播的方式和途径不一样。有些病原物可以通过自身活动进行有限范围的传播,如真菌菌丝体和根状菌索可以随其生长而扩展,线虫在土壤中的移动,菟丝子茎蔓的攀缘等。但是,病原物传播的主要方式还是借助外界的动力如气流、雨水、昆虫及人为因素等进行传播。不同病原物由于各自生物学特性不同,传播方式和途径也不一样。病原真菌以气流传播为主,雨水传播也较重要;病原细菌以雨水传播为主;植物病毒和菌原体则主要由昆虫介体传播。

1. 气流传播

气流传播是一些重要病原真菌的主要传播方式。例如,小麦锈菌、白粉菌,稻瘟病菌,玉米大、小斑病菌等。有时风雨交加还可以引起一些病原细菌及线虫的传播。病原真菌小而轻,易被气流散布到空气中,犹如空气中的尘埃微粒一样,可以随气流进行远或近距离传播。气传真菌孢子传播距离的远近,与孢子大小和质量有关。但是,孢子可以传播的距离不一定是传播后能引起发病的有效距离,有的真菌孢子因不能适应传播进程中的环境而死亡,也有的因传播后接触不到感病寄主或接触后不具备侵染条件而丧失生活力。一般情况下,真菌孢子的气流传播,多属近程传播(传播范围几米至几十米)和中程传播(传播范围百米以上至几公里)。着落的孢子一般离菌源中心的距离越近,密度越大,距离越远,密度越低。远程传播比较典型的是小麦秆锈菌和条锈菌。经研究证实,实现远程传播,必须是菌源基地有大量孢子被上升气流带到千米以上的高空,再经水平气流平移,遇下沉气流或降雨孢子着落到感病寄主上,同时具备合适的条件而引起侵染。根据小麦秆锈菌和条锈菌远程传播的特点,我国采取控制菌源基地的侵染和在不同区域布局不同抗源的抗性品种的措施,取得了控制病害流行的明显成效。

2.雨水传播

植物病原细菌和产生分子孢子盘和分生孢子器的病原真菌,由于细菌或孢子间大多有胶质黏结,胶质只有遇水膨胀和溶化后病原物才能散出,故这些病原物主要由雨水或露滴传播。存在于土壤中的一些病原物,如烟草黑胫病菌、软腐病菌及有些植物病原线虫,可经过雨水反溅到植物上,或随雨水或灌溉水的流动而传播。水稻白叶枯病菌经雨水传播,暴风雨不仅会引起叶片擦伤,有利于细菌传染和侵入,而且病田水中的细菌又可经田水排灌向无病田传播。因此,灌溉水也是重要的传播途径。

3.昆虫及其他介体传播

昆虫传播与病毒和菌原体病害的关系最大。蚜虫、叶蝉和飞虱是植物病毒的主要传播介体。此外,有些病毒可经线虫、真菌和菟丝子传播。菌原体侵染植物后,存在于寄主的韧皮部筛管中,由在韧皮部取食的叶蝉传播。昆虫还可以传播一些病原细菌,如玉米啮叶甲传播玉米萎蔫病细菌。另外,引起小麦蜜穗病的细菌由线虫传播。昆虫传播病原真菌和病原线虫的典型实例是甲虫传播引起洋榆疫病的真菌,天牛传播引起松材线虫病的线虫。

4.人为因素传播

带有病原物的种子、苗木和其他繁殖材料,经过人们携带和调运,可以远距离传播。携带病原物的土壤、肥料、农产品包装材料的人为流动,有时也能传播病原物。另外,人的生产活动,如农事操作和使用的农具均可引起病原物的近距离传播。

(三)病原物的初侵染与再侵染

越冬或越夏的病原物,在植物一个生长季中最初引起的侵染,称初次侵染或初侵染(primary infection)。初侵染植物上病原物产生的繁殖体,经过传播,又侵染健康的植物或发病植物的健康部位,称为再次侵染或再侵染(secondary infection)。

只有初侵染,没有再侵染的病害,称单循环病害(monocyclic disease)。单循环病害在植物的一个生长季只有一次侵染过程,多为系统性病害,一般潜育期长,例如,小麦黑穗病、水稻干尖线虫病等。对此类病害只要消灭初侵染来源,就可达到防治病害的目的。

除初侵染外,还有再侵染的病害,称多循环病害(polycyclic disease)。多循环病害在植物的一个生长季中有多次侵染过程,多为局部性病害,潜育期一般较短。这类病害一般初侵染的数量有限,只有在环境条件适宜、再侵染不断发生的情况下,才会发病程度加重、发病范围扩大而引起病害流行。此类病害中,有许多重要的流行病,如稻瘟病、水稻白叶枯病、小麦条锈病、小麦白粉病和玉米大、小斑病等。对此类病害的防治往往难度较大,一般要通过种植抗病品种、改善栽培措施和药剂防治来降低病害的发展速度。

还有一些病害虽然有再侵染,但再侵染的次数少而不重要。例如,棉花枯萎病、大麦条纹病等,基本上与单循环病害相似。小麦赤霉病虽然以子囊孢子的初侵染为主,但病穗上形成的分生孢子在气候条件适宜时,还会引起再侵染,而又与多循环病害相似。

第四节　寄主和病原物的相互作用

植物侵染性病害的形成,实际上是病原物与寄主植物在一定的外界环境条件影响下相互作用的结果。在这一过程中,病原物方面要设法侵入寄主、在寄主组织中扩展,并引起病害,而寄主植物一方则要千方百计去抵抗病原物的侵入和扩展,尽量减少由病原物侵染带来的损失。

在病害形成的过程中寄主和病原物的相互识别作用,是病害能否形成、发生和流行的前提条件。

一、寄主和病原物的识别

（一）识别的概念

识别（recognition）是一种普遍而重要的现象。在植物病理学中，专性寄生物与寄主接触时便有物质和信息的相互作用，从而激发一系列生理、生化和组织反应，决定了最终的抗病或感病反应。要与寄主建立基本的亲和（compatible）关系，病原物可以突破寄主的防御体系，被作为可亲和的伙伴而识别，寄主和病原物之间的这种互作关系称为亲和性互作关系；或者识别之后双方有强烈的反应，病原物不能抑制或克服侵染点周围寄主细胞或组织产生的一系列防卫反应，如过敏性坏死反应（hypersensitive response）、植物保卫素（phytoalexin）的积累、诱发的结构抗性、几丁质酶和葡聚糖酶等水解酶的合成、系统性抗性诱导物的释放等，双方表现出非亲和性（incompatible）互作关系。亲和性导致感病现象，非亲和性导致抗病现象。

（二）识别的方式

寄主和病原物之间的亲和性或非亲和性识别是决定寄主—病原物相互关系的关键因子。识别是一个生物化学过程，取决于病原物与寄主两个接触面所包含的潜在信号以及接触后发生的分子互补性互作反应。寄主和病原物之间的识别相关分子有以下几大类。

1. 外源凝集素（lectin）

植物中能凝集红细胞的蛋白质或糖蛋白称为植物外源凝集素，也称植物凝血素。植物外源凝集素最初发现于蓖麻籽中，可以使哺乳动物的血红细胞发生凝集，后来发现广泛存在于显花植物及大多数隐花植物和低等植物中，对植物本身有一定的生物学功能。在植物病害发生机制中与病原物的吸附和识别有关。植物外源凝集素存在于植物细胞膜或细胞壁上，是一类结构性表达的基因产物。按照化学组成，凝集素可以分成两类：一类为简单蛋白质；另一类是含有不同比例碳水化合物的糖蛋白。不同的植物外源凝集素具有不同的碳水化合物结合位点，能识别复杂碳水化合物上特定的糖残基，与糖发生可逆性结合而不改变糖苷键的共价结构。外源凝集素不是碳水化合物特异性的酶或运转蛋白，也不是植物激素和毒素，不具有免疫球蛋白的性质。单糖、寡糖等特定半抗原和提纯的细菌脂多糖，能抑制植物外源凝集素与糖的结合及对细菌细胞的凝聚作用，蛋白水解酶可以抑制糖蛋白类植物外源凝集素的活性。

实验证明，植物外源凝集素能与病菌表面的碳水化合物或含碳水化合物的其他分子特异性结合，使病菌被凝聚固定而不能侵染。病菌与外源凝集素间的结合与病原菌的寄主范围有一定相关性。如烟草和马铃薯外源凝集素能选择性地凝聚青枯假单胞杆菌的不亲和菌株，其中马铃薯外源凝集素对此细菌胞外多糖（EPS）的结合能力比对脂多糖（LPS）的结合能力弱。由于亲和菌株产生 EPS 多，使 LPS 被掩盖，因而削弱了外源凝集素对菌体的凝聚作用，使亲和菌株得以侵入寄主。提纯的麦胚凝集素和大豆凝集素能结合到相应病原真菌的孢子及菌丝尖端和病原细菌细胞的表面，抑制真菌孢子萌发、菌丝生长及细菌繁殖。外源凝集素可以作为激发子的受体参与植物保卫素合成的激发而增强植物抗病性；几个寄主与病原物结合的实验结果也支持这一假设。如根瘤菌 *Rhizobium* 与豆科植物、立枯丝核菌 *Rhizoctonia solani* 与哈茨木霉 *Trichoderma harzianum* 以及致病疫霉 *Phytophthora infestans* 与马铃薯间的结合导致亲和性识别，而茄科劳尔氏菌 *Ralstonia solanacearum* 与番茄、马铃薯、烟草以及褐孢霉 *Fulvia fulva* 与番茄间的结合产生非亲和性识别。有些外源凝集素还能保护植物不受某些害虫的危害。

2. 共同抗原（common antigens）

在分类地位很远，但可发生亲和互作的两个生物（高等植物与细菌或真菌）之间存在着共同抗原，这已在许多寄主与病原物互作系统中得到证明，甚至植物的根与根围微生物群落间也存在有共同抗原。这种共同抗原在许多植物与真菌或者植物与细菌之间已检测出来，如棉花与大丽轮枝孢 *Verticillium dahliae*、尖镰孢菌萎蔫专化型 *Fusarium oxysporum* f. sp. *vasinfectum* 以及茄病镰刀菌 *F. solani* 之间；小麦与禾顶囊壳 *Gaeumannomyces graminis* 之间；甘薯与甘薯长喙壳菌 *Ceratocystis fimbriata* 之间。相反，真菌或细菌与非寄主植物之间则无共同抗原。在几个寄主与病原物互作关系（如玉米、燕麦与玉米黑粉菌 *Ustilago maydis*）中，共同抗原性的程度与感病性的程度呈正相关。这些共同抗原在确定寄主与病原物之间基本亲和性上的作用，可能是传递互作双方的信号，或者抑制抗性反应。尽管病原物常和寄主之间有共同抗原，致病性强的和致病性弱的致病菌也都有相同的抗原，尚未证明共同抗原对植物与非致病菌之间的特异性有关。

3. 激发子（elicitor）

激发子是能够诱发合成植物保卫素、木质化以及过敏性反应等寄主防御反应的因子，包括非生物源物质（银盐、汞盐、铜盐、碘代乙酸、蔗糖、水杨酸、聚丙烯酸等）、生物源物质（如类似于蛋白质的微生物或植物产物、复合糖蛋白、泛酸、碳水化合物）、物理因子（紫外线、冻伤、创伤等）和微生物（真菌和细菌的细胞或细胞壁）。据报道，有几种被诱导的酶或其他因子对寄主的抗性起作用，如抗病原菌侵染的几丁质酶和富含羟脯胺酸糖蛋白（HRGP）等，抗病毒侵染的病程相关蛋白（pathogenesis-related proteins，PR 蛋白）。由于生物性激发子活性很高，并且是与寄主植物外源凝集素结合，因此可能在决定小种—品种专化亲和性方面起作用。但是，有些激发子是非专化性的，即它们能够诱导抗病品种及感病品种合成植物保卫素，单独不可能决定小种—品种间的相互作用。

4. 抑制子（suppressor）

抑制子是由病原物产生的能够抑制寄主防御反应的化学物质。它可以在小种—品种互作水平上将不亲和反应转变为亲和性反应。抑制子可能通过阻碍激发子与外源凝集素的结合，即与寄主细胞表面互补结合位点的结合而起作用。已经发现大雄疫霉大豆专化型 *Phytophthora megasperma* f. sp. *glycinea* 分泌的转化酶可以小种专化性地抑制大豆品种中灰藤黄素（glyceollin）的积累，这种抑制活性由糖蛋白转化酶的糖类分子所提供，由于抑制子是小种专化性的，推测其在决定小种—品种亲和性方面起着极为重要的作用。共同抗原是否也起着抑制子的作用是一个有待研究的问题。

二、病原物的致病性

（一）致病性概念

病原物的致病性（pathogenicity）是指病原物破坏寄主、诱发病害的能力。不同的病原物致病力差异很大。在植物病理学中这种致病力的差异常常使用毒性和侵袭力等术语来表达。

1. 毒性（virulence）

毒性一般指不同病原物对寄主植物的相对的致病能力，主要用于病原物生理小种与寄主品种表现相互作用的范围。同一病原物的不同生理小种对同一寄主的致病力可能大不相同，致病力强的称为强毒力，致病力弱的称为弱毒力，不致病的称为无毒。例如，小麦秆锈病菌生理小种 17 接种 Reliance 小麦，只产生枯死斑，侵染型是 0，其毒性为弱毒力；而小种 34 接种后，产生大的孢子堆，侵染型是 4⁻，其毒性为强毒力。

2. 侵袭力(aggressiveness)

侵袭力一般是指病原物具有的与致病力有关的生长和繁殖能力。例如,病原物的两个生理小种引致同一寄主发病的程度可以相同,但是它们侵入前的孢子萌发速度、附着胞产生量以及侵入后的潜育期长短、孢子形成迟早与多少、孢子保持生活力的时间等可以不同。这些性状往往影响病原物的致病效能,而这种致病效能上的差异单用毒力一词就不能表达出来,需要用侵袭力的强弱来表示。1953—1955 年,美国小麦秆锈病流行,小种 15B 占优势,而 1960—1963 年调查发现小种 56 占绝对优势(占 97%)。有人将小种 56 与小种 15B 的侵袭力进行比较,发现小种 56 在 10℃时产生较多的附着胞;在 15～21℃时病害潜育期较短,夏孢子产生较早,产生量较大,保持生活力的时间较长。因此可以认为,小种 56 之所以逐渐滋长和占优势,是由于它的侵袭力较强。

(二)致病性分化及其变异

不同种病原物对寄主的致病性可以不同,而同一种病原物中不同菌株的致病性也可有明显差异。通常人们将同种病原物中不同菌株对寄主植物的致病性存在显著差异的现象称为生理分化或致病性分化(pathogenic differentiation)。例如,病原物种内可分为不同的专化型及生理小种。致病性分化在寄生性较强的病原物中较为常见,而腐生性较强的病原物则很少有这种现象。无论在自然界还是在人工培养条件下,病原物的致病性并不是一成不变的。通过有性杂交、无性重组、突变和适应性等途径,病原物的致病性可以经常发生变异(variation)。

1. 致病性分化

病原物种内形态相似,但对不同属寄主植物的致病性不同的类群称为专化型(forme specialis,简称 f. sp.)。例如,禾柄锈菌 *Puccinia graminis* 危害多种禾谷类作物,可分为不同的专化型。危害小麦的称为禾柄锈菌小麦专化型 *P. graminis* f. sp. *tritici*,危害燕麦的称为燕麦专化型 *P. graminis* f. sp. *avenae*,危害黑麦的称为黑麦专化型 *P. graminis* f. sp. *secalis*。专化型内形态相似,但对作物不同品种即鉴别寄主(differential host)的致病性不同的类群称为生理小种(physiologic race)。生理小种一般用数字编号或其他形式表示。如禾柄锈菌小麦专化型生理小种 17、21、34、40 等。许多病原物种内没有明显的专化型分化,可以直接分为不同的生理小种。另外,有些病原物可以先根据某个鉴别品种上的反应,分为不同的生理小种群,再根据其他鉴别品种上的反应在小种群下划分生理小种。例如,引起我国稻瘟病的灰梨孢 *Pyricularia grisea* 分为 8 个小种群,包括 85 个生理小种。

从遗传学上讲,生理小种还是一个群体,包含一系列遗传性不同的生物型(biotype)。生物型则是由遗传性一致的个体即无性系(clone)所组成的。

此外,为了表示种内的致病性分化,病原细菌中还用致病变种(pathovar,简称 pv.)和菌系(strain)等术语,而病毒中则常用株系(strain)这一名词。

2. 致病性变异

病原物的致病性可以经常发生变异,引起变异的途径主要有四个方面。

(1) 有性杂交(sexual hybridization)

病原物通过有性生殖阶段,基因进行重新组合,遗传性发生改变,所产生的后代致病性就可能产生变异。例如,小麦秆锈菌 *Puccinia graminis* f. sp. *tritici* 小种 9 与小种 36 杂交,产生的子一代是小种 17,子二代中有小种 36、17 以及其他小种。小麦秆锈菌与黑麦秆锈菌 *P. graminis* f. sp. *secalis* 杂交,可以产生对大麦致病的大麦秆锈菌 *P. graminis* f. sp. *hordei*。

(2) 无性重组(asexual recombination)

有些病原物可以在无性繁殖或生长阶段通过体细胞染色体或基因的重组而发生变异。这种变异经常出现在真菌特别是许多半知菌中。异核现象(heterokaryosis)是真菌中常见的无性重组途径。真

菌菌丝或孢子的每个细胞一般含有单个或多个细胞核。含有不同遗传性细胞核的菌丝或孢子萌发的芽管间可以进行融合(anastomosis),形成异核体(heterokaryon),这种现象称为异核现象。在异核体中有来自不同亲本的细胞核,因此其致病性可与亲本有明显差异。例如,镰孢 *Fusarium*、葡萄孢 *Botrytis* 和柄锈菌 *Puccinia* 等植物病原真菌的培养性状和致病性的变异往往与异核现象有关。

（3）准性生殖(parasexuality)或准性循环(parasexual cycle)

该现象是许多半知菌致病性发生变异的又一重要途径。1952 年,Pontecorvo 和 Roper 首先发现在构巢曲霉 *Aspergillus nidulans* 无性繁殖过程中存在杂合二倍体的体细胞重组,称为准性生殖。准性生殖的一般步骤是:首先形成异核体,然后异核体中的不同细胞核融合形成杂合二倍体。杂合二倍体在有丝分裂分离过程中进行单倍体化(haploidization)和有丝分裂交换(mitotic crossing-over),最后产生新的遗传性不同于亲本的单倍体后代。

（4）突变(mutation)

病原物遗传性状上发生突然变化通常称为突变。从分子水平上讲,突变是基因内不同位点(site)的改变。许多物理或化学因子如紫外线、亚硝基胍等都能引起病原物的基因突变,从而改变其致病性等遗传性状。在人工培养基上,镰孢、蠕孢、梨孢等病原真菌的菌落经常出现性状不同的扇形变异区,称为菌落角变(saltation)或扇形变异(sectoring)。这种变异的原因往往与突变有关。菌落角变的后代致病力一般减弱,但也有增强的。

（5）适应性(adaptation)变异

有性重组、无性重组和突变都涉及遗传物质的改变,是病原物的致病性发生变异的主要途径。但是,病原物为了更好地生存,可因环境不同而调节自己,以适应新的环境,这种变异为适应性变异,它不涉及遗传组成的改变,当环境条件恢复时,病原物又表现为原来的状态。例如,玉蜀黍黑粉菌 *Ustilago maydis* 在含有亚砷酸钙的人工培养基上培养,开始时在 2400 mg/L 的浓度下所有菌株都生长不好,以后逐渐适应而生长较好,当逐渐加大毒物浓度和连续转移培养 10 代后,所有菌株在 12000 mg/L 的浓度下都能生长良好,有的菌株甚至能适应高达 14000 mg/L 的浓度。然而,当把这些菌株转回到没有亚砷酸钙的培养基上经 5 代或更多代培养后又恢复到原来的状态;将它再放到含有毒物的培养基上又丧失对毒物的适应能力,还需要逐渐地适应。

由于上述适应性变异是非遗传性的和可逆的,因而有些学者称为表现型适应(phenotypic adaptation),而将某些可遗传的和不可逆的适应性变异称为遗传型适应(genotypic adaptation)。实际上,这种遗传型适应往往与基因突变有关。

（三）致病机理

病原物接触寄主后,引致寄主植物发病的机理一般涉及机械穿透、营养和水分掠夺、化学致病作用等。

1. 机械穿透作用

有些真菌、线虫及寄生性种子植物直接侵入寄主时,往往借助本身生长或渗透压产生的强大机械力量穿入植物的角质层和细胞壁。因此,通常植物表皮越厚、越硬,越难以被病原物穿透。

2. 掠夺营养和水分

病原物对寄主植物营养和水分的掠夺,一般是在与寄主植物建立寄生关系以后。由于寄主体内的碳源、氮源等营养物质及水分不断供给病原物,因而不仅保证了病原物生长、繁殖和扩展的需要,而且也抑制了植物的生长发育。可以说,对寄主植物营养和水分的掠夺是病原物致病的基础。

3. 化学致病作用

病原物对寄主植物的致病作用,最重要的是产生对寄主的正常生理代谢功能有害的化学物质,如酶、毒素和生长调节物质等。

（1）酶（enzyme）

许多植物病原真菌和细菌在侵入过程中能产生各种降解多糖的胞外酶，分解寄主细胞壁中的多糖物质，从而使完整的寄主细胞崩溃。病原物产生的降解酶类主要有角质酶、果胶酶、纤维素酶、木质素酶和蛋白酶等。

众所周知，在植物表面最外层是角质层。角质层是由蜡质覆盖的非水溶性的角质多聚体组成的。现在的研究表明，一些病原真菌如镰孢等穿透植物表面时可分泌角质酶，降解角质层。

细胞壁是病原物侵入植物遇到的第二个屏障。高等植物的细胞壁是成分复杂而有一定排列顺序的结构，主要由各种多糖如果胶质、纤维素、半纤维素以及一种含羟脯氨酸的糖蛋白所组成。许多老的植物组织，由于细胞木栓化，细胞壁中还沉积有木质素。许多病原真菌和细菌侵入植物时，能分泌各种降解上述多糖的酶类。这些酶类有的单独起作用，有的协同起作用。但是，不同类的病原物在致病过程中起主要作用的酶类是不同的。例如，软腐细菌在致病过程中起作用的主要是果胶酶；丝核菌能引起植物茎的软化、倒伏，起主要作用的是纤维素酶；引起树木腐朽的真菌大多具有较强的木质素酶活性。

（2）毒素（toxin）

毒素一般是指病原物产生的、除酶和生长调节物质以外的、对寄主有明显损伤和致病作用的次生代谢产物。它们可以是多糖、糖肽或多肽类化合物。许多植物病原真菌和细菌在植物体内或人工培养条件下都能产生毒素。根据影响寄主范围的不同，毒素可以分为两类。一类是寄主专化性毒素（host-specific toxin），这种毒素影响的寄主范围很窄，仅对病原菌的寄主植物起作用。例如，引起玉米小斑病的玉蜀黍双极蠕孢 *Bipolaris maydis* T 小种产生的 T 毒素对 T 型雄性不育细胞质的杂交玉米毒性很强，而对其他玉米品种毒性很弱。另一类是非寄主专化性毒素（non-host-specific toxin），这类毒素可以影响包括病原菌的寄主植物和一些非寄主植物。例如，引起烟草野火病的烟草假单胞菌 *Pseudomonas tabaci* 产生的烟毒素，处理烟草和其他植物都可以产生症状。

毒素的作用机理迄今还不太清楚，但一般涉及四个方面：一是毒素与寄主植物细胞膜上某种蛋白质的相互识别作用；二是影响寄主细胞膜的透性，导致寄主细胞内电解质的渗漏；三是影响寄主体内某些酶的活性，抑制寄主核酸与蛋白质的合成；四是作为一种抗代谢物，抑制寄主某些生长必需的次生代谢物的产生。

（3）生长调节物质（growth regulator）

健康植物的正常生长在一定程度上是受植物体内的生长调节物质控制的，这些生长调节物质主要有吲哚乙酸、赤霉素、细胞激动素和乙烯等。植物病害中常见的许多畸形症状，如瘤肿和生长过度等大多与植物体内生长调节物质的失调有关。生长调节物质对植物的影响，主要反映是植物生长不正常，但病组织的结构并不发生明显的破坏，这说明生长调节物质对寄主的作用与毒素是有差别的。

许多病原真菌和细菌在寄主体内能产生一些生长调节物质，从而使病组织中生长调节物质的含量有较大的改变。例如，小麦发生秆锈病或大麦发生白粉病后，病株体内吲哚乙酸含量分别增加24倍和5倍。许多形成瘤肿等畸形的病组织中，吲哚乙酸和细胞激动素的含量增高是症状出现的重要因素。赤霉素是在引起水稻恶苗病的藤仓赤霉 *Gibberella fujikuroi* 的研究中发现的。患有水稻恶苗病的病株中赤霉素的含量较多，因而病株通常表现徒长。有些病原物还能产生乙烯。例如，被茄科劳尔氏菌 *Ralstonia solanacearum* 侵染的香蕉病组织中乙烯的含量大大增加，因而香蕉表现早熟。

三、植物的抗病性

（一）抗病性概念

寄主植物抵抗病原物侵染及减轻所造成损害的能力称为抗病性（resistance）。在植物病害的形成

和发展过程中,病原物要侵入、扩展,寄主则要作出反应,进行抵抗。由于植物遗传基础的差异、病原物的不同和环境条件的变化,其抗病能力有显著区别。

1. 植物对病原物侵染的反应

当病原物侵染时,不同的寄主植物可有不同的反应。从总体来看,这种反应可分为以下几种类型。

（1）免疫（immune）

植物几乎完全抵抗病原物侵染的能力称为免疫。具免疫性的植物与病原物之间是完全不亲和的。实际上,植物对病原物的免疫反应代表抗病的最高程度,表示绝对抗病。

（2）抗病（resistant）

病原物侵染后,寄主植物发病较轻的称为抗病。抗病的植物与病原物之间亲和性较差。根据抗病能力的差异,植物的抗病性可进一步分为高抗和中抗等类型。

（3）感病（susceptible）

病原物侵染后,寄主植物发病较重的称为感病。感病的植物与病原物之间是亲和的。根据感病能力的差异,植物的感病性也可进一步分为高感和中感等类型。

（4）耐病（tolerant）

植物忍耐病害的能力称为耐病。有些植物虽然受病原物侵染程度基本一致,即发病程度相近,但由于体内的补偿功能较强,因而对产量影响较小。这类品种常称为耐病品种。例如,杂交水稻与常规稻相比,对纹枯病菌 *Rhizoctonia solani* 的侵染具有较强的忍耐性。

（5）避病（escape）

植物因不能接触病原物或接触机会较少而不发病或发病较轻的现象称为避病。植物可能因时间错开或空间隔离而躲避或减少了与病原物的接触,前者称为"时间避病",后者称为"空间避病"。例如,小麦的适当迟播可避开冬前全蚀病菌和纹枯病菌的侵染,最后发病较轻;有些小麦品种由于早熟或迟熟,抽穗扬花时避开了多雨天气,因而赤霉病发生轻。从严格意义上讲,避病并不是植物本身具有的抗病能力,但是它在生产实践中很有应用价值。

2. 小种专化抗性和非小种专化抗性

（1）小种专化抗性（race-specific resistance）

寄主品种与病原物生理小种之间具有特异的相互作用,即寄主品种对病原物某个或少数生理小种能抵抗,但对其他多数小种则不能抵抗。这种抗性称为小种专化抗性,过去常称为垂直抗性（vertical resistance）。在遗传学上,这种抗性往往是由个别主效基因（major gene）和寡基因（oligogene）控制的,一般呈质量性状。由于培育具有这种抗性的品种相对较为容易,而且品种抗病性较高,所以目前农业生产上广泛使用的抗病品种大多是小种专化抗性品种。但是,由于这种抗病性是小种专化的,容易因主导的病原物生理小种发生变化而丧失,因而抗病性难以稳定和持久。

（2）非小种专化抗性（race-nonspecific resistance）

寄主品种与病原物生理小种之间没有特异的相互作用,即某个品种对所有或多数小种的反应是一致的。这种抗性不存在小种专化性,所以称为非小种专化抗性或一般抗性（general resistance）,过去常称为水平抗性（horizontal resistance）。这种抗性通常是由多个微效基因（minor gene）控制的,但也有单基因控制的。具有这种抗性的品种一般表现为中度抗病,在病害流行过程中能减缓病害的发展速率,使病害群体受害较轻。由于非小种专化抗性品种能抗多个或所有小种,因而抗性较为稳定和持久,因此,有人也将这种抗性称为持久抗性（durable resistance）。近年来,在一些抗性品种中发现慢锈性（slow rusting）、慢粉性（slow mildewing）和慢瘟性（slow blasting）的存在。这些术语分别用于抗锈病、抗白粉病和抗稻瘟病的研究中,表明一种病害发展较慢的抗性。实际上,这类抗性是非小种专化抗性或一般抗性的一种表现,在具有这类抗性的品种上,病菌潜育期较长,孢子堆或病斑较小,产孢量较少,而且无论在个体植株上还是在群体植株中,病害发展较慢,最终对产量的影响较小。

(二)抗病性变异

植物的抗病性并非一成不变,可以因寄主植物本身的变异、病原物毒性的改变以及环境条件的影响而发生变化。

1. 寄主本身的变异

由寄主本身引起抗病性变异的原因很多,但主要与以下几个方面有关。

(1)繁殖器官的异质性

品种群体内由于每粒种子或每个果实的着生部位不同,它们的形成条件有差异,加上有时同一品种内种子的来源和繁殖的代数不一致,因此种子必然会出现异质性分化。例如,水稻、小麦、玉米等穗子的上、中、下各部位的种子,它们的抗病性和农艺性状等都不同,其中以着生在中部的籽粒为最好。棉花一般以第一至第八果枝靠近主茎的第一和第二铃内长成的种子最好。马铃薯块茎则以芽眼形成最早的部位免疫性最好。总之,处于有利条件下形成的种子,它们的生活力、抗病性和农艺性状均较好。因此,连续选种可增强抗病性,提高产量。

(2)天然杂交

天然杂交既可产生抗病植株,也可产生感病植株。异交或常异交的植物容易产生变异株。自交植物的天然异交率较低。例如,通常情况下,水稻的天然异交率为 $0.2\% \sim 1.5\%$,小麦的天然异交率小于 3.0%。如果机械混杂严重,它们的异交率就可提高。另外,在湿润的气候条件下,大麦异交率比干旱情况下高。麦类作物晚分蘖的小花常雄蕊不育,因此异交率可比主穗高 6 倍之多。由于天然杂交很容易引起品种群体内抗病性的分化,因此,每个高产抗病品种在推广和栽培过程中,应进行去杂去劣,不断提纯复壮。

(3)机械混杂

种子的机械混杂所引起的种性不纯是自花授粉植物抗病性变异的重要原因之一。我国南方黄麻品种抗病性的丧失和优良农艺性状的退化,原因之一就是品种内发生机械混杂。因此,在实际工作中应尽量减少或避免种子混杂。

(4)生活力的降低

自交植物由于长期近亲交配,引起生活力下降,衰老快,从而导致抗病性的丧失。因此,采用提纯复壮、异地换种、品种内杂交等方法,可提高自交植物的生活力,保持其抗病性。异交植物被迫自交,也可引起生活力的显著降低,从而导致抗病性的下降或丧失。例如,异交的玉米被迫自交后所产生的自交系可严重感染大、小斑病,本来在一般品种上仅中、后期发病,但在自交系上前期就可造成危害。

(5)生育期的差异

植物不同的发育阶段,抗病性可以表现不同。例如,有些小麦品种在苗期表现对秆锈病感病,但在成株期则表现抗病。水稻苗期、分蘖盛期和抽穗期对稻瘟病较感,而其他生育期则较抗。

另外,植株的不同部位抗病性也可有差异。例如,对小麦叶锈病、水稻叶黑粉病等许多病害而言,植株下部叶片往往感病,上部叶片较为抗病。

2. 病原物毒性的改变

病原物毒性的改变是引起品种抗病性丧失的重要因素。一个抗病品种常常因为在病原物的群体中出现新的生理小种或优势小种的变化而表现为不抗病。例如,1957 年,我国条锈菌生理小种以条中 2 号为主,条中 1 号较少。但 1958 年后条中 1 号出现频率最高,使碧蚂 1 号、西北丰收、农大 183 等在大面积上失去抗性。1961—1963 年和 1963—1965 年先后以条中 8 号和 10 号取代条中 1 号,使南大

2419、玉皮、农大 311 等丧失抗性。1972—1975 年条中 17 号和 18 号上升为优势小种,使阿勃、丰产 3 号、北京 8 号等失去抗性。1977—1979 年条中 19 号又成为优势小种,随后条中 23 号、25 号相继上升为优势小种,致使泰山 1 号、泰山 4 号、阿勃、北京 15、小偃 4 号、小偃 5 号、郑引 1 号、农大 139 等先后丧失抗性。自 1988 年以来,条中 29 号和 31 号又分别跃居为优势小种。

3. 环境条件的影响

环境条件的改变可使植物的抗病性产生明显的变化。影响植物抗病性的环境条件主要包括气候条件和栽培管理等。

(1)气候条件

温度是影响植物抗病性的重要因素。在低温下,大多数幼苗病害发生较重,如水稻烂秧、小麦根腐病、棉花苗期病害等。这是因为根部外皮层的形成、伤口愈合以及组织的木栓化都要求较高的温度。另外,有些作物品种在高温下较易丧失抗病性。例如,具有 $Sr6$ 基因的小麦品种,在 20℃时抗秆锈病;当温度升到 25℃时则变为感秆锈病。因此,在生产中,适期播种可明显提高寄主植物的抗病能力。

湿度与植物的抗病性也有一定关系。在高湿或多雨的条件下,寄主植物对稻瘟病、马铃薯软腐病、烟草野火病等许多病害的抗性下降。但是,番茄对枯萎病、水稻对胡麻斑病的抗性则相反,土壤湿度低时则较感病。

光照也能影响寄主的抗病性,在通常情况下,光照强度不足,植物生长嫩弱,叶片变黄,细胞壁软化,木质化不良,因而抗病性较差。

(2)栽培管理

在栽培措施中,施肥对植物的抗病性影响很大。多施或偏施氮肥,植物体内碳氮代谢失调,可溶性氮增加,组织柔嫩,寄主的抗病性明显下降。因此,氮肥过多时,多数病害发生严重,如稻瘟病、水稻白叶枯病、水稻纹枯病等。但在有些情况下,氮素不足,植物生长衰弱,也可降低抗病性。例如,水稻胡麻斑病和麦类根腐病缺肥时发生较重。增施磷、钾肥往往能提高植物的抗病能力。增施过磷酸钙,可减轻小麦条锈病和全蚀病的发生。增施钾肥是防治水稻细菌性基腐病的一个重要措施。因此,在生产上,适时、适量施肥,氮、磷、钾复合使用,是病害综合防治中非常重要的一环。

水的管理对植物的抗病性也有较大影响。在淹水或渍害时,由于寄主根系发育不良,因而对小麦纹枯病、全蚀病等许多根部病害的抗性下降,病害发生较重。另外,在长江中下游地区,水稻后期如果断水过早,再遇干燥的西北风,感染细菌性基腐病的稻株较易出现青枯。

大田植株种植越密,群体越大,抗病性越差,通常病害发生越重,如稻、麦纹枯病等。

(三)抗病机制

不同寄主植物的抗病能力可有显著差异,这种抗病能力有的是植物固有的,称为固有抗病性或先天抗病性,也称被动抗病性(passive resistance);有的是由于病原物的侵染或其他因素诱发的,称为诱导抗病性(induced resistance)或获得抗病性(acquired resistance),也称主动抗病性(active resistance)。但它们的抗病机制都不外乎是形态结构方面的物理抗病性(physical resistance)和生理生化方面的化学抗病性(chemical resistace)。

1. 形态结构抗病性

角质层和蜡质是植物表面最外一层与植物抗病性有关的结构。一般幼嫩组织表面的角质层较薄,而成熟器官组织表面的角质层较厚。因此,后者抗侵入能力较强。许多植物在角质层上还有不规则沉积的蜡质,也不利于病原菌孢子萌发和侵入。就细胞壁来说,细胞的木栓化、木质化、硅质化及钙化程度与抗病性密切相关。例如,在一定的条件下促进马铃薯和甘薯的薯块伤口木栓化组织的形成,可以有效地控制软腐病菌 *Erwinia carotovora* 和匍枝根霉 *Rhizopus stolonifer* 引起的储藏期腐烂。

皮层中木质化的厚壁组织可以限制小麦秆锈病菌的蔓延,因此,感病品种的厚壁组织较少,而抗病品种的厚壁组织较多。水稻叶片组织的硅质化程度越高,越能抵抗许多真菌病害的侵入和扩展。因此,施用硅酸盐可以提高寄主对稻瘟病、稻叶尖枯病的抗性。对马铃薯喷施硝酸钙,可以减轻储藏期软腐病的发生,这是因为钙离子在寄主细胞壁中形成非水溶性的多聚果胶酸钙而增加了中胶层的强度,而非水溶性的多聚果胶酸钙与果胶相比不易被病菌分泌的酶降解。

病原物的侵染可以引起寄主植物组织结构的变化,其中有些与抗病性有关。与诱导的结构抗性有关的一个重要物质是胼胝质(callose),也称愈伤葡聚糖。真菌的侵染丝或吸器侵入抗病品种时,在细胞壁内侧和原生质膜之间常常形成胼胝质的乳头状突起,以阻碍病菌的侵入和扩展,但感病品种则很少有这种反应。由于病原物的侵染,在植物维管束中形成一种多糖物质,称为侵填体(tylose)。侵填体能阻止病原物在维管束中的蔓延。棉花、番茄及甘薯等抗萎蔫病的品种受病原物侵染后,侵填体产生得既快又多。

除了结构以外,植株的形态与抗病性也有一定关系。例如,小麦叶片与茎秆夹角小的品种比叶片平伸的品种抗锈病。小麦小穗较稀,小穗与穗轴的夹角较大,且花期短的品种较抗赤霉病。对水稻纹枯病来说,高秆窄叶型的品种较抗病,而矮秆品种则较感病。植株的形态特性除了自身原因外,主要与品种上孢子着落及侵入的机会多少、田间湿度环境等因素有关。

2. 生理生化抗病性

植物的生理生化抗病性主要与体内固有的或诱导产生的对病原物有害的酶类和化学物质有关。植物体内存在的某些有机酸、酚类化合物及其衍生物可以抑制病原物的生长和侵染。例如,洋葱外层干鳞片内的焦儿茶酚和原儿茶酸与抗炭疽病 *Colletotrichum circinans* 密切相关。棉花表皮毛中的棉酚和其他组织内的半棉酚也是寄主体内预先合成的抑制物,它们在抵抗病菌的侵染中有一定作用。植物中常见的有毒物质还有含氰和酚的葡萄糖苷、芥子油、不饱和内酯和皂角碱等次生代谢产物。另外,许多植物中的 β-1,3-葡聚糖酶和几丁质酶,可以使侵入寄主组织的菌丝体溶解;有些植物中的蛋白酶能钝化某些病毒。

在诱导的生化抗性中,包括过敏性坏死反应、植物保卫素形成等。

过敏性坏死反应(necrotic hypersensitive reaction)是植物对非亲和性病原物侵染表现高度敏感的现象,此时受侵细胞及其临近细胞迅速坏死,病原物受到遏制、死亡,或被封锁在枯死组织中。过敏性坏死反应是植物发生最普遍的保卫反应类型,长期以来被认为是小种专化抗病性的重要机制,对真菌、细菌、病毒和线虫等多种病原物普遍有效。如植物对锈菌、白粉菌和霜霉菌等专性寄生物非亲和小种的过敏性反应,被侵染点细胞和组织坏死,发病叶片不表现肉眼可见的明显病变,或仅出现小型坏死斑,病菌不能生存或不能正常繁殖为特征。

植物保卫素(phytoalexin)是植物受到病原物侵染后或受到多种非生物因子激发后所产生或积累的一类低分子量抗菌次生代谢产物。通常抗性品种形成较多植物保卫素。植物保卫素包括许多结构不同的化合物,主要为类萜、异黄酮等次生多糖物质。1966 年,从豌豆中分离出第 1 个植物保卫素——豌豆素(pisatin),是一种异黄酮化合物,可以遏制仁果丛梗孢 *Monilia fructigena* 的侵染。日齐素(rishitin)是一种类萜化合物。如果将马铃薯晚疫病菌的不亲和小种接种到薯块上,寄主体内就能诱发产生日齐素。

四、病原物与植物的相互作用

病原物的致病性和寄主的抗病性是植物病害形成过程中的两个方面,它们相互对立,又相互联系,从而产生各种病害表现。本节从遗传学角度着重介绍病原物和寄主植物之间相互作用中的一些概念。

（一）基因对基因学说

1. 基因对基因的概念

1942 年，Flor 首先发现亚麻抗锈性和亚麻锈菌 *Melampsora lini* 毒性的对应关系，以后通过大量的试验验证，1954 年他正式提出基因对基因学说（gene-for-gene theory）。Flor 认为，在寄主植物中控制抗病性或感病性的基因与在病原菌中控制无毒性或毒性的基因是相对应的。针对寄主植物的每一个抗病基因，病原菌迟早也会出现一个相对应的毒性基因。毒性基因只有克服其相对应的抗病基因，才能表现毒性反应。在寄主—病原物组合中，如果寄主表现为抗病反应，就说明病原物不具备克服寄主抗病基因的对应毒性基因。一般来说，寄主植物抗性基因是显性的（R），而感病基因是隐性的（r）；病原物无毒基因通常显性（A），而毒性基因隐性（a）。当一个携带抗性基因（R）与另一个携带感病基因（r）的两个品种同时接种两个病原小种，一个带对 R 无毒性的基因 A，另一个带对 R 有毒性的基因（a），则可能出现如表 1-2 所示的基因组合和反应类型。

表 1-2 寄主—病原物体系中的基因对基因关系

病原物的基因	植物的基因	
	R	r
A	A-R（抗病）	A-r（感病）
a	a-R（感病）	a-r（感病）

此后，Person 等（1962）把基因对基因的理论概括为："一方某个基因是否存在取决于另一方相应的基因的存在，双方基因的相互作用产生特定的表型，由表型的变化，就可以判断任何一方是否具有相对应的基因。"并且，他对一个具有 5 个基因位点的假设系统作出理论分析，归纳出依据表型来判断基因对基因关系的"Person 法则"。根据遗传试验和 Person 法则，现已证实在稻瘟病、小麦锈病、小麦黑穗病、小麦白粉病、马铃薯晚疫病、苹果黑星病、棉花角斑病、番茄病毒病、马铃薯金线虫病、向日葵列当等寄主—病原物系统中普遍存在基因对基因关系。

2. 基因对基因学说的应用

（1）预测寄主的抗病基因

在一定条件下，可以利用病原物的无毒基因来测知寄主的抗病基因。例如，想测知抗病品种甲的抗病基因对数，可把它与感病品种乙杂交，然后测定 F_1 和 F_2 的抗病性，这时采用何种菌系，将决定揭示出的抗病基因的对数。如采用具 A、B、C 基因型的菌系，则 F_2（甲×乙）的抗感分离比为 3∶1，将得到甲品种含有一对显性抗病基因的结果。如采用具有 D、E、F 基因型的菌系，F_2 的抗感分离比为 15∶1，将获得两对抗病基因的试验结果。当使用 G 基因型的菌系时，F_2 将出现 63∶1 的抗感分离比，可获得三对抗病基因的结果。

（2）建立单基因鉴别寄主

基因对基因学说的确立，使人们认识到鉴别生理小种的寄主最好是一套各含有一个不同抗病基因的品种，且其他遗传背景完全或尽可能一致。这样的鉴别寄主对病菌小种具有最强的分析力，能鉴定出小种毒性的基因型，有助于预见小种的变异。

使用单基因鉴别寄主后，可测知有一定频率的毒性基因的存在。如果有的菌系含有多个毒性基因，则可把它与无毒性菌系杂交，分离后再分别鉴定，从而可分析出菌系的全部毒性基因。因此，单基因鉴别寄主称为"遗传学的鉴别寄主"，是真正的"国际统一鉴别寄主"。近年来，国外在小麦秆锈菌、白粉菌、燕麦秆锈菌、冠锈菌、亚麻锈菌等引起的许多病害上都已开始试用或改用这样的鉴别寄主。

（3）预测病原物的新小种

按照基因对基因关系，用几个抗病基因的单基因鉴别寄主应能测出理论上的小种数（2^n）。由于有些基因型存在的频率很低,在一般标本采集中不易被发现,因而实际查到的小种数远比理论数小,但一旦具备相应条件,那些"新"小种就会出现。

（4）促进抗病性遗传和生理机制的研究

对特异性的抗病性来说,基因对基因学说已成为研究寄主—病原物相互关系的遗传和生理机制的指导思想之一,而单一抗病基因的拟等基因系则是进行对比研究的最好试验材料。根据基因对基因学说,可用各种已知基因的寄主(或病原物)作为钥匙,按照基因对基因的模式去分析和推测病原物(或寄主)的遗传结构及其变化。

在抗病性生理机制研究中,使用单基因系相应的毒性菌系作为材料最合适,这是因为在其他遗传背景相同的情况下,根据抗性表现的不同就可测知其抗病基因的有无。

（5）解释寄主—病原物的共同进化

在进化过程中,寄主和病原物长期相互作用,并没有因为寄主的抗病性而使病原物趋于消灭,也没有因为病原物的致病性而使寄主趋于消灭。寄主和病原物相互作用保持动态平衡,是共同进化和并存的。在寄主和病原物相互作用中,寄主和病原物都有选择作用。有些病原物虽暂时在流行中占优势,但当病原物对寄主有选择压力时,在寄主中会或迟或早通过变异产生抗病性基因。当抗病性基因在寄主群体中增加对病原物的选择压力时,又会在病原物群体中或迟或早通过变异产生能克服寄主抗病性的致病性基因。因此,抗病性和致病性都是相对的,否则,寄主和病原物的相互作用就不能保持动态平衡。

（6）指导抗病品种的培育及病害的防治

根据基因对基因理论,寄主的抗病性基因和病原物的致病性基因的相互作用是相对应的。对于由多基因控制的抗病性,病原物必须有由多基因控制的致病性才能克服。所以,这种抗病性一般表现比较稳定和持久。因此,人们可以把多基因集中到一个品种或在一种作物的群体中部署多种抗病性基因来控制病害。不论用什么方法,使基因多样化就可以把抗病性放在较稳定的基础上。如果培育的品种遗传基础窄,种植单一化,一旦病原物克服了寄主的抗性,就将人为地为病害流行创造有利条件,使生产遭受巨大的损失。

（二）病害的定向选择和稳定化选择

在寄主—病原物群体遗传的研究中,Vanderplank(1963,1965)提出定向选择和稳定选择的概念。当一个抗病品种推广后,相应的毒性小种(新小种)得到迅速发展,抗病品种在寄主群体内所占比例越大,相应的小种繁殖越多,在病原物群体内所占比例也变得越大。简而言之,寄主抗病品种有利于病原物相应的毒性基因的选择作用,称为定向选择(directional selection)。如果寄主群体的抗病性多样化,对病原物的选择将使病原物群体组成趋向稳定,这种选择作用称为稳定选择(stabilizing selection)。

定向选择之所以会发生,是由于毒性小种在相应的抗病品种上的得天独厚的繁殖条件,其他小种或完全不能繁殖(免疫品种上)或繁殖力极为微弱(高抗品种上)。换句话说,在抗病品种上相应毒性小种的繁殖、生存能力即适合度要远远大于非毒性小种;反之,在感病品种上毒性小种的适合度则不如非毒性小种。也就是说,在感病品种上,毒性小种反而竞争不过非毒性小种,这是因为病原物要获得一个新的毒性基因,必须进行遗传上的改造(突变)。一旦发生了某个位点的突变,虽然这一改变恰好使其获得了新毒性,但同时不可避免地招致整个代谢体系的某种紊乱或缺陷,因而导致适合度与侵袭力的降低。这种降低也可以说是"获得毒性的代价"。

在生产实践中,需要认真考虑寄主对病原物生理小种的定向选择和稳定选择的作用,努力培育和利用含有多个抗性基因的品种,对小种专化抗性品种应合理布局或轮换使用,减缓品种对病原物的定向选择压力及优势小种形成。通过品种群体的抗病性多样化来控制和稳定病原物群体组成的变化。

第五节　植物病害的诊断

合理有效的病害治理措施应建立在对病害准确诊断的基础上。所谓诊断(diagnosis),就是判断植物生病的原因,确定病原的类型和病害的种类,为防治病害提供科学依据。植物医学不同于人体医学,服务的对象是植物,植物的病历、病因和受害的程度,全凭植保工作者根据经验和知识去调查和判别。及时而准确的诊断,有助于采取有针对性的防治措施,减少因病害而造成的损失。

一、植物病害诊断的程序

病害的诊断应从症状入手,全面检查,仔细分析。如有可能诊断者必须深入实际,仔细观察。病害的现场观察十分重要,在发病的现场观察要细致,从植株的根、茎、叶、花、果等各个器官到整株,从病株到整个田块,由一个田块到邻近的田块,注意有无病征及病征的类型,是否大面积同时发生等。要进行镜检、剖检和利用一些其他的检测技术等进行全面检查。尽可能多了解当地的地理环境和气象变化,并询问相关的农事操作和栽培管理措施等,作为最后的诊断依据。这样,诊断的程序一般应包括:①症状的识别与描述;②询问病史并查阅相关的资料;③采样检查(镜检和剖检);④专项检测;⑤利用逐步排除法得出结论等。

二、非侵染性病害的诊断

与侵染性病害相比,非侵染性病害有以下共同特点:①从病害的田间分布来看,无发病中心,一般都是大面积同时发生,如水、肥、气象因子和有毒气体等引起的非侵染性病害,但应注意有些非侵染性病害有时也会因地势、地形和风向的影响而出现不规则分布。②非侵染性病害一般只有病状而无病征。但是病组织上可能存在非致病的腐生物,有些侵染性病害的初期病征也不明显,病毒和植原体等病害也没有病征,要注意分辨。③可治疗性。根据田间症状的表现,拟定最可能的非侵染性病害治疗措施,进行有针对性的处理,有些非侵染性的病害是可以通过采取相应的措施治愈的,如大多数的植物缺素症在施肥后症状可以很快减轻或消失。

三、植物侵染性病害的诊断

与非侵染性病害不同,由生物病原物侵染造成的病害有一个发生发展或传染的过程,因寄主品种和环境条件的不同,病害的轻重不一。在病株的表面或内部可以发现病原生物体存在(病征)。不同的病害症状也有一定的特征。大部分真菌病害、细菌病害、线虫病害以及寄生性种子植物,在植物发病部位可以发现病原物,要注意的是,所有的病毒病害和原生动物病害,在植物表面无病征,但分别有其各自的症状特点。另外,大多数侵染性病害一旦发病,所有的防治措施只能控制病害的进一步发展和流行,对于病株均无法治愈。

(一)卵菌病害

植物病原卵菌引起的病害通常具有特征性症状。卵菌侵染植物后主要引起坏死、腐烂和畸形等病状以及霉状物、霜状物、锈状物和点状物等病征。腐霉和疫霉等大多生活在水中或潮湿的土壤中,经常引起植物根部和茎基部的腐烂或苗期猝倒病,湿度大时往往在病部生出白色的棉絮状物。霜霉菌、白锈菌等都是活体营养生物，大多陆生，危害植物的地上部，引致叶斑和花穗畸形。霜霉菌在病部表面形成霜状霉层，白锈菌形成白色的疱状突起等病征。这些特征都是各自特有的病征。综合病害症状以及子实体的显微镜镜检结果，一般可以确定卵菌病害。

（二）真菌病害

由植物病原真菌侵染植物后引起的病害有其典型的症状特点。真菌侵染植物后可以引起变色、坏死、腐烂、萎蔫和畸形等五大症状，其中以坏死和腐烂居多。病征的表现多种多样，有粉状物、霉状物、霜状物、锈状物和点状物等。有的病害的子实体产生在枯枝、枯叶上，特别是一些果树病害，在秋季应多注意观察枯枝落叶上的子实体，同时还要注意区分腐生真菌在上面产生的子实体。对于常见的病害，根据病害在田间的分布和症状特点，可以基本确定是哪一类病害。

壶菌大多生活在水中或湿土中，引起植物的斑点或畸形等症状。

接合菌引起的病害很少，而且都是弱寄生，典型的症状通常为薯、果的软腐或花腐。

许多子囊菌引起的病害，一般在寄主的叶、茎、果上形成明显的病斑，并在发病部位产生各种颜色的霉状物或小黑点等病征。它们大多是死体营养生物，既能寄生，又能腐生。但是，子囊菌中的白粉菌类则是活体营养生物，常在植物表面形成粉状物，后期粉层中夹有小黑点，即闭囊壳。多数子囊菌的无性繁殖比较发达，在生长季节产生1至多次分生孢子，进行侵染和传播。它们常常在生长季节的后期进行有性生殖，形成有性孢子，以渡过不良环境，成为下一生长季节的初侵染来源。

担子菌中的黑粉菌和锈菌都是活体营养生物，在病部形成黑色或锈色粉状物的病征。黑粉菌多以冬孢子附着在种子上、落入土壤中或在粪肥中越冬，有的如大、小麦散黑粉菌则以菌丝体在种子内越冬。越冬后的病菌可以从幼苗或花期侵入，引起系统病害；少数黑粉菌可以从植株的任何部位侵入，引起局部病害，如玉蜀黍黑粉菌。锈菌形成的夏孢子量大，可以通过气流作远距离传播。锈菌的寄生专化性很强，寄主品种间抗病性差异明显，因而较易获得高度抗病的品种，但这些品种也易因病菌发生变异而丧失抗性。

在实验室，将病斑上已产生子实体的可以直接采用挑、撕、切、刮等技术制成临时玻片，在显微镜下观察病菌的结构特征，或者将标本直接放在实体解剖镜下观察。有些真菌病害标本在刚采集到时会因真菌的侵染阶段或环境条件（如干旱）等因素的影响，在发病部位看不到真菌的子实体，在这种情况下可通过在适温和高湿条件下保持24～72 h，病原真菌通常会在植株病部产孢或长出菌丝等子实体，然后再镜检观察。但要区分这些子实体是致病菌的子实体还是次生或腐生菌的子实体，较为可靠的方法是从病健交界的部位取样镜检。对于大多数常见的真菌类病害，通过田间症状观察结合室内病原菌的形态学镜检即可作出准确的诊断和鉴定。

（三）原核生物病害

植物受原核生物侵害以后，在外表显示出许多特征性症状。细菌病害的症状主要有坏死、腐烂、萎蔫和瘤肿等，褪色或变色的较少；有的还有菌脓溢出。在田间，多数细菌病害的症状往往有如下特点：一是受害组织表面常为水渍状或油渍状；二是在潮湿条件下，病部有黄褐或乳白色、胶黏、似水珠状的菌脓；三是腐烂型病害患部往往有恶臭味。植物菌原体病害的症状主要有变色和畸形，包括病株黄化、矮化或矮缩，枝叶丛生，叶片变小，花变叶等。

细菌一般通过伤口和自然孔口（如水孔或气孔）侵入寄主植物。侵入后，通常先将寄主细胞或组织杀死，再从死亡的细胞或组织中吸取养分，以便进一步扩展。在田间，病原细菌主要通过流水（包括雨水、灌溉水等）进行传播。由于暴风雨能大量增加寄主伤口，有利于细菌侵入，而且促进病害的传播，创造有利于病害发展的环境，因而往往成为细菌病害流行的一个重要条件。植物菌原体和寄生维管束的难养细菌往往借助叶蝉等昆虫介体或嫁接、菟丝子才能传播。

诊断原核生物病害时,除了根据症状、侵染和传播特点外,有的要在显微镜观察,有的还要经过分离培养接种等一系列的实验才能证实。由菌原体侵染所致病害,使用光学显微镜不可能看到菌体,必须借助电子显微镜才能看清楚。除了菌原体病害外,一般细菌侵染所致病害的病部,无论是维管束系统受害的,还是薄壁组织受害的,都可以通过徒手切片看到喷菌现象。喷菌现象为细菌病害所特有,是区分细菌与真菌、病毒病害的最简便的手段之一。通常维管束病害的喷菌量多,可持续几分钟到十多分钟;薄壁组织病害的喷菌状态持续时间较短,喷菌数量亦较少。

(四)病毒及类病毒病害

因植物受病毒和类病毒侵染后在感病植株的发病部位无病征,故在田间诊断中最易与非侵染性病害混淆。植物病毒病害的病状主要表现为花叶、黄化、矮缩、丛枝等,少数为在发病部位形成坏死斑点。在田间,一般心叶首先出现症状,然后扩展至植株的其他部分。绝大多数病毒系统侵染,引起的坏死斑点通常较均匀地分布于植株上,而不像真菌和细菌引起的局部斑点在植株上分布不均匀。此外,随着气温的变化,特别是在高温条件下,植物病毒病时常会发生隐症现象。

在诊断时应从以下几方面分析:①病毒病具传染性;②多为系统感染,新叶、新梢上症状最明显;③有独特的症状,例如花叶、环斑、矮缩、斑驳等。类病毒病害田间表现主要有畸形、坏死、变色等症状。许多植物感染类病毒后不显症,主要通过室内诊断。

经症状诊断的病毒病,在实验室内可进一步确诊。植物病毒普遍在寄主细胞内形成内含体,可在光学显微镜下观察识别。许多病毒接种在某些特定的鉴别寄主上会产生特殊的病状,这些病状可以作为诊断的依据之一。此外,从病组织中提取的病毒汁液,经负染后在电子显微镜下直接观察病毒粒体的形态与结构是十分快速而可靠的诊断方法。

病毒病害的诊断及鉴定往往比真菌和细菌引起的病害复杂得多,通常要依据症状类型、寄主范围(特别是鉴别寄主上的反应)、传播方式、对环境条件的稳定性测定、病毒粒体的电镜观察、血清反应、核酸序列及同源性分析等。

(五)线虫病害

由植物寄生线虫引起的植物病害有以下共同的症状特点:植株生长衰弱,表现为黄化、矮化,严重时枯死。因线虫类群的不同,侵染和危害的部位及造成的症状也存在明显的差异,具体表现为地上部有顶芽和花芽的坏死,茎叶的卷曲和组织的坏死,形成种瘿和叶瘿;地下部症状为根部组织的畸形、坏死和腐烂等。对于一些雌雄异形的线虫(如胞囊类线虫或根结线虫)侵染植物后往往可以在寄主的根部直接(或通过解剖根结)观察到线虫膨大的雌虫,而对于大多数的植物寄生线虫往往需要通过对病组织及根围土壤的适当分离才能获得病原线虫,线虫需经显微镜下的鉴定确定病原。

值得提出的是有许多线虫病害,表现症状的部位与线虫寄生危害的部位不一致,如大多数在根部寄生危害的植物寄生线虫,其危害植株的地上部可能表现出明显的黄化、矮化甚至枯死等症状,在这种情况下无论采取何种分离方法都无法从地上部表现症状的部位分离到病原物。因此在进行有关植物病原线虫的病原诊断时,要对寄主植物进行全株的检查,既要注意植物的地上部,更要重视其地下部。另外,土壤中植物的根围也存在大量的腐生线虫,常常在植物根部或地上部坏死和腐烂的组织内外看到,不要混同为植物病原线虫。一些植物根的外寄生线虫一般需要从根围土壤中采样、分离,并要进行人工接种试验才能确定其致病性。

(六)寄生性种子植物引起的病害

受寄生性种子植物侵染的病害往往可以在寄主植物上或根际看到寄生植物,如菟丝子、列当、槲寄生等。

四、科赫法则

在植物病害的诊断中,对于常见的病害,如由真菌引起的许多植物的霜霉病和黑粉病以及由许多寄生性种子植物引起的病害等,通过田间的症状诊断,室内显微镜检病原物的形态结构及特征,查对有关的文献资料,一般都能确诊;但是,对于不熟悉的病害、疑难病害和新病害,即使在实验室观察到病斑上的微生物或经过分离培养获得微生物,都不足以证明这种微生物就是病原物。因为从田间采集到的标本上,其微生物的种类是相当多的,有些腐生菌在病斑上能迅速生长,在病斑上占据优势。因此在很多情况下,单凭观察到的这些微生物做出诊断是不恰当的。在这种情况下往往要通过柯赫法则来验证和确认病原(包括新的病原物)。

科赫法则最早由细菌学家 Robert Koch(1880)用于证明牲畜的炭疽病是由细菌致病引起的,Robert Koch 在 1884、1890 年提出了只有通过一定步骤才能确定一种病害的病原物,即所谓的科赫法则。该确定致病性的过程经植物病原细菌学家 Smith E. F.(1905)的补充而得以完善。主要内容包括:①在病植物上常伴随一种病原微生物的存在;②该微生物可以在离体的或人工培养基上分离纯化而得到纯培养;③将纯培养接种到相同品种的健株上,出现症状相同的病害;④从接种发病的植物上再分离到其纯培养,性状与接种物相同。

科赫法则用于证明大多数的植物病原真菌和细菌的致病性方面一般是适用的,但对一些专性寄生的真菌、植物病毒、植物寄生线虫以及一些非生物因素致病时,因这些病原一般无法在人工培养基上获得纯培养,还有些病害在人工接种时的环境不同于自然条件下的环境,因而可能出现人工接种的症状与自然发病的症状存在差异等现象。因此在具体病害的诊断过程中,原则上都要遵循科赫法则,但针对不同病原的特性,可分别作适当的调整,从而确定其致病性,如对专性寄生的真菌——小麦锈病的确认,可以分离单个孢子,接种在小麦的叶片上培养和繁殖,培养的孢子作为纯培养;对于植物病毒可以通过物理和化学的方法将植物病毒提纯并测定其主要性状,提纯的病毒作为纯培养。

五、植物病害诊断技术与方法

不同的生物病原物因其大小及生物学特性等方面的差异,在诊断和鉴定中所用的方法也不尽相同。除了常规的田间症状观察和室内显微镜进行病原鉴定外,不同病原物在实际诊断中都分别采取一些特殊的技术,特别是分子生物学技术在植物病害诊断及鉴定上的应用,大大促进了病害诊断的准确性和灵敏度。

(一)噬菌体法

这是诊断一些细菌病害常用的方法之一。噬菌体是侵染微生物的病毒。噬菌体侵染细菌后,裂解细菌细胞,可以使细菌的培养液由浑浊变清或在含菌的固体培养基上出现透明的噬菌斑。在病植物上、病田土壤中经常可以分离到噬菌体。噬菌体与寄主细菌之间大多存在专化性相互关系。有的寄主范围广,可侵染一个属中不同种的细菌,称为多价噬菌体;有的寄主范围很窄,只能侵染同一种细菌的个别菌株,称为单价噬菌体。可从病组织及病田土壤中分离到专化性程度较高的噬菌体。利用专化性噬菌体可以检测从病植物上分离到的细菌的种类和数量。由于用噬菌体检测细菌的速度很快,在 10～20 h 即可得到结果,因而也是一种快速诊断的方法。

噬菌体在自然界中的分布很广,凡是有大量细菌存在的场所,几乎都有该细菌的噬菌体。例如水稻白叶枯病菌的噬菌体,就广泛分布于病植物的叶片、谷粒、稻桩以及田水和田土中。噬菌体的繁殖依赖于寄主细胞的繁殖,因此当寄主细胞大量繁殖的时候,其噬菌体也会迅速增殖,而寄主细菌消亡

时,噬菌体的数量也就随之下降,所以利用已有的病原细菌检测目标噬菌体或者利用已有的噬菌体检测分离到细菌都能诊断出细菌病害。

(二)电子显微镜技术

由于许多病原生物(如植物病毒和类菌原体等)的粒体很小,粒体的形态无法通过光学显微镜观察到。另外,植物病原线虫的个体虽然较大,但体表一些有重要分类与鉴定价值的特征(如许多线虫唇区的结构及体表的侧线等)在光学显微镜下也不易观察,必须通过扫描电子显微镜来实现。电子显微镜是直观观察病毒的形态结构以及病毒侵染寄主后引起细胞超微结构变化的最有用工具。在植物病毒诊断鉴定中,病毒粒体的形态、大小、表面细微结构、有无包膜等是重要的特征,这些均需在电子显微镜下才能观察。目前在病毒的诊断和研究中常用的方法是负染法和超薄切片法。

1. 负染色法

病毒粒子负染色观察法快速简便,分辨率远比早期的金属投影法高。常用的负染剂为磷钨酸和醋酸铀等。2%磷钨酸水溶液(pH 6.7~7.0)适用于大多数病毒,但对等轴不稳环斑病毒属 *Ilarvirus* 的病毒有破坏作用。饱和醋酸铀水溶液(pH 4.2),对植物病毒的破坏作用比较小,且分辨率更好,但容易与样品中的其他成分反应产生沉淀物,不适宜对组织粗汁液负染色。一般需同时备有这两种负染色剂,供不同的病毒使用。

2. 超薄切片法

观察病毒在寄主细胞内的分布以及细胞内含体等病变特征主要采用超薄切片法。整个制片过程比较烦琐,现已发展了微波辐射固定等快速固定和包埋方法,可在较短的时间内制备好样品包埋块供切片观察。一般超薄切片的厚度在 50~70 nm,常用戊二酸和四氧化锇进行双固定,Epon812 树脂包埋样品。

3. 免疫电镜法

悬浮样品的免疫电镜技术在病毒诊断中日益得到广泛采用。常用的有免疫吸附法和蛋白 A 吸附法等。免疫吸附法是用特异性抗体预先包被的载网来捕获样品溶液中的病毒,再作负染色,可以大大增加电镜视野中病毒粒子的数量,提高诊断的灵敏度。蛋白 A 吸附法是先用葡萄球菌蛋白 A 包被载网,再结合抗体来捕获病毒,可以进一步增加灵敏度。

(三)血清学技术

血清学技术是以研究抗原和抗体相互关系为基础的一门学科。凡是能够刺激动物有机体产生抗体,并能与抗体进行专化性结合的物质称为抗原。能够充当抗原的物质一般都是大分子物质,主要有蛋白质、糖类、脂类。植物病毒、细菌细胞、真菌细胞和线虫细胞等都可以作为抗原。抗体是由抗原刺激动物机体的免疫活性细胞而产生的,存在于血清或体液中,能够与该抗原发生专化性免疫反应的免疫球蛋白。含有抗体的血清称为抗血清。依据抗原与抗体的特异性结合的原理,即相同的抗原能与同一种抗血清发生相同的血清学反应,相近的抗原,则有部分相同的血清学反应。利用这个原理可以快捷地鉴定病原和生物类群之间的亲缘关系等。

1. 凝集反应

颗粒性抗原如细菌与其特异性抗体在电解质影响下,很快结合成可见的凝集块。载玻片凝集反应是最快速的测定方法。在清洁的载玻片上加两滴生理盐水配的菌悬液,用移植环取少量抗血清与其中一滴菌悬液混合,另一滴不加血清作为对照,经 3~5 min,可以看到原来均匀悬浮的细菌凝集成团,对照则不发生这种变化。

2. 琼脂双扩散

在一定浓度的琼脂凝胶中,抗体和抗原互相扩散,在适当的位置形成沉淀线,沉淀线的形状可以反映抗原和抗体的相互关系。琼脂双扩散法在植物病毒诊断上用得较多,也可用于细菌,但细菌扩散形成的是蛋白质的沉淀带。在琼胶平板中间的孔放抗血清,四周的空分别放置不同的细菌或病毒的菌株或株系,从沉淀带的形成,分析它们的血清学关系(图1-51):①两个沉淀带互相完全衔接,说明两种抗原相同,全部与抗体作用而形成沉淀线。②只在抗原1与抗血清间形成沉淀带,说明两种抗原是不同的。③两个抗原与抗血清间都形成沉淀带,但是有一短枝状突出部分。这是由于抗血清部分抗体与抗原2起作用而形成沉淀,但还有部分未结合的抗体继续扩散与抗原1形成沉淀,这说明两种抗原有一定的亲缘关系,但不完全相同。④形成交叉形的沉淀带,说明抗血清不专化,含有两种以上的抗体,或者说明抗原1和抗原2有部分相同,有部分不同。

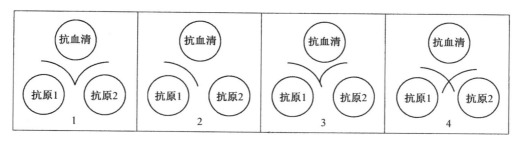

图 1-51   琼脂双扩散产生的沉淀带及分析

3. 酶联免疫吸附法(ELISA)

酶联免疫吸附法(enzyme-linked immunosorbent assay,ELISA)利用了酶的放大作用,使检测的灵敏度大大提高。原理是通过化学方法将酶与抗体结合起来,形成酶标抗体,将抗原附着于固体表面,用酶标抗体和抗原结合,形成酶标复合物,然后加入酶的反应底物,通过酶促生化反应,生成可溶性或不溶性有色产物,从溶液颜色的变化,用肉眼或比色计判断和测定结果。常用的 ELISA 有直接法、间接法和双抗体夹心法等。与其他的检测方法相比,ELISA 具有快速、准确、经济等特点,可在几小时内检测得到大批的结果。

(四)核酸杂交及 PCR 技术

与其他生物一样,植物病原生物也是以核酸(DNA 或 RNA)的形式携带遗传信息。利用核酸杂交来识别特定核酸序列的方法,近年来飞速发展。将一个预先分离纯化或合成的已知核酸序列片段,加以标记,就成为核酸探针。用核酸探针可以探测待查标本核酸中与探针互补的碱基序列,如果两者有互补的碱基序列则杂交成功,结果呈阳性;若待查的标本核酸与探针顺序无关,则杂交失败,结果呈阴性。由于大多数植物病毒的核酸是 RNA,其探针为互补 DNA(cDNA),称为 cDNA 探针。

核酸探针技术是一种特异、敏感、简单和快速的检测方法,特别适用于直接检测出致病微生物,而不受非致病微生物的干扰。例如,在得到某种病毒的 cDNA 探针后,就可以鉴定大量病株汁液的样本,确定其中哪些样本带有该种病毒,而且还可以检测出相近病毒间的同源程度。

聚合酶链反应(polymerase chain reaction,PCR)是一种体外扩增特异性 DNA 的技术,在短时间内可以大量扩增核酸。扩增的核酸是已知序列的 DNA 区段,扩增前先从已知序列合成两段寡聚核苷酸作为反应的引物。整个扩增包括 3 个重复的步骤:①DNA 热变性,双链变单链;②引物退火,当温度降低时,两个引物分别结合到靶 DNA 的两条链的 3′末端;③引物延伸,在 DNA 聚合酶的催化作用下,引物由 5′→3′扩增延长,分别和相对的 DNA 链互补。新合成的 DNA 链在变性解离后,又可作为模板与另一种引物杂交,并在 DNA 聚合酶的催化下,引导合成新的靶 DNA 链,如此反复进行上述三

个步骤,在正常反应条件下,经 30 个循环扩增倍数可达百万。

各类病原生物因基因组结构的特征差异,所选择核酸的特异性 PCR 扩增区段也有差异。植物病毒的基因组结构比较简单,核酸中往往只包括少数基因,特异性 PCR 扩增区段主要针对这些基因;而植物病原真菌、细菌和植物线虫的基因组较复杂,选择的特异性扩增区域也不同,目前最常用的是针对编码核糖体 RNA(rDNA)基因中的 ITS 区的特异性扩增,并结合序列分析、RFLP 等方法进行这些病原生物的分子鉴定、诊断和同源性分析等。

思考与讨论题

1. 简述植物病害症状的概念、类型及症状在植物病害诊断中的作用。

2. 分析寄生性、致病性、致病力等概念的区别。

3. 真菌的营养体、结构与功能及倍性等有哪些类型?

4. 真菌的无性繁殖和有性生殖产生的孢子有哪些类型? 植物病原真菌的无性繁殖和有性生殖在真菌生活史中的主要作用是什么?

5. 简述真菌的分类系统及其主要特点。

6. 分析卵菌与其他鞭毛菌的主要区别。

7. 卵菌与植物病害有关的代表目、属的主要形态特征是什么?

8. 简述子囊果的类型、形态与结构的特征。

9. 子囊菌门各纲的主要特征及分类依据是什么? 与植物病害有关的代表类群(如白粉菌目)的主要特征及分类依据有哪些?

10. 锈菌和黑粉菌的主要形态特征、分类依据、生物学习性有何差异? 阐述代表性属的主要鉴别特征。

11. "半知菌"和"无性真菌"的含义有何区别? 试述其代表性属的主要形态特征及相应有性态。

12. 简述原核生物的概念、主要类群及其诊断方法。

13. 简述植物病毒的结构与组成、分类依据、传播方式及代表性属的鉴别方法。

14. 从土壤中分离出的线虫,你通过哪些特征鉴定其为植物寄生线虫并快速鉴定到相应的属?

15. 简述菟丝子和列当在寄生部位和寄生习性上的差异。

16. 解释下列名词和术语:侵染过程、侵染循环、活体营养寄生物、病害的初侵染和再侵染、亲和性互作、非亲和性互作、植物保卫素、基因对基因学说。

17. 病原物的侵入方式有哪些途径? 真菌、细菌、病毒和线虫在侵入方式上有何差异?

18. 根据小种专化抗性与非小种专化抗性品种的特点,介绍如何合理利用品种的抗病性,防止品种抗性的丧失。

19. 简述病原物的致病机制和植物的抗病机制。

20. 农业生产上遇到了一种新的侵染性病害,你能通过哪些方式来确定其病原物?

☆ 教学课件

第二章 蜱螨学基础

蜱螨（ticks and mites）是一群形态、大小、生活习性和栖息地多种多样的小型节肢动物,有植食性的,有捕食性的,还有的是其他无脊椎动物和脊椎动物体的寄生物。它们分布于世界各地,包括沙漠和北极、山顶和海底、江河和温泉,在土壤中,以及植物、动物和储藏物上更为常见。蜱螨物种数量仅次于昆虫,世界上已知的蜱螨种类约有 55000 种,有人估计自然界中蜱螨的种类有 50 万种以上,有人估计超过 100 万种。蜱螨学的产生可追溯到 18 世纪,但直到 20 世纪才逐渐发展成为一门独立学科,1952 年 Backer 和 Wharton 出版了系统的蜱螨学专著《蜱螨学导论》（*An Introduction of Acarology*）,这才标志着蜱螨学作为一门学科开始走向成熟。

蜱螨隶属于节肢动物门（Arthropoda）的蛛形纲（Arachnida）蜱螨亚纲（Acari）。蜱螨与蜘蛛同属于蛛形纲,而昆虫则属于昆虫纲,蜱螨与昆虫虽同属于节肢动物门,但其亲缘关系却很远。蜱螨、蜘蛛与昆虫的外形区别见表 2-1。

表 2-1　蜱螨、蜘蛛与昆虫的外形区别

形态特征	蜱螨	蜘蛛	昆虫
足	4 对	4 对	3 对
翅	无翅	无翅	有翅
触角	无	无	一对
体段	颚体与躯体两部分	头胸部与腹部两部分	头、胸、腹三部分

螨类危害小麦、棉花、水稻、番茄、辣椒等农作物;在茶树、果树和食用菌上,常有害螨发生。如今,在温室作物上,害螨的危害已相当严重。螨类对橡胶树、云杉等经济林和森林苗圃的危害甚为普遍,对槐树、侧柏、龙柏、柳杉等绿化行道树和园林观赏植物危害也十分严重。面粉、糕点、食糖、蜜饯、罐头食品、中药材和中西成药都有螨类的危害,螨类是医药卫生和食品加工部门的检验对象。近年来,利用益螨防治害螨的研究已获得成功,各国利用智利小植绥螨 *Phytoseiulus persimilis* Athias-Henriot 防治叶螨,被认为可与 1888 年美国引入澳洲瓢虫防治柑橘吹绵蚧的成功事例相比。

第一节　形态特征

一、体躯分段

螨类的体躯一般分为颚体（gnathosoma）和躯体（idiosoma）两部分。颚体构成螨体的前端部分,其上生有螯肢和须肢。躯体位于颚体的后方,由（或不由）分颈缝（sejugar furrow）分为前足体（propodosoma）与后半体（hysterosoma）两部分,前方的前足体上着生第 1、第 2 对足,而第 3 与第 4 对足则位于后方的后半体上。后半体的第 3、第 4 对足之后的部分,称为末体（opisthosoma）,系由足后缝（postpedal furrow）与后半体前部分隔开,着生有第 3、第 4 对足的部分称为后足体（metapodosoma）（图 2-1）。

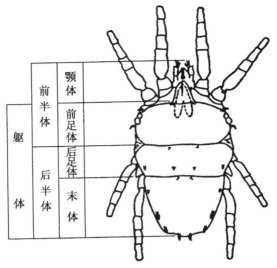

图 2-1　螨类体躯分段

　　颚体是螨类外部形态中最复杂的部分,大多数种类的颚体位于躯体前端,但在软蜱科(Argasidae)的某些种类中则着生在腹面,从背面看不到。

　　颚体与一般昆虫的头部相似,但只有口器,脑和眼均不在颚体,脑位于颚体后方的躯体中,眼则位于前足体的背方或背侧方。

　　颚体基部即颚基(gnathobase),具有螯肢(chelicera)1 对、须肢(pedipalp,palp)1 对及口下板(hypostoma)1 块,背面有口上板(epistome)即头盖(tectum)1 块,覆盖颚基。这些结构因种类不同,形状极不相同,为螨类分类学的重要特征。

二、颚体

(一)螯肢

　　螯肢位于颚体背面,是颚体两对附肢中间的一对。螯肢由 3 节构成,与须肢同为取食器官。大部分螨类的螯肢端节成为螯钳(chela),其背侧为定趾(fixed digit),腹侧为动趾(movable digit)(图 2-2)。

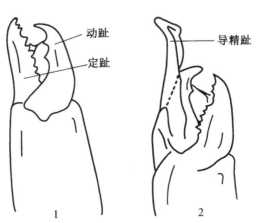

图 2-2　植绥螨科的螯肢
1.钳状螯肢　2.雄螨的导精趾

螯钳为螯肢的原始形状,有把持与粉碎食物的功能,如粉螨。大多数革螨亚目的螨类,通常在定趾与动趾上均有齿,如植绥螨。有些革螨亚目螨类,动趾变为生殖器官,即雄螨动趾上有各种形状的突起,称导精趾(spermatophoral process,spermatodacty),其从雄性生殖孔把精球(spermatophore)移放到雌性生殖孔。由于对不同食物的适应,螯肢的形状有各种各样的变化,有的定趾退化,动趾变为镰刀状;有的动趾退化消失,定趾延长;有的螯肢特化成尖利的口针。叶螨是螯肢变形最显著的螨类之一,螯肢左右基部愈合,形成单一的口针鞘(stylophore),端部环节形成一对长针状的口针(stylet)(图2-3)。叶螨用此针刺破植物组织,吸取汁液。

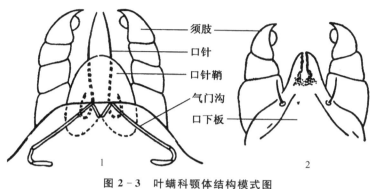

图2-3　叶螨科颚体结构模式图
1.背面观　2.腹面观

(二)须肢

须肢1对,位于螯肢的外侧,构成颚体的侧腹部。须肢基节形成颚基,除基节外,须肢通常由转节、股节、膝节、胫节、跗节和趾节组成。也有因愈合而节数减少的。须肢的趾节常退化,残存为爪或特化的刚毛。

须肢的形状因种类而不同,其节数、各节刚毛数、形状及排列等常为分类的重要特征。

须肢主要为感觉器官,具有趋触毛(thigmotropic hair),使螨类能找到并抓住食物,还有在摄食后清扫螯肢的功能。交配时,雄螨以此抱持雌螨。

三、躯体

躯体位于颚体的后方,其形状有很多变化。营自由生活的螨类常呈长卵圆形或椭圆形,雄螨比雌螨小。叶螨科的许多种类雄螨体呈菱形。细须螨科的躯体背腹高度扁平。营寄生生活的大多数螨类躯体则多延长,适宜在毛孔、羽管及螨瘿等特殊场所中生活,如瘿螨科的躯体呈蠕虫状。

(一)盾板、沟和纹路

螨类躯体背面有时有骨化的盾板,有的表皮比较坚硬,有的则相当柔软。植绥螨科躯体背面为完整的大型盾板所覆盖;细须螨科表皮的骨化程度较大,但是没有盾板;叶螨科的体表柔软,背面无盾板;甲螨类是骨化最严重的螨种类,其前足体背面有前背板(prodorsum)覆盖,后半体背面有背腹板(notogaster)覆盖。

某些雌螨在前足体与后半体之间有清晰的横沟,雄螨在后半体与末体之间也有一条横沟,使得体躯的分段非常清楚。

螨类表皮有的有纤细或粗而不规则的纹路,形成各种形状的刻点、瘤突或网状格。

螨类背面的盾板、花纹、瘤突及网状格的大小和完整与否,都是分类学上的重要依据。

（二）毛

毛（setae）的形状多种多样，有刚毛状、长鞭毛状、分枝状、棘状、披针状、阔叶状、长叶状和球杆状等。着生于躯体背面的为背毛，包括顶毛（vertical setae）、胛毛（scapular setae）、肩毛（humeral setae）、背毛（dorsal setae）、腰毛（lumbar setae）、骶毛（sacral setae）和尾毛（clunal setae）。背毛的数量变化很大，是重要的分类依据。躯体腹面的毛一般比背毛纤细，形状变化较小，多数为刚毛状，有时为披针状或分枝状。腹毛包括基节毛（coxal setae）、基节间毛（intercoxal setae）、生殖毛（genital setae）和肛毛（anal setae）等。

（三）腹板和胸叉

螨类躯体的腹面通常也有骨化的板（shield），例如，植绥螨科腹面有胸板（sternal shield）、生殖板（genital shield）和腹肛板（ventrianal shield）等3块大型的板和另一些小型的板（图2-4）。叶螨科的表皮比较柔软，无明显的骨化板，腹面生殖孔前方有一小型的生殖盖（genital flap），肛板的骨化程度也很弱。

革螨亚目螨类的腹面，除板以外，在足Ⅰ基节之间有一胸叉（tritosternum），植绥螨科的胸叉前端有2根胸叉丝（lacinice）（图2-4）。

（四）生殖孔

螨类只有成螨有生殖孔，这是区别成螨和若螨的主要标志。雌螨生殖孔的位置因种类而不同，寄螨目位于足Ⅳ基节之间或足Ⅳ基节之前；真螨目中粉螨亚目的生殖孔位置多种多样，一般开口于足Ⅱ至足Ⅳ基节之间；辐螨亚目的叶螨科和细须螨科，其生殖孔位于末体的前方，周围的表皮形成皱襞，有生殖盖或生殖板覆盖。雄螨的生殖孔则位于基节间区域。

（五）肛门

螨类的肛门通常位于末体的后端中央，两侧有肛板围护。革螨亚目螨类的肛门被腹肛板包围。

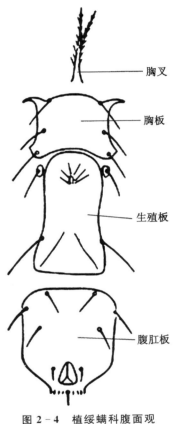

胸叉

胸板

生殖板

腹肛板

图2-4　植绥螨科腹面观

（六）气门

大多数螨类在躯体上有气门（stigma，stigmata），气门的有无及其位置是螨类分目和亚目的重要特征。寄螨目，包括巨螨亚目、革螨亚目和蜱亚目的种类，气门位于后半体背侧或腹侧，气门周围有气门板（stigmal plate），自气门向前方延长的沟称为气门沟（peritreme）。真螨目中辐螨亚目螨类，气门位于螯肢基部或前足体的肩角上；甲螨亚目的气门隐藏在基节区；粉螨亚目及其他亚目的少数种类没有气门，由体壁交换 O_2 和 CO_2。

四、足

螨类的足着生于足体的腹面，为运动器官，但许多螨类的足Ⅰ不参与真正的步行，而是作为运动时的感觉器官。雄螨的足Ⅰ在交配时有抱持雌螨的功用。

成螨与若螨通常有 4 对足,幼螨有 3 对足。但瘿螨科的种类终生只有 2 对足;蚴螨科雌螨的足因种类而不同,有 1～3 对,雄螨的足则有 3～4 对。细须螨科的植须螨属中,有的种类雌雄都是 3 对足,有的种类雌螨 3 对足,雄螨 4 对足。

足由基节(coxa)、转节(trochanter)、股节(femur)、膝节(genu)、胫节(tibia)、跗节(tarsu)及趾节(apotele)组成(图 2-5)。足的基节常固定于躯体腹面,不能活动。股节有时再分为基股节和端股节,跗节也有再分为基跗节和端跗节两部分的,或再分成若干小节。趾节常由 1 对爪和 1 个爪间突(empodium)组成。跗线螨科足Ⅳ的跗节和趾节退化(图 2-5),足的端部有长鞭状的端毛和亚端毛(subterminal setae)。

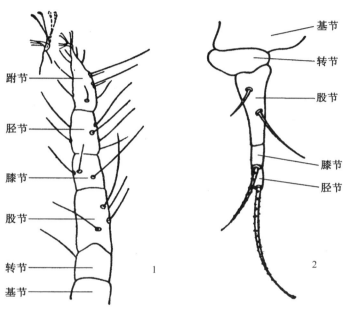

图 2-5　足的基本结构
1.叶螨科　2.跗线螨科足Ⅳ

五、感觉器官

螨类没有触角,须肢或第 1 对足常起着与触角相似的作用,是螨类重要的感觉器官。它们所以能起感觉器的作用,是因为它们着生有各种不同的毛。所有的毛,包括背毛、腹毛和附肢上的毛,都是感觉器官。除毛以外,螨类的感觉器官还有眼、克氏器、哈氏器和琴形器等。

螨类的眼是单眼,没有复眼。大多数螨类有单眼 1～2 对,位于前足体的前侧。革螨亚目的螨类无眼。克氏器(Claparede's organ)又称尾气门(urstigmata),位于幼螨躯体的腹面,足Ⅰ和足Ⅱ基节之间是温度感受器。大部分种类的幼螨有这一器官,但到若螨和成螨时即消失,代之以生殖盘(genitalsucker)。哈氏器(Hailer's organ)位于足Ⅰ跗节的背面,有小毛生于表皮的凹处,是嗅觉器官,也是湿度感受器。琴形器(lyrate organ)又称隙孔(lyrifissure),是螨类体表许多微小裂孔中的一种,可能是机械刺激感受器。

第二节 生物学和生态学

一、交配习性

蟎类交配习性归纳起来有两种：一是直接的方法，雄蟎以骨化的阳茎把精子导入雌蟎受精囊中；二是间接的方法，雄蟎产生精球，以各种不同的方式传递到雌蟎的生殖孔中。

辐蟎亚目的叶蟎科、细须蟎科、长须蟎科及粉蟎亚目的粉蟎科等是以直接的方法传递精子的。用间接的方法传递精球的蟎类中，革蟎亚目是用螯肢将精球传递入雌蟎生殖孔中，蜱亚目则用口器传递，辐蟎亚目及甲蟎亚目产生有柄的精球于物体上，由雌蟎自行拾取。

二、生殖方式

大多数蟎类营两性生殖，也有营孤雌生殖。从母体产下的可以是卵，也可以是幼蟎、若蟎和休眠体，甚至是成蟎。

（一）两性生殖

两性生殖是指雌雄蟎经过交配，产下受精卵，由受精卵发育成子代的生殖方式。子代个体具有雌雄两种性别，通常雌性的比例较大，如叶蟎科叶蟎亚科的雌雄性比一般为 3∶2～5∶1。

（二）孤雌生殖

孤雌生殖是指雌蟎不经交配，也能产卵繁殖后代的生殖方式。在雄蟎很少或雄蟎尚未发现的蟎类中，未受精卵发育成雌蟎，称为产雌单性生殖（thelytoky）。在雄蟎常见的一些蟎类中，未受精卵只能发育成雄蟎，称为产雄单性生殖（arrhenotoky）。由未受精卵产生雄性或雌性的后代，称为产两性单性生殖（amphoterotoky）。

（三）卵胎生

有些蟎类的卵，在其母体中已经完成了胚胎发育，因此从母体产下的不是卵而是幼蟎，或是若蟎、休眠体甚至成蟎，这种生殖方式称为卵胎生。其胚胎发育所需的营养由卵黄供给而非母体供给。

三、个体发育

蟎类的个体发育可分为胚胎发育和胚后发育两个阶段。胚胎发育，即自产卵至卵孵化，是在卵内完成的；胚后发育则是从卵孵化开始直至性成熟。

个体发育时期因种类而异。一般要经过卵（egg）、前幼蟎（prelarva）、幼蟎（larva）、若蟎（nymph）和成蟎（adult）5 个时期。

（一）卵

蟎类的卵有单粒的、成小堆的或成块的，卵壳光滑或有花纹和刻点的，半透明、乳白色、绿色、橙色或红色。

（二）前幼螨

典型的前幼螨是不食不动的,高等甲螨及某些辐螨亚目的高级类群的前幼螨是没有足和口器的,但辐螨亚目其他类群的前幼螨虽不活动,却有3对足、口器及刚毛,只是螯肢和足的分节退化。

（三）幼螨

典型的幼螨只有3对足,这是与其他发育时期的主要区别。身体骨化弱或不骨化,也没有外生殖器。幼螨经过一段活动时期,寻找隐蔽场所,进入静息期,约经1 d后就蜕皮。

（四）若螨

通常在幼螨与成螨之间有1～3个若螨期,但软蜱则有多达8个若螨期。若螨一般有足4对,每次蜕皮就会发生板片分化、躯体及跗肢刚毛增加等变化。

有些螨类有3个若螨期,如甲螨亚目、粉螨亚目和辐螨亚目的若干种类;有的只有2个若螨期,如革螨亚目的大多数种类;也有只有1个若螨期的种类,如辐螨亚目中的大赤螨总科。

粉螨科的粗脚粉螨和果螨科的甜果螨,可以有3个若螨期,但第二若螨的形态和习性完全不同于正常若螨,称休眠体(hypopus),是螨类个体发育中一个特殊的阶段,有抵抗不良环境的能力。休眠体一般有腹吸盘及抱器(clasper),以附着于其他物体上,并随其移动而传播。

（五）成螨

很少蜕皮,但在绒螨科、雄尾螨科中有成螨蜕皮的现象。雌螨的寿命与其本身的生理状态密切相关,越冬雌螨在越冬场所能生存5～7个月,常见农业害螨的非越冬雌螨的寿命约15～20 d,平均17 d,最长可达75 d。雄螨的寿命一般较短,交配之后,即行死亡。

四、性二型和多型现象

螨类通常有明显的性二型现象,雌螨一般比雄螨大。叶螨科的雌螨通常呈椭圆形,腹面有生殖皱襞层,而雄螨体呈菱形,具阳茎,两者有明显的区别。粉螨科的粗脚粉螨,雄螨足Ⅰ股节和膝节增大,股节腹面有一距状突起,使足Ⅰ显著膨大,而雌螨的足不膨大。

粉螨亚目的某些种类有多型现象,它们的雄螨有两种或四种类型。例如,根螨属的雄螨有时有两种类型:一种和雌螨相似,另一种的第3对足膨大,跗节被一微弯曲的爪所代替。肉食螨科的某些属也有多型现象,如肉食螨属有一种或几种异型雄螨,在异型雄螨中,其须肢的长度和喙上的花饰变异很大。这种多型现象给螨的分类带来了混乱。

五、世代和生活年史

从卵到成螨的个体发育过程称为一代或一个世代。某种螨类在一年内所发生的世代数,或者由当年越冬螨开始活动到第二年越冬为止的生长发育过程,称为生活年史。

螨类世代历时的长短和一年中发生的代数因种类而不同,环境因子对此有重要的影响,温、湿度的作用尤为重要。同一种螨,在温度较高的南方,世代历时短,每年发生的代数较多;在温度较低的北方,世代历时长,每年发生的代数较少。如棉叶螨,在东北地区,每年发生12～15代,但在南方地区,每年可发生20代。

六、习性与环境

螨类的习性(habits)可分为两大类,即自由生活型(free-living form)与寄生生活型(parasitic form)。

(一)自由生活型

除蜱亚目外,各亚目都有自由生活型的螨类,其中包括各种捕食性螨类,取食植物及其碎片的螨类以及其他利用各种有机物为食的螨类。这些螨类可根据食性分为以下几类:

1. 捕食性螨类(predaceous mite)

取食小型节肢动物及其卵、线虫等,是植食性螨类和小型昆虫的重要天敌,它们的螯肢或须肢呈钳状构造,且具显著的锯齿,借以捕获猎物。包括地上种类、空中种类、仓库种类和水生种类。如植绥螨、肉食螨和长须螨等。

2. 植食性螨类(phytophagous mite)

以植物为食,其螯肢特化成细长的口针,用来刺破植物组织,吮吸汁液。一般都是重要的农业害螨,如叶螨、细须螨和瘿螨等。

3. 食菌性螨类(mycophagous mite)

以菌类为食。粉螨类和矮蒲螨总科的许多种类即属此类,如腐食酪螨、兰氏布伦螨和食菌穗螨等,均是食用菌培植的大害。

4. 食腐性螨类(saprophagous mite)

以腐败的动植物有机体为食。如薄口螨科种类生活于正在分解的腐败蔬菜、腐烂蘑菇以及牛粪等呈液体或半液体状态的有机物中。很多甲螨在森林土壤中取食腐殖质;麦食螨科的家尘螨取食人体脱落的皮肤和毛发。

(二)寄生生活型

除甲螨亚目外,各亚目都有寄生在动物上的螨类,其中许多种类对人类很重要,很多病原生物由各种螨类及蜱类传播。根据其寄生部位,分为外寄生螨类(ectoparasitic mite)与内寄生螨类(endoparasitic mite)两大类。

外寄生螨类寄生于动物的体外或体表,可分为脊椎动物外寄生类与无脊椎动物外寄生类。如各种皮刺螨、疥螨、痒螨等,都是医牧害螨;恙螨科幼螨寄生在哺乳动物体外,传播人类疾病。而无脊椎动物外寄生螨类有很多寄生在昆虫体上,最常见的是各种跗线螨、赤螨和绒螨科的螨类,它们寄生在鞘翅目、鳞翅目、膜翅目、半翅目和双翅目等昆虫体上,对控制害虫有一定意义。但寄生性螨类对家蚕和蜜蜂等益虫的饲养,常常会造成很大损失。如小蜂螨 *Tropilaelaps clareae* (Delfinado et Baker)取食蜜蜂幼虫,严重时可引起50%的蜜蜂幼虫死亡。

内寄生螨类寄生于动物体内,如跗线螨科的武氏蜂盾螨 *Acarapis woodi* (Rennie)。其可侵入蜜蜂气管系统,致使蜜蜂组织受到破坏,甚至使其窒息死亡。

七、滞育

螨类在生活过程中有停止发育的现象,称为滞育(diapause)。滞育是对不良环境条件的适应,如温度过高或过低、水分缺乏、食料恶化、O_2不足、CO_2过多等,都能引起滞育。叶螨、瘿螨及其他植食性螨类的滞育主要是由光周期、温度及营养三个环境因子控制的,把二斑叶螨暴露在能引起滞育的因子中,一般在 13℃ 及 8 h 光照的"冬季"条件下,就会引起其滞育。

在螨类中,有以卵期滞育的,也有以雌螨滞育的。苹果全爪螨、李始叶螨等以卵期滞育;叶螨属、小爪螨属的多种害螨是以雌螨滞育;而粉螨科的一些螨类,各时期都能进入滞育。青海穗螨滞育的形成与食物有明显的关系,表现为雌螨停止膨腹。一定时期的低温可解除滞育。

八、螨类发生与气候因子的关系

(一)温度

温度是研究最多的影响螨类种群的气候因子之一,其影响也最大。螨类发育繁殖适温为 15～30℃,属于高温活动型。在热带及温室条件下,全年都可发生。温度的高低决定了螨类各虫态的存活、发育周期、繁殖速度和产卵量的多少。低温能减少冬季的种群,早春温暖气候之后非季节性的低温也能引起高的死亡率。由于春季第一代叶螨不能发育为滞育型雌螨,且大多数螨类在早春尚处于未成熟期,突然的低温会杀死很多螨类。越冬卵的孵化率受春季气温的影响,在适宜温度下,孵化率最高。有关温度(18、21、24、27、30、33 和 36℃)对柑橘始叶螨 *Eotetranychus kankitus*(Ehara)影响的试验表明,卵孵化率随温度的变化不明显,在低温和高温下卵的孵化率偏低,其中在 36℃ 下不能正常孵化,以 27℃ 下孵化率最高;各螨态的存活率随温度的变化而变化,低温下各螨态的存活率相对较低,以 27℃ 下存活率最高;发育历期与温度基本呈负相关,在 18～33℃ 范围内,种群平均世代时间随着温度的升高而缩短,即分别为 60、37、27、25、21、15 d;每雌产卵总量在 27℃ 下最高,为 73.4 粒,18℃ 下最低,为 35.3 粒。

(二)湿度

干燥的气候对大多数叶螨有利,但连续的高温能抑止叶螨种群的增长,高湿也能杀死蜕皮中的叶螨。叶螨在高湿空气中取食减弱,雌螨产卵缓慢,且大多数螨类的寿命较短。干旱炎热的气候条件往往会导致其大发生。

湿度可影响螨类的发育速度。侧多食跗线螨 *Polyphagotarsonemus latus*(Banks)的若螨在高湿和低湿的条件下,其发育历期都会延长;而幼螨却正相反,高湿和低湿都会使其历期缩短,以相对湿度 64% 时历期最长。不过湿度对螨类发育速度的影响远没有温度的影响显著。不同的螨类对湿度的要求不一样。

(三)降水

降水对螨类除有直接冲刷作用外,也制约着螨类发育历期的长短和繁殖速度,同时对螨类的寄生菌也有很大影响,从而间接地影响螨类的发生数量。

棉叶螨 *Tetranychus cinnabarinus*(Boisduval)在棉株上的种群消长趋势与降水量密切相关。一般认为 5—7 月降水量都在 100～150 mm 以下,棉叶螨就有大发生的可能;三个月中有一个月降水量在 200 mm 以上,对棉叶螨发生就有抑制作用;当三个月的雨量都在 150 mm 以上,特别是在 250 mm 以上时,则棉叶螨发生轻微。

此外,在经常下雨的情况下,螨类最易感病。因雨水不仅可促进病原真菌孢子的萌发和形成,而且也促进对螨类的侵入,使害螨严重感染致病而死亡。

(四)光周期

光周期反应是指生物有机体对有节奏的光照和黑暗的一种生理反应,是生物体对外界条件季节

变化的一种适应性,是以滞育形式来表现的。

光照时间的长短对棉叶螨的滞育有重要作用。棉叶螨的光周期反应属于长日照型,其特点是在长日照条件下螨体才能继续不断地生长发育和繁殖,反之,在短日照条件下就会产生滞育个体。棉叶螨对光周期反应敏感的虫态是卵、幼螨、第一若螨和第二若螨,而成螨则已失去对短光照的感受能力。

九、螨类发生与食物的关系

(一)螨类生长发育与食物的关系

螨类有其自身的新陈代谢形式,不同的食物对同一种螨来说,营养价值是不同的,对螨的生长、发育效果也是不同的。一般而言,螨类在其最喜爱的植物上取食,发育较快,死亡率低,繁殖率高。如棉叶螨在棉花、桑树、樱桃和桃树上生活,平均产卵期为 10 d,每雌日产卵量为 5～10 粒,完成一代需要10～15 d;而在刺槐、紫苜蓿和槭树上取食,产卵期为 3～7 d,每雌日产卵量为 1～6 粒,完成一代需要15～17 d;在梓树、苹果、银白杨上,雌螨产卵不多,且不能发育成若螨。

(二)植物的抗螨性

植物的抗螨性与其形态结构及生理、生化特性有关。螨类的基本营养物是叶绿素及细胞液,而叶绿素主要位于植物的栅栏组织中,因此当螨类取食时,口针必须先穿过叶片的表皮海绵薄壁组织,才能吸收到栅栏组织中的内含物。也就是说,当植物叶片下表皮加海绵组织的厚度,不超过螨口针长度时,被害就重,反之抗螨性就强。

植物抗螨性的第二个特征是叶片组织细胞排列的紧密程度,细胞排列紧密的品种,抗螨性较强,反之抗螨性就差。

抗螨性的第三个特征是叶片有无绒毛,叶片上绒毛多,抗螨性就强,无毛品种受害就重。

(三)作物栽培与害螨的关系

利用植物的生长发育与害螨发生规律的相互关系,采用耕作制度、施肥方法或改变播种期等农业措施,使作物生长提前或延后,可以避免螨类危害。

麦叶爪螨 *Pentfaleus major* (Duges)和麦岩螨 *Petrobia latens* Muller 是小麦上的严重害螨,但在秋分时播种的小麦,受害重;寒露播种的,受害很轻。跗线螨是水稻和辣椒上的严重害螨,一般晚熟椒品种比早熟品种受害重。此外,氮肥偏施、过施或稻株、辣椒生长势嫩绿茂密的农田,往往受害较重。

(四)螨类迁移扩散与寄主生育期的关系

螨类的迁移与扩散不仅受环境、气候、品种的影响,还与寄主植物的生育期密切相关。一般害螨均有从寄主植物的老化组织向新生组织转移的特性。如柑橘始叶螨、柑橘全爪螨均有迁移危害习性,当柑橘春梢嫩叶伸展后,常从二年生老叶迁移至一年生春梢叶片上危害。

第三节　重要目、科概述

蜱螨亚纲的分类,林奈(1758)在《自然系统》中就有记载,当时仅作为一个属,属名是 *Acarus*。随着蜱螨学的发展,许多学者提出了不同的蜱螨分类系统,其中影响较大的主要有三大系统,分别是

Baker 等于 1958 年所著的《蜱螨分科检索》(*Guide to the Families of Mites*)、Krantz 于 1978 年所著的《蜱螨学手册》(*A Manual of Acarology*)和 Evans 等于 1992 年在其所著的《蜱螨学原理》(*Principle of Acarology*)中提出的分类系统。Krantz 和 Walter 于 2009 年所著的《蜱螨学手册》(*A Manual of Acarology*)(第三版),根据前人研究又提出了新的分类系统,包含 2 个总目,5 个目,124 总科、540 科。三大系统对比如表 2-2 所示。本教材仍沿用 Krantz(1978)的《蜱螨学手册》提出的分类系统,其中蜱螨亚纲分为 2 目、7 亚目、105 总科。

表 2-2 蜱螨亚纲主要分类系统的比较

Baker(1958)	Krantz(1978)	Evans(1992)	Krantz & Walter(2009)
蜱螨目 Acarina	蜱螨纲 Acari	蜱螨亚纲 Acari	蜱螨亚纲 Acari
瓜须亚目 Onychopalpida	寄螨目 Parasitiformes	单毛螨总目 Anacti	寄螨总目 Parasitiformes
巨螨总科 Holothyroidea	巨螨亚目 Holothyrida	巨螨目 Holothyrida	巨螨目 Holothyrida
节腹螨总科 Opilioacaridea	节腹螨亚目 Opilioacarida	背气门目 Notostigmata	节腹螨目 Opilioacarida
中气门亚目 Mesostigmata	革螨亚目 Gamasida	中气门目 Mesostigmata	中气门目 Mesostigmata
			绥螨亚目 Sejida
		三殖板股 Trigynaspida	三殖板亚目 Trigynaspida
		单殖板股 Monogynaspida	单殖板亚目 Monogynaspida
蜱亚目 Ixodides	蜱亚目 Ixodida	蜱目 Ixodida	蜱目 Ixodida
	真螨目 Acariformes	辐螨总目 Actinotrichida	真螨总目 Acariformes
恙螨亚目 Trombidiformes	辐螨亚目 Actinedida	前气门目 Prostigmata	恙螨目 Trombidiformes
			跳螨亚目 Sphaerolichida
			前气门亚目 Prostigmata
疥螨亚目 Sarcoptiformes	粉螨亚目 Acaridia	无气门目 Astigmata	疥螨亚目 Sarcoptiformes
			缺气门亚目 Endeostigmata
甲螨总股 Oribatei	甲螨亚目 Oribatida	甲螨目 Oribatida	甲螨亚目 Oribatida

一、寄螨目

寄螨目(Parasitiformes)分为巨螨亚目(Holothyrida)、节腹螨亚目(Opilioacarida)、革螨亚目(Gamasida)及蜱亚目(Ixodida)四个亚目,其与真螨目(Acariformes)的主要区别为:Ⅱ基节后方气孔、前足体感觉器及头足沟的有无,以及基节与腹面体壁是否愈合。须肢的趾节变为一对跗爪,或在跗节内侧变为一或一条以上的刚毛状结构。但在高度特化的寄生性种类中可能无趾节。

(一)巨螨亚目

此亚目螨极度骨化,末体不分节,大型,长约 2000～7000 μm,卵形至圆形,无单眼。Ⅲ基节侧方有气门及气门沟一对,背板侧缘有气门孔(stigmatal pore)1 对。背面有 3～4 对隙孔。

巨螨在石块下或腐烂植物中捕食。本亚目只有 1 个总科,即巨螨总科(Holothyroidea),包括 2 个科:巨螨科(Holothyridae)与异螨科(Allothyridae)。

(二)节腹螨亚目

体大小约 1000 μm,长形革质螨类,与蛛形纲的盲蛛目相似,具有大量原始的特征,被认为是寄螨

目中最原始的螨类。前足体上有单眼 2～3 对；末体背侧有小气孔 4 对，无气门沟。末体背面有隙孔 200 个以上；Ⅲ～Ⅳ 转节分裂。

此螨喜栖息于阴暗的半干燥地方，日间一般隐匿在石块下或其他适宜场所，以花粉及菌类为食。仅有 1 科，节腹螨科（Opilioacaridae）。

（三）革螨亚目

革螨亚目是适应各种栖息场所的一大类群螨，大多数为在土壤及腐烂有机物质中营自由生活的捕食者，还有很多是哺乳动物、鸟类、爬行动物及无脊椎动物的内、外寄生物。全世界都有分布。

体长为 200～2000 μm，背面及腹面有若干明显骨板。第Ⅱ～Ⅳ基节间的腹侧或背侧有气门 1 对，常与伸长的气门沟相关联，有些科的气门沟退化或缺失。无单眼。须肢跗节爪 2 或 3 叉，但在若干寄生性种类中有很大变异或缺失。胸叉有 1～3 支胸叉丝，某些寄生性种类可能没有胸叉丝，或完全没有胸叉。雌螨基节间区的生殖孔有 1、3 或 4 块盖板，雄螨生殖孔有 1～2 块盖板。

根据生殖板的构造形状，革螨亚目分为 2 个总股、19 个总科、68 个科，其中有很多科在农业生产上具重要经济意义。

1. 寄螨科（Parasitidae）

雌螨胸后板异常发达，斜盖在生殖板的前缘。生殖板呈三角形，顶端尖细。背板 1 块或分为 2 块。头盖前端基本上为 3 分叉。雄螨第 2 对足具强大的表皮突。

寄螨科分布广，寄生于哺乳类、鸟类、两栖类和昆虫类，取食寄主的组织和分泌物。有的为捕食性，如储粮中的勃氏真精螯螨 *Eugamasu sbulteri*，捕食小型仓库害虫和螨类。

2. 囊螨科（Ascidae）

本科螨类与植绥螨很相似，成螨背板 1 块或 2 块，背板刚毛 23 对以上，背板周围盾间膜上至少有缘毛 3 对，肛板和腹板有愈合为腹肛板的，也有相互分开的种类。

多数囊螨生活于地面及堆肥中，也见于有粉螨的食品中，在植物上也常见到。从其螯肢形态看，囊螨是捕食性和食菌性的。植物上的某些囊螨种类捕食叶螨。

3. 植绥螨科（Phytoseiidae）

体型较小，卵圆形，长约 300～600 μm，乳白或淡褐色。螯肢钳状，内缘具齿，定趾上有钳齿毛（pilus dentilis），雄螨的动趾上具导精趾，为交配器官。须肢趾节 2 叉。背板完整，背板的大小、形状和斑纹依种类而不同，背毛 20 对以下。雌螨腹面最前端具胸叉 1 个，其后方是一块胸板，具胸毛 0～3 对。胸后板 1 对，生殖板 1 块，腹肛板 1 块，形状多变异，其上具肛前毛 2～4 对，肛侧毛 1 对，肛后毛 1 根（图 2-6）。

植绥螨常同植食性害螨生活在一起，捕食叶螨、瘿螨、跗线螨、蚜虫和介壳虫等，为一类重要的捕食性天敌。其中以植绥螨亚科中的盲走螨属、小植绥螨属和钝绥螨属最为常见，如普通盲走螨 *Typhlodromus vulgaris* Ehara、西方盲走螨 *T. occidentalis* Nesbitt、智利小植绥螨 *Phytoseius persimilis* Athias-Henriot、纽氏钝绥螨 *Amblyseius newsami* Evans 和尼氏钝绥螨 *A. nicholsi*（Ehara et Lee）等。

（四）蜱亚目

此亚目为较小的类群，均吸食哺乳动物、鸟类及爬行类的血液，传播森林脑炎、出血热、蜱媒斑疹伤寒、Q 热、蜱媒回归热、鼠疫、原虫病等疾病。蜱类遍布全世界，以热带及亚热带为最多。

蜱体型较大，2000～30000 μm 甚至以上，口下板有倒齿，用以叮住寄主。Ⅰ 跗节背面有哈氏器，其上具触觉或嗅觉感受器。Ⅳ 基节侧方或后方有气门，周围有气门板围绕，气门板形状是分类的根据。蜱类分为硬蜱、软蜱和纳蜱 3 科。

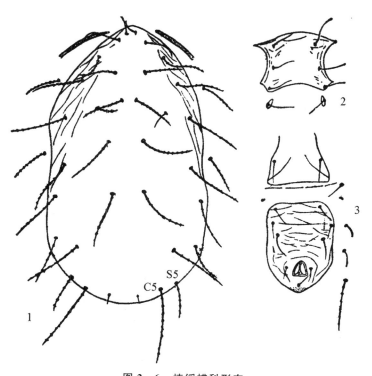

图 2 - 6　植绥螨科形态
1. 背板　2. 胸板、胸后板　3. 生殖板、腹肛板

二、真螨目

真螨目（Acariformes）分为辐螨亚目（Actinedida）、粉螨亚目（Acaridida）及甲螨亚目（Oribatida）三个亚目。

（一）辐螨亚目

为陆栖、水栖及海栖。有着捕食性、植食性、腐食性及寄生性的大而复杂的类群。

典型的辐螨亚目骨化不完全，形态结构极端多样。气门 1 对，位于螯肢基部或其附近、或前足体的肩角上、或前殖区（progenital region）上。螯肢针状、钳状或退化，须肢形态也变化多样，有简单的、爪状或有须胫节爪（palptibial claw）等。Ⅱ～Ⅲ足的爪间突一般为垫状、膜质或放射状，极少数为爪状或吸盘状。生殖孔及肛孔常在末体腹面相互接近或紧接。

辐螨亚目呈世界性分布，其中有很多经济上很重要的科。

1. 叶螨科（Tetranychidae）

螨的体型微小，雌成螨体长一般为 0.4～0.6 mm。体色一般为红色、黄色、绿色、橙色或褐色。表皮柔软，一般有纤细的纹路，也有形成网状的，背面无盾板，雌螨腹面有一块形态较固定的生殖盖，在其后方有生殖皱襞区。螯肢特化为细长的口针和基部大型的口针鞘，须肢胫节有大型爪，与跗节形成拇爪复合体。各足跗节前端有爪 1 对和爪间突 1 个，爪间突形状有条状、爪状和分裂成 3 对刺毛的三种类型（图 2 - 7）。

叶螨是重要的农、林业害螨，如棉叶螨、山楂叶螨、柑橘全爪螨、苹果全爪螨等主要害螨，生活在植物的叶片上，用口针刺吸汁液，危害植物。叶螨主要危害粮食、棉花、油料、蔬菜、果树、烟、茶、桑、麻、甘蔗、橡胶等经济作物，以及城市绿化、园林观赏和森林树木等各种植物。

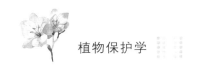

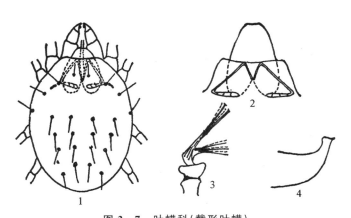

图 2 - 7 叶螨科(截形叶螨)

1.成螨背面观　2.气门沟　3.爪和爪间突起　4.阳茎

2. 瘿螨科(Eriophyidae)

体躯非常特化,软体或稍骨化,环形蠕虫状,成螨体长 200 μm 左右。螯肢刺状,须肢小而简单。无明显的气管系统。体前端仅有 2 对足,趾节有羽状爪。后半体具有显著的表面环纹,生殖孔位于体腹面前端,横裂,有生殖盖。雄螨无阳茎。雌雄成螨形态上差异不大,雄螨稍小(图 2 - 8)。

瘿螨大多发生在多年生植物上,并表现高度的寄主特异性。危害多种果树和农作物的叶片或果实,部分种类危害后会使植物形成螨瘿,如柑橘芽瘤螨 *Eriophyes sheldoni* Ewing 和葡萄瘿螨 *E. vitis* Pgst. 等;有的则能传播植物病毒病,如郁金香瘿螨 *E. tulipae* Keifer 传播玉米红条纹病、小麦斑纹病等。

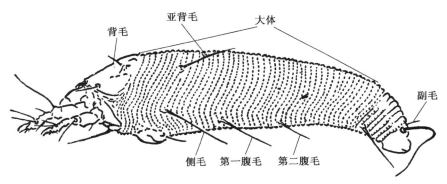

图 2 - 8 瘿螨雌螨侧面观

3. 跗线螨科(Tarsonemidae)

体型小,椭圆,有分节痕迹;雌螨体长 0.1～0.3 mm,一般为白色或黄色。螯肢针状,须肢小;雌雄异型,雌前足体背面有假气门器,雄螨无。雌气门位于肩上,雄螨无。雌足 I 胫跗节变异大,足 IV 细,狭长,仅 3 节,末节具两根长鞭状毛,无爪和膜质间突。雄足 IV 粗大,有各种变异(图 2 - 9)。

跗线螨与农业有密切关系,有许多植食性的种类,其中包括一些重要的农业害螨,如跗线螨属、狭跗线螨属、多食跗线螨属、半跗线螨属等属的种类危害茶、水稻、马铃薯、棉花、番茄、辣椒、甜菜等作物。侧多食跗线螨严重危害茶、辣椒、番茄、棉花、柑橘等经济作物,是我国茶叶生产上的重要害螨。

本科也有不少种类是昆虫寄生性螨类,如武氏蜂跗线螨危害经济昆虫,是养蜂业的害螨。此外,还有一些食菌或食藻的跗线螨,在储藏食品或蘑菇房内也会有跗线螨危害。

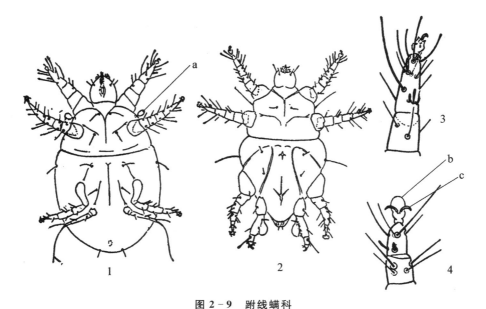

图 2 - 9 跗线螨科

1.雌螨腹面观 2.雄螨腹面观 3.雌螨足Ⅰ 4.雌螨足Ⅱ a.假气门器 b.爪间突(膜质) c.爪

(二)粉螨亚目

粉螨亚目螨类是很大的陆栖类群,大多数种类为腐食、菌食或草食性,有若干类群是寄生性的。大多数粉螨亚目螨类行动迟缓,骨化弱,体躯大小 $200\sim1800\ \mu m$。无气门或气门沟,极少有气管,主要通过体壁呼吸。螯肢常为具齿的钳,不愈合,定趾上有侧轴毛;须肢显著,但很小。足无真爪,但常有爪状爪间突,基部周围具膜质爪垫。

世界性分布,大多与脊椎动物及无脊椎动物有密切关系,为腐食、携播、寄生种类。在粮食及家禽饲料等储藏物品中常见的有粉螨科(Acaridae)、果螨科(Carpoglyphidae)、嗜腐螨科(Saproglyphidae)等。

粉螨科躯体被背沟分为前足体和后半体两部分,常有背盾。表皮光滑、粗糙或加厚成板,一般无细致的皱纹;体刚毛光滑,有时略有栉齿,但不会有明显的分栉或呈叶状。雌螨生殖孔为一长裂缝,被一对生殖褶所蔽盖,每一生殖褶内面有 1 对生殖感觉器。雄螨常有 1 对肛门吸盘和 2 对跗节吸盘(图 2 - 10)。

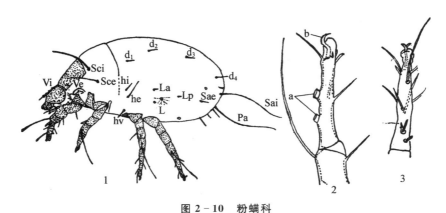

图 2 - 10 粉螨科

1.侧面观 2.足Ⅳ跗节 3.足Ⅰ爪间突分叉 a.跗节吸盘 b.爪间突

粉螨科是一大群植食、菌食和腐食性的螨类，通常以植物或动物的有机残屑为食，多发生在储粮和储藏物品中，分布广泛，不管高湿或低湿环境都有这种螨类，是经济重要性较大的类群。如粗脚粉螨 *Acarus siro* L.、腐食酪螨 *Tyrophagus putrescentiae*（Schrank）都是重要的仓库害螨，可在加工的粮食制品中大量发现，也可在稻谷、大米、碎米、小麦等储粮中发现，谷物受害后，发芽力和营养价值都大为降低；同时，螨类的排泄物和蜕皮也会严重污染粮食。

（三）甲螨亚目

甲螨大多数种类行动迟缓，有坚甲，大小为 $200\sim1300\ \mu m$。成螨常具有分散的气管系统，或为开口于Ⅱ～Ⅲ基节侧面之间的一系列气管，或为短气管。螯肢通常为具齿的钳，须肢简单，无爪，由 3～5 节构成。跗节有 1～3 爪，如有爪间突则常为爪状。有一对前背假气门器。生殖孔和肛门孔被分离的盾片保护，有生殖盘。

甲螨主要是菌食或腐食的，但也取食藻类、细菌、酵母菌及高等植物。在热带及亚热带，它们最常见于森林腐殖土、散乱物和土壤表面等处；也发现有捕食性的种类，如大翼甲螨科（Galumnidae）的某些种类捕食蝇幼虫或线虫。

甲螨亚目分高等甲螨总股和低等甲螨总股，两总股下分 6 个股，44 个总科，134 个科，约 800 多个属。

思考与讨论题

1. 简述螨类的形态特征及其与昆虫外部形态的区别。
2. 简述螨类的主要生物学与生态学特性。
3. 简述螨类重要目、科的分类及其特征。

第三章　昆虫学基础

昆虫是动物界中种类最多的一类,属动物界节肢动物门(Arthropoda)、昆虫纲(Insecta)。节肢动物的共同特征是身体左右对称,具有外骨骼的躯壳,体躯由一系列体节(somite)组成;有些体节上具有成对的分节附肢;循环系统位于体背面,神经系统位于体腹面。昆虫纲除具有以上节肢动物门的共同特征外,其成虫还具有以下特征。

(一)体躯

昆虫分成头部(head)、胸部(throax)和腹部(abdomen)3个明显的体段。头部着生口器和1对触角,还有1对复眼和0～3个单眼。

(二)胸部

胸部分前胸(prothroax)、中胸(mesothroax)和后胸(metathroax)3个胸节,各节有足1对,中、后胸一般各有1对翅。

(三)腹部

腹部大多由9～11个体节组成,末端具有外生殖器,有的还有1对尾须(图3-1)。

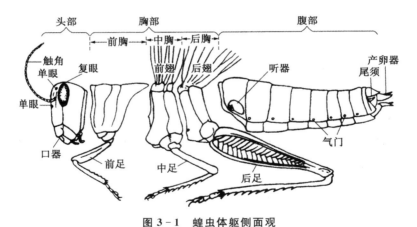

图3-1　蝗虫体躯侧面观

掌握以上特征,就可以把昆虫与节肢动物门的其他类群(图3-2)分开。如多足纲(Miriapoda)体躯分头部和胴部2个体段,胴部多节,每节有足,如蜈蚣和马陆;蛛形纲(Arachnida)体躯分头胸部、腹部或颚体与躯体2个体段,足4对,无翅,无触角,如蜘蛛、蜱和螨;甲壳纲(Crustacea)体躯分头胸部和腹部,足至少5对,无翅,触角2对,如虾和蟹。

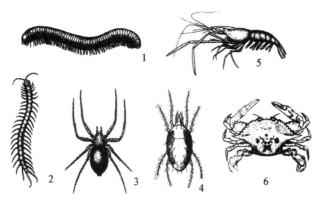

图3-2 节肢动物门常见纲的形态特征

1.马陆 2.蜈蚣 3.蜘蛛 4.螨 5.虾 6.蟹

本章主要介绍昆虫的基础知识,包括其外部形态、内部结构、生物学特性、生态学特性,以及主要类群的区别等。

第一节 外部形态

一、头部

头部是昆虫体躯最前面的一个体段,以膜质的颈与胸部相连。头上着生有触角、复眼、单眼等感觉器官和取食的口器,所以,头部是昆虫感觉和取食的中心(图3-3)。

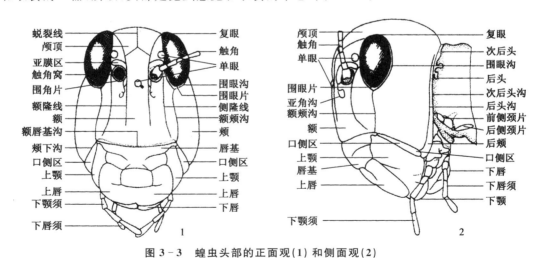

图3-3 蝗虫头部的正面观(1)和侧面观(2)

(一)头部的基本结构

昆虫的头部由6个体节构成,也有人认为由4节构成,在胚胎发育完成后,各节已愈合成为1个坚硬头壳而无法辨别。昆虫头壳的表面有许多沟和缝,将头壳划分为若干区。这些沟、缝和区,都有一定的名称。头壳前面最上方是头顶,头顶的前下方是额。头顶和额之间以"人"字形的头颅缝(又称蜕裂线)为界。额的下方是唇基,以额唇基沟分隔,唇基的下方连接1个垂片称上唇,两者以唇基上唇沟为界。头壳的两侧为颊,其前方以额颊沟和额区相划分,但头顶和颊间没有明显的界限。头壳的后面有1条狭窄拱形的骨片是后头,其前缘以后头沟和颊区相划分。后头的下方为后颊,两者无明显的界限。如将头部从身体上取下,可见头的后方有一很大的孔洞,为后头孔,是头部和胸部的通道。

头壳上沟缝的数目、位置、分区大小、形状,随昆虫种类不同而有变化,是分类上的特征。

昆虫的头部,由于口器着生位置的不同,可分为3种头式(图3-4)。

1. 下口式(hypognathous type)

口器着生在头部的下方,头部纵轴与体躯纵轴几乎成直角。大多见于植食性昆虫,如蝗虫等。

2. 前口式(prognathous type)

口器着生在头的前方,头部纵轴与体躯纵轴近于一直线。大多见于捕食性昆虫,如步甲等。

3. 后口式(opisthognathous type)

口器从头的腹面伸向体后方,头纵轴与体躯纵轴成锐角相交。多数见于刺吸植物汁液的昆虫,如蚜虫、叶蝉等。

昆虫头式的不同,反映了取食方式的差异,是昆虫对环境适应的表现。利用头式还可区别昆虫大的类别,因此它也是分类学上应用的一个特征。

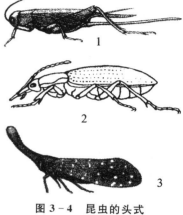

图3-4　昆虫的头式
1.下口式　2.前口式　3.后口式

(二)触角

昆虫中除少数种类外,头部都具有1对触角。一般位于头部前方或额的两侧,其形状构造因种类而异。

1. 触角的基本结构

触角(antenna)的基本构造由三部分组成(图3-5)。

(1)柄节(scape)

柄节为触角连接头部的基节。通常粗短,以膜质连接于触角窝的边缘上。

(2)梗节(pedicel)

梗节为触角的第2节。一般比较细小。

(3)鞭节(flagellum)

鞭节为梗节以后各节的统称。通常由若干形状基本一致的小节或亚节组成。

柄节、梗节直接受肌肉控制,鞭节的活动由血压调节,直接受环境中气味、湿度、声波等因素的刺激而调整方向。

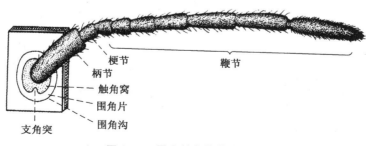

图3-5　昆虫触角的基本结构

2. 触角的类型

触角的形状随昆虫的种类和性别而有变化,其变化主要在于鞭节。常见的形状分成以下12种类型(图3-6)。

(1) 丝状(filiform)

丝状又称线形,除基部两节稍粗大外,其余各节大小相似,相连成细丝状,如蝗虫和蟋蟀的触角。

(2) 刚毛状(setaceous)

刚毛状又称鬃形,触角很短,基部2节粗大,鞭节纤细似刚毛,如蝉和蜻蜓的触角。

(3) 念珠状(moniliform)

念珠状又称串珠形,鞭节各节近似圆珠形,大小相似,相连如串珠,如白蚁的触角。

(4) 棒状(clavate)

棒状又称球杆形,基部各节细长如杆,端部数节逐渐膨大,整体形似棍棒,如菜粉蝶的触角。

(5) 锤状(capitate)

基部各节细长如杆,端部数节突然膨大似锤,如皮蠹的触角。

(6) 锯齿状(serrate)

鞭节各节近似三角形,向一侧作齿状突出,形似锯条,如锯天牛、叩头甲及绿豆象雌虫的触角。

(7) 栉齿状(pectinate)

栉齿状又称梳形(comb-like),鞭节各节向一边作细枝状突出,形似梳子,如绿豆象雄虫的触角。

(8) 双栉齿状(bipectinate)

双栉齿状又称羽形(plumiform),鞭节各节向两侧作细枝状突出,形似鸟羽,如毒蛾、樟蚕蛾的触角。

(9) 膝状(geniculate)

膝状又称肘状,柄节特长,梗节细小,鞭节各节大小相似,与柄节成膝状曲折相接,如蜜蜂的触角。

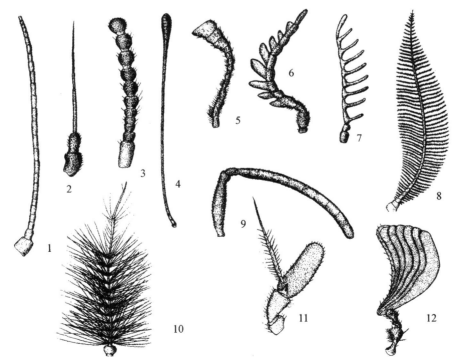

图3-6 昆虫触角的基本类型

1.丝状 2.刚毛状 3.念珠状 4.棒状 5.锤状 6.锯齿状 7.栉齿状 8.双栉齿状
9.膝状 10.环毛状 11.具芒状 12.鳃叶状

（10）环毛状（whorled）

鞭节各节都具 1 圈细毛，愈靠近基部的毛愈长，如雄蚊的触角。

（11）具芒状（aristate）

触角短，鞭节仅 1 节，但异常膨大，其上着生刚毛状的触角芒，如蝇类的触角。

（12）鳃叶状（lamellate）

触角端部数节扩展成片状，相叠一起形似鱼鳃，如金龟甲的触角。

3. 触角的功能

触角是昆虫重要的感觉器官，具有嗅觉和味觉的功能。因触角上着生许多感觉器和嗅觉器（图 3-7），因此不仅能感触物体，而且对外界环境中的化学物质也具有十分敏感的感觉能力，可以找到所需要的食物或异性。如菜粉蝶根据芥子油的气味寻找十字花科植物；许多蛾类、金龟甲雌虫分泌的性激素可以引诱数里外的雄虫前来交配。所以，触角对于昆虫的取食、求偶、选择产卵场所和逃避敌害等都具有十分重要的作用。有些昆虫的触角还有其他的功能。如雄蚊的触角具有听觉作用；雄芫菁的触角在交配时可以抱握雌体；魔蚊的触角有捕食小虫的能力；水龟虫成虫的触角能吸取空气；仰泳蝽的触角有保持身体平衡的作用。

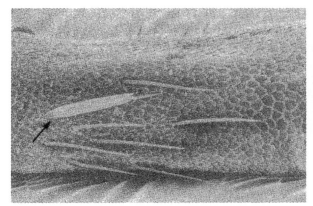
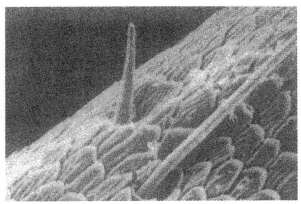

图 3-7　中华虎凤蝶雌成虫鞭节基部—亚节背面，示鳞形感器（箭头）和 2 种刺形感器（左）
及长短型刺形感器放大（右）

（三）眼

昆虫的眼一般有复眼和单眼两种。

1. 复眼（compound eyes）

成虫和不全变态中的若虫、稚虫都有 1 对复眼，着生在头部两侧的上方，多为圆形、卵圆形，或肾形，也有少数种类复眼又分离成两部分。善于飞翔的昆虫复眼都比较发达；低等昆虫、穴居昆虫及寄生性昆虫，复眼常退化或消失。

复眼由许多小眼（ommatidium）组成（图 3-8）。小眼的数目因昆虫种类而异。如家蝇的 1 个复眼有 4000 多个小眼，蜻蜓有 28000 多个。一般小眼数目越多，视力就越强。复眼不但能分辨近处物体的物像，特别是运动着的物体，而且对光的强度、波长和颜色等都有较强的分辨能力，能看到人类所不能看到的短光波，特别是对 330～400 nm 的紫外线有很强的反应，并呈现趋性。因此，可利用黑光灯、双色灯、卤素灯等诱集昆虫。很多害虫有趋绿习性，蚜虫有趋黄特性，但在昆虫中很少有能识别红色的。总之，复眼是昆虫的主要视觉器官，对昆虫的取食、觅偶、群集、避敌等都起着重要的作用。

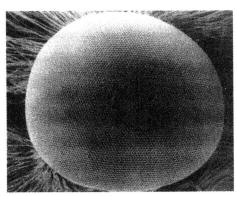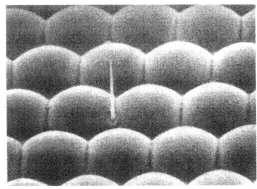

图 3-8　中华虎凤蝶复眼及其小眼的扫描电镜图

2. 单眼(ocellus)

成虫和若虫、稚虫的单眼常位于头部的背面或额区的上方,称为背单眼(dorsal ocellus);完全变态昆虫幼虫的单眼位于头部的两侧,称为侧单眼(lateral ocellus)。背单眼通常有 3 个,但有的只有1～2 个,或无。侧单眼一般每侧各有 1～6 个。单眼的有无、数目以及着生位置常用作昆虫分类特征。

单眼的构造比较简单,它与复眼中的 1 个小眼相似,由一凸起的角膜透镜,下面连着晶状体、角膜细胞和视觉柱组成。从构造和光学原理上看,单眼无调节光度的能力。因此,一般认为单眼只能辨别光的方向和强弱,不能形成物像。但也有人认为,单眼是近视的,能在近距离的一定范围内形成物像。

(四)口器

口器(mouthparts)是昆虫取食的器官,位于头部的下方或前端,由属于头壳的上唇、舌以及头部的 3 对附肢组成。昆虫口器因其食性和取食方式的不同而在外形和构造上也发生相应的特化,形成不同的口器类型。一般分咀嚼式和吸收式两类,后者因吸收方式的不同又分为刺吸式、虹吸式和锉吸式等类型。

1. 咀嚼式口器(chewing mouthparts)

咀嚼式口器在演化上是最原始的类型,为取食固体食物的昆虫所具有,其他类型的口器都是由这一形式演化而来的。咀嚼式口器由上唇、上颚、下颚、下唇和舌 5 部分组成,如蝗虫的口器(图 3-9)。

(1)上唇(labrum)

上唇是指衔接在唇基前缘盖在上颚前面的一个双层薄片,能前后活动,其外壁骨化,内壁为柔软而富有味觉器的内唇(epipharynx),能辨别食物的味道。上唇盖在上颚前面,能关住被咬碎的食物,以便把食物送入口内。

(2)上颚(mandible)

上颚是指 1 对位于上唇后方的锥形坚硬的结构,其前端有切齿叶(incisor lobe),用来切断和撕裂食物,后部有臼齿叶(molar lobe),用来磨碎食物。上颚有强大的收肌与较小的展肌,两束肌肉的收缩使上颚能左右活动。

(3)下颚(maxillae)

下颚是指 1 对位于上颚之后下唇之前协助取食的结构。其结构较复杂,由轴节(cardo)、茎节(stipes)、外颚叶(galea)、内颚叶(laciniae)和下颚须(maxillay paplus)5 个部分组成。其中外颚叶和内颚叶具有握持和撕碎食物的作用,以协助上颚取食,并将上颚磨碎的食物推进。下颚须具有触觉、嗅觉和味觉的功能。

(4)下唇(labium)

下唇位于口器的后方或下方。其结构与下颚相似,只是左右愈合成一片。可分为后颏(postmentum)、前颏(prementum)、中唇舌(glossae)、侧唇舌(paraglossae)和下唇须(labial palpus)5个部分。下唇的主要功能是托持切碎的食物,协助把食物推向口中。下唇须的功能与下颚须相似。

（5）舌(hypopharynx)

舌位于口器中央,为一狭长囊状突出物,唾腺开口于后侧。舌表面有许多毛和味觉突起,具味觉作用。舌还可帮助运送和吞咽食物。舌与上唇之间的空隙为食窦,与下唇之间的空隙为唾窦。口器各部分包围起来形成的空隙为口前腔。

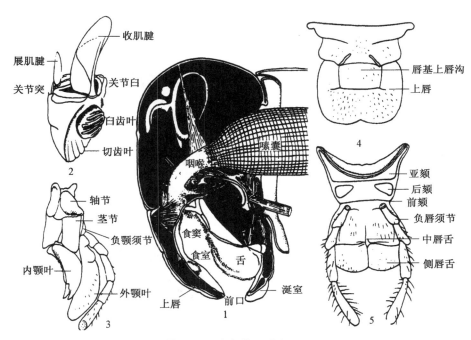

图3-9　蝗虫的咀嚼式口器

1.头部纵切面,示口器各组成部分围成的腔及食物的进口　2.上颚　3.下颚　4.唇基和上唇　5.下唇

咀嚼式口器具有坚硬的上颚,能咬食固体食物,其危害特点是使植物受到机械损伤。有的沿叶缘蚕食成缺刻;有的在叶片中间啃成大小不同的孔洞;有的能钻入叶片上下表皮之间蛀食叶肉,形成弯曲的虫道或白斑;有的能钻入植物茎秆、花蕾、铃果,造成植物断枝、落蕾、落铃;有的甚至在土中取食刚播下的种子或植物的地下部分,造成缺苗、断垄;有的还可吐丝卷叶,躲在里面咬食叶片。

2. 刺吸式口器(piercing-sucking mouthparts)

这类口器为吸食植物汁液或动物体液的昆虫所具有,如蝉的口器(图3-10)。刺吸式口器由于适应需要而具有特化的吸吮和穿刺的构造。它和咀嚼式口器的主要不同点是:下唇延长成管状分节的喙,喙的背面中央凹陷形成一条纵沟,以包藏由上、下颚特化而成的两对口针。其中上颚口针较粗硬包于外,尖端有倒齿,为主要穿刺工具;里面1对为下颚口针,较细。此外,下颚口针内相对各有2条纵沟,当左右2根口针嵌合时,形成2个管道,粗的为食物管,细的为唾液管。其上唇退化为小型片状物盖在喙管基部上面,下颚须和下唇须多退化或消失,舌位于口针基部,食窦和咽喉一部分形成具有抽吸作用的唧唧筒构造。

4根口针相互嵌合,只能上下滑动而不分离。在不取食时,口器紧贴于体躯腹面;取食时,先用喙管探索取食部位,而后上颚口针交替刺入植物组织内,同时下颚口针也随之刺入,如此不断刺入直至植物内部有营养液处。喙管留于植物表面起支撑作用。由于食窦肌肉的收缩,使口腔部分形成真空,唾液沿着唾液管注入植物组织内,植物汁液则沿着食物管被吸进消化道。

　　具有刺吸式口器的害虫,其危害特点是被害的植物外表通常不残缺、无破损,一时难于发现,但在吸食过程中因局部组织受损或因注入植物组织中的唾液酶的作用,破坏了叶绿素,形成变色斑点,或因枝叶生长不平衡而卷缩扭曲,或因刺激形成瘿瘤。同时,在大量害虫危害下,由于植物失去大量营养物质而生长不良,甚至枯萎而死。许多刺吸式口器昆虫,如蚜虫、叶蝉于取食的同时,还传播病毒病,使作物遭受更严重的损失。

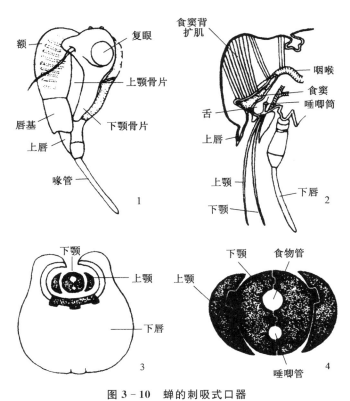

图 3 - 10　蝉的刺吸式口器

1.蝉的头部侧面　2.头部正中纵切面　3.喙的横断面　4.口针横断面

3. 虹吸式口器(siphonging mouthparts)

　　这类口器为蛾蝶类所特有(图 3 - 11)。其主要特点是下颚的外颚叶极度延长,形成喙,其内面具纵沟,相互嵌合形成管状的食物道。此外,除下唇须仍然发达外,口器的其余部分均退化或消失。

　　喙由许多骨化环紧密排列组成,环间为膜质,故能卷曲。喙平时卷藏在头下方两下唇须之间,取食时伸到花中吸取花蜜。这类口器除少数吸果夜蛾类能穿破果皮吸食果汁外,一般均无穿刺能力。有些蛾类在成虫期不进食,以致口器退化,但幼虫期为咀纺式口器,很多种类是农业上的重要害虫。

4. 锉吸式口器(rasping-mouthparts)

　　这类口器为蓟马类昆虫所特有。与典型刺吸式口器不同处是上颚不对称,即右上颚高度退化或消失,以致只有 3 根口针,即左上颚和 1 对下颚特化而成。其中 2 根下颚形成食物管,唾液管则由舌与下唇的中唇叶紧合而成(图 3 - 12)。取食时,以左上颚锉破植物组织表皮,然后吸取汁液。被害植物常出现不规则的变色斑点、畸形或叶片皱缩、卷曲等症状。

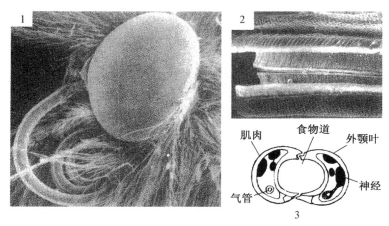

图 3-11　蝶的虹吸式口器
1.中华虎凤蝶的喙(箭头)的扫描电镜图　2.中华虎凤蝶的喙背面的扫描电镜图,
示左右外颚叶及食道　3.喙的横断面

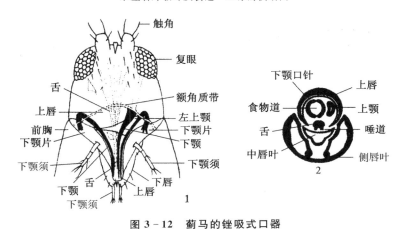

图 3-12　蓟马的锉吸式口器
1.头部前面观示口针的位置　2.喙的横断面

此外,还有蜂类成虫的嚼吸式口器(chewing-laping mouthparts),蝇类成虫的舐吸式口器(sponging mouthparts),以及虻类等吸血昆虫所特有的刺舐式口器(piercing-sponging mouthparts)等类型。

5.幼虫的口器

许多昆虫的幼虫由于食性与成虫不同,其口器类型与成虫相比往往也有很大的差异。

(1)蛾蝶类幼虫的口器

基本上是属于咀嚼式,其上唇和上颚无变化。但下颚、舌和下唇并成一个复合体。复合体的两侧为下颚,中央为下唇和舌,在其顶端有1个突出的吐丝器,用以吐丝结茧,特称咀纺式口器(图3-13)。

(2)叶蜂类幼虫的口器

与蛾蝶类幼虫的口器相类似,但无突出的吐丝器,仅有1个开口。

(3)草蛉类幼虫的口器

其最显著的特征是由成对的上、下颚分别构成的一对刺吸结构。上唇不发达,上颚延长呈镰刀状,其腹面纵凹,下颚的外颚叶相应延长紧贴在上颚内侧形成食道;下颚轴节、茎节及下唇不发达,无下颚须,但下唇须较发达。捕食时将成对的捕吸器刺入猎物体内,注入消化液,进行肠外消化后再将消化后的物质吸入。

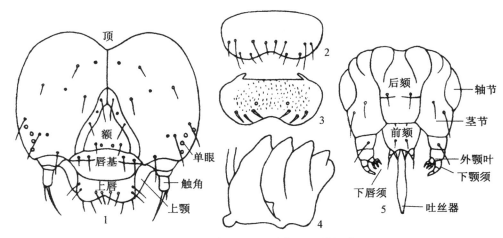

图 3-13 鳞翅目幼虫头部及口器构造
1.头部正面观 2.上唇外面观 3.上唇内面观 4.右上颚 5.下唇下颚复合体正面观

（4）蝇类幼虫的口器

仅有 1 对可以伸缩活动的骨化的口钩，两口钩间为食物的进口，取食时用口钩钩烂食物，然后吸取汁液。

6. 口器类型与防治害虫药剂选用的关系

研究昆虫口器类型和危害特性，不但可以帮助认识害虫的危害方式，根据危害状况来判断害虫的种类，而且可针对害虫不同口器类型的特点，选用合适的农药防治。例如，防治咀嚼式口器的害虫，可选用具有胃毒性能的杀虫剂，如敌百虫等，将农药喷洒在作物表面或拌在饵料中，这样，害虫取食时农药可随着食物进入其消化道，从而使其中毒死亡。但胃毒剂对刺吸式口器的害虫则无效。防治刺吸式口器的害虫，则需选用具有内吸性能的杀虫剂，如吡虫啉、氧化乐果等。因内吸剂施用后可被植物和种子吸收，并能在植物体内运转，当害虫取食时，农药便随植物汁液而被吸入虫体，从而引起中毒死亡。由于触杀剂是从害虫体壁进入而引起毒杀作用的，因此不论防治哪一类口器的害虫都有效。

有些杀虫剂同时具有触杀、胃毒、内吸甚至熏杀等多种杀虫作用，适合于防治各种类型口器的害虫。

此外，了解害虫的危害方式，对于选择用药时机也极为关键。例如，某些咀嚼式口器的害虫，常钻蛀到作物内部危害，而某些刺吸式口器害虫则形成卷叶。因此，用药防治须在害虫尚未钻入或造成卷叶之前进行。

二、胸部

胸部是昆虫的第 2 个体段，由膜质的颈部与头部相连。胸部由 3 个体节组成，由前向后依次称为前胸、中胸和后胸。胸节的侧下方各着生有 1 对足，分别称为前足、中足和后足。在中胸和后胸的背面两侧，许多种类各着生 1 对翅，称为前翅和后翅。足和翅是昆虫的主要运动器官。可见，胸部是昆虫的运动中心。

（一）胸部的基本构造

胸部为了适应承受足和翅肌的强大牵引力和配合翅的飞行动作，一般都高度骨化，具有复杂的沟和内脊，肌肉特别发达，各节结构紧密，尤其是中后胸（即具翅胸节，pterothorax）。胸部各节的发达程度与足和翅的发达程度有关。如螳螂、蝼蛄的前足很发达，所以前胸也很发达；蝇类、瘿蚊等前翅特别发达，所以中胸也特别粗壮；蝗虫、蟋蟀的后足和后翅都很发达，以致后胸也很发达。这些都是具有足和翅的昆虫胸部构造上的特点。无翅昆虫和无足幼虫的胸部则不存在上述特点。

昆虫的每一胸节,均由 4 块骨板组成,背面的称背板,两侧的为侧板,腹面的为腹板。这些骨板又因所在胸节而冠以胸节名称,如前胸背板(pronotum)、前胸侧板(proleuron)、前胸腹板(prosternum)。中、后胸同样如此。胸部的骨板并非完整一块而是被一些沟缝划分成若干骨片,即由骨片组成,这些骨片都有各自的名称。骨板和骨片的形状,以及其上的突起、刺毛等常用作鉴别昆虫种类的特征(图 3-14)。

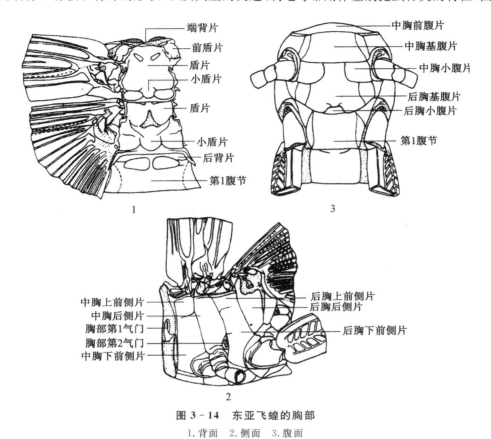

图 3-14 东亚飞蝗的胸部
1.背面 2.侧面 3.腹面

(二)胸足

1. 基本结构

胸足(throax legs)是昆虫体躯上最典型的分节附肢,由下列各部分组成(图 3-15)。

(1)基节(coax)

基节是连接胸部的一节,着生在胸节侧板和腹板间膜质的基节窝内,常粗短。但在捕食性种类中前足基节很长,如螳螂和部分猎蝽。在甲虫类中,基节窝的形式不一,因此也成为分类特征。

(2)转节(trochanter)

转节是连接基节的第 2 节,常为各节中最小的一节,形状呈多角形,可使足的行动转变方向,少数昆虫转节分为 2 节。如某些蜂类。

(3)腿节(femur)

腿节又称股节,常是各节中最发达的一节,能跳的昆虫腿节特别发达。

(4)胫节(tibia)

胫节通常细而长,与腿节呈膝状相连,常具成行的刺,有的在端部有能活动的距。

（5）跗节（tarsus）

跗节通常分为2～5个亚节，亚节间以膜相连，可以活动，但亚节间并无肌肉，跗节的活动由来自胫节的肌肉所控制。在甲虫中，有的科3对足的跗节不等，常作为分类上的依据。如伪步甲、芫菁，前、中、后足的跗节数为5-5-4。蝗虫跗节腹面生有辅助行动用的跗垫。

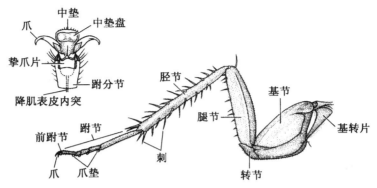

图 3－15　昆虫足的基本结构

（6）前跗节（pretarsus）

前跗节是胸足的最末端构造，通常包括1对爪和两爪间膜质的中垫（arolium）1个，有的在两爪下方各有1个瓣状爪垫，中垫则成为1个针状的爪间突（empodium），如家蝇；有的其基部常有一骨片陷在最后一跗分节（tarsomere）内，称为挈爪片（unguitractor plate）。爪是用来抓住物体的。

前跗节以及跗节上的这些垫状构造多为袋状，内充血液，下面凹陷，作用如真空杯，便于吸附在光滑的物表或身体倒悬。在垫上还常着生许多细毛，能分泌黏液，称为黏吸毛，所以这些垫状构造是辅助行动的攀缘器官。

昆虫跗节的表面还具有许多感觉器，当害虫在喷有触杀剂的植物上爬行时，药剂容易由此进入虫体使其中毒死亡。

2. 类型和功能

昆虫的足大多用来行走，有些昆虫由于生活环境和生活方式不同，胸足在构造和功能上发生了相应的变化，形成各种类型的足（图 3－16）。

（1）步行足（walking legs）

步行足是最常见的足，比较细长，各节无显著特化现象。有的适于慢行，如蚜虫的足；有的适于快走，如步甲的足等。

（2）跳跃足（jumping legs）

跳跃足的腿节特别发达，胫节细长，适于跳跃。如蝗虫、蟋蟀、跳甲和跳蚤的后足。

（3）捕捉足（grasping legs）

基节特别长，腿节的腹面有1条沟槽，槽的两边有2排刺，胫节的腹面也有1排刺，胫节弯折时，正好嵌在腿节的槽内，适于捕捉小虫。如螳螂和猎蝽的前足。

（4）开掘足（digging legs）

粗短扁壮，胫节膨大宽扁，末端具齿，跗节呈铲状，便于掘土。如蝼蛄和有些金龟甲的前足。

（5）游泳足（swimming legs）

各节变得宽扁，胫节和跗节着生有细长的缘毛，形如桨，适于在水中游泳。有些水生昆虫如龙虱等的后足。

（6）抱握足（claping legs）

跗节特别膨大，且有吸盘状的构造，在交配时能抱握雌体，称为抱握足。如雄性龙虱的前足。

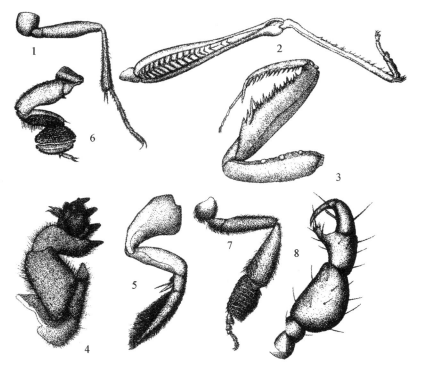

图 3-16　昆虫足的类型
1.步行足　2.跳跃足　3.捕捉足　4.开掘足　5.游泳足　6.抱握足　7.携粉足　8.攀握足

（7）携粉足（pollen-carrying legs）

其特点是后足胫节端部宽扁，外侧平滑而稍凹陷，边缘具长毛，形成携带花粉的花粉筐。同时第 1 跗节也特别膨大，内侧有多排横列的刺毛，形成花粉梳，用以梳集花粉。如蜜蜂的后足。

（8）攀握足（clinging legs）

攀握足又称把握足、攀悬足、攀缘足等，各节较粗短，胫节端部具一指状突，与跗节及呈弯爪状的前跗节构成一个钳状构造，能夹住人、畜的毛发等。如虱类的足。

此外，有些蜂类的前足还有清洁触角的特殊构造，称为净角器。它的第 1 跗节基部有一凹陷，胫节末端有 1 或 2 个瓣状的距，可以覆盖在第 1 节的凹口上，形成一个闭合的空隙，触角从中抽过，即可去掉黏附在触角上的污物。

昆虫幼虫的胸足构造比较简单，一般跗节不分节，前跗节只有 1 枚爪，节间膜比较显著，节与节之间通常只有单一的背关节。但脉翅目、毛翅目等幼虫在腿节与胫节间有 2 个关节突，部分鞘翅目幼虫的胫节和跗节合并为 1 节，称为胫跗节。

（三）翅

除了原始的无翅亚纲和某些有翅亚纲昆虫因适应生活环境，翅已退化或消失外，绝大多数昆虫都有 2 对翅，成为无脊椎动物中能飞翔的动物。由于昆虫有翅能飞，不受地面爬行的限制，所以翅对昆虫寻找食物、觅偶、繁衍、躲避敌害以及迁飞扩散等，都具有十分重要的意义。

1. 基本结构

昆虫的翅是由背板向两侧扩展演化而来，为双层的膜质表皮合并而成。在两层表皮之间分布着气管，翅面在气管的部位加厚形成翅脉，借以加固翅的强度。

昆虫的翅多为膜质，一般多呈三角形，呈现 3 个角和 3 个边。当翅展开时，位于前方的边缘称为

前缘（costal margin），后方的称为后缘（inner margin）或内缘，外面的称外缘（outer margin）。翅基部的角称为肩角（humeral angle），前缘与外缘所成的角称为顶角（apical angle），外缘与后缘间的角为臀角（anal angle）（图 3-17）。

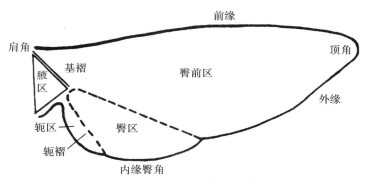

图 3-17　昆虫翅的缘、角和分区

昆虫的翅为适应飞行和折叠，翅上有褶线，将翅面划分为 4 个区。翅基部具有腋片的三角形区称腋区（axillary region）；腋区外边的褶称基褶（basal fold）；从腋区的外角发出的臀褶（vannal fold）和轭褶（jugal fold）将翅面腋区以外的部分分成 3 个区：臀前区（reminium）、臀区（vannal region）及轭区（jugal region 或 neala）。轭区在昆虫飞行时用以连接后翅以增强飞行力量。一般以臀前区最为发达，但直翅类如蝗虫后翅的臀区甚为发达。

双翅目蝇类前翅后缘基部具有一两片膜质瓣，称翅瓣。一些昆虫的翅两端部前缘具有一深色斑，称翅痣（pterostigma）。

2. 模式脉相

翅脉（vein）在翅面上的分布形式称为脉相或脉序（venation）。不同种类的昆虫，翅脉的数量和分布形式变化很大，而在同类昆虫中则十分稳定和相似，所以脉相在昆虫分类学上和追溯昆虫的演化关系上都是重要的依据。昆虫学家们在研究了大量的现代昆虫和古代化石昆虫的翅脉，加以分析比较和归纳概括后模拟出了模式脉相，或称为标准脉相，作为比较各种昆虫翅脉变化的依据。

翅脉有纵脉（longitudinal vein）和横脉（cross vein）两种，其中由翅基部伸到边缘的翅脉称为纵脉，连接两纵脉之间的短脉称为横脉。模式脉相的纵、横脉都有一定的名称和缩写代号（纵脉缩写字母第一个字母大写，横脉缩写字母全部小写）。兹将模式脉相介绍如下（图 3-18）。

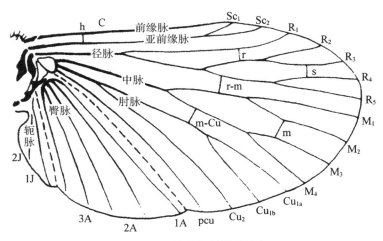

图 3-18　昆虫翅的模式脉相

（1）纵脉

纵脉有以下几条：

前缘脉（Costa，C）：是一条不分支的纵脉，一般构成翅的前缘。

亚前缘脉（Subcosta，Sc）：位于前缘脉之后，端部常分成 2 支（Sc_1、Sc_2）。

径脉（Radius，R）：在亚前缘脉之后，于中部分为 2 支，前支称第 1 径脉（R_1），后支称径分脉（Rs），径分脉再分支两次成为 4 支，即 R_2、R_3、R_4、R_5。

中脉（Media，M）：在径脉之后，位于翅的中部，此脉在中部分为 2 支，再各分 2 支，共 4 支，即 M_1、M_2、M_3、M_4。

肘脉（Cubitus，Cu）：在中脉之后，先分为第 1 肘脉 Cu_1 和第 2 肘脉 Cu_2，Cu_1 再分为 2 支，即 Cu_{1a}、Cu_{1b}。

臀脉（Anal vein，A）：分布在臀区内，为独立不分支的一些纵脉，有 1～12 条不等，通常有 3 条，即 1A、2A、3A。

轭脉（Jugal vein，J）：位于轭区，不分支，一般 2 条，即 1J、2J。

（2）横脉

横脉通常有下列 6 条，根据所连接的纵脉而命名。

肩横脉（humeral crossvein，h）：连接 C 和 Sc（处于近肩处）。

径横脉（radial crossvein，r）：连接 R_1 和 R_2。

分横脉（sectorial crossvein，s）：连接 R_3 和 R_4 或 R_{2+3} 和 R_{4+5}。

径中横脉（radiomedial crossvein，r-m）：连接 R_{4+5} 和 M_{1+2}。

中横脉（medial crossvein，m）：连接 M_2 和 M_3。

中肘横脉（mediocubital crossvein，m-Cu）：连接 M_{3+4} 和 Cu_1。

在现代昆虫中，除了毛翅目昆虫的脉相与模式脉相相似外，其他昆虫都会发生一定的变化，有的增多，有的减少，有的极度退化。由于纵横翅脉的存在，又将翅面围成若干小区，称为翅室（cells）。若翅室四周全为翅脉所封闭，称为闭室（closed cell）；如有一边无翅脉而达翅缘，则称开室（open cell）。

翅室的命名是以形成翅室的前面纵脉而称谓的，如亚前缘脉后方的翅室称为亚前缘室，中脉后方的翅室即称中室等。

3. 翅的类型

昆虫的翅一般为膜质，用作飞行。但是，各种昆虫为了适应特殊的生活环境，翅的功能有所不同。根据翅的形态、质地和表面被覆物及功能等可将翅分成下列 10 种类型（图 3 - 19）。

（1）膜翅（membrane wing）

膜质，薄而透明，翅脉明显可见。如蜻蜓、蚜虫、草蛉、蜂类的前后翅，以及蝗虫、甲虫和蝽的后翅。

（2）毛翅（piliferous wing）

膜质，翅面与翅脉密生细毛，多不透明或半透明。如毛翅目昆虫的翅。

（3）鳞翅（lepidotic wing）

膜质，翅面上有一层鳞片，多不透明，如蛾、蝶的翅。中华虎凤蝶的鳞翅经扫描电镜观察可知，其鳞片如覆瓦般倒置着生，并相互重叠，鳞片上层具有许多平行排列的纵肋，其间有交织的加固横梁及大小形状不规则的穿孔（图 3 - 20）。

（4）缨翅（fringed wing）

膜质，翅脉退化，狭长，翅缘着生缨状长细毛。如蓟马的翅。

（5）半覆翅（hemitegmen）

仅臀前区革质，翅折叠时臀前区覆盖住臀区与轭区起保护作用。如大部分竹节虫的后翅。

（6）覆翅（tegmen）

革质或牛皮纸质，狭长或短宽，多不透明或半透明，仍然保留翅脉，兼有飞翔和保护作用。如蝗

虫、蟋蟀的前翅。

（7）半鞘翅（hemielytron）

基部角质或革质,端部膜质,主要起保护作用。如蝽类的前翅。

（8）鞘翅（elytron）

角质或革质,坚硬而厚,翅脉消失,主要起保护后翅与背部的作用。如金龟甲、叶甲、天牛等甲虫的前翅。

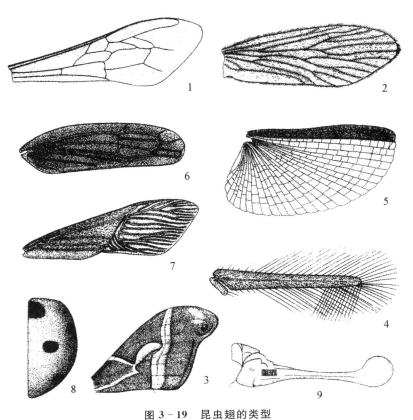

图 3-19　昆虫翅的类型

1.膜翅　2.毛翅　3.鳞翅　4.缨翅　5.半覆翅　6.覆翅　7.半鞘翅　8.鞘翅　9.平衡棒

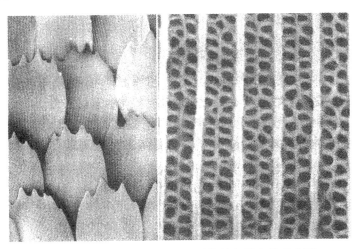

图 3-20　中华虎凤蝶鳞翅上鳞片的扫描电镜观察图

（9）平衡棒（halter）

后翅退化成很小的棍棒状，飞翔时用以平衡身体。如蚊、蝇和介壳虫雄虫的后翅。

（10）拟平衡棒（pseudohaltere）

前翅退化成很小的棍棒状，飞翔时用以平衡身体。如捻翅目昆虫的前翅。

三、腹部

腹部是昆虫的第 3 体段，由多个体节组成，大多近纺锤形或圆筒形。在有翅亚纲成虫中，一般无分节的附肢，仅在腹端部有由附肢特化而来的外生殖器，有些昆虫还有尾须。腹内包藏着各种内脏器官和生殖器官，腹部的环节构造也适于内脏活动和生殖行为，所以腹部是昆虫新陈代谢和生殖的中心。

（一）基本构造

昆虫的腹部，一般由 10～11 节组成，分成 3 段。

1. 脏节（visceral segments）

脏节又称生殖前节（pregenital segments），其中包含有大部分的内脏器官。

2. 生殖节（genital segments）

着生有昆虫交配和产卵器官。

3. 生殖后节（postgenital segments）

大多昆虫最后的 2 节，即第 10～11 节。若为 1 节，则端节可能是第 10 节或第 10 节和第 11 节合并而成。

在较高等的昆虫中，腹部多不超过 10 个腹节。腹部的体节只有背板和腹板而无侧板，背板与腹板之间以侧膜相连。由于背板常向下延伸，因此侧面膜质部常被掩盖。各腹节间也以环状节间膜相连，相邻的腹节常相互套叠，前节后缘套于后节前缘上。由于腹节间和两侧均有柔软宽阔的膜质部分，致使腹部具有很大的伸缩性，这对容纳内脏器官进行气体交换、卵的发育、交尾和产卵活动都是非常有利的。如蝗虫产卵时腹部可延长 1～2 倍，便于将卵产入土中。腹部 1～8 节的侧面具有椭圆形的气门，着生在背板两侧的下缘，是呼吸的通道。在腹部第 8 节和第 9 节上着生外生殖器，是雌雄交配和产卵的器官。有些昆虫在第 11 节上还着生有尾须，它是一种感觉器官。

（二）外生殖器的构造

昆虫的外生殖器（genitalia）是用来交配（交尾）和产卵的器官。雌虫的外生殖器称为产卵器（ovipositor），可将卵产于植物表面，或产于植物体内、土中以及其他昆虫或动物寄主体内。雄性外生殖器称为交配器（copulatory organ），主要用于与雌虫交尾。

1. 雌性外生殖器

雌虫的生殖孔多位于第 8、9 节的腹面，生殖孔周围着生 3 对产卵瓣（valvulae），合成产卵器。在腹面的 1 对称为腹产卵瓣（dorsal valvulae），由第 8 腹节附肢形成；内方的 1 对称为内产卵瓣（inner valvulae），由第 9 腹节附肢特化而成；背方的称为背产卵瓣（ventral valvulae），是第 9 腹节肢基片上的外长物。如毒蛾和直翅目昆虫的产卵器（图 3-21）。

产卵器的构造、形状和功能，常随昆虫的种类而不同。如蝗虫的产卵器是由背产卵瓣和腹产卵瓣组成的，内产卵瓣退化成小突起，背腹二产卵瓣粗短，闭合时呈锥状，产卵时借两对产卵瓣的张合动作，使腹部逐渐插入土中而后产卵。蝉、叶蝉和飞虱等昆虫，产卵时用产卵器把植物组织刺破将卵产于其中，由此而对植物造成伤害。蜜蜂的毒刺（螯针）为腹产卵瓣和内产卵瓣特化而成，内连毒腺，成

为御敌的工具,已经失去产卵的能力。有些昆虫无由附肢特化形成的产卵器,如甲虫、蝶、蛾、蝇类等,它们是由腹部末端数节互相套入形成能够伸缩的伪产卵管。产卵时,把卵产在植物的缝隙、凹处或直接产在植物表面,一般无穿刺破坏能力,但也有少数种类如实蝇、寄生蝇等,能把卵产入不太坚硬的动植物组织中。

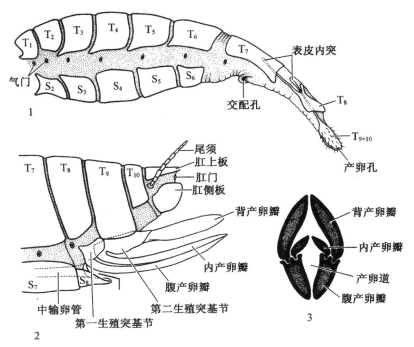

图 3-21 雌性昆虫的腹部及产卵器
1.毒蛾腹部可伸缩末端形成的产卵器侧面观,示交配孔和产卵孔位置　2、3.直翅类昆虫产卵器侧面观和横切面
$T_1 \sim T_{10}$:第1至第10背板　$S_2 \sim S_8$:第2至第8腹板

2. 雄性外生殖器

雄性外生殖器统称为交配器或交尾器,构造比较复杂,而且在各类昆虫中变化很大,具有种的特异性,使自然界中昆虫不能进行种间杂交,也是分类学上用作种和近缘种鉴定的重要依据之一。

交配器主要包括将精子送入雌虫体内的阳具和交配时挟持雌体的抱握器(harpagones)。阳具由阳茎(phallus)及辅助构造组成,着生在第9腹节腹板后方的节间膜上,是节间膜的外长物。此膜内陷为生殖腔,阳具平时隐藏于腔内。阳茎多为管状,射精管开口于其末端。交配时借血液的压力和肌肉活动,将阳茎伸入雌虫阴道内,并把精液排入雌虫体内(图 3-22)。抱握器是由第9腹节附肢所形成的,其形状、大小变化很大,一般有叶状、钩状或弯臂状。雄虫在交配时用以抱握雌虫以便将阳茎插入雌虫体内。一般交配的昆虫多具此器。

3. 尾须

尾须(cercus)是第11腹节的1对附肢。许多高等昆虫由于腹节的减少而无尾须,只在低等昆虫中较普遍,且尾须的形状、构造等变化也比较大。有些昆虫尾须很长,如蟋蟀、蝼蛄等;有的很短,如蝗虫、蚱蜢等;有的无尾须,如蝶、蛾、椿象、甲虫等。尾须上有许多感觉毛,是感觉器官。但在双尾目的铗尾虫和革翅目(蠼螋)中,尾须硬化,形如铗状,用以御敌;蠼螋的铗状尾须还可帮助折叠后翅。在缨尾目和部分蜉蝣目昆虫中,1对细长的尾须间还有1条与尾须极相似的中尾丝。中尾丝不是附肢,而是第11腹节背板的延伸物。1对尾须和1个中尾丝是这两类昆虫最易识别的特征。

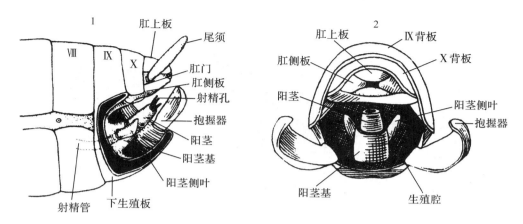

图 3-22　雄性外生殖器基本构造

1. 侧面观(部分体壁已去掉,示其内部构造)　2. 后面观

(三)幼虫的腹足

　　有翅亚纲昆虫中只有幼虫期在腹部具有行动用的附肢,常见的如鳞翅目中蝶、蛾幼虫和膜翅目中的叶蜂幼虫,皆有供行动用的腹足。其中蝶、蛾类幼虫腹足有 2~5 对,通常为 5 对,着生在第 3~6 和第 10 腹节上。第 10 腹节上的 1 对又称臀足。腹足由基节和趾掌组成,呈筒状,外壁稍骨化,末端有能伸缩的泡,称为趾。趾的末端有成排的小钩,称趾钩(crochets)。趾钩数目和排列形式种类间常不同,可用作鉴别特征。叶蜂类幼虫的腹足,一般为 6~8 对,有的可多达 10 对,从第 2 腹节开始着生。腹足的末端有趾,但无趾钩,因此腹足数及腹足有无趾钩可用来与鳞翅目的幼虫相区别。这些幼虫的腹足亦称伪足,到幼虫化蛹时便退化消失。

第二节　体壁和内部器官

一、体壁

　　昆虫体壁(integument)具有高等动物皮肤和骨骼的双重功能,使虫体得到坚强的支撑,并为肌肉提供着生点,但在体壁的某些区域,仍然有柔软的性质。体壁不仅决定了昆虫的体型和外部特征,而且能防止体内水分的过量蒸发和阻止微生物及其他有害物质的侵入;由体壁特化的各种感觉器和腺体,还可用以接受环境因子的刺激和分泌各种化合物,调节昆虫的行为。体壁内陷还可形成虫体的一部分器官,如气管系统、消化道的前肠和后肠,以及生殖系统的某些部分。可见,体壁既是昆虫十分重要的保护性组织,又能调节昆虫与外界环境的联系。了解昆虫体壁的构造和理化性质,对害虫防治特别是对杀虫剂的研究具有重大的意义。

(一)体壁的构造和特性

　　昆虫的体壁来源于胚胎期的外胚层,由外向内分为表皮层、皮细胞层和底膜三部分(图 3-23)。

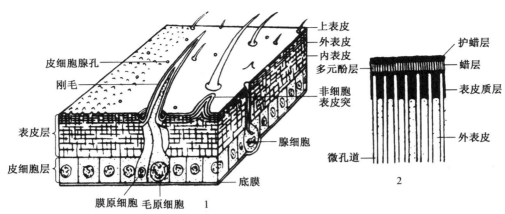

图 3-23　昆虫体壁构造模式图
1.体壁的切面　2.上表皮的切面

1.表皮层

表皮层（cuticle）是皮细胞层向外分泌的非细胞性物质，位于体表。表皮层一般包括三层，由外向内依次为上表皮（epiculticle）、外表皮（exoculticle）和内表皮（endoculticle）。内、外表皮中纵贯着许多微孔道。

上表皮是表皮中最外和最薄的一层，在一般昆虫中，由外向内可分为护蜡层（cement layer）、蜡层（wax layer）、表皮质层（cuticulin layer，也称角质精层）。有些种类在表皮质层和蜡层之间还有含多元酚的多元酚层（polyphenol layer）。护蜡层成分为类脂、鞣化蛋白和蜡质；蜡层为蜡质和脂类；表皮质层为脂蛋白类。外表皮成分为骨蛋白和脂类，有坚韧性。内表皮成分为几丁质（chitin）和蛋白质，有延展曲折性。表皮层这种化学物质组成决定了表皮具有延展曲折性、坚韧性和不通透性的特性。昆虫体壁的许多特性和功能，都主要与表皮层有关。

2.皮细胞层

皮细胞层（epidermis）多为圆柱形或立方形的单层细胞，是体壁中唯一的活组织。主要功能是分泌表皮层，形成虫体的外骨骼；在蜕皮过程中分泌蜕皮液，控制昆虫蜕皮并消化吸收旧内表皮，形成新表皮；其中常有一些细胞特化成体壁的外长物和各种类型的感觉器。此外，还有一部分细胞分化成具有分泌作用的腺体，称为皮细胞腺，如分泌唾液的唾腺，分泌毒液的毒腺，分泌蜕皮液的蜕皮腺，分泌蜡质的蜡腺和分泌丝质的丝腺等。有的还特化成分泌和释放信息素的腺体。

3.底膜

底膜（basement membrabe）位于体壁的最里层，是紧贴在皮细胞层下的一层薄膜，由血细胞分泌而成，起着使皮细胞层与血腔分割开的作用。

由于昆虫体壁外表皮的发达程度不同，可将昆虫体壁分为膜区和骨片两部分。膜区薄且具弹性，便于身体活动；由膜区或表皮内陷分隔的骨片厚而硬，颜色亦较深。骨片位于体背的称为背板，位于体侧的称为侧板，位于体腹面的称为腹板。体壁常沿某些部位内陷，一般陷入较浅的称为内脊，陷入较深的称为内突。这些内脊和内突构成昆虫的内骨骼，作为加固体壁和着生肌肉之用。各种内陷部分在外表留下一条狭槽，通称为"缝"和"沟"。例如昆虫的头部和胸部即以"缝"和"沟"为界分成若干区域，每一区域都给予一定的名称，以便于昆虫形态的比较区别，这在分类鉴定上极为重要。

（二）体壁的衍生物

昆虫的体壁很少是光滑的，常外突形成各种外长物。这些衍生物就其参与形成的组织的不同，可分为非细胞性的和细胞性的两大类。

1. 非细胞性外长物

非细胞性外长物无皮细胞参与，仅由表皮层外突而成，如微小的突起、脊纹、棘、翅面上的微毛等。

2. 细胞性外长物

细胞性外长物指有皮细胞参与的外长物，又可分为单细胞和多细胞两类。单细胞外长物是由1个皮细胞特化而成的外长物，如刚毛、鳞片等。刚毛基部有一圈膜质与体壁相连，称为毛窝膜。形成刚毛的皮细胞称为毛原细胞，和毛原细胞紧贴而形成毛窝膜的细胞称为膜原细胞。毛原细胞与皮细胞下的感觉细胞相连，形成感觉毛；毛原细胞与毒腺相连，则形成毒毛。鳞片和刚毛同源，基本构造相同。多细胞外长物是由体壁向外突出而形成的中空刺状构造。其基部不能活动的称为刺，基部周围以膜质和体壁相连，可以活动的称为距。如叶蝉后足胫节有成排的刺，而飞虱则在后足胫节末端有一能活动的大距。刺和距都是昆虫分类上常用的特征。

（三）体壁的色彩

昆虫体壁的色彩多种多样，对隐蔽虫体、防止天敌捕食（有时与拟态相结合）、警戒或威胁捕食者以及吸引异性等都有重要作用，此外还与调节体温有关。因其形成的方式不同，可分成3类。

1. 色素色

色素色（pigmentary colour）又称化学色（chemical colour）。这是昆虫着色的基本形式，这类特色是虫体一定部位有些色素吸收一定长度的光波，反射其他光波而形成的颜色。昆虫体壁中的色素种类很多，如黑色素、类黄酮和胆色素等。体壁的色素一部分存在表皮中（如黑色素），但大多数存在真皮细胞中（如眼色素），后者往往形成色素颗粒，并且能随生理状态的不同而发生变动，借此以改变虫体的色泽。一些蝗虫和竹节虫的色泽与环境中的色调相适应，就是色素变动的结果，在夏季，它们的体色是绿的；到了秋季，就能变成黄褐色。印度竹节虫 *Carausiusmorosus*（De Sinéty）真皮细胞中的棕褐色颗粒，还受光的影响，在光亮时向下部移动，使虫体色泽变淡，在遇黑暗时则向上移动，使虫体色泽变深。

2. 结构色

结构色（structural colour）又称物理色（physical colour），是由于体壁上有极薄的蜡层、刻点、沟缝或鳞片等细微结构，使光波发生散射、衍射或干涉而产生的各种颜色。如甲虫体壁表面的金属光泽和闪光等就是典型的结构色。

3. 结合色

结合色（combination colour）又称合成色，是一种普遍具有的色彩，是由色素色和结构色混合而成的。如紫闪蛱蝶的翅面呈黄褐色（色素色），同时也有紫色（结构色）的闪光。

（四）体壁与药剂防治的关系

要使药剂进入虫体，达到杀死害虫的目的，就必须首先让药剂接触虫体。因为昆虫体壁的特殊构造和性能，尤其是体壁上的被覆物、上表皮的蜡层和护蜡层，对杀虫剂的侵入起着一定的阻碍作用。一般来讲，体表多毛或硬厚者，药剂难以进入。蜡质愈硬，熔点愈高，药滴的接触点愈小，则展布能力愈小。因此，常在药液中加入少量的洗衣粉或其他湿润剂如皂素、油酸钠等，可以降低表面张力，增加湿润展布性能，从而可提高药剂防治效果。由于昆虫上表皮的亲脂疏水性不同，因此同一种药剂的不同加工剂型，其杀虫效果亦不相同。如使用油乳剂，因其中的溶剂能穿透蜡层，使药剂易于进入害虫体内，其杀虫力要比使用粉剂的高得多。然而，昆虫体壁的外表皮和内表皮的性质与上表皮相反，呈亲水性，所以理想的触杀药剂既应具有一定的脂溶性，又必须有一定的水溶性。有些害虫如介壳虫，体表有蜡质分泌物，一般药剂不易透入，如选用腐蚀性强的碱性松脂合剂等，就能获得较好的杀虫效

果。昆虫体壁的厚度是随着虫龄而增加的,因此高龄幼虫的抗药性强,故在低龄阶段(一般在3龄以前)用药,防治效果更好。应用矿物惰性粉如硅粉、蚌粉、白陶土等,加在粮堆里防治仓虫,其杀虫原理就是使害虫在活动时通过摩擦而破坏表皮蜡质层,因而使虫体水分过量蒸发而死亡。

很多化合物能抑制昆虫表皮中几丁质的合成。生长调节剂类农药如灭幼脲、扑虱灵、抑太保等,可破坏表皮中几丁质的合成,使幼虫(若虫)在蜕皮过程中不能形成新表皮而死亡。这类杀虫剂已经得到广泛的应用。

二、内部结构

昆虫的内部器官与外部形态有着密切的联系,它们在结构和功能上属于统一的整体。所有内部器官,包括消化、排泄、循环、呼吸、神经、生殖和内分泌等系统的各器官(图3-24),均位于由体壁所包围组成的体腔(coelomic cavity)内。这些内部器官既具各自独特的生理功能,又能相互协调进行正常的新陈代谢和繁殖后代。

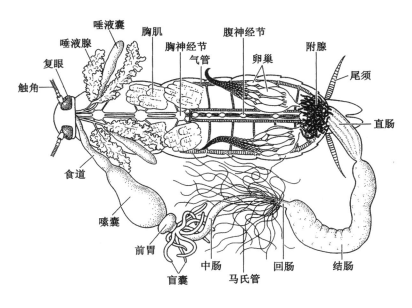

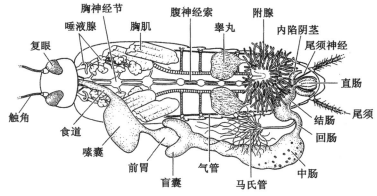

图3-24 美洲大蠊雌成虫(上)和黑田蟋蟀雄成虫(下)的内部器官及相应位置

昆虫没有像高等动物一样的血管,血液充满于整个体腔内,所以昆虫的体腔又叫血腔(haemo-coele)。所有内部器官都浸浴在血液中。整个体腔由分布于背、腹面的两层薄肌纤维膜分成三个血窦(sinus)。背面的一层肌纤维膜称作背膈(dorsal diaphragm),着生在腹部背板两侧,在背板底下隔出一个背血窦(dorsal sinus),其中含有背血管和心脏,因此又称为围心窦。腹面的一层肌纤维膜称作腹膈(ventral diaphragm),着生在腹部腹板两侧,在腹板与腹膈之间的血窦叫腹血窦(ventral sinus),其中包含了腹神经索,因此又称作围神经窦。背膈与腹膈之间较大的血窦叫围脏窦(perivisecral sinus),包含了消化、排泄、呼吸、生殖等大部分内脏器官。围脏窦与背血窦之间的通道,依赖于背膈两侧前后翼肌或背膈末端的空隙,使血液流通;腹膈的两侧,也是如此。

(一)消化系统

昆虫的消化系统(digestive system)包括一根自口到肛门的消化道及与消化有关的腺体。消化道的作用主要是摄取、运送、消化食物及吸收营养物质。营养物质经血液输送到各组织中去,未消化的残渣和由马氏管吸收的代谢物则经后肠由肛门排出。与消化有关的腺体主要是唾液腺(salivary gland),它包括上颚腺(mandibular gland)、下颚腺(maxillary gland)和下唇腺(labial gland)三类。多数昆虫的唾腺是下唇腺,形状多种,有管状、葡萄状和三叉状。鳞翅目幼虫和叶蜂幼虫的下唇腺特化为丝腺(silk gland),而上颚腺行使唾腺功能。唾液一般是近中性的透明液体,也有呈强碱性或酸性的,主要功能有:湿润食物,溶解糖等固体颗粒,润滑口器保持清洁,建造其本身居所,含消化酶以助消化。

1. 消化道的基本结构与功能

消化道是一根不对称的管道,纵贯于血腔中央,自前向后分为前肠(foregut)、中肠(midgut)和后肠(hindgut)(图3-25)。它的形状因昆虫取食方式和取食的种类不同而有很大的差异,但基本结构是一致的。

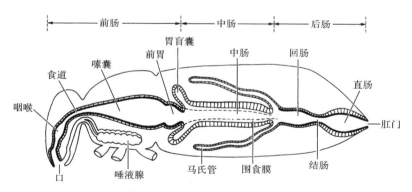

图3-25　昆虫消化系统模式图

前肠以口开始,经由咽喉(pharynx)、食道(oesophagus)、嗉囊(crop),终止于前胃(proventriculus)。在咀嚼式口器的昆虫中,口器在前肠口外围成口前腔,食物由此进入咽喉。前肠的前端附近有唾液腺,能分泌唾液在口腔内与食物润和后进入前肠储存。中肠亦称胃,是消化食物和吸收养分的主要部位。咀嚼式口器昆虫的中肠比较简单,常为短而均匀的管状构造,前端外方有胃盲囊(gastric caeca),内方有贲门瓣(cardiac valve),胃盲囊可增加中肠分泌和吸收面积,贲门瓣可引导食物进入中肠。中肠无内膜,而代之以围食膜(peritrophic membrane)包围吞入的食物,使之与肠壁细胞隔离,以行保护作用;内壁有一层泌吸细胞,可分泌多种消化酶,将食物水解分化成简单的溶液分子再加以吸收。后肠与中肠之间,外有马氏管,内有幽门瓣(pyloric valve),后肠的末端是肛门。后肠可分前后肠和直肠(rectum)。有的前后肠又分回肠(ileum)和结肠(colon)。后肠的主要功能为排出未经利用的食物残渣和吸收其中的水分。

消化道的结构与昆虫的食性有着密切的联系,刺吸式口器昆虫的消化道与咀嚼式口器昆虫的消化道显著不同,因它们取食的是植物的汁液,故在口前腔的一部分和咽喉处形成了用以抽吸汁液的唧筒,且中肠细而长。某些种类昆虫(如部分半翅目)的中肠弯曲地盘在体腔内,其后端与后肠再回转到前肠内形成特殊的滤室构造。滤室的作用在于能将过多的糖分和水分直接经后肠排出体外。

2. 消化作用与杀虫剂毒效的关系

各类昆虫因其摄取食物和消化功能不同,肠内的酸碱度也不同。中肠液大多呈弱酸性或弱碱性,pH 值一般为 6~10。中肠的酸碱度关系到一些杀虫剂的效果,一般来说,酸性的胃毒剂在碱性的中肠内易分解,溶解度大,发挥的毒效高。如用敌百虫防治鳞翅目害虫比对其他害虫更好,敌百虫可在碱性胃液的作用下,形成毒性更强的敌敌畏。又如苏云金芽孢杆菌使昆虫中毒的主要原因是其产生的伴孢晶体蛋白在碱性条件下被分解成具杀虫活性的小肽,因而对害虫表现出毒性。因此,要发挥一种杀虫剂的有效毒力,除了解其性能外,还应了解害虫的消化生理。

(二)排泄系统

昆虫的排泄系统(excretory system)用以移除体内新陈代谢所产生的含氮废物,并具有调节体液中水分和离子平衡的作用,以使昆虫体内保持正常的生理环境。昆虫的排泄器官主要有着生于中、后肠交界处的马氏管(Malpighian tubules)。其他如体壁、消化道壁、脂肪体、下唇肾和围心细胞等,在不同昆虫中也起着不同的排泄作用。

昆虫的代谢产物包括 CO_2、H_2O、无机盐、尿酸和铵盐等。其中,CO_2 主要通过呼吸器官、部分通过体壁排出;H_2O 除部分随呼吸散失外,大多参与调节体内水分平衡和液流。昆虫的排泄作用主要就是排出尿酸和铵盐等含氮废物,分解并调节血液内的离子组成。至于从肛门排出的未消化和利用的食物残渣,那是排遗,而不是排泄。

马氏管是昆虫排泄的主要器官。马氏管是许多细长的管子,基部开口于中肠与后肠相连的地方,末端闭塞,游离于体腔内(图 3-24)。各种昆虫马氏管的数目不一,如介壳虫,只有 2 根,半翅目及双翅目昆虫多为 4 根,鳞翅目多为 6 根,蜂类可达 150 根,直翅目昆虫多达 300 余根。马氏管的功能类似脊椎动物的肾脏。它除排泄功能外,在有些昆虫中还能分泌泡沫和黏液、丝和石灰质。

(三)循环系统

昆虫的循环系统(circulatory system)只是一条位于消化道背面、纵贯于背血窦中的背血管(dorsal vessel)(图 3-26)。它和其他节肢动物一样,是一种开放式的系统,即血液自由运行在体腔各部分器官和组织间,只有在通过搏动器官时才被限制在血管内流动,这与高等动物血液固定在血管内流动是截然不同的。主要功能是保证将消化系统吸收的营养物质、无机盐和水分输送至各组织;将内分泌腺体分泌的激素传送到作用部位;自组织中携带出代谢物,并输送到其他组织或排泄器官,进行中间代谢或排出体外,保障各系统进行正常生理代谢所需的渗透压、离子平衡和酸碱度等。其中,血细胞行使免疫功能。

1. 背血管与血液循环

背血管是位于背血窦内一根前端开口的细长管子。它的前部叫动脉(大血管)(aorta),开口在脑与食道之间,仅引导血液的前流;后部是心脏,常局限于腹部,通常后端封闭,是循环器官的搏动和血液循环的动力机构,即为搏动器官。心脏由系列膨大的心室(chamber)组成,心室之间或心室后部两侧有 1 对心门(ostia)。心室数目因昆虫种类而异,一般为 8~12 个。心室是血液进入心脏的地方,最后 1 个心室末端封闭。在各心室外面均有成对的扇形翼肌与体壁相连。

心脏搏动就是指心室相应地收缩和松弛。当心室收缩时,其后面的心门关闭,血液向前挤入前一心室,在这同时,前一心室正呈松弛状,因此可以将血液从后一心室及心门吸入。这样,前后心室的连续张缩,使血液不断由后输向前方,使血液在背血管内不断向前流动,最后由动脉流到头部。血液再由头部向后方流动,经胸部之后,大部分血液流到腹血窦、围脏窦,再向上透过膈膜流入背血窦进入心室,如此反复,形成规律性的循环。此外,血液在部分血腔、附肢(如足、翅和触角)或其他附属器官内的循环,尚需辅助搏动器的参与。

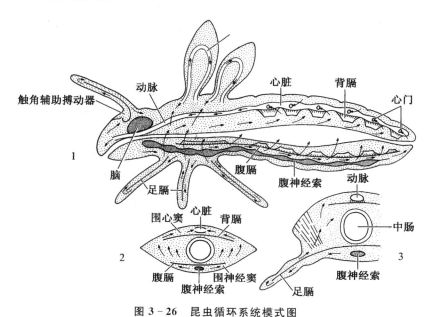

图 3 - 26　昆虫循环系统模式图

1.体躯的纵剖面　2.腹部的横切面　3.胸部的横切面,箭头示血液流动方向

2. 血淋巴

昆虫的血液就是体液,由血浆(blood plasma)和悬浮在血浆中的血细胞(hemocyte)组成。其更确切的名称应是血淋巴(hemolymph)。昆虫血细胞的种类较多,通常可分为 7 类:原血细胞、浆血细胞、粒血细胞、珠血细胞、类绛色血细胞、凝血细胞和脂血细胞(图 3 - 27),其中前 3 类是常见的,其他是多变的。另外,浆血细胞还常常发育成足血细胞(podocyte)和蠕形血细胞(vermicyte);粒血细胞和凝血细胞均可变成囊血细胞(cystocyte)。

(1)原血细胞

原血细胞(prohemocyte)是一类普遍存在的椭圆形小血细胞,直径 6~13 μm,核很大,位于中央,几乎充满整个细胞,占整个细胞体积的 70%~80%。质膜无突起,胞质均匀,个别细胞内可见到颗粒或液泡。无吞噬作用,但具活跃的分裂增殖能力,并能转化为浆血细胞,主要功能是分裂补充血细胞。

(2)浆血细胞

浆血细胞(plasmatocyte)是一类形态多样的吞噬细胞,直径 40~50 μm,典型的呈梭形,也有呈颗粒形、非颗粒形、圆形的。可能具双核,核较小,位于细胞中央,质膜通常向外形成多种外突,胞质丰富。浆血细胞在各种昆虫体内通常都是优势血细胞,并可以转化成粒血细胞。浆血细胞是重要的防卫血细胞,主要吞噬异物,同时也参与包被与成瘤作用,以及愈合伤口。

(3)粒血细胞

粒血细胞(granulocyte)是一类普遍存在且含有小型颗粒的圆形或梭形血细胞,直径可达 45 μm。核小,位于细胞中央,质膜通常无外突,胞质内有大量膜包被的颗粒,有的内部呈片状结构。粒血细胞可分化成其他类型的血细胞。它的功能尚不完全明确,可能具储存与分泌功能,此外还可起参与防卫作用。

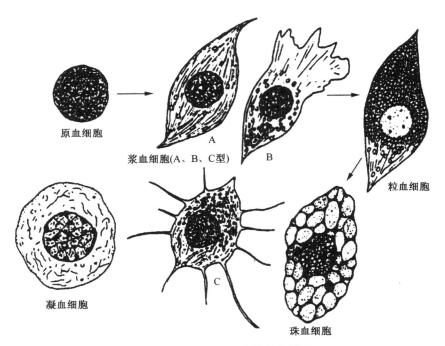

图 3-27　昆虫血细胞的基本类型

（4）珠血细胞

珠血细胞(spherulocyte)是一类含有较多大型膜泡的圆形或卵形血细胞,长径约达 25 μm。核小,常偏离细胞中央。胞质中的膜泡使质膜呈梅花形或波浪形隆起,核不易看清。功能不明,可能参与吞噬作用。

（5）类绛色血细胞

类绛色血细胞(oenocytoid)是一类形态和大小多变的细胞。核小,可能为双核,偏离细胞中央,质膜无外突,胞质内含有板状、棒状和针状的内含物、微杆、核糖体和老化的大型线粒体等,其他细胞器不发达,也没有溶酶体。主要参与物质代谢和分泌作用,但无吞噬作用。

（6）凝血细胞

凝血细胞(coagulocyte)是一类普遍存在且非常脆弱的圆形或纺锤形细胞。质膜无外突,但常有细微的皱纹,胞质透明,细胞器少,核较大,常偏离细胞中央,外形呈车轮状。此外,胞质中还常含有各种颗粒状结构。主要功能是凝血和防卫。

（7）脂血细胞

脂血细胞(adipohemocyte)是一类大小多变的球形或卵圆形的细胞,直径 7～45 μm。核小,最大特点是胞质中含大小不一的脂滴。

昆虫血淋巴的颜色,除摇蚊幼虫为红色外,其他都为无色、黄色、绿色、蓝色及淡琥珀色等。昆虫血细胞不像高等动物能携带 O_2 的红细胞,仅相当于高等动物的白细胞,其类型和数量因昆虫种类及生长发育阶段而异。血液对呼吸的作用不大,其主要功能是储藏水分,输送营养、代谢物和激素等,参与中间代谢和营养储藏,起吞噬及免疫作用,以及机械支撑和防御作用。

(四)呼吸系统

呼吸系统(respiratory system)在绝大多数昆虫中是一种管状气管系统(tracheal system),气体交换由气管直接进行,而不像高等动物那样必须通过血液来传递。少数低等无翅亚纲昆虫、水生和内寄生昆虫则没有或仅有不完善的气管系统。

1. 基本结构与呼吸作用

昆虫的气管(trachea)是富有弹性的管状物,在充满空气时呈银白色,气管内膜作螺旋状加厚,具有保持气管扩张和增加弹性的作用。气管在体壁下纵横交错,互相贯通。主要有纵贯身体两侧的侧气管主干,即侧纵干;其向外经气门气管与外界相通,向内分出 3 条横走气管,即背气管(dosral trachea)、腹气管(ventral trachea)和内脏气管(visceral trachea)。这些气管再分支形成支气管、微气管(tracheloe),通至各组织细胞间(图 3-28)。

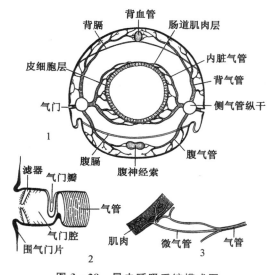

图 3-28　昆虫呼吸系统模式图
1.气管分布　2.气门　3.示微气管与肌纤维相连

气门(spiracle)是气管在体壁上的开口。形状为圆形或椭圆形的孔,孔口有筛板或毛刷遮盖,是气门的过滤机构,能阻止灰尘和其他外物进入虫体。气门有能控制的关闭机构,位于身体两侧,一般有 9～10 对,即前胸或中、后胸上以及腹部第 1～8 节上各有 1 对。

昆虫的呼吸主要是靠空气的扩散作用和虫体有节奏的扩张和收缩引起的通风作用帮助完成的。O_2 由气门进入主气管,再进入支气管、微气管,最后到达组织、细胞和血液内。呼吸作用所产生的 CO_2 再循着微气管、支气管、主气管至气门排出。

2. 呼吸作用与杀虫剂使用的关系

昆虫是变温动物,体温基本上取决于环境温度的变化,但也常需通过呼吸和气门开闭的控制,适当地调节体温。气温低时,气门关闭度大,呼吸减弱,以保持体温;气温高时,则相反,借助水分蒸发散热,以降低体温。因此,通过虫体呼吸和气体扩散,当空气中含有一定的有毒气体时,毒气也可随着空气进入虫体而引起中毒,这就是熏蒸杀虫剂应用的基本原理。在气温较高、CO_2 浓度越高的情况下,熏杀效果更加明显。

此外,昆虫的气门疏水亲油,亲脂性农药如油乳剂,除能透过体壁外,由于油的表面张力较小,也易于进入气门,深入虫体内部毒杀害虫。肥皂水、面糊水等的杀虫作用,在于机械地堵塞气门,使昆虫窒息而死。

(五)神经系统与感觉器官

昆虫的一切生命活动都受神经的支配。昆虫通过神经的感觉作用,接受外界环境条件的刺激,再通过神经的调节与支配,使各个器官形成一个统一体,作出与外界条件相适应的反应活动。

1. 基本结构

昆虫的神经系统(nervous system)分为中枢神经系统(central nervous system)、周缘神经系统(peripheral nervous system)和交感神经系统(sympathetic nervous system)三部分。中枢神经系统包括脑(cerebrum 或 brain)和纵贯消化道腹面的腹神经索,两者由围咽神经索相连(图 3-29)。脑是昆虫的主要联系中心,它联系着头部的感觉器官、口区、胸部和腹部的所有运动神经元。脑内大部分为神经髓,其中含来自复眼、单眼、触角及口前腔的各种感觉器官的神经根,以及咽喉下神经节和胸、腹部神经节的神经及其端丛。脑可分前脑、中脑和后脑三部分。腹神经索包括咽喉下神经节、胸和腹部的系列神经节,以及连接前后神经节的成对神经索。胸、腹部神经节一般有 11 个,即胸部 3 个,腹部 8 个。交感神经系统是中枢神经系统通向内脏的神经系统。周缘神经系统是中枢神经系统通向表皮下连接各感觉器官的神经系统。三者各有其独特的功能,却又协调统一,支配一切生命活动。

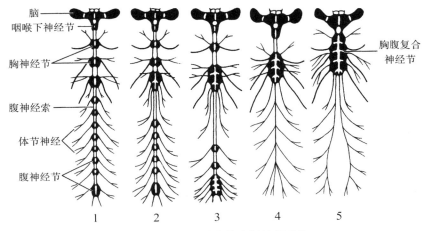

图 3-29　不同昆虫的中枢神经系统

1.红萤　2.蚕蛾和摇蚊　3.泥蜂和花蜂　4.家蝇、丽蝇和绿蝇　5.尺蠖和金龟甲

神经系统的基本单元是神经元(neurone)。神经元是一个神经细胞和由细胞伸出的一支或多支神经纤维所组成。由神经细胞分出的主支为轴状突,轴状突的分支为侧支,轴状突和侧支再分为端丛。由神经细胞生出的神经纤维为树突状。一个神经细胞可能只有一个主支,也可能有两个或更多个主支,据此可区分为单极神经元(如运动神经元)、双极神经元和多极神经元(如感觉神经元)。神经节(ganglion)是神经细胞和神经纤维的集合体。神经元按功能又可分为运动神经元、感觉神经元和联络神经元。

2. 传导机制

神经冲动的传导主要包括神经元内、神经元与神经元之间,以及神经元与肌肉(或反应器)间的传导。整个传导是一个相当复杂的过程。

(1)神经元内的传导

当感受器接受刺激后,连接于感受器上的感觉神经元膜的通透性发生改变,产生了兴奋,当兴奋达到一定程度时,感觉神经上即表现出明显的电位差,形成动作电位,产生了电脉冲,它是依靠电波脉冲信号在神经元轴突上推进传导的。

（2）神经元间的传导

冲动在神经元间的传导是靠突触传导的。一个神经元与另一个神经元相接触（而不是细胞质的互相沟通）的部位，称为突触。前一神经元与后一神经元的神经膜分别称为突触前膜和突触后膜。两膜之间的突触间隙为 20～50 nm。神经元末端膨大呈囊状称为突触小结。小结内有许多突触小泡和线粒体。小泡内含化学递质（乙酰胆碱等），线粒体内含有酶类。突触的传导是指每当突触前神经末梢发生兴奋时，就有兴奋性递质（乙酰胆碱）从突触小泡中释放出来，扩散至突触，作用于突触后膜上的乙酰胆碱受体，激发突触后膜产生动作电位，使神经兴奋冲动的传导继续下去。每次神经兴奋释放出的乙酰胆碱，在引起突触电位改变以后的很短时间内即被乙酰胆碱酯酶水解为乙酸和胆碱，胆碱又被神经末梢重新摄取，再参与合成乙酰胆碱，储存备用。

（3）运动神经元与肌肉之间的传导

它们之间也是靠突触传导的，但有两种类型的突触：其一是兴奋性突触，以谷氨酸盐为化学传递物质；其二是抑制性突触，以 γ-氨基丁酸（GABA）为化学传递物质。

神经系统内最简单的传导过程只包括 1 个接受刺激的感觉器官和与其相连的感觉神经元。感觉神经元将冲动传至神经节内，再经由 1 个联络神经元传导至运动神经元，最后传到肌肉、腺体或其他反应器而发生相应的反应。传导 1 次冲动的过程，称为 1 个反射弧，由此引起的反应称为反射作用。

3. 感觉器官

昆虫体壁的皮细胞所演变而成的各种感觉器官（sensory organ）是对周围环境和内部各种刺激产生反应的重要结构，它们和神经系统一起，控制和调节昆虫的行为。昆虫的种类繁多，栖境差异很大，它们以各种各样的感受器（receptor）来接受信息。根据感受器接受刺激的性能，可将其分为 4 类：一是感触器（mechanoreceptor），感受外界环境和体内机械刺激的感受器；二是听觉器（phonoreceptor），感受声波刺激的感受器；三是感化器（chemoreceptor），感受化学物质刺激的感受器，如味觉器和嗅觉器；四是视觉器（photoreceptor），感受光波刺激的感受器。

4. 杀虫剂对神经系统的作用

生产上用于防治害虫的化学药剂大部分属于神经毒剂，可从以下几方面影响神经系统的正常传导：第一，抑制乙酰胆碱酯酶，导致突触部位积累大量的乙酰胆碱，神经过度兴奋，引起虫体颤抖、痉挛等，昆虫因疲劳而死，如有机磷及氨基甲酸酯类杀虫剂；第二，与乙酰胆碱受体发生竞争性结合，这些药剂与受体结合后，阻塞神经冲动的传导，如烟碱、吡虫啉及沙蚕毒素类等；第三，作用于神经纤维膜，改变膜的离子通透性（如，延迟 Na^+ 通道的关闭），使中毒昆虫高度兴奋或产生痉挛，并进入麻痹状态，如拟除虫菊酯类杀虫剂；第四，抑制 γ-氨基丁酸受体（GABA 受体），导致神经系统兴奋或痉挛，如氟虫腈、硫丹、阿维菌素等。神经系统不仅是昆虫传导外来刺激并作出反应的系统，而且也是控制昆虫体内正常生理、生化活动的协调中心。这个中心受到任何干扰，都将出现不正常现象，轻度干扰可引起昆虫行为紊乱，严重干扰则导致昆虫死亡。

（六）分泌系统

昆虫的分泌系统分为内分泌器官和外激素腺体两大类。昆虫的内分泌系统（endocrine system）是体内的一个调节控制中心，内分泌器官所分泌的激素由体液传递，影响靶标器官的功能，从而调控某些器官的活动或代谢过程。内分泌器官有脑、咽侧体（corpora allata）、前胸腺（prothoracic gland）、食道下神经节等（图 3-30），可分别分泌某种微量化学活性物质进入血液，随着血液循环抵达作用部位，以协调昆虫各种生理功能。

这种由昆虫内分泌器官分泌并在体内起作用的微量活性物质称为内激素（hormone）。由外激素腺体分泌的活性物质称为信息激素（pheromone），简称信息素。

1. 内激素及其对生长发育的影响

昆虫的内激素种类很多,作用机制也各不相同,其中对昆虫生长发育起控制作用的主要有 3 种激素:由脑神经分泌细胞分泌的脑激素(brain hormone,BH),或称促前胸腺激素(prothoracotropic hormone,PTTH);由前胸腺分泌的蜕皮激素(moulting hormone,MH)和由咽侧体分泌的保幼激素(juvenile hormone,JH)。

当脑神经分泌细胞接受外界的刺激时产生 BH,BH 由血液输送至前胸两侧,激发前胸腺分泌能促使昆虫蜕皮发育的 MH;同时,BH 也可激发位于咽喉两侧的咽侧体分泌能促使虫体保持原形继续生长的 JH。

在 JH 和 MH 的共同作用下,幼虫每蜕一次皮,仍能保持幼虫或若虫的特征,并能继续生长发育。随着幼虫龄期的增长,JH 的量逐渐减少;到了最后一龄幼期时,JH 的滴度大大降低,这时在 MH 起主导作用下,蛹或成虫的特征可以得到充分分化和发育。显然这是在 BH 的支配下,JH 与 MH 两者对立统一,共同调节控制的结果。值得指出的是,由于外界光照和温度等因子的周期性影响,昆虫 BH 的分泌也表现出周期性,因此,昆虫的生长发育与蜕皮现象也呈现出周期性变化。

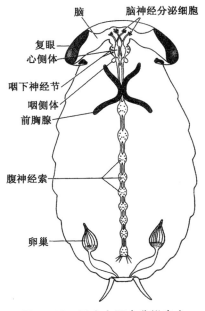

图 3-30　昆虫主要内分泌中心

2. 信息素及其生理功能

信息素又名外激素,是由昆虫个体的特殊腺体分泌到体外,能影响同种(有时也影响异种)其他个体的行为、发育和生殖等的化学物质。它们有抑制或刺激作用。昆虫信息素主要有性抑制信息素(inhibitory pheromone)、性信息素(sex pheromone)、聚集信息素(aggregation pheromone)、标记信息素(marking pheromone)和警戒信息素(alarm pheromone)等。

性抑制信息素,如蜜蜂蜂后的上颚腺分泌的性抑制信息素 I 和 II,能抑制工蜂的卵巢发育和建筑应急王台。性信息素是由同种昆虫不同性别个体释放的,能引起同种异性个体间相互交配。如许多蛾类雌虫腹部末端几节节间膜表皮上有特殊的腺体,能分泌和散发雌性信息素,引诱雄蛾前来交配。也有些蛾类是雄虫分泌雄性信息素引诱雌蛾前来交配的。

聚集信息素为一些危害树干的鞘翅目昆虫和一些社会性昆虫所具有,这类信息素可以诱集同种昆虫到某一地点集结。标记信息素,如许多社会性昆虫能分泌一些物质,借以指引同一种群中的其他个体。蚂蚁和白蚁可分泌标记信息素,使其远离蚁巢觅食而不致迷路。蜜蜂工蜂在蜜源附近释放标记信息素,可指引其他工蜂前来采蜜。警戒信息素指昆虫受到惊扰时,有些种类能释放出一些困扰敌方或向同伴告警的物质,如一个芽梢上的蚜虫,当其中一个受到刺激后,全群马上骚动,就是警戒信息素的作用。

3. 昆虫激素的应用

昆虫激素及其类似物可用来干扰昆虫的行为和扰乱正常的生长发育,达到利用益虫和控制害虫的目的。保幼激素和蜕皮激素类似物喷施到害虫体上,会使害虫提早蜕皮或推迟蜕皮,或蜕皮后不能正常化蛹和羽化。如保幼激素类似物双氧威能干扰多种害虫卵或幼虫的正常生长发育,致使害虫因蜕皮异常而死亡。

昆虫的性信息素可用于害虫发生时期、发生量等的预测。可将性信息素与黏胶、农药、灯光等配合,直接诱杀害虫;也可以在田间释放性信息素,以使雄虫或雌虫无法觅得异性个体,从而干扰正常的交配行为。

若能将昆虫激素或其拮抗体的化学分子结构研究清楚,就可以从植物体中分离或人工合成它们。

至今,国内外在这方面已做了许多研究,有的昆虫人工激素已商品化生产。随着对昆虫激素的研究不断深入,人工合成的昆虫激素及其类似物或其拮抗体在害虫防治中将发挥更大的作用。

(七)生殖系统

昆虫的生殖系统(reproductive system)是产生卵子或精子,进行交配,繁殖后代的器官,它们的结构和生理功能,就在于保证产生生殖细胞,使它们在一定时期内达到成熟阶段,并经过交配、受精后产出体外。生殖系统位于消化道的背侧方,生殖孔多开口于腹部末端。

1. 雌性内生殖器官

昆虫的雌性内生殖器官(图 3-31)包括 1 对卵巢(ovary)、1 对侧输卵管(lateral oviduct)及 1 根开口于生殖孔的中输卵管(common oviduct)。除此之外,大多昆虫还在中输卵管后端连接有交配囊(genital chamber 或 bursa copulatrix)、受精囊(spermatheca)和 1 对附腺(accessory gland)。交配囊形状和结构因种类而异,呈囊状而后端开口较大者,称生殖腔;呈管状的通道,则称阴道。生殖腔或阴道后端,即以阴门开口于体外。

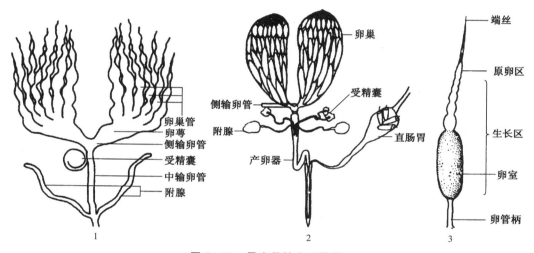

图 3-31　昆虫雌性生殖器官
1.大马利筋长蝽　2.实蝇　3.卵巢管模式结构

卵巢由若干卵巢管构成,是产生卵子的器官,其数目多少因昆虫种类而异。一个卵巢包含有 1～200 根或更多的卵巢管,一般为 4～8 根。卵巢管端部有一端丝,端丝集合成悬带,附着在体壁、背膈等处,借以固定卵巢的位置。卵按发育的先后依次排列在卵巢管内,愈在下面的愈大,也愈接近成熟,形成一系列卵室。每个卵巢基部与侧输卵管相连,两侧输卵管汇合后形成 1 根中输卵管。中输卵管通至生殖腔,多数昆虫的生殖腔形成阴道。生殖腔背面附有 1 个受精囊,用以储存精子,受精囊上常附有特殊的腺体,它的分泌液有保持精子活力的作用。生殖腔上还连有 1 对附腺,产卵时,雌虫常由附腺分泌黏液将卵粒胶着在外物上或互相胶着在一起。有些昆虫的附腺分泌物能形成结实的卵鞘或卵囊,如蜚蠊、螳螂等。

2. 雄性内生殖器官

雄虫内生殖器由 1 对睾丸(testis)、1 对输精管(vas deferens)和储精囊(seminal vesicle)、1 根射精管(ejaculatory duct)及附腺等部分所构成(图 3-32)。

睾丸由多条睾丸管构成,数目因虫而异,睾丸管是形成精子的器官。输精管与睾丸相连,基部往往膨大成储精囊,用以暂时储存精子。射精管开口在阴茎端部。附腺大多开口在输精管与射精管连接的地方,数目常为 1～3 对,它的分泌物能稀释和浸浴精子,或形成包藏精子的精包。

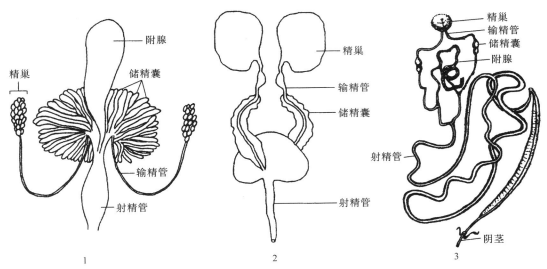

图 3 - 32　昆虫的雄性生殖器官
1.美洲大蠊　2.大马利筋长蝽　3.烟草天蛾

3．交配与产卵

雌雄两性成虫交合的过程即称交配。大多数昆虫羽化为成虫后就开始交配。交配时,雄虫将精液注入雌虫的生殖腔内,储存于受精囊里。受精是指精子与卵子结合的过程。受精发生于交配之后和雌虫产卵之前,卵巢管内成熟的卵经输卵管排至生殖腔时,受精囊内储存的精子可溢出而使卵子受精。

雌虫接受精子后,一般不久即开始排卵。由于卵巢管内的卵是依次成熟的,因此,雌虫一生往往要排卵好几次,但并不一定要进行多次交配。成熟的卵脱离卵巢管后被排入生殖腔,然后产出体外,这个过程就叫产卵。

第三节　生物学与生态学

本节主要介绍昆虫的生殖方式、发育和变态、习性和行为、世代和生活史等,旨在了解昆虫个体发育的基本规律。

一、生殖方式

昆虫是属于雌雄异体的动物,在复杂的环境条件下具有多样的生活方式,经过长期适应,生殖方式也呈现多样性,主要包括 5 种类型。

1．两性生殖

两性生殖(sexual reproduction),又称两性卵生,即通过雌雄交配后,精子与卵子结合,雌虫产下受精卵,再发育成新个体的生殖方式。这是昆虫普遍存在的一种生殖方式。

2．孤雌生殖

孤雌生殖(parthenogenesis),又称单性生殖,是指卵不经过受精就能发育成新个体的生殖方式。有些昆虫完全或基本上以孤雌生殖进行繁殖。这类昆虫一般无雄虫或雄虫极少,常见于某些粉虱、介壳虫、蓟马等。另外,一些昆虫是两性生殖和孤雌生殖交替进行的,故又称异态交替(世代交替)。这种交替往往与季节变化有关。如多种蚜虫从春季到秋季,连续 10 多代都是行孤雌生殖,当冬季来临前才产生有性雌雄蚜，进行两性生殖，产下受精卵越冬。此外，在正常情况下行两性生殖的昆虫中，偶尔也发生孤雌生殖现象，如家蚕、飞蝗等，有时产下未受精的卵也能正常发育成雄虫。又如蜜蜂和蚂蚁，雌雄交配后，产下的卵有受精和不受精两种情况。这是因为卵通过阴道时，并非所有的卵都能从受精囊中获得精子而受精。凡受精卵孵化皆为雌虫，未受精卵孵化皆为雄虫。

3. 多胚生殖

多胚生殖（polyembryony）也是孤雌生殖的一种方式，是指 1 个卵在发育过程中可分裂成 2 个以上的胚胎（最多可至 3000 个），且每个胚胎发育成一个新个体的生殖方式。其性别则以所产的卵是否受精而定。受精卵发育为雌虫，未受精卵发育为雄虫。因此 1 个卵发育出来的个体，其性别是相同的。该方式见于膜翅目中的茧蜂科、跳小蜂科、广腹细蜂科等内寄生蜂。多胚生殖是对活体寄生的一种适应，它可以利用少量的生活物质并在较短时间内繁殖较多的后代。

4. 胎生

胎生（viviparity）是指雌虫未经交配的卵在母体内依靠卵黄供给营养进行胚胎发育，直至孵化为幼体后才从母体中产出的生殖方式。这种孤雌生殖的方式称为卵胎生，又称孤雌胎生。它与哺乳动物的胎生不同，因为卵胎生是雌虫将卵产在生殖道内，母体并不供给胚胎发育所需营养物质，而哺乳动物的胚胎发育是在母体内，并由母体供给养料。卵胎生能对卵起保护作用。如蚜虫的单性生殖，就是卵胎生的生殖方式。

5. 幼体生殖

幼体生殖（paedogenesis）是指少数昆虫母体尚未达到成虫阶段，还处于幼虫时期，卵巢就已成熟，并能进行生殖的生殖方式。凡进行幼体生殖的，产下的不是卵，而是幼虫，故幼体生殖可看作是卵胎生的一种方式。如捻翅目昆虫、一些摇蚊和瘿蚊等，均可进行这种生殖。

孤雌生殖是昆虫在长期历史演化过程中，对各种生活环境适应的结果。它不仅能在短期内繁殖大量的后代，而且对扩散蔓延起着重要的作用。因为即使一头雌虫被带到新地区，它就有可能在这个地区繁殖下去。因此，孤雌生殖是一种有利于种群生存延续的重要生物学特性。研究害虫的生殖方式，对采用某些新技术防治害虫具有一定的意义。例如，目前应用性信息素迷向法干扰害虫交配或采取不育剂治虫，防治的对象必须是以两性生殖方式进行繁殖的才能奏效。如果该虫能进行孤雌生殖，则利用上述方法防治就不可能有效，反而会造成人力、物力的极大浪费。

二、个体发育

昆虫个体发育由卵到成虫性成熟为止，可分为两个阶段。第一个阶段是胚胎发育（embryonic development），即依靠母体留给营养（或由卵黄供给营养）在卵内进行的发育阶段；第二个阶段是胚后发育（postembryonic development），即从卵孵化开始发育成长到性成熟为止，这是昆虫在自然环境中自行取食获得营养和适应环境条件的独立生活阶段。

（一）卵期

卵是昆虫个体发育的第一阶段（胚胎发育时期）。昆虫的生命活动是从卵开始的，卵自产下后到孵化出幼虫（若虫）所经过的时期称卵期（egg stage）。

1. 卵的形态与产卵方式

卵是一个特化细胞，最外面是一层坚硬且构造十分复杂的卵壳，表面常有各种饰纹，在卵壳之下有一层很薄的卵黄膜，包围着原生质和丰富的卵黄。在卵黄和原生质中央有细胞核，又称卵核。一般在卵的前端卵壳上有 1 至数个小孔，称为精孔，是精子进入卵内进行受精的孔口（图 3-33）。

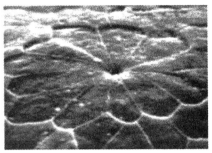

图 3－33　虎凤蝶卵及其表面的修饰纹和精孔

昆虫的卵通常较小，最小的如卵寄生蜂的卵只有 0.02 mm 左右，最大的如一种螽斯的卵长达 9～10 mm，一般为 0.5～2 mm。卵的形状繁多，常见的有球形、半球形、长卵形、篓形、馒头形、肾形、桶形等（图 3－34）。草蛉的卵还有丝状的卵柄。

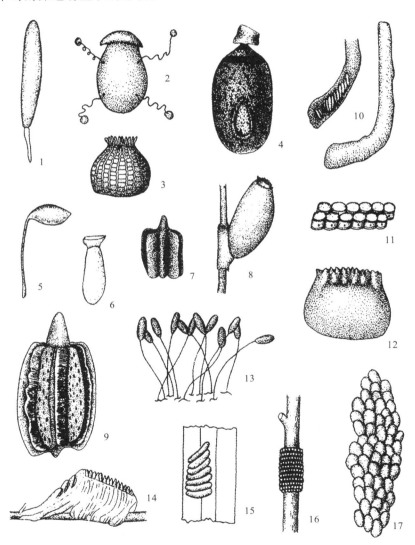

图 3－34　昆虫卵的形态

1. 高粱瘿蚊　2. 蜉蝣　3. 鼎点金刚钻　4. 一种竹节虫目昆虫　5. 一种小蜂　6. 米象　7. 木叶蝶　8. 头虱　9. 一种竹节虫
10. 东亚飞蝗　11. 菜蝽　12. 美洲蜚蠊　13. 草蛉　14. 中华大刀螳　15. 灰飞虱　16. 天幕毛虫　17. 玉米螟

昆虫的产卵方式随种类而不同。有的单粒散产（如菜粉蝶），有的集聚成块（如二化螟），有的在卵块上还覆盖着一层茸毛（如毒蛾、灯蛾），有的卵则具有卵囊或卵鞘（如蝗虫、螳螂）。产卵场所亦因昆虫种类而异。多数将卵产在植物的表面（如三化螟、棉铃虫），有的将卵产于植物组织内（如稻飞虱、稻叶蝉），金龟甲类等地下害虫则产卵于土中。成虫产卵部位往往与其幼虫（若虫）生活环境相近，一些捕食性昆虫，如捕食蚜虫的瓢虫、草蛉等常将卵产于蚜虫群体之中。

2. 卵的发育和孵化

两性生殖的昆虫，卵在母体生殖腔内完成受精过程并产出体外后，当环境条件适宜时，便进入胚后发育期。在卵内完成胚胎发育后，幼虫或若虫即破卵壳而孵出，称为孵化（hatching）；而一批卵（卵块）从开始孵化到全部孵化结束，则称为孵化期。孵化时很多昆虫具有特殊的破卵构造，如刺、骨化板、能翻缩的囊等破卵器，用以突破卵壳。有些初孵幼虫有取食卵壳的习性。卵期的长短因种类、季节或环境温度不同而异。卵期短的只有1～2 d，长的如棉蚜的受精越冬卵可达数月之久。

（二）幼虫期

不全变态类昆虫自卵孵化到变为成虫时所经过的时间，称为若虫期（nymphal stage）；全变态类昆虫自卵孵化到变为蛹时所经过的时间，称为幼虫期（larval stage）。从卵孵出的幼体通常很小，取食生长后不断增大，当增大到一定程度时，由于坚韧的体壁限制了它的生长，就必须蜕去旧表皮，代之以新表皮，这种现象叫作蜕皮（moulting）。蜕下的旧表皮，称为蜕或蜕皮（moult）。

昆虫在蜕皮前常不食不动，每蜕一次皮，虫体就显著增大，食量相应增加，形态也发生一些变化。幼虫和若虫从孵化到第1次蜕皮及前后两次蜕皮之间所经历的时间，称为龄期（stadium）。昆虫生长进程可用虫龄（instar）来表示。从卵孵化后至第1次蜕皮前称为第1龄期，这时的虫态即为1龄；第1次与第2次蜕皮之间的时期称为第2龄期，这时的虫态即为2龄，往后以此类推。

昆虫种类不同，龄数和龄期长短也有差异。同种昆虫幼虫（若虫）期的分龄数及各龄历期，因食料等条件不同也常有区别。在获得各龄标本后，分别测定其头宽和体长，观察记载翅芽长短和体色等变化，可作为区别虫龄的依据，其中头宽是区分幼虫龄别最可靠的特征。掌握幼虫（若虫）各龄区别和历期是进行害虫预测预报和防治必不可少的资料。

全变态昆虫的幼虫期随种类不同，其形态也各不相同。昆虫幼虫主要有4种类型（图3-35）。

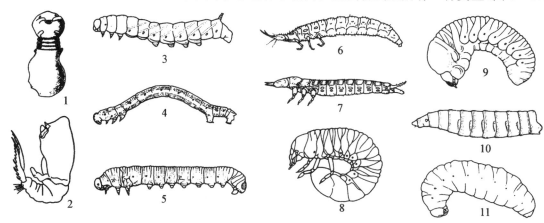

图 3 - 35　幼虫的类型

原足型：1.广腹细蜂幼虫　2.环腹蜂幼虫

多足型：3.天蛾幼虫　4.尺蠖幼虫　5.叶蜂幼虫

寡足型：6.翼蛉幼虫　7.步甲幼虫　8.金龟子幼虫

无足型：9.棘胫小蠹幼虫　10.丽蝇幼虫　11.胡蜂幼虫

1. 原足型

原足型（protopod）幼虫在胚胎发育的原足期孵化，腹部尚未完成分节，胸足近为突起状芽体。如寄生蜂的早期幼虫。

2. 多足型

多足型（polypod）幼虫除具有发达的胸足外，还具有腹足或其他腹部附肢。如鳞翅目的蛾和蝶类幼虫以及膜翅目叶蜂类幼虫等。根据腹部的结构又可以分成：

（1）蛃型

蛃型（campodeiform）幼虫形似石蛃，体略扁，胸足及腹足较长，如一些脉翅目、广翅目和毛翅目幼虫。

（2）蠋型

蠋型（eruciform）幼虫体圆筒形，胸足及腹足较短，如鳞翅目、部分膜翅目和长翅目幼虫。鳞翅目幼虫又可细分成：一是蛞蝓型，胸足及腹足均退化成疣状突起，行动似蛞蝓，如刺蛾幼虫；二是尺蠖型，腹足仅 2 对，生于第 6 及第 10 腹节，如尺蠖幼虫；三是拟尺蠖型，腹足 3～4 对，生于第 4～6 节及第 10 腹节，如夜蛾类幼虫；四是蠋型，腹足 5 对，生于第 3～6 节及第 10 腹节。另膜翅目叶蜂类幼虫明显不同于鳞翅目，有腹足 6～8 对，无趾钩，生于第 2～8 节及第 10 腹节，通称拟蠋型。

3. 寡足型

寡足型（oligopod）幼虫具有发达的胸足，但无腹足和其他腹部附肢。如鞘翅目的金龟甲、瓢虫等。根据体型又可分成：

（1）步甲型

步甲型（carabiform）幼虫口器前口式，胸足很发达。如步甲、瓢虫、草蛉等幼虫。

（2）蛴螬型

蛴螬型（scarabaeform）幼虫体肥胖，常弯曲成"C"形，胸足较短，如金龟子幼虫。

（3）叩甲型

叩甲型（elateriform）幼虫体细长，略扁，胸足较短，如叩甲幼虫。

（4）扁型

扁型（platyform）幼虫体扁平，胸足有或退化，如扁泥甲和花甲幼虫。

4. 无足型

无足型（apodous）幼虫无胸足和腹足行动器官，有时甚至头部也都退化。如双翅目蝇类幼虫，部分膜翅目及鞘翅目幼虫等。按头的发达程度，又可分成：

（1）显头型

显头型（eucephalous）幼虫头部正常外露。如象甲等幼虫。

（2）半头型

半头型（hemicephalous）幼虫头部后半部缩入胸部。如天牛、虻等幼虫。

（3）无头型

无头型（acephalous）幼虫头部退化，仅留某些痕迹（如上颚口钩），且全部缩入胸部。如蝇类等幼虫。

（三）蛹 期

蛹（pupa）是指全变态昆虫由幼虫转变为成虫过程中所必须经过的一个虫期，是成虫的准备阶段。幼虫老熟以后，即停止取食，开始寻找适当场所，如瓢虫类附着在植物枝叶上；玉米螟在蛀道内，大豆食心虫入土吐丝作茧等，同时体躯逐渐缩短，活动减弱，进入化蛹前的准备阶段，称为预蛹（prepupa），所经历的时间即为预蛹期。预蛹期也是末龄幼虫化蛹前的静止期。蛹期蜕去皮变成蛹的过程,称为化蛹(pupation)。从化蛹开始发育到成虫所经过的时间,即蛹期(pupal stage)。各种昆虫的预蛹期和蛹期的长短,与食料、气候及环境条件有关。在蛹期发育过程中体色有明显的变化。根据体色的变化,可将蛹期划分成若干蛹级,作为调查发育进度的依据,可预测害虫的发生期。这在害虫的预测预报中已得到广泛的应用。

根据蛹壳、附肢、翅与躯体的接触情况,蛹分成下列3种类型(图3-36)。

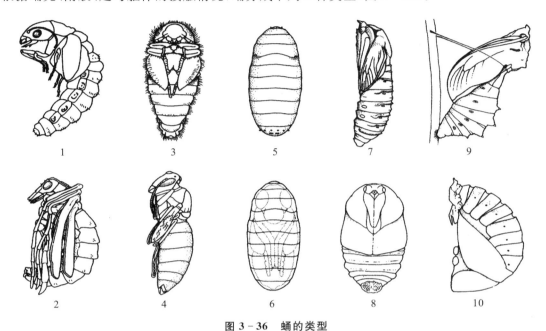

图3-36 蛹的类型

1. 泥蛉 2. 蚊褐蛉 3. 皮蠹 4. 胡蜂 5~6. 丽蝇,示围蛹及其内部的裸蛹 7. 木蠹蛾 8. 天蛾 9. 凤蝶 10. 瓢虫

1. 离蛹

离蛹(exarate pupa)又称裸蛹。附肢(触角、足)和翅等不紧贴虫体,能够活动,同时腹节也略可活动,如金龟甲、蜂类的蛹。

2. 被蛹

被蛹(obtect pupa)的附肢和翅等紧贴于蛹体,不能活动,腹部各节不能扭动或仅个别节能动,如蛾、蝶类的蛹。

3. 围蛹

围蛹(coarcate pupa)实际上是一种裸蛹,由于幼虫最后蜕下的皮包围于裸蛹之外,因而形成圆筒形硬壳,如蝇类的蛹。

(四)成虫期

成虫是昆虫个体发育的最后阶段,其主要任务是交配、产卵,成虫期实质上就是生殖时期。

1. 羽化

不全变态昆虫末龄若虫蜕皮变为成虫或全变态昆虫蛹由蛹壳破裂而出变为成虫,都称为羽化(emergence)。初羽化的成虫,一般身体柔软而色浅,翅未完全展开,呈不活动状态。随后,身体逐渐硬化,体色加深,吸入空气并借肌肉收缩和血液流向翅内,以血液的压力,使翅完全展开,方能活动和飞翔。成虫从羽化开始直到死亡所经历的时间,称为成虫期(adult stage)。

2. 性成熟和补充营养

某些昆虫羽化为成虫后,性器官就已成熟,即能交配和产卵,如三化螟、家蚕、蜉蝣等。但很多害虫如黏虫、小地老虎、稻纵卷叶螟、蚊子等羽化为成虫后,性腺和卵还未完全成熟,必须继续取食一段时间,获得完成性腺和卵发育的营养物质,才能交配产卵。这种对成虫性成熟不可缺少的营养,称为补充营养。在自然界中,蛾类获得补充营养的来源有开花的蜜源植物、腐熟的果汁、植物蜜腺及蚜虫、介壳虫的分泌物等。利用害虫需补充营养的特性,可设置糖、醋、酒混合液诱杀,或设置花卉观察圃进行诱集,作为害虫防治或预测的措施之一。

3. 交配和产卵

成虫性成熟后,即行交配(mating)和产卵(oviposition)。雌雄成虫从羽化到性成熟开始交配所经时间,称为交配前期。雌成虫从羽化到第 1 次产卵所经时间,称为产卵前期。产卵前期的长短,常因昆虫种类而异。

雌虫由开始产卵到产完卵所经历的时间,称为产卵期。产卵期的长短,因昆虫种类不同和成虫寿命的长短而异,也受气候和食料等环境条件的影响,如许多蛾类一般为 3~5 d,叶蝉、蝗虫为 20 d 至 1 个月,某些甲虫可达数个月,白蚁类昆虫则更长。

4. 性二型和多型现象

同一种昆虫的雌雄成虫除了第一性征(生殖器官)不同外,有些昆虫雌雄两性在触角、身体大小、体色及其他形态特征上有明显的区别,这种现象称为性二型现象(sexual dimorphism)。如独角仙、锹形甲的雄虫,头部具有雌虫没有的角状突起或特别发达的上颚。介壳虫和袋蛾雌虫无翅,而雄虫有翅;舞毒蛾雌蛾体大,色浅,触角栉齿状,雄蛾体小,色深,触角羽毛状。

在同一种昆虫中,除雌雄异型外,在相同的性别中,还具有两种或更多不同类型的个体,称为多型现象(polymorphism)。例如,棉蚜除有雌雄蚜外,营孤雌生殖的还有干母、有翅胎生雌蚜和无翅胎生雌蚜,它们在体型、体色、触角节数及触角第 3 节感觉圈数目等方面均有不同。又如,稻飞虱雌雄皆有长、短两种翅型,均是多型现象常见的例子。

三、变态类型

昆虫在从卵发育到成虫的过程中,要经过一系列外部形态和内部器官的阶段性变化,即经过若干次由量变到质变的不同发育阶段,这种变化称作变态(metamorphosis)。依据各虫态体节数目的变化、虫态的分化及翅的发生等特征,昆虫变态可分成 5 类,即增节变态(anamorphosis)、表变态(epimorphosis)、原变态(prometamorphosis)、不完全变态(incomplete metamorphosis)和完全变态(complete metamorphosis),其中后两者最为主要。

(一)不完全变态

这是有翅亚纲外翅部中除蜉蝣目以外的昆虫所具有的变态类型。个体发育经过卵、若虫和成虫三个发育阶段。成虫的特征随着若虫的生长发育而逐步显现,翅在若虫体外发育。由于若虫除翅和生殖器官尚未发育完全外,其他在形态特征和生活习性等方面均与成虫基本相同,因此这样的不完全变态又被称为渐变态(paurometamorphosis)。它们的幼期通称为若虫,如蝗虫、盲蝽、叶蝉、飞虱等。

蜻蜓目、襀翅目也是不完全变态昆虫,但其幼期是水生的,成虫是陆生的,以致成虫期和幼期在形态和生活习性上具有明显的分化。这种变态类型即为半变态(hemimetamorphosis)。它们的幼体通称为稚虫(naiads)。缨翅目(蓟马)、半翅目中的粉虱科和雄性介壳虫等的变态方式是不完全变态中较为特殊的一类，它们的一生也经历卵、若虫和成虫三个虫态，翅也在若虫体外发育，但从若虫转变为成虫前有一个不食又不大活动的类似完全变态蛹期的虫龄，这种变态有别于不完全变态，更不属于完全变态，因此特称为过渐变态（hyperpaurometamorphosis）或过渡变态。

（二）完全变态

有翅亚纲内翅部昆虫在个体发育过程中要经过卵、幼虫、蛹和成虫四个发育阶段。幼虫在外部形态和生活习性上与成虫截然不同。如鳞翅目幼虫无复眼，腹部有腹足，口器为咀嚼式，翅在体内发育。

幼虫不断生长经若干次蜕皮变为形态上完全不同的蛹，蛹再经过一定时期后羽化为成虫。因此，这类变态必须经过蛹的过渡阶段来完成幼虫到成虫的转变过程，如三化螟、玉米螟、甲虫、蜂类等。

在某些完全变态昆虫中，不同龄期的幼虫其形态、生活方式等明显不同，故把这种变态特称为复变态（hypermetamorphosis）。如芫菁，其1龄幼虫称三爪幼虫（triungulin），胸足发达，活泼，在土中迅速寻找蝗卵；2～4龄幼虫胸足退化，在蝗卵囊中取食，行动缓慢，称蛴螬式幼虫；幼虫接近成熟时离开食物，进入土中，变为胸足更退化、不食不动、体壁坚硬的围蛹型幼虫。

四、世代和年生活史

在自然界，各种昆虫的发生、消长均呈现有周期性的节律，当环境条件适宜时昆虫才能生长发育和繁殖；反之就停止发育，且以一定的虫态渡过不利季节（如寒冷的冬季），但当条件适宜时则又恢复其生长发育与繁殖。因此，各种昆虫总是能年复一年地周期性发生、消长。

（一）世代

昆虫由卵（或幼体）发育至性成熟成虫并开始繁殖后代为止的个体发育周期，称为一个世代（generation）。完成一个世代所需要的时间称为世代历期。昆虫卵（或幼体）产离母体通常视作世代的起点。

昆虫从卵（或幼体）发育到成虫所经历的虫期为同一世代的不同虫态，成虫所产的卵为下一代。农业害虫中，凡是以幼虫、蛹或成虫越冬于次年继续发育的世代，都不能算作当年的第1代，而应算是前一年的最后一个世代，称之为越冬代（overwintering generation）。越冬代成虫产下的卵发育到成虫为当年的第1代，往后依次类推。另有一些在本地不能越冬的迁飞性害虫，如黏虫、稻纵卷叶螟、褐飞虱等，其初次迁入的成虫，可把它称为迁入代成虫，或称为1代虫源。

（二）年生活史

年生活史（life cycle 或 life history）是指一种昆虫从越冬虫态开始活动起在一年内的发生过程，包括发生的世代数，各世代的发生时期以及与寄主植物发育阶段的配合情况，各虫态的历期以及越冬的虫态和场所等。

昆虫因种类和环境条件不同，每个世代历期的长短和一年发生的代数也不同。例如，棉铃虫一年发生4～5代，棉蚜一年则能发生20多代等。同种昆虫每年发生代数也随分布地的有效发育总积温或海拔高度不同而异，通常是随着纬度的降低而增加，随着海拔的增加而减少。但也有几种害虫如大地老虎、大豆食心虫和小麦吸浆虫等，不论南北地，这类害虫一年只发生1代，则称为一化性（univoltine）害虫。一年发生2代的则称二化性（bivoltine）害虫；一年发生3代以上的则称多化性（polyvoltine）害虫。所谓化性（voltism），是指昆虫在一年内发生固定代数或完成一代需要固定时间的特性。

在多化性害虫中，往往因各虫态发育进度参差不齐，造成田间发生的世代难以划分界限，即在同

一时间内出现不同世代的相同虫态,这种现象叫作世代重叠(generation overlapping)。世代重叠必然导致田间虫情复杂化,给害虫的测报和防治带来困难,因为在这种情况下,往往需要增加调查的工作量和防治次数,才能收到预期的效果。同种昆虫在同一地区具有不同化性的现象称局部世代(partial generation)。如桃食心虫第1代幼虫蜕皮后大多数在土面"作茧化蛹"继续发生第2代,但另一部分幼虫入土作"越冬茧"进入越冬状态。有些昆虫在一年中若干世代间生殖方式甚至生活习性等方面存在明显差异,常以两性世代与孤雌生殖世代交替,这种现象称为世代交替(alternation generation)。这种现象在蚜虫、瘿蚊和瘿蜂中最常见。

五、休眠和滞育

昆虫在一年的发生过程中,为适应不良的环境条件,常会出现一段或长或短的生长发育暂时停滞的时期或虫态,通常称为越冬或越夏。但如果进一步研究分析产生这种现象的原因和昆虫对环境条件的反应,我们就可以将其区别为两种不同的性质,即休眠和滞育。

(一)休眠

休眠(dormancy)是指由不良环境直接引起的生命活动暂时停滞现象,当环境条件变好时能立即恢复生长发育。昆虫的休眠有因冬季低温引起的冬眠,有因盛夏高温引起的夏眠,也有因食料缺乏而导致的饥饿休眠。但当环境条件适宜或一旦得到满足时,就不会出现休眠,或立即终止休眠而恢复生长发育。如小地老虎在我国江淮流域以南,以成虫、幼虫和蛹均可休眠越冬。

(二)滞育

滞育(diapause)是昆虫在温度和光周期变化等外界因子诱导下,通过体内生理编码过程控制的发育停滞状态。由于光周期呈季节性变化,因此,滞育发生在一定的时期,并有固定的虫态,也是该虫必然出现的一种遗传属性。如棉铃虫以蛹滞育,在江苏南京,出现50%个体进入滞育的临界光周期为12.5 h,时间在9月下旬。昆虫一旦进入滞育,即使给予最适的条件也不能打破,必须通过一定的刺激因子,如低温等,并需经历一定的时间后,才能恢复生长发育。

滞育可分为兼性滞育(faculative diapause)和专性滞育(obligatory diapause)两种类型。前者为多化性昆虫,滞育不出现在固定的世代,而随地理环境、温度、食料等因素而变动。如三化螟在苏南地区可发生局部的四代,可以三代和四代的老熟幼虫滞育越冬。后者又叫绝对滞育,都发生在一化性昆虫中,不论外界环境条件如何,昆虫只要发育到某一虫态时,所有个体都进入滞育。如大豆食心虫、小麦吸浆虫和大地老虎等,南北各地都发生1代,都以老熟幼虫滞育。昆虫滞育的形成除光周期起主导作用外,也受到温度和食料等条件的综合影响。

处在休眠和滞育状态的昆虫,它们的呼吸代谢速度十分缓慢,耗氧量大大减少,体内脂肪和碳水化合物含量丰富,特别是体内游离水显著减少。因此,进入休眠和滞育状态的昆虫,对不良环境因子如寒冷、干旱、药剂等都具有较强的抵抗力。

六、习性

昆虫的生活习性包括昆虫的活动和行为,是建立在神经反射基础上的一种对外来刺激所作的运动反应。这种对复杂的外界环境所具有的主动调节能力,也是长期自然选择的结果。了解害虫的生活习性,是制定害虫防治策略和方法的重要依据。

（一）食性

食性（feeding habit）是指取食的习性。不同昆虫对食物有不同的要求，按食物种类可分为以下几类。

1. 植食性

植食性（phytophagous 或 herbivorous）是指以取食活体植物及其产品为食料，包括农作物害虫和吃植物性食物的仓库害虫。农作物害虫中按其寄主植物范围的广、窄，又可分为单食性（monophagous）、寡食性（oligophagous）和多食性（polyphagous）三种类型。

（1）单食性

高度特化的食性，仅以 1 种或极近缘的少数几种植物为食，如三化螟、褐飞虱只危害水稻。

（2）寡食性

只取食 1 个科或其近缘科内的若干种植物，如菜青虫只危害十字花科的白菜、甘蓝、萝卜、油菜等，及与十字花科亲缘关系相近的木樨科植物；小菜蛾只危害属于十字花科的 39 种植物。

（3）多食性

取食范围广，涉及许多不同科的植物，如玉米螟可危害 40 科、181 属、200 种以上的植物；棉蚜能危害 74 科、285 种植物。

2. 肉食性

肉食性（sarcophagous 或 carnivorous）是指捕食他种昆虫或以其组织为食的昆虫，包括捕食和寄生性两大类，如瓢虫捕食蚜虫，寄生蜂于寄主体内获取营养等。这些以害虫为食料的昆虫，被称为益虫或天敌昆虫，常利用它们来控制害虫。

3. 腐食性

腐食性（saprophagous）是指以腐烂的动、植物尸体、粪便等为食料。如取食腐败物质的蝇蛆及专食粪便的食粪金龟甲等。

4. 杂食性

杂食性（omnivorous）是指能以各种植物和（或）动物为食的昆虫。如蜚蠊、蚂蚁等。

（二）趋性

趋性（taxis）是指对某种外部刺激源（光、温度、化学物质等）有定向反应的现象。按刺激物的性质，趋性可分为趋光性（phototaxis）、趋温性（thermotaxis）、趋化性（chemotaxis）、趋湿性（hydrotaxis）和趋地性（geotaxis）等。其中以趋光性和趋化性最为重要和普遍。按反应方向分正趋性和负趋性。

1. 趋光性

昆虫通过视觉器官，都有一定的趋光性，虽然不同种类对光强度和光性质的反应不同。一般夜出昆虫对灯光表现出正的趋光性，而对日光则表现为避光性；相反，很多蝶类则在日光下活动。不同波长的光线对各种昆虫起的作用及效应亦不同，一般来说，短波长的光线对昆虫的诱集力较大。如二化螟对 33 nm 紫外光至 400 nm 紫光的趋性最强，棉铃虫和烟青虫用 330 nm 的紫外光诱集效果最好，因此，可以利用黑光灯、双色灯来诱杀害虫和进行预测预报。昆虫的趋光性在雌雄性别间也表现不同。如铜绿丽金龟雌虫有较强的趋光性，而雄虫则较弱；华北大黑鳃金龟则相反，雄虫有趋光性，雌虫则无。

2. 趋化性

昆虫通过嗅觉器官对挥发性化学物质的刺激所起的冲动反应行为，称为趋化性。趋化性也有正负之分，对昆虫取食、交配、产卵等活动，均有重要意义。昆虫辨认寄主，主要是靠寄主所发出来的具

有信号作用的某种气味。如菜粉蝶有趋向含有芥子油气味的十字花科蔬菜产卵的习性。可根据害虫对化学物质具有的趋性反应，应用诱杀剂、诱集剂和驱避剂来防除害虫。如用糖、醋、酒等混合液诱集梨小食心虫、黏虫、小地老虎等。

(三)保护色与拟态

保护色(protective colour)是指某些昆虫具有与生活环境中的背景相似的体色，如菜粉蝶蛹的体色随化蛹场所而变化，在甘蓝叶片上化的蛹多为绿色或黄绿色，在土墙或篱笆上化的蛹多为褐色或浅褐色；生活在绿色植物中的螽斯和蚱蜢，常随着秋季植物的枯黄而使身体由绿色转为黄褐色。这种体色的变化能获得有利于保护自己躲避敌害的效果。有些昆虫具有同背景环境成鲜明对照的警戒色(warning colour)，如一些瓢虫及蛾类等具有色泽鲜明的斑纹，能使其袭击者望而生畏，不敢接近。另有些昆虫既具有同背景相似的保护色，又具有警戒色，如蓝目天蛾在停息时以褐色的前翅覆盖腹部和后翅，与树皮的颜色酷似，但当受到袭击时，突然张开前翅，展出颜色鲜明而有蓝眼状的后翅，这种突然的变化，往往能把袭击者吓跑。

拟态(mimicry)是指昆虫模拟另一种生物或模拟环境中的其他物体从而获得好处的现象。如菜蛾停息时形似鸟粪；尺蠖幼虫在树枝上栖息时，以腹足固定在树枝上，身体斜立，很像枯枝；枯叶蝶停息时双翅竖立，翅背极似枯叶，是拟态的典型例子。

(四)伪装与假死性

伪装(camouflaging)是指昆虫利用环境中的物体伪装自己的现象。伪装多为幼虫或若虫所具有。伪装物有土粒、沙粒、小石块、植物叶片和花瓣，以及猎物的空壳等。如一些捕食性鳞翅目幼虫将花瓣或叶片粘在体背。

假死性(death feigning)是指昆虫在受到突然刺激时，身体卷缩，静止不动或从原停留处突然跌落下来呈"死亡"之状，稍停片刻又恢复常态而离去的现象，如金龟甲、黏虫和小地老虎幼虫等。假死性是昆虫对外来袭击的适应性反应，使它们能逃避即将面临的危险，对其自身是有利的。在害虫防治上，可利用其假死习性设计振落捕虫的器具，然后加以集中捕杀。

(五)群集、扩散和迁飞

1. 群集性

群集性(aggregation)是指同种昆虫的大量个体高密度地聚集在一起的习性。根据其性质可分为两类：

(1) 暂时群集

一般发生在昆虫生活史中的某一阶段。往往是由于有限空间内昆虫个体大量繁殖或大量集中的结果。这种现象与昆虫对生活小区中一定地点的选择性有关。因为在它们群集的地方，可获得生活上的最大满足。如十字花科蔬菜幼嫩部分常群集着蚜虫；茄科蔬菜的叶片背面常群集有粉虱；芫菁喜群集在豆类植物的花荚部分。这种群集的现象是暂时性的，遇到生态条件不适合时，或在其生活的一定时期就会分散。在群集期间，同种的个体经常从群集处向外分散或加入新的个体。某些鳞翅目幼虫也有群集性，如幼龄天幕毛虫在树杈间吐丝结网，群集在网内；舟形毛虫幼龄幼虫常群集于寄主植物的叶片危害，老龄时开始分散，是比较明显的暂时性群集。

(2) 长期群集

群集时间较长，包括了个体的整个生活周期，群集形成后往往不再分散。如群居型飞蝗，从卵块孵化为蝗蝻(若虫)后，虫口密度增大，由于各个体视觉和嗅觉器官的相互刺激，就形成蝗蝻的群居生活方式。在成群迁移危害活动中,几乎不可能用人工方法把它们分散,直到羽化为成蝗后,仍成群迁飞危害。

2．扩散

扩散(dispersal)是指昆虫个体在一定时间内发生空间变化的现象,根据其扩散的原因可分成主动扩散和被动扩散两种。前者是由于取食、求偶、逃避天敌等“主动”但又相对缓慢地形成小范围的空间变化;后者是由于水力、风力、动物或人类活动而引起的几乎完全被动地空间变化。扩散常使一种昆虫分布区域扩大,对于害虫而言即形成所谓的虫害传播和蔓延。

3．迁飞

迁飞(migration)是指某种昆虫成群而有规律地从一发生地长距离转移到另一发生地的现象。许多农业昆虫,如东亚飞蝗、黏虫、稻纵卷叶螟、褐飞虱、白背飞虱、稻苞虫、七星瓢虫、小菜蛾、棉铃虫、小地老虎、草地螟、竹螟、斑蝶等,都有作远距离迁飞的习性。迁飞时,成虫处于羽化后卵巢发育1级或2级初期之时,迁飞定居后卵巢再进一步发育成熟。迁飞昆虫与成虫期滞育的非迁飞性昆虫有很多相似性,都具有未发育成熟的卵巢,发达的脂肪和相类似的激素控制。从进化的适应性来看,迁飞是从空间上逃避不良环境条件,滞育则是从时间上逃避不良环境条件,当然,昆虫迁飞亦有主动开拓新栖息场所的含义。可见,昆虫的迁飞和滞育是适应环境变更的两种方式,是不同种类在长期进化过程中形成的两种生存对策。昆虫迁飞有助于其生活史的延续和物种的繁衍。

七、有关生态学的基本概念

(一)种群的基本特征

1．种群的概念

种群(population)是指在一定的空间内,同种生物全部个体的集合。但种群不是个体的简单相加,而是通过种内关系组成的一个有机统一整体。种群是一个自动调节系统,通过自动调节,使其能在生态系统内维持自身的稳定性。在自然界,种群是物种存在和物种进化的基本单元,也是生物群落和生态系统的基本组成单元。种群具有两个基本特征:一是统计学特征,如出生率、死亡率、存活率、繁殖率、迁移率、平均寿命、性比、年龄组配、种群密度、空间分布型等;二是遗传学特征,如适应能力、繁殖适度等。

2．种群的数量动态特征

主要包括种群密度、出生率、死亡率、增长率、迁移率和种群平均寿命等。

(1)种群密度

种群密度指单位空间内同种昆虫的个体数。在实际工作中,种群密度常用单位面积或单位植物上的昆虫个体数表示。如每公顷虫数、每株虫数、百丛虫数和百叶虫数等。

(2)种群出生率

出生率是种群数量增长的固有能力,有生理出生率和生态出生率之分。前者是在理想条件下(无任何生态因子限制,只受生理状况影响)的种群最高出生率,是一个理论常数;后者也称实际出生率,是在特定的生态条件下的种群实际出生率。出生率常以单位时间内种群新出生的个体数表示,也有以单位时间内平均每个个体所产生的后代个体数来表示,这种出生率又称特定出生率。

(3)种群死亡率(或存活率)

生态学中常以死亡率来描述种群的个体死亡对种群数量的影响。死亡率也有生理和生态死亡率(或存活率)之分。前者表示在理想条件下种群每个个体均因“年老”而死亡的死亡率;后者是在实际

生态条件下的死亡率。死亡率常以单位时间内种群死亡的个体数表示，也有用特定时间内种群死亡个体数与种群总虫体数之比来表示。

种群存活率是指单位时间内种群存活的个体数或特定时间内种群存活个体数与种群总虫体数之比。

（4）种群增长率

种群增长率指在特定生态条件下特定时间内种群的消长状况，又称净增殖率，用 R_0 表示。

$$R_0 = B - M$$

式中：B 为种群的出生率；M 为种群的死亡率。

在理想环境条件下，允许种群无限制地增长时的种群出生率称为内禀自然增长率（intrinsic rate of natural increase）。对于一个年龄结构稳定的种群，内禀自然增长率是一个常数，用 r_{max} 表示，称为种群的生殖潜能。

3. 种群的结构特征

种群的结构特征是指种群内部某些生物学特性互不相同的各类个体在总体中所占比例的分布状况，主要有性比、年龄组配、翅型比例、遗传结构等。种群不同的组成结构与种群未来的数量动态有很大的关系。

（1）性比

在一个种群中雌、雄个体的比例称为性比（sex ratio）。多数昆虫雌雄比例大致接近 1∶1，但在环境异常或营养不佳等情况下，种群正常的性比会发生变化。

（2）年龄组配

昆虫种群的年龄组配（age distribution）是指各虫期、各虫龄组的相对比例或百分率。种群年龄组配状况随着种群的发展而变化，是反映种群发育阶段，预示未来种群发展趋势的一个重要指标。可用一个由低龄到高龄的比例，由下往上排成年龄金字塔。一个迅速增长的种群，常具有高比例的幼年个体，即年龄金字塔的下部宽大；一个稳定的种群，具有均匀地由下往上缓慢变小的年龄分布结构，即呈典型的金字塔；而一个数量趋于下降的种群，则具有高比例的老年个体，即呈倒金字塔型。

4. 遗传特征

在一种昆虫种群内，个体间的基因型可能不完全相同。各基因型的相对百分比称为基因频率，它反映了种群的遗传构成。变异是配子突变及后代配子不同组合并通过交配和遗传重组表现出来。具有良好适应性的突变个体得到生存与繁殖，而适应性较差的个体得到生存繁殖的机会较小；前者的基因频率不断发展，最后将后者的基因频率全部取代。如害虫抗药性的产生就是其中某些个体与药剂作用相关的神经靶标基因发生点突变或与药剂代谢相关的解毒酶基因表达形式发生改变而引起的。

一个稳定种群，经长期自然选择，其基因往往具有最佳的组合。但在环境突变情况下，基因连续的重组对物种是有害的。所以，在实践中可通过遗传或物理方法，导入致死基因或不育基因，然后把这些昆虫释放，与自然界的种群自由交配，以扩大这类基因在群体中的频率，从而改变遗传结构，使其绝灭。这种方法在国外消灭羊旋皮蝇上已有应用。

5. 种群增长模型

种群在特定的生境中所发生的出生、死亡、迁移等生态过程，以及种群遗传特性和种群结构对数量影响的总和，具体表现在种群数量时间动态规律上。目前用来描述昆虫种群随时间而增长的理论模型主要分不连续增长和连续增长两大类。

（1）不连续的增长模型

对于一年只发生一代或世代分明的昆虫，其种群增长规律可用如下数学模型描述：

$$N_{t+1} = R_0 N_t$$

式中：N_t 为第 t 世代的种群数量；N_{t+1} 为第 $t+1$ 世代的种群数量；R_0 为净增殖率。

（2）连续的增长模型

该模型适合用于描述世代重叠的昆虫，其表述的是连续的生长曲线。根据环境有无限制作用又可分成下列两种情况：

①在无限环境中的增长模型。该模型假定环境对种群的增长无限制，设 r 为恒定的种群瞬时增长率，N 为种群数量，t 为时间，则可得微分方程：

$$dN/dt = rN$$

其积分式为

$$N_t = N_0 e^{rt}$$

式中：N_t 为时刻 t 的种群数量；N_0 为种群数量的初始值；t 为时间；r 为种群的内禀自然增长率。

遵循这种规律的种群增长亦称指数增长，其增长曲线呈"J"形。常常适用于生活周期很短、繁殖很快的昆虫，如蚜虫、蓟马和螨类；对其他昆虫在一定时间间隔内有时也可应用。

②在有限环境中的增长模型。由于自然条件下昆虫种群生活的空间和资源是有限的，随着种群数量的增加，种内竞争加剧，其死亡率增大，而繁殖率下降，因此种群的增长率也随之下降。当种群数量达到环境资源所能维持的最大限度时，种群则不再增长，此时的增长率为 0。这种形式的增长呈"S"形曲线，可用下列微分方程描述：

$$\frac{dN}{dt} = rN\left(1 - \frac{N}{K}\right)$$

其积分式为

$$N_t = \frac{K}{1 + e^{a-rt}}$$

式中：N_t 为时刻 t 的种群数量；K 为环境最大容载量，即 N 是上限；r 为种群的实际增长率；t 为时间；a 为模型参数。

该方程表明，每个单位的有效增长率具有密度制约作用，当 $N_t < K$ 时，种群增长；当 $N_t > K$ 时，种群衰退；当 $K - N_t = 0$ 时，种群稳定。可见，种群密度、环境阻力和增长率之间存在着调节与反馈的效应。

（二）生物群落、优势种及生态位

1. 生物群落

生物群落（biotic community）是指生活在一定区域或生境内的各种生物种群所组成的结合体。群落（community）是生态系统中的一个有机单元，具有一定的结构与功能，通过它们在生态系统中的能量转换和物质交流得以实现。在群落内，各种群之间通过食物链和食物网相互联系、相互制约，是一个自我调节的系统。

群落具有下列基本特征：一是具有一定的物种组成，群落内的各种物种之间是相互联系的，而不是孤立的；二是种群两两间存在一定关系（表 3-1）；三是形成群落环境，即群落中生物对其环境进行改造使其适合生物的生长；四是群落总是处于动态变化之中，以维持其动态平衡。

在生态系统中，生物的种类愈多，其相互间的竞争、捕食、寄生和共生等现象就愈复杂。换言之，在一个生物群落中，生物种类的多样性增加，就会使整个生态系统的稳定性提高。所以，如果农田作物单一化，往往会使农田生态系统稳定性下降，害虫就容易摆脱自然控制因素而猖獗危害；而采取多样化种植，因地制宜推广间套作，昆虫群落的多样性、均匀性就会提高，既有利于复种指数的增加，又可以起到储存天敌、招益斥害的作用。因此，研究农田生态系统中各群落、各种群之间的关系，测定各群落的多样性与均匀性，对了解农田生态系统中群落的功能和害虫种群数量变化规律及选择防治对策等是极为必要的。

表 3-1　生物种群之间的关系及其基本特征

关系类型	物种		基本特征
	1	2	
中性关系(neutralism)	○	○	两个种群间彼此不受影响
竞争关系(competition)	－	－	两个种群间存在对食物和空间等的竞争
偏害关系(amensalism)	－	○	物种 1 受到抑制而物种 2 无影响
寄生关系(parasitism)	＋	－	物种 1 是寄生者,得益;物种 2 是寄主,受害
捕食关系(predation)	＋	－	物种 1 是捕食者,受益;物种 2 是被捕食者,受害
偏利关系(commensalism)	＋	○	对物种 1 有利,对物种 2 无影响
互惠共生关系(mutualism)	＋	＋	共同紧密生活在一起,相互结合有专一性,相互依赖,不可分离,共同获利
协作关系(synergism)	＋	＋	共同生活在一起,相互获利,双方均可单独生存

注:○示没有意义的相互影响;＋示此物种种群受益;－示此物种种群受抑制。

2. 优势种

在生物群落中,各生物种群所起的作用并不一样,常常只有一个或几个种群的数量、大小和在食物链中的地位,深刻地影响甚至决定群落的性质和发展趋势,这样的物种称为优势种(dominant species)。优势种不仅占有较广泛的生境范围,利用较多的资源,具有较高的生产力,而且还具有较大容量的特征,即生物量及个体数量多等方面的特征。如农田生态系统中的害虫群落,其优势种常是那些种群数量大,取食量大,分布生境广,对农作物的产量、品质影响大的害虫。此外,在农田生态系统中,害虫的种群数量变动往往受多种自然天敌的影响,而各种天敌的控制作用又各不相同。为了有效持久地将害虫种群数量控制在较低的水平,必须从生态学的角度出发,优先保护和利用天敌群落中的优势种。

3. 生境与生态位

生境或栖境(habitat)是指生物有机体的生活栖息场所。

生态位(niche)是指生物有机体所占的物理空间在其所处生物群落中的功能与地位,其中特别强调该物种与其他物种的营养关系。生态位是物种的特性,每个物种都有一定的生态位。在农田生态系统中,各生物群落常根据各自的生态要求选择自己最适合的小生境,在空间上有各自的分布格局。如水稻的主要害虫在稻田中的垂直分布很有规律:稻飞虱、稻叶蝉主要集中在距水面 30 cm 范围内,稻纵卷叶螟则活动在 40～80 cm 范围中,而稻苞虫产卵、活动多在 80～100 cm 的范围,花蓟马、稻椿象的危害则集中在穗部,活动范围内 80～100 cm。在水平分布上也有相对的格局,如大螟、黑尾叶蝉往往集中在田边,形成嵌纹状分布,而褐稻虱则多聚集在积水较多的田中间,形成聚集状分布。

(三)生态系统与农业生态系统

1. 生态系统

生态系统(ecosystem)是指在一定范围内所有生物群落及其赖以生存和活动的自然环境经物质流和能量流而形成的有机整体。生态系统中的生物按其在系统中的地位和功能可分成生产者(producer)、消费者(consumer)和分解者(decomposer)。生产者指全部绿色植物和藻类以及某些能进行光合作用或化能合成作用的细菌。消费者指直接或间接利用绿色植物和藻类所制造的有机物质作为食物的生物,主要包括各种动物、某些腐生和寄生的微生物。分解者指将死亡的生物残体分解成简单的化合物并最终氧化为 CO_2、H_2O、NH_3 等无机物质放回到环境中,供生产者重新利用的生物。分解者主要包括细菌、真菌、原生动物,也包括腐生性生物如白蚁和蚯蚓等。生产者、消费者和分解者之间相互关联、相互依存。

在生态系统中,生物与生物之间是互相联系的,如植食性昆虫取食植物,又被其他捕食者或寄生者捕食或寄生,这就构成了几个彼此相连的食物环节。这种各生物以食物为联系建立起来的链条,就称为食物链(food chain)。食物链环节数目简单的仅3个,多的达5~6个。把食物链中那些具有相同地位、食性或营养方式的环节归成同一营养层次,即营养级(trophic level)。一个营养层次称一个营养级。生产者为第一营养级;食草动物如昆虫称第二营养级;食肉动物如捕食者称第三营养级。食物链根据生物间食物联系方式,可分成以下3类:

(1)捕食性食物链

捕食性食物链(predatory food chain)是指生物间以捕食关系构成的食物链。如水稻→褐飞虱→黑肩绿盲蝽。

(2)碎屑食物链

碎屑食物链(detrital food chain)又称腐生性食物链(saprophagous food chain)或分解性食物链(decompose food chain)。其特点是以死亡的生物残体被食腐屑生物所取食为开始。如植物残体→蚯蚓→节肢动物→鸡。

(3)寄生性食物链

寄生性食物链(parasitic food chain)是指以寄生物与寄主间关系构成的食物链。如甘蓝→小菜蛾→菜蛾盘绒茧蜂。

事实上,一个单纯的食物链在自然界中是不可能存在的。食物链彼此交错连接成网状结构,即食物网(food web)。破坏了食物网的某个环节,特别是起点植物和某些重要的中间环节,就会影响整个食物网的种类及种群数量变动,并通过食物网之间的间接关系影响整个生物群落,最终影响整个生态系统,其结果是导致生态平衡的失调。

2.农业生态系统

农业生态系统(agro-ecosystem)是指人类从事各种农业生产活动所形成的人为的生态系统。其特点:一是生产者主要是栽培作物,其生物结构与层次的单一化取代了自然生态系统中物种的多样性,物质和能量与自然界进行的交流部分地被中断,加上频繁的农事活动,使系统趋向相对的不稳定和不平衡;二是因人为施肥改善作物营养,改变了土壤等一些自然环境的成分结构;三是农田耕作制度、品种、栽培措施、农药的施用等,常常导致系统中食物链的改变,进而影响生物群落的结构和数量消长;四是因系统中生物多样性和稳定性的降低,使一些昆虫变成害虫危害成灾。

植物保护学中有关害虫的综合治理,其实质就是以农业生态系统为对象,对害虫进行科学管理,协调食物网中各个环节的相互关系,营造一个有利于作物生长而不利于害虫发生发展的和谐、健康的农业生态系统,使农业生产得到可持续发展。

八、环境物理因子对昆虫的影响

(一)气候因子

气候因子主要包括温度、湿度、雨、风、光照等。这些因子既是昆虫生长发育、繁殖、活动必需的生态因素,也是种群发生发展的自然控制因子。

1.温度

昆虫是变温动物,其生命活动所必需的热能主要来自太阳辐射热,故对保持与调节体温的能力不强,自身无稳定的体温。昆虫的体温随环境温度的变化而变化,因此,环境温度能直接影响昆虫的代谢速率,从而影响昆虫的生长发育、繁殖速率及其他生命活动。正因如此,温度是气候条件中对昆虫影响最大的因素,不同种类的昆虫或同种昆虫的不同虫态对温度的反应也有差异。

（1）温区的划分

昆虫的生命活动是在一定的温度范围内进行的，低于或超过该范围昆虫的生长发育与繁殖将被抑制，甚至引起虫体死亡。昆虫对温度的反应一般可划分成 5 个温区。

①致死高温区（zone of high lethal temperature）温度范围一般为 45～60℃。在该温区内，昆虫经短期兴奋后即死亡，这个过程是不可恢复的。

②亚致死高温区（zone of high sublethal temperature）温度范围一般为 40～45℃。在该温区内，昆虫表现热昏迷状态。如果昆虫继续维持在该温度下，则会导致死亡，其中死亡与否取决于高温的强度和持续时间。

③适温区（zone of favorable temperature）温度范围一般为 8～40℃。在该温区内，昆虫的生命活动能正常进行，其中不同昆虫还有自身的最适温区。在最适温区内，昆虫体内的能量消耗小，死亡率低，生殖力强。该温区尚可进一步细分成以下 3 个亚温区：

第一，高适温区（zone of high favorable temperature）温度范围一般为 30～40℃。环境温度越接近该温区的上限温度，则越不利于昆虫的生长发育和繁殖。

第二，最适温区（zone of most favorable temperature）温度范围一般为 20～30℃。在此温区内，昆虫体内的能量消耗最小，死亡率最低，生殖力最强，但寿命不一定最长。

第三，低适温区（zone of low favorable temperature）温度范围一般为 8～20℃。在此温区内，随温度的下降而发育变慢，死亡率上升。

④亚致死低温区（zone of low sublethal temperature）温度范围一般为 −10～8℃。在该温区内，体内代谢减慢，表现冷昏迷状态。如果昆虫继续维持在该温度下，则会导致死亡，其中死亡与否取决于低温的强度和持续时间。若经短暂的冷昏迷又恢复正常温度，通常能恢复正常生活。

⑤致死低温区（zone of low lethal temperature）温度范围一般为 −40～−10℃。在该温区内，昆虫体内的液体析出水分结冰，不断扩大的冰晶可使原生质遭受机械损伤、脱水和生理结构受到破坏，细胞膜受到破损，从而导致组织或细胞内部产生不可恢复的变化而引起虫体死亡。

各种昆虫的温区范围是不同的，即使同种昆虫对温度的反应还取决于其当时所处的生理状态。

（2）昆虫生长发育速率与温度的关系

在适温区内昆虫的生长发育速率一般随温度的提高而加快，通常用发育历期（developmental time）或发育速率（developmental rate）作为评价指标。前者是完成一定的发育阶段（一个世代、一个虫期或一个龄期）所经历的时间，常以 N 表示，单位一般为“日”；发育速率则是在单位时间内能完成一定发育阶段的情况，常以 V 表示。两者关系是：

$$V = \frac{1}{N}$$

昆虫的发育速率在适温区内一般与温度（T）呈线性关系，即：

$$V = a + bT$$

式中：V 为发育速率；T 为温度；a 和 b 为模型参数。

但实际上，当温度低于或高于一定范围时，昆虫发育速率与温度间往往不呈线性关系，发育速率随温度变化增长到一定程度后就不再增长，而呈平稳增长，甚至有的还下降。这时一般多用 Logistic 曲线方程描述两者间的关系，其方程式如下：

$$V = \frac{K}{1 + e^{a - bt}}$$

式中：V 为发育速率；t 为温度；K 为 V 的上限；a 和 b 为常数。

在实际中，还可根据具体情况，对 Logistic 曲线方程作进一步改进，以便能更好地模拟发育速率与温度的真实关系。

（3）有效积温法则

昆虫发育对温度是有特定要求的,其启动生长发育所需要的最低温度称为发育起点温度(threshold temperature 或 development zero)。昆虫发育起点以上的温度是对昆虫发育起作用的温度,称为有效温度(effective temperature)。有效温度的总和称为有效积温(cumulative effective temperature)。昆虫为了完成某一发育阶段(一个虫期或一个世代),需要一定的热量积累,这个热量积累即有效积温,是一个常数(K),这就是有效积温法则,可用下面的公式表示:

$$K = NT$$

式中:N 为发育历期;T 为发育期间平均温度;K 为有效积温。

因为昆虫在发育起点温度以上才能进行正常的生长发育,即只有有效温度才起作用,故上式修正为:

$$K = N(T - C)$$

式中:C 为发育起点温度;N 为发育历期;$T - C$ 为有效平均温度;K 为有效积温。

发育速率(V)是发育历期(N)的倒数,若将式中 N 改用 V,则上式可表示为:

$$V = \frac{T - C}{K}$$

各种昆虫及其各虫态的 C 和 K 值,可通过在不同实验温度下发育速率的观察值,采用统计学上的最小二乘法分析求得。

（4）低温对昆虫的影响及昆虫的耐寒性

低温会导致昆虫不能正常发育,甚至引起死亡。然而,昆虫在进化过程中形成了适应低温的耐寒性。昆虫体液中含有大量的化学物质,如糖类、脂肪、蛋白质等,所以在 0℃ 以下昆虫的体液不会结冰,这种现象称为过冷却现象。从 0℃ 以下的某个温度(N_1)开始,昆虫进入过冷却阶段。当昆虫的体温降到某一温度(T_1)时,体温跳跃(呈直线)上升至某一温度(N_2),然后随着时间的推移,体温缓慢下降,直到与环境温度相等。我们把体温开始回升时的临界温度 T_1 称为过冷却点(super cooling point),即体液过冷却与结冰导致昆虫死亡之间的临界温度。N_2 称为体液冰点,即体温上升而后再下降的温度点。当体温超过过冷却点时,体液开始结冰,由于结冰时放热而使体温上升。在体温下降到过冷却点以前,虫体只是处于过冷却阶段,即处于冷昏迷状态,并不出现生理失调,如果此时环境温度回升到发育起点温度以上,昆虫仍可恢复正常的生命活动。当体温达到体液冰点后,体液已开始大量结冰,如在短时间范围内环境温度回升,虫体仍有恢复生活的能力;如体温仍继续下降,当降至某一温度(T_2)时,即使环境温度回升,虫体也不能再恢复其生活能力,因此把 T_2 称为死亡点。

昆虫的耐寒性(cold hardiness,cold tolerence)与过冷却现象有密切的关系,即过冷却点越低,耐寒性越强。一般而言,不同种类的昆虫或同种的不同虫态,其过冷却点都可能不同。在自然界,不少昆虫在冬季到来之前,就开始积累脂肪和糖类或者诱导合成抗冻蛋白,减少自由水,增加结合水,使体液浓度增高,以降低过冷却点,提高耐寒性。因此,昆虫在越冬阶段的耐寒性要比正常发育阶段的耐寒性强。分布在较热地带的昆虫,其过冷却点一般比分布在较冷地带的昆虫高。在实际中,可依据害虫的过冷却点,结合冬季气温条件,判断其越冬死亡情况,以预测来年的发生趋势。另外,可通过测定害虫的过冷却点,以评判其能否在当地越冬。

2. 湿度与降雨

湿度主要通过影响昆虫水分的获取、散失与体内水分平衡,进而影响其存活、生长发育和繁殖。昆虫获取的水分主要来自食物,有的昆虫还可通过直接饮水,利用有机物在消化道内分解时产生的水分,以及体壁吸水等方式获取水分。昆虫体内水分散失的主要途径是通过排泄作用,其次是通过体壁和气门散失。各种昆虫生长发育也有适宜的湿度范围,湿度过低或过高都可抑制昆虫的生长发育。

降雨可提高空气的湿度或影响土壤含水量而对昆虫产生影响。昆虫尤其是小型昆虫(如蚜虫、蓟马等)以及卵和初孵幼虫可通过大雨、暴雨的直接冲刷等机械作用而死亡。

在自然环境中,温度和湿度常综合作用于昆虫。分析害虫消长规律时,必须注意温、湿度综合效应。温、湿度综合作用指标常用温湿系数或温雨系数(Q)来表示,其计算公式为:

$$Q = P/\sum T \text{ 或 } Q = R.H./T$$

式中:P 为 1 年中或 1 个月中总降雨量;T 为平均温度;$\sum T$ 为 1 年中各月或 1 个月中各日的平均温度总和;$R.H.$ 为平均相对湿度。

3. 光

光对昆虫的作用包括太阳光的辐射能、光的波长、光强度与光周期。昆虫多趋向 250～750 nm 的短光波,特别是对 330～400 nm 的紫外光有强烈的趋性。但不同昆虫对短光波还有选择性。例如,棉铃虫、棉红铃虫、二化螟、稻纵卷叶螟分别对 330、365、360、380 nm 光波趋性最强;日出性的蚜虫、蓟马、粉虱对 550～600 nm 的黄绿光有趋性。利用昆虫的这种特性,使用短波光源的黑光灯、双色灯诱杀害虫,可以提高诱杀效果。

光强度能影响昆虫昼夜节律、交尾产卵、取食、栖息、迁飞等行为。不同昆虫对光强度呈现不同反应,从而形成不同生活节律。按照昆虫活动习性与光强度的关系,可将昆虫的昼夜活动习性分成三大类:一是日出性或昼出性昆虫(diurnal insect),只在白天活动,如绝大多数蝶类等;二是夜出性昆虫(nocturnal insect),只在夜间活动,如绝大多数蛾、金龟甲等;三是弱光性昆虫(cerpuscular insect),只在弱光(如黎明、黄昏时)活动,如小麦吸浆虫、蚊子等。日出性和夜出性昆虫对光强度与温度的反应有严格的时间顺序,如玉米螟的活动高峰主要在上半夜,棉铃虫的活动高峰在下半夜,而豆天蛾的活动高峰则在天亮前后。

光强度与昆虫的迁飞关系也很密切。据研究,有翅桃蚜春秋迁飞的最适光照强度为 5000～25000 lx,过低或过高均能抑制迁飞;晴天蚜虫迁飞高峰常发生在早晨与傍晚;褐飞虱在 14～20 lx 就可以出现迁飞盛期,20～30 lx 呈现迁飞高峰。

昆虫的活动节律不单纯是对光强度变化的反应,还有其复杂的生理学基础。这种内在的生理节律过程,是生物体内循时性组织的一种功能性反应,与光信号密切相关,这种现象在生物学上称为生物钟(biological clock),其中对昆虫而言则称为昆虫钟(insect clock),它控制着昆虫的生理功能、基础代谢以及有关的生物学习性。

4. 风

风与蒸发量的关系密切,可对环境湿度产生影响,进而影响昆虫。风有助于昆虫体内水分和周围热量的散失而对昆虫体温产生影响。风对昆虫的迁移、传播的作用也相当明显,许多昆虫主动或被动借助风力而扩散或迁飞至远处。暴风雨不但影响昆虫活动,而且常常引起昆虫死亡。

(二)土壤因子

土壤是很多昆虫尤其是地下害虫必需的生态环境,有些终生蛰居在土中,有些则是以某个或几个虫态生活在其中。所以土壤的物理结构、化学特性对昆虫的生命活动是至关重要的。

1. 土壤温度及湿度

土壤温度主要取决于太阳辐射。其变化因土壤层次不同和土壤植被覆盖物不同而异。表层的温度变化比气温大,土层越深则土温变化越小。土壤温度也有日变化和季节变化,还有不同深度层次间的变化。土温也受土壤类型和物理性质的影响。土壤温度直接影响土栖昆虫的生长发育、繁殖与栖息活动。土栖昆虫一般有随土温变化作垂直迁移的习性。

土壤湿度主要取决于土壤含水量,通常大于空气湿度。因此,许多昆虫的静止虫期,常以土壤为栖息场所,可以避免空气干燥的不良影响,其他虫态也可移栖于湿度适宜的土层。土壤湿度大小对土栖昆虫的分布、生长发育影响很大。

2．土壤理化性质

土壤物理性状主要表现为颗粒结构。砂土、壤土、黏土等不同类型结构的土壤对土栖昆虫的发生有较大影响。例如蝼蛄、蛴螬的体型较大，虫态柔软，喜在松软的砂土和壤土中活动。土壤化学特性，如土壤酸碱度和含盐量，对昆虫分布和生存也有影响。有些土栖昆虫常以土中有机物为食料，土壤中施有机肥料对土壤生物群落的组成影响很大。施用未腐熟的有机肥能使地下害虫（蛴螬、蝼蛄、种蝇等）危害加剧。

九、与昆虫有关的生物因子

（一）寄主植物

寄主植物和植食性昆虫的关系是被取食与取食的关系。寄主植物作为植食性昆虫的食料，其质和量可以影响昆虫存活、生长发育与繁殖。如蝗虫取食莎草科和禾本科植物发育快、死亡率低、生殖力高，取食棉花和油菜则相反。

植食性昆虫对不同种植物及同种植物的不同部位有一定选择能力，这种选择主要通过感觉器官来完成。植物体表的某些次生化学物质对昆虫有诱集作用。例如，十字花科植物中的芥子苷对菜粉蝶和小菜蛾有引诱力；葱蝇对葱蒜类植物含有的异硫氰酸盐的气味特别嗜好。

植食性昆虫通过取食造成对寄主植物的危害，而寄主植物受害后，自身和群体通常能表现出一定的适应性。例如，一植株部分受农业害虫危害，可由邻近健株弥补因减少光合作用而导致的部分损失；前期受害，可由后期得到补偿。这种补偿程度随寄主植物的种类、生育期、危害部位及生长条件等的不同而异，大致可分为3种类型：一是无补偿型，即在一定危害区间，寄主受害与产量损失呈直线关系，这类害虫一般直接危害收获部分，如果实、穗部等；二是补偿型，即寄主对一定程度的危害具有耐害性，不会引起产量损失，或产量损失无经济意义；三是超补偿型，即寄主受害在一定范围内，由于部分叶面积减少，或部分繁殖器官脱落，正好起到疏叶和疏花果的作用，非但不减产，反而有增产作用，如棉花蕾期受到棉铃虫危害，虫落蕾可起到代替生理脱落的作用。明确寄主植物对害虫危害的反应，是正确地估计受害损失程度、制定防治指标和计算经济效益需要考虑的重要因子。

在自然选择及协同进化过程中，植物对昆虫的取食危害形成了一系列的抗性反应。植物的抗虫性按其性质可分为生态抗性和遗传抗性。

1．生态抗性

生态抗性是指由环境因子引起的某种暂时性的抗虫特性，不受遗传因素所控制。农业害虫对寄主植物的危害往往有它最适合的生育阶段，如果生育期与害虫的危害期不配合，就能避过害虫的危害，即具有避害性。有些环境条件的改变也可以诱导作物产生抗感性。如甘蓝因缺水或缺磷钾肥而促进菜蚜的繁殖；反之，则限制或延缓菜蚜种群的建立。

2．遗传抗性

遗传抗性是由植物种质决定的一类抗性，其机理主要涉及对昆虫行为和新陈代谢过程影响两部分，一般分为3种类型。

（1）不选择性

植物通过其结构上的物理作用以及生理上的化学作用，使之不被或少被昆虫所寻觅、选择，或使昆虫不趋于产卵、取食或栖息，即表现为抗取食选择、抗产卵选择和抗栖息选择。

在正常情况下，昆虫对寄主植物的选择与取食危害包含趋向与定位、发现与接近、接触寄主和寄主适应等4个基本序列的连锁反应。这一系列过程，都是直接受寄主植物刺激所引起的。寄主植物

的刺激因子是由植物的遗传性所决定的,包括 3 个方面:其一是他感化学物质,即寄主植物分泌某种次生化学物质,能刺激昆虫产生趋向、产卵、取食等行为,或者刺激昆虫产生驱斥和拒避行为;其二是形态结构因子,即寄主植物形态结构如叶片上毛刺的有无与多少、叶色深浅和蜜腺的有无等,都可直接影响昆虫定居、活动及生长发育;其三是营养因子,即植物的基本营养要素,可直接影响昆虫的营养状态。

（2）抗生性

抗生性（antibiosis）是指由于作物体内具有有毒物质、抗代谢物质、抑制消化吸收物质,或缺少昆虫生长发育所必需的某种营养物质所引起的。

（3）耐害性

耐害性是指植物具有忍耐害虫危害的特性,即遭受一定程度的危害不会造成产量损失。具有耐害性的作物品种,其个体或群体对害虫的危害常具有高度的增殖或补偿能力,从而降低其受害损失程度。

（二）天敌

昆虫在生长发育过程中,常遭受其他生物的捕食或寄生,这些害虫的自然敌害称为天敌（natural enemy）。天敌种类很多,大致分成病原生物、天敌昆虫和其他捕食性动物。

1. 病原生物

病原生物是指那些常会引起昆虫感病而大量死亡的生物,包括病毒、立克次体、细菌、真菌、原生动物和线虫等。

2. 天敌昆虫

天敌昆虫是害虫天敌的重要组成部分,是抑制害虫种群数量的重要因素,包括捕食性昆虫和寄生性昆虫。捕食性昆虫种类甚多,分属 18 目近 200 科,如蜻蜓、螳螂、瓢虫、草蛉等。寄生性昆虫主要有寄生蜂和寄生蝇等。

3. 其他捕食性动物

包括属于节肢动物的蜘蛛、两栖类（蟾蜍、蛙）、蜥蜴、鱼类、鸟类和兽类。

自然界中能取食作物的昆虫种类浩繁,但真正造成危害的为数不多。大部分昆虫种群,由于生态条件的制约,包括天敌控制,经常维持在相当低的数量水平。即使是农作物的主要害虫,每种害虫也有为数众多的天敌种群。天敌与害虫之间的关系是相互依存、相互制约的辩证关系。天敌是农业害虫种群数量的调节者,对害虫有明显的跟随现象,天敌作用的大小往往取决于其食性专化程度、搜索能力、生殖力和繁殖速度,以及对环境的适应能力等。

十、生存对策

（一）生活史对策

在长期进化过程中,昆虫可以通过改变它们的个体大小、年龄组配、存活率、扩散能力以及基因频率等来调整自己,使其与环境条件相适应。昆虫在不同生态环境中,为了适应环境,就会向着不同方向演化,这就是通常所说的昆虫生活史对策。

在自然界中,按照昆虫对生态环境的适应和种群特征可划分成两个适应类型,生态学上称为 r 选择类昆虫和 K 选择类昆虫。一般认为,r 类昆虫的生活环境常常是多变的,不稳定的。在这种生态条件下,自然选择对内禀增长率 r_m 大的种群有利,所以只要环境条件适合,种群增长极快。这类害虫常常体型偏小,寿命及每个世代的周期较短,繁殖能力很强,并具有较强的扩散与迁移能力,如飞虱、蚜虫等。对这类害虫而言,在其对作物造成严重危害之前,天敌对其控制作用比较小,故在防治上尽管化学农药有许多不足之处,但对这类害虫,化学防治仍是不可缺少的措施。

K 类昆虫的生活环境常较为稳定,其进化方向往往使种群量维持在动态平衡水平的 K 值附近。这类害虫体型较大,世代历期较长,扩散能力较差,内禀增长率较低,种群的密度也较稳定,如蝗虫、桃小食心虫等。其中,极端的 K 类害虫,体型较大,栖境隐蔽,天敌作用也难发挥,对这类害虫的最优对策是采用农业防治,特别是抗虫性品种的应用,可直接缩小 K 类害虫的生态位。

其实,在 r 类昆虫与 K 类昆虫之间无明显的界限,其间有着一系列的中间类型。农业昆虫属中间类型者居多。中间类型害虫既危害农作物的叶和根,也危害果实。这类害虫的天敌种类较多,控制效果好,故在防治上采用生物防治易见成效。

(二)时间与空间对策

在长期进化过程中,昆虫形成了各种适应性生存对策,以应对各种不利的环境条件。例如,当不利环境到来之前,昆虫可通过滞育与迁飞途径,实现"时""空"上的适应对策,逃避逆境的不利影响。

(三)生存对策与害虫防治

揭示害虫的生存对策,不仅能为防治策略的选择提供信息,还对害虫的预测预报与防治具有重要指导意义。例如,处于滞育状态的虫期抗逆性较强,一般不易冻死,但一旦滞育解除,抗逆性就明显下降,当环境条件稍有不利,就能使之死亡。因此,一些农业防治措施(如灌水杀虫等)在春季进行效果较好;调查害虫发生基数,也以冬后进行为宜。根据昆虫滞育的内分泌调控机制,用抗保幼激素处理滞育越冬的马铃薯叶甲,打破其滞育状态,使其不能安全越冬,达到防治目的。

对迁飞性害虫而言,通过对迁飞规律的研究与揭示,可为这些害虫的异地预测和制定防治策略提供科学依据。例如,对有固定孳生地的飞蝗,可通过开垦荒地、兴修水利等农业措施,改造蝗虫的孳生地,就可起到有效控制蝗灾的目的。

第四节　分类基础

昆虫分类学(insect taxonomy)是研究昆虫的命名、鉴定、描述、系统发育和进化的学科,是昆虫学其他分支学科的基础,其基本任务是为鉴定种类提供科学依据。准确鉴定昆虫种类是农林害虫防治和益虫利用研究工作中要首先解决的问题。昆虫鉴定之后,便可查阅相关科学文献,了解研究工作的进展,并借鉴前人的经验来开展工作。

昆虫种类繁多,形态上常常出现同一种类外部形态特征变异很大,或者不同种类外形非常近似的情况,许多重要的害虫,往往在同一地区存在着形态上极为相似的近缘种,经常发生相互混淆的情况,影响到测报的准确性,因此也需通过科学鉴定加以澄清。在鉴定害虫或者有益昆虫的过程中,在确定种名的同时,也确定了它们的所属,以及和其他昆虫的亲缘关系。同一属、科的昆虫,不仅在形态上有很多共同性,而且在生物学、发生规律以及对药剂的反应等方面也相类似,使我们有可能利用已知害虫的知识去推断新发现害虫的一些发生特点和防治措施,起到触类旁通的作用。昆虫分类学直接服务于害虫防治、预测预报、天敌引进和动植物检疫,又是生物学和生态学研究不可缺少的基础。

一、分类阶元

分类阶元(taxonomic category)是生物分类学确定共性范围的等级。现代生物分类采用的有界(kingdom)、门(phylum)、纲(class)、目(order)、科(family)、属(genus)、种(species)等 7 个必要的阶

元。昆虫是由共同祖先进化而来的,不同物种间亲缘关系远近不同。种是基本阶元;亲缘关系密切的种,聚合成属;特征相近的属组合成科;相近的科组成目;目上又归结为纲。科以上分类阶元具有非常明显的特征。建立一个新的属必须以一个模式种为依据,科的依据是模式属。属、科、目、纲这些分类阶元合在一起就是分类体系(hierarchy)

分类阶元使昆虫的所属,包括分类位置和系统发育都有明确的概念。下面以二化螟为例。

界:动物界(Animalia)

门:节肢动物门(Arthropoda)

纲:昆虫纲(Insecta)

目:鳞翅目(Lepidoptera)

科:螟蛾科(Pyralidae)

属:禾草螟属 *Chilo*

种:二化螟 *Chilo suppressalis*(Walker)

从界到种,均可设"亚级(sub)",如亚门(subphylum)、亚目(suborder)、亚科(subfamily)等。在目和科上,有时可加上"总级(super)",如总目(superorder)、总科(superfamily)。亚科和属之间,有时加族级(tribe)。在有些分类学著作中,曾用部(cohort)这一等级,有的介于纲和目之间,有的介于亚目和总科之间。

二、种和亚种

种,又称物种,是分类的基本阶元,又是繁殖单元。物种的定义一直争议很大,现在被普遍接受的是生物学物种定义,即:物种是自然界能够交配、产生可育后代,并与其他种存在生殖隔离的群体。亚种(subspecies)是命名法唯一承认的种以下的分类阶元,是指具有地理分化特征的种群,在分类上与本种中其他亚种有可供区别的形态和生物学特征,但之间仍能杂交,如我国飞蝗有东亚飞蝗、亚洲飞蝗和西藏飞蝗三个亚种。当一个种发现新亚种时,原模式产地的种群即为指名亚种,如东亚飞蝗是飞蝗的东亚亚种,亚洲飞蝗为指名亚种。

三、学名

同一种昆虫在不同地区、文化、语言下常有不同的名称,这些名称都为俗名(vernacular name, common name)。同一个俗名可能指代不同昆虫,同一种昆虫也会有不同俗名,不便于科学研究和学术交流。因此,国际动物命名委员会规定科学中动物命名只能使用拉丁语,或拉丁化的单词,按照动物命名法规命名的拉丁语名称即为学名(scientific name)。同一个物种不论有多少不同俗名,都只有一个统一的学名。

种的命名通常采用双名法(binomen),即学名是由属名和种名两个拉丁文词构成,属名在前,种名在后,有时还附上定名人的姓(定名人的姓氏不包括在双名法内)。如棉蚜的学名为 *Aphis gossypii* Glover,飞蝗的学名为 *Locusta migratoria* Linnaeus。

亚种的学名是由种名后加上拉丁文字母的亚种名组成的,称为三名法(trinomen),其种名、属名要用斜体表示。如亚洲飞蝗(指名亚种)的学名为 *Locusta migraroria migratoria* Linnaeus。有些昆虫的学名,在定名人外加有圆括号,这说明该种的属级分类阶元后来有人修订,发生了变动。如黏虫原学名为 *Leucania separata* Walker,后来该种被移入 *Mythimna* 属,现用学名为 *Mythimna separata* (Walker)。这种变化称为重新组合。凡是新组合种,即属的名称有变动的种,都要在定名人外加上圆括号。

属以上分类阶元的学名常有固定词尾。如科名以模式属的属名词干加词尾 -idea 组成,总科名词尾为 -oidea,亚科名为模式属词干加 -inae,族名加 -ini。

四、昆虫纲的分目

昆虫纲高级阶元的分类及各类群的亲缘关系目前尚无完全统一的观点。本书根据昆虫纲中较为公认的高级分类阶元关系和近年来昆虫纲系统发育研究的成果,采用了 28 目的分类系统。昆虫纲和原尾纲,双尾纲和弹尾纲组成了六足总纲,相当于原来广义的昆虫纲 Insecta *s. l.*,后三类的幼虫与成虫外形差异极小,翅未出现。本书采用的系统包含无翅亚纲和有翅亚纲 2 个亚纲共 28 个目,现将各目的主要特征概述如下。

（一）无翅亚纲（Apterygota）

无翅亚纲为原生无翅昆虫,包括石蛃目(Archeognatha)和衣鱼目(Zygentoma)[缨尾目(Thysanura)]。

1. 石蛃目（Archeognatha）

无翅,口器外露,腹部 2～9 节有成对的刺突,尾须 3 根、多节,中尾丝长。如浙江跳蛃 *Pedetontus zhejiangensis* Xue et Yin。

2. 衣鱼目（Zygentoma）

无翅,口器外露,腹部 11 节,有腹足遗迹,尾须 3 根。如糖衣鱼 *Lepisma saccharinum* Linnaeus。

（二）有翅亚纲（Pterygota）

有翅亚纲在中胸和后胸上出现了具翅脉的翅。有些昆虫类群后来又失去了飞行能力,甚至失去了翅的痕迹。根据休息时翅是否可以向后及腹部上方水平反向转动而折叠于背上,有翅亚纲可以分为 2 个类群:古翅次纲(Paleoptera)和新翅次纲(Neoptera)。

Ⅰ. 古翅次纲（Paleoptera）

翅关节骨片通常排列比较规则,只用非常简单的翅关节来飞行,在休息时翅不能折叠于背上。包括蜉蝣目(Ephememptera)和蜻蜓目(Odonata)。

3. 蜉蝣目（Ephememptera）

体中小型,柔软,触角刚毛状,口器退化;前翅脉纹网状,后翅小或无,休息时竖立在体背;尾须长,中尾丝有或无;幼虫水生,成虫寿命短,数小时至 1～2 d。我国分布最多的为蜉蝣属 *Ephemera* L.。

4. 蜻蜓目（Odonata）

体中到大型,口器咀嚼式,触角短,刚毛状,胸部倾斜,腹部细长;翅狭,脉纹网状,翅前缘近顶角处有翅痣;捕食小虫;幼虫水生;俗称蜻蜓、豆娘,如黄蜻 *Pantala flavescens*（Fabricius）、碧伟蜓 *Anax parthenope*（Selys）、华艳色蟌 *Neurobasis chinensis*（Linnaeus）等。

Ⅱ. 新翅次纲（Neoptera）

新翅次纲包括除蜉蝣目和蜻蜓目外的所有现生有翅昆虫。在昆虫纲的进化过程中,出现了翅的折叠机制,翅可以向后折叠于腹部背面。根据幼期翅在体外发育还是在体内发育,新翅次纲可分为外翅部(Exopterygota)和内翅部(Endopterygota)。

（Ⅰ）外翅部（Exopterygota）

外翅部昆虫幼期翅芽在体外发育,无蛹期,变态类型属于不完全变态,又称为半变态类(hemimetabola)。

5. 网翅目（Dictyoptera）

蜚蠊目和螳螂目在一些分类系统中是两个独立的目,这里作为网翅目的两个亚目。体中到大型;

口器咀嚼式,触角长,丝状;复眼发达;前翅为覆翅,后翅膜质、臀区大;有些类群成虫仅有翅芽状的短翅或完全无翅;蜚蠊体扁平,前胸背板大且盖住头部大部分;螳螂头部三角形,前胸长,前足特化成捕捉式;俗称蜚蠊、螳螂,如德国小蠊 *Blattella germanica*(L.)、中华大刀螂 *Paratenodera sinensis*(Saussure)。

6. 等翅目(Isoptera)

体中、小型;头大,前口式,触角念珠状;翅多型或无,有翅者翅狭长,前后翅大小、形态和脉纹相似;俗称白蚁,如黑翅土白蚁 *Odontotermes formosanus*(Shiraki)。

7. 直翅目(Orthoptera)

见本节第四部分。

8. 竹节虫目(Phasmotodea)

竹节虫目又称䗛目。体细长或扁,呈竹节状或叶片状;口器咀嚼式,翅有或无,有翅者前翅小,后翅折扇状,折叠于前翅之下;如中华佛䗛 *Phryganistria chinensis* Zhao。

9. 革翅目(Dermaptera)

体小到中型;口器咀嚼式;前翅短截,角质,后翅膜质,宽大扇形,脉纹放射状,尾须钳状;常见的有蠼螋、蝠螋,如河岸蠼螋 *Labidura riparia*(Pallas)。

10. 背翅目(Notoptera)

包含原来的蛩蠊目(Grylloblattodea)和螳䗛目(Mantophasmatodea),种类和数量都稀少。蛩蠊既像蟋蟀又像蜚蠊,故得名;触角线状,复眼退化,无单眼,无翅,生活于寒冷地区。螳䗛既像螳螂又像竹节虫,复眼大小不一,无单眼,无翅,胸部每个背板都稍盖过其后背板,见于山顶草丛。如中华蛩蠊 *Galloisiana sinensis* Wang。

11. 纺足目(Embioptera)

体细长,头大;口器咀嚼式,触角线形似念珠状;雌虫无翅,雄虫翅狭长,多毛,脉纹简单,前足第 1 跗节膨大,能纺丝作巢;俗称足丝蚁,我国分布的主要为等尾丝蚁科(Oligotomidae)。

12. 襀翅目(Plecoptera)

体中到大型,扁平;口器退化,触角长,丝状;前胸方形,前翅中脉和肘脉间多横脉,后翅臀区发达;幼虫水生;俗称石蝇,我国常见分布的有叉襀科(Nemouridae),襀科(Perlidae)等。

13. 缺翅目(Zoraptera)

体微小;触角 9 节,念珠状;跗节 2 节,尾须 1 节,有翅或无翅,有翅型的翅只有一两条翅脉,易脱落;如中华缺翅虫 *Zorotypus sinensis* Hwang。

14. 啮虫目(Psocoptera)

体小型;口器咀嚼式,触角丝状;前胸小如颈状,有翅或无翅,有翅者前翅有翅痣;跗节 2～3 节,无尾须;包括书蛄、树蛄、皮蛄、尘蛄等,以前常称书虱,如横红斑单蛄 *Caecilius spiloerythrinus* Li。

15. 虱毛目/虱目(Phthiraptera)

包括原来的食毛目(Mallophaga)和虱目(Anoplura)。体小,扁平;口器咀嚼式或刺吸式;复眼退化成 2 个小眼;无翅,前足攀握式;寄生于鸟或哺乳动物体上;如鸡虱 *Menopon gallinae*(L.),体虱 *Pediculus humanus corporis* De Geer。

16. 缨翅目(Thysanpter)

见本节第四部分。

17. 半翅目(Hemiptera)

见本节第四部分。

（Ⅱ）内翅部（Endopterygota）

内翅部昆虫有分明的幼虫、蛹和成虫阶段，属于完全变态，又称为完全变态类（holometabola）。幼虫通常蠕虫型，在形态、内部器官和生活习性方面与成虫完全不同。幼虫期翅、生殖附肢等结构的原基隐于体壁之下，外部不可见；蛹期内部激烈分化，成虫期的翅、复眼、触角、生殖系统等发育形成。

18. 广翅目（Megaloptera）

体中、大型；前口式，口器咀嚼式，上颚发达，前伸呈钳状；前胸方形，翅膜质，脉网状，在翅缘不分叉，后翅臀区发达；幼虫水生；通称齿蛉、鱼蛉或泥蛉，如中华斑鱼蛉 *Neochauliodes sinensis*（Walker）。

19. 脉翅目（Neuroptera）

见本节第四部分。

20. 蛇蛉目（Rhaphidioptera）

体中、小型；头延长，基部收缩呈颈状，口器咀嚼式；前胸长，管状，前后翅相似，膜质，翅脉网状，翅痣明显；捕食小虫；如福建盲蛇蛉 *Inocellia fujiana* Yang。

21. 鞘翅目（Coleoptera）

见本节第四部分。

22. 捻翅目（Strepsiptera）

体小型，雌雄异型，雄性触角扇状；后胸极大，前翅退化成伪平衡棒，后翅脉纹为放射状；雌虫头胸愈合，无眼、触角、翅和足；寄生于直翅目、翅目及膜翅目等虫体上；通称为捻翅虫，如稻虱跗煽 *Elenchus japonicas*（Esaki et *Hashimoto*）。

23. 双翅目（Diptera）

见本节第四部分。

24. 长翅目（Mecoptera）

体中型、细长，头下口式，向下特别延长，口器咀嚼式；前后翅相似，狭长，膜质，有翅痣；雄虫腹部末端膨大，上翘如蝎尾；捕食小虫；通常称为蝎蛉，如天目山新蝎蛉 *Neopanorpa tienmushana* Cheng。

25. 蚤目（Siphonaptera）

体小，侧扁，体表多鬃毛；下口式，口器刺吸式，眼退化，触角棒状，藏于触角窝中；后足跳跃式，翅退化；外寄生于鸟及哺乳动物体上；如人蚤 *Pulex irritans* L.。

26. 毛翅目（Trichoptera）

体中、小型；口器咀嚼式，退化；翅膜质，密被毛，脉纹近似标准脉序；幼虫水生，称石蚕，成虫称石蛾，如长角纹石蛾 *Macrostemum fastosum*（Walker）。

27. 鳞翅目（Lepidoptera）

见本节第四部分。

28. 膜翅目（Hymenoptera）

见本节第四部分。

四、农业昆虫重要目、科概述

在昆虫中，与农业生产关系密切的有直翅目、缨翅目、半翅目、脉翅目、鞘翅目、双翅目、鳞翅目和膜翅目等。现分别介绍如下。

（一）直翅目（Orthoptera）

1. 形态特征

体中到大型。触角为丝状、锤状或剑状。口器咀嚼式，头多为下口式，个别前口式；单眼一般3个。前胸背板非常发达，盖住前胸侧板；中胸和后胸愈合；前翅为覆翅，一般狭长，有的为短翅型或鳞片状；后翅膜质，宽大，臀区发达，休息时纸扇状折叠于前翅下。后足跳跃式，或前足开掘式。雌虫产卵器发达。前足胫节（蝼蛄、蟋蟀、螽斯）或第1腹节（蝗虫）常具听器。常有发音器，有的是左、右翅相互摩擦（蝼蛄、蟋蟀、螽斯），有的是以后足的突起刮擦翅而发音（蝗虫）。

2. 生物学特性

卵为圆卵形、圆柱形或长圆形，单产或成卵块。一般产卵在土中，少数产卵于植物枝杆内或叶片中。渐变态。若虫的形态、生活环境和食性均和成虫相似。若虫有5～7龄，第3龄开始出现翅芽。多数一年发生1～2代，以卵越冬。

直翅目多为植食性昆虫，很多种类是重要的农业害虫。如飞蝗、稻蝗、蝼蛄等。螽斯科中有些种是捕食性昆虫。蝗虫类幼期高度密集栖居的情况下，可形成群居型，并可迁飞，如东亚飞蝗聚集型；若分散栖居，则一般不迁飞，如东亚飞蝗散居型。

3. 分类

目前，已知的有23000种以上，我国2000多种，一般分为2个亚目，即蝗亚目（Acridodea）和螽亚目（Tettigoniodea）。螽亚目触角一般长于体长；跗节多数4节，前足胫节具听器；雄性在前翅基部的肘脉区域具音齿；雌性产卵瓣呈镰刀状、剑状或针状；包括螽斯、蟋蟀、蝼蛄三大类。蝗亚目触角短于体长；跗节多为3节，后足腿节内侧常具一列音齿；腹部基节背面两侧常具听器；雌性产卵瓣粗短，多为凿状；包括蝗、蚱、蜢和蚤蝼。与农业生产关系密切的主要科（图3-37）有：

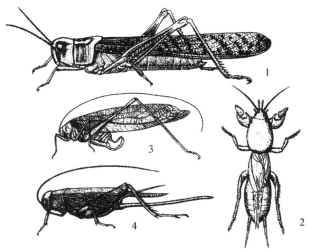

图3-37 直翅目重要科的代表
1.斑翅蝗科 2.蝼蛄科 3.螽斯科 4.蟋蟀科

（1）斑翅蝗科（Oedipodidae）

头部略缩入前胸内。触角丝状，通常在30节以下，短于体长，但长于前足腿节。前胸背板发达。前胸腹板平坦，无突起。前、后翅均发达，且常具有暗色斑纹，尤其在后翅。后足跳跃足。听器在腹部第1节的两侧，雄虫多以后足腿节摩擦后翅而发音。产卵器粗短，凿状。重要的农业害虫有东亚飞蝗

Locusta migratoria manilensis（Meyen）、云斑车蝗 *Gastrimargus marmoratus*（Thunberg）等。

常见的蝗虫还有斑腿蝗科（Catantopidae），其前胸腹板具锥形、圆柱形或横片状突起，有短翅和缺翅两类，缺翅种类腹部听器不明显或缺如。中华稻蝗 *Oxya chinensis*（Thunberg）、棉蝗 *Chondracris rosearosea*（DeGeer）、日本黄脊蝗 *Patanga japonica*（I. Bolivar）等。

（2）蝼蛄科（Gryllotalpidae）

体大型。土栖昆虫。触角短，丝状，但多在 30 节以上。前胸背板椭圆形，两侧向下伸展。前翅短，后翅外露如尾状。前足开掘足。发音器不发达，听器在前足胫节上，状如裂缝。尾须长或短，不分节。产卵器不外露。是重要的地下害虫。如华北蝼蛄 *Gryllotalpa unispina* Saussure 等。

（3）螽斯科（Tettigoniidae）

触角丝状，长于身体。跗节 4 节，后足为跳跃足。产卵器刀状或剑形。多产卵于植物枝条组织内或土中。如中华螽斯 *Tettigonia chinensis* Willemse 等。

（4）蟋蟀科（Gryllidae）

触角丝状，长于身体。跗节 3 节，后足为跳跃足。尾须长，不分节。产卵器长矛状。雄虫发音器在前翅近基部，听器在前足胫节上。如黄脸油葫芦 *Teleogryllus emma*（Ohmachi et Matsumura）等。

（二）缨翅目（Thysanoptera）

1. 形态特征

体长 0.5～7.0 mm，多数微小。头部下口式，口器锉吸式。复眼大，圆形；单眼 3 个，无翅种类无单眼。触角 6～9 节，最前端 1 节称端突。缨翅，分为 4 种类型：长翅型、半长翅型、短翅型和无翅型，翅脉简单或退化，不用时平放背上，长不及其腹端，能飞，但不常飞。跗节中垫呈泡状。爪 1～2 个。腹部末端呈圆锥状或细管状，有锯状产卵器或无产卵器。

2. 生物学特性

卵生或卵胎生，偶有孤雌生殖。卵很小，肾形或长卵形，产在植物组织里或裂缝中。过渐变态昆虫。多数种类为植食性，是农业害虫，少数以捕食蚜虫、螨类和其他蓟马为生，是有益天敌。

3. 分类

已知 6000 多种，我国约 400 种，分属 2 个亚目。产卵器呈锯齿状的是锥尾亚目（Terebrantia）；无特殊产卵器，腹部末节呈管状的是管尾亚目（Tubulifera）。与农业生产有关的主要科（图 3-38）有：

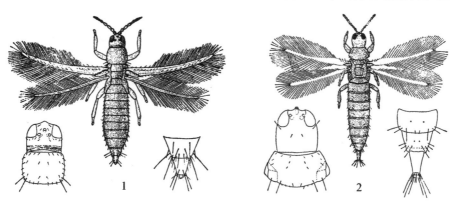

图 3-38　缨翅目重要科的代表
1.蓟马科　2.管蓟马科

（1）蓟马科（Thripidae）

体略扁平。触角 6～9 节，第 3 和第 4 节上有叉状或简单感觉锥。前胸通常无明显纵缝。有翅或无

翅。有翅种类翅前端尖狭,前翅翅脉2条,后翅2条,翅面上有微毛。产卵器锯状,侧面观尖端向腹方弯曲。危害多种植物的叶、果实、芽和花。重要种类有稻蓟马 *Stenchaetothrips biformis*(Bagnall)、烟蓟马 *Thris tabaci*(Lindeman)和温室蓟马 *Heliothrips haemorrhoidalis*(Bouche)等。

（2）管蓟马科（Phlaeothripidae）

又名皮蓟马科。体黑色或暗褐色。翅白色、烟黑色或有斑纹。触角8节,少数7节,有锥状感觉器,第3节最大。前后翅均无翅脉,翅面光滑无毛。腹部第9节宽大于长,比末节短,末节管状,后端稍狭,但不太长,生有较长的刺毛,雌虫无产卵管。两性腹端均呈管状。本科分布广,种类多,重要的农业害虫有稻管蓟马 *Haplothrips aculeatus*(Fabricius)和麦简管蓟马 *H. trttzcz*(Kurdjumov)等。

（三）半翅目（Hemiptera）

半翅目昆虫包含原来的同翅目（Homoptera）和半翅目（Hemiptera）,这两大类群不论在基本体型、头部、口器、翅、两性外生殖器和内部器官等方面均体现明显的共同性。目前包括头喙亚目（Auchenorrhyncha）、胸喙亚目（Sternorrhyncha）、鞘喙亚目（Coleorrhyncha）和异翅亚目（Heteroptera）等4个亚目。

1. 形态特征

体型小的仅0.3 mm,大的可达80 mm。触角刚毛状或丝状。口器刺吸式,后口式。复眼发达,有时退化。通常有2对翅（雄介壳虫仅有1对前翅,后翅成平衡棒）,前翅质地均一成膜质或革质,或为半鞘翅;后翅膜质。有时有蜜管或蜡腺（头喙亚目、胸喙亚目）,或臭腺（异翅亚目）。

2. 生物学特性

通常属渐变态,但介壳虫雄虫和粉虱等少数种类是过渐变态昆虫。有些种类有有翅型、短翅型和无翅型,有些有短翅型和长翅型,形成多型现象。繁殖方式多样,有两性生殖和孤雌生殖,也有两者交替进行的;有卵生,也有胎生。繁殖力很强,繁殖速度惊人。头喙亚目和胸喙亚目昆虫全部为植食性,吸收植物汁液使其枯萎;不少种类能分泌蜜露,诱致霉病;有的取食时分泌唾液,刺激植物组织畸形生长,形成虫瘿;还有些种类可以传播植物病毒病。异翅亚目主要为植食性和捕食性种类,也有传播人畜疾病的吸血种类,还有少数属于药用昆虫。

3. 分类

全世界约12万种,我国8000多种。与农业生产关系密切的主要科（图3-39、图3-40）有：

A. 头喙亚目（Auchenorrhyncha）

中大型,活泼善跳;触角短,刚毛状或鬃状;喙出自头后部、前足基节以前;前翅质地均一,有明显的爪片;翅脉发达;跗节3节,许多雄虫能发音。包括蝉、蜡蝉、飞虱、角蝉、叶蝉等大类。

（1）叶蝉科（Cicadellidae）

体长3～15 mm,单眼2个,位于头顶边缘或在头顶与额之间,极少种类无单眼;触角刚毛状;后足胫节有棱脊,棱脊上着生有3～4列刺状毛;足能跳跃,但腿节不特别膨大;跗节3节。产卵器锯状,在植物组织内产卵,繁殖力强。在吸收植物汁液的同时,有些种类还会传播植物病毒病。趋光性强。重要的农业害虫有黑尾叶蝉 *Nephotettix cinticeps*(Uhler)、大青叶蝉 *Tettigella viridis*(L.)等。

（2）飞虱科（Delphacidae）

体小型,长2～9 mm,多呈灰白色或褐色;触角短,刚毛状,着生于头侧方复眼之下。单眼2个。翅膜质透明,不少种类有长翅和短翅二型。短翅型雌虫体肥大,繁殖力强。足能跳跃,但非典型的跳跃足;跗节3节;后足胫节外侧有2个刺,端部有1个能动的大距。卵产于植物组织内,繁殖力强。重要的农业害虫有褐飞虱 *Nilaparvata lugens* Stål、白背飞虱 *Sogatella furcifera*(Horvtel)、灰飞虱 *Laodelphax striatellus*(Fallel)等。

B. 胸喙亚目（Sternorrhyncha）

体微小至小型，经常不活泼；触角长，丝状；喙从前足基节之间伸出；前翅质地均一、无明显爪片；翅脉简单；跗节 1～2 节；雄虫不发音。包括蚜虫、粉虱、木虱、介壳虫。

（3）粉虱科（Aleyrodidae）

体微小，仅 1～3 mm。成虫体及翅上被白色蜡粉。触角细长，丝状，7 节。复眼肾形，有时分离成上下两群。单眼 2 个。前翅最多有 3 条翅脉，后翅只有 1 条；静止时翅平放背上或成屋脊状。跗节 2 节。卵小，有柄，附着在植物上。从卵中孵出的 1 龄若虫，可用足爬行，第 1 次蜕皮后，足和触角消失，虫体固着在植物上。若虫共 4 龄，末龄若虫的体壁硬化，形状似蛹，称为"蛹"壳，是本科分类的主要依据。若虫有肛门、管状孔，后者由孔、盖瓣和舌状器三部分组成，是分类上的重要特征。重要的农业害虫有温室白粉虱 *Trialeurodes vaporariorum* Westwood、烟粉虱 *Bemisia tabaci*（Connadius）等。

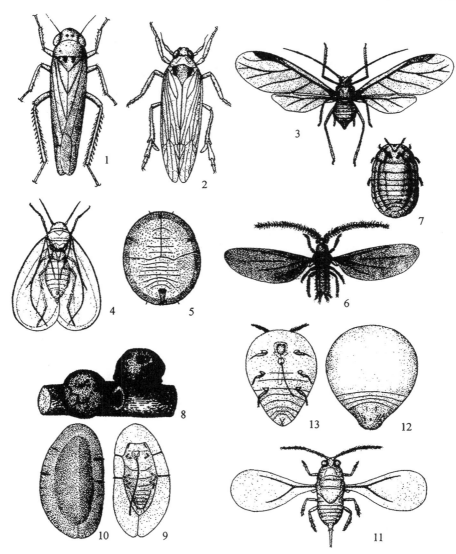

图 3 - 39　头喙亚目和胸喙亚目重要科的代表

1. 叶蝉科　2. 飞虱科　3. 蚜科　4～5. 粉虱科成虫和蛹壳　6～7. 绵蚧科的雄、雌成虫
8～10. 蚧科雌成虫的外形、背面观和腹面观　11～13. 盾蚧科雄、雌成虫和 1 龄若虫

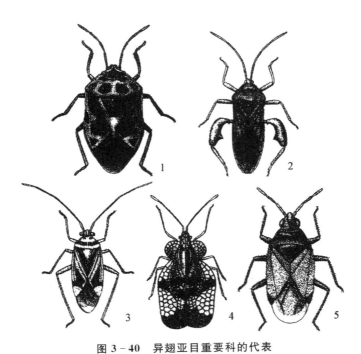

图 3-40 异翅亚目重要科的代表

1.蝽科 2.缘蝽科 3.盲蝽科 4.网蝽科 5.花蝽科

（4）蚜科（Aphididae）

体微小，柔软。触角大多 6 节，偶有 5 节或 4 节，末节端部至少长于基部的一半。复眼 1 对；单眼3 个，无翅型大多数退化。口器刺吸式，口针长；喙出自前足基节之间。每种蚜虫都有有翅和无翅类型。有翅型前翅中脉大多分为 3 支，少数分为 2 支。前胸及腹部各节常有缘瘤。跗节一般 2 节，第 1 节小。腹部 8～9 节，侧后方有腹管 1 对，末端的突起称为尾片。蚜虫每年都能发生很多世代。夏、秋季营孤雌胎生，秋冬季可出现有性雌雄蚜，交配后产卵越冬。蚜虫常有转换寄主的迁移习性。有多型现象。在环境条件或营养条件变劣时，产生有翅蚜迁移。本科的重要害虫有棉蚜 *Aphis gossypii* Glover、桃蚜 *Myzus persica*（Sulzer）等。

（5）绵蚧科（Monophlebidae）

体小型。雌虫无翅，椭圆形，常被蜡粉，分节明显，无复眼，有时两侧有单眼群。触角 6～11 节。足发达。腹部有 2～8 对气门，肛门周围无肛环。分泌腺孔有多种形式。产卵期有的有卵袋。雄虫有1 对翅；有复眼和单眼；触角 10 节；交配器短。主要害虫有吹绵蚧 *Icerya purchasi* Maskell 等。

（6）蚧科（Coccidae）

雌虫无翅，长卵圆形、扁平形、半圆形或球形，有革质或坚硬的外骨骼，平滑，被蜡质或虫胶等。体躯分节不明显。触角多为 6～8 节。有 1 对小眼。喙短，口针极长。足有或无。腹部末端有肛裂，肛门上盖有 1 对三角形的肛板。雄虫有 1 对翅或无翅。无复眼，小眼数目因种而异。口针短而钝。重要种类有红蜡蚧 *Ceroplastes rubens* Maskell、朝鲜球坚蚧 *Didesmococcus koreanus* Borchs 等。

（7）盾蚧科（Diaspididae）

若虫和雌成虫都被盾状介壳。雌虫无翅，介壳背面由两层蜕皮和一层丝质分泌物重叠而成。虫体盖在介壳下。头和前胸愈合，中、后胸和腹部前节分节通常明显，腹部末端数节常愈合成一整块臀板。触角退化成疣状，无足，无复眼，胸部有 2 对气门。雄虫微小，有 1 对翅或无翅，触角发达，无复眼，小眼 3 对，肛丝 2 条。重要害虫有矢尖蚧 *Unaspis yanonensis*（Kuwana）、梨圆蚧 *Diaspppidiotus perniciosus*（Comstock）等。

C. 异翅亚目（Heteroptera）

一般称为"蝽"。多数种类体型宽而略呈扁平，椭圆形或长椭圆形，体壁硬。触角多为丝状，4 或 5 节，以 4 节居多。口器着生在头的前面，基部远离前足基节，转弯置于头和胸的腹面。单眼 1 对，少数类群无单眼。前胸背板及中胸小盾片发达。前翅基部革质，端部膜质，称为半鞘翅。革质部分由爪片缝分为爪片和革片，有的在革片的外缘有狭长的缘片及在端角区有小三角形的楔片；端部膜质部分称为膜片，其上有翅脉和翅室。后翅膜质。翅不用时平置背面。有些种类无翅。跗节 1～3 节。腹部背面常可见到若虫腹臭腺孔的痕迹，能散发出臭味。雌虫产卵器锥状、针状或片状，长短不一。

变态类型为渐变态。大多数以成虫越冬，但盲蝽科以卵越冬。卵一般为聚产，陆栖有害种类多产于植物表面及茎干的粗皮裂缝中，也有产于植物组织中的；水栖类群则产卵于水草茎秆上或水面漂浮物体上。若虫多为 5 龄。生活环境有陆栖、半水栖和水栖。

（8）蝽科（Pentatomidae）

体扁平，盾形，前胸背板六边形；头小，三角形。触角多为 5 节。小盾片发达，三角形或舌状，仅盖住腹部长度的 1/2；翅膜区一般有 5 条纵脉，多从一基横脉发出。通常有 2 个单眼，复眼着生于头的基部，为头部的最宽处。臭腺发达。大多数为植食性，益蝽亚科（Asopinae）为捕食性。重要的农业害虫有稻绿蝽 *Nezara viridula*（L.）、菜蝽 *Eurydema dominuls*（Scopoli）等。

（9）缘蝽科（Coreidae）

体中至大型，狭长，两侧缘略平行。头部远较前胸狭短，胸部与腹部宽度相等。触角 4 节。有单眼。前翅膜片具许多平行的纵脉，通常基部无翅室，但有的种类膜片脉呈网状。足一般细长，有的后足腿节粗大，具瘤状或刺状突起，胫节呈叶状或齿形扩展。重要的农业害虫有稻棘缘蝽 *Cletus punctiger* Dallas 等。

（10）盲蝽科（Miridae）

体型小至中等。触角 4 节。无单眼。喙长，4 节。前翅具革片、爪片和楔片，以及界线不明的缘片，膜片有 2 个封闭的翅室。跗节 3 节。多为植食性，部分是捕食性。常见的农业害虫有绿丽盲蝽 *Lygocoris lucorum*（Meyer-Dür）、中黑苜蓿盲蝽 *Adelphocoris suturalis* Jakovlev 等；齿爪盲蝽属种类为 *Deraeocoris* spp. 。

（11）网蝽科（Tingidae）

体小而扁。触角 4 节。无单眼。前胸背板向后延伸盖住小盾片，有网状花纹。前翅密布网纹，无明显的革片、膜片之分。跗节 2 节，无爪垫。若虫体侧有刺。常群集于叶片反面主脉两侧危害。主要害虫有梨网蝽 *Stephanitis nashi* Esaki、茶脊网蝽 *S. chinensis* Drake 等。

（12）花蝽科（Anthocoridae）

体小型或微型。触角 4 节，第 1、2 节长度之和长于第 3、4 节长度之和。喙长，4 节，第 1 节极短小。一般有单眼。中后胸侧板分片。前翅有明显的缘片和楔片，膜片上有纵脉 1～4 条。以捕食蚜虫、介壳虫、粉虱、蓟马和螨类为生。常见种有微小花蝽 *Orius minutus*（L.）等。

（五）脉翅目（Neuroptera）

1. 形态特征

一般为中小型，也有大型种类。头下口式，口器咀嚼式。复眼发达，相隔较远；一般无单眼，有些种类有单眼 3 个。触角细长，丝状、念珠状、栉齿状或球杆状。前胸明显，中后胸相似；翅膜质，静止时呈屋脊状。翅脉纵脉多分支，横脉很多，翅脉呈网状；少数种类翅脉较少。跗节 5 节，爪 2 个。腹部 10 节，无尾须。

2. 生物学特性

卵长形，有的有长柄。幼虫口器为捕吸式，寡足型，胸足发达，无腹足。老熟幼虫在丝质茧内化

蛹,蛹为离蛹。幼虫和成虫都为肉食性,捕食蚜虫、蚁和鳞翅目幼虫,有些种类已能进行大量人工繁殖,用于生物防治。飞行力弱,大多有趋光性。

3. 分类

全世界有 4500 多种,我国 660 多种,其中最大的科是草蛉科(图 3 - 41)。

草蛉科(Chrysopidae)体型中等,柔弱,绿、黄或灰色。翅展 31～65 mm。头小。触角丝状,比体长稍短或长于体长。复眼半球形突出,金黄色。翅膜质宽大透明,前后翅相似,后翅略窄。前缘区有横脉 30 条以下,不分叉,翅外缘的翅脉分叉。

卵有丝柄。幼虫口器双刺式,有蚜狮之称。茧白色圆形。用于生物防治的常见种类有大草蛉 *Chrysopa pallens* (Ramber)、中华草蛉 *C. sinica* Tjeder 等。

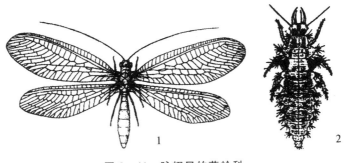

图 3 - 41　脉翅目的草蛉科
1.成虫　2.幼虫

(六)鞘翅目(Coleoptera)

1. 形态特征

头部坚硬,前口式或下口式,正常或延长成喙。复眼发达,有时分割为背面和腹面两部分。通常无单眼,偶有单眼 1～2 个。触角多为 10～11 节,形状多变。有丝状、念珠状、锯齿状、双栉齿状、锤状、膝状和鳃叶状等。前胸发达,中胸小盾片外露。前翅为鞘翅,左右翅在中线相遇,覆盖后翅、中胸大部、后胸和腹部。腹部外露的腹节多少因种类而异。有的鞘翅很短,腹部可见 7～8 节,但腹部末端绝无尾铗。后翅有少数强烈变形的翅脉,用于飞翔,静止时折叠于前翅下。足多数为步行足,亦有跳跃、开掘、抱握、游泳等类型。各足跗节的节数常以跗节式来表示,有 5-5-5、5-5-4、4-4-4 和 3-3-3 等类型。有些跗节的倒 2 节极小,不易辨别。

2. 生物学特性

属全变态昆虫。幼虫至少有 4 个类型:步甲型幼虫胸足发达,行动灵活,捕食其他昆虫,如步甲幼虫;蛴螬型肥大弯曲,有胸足,但不善爬行,危害植物根部,如金龟甲幼虫;天牛型幼虫为直圆筒形,略扁,足退化,钻蛀危害,如天牛幼虫;象甲型幼虫体中部特别肥胖,弯曲而无足,如豆象幼虫。甲虫少数为肉食性,可以作为益虫看待;多数为植食性,危害植物的根、茎、叶、花、果实和种子。鞘翅目昆虫多数在幼虫期危害,但也有成虫期继续危害的(如叶甲、花金龟)。成虫常有假死习性,大多数有趋光性。

3. 分类

本目是昆虫纲中最大的目,已知种多达 33 万种,约占全部昆虫种类的 40%,我国已知 18400 多种。

鞘翅目可分为原鞘亚目(Archostemata)、藻食亚目(Myxophaga)、肉食亚目(Adephaga)和多食亚目(Polyphaga)。绝大部分鞘翅目种类属于肉食亚目和多食亚目,与农业生产关系密切的科有(图 3 - 42):

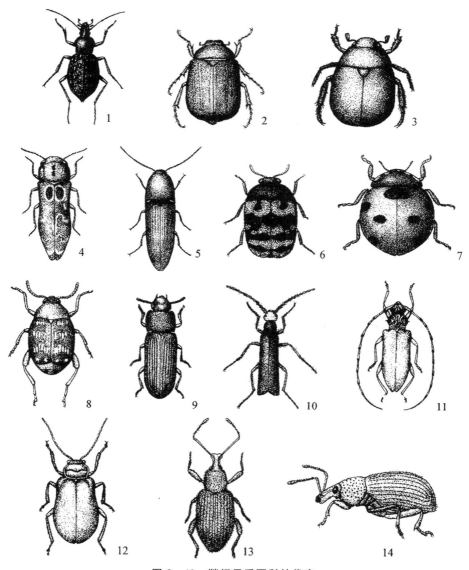

图 3－42　鞘翅目重要科的代表

1.步甲科　2.鳃金龟科　3.丽金龟科　4.吉丁虫科　5.叩甲科　6.皮蠹科　7.瓢虫科　8.豆象科
9.拟步甲科　10.芫菁科　11.天牛科　12.叶甲科　13～14.象甲科

A. 肉食亚目（Adephaga）

（1）步甲科（Carabidae）

体微小至大型，以黑色种类为多，少数颜色鲜艳，并有金属光泽。头部常狭于前胸背板，前口式。触角丝状，11节，着生于上颚基部与复眼之间，两触角间距大于唇基宽度。跗节式5-5-5（前、中、后足的跗节数分别为5）。腹部腹面可见6～8节，第1腹板被后足基节臼分割为2片。前胸背侧缝明显。爬行迅速。鞘翅一般隆凸，表面多刻点行或瘤突，后翅一般发达；土栖种类后翅常退化，左右鞘翅愈合，不能飞翔。肉食性，但有少数种类危害农作物。主要种类有金星步甲 *Calosoma chinense* Kirby 等。

B. 多食亚目（Polyphaga）

（2）鳃金龟科（Melolonthidae）

体小至大型，略呈圆筒形，平滑，有条纹或皱纹，部分有毛。体色多棕、黑、褐色，全体一色或有斑

纹,光泽强弱不等,但鲜有绿、蓝及各种金属光泽。口器位于唇基之下,背面不可见;触角鳃状,8~10节,鳃片部3~8节。鞘翅发达,常有4条纵肋可见。臀板外露,不被鞘翅覆盖;腹末1对气门不为鞘翅所盖。前足胫节外侧有1~3齿,后足跗节的1对爪等大。鳃金龟科是金龟总科中最大的科,我国有500多种。幼虫危害植物根部,是重要的地下害虫。常见害虫有暗黑鳃金龟 *Holotrichia parallela* Mostchulsky、华北大黑鳃金龟 *H. oblita* (Faldermann)等。

（3）丽金龟科（Rutelidae）

体中型,光亮,有蓝、绿、褐、黄、金和红色等金属光泽。和鳃金龟科近缘,可以根据后足胫节有2个距,后足2个爪大小不一等特征与鳃金龟科相区别。成虫危害森林、果树,喜食阔叶树叶。幼虫为地下害虫。重要害虫有铜绿异丽金龟 *Anomala corpulenta* Mostchulsky 等。

（4）吉丁虫科（Buprestidae）

体多小至大型。头小、垂直,嵌入前胸。触角多短,锯齿状,11节。前胸背板后侧角不呈刺状;前胸腹板后端向后延伸,嵌入中胸腹板的凹槽,但无关节,不能活动。足短,跗节5节,第4节双叶状。幼虫乳白色,前胸宽大而扁平,蛀食木材。初孵幼虫常群集于树皮下,形成弯曲而密集的坑道;成虫喜阳光,白天活动。主要害虫有柑橘小吉丁虫 *Agrilus auriventris* Saunders 等。

（5）叩甲科（Elateridae）

体小至大型,体型多狭长,灰褐或棕色。头小,紧接于前胸。触角11节,锯齿状、栉齿状或丝状,雌雄常有差异。前胸背板发达,后侧有锐刺突出。前胸腹板中间有1个尖突起,向后延伸,嵌在中胸腹板的凹陷内。前胸和中胸之间有关节,当虫体背部受压时,头和前胸同时向下作叩头状活动。各足跗节5节。幼虫称为"金针虫",体细长,圆筒形或稍扁,头部和腹部末节坚硬;在土中生活,多数危害多种农作物、林木、果树、牧草和中药材,是重要的地下害虫。主要种类有沟叩甲 *Pleonomus canaliculatus* (Faldermann)、细胸叩甲 *Agriotes subrittatus* Motschulsky 等。

（6）皮蠹科（Dermestidae）

体小到中型,卵圆形或蚕茧形,被鳞片和细绒毛。头小,向下弯曲,背面隆起。触角短,棒状或锤状,11节。复眼发达,额上常有单眼1个。鞘翅盖住腹部,翅面常有不同颜色的毛和鳞片组成斑纹。后翅发达,能飞。足短,各足跗节5节,爪简单。幼虫体上有许多长短不一的毛,腹部末端的毛最长。为仓库害虫,喜食如皮毛、干肉、鱼干、动物和昆虫标本等,有时也危害种子和粮食。重要种类如谷斑皮蠹 *Trogoderma granarium* (Everts)、黑皮蠹 *Attagenus piceus* (Olivier)等。

（7）瓢虫科（Coccinellidae）

体小至中型,半球形,偶有长卵形,体色鲜艳。头小,嵌入前胸甚深。触角前端3节膨大成锤状,形状变化甚多。足短,跗节隐4节,第3节很小,隐藏在第2节之间,第2节分为两叶,因而外观似为3节又称伪3节。幼虫行动灵活,体上多突起,有刺毛和分枝的毛。常见捕食性益虫有澳洲瓢虫 *Rodolia cardinalis* (Mulsant)、七星瓢虫 *Coccinella septempunctata* L. 等。植食性害虫有马铃薯瓢虫等。

（8）拟步甲科（Tenebrionidae）

多为黑色或暗褐色,扁平,坚硬。头小,部分嵌入前胸背板。触角11节,少数10节,丝状或锤状。前胸背板发达,鞘翅盖达腹部末端,腹板可见5节。外形和步甲科相似,但跗节为5-5-4式。爪简单。幼虫和叩甲科幼虫相似,有"伪金针虫"之称,其区别是本科幼虫上唇和额之间有明显的横缝,腹部末端构造简单。本科中有很多重要的储粮害虫,如黄粉虫 *Tenebrio molitor* L.、黑粉虫 *Tenebrio obscurus* Fabricius、赤拟谷盗 *Tribolium castaneum* Herbst 等。

（9）芫菁科（Meloidae）

体长形,鞘翅较软。头大而能动,下口式。触角11节,丝状;雄虫触角中间有几节膨大。前胸狭,鞘翅末端不完全切合。跗节5-5-4式,爪梳状。复变态。幼虫一般寄生于蜂巢或取食蝗虫卵。成虫以豆科植物的叶片为食,是农业害虫。常见种类有中国豆芫菁 *Epicauta chinensis* Laporte 等。

（10）天牛科(Cerambycidae)

体呈长筒形,略扁。头大,上颚发达。触角特别长,丝状,有时超过体长,也有较短的种类。复眼肾形,围在触角基部,有时断开成 2 个。足细长,跗节隐 5 节(伪 4 节)。后翅发达,适于飞行。幼虫钻蛀树木茎根,危害严重。常见害虫有星天牛 *Anoplophora chinensis*（Forster）、橘褐天牛 *Nadezhdiella cantori*（Hope）等。

（11）负泥虫科(Crioceridae)

体小到中型,卵圆形。头部突出,稍窄于前胸背板或等宽,具有明显的头颈部。触角 11 节,丝状、棒状、锯齿状或栉齿状。复眼圆形。前胸背板长大于宽。鞘翅长形,盖住腹端部,部分类群鞘翅卵圆形,臀板或腹部末端数节背板外露(豆象亚科)。后足腿节粗大,内侧具齿,胫节弯曲;跗节隐 5 节。腹部可见 5 节。成虫多数食叶,豆象取食花或种子;幼虫可以蛀茎、食根或食叶等。危害豆科植物的种子。常见害虫有水稻负泥虫 *Oulema oryzae*（Kuwayana）,绿豆象 *Callosobruchus chinensis*（L.）、豌豆象 *Bruchus pissorum*（L.）等。

（12）叶甲科(Chrysomelidae)

体小至中型,大多为长卵形,也有半球形。多为亚前口式。触角丝状、锯齿状,一般不超过体长的一半,伸向前方。复眼卵圆形。鞘翅一般盖住腹部。跗节隐 5 节。本科又名"金花虫",幼虫和成虫均食叶而形成叶缺刻。主要害虫有黄守瓜 *Aulacophora femoralis*（Motschulsky）、黄曲条跳甲 *Phyllotreta striolata*（Fabricius）等。

（13）象甲科(Curculionidae)

象甲科又称象鼻虫或象虫。体坚硬,体表多被鳞片。头部延长成象鼻状或喙状,喙中间和端部之间具触角沟。触角呈膝状弯曲,11 节,前端 3 节膨大成锤状。胸部较鞘翅窄,鞘翅端部具翅坡。腿节棒状或膨大,胫节多弯曲,跗节 5 节,第 3 节双叶状。成虫和幼虫都是植食性害虫,有吃叶、钻茎、钻根、蛀果实或种子、卷叶或潜叶等多种习性。重要害虫有谷象 *Sitophilus granaries*（L.）、米象 *S. oryzae*（L.）等。

（七）双翅目（Diptera）

1. 形态特征

包括蚊、蠓、蚋、虻、蝇。体型小至中等,偶有大型,体长 0.5～50 mm。复眼发达,几乎占头部的大部分,左右复眼在背面相接的称"接眼",不相接的称"离眼"。单眼 3 个。触角多样,有丝状、栉齿状、念珠状、环毛状和具芒状等。口器有刺吸式和舐吸式,有时口器退化无取食功能,尤其雄虫通常如此。前翅发达,膜质,脉序简单,在臀区内方常有 1～3 个小型瓣,它们是(从外向内):轭瓣、翅瓣和腋瓣。后翅退化成平衡棒。足的长短差异很大,一般有毛。胫节有距 1～3 个,跗节 5 节。前跗节有爪 1 对,爪有爪垫;两爪之间有爪间突,有时形成中垫。腹部第 7～10 节形成产卵管。雄虫外生殖器的构造是重要的分类特征。蝇类体外刚毛的排列称为鬃序,是分类的重要依据。

2. 生物学特性

属全变态类昆虫。幼虫为无足型。根据头部骨化程度的不同,可再分为全头型、半头型和无头型。双翅目昆虫的繁殖类型有卵生、胎生、卵胎生、孤雌生殖和幼体生殖。幼虫的食性复杂,有植食性——瘿蚊科、实蝇科、黄潜蝇科和潜蝇科;腐食性或粪食性——毛蚊科、蝇科;捕食性——食虫虻科和食蚜蝇科;寄生性——狂蝇科、虱蝇科和寄蝇科。双翅目许多种类的成虫取食植物汁液、花蜜作补充营养。但是,蚊科、蚋科、蠓科、毛蠓科、虻科和部分蝇科昆虫刺吸人畜血液,并传播疟疾、脑膜炎、丝虫病、白蛉热、黑热病等疾病。蝇科和丽蝇科成虫虽不吸血,但能传播痢疾和霍乱。

3. 分类

双翅目昆虫已知 15 万种,我国 9000 多种。分为 3 个亚目,即长角亚目(Nematocera)、短角亚目(Brachycera)和环裂亚目(Cyclorrhapha)。

长角亚目包括蚊、蠓、蚋。体较细长,多毛,无鬃。触角较长,多呈丝状,一般6节以上,部分科雄性触角环毛状。幼虫全头型,4个龄期,离蛹或被蛹。幼虫植食性和腐食性居多。

短角亚目通称为虻类。多为中到大型,体较粗壮。触角较短,一般3节,鞭节形状变化大。前翅中室一般存在。幼虫头部骨化,部分缩入胸部,为半头型。蛹为裸蛹,水虻科为围蛹。多数为捕食性和腐食性种类,一些种类为植食性或寄生性,虻科、鹬虻科和伪鹬虻科部分种类吸血传播疾病。

环裂亚目为蝇类。体微小到中型。口器为舐吸式,触角3节,为具芒状,触角芒一般位于第3节背面,光裸或具毛。体表多具毛和鬃。

与农业有关的重要的科(图3-43)有:

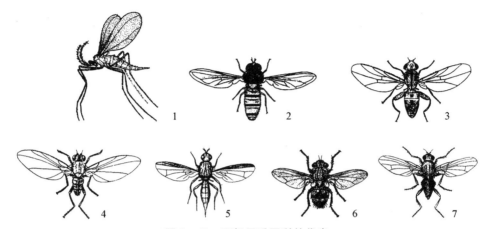

图3-43 双翅目重要科的代表
1.瘿蚊科 2.食蚜蝇科 3.潜蝇科 4.秆蝇科 5.实蝇科 6.寄蝇科 7.花蝇科

A.长角亚目(Nematocera)

(1)瘿蚊科(Cecidomyiidae)

体微小,十分纤弱,常被毛和鳞片。触角10~36节,念珠状,轮生细毛,雄虫常为环状毛。复眼发达,左右相接。有单眼。前翅阔,只有3~5条纵脉,有毛或鳞。足基节短,胫节无距,有中垫和爪垫。腹部8节,产卵管短或极长,能伸缩。幼虫体呈纺锤形,腹面第2、3节之间多有胸叉。胸叉有齿或分成两瓣,是弹跳器官。成虫一般不取食,早晚活动,趋光性不强。幼虫食性复杂,若干种类是植食性害虫,危害花、叶、茎、根和果实,并能形成虫瘿,因而有"瘿蚊"之名。也有腐食性、粪食性和寄生性种类。主要的害虫如麦红吸浆虫 *Sitodiplosis mosellana* (Gehin)等。

B.环裂亚目(Cyclorrhapha)

(2)食蚜蝇科(Syrphidae)

体中等大小,体色鲜艳,具有黄、蓝、绿、铜等颜色的斑纹,形似蜂。头大,触角3节,具芒状。复眼大,雄虫为接眼;有单眼。翅外缘有和边缘平行的横脉,使R脉和M脉的缘室成为闭室;R_{4+5}脉和M_{1+2}脉之间,有一条骨化或仅为褶皱状的两端游离的伪脉。幼虫无头式,有时后端有细长的呼吸管,如鼠尾状。幼虫能捕食蚜虫、介壳虫、粉虱和叶蝉等害虫,也有在腐烂的朽木、落叶和粪便中生活的腐食性种类,也有植食性的。常见种有黑带食蚜蝇 *Episyrphus balteata* (De Geer)等。

(3)潜蝇科(Agromyzidae)

体微小至小型,长1.5~4.0 mm,黑色或黄色,部分种类有金属光泽。触角短,第3节常呈球形,芒生于背面基部。翅大,C脉在Sc脉末端处中断,M脉间有2个闭室,一为基室,一为中室。臀脉短,不达翅缘,基室的下方有1小臀室。幼虫无头式,前气门1对,生在前胸近背中线处,左右接近,由此可与秆蝇科幼虫相区别。幼虫潜入叶肉组织,可由叶上潜痕得知其存在,该科中也有捕食蚜虫的。常见种类如美洲斑潜蝇 *Liriomyza sativae* Blanchard 等。

（4）秆蝇科（Chloropidae）

又名黄潜蝇科。体小型，黑色或黄色有黑斑，少毛。复眼发达，额宽，单眼三角区大，触角鞭节发达且形态各异。前翅发达，C 脉在 Sc 脉末端处中断，M 脉间只有 1 个闭室，即基室和中室合并，无臀室。幼虫无头式，在植物茎内钻蛀危害。重要的农业害虫有麦秆蝇 *Meromyza saltotrix* L.。

（5）实蝇科（Tephritidae）

体小至中型，体常有黄、棕、黑色。头大，有细颈。复眼大，常有绿色闪光。单眼有或无。翅阔，有褐色或黄色雾状斑纹。休息时翅常展开并扇动。Sc 脉末端突然弯曲向上，臀室末端成一锐角。幼虫圆锥形，蛀食果实、茎、根，或在叶上穿孔，有的造成虫瘿或潜入叶内。本科有许多种是重要的害虫，例如柑橘大实蝇 *Bactrocera minax*（Enderlein）、瓜实蝇 *Dacus cucurbitae* Coquillett 等。

（6）寄蝇科（Tachinidae）

体中或小型，粗壮，多鬃和毛。头大，能动。雄虫接眼式。触角芒光裸或有短毛，但绝非羽状。前翅发达，M1 脉急向上弯。下侧片有成行的鬃。后胸小盾板下方有一凸起（后小盾片）。成虫活泼，白昼活动，常集于花上。一雌能产 50～5000 个卵或幼虫；卵产在寄主体外、体内或生活场所。幼虫无头式，多数种类以鳞翅目幼虫和蛹为寄主，其次是以鞘翅目和直翅目等昆虫为寄主。常见种类如松毛虫狭长寄蝇 *Carcelia matsukarehae* Shima、黏虫缺须寄蝇 *Cuphocera varia* Fabrius 等。

（7）花蝇科（Anthomyiidae）

体小或中型，细长多毛，一般为黑、灰或暗黄色。头大，能转动。复眼大，离眼式；雄虫左右复眼几乎相接。触角芒无毛或羽状。翅脉直，1A 脉伸达翅缘；腋瓣大。幼虫无头式，植食性。主要害虫有灰地种蝇 *Delia platura*（Meigen）、葱地种蝇 *D. antiqua*（Meigen）等。

（八）鳞翅目（Lepidoptera）

1. 形态特征

体小至大型，翅展 5～200 mm。触角有丝状、梳状、羽状、棍棒、球杆状和末端钩状等多种形状。复眼发达，单眼 2 个或无。原始种类（如小翅蛾科）口器为咀嚼式，其余的口器均为虹吸式，喙管不用时呈发条状卷曲在头下。前胸小，背面有 2 块小型的领片，中胸最大，后胸相对较小。翅 2 对，发达，偶有退化无功能者；翅脉发达，少数原始种类前后翅翅脉相似，大多数种类前翅比后翅大；翅中部最大的翅室称为中室。翅膜质，覆盖有各种颜色的鳞片，鳞片组成不同的线和斑，是重要的分类特征。

2. 生物学特性

卵呈圆球形、馒头形、圆锥形、鼓形等，表面有刻纹，单粒或多粒集聚黏附于植物上。幼虫为多足型，又称蠋型，幼虫体表柔软，呈圆柱形。头部坚硬，每侧常有 6 个单眼，唇基三角形，额很狭，成"人"字形，口器咀嚼式，有吐丝器。胸足 3 对。腹足多为 5 对，着生在腹部第 3～6 节和第 10 节上，而第 10 节上的腹足称为臀足。腹足底面有趾钩，排列成趾钩列。趾钩列按排列有单行、双行和多行之分。每行趾钩的长短相同的称单序，一长一短相间排列的称双序，此外还有三序和多序等。鳞翅目幼虫绝大多数是植食性，食叶、潜叶、蛀茎、蛀果、蛀根、蛀种子，也危害储藏物品，如粮食、干果、药材和皮毛等。极少数种类是捕食性或寄生性的，如某些灰蝶科幼虫以蚜虫、介壳虫为食。

成虫口器多为虹吸式。吸食花蜜作为补充营养，一般不危害作物。有的种类根本不取食，完成交配产卵之后即行死亡。少数吸果蛾类的喙管末端坚实而尖锐，能刺破果皮吸取汁液，对桃、苹果、梨、葡萄和柑橘造成危害。蝶类在白天活动；蛾类大多在夜间活动。许多种类有趋光性，可利用这一习性进行测报和防治。成虫常有雌雄二型，甚至有多型现象。成虫常有拟态现象，如多种蛱蝶翅反面的颜色酷似树皮；枯叶蛱蝶属 *Kallima* 翅反面像一片枯叶，是最典型的拟态例子。成虫产卵常选择幼虫取食的植物，如菜粉蝶选择十字花科植物产卵等。

3. 分类

本目是昆虫纲中第二大目。全世界种类达 200000 种,其中蝶类约 18000 种,绝大多数都为蛾类。我国有鳞翅目昆虫约 17000 种,其中蝶类约 1300 种。根据上颚是否发达,下颚外颚叶有无形成喙状,分成轭翅亚目(Zeugloptera)、无喙亚目(Aglossata)、异蛾亚目(Heterobathiina)和有喙亚目(Glossata),其中 98% 以上的种类都属于有喙亚目。轭翅亚目、无喙亚目和异蛾亚目昆虫具有上颚,有喙亚目昆虫上颚退化或消失,下颚外颚叶形成虹吸式口器。在有喙亚目中,习惯上将触角形状为球杆状膨大并且无翅缰的统称为蝶类;触角通常呈丝状或羽状,或触角端部膨大而有翅缰的统称为蛾类。与农业有关的重要的科(图 3-44)有:

图 3-44 鳞翅目重要科的代表

1.谷蛾科　2.菜蛾科　3.麦蛾科　4.卷蛾科　5.刺蛾科　6.蛀果蛾科　7.螟蛾科　8.尺蛾科　9.天蛾科　10.毒蛾科　11.夜蛾科　12.弄蝶科　13.凤蝶科　14.粉蝶科　15.蛱蝶科

（1）谷蛾科（Tineidae）

体小，翅展 20 mm 以下。体色灰、黄或褐色，偶有艳丽花纹。头上有直立的毛和鳞。触角比前翅短，柄节上常有栉毛。翅狭长，后翅顶端尖，臀角处缘毛特长，长于翅宽。前后翅中室内均被 M 脉基部分割。后足胫节被长毛。幼虫腐食性，也有取食干的动物、植物和菌类的种类。趾钩单列，环式，椭圆形。常见的储藏物害虫有谷蛾 *Nemapogon granella*（L.）等。

（2）菜蛾科（Plutellidae）

体小而狭长，色暗。触角在静止时伸向前方。下唇须第 2 节有三角形的毛丛。翅狭长，后翅菜刀形，M1 与 M2 共柄。幼虫小，绿色，圆筒形。趾钩单序环，臀足较长而往后斜伸。幼虫危害叶表面或潜叶、潜茎。主要害虫有小菜蛾 *Pultella xylostella*（L.）等。

（3）麦蛾科（Gelechiidae）

体小或微小，颜色暗淡。头部鳞毛平贴。触角线状，下唇须向上弯曲，长而伸过头顶，第 3 节长而尖。前后翅外缘和后翅内缘有长缘毛。前翅较后翅狭，后翅顶角尖，外缘弯曲内凹呈菜刀形。幼虫圆筒形，苍白色或粉红色。趾钩环式或横带式，2 序。潜叶类腹足和胸足均可能退化。重要害虫有马铃薯块茎蛾 *Phthorimaea operculella*（Zeller）、棉红铃虫 *Pectinophora gossypiella*（Saunders）等。

（4）卷蛾科（Tortricidae）

体小到中型，翅展通常不超过 20 mm。体呈黄褐色、褐色或灰色，有条纹、斑点或大理石云纹。触角绒状，偶尔栉状。前翅近长方形，有时前缘有一部分向反面折叠。休息时前翅平叠于背上略呈钟罩状。幼虫趾钩环式，2 序或 3 序。一般卷叶危害，有的钻蛀果实。重要害虫有棉褐带卷蛾 *Adoxophyes orana*（Fischer Roslerstamm）、梨小食心虫 *Grapholitha molesta*（Busck）等。

（5）刺蛾科（Limacodidae）

体型中等，短而粗壮多毛，体呈黄色、褐色或绿色，有红色或暗色斑纹。喙退化或消失。翅短而阔，有较厚的鳞和毛。幼虫又称洋辣子，体扁，蛞蝓型，生有枝刺和毒毛；胸足退化，腹足呈吸盘状，无趾钩。重要种类有黄刺蛾 *Cnidocampa flavescens*（Walker）等。

（6）蛀果蛾科（Carposinidae）

体小型，体长 5～8 mm，翅展 13～16 mm。头顶具粗鳞，喙短。前翅肩区突出，使翅略呈长方形，中室闭锁，不为其他翅脉分割，Cu_2 出自中室近下端角处；后翅 $Sc+R_1$ 不与 Rs 接触，M_1 完全消失，有时 M_2 亦消失。幼虫趾钩环式，单序，蛀食果实。重要害虫有桃蛀果蛾 *Carposina sasakii* Matsumura 等。

（7）螟蛾科（Pyralidae）

体小或中等，细长，腹部末端尖削。触角绒状，偶有栉状或双栉状。下唇须相当长，在头的前面或向上弯。前后翅 M_1 和 M_2 基部远离；后翅 $Sc+R_1$ 和 Rs 在基部平行，在中室前接近或接触，后翅有发达的臀区。幼虫趾钩 2 序，排成缺环；偶有单序、3 序和全环式。重要害虫有亚洲玉米螟 *Ostrinia furnacalis*（Guenée）、稻纵卷叶螟 *Cnaphalocrocis medinalis*（Guenée）等。

（8）尺蛾科（Geometridae）

体小到大型，体细，翅阔，常有细波纹。后翅 $Sc+R_1$ 在近基部与 Rs 靠近或愈合，形成一小室。幼虫细长，通常仅第 6 和第 10 腹节具有腹足，行动时一曲一伸，故称尺蠖、步曲或造桥虫，形似植物枝条。重要害虫有柿星尺蛾 *Percnia giraffata*（Guenée）等。

（9）天蛾科（Sphingidae）

体大型，偶有中型，粗壮，梭形，腹部末端尖。行动灵活，飞翔力强。触角中部加粗，末端弯曲成钩状。喙发达，有时长过身体。前翅大而狭，顶角尖而外缘倾斜；后翅较小，近三角形。腹部第 1 节有听器。幼虫粗大，一般无毛，腹部每节分为 6～8 个小环，第 8 节背部有 1 尾角。趾钩中列式，2 序。常见害虫有甘薯天蛾 *Herse convolvuli*（L.）等。

（10）毒蛾科（Lymantriidae）

体中型，强壮。形态和夜蛾科相似，但无单眼。触角通常双栉齿状，雄蛾触角栉齿通常比雌蛾长。休息时，多毛的前足常伸向前方。雌虫有的无翅，腹部末端有成簇的毛，产卵时脱落覆盖卵块。后翅 $Sc+R_1$ 在中室的 1/3 处与中室相接，或有 1 横脉相连接。幼虫生有毛瘤，毛瘤上生有毛束或毛刷，常在背上成 4 行排列，毛内常有毒液。趾钩单序中列式。茧丝质，其上混有幼虫的毒毛。重要害虫有舞毒蛾 *Lymantria dispar*（L.）等。

（11）夜蛾科（Noctuidae）

体中至大型，色暗，少数有鲜艳色彩，粗壮，多鳞片和毛。触角多为丝状、锯齿状，有时为栉齿状。复眼大，常具单眼。前翅颜色略深，颜色常与栖居环境相似，M_2 基部远离 M_1，接近 M_3；后翅顶角圆钝，$Sc+R_1$ 在近基部处和中室有一点接触又分开，形成一小型基室。幼虫粗壮，腹足 5 对，少数种类第 3 腹节或第 3、4 节上的腹足退化，行走时似尺蛾幼虫。幼虫危害方式有食叶、蛀食、切根；有的成虫吸果。重要害虫有棉铃虫 *Helicoverpa armigera*（Hübner）、小地老虎 *Agrotis ypsilon*（Rottemberg）等。

（12）弄蝶科（Hesperiidae）

体中或小型，大多暗色，静止时翅部分开放。触角前端略膨大，端部弯曲。前翅三角形。后足胫节有 2 对距。幼虫无毛，体呈纺锤形，前胸细瘦呈颈状，腹部末端有臀栉，腹足趾钩环式，3 序或 2 序；常吐丝缀数叶片作苞，在里面危害。重要的农业害虫有直纹稻弄蝶 *Parnara guttata*（Bremer et Grey）、隐纹谷弄蝶 *Pelopidas mathias*（Fabricius）等。

（13）凤蝶科（Papilionidae）

大型美丽的蝶类。翅有黑、绿、黄三种底色，并缀以红、绿、蓝、黑色斑块或花纹，常有金属闪光。无尾突或有尾突 1～3 对。前翅 R 脉 5 条，R_4 和 R_5 共柄，A 脉 2 条（2A、3A）。后翅只有 1 条臀脉。幼虫肥大，前胸前缘有 Y 腺，受惊时翻出体外，很易识别；趾钩中列式，3 序或 2 序。常见害虫有柑橘凤蝶 *Papilio xuthus* L. 和玉带凤蝶 *P. polytes* L. 等。

（14）粉蝶科（Pieridae）

体中型。翅大多为白色或黄色，偶有红色和蓝色底色的，其上有黑色或绿色斑纹。前翅 R 脉只有 4 条，R_{2+3}、R_4、R_5 3 条共柄，A 脉 1 条；后翅 A 脉 2 条。足 3 对，正常，爪上有齿，或再分裂。幼虫圆柱形，细长，表皮有小颗粒，无毛或多毛，绿色或黄色。趾钩中列式，2 序或 3 序。主要害虫有菜粉蝶 *Pieris rapae*（L.）等。

（15）蛱蝶科（Nymphalidae）

体中至大型，色彩美丽，飞翔迅速。静止时翅常扇动，有些种类翅平摊。触角的锤状部分特别膨大。前翅 R 脉 5 条，R_3、R_4、R_5 3 条脉共柄（有时 R_2 也共柄），前翅 A 脉 1 条，后翅 A 脉 2 条，均不分叉。前足退化，爪上无齿，也不分裂。幼虫圆筒形，表皮上有突起和棘刺。趾钩中列式，3 序，偶有 2 序。常见害虫有苎麻黄蛱蝶 *Pareda vesta* Fabricius 等。

（九）膜翅目（Hymenoptera）

1. 形态特征

触角丝状、锤状或膝状等。口器咀嚼式或嚼吸式。复眼发达，某些蚁类萎缩或退化为单一的小眼面。单眼 3 个，在头顶排列成三角形，某些泥蜂和蚁类退化。翅发达、退化或缺失。有翅种类翅呈膜质，前翅比后翅大，飞行时前翅与后翅以翅钩连接。前翅脉序高度特化，常合并和减少；许多膜翅目前翅前缘约 2/3 处有一明显的翅痣。足一般为步行足，许多膜翅目种类为了适应某种生活方式，足发生了特化，如跳跃（一些针尾部种类）、抓获（大部分雌性螯蜂）、攫握（部分雄性泥蜂）和采撷花粉（许多蜜蜂科种类)等。与胸部愈合在一起的细腰亚目的腹部第 1 节,称为并胸腹节,与第 2 腹节之间高度收缩。常有发达的产卵器,能穿刺、钻孔和割锯,同时有产卵、刺蜇、杀死、麻痹和保藏活的昆虫食物的功能。毒针是变形的产卵器,由毒囊分泌毒液。

2. 生物学特性

膜翅目昆虫在生物学上表现出高度的多样性。

膜翅目幼虫基本分为两种类型。广腰亚目幼虫大体为蝎形;细腰亚目幼虫至少在老熟幼虫期为膜翅目型,身体纺锤形,蛆状,体表甚光滑。

膜翅目种类食性复杂,少数种类为植食性,如广腰亚目和细腰亚目中小蜂总科、瘿蜂总科、细蜂总科和蜜蜂科中的部分类群。有的形成虫瘿,有的取食花粉和花蜜。有些蜂类是捕食性的,并能为其子代捕捉其他昆虫,麻痹后储放于卵室中,留待幼虫孵化后食用。

寄生性是膜翅目昆虫的重要特性。可只寄生其寄主的某一虫期并完成发育,称为单期寄生;有的需要经过寄主的 2 个或 3 个虫期才能完成发育,称为跨期寄生。根据在寄主上取食的部位可以分为外寄生和内寄生,内寄生约占 80%。根据寄主身上育出的一种寄生蜂个数的多少,可分为单寄生(1 个寄主只育出 1 个寄生蜂)和聚寄生(一个寄主上可育出 2 个或 2 个以上同种寄生蜂)。根据寄主范围的大小可分为单主寄生(限定在一种寄主上寄生)、寡主寄生(只能在少数近缘寄主上寄生)和多主寄生(可在许多寄主上寄生)。重寄生,即寄生性昆虫又被其他寄生性昆虫所寄生,重寄生在寄生蜂中很普遍,在昆虫纲其他类群则非常罕见。

膜翅目昆虫的繁殖方式有有性生殖、孤雌生殖和多胚生殖。未受精卵通常发育成雄性。植食性和寄生性蜂类均营独栖生活;蚁和蜜蜂等有群栖习性,有多型现象,且有职能的分工,因而称之为“社会性昆虫”。

3. 分类

本目是昆虫纲的大目之一,已知种达 13 万种,我国已知超过 1 万种。根据第 2 腹节和并胸腹节相连接处是否收缩成细腰状,分为广腰亚目(Symphyta)和细腰亚目(Apocrita)。与农业生产关系密切的主要科(图 3 - 45)有:

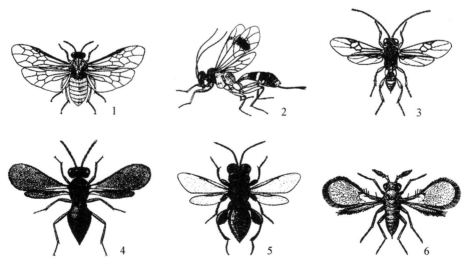

图 3 - 45　膜翅目重要科的代表

1.叶蜂科　2.姬蜂科　3.茧蜂科　4.小蜂科　5.金小蜂科　6.赤眼蜂科

A. 广腰亚目（Symphyta）

广腰亚目绝大多数都是植食性类群。腹部基部不缢缩，腹部第1节不与后胸合并。前翅至少具有1个封闭的翅室，后翅至少具有3个封闭翅室。均为下口式。包括叶蜂、茎蜂和树蜂等总科。

（1）叶蜂科（Tenthredinidae）

体型小至中等，肥胖粗短，头短、横宽。无腹柄。触角常9节，丝状。前胸背板后缘深深凹入。前足胫节有2个端距。后翅常有5～7个闭室。产卵器短，常稍微伸出腹部末端。幼虫多足型，状如鳞翅目幼虫，有腹足6～8对，无趾钩。大多以植物叶片为食，也有蛀果、蛀茎或潜叶危害的种类。蛹有羊皮纸质的茧，在地面或地下化蛹。卵扁，产在植物组织中。常见种类有小麦叶蜂 *Dolerus tritici* Chu、梨实蜂 *Hoplocampa pyricola* Rohwer 等。

B. 细腰亚目（Apocrita）

细腰亚目种类原始的腹部第1节与后胸紧密连接，成为并胸腹节，与原始的第2节（即看上去的腹部第1节）间强烈缢缩。翅发达，也有短翅和无翅类型，前后翅均无封闭臀室。1龄幼虫形态非常多样化，之后各龄通常都为"膜翅目型"。细腰亚目幼虫大部分为肉食性，少数种类幼虫有植食现象。包括瘿蜂、小蜂、细蜂、姬蜂、胡蜂、青蜂、泥蜂和蜜蜂等总科。

（A）姬蜂总科（Ichneumonoidea）

触角丝状，大部分多于16节。前胸背板后上方伸达翅基片。前后翅脉发达，前翅具三角形或细长形翅痣，前缘脉发达。

（2）姬蜂科（Ichneumonidae）

体微小至大型，细长。触角多节。前翅有第2迴脉，其上方具一小翅室，呈四边形或五角形，外侧有时开放。并胸腹节大型，常有隆脊、刻纹及隆脊形成的分区。腹柄明显。腹部多数细长，长度为头部加胸部的2～3倍，圆筒形、侧扁或者扁平。雌虫腹部末节腹面纵裂开，产卵管在末节之前伸出，其长度因种而不同，最长者可达体长的6倍。卵多产在寄主的体内，寄主是鳞翅目、鞘翅目、膜翅目昆虫的幼虫和蛹。全世界已知近15000种，我国近1250种，主要种类有螟蛉悬茧姬蜂 *Charops bicolor* (Szépligeti)、棉铃虫齿唇姬蜂 *Campoletis chlorideae* Uchida 等。

（3）茧蜂科（Braconidae）

体微小至中型，体长2～12 mm。有些雌蜂产卵管的长度约等于体长，有些则超过体长的10倍。形态和姬蜂科相似，但翅脉脉序简单，无第2迴脉，无小翅室。并胸腹节大、有刻纹或分区。腹部圆筒形或卵圆形，基部有腹柄或无柄；腹部第2、3背板愈合，虽然有凹痕但是无膜质的缝。幼虫大多数为初级寄生，内寄生或外寄生。老熟幼虫常钻出寄主体外结小茧化蛹，有些种类在寄主体壁上化蛹。全世界已知近105000种，我国约2000种，主要种类有斑痣悬茧蜂 *Meteorus pulchricornis* (Wesmael)、菜蛾盘绒茧蜂 *Cotesia vestalis* (Haliday) 等。

（B）小蜂总科（Chalcidoidea）

一般体长仅有1.2～5 mm，少数种类可到中型。触角大多为膝状，由5～13节组成。鞭节由环状节（1～3节）、索节（1～7节）和棒节（1～3节）组成，棒节略膨大。前胸背板后上方不伸达翅基片。通常有翅，翅脉十分退化，前翅由亚前缘脉、缘脉、后缘脉和痣脉组成。

（4）小蜂科（Chalcididae）

体微小至小型，2～9 mm，体壁坚硬，大多为黑色或褐色，并有白、黄或带红色的斑纹，绝无金属光泽，头、胸部常具粗糙刻点。触角11～13节，其中棒节1～3节。前翅痣脉短。后足腿节膨大，腹缘有锯齿状刺。胫节弯曲，末端倾斜，生有2个距。足能爬行和跳跃。是鳞翅目、鞘翅目、双翅目昆虫幼虫和蛹的寄生蜂，常有重寄生现象。常见种类有广大腿小蜂 *Brachymeria lasus* (Walker) 等。

（5）金小蜂科（Pteromalidae）

体小到中型，体长1.2～6.7 mm，大多具有绿、蓝、金黄、铜黄等金属色泽，头、胸部密布网状细刻点。

触角 8～13 节,最多有 3 个环状节。小盾片极大,中胸侧板有沟分割为前侧片和后侧片。前翅缘脉长,长远大于宽,后缘脉和痣脉均发达。足正常,跗节 5 节。并胸腹节后端常延伸成颈状突出。细腰明显,但腹柄很短。产卵管短。常见种类有黑青小蜂 *Dibrachys cavus*(Walker)、蝶蛹金小蜂 *Pteromalus puparum*(L.)等。

　　(6)赤眼蜂科(Trichogrammatidae)

　　体微小到小型,体长 0.3～1.2 mm。体色呈黑色、淡褐色或黄色。触角短,5～9 节,环状节 1～2 节,索节 1～2 节呈环状,棒节 1～5 节。前翅阔,有缘毛,翅面微毛排成纵行。后翅狭,刀状。腹部无腹柄。产卵管短或很长。寄生于各自昆虫的卵内。常见种类有拟澳洲赤眼蜂 *Trichogramma confusum* Viggiani、松毛虫赤眼蜂 *T. dendrolimi* Matsumura 等。

思考与讨论题

　　1. 昆虫有哪些重要特征,与蜘蛛、虾、蜈蚣的主要形态区别是什么?

　　2. 简述昆虫常见口器类型及其结构特点,了解昆虫口器结构与害虫防治的关系。

　　3. 举例说明昆虫触角的类型及其特征,通过查阅文献阐述昆虫触角感受器类型、结构与功能。

　　4. 举例说明昆虫胸足和翅的类型及其特征。

　　5. 比较昆虫雌雄外生殖器和生殖系统的基本结构。

　　6. 昆虫体壁的基本结构和特征是什么,其对害虫防治有何重要意义? 体色类型及其特点又是怎样的?

　　7. 昆虫主要内部器官的结构与生理功能是什么? 通过查阅文献阐述研究昆虫主要内部器官的结构与生理功能对寻求害虫防治途径和方法的指导意义。

　　8. 简述昆虫的生殖方式及其特点。

　　9. 昆虫各发育阶段各有哪些特点? 幼虫和蛹的类型及其特点是什么?

　　10. 解释下列名词:变态、不完全变态、完全变态、孵化、化蛹、羽化、龄期、补充营养、世代、世代重叠、世代交替、生活史、休眠、滞育、性二型现象、多型现象、食性、植食性、肉食性、腐食性、单食性、寡食性、多食性、趋性、扩散、迁飞、拟态、保护色。

　　11. 温度、湿度、光和风等气候因子对昆虫有哪些影响?

　　12. 寄主植物和天敌等生物因子是如何影响昆虫的?

　　13. 植物对昆虫抗性表现有哪些类型? 通过查阅文献,以一种作物为例阐述作物抗性育种进展及其对害虫防治的作用。

　　14. 解释下列名词:发育起点温度、有效积温、过冷却点、种群、群落、食物链、食物网、生态系统、农业生态系统、优势种、生态位。

　　15. 何谓物种、双名法和三双名法?

　　16. 简述昆虫重要目及其代表性科的主要鉴别特征。

☆**教学课件**

第四章　有害生物的预测预报

　　植物有害生物的预测预报(forecast and prognosis)指在了解具体有害生物发生规律的基础上,通过实地系统调查与观察,并结合历史资料,将所得资料经过统计分析,准确判断、预测有害生物未来的发生动态和趋势,进而将这种预测及时通报有关单位或农户,以便做好准备,及时开展防治工作。该项技术是有害生物综合治理的关键性技术之一。

　　植物有害生物的预测预报是有害生物综合治理的重要组成部分,是一项监测有害生物未来发生与危害趋势的重要工作。常年开展的预测预报工作,是根据有害生物过去和现在的变动规律、调查取样、作物物候、气象预报等资料,应用数理统计分析和先进的测报方法,准确估测有害生物未来发生趋势,并向各级政府、植物保护站和生产专业户提供情报信息和咨询服务的一项重要任务。随着我国有机、绿色农业生产的发展,对减少化学农药使用次数与剂量、适时防治有害生物的工作要求也日趋严格。要做到这点,就要求有害生物的预测预报工作更加及时、精确,否则就会错失有效的防治时机,导致药剂使用量和次数增多。因此,预测预报是实施有害生物有效综合治理的前提条件,也是生产低农药残留或无残留优质安全农产品的重要技术保障。本章重点叙述植物病害和虫害的调查方法及预测预报技术和方法。

第一节　病虫害的调查监测及其方法

　　田间调查是获得田间病虫害发生与危害程度之准确情报的关键。由于农田生态系统的复杂性,不同病虫害的生物学特性、发生密度和田间各种环境因子的分布差异,病虫害在农田的时空分布方面也显得相当复杂。因此,要获得准确的病虫资料,就必须在了解病虫田间分布型的基础上,选用恰当的取样方法并按照正确的方法系统记载有关的调查项目,再计算合理的考察指标,以准确描述病虫发生和危害情况。只有这样,才能为准确预测预报提供可靠的第一手资料。

　　调查前要充分做好下列准备工作:一是选择好调查地点和方法,使调查结果能反映当地的真实情况,具有代表性;二是确定具体所要收集的资料,保证调查资料的完整性;三是采用适当的调查方法和记载标准,以保证不同调查资料的可比性。调查过程中要注意一定的调查样本量和必要的重复性。调查后对所获得的材料要分析研究,防止因没有充分依据,或因主观片面而出现估计错误。

一、病虫害的空间分布型

　　空间分布型(spatial distribution pattern)又称空间格局或田间分布型,是指某一种群的个体在其生存空间的具体分布形式。它是种群的重要属性,由物种的生物学特性和生境条件所决定。在调查有害生物空间分布型时,有时还调查有害生物危害寄主植物的空间分布型,即受害寄主植物种群受害个体的空间分布形式。这些是调查取样的科学依据。按种群内个体间的聚集程度与方式,可将空间分布型分为下列几类。

　　1. 均匀分布(uniform distribution)

　　均匀分布指种群内个体在生存空间呈等距离分布。如昆虫成虫产卵分布均匀或幼虫具有自相残杀习性等原因而使种群内的个体在田间呈均匀分布。其概率分布为正二项分布。

2. 随机分布(random distribution)

随机分布指种群个体在空间分布是随机的,即每个个体在空间各个点上出现的机会相等,各个体彼此间既不相互吸引也不相互排斥。其概率分布可用 Poisson 分布表示。

3. 聚集分布(aggregated distribution)

聚集分布指种群个体在空间中成群或成簇分布,其中最常见的分布类型有核心分布和嵌纹分布两种。

(1) 核心分布(clumped distribution)

生物种群在田间的分布由许多核心组成,其个体逐步向四周扩散。核心分两类亚型:一类是核心大小大致相同的亚型;另一类是核心大小不等的亚型,但是"核心"本身在空间呈随机分布。故核心分布也可视为随机分布的一种变型,往往是由昆虫成虫以卵块产卵或幼虫有聚集习性造成的。其概率分布可用 Neyman 分布理论公式表示。

(2) 嵌纹分布(mosaic distribution)

个体在田间分布疏密相间,密集程度很不均匀,呈嵌纹状。这种分布常是由很多密度不同的随机分布混合而成,或由核心分布的几个核心联合而成。其概率分布可用负二项分布理论公式表示。

病虫害空间分布型一般采用实测频次与理论分布频次的比较、聚集指数、平均拥挤度,以及 2 个个体落入同一样方的概率与随机分布概率的比值等方法加以判别。

二、调查取样方法

植物病虫害调查取样是田间实际调查最基本的方法。取样就是从调查对象的总体中抽取一定大小、形状和数量的单位(样本),以用最少的人力和时间,来达到最大程度地代表这个总体的目标。常用的调查取样方法有分级取样、分段取样、典型取样和随机取样。

(1) 分级取样,又称巢式取样,是指一级一级重复多次的随机取样。首先从总体中取得样本,然后再从样本里取得亚样本,依次类推,可以持续下去取样。例如,在害虫预测预报工作中,每日分检黑光灯下诱集的害虫,若虫量太多,无法全部计数时,可采用这种取样法,选取其中的一半,或在选取的一半中再选取一半,然后进行推算。

(2) 分段取样,又称阶层取样、分层取样,是指从每一段里分别随机取样或顺次取样,最后加权平均。这种取样在总体中某一部分与另一部分有明显差异时,即总体里面有阶层的情况下采用。如棉株现蕾后调查棉田蚜量时,选择有不同代表性的田块,每块田 5 点取样,每点固定 10 株,每株取上、中、下各 1 片叶,调查记载各叶片上蚜虫数量,蚜量以百株三叶计,最后折算成百株蚜量。

(3) 典型取样,又称主观取样,是指在总体中主观选定一些能够代表全群的作为样本。这种方法带有主观性,但当了解了全群的分布规律时,采用这种取样方式能节省人力和时间,但应尽量避免人为误差。

(4) 随机取样,是指在总体中取样时,每个样本有相同的被抽中的概率,将总体中 N 个样本标以号码 $1,2,\cdots,N$,然后利用随机数表抽出 n 个不同的号码为样本。随机取样完全不许掺杂任何主观性,而是根据田块面积的大小,按照一定的取样方法和间隔距离选取一定数量的样本单位。一经确定就必须严格执行,而不能任意地加大或减少,也不得随意变更取样单位。

实际上,分级取样、分段取样等在具体落实到最基本单元时(某田块、田块中某地段等),都要采用随机取样法进行调查。常用于害虫田间调查的取样方法有 5 点式、对角线式、棋盘式、平行线式和"Z"字形取样等。

（1）5 点式取样，适合于密集或成行的植物，可按一定面积、一定长度或一定植株数量选取 5 个样点。这种方法比较简便，取样数量比较少，样点可以稍大，适合较小或近方形田块。5 点式取样是病虫害调查中应用最普遍的取样方式。

（2）对角线式取样，分单对角线和双对角线两种。在田间对角线上，采取等距离的地点作为取样点。与 5 点式取样相似，取样数较少，每个样点可稍大。

（3）棋盘式取样，将田块划成等距离、等面积的方格，每隔 1 个方格在中央取 1 个样点，相邻行的样点交错分布。该方法适用于田块较大或长方形田块，取样数目可较多，调查结果比较准确，但较费工时。

（4）平行线式取样，适用于成行的作物田。在田间每隔若干行调查 1 行，一般在短垄的地块可用此法；若垄长，可在行内取点。这种方法样点较多，分布也较均匀。

（5）"Z"字形取样，适用于不均匀的田间分布，样点分布田边较多，田中较少。如大螟在田边发生多，蚜虫、红蜘蛛前期在田边点片发生时，以采用此法为宜。

取样方法应视病虫害分布特征而进行选择，其中 5 点式、对角线式和棋盘式取样法适用于密集的或成行的植物和随机分布的病虫害取样；平行线式取样适用于成行的作物和核心分布的病虫害的取样；"Z"字形取样适用于嵌纹分布的病虫害的取样。

三、调查与监测方法

植物病虫的调查与监测的目的在于及时掌握当前的病虫发生时间、数量和分布情况。其方法的选择应依据病虫自身生物学特性及外界环境因素对其的影响而确定。这些方法包括生物学、物理学和化学等诸多方法，其中生物学方法主要根据病虫形态变化及其造成的危害症状等进行调查与监测。下面重点介绍物理与化学方法。

（一）物理学方法

植物有害生物尤其是害虫对光、电磁波、射线等都有特殊的反应。因此，可用这些特性对害虫进行发生时间与数量的监测。

1. 灯光诱测法

利用害虫的趋光性，设置光源进行人工引诱，以监测害虫发生的时间及数量变化。由于大多害虫喜好 330～400 nm 的紫外光波和紫光波，特别是鳞翅目和鞘翅目昆虫对这一波段更为敏感。因此，传统测报灯以能够发出紫外光和紫光为主的黑光灯来作引诱光源。灯光引诱具有简便易行、比较准确可靠的特点。进入 21 世纪以来，我国开始自主研发和推广使用不同类型的测报灯，以逐步取代传统简易的黑光测报灯。目前，将测报灯类型主要分为地面测报灯、高空测报灯以及新型自动虫情测报灯。其中，地面测报灯属较为常规的测报灯类型，用其开展监测工作时，需注意样地选择，周围 100 m 内无建筑物阻挡，且需避免其他光源干扰，其应用具有一定局限性。高空测报灯是针对地面测报灯的局限性而研发出来的一种新型测报灯，最早在黏虫等迁飞性害虫的检测预警中得到应用，使用时需安装在屋顶等距离地面有一定高度的位置，其光源常为高功率的金属卤化灯。自动虫情测报灯则是普通地面测报灯的升级版，随着科技的不断进步，自动虫情测报灯性能日臻完善，在害虫监测预警应用中逐步取代了普通测报灯，该灯应用了多项现代化自动控制技术，实现了诱虫灯自动开关、接虫袋自动转换、虫体远红外自动处理等功能，同时还具有可诱测害虫种类多、数量大、效果好、使用安全等优点。近年，随着物联网和人工智能技术的兴起，自动虫情测报灯也开发了远程图像传播、自动识别与计数等新功能。自动虫情测报灯的缺陷主要在于其使用过程中受天气影响较为明显，雨天对其影响尤为显著。

2. 捕虫网和吸虫器捕捉法

利用一定大小的捕虫网或机动吸虫器采集害虫,以监测害虫出现的时间和数量。

3. 空中病原菌孢子捕捉器诱测法

用于捕捉空中浮游的病原菌孢子,监测某些病原菌孢子的释放数量,以预测病害发生趋势。如可用于稻瘟病、麦类赤霉病等气候型病害的监测。

4. "三S"技术监测法

遥感(remote sensing,RS)技术是指从人造卫星、飞机或其他飞行器上收集地物目标的电磁辐射信息,判认地球环境和资源的技术。它是 20 世纪 60 年代在航空摄影和判读的基础上随航天技术和电子计算机技术的发展而逐渐形成的综合性感测技术。农业遥感技术则是利用遥感技术进行农业资源调查、土地利用现状分析、农业病虫害监测、农作物估产等农业应用的综合性技术,可用于获取农作物影像数据,包括农作物生长情况、预报预测农作物病虫害等。作物病虫害的遥感监测可以看作是对作物的"放射诊断",这是一种以非接触的方式对病虫害进行空间连续监测的方法。随着计算机科学技术和遥感技术的迅速发展,多种遥感数据被广泛应用于病虫害的监测,在多个尺度上开展了对病虫害特征监测和模型的研究,使作物病虫害成为农业遥感研究中的一个重要研究方向。随着精密制造技术和测控技术的发展,各类机载、星载的遥感数据源不断增多,为各级用户提供了多种时间、空间和光谱分辨率的遥感信息。而这些技术和数据的涌现为作物病虫害监测提供了宝贵的契机,使得有可能更为准确、快速地了解作物病虫害发生发展的状况。光学遥感是目前作物病虫害监测中研究最为深入、应用最为广泛的领域。作物病虫害遥感监测方法主要包括基于高光谱分析技术的遥感监测,以及基于航空/航天平台的多光谱遥感监测。然而,对于作物病虫害发生的遥感监测而言,现阶段病虫害遥感监测机理与方法在精度、稳定性和通用性方面与实际作业和管理的监测需求之间仍存在一定的差距。

地理信息系统(geographic information system,GIS),有时又称为"地学信息系统",是一种特定的十分重要的空间信息系统。GIS 是在计算机硬、软件系统支持下,对整个或部分地球表层(包括大气层)空间中的有关地理分布数据进行采集、储存、管理、运算、分析、显示和描述的技术系统。地理信息系统是一个综合性系统,结合地理学与地图学以及遥感和计算机科学,已经广泛地应用于地理数据的输入、存储、查询、分析和显示。目前,GIS 与数学模型、专家系统、统计学、遥感技术等结合,形成了功能强大的分析工具,在病虫害监测预报工作中发挥着越来越重要的作用。GIS 由 4 个功能模块组成,包括:第一,数据输入,用来采集和处理各种空间数据和属性数据;第二,数据库管理,用于储存、查询、校验、修改数据,用数字化表达空间或地图数据是 GIS 的一个根本特征;第三,空间数据的操作和分析,用来分析数据要素层之间和要素层内的关系;第四,数据输出,用来显示图形或报表。

其中,空间数据的操作和分析是 GIS 的核心。GIS 在植物保护学的应用领域主要包括外来有害生物风险评估、有害生物种群空间格局分析、病虫害发生趋势预测预报、结合遥感技术进行病虫害预警监测等。在用于病虫害管理时,可以将地形地势图、土壤类型图、植被类型图、水系分布图、病虫分布图等简称空间数据库,把发生量、危害程度、各种气象因子等建成属性数据库,利用 GIS 的空间数据操作和图形处理分析等功能,就产生了病害虫暴发、危害、迁飞、扩散等信息,从而可以辅助相应的管理决策。在病虫害管理决策上,主要应用有:一是进行病害虫的风险性预测预报,即将病虫危害的历史图片数字化,进行叠加分析,得到病虫害发生频率分布图,再把此图与植物类型及生物地理气候图叠加,找出最易暴发成灾的区域和气候,用于将来的暴发预测;二是进行病虫害空间分布动态监测,用GIS 可以对同一区域或相邻的区域进行害虫的空间分布和种群的动态监测;三是进行害虫发生趋势预测,用害虫的历史发生资料在 GIS 系统上建立回归模型,用来预测地区性种群发生趋势。在 GIS 不断发展过程中,其已与遥感技术、专家系统、网络技术(WebGIS)进行了充分结合,并在植物保护应用

领域得以实现。

"三 S"集成技术是指遥感、地理信息系统和全球定位系统(global positional system,GPS)三门学科在平行发展的进程中逐渐综合应用的技术。GPS 是一种以人造地球卫星为基础的高精度无线电导航定位系统,它在全球任何地方以及近地空间都能够提供准确的地理位置、行进速度及精确的时间信息。GPS 自问世以来,就以其高精度、全天候、全球覆盖、方便灵活吸引了众多用户。GPS 的空间部分使用 24 颗高度约 2.02 万 km 的卫星组成卫星星座。卫星的分布使得在全球任何地方、任何时间都可观测到 4 颗以上的卫星,并能保持良好定位计算精度的几何图形。在"三 S"集成技术中,RS 主要进行信息采集和数据更新,是一个准确调查的工具,然后这些数据在 GIS 中进行分析、处理和输出,可进行辅助决策。GPS 则为 RS 和 GIS 综合系统中处理的空间数据提供准确的空间坐标。三者的有机结合,构成了一个一体化信息获取、信息处理、信息应用的技术系统。"三 S"集成技术是一个实践性和应用性较强的新技术,已成为病虫害监测预报的重要方向。

5. 雷达监测法

雷达(radar,系 radio detection and ranging 的缩写)信号一般由高频率窄束脉冲的无线电波组成。当昆虫反射足量的雷达信号时,接收机即可检测到该昆虫。昆虫雷达是一种经过专门设计的用于监测空中昆虫迁飞方位、高度、移动方向和密度等的一种装置。按其波长可以将昆虫雷达分为毫米波雷达和厘米波雷达。毫米波雷达主要用于观测小型害虫;厘米波雷达主要用于观测较大体型的昆虫。按其工作方式可分为垂直监测昆虫雷达、扫描昆虫雷达和谐波昆虫雷达等。利用昆虫雷达能监测具有迁飞和飞翔特性的害虫的发生期,发生数量,飞翔方向、高度、距离等。此外,昆虫雷达还可以揭示空中迁飞昆虫的起飞、成层、定向等行为特征及其与大气结构、运动之间的关系。20 世纪 40 年代,首次证实雷达可探测昆虫目标,此后雷达得到昆虫学家的高度关注。1968 年,英国建立了世界上首台昆虫雷达。中国是较早建设与应用昆虫雷达的国家之一,我国首台昆虫雷达诞生于 1984 年,由吉林省农业科学院率先建立了第一台扫描昆虫雷达。至今,建造有厘米波扫描昆虫雷达、毫米波扫描昆虫雷达、厘米波垂直监测昆虫雷达、多普勒垂直监测雷达和谐波昆虫雷达,并已经应用于多种重要迁飞性害虫的监测预警。

6. 无人机遥感监测法

无人机遥感(unmanned aerial vehicle remote sensing)作为遥感技术的重要组成部分,具有类似的监测原理,其研究领域主要包括地物分类、地理测绘、气象监测、农林应用等。基于无人机遥感监测作物病虫害是现阶段作物安全生产应用中的一项先进技术,能够有效解决传统病虫害监测过程中的弊端,是大面积病虫害监测与产量损失评估的重要手段之一。无人机遥感监测技术具有信息采集迅速、空间覆盖率广、成本低等优点,将传统位点监测、航空监测和卫星遥感监测等相结合的明显优势,可获得高空间分辨率、高时间分辨率、高光谱分辨率的影像,该技术已经成为作物病虫害遥感监测的一个重要研究方向,是数字化精准农业的热点和必然趋势。目前,无人机遥感监测病虫害的研究对象大部分集中于大田农作物病虫害,也有部分研究对象为森林病虫害。无人机遥感技术已经在全世界多个发达和发展中国家的病虫害监测中得到了应用。在全球范围内,美国、中国以及西班牙在无人机病虫害监测中的应用水平较高。无人机遥感监测作物病虫害的数据源种类主要包括多光谱、高光谱、可见光、红外热成像、激光雷达等遥感影像。无人机遥感在监测作物病虫害时均采用了较为相似的光谱成像技术。用无人机光谱成像技术监测不同作物病虫害时,分别基于时间维度、空间维度、区域尺度、冠层尺度、叶片尺度等对目标进行特征提取,采用特征信息构建分类监测模型对目标病虫害的发生量进行预测、对健康或受病虫害危害区域进行分类,同时利用模型评价指标进行精度验证。无人机遥感监测作物病虫害的数据获取方法主要分为不同飞行平台(无人机)搭载不同传感器数据获取法,以及无人机遥感与 GIS、人工调查、便携式地物光谱仪及多时相遥感技术同步数据获取法。无人机遥感监测作物病虫害数据处理流程主要包括影像格式转换、影像筛选、影像拼接、影像校正、特征提取、模型构建和精度评价等。

7. 软 X 光机透视监测法

应用农用软 X 光机可以监测木本植物种苗内部营隐蔽性生活的害虫种类及其出现时期、生长发育进程、有虫率等。

8. 监测技术的智能化升级

随着信息技术、人工智能技术、互联网＋、基于 5G 的物联网技术的不断发展，在国家战略引领下，大数据、深度学习等领域快速发展，为病虫害监测技术的智慧化、智能化升级创造了有利条件。基于植保大数据的病虫害智能采集设备与识别平台成功研发，成功建立作物病虫害预测预报 WebGIS 系统、专家系统及远程诊断系统，完成改造升级作物病虫实时监控物联网，为作物病虫害预测预报的智慧化、智能化水平提升提供了有力支撑。逐步实现了病虫测报数据的网络化报送、自动化处理、图形化展示和可视化发布，全国作物病虫测报信息化建设取得显著进展，为全面提升我国作物病虫害监测预警和综合防控能力，有效控制病虫危害，切实保障农业生产和生态环境安全提供了基础。

（二）化学方法

很多害虫具有释放信息素的特性，或是对食物的某种化学成分具有嗜好性，或者偏爱某些化学物质的特点。可以利用这些特点进行害虫的监测。

1. 信息素诱测法

性信息素引诱具有灵敏、专一性强、使用方便和操作简单等特点，是一种有效的监测手段。用于害虫监测的诱捕器一般由特殊形状的诱捕装置和含人工合成性信息素的诱芯所组成。此外，也可用害虫活体或粗提性信息素作引诱。

2. 趋化性诱测法

趋化性诱测法是指利用害虫对某些物质的化学气味有嗜好的特点进行的诱测法。小地老虎对糖醋有强烈趋向性，小蠹虫常被松节油吸引，大松象甲易被亚油酸甲基酯吸引，一些蝶类喜食烂果。这些特性都可用作这些害虫的监测。

目前，传统病虫调查与监测的数据采集存在两大问题：一是主要依靠人工调查，即用肉眼观察和计数样本中害虫的个体数量，或用肉眼观察估计病斑大小以及占叶面积的比率，因此病虫害调查数据的准确性受人的主观因素影响很大；二是所用到的气象数据是来自气象台的，而气象台数据是反映一个地区宏观气象情况的，并不直接反映实际的农田小气候。因此，如何利用图像处理和计算机视觉技术等现代信息技术来实现农田病虫害监测数据的实时采集、传输、处理与分析是值得加强的。

四、病虫情的表示方法

（一）田间病情的表示方法

一般用发病率（disease incidence）、严重度（disease severity）和病情指数（disease index）来表示大田病害的发病程度。

1. 发病率

根据调查对象的特点，调查其在单位面积、单位时间或一定寄主单位上出现的数量。发病率是指发病田块、植株和器官等发病的普遍程度，一般用百分比表示。

$$发病率 = \frac{病叶(杆)数}{调查总叶(杆)数} \times 100\%$$

2. 严重度

根据调查对象的特点,调查发病器官在单位面积上的发病情况。严重度表示田块植株和器官的发病严重程度。

$$严重度 = \frac{叶(杆)孢子堆面积}{调查叶(杆)总面积} \times 100\%$$

3. 病情指数

病情指数表示总的病情,由普遍率和严重度计算而得。

$$病情指数 = \frac{\sum(病级株数 \times 代表数值)}{株数总和 \times 发病最重级的代表数值} \times 100\%$$

发病最重的病情指数是 100,完全无病是 0,所以其数值表示发病的程度。

(二)田间虫情的表示方法

田间虫情一般用虫口密度来表示,但有时也采用病害类似的方法,以作物的受害情况来表示。

1. 虫口密度

根据调查对象的特点,调查其在单位面积、单位时间、单位容器或一定寄主单位上出现的数量。对于地上部分的害虫,抽样检查单位面积、单位植株或单位器官上害虫的卵(或卵块)、幼虫(或若虫)、蛹或成虫的数量。如调查螟虫卵块,折算成每公顷卵块数;调查棉红铃虫在籽花中的含虫数,折算为每千克籽花含虫量;调查植株上虫数常折算成百株虫数。对于地下害虫,则常用筛土或淘土的方法统计单位面积一定深度内害虫的数目,必要时进行分层调查。如对金针虫、蛴螬、拟地甲等地下害虫和桃小食心虫、梨小食心虫等幼虫或蛹在土内休眠的害虫等的调查,常用单位面积土中的平均虫数表示。对于飞翔的昆虫或行动迅速不易在植株上计数的昆虫,可用黑光灯、糖蜜诱杀器或黄皿诱集器(只用于有翅蚜)等进行诱捕,以单个容器逐日诱集数表示。网捕是调查田间这类害虫的另一种重要方法。标准捕虫网柄长 1 m,网口直径 0.33 m,来回扫动 180° 为 1 复次,以平均 1 复次或 10 复次的虫数表示。

2. 作物受害程度

田间虫情也可以用来反映作物的被害情况,即用被害率、被害指数和损失率来表示。

(1) 被害率(infestation percentage)。被害率表示作物的株、秆、叶、花、果实等受害的普遍程度,这里不考虑每株(秆、叶、花、果等)的受害轻重,计数时同等对待。

$$被害率 = \frac{被害株(秆、叶、花、果)数}{调查总数株(秆、叶、花、果)数} \times 100\%$$

(2) 被害指数(infestation index)。许多害虫对植物的危害只造成植株产量的部分损失,植株之间受害轻重程度不等,用被害率表示并不能说明受害的实际情况,因此往往用被害指数表示。在调查前先按受害轻重分成不同等级,再通过计算,用被害指数来表示。

$$被害指数 = \frac{各级值 \times 相应级的株(秆、叶、花、果)数的累计值}{调查总株(秆、叶、花、果)数 \times 最高级值} \times 100\%$$

(3) 损失率(loss rate)。被害指数只能表示受害轻重程度,但不直接反映产量的损失。产量的损失以损失率来表示。

$$损失率 = 损失系数 \times 被害率$$

$$损失系数 = \frac{健株单株产量 - 被害株单株产量}{健株单株产量} \times 100\%$$

第二节　预测的内容与任务

一、预测的内容

病虫害预测主要是预测其发生期、发生流行程度和导致的作物损失。

1. 病虫害发生期预测（prediction of emergence period）

病虫害发生期预测是指预测某种病虫某阶段的出现期或危害期，为确定防治适期提供依据。对于害虫来说，通常是特定的虫态、虫龄出现的日期；而病害则主要是侵染临界期。树和蔬菜病害多根据小气候因子预测病原菌集中侵染的时期，以确定喷药防治的适宜时期。这种预测也称为侵染期预测。

2. 发生或流行程度预测（prediction of emergence size）

发生或流行程度预测主要估测病原或害虫的未来数量是否有大发生或流行的趋势，以及是否会达到防治指标。预测结果可用具体的虫口或发病数量（发病率、严重度、病情指数等）来定量表达，也可用发生、流行级别来定性表达。发生、流行级别多分为大发生（流行）、中度发生（流行）、轻度发生（流行）和不发生（流行），具体分级标准根据病虫害发生数量或作物损失率确定，因病虫害种类不同而异。

3. 损失预测（prediction of loss）

损失预测又称为损失估计。危害程度预测与产量损失估计是在发生期、发生量等预测的基础上，预测作物对病虫害的最敏感期是否与病虫破坏力、侵入力最强且数量最多的时期相遇，从而推断病虫灾害程度的轻重或造成损失的大小；配合发生量预测进一步划分防治对象田，确定防治次数，选择合适的防治方法，控制或减少危害损失。在病虫害综合防治中，常应用经济损害水平和经济阈值等概念。前者是指造成经济损失的最低有害生物（或发病）数量，后者是指应该采取防治措施时的数量。损失预测结果可以确定有害生物的发生是否已经接近或达到经济阈值，用于指导防治。

二、预测时限与预测类型

预测的时限可分为超长期预测、长期预测、中期预测和短期预测。

1. 超长期预测（prediction of tendency）

超长期预测也称为长期病虫害趋势预测，一般时限为一年或数年。主要运用病虫害流行历史资料和长期气象、人类大规模生产活动所造成的副作用等资料进行综合分析，预测下一年度或将来几年的病虫害发生的大致趋势。超长期预测一般准确率较差。

2. 长期预测（long-range prediction）

长期预测也称为病虫害趋势预测，其时限尚无公认的标准，习惯上指一个季节以上，有的是一年或多年。长期预测主要依据病虫害发生流行的周期性和长期气象等资料作出的预测。预测结果指出病害发生的大致趋势，需要用中、短期预测加以校正。害虫发生量趋势的长期预测，通常根据越冬后或年初某种害虫的越冬有效虫口基数及气象资料等作出，于年初预测其全年发生动态和灾害程度。例如，我国长江流域及江南稻区多根据螟虫越冬虫口基数及冬春温、雨情况对当地发生数量及灾害程度的趋势作出长期估计；多数地区能根据历年资料用时间序列等方法研制出预测式。长期预测需要根据多年系统资料的积累，方可求得接近实际值的预测值。

3. 中期预测（medium-range prediction）

中期预测的时限一般为一个月至一个季度，但视病虫害种类不同，期限的长短也可有很大的差别，如一年一代、一年数代、一年十多代的害虫，采用同一方法预测的期限就不同。中期预测多根据当时的有害生物数量、作物生育期的变化以及实测的或预测的天气要素作出预测，准确性比长期预测高，预测结果主要用于作出防治决策和做好防治准备。如预测害虫下一个世代的发生情况，以确定防治对策和做好防治部署。目前，二化螟发生期预测用幼虫分龄、蛹分级法，可依据田间检查上一代幼虫和蛹的发育进度的结果，参照常年当地该代幼虫、蛹和下代卵的历期资料，对即将出现的发蛾期及下一代的卵孵和蚁螟蛀茎危害的始盛期、高峰期及盛末期作出预测，预测期限可达 20 d 以上；或根据上一代发蛾的始盛期或高峰期加上当地常年到下一代发蛾的始盛期或高峰期之间的期距，预测下一代发蛾始盛期或高峰期，预测期限可长达一个月以上。

4. 短期预测（short-range prediction）

短期预测的期限大约在 20 d 以内。一般做法是根据害虫前一两个虫态的发生情况，推算后一两个虫态的发生时期和数量，或根据天气要素和菌源情况进行预测，以确定未来的防治适期、次数和防治方法。其准确性高，使用范围广。目前，我国普遍运用的群众性测报方法多属此类。例如，三化螟的发生期预测，多依据田间当代卵块数量增长和发育、孵化情况，来预测蚁螟盛孵期和蛀食稻茎的时期，从而确定药剂或生物防治的适期。又如，根据稻纵卷叶螟前一代田间化蛹进度及迁出迁入量的估计来预测后一两个虫态的始见期、盛发期等，以确定赤眼蜂的放蜂或施药适期。病害侵染预测也是一种短期预测。

此外，预测类型按空间分布，还可分成本地虫源或病源预测、异地虫源或病源预测。

第三节　植物病害的预测

一、预测的依据

植物病害预测的依据主要有以下几方面：一是病害流行的规律，包括预测对象的流行类型、病害循环、侵染过程的特点，病原物、寄主、环境条件的相互关系，病害流行的主导因素等；二是历史资料，包括当地或有关地区逐年积累的病害消长资料，与病害有关的气象资料、品种栽培资料等；三是实时信息，按病害测报要求，由病害监测获得的当前病情、菌量及气象实况资料；四是未来信息，从相关部门获得的情报资料，如天气或天气形势测报、外来菌源预报等；五是测报工作者的经验和直观判断。

病害流行预测的预测因子应根据病害的流行规律，从寄主、病原物和环境诸多因素中选取，一般来说，菌量、气象条件、栽培条件和寄主植物生育状况等是最重要的预测依据。

1. 根据菌量预测

单循环病害侵染概率较为稳定，受环境条件影响较小，可根据越冬菌量预测发病数量。对于小麦腥黑穗病等种传病害，可以检查种子表面带有的厚垣孢子量，用以预测次年田间发病率。多循环病害有时也利用菌量作预测因子，如可利用噬菌体数量来预测水稻白叶枯病的发病程度。

2. 根据气象条件预测

多循环病害的流行受气象条件影响很大，而初侵染菌源不是限制因素，对当年发病的影响较小，通常根据气象因素预测。有些单循环病害的流行也取决于初侵染期间的气象条件，因此可以利用气象因素预测。

３．根据菌量和气象条件进行预测

综合菌量和气象因素的流行病学效应，作为预测的依据，已用于许多病害。有时还把寄主植物在流行前期的发病数量作为菌量因素，用以预测后期的流行程度。如小麦赤霉病流行程度主要根据越冬菌量和小麦扬花灌浆期气温、雨量和雨日数预测。

４．根据菌量、气象条件、栽培条件和寄主植物的生育期和生育状况预测

有些病害的预测除应考虑菌量和气象因素外，还要考虑栽培条件和寄主植物的生育期和生长发育状况。例如，预测稻瘟病的流行，需注意氮肥施用期和施用量及其与有利气象条件的配套情况；水稻纹枯病流行程度主要取决于栽植密度、氮肥用量和气象条件，可以作出流行程度因密度和施肥量而异的预测式。

此外，对于昆虫介体传播的病害，介体昆虫数量和带毒率等也是重要的预测依据。

二、预测的方法

根据预测机理和主要特征，将病害预测方法分为四大类型。

１．综合分析法

综合分析法是一种经验推理方法，多用于中、长期预测。预测人员调查和收集有关品种、菌量、气象因素和栽培管理诸方面的资料，与历史资料进行比较，经过全面权衡和综合分析后，依据主要预测因子的状态和变化趋势估计病害发生期和流行程度。预测的可靠程度取决于测报工作者或专家们的业务水平及信息质量和经验丰富程度。近年来，发展了计算机专家系统预测法。计算机专家系统是指将专家综合分析预测病害所需的知识、经验、推理、判断方法归纳成一定规格的知识和准则，通过建立一套由知识库、推理机、数据库、用户接口等部分设计成的软件输入计算机，并投入应用。

２．条件类推法

条件类推法包括预测圃法、物候预测法、应用某些环境指标预测法等。例如，在稻瘟病病害流行区设置自然病圃预测生理小种变化动态；在水稻白叶枯病区创造有利于发病的条件设置预测圃，根据预测圃中白叶枯病发生发展情况，指导大田调查和防治。指标预测法对一些以环境因素为主要条件的流行病也是一种常用的方法，如应用雨量、雨日数、日照时数的指标，预测小麦赤霉病的流行程度。条件类推法基本上属直观经验预测，往往适用于特定地域。

３．数理统计预测法

数理统计预测法是指运用统计学方法，利用多年来的历史资料，建立数学模型预测病害的方法，当前主要用回归分析、判别分析以及其他多变量统计方法选取预测因子，建立预测式。在数理统计预测中，应用最广的是回归分析法。因为病害流行受到多因素的影响，是多个自变量与一个因变量的关系，故一般应用多元回归分析法。此外，还可用模糊聚类方法、条件判别法、同期分析、马尔科夫链等方法进行病害预测。

４．系统分析法

系统分析法将病害流行作为系统，对系统的结构和功能进行分析、综合，组建模型，模拟系统的变化规律，从而预测病害任何时期的发展水平。系统分析的过程大体是：先将病害流行过程分成若干子过程，如潜伏、病斑扩展、传播等，再找出影响每一个子过程发展的因素，组建子模型，最后按生物学逻辑把各个子模型组装成计算机系统的模拟模型。国内已研制成小麦条锈病、白粉病、稻纹枯病、稻瘟病等模拟模型。模拟模型能反映病害流行的动态变化和内部机理，但模拟模型的组建比较复杂，而且困难，现在研制的多数模型离生产应用尚有一定距离。

第四节　植物虫害的预测

预测预报害虫的主要任务是及时预测主要害虫的发生期、发生量及其发生趋势,从而保障生产上及时掌握防治适期、使用适宜方法和必要的准备工作等。预测预报在方法上,除通过田间实地系统调查这一方法外,利用害虫的趋光性、趋化性及其他生物学特性进行诱测,则是另一重要手段。当然,预测预报的数据分析、处理还应与数理统计相结合。条件成熟后更应与计算机数据分析技术、网络技术、地理信息系统(GIS)紧密结合。

一、发生期预测

发生期预测是指根据某种害虫防治对策的需要,预测某个关键虫期出现的时间,以确定防治的有利时期。在害虫发生期预测中,常将各虫态的发生时期分为始见期、始盛期、高峰期、盛末期和终见期。预报中常用的是始盛期、高峰期和盛末期,其划分标准分别为出现某虫期总量的16%、50%、84%。害虫发生期预测常用的方法有以下几种。

(一)形态结构预示法

害虫在生长发育过程中会发生外部形态和内部结构历期,据此就可测报下一虫态的发生期。如马尾松毛虫卵刚产时是淡绿色,次日上面变为紫红色、下面变为淡红色,接近孵化时变为深褐色。青脊竹蝗卵内的胚胎变为淡黄色,体液透明,复眼显著时,可预测25～30 d能孵化,而当卵内若虫体背出现明显褐斑时,大致15 d就可孵出。国槐尺蛾幼虫背呈现紫红时,预示幼虫将老熟,3～5 d内将大量化蛹。又如三化螟蛹按其发育进程中复眼和翅芽等颜色可将其分成8个级别。

另外,还可通过系统解剖雌虫,按卵巢发育分级标准分级统计,以群体卵巢发育进度预测产卵期。例如,上海市某稻区,在7月下旬至8月中旬第3代稻纵卷叶螟成虫发生期,每2 d剖查雌蛾卵巢级别,然后根据4级卵巢发育高峰期加期距3 d,预测三代卵高峰,其结果比用赶蛾法准确性高。此法已应用于地下害虫(小地老虎、金龟甲)和棉铃虫等的预测。

(二)发育进度法

根据田间害虫发育进度,参考当时气温预测,加相应的虫态历期,推算以后虫期的发生期。这种方法主要用于短期测报,准确性较高,是常用的一种方法。

1. 历期法

通过对前一虫期田间发育进度,如化蛹率、羽化率、孵化率等的系统调查,当调查到其百分率达始盛期、高峰期和盛末期时,分别加上当时气温下各虫期的历期,即可推算出后面某一虫期的发生时期。例如,田间查得5月14日为第1代茶尺蠖化蛹盛期,5月间蛹历期10～13 d,产卵前期2 d,则产卵盛期为5月26—29日;再向后加上卵历期8～11 d,即6月3—9日应为第2代卵的孵化盛期。产卵盛期＝5月14日＋10～13 d(蛹期)＋2 d(产卵前期)＝5月26—29日;卵孵化盛期＝5月26—29日＋8～11 d(卵期)＝6月3—9日。

2. 分龄分级法

对于各虫态历期较长的害虫,可以选择某虫态发生的关键时期(如常年的始盛期、高峰期等),做2～3次发育进度检查,仔细进行幼虫分龄、蛹分级,并计算各龄、各级占总虫数的百分率,然后自蛹壳级向前累加,当累计达到始盛、高峰、盛末期的标准,即可由该龄级幼虫或蛹到羽化的历期,推算出成虫羽化始盛、高峰和盛末期,其中累计至当龄时所占百分率超过标准时,历期折半;并可进一步加产卵前期和当季的卵期,推算出产卵和孵化始盛期、高峰期和盛末期。此法应用于三化螟、稻纵卷叶螟、棉铃虫等发生期的预测。例如,在皖南宣城大田查得第 1 代茶小卷叶蛾于 5 月 17 日进入 4 龄盛期,按当时 25℃ 左右各虫态的发育历期推算为:第 2 代卵盛孵期＝5 月 17 日＋3～4 d(4 龄幼虫历期)＋5～7 d(5 龄幼虫历期)＋7.5 d(蛹历期)＋2～4 d(成虫产卵前期)＋6～8 d(第 2 代卵历期)＝5 月 17 日＋23.5～30.5 d＝6 月 10—17 日。大田实际于 6 月 12 日盛期,与上述推算基本一致。

3. 期距法

与前述历期法相类似,主要根据当地多年积累的历史资料,总结出当地各种害虫前后两个世代或若干虫期之间,甚至不同发生率之间"期距"的经验值(平均值与标准差)作为发生期预测的依据。但其准确性要视历史资料积累的情况而定,愈久愈系统,统计分析得出的期距经验值愈可靠。例如,浙江黄岩和金华二化螟第 1 代 5 龄以上幼虫(包括蛹、蛹壳)占 50％ 的日期至蛾高峰的期距分别为 21.6±1.4 d、19～24 d(一般 22 d)。蛾高峰加上卵期,即可预测卵孵化高峰期。

（三）有效积温法

根据有效积温法则,在研究掌握害虫的发育起点温度(C)与有效积温(K)之后,便可结合当地气温(T)运用下列公式(1)计算发育所需天数(N)。如果未来气温多变,则可按下列公式(2)逐日算出发育速率(V),而后累加至 $\sum V \approx 1$,即为发育完成之日。但是用于发生期预测还必须掌握田间虫情,在其现有发育进度(如产卵盛期等)的基础上进行预测。

$$N=\frac{K}{T-C} \tag{1}$$

$$V=\frac{T-C}{K} \tag{2}$$

如茶尺蠖只要测定蛹的羽化进度,或利用诱蛾灯测得发蛾高峰,即可用卵的有效积温预测公式 $N=153.9/(T-6.1)$,测得卵历期,再加上产卵前期,即为卵孵化期。在卵孵化盛末期加一龄幼虫历期,即为防治适期。1992 年春,杭州茶叶科学研究所室内测得茶尺蠖越冬蛹的羽化盛末期在 3 月 21 日,至 3 月底蛹基本羽化结束,而该地 3 月 21—31 日的日平均气温在 6.1℃(卵发育起点温度)以上的积温为 49.5 日度,历年 4 月上旬平均气温在 13.1℃,即此间卵发育有效积温为(13.1－6.1)×10＝70 日度;历年 4 月中旬的平均气温在 15.5℃。这样,4 月 10 日后需要的卵历期为 $N=(153.9-49.5-70)/(15.5-6.1)=3.7$ d。产卵前期为 2.5 d,即第 1 代卵的孵化盛末期＝4 月 10 日＋3.7 d＋2.5 d ≈4 月 16 日。第 1 代 1、2 龄幼虫历期分别约为 9.76 和 5.41 d,故推测田间防治适期在 4 月 26 日至 31 日。田间实际调查,此时 1、2 龄幼虫占 70％,3 龄占 30％,预测值与实际相符。

（四）物候法

物候是指自然界各种生物活动随季节变化而出现的现象。自然界生物,或由于适应生活环境,或由于对气候条件有着相同的要求,形成了彼此间的物候联系。因此,可通过多年的观察记载,找出害虫发生(或危害时期)与寄主或某些生物的发育阶段或活动之间的联系,并以此作为生物指标,来推测害虫的发生和危害时间。

害虫与寄主植物的物候联系是在长期演化过程中,经适应生活环境遗留下来的一种生物学特性。这在一化性害虫中表现得尤为突出。例如,小麦吸浆虫的发生和危害,与小麦生育阶段是相适应的;木槿发芽正好是棉蚜越冬卵的孵化期等。害虫与其他生物间的物候联系,往往表现为一种间接的相关,或是巧合现象。例如,湘西花垣地区多年观察证明,"蝌蚪见,桃花开"是二化螟越冬幼虫的始蛹

期,"油桐开花,燕南来"是化蛹盛期等。长白蚧第 1 代卵盛孵期,正是枇杷大量采收、楝树盛花之时,也适值假眼小绿叶蝉第 1 虫口高峰初期,在楝树盛花期后 3～4 d 即可进行田间防治。应用物候预测,必须通过多年观察验证,注意小气候环境的影响,而且不同物种之间的物候联系具有严格的地域性,不能随便搬用。

(五)数理统计预测法

该法是指运用统计学方法,利用多年来的历史资料,建立发生期与环境因子之间关系的数学模型以预测发生期的方法。如根据历年害虫发生规律、气象资料等,采用多元回归、逐步回归等方法建立害虫发生期与气象等因子间的关系回归式,经验证后可用于实际预测。例如,长白蚧第 1 代卵孵化盛末期(y)与当地 3、4 月份平均气温之和(x_1)、2—4 月份的雨温系数(x_2)(2、3、4 月降雨总量/2、3、4 月平均气温之和)之间的回归关系为 $y = 44.91 - 0.91x_1 + 0.25x_2$。当 $y = 1$ 时,即为 5 月 1 日,以后依次类推,即可预测出卵孵化盛末期。

二、发生量预测

发生量预测就是预测害虫的发生程度或发生数量,用以确定是否有防治的必要。害虫的发生程度或危害程度一般分为轻、中偏轻、中、中偏重、大发生和特大发生 6 级。常用预测方法有以下几种。

(一)有效虫口基数预测法

通过对上一代虫口基数的调查,结合该虫的平均生殖力和平均存活率,可预测下一代的发生量。常用下式计算繁殖数量。

$$P = P_0 \left[e \frac{f}{m+f}(1-M) \right]$$

式中,P:下一代的发生量;P_0:上一代的发生量;e:平均产卵量;f:雌虫数量;m:雄虫数量;M:各虫期累计死亡率。

也可依据前一时期虫口基数,用描述种群增长的逻辑斯蒂方程来预测下一时期虫口基数。

(二)气候图及气候指标预测法

昆虫属于变温动物,其种群数量变动受气候影响很大,有不少种类昆虫的数量变动受气候支配。因此,人们可以利用昆虫与气候的关系对昆虫发生量进行预测。

气候图通常以某一时间尺度(日、旬、月、年)的降雨量或湿度为一个轴向,同一时间尺度的气温为另一轴向,两者组成平面直角坐标系。然后将所研究时间范围的温、湿度组合点按顺序在坐标系内绘出来,并连成线(点太密时可不连)。根据此图形可以分析害虫发生与气候条件的关系,并对害虫发生进行预测。将当年气象预报或实际资料绘制成气候图,并与历史上的各种模式图比较,就可以作出当年害虫可能发生趋势的估计。

(三)经验指数预测

经验指数是在分析影响害虫发生的主导因子的基础上,进一步根据历年资料统计分析得来的,用以估计害虫来年的数量消长趋势。

1. 温湿系数或温雨系数

害虫适生范围内的平均相对湿度(或降雨量)与平均温度的比值,称为温湿系数(或温雨系数)。如根据北京地区 7 年资料分析,影响棉蚜季节性消长的主导因子为月平均气温和相对湿度。温湿系数＝5日平均相对湿度/5日平均气温。当温湿系数为2.5～3时,棉蚜将猖獗危害。

2．应用天敌指数预测

分析当地多年的天敌及害虫数量变动的资料,并在实验中测试后,用下式求出天敌指数。

$$P = \frac{X}{\sum (y_i \cdot e^{y_i})}$$

式中,P:天敌指数;X:当时每株蚜虫数;y_i:当时平均每株某种天敌数量;e^{y_i}:某种天敌每日食蚜量。

在华北地区,当 $P \leqslant 1.67$ 时,此棉田在 4 ～ 5 d 后棉蚜将受到天敌控制,而不需要防治。

（四）形态指标预测

具有多型现象的害虫,可将其型的变化作为指标来预测发生量。如无翅若蚜多于有翅若蚜、飞虱短翅型数量上升时,则预示着种群数量即将增加;反之,则预示着种群数量下降。例如,江苏省太仓市病虫测报站总结出 9 月上、中旬褐飞虱 3 代成虫盛发期,如果短翅型占 60％以上,每百穴有虫 10 头以上,则 4 代将有可能大发生。

（五）数理统计预测

数理统计预测是将测报对象多年发生资料运用数理统计方法加以分析研究,找出其发生与环境因素的关系,并把与害虫数量变动有关系的一个或几个因素用数学方程式（回归式）加以表达,即建立预测经验公式。建立预测式后只要把影响因素的变量代入预测式中即可推算出害虫未来的数量变动情况。

1．回归分析预测法

害虫种群数量变化和气候及生物中某些因素的变化有密切关系,在测报中用数理统计方法分析害虫发生与影响因素的相关关系,并确定它们的数学表达式的方法称为相关回归分析。相关回归分析的步骤如下:第一,根据大量系统调查研究的资料,分析、判断与害虫发生量存在相关关系的因素;第二,对已确定有相关关系的一个或几个变量进行分析,建立预测经验公式;第三,对预测经验公式的可靠性及误差进行检验;第四,分析影响害虫发生量的主要因素和次要因素及它们之间的关系。

回归分析包括几种方法,其中以逐步回归分析法在害虫测报上应用最多,双重筛选逐步回归分析法有其特殊功能,后者可以解决多个因变量对多个自变量的问题,即可以反映因变量之间的相互关系,又能使每个自变量对各个因变量的影响都反映出来。

2．判别分析预测法

判别分析是用来判别研究对象所属类型的一种多元分析方法。它用已知类型的样本数据构成判别函数,继而用此判别函数预测新的样本数据属于哪一类。在害虫测报中,人们关心的害虫发生情况常可用"大发生""非大发生""严重""轻微"等类型来划分,因此可用判别分析进行预测。判别分析预测法包括两类判别、多类判别预测法及逐步判别预测法。

两类和多类判别预测法是人为地确定判别因子,从而建立判别方程。在害虫预测中,需要考虑的因子很多,如何从诸多因子中挑选出最佳因子,值得研究。逐步判别预测法可以自动地从大量可能因子中挑选出对虫情预测最重要的因子,并建立预测方程。

在回归分析和判别分析中,对害虫进行预测要利用其影响因素作为预测因子,如气象因子,这是他因分析。时间序列预测对害虫进行预测只考虑害虫种群本身的变化,是自因分析,但这并不是说不考虑外部因素,而是将害虫自身变化视为各种内外因子综合作用的结果。时间序列的各种方法中以马尔可夫链方法在害虫测报上应用最广。

4. 模糊数学预测法

模糊数学并非让数学变成模糊的东西,而是用数学来解决一些具有模糊性质的问题。这里指的模糊性质,主要是指客观事物差异的中间过渡的不分明性。在害虫预测中,虫情的"严重与轻微"也是模糊的,因此可用模糊数学法加以预测。

(六)种群系统模型

在 20 世纪 80 年代初,国外对柑橘和苹果的主要害虫进行了种群系统模型预测,我国对水稻、棉花的重要害虫也建立了一系列种群系统预测模型。主要根据多年生命表资料,结合实验生态方法,研究不同温度和湿度、食料及天敌条件对害虫种群参数(如发育速率、出生率、死亡率)的影响,从而组建害虫种群数量预测模型。只要输入种群起始数量及有关生态因素的值,就可在微机上运行该预测模型,给出未来时间害虫种群密度的预测值。同时,通过田间实验还能不断校正预测结果。这对害虫的综合治理决策十分重要,但要建立这样的预测模型需要坚实的基础研究。

思考与讨论题

1. 病虫田间分布型有哪几种? 与取样方法有何关系?

2. 病虫害的预测预报可分为哪几种类型?

3. 病害和虫害预测方法有哪些? 你认为哪一种方法预测的准确性较高,为什么?

4. 结合文献查阅,阐述现代信息技术在病虫害预测预报中的应用现状及发展趋势。

5. 结合有害生物预测预报的现状,分析其未来发展趋势。

第五章　有害生物的综合治理

随着科学的发展和人类对自然界认识的深入,有害生物的治理不仅在技术上不断进步,而且在策略上也不断发生变化。目前,有害生物综合治理已经成为有害生物治理的基本理念和策略。本章就有害生物综合治理的策略、生态学理论基础、经济学原理、治理技术等作一介绍。

第一节　有害生物的治理策略及其概念

有害生物的治理策略涉及有害生物防治的指导思想和基本对策。由于科学技术的发展和人类认识和哲学观念的更新,它也随着历史的进程而不断演变。早期,人们曾企图利用单项防治手段来达到控制或消灭有害生物之目的。19世纪末,美国从澳大利亚引进澳洲瓢虫防治吹绵蚧获得成功,因而引起人们对生物防治的极大兴趣。此后,许多国家都开展生物防治研究,试图以此解决害虫问题。但是,像澳洲瓢虫那样成功的例子并不多见。20世纪40年代,有机氯杀虫剂如DDT和六六六问世以后,因其明显的杀虫效果而一时间被视为害虫防治的主要手段,有人认为彻底解决害虫问题已为时不远。但长期大量使用有机氯杀虫剂后,不仅害虫问题并未得到解决,而且副作用日显突出,如引起人畜中毒,污染环境,导致害虫产生抗药性,害虫再猖獗和次要害虫上升为主要害虫等。历史实践不断证明,任何依赖单项手段防治有害生物都是有很大局限性的。于是,20世纪60年代末到80年代初,三种现代有害生物治理策略相继被提出:有害生物综合治理(integrated pest management,IPM)、全部种群治理(total population management,TPM)和大面积种群治理(area-wide population management,APM)。三种策略的共同点是:它们都企图改变和消除单独依赖化学农药的副作用,皆主张各种防治方法的配合等。但是它们在基本哲学及具体策略上却有很大的差别,而且它们各自适用的有害生物对象有所不同,各有特点。20世纪90年代,随着人们环境保护意识的增强,在农业可持续发展思想的指导下,为了使害虫得到持续控制,又提出了新的治理策略,如有害生物生态管理(ecological pest management,EPM)。但是目前就农林害虫治理所采用的策略主要还是IPM,也是本节介绍的重点,EPM则是发展方向。

一、综合治理

综合治理,或称综合防治(integrated pest control,IPC)的定义,因不同组织或学者而异,但基本含义是相同的,都以生态学观点为基础。联合国粮农组织(FAO)于1967年在罗马召开的有害生物综合防治专家组会议上对其所下的定义是"综合防治是一种对有害生物的管理系统,这个系统考虑到有害生物的种群动态及其有关环境,利用适当的方法与技术以尽可能互相配合的方式,把有害生物种群控制在低于危害的水平"。1972年,美国环境质量委员会把IPC改为IPM,并定义为"运用各种综合技术,防治对农作物有潜在危险的各种有害生物,首先要最大限度地借助自然控制力量,兼用各种能够控制种群数量的综合方法,如农业防治方法、利用病原微生物、培育抗性农作物、害虫不育法、使用引诱剂、大量繁殖和释放寄生性和捕食性天敌等,必要时使用化学农药"。1975年在全国植物保护工作会议上确定了以"预防为主,综合防治"作为植保工作的方针,指出"以防作为贯彻植保方针的指导思

想,在综合防治中,要以农业防治为基础,因地、因时制宜,合理运用化学防治、生物防治、物理防治等措施,达到经济、安全、有效地控制病虫危害的目的"。1986年,中国植物保护学会和中国农业科学研究院植物保护研究所联合召开第二次农作物病虫害综合防治学术讨论会,提出综合防治的含义是:"综合防治是对有害生物进行科学管理的体系,其从农田生态系统总体出发,根据有害生物与环境之间的相互联系,充分发挥自然控制因素的作用,因地制宜协调必要的措施,将有害生物控制在经济损害允许水平之下,以获得最佳的经济、生态和社会效益。"

IPM 的特点是:第一,基础哲学是容忍哲学。认为没有必要彻底消灭有害生物,只要把有害生物控制在经济损害允许水平以下就可以了。保留一定的有害生物可以为有害生物天敌提供食料和营养,维持生态和遗传的多样性,以达到利用自然因素调节有害生物数量的目的。第二,在对待化学防治的态度上,主张节制用药,只有在必要的情况下才采取化学防治措施。第三,强调充分发挥自然因素对有害生物的调控作用,重视植物自身的耐害补偿能力和生物防治。第四,只有有害生物危害所造成的经济损失大于防治费用时,才有必要采取防治措施,以达到"低成本、高收益"的目的。第五,强调保护生态环境和维护优良的农田生态系统。可见,有害生物综合治理融生态学观点、经济学观点和环境保护观点于一体。

二、全部种群治理

全部种群治理策略于20世纪60年代末到70年代初正式形成。它是利用各种有效手段,将有害生物全体种群彻底消灭的策略。它的着重点是有害生物的扑灭或铲除,哲学思想是消灭哲学。这一防治策略主要用于局部发生的严重病虫害、检疫性有害生物和卫生害虫,可以起到一劳永逸的作用,用一次性投入解决长期防治和危害的问题。但由于防治措施的有效性和有害生物生物学的复杂性,目前适于实施有效的全部种群治理的对象还较少。成功的事例除扑灭各种意外侵入的检疫性有害生物和卫生害虫外,还有一些岛屿上地中海实蝇和柑橘小实蝇的消灭,以及美国和墨西哥羊皮螺旋蝇的消灭。

全部种群治理(TPM)除了哲学思想不同于综合治理(IPM)外,还存在有一些差别:第一,针对的对象不同。TPM主要针对危害人畜的有害生物和检疫性害虫;IPM主要用于农林有害生物。第二,对化学防治态度不同。TPM主张使用化学农药作为一种主要的消减有害生物手段;IPM强调尽量使用非化学防治,而把化学防治只作为应急措施。第三,对生物防治的态度不同。TPM虽不反对生物防治,但认为生物防治只能作为辅助措施,而不能成为消灭手段;IPM重视生物防治,认为生物防治是人工加强的有益生物的自然防治。第四,对费用与收益之比的着重点不同。TPM认为彻底消灭有害生物的经济收益是无法估计的,因此对投入费用多少基本不考虑;IPM强调低费用投入、高收益产出。第五,TPM着重于防治技术,因此也非常重视防治新技术的研究与应用,它有可能随着防治技术的不断革新与发展而发挥更大的作用;IPM则着重于生态学原则。

三、大面积种群治理

大面积种群治理策略于20世纪80年代初提出,是IPM和TPM的折中,在一些原则上采用了IPM的做法,但具体防治方法上又偏向于TPM。该策略在哲学思想上主张消灭哲学,强调尽量消灭有害生物,主张用各种方法一同消灭有害生物,并比较强调化学防治的应用。但是,在经济阈值的确立以及防治的决策方面却与IPM相同,主张用系统分析测定多维的、动态的经济阈值,由此决定是否进行防治,但一旦决定防治就应尽量做到彻底消灭,使有害生物数量减到最少,使其在较长时间内不能上升至经济阈值,以达到减少用药次数的目的。这种策略在化学防治的副作用大幅度减少的前提下是有实际应用价值的,且容易被农民接受与实施。

四、生态管理

在可持续发展思想的指导下,为了实现有害生物持续控制(sustainable pest management)的目的,Tshernyshev W. B. 于 1995 年针对 IPM 的局限性而提出有害生物的生态管理。IPM 的局限性主要表现在:第一,在着重强调多种防治方法和措施综合应用的同时,对如何提高生态系统本身的自我调控能力强调不够,主要考虑有害生物发生危害时如何防治,而未强调如何使其不发生或少发生。第二,经济阈值是基于有害生物发生危害引起经济损失时的种群密度,没有考虑有害生物的发生趋势,相当于起火了才救火,而不是消灭每个火星。第三,所采取的各种方法和措施着重压低种群密度于经济允许水平之下,未考虑这些方法和措施的长期作用,没有将每一项措施都作为增加系统稳定性的一个因子,所以出现年年防治、年年有灾害的现象。

生态管理在充分吸收 IPM 合理部分的基础上,强调维持生态系统的长期稳定性和提高系统的自我调控能力,在不断地收集有关信息,如系统中的多样性指标、种群动态指标、天敌指标和寄主植物指标,随时对系统中有害生物及其天敌进行监测、预测的基础上,以系统失去平衡时的有害生物种群密度为阈值,于有害生物暴发的初期密度较低时采取措施,以生物防治为主进行防治,不采用昂贵的化学农药和大规模释放天敌。

生态管理策略的应用,就必须加强对生态系统动态及其自然调控机制、生态管理信息系统与预测系统,以及能增强生态系统稳定性的生态管理技术等的研究。

第二节　IPM 的生态学理论基础与经济学原理

一、生态学理论基础

(一)生态系统的自我调控和稳态机制

生态系统是指在一定空间范围内,有生命的生物(植物、动物、微生物)群落和无生命的物理环境(无机物质、有机物质和气候因子等)构成的能量转移、物质循环系统。任何一个生态系统都是其结构和功能相互依存、相互制约的统一体。结构和功能的相互适应、制约和完善,使得生态系统在遇到一定程度的外来干扰和压力时,能通过其系统内各组分间的制约、转化、反馈和补偿等作用,使系统的结构与功能恢复到原来的平衡稳定状态,从而确保生态系统的持续存在。生态系统的这种自我调控和稳态机制,主要是通过其系统自身的反馈控制和多元重复来实现的。反馈分正反馈和负反馈。正反馈使原系统某些组分增大,有利于系统的发展和进化;负反馈则使系统的某些组分减少,有利于系统的稳定。例如,在自然条件下,害虫种群对天敌种群起到正反馈调节作用,而天敌种群对害虫种群则起到负反馈调节作用。这样当由于某种原因导致害虫种群数量增大时,天敌种群就会随之增大,而天敌种群的增大,反过来又会引起害虫种群数量下降,从而使两者种群在数量上保持着一定的平衡关系。多元重复是指生态系统中多个组分具有同一种功能或一个组分具有多种功能,这样当系统受到外来干扰造成某一或某些组分受到破坏时,具有同种功能的其他组分,就会在功能上给予补偿,从而保证系统的输出基本稳定不变。例如,稻田生态系统中,一种蜘蛛往往可捕食多种植食性昆虫,当某种植食性昆虫种群数量减少时,蜘蛛就会增加对其他种类的捕食,从而使蜘蛛种群数量保持稳定。生态系统中反馈控制和多元重复往往是同时存在的,两者共同作用的结果,保持了生态系统的相对稳定

性。要保持生态系统的相对稳定必须满足下列条件：

第一，组分的多样性。一个系统中物种越多样，能量流、物质流和信息流越错综复杂，系统就越容易保持稳定。若在农林生态系统中栽培植物及品种单一化，会使系统组分单一，从而易导致有害生物大暴发。

第二，干扰不能超过生态阈限。生态阈限是指生态系统通过其自我调控和稳态机制，抵御外部干扰，从而保持系统稳定性的最大复原调控能力和限度。超过这个限度，系统就会失去复原能力，导致系统崩溃瓦解。如在农田生态系统中过度使用化学药剂，就会使寄生性和捕食天敌大量死亡，常常导致系统失去稳定，进而导致有害生物暴发。

第三，系统进化成熟。系统进化成熟后，才具有健全的反馈调控和多元重复等稳态机制。因此，在有害生物控制中要使农田生态系统保持成熟。

（二）生物的环境限制因子原理

一种生物要在某种环境下生长和繁殖，首先必须从环境中摄取各种生育所必需的营养物质与能量，当某种或某些物质或能量因数量多少而限制了生物的生长发育与繁殖时，这种物质或能量即称为生物生育的限制因子。一种生物或一群生物的生存与繁荣，取决于多种环境条件或因子的状况，任何接近或超过生物的耐性限度的环境条件，都会成为该种或该群生物的限制因子。限制因子不是一成不变的，一种限制因子往往可以被另一种限制因子替代。这意味着在分析和管理一个具体的生态系统过程中，应重点从对环境因子的耐性区限较窄的生物和数量变动较大的环境因子入手，找出限制因子，然后通过优化种群结构引入对该系统内的环境因子耐性区限较宽的生物，并配以环境因子优化管理，以提高受限的环境因子数量水平的投入，克服限制因子，最终达到持续稳定地提高生态系统的生产力之目的。因此，在有害生物控制中还要遵循和运用生物的环境限制因子原理。

二、经济学原理

（一）有害生物对作物的经济危害和作物受害损失的估计

有害生物对农作物的经济危害包括直接的、间接的、即时的和后继的多种，但通常所说的有害生物所致的损失，主要是指产量的减少和品质的降低，当品质降低不大、可以忽略不计时，通常仅指对产量的影响。

作物的产量构成因素随作物种类而异。有害生物对作物的危害程度也因其种类和密度而不同。作物经济损失与有害生物危害之间，虽然总体上呈正相关，但从有害生物危害某种作物的全过程来看，或是从不同作物的受害情况来看，其并不总是呈直线关系的。作物产量与有害生物种群密度之间可能有三种情况：第一，产量随有害生物密度增加呈直线下降；第二，在较低密度下，作物表现出补偿作用，产量保持稳定，随后产量随有害生物密度增加呈曲线下降；第三，在较低密度下，作物表现出超补偿作用，产量较无有害生物危害时反而增加，随后产量随有害生物密度增加呈曲线下降。实际上，作物产量与有害生物危害之间的关系是相当复杂的，在特定的作物与有害生物组合中上述三种情况可能都会同时出现。如在某种密度下作物的这一生长期表现出第一种情况，而在另一生长期又表现出第二或第三种情况。因此，在估计有害生物危害造成的损失时，除少数直接危害作物的收获部分或危害造成作物整株死亡之外，还应从各方面综合考虑。根据有害生物的危害程度、危害方式，运用合理的统计方法，力求得出符合客观实际的结论。常用的产量损失测定方法是：测定健株、受害株的产量；调查被害株的百分率；计算损失百分率，估计未受害时的单位面积产量，最后求出单位面积实际产量损失。虽然产量损失受作物品种、播种季节、土壤类型、施肥水平、有害生物危害时期和强度的影响很大,但通过合理的试验设计和田间试验,还是可作出比较客观的估计的。常用的产量估计方法包括小区试验法、田间调查法和模拟有害生物危害法等。

1. 小区试验法

通过人为控制有害生物发生数量,造成不同的受害程度,统计作物受害程度与有害生物数量或作物产量与有害生物数量等的关系,最后作出产量损失的估计。其有害生物发生数量控制的方法包括人工移入法和药剂控制法。

2. 田间调查法

在田间有害生物发生不普遍的情况下,分别寻找有害生物危害程度不同的地段或受害植株和未受害植株,分别进行测产和比较。在测定平均产量的基础上,估算出损失百分率。

3. 模拟有害生物危害法

根据作物种类、有害生物危害特点,进行模拟。如人工剪叶模拟食叶性害虫的危害,人工摘蕾、人工摘铃模拟棉铃虫对棉花花蕾、铃的危害等。

损失估计通常建立在产量减少的基础上,但有时由于有害生物影响,导致产品品质下降,或收获期推迟、价格降低等所造成的经济损失比产量减少所造成的更大。

(二)经济损害允许水平和经济阈值

经济损害允许水平和经济阈值蕴含了生态学和经济学的精华,是综合防治的基本原则。它们明确指出防治有害生物要有一定的尺度,不要求彻底消灭有害生物,而是将其控制在经济危害允许水平以下,从而防止了滥用农药,并给天敌继续生存和发挥作用留下了必要的食料条件和生态位。因此,利用经济损害允许水平和经济阈值指导有害生物防治不仅可保证防治的经济效益,同时可以取得良好的生态效益和社会效益。具体体现是:第一,据此进行有害生物防治,不会造成防治上的浪费,也不会使有害生物危害造成大量的损失;第二,保留一定种群密度的有害生物,有利于保护天敌,维护农田生态系统的自然控制能力;第三,在此基本原则指导下的防治有利于充分发挥非化学防治措施的作用,减少用药量和用药次数,减少残留污染,延缓有害生物抗药性的发生和发展。

经济损害允许水平又称经济损害水平(economic injury level,EIL),其概念最早由 Stem 等(1959)提出,即"引起经济损失的最低害虫密度"。后来的研究者又从不同的角度表达,如从经济学观点出发,将此概念定义为"有害生物在某一种密度下的防治成本超过了经济阈限时所致的损失",以后又发展为"有害生物的某一侵害水平,其防治效益刚好超出防治成本"。可见,经济损害允许水平具有两种含义:一是指人们可以容许的作物受害而引起的产量、质量损失水平,亦即指作物因有害生物造成的损失与防治费用相等时的作物受损程度(经济损失量或损失率);二是指与经济损失允许水平相对应的有害生物密度,即经济损失允许密度。目前这一概念已被人们普遍理解和接受,并作为研究防治指标的理论依据。

经济阈值(economic threshold,ET)又称防治指标(control action threshold),其含义是"采用防治措施阻止有害生物种群密度增长,以免达到经济损害允许水平的有害生物密度"。ET 和 EIL 相对应,除可用密度表示外,也可用作物受损的程度来表示。因此,ET 可将其定义为"有害生物防治适期的有害生物密度、危害量或危害率达此标准应采取防治措施,以防止危害损失超过经济损害允许水平"。由以上概念可以推论,经济阈值是较经济损害允许水平低的种群密度或受损程度,这样可以保证所采取的防治措施,在有害生物种群数量尚未达到经济损害允许水平之前就能发挥作用,可避免有害生物危害造成损失后再进行防治的被动局面。

由于有害生物危害、作物受损和防治费用三者关系的复杂性,EIL 和 ET 不只是有害生物种群密

度(或作物受害程度)的函数,还受其他许多变量的影响,即所谓 EIL 和 ET 的多维性。而且影响 EIL 和 ET 的变量均是随时间而变化的,因此 EIL 和 ET 又是动态的。这种动态性既表现在作物受害程度、产量损失、有害生物种群密度等方面,还表现在随产品市场价格和防治费用而波动的关系。

虽然 ET 的概念早在 20 世纪 50 年代末就已被提了出来,60 年代就被普遍接受,但对于 ET 所涉及的参数进行定性和定量的描述,直到 70 年代才出现。有关 ET 虽有很多模型,但目前为大众所普遍接受的一般模型为:

$$ET = C_C / (E_C \times Y \times P \times Y(R) \times S_C) \times C_F$$

式中,C_C:防治费用,包括农药费、人工费和器械折旧费等;E_C:防治效果(%);Y:未受害时的单位面积产量;P:作物产品价格;$Y(R)$:平均每个有害生物危害作物造成的减产率;S_C:有害生物的存活率;C_F:社会经济因子,也称临界因子,用于衡量强调的重点是产量还是环境质量,C_F 值在 1 和 2 之间。

从上述模型中可以看出,要求出 ET,其先决条件是要有有害生物密度和作物产量损失关系的信息,即模型中的 $Y(R)$ 值。正如前述,影响 $Y(R)$ 值的因素很多,而其他各项虽然也不断变化,但相对地都比较容易获得。随着研究的深入,同时考虑作物不同时期特定有害生物发生或发育阶段的动态阈值和不同防治方法的多重阈值,以及多种有害生物或多种发生或发育阶段的多维阈值也在不断地提出。

第三节 有害生物的治理技术

有害生物治理技术是控制有害生物,避免或减轻农作物生物灾害的技术。具体措施一般可以归纳为"防"和"治"两类。事实上,许多措施很难用"防"和"治"来进行严格区分。依据防治措施的实施途径一般可归类为植物检疫、农业防治、生物防治、物理机械防治和化学防治等。

一、植物检疫

植物检疫(plant quarantine)是指国家或地区政府依据法规,对植物或植物产品,及其相关的土壤、生物活体、包装材料、容器、填充物、运载工具等进行检验和处理,防止检疫性有害生物(quarantine pest)通过人为传播进、出境并进一步扩散蔓延的一种保护性植物保护措施。检疫性有害生物是指国家或地区政府正在积极控制的、在本国或本地区尚未发生或虽有发生但仅局部分布,只通过人为途径传播且潜在经济危害性重大的有害生物,包括病原生物、害虫、害螨、软体动物和杂草等。可见,植物检疫是植物保护工作的重要组成部分,但其是通过法律、行政和技术等手段来保障本国或本地区农、林、牧业安全生产的,具有强制性、预防性和科学性等基本属性,因而不同于一般的植保措施。

植物检疫的主要任务是:①禁止检疫性有害生物随种子、苗木、无性繁殖材料及包装物、运载工具等由国外传入或国内传出。②将国内局部地区发生的检疫性有害生物封锁在一定的范围内,防止传入未发生区。③检疫性有害生物一旦侵入新区,则立即采取一切必要措施,予以彻底扑灭。植物检疫按其职责范围可分成口岸植物检疫(外检)和国内检疫(内检)。口岸植物检疫由国家设在沿海港口、国际机场以及国际交通要道的口岸植物检疫机构实施,以防止本国尚未发生或仅局部发生的危险性有害生物由人为途径传入或传出国境。国内检疫由县级以上地方各级农业和林业行政主管部门所属的植物检疫机构实施,以防止传入检疫性有害生物,或对在国内局部地区发生的有害生物,采取封锁和铲除措施,控制其传播蔓延。

（一）植物检疫的法规及其实施

植物检疫以法规防治作为其基本特征，因此，每一个实施植物检疫的国家都制定有各自的植物检疫法规。通常由国家的最高立法机构或最高行政机构颁布"植物检疫法"或"植物检疫条例"或其他法规（下统称基本法规）。在基本法规中授权给植物检疫的主管部门根据实际需要再制定颁布各种具体的法令规章，如贯彻基本法规的实施细则，以一类植物、某种植物或某种有害生物为对象的单项法令、检疫对象名单、禁止植物种类等（下统称具体法规），作为执行的依据。

各国植物检疫的基本法规，虽各有不同、繁简不一，但其内容和精神基本相似，均以原则性的条文规定形式表达。这样可以适应客观情况的变化而无须修订或改订，以保证基本法规的稳定性和长期性。具体法规则不然，虽也大多以条文表达，但其内容十分具体详尽，明确地指出在各种不同的情况下应如何实施，一旦发生不适用，可以随时进行修订甚至废止，也可根据新的需要，制定新的法令，公布实施，具有一定的灵活性，以作为基本法规的必要补充。各国植物检疫法规繁多，但就防止危险性有害生物人为传播方面来看，可概述成三种形式：一是列明禁止有害生物种类（有检疫对象），将国内没有发生的或虽已有发生但仅局限于局部地区正待封锁扑灭的危险性有害生物，列出名单禁止入境（或将其中一部分限制入境）。中国、俄罗斯、东欧各国、埃及等采用此种形式。二是列明禁止植物的种类（无检疫对象），将禁止传入有害生物的目标，放在寄主植物上，因此只列出禁止植物的种类，从而达到禁止传入有害生物的目的。但实质上在确定禁止寄主植物的种类时，必然是从防止某种有害生物出发的。美国、澳大利亚等采用此种形式。三是列明禁止植物和应检有害生物的种类，将禁止有害生物传入的种类及其寄主植物种类以表格形式同时列出。有些国家还把具有上述有害生物发生的国家和地区，允许进口的地点及条件、处理方法等一并列入表内予以说明。加拿大、日本、英国、新西兰等采用此种形式。以上三种形式是根据各个国家自身的条件和需要决定的，但多数专家则倾向于采取第三种形式。我国也在从第一种朝第三种转变。

除各国（地区）独立制定植物检疫法规外，为了加强国家间或地区间协作，以便更有效地防治有害生物和防止危险性有害生物的传播，保护各成员的动植物健康，减少检疫对贸易的消极影响，促进国际贸易的发展，有关国际组织或相近生物地理区域内的不同国家（地区）自愿组成的组织也制定有相应的国际性或区域性植物检疫法规。国际性植物检疫法规是国际组织制定的，需要各成员共同遵守的行为准则，包括相关的公约、协定和协议等。联合国粮农组织于 1951 年制定了《国际植物保护公约》（International Plant Protection Convention，IPPC），1997 年对该公约又进行了系统、全面的修订，特别注意到了与国际贸易规则的一致性。新修订的公约重申在防止危害植物及其产品的有害生物传播蔓延的同时，更加强调采取植物检疫措施的技术合理性和透明性，以防止对国际贸易造成不必要的限制。为此，该公约明确界定了植物检疫的范围，新增加了限定有害生物及限定物、受威胁的地区、有害生物低度流行区和有害生物风险分析等新的规定。该公约设有秘书处、植物检疫措施专家委员会（Committee of Experts on Phytosanitary Measures，CEPM）和植物检疫措施临时委员会（Interim Commission on Phytosanitary Measures，ICPM），以帮助沟通情况、制定国际标准、协调解决争端，在协调、统一各国（地区）的植物检疫措施方面发挥了重要作用。《实施动植物卫生检疫措施协定》（Agreement on the Application of Sanitary and Phytosanitary Measures）简称 SPS 协定，是 1986—1993 年关贸总协定（GATT）乌拉圭回合谈判形成的世界贸易组织（WTO）的一个新协定，于 1995年 1 月 1 日正式生效，其内容涉及动植物、动植物产品和食品的进出口检验检疫国际规则。其目标是保证各成员在保护人类、动物和植物健康的同时避免对各国（地区）贸易造成不必要的限制。同时希望有关国际组织，特别是《国际植物保护公约》在协调、统一各国（地区）的植物检疫措施方面发挥更大的作用。区域性法规是由相近生物地理区域内的不同国家（地区），根据其相互经济往来情况，自愿组成的区域性植物保护专业组织所制定的有关章程和规定，如《亚洲和太平洋区域植物保

护协定》等,是各成员需要遵守的准则。此外,还有国家(地区)之间签订的植物检疫双边协定。

我国现行的植物检疫法规有 1991 年颁布的《中华人民共和国进出境动植物检疫法》(2009 年 8 月修正)和 1996 年颁布的《中华人民共和国进出境动植物检疫法实施条例》,以及 1983 年发布的《植物检疫条例》(1992 年、2012 年、2017 年 10 月修订)和 1995 年修订颁发的《植物检疫条例实施细则》(其中农业部分于 1997 年 12 月、2004 年 7 月、2007 年 11 月先后进行 3 次修订;林业部分于 2011 年 1 月修订)。它们是我国实施对外和国内植物检疫的法律准则,其中进境植物检疫性有害生物 446 种,国内检疫性有害生物有 31 种。

植物检疫法规的实施通常由法律授权的特定部门负责。目前,不同国家一般均设有专一的植物检疫机构,具体负责有关法规的制定和实施。我国有关植物检疫法规的立法和管理由农业农村部负责,口岸植物检疫工作由海关总署领导下的国家出入境检疫检验局及下属的口岸检疫机构负责,国内检疫工作由农业农村部植物检疫处和地方检疫部门负责。口岸植物检疫主要负责与动植物检疫有关的国际交往活动,制定国际贸易双边或多边协定中有关植物检疫的条款,处理贸易中出现的检疫问题;收集世界各国疫情进行分析,并提出应对措施;制定有关植物检疫法规,审定检疫对象及应检物名单,办理检疫特许审批;负责实施进出境及过境检验及检疫处理;负责制定及实施口岸检疫科研计划等。内检方面,农业农村部植物检疫处负责起草植物检疫法规,提出植物检疫工作的长远规划和建议;贯彻执行《植物检疫条例》,协助解决执行中出现的问题;制定植物检疫对象和应检物名单;负责国内外植物引种的审批;汇编有关植物检疫资料,推广植物检疫工作经验,培训检疫人员;组织植物检疫科研攻关等。地方检疫部门主要负责贯彻执行植物检疫的有关法规,制订本地区的实施计划和措施;起草地方性植物检疫法规,确定本地植物检疫对象和应检物名单,提出划分疫区和非疫区的方案;执行产地、调运、邮件及旅行物品检验,签发植物检疫有关证书;承办植物引种的检疫审批;监督检查种苗隔离试种(后检);协助建立无害种苗繁殖基地等。此外,还有一些科研单位和农业院校及学术团体可以提供科研技术支撑和信息咨询。

(二)检疫对象与疫区的确定

1. 有害生物风险分析与检疫对象的确定

自然界由于地理因素、气候因素和寄主分布不同所造成的隔离,使地区间有害生物的分布存在明显差异。而这种隔离差异很容易被人为破坏,使有害生物扩散蔓延。这是植物检疫的基本依据。一般来说,有害生物经人为传播至新地区后,会出现三种结果:其一,传入的有害生物不能适应当地的气候和生物环境,无法生存定居,故不造成危害。如小麦腥黑穗病菌在气候较冷的地区发生严重,而在我国年平均气温 20℃ 以上的地区则不能生存。其二,当地生态环境与原分布区相近,或因有害生物适应能力较强,在传入区可以生存定居,并造成危害。其三,传入地区的生态环境更适宜有害生物,一旦传入,迅速蔓延,危害成灾,且由于缺乏有效的控制措施,往往造成毁灭性的破坏和灾难,如从南美传入爱尔兰的马铃薯晚疫病,以及从亚洲引种带入美国的栗疫病皆属于此类。因此,了解有害生物的分布、生物学习性和适生环境,弄清其在传入区的危险性,确定危险性检疫有害生物,是植物检疫的首要任务。

由于自然界有害生物种类很多,且国际贸易中又有利用植物检疫设置技术壁垒的趋向,为了保证植物检疫的有效实施和公平贸易,各国在确定检疫对象时,必须对有害生物进行风险评估,并提供足够的科学依据,以增加透明度。关贸总协定最后协议中就明确指出,检疫方面的限制必须有充分的科学依据,某一生物的危险性应通过风险分析来决定,而且这一分析还应该是透明的,应该阐明国家间的差异。

有害生物风险分析(pest risk analysis,PRA)通常包括风险鉴定、风险评估、风险管理和风险交流四个部分,但一般只区分为风险评估和风险管理两个步骤。它可以植物(传播材料)或有害生物为切入点进行风险分析。有害生物风险评估通过信息资料的搜集整理、实地调查和模拟环境的实验研究等方法获取有关资料,对可能传入的有害生物进行风险评估,以确定危险性检疫有害生物。有害生物风险评估主要包括传入可能性、定殖及扩散可能性和危险程度。它涉及的因素很多,主要包括生物学因素、生态学因素以及贸易与管理因素。一般来说,传入可能性的评估主要考虑有害生物感染流动商品及运输工具的机会、运输环境条件下的存活情况、入境时被检测到的难易程度以及可能被感染的物品入境的量及频率。定殖及扩散可能性的评估主要考虑气候和寄主等生态环境的适宜性、有害生物的适应性、自然扩散能力及感染商品的流动性与用途。危险程度的评估主要考虑有害生物的危害程度、寄主植物的重要性、防治或根除的难易程度、防治费用及可能对经济、社会和环境造成的恶劣影响。

经风险评估后,凡符合局部地区发生,能随植物或植物产品人为传播,且传入后危险性大的有害生物均可以被列为检疫性有害生物,并列入植物检疫名单而成为检疫对象(quarantine subject)。

2. 疫区和非疫区的划分

疫区划分是植物检疫的重要内容之一,也是实施检疫性有害生物风险管理的重要依据。疫区(infestation area)是指由官方划定的,发现有检疫性有害生物危害的,并由官方控制的地区。而非疫区(pest free area)则是指有科学证据证明未发现某种有害生物,并由官方维持的地区。主要根据调查和信息资料,依据有害生物的分布和适生区进行划分,并经官方认定,由政府宣布。一旦政府宣布,就必须采取相应的植物检疫措施加以控制,阻止检疫性有害生物从疫区向非疫区的可能传播。所以,疫区划分也是控制检疫性有害生物的一种手段。

随着现代贸易的发展和风险管理水平的提高,商品携带检疫性有害生物的零允许量已被打破,疫区和非疫区也被进一步细化,进而出现了有害生物低度流行区和受威胁地区的概念。低度流行区是指经主管当局认定的,某种检疫性有害生物发生水平低,并已采取了有效的监督控制或根除措施的地区。此类地区的出口农产品经过有效的风险管理措施处理后,比较容易达到可以接受的标准。受威胁地区是指适合某种检疫性有害生物定殖,且定殖后可能造成重大危害的地区。这也是植物检疫严加保护的地区。

(三)植物检疫的程序

实施植物检疫必须按规定办理一系列手续。各种类别的植物检疫,都遵循下列基本程序。

1. 报检

调运植物检疫由调入单位事先征得当地检疫机构同意,并向调出单位提出检疫要求,向当地检疫机构申请检疫。境外引种检疫由引进单位或个人向检疫机构申报。经有关省(自治区、直辖市)检疫机构审批后,再按照审批单位的检疫要求和审批意见办理境外引种手续。引进的种子、苗木等抵达口岸时,由引入单位或个人向入境口岸检疫机构申请检疫。

2. 检验

有关植物检疫机构根据报检的受检材料,进行抽样检验。检验一般包括产地检验、关卡检验和隔离场圃检验,其中最常用的是关卡检验。关卡检验是指货物进出境或过境时对调运或携带物品实施的检验,包括货物进出国境和境内地区间货物进出境时的检验。关卡检验的实施通常包括现场直接检测和适当方法取样后的实验室检测。针对不同对象所使用的方法主要有:通过目测或手持放大镜对植物及其产品、包装材料、运载工具、放置场所和铺垫物料进行检测,以及诱器检测、过筛检测、比重检测、染色检测、X射线透视检测、洗涤检测、保湿萌芽检测、分离培养及接种检测、噬菌体检测、电镜检测、血清学检测、DNA探针或DNA芯片检测、指示植物接种检测等。随着人工智能技术的发展,图

像智能识别可用于高效精准检测。

产地检验是指在调运农产品的生产基地实施的检验。对于关卡检验较难检测或检测灵敏度不高的检疫对象常采用此法。隔离场圃检验是继产地和关卡检验后设置的阻止有害生物传播的又一道防线，是一项需要较长时间的系统隔离检验措施。主要通过设置严格控制隔离的场所、温室或苗圃，提供有害生物最适发生流行环境，隔离种植被检植物，定期观察记录，检测植物是否携带检疫性有害生物，经一个生长季或一个周期的观察检测后，作出结论。该法适用于在实验室常规检测不易肯定，或由于时间或条件限制而不能立即作出结论的检验。

3. 处理

植物检疫处理的基本原则首先是检疫处理必须符合检疫法规的有关规定，有充分的法律依据；同时征得有关部门的认可，且符合各项管理办法、规定和标准。其次，所采取的处理措施应当是必须采取的，而且应该将处理所造成的损失减少到最低；而消灭有害生物的处理方法必须具备下列条件：完全有效，能彻底消灭有害生物，完全阻止有害生物的传播和扩展；安全可靠，不造成中毒事故，无残留，不污染环境；不影响植物的生存和繁殖能力，不影响植物产品的品质、风味、营养价值，不污染产品外观等。

处理所采取的措施依情况而定。一般在产地或隔离场圃发现有检疫性有害生物的，常由官方采取划定疫区，实施隔离和根除扑灭等控制措施。关卡检验发现检疫性有害生物时，则通常采用退回或销毁货物、除害处理和异地转运等检疫措施。一般关卡检验发现货物事先未办理审批手续，现场又被查出带有禁止或限制入境的有害生物，或虽然已办理入境审批手续，但现场查出有禁止入境的有害生物，且没有有效、彻底的杀灭方法，或农产品已被危害而失去使用价值的，均应退回或销毁。正常调运货物被查出有禁止或限制入境的有害生物，经隔离除害处理后，达到入境标准的也可出证放行，或运往非受威胁地区，另做加工用。

除害处理是植物检疫处理常用的方法，主要有机械处理、温热处理、微波或射线处理等物理方法，以及药物熏蒸、浸泡或喷施处理等化学方法。由于植物检疫处理费用及后果均由货主承担，因而实施时必须遵守国际惯例和公认的基本原则。

4. 鉴证

从无检疫性有害生物发生地区调运种子和苗木等繁殖材料，经核实后签发检疫证书。从检疫性有害生物零星发生区调运种子和苗木等繁殖材料，凭产地检疫合格证书签发检疫证书。发现检疫性有害生物但经处理后合格，签发检疫证书。

调运植物的检疫证书由当地植物检疫机构或其授权机构签发。口岸植物检疫由口岸植物检验检疫机构根据检验检疫结果签发"检疫放行通知单"或"检疫处理通知单"。

二、农业防治

农业防治(agricultural control)是指通过适宜的栽培措施降低有害生物种群数量或减少其侵染可能性，培育健壮植物，增强植物抗害、耐害和自身补偿能力，或避免有害生物危害的一种植物保护措施。广义而言，农业防治也包括生态景观合理设计、作物种植的合理布局以及功能植物种植利用，即通过这些措施以调节形成不利于有害生物发生，而有利于天敌发生的栖息生境。这种措施也被称为生态调控技术(ecological regulation and management technique)。其最大优点是不需要过多的额外投入，且易与其他措施相配套。此外，推广有效的农业防治措施，常可在大范围内减轻有害生物的发生程度。农业防治也具有很大的局限性：首先，农业防治必须服从丰产要求，不能单独从有害生物防治的角度去考虑问题。其次，农业防治措施往往在控制一些病虫害的同时，引发另外一些病虫害，因此,实施时必须针对当地主要病虫害综合考虑,权衡利弊,因地制宜。最后,农业防治具有较强的地域性和季节性,且多为预防性措施,在病虫害已经大发生时,防治效果不大。但如果很好地加以利用,则会成为综合治理的有效一环,在不增加额外投入的情况下,压低有害生物的种群数量,甚至可以持续控制某些有害生物的大发生。农业防治的主要技术措施包括建立合理的耕作制度、选育和利用抗性植物品种、采用健康种苗、加强栽培管理和安全收获等。

(一)建立合理的耕作制度

耕作制度的改变常可使一些常发性重要有害生物变成次要有害生物,这在生产实践中已有不少实例,并成为大面积有害生物治理的一项有效措施。其主要内容包括调整植物布局,实施轮作倒茬和间作套种等种植制度,以及与之相适应的土地保护制度。

1. 调整植物布局

植物布局是一个地区或生产单位植物构成、熟制和田间配置的生产部署,其主要内容是各种植物田块的设置、茬口安排或种植时间安排、品种搭配、功能植物配置等。合理的植物布局不仅可以充分利用土地资源,发挥植物的生产潜能,增加产量,提高农业生产效益,同时对控制有害生物的发生流行具有重要意义。

(1) 植物田块的合理设置

主要依据不同地区或地块所处的经济和生态环境进行生态景观设置。经济环境直接影响农产品的销售及效益,如大城市郊区的蔬菜生产效益一般要高于偏僻的农村;这种状况会直接影响到农民承担植物保护费用的能力,进而影响植物保护措施的实施。生态环境主要是指当地的气候、田块所处位置的小气候、土壤及相邻植被状况等,它不仅影响有害生物的发生流行,同时还可能影响引进天敌生物的定居繁殖。气候直接影响有害生物的分布和发生,因此,选择适宜气候的地区种植特定的植物,不仅有利于植物的生长,同时有利于有害生物的控制。地块的选择也要考虑小气候,一般向阳坡有利于喜温型有害生物的发生,而低洼田块有利于喜湿型有害生物的发生。鉴于相邻植被能影响到有害生物的寄主、越冬越夏场所及天敌生物的分布与种群密度,因此,可通过设计生态岛、斑块、廊道等生态景观,在农田、果园等周围创造有利于天敌或传粉昆虫越冬、栖息及其繁衍和转移扩散的生境,以提升农业生态系统的控害保益功能,进而实现害虫种群控制的可持续性。一般认为 5%～20% 比例的非作物生境有利于农田的害虫生态调控,有报道称麦田周围 33% 左右的非作物生境更有利于寄生蜂对麦蚜的控制作用。

(2) 作物种植的合理布局

依据有害生物对寄主和生态环境的要求,采用合理的轮作、间作或套种以及植物种类或品种搭配,有效开展有害生物的生态调控,切断有害生物的寄主供应,利用植物间天敌的相互转移,或土壤生物的竞争关系,恶化发生环境,减少田间有害生物的积累。一般来说,适于某种有害生物生存的植物或几种植物的连作和间作均是不利的。如棉花连作有利于枯、黄萎病的发生和蔓延;玉米和大豆间作有利于蛴螬的发生危害;棉花和大豆间作有利于叶螨的发生。而小麦或越冬绿肥和棉花的间作、套作,可以较好地控制棉花苗期蚜虫的危害;小麦与棉花邻作时,当小麦田收获之后,其内的天敌可转移到周围的棉田,可以有效抑制棉花田 16 m 内的蚜虫;玉米与花生间作,可以增加花生田里的捕食性瓢虫,从而可以抑制花生蚜的发生;稻麦、稻棉等水旱轮作可以明显减少多种有害生物的危害,这也是小麦吸浆虫、地下害虫和棉花枯萎病防治的有效措施之一。此外,对于迁飞性有害生物,迁出地和迁入地种植相似的敏感植物有利于其大发生;大面积单一种植同一品种的植物,对于病害的暴发流行有利,但对水稻螟虫却有很好的控制作用。

此外,通过时间、空间上生态位的错位,确定合理的种植和收获时间,切断有害生物与寄主之间的

食物链,从而使有害生物的种群因无法完成整个生活史而自行衰退或者灭亡。如提前播种,双季稻改为单季稻,切断了水稻螟虫的食物链,使螟虫找不到寄主水稻而消亡。

（3）功能植物的合理配置

根据有害生物或天敌习性,在植物田内设置功能植物,诱杀或驱避有害生物,或者保护天敌,以发挥其控害作用。功能植物,主要是指有助于有害生物天敌生物控害或(和)传粉昆虫传粉授精的蜜源植物(honey plant,nectar resource plant),有利于天敌昆虫生存与繁育的栖境植物(habitat plant)和储蓄植物(banker plant),以及吸引害虫的诱集植物(trap plant)、能击退害虫的驱避植物和诱杀害虫的诱杀植物等。可见,功能植物主要发挥着涵养天敌和传粉昆虫、保护天敌和传粉昆虫同时又不成为靶标有害生物食物链的功能,它通常具有涵养储存天敌和传粉昆虫、不涵养害虫等特征。如蛇床草 *Cnidium monnieri*（Linn.）Cuss. 是华北农田很好的功能植物,可以起到保护麦田前期天敌且可作为将麦田天敌转移过渡到玉米田的"驿站";在稻田田埂或周边种植芝麻、百日菊、波斯菊、酢浆草等显花植物,有利于保护稻田天敌,控制稻飞虱等危害;在棉田种植玉米带引诱棉铃虫和玉米螟产卵,在茄子田周围种植马铃薯引诱二十八星瓢虫等,并进行集中处理,均能有效地减轻害虫对主要植物的危害;在稻田田埂周围种植香根草 *Vetieria zizanioides*（L.）Nash 可诱集二化螟成虫产卵,但螟虫又不能在香根草上生存,从而对螟虫起到了诱杀作用;稻田田埂间隔种植紫苏 *Perilla frutescens*（L.）Britt. 和烟草,可显著驱避稻飞虱,抑制白背飞虱和褐飞虱种群数量。又如,在肯尼亚等东非国家通过在玉米田旁边种植糖蜜草 *Melinis minutiflora* P. Beauv. 产生挥发物对玉米田外的螟蛾科雌虫起到驱避作用,同时种植狼尾草 *Pennisetum purpureum* Schum. 可诱杀玉米田内鳞翅目害虫。

2. 土壤耕作和培肥

土壤不仅是农植物的生长基地,同时也是许多有害生物的栖息和活动场所,因而土壤中的水、气、温、肥和生物环境不仅影响植物的生长发育,同时也影响有害生物的生存繁衍。一般来说,黏土吸水性强,容易板结,不利于害虫的发生,但对真菌性病害的发生则较有利。

（1）土壤耕作

土壤耕作是对农田土地进行耕翻整理,以改善土壤环境,保持土地高产稳产能力的农业措施,通常包括收获后和播种前的耕翻,以及生长季的中耕。土壤耕作对有害生物的影响主要表现在三方面。其一,土壤耕作可以改善土壤中的水、气、温、肥和生物环境,有利于培养健壮的植物,提高对有害生物的抵抗和耐受能力。其二,耕翻可使土壤表层的有害生物深埋,或使土壤深处的有害生物暴露,从而破坏其适宜的生存条件,导致有害生物死亡或被捕食等。其三,土地耕翻的机械作用会直接杀伤害虫,或破坏害虫的巢室而使其死亡。

（2）土地培肥的作用

土地培肥措施,如农田休闲、轮作绿肥等,也可以较大地改变有害生物的生存环境,大幅度地降低有害生物的种群数量,尤其对那些寄主范围较窄、活动能力较差的有害生物更为有效。菜田在夏季病虫高发期休闲晒垡,稻田冬耕冻垡及沤田均是生产上使用的土地培肥兼控制病虫害的有效措施。选择适当的绿肥植物品种进行轮作,可以诱发真菌孢子和线虫卵萌发孵化,随后因找不到适宜的寄主而死亡消解,从而降低这些有害生物在土壤中的种群数量。

（二）选育和利用抗性植物品种

植物抗性品种(crop resistant variety)是指具有抗一种或几种逆境(包括干旱、涝、盐碱、倒伏、虫害、病害、草害等)遗传特性的植物品种。它们在同样的逆境条件下,能通过耐受或抵抗逆境,或通过自身补偿作用而减少逆境所引起的灾害损失。这里所说的植物抗性品种主要是指抗病虫害的品种。选育和利用抗病虫害甚至抗化学除草剂的植物品种,是一项相当经济、有效且安全的植物保护措施,它将随着遗传学研究的深入和现代生物技术的发展而彰显更广阔的应用价值。

1. 抗性植物品种的选育途径

抗性植物品种育种的原理、途径及方法与一般植物育种相同,但在育种目标上,除满足优质、高产和强适应性等一般要求外,更重要的是要确定针对何种逆境的具体目标,如抗哪种或哪类主要病害或虫害,抗性类型及抗性程度等。选育目标确定后,应广泛收集各种抗性材料或抗性基因,包括远缘和野生种质资源,甚至基因资源,以供选配亲本或转基因用。育种方法包括传统方法、诱变技术、组织培养技术和分子生物学技术。这些方法一般需要根据供用材料资源和育种条件进行选用。

(1)传统方法

主要包括选种、系统选育、杂交选育。选种又称混合选种,是指从有害生物大发生田,选取高抗植株采种。这种方法简便,但植物抗性性状提高较慢。系统选育是将田间选择的高抗植物种子,隔离繁殖,并通过人工接种有害生物,对其后代进一步进行筛选。该方法对自花授粉植物效果较好。杂交选育通常是利用具有优良农艺性状的植物品种为母本,与抗性品种、野生植株或近源种进行杂交。有时将表现较好的杂交后代进一步与母本回交,从而将抗性性状转入具有优良农艺性状的品种体内,形成优良的抗性品种。

(2)诱变技术

利用各种理化诱变因子(如 X 射线、γ 射线、紫外线、激光、超声波、秋水仙素、环氧乙烷等),单独或综合处理植物种子、花粉或愈伤组织等,诱导产生抗性突变体,再从突变体中筛选抗性个体。这种方法比较随机,但可以通过这种方法获得新的抗源。生产上使用较多的是 γ 射线辐射诱变,即辐射育种,如抗稻瘟病的水稻品种津辐 1 号和浙辐 802 等就是用此方法育成的。

随着航天技术的发展,太空育种(space breeding)得到了发展。太空育种也称空间诱变育种(space mutation breeding),就是将农作物种子或试管种苗送到太空,利用太空特殊的、地面无法模拟的环境(高真空、宇宙高能离子辐射、宇宙磁场、高洁净)的诱变作用,使种子产生变异,再返回地面选育新种子、新材料,培育新品种的作物育种新技术。太空育种具有有益的变异多、变幅大、稳定快,以及高产、优质、早熟、抗病力强等特点。其变异率较普通诱变育种高 3～4 倍,育种周期较杂交育种缩短约一半。我国自 1987 年开始将蔬菜等搭载上天开创天空育种以来,截至 2020 年 9 月,已先后 30 多次搭载植物种子试验,在千余种植物中培育出 700 余个航天育种新品系、新品种,其中包括粮食、蔬菜、水果、油料等农作物品种。

(3)组织培养技术

组织培养技术是在无菌条件下培养植物的离体器官、组织、细胞或原生质体,使其在人工条件下继续生长发育的一种技术。该技术的优点包括:其一,可以快速克隆繁殖不易经种子繁殖的抗性植物;其二,可以与诱变技术相结合,获得抗性突变体;其三,可以利用花粉、花药选育单倍体抗性植株,再经染色体加倍形成抗性同源植物;其四,结合原生质体融合技术或其他转基因技术可以将不同抗性品种的遗传性状相结合,克服杂交困难,培育高抗和多抗品种。

(4)分子生物学技术

分子生物学技术使抗性育种产生了革命性的发展。转基因技术可利用各种方法如农杆菌介导法、基因枪法、原生质体融合法等将各种生物的抗性基因转入目标植物品种体内,解决了传统育种技术无法克服的远源杂交问题。例如,将苏云金芽孢杆菌的杀虫晶体蛋白基因等基因或目前虽未有报道但有望加以利用的基因导入植物,育成高抗虫植物品种;将编码植物病毒的外壳蛋白基因导入植物,获得能有效抑制侵染病毒复制的植物品种;将抗除草剂基因导入植物而育成抗除草剂植物品种,大大提高了除草剂防治杂草的效率。同样,RNA 干扰技术、基因编辑技术,尤其是 CRISPR/Cas9 基因编辑技术也广泛用于植物抗性育种。

通过植物的基因改造，能创造出新的抗源。如分离病毒 RNA，将其反向合成后转入植物体内，当病毒侵入后，由于核酸的互补结合，阻止其复制繁殖，因而形成植物抗病性。又如，有些病菌的侵染需要寄主体内具备识别因子或专一性毒素受体，若通过基因改造即可改变或去除这些物质，则会赋予植物抗病性。这将在很大程度上解决抗性育种抗源难寻的问题。另外，通过分子标记技术，也可大大提高抗性育种的效率。

此外，应该指出的是，所有抗性育种技术都包括抗性的筛选和鉴定。因此，应在了解有害生物致害特性或逆境因子对植物的致害机制等基础上，选择适当方法进行筛选、鉴定，以有效提高育种效率。最后需要指出的是，利用生物技术获得抗性品种的工作都必须遵守我国有关转基因生物的法律法规的评价与监管要求。

2. 抗性植物品种的合理利用

利用抗性植物品种具有明显的优点：第一，使用方便，潜在效益大。第二，对环境影响小，也不影响其他植物保护措施的实施，在有害生物综合治理中具有很好的相容性。第三，防治植物病虫害具有较强的后效应，除有害生物产生新的变异外，植物抗害品种可以长期保持对病虫害的防治作用，即便是中低水平的抗性，有时也能通过累积效应导致有害生物种群持续下降，甚至达到根治的水平。

与此同时，应注意到利用抗性植物品种也有较大的局限性，具体表现在：第一，受抗性基因的资源和有害生物的生物学限制，并非所有重要病虫害均可利用植物抗害品种进行防治。第二，有害生物具有较强的变异适应能力，可以通过变异适应，使植物抗害品种的抗性很快丧失应用价值，即所谓抗性"丧失"。对于分布广、迁移能力和变异适应能力强的有害生物，以及垂直抗性的植物品种，尤其如此。如褐飞虱的致害性变异可以对水稻抗虫品种产生适应。第三，由于有害生物种类繁多，植物抗性品种控制了目标病虫后，常使次要有害生物种群上升、危害加重。某些植物性状具有双重表型，对一种有害生物表现为抗性，而对另一种则表现为敏感性。如中国北方推广抗玉米大、小斑病品种，使丝黑穗病发病加重；推广抗棉铃虫的转 Bt 基因抗虫棉，使棉盲蝽的危害加重。第四，培育植物抗性品种通常需要较长的时间。

因此，如何合理利用植物抗性品种非常重要，以保证最大限度地发挥抗性品种的作用，避免抗性过早地丧失。具体可从以下几方面着手：第一，利用抗性品种应该纳入综合防治体系，与其他综防措施相配套，以便更好地控制目标有害生物，以及其他有害生物和次要有害生物，减缓抗性品种对有害生物的选择压力，延缓有害生物对抗性品种的适应速度。第二，适宜地利用垂直抗性和水平抗性。对于分布广、迁移能力和变异适应能力强，多化性或多循环的病虫害，宜采用水平抗性，以延缓抗性丧失。对于分布范围较小、迁移能力弱、世代数少或单侵染循环，并能通过其他防治措施有效降低种群数量的病虫害，即便利用垂直抗性的植物品种，也能较好地维持品种的抗性表现。第三，利用群体遗传学的方法原理，采取适宜的治理措施，如不同抗性机制的品种轮作、镶嵌式种植，利用庇护地措施等，可有效地减轻抗性品种对有害生物的适应选择，这对针对单一目标有害生物的转基因抗性品种尤为重要。第四，培育多抗性品种，使之同时兼抗多种有害生物，以提高抗性品种在植物保护中的作用。对转基因抗性品种，应使其含有多个针对目标有害生物的抗性基因，以延缓抗性的丧失。

（三）利用健康种苗

有些有害生物以种苗等繁殖材料携带作为主要传播途径，因此，带有病虫害的种苗就成为这些有害生物的侵染源，使用这样的种苗会导致病虫害的人为传播。如棉花枯、黄萎病在中国的传播蔓延。此外，品种混杂，籽粒饱满和成熟度不一，或一些种苗被侵染后因生长势减弱造成出苗和生育期参差不齐，不利于田间管理，也为某些对植物生育期要求较严的有害生物提供了更多的侵染时机，从而加重有害生物的危害。因此，在生产上应使用不携带有害生物的优质健康种苗。

健康种苗可通过建立健康种苗繁育基地、实行种苗检验与无害化处理,以及工厂化组织培养脱毒苗等途径或措施而获得。

(四)加强栽培管理

栽培管理涉及一系列的农业技术措施,可以有效改善农田小气候环境和生物环境,使之有利于植物的生长发育,而不利于有害生物的发生危害,即实施健康作物环境管理。栽培管理主要包括改进播种技术、科学排灌施肥、保持田园卫生、调节环境条件等。

1. 改进播种技术

播种期、播种深度和种植密度均对有害生物的发生有重要影响。由于长期的适应性进化,在特定地区有害生物发生期往往形成与其寄主植物的生长发育相吻合的状况,如果在不影响复种指数以及其他增产要求的情况下,适当提前或推迟播种期,将有害生物的发生期与植物的易受害期或危险期错开,即可避免或减轻有害生物的危害。这一农业措施对那些播种期伸缩范围大、易受害期或危险期短的植物,和食性专一、发生一致、危害期集中的有害生物具有明显的效果。如中国南方稻区的集中育秧避螟措施,以及北方春麦区早播减少麦秆蝇产卵,都是生产上行之有效的植物保护措施。

种植密度主要通过影响农田植物层等环境小气候,以及植物的生长发育而影响有害生物的发生危害。一般来说,种植密度大,田间荫蔽、湿度大,植物木质化速度慢,有利于大多数病害和喜阴好湿性害虫的发生危害。而种植过稀、植物分蘖分枝多、生育期不一致,也会增加有害生物的发生危害,尤其是杂草的发生危害会明显加重。因而合理密植,不仅能充分利用土地、阳光等自然资源,提高单产,同时也有利于抑制病虫害的发生。

2. 合理排灌

合理排灌不仅可以有效地改善土壤的水、气条件,满足植物生长发育的需要,还可以有效地控制有害生物的发生和危害。稻田春耕灌水,可以杀死稻桩内越冬的螟虫;水稻生长季在烤田后为二化螟蛹高峰期,此时灌深水(10 cm)并保持 2～3 d,可以杀死大部分二化螟蛹;稻田浅水灌溉并适时排水烤田,可以有效地控制稻瘿蚊和多种水稻病害的发生;冬季排干稻田积水,可以减少稻根叶甲的越冬场所。麦田春耕灌水,可以减轻蛴螬和金针虫的危害。棉田适期灌水,可以有效地杀死棉铃虫的入土老熟幼虫和蛹。但是,灌水不当往往会诱导多种病害的发生。如大水漫灌会造成局部分布病害的田间传播,旱地渍水也有利于许多病害的发生。此外,喷灌造成田间湿度过大,水滴四溅,也有利于病害的传播和发生。而有设施的地方,利用滴灌可以较好地控制病害的发生。

3. 合理施肥

植物的生长发育需要多种必需元素的平衡供应,包括氮、磷、钾和其他微量元素。植物的种类和发育期不同,对所需元素的量和形式也不同,土壤中的盐度、pH、温度、湿度及微生物的活动均会影响必需元素供应的有效性。某种元素的缺乏或过量,均会导致植物生长发育异常,形成类似于病虫危害症状的缺素症或中毒症。因此,施肥必须合理、适当、均衡。一般来说,氮肥过多,植物生长嫩绿,分枝分蘖多,有利于大多数病虫的发生危害。但缺氮时,植物生长瘦弱,有利于叶斑病和叶螨等病虫的发生。磷、钾、钙及微量元素的合理平衡施用,也有显著的抗病虫效果。

合理施肥在防治病虫害中的作用主要有:其一,改善植物的营养条件,提高植物的抗害和耐害能力。如控制植物的长势,加速保护性木栓组织和保护性物质的形成,提高生长发育速度以缩短对有害生物的敏感期等。其二,施肥可以改变土壤的性状和土壤中微生物群落结构,恶化土壤中有害生物的生存条件。其三,某些施肥技术可以直接杀死有害生物。如棉田施用过磷酸钙可以杀死叶螨和蛞蝓,稻田施用石灰可以杀死蓟马、飞虱、叶蝉等害虫,氨对病菌有直接杀伤作用,棉田喷施氨态氮(尿素)可以减轻各种叶斑病。

植物保护学

4．保持田园卫生

田园卫生措施是指通过农事操作，清除农田内的有害生物及其滋生场所，改善农田生态环境，减少有害生物的发生危害。植物的间苗、打杈、摘顶、脱老叶、果树的修剪、刮老树皮，清除田间的枯枝落叶、落果等各种植物残余物，均可将部分害虫和病残体带出田外，减少田间的病虫害数量。田间杂草往往是病虫害的野生过渡寄主或越冬场所，清除杂草可以减少植物病虫害的侵染源。因此，清理田园，尤其是冬季果园的清理，已成为一项有效的病虫害防治措施。但是，干净的田园内生物群落过于简化，不利于天敌的生存繁育，有的田园杂草是天敌的栖息地，因此合理保留一些杂草还是必要的。如稻田杂草地存在大量蜘蛛和寄生蜂天敌，田埂禾本科杂草马唐 *Digitariasanguinalis*（L.）Scop. 和牛筋草 *Eleusine indica*（L.）Gaertn. 是寡索赤眼蜂 *Oligosita* spp. 的适宜越冬植物，可见基于其载体植物功能适当保留田埂杂草或稻田周边植物有利于保护天敌种群。另外，适当间作某些品种的绿肥，可有效地抑制杂草的生长，并可为天敌生物提供适宜的食物和栖息场所，有利于对有害生物的自然控制。

5．调节环境条件

在温室、塑料大棚等保护栽培条件下，针对有害生物的发生发展规律，通过合理调节温度、湿度、光照和气体组成等手段，创造不利于有害生物生存繁衍的生态条件。如连栋塑料温室可以利用风扇定时排湿，尽量减少作物表面结露。强制排湿是连栋塑料温室内抑制病害最有效的方法。

（五）安全收获

采用适当的方法、器具和后处理措施进行适时收获，对病虫害的防治也有重要作用。一些害虫在植物成熟时离开寄主进入越冬场所。如大豆食心虫和豆荚螟取食大豆，在大豆成熟时幼虫脱荚入土越冬，如能及时收割、尽快运往场院进行干燥脱粒，即可阻止幼虫入土，减少次年越冬虫源。桃小食心虫也具有类似的习性，对果实堆放场所进行处理，可以减少越冬虫量。一些晚发害虫，因植物较早收获，中断其食物来源而增加死亡。另一些害虫，如水稻螟虫，在稻株基部茎内越冬，采用高茬收割，就可使大部分幼虫留在稻桩内，随后利用耕翻沤田而使之死亡。植物收获后处理因植物种类不同而异，大田植物的籽实一般经干燥后即可防霉储藏。对于多汁的水果、蔬菜，收获时必须注意避免机械创伤，防止感染致病，必要时需进行消毒和保鲜处理。

三、生物防治

生物防治（biological control）是利用有益生物及其产物控制有害生物种群数量的一种防治技术。传统狭义的生物防治，主要是指利用有益生物活体进行有害生物的种群数量控制。随着科技的发展，人类已从直接利用有益生物活体防治有害生物，发展到利用有益生物产物，再发展到利用遗传技术改造有益生物活体，或利用易进行工厂化合成的有益生物产物分子改造物。可见，现代生物防治的内涵已大为扩展，更富有应用前景。

从保护生态环境和可持续发展的角度讲，生物防治是最好的有害生物防治方法之一。第一，生物防治对人、畜安全，对环境影响极小，尤其是利用有益生物活体防治病、虫、草害，由于有益生物活体的寄主专化性，不仅对人、畜安全，而且也不存在残留和环境污染问题。第二，有益生物活体防治对有害生物可以达到长期控制的目的，且不易产生抗性问题。如美国利用澳洲瓢虫防治柑橘吹绵蚧，加拿大利用核型多角体病毒防治云杉叶蜂，法国利用人工接种弱致病菌株控制栗疫病都收到了"一劳永逸"的控制效果。第三，生物防治的自然资源丰富，易于开发。此外，生物防治成本相对较低。

从有害生物治理和农业生产的角度看，生物防治仍具有很大的局限性，尚无法满足农业生产和有害生物治理的需要,具体体现在:第一,生物防治的作用效果慢,在有害生物大发生后常无法控制。第二,生物防治受气候和地域生态环境的限制,防治效果不稳定。第三,目前可用于大批量生产使用的有益生物种类还太少,通过生物防治达到有效控制的有害生物数量仍有限。第四,生物防治通常只能将有害生物控制在一定的危害水平,对于一些防治要求高的有害生物,较难实施种群整体治理。

(一)生物防治的途径

生物防治的途径主要包括保护有益生物、引进有益生物、移殖和助迁有益生物、人工繁殖与释放有益生物、有益生物产物的研发利用和有益生物的遗传改造与利用等。

1. 保护有益生物

自然界有益生物种类尽管很多,但由于受不良环境以及人为影响,常不能维持较高的种群数量。要充分发挥其对有害生物的控制作用,常需要采取一定的措施加以保护,促使它们更快更多地繁殖起来。保护有益生物可以分为直接保护、利用农业措施保护和用药保护。

(1)直接保护

直接保护是指专门为保护有益生物而采取的措施。如选留稻草内被褐腰赤眼蜂 *Paracentrobia andoi* (Ishii)寄生的黑尾叶蝉卵密度较高的稻草堆放保护,于次年4月中旬将带蜂稻草放于第一代黑尾叶蝉密度较高的早插稻田附近,可提高寄生率。在冬季,利用地窖、草把等为天敌提供适宜的越冬场所,使其翌年种群数量快速增长。

(2)利用农业措施保护

利用农业措施保护主要是指结合栽培措施进行的保护。如在果园中种植藿香蓟、紫苏、大豆、丝瓜等植物能为捕食螨提供食料和栖息场所。通过耕作、施肥促进植物根际拮抗微生物的繁殖,也是生产上推广应用的有效措施,如在大白菜播种前覆盖地膜提高土温,可使土壤中芽孢杆菌的数量上升,从而减少大白菜软腐病的发生。

(3)用药保护

用药保护主要是防治有害生物时,应注意合理用药,避免大量杀伤天敌等有益生物。如利用对有益生物毒性小的选择性农药,选择对有益生物较安全的时期施药,选择适当的施药剂量和施药方式等。

保护措施主要是为有益生物提供必要的食物资源和栖息场所,帮助有益生物度过不良环境,避免农药对有益生物的大量杀伤,维持其较高的种群数量。近年,特别关注哪些能为天敌昆虫提供食物、提供越冬和繁殖场所、提供逃避农药和耕作干扰等恶劣条件的庇护所以及适宜生长的微观环境的植物体系的研究与利用,以构成害虫天敌的植物支持系统(plant-mediated support system),实现保护性生物防治(conservation biological control)。这些植物通常就是农业防治中提到的功能植物,包括蜜源植物、栖境植物、诱集植物、储蓄植物、指示植物(indicator plant)和护卫植物(guardian plant)、覆盖植物(cover plant)或肥田植物等。其中,护卫植物是指那些集中了指示植物、诱集植物、储蓄植物、栖境植物等功能于一体的植物,如万寿菊是许多蔬菜控制蓟马的护卫植物。

2. 引进、移殖和助迁有益生物

(1)引进有益生物

引进有益生物防治害虫已成为生物防治中一项十分重要的工作,尤其对异地引进植物品种上的病虫害,从其原产地引进有益生物进行防治,常可取得惊人的效果。这在国际上已有许多先例。最著名的是1888—1889年,美国从大洋洲引进了澳洲瓢虫 *Rodolia cardinalis* (Mulsant)防治柑橘吹绵蚧,5年后原来危害严重的吹绵蚧就得到了有效的控制。该瓢虫在美国建立了"永久性"群落,直到现在,澳洲瓢虫对吹绵蚧仍起着有效的控制作用。我国对天敌引进工作也一直相当重视。据统计1979—

1985 年就引进天敌 182 种次,其中显示良好效果的有丽蚜小蜂 *Encarsia formosa* Gahan、西方盲走螨 *Metaseiulus occidentalis* Nesbitt、智利小植绥螨 *Phytoseiulus persimilis* Athias-Henriot、黄色花蝽 *Xylocoris flavipes* Reuter 等。20 世纪 80 年代中期以来,还引进天敌防治杂草,如引进空心莲子草叶甲 *Agasicles hygrophila* Selman & Vogt 和豚草条纹叶甲 *Zygogramma suturalis* L.分别用于防治空心莲子草和美洲豚草。

引进有益生物应进行充分的调查研究和安全评估,以免引进失败或演变成有害生物。一般来说,第一,要考虑从目标有害生物原产地的轻发生地区搜寻,更有可能引进到有效的有益生物。第二,要考虑引入地的气候和生态环境是否适合被引入的有益生物,以提高引进后定殖的成功率。第三,采用适宜的包装运输工具,防止运输途中死亡。第四,采取必要的检疫措施,防止携带危险性病虫害。第五,要考虑生物的寄主专化性和繁殖能力,必要时进行隔离培养,一方面进行繁殖驯化,保证引进生物能在当地定殖,另一方面就其对其他生物或生态环境的影响进行安全评估,防止盲目引进后演化成有害生物。

国外天敌的引种应按 1980 年 5 月农业部颁发的《关于引进和交换农作物病、虫、杂草天敌资源的几点意见》进行实施;有关的检疫要求,一般依照植物检疫的有关法规。

（2）移殖和助迁有益生物

在自然条件下,某一地区的农田或森林生态系统内有其特定的有益生物群落。某一地区的有益生物一般极少进入另一地区。为了利用有益生物对有害生物的自然控制作用,可将一地区的有益生物移殖或助迁到另一地区,使它们在新地区定殖下来并发挥作用,如大红瓢虫 *Rodolia rufopilosa* Muls.在我国各省份间的移殖以防治吹绵蚧就获得了良好的成效。

3. 人工繁殖与释放有益生物

有益生物,尤其是寄主范围较窄的天敌生物,对有害生物常表现为跟随效应,即要在有害生物大发生后才大量出现。人工繁殖与释放可以增加自然种群数量,使有害生物在大发生之前得到有效的控制。在这方面已有很多成功的事例,如工厂化大量生产赤眼蜂和平腹小蜂,分别用于防治鳞翅目和蝽类害虫。在温室等可控小区域中,通过种植构建携带寄生蜂或捕食者的储蓄植物系统,形成一个小型的天敌繁育库,实现目标害虫的控制。如用携带禾谷缢管蚜 *Rhopolosiphum padi*（L.）等麦蚜及其寄生蜂——粗脊蚜茧蜂 *Aphidius colemani* Viereck 或短距蚜小蜂 *Aphelinus abdominalis*（Dalman）的大麦或小麦储蓄植物系统,控制温室蔬菜中常见的害虫棉蚜 *Aphis gossypii* Glover 和桃蚜 *Myzus persicae*（Sulzer）;用携带木瓜粉虱 *Trialeurodes variabilis*（Quaintance）和浅黄恩蚜小蜂 *Encarisia sophia*（Girault & Dodd）的番木瓜储蓄植物系统,控制温室番茄上的烟粉虱 *Bemisia tabaci*（Gennadius）。利用人工培养基发酵生产拮抗菌制剂,进行种子或土壤处理防治苗期病害等。

为了达到人工繁殖和释放有益生物的目的,一般要选择高效适宜的有益生物种类,以提高投入效益;选择适宜的寄主或培养材料,以减少繁殖成本,避免生活力的退化;选择适当的释放时期、方法和释放量,以帮助其建立野外种群,保证对有害生物的控制作用;必要时,须采取适宜的方法进行释放前的保存。

4. 有益生物产物的研发利用

有益生物体内产生的次生代谢物质、信号化合物、激素、毒素等天然产物,由于对有害生物具有较高的活性、选择性强、对生态环境影响小、无明显的残留毒性问题,均可被开发用于有害生物的防治。

在这一领域最早使用的是含有杀虫杀菌活性的植物,如巴豆、鱼藤、烟草、除虫菊等。随着生物科学的发展,更多的天然化合物以不同的方式被开发利用。如害虫的性信息素被用于诱捕害虫,或迷向干扰害虫交配;害虫激素被用于干扰其正常生长发育;微生物的拮抗物质及内毒素被开发为生物农药;一些信号化合物被开发用于刺激植物启动免疫防卫系统。生物产物已成为植物保护资源开发的宝库,它不仅可以直接用于有害生物的防治,还可以作为母体化合物,进行人工模拟、改造,用于开发新农药。

尽管如此,生物产物的开发利用常受到许多限制,这主要是因为天然活性化合物分离纯化困难。天然活性化合物在自然界以极低的浓度存在,而且许多化合物的结构不稳定。此外,许多天然活性化合物结构复杂,且常以几种成分组合发挥作用。因此,必须采用适当的提纯、分离、纯化和分析方法,才可望获得成功。

5. 有益生物的遗传改造与利用

直接利用有益生物的传统方法,往往存在毒力欠稳定、作用缓慢、防治对象较单一,或在环境中持效性较差等局限性。随着生物技术的发展,通过原生质体融合、基因修饰与重组等方法对其进行遗传改造,以扬长避短,更好地发挥有益生物的作用。有关例子如下:

(1) 放射土壤杆菌

1972 年,Kerr 分离得到放射土壤杆菌 *Agrobacterium radiobacter* K84 菌株。由于其质粒可以合成细菌素 Agrocin 84,抑制多种有致病性的根癌病致病菌株,从而被用于预防多种植物根癌病,是一个应用较早且非常有效的生物制剂;但使用多年后效果下降,原因是 K84 菌株中的控制细菌素合成的质粒可以整合到致病菌的菌体细胞中,从而使致病菌对 K84 产生抗性。1991 年,Kerr 等对放射土壤杆菌野生型菌株 K84 进行遗传改造,通过缺失细菌小质粒上的 *tra* 基因以阻止抗生素 Agrocin 84 合成基因向根癌致病细菌转移,构建得到防治效果稳定持久的新菌株 K1026,1992 年定名 Nagall,成为第一个防病工程菌剂而进入国际市场。

(2) 荧光假单胞菌

荧光假单胞菌 *Pesudomonas fluorescens* 是植物根围常见的一种有益细菌,具有对植物亲和性强和对人畜安全等优点,不少菌株能产生抗生素、噬铁素和植物生长物质,因而有一定的防病促生功效。如通过接合作用将携带几丁质酶 chiA 的转座子 Tn7 导入荧光假单胞菌,温室试验显示工程菌对棉花立枯病的防效可达 82%。

(3) 枯草芽孢杆菌和巨大芽孢杆菌

枯草芽孢杆菌 *Bacillus subtilis* 许多菌株通过分泌抗菌蛋白对植物病菌有明显的抑菌作用。如采用原生质体融合法获得枯草芽孢杆菌 B908 与 Bt 菌株 7216 的融合菌株 CF103,可兼治水稻纹枯病和稻纵卷叶螟。又如通过接合转移将 Bt 的 *cry1Aa* 基因导入在棉花叶面定殖的巨大芽孢杆菌 *Bacillus megaterium* RS1 - 43 菌株,所获得的工程菌田间仅喷施 1 次,棉铃虫 1 龄幼虫死亡率就可达 75%～96%,工程菌在叶面存活时间超过 28 d,杀虫效果维持 21 d。

(4) 内生细菌

内生细菌存在植物体内,且对植物不造成危害。如将 Bt 的 *cry1Ac* 基因导入可在玉米维管束内定殖的内生细菌木质部棒杆菌 *Clavibacter xyli* subsp. *cynodontis*。该工程内生细菌不断扩增并通过维管束遍及玉米整株,这样 Bt 杀虫晶体蛋白持续表达而能有效减轻玉米螟的危害。

(5) 冰核细菌

冰核细菌(ice nucleation active bacteria)是自然界中冰核活性最强的含冰核蛋白的细菌。它可使昆虫过冷却点上升,从而使昆虫耐寒性减弱。但是,应用冰核细菌促冻杀虫必须对野生型冰核细菌进行遗传改造。国内已有研究将冰核细菌 *Erwinia ananas* 的冰核基因 *iceA* 整合到阴沟肠杆菌 *Enterobacter cloacae* 染色体 DNA 上,构建出冰核基因稳定并高效表达,促冻杀虫效果好的基因工程菌。用该菌喂饲玉米螟幼虫 6 d 后,在 -5℃和 -7℃下处理 12 h,死亡率各为 85% 和 100%,而对照则各为 0 和 5%,从而为我国北方地区主要越冬害虫的防治提供了有应用前景的生防途径。

对植物而言,冰核细菌是诱发和加重植物霜冻的关键因子。没有冰核蛋白存在时,健康植物能耐

受-8～-7℃的低温,而冰核细菌在-4～-2℃下就能诱发植物水分结冰而造成霜冻。如对一种冰核细菌,即丁香假单胞菌 *Pesudomonas syringae* 中的冰核蛋白基因 *ice* 做缺失处理,即获得不产生冰核蛋白的工程菌。将该工程菌预先喷布于马铃薯和草莓上,就能够有效地抑制其他野生型冰核细菌的繁殖,田间防霜冻效果达70%～80%。

(6)植物病原细菌

通过遗传改造获得的无毒植物病原细菌菌株,能够抵御有毒菌株的侵染。如水稻白叶枯病菌 *Xanthomonas oryzae* 的 *hrp* 基因是决定病原细菌对寄主植物致病性和激发非寄主植物过敏性反应的一类基因。对该菌的 *hrp* 基因作缺失处理,构建获得的缺失突变菌株 Du728 具有良好的防病增产作用。温室和田间条件下,病原菌接种前5d喷布突变菌株工程菌,可使病株率较对照降低40%,病情指数降低50%,增产140%。

(7)苏云金芽孢杆菌

苏云金芽孢杆菌 *Bacillus thuringiensis* Berliner,简称 Bt,是最早、最广泛用于害虫生防的一类重要细菌。为了增强它的毒力和扩大杀虫范围,对其遗传改造有两条途径:第一,质粒的修饰与交换,即消除杀虫晶体蛋白表达水平较低的质粒而保留表达水平高的质粒,或将不同亚种、不同菌株中的质粒通过结合作用进行交换与复合。第二,杀虫晶体蛋白基因的体外重组,即将具有不同杀虫活性的杀虫晶体蛋白基因进行重组,或将 Bt 杀虫晶体蛋白基因与其他具杀虫活性物质如蝎子毒素等基因进行重组。如将对鞘翅目害虫具有特异性的 *tenibrionis* 亚种的杀虫晶体蛋白基因导入对双翅目具有特异性的 *isreal* 亚种,获得的新菌株不仅能兼治这两类害虫,而且对鳞翅目害虫也表现一定的杀虫活性。又如,将编码 *CrylAc* 杀虫晶体蛋白第450～612位氨基酸的基因片段导入 *CrylAc* 杀虫晶体蛋白基因后,新菌株对谷实夜蛾属害虫的活性增强了30倍。

(8)杆状病毒

用野生型杆状病毒防治害虫有作用缓慢、宿主专一等弱点。通过基因工程手段,将 Bt 杀虫晶体蛋白基因、昆虫利尿激素基因、昆虫保幼激素酯酶基因,及蝎子、螨和蜘蛛毒素基因等重组到杆状病毒的基因组中,可望达到增强毒力、扩大宿主范围等目的,从而提高利用病毒防治害虫的效果。

(9)天敌昆虫

通过遗传筛选、基因修饰改造等手段,以获得容易繁殖、适应性强且控害效果更佳的有益昆虫种质。例如,在一定选择压下,筛选、培育出耐化学杀虫剂或耐低温的寄生蜂或捕食性昆虫;通过转基因技术、基因编辑等方法,培育出优质的天敌昆虫资源,如培育出翅退化而丧失飞行能力的瓢虫,可使瓢虫在特定生境内控制害虫;培育出生态适应强、控害效果高的基因工程天敌昆虫。

(10)植物害虫

从害虫种群遗传调控的角度来有效控制害虫。有关技术主要包括昆虫显性致死释放技术(release of insects with a dominant (female) lethal,RIDL and fsRIDL)、沃尔巴克氏体介导的昆虫不相容技术(incompatible insect technique,IIT)、沃尔巴克氏体介导的病原体干扰技术(pathogen interference,PI)和基于 CRISPR/Cas9 基因编辑的基因驱动技术(gene drive technique,GDT)。基因驱动技术本质上是一种生物调控策略,通过向靶标害虫种群中引入致死性的基因驱动修饰的基因工程昆虫,以抑制靶标害虫种群的数量,达到防治害虫的目的。这种基因驱动修饰的转基因生物体相当于一种生物防治剂。

(二)生物防治的方法

目前,不论是利用野生型的还是利用遗传改造过的有益生物防治有害生物的一些有效方法,归纳起来主要是利用有益动物、有益病原微生物、拮抗有益生物和有益生物产物进行病、虫、草和鼠害的防治。

1. 有益动物的利用

有益动物的种类很多,从高等哺乳类到节肢动物、线虫和原生动物,都可通过捕食或寄生而成为某些有害生物的天敌,它们主要被用来防治害虫、杂草和鼠害。

(1) 治虫

在自然界许多动物对害虫自然种群具有显著的控制作用。通过保护、引进和人工繁殖释放等途径,可充分发挥它们对农作物害虫的自然控制作用,或人为增强它们的控害效果。这些动物主要有:第一,鸟类,如燕子、啄木鸟、灰喜鹊、鸡、鸭等。第二,两栖类,如青蛙、蟾蜍和雨蛙。第三,天敌昆虫,即以其他昆虫为食料的昆虫。其中一类为捕食性昆虫,如瓢虫、步甲、草蛉、螳螂、食蚜蝇、食虫虻、食虫蝽、蚂蚁、胡蜂等;另一类为寄生性昆虫,如姬蜂、茧蜂、小蜂、赤眼蜂等寄生蜂及寄生蝇等。第四,其他捕食性节肢动物,如蜘蛛和捕食螨等。此外,还有病原性原生动物和线虫,如蝗虫微孢子虫、斯氏线虫科和异小杆线虫科的多种线虫在我国已有应用。养禽、养鱼也是一项很有用的生物防治措施,如稻田养鸭或养鱼,茶园养鸡,不仅可治虫,对草害也具有一定的控制作用。

(2) 治草

利用食性专一的植食性的鞘翅目和鳞翅目等昆虫,可对特定的杂草进行控制。这些昆虫一般多自杂草原产地引进,再筛选确定。以虫治草已有 100 多年历史,最早的记载是 1836—1838 年印度从巴西引进胭脂虫 *Dactylopius ceylonicus* Green,成功地控制了仙人掌的危害。20 世纪 20—30 年代,澳大利亚从墨西哥和阿根廷引进仙人掌螟蛾 *Cactoblastis cactorum* (Berg),对仙人掌有 90% 的控制作用。我国先后引进泽兰实蝇 *Procecidochares utilis* Stone、空心莲子草叶甲 *Agasicles hygrophila* Selman & Vogt、豚草条纹叶甲 Zygogramma suturalis Fabricius 和尖翅小卷蛾 *Bactra phaeopis* Meyrick,分别防治紫茎泽兰 *Eupatorium adenophorum* Spreng、空心莲子草 *Alternanthera philoxeroides* (Mart.) Griseb.、豚草 *Ambrosia* spp. 和香附子 *Cyperus rotundus* L.,均取得了一定的防效。

水田养鱼治草,操作方便,成本低,效益好,在生产上也有不少成功的应用。如东欧国家从我国引进鳙鱼(胖头鱼)防治池塘中的水生杂草。又如我国苏、浙等南方稻区开展稻田养鱼,可有效防治牛毛草、异型沙草、耳叶水苋、鸭舌草和四叶萍等,这些鱼主要有鲤鱼、罗非鱼、草鱼、鲢鱼、鳊鱼和鲫鱼等。此外,也可以利用草食动物的偏食性防治植物田杂草,如在棉田放鹅,可以有效地防治禾本科杂草。

(3) 治鼠

在自然界中能捕食鼠类的动物主要有鸟类、蛇类和兽类等陆生肉食性动物。它们一方面通过觅食捕杀鼠类;另一方面通过惊吓减少其取食危害,或通过干扰内分泌系统影响其体内正常代谢和繁殖,造成异常迁移、流产或弃仔等行为,对鼠类种群具有显著的控制作用。鸟类主要有鸮(猫头鹰)、鹰、隼、雕等猛禽。蛇类常见有毒蛇(眼镜蛇、银环蛇、五步蛇等)和无毒蛇(双斑蛇、王锦蛇等)。兽类主要是肉食目的犬科、鼬科、灵猫科和猫科等动物。鼠类的天敌控制,主要是保护天敌,防治滥捕滥杀。也可以采用适当的形式放养,如新疆阿勒泰地区蝗虫鼠害测报防治站尝试野化人工饲养的狐狸,选择适合的品种放归草原捕鼠,以治理草原鼠害。

2. 有益病原微生物及其遗传改造体的利用

有益病原微生物的种类很多,有的已被广泛地用于防治病、虫、草、鼠等各种农业生物灾害。随着生物技术尤其是基因工程技术的迅猛发展,它们的应用潜能得到了进一步的发挥,利用效果更为显著。

(1) 治病

在植物病害防治中可被利用的有益病原微生物有植物病毒的温和性株系、植物病原真菌的弱毒菌系等。在植物病毒的研究中早就发现近缘株系间有交叉保护作用(cross protection),即植物被某种病毒的温和性株系侵染后可以增强对同种病毒强毒性株系的抗性。在植物病毒病害的防治中已经有

一些成功的例子。如利用诱变技术处理获得烟草花叶病毒的弱毒株系,通过接种减轻烟草花叶病的危害,利用柑橘衰退病毒的温和性株系保护柑橘等。后来发现这种诱发抗病现象十分普遍,被统称为植物的诱导抗性(induced resistance),即植物在受到一种病原物的侵染后对另一种病原物的后续侵染表现出抗性,而且多种化学物质也可以诱导植物的抗病性。一些植物病原真菌弱毒菌系的应用也受到重视,在这些弱毒菌系中发现有 dsRNA 病毒的存在。这种弱毒力因子病毒可以经菌丝融合传递给其他强毒力菌株。法国曾利用栗疫病菌的弱毒菌株,通过人工接种的方法成功地控制了栗疫病的危害。

(2)治虫

害虫的病原微生物被开发利用得较为广泛,许多种类已被工厂化生产,制成生物农药。如细菌中用于防治鳞翅目、双翅目和鞘翅目害虫的苏云金芽孢杆菌,专杀土壤中蛴螬的乳状芽孢杆菌 *Bacillus popilliae Dutky*。真菌中的白僵菌、绿僵菌、拟青霉菌、多毛菌、赤座霉菌和虫霉菌等,可以用于防治鳞翅目、同翅目、直翅目和鞘翅目害虫。昆虫病毒种类较多,1960 年全世界记录的昆虫病毒只不过 200 种,到 1986 年已达 1690 种之多,其中用于农林害虫防治的病毒主要有属于杆状病毒科(Baculoviridae)的核型多角体病毒(nuclearpolyhedrosis virus,NPV)和颗粒体病毒(granular virus,GV),以及属于呼肠孤病毒科(Reoviridae)的质型多角体病毒(cytoplasmic polyhedrosis virus,CPV)。国际上有 60 多株病毒进行了田间试验,20 多株病毒杀虫剂已登记注册或获得专利。我国已发现有 250 余种昆虫病毒,其中 20 多株病毒进入大田试验,有的已完成小试和中试生产,棉铃虫核型多角体病毒杀虫剂已获准农药登记。

(3)治草

杂草和植物一样也因受多种病原微生物的侵染而发生病害,目前在生物防治中开发利用较多的是病原真菌。如山东农科院利用寄生菟丝子的炭疽菌研制开发成"鲁保 1 号"真菌制剂,用于大豆菟丝子的防治。新疆利用列当镰刀菌防治埃及列当,云南利用黑粉菌防治马唐,也都取得了明显的成效。国外也有许多以菌治草取得成功的事例。如澳大利亚和美国从欧洲引进灯心草粉苞苣锈菌防治灯心草粉苞苣,美国从牙买加引进胜红蓟小尾孢防治胜红蓟等。随着生物防治的发展,细菌和病毒也将在杂草防治中发挥一定的作用。

(4)治鼠

利用有益病原微生物治理鼠害的应用目前还受到很大的限制,这主要是由于鼠类与高等动物亲缘关系较近,而病原微生物的遗传变异性较强,使用后可能导致人、畜、禽感染。如开发用于鼠类防治的沙门氏菌,经荷兰和美国鉴定的 651 种血清型都能引起人、畜染病。因此,利用这一措施,必须进行严格的评估和监测,以免发生事故。

3. 拮抗生物的利用

拮抗生物是指本身对寄主破坏不大,但因其定殖而使寄主随后免遭某种有害生物重大破坏的一类生物,一般被用来防治植物病害和草害。

在植物病害发生过程中,拮抗生物主要通过直接侵染和杀死病原物,产生抗生物质抑制或杀死病原物,与病原物竞争侵染位点或营养等方式,控制病害的发生。第一,拮抗生物直接侵染病原物的现象在自然界大量存在,如土壤中的腐生木霉 *Trichoderma* 可以寄生立枯丝核菌、腐霉、小菌核菌和核盘菌等多种植物病原真菌,某些木霉制剂已被用于大田植物病害的防治。在自然界,线虫被真菌寄生或捕食也很普遍,关于食线虫性真菌对植物病原线虫的控制作用已经有不少研究。植物病原线虫还可以被多种真菌寄生。这些真菌大多为土壤习居菌,它们在农业土壤中具有较强的竞争力,因而成为植物病原线虫生物防治中极有应用潜力的寄生物类群。第二,许多拮抗生物可以产生抗菌物质抑制或杀死植物病原物,从而减轻或控制病害的发生。这些拮抗生物包括放线菌、真菌和细菌等。如我国研制的井冈霉素是由吸水链霉菌井冈变种产生的水溶性抗生素,已经广泛应用于水稻纹枯病和麦类纹枯病的防治。第三,在自然界,一些腐生性较强的根际微生物表现很强的竞争作用,它们生长繁殖较快,能迅速占领植物体上可能被病原物侵入的位点,或竞争夺取营养,从而控制病原物的侵染。如菌根真菌以及可以促进植物生长的荧光假单孢杆菌和芽孢杆菌等根际微生物,许多已被开发用于植物的防病增产。上述这些拮抗因子在自然界是普遍存在的,关键是我们对其的认识和利用。比如,某些土传病害,如小麦全蚀病、棉花枯萎病及胞囊线虫等,由于一些拮抗微生物在土壤中大量繁殖,形成可以控制病害发生流行的"抑菌土"(suppressive soil),其抑菌机理可能就涉及拮抗微生物产生的抗生素、竞争作用或直接寄生等方面。

生产上还可以利用生物的拮抗作用,以植物释放的次生物质(allelochemical)抑制杂草,或通过植物间的营养、空间和阳光的竞争来防治杂草。中国明代出版的书中就有开荒后先种芝麻,以防草害的记载。小麦体内含有对羟基苯甲酸类物质,对白茅和反枝苋等杂草具有明显的克生作用,因此,种植小麦可以控制上述杂草。胡桃树能释放一种叫胡桃醌的次生物质,可以抑制多种一年生杂草。高粱属植物的根系分泌物可降解出高粱醌,可以抑制苘麻、反枝苋、稗草、马唐和狗尾草的生长。黑麦的次生物质可以有效地抑制双子叶杂草的生长。稻田放养满江红可以抑制稗草、莎草等杂草的生长。果园种植草木樨可以控制多种杂草。目前已发现30多个科的上百种植物具有克草作用。

4. 生物产物的利用

可以用于有害生物防治的生物产物种类很多,主要包括植物次生化合物和信号化合物、微生物抗生素和毒素、昆虫的内激素和信息素,它们大多可以开发成生物农药或制剂,大面积用于有害生物的防治。

(1) 植物源

植物中有些天然成分可直接用于有害生物的防治,另外可通过结构改造或作为先导化合物再创制出作用于新靶标的新农药而加以利用。已产业化生产的植物源杀虫剂有烟碱、鱼藤酮、印棟素、苦皮藤素、川棟素、苦参碱等;杀菌剂有苦参碱、小檗素、丁香酚、柠檬醛等;除草剂有黄花蒿素、1,8-桉叶素、1,4-桉叶素、千精酮和卡帕里酮(chaparrinone)等。近年来,我国对植物源农药的研发有了新发展,有不少新产品被登记应用。

(2) 微生物源

微生物如细菌、真菌和放线菌等产生的可以在较低浓度下抑制或杀死有害生物的低相对分子质量的次生代谢物质被称为农用抗生素或微生物源农药。已商品化的杀虫剂有多杀毒素、阿维菌素、橘霉素、多杀霉素、华光霉素、浏阳霉素;杀菌剂有井冈霉素、灭瘟素、春雷霉素、米多霉素、多马霉素等;除草剂有源于链霉菌的双丙氨磷,其他的如万寿菊素、除草霉素也极有商业应用价值。

(3) 动物源

昆虫体内释放到体外,能影响同种其他个体或异种个体的行为、发育和生殖的化学通讯的微量挥发性物质,即信息素,也可用于害虫的测报或防治。目前应用最多、最广泛的是性信息素,被开发用于大田诱捕害虫或迷向干扰害虫交配。另外,标记信息素、警戒信息素、聚集信息素、益他素(kairomone)、益己素(allomone)和互益素(synomone)等也有望用于害虫的防治。害虫激素及其类似物可用于干扰其正常生长发育。动物源毒素,可将其基因通过基因工程技术导入植物或微生物中,以抗虫植物或基因工程微生物杀虫剂的形式实现治虫目的。

近年来,一些植物和微生物信号化合物被开发用于刺激植物启动免疫防卫系统。据估计自然界生物次生活性物质种类极多,目前已鉴定的仅有百分之几,分子生物学研究又开辟了生物基因物质的利用途径,因此,生物产物的利用具有非常广阔的前景。

四、物理防治

物理防治（physical control）是指利用各种物理因素、人工和器械防治有害生物的植物保护措施。它主要依据有害生物对环境条件中各种物理因素如温度、湿度、光、电、声、色等的反应和要求来制定相应的防治措施。物理防治见效快，常可把害虫消灭在盛发期前，也可作为害虫大量发生时的一种应急措施。这种技术通常比较费工，效率较低，一般作为一种辅助防治措施，但对于一些用其他方法难以解决的病虫害，尤其是当有害生物大发生时，往往是一种有效的应急防治手段。常用方法有人工和机械防治、诱集与诱杀、阻隔分离、温度控制、缺氧窒息、辐射法等。

（一）人工和机械防治

人工和机械防治就是利用人工和简单机械，通过汰选或捕杀防治有害生物的一类措施。播种前种子的筛选、水选或风选可以汰除杂草种子和一些带病虫的种子，减少有害生物传播危害。汰除带病种子对控制种传单循环病害可取得很好的控制效果。而害虫防治常使用捕捉、震落、网捕、摘除虫枝虫果、刮树皮等人工机械方法。如利用夜间危害后就近入土的习性，人工捕捉防治小地老虎高龄幼虫；利用细钢钩勾杀树干中的天牛幼虫。有时利用害虫的假死行为，将其震落消灭。如在甜菜夜蛾大发生时，利用震落法，在棉花行间以塑料薄膜收集，一人一日可捕虫数千克；在稻田水面上滴加一些柴油，而后利用拉绳的办法抖落飞虱、叶蝉等害虫，使其沾满油物，封闭气门，窒息而死。有时利用网捕防治那些活动能力较强的害虫，而果园常利用刮老树皮消灭在其下越冬的害虫和某些病菌繁殖体。人工机械除草包括拔除、锄地、翻耕等，它们曾是防治草害的主要方法，目前仍有较多的应用。此外，利用捕鼠器捕鼠也是一项有效的鼠害防治技术。

（二）诱集与诱杀

诱杀法主要是利用动物的趋性，配合一定的物理装置、化学毒剂或人工处理来防治害虫和害鼠的一类方法，通常包括灯光诱杀、食饵诱杀和潜所诱杀。

1. 灯光诱杀

灯光诱杀（light trap）是根据多数昆虫具有趋光的特点，利用昆虫敏感的特定光谱范围（波长为330～400 nm 的紫外线特别敏感）的诱虫光源（黑光灯、高压汞灯、LED 灯、太阳能源灯或频振式灯等），诱集害虫并利用高压电网或诱集袋、诱集箱及水盆等杀灭害虫，从而达到防治害虫之目的。诱虫灯诱杀具有快捷有效、操作简单、不用或很少应用药剂、不会对环境造成污染的优点。缺点：一是防治手段具有单一性和局限性，一般只作为辅助措施，如将行为防治与低毒杀虫剂、抗性品种、天敌释放等措施相互结合，可提高防治效果。二是在诱杀害虫的同时，也诱杀了部分非目标昆虫以及害虫天敌。另外，利用蚜虫对黄色的趋性，采用黄色黏胶板或黄色水皿诱杀有翅蚜。

2. 食饵诱杀

食饵诱杀（bait trap）是利用害虫和害鼠对食物的趋化性，通过配制适当的食饵来诱集或诱杀害虫和害鼠。如配制糖醋液可以诱杀小地老虎和黏虫成虫，利用新鲜马粪诱杀蝼蛄等，利用多聚乙醛诱杀蜗牛和蛞蝓。

3. 潜所诱杀

潜所诱杀（hidden trap）是利用害虫的潜伏习性，造成各种适合场所，引诱害虫来潜伏或越冬，而后及时予以杀死。如田间插放杨柳枝把，可以诱集棉铃虫成虫潜伏其中，次晨用塑料袋套捕即可减少田间蛾量。

（三）阻隔分离

阻隔分离是根据有害生物的侵染和扩散行为，设置物理性障碍，阻止有害生物的危害或扩散的措施，常用方法有套袋、涂胶、刷白和填塞等。只有充分了解了有害生物的生物学习性，才能设计和实施有效的阻隔防治技术。如果园果实套袋，可以阻止多种食心虫在果实上产卵。梨尺蠖和枣尺蠖羽化的雌成虫无翅，必须从地面爬上树才能交配产卵，所以可以通过在树干上涂胶、绑塑料薄膜等设置障碍，阻止其上树。另外，在设施农业中利用适宜孔径的防虫网，可以避免绝大多数害虫的危害。

（四）温度控制

有害生物对环境温度均有一个适应范围，过高或过低都会导致有害生物的死亡或失活。依据植物和有害生物对温度敏感性的不同，利用高温或低温即可控制或杀死有害生物。利用该方法常需严格掌握处理温度和时间，以避免对植物造成伤害。

1. 温汤浸种

温汤浸种就是用热水处理种子和无性繁殖材料。通常需要通过预备试验选择适宜的温度和处理时间，以便能有效地杀死有害生物而不损害植物。浸种前先将种子在冷水中预浸一定时间，可提高种子在温汤浸种时的传热能力，从而提高效果。例如，用 $55℃$ 的温汤浸种 $30\ min$，对水稻恶苗病有较好的防效；用开水或热水处理豌豆或蚕豆，可杀死其中的豌豆象或蚕豆象。

2. 蒸汽消毒

用 $80\sim90℃$ 的热蒸汽处理温室和苗床的土壤 $30\sim60\ min$，可杀死绝大多数病原物和害虫。

3. 高温处理

利用热水或热空气可热疗感染病毒的植株或繁殖材料（种子、接穗、苗木、块茎和块根等），以获得无病毒的无毒植株或繁殖材料。例如，将感染马铃薯卷叶病毒的马铃薯块茎在 $37℃$ 下处理 $25\ d$，即可生产出无毒的植株。太阳能土壤消毒技术（solarization）是利用一年中最炎热的月份，用塑料薄膜覆盖潮湿土壤 4 周以上，以提高耕作层土壤的温度，杀死或减少土壤中的有害生物，控制或减轻土传病害的发生。这是近年来国外出现的一种环境友好的作物病害防治技术，我国也正在设施栽培中探索这项技术的应用。对收获后块茎和块根等采用高温愈伤处理，可促进伤口愈合，以阻止部分病原物或腐生物的侵染与危害。例如，甘薯薯块用 $34\sim37℃$ 处理 $4\ d$，可有效地防止甘薯黑斑病菌的侵染。在收获后农产品的处理技术中，高温烘干也是杀死有害生物的办法之一，且不受天气限制。

4. 低温处理

低温能够抑制许多有害生物的繁殖和危害活动，这可以被用来开发蔬菜和水果的低温保鲜技术，同时，如果将粮食储藏温度控制在 $3\sim10℃$，也可以抑制大部分有害生物的危害。许多害虫的抗冻能力较差，尤其是储粮害虫，$-5℃$ 以下很快结冰死亡，所以寒冷地区在冬季采用翻仓降温来防治储粮害虫。对于少量的种子，也可以在不影响发芽率的情况下，置家用冰箱冷冻室内冷冻处理 $1\sim2$ 周，进行低温杀虫。

（五）缺氧窒息

运用一定的充气技术使大气中氧的含量降到 2%，导致害虫缺氧窒息而死亡。该方法对含水量较高且易变质粮食的保存效果良好。缺氧窒息保管储粮可分真空充 N_2、真空充 CO_2、封闭自行缺氧、微生物辅助缺氧、树叶等辅助缺氧、燃烧缺氧以及使用中性大气缺氧等。如真空充 N_2，将粮食用塑料幕布严密封闭，抽出幕内空气，再充入适量 N_2，使粮食长期处于严重缺氧的环境中，以降低粮食呼吸强度，抑制微生物活动，并杀死害虫。国外使用一种含氧量 $0.4\%\sim1.0\%$ 的"中性大气"，用以储藏含水量

为 16.5% 的小麦，当温度为 34～37℃时，其中的玉米象和谷象很快被杀死。

（六）辐射法

辐射法是利用电波、γ 射线、X 射线、红外线、紫外线、激光、超声波等电磁辐射进行有害生物防治的物理防治技术，包括直接杀灭和辐射不育。γ 射线处理是处理储粮害虫、干果害虫和中草药害虫的有效方法。如用 ^{60}Co 作为 γ 射线源，在 6.65×10^9 C 的剂量下，处理储粮害虫玉米象、谷蠹、杂拟谷盗等，经 24 h 辐射，绝大多数即行死亡，少数存活害虫也常表现为不育。用 γ 射线照射板栗，在 2.58×10^9 C 的剂量下可以完全杀死栗象 *Curculio davidi* Fairmaire 和栗实蛾 *Lespeyrsia splendana* Hübner 等害虫。红外线可发出大量热能，使谷物种子短期内干燥，从而减少虫害。如将单层铺放的豌豆用 220 V 及 250 W 的灯光所放出的红外线于 25～30 cm 处照射 30 min，即可杀死豆象。利用高频和微波也是一种简单、快速的有效方法，特别适宜于口岸检疫有害生物的处理。

利用适当剂量放射性同位素衰变产生的 α 粒子、β 粒子、γ 射线、X 射线处理昆虫，可以造成昆虫雌性或雄性不育，进而利用不育昆虫进行害虫种群治理。美国和墨西哥利用这一技术消灭了羊皮螺旋蝇，英国、日本等国在一些岛屿上消灭了地中海食蝇和柑橘小食蝇。虽然这类技术在室内研究中具有广泛的杀灭病虫的效果，但目前能进行大面积应用的方法仍较少。

五、化学防治

化学防治（chemical control）是指利用化学药剂防治有害生物的一种技术，主要是通过开发适宜的农药品种，并加工成适当的剂型，利用适当的机械和方法处理植物植株、种子、土壤等来杀死有害生物或阻止其侵染危害。

化学防治在有害生物综合治理中占有重要的地位。它使用方法简便，效率高，见效快，可以用于各种有害生物的防治，特别在有害生物大发生时，能及时控制危害。这是其他防治措施无法比拟的。如不少害虫为间歇暴发危害型，不少病害也是遇到适宜条件便暴发流行，这些病虫害一旦发生，往往来势凶猛，发生量极大，其他防治措施往往无能为力，而使用农药可以在短期内有效地控制危害。

但是，化学防治也存在一些明显的缺点：第一，长期使用化学农药，会造成某些有害生物产生不同程度的抗药性，致使常规用药量无效。提高用药量往往造成环境污染和毒害，且会使抗药性进一步升高而造成恶性循环。而由于农药新品种开发艰难，更换农药品种会显著增加农业成本，而且由于有害生物的多抗性，如不采取有效的抗性治理措施，甚至还会导致无药可用。第二，杀伤天敌，破坏农田生态系统中有害生物的自然控制能力，打乱了自然种群平衡，造成有害生物的再猖獗或次要有害生物上升危害，尤其是使用非选择型农药或不适当的剂型和使用方法，造成的危害更为严重。第三，残留污染环境。有些农药由于性质较稳定，不易分解，在施药植物中残留，以及飘移流失进入大气、水体和土壤后，就会污染环境，直接或通过食物链生物浓缩后间接对人、畜和有益生物的健康造成威胁。因此，使用农药必须注意发挥其优点，克服缺点，才能达到化学保护的目的，并对有害生物进行持续有效的控制。

（一）农药的定义与分类

农药（pesticide）是植物化学保护上使用的化学药剂的总称。随着植物保护学的发展，农药的外延也在不断扩大，目前广义的农药除包括可以用来防治农业有害生物的各种无机和有机化合物外，还包括植物生长调节剂、家畜体外寄生虫和人类公共卫生有害生物的防治剂。其来源除人工合成外，还包括来源于生物或其他天然的物质，但一般不包括活体生物。农药可按其用途、成分、防治对象或作用方式、机理等进行分类。

1. 按原料的来源及成分分类

（1）无机农药

无机农药主要是由天然矿物原料加工、配制而成的农药，故又称矿物性农药。其有效成分是无机化合物质。无机杀虫剂包括砷酸钙、砷酸铝、亚砷酸和氟化钠等，由于其残留毒性高、防效较低，目前已较少使用。无机杀菌剂包括石灰、硫黄、硫酸铜等。无机杀鼠剂包括磷化锌等。

（2）有机农药

有机农药主要是由碳氢元素构成的一类农药，且大多可用有机化学合成方法制得。目前所用的农药绝大多数属于这一类。通常又根据其来源和性质分成植物性农药、矿物油农药（石油乳剂）、微生物农药（农用抗生素）及人工化学合成的有机农药。有机杀虫剂按其来源又分为天然有机杀虫剂和人工合成有机杀虫剂。天然有机杀虫剂包括植物性（鱼藤、除虫菊、烟草等）和矿物性（如矿物油等）两类，它们分别来源于天然植物和矿物，目前开发的品种较少。人工合成有机杀虫剂种类繁多，按其化学成分又可以分为有机氯类杀虫剂、有机磷类杀虫剂、氨基甲酸酯类杀虫剂、拟除虫菊酯类杀虫剂、沙蚕毒素类杀虫剂和有机氮类杀虫剂等。有机杀菌剂包括有机硫杀菌剂、有机砷杀菌剂、有机磷杀菌剂、取代苯类杀菌剂、有机杂环类杀菌剂、抗生素类杀菌剂等。有机除草剂包括苯氧羧酸类、二苯醚类、酰胺类、均三氮苯类、取代脲类、苯甲酸类、二硝基苯胺类、氨基甲酸酯类、有机磷类、磺酰脲类、杂环类等。

2. 按用途分类

按防治对象分类，是农药最基本的分类方法。常用的有下列几类：

（1）杀虫剂（insecticide）

对昆虫机体有直接毒杀作用，以及通过其他途径可控制其种群形成或可减轻、消除害虫危害程度的药剂。

（2）杀螨剂（miticide）

用于防治植食性有害螨类的药剂。

（3）杀菌剂（fungicide）

对病原菌起到杀死、抑制或中和其有毒代谢物的作用，因而可使植物及其产品免受病原菌危害或可消除病征、病状的药剂。包括杀真菌剂、杀细菌剂、杀病毒剂和杀线虫剂。

（4）除草剂（herbicide）

用来毒杀和消灭农田杂草和非耕地里绿色植物的一类药剂。主要通过抑制杂草的光合作用、破坏植物呼吸作用、抑制生物合成作用、干扰植物激素平衡以及抑制微管和组织发育等发挥作用。

（5）杀鼠剂（rodenticide）

用于防治有害啮齿动物的药剂。

3. 按作用方式分类

按农药对防治对象的作用方式，常分类如下：

（1）杀虫剂和杀螨剂

①胃毒剂（stomach poison），具有胃毒作用的药剂。当害虫取食这类药剂后，随同食物进入害虫消化器官，被肠壁细胞吸收后进入虫体内引起中毒死亡。

②触杀剂（contact poison），具有触杀作用的药剂。这类药剂与虫体接触后，通过穿透作用经体壁进入体内或封闭昆虫的气门，使昆虫中毒或窒息死亡。

③熏蒸剂（fumigant），具有熏蒸作用的药剂。这类药剂由液体或固体气化为气体，以气体状态通过害虫呼吸系统进入虫体，使之中毒死亡。

④内吸剂（systemics），具有内吸作用的药剂。这类药剂施到植物上或施于土壤里，可被植物枝叶

或根部吸收,传导至植株的各部分,害虫(主要是刺吸式口器害虫)取食后即中毒死亡。实际上内吸性杀虫剂的作用方式也是胃毒作用,但内吸作用强调该类药剂具有被植物吸收在体内传导的性能,因而在使用方法上有根施、涂茎,可以明显不同于其他药剂。

⑤拒食剂(antifeedant),具有拒食作用的药剂。这类药剂被取食后可影响昆虫的味觉器官,使其厌食、拒食,最后因饥饿、失水而逐渐死亡,或因摄取营养不足而不能正常发育。

⑥忌避剂(repellent),具有忌避作用的药剂。这类药剂依靠其物理、化学作用(如颜色、气味等)可使害虫忌避或发生转移、潜逃现象,从而达到保护寄主植物或特殊场所的目的。

⑦引诱剂(attractant),具有引诱作用的药剂,其作用与忌避作用相反。这类药剂能吸引害虫前来接近,通过取食引诱、产卵引诱或性引诱,将害虫诱集而予以歼灭。具有引诱作用的化合物一般与毒剂或其他物理性捕获措施配合使用,以杀灭害虫。

⑧不育剂(sterilant),具有不育作用的药剂。这类药剂可通过破坏生殖系统,形成雄性、雌性或雌雄两性不育而使害虫失去正常繁殖能力。

⑨生长调节剂(growth regulator),具有生长调节作用的药剂。这类药剂主要是阻碍或抑制害虫的正常生长发育,使之失去危害能力,甚至死亡。

但应当指出,一种农药常具有多种作用方式,如大多数合成有机杀虫剂均兼有触杀和胃毒作用,有些还具有内吸或熏蒸作用,如久效磷和敌敌畏,它们通常以某种作用为主,兼具其他作用。但也有不少是专一作用的杀虫剂,尤其是非杀死性的软农药(soft chemical),如忌避剂、拒食剂、引诱剂、不育剂等。

(2)杀菌剂

①保护性杀菌剂(protective fungicide),是指在病害流行前(即当病原菌接触寄主或侵入寄主之前)使用于植物体可能受害的部位,以保护植物不受侵染的药剂。如铜制剂、硫黄、石硫合剂等。

②治疗性杀菌剂(therapeutic fungicide),是指在植物感病后,能直接杀死病原菌,或者通过内渗作用渗透到植物组织内部而杀死病原菌,或者通过内吸作用直接进入植物体内并随着植物体液运输传导而起到治疗作用的药剂。

③铲除性杀菌剂(destructive fungicide),是指对病原菌具有直接强烈杀伤作用的药剂。这类药剂常为植物生长期不能忍受,故一般只用于播种前土壤处理、植物休眠期或种苗处理期。

(3)除草剂

①输导型除草剂,是指施用后通过内吸作用传至杂草的敏感部位或整个植株,使之中毒死亡的药剂。

②触杀型除草剂,是指只能杀死所接触到的植物组织,而不能在植株体内传导移动的药剂。

习惯上,按其对植物作用的性质分为选择性除草剂和灭生性除草剂。前者在一定浓度和剂量范围内杀死或抑制部分植物,而对另外一些植物是安全的;后者在常用剂量下可以杀死所有接触到的绿色植物体。

(4)杀鼠剂

按其作用速度,杀鼠剂可以分为急性杀鼠剂和慢性杀鼠剂两大类。

①急性杀鼠剂,毒杀作用快,潜伏期短,仅1~2 d,甚至几小时内,即可引起中毒死亡。这类杀鼠剂大面积使用,害鼠一次取食即可致死,毒饵用量少,容易显效。但此类药剂对人、畜毒性大,使用不安全,而且容易出现害鼠拒食现象。如磷化锌、毒鼠磷和灭鼠优等。

②慢性杀鼠剂,主要是抗凝血杀鼠剂,其毒性作用慢,潜伏期长,一般2~3 d后才引起中毒。这类药剂适口性好,能让害鼠反复取食,可以充分发挥药效。同时由于作用慢,症状轻,不会引起鼠类警觉拒食,灭效高。

(二)农药的剂型

工厂生产出来未经加工的工业品称为原药(原粉或原油)。因大多数原药不能直接溶于水,在单位面积上使用的量又很少,所以必须在原药中加入一定量的助剂(如填充剂、湿润剂、溶剂、乳化剂等),加工成含有一定有效成分、一定规格的剂型。农药剂型种类很多,包括干制剂、液制剂和其他制剂,其中乳油、粉剂、可湿性粉剂和粒剂是目前生产上的主要农药剂型,占农药加工制剂产量的90%。

其他一些剂型,如可溶性粉剂、悬浮剂、缓释剂、超低量喷雾剂、种衣剂、烟雾剂、热雾剂和纳米制剂等,因其特殊的用途,以及环保优势等,也具有一定的用量和广阔的发展前景。

1. 粉剂

粉剂(dust)是由原粉与填充剂(如高岭土、瓷土、陶土等惰性粉)按一定比例混合,经机械粉碎至一定细度而制成的。根据粉剂的有效成分含量和粉粒细度又可分为含量大于10%的浓粉剂,含量小于10%的田间浓度粉剂,粉粒平均直径为20~25 μm 的低飘移粉剂,10~12 μm 的一般粉剂和小于5 μm 的微粉剂。低浓度粉剂可直接喷粉使用,高浓度粉剂可供拌种、配制毒饵或做土壤处理等使用。粉剂具有使用方便、药粒细、较能均匀分布、撒布效率高、节省劳动力、加工费用低等优点,特别适用于供水困难地区和防治暴发性病虫害。但粉剂用量大,有效成分分布的均匀性和药效的发挥不如液态制剂,而且飘移污染严重。因此,目前这类剂型制剂的使用已受到很大限制。

2. 可湿性粉剂

可湿性粉剂(wettable powder)是由原粉加填充剂和湿润剂按一定比例混合,经机械粉碎至很细而制成的。可湿性粉剂兑水后能被湿润,成为悬浮液,主要供喷雾使用。可湿性粉剂是一种农药有效成分含量较高的干制剂,其形态类似于粉剂,使用上类似于乳油,在某种程度上克服了这两种剂型的缺点。由于它是干制剂,包装低廉,便于储运,生产过程中粉尘较少,又可以进行低容量喷雾。但可湿性粉剂对加工技术和设备要求较高,尤其是粉粒细度、悬浮性和湿润性。此外,可湿性粉剂一般不宜用于喷粉,因为喷粉时分散性差,且有效成分浓度高、分散不均匀,容易产生药害,其价格也比粉剂高。

3. 乳油(emulsifiable concentrate)

乳油是由原药与乳化剂按一定比例溶解在有机溶剂(甲苯、二甲苯等)中制成的一种透明油状液体。乳油加水稀释后成为均匀一致、稳定的乳状液,喷洒在植物和虫体上,具有很好的湿润展布和黏着性,适用于喷雾、泼浇、涂茎、拌种、撒毒土等。这类剂型的制剂有效成分含量高,储存稳定性好,使用方便,防治效果好,加工工艺简单,设备要求不高,在整个加工过程中基本无"三废"。但由于其含有相当量的易燃有机溶剂,如管理不严易发生事故,使用不当易发生药害。此外,乳油产品的包装价格较贵,乳油中的有机溶剂在大量喷施时也会造成环境污染。

4. 粒剂

粒剂(granule)是用农药原药、辅助剂和载体制成的松散颗粒状制剂,一般按其颗粒大小分为颗粒直径范围在5~9 mm 的大粒剂、297~1680 μm 的颗粒剂和74~297 μm 的微粒剂。选用适宜的载体(如陶土、细砂、煤渣等)、辅助剂和加工方法,可以制成遇水迅速崩解释放的解体性颗粒或不崩解而缓慢释放的非解体性颗粒,能满足不同的需要。施用粒剂可以避免撒施时微粉飞扬,污染周围环境,减少操作人员吸入微粉造成人身中毒。制成粒剂还可以使高毒农药低毒化,并能控制有效成分的释放速度。粒剂撒施方向性强,可以使药剂到达所需要的部位。粒剂一般不黏附于植物的茎叶上,可以避免造成植物药害或对茎叶过多的污染。但解体性粒剂储运过程中易破碎,从而失去粒剂的特点。此外,粒剂有效成分含量低,用量较大,储运不太方便。

5. 可溶性粉剂

可溶性粉剂(soluble powder)又称水溶性粉剂,是将水溶性农药原药、填料和适量的助剂混合制成的可溶解于水的粉状制剂,有效成分含量多在 50％以上,供加水稀释后使用。这种剂型的制剂具有使用方便、分解损失小、包装和储运经济安全、无有机溶剂污染环境等优点。

6. 悬浮剂

悬浮剂(suspension)俗称胶悬剂,是将不溶于水的固体或不混溶的液体原药、助剂,在水或油中经湿法超微粉碎后制成的分散体,是一种具有流动性的糊状制剂,使用前用水稀释混合形成稳定的悬浮液。悬浮剂兼有可湿性粉剂和乳油的优点,并为不溶于水和有机溶剂的农药提供了广阔的开发应用前景。

7. 缓释剂

缓释剂(controlled release formulation)是利用控制释放技术,通过物理化学方法,将农药储存于一定的加工品之中,制成可使有效成分控制释放的制剂。控制释放包括缓慢释放、持续释放和定时释放,但农药制剂通常为缓慢释放,故称为缓释剂。缓释剂不但可以减少农药的分解以及挥发流失,延长农药持效期,减少农药施用次数,还可以降低农药毒性。控制释放技术可使液体农药固形化,便于包装、储运和使用,减少飘移对环境的污染。

8. 超低量喷雾剂

超低量喷雾剂(ultra-low volume agent)一般是含农药有效成分 20％～50％的油剂,有的制剂中需要加入少量助溶剂,以提高原药的溶解度,有的需加入一些化学稳定剂或降低对植物药害的物质等。超低量喷雾剂不需稀释即可以直接喷洒,因此,需要选择高效、低毒、低残留、相溶性好、挥发性低、比重大、黏度小、闪点高的原药和溶剂,以提高药效和使用安全度,减少环境污染。

9. 种衣剂

种衣剂(seed coating)泛指用于种子包衣的各种制剂,处理种子后,在其表面形成具有一定包覆强度的保护层,用以防治有害生物、提供营养、调节种子周围小环境、调节植物生长、调节种子形状以便于播种操作等。防治有害生物的种衣剂是将农药或含肥料和植物生长调节剂,与黏合剂按一定比例混合配制而成。种衣剂直接用于处理植物种子,由于黏合剂对农药有固定和缓释作用,因而具有高效、经济、安全、持效期长等特点。

10. 烟剂

烟剂(smoke)又称烟雾剂,是用农药原药和定量的助燃剂、氧化剂和发烟剂等均匀混合配制成的粉状制剂,点燃时药剂受热气化,在空气中凝结成固体微粒。烟剂颗粒细小,扩散性能好,能深入极小的空隙中,充分发挥药效。但烟剂受风和气流的影响较大,一般只适用于森林、仓库和温室大棚里的有害生物防治。在喷烟机械发展的基础上开发出来的热雾剂,与烟雾剂具有相似的特点。它是将油溶性药剂溶解在具有适当闪点和黏度的溶剂中,再添加辅助剂加工成的制剂,使用时借助烟雾机将制剂定量送至烟化管,与高温高速气流混合喷射,使药剂形成烟雾。

11. 纳米制剂

纳米农药制剂(nano-pesticide formulation)是利用纳米材料与制备技术,将原药、载体与助剂进行高效配伍创制的至少在一个维度上的物理尺寸为 1～100 nm 的农药制剂。其制备方法主要有两种:一是将农药活性物质直接加工成纳米尺度的粒子;二是以纳米材料为载体,通过吸附、偶联、包裹等方式负载农药,构建纳米载药体系。其中,根据载体化学性质的不同可分为有机聚合物类制剂、脂质体纳米制剂、黏土材料纳米制剂、二氧化硅纳米制剂等。纳米农药剂型有下列几种情况:一是基于传统农药剂型的纳米农药,包括微乳剂(粒径 6～50 nm)、纳米乳液(粒径 20～200 nm)、纳米分散体

（粒径50～200 nm）；二是基于材料负载的纳米农药，包括纳米微球（粒径50～1000 nm）、纳米微囊（粒径50～1000 nm）、纳米胶束（粒径10～200 nm）、纳米凝胶（粒径10～200 nm）等。

利用纳米材料和技术研究纳米农药制剂是当前纳米技术农业应用研究领域的热点。相比传统农药制剂，纳米农药制剂有利于改善难溶农药的分散性、提高活性成分的生物活性、控制释放速率、延长持效期、降低在非靶标区域和环境中的投放量，减少残留污染，有更好的防治效果。但是，纳米农药制剂也存在两面性：一方面，有更高活性以及在某些情形下对环境的污染降低；另一方面，纳米农药制剂的毒性和环境行为也可能发生重大改变，在某些情形下可能产生不利影响。因此，在纳米农药制剂的风险评估与监管尚需要进一步加强，有关其产品质量的标准有待制定。

（三）农药的研发

农药研发包括创制新农药，研制新剂型和制剂。前者主要是寻找或创制可以用于有害生物防治的化合物，后者主要是研制农药化合物适应不同用途的有效使用剂型和制剂。

1. 新农药的创制

一般有四种途径，即随机合成、类推合成、天然活性化合物改造和农药分子设计。

（1）随机合成

随机合成是利用化学化工知识合成大量新化合物，并利用生物测定技术筛选出对有害生物有较高毒力的先导化合物，再通过基团改造和优化开发出高效化合物，进而通过安全评估开发出新农药化合物。该法可以开发出全新的先导化合物，形成新的农药系列，在早期农药开发中发挥了较大的作用。但随着大量化合物被筛选，新化合物的合成越来越困难。此外，该法比较随机，工作量大，成功率低。

（2）类推合成

类推合成是以已有的农药分子为模板，通过电子重排，改变分子中结构、元素及基团，进而开发出新的农药化合物。该法具有明确的目的性，工作量相对较小，成功率较高，农药中许多系列新品种均是采用该法开发成功的。但这种途径无法创制新的先导化合物，同时容易引起专利纠纷。

（3）天然活性化合物改造

天然活性化合物改造是以自然界动、植物和微生物体内存在的天然活性化合物分子为模板，通过分子改造开发新农药化合物。仿生法具有模拟合成的优点，并且能开发出先导化合物，也不会引起专利纠纷，近期不少新农药品种是通过该途径开发成功的。但由于天然活性化合物在自然界以极低的浓度存在，且通常结构复杂、不稳定、易失活，因此分离纯化和分子改造均较困难。

（4）农药分子设计

农药分子设计又称生物合理设计，是一种全新的农药化合物创制途径。它是以有害生物体内重要生理生化途径中的关键功能生物大分子为对象，以其效应物（如酶的底物和受体的配体分子等）为参照分子，设计合成新化合物，从中筛选先导化合物开发新农药的一种新途径。该法目标明确，针对性强，可以开发出高活性、高选择性、符合现代农业要求的新农药。但该法要求更高的知识和技能水平，随着生物化学、分子生物学和人工智能技术的发展，这一途径将成为未来新农药化合物创制的有效途径。

2. 剂型和制剂的开发

农药剂型（pesticide formulation）是将农药原药与辅助剂混合调配，加工制成具有一定形态、组分和规格，适合各种用途的商品农药型式。而农药不同剂型、含量和用途的加工品则称为制剂（pesticide preparation）。剂型和制剂的开发对农药的利用至关重要，这是因为绝大多数农药必须加工成一定剂型的制剂才能进行商品化应用。

（1）剂型加工的作用

剂型加工首先为农药赋型，即赋予农药以特定的稳定形态，以适应各种应用技术对农药分散体系的要求，便于流通和使用。如 10% 吡虫啉可湿性粉和 50% 辛硫磷乳油，分别为含有效成分 10% 和 50% 的粉状固体和油状液体，均可以用于喷雾。以此定型产品进行流通，可以方便地进行质量检测。其次，剂型加工可以改变农药的性能。如粉剂的粒度、可溶性粉剂的悬浮率和液剂的湿润展着性等，可以使农药均匀分布、牢固黏着、更好地沉积，充分发挥其毒力。适当的剂型和加入适当的辅助剂，可以提高原药的稳定性，延长农药的商品货架寿命，甚至提高原药的毒力。将高毒农药加工成低毒剂型及其制剂，可以提高农药使用的安全性。将农药加工成特殊的缓释剂剂型，可以延长农药的持效期，减少施药次数。此外，将一种原药加工成多种剂型的制剂，可以扩大农药的使用方式和用途，而将农药加工成混合制剂，可以达到一药多治、增效、减少农药用量、延缓抗性发展、降低残留及对环境的影响等多种效果。

（2）剂型和制剂的开发原则

任何一种农药均可以开发出不同剂型的多种制剂，但具体以何种制剂商品化使用，设计时应注意农药、有害生物、环境和制剂价格等多方面的问题。

第一，要考虑原药的理化性质，如形态、熔点、溶解度、挥发度、水解稳定性、热稳定性等。一般来说，易溶于水的原药，宜加工成水剂、可溶性粉剂和粉；易溶于有机溶剂的原药，宜加工成乳油、油剂和微胶囊剂；如果原药在水和烃类溶剂中溶解度均较低，则以加工成可湿性粉、悬浮剂和水分散性粒剂为好。

第二，要考虑防治对象的生物学特性。如防治表皮蜡质层较厚的介壳虫，以渗透性较强的油剂和乳油为好；防治地下害虫，以颗粒剂效果为好，施用方便。

第三，要考虑具体的施用技术。如喷粉、喷雾和烟熏、常量喷雾和超低容量喷雾，以及速效和长残效施药，对剂型都有不同要求。一般情况下，常量喷雾使用乳油、可湿性粉剂和悬浮剂，超低容量喷雾选择油剂或高浓度乳油，长残效施药选择缓释剂。近年来，随着无人机喷雾方法的应用，适合其使用的剂型研发有待加强。

第四，要考虑使用地的地理环境。如缺水地区宜使用适于喷粉的剂型，蚕桑地区稻田宜使用不易飘散的颗粒剂。

第五，还要考虑不同剂型的加工成本。它与药效、使用方便、安全等因素一起构成农药制剂的市场竞争能力，最终决定制剂能否推广使用。

必须指出，农药开发成功的关键是考虑农药的毒力、毒性、选择性和药效。

毒力（toxicity）是指农药对有害生物毒杀或机体结构和功能损害的能力，是衡量和比较农药潜在活性的指标，通常利用生物测定，以杀死某种目标有害生物群体 50% 的个体，或使其 50% 个体产生反应的致死中量（median lethal dose，LD_{50}）和效应中量（median effective dose，ED_{50}）表示。新农药开发或农药用于防治某种有害生物时，首先要对化合物进行毒力测定，以确定化合物对有害生物的活性和开发潜力。

毒性（toxicity）是指农药对非靶标生物有机体器质性或功能性损害的能力，分为急性毒性、亚急性毒性和慢性毒性三种。急性毒性（acute toxicity）是指生物一次性接触较大剂量的农药，在短时间内迅速作用而发生病理变化，出现中毒症状的农药毒性。农药对高等动物的急性毒性常用大鼠的致死中量（LD_{50}）来判断（表 5-1）。亚急性毒性（subacute toxicity）是指生物长期连续接触一定剂量的农药，经过一段时间的累积后，表现出急性中毒症状的农药特性。慢性毒性（chronic toxicity）是指长期接触少量农药，在体内积累，引起生物机体的功能受损，阻碍正常生理代谢，出现病变的毒性。农药的慢性毒性测定主要是对其致癌、致畸和致突变（即"三致"）作用等进行判断。毒性是农药安全评估的主要内容,也是新农药能否商品化应用的重要依据。一般高毒农药使用会受到许多限制,而具有"三致"作用的活性化合物不能商品化。

表 5－1 我国农药产品毒性分级标准

毒性分级	经口半数致死量(mg/kg)	经皮半数致死量(mg/kg)	吸入半数致死量(g/m³)
剧毒	≤5	≤20	≤20
高毒	>5~50	>20~200	>20~200
中等毒	>50~500	>200~2000	>200~2000
低毒	>500~5000	>2000~5000	>2000~5000
微毒	>5000	>5000	>5000

注:源于《农药登记资料要求》(中华人民共和国农业部公告第 2569 号,2017 年 10 月 20 日)

选择性(selectivity)是指农药对不同生物的毒性差异。农药开发必须注意农药对目标有害生物和非目标生物之间的毒性差异。一般来说,选择性差的农药容易引起植物药害,以及蜂、蚕、鱼、畜、禽和人的中毒事故,使用安全较低。

药效(efficacy)是指农药在特定环境下对某种有害生物的防治效果,它是化合物的毒力与多种因素综合作用的结果,包括农药的剂型、防治对象、寄主植物、使用方法和时间以及田间环境因素等。药效通常在田间或接近田间的条件下测定,主要用来评价不同制剂和使用技术及其在不同环境下的应用效果、防治有害生物的范围、对天敌等其他生物的影响和应用前景。因此,药效好坏,是一种农药能否推广应用的重要依据。

(四)农药使用的方法及器械

利用农药防治有害生物主要是通过茎叶处理、种子处理和土壤处理保护植物并使有害生物接触农药而中毒。为把农药施用到植物上或目标场所,所采用的各种施药技术措施称为施药方法。施药方法种类很多,主要依据农药的特性、剂型特点、防治对象和保护对象的生物学特性以及环境条件而定,目的是提高施药效率和农药的使用效率、减少浪费、飘移污染以及对非靶标生物的毒害。按农药的剂型和处理方式可以分为喷雾法、喷粉法、撒施或泼浇法、拌种和浸种法、种苗浸渍法、毒饵法和熏蒸法等主要类型。

1. 喷雾法

喷雾法(spraying)是将液态农药用机械喷洒成雾状分散体系的施药方法。乳油、可湿性粉剂、可溶性粉剂、悬浮剂以及水剂等加水稀释后,或超低量喷雾剂均可用喷雾法施药。喷雾法主要用于植物茎叶处理和土壤表面处理,其施药工作效率高,但有一定的飘移污染和浪费,随喷雾机械和雾化方式不同,以及产生的雾滴大小而异。农药的雾化主要采用压力喷雾、弥雾和旋转离心雾化法。压力喷雾法主要使用预压式和背囊压杆式手动喷雾器,如 552 型预压式手动喷雾器、工农 12 型及 16 型背囊压杆式手动喷雾器等,产生的雾滴较大,雾滴分布广,一般用于保护性杀菌剂、触杀性除草剂和杀虫剂针对性的高容量喷洒,喷药周到,防治效果好,飘移少,但用药量大。喷雾法常用东方红 18 型背负式机动弥雾喷粉机,产生的雾滴相对较小,一般用于小容量飘移喷洒。喷雾法喷幅宽,工作效率高,但植物上部沉积药量多,下部少,易受阵风和上升气流影响,往往会出现漏喷现象。旋转离心雾化法主要使用电动手持超低容量喷雾器,产生的雾滴极细,形成的雾浪随气流弥散。该法施药分散性好,用药量很小,可以减轻劳动强度,提高工作效率,但施药受气流影响较大。为了减少雾滴飘移,有时采用静电喷雾,即利用静电高压发生器使喷出的雾滴带电,以增加药液在植物表面的有效沉积。

近年,植保无人机在农药喷雾中得到广泛应用。按飞行特点,植保无人机可分为单旋翼和多旋翼

两大类型,其中单旋翼类型的以燃油机作为发动机较多,但也有部分为电动机形式;多旋翼类型的大多采用电动机。

植保无人机使用的优势主要有:一是对于药物喷洒的质量高。作业过程使用的是高雾化形式喷头和低喷施量相结合,利用设置好的喷施速度、高度,确保农药喷洒量;利用机桨叶在转动过程中形成的旋风效果,可使农药更好地喷洒于作物的中下部及根部,进而提高喷洒效果和质量。二是提高农药的喷洒效率。喷洒速度明显高于人工作业和轮式机具,作业效率高且省工。三是操作人员自身安全系数高。传统的作业方式会对作业人员造成较大的健康伤害,而无人机作业过程中操控人员只需对其进行相应的工作范围设置及确定起止位置即可;操控人员只需在较远的安全区域内进行查看、调整无人机工作状态等就行,避免作业人员直接与农药接触造成的危害性。四是对于农田的适应性良好。其机型体积小且便于携带,作业过程受地形限制较小,农田面积较大较小皆可使用,作业过程中可以依据最初设定的飞行路线开展工作,减少了传统作业过程中存在的重复或者遗漏喷洒等方面的问题。

植保无人机存在的不足有:一是性能方面存在一定缺陷。其自身的荷载量、续航时间等对实施作业的效率有较为直接的影响。目前,我国行业内的植保无人机最长续航时间在 20 min 左右,最大荷载量在 20 kg 左右,这就使得植保无人机在对较大面积农田实施农药喷施作业时受到了较为明显的效率限制,使得作业过程中会发生频繁更换续航电池和装载农药的现象,进而严重影响作业效率。二是施药设备和技术相对落后。鉴于不同地形、不同地域农作物种类对植保无人机在喷施装置、技术及飞行状态方面的要求不同,目前植保无人机存在一定的配套设施不足、缺乏高效施药技术等方面的问题;技术应用质量和精度方面与西方发达国家相比较仍有差距。三是缺乏专用药剂方面的研究。植保无人机受到自身结构和材质方面的约束,对于农药的类型有着较高的要求,对于杂质多、溶解性不良、腐蚀性较强的农药是不能在植保无人机中使用的。然而,我国目前可以与植保无人机配套使用的专业性农药种类较少,并且对于使用标准缺乏统一规定,存在一定的不规范性,导致实际作业过程中专业性药剂和可混性相关标准方面存在一定的混合比例不标准、药量及药效无法得到有效保障等问题,同时还会对农田作物和周边环境造成一定的污染等负面影响。

2. 喷粉法

喷粉法(dusting)是利用鼓风机械所产生的气流把农药粉剂吹散后沉积到植物上或土壤表面的施药方法。由于较常量喷雾的工效高、速度快,往往可以及时控制有害生物大面积的暴发危害。喷粉法的防治效果受施药器械、环境因素和粉剂质量影响较大。一般来说,手动喷粉器由于不能保证恒定的风速和进药量,喷施效果较差,因而常使用东方红 18 型背负式机动弥雾喷粉机。气流、露和雨水会影响药粉的沉积,一般风力超过 1 m/s 时不宜喷粉。粉剂不耐雨水冲洗,施药后 24 h 内如有降雨,应补喷。露水有利于药粉沉积,但叶面过湿,会使药粉分布不均匀,容易造成药害。

3. 撒施或泼浇法

此法是指将农药拌成毒土撒施或兑水泼浇的人工施药方法,一般是利用具有一定内吸渗透性或熏蒸性的药剂防治在浓密植物层下部栖息的有害生物。如稻田撒施敌敌畏毒土防治稻飞虱等。

4. 拌种和种苗浸渍法

拌种(seed coating)是处理种子的施药方法。通常用铅剂、种衣剂或毒土拌种,或用可用水稀释的药剂兑水浸种,可以防治种子携带的有害生物、地下害虫、土传病害、害鼠等苗期病虫害。该类方法用药集中,工作效率高,效果好,基本无飘移污染。但施药效果与用药浓度、浸渍时间和温度有密切关系,要适当掌握。

5. 毒饵法

毒饵法(bait trapping)是用有害生物喜食的食物为饵料,加入适口性较好的农药配制成毒饵,让有害生物取食中毒的防治方法。此法用药集中，相对浓度高，对环境污染少，常用于一些其他方法较难防治的有害生物，如害鼠、软体动物和一些地下害虫。

6. 熏蒸法

熏蒸法(fumigating)是利用药剂熏蒸防治有害生物的方法。主要是利用具有熏蒸作用的农药，如烟雾剂防治仓库、温室大棚、森林、茂密植物层或密闭容器里的有害生物。

此外，农药的施用还有不少根据药剂特性和有害生物习性设计的针对性方法，如利用内吸性杀虫剂涂茎防治棉蚜，利用高浓度农药在果树树干上制造药环防治爬行上树的有害生物，利用除草剂制成防治草害的含药地膜等，这些都是农业上常用的施药方法。

（五）农药的合理应用

科学合理地使用农药是植物化学保护成功的关键。结合农业生产实践和自然环境，进行综合分析，灵活使用不同农药品种、剂型、施药技术和用药策略，可以有效地提高防治效果，避免药害以及残留污染对非靶标生物和环境的损害，并可以延缓抗药性的发生发展。

1. 药剂种类的选择

各种农药的防治对象均具有一定的范围，且常表现出对种的毒力差异，甚至同种农药对不同地区和环境里的同一种有害生物也会表现出不同的防治效果，尤其是因不同地区的用药差异形成的抗药性种群，药效差异更大。因此，必须根据有关资料和当地的田间药效试验结果来选择有效的防治药剂品种。

2. 剂型的选择

农药不同的剂型均具有其最优的使用场合，根据具体情况选择适宜的剂型，可以有效地提高防治效果。如防治水稻后期的螟虫和飞虱，采用粉剂喷粉或采用液剂喷雾的效果不如采用粒剂，或撒毒土和泼浇防治。

3. 适期用药

各种有害生物在其生长和发育过程中，均存在易受农药攻击的薄弱环节，适期用药不仅可以提高防治效果，同时还可以避免药害和对天敌及其他非靶标生物的影响，减少农药残留。

4. 施药方法的选择

不同的防治对象和保护对象需要采用不同的施药方法进行处理，选择适宜的施药方法，既可以得到满意的效果，又可以减少农药用量和飘移污染。一般来说，在可能的情况下，应尽量选择减少飘移污染的集中施药技术。如可以通过种苗处理防治的病虫害，尽量不要在苗期喷药防治，这不仅省工、高效、无飘移污染，而且对天敌生物和非靶标生物影响小，有利于建立良性农田生态环境。

5. 环境因素影响的关注

合理用药必须考虑温度、湿度、雨水、光照、风、土壤性质和植物长势等环境因素。温度影响药剂毒力、挥发性、持效期、有害生物的活动和代谢等；湿度影响药剂的附着、吸收、植物的抗性、微生物的活动等；雨水造成对农药的稀释、冲洗和流失等；光照影响农药的活性、分解和持效期等；风影响农药的使用操作、飘移污染等；土壤性质影响农药的稳定性和药效的发挥等；而植物长势则主要影响农药接近有害生物。一般通过选择适当的农药剂型、施药方法、施药时间来避免环境因素的不利影响，以发挥其有利的一面，达到合理用药的目的。

6. 农药选择性的合理利用

合理用药必须充分利用农药的选择性，减少对非靶标生物和环境的危害，包括利用农药的选择毒性和时差、位差等生态选择性。如使用除草剂时常利用选择性除草剂(药剂的选择)、芽前处理(时差

选择)、定向喷雾(位差选择)等,避免植物药害。使用杀虫剂也常利用其选择性,避免过多地杀伤天敌及授粉昆虫等有益生物。如利用内吸性杀虫剂进行根区施药。在果园内,避免花期施药,不采用喷粉的方法施药,在不影响药效的情况下添加适量的石炭酸或煤焦油等蜜蜂的驱避剂,可以减少对蜜蜂的毒害。在桑园内或附近,禁止喷施沙蚕毒素类和拟除虫菊酯类杀虫剂,桑园内防治害虫采用对家蚕毒性小、残效短的农药,桑园附近农田采用无飘移的大粒剂撒施或液体剂兑水泼浇等,避免对桑蚕的毒害。棉田利用拌种、涂茎等施药方法,减少前期喷药,可以有效地保护天敌。在鱼塘、水源处,应选择对鱼低毒的农药,水产养殖稻田施药前灌深水,尽量使用使药剂沉积在植物上部的施药方法,避免农药飘移或流入鱼塘,可以避免对鱼的毒害。使用杀鼠剂时,则应特别注意利用选择性避免对人、畜、禽的毒害。

7. 抗药性的治理

抗药性的治理(pestcide resistance management)是指采取适当用药策略,并合理用药,以延缓抗药性的发生发展。主要是尽量减少单一药剂的连续选择,如采用无交互抗性农药轮换使用或混用,采用多种药剂搭配使用,避免长期连续单一使用一种农药;利用其他防治措施或选择最佳防治适期,以提高防治效果,控制农药使用次数,减轻选择压力;尽可能减少对非靶标生物的影响,保护农田生态平衡,防止因害虫再猖獗而增加用药次数;实施镶嵌式施药,为敏感有害生物提供庇护所等。

8. 综合防治体系的构建

合理用药还必须与其他综合防治措施配套,形成综合防治体系,充分发挥其他措施的作用,以便有效控制农药的使用量,减少使用农药造成的残留污染、有害生物抗药性和再猖獗等问题。此外,合理用药还包括用药安全。农药是一类生物毒剂,绝大多数对高等动物具有一定毒性,管理和使用不当,就可能造成人、畜中毒。储运和使用农药必须严格遵守有关规定,按照安全操作规程用药,制定并遵守最后一次用药到收获的安全间隔期,制定并遵守各种农产品的最大残留允许量,制定并遵守各种农药的允许应用范围。妥善处理农药残液、废瓶和机具的洗刷液,以避免中毒事故的发生。

综上所述,各种有害生物治理术均具有一定的优缺点,对于种类繁多、适应性极强的有害生物来说,单独利用其中任何一种技术,都难以达到持续有效控制的目的。因此,植物保护必须利用各种有效技术措施,采取积极有效的防治策略,才能达到持续控制有害生物,确保农业生产高产稳产、优质高效。

第四节　有害生物的综合治理体系和效益评估

有害生物的综合治理是以保护植物健康为中心的防治和康复相结合的系统工程。因此,实施有害生物的综合治理要在确立目标管理范围和具体目标的基础上,深入了解各系统要素的特性,协调好各要素间的关系,使系统的结构趋于合理化,才能更好发挥其功能,并取得良好的综合效应。

一、综合治理体系

有害生物的综合治理体系包括监测系统、信息收集与加工系统、诊断与防治决策系统、综合治理技术实施系统、植物和有害生物反应和综合效益评估系统(图5-1)。

(一)监测、信息收集与加工

监测对象包括植物本身、植物有害生物及环境条件。这是一项基础性工作,需要精心设计好具体事项、使用技术和监测时间等。

对植物本身,主要监测植物的长势、生物量、发育阶段、整齐度、密度变化和各种受害表征等的表观内容。同时观察和测定植物的抗逆反应、诱导抗性、植物正常生长发育和受害生长发育的营养反应及生理生化代谢变化等内容。对有害生物的监测,包括生长发育动态、发生与危害动态、种群数量动态或流行规律等。对环境条件的监测,包括天敌种类、发生数量及动态、土壤和肥水状态信息以及气象因子等。

在监测的基础上,还要广泛收集农产品、农资和劳动力等市场经济信息,以指导防治决策。

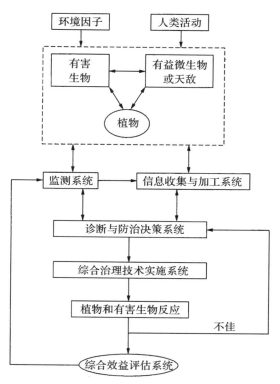

图 5-1　有害生物的综合治理体系的构成

(二)诊断与防治决策

监测的过程也是不断进行诊断的过程。诊断的结果是决策采取防治措施的依据。决策分为不同的层次,如战术的、战略的和政策的。各层次间是相互联系和相互依赖的,高层次的决策过程需要低层次的信息;低层次的决策往往是局部性的和具体的,应参照高层次的政策和战略性的决策才能使工作不致出现方向性失误。基层的战术性的决策是确定对某种有害生物的综合治理方案。

防治决策主要是利用各种信息,以及基础农业、生物、经济和环境等知识,对有害生物的种群密度变动、可能的受害程度、不同防治措施可能产生的效果,通过计算机模拟等手段进行预测和评估,以作出采取何时、何种措施进行防治的决定。而防治的实施主要是由农民或专业植物保护部门根据综合防治决策建议进行的。显然,构建防治体系的关键是决策系统。

(三)综合治理技术实施体系

综合治理体系的组建,首先必须符合安全、有效、经济、简便的原则:对人、畜、植物、天敌和其他有益生物和环境无污染无伤害;能有效地控制有害生物,保护植物不受侵害或少受侵害;费用低,消耗性生产投入少;因地因时制宜,方法简单易行,便于农民掌握应用。

综合治理体系的组建,还必须进行一系列的调查研究,以弄清植物上的主要有害生物,及其发生

动态和演替规律,确定主要防治对象及其防治关键期。必须了解有害生物种群动态与植物栽培、环境气候的关系,确定影响有害生物发生危害的关键因子和关键时期,制定主要有害生物种群动态的测报方法。研究植物生长发育的特点及其对有害生物的反应,制定考虑天敌因素在内的有害生物复合防治指标(经济阈值)。弄清主要天敌及其发生规律和对有害生物的控制作用。开发各种有害生物的防治技术措施,系统研究它们对农田生态系统主要组成——有害生物、天敌和植物的影响,以及对环境的影响。

在此基础上,从综合治理的目标出发,本着充分发挥自然控制因素作用的原则,筛选各种有效、相容的不同防治措施,按植物生长期进行组装,形成植物多病虫害优化管理系统。这包括采用合理的植物布局、耕作制度、对某种植物而言涉及品种的选择、种子处理、土壤处理、田间栽培管理措施和专门的防治措施。

(四)植物和有害生物反应

有害生物治理技术实施后,一方面应评价有害生物的防治效果,如害虫死亡率的高低、病害的病情指数下降的多少等;另一方面应评价对植物本身的影响,如使用农药后是否对植物产生了药害,甚至考察是否导致植物生理代谢失调,以及在植物体内是否造成残留等问题。若采取的治理技术或措施不当,就应该反馈到决策系统中重新考虑适宜的治理技术体系。

(五)综合效益评估

有害生物综合治理是一项系统工程,涉及生物学、生态学、经济学和社会学多门学科。因此,该系统工程的效益也应该是综合性的,其总目标是:以植物保护为中心,协调运用各种治理技术,将有害生物危害造成的经济损失控制在经济损害允许水平之下,保证获得经济上有利、生态上合理、社会上有益的最佳或满意综合效益,同时使得潜在的决策失误风险概率最小。综合效益分析可参考图5-2。

生态效益和社会效益主要是通过发挥非化学防治措施的作用,减少农药用量来实现的。因此,采用多种技术措施协调防治,尽量减少农药用量,是综合防治的又一基本原则。生态效益是指依据生态平衡规律实施植物保护,对人类的生产、生活条件和环境条件所产生的有益影响和有利效果。显然,造成环境污染,引起有害生物抗药性,并形成恶性循环,阻碍农业可持续发展的植物保护是不符合生态效益观的。生态效益观要求使用的防治措施既要能有效地保护植物,又要对非靶标生物和生态环境影响小。但这有时与经济效益是矛盾的。如用人工机械捕捉有害生物,虽然对环境和非靶标生物影响小,但绝大多数农业有害生物都很难用人工机械捕捉进行有效防治,其中不少是因为防治成本过高和效率过低。此外,有些防治措施对生态的不良效应是很难估计的,如有机氯类农药 DDT 的副作用,是在其大量推广应用多年以后才被发现的。因此,综合防治只能是通过充分发挥非化学防治措施,尤其是生态系统自然控制的作用,尽量减少农药用量来实现和保证生态效益。社会效益是指植物保护对社会发展产生的有益影响和有利效果,是社会整体的根本利益。因此,制定综合治理体系既要考虑生产者的利益,也要考虑消费者的利益,应从社会的整体角度出发。一般而言,有了经济效益和生态效益,也就有了社会效益。

总之,综合治理需要各种不同的经济、生物和环境信息,需要对有害生物的发生与危害、各种防治措施对有害生物、天敌以及其他生物和环境的效果作出准确预测。因此需要大量的农业基础生物学知识,广泛而准确的信息采集,以及复杂的建模和计算机编程。获得最佳经济效益、生态效益和社会效益是比较理想化的,由于一般情况下很难实现所有相关信息的综合,也很难进行所谓"最佳效益"的评判,因此,在综合治理的具体实践中,重点是根据主要矛盾考虑多种措施的协调应用,在综合防治原则的指导下,进行有害生物的治理。

最后,应当指出的是,随着社会的进步与发展,高产、优质、高效、可持续农业的发展,以及人类环境安全和健康意识的加强,人类将更重视生态效益和社会效益,从而要求植物保护更多地利用自然因子及其生态调控作用,来控制有害生物,保障农业生产。因此,植物保护学必须加强基础研究,以便开发更多、更有效的自然控制措施,实现更高水平上的有害生物综合防治。

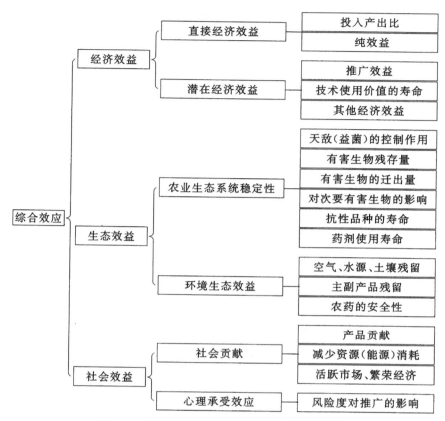

图 5-2　有害生物综合治理效益评估中的层次分析

二、制订综合治理方案的原则

　　害虫综合治理作为一种有害生物的管理体系有一个逐步发展、改进完善的过程,无论防治对象是一种害虫还是一种作物上的多种害虫都如此。对于后者,要形成一个较完善的综合治理体系,一般要经过以下几个阶段:第一,调查作物有害生物种类,确定主要防治对象以及需要保护利用的重要天敌或益菌类群;第二,测定主要防治对象种群密度与危害损失的关系,确定科学的、简便易行的经济阈值(或防治指标);第三,定量研究主要防治对象和主要天敌或益菌的生物学特性、发生规律、相互作用与各种环境因子之间的关系,明确有害生物种群数量变动规律,提出控制危害的方法;第四,在进行单项防治方法试验的基础上,提出综合治理措施的组合,要力求符合"安全、有效、经济、简便"的原则,因地制宜,精准施策,先进行试验,再示范验证后予以推广;第五,在此基础上根据科学研究不断提供的新信息和方法,以及推广过程中所获得的经验,再进一步改进和完善治理体系,使 IPM 从单一植物上的单种有害生物、多种有害生物水平,向整个农业生态系统中的多种植物上多种有害生物的水平发展。

　　在有害生物综合治理方案制订过程中,按照"金字塔"模式(图 5-3),设置实施方案与技术的优先级,以实现有害生物的监测、预防、调节、抑制到控制的全过程。具体包括:第一,基于有害生物生物学、生态学特性或流行规律,在监测有害生物种群动态的基础上,进行精准预测预报;第二,优先考虑

抗性品种、作物轮作、栖息地改造、清洁卫生等农业防治作为预防的基石;第三,通过生物防治和生态调控技术,保护和利用自然天敌,发挥生态系统自然因素的调节作用,或者使用有关生物农药制剂和性诱剂等调节有害生物种群密度;第四,应用物理防治技术,如通过灯光诱杀、色板诱杀、食诱剂诱杀、温汤浸种等直接压低有害生物种群密度;第五,当有害生物种群密度大幅度超过经济阈值或防治指标时,可以考虑高效、低毒、低残留的选择性化学农药控制有害生物危害。

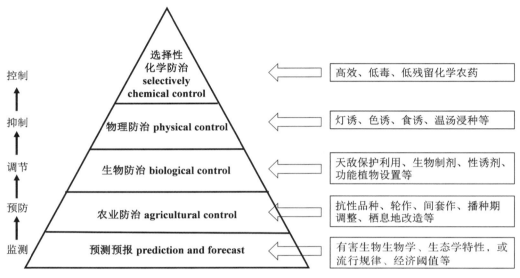

图5-3 有害生物综合治理优先行动方案的"金字塔"模式

三、综合治理的类型

在综合治理策略的发展与实施过程中,先后出现过三个不同水平的综合防治,即单病虫性综合防治、单植物性综合防治和区域性综合防治。

(一)单病虫性综合防治

以1～2种主要病虫害为防治对象的综合防治是综合防治发展初期实施的一种类型,主要是针对某种植物上的1～2种重要有害生物,根据其发生和流行规律,以及不同防治措施的特点,主要是采用生物防治和化学防治相结合的办法,以达到控制有害生物,获得最佳的经济效益、环境效益和社会效益的综合防治目的。这类综合防治的着重点在于尽量减少化学农药的使用量及其对环境的污染,但由于考虑的有害生物种类较少,往往因其他有害生物的危害或上升危害而影响综合防治的效果。

(二)单植物性综合防治

以某种植物为保护对象的综合防治是为了克服上述缺点而发展起来的,它是综合考虑一种植物的多种有害生物,并将植物、有害生物及其天敌作为农田生态系统的组成成分,利用多种防治措施的有机结合,以形成有效的防治体系进行系统治理。这类综合防治涉及的因素繁多,需要广泛的合作,采集各种必需的信息,了解各种有害生物及其发生规律、不同防治措施的性能对农田生态系统的影响,明确治理目标,筛选各个时期需要采取的具体措施,组成相互协调的防治体系,通常还利用现代信息智能管理系统提升管理效能。

（三）区域性综合防治

区域性综合防治是以生态区内多种植物为保护对象的综合治理。它是在单一植物有害生物综合治理的基础上更广泛的综合。由于一种植物的有害生物及其天敌受其所处生物环境的影响，植物之间常出现有害生物和天敌的相互迁移。因此，对一种植物的有害生物综合防治效果常受其他植物有害生物防治的影响。区域综合防治通过对同一生态区内各种植物的综合考虑，进一步协调好植物布局，以及不同植物的有害生物防治，可以更好地实现综合防治的目标。区域综合防治必须从景观生态学的角度，从空间上注重有害生物及其天敌在不同作物上的转移扩散动态，从时间上强调各代有害生物及其天敌在主要寄主作物不同发育阶段上发生的全过程，从技术上着重发挥以生物因素为主的综合措施，提高有害生物治理的水平。

第五节　安全农产品生产与有害生物的综合治理

20世纪80年代中后期至90年代初期，随着我国基本解决了农产品的供需矛盾，农产品农残问题开始引起社会的广泛关注。由于食物中毒事件频频发生，安全农产品成为社会的强烈期盼，于是，绿色、有机等安全农产品相继涌现，并出现了相应的生产标准和认证机构。安全农产品的生产对有害生物治理提出了更新的要求，因此，在生产不同类型的安全农产品时，应完全按照其生产标准开展有害生物的治理。

一、有机农产品与有害生物治理

有机农业（organic farming）是指在动植物生产过程中不使用化学合成的农药、化肥、生产调节剂、饲料添加剂等物质，以及基因工程生物及其产物，而是遵循自然规律和生态学原理，采取一系列可持续发展的农业技术，协调种植业和养殖业的平衡，维持农业生态系统持续稳定的一种农业生产方式。

有机农产品是指根据有机农业原则和有机农产品生产方式及标准生产、加工出来的，并通过有机食品认证机构认证的农产品。有机农业的原则是：在农业能量的封闭循环状态下生产，全部过程都利用农业资源，而不利用农业以外的能源（化肥、农药、生产调节剂和添加剂等）影响和改变农业的能量循环。有机农业生产方式是指利用动物、植物、微生物和土壤四种生产因素的有效循环，不打破生物循环链的生产方式。有机农产品是纯天然、无污染、安全营养的食品，也可称为"生态食品"。

有机农产品与其他农产品的区别：第一，有机农产品在生产加工过程中禁止使用农药、化肥、激素等人工合成物质，并且不允许使用基因工程技术；其他农产品则允许有限使用上述物质，并且不禁止使用基因工程技术。第二，有机农产品在土地生产转型方面有严格规定，考虑到某些物质在环境中会残留相当一段时间，土地从生产其他农产品到生产有机农产品需要2～3年的转换期；而生产绿色农产品和无公害农产品则没有土地转换期的要求。第三，有机农产品在数量上须进行严格控制，要求定地块、定产量；其他农产品则没有如此严格的要求。

有机农业在生产过程中禁止使用人工合成的除草剂、杀菌剂、杀虫剂、植物生长调节剂和其他农药，也不允许使用基因工程生物或其产物。因此，有机农业生态系统中有害生物治理的原则是采用的品种及耕作栽培措施，必须保证农作物受有害生物危害造成的损失最低。重点采用适应当地环境的抗（耐）有害生物品种、平衡施肥、培育有较高生物活性的土壤、合理轮作间作等方法，通过这些措施改变有害生物的生态需要进而调控有害生物的发生，将农作物受有害生物的危害降到最低程度。采用的主要方法是：第一，采用合适的能抑制有害生物发生的耕作栽培等农业防治措施，如采用抗（耐）病

虫品种、无病虫种苗、合理的轮作、平衡施肥、调整播种期、覆盖等。第二,保护和利用病虫、杂草的天敌。第三,采用物理防治措施,如使用热消毒、隔离、悬挂杀虫灯、设置防虫网和放置黄黏板等。第四,在以上方法不能有效控制有害生物时,采用我国《有机产品 生产、加工、标识与管理体系要求》(GB/T 19630—2019)中的附录表 A.2 所列的可以用来控制有害生物的植物源、动物源、微生物源、矿物源及其他的植物保护产品。其中,植物和动物来源有:楝素(苦楝、印楝等提取物)、天然除虫菊素(除虫菊科植物提取液)、苦参碱及氧化苦参碱(苦参等提取物)、鱼腾酮类(如毛鱼腾)、茶皂素(茶籽等提取物)、皂角素(皂角等提取物)、蛇床子素(蛇床子提取物)、小檗碱(黄连、黄柏等提取物)、大黄素甲醚(大黄、虎杖等提取物)、植物油(如薄荷油、松树油、香菜油)、寡聚糖(甲壳素)、天然诱集和杀线虫剂(如万寿菊、孔雀草、芥子油)、天然酸(如食醋、木醋和竹醋)、菇类蛋白多糖、水解蛋白酶(引诱剂,只有在批准使用条件下,并与附录表 A.2 中的适当产品结合使用)、牛奶、蜂蜡(用于嫁接或剪修)、蜂胶、明胶、卵磷脂、具有驱避作用的植物提取物(大蒜、薄荷、辣椒、花椒、薰衣草、柴胡、艾草提取物)、昆虫天敌(如赤眼蜂、瓢虫、草蛉等);矿物来源有:铜盐(如硫酸铜、氢氧化铜、绿氧化铜、辛酸铜等)(杀真菌剂,每 12 个月的最大使用量每 hm² 不超过 5 kg)、石硫合剂、波尔多液(每 12 个月的最大使用量每 hm² 不超过 5 kg)、氢氧化钙(石灰水)、硫黄、高锰酸钾、石蜡油、轻矿物油、氯化钙、硅藻土、黏土(如斑脱土、珍珠岩、蛭石、沸石)、硅酸盐(如硅酸钠、硅酸钾等)、石英砂、磷酸铁(3 价铁离子);微生物源有:真菌及真菌制剂(如白僵菌、绿僵菌、轮枝菌、木霉菌等)、细菌及细菌制剂(如苏云金芽孢杆菌、枯草芽孢杆菌、蜡质芽孢杆菌、地衣芽孢杆菌、荧光假单胞杆菌等)、病毒及病毒制剂(如核型多角体病毒、颗粒多角体病毒等);其他有:二氧化碳、乙醇、海盐和盐水、明矾、软皂(钾肥皂)、乙烯、昆虫性信息素(仅用于诱捕器和散发皿内)、磷酸氢二铵(引诱剂,只限用于诱捕器内);诱捕器和屏障有:物理措施(如色彩/气球诱捕器、机械诱捕器等)、覆盖物(如秸秆、杂草、地膜、防虫网等)。

禁止使用的植物保护产品有:第一,化学合成的杀虫剂、杀菌剂、杀线虫剂、杀鼠剂、熏蒸剂、除草剂、植物生长调节剂等,还包括化学合成的抗生素、制造农药的有机溶剂、表面活性剂、用作种子包衣的塑料聚合体等。第二,基因工程有机体,包括基因工程微生物和其他生物及其产品。基因工程指重组 DNA、细胞融合、基因缺失和复制、引进外来基因、改变基因位置等,不包括发酵、杂交、体外受精、组织培养。第三,其他禁用的还有高毒的阿维菌素、烟碱、矿物源农药中的砷、冰晶石、石油(用作除草剂)等。

此外,在对有机农业生产的农场区域内的非种植区域(田埂、缓冲带等)实施有害生物防治时,都不得使用化学合成的农药和除草剂。

二、绿色农产品与有害生物治理

绿色农产品是遵循可持续发展原则,按照特定生产方式生产,经专门机构认定、许可使用绿色食品标志的无污染的农产品。可持续发展原则的要求是:生产的投入量和产出量保持平衡,既要满足当代人的需要,又要满足后代人同等发展的需要。绿色农产品在生产方式上对农业以外的能源采取适当的限制,以更多地发挥生态功能的作用。我国的绿色食品分为 AA 级绿色食品(AA grade green food)和 A 级绿色食品(A grade green food)两类。其中,AA 级绿色食品产地环境质量符合行业标准 NY/T 391 的要求,遵照绿色食品生产标准生产,生产过程中遵循自然规律和生态学原理,协调种植业和养殖业的平衡,不使用化学合成的肥料、农药、兽药、渔药、添加剂等物质,产品质量符合绿色食品产品标准,经专门机构许可使用绿色食品标志的产品。A 级绿色食品产地环境质量符合行业标准 NY/T 391 的要求,遵照绿色食品生产标准生产,生产过程中遵循自然规律和生态学原理,协调种植业和养殖业的平衡,限量使用限定的化学合成生产资料,产品质量符合绿色食品产品标准,经专门机构许可使用绿色食品标志的产品。

（一）有害生物治理原则

绿色食品生产中有害生物的治理可遵循以下原则：一是以保持和优化农业生态系统为基础，建立有利于各类天敌繁衍和不利于病虫草害滋生的环境条件，提高生物多样性，维持农业生态系统的平衡；二是优先采用农业措施，如选用抗病虫品种、实施种子种苗检疫、培育壮苗、加强栽培管理、中耕除草、耕翻晒垡、清洁田园、轮作倒茬、间作套种等；三是尽量利用物理和生物措施，如温汤浸种控制种传病虫害，机械捕捉害虫，机械或人工除草，用灯光、色板、性诱剂和食物诱杀害虫，释放害虫天敌和稻田养鸭控制害虫等；四是必要时合理使用低风险农药，如没有足够有效的农业、物理和生物措施，在确保人员、产品和环境安全的前提下，按照农业农村部发布的行业标准《绿色食品　农药使用准则》（NY/T 393—2020）中的规定配合使用农药。

（二）农药选用与使用规范

按照《绿色食品　农药使用准则》（NY/T 393—2020），所选用的农药应符合相关的法律法规，并获得国家在相应作物上的使用登记或省级农业主管部门的临时用药措施，但不属于农药使用登记范围的产品（如薄荷油、食醋、蜂蜡、香根草、乙醇、海盐等）除外。AA级、A级绿色食品生产应按照 NY/T 393—2020 标准中附录表 A.1 的规定选用农药，提倡兼治和不同作用机理农药交替使用。农药剂型宜选用悬浮剂、微囊悬浮剂、水剂、水乳剂、颗粒剂、水分散粒剂和可溶性粒剂等环境友好型剂型。

农药使用应遵循下列规范：一是应根据有害生物的发生特点、危害程度和农药特性，在主要防治对象的防治适期，选择适当的施药方式；二是应按照农药产品标签或 GB/T 8321 和 GB 12475 的规定使用农药，控制施药剂量（或浓度）、施药次数和安全间隔期。

农药残留应符合下列要求：按照《绿色食品　农药使用准则》（NY/T 393—2020）中规定允许使用的农药，且其残留量应符合 GB 2763 的要求；其他农药的残留量不得超过 0.01 mg/kg，并应符合 GB 2763 的要求。

（三）生产允许使用的农药

行业标准《绿色食品　农药使用准则》（NY/T 393—2020）代替《绿色食品　农药使用准则》（NY/T 393—2013），与后者相比，NY/T 393—2020 对农药选择提出了更高要求，具体体现如下：

在 AA 级和 A 级绿色食品生产均允许使用的农药清单中，删除了（硫酸）链霉素，增加了具有诱杀作用的植物（如香根草等）、烯腺嘌呤和松脂酸钠；在 A 级绿色食品生产允许使用的其他农药清单中，删除了 7 种杀虫杀螨剂（S-氰戊菊酯、丙溴磷、毒死蜱、联苯菊酯、氯氟氰菊酯、氯菊酯和氯氰菊酯）、1 种杀菌剂（甲霜灵）、12 种除草剂（草甘膦、敌草隆草酮、二氯喹啉酸、禾草丹、禾草敌、西玛津、野麦畏、乙草胺、异丙甲草胺、莠灭净和仲丁灵）及 2 种植物生长调节剂（多效唑和噻苯隆）；增加了 9 种杀虫杀螨剂（虫螨腈、氟啶虫胺腈、甲氧虫酰肼、硫酰氟、氰氟虫腙、杀虫双、杀铃脲、虱螨脲和溴氰虫酰胺）、16 种杀菌剂（苯醚甲环唑、稻瘟灵、噁唑菌酮、氟吡菌酰胺、氟硅唑、氟吗啉、氟酰胺、氟唑环菌胺、喹啉铜、嘧菌环胺、氰氨化钙、噻呋酰胺、噻唑锌、三环唑、肟菌酯和烯肟菌胺）、7 种除草剂（苄嘧磺隆、丙草胺、丙炔噁草酮、精异丙甲草胺、双草醚、五氟磺草胺、酰嘧磺隆）及 1 种植物生长调节剂（1-甲基环丙烯）；在条文中增加了关于根据国家新禁用或列入《限制使用农药名录》的农药自动调整允许使用清单的规定。

AA 级和 A 级绿色食品生产可按照农药产品标签或 GB/T 8321 的规定（不属于农药使用登记范围的产品除外）使用的农药，见表 5-2。当表 5-2 中所列农药不能满足生产需要时，A 级绿色食品生产还可按照农药产品标签或 GB/T 8321 的规定使用表 5-3 中的农药。

表 5-2 AA 级和 A 级绿色食品生产均允许使用的农药清单

类别	物质名称	备注	类别	物质名称	备注
I.植物和动物来源	楝素(苦楝、印楝等提取物,如印楝素等)	杀虫	II.微生物来源	真菌及真菌提取物(白僵菌、轮枝菌、木霉菌、耳霉菌、淡紫拟青霉、金龟子绿僵菌、寡雄腐霉菌等)	杀虫、杀菌、杀线虫
	天然除虫菊素(除虫菊科植物提取液)	杀虫		细菌及细菌提取物(芽孢杆菌类、荧光假单胞杆菌、短稳杆菌等)	杀虫、杀菌
	苦参碱及氧化苦参碱(苦参等提取物)	杀虫		病毒及病毒提取物(核型多角体病毒、质型多角体病毒、颗粒体病毒等)	杀虫
	蛇床子素(蛇床子提取物)	杀虫、杀菌			
	小檗碱(黄连、黄柏等提取物)	杀菌		多杀霉素、乙基多杀菌素	杀虫
	大黄素甲醚(大黄、虎杖等提取物)	杀菌		春雷霉素、多抗霉素、井冈霉素、嘧啶核苷类抗生素、宁南霉素、申嗪霉素、中生菌素	杀菌
	乙蒜素(大蒜提取物)	杀菌			
	苦皮藤素(苦皮藤提取物)	杀虫		S-诱抗素	植物生长调节
	藜芦碱(百合科藜芦属和喷嚏草属植物提取物)	杀虫	III.生物化学产物	氨基寡糖素、低聚糖素、香菇多糖	杀菌、植物诱抗
	桉油精(桉树叶提取物)	杀虫			
	植物油(如薄荷油、松树油、香菜油、八角茴香油等)	杀虫、杀螨、杀真菌、抑制发芽		几丁聚糖	杀菌、植物诱抗、植物生长调节
	寡聚糖(甲壳素)	杀菌、植物生长调节		苄氨基嘌呤、超敏蛋白、赤霉酸、烯腺嘌呤、羟烯腺嘌呤、三十烷醇、乙烯利、吲哚丁酸、吲哚乙酸、芸苔素内酯	植物生长调节
	天然诱集和杀线虫剂(如万寿菊、孔雀草、芥子油等)	杀线虫			
	具有诱杀作用的植物(如香根草等)	杀虫	IV.矿物来源	石硫合剂	杀菌、杀虫、杀螨
	植物醋(如食醋、木醋、竹醋等)	杀菌		铜盐(如波尔多液、氢氧化铜等)	杀菌,每年铜使用量不能超过 6 kg/hm²
	菇类蛋白多糖(菇类提取物)	杀菌			
	水解蛋白质	引诱		氢氧化钙(石灰水)	杀菌、杀虫
	蜂蜡	保护嫁接和修剪伤口		硫黄	杀菌、杀螨、驱避
	明胶	杀虫			
	具有驱避作用的植物提取物(大蒜、薄荷、辣椒、花椒、薰衣草、柴胡、艾草、辣根等)的提取物	驱避		高锰酸钾	杀菌,仅用于果树和种子处理
				碳酸氢钾	杀菌
	害虫天敌(如寄生蜂、瓢虫、草蛉、捕食螨等)	控制虫害		矿物油	杀虫、杀螨、杀菌

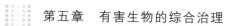

续　表

类别	物质名称	备注	类别	物质名称	备注
Ⅳ.矿物来源	氯化钙	用于治疗缺钙带来的抗性减弱	Ⅴ.其他	乙醇	杀菌
	硅藻土	杀虫		海盐和盐水	杀菌,仅用于种子(如稻谷等)处理
	黏土(如斑脱土、珍珠岩、蛭石、沸石等)	杀虫			
	硅酸盐(硅酸钠、石英)	驱避		软皂(钾肥皂)	杀虫
	硫酸铁(三价铁离子)	杀软体动物		松脂酸钠	杀虫
Ⅴ.其他	二氧化碳	杀虫,用于储存设施		乙烯	催熟等
	过氧化物类和含氯类消毒剂(如过氧乙酸、二氧化氯、二氯异氰尿酸钠、三氯异氰尿酸等)	杀菌,用于土壤、培养基质、种子和设施消毒		石英砂	杀菌、杀螨、驱避
				昆虫性信息素	引诱或干扰
				磷酸氢二铵	引诱

注:国家新禁用或列入《限制使用农药名录》的农药自动从该清单中删除。

表 5 - 3　A 级绿色食品生产允许使用的其他农药清单

类别	名称
杀虫杀螨剂	苯丁锡 fenbutatin oxide、吡丙醚 pyriproxifen、吡虫啉 imidacloprid、吡蚜酮 pymetrozine、虫螨腈 chlorfenapyr、除虫脲 diflubenzuron、啶虫脒 acetamiprid、氟虫脲 flufenoxuron、氟啶虫胺腈 sulfoxaflor、氟啶虫酰胺 flonicamid、氟铃脲 hexaflumuron、高效氯氰菊酯 beta-cypermethrin、甲氨基阿维菌素苯甲酸盐 emamectin benzoate、甲氰菊酯 fenpropathrin、甲氧虫酰肼 methoxyfenozide、抗蚜威 pirimicarb、喹螨醚 fenazaquin、联苯肼酯 bifenazate、硫酰氟 sulfuryl fluoride、螺虫乙酯 spirotetramat、螺螨酯 spirodiclofen、氯虫苯甲酰胺 chlorantraniliprole、灭蝇胺 cyromazine、灭幼脲 chlorbenzuron、氰氟虫腙 metaflumizone、噻虫啉 thiacloprid、噻虫嗪 thiamethoxam、噻螨酮 hexythiazox、噻嗪酮 buprofezin、杀虫双 bisultap thiosultapdisodium、杀铃脲 triflumuron、虱螨脲 lufenuron、四聚乙醛 metaldehyde、四螨嗪 clofentezine、辛硫磷 phoxim、溴氰虫酰胺 cyantraniliprole、乙螨唑 etoxazole、茚虫威 indoxacard、唑螨酯 fenpyroximate
杀菌剂	苯醚甲环唑 difenoconazole、吡唑醚菌酯 pyraclostrobin、丙环唑 propiconazol、代森联 metriam、代森锰锌 mancozeb、代森锌 zineb、稻瘟灵 isoprothiolane、啶酰菌胺 boscalid、啶氧菌酯 picoxystrobin、多菌灵 carbendazim、噁霉灵 hymexazol、噁霜灵 oxadixyl、噁唑菌酮 famoxadone、粉唑醇 flutriafol、氟吡菌胺 fluopicolide、氟吡菌酰胺 fluopyram、氟啶胺 fluazinam、氟环唑 epoxiconazole、氟菌唑 triflumizole、氟硅唑 flusilazole、氟吗啉 flumorph、氟酰胺 flutolanil、氟唑环菌胺 sedaxane、腐霉利 procymidone、咯菌腈 fludioxonil、甲基立枯磷 tolclofos-methyl、甲基硫菌灵 thiophanate-methyl、腈苯唑 fenbuconazole、腈菌唑 myclobutani、精甲霜灵 metalaxyl-M、克菌丹 captan、喹啉铜 oxine-copper、醚菌酯 kresoxim-methyl、嘧菌环胺 cyprodinil、嘧菌酯 azoxystrobin、嘧霉胺 pyrimethanil、棉隆 dazomet、氰霜唑 cyazofamid、氰氨化钙 calcium cyanamide、噻呋酰胺 thifluzamide、噻菌灵 thiabendazole、噻唑锌 zinc thiazole、三环唑 tricyclazole、三乙膦酸铝 fosetyl-aluminium、三唑醇 triadimenol、三唑酮 triadimefon、双炔酰菌胺 mandipramid、霜霉威 propamocarb、霜脲氰 cymoxanil、威百亩 metam-sodium、萎锈灵 carboxin、肟菌酯 trifloxystrobin、戊唑醇 tebuconazole、烯肟菌胺 fenaminstrobin、烯酰吗啉 dimethomorph、异菌脲 iprodione、抑霉唑 imazalil

续　表

类别	名称
除草剂	2-甲基-4-氯苯氧乙酸（MCPA）、氨氯吡啶酸 picloram、苄嘧磺隆 bensulfuron-methyl、丙草胺 pretilachlor、丙炔噁草酮 oxadiargyl、丙炔氟草胺 flumioxazin、草铵膦 glufosinate-ammonium、二甲戊灵 pendimethalin、二氯吡啶酸 clopyralid、氟唑磺隆 flucarbazone-sodium、禾草灵 diclofop-methyl、环嗪酮 hexazinone、磺草酮 sulcotrione、甲草胺 alachlor、精吡氟禾草灵 fluazifop-P、精喹禾灵 quizalofop-P、精异丙甲草胺 s-metolachlor、绿麦隆 chlortoluron、氯氟吡氧乙酸（异辛酸）fluroxypyr、氯氟吡氧乙酸异辛酯 fluroxypyr-mepthyl、麦草畏 dicamba、咪唑喹啉酸 imazaquin、灭草松 bentazone、氰氟草酯 cyhalofop butyl、炔草酯 clodinafop-propargyl、氯氟吡氧乙酸异辛酯 fluroxypyr-mepthyl、麦草畏 dicamba、咪唑喹啉酸 imazaquin、灭草松 bentazone、氰氟草酯 cyhalofop butyl、炔草酯 clodinafop-propargyl、乳氟禾草灵 lactofen、噻吩磺隆 thifensulfuron-methyl、双草醚 bispyribac-sodium、双氟磺草胺 florasulam、甜菜安 desmedipham、甜菜宁 phenmedipham、五氟磺草胺 penoxsulam、烯草酮 clethodim、烯禾啶 sethoxydim、酰嘧磺隆 amidosulfuron、硝磺草酮 mesotrione、乙氧氟草醚 oxyfluorfen、异丙隆 isoproturon、唑草酮 carfentrazone-ethyl
植物生长调节剂	1-甲基环丙烯 1-methylcyclopropene、2,4-滴 2,4-D（只允许作为植物生长调节剂使用）、矮壮素 chlormequat、氯吡脲 forchlorfenuron、萘乙酸 1-naphthal acetic acid、烯效唑 uniconazole

注：国家新禁用或列入《限制使用农药名录》的农药自动从该清单中删除。

思考与讨论题

1. 比较并介绍综合治理、全部种群治理、大面积种群治理和生态管理的概念。

2. 为什么说害虫综合治理是针对化学防治采取的防治对策？它的基本要点有哪些？

3. 何谓 EIL、ET？它们在害虫综合治理中有何重要意义？

4. 简述植物检疫、农业防治、生物防治、物理机械防治和化学防治对有害生物的防治作用，比较它们各自的优缺点，试论它们在有害生物综合治理中的地位和作用。

5. 简述植物抗病虫性的定义和机制。抗病虫品种的选育途径和应用抗病虫品种的优点有哪些？

6. 有害生物的生物防治包括哪些内容？在有害生物防治实践中，应如何协调生物防治和化学防治？

7. 简述绿色农产品和有机农产品的特点。植物保护工作如何在绿色农产品和有机农产品的生产中发挥有效作用？

8. 查阅文献，试述信息技术与生物技术在有害生物综合治理中的应用现状与前景。

☆ **教学课件**

实践应用篇

第六章　水稻病虫害

　　水稻是重要的粮食作物,养育着全世界一半以上的人口。我国是世界最大的水稻生产国和消费国,水稻年种植面积占全球的 1/5,产量占世界的 1/3,水稻种植面积占全国耕地面积的 1/4,产量占全国粮食总产的 1/2。但是,在水稻生产中存在着许多限制因素,其中病虫害问题是制约水稻高产、稳产、优质与安全生产的主要瓶颈之一。尽管采用了各种措施进行水稻病虫害的防治,但每年仍因此减产 10%～15%,损失达 200 亿 kg 稻谷。因此,防治水稻病虫害对我国农业的可持续发展、乡村振兴和农民生活水平的提高都具有极其重要的战略意义。

　　据报道,全球水稻病害有 100 多种,我国有 70 多种,其中发生普遍、危害较重的有稻瘟病、白叶枯病、纹枯病、稻曲病、胡麻叶斑病、恶苗病、鞘腐病、普通矮缩病、稻粒黑粉病、条纹叶枯病等 20 多种。稻瘟病、白叶枯病和纹枯病一直是我国水稻的三大病害,发生面积大、流行性强、危害严重。我国已知的水稻害虫有 600 多种,其中常见的危害种类或在局部地区造成较大损失的种类 65 种。这 65 种主要水稻害虫中,发生普遍且危害最为严重的有 5 种,为二化螟、三化螟、褐飞虱、白背飞虱和稻纵卷叶螟,它们是田间防治的重点;有 32 种害虫在某些年份或局部地区危害较重,也是防治的重点。水稻生长的每一阶段,植株每一部分均会遭受害虫的侵袭。蛀食茎秆的主要害虫有二化螟、三化螟、大螟等;刺吸茎叶的有白背飞虱、褐飞虱、灰飞虱、黑尾叶蝉等;咬食叶片的有稻纵卷叶螟、稻苞虫、稻螟蛉等;刮食叶肉的有稻蓟马等;危害稻根的有稻象甲、稻水象甲等。

　　本章就重要水稻病害的症状、病原形态特征、侵染循环、发病条件和防治方法,以及重要害虫的形态特征、生物学与生态学特性及防治方法等作一叙述。

第一节　重要病害

一、真菌病害

(一)稻瘟病

　　稻瘟病(rice blast),又称稻热病、火烧瘟等,是世界性分布、危害严重的病害之一,尤其在东南亚及日本、韩国、印度和中国发生特别严重。早在 1637 年,宋应星就在《天工开物》中以"发炎火"记载下来。日本在 1704 年记录了这一病害。稻瘟病在我国南北稻区每年都有发生,一般山区重于平原,粳、糯重于籼稻,除华南稻区早稻重于晚稻外,其他稻区晚稻重于早稻。2020 年 9 月,稻瘟病被我国农业农村部列入《一类农作物病虫害名录》。水稻叶片受害严重时,成片枯死,有的虽不枯死,但新叶也不易伸展,稻株萎缩,不能抽穗或抽出短小的穗。抽穗期穗颈受害严重,易造成大量白穗或瘪粒。稻瘟病的危害程度因品种、栽培技术以及气候条件不同而有差别,流行年份发病田块损失一般在 10%～30%,严重的在 40%～50%,甚至颗粒无收。

　　1. 症状

　　稻瘟病在水稻整个生育期均可发生,主要危害叶片、茎秆、穗部,根据危害时期与部位可分为苗

瘟、叶瘟、节瘟、穗颈瘟和谷粒瘟。

（1）苗瘟

苗瘟一般发生在3叶期前，由种子带菌所致。初期在芽和芽鞘上出现水渍状斑点，后期病苗基部变黑褐色，上部变褐色，秧苗卷缩枯死。潮湿时，病部有灰绿色的霉状物。

（2）叶瘟

叶瘟在水稻整个生育期都能发生，但以分蘖至拔节期危害较重。由于气候条件和品种的抗病性不同，又可以分为慢性型（普通型）、急性型、白点型、褐点型4种类型。

①慢性型：为最常见的典型病斑。先呈近圆形的暗绿色或褐色病斑，后逐渐扩大成暗褐色、梭形病斑，两端有沿叶脉延伸的褐色坏死线，中央为灰白色，周围边缘产生黄色晕圈，背面有灰色霉层。典型的慢性型病斑呈纺锤形，最外层黄色，内圈褐色，中央灰白色，病斑两端有向外延伸的褐色坏死线。病斑外围的黄色晕圈主要是由于病菌侵入后分泌的毒素使周围细胞中毒，导致细胞死亡而形成的，故称中毒部；褐色部分是由于细胞内含物及细胞壁被破坏变色死亡而形成的，称坏死部；灰白色部分的细胞内含物及细胞壁则全部崩解，故称崩解部。随着病菌在叶片组织内的扩展，在同一病斑上由外围向中央常可看到这三个部分，但由于水稻品种抗病性及环境条件的影响，有时会缺少中毒部或坏死部，并不完全按次序出现。

②急性型：病斑呈暗绿色水渍状，有时与叶片颜色不易区分，但无光泽，多为椭圆形或不规则形，正反面均产生大量灰色霉层。多发生于天气阴雨多湿、氮肥施用过多、抗病性弱或感病植株上。这种病斑的出现是稻瘟病流行的先兆，如果气候继续适于发病，则容易引起病害流行。当天气转晴或稻株抗病性增强时，可转变为慢性型病斑。

③白点型：为初期病斑，白色，多为圆形或短梭形，不产生分生孢子。这种病斑是在病菌侵入扩展时遇适宜的条件，但到症状出现期，环境条件又变为不适宜（如高温或低温干燥等），从而呈现白点症状。在感病品种的幼嫩叶片上发生时，可随气候条件的变化而转变为普通型或急性型。

④褐点型：为褐色小斑点，局限于叶脉间，有时边缘会出现黄色晕圈，常发生在抗病品种或植株下部的老叶上，不产生分生孢子，对稻瘟病的发展作用不大。

此外，叶舌、叶耳、叶节和叶枕也可发病。病斑初呈暗绿色，后变褐色至灰白色，潮湿时长出灰绿色霉层。叶舌、叶耳、叶节等部位发病后常引起节或穗颈发病，叶枕发病后则可延及叶鞘，产生不规则形大斑，有时在叶片与叶鞘相邻处因组织被破坏而折断，病叶枯死。

（3）节瘟

节瘟主要发生在穗颈下第一、二节上，初为褐色或黑褐色小点，以后环状扩大至整个节部。潮湿时，节上生出灰绿色霉层。干燥时病处凹陷，易折断、倒伏。有时病斑仅在节的一侧发生，干缩后造成茎秆弯曲。节瘟在抽穗期发生时，由于营养、水分不能向穗部正常输送，因而影响开花结实，严重时形成白穗或瘪粒。

（4）穗颈瘟

穗颈瘟发生于穗颈、穗轴和枝梗上。病斑初呈浅褐色小点，逐渐围绕穗颈、穗轴和枝梗及向上下扩展。病斑一般呈暗褐色，但在不同的水稻品种上，可呈黄白色、黄绿色、黑褐色以至黑色等。潮湿时，病斑上产生灰绿色霉层。危害轻重与发病迟早有关，发病早的多形成白穗，局部枝梗发病形成"阴阳穗"，发病迟的则会谷粒不充实，形成瘪粒，对水稻产量影响巨大。

（5）谷粒瘟

谷粒瘟发生在稻粒和护颖上。发生在稻粒上有两种情况：如在水稻开花前后受侵，多不能正常结实而成暗灰色的秕谷，病粒上病斑大而呈椭圆形，中部灰白色，可延及整个谷粒；如受侵较迟，在颖壳处呈现暗灰或褐色、梭形或不整形斑，影响结实，严重时谷粒不饱满、米粒变黑。护颖发病时多呈灰褐或黑褐色。

2. 病原物

病原物有性态为灰色大角间座壳 *Magnaporthe oryzae* B. Couch,属子囊菌门大角间座壳属;无性态为稻梨孢 *Pyricularia oryzae* Cav.,属半知菌类梨孢霉属。

（1）形态

菌丝分隔,初无色,后褐色。菌丝在水稻组织内生长,病斑上的霉层为分生孢子梗和分生孢子。分生孢子梗 3～5 根束生或单生,从病部气孔或表皮伸出,不分枝,2～8 个隔膜,基部稍粗,淡褐色,上端色淡,顶端可陆续产生分生孢子,呈曲折状,有分生孢子脱落的疤痕。分生孢子梨形或倒棍棒形,(14～40) μm×(6～113) μm,初无隔膜,成熟时有 2 个隔膜,顶端钝尖,基部钝圆,并有脚胞,无色或淡褐色,分生孢子密集时呈灰绿色。萌发时,一般从分生孢子的上下两端或一端生出芽管,顶端接触寄主表面或其他基物时形成卵形、圆形或长圆形的附着胞(图 6-1)。附着胞内部产生很大的膨压,吸附在寄主植物表面,并长出侵染丝,侵入寄主组织。侵染水稻的稻瘟病菌有性态可分为两种不同交配型,称为 A 和 a,在人工培养基上经异宗配合产生子囊壳、子囊和子囊孢子。子囊壳球形,直径 60～300 μm,暗褐色至黑色,单生或群生在基质中,具长孔口,内部有缘丝。子囊群生在子囊壳底部,棍棒状至圆柱状,顶端有链状结构,子囊内着生 8 个子囊孢子,成熟时子囊壁溶解消失。子囊孢子钝菱形,略弯,无色,1～3 个隔膜,无外膜和附属丝。仅在人工培养基上产生有性态,田间自然条件下常见的是稻瘟病菌的无性态,尚未发现有性态。

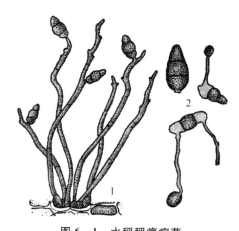

图 6-1　水稻稻瘟病菌
1. 分生孢子梗及着生情况　2. 分生孢子及其萌发

（2）生理

菌丝体发育温度为 8～37℃,适温 26～28℃;分生孢子形成温度为 10～35℃,适温 25～28℃;分生孢子萌发温度为 15～32℃,适温 25～28℃;附着胞形成的适温为 24℃,28℃以上不能形成。病菌对低温和干热有较强的抵抗力,但对湿热的抵抗力差。在湿热情况下,分生孢子的致死温度为 51～52℃,10 min。病菌侵入的适温为 24～30℃,适温下分生孢子附在植株表面 16～20 h 便可完成侵入。分生孢子的形成要求相对湿度在 93% 以上,湿度越高分生孢子形成的速度越快,数量越多。在适宜温、湿度下,6～8 h 就可以形成分生孢子,其中饱和空气湿度最重要;相对湿度 90% 以下,分生孢子产生大大降低(10%),80% 以下时几乎不能形成。在自然条件下,分生孢子一般在夜间形成,呈现两个高峰。第 1 次高峰在日落后 18—19 时,第 2 次在日出前 4—5 时。在田间,白天不能形成分生孢子,主要限制因子是湿度。一个感病型病斑可持续产孢 20 d 以上,形成几千个分生孢子,甚至更多。风、露水、水稻分泌液和雨滴促进分生孢子脱落与飞散,分生孢子的飞散以 16—17 时最少,23 时后迅速增多,夜间 1—4 时最多。分生孢子只有在水滴和饱和湿度都具备的条件下才萌发,临界相对湿度为 92%～96%。如没有水滴,即使在饱和湿度下,发芽率也只有 1.5% 左右。分生孢子的形成要求光线明暗交替的条件,有效波长 290～410 nm 的近紫外光有利于分生孢子形成。直射阳光则抑制孢子萌发、芽管及菌丝生长。分生孢子萌发需要氧气,空气中氧的含量降到正常含量(20%)的 1/4～1/2 时,孢子虽可发芽,但不形成附着胞。营养要求方面,碳源以蔗糖、葡萄糖、麦芽糖、果糖、乳糖、木糖为最适,氮源以天冬氨酸、谷氨酸、甘氨酸、丙氨酸、硝酸钾、硝酸钠等最适。天然培养基如大麦、高粱、稻草等煎汁也适于病菌的生长发育与产孢。稻瘟菌可产生多种毒素,如稻瘟菌素、吡啶羧酸、细交链孢菌酮酸、稻瘟醇等,能抑制水稻的呼吸和生长发育,引起叶片呈现与稻瘟病相似的病斑。

（3）寄主

自然条件下，来源于水稻的稻瘟菌除侵染水稻外，还可侵染小麦、大麦、玉米、狗尾草、稗、早熟禾、珍珠粟、李氏禾和雀稗等禾本科 23 属 38 种植物；而来源于 21 种禾本科植物上的稻瘟菌亦可侵染水稻。但 DNA 指纹分析表明，杂草上的菌株与水稻上的菌株不同。

（4）致病性分化

稻瘟菌极容易发生变异，表现在培养性状、生理特性、对杀菌剂的抗性以及对水稻品种的致病性等方面的生理分化。稻瘟菌变异频繁，其群体结构极为复杂，最重要的生理分化是形成不同的生理小种，即病菌群体中存在对不同水稻品种致病性有明显差异的生理小种。根据菌株在不同品种上的致病能力差异，采用不同水稻品种作为鉴别寄主，从而将菌株分为不同的生理小种。我国用珍龙 13、东农 363、鉴 77-43、特特勃（Tetep）、关东 51、合江 18、丽江新团黑谷等 7 个水稻品种为鉴别寄主，根据鉴别寄主对供试菌株的抗感反应，先分群，再定生理小种。依据这套鉴别品种，我国稻瘟菌菌株最多可分出 128 个小种，但实际上共鉴定出 8 群 66 个小种，即中 A 群小种 28 个，中 B 群小种 16 个，中 C、中 D、中 E、中 F、中 G、中 H 各群依次为 9、5、4、2、1、1 个小种。

稻瘟病菌群体中生理小种组成和优势生理小种因地区、年份、水稻品种布局等多种因素而变化。生理小种鉴定的目的主要是要了解和掌握某个稻区或地区稻瘟菌群体中生理小种的组成、优势小种及其变化规律，预测病害流行情况，做好防控工作；同时，掌握生理小种组成与变化规律，以利于选育和合理布局抗病品种。然而，因稻瘟病菌变异十分频繁，加上鉴定条件不够稳定，所以有时鉴定结果不稳定，而且各国均用自己的一套鉴别品种，所得的结果很难比较和交流。这种以鉴别品种来鉴定菌株生理小种的方法存在一些局限性，因而代之以分子生物学的基因组方法进行鉴定。利用分子探针证明稻瘟病菌的确存在极大的异质性，甚至同一块田里不同生育期所取得的菌株致病性及分子指纹也不同。稻瘟病菌生理小种的多样性是寄主选择的结果，而生理小种多样性的产生与菌株的突变、菌丝融合、准性重组、有性重组以及寄主定向选择等因素有关。

3. 病害循环

病菌以菌丝和分生孢子在病稻草、病谷上越冬。干燥条件下，分生孢子可存活半年至 1 年，病组织中的菌丝可存活 1 年以上。越冬病菌的存活期与湿度等环境因子关系密切。病菌在干燥病组织中的存活时间比潮湿的要长，如稻草堆中部病草上的菌丝可存活 1 年，而水中稻草上的菌丝存活不到 1 个月。病种播种后可引起苗瘟，但病谷的传病作用因育秧时期和育秧方式不同而异，如南方双季稻区，早稻播种育秧期间气温低，带病稻种一般很少引起秧苗发病，但在晚稻播种育秧期间，气温已升高，种子带菌可引起秧苗发病。

病稻草和病谷是次年病害的主要初侵染源，未腐熟的粪肥及散落在地上的病稻草、病谷也可成为初侵染源。播种带病稻种后，潜伏的菌丝引起秧苗发病；种子表面的分生孢子，萌芽后从幼苗基部侵入，引起秧苗发病。病稻草上越冬的菌丝，次年气温回升到 20℃ 左右时，遇雨不断产生分生孢子。在长江流域一般 3 月下旬至 4 月上旬开始产生分生孢子，5～6 月最多。分生孢子主要靠气流传播，当传播到叶片后，遇适宜温、湿度，萌发形成附着胞并直接侵入表皮。分生孢子萌发后，一般从叶片表皮的机动细胞、穗颈处鳞片状苞叶、枝梗穗轴分枝点附近长形细胞侵入。病菌也可从伤口侵入，但通常不从气孔侵入。

堆放病草附近的秧田或本田稻株首先发病，并在病组织上产生大量分生孢子借气流传播危害，引起再侵染。只要条件适宜，病菌可进行多次再侵染，导致病害流行。在双季稻区或单、双季混栽区，病菌反复侵染的机会比较多，如早稻发病后可传至中稻、单晚或连晚，或相互借气流传病。早、晚稻的病秧移栽到本田后，可引起叶瘟；早稻发病，田间菌量增加，直接导致早稻穗颈瘟，加重晚稻秧田和单季晚稻本田叶瘟。早稻收割后，病草上产生的孢子又会传播到连作晚稻本田，引进叶瘟和穗颈瘟。

4. 发病条件

稻瘟病是一种气流传播病害,可多次再侵染,发病与品种、环境和栽培措施等关系非常密切。

(1)品种抗病性

一般籼稻较抗病,粳、糯稻较易感病。籼稻的抗病性表现为抗扩展,粳稻为抗侵入。中国和印度的籼稻品种抗性最好,其次为日本的粳稻品种,而中国粳稻品种的抗病性最弱。同一类型的不同品种间,其抗病性表现差异也很大。大多数品种的抗病性有明显的地域性和特异性,但有些品种能在较广的稻区或较长时间种植而不感病。品种抗病性与生育期有关,一般成株期抗性高于苗期,苗期(四叶期)、分蘖盛期和抽穗初期为感病时期。同一生育期叶片抗病性随叶龄的增加而增强,出叶当天最易感病,5 d后抗病性迅速增强,13 d后很少感病;水稻分蘖末期出新叶最多,是叶瘟的发病高峰期。稻穗以始穗期最易感病,抽穗6 d后抗病性逐渐增强。因此,当易感病的稻株生育期与适宜的发病天气条件相吻合时,容易引起发病和流行。

利用分子标记等手段鉴定和定位了100多个抗稻瘟病基因,克隆鉴定到20多个抗稻瘟病基因。大部分抗稻瘟病基因为主效显性,但也有抗稻瘟病基因为隐性基因。多数品种的抗病性受1~2对主效基因控制,少数受3对以上的多基因控制以及微效多基因控制,而且基因间还存在互补、累加、抑制和上位作用。从抗病机制来说,一般株型紧凑,叶片水滴易滚落,可减少病菌附着量,降低侵染率;植株表皮细胞的硅化程度与抗侵入、抗扩展的能力呈正相关。

但是,多数抗病品种在生产上推广3~5年后便失去抗性,原因主要有两方面,即稻瘟病菌致病性变异和品种抗性的退化。稻瘟病菌的致病性突变频率为$10^{-5}\sim10^{-8}$,但因抗病基因不同而有差异。

(2)气象因子

影响稻瘟病发生与流行的气候因素是温度、湿度、降雨、雾露、光照等,最主要的是温度和湿度,其次是光和风。温度主要影响水稻和病菌的生长发育,湿度则影响病菌孢子的形成、萌发和侵入。越冬病菌在气温上升到20℃左右,遇雨或相对湿度高达90%以上时,不断产生孢子,传播危害。在适温、高湿时,病菌发芽侵入需6~8 h,潜育期4 d。当气温20~30℃、相对湿度90%以上时,稻株体表水膜保持6~10 h的情况下,分生孢子最易萌发侵入。气温20℃以上时,稻瘟病的发生与流行取决于降雨的迟早和降雨量。如天气时晴时雨,或早晚常有雾、露时,最利于病菌生长繁殖,产生的孢子数量大,发芽快,侵入率高,潜育期短,而且稻株抗病力弱,病害容易流行。南方双季稻区早稻秧苗后期和分蘖期间气温已升高,如春雨较多则叶瘟易流行。低温和干旱有利于发病,尤其抽穗期遇低温、连续阴雨或雾多露重的天气,水稻的生活力削弱,抽穗期延长,感病机会增加,穗颈瘟发生严重。阳光和风与发病关系也很密切。日光不足时,光合作用缓慢,淀粉与氨态氮的比例低,硅化细胞数量少,抗病性下降,加重发病。风有助于病菌孢子的传播,病菌孢子借风传播的距离可达400 m以上,风力和风向直接影响病菌传播的距离和方向,距病田及初侵染源近的田块受影响大,发病重。我国山区和沿海地区稻瘟病的危害较重,往往成为此病的常发区,在很大程度上是受雾多露重、光照少以及气候适于发病所致。

(3)栽培管理措施

栽培管理措施与稻瘟病的发生有密切的关系,直接影响水稻的抗病性和通过影响田间小气候而影响病菌的生长发育。合理的栽培管理可减少病害的发生,否则促使病害发展,其中以施肥和灌溉最为关键。

①施肥:根据水稻生长情况适量适时施用氮肥,使水稻生长健壮,增加稻株内碳水化合物含量,达到既增强抗病性又获得高产的目的。氮肥施用过多或过迟,常引起稻株疯长,叶片柔软披垂,体内氨态氮和游离氢基酸含量过多,碳氮比降低,硅化细胞数量减少,加之株间郁闭多湿,既有利于病菌的侵入、生长和繁殖,又削弱了植株抗病性,导致发病严重。同时,氮肥施用不当,易引起稻株早衰,至幼穗形成期,往往发生根系腐烂现象,降低稻株生活力,增加感病机会,加重发病。追肥过迟,造成后期氮

素过多,引起水稻贪青,抽穗不整齐,往往诱发穗颈瘟。氮、磷、钾肥应合理配合施用。适当使用钾肥,提高钾氮比值,可提高稻株抗病性。氮肥对病害的影响也因土壤种类而异,一般沙质土保肥力差,且土温易增高,肥料分解快,氮肥易被吸收,以致禾苗猛长,容易发病。绿肥过多或有机质丰富的腐殖质土壤,如前期干旱或晒田过度,促使养分迅速分解,遇降雨或复水后,稻株获得大量养分,引起后期生长过旺,易诱发病害流行。施肥与发病的关系还受品种影响,耐肥抗病品种,在用肥量增加和不同施肥方法下病害变幅小,而不耐肥的感病品种则正相反。

②灌溉:长期深灌的稻田、冷浸田及地下水位高、土质黏重的黄黏土田,土壤内缺乏空气,厌氧微生物产生大量 H_2S、CO_2 及有机酸等有毒物质,影响根系的生长、呼吸作用和吸收养分能力,甚至引起稻根变黑腐烂,影响稻株的氮、碳代谢,减弱叶片表皮细胞的硅质化,致使水稻抗病力降低。但田间水分不足(如旱秧田、漏水田)也会影响稻株的正常发育,蒸腾作用减弱,减少对硅酸盐的吸收和运转;降低稻株组织的机械抗病能力,也易诱发稻瘟病的发生。

③布局:感病品种连片种植易导致病害大流行;在生育期参差不齐的稻区因大量菌源存在,而使晚成熟的品种也常发病严重。

5. 防治

防治策略是以种植高产抗病品种为基础,减少菌源为前提,加强健身栽培为关键,药剂防治为辅助。具体方法有:

(1)合理布局和种植抗病品种

选用抗病品种是防治稻瘟病的经济有效措施,也是综合防治的关键措施。我国在稻瘟病抗病育种方面已取得很大成效,选育了大批抗源和供生产应用的抗病高产良种。但因稻瘟病菌群体中生理小种组成、优势小种因不同稻区、生态区和年份而异,因此要因地制宜地选用和推广适合当地的抗病品种。同时,因病菌群体变异频繁,在生产中应采取相应措施合理地使用抗病基因资源,延缓抗病品种抗性丧失。

①抗病品种定期轮换:当抗病品种在某一地区种植 2~3 年后,应用新的抗病品种替换老品种,避免单一抗病品种长期种植。

②抗病品种合理布局:在同一生态区或地区内同时种植含不同抗病基因的品种。

③应用多主效抗病基因和微效抗病基因品种:种植含不同主效抗病基因的品种或微效抗病基因品种,可延长品种的使用年限。

(2)处理病谷、病草,减少病源

具体方法有:

①稻种应从无病田或轻病田留选,不用带病种子。

②及时处理病稻草:收获时,对病田的稻草和谷物应分别堆放,病稻草应在春播前处理完毕,不用病草催芽和扎秧;如病草还田,应犁翻于水和泥土中沤烂;用作堆肥和垫栏的病草,应充分腐熟。

③种子消毒:目前使用较普遍的是用强氯精药剂、抗菌剂或杀菌剂药液浸种。方法是:早稻用 300 倍、晚稻用 500 倍的强氯精药剂浸种,药量以水淹过种子 6.6 cm 左右为准,早稻浸种 12~16 h,晚稻8~12 h,清水洗净后催芽;用 500 g 石灰兑 50 kg 水,用上面的清液浸种,早稻浸 2~3 d,晚稻浸 1~2 d,水面要高出种子 13.2 cm,加盖避免阳光照射,用清水洗净后催芽;10%抗菌剂 401 的 1000 倍液或 80%抗菌剂 402 的 4000 倍液、50%多菌灵可湿性粉剂 1000 倍液、70%托布津可湿性粉剂 1000 倍液等浸种 2 d,用清水洗净后催芽。

(3)强化栽培措施,科学肥水管理

我国学者探索出一套利用生物多样性控制稻瘟病的措施。根据当地的品种资源,选配不同遗传背景、抗病性、农艺性状及经济性状的品种混合种植或者配套间栽,可使高产、优质的感病品种病害减轻 80％～90％,延长感病品种的使用年限。同时,根据水稻生长情况,科学肥水管理,既可改善环境条件控制病菌的繁殖和侵染,又可促使水稻健壮生长,提高抗病性,从而获得高产稳产。应注意氮、磷、钾三要素以及有机肥与化肥的合理配合施用,适当施用含硅酸的肥料(如草木灰等),做到施足基肥,早施追肥,中后期看苗、看天、看田巧施肥,避免偏施和过多施用氮肥,绿肥用量不宜过大,一般每667 m² 不超过 1500 kg,并适量施用石灰加快绿肥腐烂。水的管理必须与施肥密切配合,不能长期灌深水,要做到寸水回青、薄水分蘖、够苗查田、后期干干湿湿的管水方法。同时应搞好农田基本建设,开设明沟暗渠,降低地下水位。

(4)药剂防治

根据预测和田间调查,应注意喷药保护高感品种和处于易感期的稻田,在叶瘟发生初期及早施药控制发病中心,并对周围稻株或稻田施药保护,以后根据病情发展及天气变化决定继续施药次数。一般可隔 3～5 d 施药 1 次,共施 1～2 次。防治重点应放在预防和控制穗颈瘟上,而通常穗期发病的菌源主要来自叶瘟,所以应在控制叶瘟大流行的基础上,于孕穗末期、始穗期及齐穗期各施药一次。如果天气继续有利发病,可在灌浆期再喷一次。用于防治稻瘟病的化学药剂较多,常用的药剂及每667 m² 用量如下:20％三环唑可湿性粉剂 100～150 g,40％富士一号乳油 100 g,40％克瘟散乳油100 g、50％稻瘟净乳剂 150～200 g 或 40％稻瘟灵 100～120 g,2％春雷霉素 100～150 mL,450 g/L 咪鲜胺水乳剂 45～55 g,兑水 60 kg 喷雾防治。

(二)纹枯病

纹枯病(rice sheath blight),又称"花秆""烂脚病""富贵病"等,在亚洲、美洲、非洲种植水稻的地区均发生,但以亚洲稻区发生最普遍。我国各稻区均有纹枯病发生,尤以长江流域和南方稻区发生最严重,其中浙江、江苏、福建、广东、广西、湖南、湖北、台湾等省(区)普遍发生。早、中、晚稻均可发生,主要危害叶鞘和叶片,引起鞘枯和叶枯,严重时植株倒伏,使水稻结实率降低,粒重下降,一般减产10％～30％,严重时达 50％以上。近年来,随着矮秆品种和杂交稻的推广以及耕作制度和栽培条件的改变,纹枯病在我国稻区发生呈上升趋势,特别在南方稻区发生面积广、流行频率高,引起的损失超过稻瘟病、白叶枯病,成为水稻的第一大病害。

1. 症状

纹枯病从苗期到穗期都可发生,但分蘖盛期到穗期发生严重,抽穗期前后最重,主要危害叶鞘,也可危害叶片。严重时,可危害茎秆和穗部,造成贴地倒伏,不能抽穗,形成瘪谷或白穗,甚至整株死亡。

叶鞘发病初期,在近水面处或水面下产生暗绿色水渍状、边缘不清的小斑,逐渐扩大成椭圆形或云纹状的病斑,边缘褐色至深褐色,中部草黄色至灰白色,潮湿时则呈灰绿色至墨绿色,外圈稍湿润状。经常几个病斑愈合成云纹状大斑块,导致叶鞘干枯,叶片枯黄卷缩,提早枯死。叶片上的病斑与叶鞘相似,但形状不规则。病情发展慢时,病斑外围褪黄;病情发展迅速时,病部暗绿色,叶片很快呈青枯或腐烂状,最后枯死。剑叶叶鞘受害时,稻株不能正常抽穗。稻穗发病则穗颈、穗轴以至颖壳等部位呈污绿色湿润状,后变灰褐色,结实不良,甚至全穗枯死。

在阴雨多湿时,病部出现白色或灰白色的蛛丝状菌丝体。菌丝体匍匐于组织表面或攀缘于植株间,形成白色绒球状菌丝团,最后变成褐色的坚硬菌核,附在病部的一面略凹陷,似萝卜籽状,也可互相融合呈不规则形。菌核以少数菌丝缠结在病组织上,很易脱落。在潮湿条件下,病组织表面有时常生一层白色粉末状子实层(担子和担孢子)。

2. 病原物

病原物有性态为瓜亡革菌 *Thanatephorus cucumeris* (Frank) Donk.,属担子菌门亡革菌属;无性态为茄丝核菌 *Rhizoctonia solani* Kühn,属半知菌类真菌。

（1）形态

无性态产生菌丝和菌核，有性态产生担子和担孢子。无性态菌丝体幼嫩时无色，分枝与主枝成锐角，老熟时淡褐色，分枝与主枝成直角，分枝处明显缢缩，距分枝不远处有分隔。

菌丝能在寄主组织内生长，也可蔓延于病部表面。病组织表面的气生菌丝体可集结形成菌核。菌核表生，扁球形似萝卜籽状，多个连结在一起呈不规则形。菌核表面粗糙多孔如海绵状，萌发时菌丝从这些孔伸出（萌发孔）；菌核内外颜色一致，均为褐色，外层结构由 10～15 层死细胞组成，内层则为活细胞群。内外层的厚薄影响菌核在水中的沉浮，即外层比内层厚时为浮核，反之则为沉核。一般浮核多于沉核。在病组织上有时可见灰白色粉状物，为病菌担子、担孢子构成的子实层。担子无色，倒棍棒状，单胞，$(8～13)\ \mu m×(6～9)\ \mu m$，顶生 2～4 个小梗，各生一个担孢子（图 6-2）。担孢子无色，单胞，卵圆形或椭圆形，基部稍尖，$(6～10)\ \mu m×(5～7)\ \mu m$。

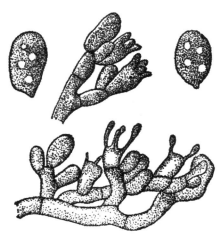

图 6-2　水稻纹枯病菌担子与担孢子

（2）生理

菌丝生长的温度范围为 10～38℃，适温 30℃左右，致死温度为 53℃，5 min。病菌侵入寄主的温度范围为 23～35℃，适温 28～32℃，但要求 96％以上的相对湿度；如相对湿度在 85％以下，则侵染受抑制。在适温、有水分时，病菌只需 18～24 h 就可完成侵入。菌核在 12～15℃时开始形成，以 30～32℃为最多，超过 40℃不能形成。菌核萌发与温度密切相关，在 27～30℃ 和 95％以上相对湿度下，1～2 d 内就可萌发产生菌丝。病菌在 pH 2.5～9.8 条件下均能生长，最适 pH 5.6～6.7。日光能抑制菌丝的生长，但可促进菌核的形成。菌核有浮、沉现象，在水稻植株上自然形成的菌核，沉核比例 5％～20％，在一定条件下菌核的浮、沉可以转变，这与菌核组织结构有关。菌核没有休眠期，新形成的菌核在条件适宜时即可萌发。

（3）生理分化

纹枯菌存在着生理分化现象。根据菌丝融合亲和现象，茄丝核菌可分为 12 个菌丝融合群（Anastomosis group，AG），至少有 18 个菌丝融合亚群。水稻纹枯病菌主要是茄丝核菌第一菌丝融合群 AG-1，具专化性。在 AG-1 的不同菌株间，其致病力也存在差异，按培养性状和致病力把水稻纹枯病菌划分为 3 个类型，即 A、B、C 型，致病力顺序为 A＞B＞C。另外，水稻纹枯病菌的菌丝年龄与致病力有关，一般 3～4 d 的菌丝致病力最强。

（4）寄主

病菌的寄主范围极为广泛，在自然情况下可侵染 21 科植物，包括菊科、伞形科、田麻科、蝶形花科、十字花科、柳叶菜科、苋科、蓼科、旋花科、唇形科、桑科、樟科、石竹科和禾本科等，其中重要的寄主作物有水稻、玉米、大麦、小麦、高粱、粟、甘蔗、甘薯、芋、花生、大豆、黄麻、茭白等作物以及稗、莎草、马唐、游草等多种杂草；在人工接种条件下可侵染 54 科的 210 种植物。

3. 病害循环

病菌主要以菌核在土壤中越冬，也能以菌丝和菌核在病稻草、其他寄主和田边杂草上越冬。水稻收割时大量菌核落入田间，成为次年或下季的主要初侵染源。在南方稻区，一般发病田土中的菌核数达 5 万～10 万粒/667 m²，重病田可达 60 万～80 万粒/667 m²，少数高达 100 万粒/667 m² 以上。菌核的生活力极强，可在土壤等环境中存活很长时间，如土表或土表下 1～3 cm 土层的越冬菌核存活率 87.8％以上，室内干燥条件下保存 8～20 个月的菌核萌发率达 80％，保存 11 年的"浪渣"菌核，萌发率仍有 27.5%。

春耕灌水后,越冬菌核飘浮于水面,插秧后浮在水面上的菌核就附着在稻丛基部的叶鞘上。在适温、高湿条件下,萌发产生菌丝,在稻株叶鞘上延伸并从叶鞘缝隙处进入叶鞘内侧,先形成附着胞,通过气孔或直接穿破表皮侵入。潜育期少则 1～3 d,多则 3～5 d。病菌侵入稻株后,在叶鞘组织内不断扩展蔓延,并向外长出气生菌丝,气生菌丝在病部组织附近往外蔓延,并通过接触攀缘侵入附近稻株,进行再次侵染。病部形成的菌核脱落后,可随水漂附在稻株基部,萌发产生菌丝,也能引起再侵染。在南方稻区,早稻上发病产生的菌核可作为晚稻的初侵染源。灌溉水是田间菌核传播的动力,密植的稻丛是菌丝体再侵染的必要条件。一般在分蘖盛期至孕穗初期,如条件适宜此病在株间或丛间不断地横向扩展(称水平扩展),以孕穗期最快,导致病株率或病丛率的增加。其后,植株病部由下位叶鞘向上位叶鞘蔓延扩展(称垂直扩展),以抽穗期至乳熟期最快。条件适宜时,病菌上升一个叶位约需 2～5 d,到抽穗前后 10 d 左右达高峰期。

4. 发病条件

纹枯病的发生和危害受菌核数量、水肥管理、种植密度、气象条件及品种抗病性等因素的影响,其中水肥管理的影响最大。

(1)菌核基数

田间菌核残留数量与稻田初期发病的轻重有密切的关系。若上年或上季发病重的田块,田间遗留的菌核数量多,下年或下季的初次侵染源就多,发病就重。菌核数量与发病初期的病情指数成直线关系,但此后病情的继续发展,则主要受稻田小气候及水稻抗性的影响。

(2)水肥管理

水肥管理直接影响病菌生长和稻株抗病性,从而影响纹枯病的发生和危害。长期深水灌溉,稻丛间湿度大,有利于病菌生长发育和病害发展,而且造成土壤通气不良,影响根系发育和吸收能力,降低水稻抗性。相对湿度在 95%～100% 时,病害发展迅速;86% 以下时病害发展缓慢。水分管理也是控制无效分蘖的一项措施,湿润灌溉和适时晒田,可降低田间湿度,抑制菌核萌发和菌丝生长,促进水稻根系发育,提高植株抗病力,达到抑制和减轻危害的目的。施肥对纹枯病的影响,一方面是影响水稻植株的抗病性,另一方面是影响田间的小气候。偏施、迟施氮肥,使稻株贪青徒长,组织柔软,降低稻株的抗病力,不仅有利于病菌侵入,而且易引起倒伏,致使病害发生更重;同时氮肥过多,无效分蘖增多,田间生长过于茂密,通气透光性差,田间湿度加大,有利于病菌的繁殖和侵染,病害就严重。一般来说,施足基肥,早施追肥,增施钾、磷肥,能增强稻株叶鞘和茎秆硬度,提高稻株抗病力,减轻纹枯病的发生与危害。

(3)种植密度

种植苗数多、密度高时,株间湿度高,而且光照差,稻株光合效能低,不利于积累碳水化合物;抗病能力差,有利于病菌生长蔓延和侵染,发病重。因此,在保证有效穗的基础上适当调整种植密度,可以减轻纹枯病的发生。

(4)气象条件

纹枯病属高温高湿型病害,温、湿度综合地影响纹枯病的发生发展。在适宜温度范围内,湿度就是纹枯病发生流行的主导因素,湿度越大,发病越重。田间小气候当相对湿度达 80% 时,病害受到抑制;71% 以下时病害停止发展。决定水稻纹枯病流行的关键因素是雨湿,其中以降雨量、雨日、湿度(雾、露)为最重要。阴雨天多或时晴时雨,有利于病害的发生。长江中、下游稻区,常年雨量多集中在春、夏季,早稻纹枯病发病较重。晚稻在秋雨多、寒露风较不明显的年份,发病亦重。一般来说,水稻生长前期雨日多、湿度大、气温偏低,病情扩展缓慢,中后期湿度大、气温高,病情扩展迅速。因此,纹枯病的发病高峰期总在抽穗前后。

（5）水稻抗病性及生育期

目前未发现对纹枯病免疫的水稻品种,但水稻品种对纹枯病的抗病性存在一定差异。现有的水稻品种多为感病或中感,少数中抗。一般矮秆阔叶型品种比高秆窄叶型品种发病重,粳稻比籼稻感病,糯稻最感病,杂交稻比常规品种病重,生育期较短的品种比生育期长而迟熟的品种发病重,植株矮、分蘖能力强的发病重。水稻植株蜡质层厚,有利于抑制病菌的生长或侵入机构的形成,发病较轻;水稻品种体内细胞硅化程度高,抗病性相应增强,不利发病。水稻生育期和组织的老嫩与发病也有一定关系。一般 2～3 周龄的叶鞘和叶片耐病,抽穗后上部叶鞘叶片较下部叶鞘叶片感病,水稻孕穗、抽穗期较幼苗及分蘖期感病。因为稻株在孕穗和抽穗期,新根数量少,根系活力降低,上部叶鞘叶片中的有机物主要运向籽粒部分,抗病力弱;这个时期叶片面积最大,田间湿度大,加上叶鞘与茎秆之间相对松散,有利于病菌的生长与侵入。

5. 防治

选用中抗以上品种,压低菌源基数,加强栽培管理,适时施药是防治纹枯病的主要措施。

（1）种植抗病品种

尽管目前无高抗品种,但品种间抗性存在差异,在病情特别严重的地区尽可能种植一些中抗或者耐病品种。

（2）清除菌源

在秧田或本田翻耕灌水时,大多数菌核浮在水面,混杂在"浪渣"内,被风吹集到田角和田边,捞起烧毁或深埋。不直接用病稻草和未腐熟的病草还田,铲除田边杂草,可有效减少菌源,减轻前期发病。

（3）合理密植

在确保基本苗的情况下,适当放宽行距,改善稻田群体通透性,降低田间湿度,减轻病害危害。早熟品种可以适当密植一点。

（4）加强水肥管理

根据水稻生育期、天气、稻田水位、土壤性质等情况,合理排灌,以水控病,避免长期深灌,做到浅水发根、薄水养胎、湿润长穗,其中尤以分蘖末期至拔节前进行适时搁（晒）田、后期干干湿湿的排灌管理,降低株间湿度,促进稻株健壮生长,对控制纹枯病的危害效果显著。施肥原则是前重、中控、后补,即施足基肥,追肥早施,不可偏施氮肥;氮、磷、钾要配合施用,增施磷钾肥,使水稻前期不披叶,中期不徒长,后期不贪青;做到农家肥与化肥、长效肥与速效肥相结合,切忌偏施氮肥和中、后期大量施用氮肥。连作早稻田宜前重、中轻、后补,单季晚稻田应两头重、中间轻,连作晚稻田则应基肥足、追肥早。

（5）药剂防治

根据病情发展情况,及时施药,控制病害扩展;过迟或过早施药,防治效果不理想。一般在水稻分蘖末期丛发病率达 5% 或拔节至孕穗期丛发病率为 10%～15% 的田块,需要用药防治。分蘖末期用药在于抑制病菌菌丝生长,控制病害水平扩展;孕穗期至抽穗期用药在于抑制菌核的形成和控制病害垂直扩展,保护稻株顶部功能叶。常用药剂（每 667 m² 用量）及用法如下:5% 井冈霉素 100 mL、50%甲基硫菌灵或 50% 多菌灵可湿性粉剂 100 g、30% 纹枯利可湿性粉剂 50～75 g、50% 甲基立枯灵(利克菌)、33% 纹霉净可湿性粉剂 200 g、30% 噻呋戊唑醇悬浮剂 20 g、24% 井冈咪鲜胺粉剂 40 g 或 16% 井冈霉素 A 粉 60 g,或 30% 苯甲·丙环唑悬浮剂 40 mL,或 24% 噻呋酰胺悬浮剂 20 mL,或 75% 肟菌·戊唑醇 15 g;或 75% 嘧菌·戊唑醇水分散性粒剂 15 g;或 19% 啶氧·丙环唑悬浮剂 50～70 mL,兑水50～60 kg,针对稻株中下部喷雾施药。如病情严重时,可间隔 10～15 d 再施药。这样可以防止纹枯病的横向和纵向扩展蔓延,减轻危害。

（三）稻曲病

稻曲病（rice false smut）,又称假黑穗病、绿黑穗病、青粉病、谷花病等,我国早在《本草纲目》中就有记述。稻曲病分布广泛,亚洲、非洲、南美洲、欧洲各地的水稻主产区均有发生,其中中国、日本、菲律宾等国稻区发生比较严重。我国各稻区普遍发生,华南、华中和华东稻区发生较重,华北、东北和云南稻区有发生,且局部地区危害重,尤以浙江、江苏、福建、广东、广西、湖南、湖北等省(区)稻区危害严重。近年来,我国长江中下游稻区发生严重,危害较大。一般危害水稻穗部,穗发病率为 4％～6％,严重时达 50％以上;粒发病率为 0.2％～0.4％,高的可达 5％以上。稻曲病不仅危害水稻,使秕谷率、青米率、碎米率增加,而且发病后形成的稻曲球含有对人畜有害的毒素,当稻谷中含有 0.5％病粒时即能引起人畜中毒症状,严重中毒时危及生命。

1. 症状

稻曲病仅在穗部发病,主要在水稻开花以后至乳熟期的穗部发生,且大多分布在稻穗的中下部。一般在田边零星发生,或仅发生于单个谷穗,很少有几个稻谷共同发病的。病菌在水稻受精前侵入,颖片不表现明显的侵染症状;如在受精后侵入,可形成典型的绿色、被绒毛的稻曲球。病菌侵入初期局限在颖片内,并在颖壳内形成菌丝块。菌丝块逐渐增大,颖壳合缝处微开,露出淡黄色块状的孢子座。孢子座逐渐膨大,最后包裹颖壳,形成比健粒大 3～4 倍、表面光滑的近球形体,黄色并有薄膜包被,随子实体生长,薄膜破裂,转为黄绿或墨绿色粉状物(厚垣孢子),直径约 1 cm。病粒中心为菌丝组织密集构成的白色肉质块,外围为产生厚垣孢子的菌丝层,外层最早成熟,呈墨绿色或橄榄色;第二层为橙黄色;第三层为黄色。

2. 病原物

病原物有性态为稻麦角 *Villosiclava virens*(Nakata)E. Tanaka & C. Tanaka(异名 *Claviceps oryzae-sativae* Hashioka),属子囊菌门麦角菌属;无性态为稻绿核菌 *Ustilaginoidea virens*(Cooke)Takahashi,属半知菌类真菌。

(1)形态

病粒上形成的橄榄色或墨绿色稻曲球即为病菌的孢子座,孢子座形成于放射性菌丝的小梗上,内含厚垣孢子。厚垣孢子,墨绿色,球形或椭圆形,表面有疣状突起。厚垣孢子萌发产生芽管,芽管形成隔膜并分化为分生孢子梗,尖端产生分生孢子。分生孢子呈椭圆形或倒鸭梨形,较小。分生孢子散发后,在孢子座上很容易看到菌核。菌核扁平,质地较硬,长椭圆形,初为白色,老熟后黑褐色,大小不一。通常一个病粒形成 1～5 粒菌核,以 2 粒着生于病谷两侧包住谷颖最常见,成熟时易脱落。菌核萌发时形成一至数个柄头状子座。子座有一长约 1 cm 的柄和一球形或帽状的顶部,子座增大,变为黄绿色的球表瘤状突起。在 6～8 个子座中,一般只有 3～5 个能形成带有子囊壳的成熟子座。子囊壳球形,顶端有一个半球形附属物,埋生于子座顶部表层,具孔口,外露。子囊壳含几百个无色、圆柱形子囊,内含 8 个单胞、无色、丝状的子囊孢子(图 6-3)。

(2)生理

菌丝生长最适温度为 28～30℃,低于 13℃或高于 35℃时生长减慢;菌丝体在 pH 3.5～8.5 时能生长,最适 pH 6.5～7.5。厚垣孢子在 3～4℃干燥条件下可存活 8～14 个月,但在 28℃以上高温高湿条件下,2 个月便丧失萌发力。黄色厚垣孢子比黑色厚垣孢子萌发好。厚垣孢子萌发温度范围为12～36℃,适温 25～28℃;萌发 pH 2.8～9.0,最适 pH 5～7;萌发需要水滴;1％～2％葡萄糖、蔗糖、果糖、甘露糖、麦芽糖等有利于厚垣孢子萌发,并可促进分生孢子的产生。菌核萌发产生子座最适温度为 26～28℃。病菌能产生毒素,即稻曲菌素 A、B、C、D、E、F,它们对水稻胚芽有明显抑制作用。

(3)寄主

除危害水稻外,稻曲病菌还可以侵染玉米、野稻和马唐属的一些杂草,成为病菌的中间寄主。杂草上的稻曲病菌可以成为水稻的初侵染源。

3. 病害循环

病菌以厚垣孢子附着在种子表面和落入田间越冬,也可以菌核在土壤中越冬。第二年 7～8 月间开始抽生子座,上着生子囊壳,其中产生大量子囊孢子;厚垣孢子也可在病害的谷粒内及健谷颖壳上越冬,条件适宜时萌发产生分生孢子。子囊孢子和分生孢子借气流、雨水传播,侵害花器和幼颖,引起初侵染。厚垣孢子在再侵染中起决定作用。在南方稻区则以早稻上的厚垣孢子为再侵染源危害晚稻,或早抽穗的水稻上的厚垣孢子可能成为迟抽穗水稻的侵染源。土壤中菌核厚垣孢子借灌溉传播,带菌种子的调运是主要的远距离传播方式。

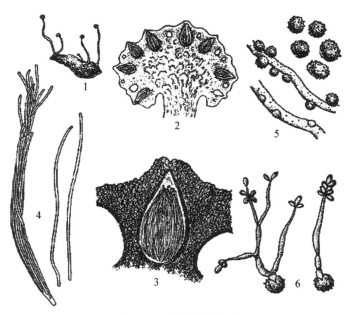

图 6-3 水稻稻曲病菌

1.菌核萌发出子座 2.子座顶部纵剖面 3.子座内子囊壳纵剖面
4.子囊及子囊孢子 5.着生在菌丝上的厚垣孢子 6.厚垣孢子的萌发

4.发病条件

(1)气候条件

气候条件是影响稻曲病菌发育和侵染的重要因素,稻曲病的发生与水稻孕穗期至抽穗扬花期的温度、湿度、降雨和光照等密切相关,其中温度和降雨对病害影响最大。气温 24~32℃病菌发育良好,最适 26~28℃,低于 12℃或高于 36℃时不能生长。稻曲病菌的子囊孢子和分生孢子主要借风雨传播并侵入花器,因此雨水是影响稻曲病菌发育和侵染的一个重要气候因素。在水稻抽穗扬花期雨日且雨量偏多,田间湿度大,日照少时一般发病较重,特别是抽穗扬花期遇雨及低温时,则发病加重。

(2)水稻品种

不同水稻品种间的抗性存在较明显差异。矮秆、叶片宽、角度小、枝梗数多的密穗型品种较感病,反之则较抗病;抗病性一般表现为早熟>中熟>晚熟,糯稻>籼稻>粳稻;耐肥抗倒伏和适宜密植的品种,有利于稻曲病的发生。不同熟期的品种感病率不同,抽穗早的品种发病较轻。此外,颖壳表面粗糙无茸毛的品种发病重。

(3)栽培管理

高密度的田块发病重于低密度的田块。灌水过深,排水不良,有利于发病。施氮过量或穗肥过重会加重病害发生,特别是花期、穗期追肥过多的田块发病较重。合理搭配施用氮、磷、钾,可明显减轻发病。一般连作地块发病重。

5.防治

稻曲病的防治应以选用抗病品种、加强栽培管理为主,以化学防治为辅的综合措施。

（1）选用抗病品种

水稻不同类型和同一水稻类型不同品种对稻曲病的抗感病性存在明显差异，因此选用抗病品种是防治稻曲病最经济有效的方法，因地制宜地选用抗病和较抗病品种，逐步淘汰感病品种。

（2）减少初侵染源和种子处理

建立无病留种田，避免在发病田繁殖或制种。选用不带病种子，播种前进行种子消毒。种子消毒可用2%～3%石灰水或50%多菌灵500倍液或500倍液强氯精浸种12 h，或15%三唑酮可湿性粉剂1000倍液浸种24～48 h。一般早稻浸72 h，晚稻48 h，可直接催芽播种。

（3）加强栽培管理

合理密植，适时移栽或适当提前播种，使抽穗期避开适宜发病的天气条件。在施肥上应施足基肥，早施追肥，合理使用氮、磷、钾肥，增强稻株抗病能力，切忌迟施、偏施氮肥。在水的管理上宜干干湿湿灌溉，适时适度晒田，增强稻株根系活力，降低田间湿度，提高水稻的抗病性。

（4）药剂防治

老病区或杂交稻区，如水稻抽穗扬花时遇到雨日多、湿度大的天气，应在破口期前5～7 d第1次药一周后再施1次。主要药剂与用量如下：5%井冈霉素水剂200 mL、18%纹曲清（井冈霉素＋烯唑醇）、络氨铜、30%苯甲·丙环唑悬浮剂40 mL、75%肟菌·戊唑醇水分散性粒剂15 g、19%啶氧·丙环唑悬浮剂50～70 mL、苯甲·嘧菌酯悬浮剂30～50 mL，或43%戊唑醇悬浮剂10～15 mL，喷雾施药，但应注意在穗期用药对稻穗的安全性。

（四）恶苗病

恶苗病（rice bakanae disease），又称徒长病，是危害水稻地上部的一种系统性病害，广泛分布于世界各稻区。我国各稻区均有发生，以广东、广西、湖南、江西、浙江、江苏、安徽等稻区发生较为严重。近年来，我国各稻区发病有所回升，个别地区发病严重。发病后一般减产5%～20%，发病严重时减产50%以上。

1. 症状

恶苗病从水稻苗期到抽穗期均可发病。病种播种后一般不能正常发芽或出土。苗期发病，病苗茎叶纤弱细长，淡黄绿色，比健苗高出很多，根系发育不良，部分在移栽前死亡。在枯死苗上有淡红或白色霉粉状物，即病原菌的分生孢子。移栽本田后一个月内病株陆续出现，病株拔节提早，节间伸长，节部常有弯曲露于叶鞘外，节位上的叶鞘里或外有许多倒生的不定根，分蘖少或不分蘖。剥开叶鞘，茎秆上有暗褐条斑，剖开病茎可见白色蛛丝状菌丝。发病的植株抽穗较早，穗子较小，并且谷粒少，或成为不实粒。抽穗期谷粒也可受害，严重的变褐，不能结实，病轻不表现症状，但内部已有菌丝潜伏。湿度大时，病部或枯死病株表面前期产生粉红色霉状物，为病菌无性态的分生孢子梗与分生孢子；后期产生蓝黑色针头般小粒，为病菌有性态的子囊壳。

2. 病原物

病原物无性态为串珠镰孢 *Fusarium moniliforme* Sheld.，属半知菌类镰刀菌属真菌；有性态为藤仓赤霉 *Gibberella fujikurio*（Saw.）Wollenw，属子囊菌门赤霉菌属真菌。分生孢子有大小两型。大型分生孢子纺锤形或镰刀形，顶端较钝或粗细均匀，具3～5个隔膜，(17～28) μm×(2.5～4.5) μm，多数孢子聚集时呈淡红色，干燥时呈粉红或白色；小型分生孢子卵形或扁椭圆形，无色单胞，链状着生，(4～6) μm×(2～5) μm。子囊壳球形，蓝黑色，表面粗糙，内含子囊；子囊长椭圆形，基部细而上部圆，内生子囊孢子4～8个，排成1～2行；子囊孢子双胞，无色，长椭圆形，分隔处稍缢缩，(5.5～11.5) μm×(2.5～4.5) μm（图6-4）。

发育适温为25～30℃，侵染适温为35℃，以31℃时诱发稻株徒长最显著。病菌可产生赤霉素和

镰刀菌酸等代谢物,前者刺激稻株徒长,后者抑制稻株生长。病菌存在生理分化现象,按寄主植物反应,分为徒长、矮化和症状不显 3 种类型,但以前者居多。除侵染水稻外,病菌还可侵染玉米、甘蔗等多种作物,引起徒长。

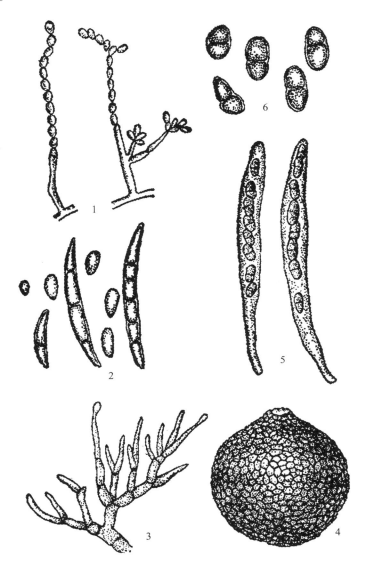

图 6－4　水稻恶苗病菌
1.小型分生孢子梗及小型分生孢子　2.大、小型分生孢子　3.大型分生孢子梗
4.子囊壳　5.子囊及子囊孢子　6.子囊孢子

3. 病害循环与发病条件

病菌以菌丝体和分生孢子在种子和病稻秆上越夏、越冬,带菌种子和病稻秆是主要的初侵染源。育苗期秧苗发病,主要是病种子带菌引起的;移栽本田后发病,则主要是带病秧苗在适宜条件下显症的结果或者由再次侵染引起的。浸种时带菌种子上的分生孢子污染无病种子而传染,病株很快枯死,产生的分生孢子成为再侵染源,借气流传播,在健株抽穗开花时,从花器侵入致病,造成秕谷或畸形,在颖片合缝处产生淡红色粉霉。病菌侵入晚,谷粒虽不显症状,病粒外观与健粒无异,但菌丝已侵入内部,而成为带菌种子。脱粒时与病种子混收,病菌也可以黏附在健康谷粒上成为带菌种子。一般籼

稻较粳稻发病重,糯稻发病轻,晚播发病重于早稻。土温 30～50℃时易发病,高温加上干旱会促进发病,伤口有利于病菌侵入;旱育秧较水育秧发病重;增施氮肥刺激病害发展,施用未腐熟有机肥发病重。

4. 防治

恶苗病的防治重点应放在种子处理上,并加强栽培管理措施。

（1）选用无病种子

建立无病留种田,选用无病种子留种。

（2）严格执行种子消毒

可选用 35％恶苗灵 200 倍液、45％三唑酮福美双可湿性粉剂 300～600 倍液、25％施保克乳油200～300 倍液、强氯精 500～1000 倍液,25％氰烯菌酯悬浮剂 2000～3000 倍液,4.23％甲霜·种菌唑微乳剂浸种（早稻和晚稻各 48 h、24 h）,水洗后催芽播种;或 4.23％甲霜·种菌唑微乳剂拌种,晾干再播种。

（3）加强栽培管理

选栽抗病品种,避免种植感病品种。拔秧要尽可能避免损根,做到"不插隔夜秧、不插老龄秧、不插深泥秧、不插烈日秧、不插冷水浸的秧"。发现病株应及时拔掉并销毁,防止扩大侵染。妥善处理病稻草,清除病残体,病稻草不能堆放在田边地头或作种子催芽的覆盖物,也不能在收获后作燃料或沤制堆肥。

二、细菌病害

（一）白叶枯病

白叶枯病（rice bacterial leaf blight）是世界性的病害,以亚洲稻区发生最重,中国、日本、朝鲜、菲律宾、印度及其他东南亚国家均有发生。除新疆、甘肃外,我国其余各省（自治区、直辖市）均有发生,尤以华东、华中、华南稻区受害较重,其他稻区局部发生。白叶枯病主要引起叶片干枯,不实率增加,千粒重降低,严重时一般减产 10％～30％,甚至达 50％以上。

1. 症状

水稻整个生育期均可受害,苗期、分蘖期受害最重,叶片最易染病。其危害症状因水稻品种抗病性、环境条件等影响有较大差异,常见类型有:

（1）普遍型症状

普通型白叶枯病主要危害叶片,严重时也危害叶鞘。由于病菌多从水孔侵入,因此病害大多从叶尖或叶缘开始。先出现黄绿色或暗绿色斑点,扩大成短条斑,沿叶缘或中脉向下延伸,形成波纹状的黄绿或灰绿色病斑,然后可达叶片基部和整个叶片,最后呈枯白色,病斑边缘界限明显。发病过程中,因水稻类型、品种反应不同,病斑形状、色泽也有所不同。一般抗病品种上病斑边缘呈不规则波纹状,感病品种上病斑灰绿色,内卷青枯状,多表现在叶片上部。病害后期,籼稻上的病斑多呈黄色或黄绿色,粳稻上则为灰绿至灰白色。有时病菌从中脉伤口侵入,沿中脉蔓延呈淡黄色,形成中脉型病斑,病叶最后纵折枯死。高温、高湿时,特别在雨后、傍晚或清晨有露水时,病叶叶缘上分泌出蜜黄色的水珠状菌脓,干燥后变硬,容易脱落。在老病斑上不常见,但有时在已感染但未显症的病叶上亦有菌脓产生。

（2）急性型症状

急性型白叶枯病主要在多肥栽培,感病品种或温、湿度适宜（如连续阴雨、高温闷热）的情况下发生。病叶产生暗绿色病斑,迅速扩展使叶变灰绿色,如沸水烫状,因迅速失水而向内卷曲呈青枯状,以

上部叶片较多见。病部也有珠状溢脓。急性型症状的出现,表示病害正在急剧发展。

（3）凋萎型症状

凋萎型白叶枯病又称枯心型白叶枯病,多发生于苗期至分蘖期,一般在杂交稻及高感品种移栽后1～4周内稻株分蘖期显症,主要特征为"失水、青枯、卷曲、凋萎"。病菌从根系或茎基部伤口侵入维管束时易发病,主茎或2个以上分蘖同时发病。病株最明显的症状是心叶或心叶下1～2叶片失水,并以主脉为中心,从叶缘向内紧卷,最后枯死。病重时,可使主茎及分蘖的茎叶相继凋萎,引起缺兜或死丛现象。枯心叶的叶面有大量黄色珠状菌脓,叶鞘下部的白色部分有水渍状条斑,充满黄色菌脓,病株茎基部也充满黄色菌脓,但并无异味。

此外,褐斑或褐变型症状多见于抗病品种上。病菌通过伤口侵入,因气候条件不宜,病斑外围出现褐色坏死反应带,发病停滞。黄化型症状不多见,一般病株新出叶均匀褪黄,呈黄色或黄绿色宽条斑,后发展为枯黄斑,但较老叶片绿色正常,以后病株生长受抑制。病叶上一般检查不到病原细菌。

2. 病原物

病原物为稻生黄单胞菌白叶枯致病型 *Xanthomonas oryzae* pv. *oryzae*（Uyeda & Ishiyama）Swings,属普罗特斯菌门黄单胞杆菌科黄单胞杆菌属细菌。

（1）形态与生理特征

病菌菌体短杆状,两端钝圆,(1.0～2.7) μm×(0.5～1.0) μm,单生;单鞭毛,极生或亚极生,能游动;鞭毛长6～8 μm,直径30 nm;无芽孢和荚膜,菌体外具黏质的胞外多糖包围;菌落为蜜黄色或淡黄色,圆形,周边整齐,质地均匀,表面隆起,光滑发亮,无荧光,有黏性;革兰氏染色阴性,在人工培养基上病菌菌落蜜黄色,产生非水溶性的黄色素,好气性,呼吸型代谢,不液化或轻微液化明胶;能使石蕊牛乳变红,但不凝固;不还原硝酸盐,产生氨和硫化氢,不产生吲哚,可分解蔗糖、葡萄糖、果糖、木糖和乳糖等而产生酸,但不产生气体;在含3%葡萄糖或20 mg/kg青霉素的培养基上不能生长;病菌生长温度5～40℃,最适26～30℃,致死温度在无胶膜保护下为53℃,10 min,在有胶膜保护下为57℃,10 min,最适pH 6.5～7.0。

（2）寄主范围与致病性分化

根据与水稻鉴别品种的不同互作反应,白叶枯病菌菌株存在致病性分化现象。采用金刚30、特特勃、南粳15、Jawal4、IR26等鉴别品种,将我国的白叶枯病菌分成7个小种（或致病型）,不同菌株与鉴别品种间的互作具有特异性,而且不同稻区的白叶枯病菌群体组成也有差异。病菌小种的分布范围和流行种群有一定的地理特点,如华南稻区以籼稻为主,品种抗性基因多,白叶枯病菌群体也复杂,但以Ⅳ小种为主要优势小种;北方粳稻区,以Ⅰ、Ⅱ号小种为优势小种;长江中下游稻区,籼粳稻品种混栽,白叶枯病菌群体组成相对复杂,以Ⅱ、Ⅳ号为优势小种。

自然条件下,病菌主要侵染栽培稻,此外野生稻、李氏禾、茭白、莎草、异型莎草等植物也可发病。人工接种时,还可侵染千金子、虮子草等。

3. 病害循环

病菌主要在病种子、病稻草上越冬,其次在杂草上存活越冬。老病区以病稻草传病为主,新病区则以病种子传病为主。干燥条件下,病菌在种子中可存活半年以上,病种在次年播种时有传病的作用。病菌在病稻草中可以越冬存活,未沤烂稻病草中的细菌,可引起发病。在南方温暖地区,受病菌侵染的越冬再生稻和杂草也可成为初侵染源。因此,带菌谷种和有病稻草是白叶枯病的主要初侵染源,李氏禾等田边杂草也能传病。病菌借风雨、水流、人及昆虫活动等进行近距离传播;远距离传播则通过种子调运进行。

细菌在种子、病稻草、病株内越冬,由叶片水孔、伤口侵入,病菌由水孔通过疏水组织到达维管束或直接从叶片伤口进入维管束后,在导管内大量增殖,一般引起典型的症状,形成中心病株。当病菌从茎基或根都的伤口侵入时,可通过在维管束中的增殖而扩展到其他部位,引起系统性侵染,使稻株呈现凋萎型症状。从叶片或芽鞘侵入的病菌有时也可引起系统性侵染,从维管束扩展到茎基部,引起凋萎型症状。病菌在病株的维管束中大量繁殖后引起症状,并从叶面或水孔溢出大量黄色球状菌脓,借风雨、露水、灌水、昆虫、人为等因素进行近距离传播,然后再侵染。在一个生长季节中,只要环境条件适宜,再侵染就会不断发生,使病害传播蔓延,以至流行。

4. 发病条件

（1）品种抗病性

水稻类型和品种的抗病性差异很大,籼稻抗病性最弱,粳稻较强,糯稻最抗病。水稻苗期和成株期的抗病性存在差异,一类从苗期到穗期都有抗性;另一类苗期无抗病性,10叶期以后才表现抗病性。一般中稻发病重于晚稻,矮秆阔叶品种重于高秆窄叶品种,不耐肥品种重于耐肥品种。水稻不同生育期抗病性也有差异,有的全生育期表现抗病,但一般分蘖期前较少发病,幼穗分化期和孕期最感病。水稻植株形态和生理生化特性也与抗病性有关。一般株型紧凑,叶片较窄挺直,张开角度小,叶面茸毛多的品种较抗病。植株体内酚类物质和糖含量高,较抗病,过氧化物酶、苯丙氨酸解氨酶等酶活性高的品种较抗病。

水稻品种对白叶枯病的抗病性由不同的抗病基因控制。这些抗病基因大多为显性基因,也有隐性基因;有单基因也有多基因,有主效基因也有微效基因,有独立遗传也有互补或连锁遗传。目前,已鉴定到44个抗病基因,其中26个为显性基因Xa,其他为隐性基因xa;抗病基因间存在互补、重叠、上位性和抑制等互作关系。已经定位26个抗病基因,克隆鉴定$Xa1$、$xa5$、$xa13$、$Xa21$、$Xa23$、$Xa26$、$Xa27$等10多个抗病基因。在这些抗病基因中,$Xa3$、$Xa4$、$xa5$、$Xa7$、$xa13$、$Xa21$、$Xa22$和$Xa23$对我国的白叶枯病菌均具有广谱抗性。

（2）气候因素

高温高湿、多露、台风、暴雨是白叶枯病发生和流行的条件,病害流行的最适温度为26～30℃,20℃以下或33℃以上病害就停止发生发展。气温主要影响潜育期的长短,如在22℃时潜育期为13 d,24℃时为8 d,26～30℃时只有3 d。早稻秧苗期感病后不易表现症状,晚稻抽穗后病情扩展慢,都与低温（20℃以下）影响有关。在温度适宜的条件下,湿度、多雨和日照不足等有利发病,特别是台风、暴雨或洪涝有利于病菌的传播和侵入,极易引起病害暴发流行。气温偏低（20～22℃）时,如遇高湿,也可能引起病害流行;而气候干燥、相对湿度低于80%时,不利于病害的发生和蔓延。我国南方稻区一般在5—7月上旬和9—10月,气温均适于发病,所以雨湿便成为影响流行的主要气候因素。

（3）栽培管理

肥水管理对白叶枯病的发生及流行影响最大。合理施肥发病轻。氮肥施用过多或过迟,绿肥压青量过多,使稻株生长过于茂密,株间通风透光度减弱,湿度增加,有利于发病。过度缺乏磷钾肥后,即使增施磷钾肥,也不能收到减轻病害的效果。深水灌溉或稻株受水淹涝,有利于病菌的传播和侵入,发病重。病菌借灌溉水、风雨传播距离较远,低洼积水、排水不良、雨涝以及漫灌可引起连片发病。合理排灌、适时适度露田、晒田,可促进水稻生长发育,提高抗病力,控制田间小气候,从而不利于病菌的传播和侵入,减轻发病率。

5. 防治

培育和推广抗病品种是防治白叶枯病的主要措施。种子消毒、培育无病壮苗、进行合理科学的肥水管理、抓住关键时期进行药剂防治,可有效控制白叶枯病的发生危害。

（1）选育和推广抗病品种

根据育种和种子部门的意见,选用适合当地的2～3个主栽抗病品种,发生过白叶枯病的田块和低洼易涝田都要种植抗病品种。

（2）消灭菌源

进行种子消毒和妥善处理病草。种子消毒可选用 20％噻唑锌悬浮剂（碧生）200 倍液；或 20％噻枯唑可湿性粉剂 500～600 倍液、85％强氯精 300～500 倍液、50％代森铵水剂 500 倍液或 80％抗菌剂402 乳油 2000 倍液等浸种，早稻浸种 24～48 h，晚稻浸种 12～24 h，具体操作应根据所选药剂说明进行，浸种后洗净再催芽播种。及时、妥善处理田间病草和晒场秕谷、稻草残体，清除田边再生稻株或杂草，不用病草扎秧、覆盖、铺垫道路、堵塞稻田水口等。

（3）加强农业栽培措施

选好秧田位置，培育无病壮秧，严防秧田受涝，在"三叶一心"期和移栽前施药预防。健全排灌系统，实行排灌分家，浅水勤灌，雨后及时排水，分蘖期排水晒田，不准串灌、漫灌和严防涝害。根据叶色变化科学用肥，配方施肥，施足基肥，多施磷钾肥，不要过量、过迟追施氮肥，使禾苗壮而不过旺、绿而不贪青。

（4）药剂防治

发现中心病株后，及时施药挑治，封锁发病中心，控制病害于点发阶段。台风、暴雨后应加强病情监测检查。主要药剂与用量如下：20％噻唑锌悬浮剂（碧生）160～200 g；或 40％噻唑锌悬浮剂（碧火）80～100 g；或 40％春雷·噻唑锌悬浮剂（碧锐）80～100 g；或、克菌壮可溶性原粉 1100～1600 倍液、77％可杀得悬浮剂 600～800 倍液、20％喹菌酮 1000～1500 倍液、20％噻菌铜悬浮剂 2000 倍液、35％克壮·叶唑可湿性粉剂 1500 倍液、20％噻森铜悬浮剂 2500 倍液或 50％氯溴异氰尿酸可湿性粉剂2000～3000 倍液，每 667 m² 喷雾 50～60 kg。一般 5～7 d 施药 1 次，连续 2～3 次。

（二）细菌性条斑病

细菌性条斑病（rice bacterial leaf streak），简称细条病，是水稻生产中的一个重要细菌性病害，是国内检疫对象。在东南亚各国和非洲中部都有发生，我国主要分布在南方稻区。20 世纪 50—60 年代，曾在海南、广东、广西、四川、浙江等地稻区发生。80 年代以来，由于杂交稻的推广应用和稻种南繁北调，细菌性条斑病逐渐向华中、西南和华东稻区蔓延。近十多年来，细菌性条斑病已上升为一种多发性的水稻主要病害。在水稻整个生育期均可发生，尤以孕穗期至抽穗始期发生危害最大，一般减产5％～25％，严重的减产 40％～50％。

1. 症状

细菌性条斑病主要危害水稻叶片。苗期即可出现典型的条斑型症状，初为深绿色水渍状半透明小点，很快在叶脉间扩展为暗绿至黄褐色的细条斑，两端呈浸润型绿色，常溢出大量串珠状黄色菌脓，干燥后呈胶状小粒。成株期发病时，感病品种上的病斑纵向扩展快，长达 4～6 cm，两端菌脓多，呈鱼子状，干燥后呈琥珀状附于病叶表面，不易脱落，严重时病斑相互连成大枯斑，整叶红褐色、枯死；抗病品种上病斑较短，小于 1 cm，且病斑少，菌脓也少，病重时叶片卷曲，田间呈现一片黄白色。本病与白叶枯病均为细菌性病害，但其诊断特点在于：病斑条状笔直，边缘平直，无波纹状；对光观察病斑呈半透明状；条斑上布满小珠状细菌液，黏着紧而不易脱落，而白叶枯病斑上菌溢不常见。

2. 病原物

病原物为稻生黄单胞菌条斑致病型 *Xanthomonas oryzae* pv. *oryzicola*（Fang et al.）Swings et al,属普罗斯特菌门黄单胞杆菌科黄单胞杆菌属细菌。

（1）形态与生理特征

细菌菌体杆状，1.2 µm×（0.3～0.5）µm，略小于白叶枯菌体；单生，少数成对，不形成芽孢和荚膜，具极生单鞭毛；革兰氏染色反应阴性，好气；在肉汁陈琼脂培养基上菌落圆形，周边整齐，中部稍隆起、蜜黄色。生理生化反应与白叶枯菌的不同之处在于：该菌能使明胶液化、牛乳胨化、阿拉伯糖产酸,对青霉素、葡萄糖反应钝感,生长适温 28～30℃,产生 3-羧基丁酮,以 L-丙氨酸为唯一碳源,在 0.2％无维生素酪蛋白水解物上生长,以及对 0.001％ $Cu(NO_3)_2$ 有抗性。

（2）寄主范围和致病性分化

细条病菌有明显的致病性分化,不同地区的病菌存在致病力差异。根据在 IR26、南粳 15、特特勃、南京 11 等品种上的致病型差异,可以将来自广东、江西、福建、海南、浙江等省的约 150 个菌株分为强、中、弱 3 个毒力型。细条病菌与水稻品种间的反应为弱互作关系,但部分菌株与个别品种间存在特异互作关系,因此认为存在不同的小种。细条病菌主要侵染水稻、陆稻、野生稻,也可侵染李氏禾等禾本科杂草。

3．病害循环和发病条件

病菌主要在病种子和病稻草上越冬,其次在李氏禾等杂草上越冬。稻种、病稻草、自生稻和杂草上的病菌,是次年的主要初侵染源。病菌主要通过灌溉水、雨水接触秧苗,从气孔和伤口侵入。田间病株病斑上溢出的菌脓,借风雨和水传播,进行再侵染,引起病害扩展蔓延。农事操作也可引起病害传播。借种子调运而作远距离传播。

病害的发生流行主要取决于水稻品种抗病性、气候条件和栽培措施等。目前未发现免疫品种,但水稻品种的抗病性有明显差异。一般常规稻较杂交稻抗病,粳、糯稻比籼稻抗病。水稻整个生育时期都可发生危害,但以分蘖期至抽穗期最易感染。叶片气孔密度较小、气孔开展度较低的品种抗病性较强。存在足够菌量和感病品种时,细条病的发生流行主要取决于温度和雨水等气候条件。一般温度 25～30℃、相对湿度 85％以上时有利于发病。发病的适宜温度为 30℃,高温高湿有利于病害发生,特别是台风暴雨的侵袭,造成叶片大量伤口,有利于病菌的侵入和传播,病害容易流行。长江下游地区一般 6 月中旬至 9 月中旬最易发病流行。细条病的发生与栽培措施,特别是与灌溉、施肥有密切关系。一般深灌、串灌、偏施和迟施氮肥,均有利于此病的发生与造成危害。

4．防治

细条病的防治必须从加强检疫、杜绝病菌传播入手,通过选用抗病品种、培育无病壮秧、加强肥水管理和适时用药等途径来控制病害的发生与流行。

（1）严格实行植物检疫

本病属国内植物检疫对象,应严格实行植物检疫。无病区不宜到病区调运稻种和繁种,以防传入;确需引种时必须严格实行产地检疫,封锁带病种子。病区应建立无病留种田,严格控制带菌种子外调,防止病种传播。病害偶发区,要封锁病区,种子、稻草不要外运。

（2）强化农业防病措施

①选用抗病品种:种植抗病品种是控制和扑灭细条病最经济有效的措施。病害发生区应因地制宜选育和换栽抗（耐）病品种。

②清除菌源:厉行种子消毒,具体参考白叶枯病种子消毒处理方法。及时处理带病稻草、田间病残体,不宜用带病稻草作浸种催芽覆盖物或扎秧把等。对零星发病的田块,应及时摘除病叶、病株并烧毁,减少菌源。

③培育无病壮秧:选用未发生细条病的田块作秧田,采用旱育秧或湿润育秧,严防淹苗,并做好秧苗科学施肥,使秧苗生长健壮。

④加强肥水管理:遵循"浅、薄、湿、晒"的原则进行科学排灌,避免深水灌溉和串灌、漫灌,防止涝害;暴风雨后迅速排除稻田积水,严控发病稻田田水串流,以免病菌蔓延。施肥要适时适量,氮、磷、钾搭配,多施腐熟有机肥,避免中期过量施用氮肥。

（3）药剂防治

根据品种或病情发展情况,感病品种和历史性病区应在暴风雨过后及时排水施药,其他稻田在发

病初期施药。无论是秧田还是本田都应在始病期前施药,把病害控制在初发阶段。发病中心应重点喷药。秧苗在3叶期时统一用药,保护苗期不受侵染。大田孕穗期间喷药1～2次,对抑制和扑灭病害有重要作用。主要药剂与使用方法,参考白叶枯病药剂防治方法。施药间隔期7 d左右,视病情发展决定施药次数。施药后如遇下雨,应及时补施。

三、病毒病害

病毒病遍布于世界各稻区,是水稻的重要病害。目前已经发现的水稻病毒病(包括类菌原体病)近20种,其中我国有十多种。我国常见的主要病毒病有普通矮缩病、条纹叶枯病、黄矮病、暂黄病毒病(又称黄矮病)、黑条矮缩病、南方黑条矮缩病、橙叶病等。我国稻区广阔,病毒病经常发生,有些年份或地区流行。自20世纪80年代以来,黑条矮缩病和条纹叶枯病发生加重,在个别稻区造成严重危害。2009年后,广东、广西、湖南、江西、海南、浙江、福建、湖北和安徽等稻区发生南方黑条矮缩病,发病面积和危害程度有所加大。水稻其他病毒病,在部分稻区发生危害,影响水稻生产。水稻病毒病的分布具有一定的地域性,发生危害具有"间歇性"的特点。大多数水稻病毒病由叶蝉、飞虱(灰飞虱、白背飞虱、白带飞虱)等介体昆虫以持久性飞虱传毒。发病后,水稻植株明显矮化,大多不能抽穗,对产量影响巨大。

(一)稻普通矮缩病

稻普通矮缩病(rice dwarf),又称矮缩病、普矮、青矮等。广泛分布于日本、菲律宾、朝鲜和我国长江流域和华南稻区,在福建、云南等省发生较普遍。

1. 症状

水稻苗期至分蘖期感病后,植株矮缩僵硬,色泽浓绿,分蘖增多,新叶沿叶脉呈现断续的褪绿白色点条,根系发育不良。病叶表现两类症状。白点型,叶片上或叶鞘上出现与叶脉平行的虚线状黄白色点条斑,基部最明显。发病叶以上的新叶都出现点条,但下部老叶一般不出现。扭曲型,在光照不足时,心叶抽出呈扭曲状,随心叶伸展,叶片边缘出现波状缺刻,色泽淡黄。孕穗期发病,多在剑叶叶片和叶鞘上出现白色点条,穗颈缩短,形成包颈或半包颈穗。水稻幼苗期受害,分蘖少,移栽后多枯死;分蘖前发病的不能抽穗;后期发病,病稻不能抽穗结实,或虽能抽穗,但结实不良。

2. 病原物

病原物是水稻普通矮缩病毒(rice dwarf virus,RDV),属植物呼肠弧病毒属成员。病毒粒体为球状正二十面体,等轴对称,直径约70 nm。病毒核酸为双链RNA,含量11%,具32个衣壳蛋白亚单位。病毒粒体大多在病叶褪绿部分白色斑点的叶部细胞内,呈近球形内含空胞的X体。病毒稀释限点为10^{-4};钝化温度为45℃,10 min;0～4℃下,体外存活期48 h,但病叶或带毒昆虫在-30～-35℃下保存1年,仍可具侵染性。寄主范围较广,除水稻外,还可侵染大麦、野生稻、黑麦和小麦及杂草等禾本科植物。

3. 病害循环和发病条件

稻普通矮缩病可由黑尾叶蝉、二条黑尾叶蝉和电光叶蝉传播,以黑尾叶蝉为主。带毒叶蝉能终生传毒,可经卵传播。病株上饲毒时间为1 min至1 d,持毒期为12～25 d,接毒时间为3～30 min。获毒后需经一段循回期才能传毒,20℃时17 d,29℃时12.4 d。水稻感病后经一段潜育期显症,气温22.6℃时11～24 d,28℃时6～13 d,苗期至分蘖期感病的潜育期短,以后随龄期增长而延长。病毒在带毒昆虫体内越冬,并随带毒叶蝉若虫在看麦娘、紫云英及其他杂草中越冬。越冬后的带毒若虫羽化后迁入早稻秧田及本田危害,是主要的初侵染源。早稻收割后,迁至晚稻上危害,晚稻收获后,迁至看麦娘、冬稻等38种禾本科植物上越冬。带毒虫量是影响该病发生的主要因子。水稻在秧苗期和返青分蘖期易感病。冬春暖、伏秋旱利于发病。稻苗嫩，虫源多发病重。

4. 防治

应采取以黑尾叶蝉迁移高峰期和水稻易感期药剂防治为中心，加强农业防治为基础的综合防治措施。

（1）选用抗（耐）病品种

种植抗病及抗媒介昆虫的品种，如抗病品种 IR880、汕优63、版纳2号、南洋密种等。

（2）加强栽培技术

要成片种植，防止叶蝉在早、晚稻和不同熟性品种上传毒；加强管理，促进稻苗早发，提高抗病能力；消灭看麦娘等杂草，压低越冬虫源。

（3）治虫防病

及时防治在稻田繁殖的第一代若虫，并要抓住黑尾叶蝉迁飞双季晚稻秧田和本田的高峰期，把虫源消灭在传毒之前。药剂防治参见叶蝉类。

（二）水稻条纹叶枯病

水稻条纹叶枯病（rice stripe disease），是由灰飞虱传播引起的东亚温带地区一种最严重的水稻病毒病害，广泛分布于日本、中国、韩国、俄罗斯和南美等国家和地区。1964年我国江苏、浙江一带最早发生该病。近年来，随着气候环境变化和种植结构调整，水稻条纹叶枯病发病规模有不断扩大的趋势。目前该病分布于我国辽宁、北京、云南、江苏、浙江、山东等16个省（自治区、直辖市），其中以江苏、云南等地最为严重。在一些水稻品种上，重病田块病株率30%以上，产量损失20%～30%。

1. 症状

苗期发病时，心叶基部出现褪绿黄白斑，后扩展成与叶脉平行的黄色条纹，条纹间仍保持绿色。不同品种表现不一，糯、粳稻和高秆籼稻心叶黄白、柔软、卷曲下垂、成枯心状。矮秆籼稻不呈枯心状，出现黄绿相间条纹，分蘖减少，病株提早枯死。病毒病引起的枯心苗与三化螟危害造成的枯心苗相似，但无蛀孔，无虫粪，不易拔起，有别于蝼蛄危害造成的枯心苗。分蘖期发病时则是先在心叶下一叶基部出现褪绿黄斑，后扩展形成不规则黄白色条斑，老叶不显病。籼稻品种不枯心，糯稻品种半数表现枯心。病株常枯孕穗或穗小、畸形不实。拔节后发病是在剑叶下部出现黄绿色条纹，各类型稻均不枯心，但抽穗畸形，结实很少。

2. 病原物

病原物是条纹叶枯病毒（rice stripe virus，RSV），为单链RNA病毒，属纤细病毒属。病毒粒子丝状，大小400 nm×8 nm，分散于细胞质、液泡和核内，或呈颗粒状、沙状等不定形集块，即内含体，似由许多丝状体纠缠而成团；病叶汁液稀释限点1000～10000倍，钝化温度为55℃，3 min；−20℃体外保毒期（病稻）8个月。RSV粒体由4种ssRNA和单一的外壳蛋白组成，全基因组序列长17096bp，目前4个不同的RNA组分的编码、表达策略及其功能已被阐明，其中RNA1采用负链编码策略，RNA2、RNA3和RNA4则采用双义编码策略，即RNA的毒义链（viral sequence，vRNA）和毒义互补链（viral complementary sequence）都存在阅读框，都可编码蛋白。病毒部分基因已经被克隆，如外壳蛋白（coat protein，CP）基因、病害特异性蛋白（disease-specific pro-tein，SP）基因等。和大部分病毒一样，RSV也有着广泛的变异，不同地区病株上的分离物在致病性、核苷酸序列等方面存在着一定的差异。病毒寄主范围较广，除水稻外，还可侵染玉米、小麦、大麦、燕麦、玉米、粟、黍、看麦娘、狗尾草等50多种植物。

3. 病害循环和发病条件

该病毒仅靠介体昆虫传染，其他途径不传病。介体昆虫主要为灰飞虱，一旦获毒可终身并经卵传

毒,至于白背飞虱在自然界虽可传毒,但作用不大。最短吸毒时间 10 min,循回期 4～23 d,一般 10～15 d。病毒在虫体内增殖,还可经卵传递。病毒在带毒灰飞虱体内越冬,成为主要初侵染源。在大、小麦田越冬的若虫,羽化后在原麦田繁殖,然后迁飞至早稻秧田或本田传毒危害并繁殖,早稻收获后,再迁飞至晚稻上危害,晚稻收获后,迁回冬麦上越冬。水稻在苗期到分蘖期都易感病。叶龄长潜育期也较长,抗性随植株生长逐渐增强。条纹叶枯病的发生与灰飞虱发生量、带毒虫率有直接关系。春季气温偏高,降雨少,虫口多,发病重。稻、麦两熟区发病重,大麦、双季稻区病害轻。不同水稻品种表现抗性不一,发病程度也不同,一般的抗性规律是:籼稻、陆稻＞爪畦稻＞粳稻＞糯稻;籼粳交、水陆交后代＞粳粳交后代。

4. 防治

(1)调整稻田耕作制度和作物布局

成片种植,防止灰飞虱在不同季节、不同熟期和早、晚季作物间迁移传病。忌种插花田,秧田不要与麦田相间。

(2)种植抗(耐)病品种

杂交中籼稻比粳稻抗条纹叶枯病,发病率低,产量损失小,重病区域可扩籼缩粳。因地制宜选用中国 91、徐稻 3 号、宿辐 2 号、盐粳 20、宁粳一号、扬粳 9538、铁桂丰等。

(3)调整播期

移栽期避开灰飞虱迁飞期。收割麦子和早稻要背向秧田和大田稻苗,减少灰飞虱迁飞。加强管理促进分蘖。

(4)治虫防病

药剂防治灰飞虱,对控制水稻条纹叶枯病的发生和流行,有着重要的基础性和决定性作用。重点做好下列工作:一是狠治灰飞虱秋季残虫,压低春繁基数和毒源;二是狠治灰飞虱一代若虫,压低向秧池迁入的虫源基数;三是狠治水稻秧苗期和大田前期灰飞虱,压低传毒虫量。防治灰飞虱的适用药剂与使用方法见本章第三节。

结合杀虫剂施用杀病毒药剂,能在一定程度上减轻水稻条纹叶枯病的发生。可用药剂品种有病毒必克Ⅱ号、病毒康、毒镖、毒圣、条顺、康润 1 号、灭菌成、菌克毒克、稻毒毙克等。

(三)稻黄矮病毒病

稻黄矮病毒病(rice yellow stunt),又称为暂黄病毒病(rice transitory yellow)、黄叶病毒病,是一种分布较为广泛的病毒病,世界各稻区均有分布。20 世纪 70 年代至 80 年代初期,我国华东、华北、西南和中南部各省(自治区、直辖市)常与普通矮缩病并发,造成严重损失,一般减产 20％～80％,甚至绝收。目前该病仅在我国局部地区零星发生,但仍应予以关注。

1. 症状

稻黄矮病毒病的主要特征是黄、矮、枯。多数从顶叶下 1～2 叶开始发病,叶尖褪色黄化,逐渐向基部扩展,叶脉往往保持绿色而叶肉黄色,病叶呈明显黄绿相间的条纹,病叶与茎秆夹角增大,叶鞘仍为绿色,株形松散,最后病叶黄化枯卷,病株新出叶片陆续呈现这种症状。病株矮化,株形松散,分蘖停止,根系发育不良。苗期发病,病株常很早枯死;分蘖期发病,病株不能抽穗或结实不良;后期发病,一般只在病株剑叶上表现症状,抽穗较正常,产量损失较小。

2. 病原物

病原物为稻黄矮病毒(rice yellow stunt virus,RYSV),属细胞核弹状病毒属成员。病毒粒体呈子弹状或杆菌状,(120～140) nm×96 nm,多聚集于细胞核的内外膜间,也可散布于细胞核和细胞质中,常限制在韧皮部细胞中。病毒稀释限点为 10^{-5}～10^{-6};钝化温度为 56～58℃,10 min;体外存活期

$0\sim2℃$ 时为 $11\sim12$ d，$30℃$ 为 36 h。仅危害水稻，尚未发现其他寄主。

3．病害循环和发病条件

主要由黑尾叶蝉、大斑黑尾叶蝉和二点黑尾叶蝉传播，长江流域以黑尾叶蝉为主，华南地区以二条黑尾叶蝉、二点黑尾叶蝉为主。获毒介体可终生传毒，有间歇传毒现象，但不能经卵传毒。最短获毒时间为 $5\sim10$ min，大多 12 h 才能获毒。最短传毒时间为 $3\sim5$ min，单个带毒虫最多传毒 12 d。病毒在虫体内循回期为 $7\sim29$ d，在稻株内的潜育期为 $7\sim39$ d。病毒在叶蝉若虫体内越冬，主要栖于看麦娘和李氏禾等杂草上，也可在再生稻、看麦娘等植物上越冬。获毒的越冬 3、4 龄若虫，次年羽化迁入秧田和早稻田，成为初侵染源。在早、中稻上繁殖的第二、三代获毒成虫，随着早、中稻的收割后迁向晚稻，引起发病。晚稻收割后，获毒若虫在绿肥田中的看麦娘及田边、沟边和春收作物田中越冬，其中以绿肥田中的虫口最多。任何影响黑尾叶蝉越冬和生长繁殖的因素都影响本病的发生与流行，气候条件和耕作制度的影响最大。一般籼稻较粳、糯稻发病轻，杂交稻耐病性最好；早稻发病轻或不发病，晚稻发病严重；矮秆比高秆易受叶蝉危害，发病重。品种抗性有显著差异，水稻苗期和返青分蘖期最易感病。夏季少雨、干旱，促进叶蝉繁殖，有利于其活动取食，还缩短了它的循回期和潜育期，有利于病害流行。

4．防治

以黑尾叶蝉迁飞高峰期和水稻主要感病期的治虫防病为中心，在越冬代叶蝉迁移期、稻田一代若虫盛孵期、双季稻区在早稻大量收割期至叶蝉迁飞高峰期前后用药防治。常用药剂与使用方法见黑尾叶蝉防治。同时，加强农业防治措施。如选育和推广抗病品种；秧田尽量远离重病田，集中育苗管理，减少发病机会；合理布局，连片种植，尽可能种植熟期相近品种，减少单、双季稻混栽面积；早期发现病情后，及时治虫，并加强肥水管理，促进健苗早发；早稻收割时，有计划、分片集中收割，从四周向中央收割，并进行施药治虫。

四、水稻其他病害

水稻其他病害危害症状、发病条件及防治方法见表 6-1。

表 6-1　水稻其他病害危害症状、发病条件及防治方法

病害名称和病原菌	危害症状	发病条件	防治方法
稻胡麻斑病 无性态：稻平脐蠕孢 *Bipolaris oryzae* 有性态：宫部旋胞腔菌 *Cochliobolus miyabeanus*	叶部病斑椭圆形，褐色，边缘明显，病健分界清晰，外有黄色晕圈，后期病斑呈灰黄或灰白色。叶鞘病斑与叶部病斑基本相似。穗颈、枝梗及谷粒病斑与穗颈瘟相似。潮湿时，病部产生黑色绒毛状霉	以分生孢子附着于稻种或病稻草上或以菌丝体潜伏于病稻草组织内越冬。生分生孢子随气流传播，引起初次侵染和再侵染。土壤贫瘠、缺肥易发病	①施足基肥及时追肥，氮、磷、钾配合使用，科学用水，防止缺水受旱，避免深灌；②及时处理病种和病草，同稻瘟病；③药剂防治，参照稻瘟病
稻云纹病 无性态：稻格氏霉 *Gerlachia oryzae* 有性态：微白明梭孢 *Monographella albescens*	主要为害叶片。高海拔山区出现云纹形病斑，中心灰褐色，外部灰绿色，有灰褐色和暗褐色相交明显的波浪状云纹线条；大风袭击地区出现褐色叶枯病斑，长椭圆形，周围有黄色晕圈，病健界限不明，中央淡褐色到枯白，周围褐色。潮湿时，病部湿腐状，产生白色粉状物	以菌丝体在病组织中或以分生孢子附着于种子表面越冬。病叶和带菌种子是主要初侵染源。分生孢子借气流、雨水溅射和小昆虫传播，引起初侵染和再侵染。早、晚稻分蘖末至孕穗期发生普遍，阴雨高湿、台风暴雨侵袭、排水不良、施氮过多、种植密度过大、稻蓟马为害猖獗，发病重	①选用无病种子与种子处理；②强化肥水管理，采用配方施肥技术，增施磷钾肥，避免偏施、迟施氮肥，浅水灌溉，适时搁田，湿润灌溉；③药剂防治应根据稻蓟马虫情及时喷药除虫防病

续 表

病害名称和病原菌	为害症状	发病条件	防治方法
稻叶黑粉病 有性态:稻叶黑粉菌 *Entyloma oryzae*	主要为害叶片。下部老叶散生或群生小褐色斑,沿叶脉呈断续短条状,后隆起成黑色,充满冬孢子堆(厚垣孢子堆)。严重病叶提早枯黄,叶尖破裂成丝状	以冬孢子在病残体或病草上越冬。担孢子和次生担孢子,借风雨传播。土壤肥力差、缺磷钾肥、偏施迟施氮肥、长期深水灌溉、后期断水过早,发病重	①及时处理病草,减少菌源;②配方施肥,适当增施磷钾肥,湿润灌溉、活水到老;③药剂防治。杂交稻分蘖盛期、常规稻幼穗形成至抽穗前,结合稻瘟病等进行
稻条叶枯病 无性态:稻尾孢 *Cerospora oryzae* 有性态:稻亚球壳 *Sphaerulina oryzae*	为害叶片、叶鞘、穗颈、谷粒等。叶片和叶鞘上产生与脉平行的红褐色短条斑,后期病斑中央灰白色;穗颈和枝梗上病斑褐色小点,略显紫色,穗颈折断、枯死	以菌丝体在病草、病谷上越冬,病种或病残体带菌是主要初侵染源。分生孢子借气流或雨水传播。拔节期后发病快、温暖多湿、缺肥尤其缺有机肥和磷肥、长期深灌、后期断水过,早易发病	①清除菌源,种子消毒同稻瘟病,及时处理病稻草;②施足基肥,早施追肥,增施磷、有机肥;合理灌溉,适时搁田,后期防止脱水过早;③药剂防治。在破口至齐穗期,结合穗颈瘟进行喷药兼治
稻叶鞘腐败病 无性态:稻帚枝霉 *Sarocladium oryzae*	主要为害叶鞘。叶鞘上初生深褐色小点,向上下扩展成虎纹斑状暗褐色病斑。叶鞘内幼穗部分或全部枯死,不能抽穗。潮湿时,病部出现薄层粉霉,叶鞘内有病菌菌丝体及霉状物	以菌丝体和分生孢子在种子和病稻草上越冬。分生孢子借气流或传播,引起初侵染与再侵染。孕穗期降雨多或雾大露重、晚稻孕穗至始穗期遇寒露风、螟害重、氮肥过量过迟、缺磷,发病重	①农业防治措施同稻瘟病;②药剂防治以杂交稻及杂交制种田为重点,在幼穗分化至孕穗期,用多菌灵或百菌清等药剂进行防治
稻叶鞘网斑病 无性态:柱枝双孢霉 *Cylindrocladium scoparium*	为害叶鞘和叶片。下部近水面的叶鞘先发病,初湿润状黑色小病斑,扩展成椭圆形或纺锤形,稍隆起,呈现纵横交错的褐色至黑褐色网格状斑纹。病斑表面长有稀疏粉粒状物	以菌丝和菌核在病稻草及病残体上越冬。菌核借灌溉水或分生孢子借气流传播,作为初侵染与再侵染源。水稻分蘖盛期至拔节期前后发病重。排水不良、偏施氮肥、温暖多湿、日照少,有利发病	同稻叶鞘腐败病
稻菌核秆腐病 无性态:稻小球菌核菌 *Nakataea sigm-oidea*, 稻小黑菌核菌 *N. irregulare* 有性态:稻小球腔菌 *Magnaporthe salvinii*	为害植株下部叶鞘和茎秆。近水面叶鞘上生褐色小斑,向上下和内侧延伸呈黑色条斑,逐渐扩大成为五明显边缘的部规则大斑。病部表面生稀薄浅灰色霉层,病叶鞘和茎秆内充满菌丝黑色小菌核	以菌核在稻草、稻桩上或散落在土壤中越冬。菌核萌发产生菌丝,从叶鞘表面直接或伤口侵入。降雨多、湿度大、日照少,偏施迟施氮肥、排水不良、长期深灌、后期脱水过早、飞虱等为害重,有利发病	①打捞菌核、减少菌源、肥水管理等栽培防病措施参照纹枯病;②药剂防治应注意防虫与控病结合进行;分蘖至拔节期、孕穗至始穗期和灌浆期视病情及虫情进行防治,着重喷施植株中下部
稻粒黑粉病 有性态:狼尾草黑粉菌 *Tilletia barclayana*	发生在水稻扬花至乳熟期,只为害谷粒。病谷呈污绿色或污黄色,有黑粉状物,成熟时裂开,露出黑粉,黑色粉末黏附在谷壳上	以厚壁冬孢子在种子内或土壤中越冬。种子带菌是主要菌源,担孢子及次生小孢子,借气流传播。杂交稻父母本花期不遇或母本内外颖不能闭合、扬花灌浆期遇高温阴雨、偏施迟施氮肥,发病重	①实行检疫,严防带菌稻种传入无病区;②选用抗病品种和无病种子;③加强栽培管理,避免偏施过施氮肥,调节杂交稻苗龄,做到花期相遇;④始穗和齐穗扬花期用多菌灵或三唑酮等进行药剂防治

续 表

病害名称和病原菌	为害症状	发病条件	防治方法
稻谷枯病 无性态：谷枯叶点霉 *Phyllosticta glumarum*	为害谷粒。病斑椭圆形，边缘不清晰，边缘深褐色，中部色浅呈灰白色。病斑上散生许多小黑点，为病菌分生孢子器。病重时，形成秕谷	以分生孢子器在病谷上越冬。分生孢子借风雨传播，引起初侵染和再侵染。抽穗扬花期如遇暴风雨、偏施过施或迟施氮肥、植株倒伏，有利病菌侵入，病粒增多	①选用无病种子，进行种子消毒；②及时处理病谷，合理施用氮磷钾肥，增施磷钾肥，适时适度露晒田，中后期干湿灌溉；③结合穗颈瘟、螟虫等进行药剂防治
稻一柱香病 无性态：稻柱香菌 *Ephelis oryzae*	为害穗部。抽穗前受害，病菌在颖壳内长成米粒状子实体，从内外颖合缝处延至壳外，变黑，菌丝缠绕小穗，病穗直立香柱状，初淡蓝色，后白色，上生黑色子座	以分生孢子座混杂在种子中存活越冬。带菌种子是主要初侵染源。病菌从幼芽侵入，系统侵染。	①加强检疫；②无病田留种，或从无病区引种；③种子处理；④加强农业措施，进行健身栽培
稻烂秧病 生理性因素：种子储藏、浸种催芽不当、深水淹灌、低温阴雨等。 侵染性因素： 立枯病：禾谷镰刀菌 *Fusarium graminearum*、 木贼镰刀菌 *F. equiseti*、 尖孢镰刀菌 *F. oxysporum*、 立枯丝核菌 *Rhizoctonia solani* 等。 绵腐病：层出绵霉 *Achlya prolifera*、 稻绵霉 *A. oryzae*、 鞭绵霉 *A. flagellata* 等	生理性烂秧有烂种、烂芽和死苗。青枯型死苗，心叶萎蔫筒卷，基部污绿色，根色暗，根毛少，最后枯死。黄枯型死苗，从叶尖到叶基、老叶到嫩叶，变黄褐色，茎基软化变褐，最后枯死 立枯病：病苗根暗白，茎基部变褐腐烂，心叶萎蔫卷缩，全株呈青枯或变褐枯死 绵腐：在根基部产生白色胶状物，向四周长出白色放射状絮状物，后土褐或绿褐色，黄褐枯死	镰刀菌以菌丝和厚垣孢子在病残体或土壤中越冬，分生孢子借气流传播。立枯菌以菌丝和菌核在病残体或土壤中越冬，靠菌丝传播。绵腐菌以菌丝或卵孢子在土壤中越冬，游动孢子借水流传播。低温阴雨、光照不足、偏施氮肥等，发病重	①提高育秧技术，保证秧田质量；②精选种子和浸种催芽；③适期播种，提高播种质量；④强化水肥管理。管水以防寒保暖护苗、控水通气供氧促根为主，施肥掌握基肥稳追肥轻、早施少施分次施的原则；⑤药剂防治，播种前或播种后用敌克松、绿亨1号等药剂进行土壤消毒；种子处理，用使百克或甲霜灵等进行种子处理；一叶一心期用甲霜灵、敌克松、绿亨2号喷雾防病
细菌性基腐病 玉米迪克氏菌 *Dickeya zeae*	为害生长后期根节部和茎基部。茎基叶鞘上病斑边缘褐色、中间枯白，根节黑褐色腐烂，茎基灰黑色，病株心叶青枯卷曲、枯黄。病部有乳白色菌脓溢出，有恶臭味	在病稻草、病稻桩和杂草上越冬。从叶鞘、茎基部或根部的伤口侵入。高温、偏施或迟施氮肥、土壤通气性差、长期深灌串灌，发病重	①选用抗病性较强的品种；②种子处理，同白叶枯病；③进行水旱轮作，加强肥水管理，注重健身栽培
细菌性褐斑病 丁香假单胞菌丁香致病变种 *Pseudomonas syringae* pv. *syringae*	叶片病部纺锤形或不规则，赤褐色，外有黄色晕纹，中部灰褐色坏死。病重时，叶鞘、茎部有黑褐色条斑，一般不能抽穗	病菌在种子和病残体或杂草中越冬。伤口侵入。细菌随水流传播。台风暴雨、偏施氮肥，满灌串灌，偏酸性土壤，发病重	①加强检疫，选用抗病品种，及时处理病稻草和种子消毒；②加强肥水管理，浅水灌溉，配方施肥；③药剂防治同白叶枯病
细菌性褐条病 丁香假单胞菌燕麦变种 *Pseudomonas syringae* pv. *panici*	主要发生在秧田期。叶片基部出现水渍状，沿中脉向上下发展为黄褐色至黑褐色长条斑，边缘清楚。心叶发病，不能抽出，呈枯心。重病时有腐臭味	病菌在病残体或病种子上越冬，借水流、暴风雨传播，伤口或自然孔口侵入。低洼受淹稻或连日暴雨、高温高湿阴雨、偏施氮肥，发病重	①建立合理排灌系统，防止稻田淹水，选用无病种子和种子消毒；②加强秧田管理，避免串灌淹苗。增施有机肥，氮、磷、钾肥配合施用；③药剂防治同白叶枯病

续　表

病害名称和病原菌	为害症状	发病条件	防治方法
稻黄萎病 稻黄萎病植原体 rice yellow dwarf phyto-plasma，RYDP	病叶均匀褪绿成淡黄绿色至淡绿色，病株分蘖多，矮缩丛生状，出现高节位分蘖，分蘖节上长出不定根，叶片呈竹叶状。病重时，植株不能抽穗结实	由黑尾叶蝉等叶蝉类昆虫传播，终身传毒，不能经卵传播。病菌在叶蝉体内及一些杂草上越冬。叶蝉冬前获毒早，冬季气温高，越冬传毒叶蝉数量大，次年发病重	重点在晚稻生长早期预防，做好治虫防病。①调整播种和插秧期，把易感病期与叶蝉活动高峰叉开；②在育秧期、返青分蘖期喷药杀虫，参见黑尾叶蝉
黑条矮缩病毒病 稻黑条矮缩病毒 Rice black-streaked dwarf virus，RBSDV	病株叶色浓绿僵硬，叶背、叶鞘和茎秆表面有蜡白色沿叶脉短条状突起，后期黑褐色。病株分蘖增多，明显矮缩，不能抽穗	由灰飞虱等飞虱传播。若虫、成虫均可传毒，终生传毒，不能经卵传播。在小麦、杂草及传毒介体内越冬，成为初侵染源	同条纹叶枯病
南方水稻黑条矮缩病 南方水稻黑条矮缩病毒 Southern rice black-streaked dwarf virus，SRBSDV	发病稻株叶色深绿，上部叶的叶面可见凹凸不平的皱折（多见于叶片基部）。病株地上数节节部有倒生须根及高节位分枝；病株茎秆表面有乳白色的瘤状突起，瘤突呈蜡点状纵向排列成条形，早期乳白色，后期褐黑色	由白背飞虱以持久增殖型方式传播，病毒粒子由白背飞虱的口针吸食进入虫体内，再通过白背飞虱的取食经唾液侵染水稻植株。越冬再生稻是该病的越冬寄主植物和场所。	①推广抗（耐）病品种；②栽培控病，异地育秧，晚稻适期迟播迟栽；③药剂治虫，通过药剂拌种，秧苗移栽"送嫁药"，以及田间喷药方式控制飞虱危害
东格鲁病毒病 水稻东格鲁球状病毒 Rice tungro spherical virus，RTSV 水稻东格鲁杆状病毒 Rice tungro bacilliform virus，RTBV	病株矮缩，叶片褪绿黄化，呈黄橙色，有不规则暗褐色斑，分蘖减少，田间病株成窝发生。籼稻发病后，多为橙色或稍带红色。粳稻病分病后，多呈黄色。嫩叶上现斑驳，老叶上现锈色斑点	由二小点叶蝉、二点黑尾叶蝉、黑尾叶蝉传播。半持久方式传毒	重点防治二小点叶蝉等传毒介体；余同水稻黄萎病
瘤矮病毒病 稻瘤矮病毒 Rice gall dwarf virus，RGDV	病株矮缩，分蘖少，叶色深绿，叶背和叶鞘上有淡黄绿色近球形小瘤状突起，有时沿叶脉连成长条，部分叶尖扭曲	由电光叶蝉、黑尾叶蝉、二点黑尾叶蝉等传播，持久性传毒，终身带毒，但不经卵传播	①及时清除病株再生稻，减少毒源；②适期播种，连片种植，统一治虫防病；③加强栽培管理，施足基肥，及时追肥，适期适度露晒田；④药剂防治同水稻黄矮病
齿矮病毒病 稻裂叶病毒 Rice ragged stunt virus，RRSV	病株矮化，叶尖旋转，叶缘有锯齿状缺刻	由褐飞虱传播。终身传毒，但不能经卵传毒	同暂黄病毒病
橙叶病 稻橙叶病植原体 Rice orange leaf phytoplasma	叶尖黄化，向下或从叶缘向中脉扩展，全叶橙黄色。病株矮小，上部叶片变黄，短窄直竖，与茎交角增大而近乎平摆。重病株提前枯死	由电光叶蝉传播，能终生传毒。高温干燥、不良栽培措施（偏施氮肥等）有利于电光叶蝉繁殖、活动及传毒，发病重	①合理布局，连片种植，调整播插期使水稻易感病期避开叶蝉迁飞传毒高峰；②加强肥水管理，进行健身栽培；③根据叶蝉发生动态进行防虫控病，具体同叶蝉类

续　表

病害名称和病原菌	为害症状	发病条件	防治方法
干尖线虫病 贝西滑刃线虫 *Aphelenchoides besseyi*	主要为害叶和穗部。一般在剑叶或上部 2、3 叶的尖端 1～8 cm 部分，呈半透明灰白或淡褐色扭曲干尖，病健交界有褐色弯曲锯齿状界纹	以成虫、幼虫在谷粒中越冬，带虫种子是初侵染源。靠灌溉水传播，从芽鞘、叶鞘缝隙处侵入。低温多雨、串灌漫灌，发病重。稻种调运是远距离传播的主要途径	①严格进行检疫，严禁从病区调运种子；②选用无病种子；③厉行种子处理。可用线菌清等药剂浸种 48～60 h，后催芽播种
根结线虫病 稻根结线虫 *Meloidogyne oryzae*	主要在根部。被害稻根根尖扭曲变粗，膨大成根瘤，长椭圆形、两端稍尖，棕黄色、棕褐色以至黑色。病株矮小，叶片发黄，茎秆细，根系发育差，分蘖少，穗短而少，常半包穗，结实率低，秕谷多	以二龄幼虫在病稻根残体和土中越冬。带病土壤和带病秧苗是主要初次源和再次侵染源。借水流、肥料、农具及农事活动传播。瘦瘠田、砂土田、重酸性田、低洼田，发病重；连作水稻发病重	①水旱轮作，冬季翻耕晒田；②施肥改土，增施石灰，适时追肥；③药剂防治，可用 10% 克线磷等药剂

第二节　有害软体动物

　　水稻有害软体动物的种类很少，主要有大瓶螺（apple snail）*Pomacea canaliculata*（Lamarck）（异名有 *Ampullarium crosseana* Hidalgo、*A. insularus* D'orbigny，*Ampullaria gigas* Spix），又名福寿螺、苹果螺、金宝螺、洋螺、鬼仔螺、雪螺，系大型水生螺类，隶属软体动物门 Mollusca、腹足纲 Gastropoda、前鳃亚纲 Prosobranchia、中腹足目 Mesogastropoda、瓶螺科 Pilidae、瓶螺属 *Pomacea*。原产南美洲亚马孙河流域。作为一种食物在 20 世纪 70 年代末被引入东南亚许多国家，包括菲律宾、越南、泰国，在 1980 年被引入我国台湾，1981 年引入我国广东。目前，在台湾、海南、广东、广西、福建、云南、四川、浙江等省份已蔓延开来，对农作物生产和生态环境构成了严重危害。寄主植物有水稻、茭白、菱角、空心菜、芡实等水生作物及水域附近的甘薯等旱生作物。卵孵化后稍长即开始啃食水稻等水生植物，尤喜幼嫩部分。水稻插秧后至晒田前是主要受害期。它咬剪水稻主蘖及有效分蘖，致使有效穗减少而造成减产。除威胁入侵地的水生贝类、水生植物和破坏食物链构成外，也是人畜共患寄生虫，如广州管圆线虫 *Angiostrongylus cantonensis*（Chen）的中间宿主，对人畜健康构成威胁。可见，在引入外来生物时，务必慎重，否则后果严重。

一、形态特征

　　贝壳外观与田螺相似。贝壳较薄，卵圆形；淡绿橄榄色至黄褐色，光滑。壳顶尖，具 5～6 个增长迅速的螺层。螺旋部短圆锥形，体螺层占壳高的 5/6。缝合线深。壳口阔且连续，高度占壳高的 2/3；胼胝部薄，蓝灰色。脐孔大而深。厣角质，卵圆形，具同心圆的生长线。厣核近内唇轴缘。壳高 8 cm 以上，壳径 7 cm 以上，最大壳径可达 15 cm。头部具触角 2 对，前触角短，后触角长，后触角的基部外侧各有一只眼睛。螺体左边具 1 条粗大的肺吸管。幼贝壳薄，贝壳的缝合线处下陷呈浅沟，壳脐深而宽。雌虫的囊盖是凹形，而雄虫的囊盖是凸形，雌成虫的螺壳向内弯，而雄虫的螺壳向外弯。肉是奶白色至金粉红色或者橙色（图 6－5）。

　　卵圆形，卵粒直径 2 mm，初产卵粉红色至鲜红色，卵的表面有一层不明显的白色粉状物，后变为

灰白色至褐色。卵块椭圆形，长径 2～5 cm，最长 8 cm，短径平均 1.2 cm，卵粒排列整齐，卵层不易脱落，鲜红色，小卵块仅数十粒，大的可在千粒以上，一般为 200～500 粒（图 6-5）。初孵螺体高 2.0～2.4 mm，淡褐色，从胚螺丝层到脐部一带为点状红色。

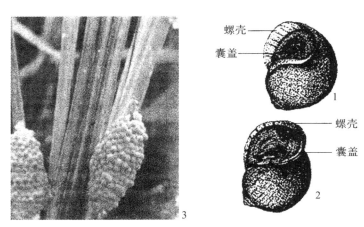

图 6-5 大瓶螺

1. 雌螺 2. 雄螺 3. 产于寄主植物上的卵块

二、生物学与生态学特性

一生经过卵、幼螺、成螺 3 个阶段。年发生代数因地区而异。在广州 3 代，福建 3～4 代，浙江 2 代。冬季以幼螺或成螺在稻丛基部或稻田土表下 2～3 cm 深处越冬，亦可在田边或灌溉渠、河道中越冬。越冬时关闭壳口，以休眠方式越冬。在广州，第 1 代幼螺生长 93 d 开始产卵，卵期 9 d，孵出第 2 代幼螺历期 102 d；第 2 代螺生长 63 d 产卵，卵期 11 d，即孵出 3 代幼螺，历期 74 d。第 3 代螺生长至翌年 3 月底，共 189 d，仍为幼螺，各代螺重叠发生。螺龄为 20～80 d，每只螺经 10 d，第 1、2、3 代各增重 0.9、2.398 和 0.188 g。第 1、2 代每只雌螺平均繁殖幼螺 3050 只（孵化率为 70.1%）、1068 只（孵化率 59.4%），全年 2 代 1 只雌螺能繁殖幼螺 325 万余只。在浙江，一般发生为不完全二代，包括越冬代和第 1 代，世代重叠。11 月份随着气温的下降，福寿螺在水稻、茭白丛基部及土壤中越冬。第 2 年 4 月开始活动，5 月开始产卵，6 月气温回升后产卵明显增多。卵可以产在水稻、茭白植株、杂草、石块等任何物体上，但主要产在离水面的水稻、茭白植株中基部。初产卵块呈明亮的粉红色，在快要孵化时变成浅粉红色。5—6 月和 8—9 月是产卵和孵化高峰期。卵孵化期约需 7～14 d，幼螺发育 3～4 个月后性成熟，性成熟的雌螺交配后 24 h 即可产卵为第 2 代。第 2 代产卵及孵化受气候条件影响，温度低于 18℃停止产卵，低于 8℃则进入冬眠状态，所以称不完全二代。除产卵或遇不良环境条件迁移外，一生均栖于淡水中，遇干旱则紧闭壳盖，静止不动，可达 3～4 个月或更长。

雌雄异体，性比大于 1；其在最适宜生长温度 27.7～30.6℃下，雌螺性成熟需 60～85 d，隔周产卵 1 次。雄螺 1 d 内能交配 3～4 次。交配和产卵的适宜温度为 25～28℃，体内受精，交配时间 4～5 h。产卵常在夜间进行，产卵时爬至离水面 10～34 cm 处的干燥物体或植株的表面，如茎秆、沟壁、墙壁、田埂、杂草等上，排卵时间 1～2 h。卵只能在有空气的环境中孵化，孵化后卵壳为白色，整个卵块呈蜂窝状。当温度为 20～24℃、28～32℃时，卵块孵化时间各为 18～25 d 和 8～15 d。初孵化幼螺落入水中，以藻类和有机碎屑为食，当螺壳高达 1.5 cm 左右时，幼螺开始取食植物。取食植物的范围广，食性杂，但也有一定的选择性，如与浮萍、苎麻和白菜相比，水稻秧苗并不是其最喜爱的食料；中螺、成螺只有在没有其他食料可食的情况下，才取食水稻秧苗。水稻秧苗从刚移栽到移栽后 15 d，及播种后

4～30 d,最易受其危害。该螺破坏秧苗的基部,甚至能在一夜间毁坏整块稻田的稻苗。

该螺具有避光性,在阴天或夜间活跃。栖息地常为低地的水沟、浅水塘、鱼塘和稻田等各类静水或水体水流缓慢、一般具泥质底的淡自然水体。其在干旱的溪流、微咸水体、水流湍急的水体中不能正常生存。但水流有助于大瓶螺传播蔓延。喜欢在洁净的水体中生活,但具有较强的耐污能力,其对氨氮的安全浓度为 2.684 mg/L;偏好稍偏碱性的水体环境(pH 7.0～8.5)。当水线低于其贝壳高度时,即停止取食和交配;在水体干涸前,能深入泥中,关闭厣甲,度过数月的干旱期;在水体重新蓄水后,又重新活跃起来。

许多动物包括鸭子、水龟、鱼、昆虫、鼠等对其有捕食作用,其中鼠、鸭子、水龟和鲤鱼是取食成螺的最有效天敌。

三、防治方法

应重点抓好越冬成螺和第一代成螺产卵盛期前的防治,压低第二代的发生量,并及时抓好第二代的防治。整治和破坏其越冬场所,减少冬后残螺量,以人工捕螺摘卵、养鸭食螺为主,辅以药物防治。

(一)农业防治

在越冬期间应清沟除淤泥和水草,采集和杀灭沟河和稻田中的成螺。在发生期,春秋产卵高峰摘除卵块;翻耕杀灭成螺;在卵孵化盛期排水;避免田水串灌,或者在稻田进水口设置拦截网。

(二)生物防治

秋季水稻田收割后在稻田和沟渠中放鸭,一只 0.6 kg 的鸭可取食 35～40 只成螺。也可通过稻田养鱼或中华鳖控制其种群数量。例如,在螺较多的茭白田块中,每 667 m² 放养中华鳖 35 只,控制效果较好;放养中华鳖能使每 667 m² 增收 3800 元以上,值得尝试。

(三)药剂防治

防治适期,以产卵前为宜。当稻田每平方米平均有螺 2 头以上时,应马上进行治理。具体方法有:一是在水稻移植后 24 h 内于雨后或傍晚每 667 m² 施用 6% 密达杀螺颗粒剂 0.5～0.7 kg,拌细砂 5～10 kg 撒施,施药后保持 3～4 cm 水层 3～5 d;二是施用 2% 三苯醋锡粒剂(TPTA),每公顷每次施用 15～22.5 kg,于栽植前 7 d 施用,田水保持 3 cm 深约 1 周。水温高于 20℃,可用 15 kg;低于 20℃,可提高用量,但不得超过 22.5 kg;三是施用 80% 聚乙醛(metaldehyde)可湿性粉剂,每公顷每次 1.2 kg,于栽植前 1～3 d,加水稀释,一次施用,田水保持 1～3 cm 深约 7 d,气温要求高于 20℃ 时施用;四是施用 8% 灭蜗灵颗粒剂,每 667 m² 用 1.5～2 kg,碾碎后拌细土或饼屑 5～7.5 kg,于温暖、土表干燥的傍晚撒于受害植株根部,2～3 d 后,接触过药剂的螺分泌大量黏液而死亡。

第三节　重要害虫

一、飞虱类

稻飞虱(rice planthoppers),又称稻虱,属半翅目、飞虱科。国内发生危害较重的稻飞虱主要有褐飞虱(brown planthopper)*Nila parvata lugens* Stål、白背飞虱(white-backed planthopper)*Sogatella*

furcifera（Horváth）和灰飞虱（small brown planthopper）*Laodelphax striatellus*（Fallén）。其中褐飞虱和白背飞虱具远距离迁飞习性。褐飞虱食性单一,在自然情况下仅在水稻和普通野生稻上可完成世代发育。白背飞虱寄主除水稻外,还有大麦、小麦、玉米、高粱、甘蔗、稗、白茅、早熟禾、李氏禾等。灰飞虱寄主除水稻外,还有大麦、小麦、玉米、稗、看麦娘、蟋蟀草、千金子、双穗雀稗、李氏禾等。

稻飞虱成虫、若虫均能危害,在稻丛下部刺吸汁液,并由唾液腺分泌有毒物质,阻塞输导组织或引起稻株萎缩。产卵时,产卵器能刺伤茎叶组织,形成伤口,造成稻株水分和养分的散失。此外,稻飞虱的分泌物常招致霉菌滋生,对稻株的光合作用和呼吸作用产生影响。水稻严重受害时,稻丛下部变黑、发臭、腐烂,导致水稻枯死倒伏。水稻孕穗、抽穗期受害后,稻叶发黄,生长低矮,影响抽穗或结实;乳熟期受害后,稻谷千粒重明显下降,瘪粒增加。稻飞虱除上述危害外,还能传播水稻或其他作物的病毒病。褐飞虱能传播水稻草丛矮缩病和齿叶矮缩病。白背飞虱能传播南方水稻黑条矮缩病。灰飞虱能传播水稻黑条矮缩病、条纹叶枯病、小麦丛矮病、玉米矮缩病等,由其传播病毒所引起的经济损失常大于直接危害。

（一）形态特征

1. 褐飞虱

各虫态形态特征(图 6-6)如下:

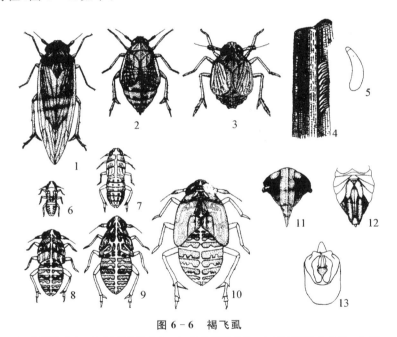

图 6-6　褐飞虱

1.长翅型成虫　2.短翅型雌成虫　3.短翅型雄成虫　4.产在稻叶内的卵　5.卵
6～10.第 1～5 龄若虫　11.头部正面观　12.雌虫外生殖器　13.雄虫外生殖器

【成虫】有长、短两种翅型。长翅型连翅体长 3.8～4.8 mm,短翅型体长 3.5～4.0 mm。体黄褐或褐色至深褐色,具油状光泽。头顶褐色,近方形,前缘向前突出较小。中胸背板褐色。前翅黄褐色,透明,翅斑黑褐色。

【卵】长约 1 mm,宽 0.2 mm。产在叶鞘和叶片组织内,紧密排成 1 列。卵粒香蕉形,较弯,卵帽顶端圆弧,稍露出产卵痕。

【若虫】分 5 龄。1 龄体长 1.1 mm,体黄白或灰褐色,腹部背面有一倒"凸"形白斑,无翅芽。2 龄体长 1.5 mm,体淡黄至灰褐色,腹背倒"凸"形斑不清晰,翅芽不明显。3 龄体长 2.0 mm,黄褐至暗褐色,腹部第 3、4 节背面各有 1 对"山"字形蜡白斑,翅芽明显,前翅芽尖端不到后胸后缘。4 龄体长 2.4 mm,体褐色,前翅芽尖端伸达后胸后缘。5 龄体长 3.2 mm,体褐色,前翅芽尖端伸达腹部第 3、4 节。

2. 白背飞虱

各虫态形态特征(图 6 - 7)如下:

【成虫】长翅型雄虫连翅体长 3.6～4.0 mm。体黑褐色。头顶黄白色,较狭长,前缘明显向前突出;额侧脊直。前胸背板和中胸背板的中域为黄白色。前翅淡黄褐色,透明,有时翅端有褐色晕斑,翅斑黑褐色。颜面、胸部腹面、腹部黑褐色。长翅型雌虫体长 4.0～4.5 mm,体多淡黄褐色。

【卵】长约 0.8 mm,宽约 0.2 mm。卵粒新月形,卵帽向端部渐细,不外露或尖部稍露出产卵痕。

【若虫】共 5 龄。体近橄榄形,头尾较尖,落水后后足向两侧平伸呈"一"字形。1 龄体长 1.1 mm,灰白色,腹背有清晰的"丰"字形浅色斑纹。2 龄体长 1.3 mm,淡灰褐色,胸背有不规则斑纹。3 龄体长 1.7 mm,灰黑与乳白色相嵌,胸背有数对灰黑色不规则斑纹,翅芽明显。4 龄体长 2.2 mm,前、后翅芽端部平齐达第 2 腹节后缘。5 龄体长 2.9 mm,翅芽达第 4 腹节,前翅芽端部超过后翅芽。

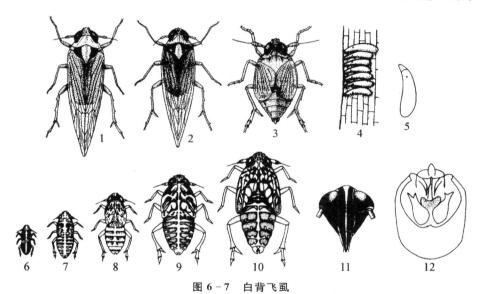

图 6 - 7 白背飞虱

1.长翅型雌成虫 2.长翅型雄成虫 3.短翅型雌成虫 4.产在稻叶内的卵 5.卵

6～10.第 1～5 龄若虫 11.成虫头部正面观 12.雌虫外生殖器

3. 灰飞虱

各虫态形态特征(图 6 - 8)如下:

【成虫】长翅型雄虫连翅体长 3.5～3.8 mm。体黑褐色。头顶淡黄色,四方形,前缘向前突出较小;额侧脊略呈弧形。前胸背板为淡黄褐色,中胸背板黑色。前翅淡黄褐色,透明,脉与翅面同色,翅斑黑褐色。腹部黑褐色。长翅型雌虫体长 4.0～4.2 mm;中胸背板中部为淡黄色,两侧具暗褐色宽条纹;腹部背面暗褐色,腹面黄褐色。

【卵】长约 0.8 mm,宽约 0.2 mm。卵粒茄形,卵帽顶部钝圆,在产卵痕中露出呈串珠状。

【若虫】多为 5 龄。长椭圆形,落水后后足向后斜伸呈"八"字形。1 龄体长 1.0 mm,乳白至淡黄色,无斑纹。2 龄体长 1.2 mm,灰黄至黄色,腹背两侧隐显斑纹,翅芽不明显。3 龄体长 1.5 mm,体灰黄至黄褐色,腹部第 3、4 节背面各有 1 对浅色"八"字形斑纹,翅芽明显。4 龄体长 2.0 mm,前翅芽伸达后胸后缘。5 龄体长 2.7 mm,翅芽达第 4 腹节,前翅芽盖住后翅芽。

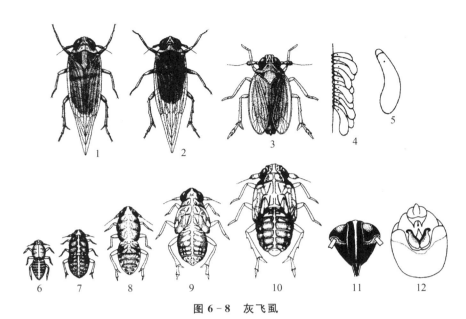

图 6-8 灰飞虱

1.长翅型雌成虫　2.长翅型雄成虫　3.短翅型雌成虫　4.产在稻叶内的卵　5.卵
6~10.第 1~5 龄若虫　11.成虫头部正面观　12.雄虫外生殖器

(二)生物学与生态学特性

1.褐飞虱

在我国,除在海南省南部热带地区可终年繁殖,在两广南部、福建和云南南部及台湾等冬春温暖地区有少量虫态可过冬外,其他大部分稻区均不能安全越冬;随着气候变暖,我国褐飞虱越冬界限已呈现北移的趋势。有远距离迁飞习性,我国广大稻区的初发虫源,是由南方终年繁殖区,随着春夏暖湿气流,由南向北渐次迁飞而来;在秋季,则随南向气流由北向南回迁。这种季节性南北往返迁飞与水稻黄熟关系密切,水稻临近黄熟时褐飞虱即产生大量长翅型成虫向外迁出。

在我国一年发生 1~12 代,大体上自南向北每增加 2 个地理纬度其发生代数就减少 1 代。在浙江于 6 月间开始陆续迁入,9 月中旬至 10 月上旬田间发生数量达到高峰;浙北地区常年发生 4~5 代,浙南 5~6 代。

喜阴湿环境,成、若虫多聚集在稻丛基部栖息、取食。成虫有趋嫩习性,在迁入、扩散及产卵时,喜趋向分蘖盛期至乳熟期、生长嫩绿的稻田。长翅型成虫有较强的趋光性。卵成条产于稻株组织内,在嫩绿稻株上多产于叶鞘的肥厚部分,在黄老植株上则多产于叶片基部中脉组织内。每雌虫一生产卵 200~700 粒,最多达 1000 多粒。雌成虫寿命 25℃下为 22 d,17~20℃下长达 25~30 d。卵历期在低于 17℃时为 17 d 以上,23~24℃为 9 d,27~30℃为 7~8 d;若虫历期在 24~26℃为 15~16 d。

发生程度首先受迁入时间和迁入量的影响,迁入早、数量大易暴发成灾,反之则发生较轻。迁入后,其发生危害程度与气候、食料、天敌等因素的关系密切。褐飞虱喜温湿,生长发育和繁殖的适宜温度为 20~30℃,最适为 26~28℃,相对湿度在 80% 以上;高于 30℃ 或低于 20℃ 对其生长发育和繁殖不利。因此,盛夏不热、晚秋气温偏高的气候条件有利其发生。在水稻品种方面,通常杂交稻受害重于常规稻,粳稻重于籼稻,矮秆品种重于高秆品种。施肥、灌水不当,密植程度高,造成田间郁闭、湿度大,植株生长过于嫩绿,披叶徒长或后期贪青,有利于褐飞虱的繁殖和生长发育。

褐飞虱的天敌种类很多。卵期寄生性天敌有稻虱缨小蜂 *Anagrus nilaparvatae* Pang et Wang、拟稻虱缨小蜂 *A. paranilaparvatae* Pang et Wang、褐腰赤眼蜂和柄翅小蜂,其中稻虱缨小蜂是优势种；捕食性天敌主要有黑肩绿盲蝽 *Cyrtorrhinus lividipennis* Reuter，其成、若虫均能刺吸卵内物质。若虫和成虫期寄生性天敌主要有螯蜂、线虫等，捕食性天敌主要有蜘蛛、尖钩宽黾蝽 *Microvella horvathi* Lundblad、隐翅虫等。

2. 白背飞虱

与褐飞虱相比，白背飞虱的耐寒力较强，越冬地区范围稍广，其中在海南岛、云南和广东两省南部可周年生长、发育和繁殖。在其北部不能越冬的地区，每年初发虫源均由外地迁飞而来，各地白背飞虱初次迁入的始见期早于褐飞虱。

白背飞虱在我国一年发生 1～11 代。在浙江，一年发生 4～6 代，其主害期在浙南部地区为 7 月上中旬，浙中北部地区为 7 月中下旬。白背飞虱在水稻生长的中期危害，在各地主要危害早、中稻，常与褐飞虱和灰飞虱混合发生。

成、若虫多喜聚集在稻丛下部栖息、取食，位置比褐飞虱和灰飞虱高。成虫有趋嫩和趋光性。若虫具有一旦受惊即横行至稻株另一面的习性。成虫喜在生长茂密的水稻上产卵，在水稻孕穗期和分蘖期产卵最多。卵多产于叶鞘的肥厚部分，也有产在叶片基部中脉组织内的。每块卵有数粒至 10 余粒。每头长翅型雌虫一生能产卵 300～400 粒；短翅型雌虫的产卵量比长翅型雌虫约多 20%，产卵高峰到来时间稍早。各虫态发育历期，在 20、25 和 28℃下，卵期分别为 12.0、7.4 和 6.4 d，若虫期分别为 23.9、16.8 和 12.6 d，成虫期分别为 17.6、17.1 和 20.3 d。

白背飞虱对温度的适应性较广，生长与繁殖的适温为 22～30℃，适宜相对湿度为 80%～90%。在水稻品种方面，通常杂交稻受害重于常规稻，籼稻重于粳稻。水稻栽培技术对白背飞虱产生的影响、天敌种类等基本同褐飞虱。

3. 灰飞虱

在南部稻区如广东等地，无越冬现象，冬季仍可危害大小麦；在其他地区，多以 3～4 龄若虫和少量 5 龄若虫越冬。越冬场所多在麦田、绿肥田及田边、沟边等处的看麦娘、狗牙根、李氏禾等杂草上，天气晴暖时仍可活动，取食大小麦、看麦娘等。

在浙江一年发生 5～6 代。越冬若虫在早春平均气温达 10℃左右时开始陆续羽化，以短翅型占多数，大多留在大小麦、看麦娘上取食，并陆续产卵。第一代成虫中，长翅型个体占绝大多数，随着大小麦、绿肥收割，它们陆续从越冬场所迁移到早稻和单季中晚稻秧田、早插本田危害和产卵。此次迁移导致病毒从越冬寄主传到水稻上。秧田和本田初期是灰飞虱传毒危害的主要时期。

若虫常群集于寄主植株下部取食。当植株下部组织老硬后逐步上移至中上部取食；寄主抽穗后，也可在穗部取食、栖息。长翅型成虫具趋光性。发生具趋边行的习性，故稻田中边行的虫口密度往往较高。雌虫产卵具明显的选择性，生长嫩绿、高大茂密的稻田受卵量高。稻田中喜欢在稗草上产卵，麦田中则喜欢在看麦娘、黑条矮缩病麦株上产卵。产卵部位，在正常的稻、麦、稗草植株上，多产于下部叶鞘和叶片基部的中脉组织内；在看麦娘和细瘦的稻、麦、稗草植株上，多产于茎腔中。水稻抽穗后，也有卵产于穗轴腔内的。卵成行产，每块卵有数粒至 10 余粒。产卵量一般在数十粒至 100 多粒，其中短翅型产卵多于长翅型。卵历期 23～25℃下为 6～9 d，若虫历期 25～28℃下为 16～17 d，成虫历期 6～12 d。

灰飞虱耐寒怕热，其生长发育和繁殖的适宜温度为 23～25℃。在长江中下游地区，主要在初夏 5—6 月份发生危害；进入盛夏及秋后，由于气候、寄主条件不适宜，其发生危害较轻。在耕作制度方面，在冬小麦与单季中晚稻连作的地区，或冬小麦一单、双季稻混栽区，由于寄主条件适宜，对灰飞虱发生有利。水稻栽培技术对灰飞虱发生的影响、天敌种类等基本同褐飞虱。

（三）防治方法

1. 褐飞虱和白背飞虱

（1）选用抗性品种

自 20 世纪 80 年代初以来,我国选育出了一批抗褐飞虱和白背飞虱的水稻品种,可供生产上选用。

（2）加强田间肥水管理

合理施肥,防止禾苗暴长、过早封行,以及后期贪青徒长;适时烤田,降低田间湿度,可形成不利于稻飞虱种群增长的生境。注意晒田,中温和高湿是稻飞虱发生的重要条件,适时挖沟晒田可以有效预防稻飞虱并获高产。

（3）保护利用天敌

尽可能少用药,发挥天敌自然控制作用。采用选择性农药,调整用药时间,减少用药次数,以避免大量杀伤天敌,发挥天敌控制作用。

（4）药剂防治

防治适期与指标可参考各省份制定的策略。在浙江,防治适期一般为迁入代成虫产卵高峰期、主害代前代若虫高峰期或当代低龄若虫高峰期;防治指标,晚稻褐飞虱主害代的前代为每穴 1～2 头,主害代孕穗期为每丛 5 头,灌浆期为每丛 8 头。可选用的药剂有:25% 吡蚜酮悬浮剂 20～24 mL/667 m²,兑水 50 kg 喷雾;10% 三氟苯嘧啶悬浮剂 10～16 mL/667 m²,兑水 60 kg 喷雾。

2. 灰飞虱

在水稻病毒病流行地区,有效防治灰飞虱是控制水稻病毒病的关键。

（1）农业防治

由于麦田、绿肥田、杂草根际等处是灰飞虱的重要越冬场所,且杂草是其重要寄主,故可通过铲除田内、田边杂草,以消灭虫源滋生地和减少虫源。

（2）药剂防治

同褐飞虱和白背飞虱。

二、叶蝉类

我国危害水稻的叶蝉已记录的有 76 种,其中发生危害较重的主要有 5 种:黑尾叶蝉 *Nephotettix cincticeps*(Uhler)、二点黑尾叶蝉 *N. virescens*(Distant)、二条黑尾叶蝉 *N. nigropictus*(Stål)、电光叶蝉 *Recilia dorsalis* Motschulsky 和白翅叶蝉 *Thaia rubiginosa* Kuoh。这 5 种稻叶蝉在我国的分布区域不同,其中黑尾叶蝉分布最广,几乎遍及全国各稻区,主要危害区域:黑尾叶蝉在长江流域及台湾,二点黑尾叶蝉在两广中南部,二条黑尾叶蝉在两广、云南南部,白翅叶蝉在南方沿海、湖、河、谷地区及山区。下面重点介绍黑尾叶蝉。

黑尾叶蝉(green rice leafhopper)属半翅目、叶蝉科,寄主除水稻外,还有大麦、小麦、玉米、茭白、甘蔗、看麦娘、稗草、李氏禾、早熟禾、马唐等。以成虫和若虫群集在稻丛基部刺吸汁液,破坏输导组织,被害植株轻者形成棕褐色伤斑,重则叶鞘、茎秆褐斑连片,全株枯黄,以致成片枯死倒伏。黑尾叶蝉除直接取食危害水稻外,还能传播水稻矮缩病、黄矮病,造成更为严重的损失。

（一）形态特征

黑尾叶蝉各虫态形态特征(图 6-9)如下:

【成虫】体长 4.5～6.0 mm,黄绿色或鲜绿色。头顶两复眼间近前缘处有一黑色横纹。复眼黑褐色。雄虫前翅端部 1/3 黑色,胸腹部腹面及腹部背面均为黑色。雌虫前翅端部 1/3 淡褐色,胸腹部腹面淡褐色,腹部背面灰褐色。

黑尾叶蝉成虫、二点黑尾叶蝉(two-spotted rice leafhopper)、二条黑尾叶蝉(two-striped rice leafhopper)的区别如表 6 - 2 所示。

【卵】长约 1 mm,长椭圆形,略弯曲。初产时乳白色,后变淡黄色,并在较细一端出现 1 对黄棕色眼点;近孵化时卵呈灰黄色,眼点红褐色。

【若虫】黄白至黄绿色,共 5 龄。1、2 龄体长 1～1.8 mm,黄白色或略带绿,复眼红色至赤红色。3 龄体长 2.0～2.3 mm,体淡黄绿色,复眼赤黑色,头后复眼间有一倒"八"字形褐纹,出现前翅芽。4 龄体长 2.5～2.8 mm,体黄绿色,复眼赤黑色,前翅芽和后翅芽分别达第 1、2 腹节。5 龄体长 3.5～4.0 mm,体黄绿色,复眼赤黑色,头顶有数个褐斑,中、后胸背面各有一倒"八"字形褐纹,前翅芽盖过后翅芽。

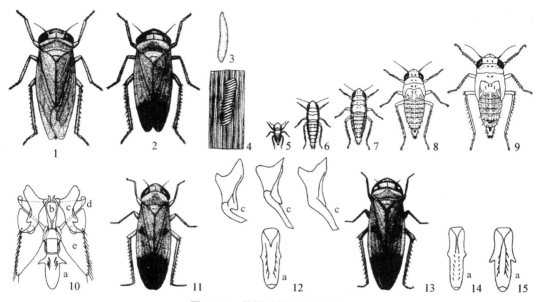

图 6 - 9　黑尾叶蝉及其近似种

黑尾叶蝉:1. 雌成虫　2. 雄成虫　3. 卵　4. 产在叶鞘组织内的卵块　5～9.1～5 龄若虫　10. 雄性外生殖器剖视
(a. 阳茎端 b. 阳茎基 c. 阳茎基侧突 d. 基瓣 e. 下生殖板)　二点黑尾叶蝉:11. 雄成虫　12. 雄虫外生殖器
二条黑尾叶蝉:13. 雄成虫　14. 雄虫外生殖器　马来亚黑尾叶蝉:15. 雄虫外生殖器

表 6 - 2　3 种黑尾叶蝉成虫形态区别

部位	黑尾叶蝉	二点黑尾叶蝉	二条黑尾叶蝉
体连翅长	♀4.5～4.7 mm ♂5.5～6.0 mm	♀4.3～4.5 mm ♂4.8～5.3 mm	♀4.3～4.5 mm ♂5.3～5.6 mm
头顶形状	向前弧圆突出显著,中央长度明显大于近复眼处长	向前成圆角显著突出,中央长度甚大于近复眼处长	向前成圆角突出,中央长度略大于近复眼处长
头顶近前缘黑带	有	无	有
前胸背板前缘	非黑色	非黑色	黑色
前翅爪片内	非黑色	非黑色	黑色
前翅中部黑斑	无,偶然有 1 小斑	有,较小	有,较大,且沿爪缝向后延伸

(二)生物学与生态学特性

黑尾叶蝉多以第3、4龄若虫和少量成虫越冬。越冬场所主要是绿肥田,其次是田边、沟边、塘边杂草上及麦田和油菜田。越冬期间,若遇天气晴朗,气温达12.5℃以上,仍能活动取食;越冬期间主要的食料为看麦娘。

在浙江一年发生5~6代。越冬若虫于3月中下旬开始羽化,4月上中旬进入羽化盛期。初羽化的成虫,大多仍在看麦娘等越冬寄主上取食。随着早春气温回升,越冬代成虫逐渐从越冬寄主迁到早稻秧田和早插本田危害,并产卵繁殖,构成以后各代发生的基数。第一、二代若虫和成虫、第三代若虫,相继在早稻秧田和本田、单季中晚稻、连作晚稻秧田和早插连晚本田危害。7月中下旬,即第二代成虫盛发和第三代若虫发生期间,虫量达到全年最高峰,此时连晚秧田、连晚早插本田及单季中晚稻受害往往较重。第三代成虫主要在生长嫩绿的连作晚稻和孕穗阶段的单季晚稻上危害、繁殖,以后世代在连作晚稻上发生。

若虫喜栖息于稻丛下部,少数在叶片背面取食,有群集性,3~4龄若虫尤其活跃。成虫白天多栖息于稻株中下部,早晨或夜晚爬至稻株上部活动取食。具较强的趋光性、产卵趋嫩性。卵多产于叶鞘边缘内侧组织内,少数产在茎秆组织中。卵粒单行倾斜排列成卵块,产卵处外表有隆起的斑块,2~3 d后变成黑褐色。每个卵块有卵10~20粒,多者30粒。雌虫羽化后一般经5~8 d开始产卵,一生产卵100~300粒。成虫寿命一般为11~32 d,越冬代达120~170 d。卵历期,在均温24~25℃下为8~11 d;若虫历期,26~28℃下为17~20 d。

冬春气温偏高,降雨量少,有利于安全越冬,且对其体内病毒的繁殖有利。发生的最适气温为28℃左右,适宜相对湿度为70%~90%。夏秋高温干旱,有利于病害的发生,但超过30℃的持续高温,又会影响到其繁殖和存活。在品种和栽培技术方面,叶片嫩绿、组织柔软的水稻品种,由于其适于取食、能引诱成虫产卵,利于发生危害;早栽、密植、肥多、繁茂荫蔽的稻田有利于该虫发生,危害较重。

天敌种类很多。卵期寄生性天敌主要有褐腰赤眼蜂 *Paracentrobia andoi* Ishii,其次为叶蝉柄翅小蜂、黑尾叶蝉赤眼蜂等;若虫和成虫期寄生性天敌主要有黑尾叶蝉鳌蜂、趋稻头蝇等。捕食性天敌主要有黑肩绿盲蝽、蜘蛛、猎蝽、隐翅虫、步甲等。

(三)防治方法

1. 选用抗、耐虫品种

杂交稻威优6号、油优6号和四优6号等抗性较好,可因地制宜地推广种植。

2. 农艺措施

各种绿肥田翻耕前或早晚稻收割时,应铲光田边、沟边杂草,消灭中间寄主。

3. 生物防治

注意保护利用天敌昆虫和捕食性蜘蛛,7—8月晚稻秧田和分蘖期间叶蝉发生量大时可放鸭啄食。

4. 药剂防治

掌握在低龄若虫高峰期进行药剂防治。治秧田黑尾叶蝉,在黑尾叶蝉迁入秧田高峰期用药防治。可选用的药剂同稻飞虱。

移栽前用药剂防治黑尾叶蝉1次,做好带药下田,移栽时丢弃病苗,移栽返青后及时检查,拔除病株及补苗,并防治黑尾叶蝉1次。在喷药防治时,要兼顾秧地或大田四周杂草上的黑尾叶蝉的防治,这才能有效控制水稻矮缩病的发生。

三、蓟马类

危害水稻的蓟马主要有稻蓟马 *Stenchaetothrips biformis*（Bagnall）〔异名 *Chloethrips oryzae*（Williams），*Thrips oryzae* Williams〕、花蓟马 *Frankliniella intonsa*（Trybon）、稻管蓟马 *Haplothrips aculeatus*（Fabricius）等，均属缨翅目，前两者属蓟马科（Thripidae），后者属管蓟马科（Phlaeothripidae）。

在我国大部分稻区发生的为稻蓟马（paddy thrip，rice thrip）。稻蓟马除危害水稻外，还取食大麦、小麦、玉米以及马唐、看麦娘、李氏禾、早熟禾、稗草等多种禾本科杂草。稻蓟马主要在水稻苗期和分蘖期危害水稻嫩叶。成虫和若虫用口器刮破嫩叶表皮，吸取汁液。被害叶片先在叶尖出现白色斑点，叶尖两边向内卷缩，并逐渐向下延伸，卷叶增长。秧田危害严重时，秧苗成片枯黄，状如火烧；本田受害严重时，稻株矮短，分蘖减少，生育期推迟。此外，稻蓟马还可于穗期在颖壳内危害，造成瘪粒。

花蓟马（flower thrip）和稻管蓟马主要在水稻孕穗破口期和抽穗期危害颖花，造成花壳和瘪谷。花蓟马分布于长江流域以北各省份及江苏、上海、浙江、湖南、台湾、广东、贵州等。稻管蓟马在浙江、福建、广东、湖北、四川等省局部稻区发生。

（一）形态特征

1. 稻蓟马

各虫态形态特征（图6-10）如下：

【成虫】体长 1.0～1.3 mm，黑褐色。头部近方形，触角7节，第2节端部和第3、4节色淡，其余各节黑褐色。前胸背板发达，后缘角各有1对长鬃。前翅翅脉明显，上脉鬃不连续，7根，其中端鬃3根。腹部末端尖削，圆锥状，雌虫第8～9腹节有锯齿状产卵器。

【卵】长约 0.2 mm，宽 0.1 mm，肾形，微黄色，半透明，孵化前可透见红色眼点。

【若虫】共分4龄。初孵化时体长 0.3～0.4 mm，乳白色，触角念珠状，第四节膨大，复眼红色，头胸部与腹部等长。2龄若虫体长 0.6～1.0 mm，乳白至淡黄色，复眼褐色，腹部可透见肠道内容物。3龄若虫体长 0.8～1.2 mm，淡黄色，触角分向头的两边，翅芽明显，腹部显著膨大。4龄若虫，大小与3龄相似，淡褐色，触角向后平贴于前胸背面，可见红褐色单眼3个，翅芽伸长达腹部第5～7节。

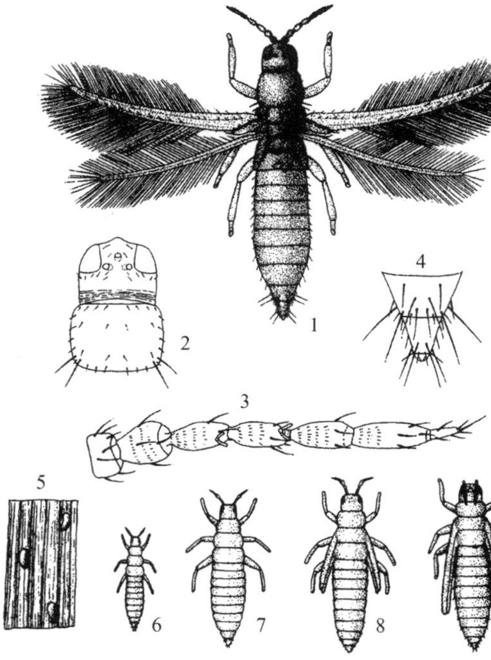

2. 稻管蓟马和花蓟马

稻管蓟马成虫体长 2.0 mm 左右，黑褐色，略有光泽。触角8节。翅脉不明显，无脉鬃。腹部末端呈管状，雌虫无产卵器。卵长约 0.3 mm，宽约 0.1 mm，白色，短椭圆形，后期稍带黄色。若虫体淡黄色，4龄若虫体侧常有红色斑纹（图6-11）。

花蓟马成虫体长 1.3～1.5 mm，黄色。触角8节。前胸背板二前角各有1根长鬃，外缘有鬃6根，前翅上脉鬃连续，19～22根。腹部形状与产卵器同稻蓟马。若虫体呈枯黄色（图6-12）。

图6-10　稻蓟马

1. 成虫　2. 头和前胸　3. 触角　4. 腹部末端
5. 水稻叶片内的卵　6～9. 第1～4龄若虫

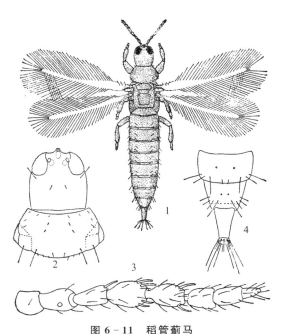

图 6-11　稻管蓟马

1.成虫　2.头和前胸　3.触角　4.腹部末端

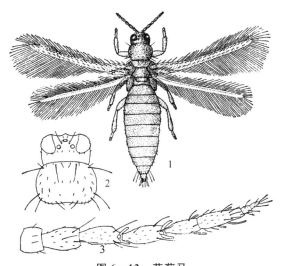

图 6-12　花蓟马

1.成虫　2.头和前胸　3.触角

(二)生物学与生态学特性

1.稻蓟马

稻蓟马主要以成虫在李氏禾、看麦娘、早熟禾等禾本科杂草及大、小麦上越冬。越冬期间,若遇气温较高,仍能活动取食。世代历期短,发生代数多。在浙江中、北部地区,一年发生 11～12 代,除第 1 代发生较整齐外,以后世代间重叠明显。早春危害水稻前,稻蓟马先在李氏禾等早春寄主上繁殖一代,后再相继迁入早稻秧田和本田、单季晚稻田、连晚秧田产卵和繁殖危害。各世代中,以早稻上的即第 2、3 代发生量较大。7 月下旬后,由于高温干旱,虫量下降明显。

成虫行动灵活,爬行迅速,有较强的迁移扩散能力,具明显的趋嫩绿习性,羽化后成虫绝大多数迁移至生长嫩绿的稻苗上产卵危害。卵多产于叶宽色嫩绿的秧苗上,尤其是 4 或 5 叶期的秧苗上产卵较多。秧苗期,卵主要分布于心叶下第 1 叶上,其次为第 2 叶上;幼穗形成后,卵一般分布于剑叶和剑叶下第 1 叶上。卵散产于叶片脉间的叶肉组织内,卵痕呈针尖大小的白点,对着阳光可清楚看见卵。

雌虫产卵前期为 1～3 d,产卵期为 10～20 d,一生产卵 50 粒左右。稻蓟马除两性生殖外,还可以进行孤雌生殖,但后代雄虫的比例极高,甚至全为雄虫。

若虫畏光,多隐藏在心叶或卷叶叶尖等幼嫩隐蔽场所取食。1、2 龄若虫是取食危害的主要时期,3、4 龄不再取食,且不活动,仅能爬行少许。

稻蓟马生长发育和繁殖的适温范围为 10～30℃,最适温度为 15～25℃。高温干旱,成虫寿命缩短,产卵量减少,孵化率降低。冬春气候温暖,早稻播种早,有利于稻蓟马转移到早稻上产卵繁殖,也有利于早期虫量的累积。在食料方面,苗期和分蘖期的水稻最适于稻蓟马取食和繁殖,在此期间,虫量直线上升;而至圆秆拔节期后,食料明显不适宜,虫量逐渐下降。而且,食料质量与稻蓟马的雌雄比例关系密切,取食秧龄短、色较嫩绿的秧苗或分蘖初期稻苗后,羽化的成虫雌虫比例较大;反之,取食秧龄长、色较黄的秧苗及圆秆拔节期叶片后,羽化的成虫雄虫比例较高。稻蓟马的天敌主要有小花蝽、隐翅虫和蜘蛛等,若能加以保护利用,可起到抑制稻蓟马种群增长的作用。

2. 稻管蓟马

稻管蓟马1年发生8代左右,在陕西汉中发生8～10代,成虫在稻茬、落叶及杂草中越冬,早春危害小麦,以后转入水稻,常成对或3～5只成虫栖息于叶片基部叶耳处,卵多产于叶片卷尖处。若虫和蛹多潜伏于卷叶内,成虫稍受惊即飞散。雌成虫主要进行孤雌生殖,偶有两性生殖,极难见到雄虫。成虫产卵于颖壳或穗轴凹陷处,孵化后在穗上取食,危害花蕊及谷粒,扬花盛期出现虫量高峰。卵期4～6 d,1～2龄若虫7～12 d,3～5龄若虫(即预蛹、前蛹和蛹)3～6 d,雌成虫存活期34～71 d。每雌虫产卵15～20粒。取食植物的繁殖器官对若虫发育有利。成虫强烈趋花,一旦植物开花,成虫立即飞集于穗花上活动,当花谢后又迅速迁到其他开花植株或另一种开花植物。成虫在复穗状花序植物(如小麦)的产卵量似多于圆锥花序植物(如水稻)。抽穗前大雨可减少虫量,可能造成害虫向下游扩散。

稻管蓟马食性广,不仅为害水稻、小麦、高粱、玉米、粟和甘蔗等禾谷类作物,也取食游草、看麦娘、稗草、白茅等禾本科杂草,以及紫云英、百合、瓜类、豆类、菊科和葱等非禾谷类作物,多样化的植物为稻管蓟马重发提供了食物。在陕西城固县春季气温回升迁到小麦等作物(植物)上,特别是3月中旬—4月中旬危害孕穗期心叶、麦穗及紫云英花;4月中旬—5月下旬危害毛茛花,5月危害柑橘花蕾,刺吸背面成黄陷点,稍后变褐,引起落花落果,也危害夏秋梢的嫩叶、嫩芽;4月下旬开始危害秧田,5月中旬开始危害大田水稻,7月水稻孕穗期虫量增多,常成对或三五成群栖息于叶片基部叶耳处,叶片受害后出现白斑点或水渍状黄斑,叶尖纵向卷曲,严重的内叶不能展开,7月下旬—8月中旬水稻抽穗开花期,害虫进入颖内花器穗粒危害,因此,稻麦(茬)两茬与柑橘插花种植,紫云英、小麦、毛茛、柑橘与水稻依次开花,加上禾本科杂草及花卉,形成寄主链有利于其发生。

(三)防治方法

1. 调整种植制度

尽量避免水稻早、中、晚混栽,相对集中播种期和栽秧期,以减少稻蓟马的繁殖桥梁田和辗转危害的机会。

2. 消除杂草

早春及9—11月,稻蓟马可在田边杂草上大量繁殖,因此,在这些时间内应清除田边杂草,以减少冬后有效虫源。

3. 合理施肥

按照高产栽培技术要求,在施足基肥的基础上应适期追施返青肥,促使秧苗正常生长,减轻危害。防止乱施肥,使稻苗嫩长或不长,加重危害。

4. 保护天敌

水稻田中有很多能够捕食蓟马的天敌,如蜘蛛、螨、瓢虫等,对蓟马发生数量有一定的抑制作用,喷药防治水稻害虫时,应合理施药,保护天敌,以充分发挥天敌对害虫的控制作用。

5. 药剂防治

(1)种子种处理

种子包衣:用31.9%吡虫啉·戊唑醇悬浮种衣剂(600 mL/100 kg种子)包衣稻种。

拌种或浸种:水稻种子催芽露白后,用246 g/L吡虫啉·戊唑悬浮种衣剂(350 mL/100 kg种子)、20%咯菌腈·精甲霜灵·噻虫嗪悬浮种衣剂(2.50～5.00 g/kg种子)、18%噻虫胺悬浮种衣剂(700～900 mL/100 kg种子)包衣稻种。

拌种或浸种:水稻种子催芽露白后,每公顷用10%吡虫啉可湿性粉剂300～375 g,先与一定量细沙混匀,再与每公顷种子75 kg搅拌均匀,闷12 h后播种;或者,先用适量水将药剂化开,然后与稻种拌均匀,再继续催芽到所需要求。将10%吡虫啉可湿性粉剂稀释2500倍,浸种48 h。拌种或浸种处

理能有效地控制秧苗生长初期稻蓟马的危害,具有用量少、持效期长、对环境安全、对秧苗生长无不良影响等优点。

(2)田间喷药

一般秧田卷叶率达5%,百株虫数达到100~200头;本田卷叶率达10%,百株虫数达200~300头时,即为施药适期,应尽快施药。药剂可选用药剂可选10%烯啶虫胺水剂、1%甲氨基阿维菌素苯甲酸盐乳油、10%吡虫啉可湿性粉剂、20%啶虫脒可溶性粉剂等。

四、螟蛾类

我国水稻上的螟蛾类害虫(属鳞翅目、草螟科)已记录31种,其中主要有二化螟(striped stem borer)*Chilo suppressalis*(Walker)、三化螟(yellow stem borer)*Scirpophaga incertulas*(Walker)和稻纵卷叶螟(rice leaffolder)*Cnaphalocrocis medinalis* Guenée。另一种鳞翅目水稻害虫大螟(pink stem borer)*Sesamia inferens* Walker,习惯上与二化螟、三化螟等钻蛀水稻茎秆的害虫一起称为"水稻螟虫",但其属于夜蛾科。

二化螟的寄主种类较多,除水稻外,还有小麦、蚕豆、油菜、茭白、甘蔗等作物,以及稗草、李氏禾等杂草。三化螟为单食性害虫,在自然条件下一般只危害栽培水稻。稻纵卷叶螟的寄主除水稻外,还有大麦、小麦、甘蔗、粟等作物,以及稗草、李氏禾、双穗雀稗、马唐、狗尾草、蟋蟀草等杂草。二化螟和三化螟以幼虫钻蛀茎秆危害,在水稻生长前期造成枯心、叶鞘变黄,中后期危害造成枯孕穗、白穗或虫伤株。其中两者有明显的区分:二化螟危害的水稻茎上有圆形蛀孔,孔外常有大量虫粪,分蘖期还会造成枯鞘,三化螟危害的水稻稻株蛀孔小,孔处无虫粪,并且不会造成枯鞘。二化螟在秧苗、分蘖期将卵块产于叶正面离叶尖3~7 cm处,分蘖后期产于离水面6 cm以上的叶鞘上;而三化螟卵块多产于叶片上,次产于叶鞘上,出穗后,很少产卵,仅限于产在青绿的剑叶上。稻纵卷叶螟以幼虫缀丝纵卷水稻叶片成虫苞,幼虫匿居其中取食叶肉危害,取食部位仅留表皮,形成白色条斑,致使水稻千粒重降低,秕粒增加,造成减产。

(一)形态特征

1. 二化螟

各虫态形态特征(图6-13)如下:

【成虫】雄蛾体长10~12 mm,翅展长20~25 mm。头胸部灰黄褐色。前翅近长方形,黄褐或灰褐色,翅面散布褐色小点,中央有紫黑色斑点1个,其下方另有呈斜形排列的3个同色小斑点,外缘7个小黑点;后翅白色,近外缘渐带淡黄褐色。腹部瘦小。雌蛾体长12~15 mm,翅展长25~31 mm。头、胸部及前翅呈黄褐色。前翅翅面褐色小点很少,无紫黑色斑点,但外缘有7个小黑点;后翅白色,有绢丝般光泽。腹部粗肥。

【卵】扁平,作鱼鳞状单层排列。卵块长椭圆形或不规则形,覆盖有透明胶质物。初产时为乳白色,后渐变为茶褐色,近孵化时为黑色。

【幼虫】通常6龄,也有5龄或7龄的。1龄幼虫体长1.7~2.3 mm,体黄白色,无背线。2龄体长4.2~4.9 mm,背线不显著,亚背线很细。从3龄到5龄,身体从7~8 mm伸长至16~19 mm,体色呈淡黄褐色至淡褐色,背线由细变粗呈淡褐色至暗褐色。6龄体长20~25 mm,体淡褐色,体背有5条纵纹,背线粗,呈暗褐色或紫褐色,腹足趾钩异序全环。

【蛹】长11~17 mm,圆筒形。初化时淡黄色,腹背可见5条棕色纵纹,以后体变为红褐色,纵纹消失。第10腹节末端宽阔,后缘波浪形,两侧3对角突,后缘背面有1对三角突。

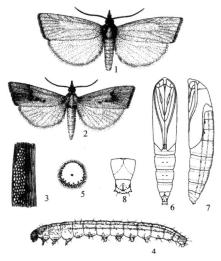

图6-13 二化螟

1.雌成虫 2.雄成虫 3.卵块 4.幼虫 5.幼虫腹足趾钩 6~7.雌蛹腹面和侧面观 8.雄蛹腹部末端

2. 三化螟

各虫态形态特征(图6-14)如下：

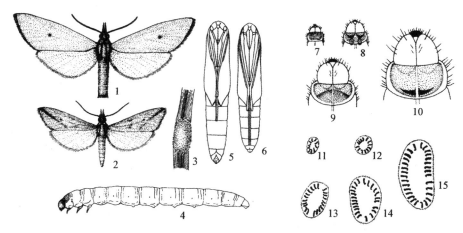

图6-14 三化螟

1.雌成虫 2.雄成虫 3.卵块 4.幼虫 5.雌蛹 6.雄蛹 7~10.第1~4龄幼虫的头部和胸部
11~15.第1~5龄幼虫的腹足趾钩

【成虫】雄蛾体长8~9 mm,翅展18~23 mm,体灰色。前翅三角形,淡灰褐色,中央具一不明显的小黑点,自翅尖向后缘近中部有1条暗褐色斜纹,外缘有9个小黑点。雌蛾体长10~13 mm,翅展23~28 mm,体淡黄色。前翅黄白色,中央小黑点明显。腹部末端有一撮黄褐色绒毛。

【卵】数十粒至百余粒扁平椭圆形的卵集成卵块,卵块呈长椭圆形,中央稍隆起,常有三层卵,表面覆有黄褐色绒毛,状如半粒黄豆。初产时乳白色,后转为黄白至黄褐色,近孵化时呈黑色。

【幼虫】多数4龄,少数5龄。1龄幼虫体长1.2~3.3 mm,头黑色至灰褐色,体灰黑色至灰黄色,第1腹节有1白色环。2龄体长3.5~6.0 mm,体黄白色,第1腹节白环消失,中后胸间可透见1对白斑。3龄体长6.0~9.0 mm,体黄白或淡黄绿色,前胸背板有1对三角形褐色隐斑,体背中央可透见背血管(半透明纵线)。4龄体长6.5~21 mm,体淡黄色或淡黄绿色,前胸背板后缘有1对新月形斑。5龄体长14~24 mm,体乳白色,前胸背板新月形斑纹呈"八"字形。此外,成长中的幼虫头淡褐色或黄

褐色,胸、腹部除可透见背血管外,无其他纵纹;腹足趾钩排列整齐,呈椭圆形单序全环。

【蛹】雄蛹长 10～15 mm,较细瘦。初为灰白色,后转黄绿色,将羽化时变为黄褐色。前翅端部达第四腹节后缘,中足超过翅端部伸达第 5 腹节,后足伸达第 7、8 腹节。雌蛹长 13～17 mm,较粗大,中足较接近前翅,后足伸达第 5 腹节后缘或第 6 腹节。腹部末端圆钝。

3. 稻纵卷叶螟

各虫态形态特征(图 6 - 15)如下:

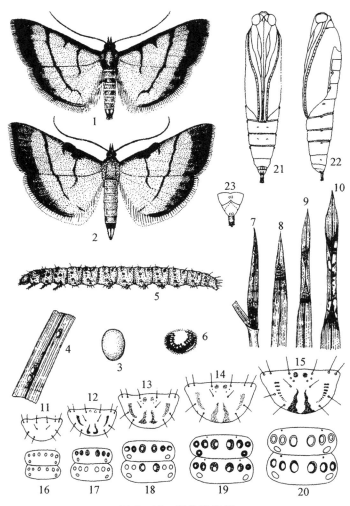

图 6 - 15　稻纵卷叶螟

1.雌成虫　2.雄成虫　3.卵　4.稻叶上的卵　5.幼虫　6.幼虫腹足趾钩　7～10.危害状(7.初孵幼虫危害状
8.卷尖期　9.卷叶期　10.纵卷期)　11～15.第 1～5 龄幼虫的前胸盾　16～20.第 1～5 龄幼虫的中后胸背面观
21.雄蛹腹面观　22.蛹侧面观　23.雌蛹的腹部末端

【成虫】体长 7～9 mm,翅展 16～18 mm,体黄褐色。前、后翅外缘均有黑褐色宽边。前翅有 3 条黑褐色条纹,中间一条较短,不达后缘;后翅有 2 条黑褐色条纹。雄蛾体较小,前翅前缘中央有 1 个由黑色毛簇组成的眼状纹,前足胫节末端膨大,其上生有褐色丛毛,停息时尾部翘起。雌蛾体较大,停息时尾部平直。

【卵】长约 1 mm,宽约 0.5 mm,近椭圆形,扁平,中央稍隆起。初产时乳白色,后渐变为淡黄色至黄色,孵化前淡黄褐色,可见一黑点。

【幼虫】通常 5 龄,少数 6 龄。淡黄绿色或绿色。前胸背板上有黑褐色斑纹。中后胸背面有 8 个毛片,分两排,前排6个,后排2个。腹部背面有毛片6个,前排4个,后排2个。末龄幼虫体长14～19 mm,头褐色,体绿色至黄绿色,老熟时为橘红色,前胸背板上具一对黑褐色斑,中、后胸背面各横列有两排毛片,前排6个,后排2个。

【蛹】长7～10 mm,长圆筒形,末端较尖削,具臀刺8根。初蛹时体色淡黄,后转为红棕至褐色。

(二)生物学与生态学特性

1. 二化螟

在我国一年发生1～5代。以4～6龄幼虫在稻桩、稻草、茭白遗株及杂草中滞育越冬。在稻桩中越冬的未成熟幼虫,春季能转入麦类、油菜、蚕豆等春花作物的茎秆中继续取食,并在其中化蛹;但在无春花植物可供取食的情况下,未成熟(4～5龄)越冬幼虫也能化蛹。由于越冬场所复杂,环境条件各异,越冬幼虫的化蛹、羽化时间不一,通常以茭白中越冬的幼虫化蛹、羽化最早,其次为稻桩中的越冬幼虫,稻草中越冬的幼虫化蛹、羽化较迟。受此影响,越冬代的发蛾时间很不整齐,常持续2个月左右,其间出现多次蛾峰。

在浙江一年发生3～4代。在双季稻区,第1代幼虫盛孵于5月中旬,危害早稻的分蘖秧苗,造成枯心和枯鞘。第2代幼虫盛孵于6月下旬至7月上旬,危害早稻穗期,造成虫伤株和枯孕穗,特别是危害迟熟早稻,造成白穗。第3代幼虫盛孵于8月上中旬,危害晚稻苗期,尤其是早插的晚稻分蘖期,受害较重。部分第4代幼虫,孵化于9月中下旬,与第3代幼虫同时危害晚稻穗期,造成虫伤株、枯孕穗或少量白穗。在单、双季稻混栽区,第1代螟蛾多趋向于单晚产卵,尤其是早插早发的单晚受害重。全年以第1、2代发生危害较重,第3、4代较轻。

成虫白天多静伏于稻丛或杂草中,夜间活动。趋光性强,对黑光灯较敏感。雌蛾喜选择叶色嫩绿、生长粗壮的稻株产卵,以分蘖期和孕穗期水稻落卵较多。产卵位置因水稻生育期而有所不同:秧苗和分蘖期,卵块多产于叶正面离叶尖不远处;分蘖后期至抽穗期,多产于离水面2寸以上的叶鞘上。每一卵块有卵数十粒,每雌蛾一生产卵2～3块,共100～200粒。幼虫孵化后,先群集在叶鞘内侧取食,受害叶鞘2～3 d后变色,7～10 d后枯黄。2龄幼虫开始蛀食茎秆,形成枯心、枯孕穗、白穗等症状。3龄以上幼虫当食料不足时可转株危害。幼虫老熟后,在茎秆内或叶鞘内侧化蛹,其化蛹部位常随稻田水位高低而升降。

发生程度常与气候、食料和天敌等因子关系密切。春季温暖,幼虫死亡率低,发生期提早。生长发育的最适温度为23～26℃,相对湿度为85%以上,夏季高温干旱天气对幼虫发育不利。台风暴雨可使稻田积水,淹死大量幼虫和蛹。水稻受害程度与品种有关,一般籼稻受害重于粳稻,杂交稻重于常规稻。杂交稻,因其叶宽色深、茎秆粗壮、生育期长,对二化螟的繁殖危害极为有利。天敌主要有寄生卵的稻螟赤眼蜂 *Trichogramma japonicun* Ashmead、二化螟黑卵蜂 *Telenomus chilocolus*（Wu et Chen）,寄生幼虫的二化螟盘绒茧蜂 *Cotesia chilonis*（Munakata）等,病原性天敌有白僵菌等。

2. 三化螟

在国内一年发生2～7代。以老熟幼虫在稻桩内滞育越冬。在浙江,一年发生3～4代,但在目前的水稻栽培制度下,各世代的发生均较轻,其对水稻的危害明显轻于二化螟。

成虫多静伏于稻丛中,黄昏开始活动,趋光性强,有趋嫩绿的习性,在生长繁茂的稻田中产卵较多。产卵位置因水稻生育期而有所不同:秧田内卵多产于秧叶离叶尖6～10 mm的叶正面;分蘖期,多产在稻株外围倒三、四叶的反面;圆秆拔节到抽穗期,多产在稻株外围倒二至倒四叶的反面。每雌螟一生产卵1～5块。

幼虫孵化后,一般经半小时左右即选择稻株的适当部位侵入。水稻生育期不同,蚁螟侵入部位及

危害后造成的症状也不一样：苗期和分蘖期，蚁螟从稻茎基部蛀入，其后咬断茎内组织，破坏输导组织，使心叶逐渐凋萎，形成枯心苗；孕穗末期和抽穗末期，蚁螟从包裹稻穗的叶鞘上蛀入或从稻穗破口处侵入，蛀食稻花，稻穗抽出后即从穗茎部侵入，并逐步向下蛀食，数天后咬穿稻节、咬断稻茎而形成白穗。2～5龄幼虫具转株危害习性，其中以3～4龄转株最为普遍。一个卵块孵出的幼虫，均在附近几丛稻株内危害，形成水稻枯心团或白穗群。化蛹部位多在土面上1～2 cm处。化蛹前，老熟幼虫先咬去茎的内壁，仅留一层薄膜，作成长椭圆形羽化孔。

3. 稻纵卷叶螟

稻纵卷叶螟是一种迁飞性害虫。在我国一年发生1～11代。在我国东半部，该虫在每年春、夏季可自南向北发生5次迁飞，秋季自北向南回迁3次。在浙江，最初1代的虫源主要由外地迁入，一年发生5～6代，一般以第2、4代分别在早稻、晚稻穗期危害，损失较大。

成虫昼伏夜出，白天多停息在稻田或周围其他作物、草丛中，遇惊扰即飞起，但不飞远。有趋光性，对白炽光趋性较强。成虫能吸食花蜜和蚜虫的蜜露，作为补充营养。每雌产卵量平均达100粒，最多可有300余粒。喜产卵于生长嫩绿、叶宽软披的水稻上。卵多产于中上部叶片的正面或背面，尤以倒1～2叶为多，也有少量散产在叶鞘上的；一般单粒散产，少数2～3粒联在一起。每雌螟一般可产卵30～50粒，最多可达170粒。

幼虫孵化后即能取食危害。蚁螟大多钻入心叶或卷叶中啃食叶肉，被害处出现针尖大小的半透明小白点，很少结苞。2龄开始吐丝缀卷叶尖或近叶尖的叶缘，形成小虫苞，并藏在其中啃食稻叶上表皮和叶肉，致使受害部位仅留下表皮，形成长短不一的条状白斑。进入3龄后，虫苞增长，并开始转苞危害，食量明显增加。4龄后转苞频繁，食量猛增，虫苞大，危害重。幼虫活跃，剥开虫苞时即迅速向后退缩或翻落地面。化蛹部位，分蘖期多在稻丛基部黄叶和无效分蘖上，抽穗后则多在叶鞘内侧，有的还在稻丛基部的植株间或旧虫苞内化蛹。

喜温暖、高湿的环境，温度22～28℃、相对湿度80％以上最有利于成虫生殖发育、产卵及卵的孵化和幼虫存活。因此，该虫产卵与幼虫发生期间，若遇多雨高湿天气，对其发生有利，而高温干旱则对其不利。食料方面，分蘖期、孕穗期水稻因生长嫩绿，有利其取食、产卵和存活，危害较重；而抽穗尤其乳熟期后，由于叶片逐渐老硬，不利于幼虫取食和存活，发生较轻。叶片宽厚的品种，有利于幼虫结苞取食，受害较重，而叶片质薄而硬的品种则受害较轻。施肥过多，偏施氮肥，或田间长期积水，造成水稻徒长、叶片下披、田间郁蔽、小气候湿度高，对该虫发生十分有利，水稻受害往往较重。

（三）防治方法

1. 二化螟和三化螟

（1）农业防治

①拔除白穗：在9月下旬至10月上旬，造成白穗的第3、4代三化螟幼虫，一般是准备过冬的幼虫，这时白穗明显，容易寻找，幼虫还停留在稻株的上部，齐根拔除或剪除白穗株，可消灭一部分虫源。

②齐泥割稻：晚稻收割时，齐泥割稻可减少虫源和破坏螟虫的越冬场所。

③稻草处理：稻草中有许多螟虫残留，如留在稻田里或田埂上，则第二年可作为有效虫源。因此，晚稻收割后要及时将稻草移走。种植茭白的地区，冬季要齐泥割除茭白遗株，集中处理。早稻草随割随挑，不得长时间摆放在田埂上，以减少2代二化螟虫源；早稻二化螟白穗率超过1％的稻草不能还田，以免残虫直接危害晚稻。

④灌水灭蛹：在越冬代螟虫蛹期（一般在4月中下旬）灌水淹没稻根，即能淹死大部分幼虫和蛹；在第1代二化螟化蛹初期（查到有个别幼虫化蛹时）灌浅水，使其提高化蛹部位，再在化蛹高峰期（查

到半数幼虫化蛹时)灌深水 3～4 d,即能淹死大部分老熟幼虫和蛹,可减少第 2 代的发生量。

⑤种植香根草:在稻田四周田埂或路边种植香根草 *Vetiveria zizanioides* 控制水稻二化螟,最佳田间布局为:丛间距 3～5 m,行间距 50～60 m。

另外,合理安排冬作物,晚熟小麦、大麦、油菜、留种绿肥要注意安排在虫源少的晚稻田中,可减少越冬后的有效基数;尽量避免单、双季稻混栽,可以有效切断虫源田和桥梁田之间的联系,降低虫口数量。

(2)诱杀成虫

采用频振式杀虫灯诱蛾:从 4 月下旬开始,在稻田中每隔 150 m 左右安装 1 盏频振式杀虫灯。在每代螟虫化蛾期,每天晚上 7 时开灯,早晨 7 时关灯,可有效杀死螟蛾。

采用性信息素进行诱杀:利用二化螟性信息素诱芯为 PVC 毛细管状(有效成分为顺-11-十六碳烯醛、顺-9-十六碳烯醛和顺-13-十八碳烯醛,含量为 0.61%,诱芯持效期≥60 d)结合诱捕器或嫩绿色黏板诱杀雄虫,每 666.7 m² 使用 1 个诱捕器(放置 1 枚诱芯)。也有研究表明,利用信息素光源诱捕器分别在南方和北方地区设置间隔 25 m(1 套/667 m²)、间隔 36 m(1 套/1333.4 m²),诱集二化螟雄虫效果高于常规性信息素诱捕器效果。

(3)生物防治

通过释放稻螟赤眼蜂控制二化螟。据报道,按每 667 m² 设置 8 个放蜂点,间隔 5 d 连续放蜂 3 次,每次放蜂 1 万头/667 m²,蜂卡置于稻株顶端下方 10 cm,对水稻二化螟卵块校正寄生率和防效分别为 53.21% 和 65.21%,放蜂区稻田蜘蛛平均 150 头/百丛以上,黑肩绿盲蝽平均 850 头/百丛以上,分别是农民自防区的 8.4 倍和 13.7 倍,也起到了很好的天敌保护作用。

(4)药剂防治

防治螟虫应掌握"准、狠、省"的原则。"准"是指根据当地植保部门的病虫情报,适时用药,不得过早或过迟施药。一般在低龄幼虫高峰期施药。"狠"是指抓住重点,保质保量认真施药。对于二化螟,要狠治第 1 代;对于三化螟,要狠治第 2 代。"省"就是在保证防治效果的前提下,尽量减少农药的使用量,降低成本和减少对环境的污染。在浙江,二化螟危害特点是早稻重,晚稻轻,故第 1 代是药剂防治的重点。对第 1 代二化螟,一般发生年份治一次,在螟卵盛孵高峰后 5～7 d 施药;大发生年份治 2 次,分别在卵孵高峰后 2～3 d 及其后 6～7 d 施药。

目前防治螟虫的药剂及其使用量有:每 667 m² 用 5% 甲维盐(甲氨基阿维菌素苯甲酸盐)微乳剂 8～10 mL,兑水 75 kg 喷雾;或每 667 m² 用 20% 氯虫苯甲酰胺悬浮剂 15 mL,兑水 30 kg 喷雾;或使用乙基多杀菌素·甲氧虫酰肼悬浮剂。采用药剂防治时,田间应保持 3～5 cm 深的水层,让其自然落干。为延缓该虫抗药性的产生,建议根据抗药性监测结果,及时更换药剂使用。

2.稻纵卷叶螟

(1)农业防治

选用抗虫品种。加强田间肥水管理,促进水稻健壮生长,适期成熟,提高其对稻纵卷叶螟的耐害能力,减轻受害程度。

(2)生物防治

稻纵卷叶螟的天敌种类很多,其中重要的有稻螟赤眼蜂(寄生卵)、纵卷叶螟绒茧蜂(寄生低龄幼虫)、步甲、蜘蛛类等。为了保护天敌,充分发挥其对稻纵卷叶螟的控制作用,应选择对天敌杀伤力小的农药品种和使用浓度,避开天敌敏感期施药。此外,可喷洒杀螟杆菌、青虫菌等微生物农药,每 667 m² 100～200 g 兑水 60～75 kg,另加 0.1% 洗衣粉作湿润剂喷雾;一般从孵化始盛期开始,每隔 4～5 d 施 1 次,连施 2～3 次。加少量化学农药喷施,可提高防治效果。

（3）药剂防治

每 667 m² 用 20％氯虫苯甲酰胺悬浮剂 15 ml 或 3‰甲维盐（甲氨基阿维菌素苯甲酸盐）微乳剂 40 mL，兑水 30 kg 喷雾，或使用乙基多杀菌素·甲氧虫酰肼悬浮剂。用药防治适期掌握在卵孵高峰期至 2 龄幼虫高峰期。由于稻纵卷叶螟通常在傍晚或清晨结苞转叶危害，阴雨天则全天结苞转叶，因此药剂防治以傍晚（特别是晴天的傍晚）喷药效果最好。为延缓该虫抗药性的产生，同一地区不宜长期使用单一品种，建议多种药剂轮换使用。

五、夜蛾类

夜蛾类害虫属鳞翅目、夜蛾科，据记载在我国水稻上危害的种类有 27 种，包括有钻蛀水稻茎秆的大螟 Sesamia inferens（Walker），以及咬食叶片的种类，其中后者常见的有稻螟蛉 Naranga aenescens（Moore）、淡剑灰翅夜蛾 Spodoptera depravata（Butler）、水稻叶夜蛾 S. mauritia（Boisduval）、金斑夜蛾 Plusia festucae（Linnaeus）、黏虫 Mythimna separate（Walker）等。其中最常见危害的主要是大螟。

大螟在我国南方稻区均有分布，原来仅是一种常发性次要害虫，然而自 20 世纪 90 年代初开始，江苏、浙江、江西、安徽、湖北、湖南等地相继报道其为害迅速增加，已成为水稻的主要害虫之一。大螟性喜温凉，在海拔较高，夏无酷暑，冬无严寒，水稻与玉米混栽的地区，最适宜繁殖和危害。危害水稻也造成枯心苗、白穗、枯孕穗和虫伤株。其中，大螟造成的枯心苗田边较多，田中间较少，有别于二化螟、三化螟的为害，且为害的孔较大，有大量虫粪排出茎外，也又别于二化螟。除水稻外，还为害裸大麦、小麦、油菜、甘蔗、茭白、粟、高粱等作物，以及芦苇、稗草等禾本科杂草。

对大螟介绍如下。

（一）形态特征

各虫态形态特征（图 6-16）如下：

【成虫】雌蛾体长约 15 mm，翅展约 30 mm。触角丝状，头部及胸部灰黄色，腹部淡褐色。前翅略呈长方形，灰黄色，中央有 4 个小黑点，排列成不整齐的四角形；后翅灰白色，前后翅外缘均密生灰黄色缘毛。静止时前后翅折叠在背上。复眼黑褐色，腹部肥大。雄蛾体长约 11 mm，翅展约 26 mm，触角栉齿状，有绒毛，喙退化。体翅有光泽，微带褐色，前翅中部有一纵向的褐色纹，外缘线暗褐色。

【卵】卵粒排列成行，常有 2～3 列组成，也有散生及重叠不规则的。卵块长 20～23 mm，宽约 1.7 mm。每块有卵 40～50 粒，最多的在 200 粒以上。卵粒扁圆形，表面有放射状纵隆线。卵初产时乳白色，后变淡黄色、淡红色，将孵化的灰黑色，顶端有一黑褐点，为即将孵化之幼虫头部。卵壳乳白色，较软、透明。

【幼虫】可分 5～7 龄。1 龄幼虫初孵化时体长 1.7 mm，至蜕皮时长约 3.4 mm；头部宽大，先为淡褐色，后变赤褐色，腹部灰白色，比头部窄，散生细毛；气门 9 对，生于第 1 节及第 4 至 11 节之两侧节间，均呈小黑点；2 龄幼虫体长 3.3～6.6 mm，头、胸、腹三部分等粗，尾端稍细；蜕皮时体色乳白，以后头部呈赤褐色，背面呈淡红色，腹面仍为白色；3 龄幼虫体长 6.6～10 mm，色泽与 2 龄幼虫相同；4 龄幼虫体长 10～15 mm，头部仍为赤褐色，背线白色，气门线淡灰色，背面淡紫色带灰黄色，腹面白色；5 龄幼虫体长 15～21.5 mm，体宽 3.3 mm，头部赤色，背部淡灰紫色；6 和 7 龄幼虫，体长 21.5～26.4 mm，体宽 3.3 mm，胴部肥壮，有光泽，背面淡紫，腹面淡白，预蛹体躯缩短，皱纹显著，色亦变暗。

【蛹】体长 11～16.5 mm，宽 3.3 mm，略呈长圆筒形，黄褐色，背面暗红色，头、胸部覆白粉状的分泌物。雄蛹外生殖器位于第 9 节后缘腹面中央，呈一小突起，中裂纵痕；雌蛹仅一凹痕，位于第 10 节腹面前缘突起所形成之角尖与第 9 节后缘内陷处。

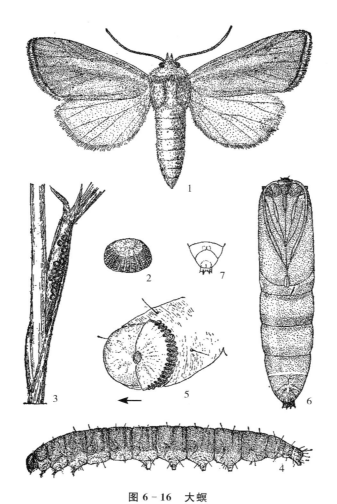

图 6-16 大螟

1.成虫 2.卵 3.产在叶鞘内的卵 4.幼虫 5.幼虫腹足趾钩 6.雌蛹 7.雄蛹腹部末端

（二）生物学与生态学特性

年发生代数因地理分布区而不同,云贵高原年可发生 2～3 代,江苏、浙江、安徽年发生 3～4 代,江西、湖南、湖北、四川年发生 4 代,福建、广西及云南开远年发生 4～5 代,广东南部、海南、台湾年发生 6～8 代。苏南越冬代发生在 4 月中旬至 6 月上旬,第 1 代 6 月下旬至 7 月下旬,第 2 代 7 月下旬至 10 月中旬;宁波一带越冬代在 4 月上旬至 5 月下旬发生,第 1 代 6 月中旬至 7 月下旬,第 2 代 8 月上旬至下旬,第 3 代 9 月中旬至 10 月中旬;长沙、武汉越冬代发生在 4 月上旬至 5 月中旬;江浙一带第 1 代幼虫于 5 月中下旬盛发,主要为害茭白,7 月中下旬第 2 代幼虫期和 8 月下旬第 3 代幼虫主要为害水稻,对茭白为害轻。大螟多以 3 龄以上幼虫在稻桩、杂草根际或玉米、茭白等残株中越冬,在江西、广西等地也能以蛹越冬。翌年春季温度上升到 8℃ 以上时,转移到大麦、小麦、油菜以及早播的玉米茎秆中继续取食补充营养,3 龄幼虫冬后如不补充营养,则不能化蛹、羽化。4 龄幼虫冬后如不补充营养,能化蛹但不能羽化,只有 5 龄以上的幼虫,不补充营养能化蛹羽化。老熟幼虫冬后一般在越冬处化蛹羽化,未老熟的,经转移取食补充营养后,在寄主的茎秆中或叶鞘内侧化蛹羽化;也有的爬出茎秆,转移到附近土下或根茬中化蛹羽化。

成虫羽化多在下午 7—8 时,白天栖息在杂草丛中或稻丛基部,晚上 8—9 时活动,扑灯盛期在午夜 23 时至次日凌晨 1 时 30 分。成虫具趋光性,在长江下游地区,1 代和 3 代末期的蛾,以及 4 代蛾趋

光性较强,以午夜至凌晨 4 时最盛。2 代和 3 代盛发期的蛾,趋光性弱,灯下蛾量少,不能反映田间实际情况。这与气温有关,一般在 20℃ 左右时,趋光性较强,25℃ 以上时,趋光性较弱,28℃ 时趋光性受抑。一般黑光灯比白光灯诱蛾多。金属卤素灯紫光和紫外线特强,1、2、3、4 代都能诱到较多的成虫。成虫寿命:1 代 6～10 d,2、3 代 4～6 d,4 代 5～6 d。产卵前期:1 代 3～4 d,2、3 代 2 d 左右,4 代 3 d 左右。一般在产卵后 1～2 d 即进入产卵高峰。

成虫具有极强持续飞行的能力,雌、雄成虫飞行可分别达 32.50 km 以上,大螟的有效飞行日龄一般为 6 d,且具有 2～3 d 的生殖前期,卵巢发育为 Ⅱ 级时飞翔能力最强,随日龄的增加,飞翔能力逐步下降。雌蛾交配后腹部膨大,飞翔力降低,喜择叶色浓绿、生长粗壮的稻株产卵。田边、田中央的排水沟边,以及杂交稻制种田的父本上产卵较多。叶鞘向外微展的稻株有利雌蛾腹部末端插入,将卵产于叶鞘内侧。大螟还喜欢在稻田里的稗草上产卵,卵量达全田的 60% 以上。但是,单纯栽植稗草,则不见产卵。产在稗草等禾本科杂草上的卵块孵化后,逐渐转移为害水稻。杂草茎腔小或无茎腔,是迫使转移的原因,一般在 3 龄以前,基本全部转移完毕。每头雌蛾一般产卵 2～4 块,第 1、2 代每雌产卵 120～150 粒,第 3 代能产 250～300 粒,第 4 代 200～250 粒。卵一般在 6～9 时孵化,孵化率为 25%～90%,平均 60%～70%。

初孵幼虫常群集于原叶鞘内侧蛀食,造成枯鞘。以后,随着虫龄增大,渐次侵入茎内,造成枯心苗。幼虫长大后,食量增大,转移至健株为害,每头幼虫能为害 4～5 株。幼虫粪便排至叶鞘外或茎外。由于各种寄主植物的营养条件不同,所处环境的温度高低不一,各代幼虫历期的长短差异很大,短的 17 d,长的需 53 d 以上。幼虫老熟时在稻棵基部枯鞘蛀屑里化蛹,少数在茎秆内化蛹,蛹历期 10～15 d。

耕作栽培制度影响大螟的发生数量,大面积混种玉米、甘蔗、高粱、茭白等作物的地区,大螟为害比较严重。山区旱稻及杂草较多,湖区茭白、芦苇较多,大螟发生量都较多。云贵高原的高寒地区,玉米与水稻混栽,华中的滨湖地区,茭白与芦苇混生,广西、福建及浙东等地山区,甘蔗与水稻混栽,发生量大。单季稻改种双季稻,前作播种早,有利于越冬代蛾产卵,种植杂交稻,由于茎粗、叶鞘宽阔,有利于产卵和幼虫存活,也易大发生。

高温干燥是越冬幼虫死亡率高的主要原因。在温度 20～25℃ 时,成虫交配产卵正常,幼虫和蛹的存活率高;温度上升到 28℃ 时,成虫交配产卵受到抑制,幼虫和蛹的存活率也下降。因此,在我国主要稻区,越冬代发蛾量高,第 1 至 2 代受高温抑制,繁殖率降低。秋季温度下降,第 3 代又显著回升。但在贵州省毕节市,全年日平均温度在 25℃ 以上时间只有 3～7 d,几无炎夏,冬季又都在 0℃ 以上,为害经常较重。

卵期寄生性天敌有稻螟赤眼蜂 *Trichogramma japonicun* Ashmead 等;幼虫和蛹期寄生性天敌有螟蛉瘤姬蜂 *Itoplectis naranyae*(Ashmead)、中华茧蜂 *Amyosoma chinensis*(Szepligeti)、螟黑纹茧蜂 *Bracon onukii*(Watanabe)、稻螟小腹茧蜂 *Microgaster russata*(Haliday)等。蜘蛛、青蛙等可捕食大螟的成虫和幼虫。

(三)防治方法

1. 农业防治

水稻收获时近地收割,减少稻桩茎基部的留虫量,及时处理稻草,同时冬前至少翻耕或者旋耕 1 次土壤,冬季休耕田灌水保湿,减少越冬虫源。改变作物田间布局,尽量避免玉米、水稻等插花种植格局,变为集中连片种植,在不影响下茬作物适时种植的情况下,适当推迟水稻播栽期,降低大螟产卵及危害高峰与适宜生育期的吻合度,同时尽量避免不同生育期的品种混栽。及时清除田边杂草,特别要及时清除芦苇、野茭白、蒿草等大螟野生寄主,拆除桥梁,减轻危害。玉米、茭白、蒿草等植物为大螟

1代的发生提供了桥梁,5—6月将田埂沟渠路边的杂草铲除,对附近芦苇、玉米、茭白等作物进行药剂防治可显著降低1代大螟的虫口基数,减轻大螟危害。高粱抽穗后,直至收获,3代大螟成虫都喜选择高粱产卵。而3代大螟盛卵期多在8月上、中旬,此时绝大多数高粱已到成熟、收获期,无论多大着卵量,均不造成高粱产量损失,若高粱收获后推迟7~10 d砍秆,以充分诱集大螟卵块集中处理,即能减少双晚和迟中稻上的着卵量,减少3代大螟对水稻的为害。大螟卵块有约70%产在稗草为主的禾本科杂草上,卵块孵化后,幼虫陆续向水稻转移危害。因此,栽稗诱卵并及时拔除,可以减少大螟发生数量,减轻大螟危害程度。

2. 诱杀

参照二化螟,利用性诱剂(主要成分顺11-十六醋酸酯:顺11-十六碳烯醇)诱杀成虫,每667 m² 间距30 m设置诱捕器,以达到控制大螟之目的;也可通过在水稻田边种植香根草,以降低田间大螟种群数量,并抑制大螟的生长发育。

3. 药剂防治

在水稻与玉米混栽,单季稻与双季稻并存,早、中、晚稻混栽的地区,各代大螟都有适宜的产卵繁殖场所,在防治策略上应采取狠治1、2代,挑治第3代的对策。在纯双季稻区,只有第1代在双季早稻上繁殖为害,2代大螟蛾没有良好的产卵繁殖场所,而且幼虫大部分随早稻茬耕翻入土而死亡,从而3代发生数量较少,应狠治1代,挑治2、3代的枯鞘、枯心团。防治指标为早稻枯鞘丛率10%,晚稻田间出现0.36%以上白穗、枯孕穗。防治水稻枯心苗以孵化高峰后2~3 d内,初龄幼虫第1次分散为害以前,在枯鞘阶段用药防治。防治白穗、虫伤株,必须以虫情为主,结合苗情,综合考虑,不能单纯根据虫情,一律在孵化高峰后2~3 d内用药,而应在苗情容易受害,又有相当数量的卵块孵化,能够造成为害时,即使在孵化始盛期,也应施药防治;根据苗情,如果2~3个孵化高峰都需防治,亦应施药2~3次。根据大螟喜田边数行稻株上产卵的习性,在田边需重点防治。

常用药剂有:20%氯虫苯甲酰胺悬浮剂10~15 mL/667 m²、40%绿虫·噻虫嗪水分散颗粒剂8~10 g/667 m²、15%氟铃脲·三唑磷乳油80~100 mL/667 m²、30%水胺·三唑磷乳油75~100 mL/667 m²等。

六、象甲类

我国水稻上的象甲类害虫已知的有5种,主要有稻象甲 *Echinocnemus squameus* Billberg 和稻水象甲 *Lissorhoptrus oryzophilus* Kuschel。稻象甲在国内分布很广,各稻区均有发生。稻水象甲是我国一种检疫性害虫,1988年首先发现于唐山地区,现除了海南、上海、江苏、甘肃、青海和西藏,在其他省(自治区、直辖市)均已发现。稻象甲的寄主植物除水稻外,还有麦类、玉米、棉花、油菜、甘蓝、番茄等作物以及稗草、李氏禾、看麦娘等禾本科杂草。稻水象甲的寄主植物繁多,有近百种,其中以禾本科和莎草科植物为主,喜食水稻、李氏禾(游草)、茅草等。

稻象甲(rice weevil)和稻水象甲(rice water weevil)的成虫均危害叶片。稻象甲成虫咬食稻苗基部,使心叶抽出后出现横排小孔,严重时叶片大部分折断,漂浮水面,受害稻苗素质差。稻水象甲成虫取食水稻嫩叶,沿叶脉啃食表皮和叶肉,仅留另一面表皮,由此形成纵向细短条斑。这两种象甲的幼虫均危害根系,受害后稻株生长缓慢,分蘖减少,长势弱,稻谷千粒重降低。幼虫对水稻的危害性大于成虫,即幼虫食根是这两种象甲导致水稻减产的主要原因。

(一)形态特征

1. 稻象甲

各虫态形态特征(图6-17)如下:

【成虫】体长约 5 mm,宽约 2.3 mm,黑褐色,体表密被灰色鳞片,鳞片间隙明显。前胸中间两侧和鞘翅中间 6 个行间的鳞片为深褐色,行间近端部各有一个长方形白色小斑。

【卵】长 0.6～0.9 mm,椭圆形,略弯曲。初产时乳白色,后变淡黄色,半透明而具光泽。

【幼虫】成长幼虫长约 9 mm,蛆形,稍向腹面弯曲。头部褐色,体乳白色,肥胖多横褶,背面无突起。

【蛹】离蛹,位于土室内。长约 5 mm。初为乳白色,后变灰色,腹部腹面多细皱纹,背面有细毛,腹末背面有 1 对刺状突起。

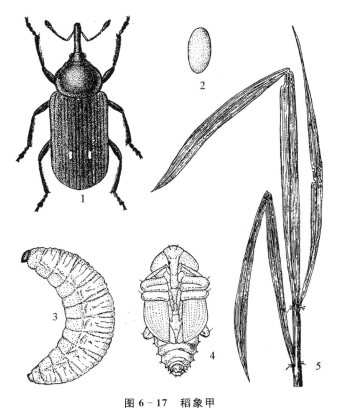

图 6 - 17　稻象甲
1.成虫　2.卵　3.幼虫　4.蛹　5.被害稻叶

2. 稻水象甲

各虫态形态特征(图 6 - 18)如下:

【成虫】体长约 3 mm,宽约 1.5 mm,褐色,体表密被灰色鳞片,鳞片间无缝隙。前胸背板中间和鞘翅中间基半部为深褐色,鞘翅近端部无白斑。

【卵】长约 0.8 mm,珍珠白色,长圆柱形,两端圆,略弯。

【幼虫】共 4 龄,成长幼虫长约 10 mm,细长。头部褐色,体白色。腹部第 2～7 节气门背面有钩状突。

【蛹】老熟幼虫作薄茧,附着于寄主根部,然后在茧中化蛹。茧卵形,土灰色,长径 4～5 mm,短径 3～4 mm。蛹白色,复眼红褐色,大小、形状近似成虫。

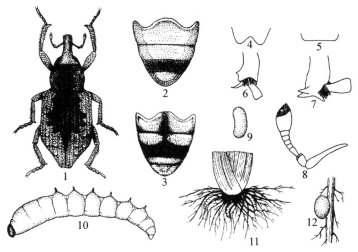

图 6 - 18　稻水象甲

1.成虫　2～3.雌虫、雄虫第 5 腹节腹板突起　4～5.雌虫、雄虫第 7 腹节背板后缘　6～7.雌虫、
雄虫后足胫节末端　8.触角　9.卵　10.幼虫　11.幼虫群集为害根系　12.土茧

（二）生物学和生态学特性

1. 稻象甲

在我国一年发生 1～2 代,各代所有成虫均为雌性,营孤雌生殖。在浙江双季稻区,一年发生 2 代,主要以成虫在松土或土缝中、田边杂草及落叶下越冬,少量以幼虫在稻桩根部土中越冬。越冬成虫 3 月上旬开始活动,4 月中旬达到高峰;先迁至秧田危害,移栽后再迁入本田危害并产卵。第 1 代幼虫于 6 月下旬开始化蛹,成虫于 7 月中旬前后开始羽化。在早稻收割前,第 1 代成虫迁离田间,待晚稻移栽后,再迁回田间,产卵形成第 2 代。第 2 代成虫于 10 月上旬开始羽化,此后进入越冬阶段。

成虫白天多潜藏在植株丛中或土缝等处,早晚活动。活动能力较弱,无明显趋光性,有假死性。卵多产于稻苗基部叶鞘上。产卵时用喙咬 1 小孔,在其中产卵 3～5 粒,多者 10 多粒。幼虫孵化后,沿稻株潜入土中,取食幼嫩稻根。老熟幼虫在稻根附近作土室化蛹。老熟幼虫在长期浸水的土中不能化蛹,但一旦离水,即能化蛹。夏秋间卵历期 5～6 d,幼虫历期 60～70 d,蛹期 6～10 d,越冬历期长达 200 多天。

田间杂草及稻桩的大量存在,以及免耕或少耕的生产技术的发明,有利于稻象甲越冬存活,虫源基数增大。早稻中后期田间无水层,有利于化蛹和羽化;反之,如果稻田长期浸水、含水量高,则对其存活、化蛹和羽化十分不利。

2. 稻水象甲

在我国一年发生 1～2 代。在我国北方单季稻区,一年发生 1 代;在南方双季稻区如浙江东南部、台湾等地,一年发生 2 代。各地均以成虫滞育越冬,越冬场所大多在田边坡地、沟渠边及田埂上的杂草丛中(成虫蛰伏于表层土中)。

在浙江双季稻区,当春季气温回升后,越冬成虫先取食越冬场所的杂草(以禾本科、莎草科杂草为主),于 4 月下半月飞行肌发育后,再陆续迁到早稻秧田及田边、沟边的杂草上,4 月底至 5 月上旬早稻移栽后再从田埂、沟边杂草上迁入稻田取食和产卵。在早春气温较低年份,由于飞行肌发育较迟,部分成虫直接从越冬场所迁入本田中。第 1 代成虫 6 月中旬始见,6 月下旬至 7 月上旬达到高峰。第 1 代成虫羽化后,大部分个体生殖滞育,先取食稻叶、田间及田埂上的杂草,待飞行肌发育后再迁到越夏、越冬场所。第 1 代成虫中只有小部分个体生殖发育,形成第 2 代虫源,在晚稻上取食和产卵。在

多数年份,晚稻上第 2 代稻水象甲的发生很轻。第 2 代成虫于 8 月下旬至 9 月上旬始见,9 月下旬后陆续迁往越冬场所滞育越冬。

成虫可在水中游泳,在稻田内主要通过游泳扩散,有假死性,对黑光灯趋性较强。成虫活动和取食偏好有水的环境,一般只选择被水浸没的寄主部分产卵。在水稻上,卵产于外围 2～3 张叶的叶鞘近中脉组织内,单产;一处可产卵数粒,各卵纵向排列,产卵处表面不见产卵痕迹。据室内观察,冬后成虫平均产卵 50 余粒,最多可超 200 粒。初孵幼虫先取食叶鞘内侧组织(时间一般不超过 1 d),然后离开叶鞘落入水中,转移至根部取食。幼虫一般在 0～6 cm 的土层中取食危害,1～2 龄蛀食水稻根部,留下管状表皮;3～4 龄咬食根系,造成断根。幼虫具转移危害习性,其通过身体蠕动扩散至邻近的稻株。幼虫老熟后,在稻根上筑土茧化蛹。蛹在茧内发育为成虫后,咬一椭圆形羽化孔外出。

在田间种群动态的监测方面,前期可调查水稻叶片上的成虫取食斑数量动态,以此来推测成虫发生密度及可能达到的幼虫密度。在美国,已发明一些成虫诱集器,可置于田间或沟渠边,用于成虫发生动态的监测。

(三)防治方法

1. 稻象甲

(1)控制虫源

冬季结合积制有机肥料,将田埂、沟渠、道路、场基上的杂草、作物秸秆清尽,特别对多年失管的地区,要联合清除,捣毁稻象甲成虫的越冬场所,消灭越冬成虫。例如针对江苏淮安地区直播稻田,有的田块在 9 月上旬至 10 月下旬保持田间适量浸水,或浅水勤灌,使水稻生长后期不断水过早,不仅利于提高水稻千粒重,而且还可以破坏稻象甲的化蛹、羽化。早春及时沤田,多犁多耙,可杀死大量越冬成虫、蛹和幼虫。

(2)诱杀成虫

稻象甲成虫喜食甜食,将稻草扎成 30 cm 左右长的草把,洒上红糖水,并在每个草把中放入 5～8 个糖果,傍晚均匀放入稻秧田中(225 个/hm²),第 2 天清晨收集草把捕杀成虫。

(3)药剂防治

可采用苗前拌毒土,在害虫发生期采用药剂防治相结合的方式。在生产上可选用 10％毒死蜱颗粒剂按照 15 kg/hm² 或采用 48％毒死蜱乳油按照 3750 mL/hm² 拌土 300 kg/hm²,均匀施于大田或旱育秧田块;在害虫发生期,可采用 40％氯虫·噻虫嗪按照 120～180 g/hm² 或采用 48％毒死蜱乳油 2250 mL/hm² 于害虫发生田块,在下午 5 时以后对水 450～750 kg/hm² 喷雾,药后保持田间 1～2 cm 水层 2～3 d,可有效控制危害。

2. 稻水象甲

(1)加强检疫和监测

稻水象甲一旦传入极难根治,加强检疫是预防其传入的首要措施。通过行政手段划定疫区,设立检疫检查站,禁止从疫区调运秧苗、稻草及用疫区的稻草做填充材料。从疫区调运稻谷前需先进行严格检疫。

主要通过观察成虫取食斑监测稻水象甲的发生动态。在疫区以及邻近传入风险高的地区,在水稻栽种之前调查寄主植物上有无疑似成虫取食斑,调查场所包括水稻秧田、田埂及邻近有禾本科植物生长的区域。水稻栽种后,重点调查靠近田埂的数行稻株及田边杂草。若发现疑似取食斑,先观察植株上有无成虫,再采用盘拍法检查。对生长于水中的植株,还需检查植株被水浸没的茎秆、叶片上有无成虫。

(2)农业防治

防治方法主要有调整水稻播种期、降低田间水位、搁田等方法。适当迟栽可使苗期避开冬后成虫迁入高峰期、产卵高峰期;也可适当早栽,使稻株在幼虫危害高峰到来之前即具备发达根系,提高耐害能力。由于稻水象甲成虫需将卵产于水面以下的叶鞘,在产卵期降低田间水位可减轻危害。土中幼虫通过蠕动进行根须间转移,故在幼虫发生期排水搁田 2 周,可减少幼虫活动和取食,有效减轻危害。冬春季及水稻种植之前清除田埂上的禾本科杂草,可恶化越冬成虫、冬后成虫的生存环境,控制效果明显。

（3）诱杀成虫

利用稻水象甲成虫趋光的特点,采取灯光诱杀技术诱杀成虫。利用稻水象甲的趋光性,可在田间放置杀虫灯,杀虫灯间距为 60 m,悬挂距地面 1 m 左右。可在不同时期进行诱杀,也可在夜间点灯诱导成虫产卵,进行集中消灭。为防止稻水象甲成虫活动期随灌溉水传播蔓延,在发生区稻田的出水口设置拦截网(孔径小于或等于 0.5 mm)限制稻水象甲传播。

（4）生物防治

应用绿僵菌和球孢白僵菌可湿性粉剂防治迁徙期间的越冬代稻水象甲。据报道,在成虫怀卵期喷施 1014 亿孢子/hm²,施药后 13 d 对成虫的防治效果达 92.5%,幼虫减少率为 74.8%~86.8%;用改良的白僵菌可湿性粉剂(250 亿孢子/g)在田间使用 55 g/667 m² 以上剂量喷施,对稻水象甲的防治效果在 65% 以上。插秧后 3~7 d 喷施球孢白僵菌 YS03 菌株粉剂或孢悬液雾剂(10⁸ 孢子/mL)按 10000 亿孢子/667 m² 喷施,对成虫和幼虫防效各在 65%、80% 以上。

（5）药剂防治

采取"治秧田、控大田,治成虫、控幼虫,治一代、控越冬基数"的三治三控策略加强对稻水象甲的防控,抓好种秧处理、带药下田,以及在冬后成虫盛发、产卵前施药,以降低后代幼虫数量。稻水象甲经济防治阈值为 5.82 头/m²。药剂防治措施如下:一是拌种或秧苗处理,在种植前将 35% 丁硫克百威种子处理干粉剂 25~30 g,拌水稻种子 1 kg,或 60% 吡虫啉悬浮种衣剂拌种处理,或将秧苗浸泡在 70% 吡虫啉(艾美乐)药水中 0.5 h 后移栽。二是带药下田,插秧前 3~4 d,每 667 m² 用 10% 醚菊酯悬浮剂 40~50 mL,兑水喷雾;插秧前 2 d 施药,按 450 g/hm² 剂量喷施 200 g/L 氯虫苯甲酰胺悬浮剂。三是秧田或大田喷药,用 20% 丁硫克百威(好年冬)乳油 50 mL,或 10% 醚菊酯悬浮剂 80~100 g,或 40% 氯虫·噻虫嗪(福戈)水分散粒剂 10~12 g,或 10% 呋虫胺(护瑞)可溶粒剂 30~40 g,或 30% 阿维·杀虫单可湿性粉剂 90 g,或 40% 哒螨灵悬浮剂(镇甲)25~30 mL,或 10% 阿维·氟虫双酰胺(稻腾)悬浮剂 45~60 mL,于秧田期、大田期分别对水 30 kg/667 m² 和 50 kg/667 m² 均匀喷雾。

思考与讨论题

1.阐述水稻主要病害症状、病原形态特征、侵染循环、发病条件和防治方法。

2.结合文献查阅,简述水稻病毒病的主要种类、发生与流行特点,并重点分析条纹叶枯病毒病和黑条矮缩病毒病的防治方法。

3.稻田主要发生哪 3 种飞虱?哪 2 种属迁飞性害虫?它们分别可传播哪些病毒病?

4.水稻钻心虫主要指哪几种害虫,如何在形态和危害特征上加以区分?二化螟的防治应从哪几方面考虑?

5.阐述水稻主要害虫形态特征、生物学与生态学特征及防治方法。

6.结合文献查阅,概述现代生物技术、信息技术和人工智能在水稻病虫害防控中的应用。

7.结合文献查阅,阐述稻米生产中水稻病虫害的绿色防控策略与关键技术。

☆**教学课件**

第七章　旱粮和油料作物病虫害

　　我国旱粮作物主要有玉米、麦类、甘薯和马铃薯等，油料作物主要有油菜和大豆等。旱粮和油料作物的病害种类繁多，国内分布广泛。我国已有报道的玉米病害 40 余种、小麦病害 50 余种、甘薯病害 27 种、马铃薯病害 26 种、油菜病害 14 种和大豆病害 30 种。其中，目前在生产上发生普遍、危害大且能造成严重损失的卵菌病害有马铃薯晚疫病等，真菌病害主要是玉米小斑病、玉米大斑病、小麦赤霉病、小麦锈病、甘薯黑斑病、大豆根腐病以及油菜菌核病等，细菌病害主要有甘薯瘟病，病毒病主要有油菜病毒病和大豆花叶病等，以及大豆胞囊线虫病。

　　据统计，玉米害虫全国约有 230 种，其中以亚洲玉米螟最为重要，2019 年初草地贪夜蛾在我国南方被发现，随后开始在大范围内对玉米等作物造成严重危害；小麦害虫有 230 余种，其中以麦蚜、地下害虫、麦蜘蛛、小麦吸浆虫危害严重；油菜害虫近 120 种，其中常见的有 30 种之多，主要有蚜虫、茎象甲、小菜蛾、菜粉蝶、潜叶蝇及跳甲等，近年尤以蚜虫、茎象甲和小菜蛾危害严重；大豆害虫有 240 余种，主要有大豆蚜、筛豆龟蝽、大豆斑粉象甲、豆荚螟等，其中，筛豆龟蝽在 20 世纪 80 年代后期从次要害虫上升为主要害虫，大豆斑粉象甲不同年份在局部发生较重，而豆荚螟自 90 年代后发生量开始大幅下降；甘薯害虫也超过 110 种以上，其中甘薯小象甲是国内重要的植物检疫对象。其他旱粮害虫还有危害马铃薯的二十八星瓢虫（马铃薯瓢虫和酸浆瓢虫）等。

　　本章就重要旱粮和油料作物病害的症状、病原形态特征、侵染循环、发病条件和防治方法，以及重要害虫形态特征、生物学与生态学特性及防治方法等作一叙述。

第一节　重要病害

一、马铃薯晚疫病

　　马铃薯晚疫病（potato late blight）在世界各马铃薯种植区均有发生，是马铃薯的一种重要病害。流行年份可引起马铃薯成片枯死，造成很大损失。

（一）症状

　　该病主要危害叶、茎和薯块。叶片发病初在叶尖或叶缘产生水渍状绿褐色小斑，周围具浅绿色晕圈，潮湿时病斑迅速扩大，呈褐色，并产生一圈白霉，即孢囊梗和孢子囊，以叶背最为明显；干燥时病斑干枯呈褐色，不产生霉层。茎部或叶柄发病产生褐色条斑。严重时叶片萎蔫下垂，全株腐败变黑。薯块感病产生略凹陷的淡褐色病斑，病部皮下薯肉呈褐色坏死。

（二）病原物

　　病原物为致病疫霉菌 *Phytophthora infestans*（Mont.）de Bary，卵菌门、疫霉菌属。菌丝在寄主细胞间隙生长，以丝状吸器吸收寄主养分。菌丝无色，无隔膜。孢囊梗 3～5 根从气孔或皮孔伸出，有 3～4 个分枝，顶端着生孢子囊处膨大成节。孢子囊单胞无色，柠檬形，顶端具乳突。孢子囊在水中释放出多个具双鞭毛的肾形游动孢子,游动孢子可萌发产生芽管,侵入寄主(图7-1)。菌丝生长适温为20～23℃,孢子囊形成适温为19～22℃,形成游动孢子适温为10～13℃。温度高于24℃时,孢子囊多直接萌发。但孢子囊或游动孢子的形成和萌发均不能缺水。该病菌有明显的生理分化现象,存在不同的生理小种。

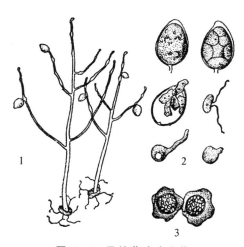

图7-1　马铃薯晚疫病菌
1.孢囊梗及孢子囊　2.孢子囊萌发　3.卵孢子

(三)侵染循环

病菌主要以菌丝体在薯块中越冬,成为主要初侵染源。在双季薯区,前一季遗留在土中的病残体和发病的自生苗也可以成为当年下一季的初侵染源。病薯播种后,大多不发芽或发芽出土前腐烂,少数出土后成为田间中心病株。病部产生的孢子囊借风雨传播,进行再侵染,形成发病中心,由此在田间反复再侵染,蔓延扩大。病株上的部分孢子囊可随雨水或灌溉水渗入土中侵染薯块,成为翌年主要初侵染源。

(四)发病条件

该病的发生和流行与品种的抗病性、气候条件和栽培管理密切相关,其中以气候条件为流行主导因素。

1.气候条件

病菌喜日暖夜凉的高湿条件。18～22℃和相对湿度95%以上的条件,有利于孢子囊的形成;10～13℃(保持1～2 h)又有水滴时,有利于孢子囊萌发产生游动孢子;24～25℃(持续5～8 h)及水滴存在时,有利于孢子囊直接产出芽管。一般在开花期,白天22℃左右,相对湿度高于95%并持续8 h以上,夜间10～13℃,叶上有水滴持续11～14 h的高湿条件下,植株即可发病。因此,多雨年份,空气潮湿或温暖多雾条件下,发病较重。长江中下游地区的梅雨季节很适合春薯晚疫病的发生和流行。

2.品种抗病性

品种间的抗病性存在明显差异。一般匍匐型品种比直立型品种感病;叶片平滑、手感柔软的品种较有茸毛、粗糙的品种感病。

3.栽培管理

地势低洼,排水不良,田间密度大,偏施氮肥,植株徒长或营养不良,有利于发病。

(五)防治

该病的防治应采取以选用抗病品种和无病种薯为基础,加强田间栽培管理和适时药剂防治的综合措施。

1.选用抗病品种

应选育非专化性抗病性的品种,种植时合理搭配品种。目前推广的抗病品种有鄂马铃薯1号、2号,坝薯10号,冀张薯3号,中心24号,郑薯4号,抗疫1号,胜利1号,四斤黄,德友1号,同薯8号,克新4号,新芋4号,乌盟601,文胜2号,青海3号等。

2.选用无病种薯

在秋收入窖、冬藏查窖、出窖、切块、春化等过程中,应严格剔除病薯。最好建立无病留种地,进行无病留种。

3. 加强田间栽培管理

适期早播,选土质疏松且排水良好的田块栽植,合理施肥,促进植株健壮生长,增强植株的抗病性;及时清除中心病株。

4. 药剂防治

根据当地的气象条件进行施药,一般在发病前进行初次施药,如果当地雨水较多,后续每间隔7～10 d施药1次,连续用药3次。注意多种药剂轮换使用,防止出现抗药性,影响防治效果。现有264个制剂产品登记用于马铃薯晚疫病防治;一般前期在未发病或初期喷施保护性杀菌剂,如代森锰锌,而后期(7—8月)雨季来临后或发病后主要喷施内吸性治疗剂或保护兼治疗剂。常用药剂有80%大生可湿性粉剂400～600倍液、或75%百菌清可湿性粉剂600～800倍液、或70%乙磷铝锰锌300倍液、或72%克露可湿性粉剂600～800倍液、或68.75%氟菌·霜霉威悬浮剂亩用制剂75～100 mL,或58%甲霜·锰锌可湿性粉剂亩用制剂100～120 g,或40%烯酰·嘧菌酯悬浮剂亩用制剂40～50 mL,或40%烯酰·氟啶胺悬浮剂亩用制剂40～50 mL,或10%氟噻唑吡乙酮可分散油悬浮剂亩用制剂13～20 mL。

二、真菌病害

(一)玉米小斑病

玉米小斑病(southern blight of corn)是国内外普遍发生的病害之一。1970年,美国玉米小斑病大流行,造成玉米减产165亿kg,损失产值约10亿美元。该病在我国早有发现,但到20世纪60年代以后,由于推广感病杂交品种,危害日趋严重,成为玉米生产上的一种主要病害,一般可减产10%～20%,重则可达30%以上。近年来,我国采取以抗病品种为基础的综合防治措施,小斑病的危害已基本得到控制。玉米小斑病目前主要分布在黄河及长江流域的温暖潮湿地区。

1. 症状

玉米整个生育期均可发生,以抽雄后发病较重。主要危害叶片,也可危害叶鞘、苞叶、果穗和籽粒。发病多从下部叶片开始,逐渐向上部叶片蔓延,严重时整株枯死。叶片发病初期产生褐色水浸状小点,后逐渐扩大成椭圆形、边缘为紫色或红色晕纹状的病斑。后期病斑中央色变淡,常形成赤褐色同心轮纹。病斑密集时常相互愈合,引起叶片枯死。潮湿条件下,病部长出褐色霉层,即病原菌分生孢子梗和分生孢子。抗病品种的病斑为黄褐色坏死小斑点,具黄色晕圈,表面霉层不明显。叶鞘和苞叶上的病斑与叶片上的相似。侵染果穗会引起其腐烂或脱落,种子发黑霉变。

2. 病原物

病原物无性态为玉蜀黍平脐蠕孢菌 *Bipolaris maydis*(Nisikado & Miyake)Shoem.,半知菌亚门平脐蠕孢属。有性态为异旋孢腔菌 *Cochliobolus heterostrophus*(Drechsler)Drechsler,子囊菌亚门旋孢腔菌属,偶尔可在叶鞘和叶枕处发现,但不常见。

分生孢子梗从气孔或表皮细胞间隙伸出,单生或2～3根束生,橄榄色至褐色,有隔膜3～18个,多为6～8个。分生孢子长椭圆形或近梭形,褐色至深褐色,多向一方弯曲,具隔膜1～15个,一般为6～8个,大小为(3～115)μm×(10～17)μm,脐点明显凹于基细胞内。子囊壳黑色,近球形,子囊顶端钝圆,基部具短柄。每个子囊内有4个或偶尔有2～3个长线形的子囊孢子。子囊孢子在子囊里彼此缠绕成螺旋状,有隔膜,大小为(146.6～327.3)μm×(6.3～8.8)μm(图7-2)。

菌丝发育适温为28～30℃,分生孢子产生的适温为23～25℃,萌发适温为26～32℃。玉米小斑病菌存在明显的生理分化现象,通常将病菌划分为T、O和C等三个生理小种。T和C小种对有T型和 C 型细胞质的雄性不育系有专化性,而 O 小种则无这种专化性。

3. 侵染循环

病菌主要以菌丝体在病残体上越冬。分生孢子虽可越冬,但存活率低。其中 T 小种病菌还可在种子上越冬,成为翌年发病初侵染源。翌年条件适合时,越冬病菌产生分生孢子。分生孢子借风雨传播到玉米植株上,从气孔或直接穿透叶表皮细胞侵入。病斑形成后产生大量分生孢子,又借气流传播进行再侵染。在春、夏玉米混栽区,春玉米收获后遗留田间病残体上的孢子可以继续向夏玉米传播,造成夏玉米比春玉米发病重。

4. 发病条件

小斑病的发生和流行与品种抗病性、气候条件和栽培措施有密切关系。

（1）品种抗病性

玉米品种间抗病性存在显著差异。滇玉 19 号、滇引玉米 8 号、西农 11 号、郑州 2 号等杂交种或品种对小斑病表现较强抗病性。

（2）气候条件

在玉米孕穗、抽穗期,平均温度 25℃ 以上,又遇多雨时,容易造成流行。

（3）栽培措施

肥力不足引起玉米生长发育不良的易于发病,连作地、低洼地和过于密植的发病较重。

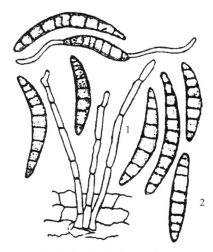

图 7 - 2　玉米小斑病菌
1.分生孢子梗　2.分生孢子

5. 防治

该病的防治应采取以种植抗病品种为主、加强农业防治和辅以药剂防治的综合防治措施。

（1）选用抗病品种

种植抗病的优良杂交品种是玉米增产丰收的主要措施。根据当地病菌生理小种类群与玉米品系之间的关系,因地制宜地种植抗病良种。同时,应考虑配置多种杂交种和多类型的细胞质雄性不育系,避免品种单一化。

（2）农业防治

玉米收获后清洁田园,将秸秆集中处理,经高温发酵用作堆肥;及时深翻土地,以减少菌源;摘除植株下部老叶和病叶,减少再侵染菌源。间作套种时,选用大豆、花生、棉花、小麦等间作;单作玉米时,采用宽窄行种植。种植密度要合理,降低田间湿度。施足底肥,增施磷、钾肥,提高植株抗病力。

（3）药剂防治

于病害初发期施药 1～2 次,间隔 7～10 d。可选用 18.7% 丙环·嘧菌酯悬浮剂亩用制剂 50～70 mL,安全间隔期 30 d;30% 肟菌·戊唑醇悬浮剂制剂亩用制剂 36～45 mL,安全间隔期 21 d;22% 嘧菌·戊唑醇悬浮剂亩用制剂 40～60 mL,安全间隔期 30 d;24% 井冈霉素水剂亩用制剂 30～40 mL,安全间隔期 7 d;32% 戊唑·嘧菌酯悬浮剂亩用制剂 32～42 mL,安全间隔期 21 d,每季最多使用 2 次。

（二）玉米大斑病

玉米大斑病（northern blight of corn）是玉米产区的重要病害之一,主要分布在北方春玉米和南方冷凉山区的玉米区。发生严重的年份,一般减产 20%～30%,重则可达 50% 以上。

1. 症状

玉米整个生育期均可受害,尤以抽雄后期危害最重。主要危害叶片,严重时也可侵染叶鞘和苞叶。一般先从下部叶片开始发病。叶片发病初期呈青灰色水渍状小斑点,然后沿叶脉扩展成边缘呈

暗褐色、中央青色或灰褐色的长梭形大条斑,后期常发生纵裂。病斑多时常相互愈合成不规则大斑,引起叶片变黄枯死。在潮湿条件下,病斑上密生灰黑色霉层(分生孢子梗及分生孢子)。在含 Ht 抗病基因的品种上,病斑小而少,表现为褪绿病斑,呈褐色坏死,外具黄绿或淡褐色晕圈。

2. 病原物

病原物无性态为大斑凸脐蠕孢 *Exserohilum turcicum*(Pass.)Leonard & Suggs,半知菌亚门外孢霉属。有性态为玉米大斑刚毛座腔菌 *Setosphaeria turcica*(Luttrell)Leonard & Suggs,子囊菌亚门毛球腔菌属。自然条件下一般不产生有性世代,人工培养可产生子囊壳。

病菌分生孢子梗自气孔伸出,单生或 2～6 根束生,暗褐色不分枝,具 2～8 个隔膜,顶端着生分生孢子。分生孢子梭形或长梭形,淡橄榄色,顶细胞钝圆形或长椭圆形,基细胞尖锥形,多数具 4～7 个隔膜,大小为(45～132)μm×(15～25)μm,脐点明显突出于基细胞向外伸出(图 7-3)。分生孢子越冬期间形成厚垣孢子。菌丝体发育的适温为 28～30℃,分生孢子形成的适温为 20℃,萌发和侵入的适温为 23～25℃。大斑病菌有两个专化型,即对玉米专化致病性的玉米专化型 *S. turcica* f. sp. *zeae* 和对高粱专化致病性的高粱专化型 *S. turcica* f. sp. *sorghi*。我国已发现 3 个生理小种,分别为 1 号、2 号和 3 号小种。

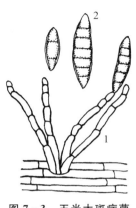

图 7-3 玉米大斑病菌
1.分生孢子梗 2.分生孢子

3. 侵染循环

病菌以菌丝体或分生孢子在病残体中越冬,成为翌年主要初侵染源。另外,种子上带的少量病菌以及堆肥中尚未腐烂的病残体上的病菌也能成为初侵染源。在玉米生长季节,越冬病菌在适宜条件下产生大量分生孢子,借风雨传播到玉米叶片上,从寄主表皮直接侵入,少数可从气孔侵入。经 10～14 d 在病斑上可产生分生孢子,又经气流传播进行再侵染。在春、夏玉米混栽区,春玉米收获后病菌向夏玉米传播,往往在夏玉米生长后期引起流行。

4. 发病条件

病害发生和流行与玉米品种抗病性、气候条件和耕作栽培措施密切相关。

(1)品种抗病性

玉米品种间的抗病性存在明显差异。感病品种的大面积种植是引起病害发生和流行的主导因素。

(2)气候条件

温度 20～25℃、相对湿度 90% 以上,有利于病害发生。但气温高于 25℃ 或低于 15℃,相对湿度小于 60% 时,病害扩展受阻。因此,在春玉米拔节到抽穗期间,气温适宜、多雨高湿,易造成病害的发生和流行。

(3)栽培措施

玉米孕穗和抽穗期间肥料不足、地势低洼、田间密度过大和连作地等栽培措施不当也易发病。

5. 防治

该病的防治可参考玉米小斑病。但大斑病的抗病品种选用应根据当地优势小种选择抗病品种,合理利用不同抗性品种及兼抗品种,注意防止其他小种的变化和扩散。于病害初发期施药 1～2 次,间隔 7～10 d。可选用 25% 吡唑醚菌酯乳油亩用制剂 30～50 mL,安全间隔期 10 d,每季最多使用 2 次;70% 丙森锌可湿性粉剂亩用制剂 100～150 g,安全间隔期 45 d,每季最多使用 2 次;75% 肟菌·戊唑醇水分散粒剂亩用制剂 15～20 g,安全间隔期 14 d,每季最多使用 2 次;240 g/L 氯氟醚·吡唑酯乳油亩用制剂 48～55 mL,安全间隔期 21 d,每季最多使用 2 次。

（三）小麦赤霉病

小麦赤霉病（fusarium head blight of wheat）是危害麦类作物的主要病害之一。全国各麦区均有分布，但以长江中下游冬麦区和东北春麦区发生最重。常年小麦发生赤霉病比大麦要重，受害后一般减产10%～40%，严重时可达80%～90%，甚至绝收。发病麦粒含有脱氧雪腐镰刀菌烯醇（deoxynivalenol，DON，又称呕吐毒素）、玉蜀黍赤霉烯酮（zearalenone，ZEN）等真菌毒素，人畜食后会发生呕吐、头晕和腹痛等急性中毒现象。

1. 症状

从幼苗到抽穗都可发生，主要引起苗枯、基腐、秆腐和穗腐，其中以穗腐危害最大，苗枯及基腐较少见。穗腐一般先从个别小穗颖壳尖端出现褐色水渍状斑点开始，后逐渐扩大到整个小穗，严重时延及全穗，呈枯黄色。潮湿时，病部可长出粉红色胶质霉层（分生孢子座和分生孢子）。到麦熟时，其上产生密集的蓝黑色小颗粒（子囊壳）。苗腐是由种子或土壤带菌侵染所致，表现在幼苗的芽鞘和根鞘变褐腐烂，出土前后多死亡。基腐是幼苗或成株基部变褐腐烂，最后导致整株枯萎死亡。秆腐包括鞘腐、节腐和穗颈腐，初期在剑叶的叶鞘上出现褪绿斑点，后逐渐扩大，变褐，严重时可蔓延到茎秆和节部，遇风易折断。穗颈部受害，初现水渍状褪绿斑点，后扩大变为青灰色至褐色，最后呈草黄色的枯穗或半枯穗。

2. 病原物

病原物主要为半知菌亚门镰孢属的禾谷镰刀菌 *Fusarium graminearum* Schw.，其他 10 多种镰刀菌如亚洲镰刀菌 *F. asiaticum* O'Donnell，T. Aoki，Kistler & Geiser、假禾谷镰刀菌 *F. pseudograminearum* O'Donnell & T. Aoki、锐顶镰刀菌 *F. acuminatum*（Ell. & Ev.）Wr. 和燕麦镰刀菌 *F. avenaceum*（Fr.）Sacc. 等也能引起该病。其有性态为玉蜀黍赤霉菌 *Gibberella zeae*（Schw.）Petch，属子囊菌亚门赤霉属。

大型分生孢子无色，有 3～7 个隔膜，多为 5 隔，镰刀形至纺锤形，顶端钝，基部有足胞，大小为（49.7～60.3）μm×（4.3～5.7）μm。一般不产生小型分生孢子。子囊壳散生或聚生在病组织表面，呈卵圆形，深蓝色至紫黑色，大小为（150～250）μm×（100～250）μm，表面光滑，顶部孔口处呈瘤状突起。子囊无色，棍棒形，大小为（70～95）μm×（8～12）μm，内生 8 个子囊孢子，常呈螺旋状排列，也有单行或双行排列。子囊孢子无色，纺锤形，有 1～3 个隔膜，多为 3 个隔膜，大小为（20～30）μm×（3.7～4.2）μm（图 7-4）。

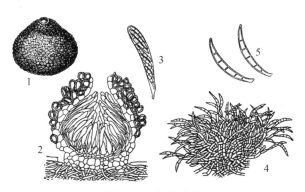

图 7-4　赤霉病菌

1. 子囊壳　2. 子囊壳纵剖面　3. 子囊及子囊孢子　4. 分生孢子座及分生孢子　5. 分生孢子放大

3. 病害循环

病菌以菌丝体在种子上或在土表的水稻稻桩、麦秸、玉米、棉花等病残体上越冬。次年条件适宜时，病残体上产生子囊壳，遇水或相对湿度大于98％的条件下释放出成熟的子囊孢子，引起初侵染。长江流域稻麦区，初侵染源主要来自稻桩上的子囊壳。大、小麦混栽区及东北春麦区，病株上产生的分生孢子也可成为初侵染源。孢子释放后借风雨传播，溅落到扬花期的麦穗上，先在颖片内残留的花药上腐生，然后逐渐蔓延到整个花器及小穗，经2～3 d潜育后，引起穗腐症状。几天后病穗上产生大量粉红色胶质霉层（病菌的分生孢子）。这些分生孢子可借风雨传播引起反复再侵染，造成病害扩展蔓延。带病种子可引起苗枯和基腐，后产生分生孢子反复再侵染，也可传到麦穗上引起穗腐。小麦收获后，病菌以腐生状态在旱地土壤中的麦秆残体上越夏，也可危害水稻、玉米等作物并在其上越夏或越冬。

4. 发病条件

小麦赤霉病的发生与流行，主要取决于品种抗病性、菌源量和气候条件的综合作用。

（1）品种抗病性

小麦品种对赤霉病的抗病性存在一定的差异。如苏麦3号和望水白等品种较抗病，但因丰产性状较差而不能直接应用生产。目前尚未发现高抗的优良品种。同一品种不同生育期抗病性也有差异。一般扬花期最易感病，抽穗期和乳熟期次之，蜡熟期基本不发病。

（2）菌源量

初侵染的菌源量与赤霉病的流行密切相关。在长江中、下游麦区，小麦齐穗前稻桩等残体带菌率高及空中孢子浮游量大，则当年的发病就可能重；反之，就可能轻。但菌源量大时，如温、湿度不利于病菌的萌发和侵入，也不会造成流行。

（3）气候条件

小麦抽穗扬花期时的湿度和温度是决定该病害发生与流行的重要因素。温度在15℃以上，3 d以上连续阴雨天气，相对湿度高于85％时，开始发病。若温度在25℃及连续36 h饱和湿度时，最易发病。因此，在小麦抽穗扬花期，如遇连续阴雨，湿热多雾，极易造成赤霉病的发生与流行。

（4）栽培管理

地势低洼、潮湿、排水不良的麦田发病重；施氮肥过多，可加重发病；大、小麦插花种植，易于发病。

5. 防治

赤霉病防控坚持预防为主、综合治理、分区施策、科学用药。

（1）选用抗病品种

目前虽然尚未发现高抗的品种，但在生产中可选用一些抗性较强、农艺性状良好的品种，如宁麦26、扬麦21、华麦6号、镇麦10号等。一般来说，穗形细长，小穗排列稀疏，抽穗扬花整齐集中，花期短，残留花药少，耐湿性强的品种比较抗病。

（2）农业防治

适时早播，避开扬花期降雨；排水系统畅通，降低麦田地下水位和田间湿度；施用堆肥，增施磷、钾肥，提高麦株抗病力；收获后清除田间玉米、水稻秸秆等病残体，减少初侵染菌源。

（3）药剂防治

药剂防治的关键时期是孕穗末期、扬花初期至盛花期。一般在扬花初期（"见花打药"扬花5％～10％）第1次施药，用药后若遇连续高温、高湿天气，再隔7 d喷施第2次药。共有368个药剂制剂产品获得小麦赤霉病登记，主要有效成分为戊唑醇、氰烯菌酯、丙硫唑、吡唑醚菌酯、嘧菌酯、甲基硫菌灵、多菌灵等，如30％肟菌·戊唑醇悬浮剂亩用制剂36～45 mL、43％戊唑醇悬浮剂亩用制剂15～25 mL，17％唑醚·氟环唑悬浮剂亩用制剂45～75 mL，25％吡唑醚菌酯乳油亩用制剂30～40 mL；一般孕穗末期至扬花初期第一次用药，间隔7至10 d再用一次，安全间隔期为30至40 d，因农药产品的特性差异，请根据产品的标签安全用药。近年来，江淮麦区田间抗多菌灵的病菌种群显著上升，不推荐使用多菌灵、噻菌灵、甲基硫菌灵等苯并咪唑类杀菌剂。

（四）小麦锈病

小麦锈病（wheat rusts）分条锈、叶锈和秆锈三种，是小麦的重要病害。锈病在 20 世纪 50—60 年代曾多次大流行，近年来由于培育和推广抗病品种，一直未引起全国性流行。锈病侵染后影响小麦生长发育和麦粒灌浆，导致颗粒秕瘦、千粒重下降。发病早而重时，可引起植株早枯。三种锈病发病条件有所不同，在不同年份，不同地区锈病发生种类也不尽相同。西北、西南和黄淮等冬麦区和西北春麦区主要以条锈病为主，有的年份，小麦生长后期也伴有叶锈病发生；西南麦区、华北、西北和东北麦区是小麦叶锈病的主要发生区，同时伴有小麦条锈病危害；由于福建沿海地区已没有小麦种植，秆锈菌越冬场所减少，近年来，我国几乎没有发生小麦秆锈病。

1. 症状

主要症状有：

（1）条锈病

在春季 3 种锈病中发生最早。主要发生在叶片上，也可危害叶鞘、茎和穗。叶片发病初期形成褪绿条斑，后逐渐形成隆起的疱疹斑（夏孢子堆）。幼苗叶片的夏孢子堆鲜黄色，呈多层轮状排列。成株叶片上夏孢子堆鲜黄色，椭圆形，沿叶脉纵向排列成整齐的虚线条状，像缝纫机轧过的针脚。夏孢子堆较秆锈和叶锈的小，后期表皮破裂，散出鲜黄色粉末，即夏孢子。小麦近成熟时，病部产生短线状的黑色冬孢子堆，表皮不破裂。

（2）叶锈病

发生比条锈晚而比秆锈早。主要危害叶片，很少发生在叶鞘及茎秆上。受害叶片初产生圆形至长椭圆形的橘红色夏孢子堆，其大小介于秆锈病和条锈病之间，呈不规则散生，多发生在叶片的正面，少数可穿透叶片。成熟后表皮破裂，散出橘黄色的夏孢子。后期在叶片背面和叶鞘上，散生圆形至长椭圆形的黑色冬孢子堆，表皮不破裂。

（3）秆锈病

发生最晚。主要发生在叶鞘和茎秆上，也可危害叶片和穗部。受害部位夏孢子堆大，长椭圆形，深褐色，排列不规则，常愈合成大斑，成熟后表皮开裂且外翻，散出大量锈褐色粉末（夏孢子）。小麦成熟前，在夏孢子堆及其附近出现椭圆至长条形的黑色冬孢子堆，后期表皮破裂。

3 种锈病的症状区别常被概括为"条锈成行叶锈乱，秆锈是个大红斑"。

2. 病原物

3 种锈病病原物均属于担子菌亚门柄锈菌属。条锈病病原物为条形柄锈菌 *Puccinia striiformis* West. f. sp. *tritici* Erikss.，叶锈病病原物为隐匿柄锈菌 *P. recondita* Rob. ex Desm. f. sp. *tritici* Erikss. & Henn.，秆锈病病原物为禾柄锈菌 *P. graminis* Pers. f. sp. *tritici* Erikss. & Henn.。

（1）条锈病

夏孢子单胞，鲜黄色，球形或卵圆形，大小为（32～40）μm×（22～29）μm，表面有细刺。冬孢子双胞，褐色，棍棒形，顶部扁平，柄短有色（图 7-4）。条锈病在国内尚未发现转主寄主，因此缺少性孢子和锈孢子时期。该菌致病性有生理分化现象，我国已发现 32 个生理小种。

（2）叶锈病

夏孢子单胞，黄褐色，球形至近球形，大小为（18～29）μm×（17～22）μm，表面具细刺。冬孢子双胞，暗褐色，棍棒形，顶平，柄短无色（图 7-4）。叶锈病菌是全孢型（产生 5 种类型孢子）转主寄生锈菌，但仅以夏孢子世代完成侵染循环。该菌存在许多致病性不同的生理小种。

（3）秆锈病

夏孢子单胞，暗橙黄色，长椭圆形，大小为（17～47）μm×（14～22）μm，表面有棘状突起。冬孢子双胞，黑褐色，棍棒形或纺锤形，顶端壁较厚，圆形或略尖，柄长，上端黄褐色，下端无色（图7-5）。该菌也是一种全孢型转主寄生锈菌，仅以夏孢子世代完成侵染循环。病菌致病性存在生理分化现象，我国已发现16个生理小种。

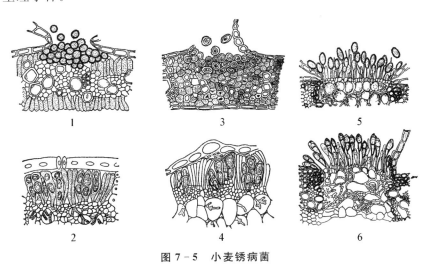

图 7-5　小麦锈病菌

1. 条锈菌夏孢子堆及夏孢子　2. 条锈菌冬孢子堆及冬孢子　3. 叶锈菌夏孢子堆及夏孢子
4. 叶锈菌冬孢子堆及冬孢子　5. 秆锈菌夏孢子堆及夏孢子　6. 秆锈菌冬孢子堆及冬孢子

3. 侵染循环

3种锈菌均仅依靠夏孢子世代完成侵染循环。夏孢子堆成熟后，向外飞散，随气流远距离传播到其他麦区。在适宜环境条件下，夏孢子萌发直接侵入寄主，后在表皮下形成夏孢子堆。夏孢子堆成熟后突破表皮，又借气流传播，进行多次再侵染。3种锈菌均为专性寄生菌，在侵染循环中离不开寄主或转主寄主，周年循环都要经过越夏、侵染秋苗、越冬和春季流行等四个环节。由于三种锈菌对温度的适应性各异，其各自的越夏和越冬的地区和条件也随之不同。

（1）条锈菌

喜凉不耐热，夏孢子经气流传播至甘肃的陇东、陇南、青海东部、四川西北部等地夏季最热月旬均温在20℃以下的地区侵染越夏。秋季，越夏菌源随气流传播至平原冬麦区，引起秋苗感染。当平均气温降至1～2℃时，条锈菌进入越冬阶段，并以潜育菌丝状态在病叶上越冬。翌年小麦返青后，越冬病叶中的菌丝体复苏，旬均温上升至5℃时开始产生夏孢子，如遇春雨或结露，病害扩展蔓延迅速，引致春季流行。

（2）叶锈菌

对温度的适应范围较广。该菌在华北、西北、西南、中南等广大麦区的自生麦和晚熟春麦上以夏孢子连续侵染的方式越夏，秋季就近侵染秋苗，后进入越冬，其越冬方式和条件与条锈病相似。

（3）秆锈菌

耐高温而不耐寒冷。该菌在各麦区的自生麦苗或晚熟春麦上越夏，越夏后则引起秋苗发病。但越冬主要分布在福建、广东沿海地区、云南等南部麦区，并以夏孢子世代不断侵染。翌春，越冬区夏孢子由南向北、向西传播，经长江流域、华北平原到达东北、西北和内蒙古等地春麦区，造成春季流行。

4. 发病条件

锈病能否流行，取决于小麦品种的抗病性、菌源量和气候条件。

（1）品种抗病性

大面积种植感病品种是锈病流行的必要条件。我国培育和种植的小麦抗病品种，大多属于小种专化性抗病性，常具有免疫或高抗的特性。但由于专化性抗病性品种的单一化大面积种植，容易引起致病的毒性生理小种的定向选择，造成专化性抗病品种的抗性丧失，从而导致病害流行。因此，应注意培育非专化性抗病性（慢锈性）品种，以减慢和控制病害流行。

（2）菌源量

在种植感病品种的前提下，锈菌越冬菌源量与翌春病害流行程度密切相关。对于条锈病，秋苗上越冬菌源对病害的流行起决定作用，秋苗发病菌源不能越冬或无秋苗，则一般不会造成翌春流行。叶锈病在大部分麦区可越夏和越冬，其越冬菌源量的大小与病害流行程度呈正相关。秆锈菌在南方麦区越冬后数量大，传播早，就可能引起病害流行。

（3）气候条件

气候条件中，温、湿度对锈病的发生和流行影响最大。冬季温暖，病菌越冬率就高。条锈、叶锈和秆锈侵入均需要有饱和湿度，适温分别为 9～13℃、15～20℃ 和 18～22℃。因此，早春气温偏高，春雨早，之后又多雨，则病害可提早普遍发生，并持续发展，引起病害流行。

5．防治

锈病防治应采用以种植抗病品种为主，加强栽培管理和适时药剂防治的综合防治措施。

（1）选育和利用抗病品种

选育和种植抗病品种是防治锈病最为经济有效的措施。在利用抗病品种时，应注意选用非专化性的慢锈性品种，同时进行品种的合理布局，避免品种单一化。

（2）加强栽培管理

适期播种，避免播种过早，可减轻秋苗发病率，减少越冬菌源。消除自生麦，可减少越夏菌源。施足基肥，早施追肥，增施磷钾肥，提高小麦抗病性。南方麦区雨季应及时排水，合理密植；北方麦区要适当灌水。

（3）药剂防治

药剂预防为主，因锈病类别不同防治指标略有差异，一般用药期为条锈发病率达 1%～2%、叶锈发病率达 5%～10%、秆锈发病率达 1%～5%。现共有 207 个药剂制剂产品获得小麦锈病登记，其中 11 个制剂登记小麦叶锈病，17 个制剂产品登记小麦条锈病。有效成分主要为三唑酮、烯唑醇、丙环唑、戊唑醇、已唑醇、醚菌酯、吡唑醚菌酯等杀菌剂；可选用 30% 肟菌·戊唑醇悬浮剂亩用制剂 36～45 mL，43% 戊唑醇悬浮剂亩用制剂 15～25 mL，17% 唑醚·氟环唑悬浮剂亩用制剂 45～75 mL，25% 吡唑醚菌酯乳油亩用制剂 30～40 mL；间隔 7 至 10 d 再用一次，安全间隔期为 30 至 40 d，因农药产品的特性差异，请根据产品的标签安全用药。

（五）甘薯黑斑病

甘薯黑斑病（sweet potato black rot），又称黑疤病，是甘薯生产上的一种重要病害。在国内各甘薯产区均可发生。该病在苗床、大田和储藏期均可产生危害，引起死苗和薯块腐烂，造成严重损失。而且，病菌能刺激甘薯产生甘薯酮等有毒化合物，人畜食用后会引起中毒，甚至死亡。

1．症状

该病在甘薯整个生育期和储藏期均可发生，主要危害薯苗、薯块，很少危害绿色部位。薯苗受害，一般茎基白色部位产生黑色、稍凹陷、近圆形斑，后期茎腐烂，幼苗枯死，潮湿时病部丛生黑色刺毛状物。病苗移栽大田后，病重的不能扎根，基部腐烂而枯死，病轻的虽能生长，但植株衰弱，抗逆性差。薯块发病初呈黑色小圆斑，后扩大成不规则形、轮廓明显、中央略凹陷的黑褐色病斑。病部薯肉呈墨绿色或青褐色，味苦。病部上初生灰色霉层，后生黑色刺毛状物。

2. 病原物

病原物为甘薯长喙壳菌 *Ceratocystis fimbriata* Ellis & Halsted，子囊菌亚门长喙壳属。菌丝初期无色透明，老熟后呈深褐色，寄生在寄主细胞内或细胞间隙。无性态产生分生孢子和厚垣孢子。分生孢子产生于菌丝或侧生的分生孢子梗内。分生孢子单胞，无色，圆筒形至棍棒状或哑铃形，两端较平截，大小为 $(9.3～50.6)\mu m×(2.8～5.6)\mu m$。厚垣孢子暗褐色，近圆形或椭圆形。有性态产生子囊壳，形似长烧瓶，具长喙，基部球形，内生梨形或卵圆形子囊，子囊内含 8 个子囊孢子。子囊孢子单胞，无色，呈钢盔状扁圆形，大小为 $(4.5～7.8)\mu m×(3.5～4.7)\mu m$（图 7-6）。

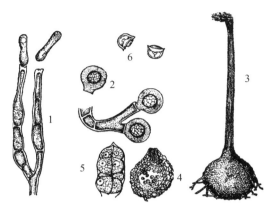

图 7-6 甘薯黑斑病菌
1.分生孢子 2.厚垣孢子 3.子囊壳 4.子囊壳基部剖面 5.子囊 6.子囊孢子

3. 侵染循环

病菌主要以厚垣孢子、子囊孢子和菌丝体在苗床和大田的土壤或储藏窖中越冬，成为翌年的初侵染源。病菌主要以病薯和病苗进行近距离和远距离传播，也可通过雨水、老鼠和昆虫等进行传播。病菌从幼苗根基直接侵入或从薯块的伤口、皮孔、根眼侵入，发病后产生分生孢子和子囊孢子，并且不断再侵染，引起病害蔓延。

4. 发病条件

该病的发生受温度、湿度、伤口和品种抗性的影响。发病的最适温度为 25℃，温度低于 9℃ 或高于 35℃，发病受阻。因此，窖温在 23～27℃ 并伴有高湿，则病害发展迅速。苗期和大田期的发病与土壤含水量有关。地势低洼、土壤黏重的，发病重；高温多雨，易发病。田间地下害虫、害鼠引起的伤口多，发病重；储藏运输过程中的机械损伤也易诱发该病。此外，甘薯品种对黑斑病的抗性存在明显差异。一般薯块皮厚、肉坚实、水分少的品种较抗病。

5. 防治

该病防治应控制病薯、病苗的调运，建立无病留种地和培育无病种苗，做好收获储藏工作，同时结合药剂防治。

（1）控制病薯、病苗的调运

黑斑病的主要传播途径是病薯、病苗，因此，严格控制病薯、病苗的传入和传出是防治黑斑病蔓延的重要措施。在精选种薯的基础上实行种薯消毒处理，种薯消毒可采用以下方法：一是温汤浸种，即 51～54℃ 温水中浸种薯 10 min，可杀死附着在薯块表面及潜伏在种皮下的病菌。二是药剂浸种，即可用 50% 甲基硫菌灵可湿性粉剂 800 倍液、80% 乙蒜素乳油 1500 倍液或 50% 代森铵 200～300 倍液浸种薯 10 min。

（2）建立无病留种田和培育无病种苗

选择未种甘薯的旱地或水旱轮作地作留种地，严防种苗、土壤、粪肥带菌和灌溉水、农事操作等传病。

（3）实行高剪苗和药剂处理

由于该病菌在苗期主要危害基部的白嫩部分，因而高剪苗可减少大田病菌来源。高剪苗后，用50％甲基硫菌灵可湿性粉剂 1500 倍液浸苗 10 min。

（4）适时收获和安全储藏

应选在晴天收获，尽量避免薯块受伤，减少感病机会。薯块入窖前应剔除病薯，薯窖用 1‰福尔马林或 402 抗菌剂消毒。

（5）选用抗病品种

种植抗病性较强的品种，如晋薯 6 号、鄂薯 2 号、湘薯 15 号、贵 190 甘薯、鲁薯 2 号、济薯 10 号等。

（六）油菜菌核病

油菜菌核病（rape Sclerotinia stem rot）是国内各油菜产区普遍发生的重要病害。在长江流域和东南沿海地区的油菜产区一般发病率达 10％～30％，严重时可达 80％以上，造成菜籽产量和出油率严重下降。

1. 症状

该病在油菜整个生育期均可发生，尤以结实期发病最重。可危害茎、叶、花、角果，以茎部受害最重。茎部感病初呈现浅褐色水渍状小斑，后扩展成长椭圆形、长条形或成为绕茎的大斑，边缘褐色，湿度大时软腐，表生白色絮状霉层（菌丝体）。病茎内髓部霉烂成空腔，内生很多鼠粪状黑色菌核，有时表面也能形成。病茎表皮开裂后，露出麻丝状纤维，易折断，致使病部以上茎枝萎蔫枯死。叶片发病初呈不规则水渍状，后形成近圆形至不规则形病斑，病斑中央黄褐色，外围暗青色，周缘浅黄色，湿度大时长出白色絮状霉层，病叶易穿孔。花瓣发病时呈水渍状，易腐烂、脱落。角果发病初呈水渍状，褐色病斑，后变灰白色，种子表面无光泽成干瘪粒。

2. 病原

病菌为核盘菌 *Sclerotinia sclerotiorum*（Lib.）de Bary，子囊菌亚门核盘菌属。菌核长圆形至不规则形，鼠粪状，初白色后变灰色，内部灰白色。菌核萌发后长出 1 至多个具长柄的子囊盘，子囊盘肉质，黄褐色，上着生一层子囊和侧丝。子囊无色，棍棒状，内含 8 个子囊孢子。子囊孢子单胞无色，椭圆形（图 7-7）。菌丝生长最适温度为 18～25℃，菌核形成适温为 15～25℃。菌核抗干旱和低温的能力强，但不耐湿热。子囊孢子萌发适温为 15～20℃。该病菌的寄主范围很广，可侵染近 400 多种植物。病菌存在生理分化现象。

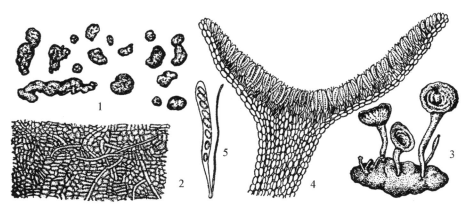

图 7-7 油菜菌核病菌
1.菌核 2.菌核的剖面 3.菌核萌发子囊盘 4.子囊盘纵剖面 5.侧丝、子囊及子囊孢子

3. 侵染循环

病菌主要以菌核落在土壤中、残留在病残体上和混杂在种子间越夏和越冬。在长江流域冬油菜区,10—11 月有少数菌核萌发产生子囊盘,释放子囊孢子引起幼苗发病,绝大多数菌核在翌年 2—4 月间萌发产生子囊盘。北方油菜区菌核在 3—5 月间萌发。子囊孢子成熟从子囊里释放后,借气流传播,侵染衰老的叶片和花瓣。病菌直接侵入或从伤口、自然孔口侵入,从叶片扩展到叶柄,再侵入茎秆,也可通过病健组织接触进行重复侵染。油菜生长后期,形成菌核进行越夏和越冬。

4. 发病条件

该病的发生和流行与气候条件、品种抗病性、生育期、菌源量及栽培管理密切相关。

(1)气候条件

长江流域冬油菜区,2—4 月油菜开花期间的降雨量,对病害的发生与流行起决定作用。若旬降雨量在 50 mm 以上,发病就严重;小于 30 mm 时发病就轻;低于 10 mm,极少发病。在湿度适合时,温度影响病害发生的迟早,还影响病害的发生和危害程度。油菜开花期遭受冻害,有利于发病,而且还会延长感病期,易于加重发病。

(2)品种抗病性

油菜品种间对菌核病的抗性存在明显差异。一般分枝较少、茎秆木质化程度高、坚硬的品种发病较轻;反之,发病较重。油菜开花期是该病的易感病期,开花期迟、花期短的品种由于开花期与子囊盘发生期吻合时间短,因而发病较轻。

(3)菌核数量

菌核是该病的主要初侵染源,越冬的有效菌核数量多,发病就重;反之,越冬有效菌核量少,则发病轻。

(4)栽培管理

油菜连作会增加菌核量的积累,发病加重;轮作可减少菌核从数量从而减轻病害。播种期的早晚,可影响油菜开花期与病菌子囊盘发生期相吻合时间的长短,从而影响发病的轻重。此外,施用未充分腐熟有机肥、播种过密、偏施过施氮肥都会使植株倒伏;同时,在地势低洼、排水不良、遭受冻害等条件下,发病就重。

5. 防治

根据该病发生危害特点,应采取以农业防治和药剂防治相结合的综合措施,才能控制其流行。

(1)农业防治

实行水稻—油菜轮作或旱地油菜—禾本科作物 2 年以上轮作,可减少田间菌核积累。种植适合本地的抗病良种。适时播种和移栽,避免早播早栽;多雨地区推行窄厢深沟栽培法,利于春季沥水防渍。雨后及时排水,防止湿气滞留。油菜盛花前及时中耕或清沟培土,促进根系发育和防止倒伏,又可消除菌核。合理施肥,增施磷钾肥,使油菜苗期健壮,苔期稳长,花期茎秆坚硬。盛花期至终花期,还需及时摘除老黄病叶。这些农业措施均可减轻病害的发生。

(2)药剂防治

水稻—油菜栽培区,要抓 2 次防治。第 1 次是子囊盘萌发盛期,在稻茬油菜田四周田埂上喷药杀灭菌核萌发长出的子囊盘和子囊孢子;第 2 次是在 3 月上、中旬油菜盛花期。用 50% 多菌灵 800 倍液、70% 甲基硫菌灵 1000 倍液,每隔 5～7 d 喷 1 次,连喷 2～3 次;或 50% 啶酰菌胺水分散粒剂亩用制剂 30—50 g,发病初期用药,施药 1～2 次,施药间隔期一般 7～10 d,安全间隔期 14 d;或 50% 腐霉利可湿性粉剂亩用制剂 30～60 g,发病前和早期保护用药,7 d 后第二次防治,每季最多使用 2 次,安全间隔期 25 d;或 200 g/L 氟唑菌酰羟胺悬浮剂亩用制剂 50～65 mL,开花初期或茎秆发病初期用药,最多使用 1 次,安全间隔期 21 d。

（七）大豆根腐病

大豆根腐病（soybean root rot）是由多种卵菌和真菌单独或复合侵染所引起的大豆根部及茎基部病害的统称,常见的种类有疫霉根腐病（phytophthora root rot,也称"大豆疫病"）、镰孢根腐病（fusarium root rot）、立枯病（rhizoctonia root rot）、猝倒病（pythium damping off）、拟茎点种腐病（phomopsis seed decay）、红冠腐病（red crown rot）、白绢病（southern blight）、炭腐病（charcoalrot）等。其中疫霉根腐病、镰孢根腐病、立枯病、猝倒病等四种根腐病在生产中发生最为普遍。根腐病在我国东北、华北和长江流域等大豆产区广泛分布,发病田块病株率一般为 40%～60%,重灾田块达到 90% 以上,一般年份减产 10%～30%,严重时损失可达 60% 以上甚至绝收。

1. 症状

受害大豆主要表现为种子、根部和茎基部等部位腐烂,造成缺苗断垄,植株萎蔫、早衰或死亡,收获大豆品质下降等危害。疫霉根腐病在大豆各个生育期均有发生。出苗前引起种子腐烂及死亡,出苗后因根腐和茎基部腐烂引起幼苗萎蔫和死亡,生长期的发病植株侧根多腐烂,主根和茎基部变褐或腐烂。镰孢根腐病可在苗期为害根部引起死苗,侧根和主根下部变棕褐色。立枯病一般在感病幼苗主根及近地面茎基部时,出现红褐色稍凹陷的病斑,植株枯而不倒,皮层开裂呈溃疡状。猝倒病主要发生在幼苗茎基部,幼茎发病初期呈现水渍状条斑,后病部变软缢缩,呈黑褐色,病苗很快倒折、枯死。田间经常是多种根腐病复合发生,引起的症状比较复杂且容易混淆,需综合症状、病原物分离纯培养后的形态学和分子生物学鉴定等进行综合诊断。

2. 病原

大豆根腐病的病原物可归属于卵菌（oomycetes）和真菌（fungi）两大类。其中疫霉根腐病的病原物主要是卵菌疫霉属的大豆疫霉 *Phytophthora sojae* Kaufman et Gerdemann。有性态产生卵孢子,卵孢子球状、厚壁、单生于藏卵器中,雄器侧生。卵孢子萌发形成芽管,发育成菌丝或孢子囊。孢囊柄分化不明显,顶生单个卵形无色孢子囊,无乳突,孢子囊释放多个薄壁游动孢子,也可直接萌发产生芽管,还可形成厚垣孢子。游动孢子对大豆异黄酮具有趋化性,可在水中游动传播,接触寄主后形成厚壁的休止孢,可萌发产生芽管和侵染菌丝（图 7-8）。

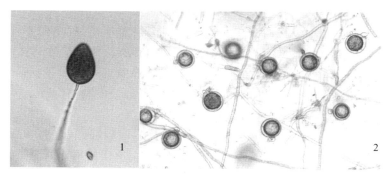

图 7-8 大豆疫霉

1.游动孢子囊 2.菌丝与藏卵器(含卵孢子;雄器侧生)

镰孢根腐病的病原物包括茄腐镰孢 *Fusarium solani*（Mart.）Sacc.、尖镰孢 *Fusarium oxysporum* Schlecht. 和木贼镰孢 *Fusarium equiseti*（Corda）Sacc. 等镰孢属真菌,已报道近 30 种。镰孢菌可产生 3 种类型的无性孢子,即:大型分生孢子、小型分生孢子和厚垣孢子。大型分生孢子无色,镰刀形,略弯曲,两端略尖,足胞不明显,有 2～5 个隔膜,多为 3 个隔膜。小型分生孢子无色,卵圆形或肾形,多为单个细胞。厚垣孢子圆形,单胞,厚壁,一般单生或串生于菌丝中段或顶端。

立枯病的病原物为真菌丝核菌属的立枯丝核菌 *Rhizoctonia solani* Kühn。自然情况下很少发现有性态,菌丝有隔膜,初期无色,老熟时浅褐色至黄褐色,分枝处成直角,基部稍缢缩,近分枝处有分隔。菌丝体可交织形成菌核,初为白色,后变为暗褐色。

猝倒病的病原物为卵菌腐霉属的终极腐霉 *Pythium ultimum* Trow、瓜果腐霉 *Pythium aphanidermatum*(Eds.)Fitzp. 等多种腐霉菌。菌丝无隔,孢子囊为膨大菌丝状或姜瓣状,顶生或间生,萌发时先产生球形泡囊,泡囊中形成多个游动孢子;有些终极腐霉未发现形成孢子囊。藏卵器球形,壁光滑,多顶生、少间生。卵孢子球形,平滑,不满器。雄器多袋状,顶生或侧生,同丝生或异丝生,每一藏卵器有一雄器。

上述病原物生长的最适温度为 20～30℃,大豆疫霉和腐霉菌的生长温度稍低于镰孢菌和立枯丝核菌。

3. 病害循环

大豆根腐病的病原物可以在病残体和土壤中越冬,大豆种子萌发后,从伤口、自然孔口侵入或直接侵入幼根。病原物通过种子、病残体、土壤、雨水、灌溉水、带菌粪肥、农事操作等途径传播和蔓延。大豆疫霉主要以卵孢子在病残体或土壤中存活,是病害的主要初侵染源。卵孢子在适宜条件下萌发后直接产生侵染菌丝,或者陆续产生孢子囊和游动孢子。游动孢子遇大豆根部后形成休止孢,后萌发侵入寄主。腐霉菌的侵染循环与大豆疫霉相似,但有些腐霉菌(如 *Pythium ultimum* var. *ultimum* 等)不能形成孢子囊和游动孢子。镰孢菌在植物体上以菌丝、分生孢子和厚垣孢子形态生存,在土壤中则以厚垣孢子等形态生存,成为初侵染源。立枯病的初侵染源主要来自存活在土壤、病残体和肥料等中的菌丝体或菌核。

4. 发病条件

品种抗病性、病原物致病力、轮作制度、施肥和灌水等是影响大豆根腐病发生与流行的主要因素。

(1)气候条件

温度 15℃ 左右的条件下,大豆根系受害最为严重,冷凉潮湿有利于大豆疫病的发生和流行。在土温超过 35℃ 时,大豆很少受到侵染。连续阴雨天,大豆幼苗长势弱,抗病力差,易受根腐病菌侵染,发病重。久旱后连续降雨,大豆幼苗迅速生长,根部表皮易纵裂形成伤口,有利于根腐病发生。

(2)品种抗病性

主栽大豆品种对各种根腐病的抗性存在差异,其中对镰孢根腐病、猝倒病和立枯病的抗性一般都不强,仅存在部分的数量性状抗性,而对大豆疫霉根腐病具有质量性状抗性。然而,由于适应抗病品种的大豆疫霉新生理小种不断出现,抗病品种易丧失抗性。在我国,*Rps3c*、*Rps5* 和 *Rps7* 等抗疫霉根腐病基因目前已基本无效,而 *Rps1a*、*Rps1c* 和 *Rps1k* 等仍有较好的利用价值。

(3)栽培管理

偏施速效氮肥会加重病害的发生,多施磷钾肥和有机肥可减轻发病。大豆田经常灌水或受涝有利于病原菌的传播,也会加重病害的发生。垄作栽培的大豆比平作栽培的大豆发病轻,大垄栽培的大豆比小垄栽培的大豆发病轻。播种期土壤温度低发病重。播种过深,出苗慢,幼苗生长势弱,组织柔嫩,且地下根部延长,易受病原菌侵染,使病情加重。此外,大豆蛴螬、根潜蝇等害虫危害根部,有利于根腐病发生。

5. 防治

大豆根腐病以预防为主,采取以抗病品种和种子处理为主的防治措施。

(1)选育和利用抗病品种

选育和种植抗病品种是防治大豆根腐病的最为经济有效的措施。东农 60、合农 72、合丰 55、黑农 71、皖豆 28、冀豆 12、郑 196 等大豆品种含有 *Rps1a*、*Rps1c*、*Rps1k* 等在内的一个或多个抗病基因,在抗疫霉根腐病的应用中具有很好的潜力。目前尚未发现对镰孢根腐病、猝倒病和立枯病等免疫或高抗的品种,但品种间抗病性有明显差异,可选用对不同根腐病兼具有较好抗病性的品种。

(2)加强栽培管理

避免大豆连作。采取垄作,适时中耕培土,以利于调节土壤含水量和促进侧根的形成。适期播种,控制播种深度,增施有机肥、磷肥和钾肥,提高大豆植株的抗病和耐病能力。清除田间病残体,可减少越冬菌源数量。

(3)化学防治

大豆根腐病常由卵菌和真菌混合侵染发生,防治药剂选择上需要综合考虑。防治大豆疫霉和腐霉等卵菌,可选用甲霜灵、精甲霜灵等;防控镰孢菌和立枯丝核菌等真菌引起的大豆根腐病可选用咯菌腈、苯醚甲环唑等。拌种药剂宜选择低毒(或微毒)的悬浮种衣剂,如:6.25%精甲霜灵·咯菌腈每100 kg 百种子用制剂 300~400 mL;2.9%吡唑酯·精甲霜·甲维种子处理悬浮剂每 100 kg 种子用制剂 835~1110 g 种子包衣;1%苯甲·嘧菌酯种子处理悬浮剂每 100 kg 种子 1000~1250 mL 种子包衣。等。生育中后期病害防控药剂可选用:32.5%嘧菌酯·苯醚甲环唑悬浮剂、75%肟菌酯·戊唑醇水分散粒剂等。

三、细菌病害(甘薯瘟病)

甘薯瘟病(sweet potato bacterial wilt)是一种萎蔫型的细菌病害,主要分布在广西、湖南、江西、福建和浙江等地的甘薯产区。发病后,蔓延很快,具有毁灭性。一般减产 30%~40%,严重的达 70%~80%,甚至绝收。该病是国内检疫对象之一。

(一)症状

该病在甘薯整个生长期均可发生,但各时期的症状不尽相同。

1. 苗期

用病薯育苗,病重的不能出苗;病轻的虽能出苗,但当苗高 15 cm 左右时,1~3 片叶开始凋萎,苗基部呈水渍状,维管束自下而上呈黄褐色,其后青枯死亡。也有的在苗床不表现症状,移栽至大田,10~15 d 后显症,薯叶尖端略呈萎蔫,地下部分的切口及其附近组织变为黑褐色,维管束为黄褐色。

2. 大田成株期

成株期发病,由于地上部薯蔓茎各节着生许多不定根,薯蔓生长旺盛,因而病株不表现明显萎蔫症状,但根茎基部呈黑褐色,维管束为黄褐色。轻病株结薯少而小,重病株则不结薯。

3. 薯块

感病轻的薯块症状不明显,但薯块呈黑褐色纤维状,根梢呈水渍状,易脱皮。中度感病的薯块,薯皮呈黑褐色水渍状斑,横切薯块可见黄褐色小点或斑块,纵切薯块可见黄褐色条纹,有苦味,蒸煮不烂。严重感病的,薯皮发生片状黑褐色水渍状病斑,引致全部腐烂,带有刺鼻臭味。

(二)病原物

病原主要是青枯劳尔氏菌 *Ralstonia solanacearum* (E. F. Smith)。此外,甘薯极毛杆菌 *Pseudomonas batatae* Tseng et Fan、甘薯黄单胞杆菌 *Xanthomonas batatae* Hwanget al.、芽孢杆菌属 *Bacillus kwangsinensis* Hwang et al. 也报道会引起甘薯瘟病。陈肉汁琼脂培养基上,菌落呈乳白色,圆形或近圆形,略突起,表面光滑,有光泽。

（三）侵染循环

病菌主要在病薯、病残体和土壤中越冬，成为翌年主要初侵染源。育苗时病菌可引起薯苗发病，带菌薯苗移栽大田后可引起成株发病。病菌可通过种薯、种苗的调运而作远距离传播。近距离传播还可通过灌溉水、地下害虫、田鼠、农事操作等途径，在田间再侵染。病菌从切口、伤口或侧根侵入无病苗。薯块形成后，病菌可从地下茎病部扩展至薯块侵入，导致发病。

（四）发病条件

甘薯瘟病是一种高温高湿病害。病菌在 20～40℃ 的气温下均能生长繁殖，月均温度在 26～28℃，相对湿度在 80％ 以上，最有利于发病。高湿、多雨，地势低洼，黏质土壤，连作，发病则重；轻病田灌溉水后，病情加重。此外，品种间的抗病性存在着显著差异。

（五）防治

该病的防治应严格检疫，选用抗病品种以及加强栽培管理的综合措施。

1. 严格检疫

对无病区，加强检疫，严格控制病薯和病苗的调入。

2. 选用抗病品种

病区应建立甘薯无病种苗基地，培育无病苗。在此基础上选用抗病品种，如湘农黄皮、红皮白心薯、新汕头、华北 48 等品种。

3. 加强栽培管理

重病田块实行水旱轮作 1 年或与旱地作物轮作 2～3 年，可减轻发病。尽量做到净地、净苗、净肥、净水，以防治病菌的传播与侵染。一旦发现病株，应及时清除，并在病穴及其周围用石灰消毒。

四、病毒病害

（一）油菜病毒病

油菜病毒病（rape viral diseases）是国内各油菜产区普遍发生的重要病害之一，华北、西南、华中冬油菜区发病尤重。长江流域冬油菜产区，一般发病率可达 10％～30％，严重的可达 70％ 以上；单株产量损失达 33％～90％，含油量降低 1.7％～13％。此外，油菜感病毒病后，易受其他病菌的侵染。

1. 症状

该病症状因油菜类型不同而有差异。

（1）白菜型油菜和芥菜型油菜

主要表现花叶症状，苗期沿叶脉两侧褪绿，叶片呈黄绿相间的花叶，明脉或叶脉呈半透明状，严重时叶片皱缩卷曲或畸形，病株明显矮缩，多在抽薹前枯死。发病轻和发病晚的，花薹弯曲或矮缩、花荚密、角果瘦瘪、成熟提早。

（2）甘蓝型油菜

主要表现黄斑型和枯斑型症状。前者呈系统性黄斑，病苗叶上先散生黄色圆斑，后斑中心呈黑褐色枯死点，抽薹时叶片先呈系统性密集褪绿小斑，后斑点呈黄色或黄绿色，叶背黄斑上出现小褐点，有的边缘呈褐色圈纹，茎、角果上产生褐色条斑，角果扭曲，提早落叶。枯斑型病株，叶片出现褐枯斑，有的叶脉、叶柄上也有褐枯条纹，病株易死亡。

2. 病原物

引起油菜病毒病的病原物主要有芜菁花叶病毒（Turnip mosaic virus，TuMV）、黄瓜花叶病毒（Cucumber mosaic virus，CMV）及烟草花叶病毒（Tobacco mosaic virus，TMV），尤以芜菁花叶病毒为主。

芜菁花叶病毒为线状粒体，大小（700～800）nm×（12～18）nm，失毒温度55～60℃，稀释限点$10^{-3}\sim10^{-4}$，体外保毒期48～72 h，通过蚜虫或汁液接触传毒，在田间自然条件下主要靠蚜虫传毒。除十字花科外，还可侵染菠菜、茼蒿、芥菜等多种植物。已知其分化有若干个株系。

黄瓜花叶病毒为球状粒体，失毒温度55～60℃，稀释限点$10^{-3}\sim10^{-4}$，体外保毒期2～5 d，可经汁液和蚜虫传毒。寄主还有十字花科、茄科、葫芦科等40科130余种。烟草花叶病毒为棒状粒体，失毒温度98～100℃，稀释限点10^{-6}，体外保毒期可达数月，主要以汁液摩擦传染，一般蚜虫不传毒。寄主还有十字花科、茄科、豆科等200多种植物。

3. 侵染循环

冬油菜区病毒在寄主体内越冬。翌年春天由桃蚜、菜缢管蚜、棉蚜、甘蓝蚜等蚜虫传播毒源，其中桃蚜和菜缢管蚜在油菜田发生十分普遍。冬油菜区由于终年长有油菜、春季甘蓝、青菜、小白菜、荠菜等十字花科蔬菜和杂草，病毒在其上越夏，成为秋季油菜的重要毒源。此外，车前草、辣根等杂草及茄科、豆科作物也是病毒的越夏寄主。春油菜区病毒还可在温室、塑料棚、阳畦栽培的油菜等十字花科蔬菜留种株上越冬。有翅蚜在越夏寄主上吸毒后迁往油菜田传毒，引起初侵染。油菜田发病后再由蚜虫迁飞传毒，造成再侵染。冬季不种十字花科蔬菜地区，病毒在窖藏的白菜、甘蓝、萝卜上越冬，翌春发病后由上述蚜虫传到油菜上，秋季又把毒源传到秋菜上。此外病毒通过汁液接触也能传毒。

4. 发病条件

油菜病毒病的发生和流行，主要受传毒蚜虫的数量、气候条件、栽培管理及品种抗病性等的影响，其中与传毒蚜虫的数量最为密切。

（1）传毒蚜虫

油菜病毒病主要由蚜虫传播，传毒蚜虫的数量是影响病毒病的发生和流行的最重要因素。油菜苗床和大田苗期的初侵染源主要来自周围毒源寄主植物上迁飞的带毒有翅蚜。若有翅蚜发生迁飞早、虫口基数大，则发病就早，危害就重；反之，发病迟，危害则轻。油菜开花结果期病害的发生危害程度又与苗期的发病株率和蚜虫扩散引起再侵染的频率呈正相关。

（2）气候条件

气候条件主要影响蚜虫的迁飞和吸传毒以及病害潜育期的长短。有翅蚜的发生和迁飞的适温为15～20℃，相对湿度低于78%，晴天有微风有利于蚜虫迁飞；而温度过高或过低、湿度过大或降雨、大风，均不利于蚜虫的发生、迁飞和危害。因此，秋季和春季干燥少雨、气温高，利于蚜虫的大发生和有翅蚜迁飞，易发病和流行。当日平均温度为20℃时，病害潜育期为7～10 d；13℃左右时为10～20 d，温度愈低，潜育期就愈长。

（3）栽培管理

冬油菜区播种期对发病影响很大，秋季早播的因受蚜虫迁飞和传毒的机会多而发病重，晚播的发病则轻。油菜苗期和大田期管理不善，如肥水不足，田间排水不良，湿度过大，导致油菜生长发育不良，抗病性下降，蚜虫滋生，则发病加重。此外，油菜类型和品种间存在抗病性差异，白菜型油菜、芥菜型油菜较甘蓝型油菜发病重。

5. 防治

该病的防治应以消灭传毒蚜虫为重点，采取提高栽培管理以及选用抗病良种的综合措施。

（1）田间治蚜防蚜

苗床四周提倡种植高秆作物，可预防蚜虫迁飞传毒；用银灰色塑料薄膜平铺畦面四周可避蚜；利

用蚜虫的趋黄色性,而用黄色板诱杀蚜虫。对越夏杂草和早播十字花科蔬菜上的蚜虫应重点防治,以防把病毒传到油菜上。油菜3～6叶期,蚜虫发生初期用药,25%噻虫嗪水分散粒剂亩用制剂6～8 g,每季最多使用2次,安全间隔期21 d;25 g/mL溴氰菊酯乳油用制剂15～25 mL/667 m²,每季最多使用3次,安全间隔期3 d。

（2）适期播种

通过适当调节播种期以避开秋季蚜虫的迁飞高峰期,降低蚜虫的传毒机会,达到减轻发病的效果。根据当年9—10月雨量预报,确定播种期,一般干旱少雨应适当迟播,多雨年份可适当早播。

（3）加强栽培管理

油菜田应尽可能远离十字花科菜地。加强苗期管理,做到早施苗肥,避免偏施氮肥,及时灌溉,间苗、定苗时拔除病苗、弱苗,以促使幼苗健壮生长,增强抗病性,同时创造不利于蚜虫滋生的环境,从而减轻发病。

（4）选用抗病品种

3种栽培油菜中,甘蓝型油菜的抗病性较强,且产量也高。因此,在长江流域冬油菜区应尽量种植甘蓝型油菜的抗病品种。

（二）大豆花叶病

大豆花叶病(soybean mosaic disease)是大豆发生普遍而严重的一种病毒病。在国内各大豆产区均有分布,尤以长江中下游、黄淮流域和华北平原最为严重。病株发育不良,结荚稀少,一般可减产10%～20%,流行年份损失可达30%～70%。

1. 症状

该病症状常因品种、感病时期、病毒株系及气温不同而差异很大。常见症状有4种:

（1）轻花叶型

多出现在后期病株或抗病品种,表现为叶片生长基本正常,但叶上出现轻微浅黄绿相间斑驳。

（2）重花叶型

病叶呈黄绿相间的花叶,皱缩严重,叶缘下卷,叶脉变褐,叶肉呈泡状突起,后期叶脉坏死,植株矮化。

（3）皱缩花叶型

症状介于轻、重花叶型之间,表现为病叶出现黄绿相间花叶,沿中叶脉呈泡状突起,叶片皱缩略扭曲。

（4）黄斑型

轻花叶型与皱缩花叶型混生,出现黄斑坏死,表现为叶片皱缩并褪色为黄色斑驳,叶片密生坏死褐色小点或不规则黄色大斑,叶脉变褐坏死。重病植株可引起花芽萎蔫、不结实或呈黑褐色枯死。此外,该病常可引起种子出现斑驳,其色泽与种子脐部颜色一致,多为褐色或黑色。

2. 病原物

病原物为大豆花叶病毒(soybean mosaic virus,SMV),属马铃属Y病毒科(Potyviridae),马铃属Y病毒属 *Potyvirus*。病毒粒体线状,大小(650～725)nm×(15～18)nm,失毒温度60～70℃,稀释限点$10^{-4}～10^{-5}$,体外保毒期4～5 d。该病毒寄主范围较窄,只侵染大豆及几种豆科作物。病毒存在致病力不同的株系,我国初步鉴定出6个株系,即Sa(南京重花叶)、Sb(南京轻花叶)、Sc(南京黄斑叶脉坏死)、Sd(东北黄斑花叶)、Se(南京蚜传顶枯)和Sf(东北顶枯)。

3. 侵染循环

大豆花叶病毒的越冬和病害初侵染源主要是带毒大豆种子。带毒种子播入大田出苗后,在适宜条件下即可发病,成为田间再侵染的毒源。在长江流域,该病毒还可在蚕豆、豌豆、紫云英等冬季作物上越冬,并成为初侵染源。病毒在田间传播侵染主要靠蚜虫作介体。蚜虫在田间不断吸毒和传毒,使病害不断加重。汁液摩擦接触也可传染该病毒。病害的远距离传播靠带毒种子的调运。

4. 发病条件

该病的发生和流行主要受种子的带毒率、蚜虫发生的数量和时间、气候条件以及品种抗病性的影响。

(1)种子带毒率

播种种子带毒率高,造成出苗后的病株多,后期发病也就较重。一般播种种子带毒率高的地区发病重。

(2)蚜虫数量和发生时间

在有毒源的大豆田间,蚜虫发生数量多且早,有利于发病和流行。

(3)气候条件

气候条件既可影响蚜虫的发生和迁飞,也可影响症状的严重程度。花叶病的发病适温为20～30℃,高于30℃病害则成隐症,30℃以下,温度愈低,潜育期就愈长。

(4)品种抗病性

品种间的抗病性存在明显的差异。生产上多数推广品种为感病品种,且有的种子带毒率可达100%。近年来已培育出一些优良的抗病品种。

5. 防治

该病的防治应采用以选用无毒大豆种子和治蚜防病为主以及选用抗病品种的综合措施。

(1)选用无毒种子

播种无毒或低毒的种子,是防治该病关键。生产上种子带毒率要求控制在0.5%以下,可减轻种子发病率。因此,最好建立种子无毒繁育基地。

(2)治蚜防病

应早治蚜、勤治蚜,控制蚜虫的数量,可明显减轻发病。在有翅蚜迁飞前防治,每667 m² 用4%高氯·吡虫啉乳油亩用制剂30～40 g,每季最多使用2次,安全间隔期30 d;或22%噻虫·高氯氟微囊悬浮-悬浮剂制剂5～9 mL,低龄若虫期叶面喷雾使用,每667 m² 兑水30～45 L,一季最多使用次数2次,安全间隔期15 d。

(3)选用抗病品种

因地制宜种植抗病的优良大豆品种,如鲁黑豆2号、齐都84、凤91－801、丹807、新金黄豆等。

五、线虫病害(大豆胞囊线虫病)

大豆胞囊线虫病(soybean cyst nematode disease)主要分布在东北、华北和黄淮等地区的大豆产区,尤以东北发生最严重。发病后,一般可减产10%,重的达30%～50%,甚至绝收。

(一)症状

胞囊线虫寄生于大豆根部。苗期发病,病苗子叶和真叶发黄,发育停滞,甚至枯萎。成株期受害造成植株矮小,叶片黄化,花芽簇生,节间缩短,开花期延迟,不能结荚或很少结荚。地下部主根和侧根发育不良,须根增多,被寄生主根一侧鼓胞或破裂,露出白色至黄白色如面粉粒的胞囊,被害根很少或不结根瘤。由于胞囊胀破根皮,导致根液外渗,致使次生土传根病加重,从而引起根腐烂、植株枯死。

（二）病原物

病原物为大豆胞囊线虫 *Heterodera glycines* Ichinohe，线虫动物门异皮科胞囊属。雌雄成虫异形。雌成虫洋梨形或柠檬形，先白后变黄褐，大小（0.47～0.79）mm×（0.21～0.58）mm。壁上有不规则横向排列的短齿花纹，具有明显的阴门圆锥体，阴门小板为两侧半膜孔型，具有发达的下桥和泡状突。雄成虫线形，皮膜质透明，尾端略向腹侧弯曲，平均体长约 1.24 mm。卵为长椭圆形，一侧略凹，皮透明，大小（95～118）μm×（39～47）μm。幼虫 1 龄在卵内发育；蜕皮后成蠕虫形 2 龄幼虫；3 龄幼虫腊肠状，可辨雌雄；4 龄幼虫与雌雄成虫相似（图 7-9）。该线虫存在生理分化现象，国内有 4 个生理小种，东北豆区以 1 号、3 号小种为主，黄淮豆区以 4 号、5 号、7 号小种为主。此外，大豆胞囊线虫可寄生 170 余种植物。

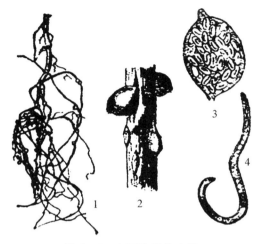

图 7-9　大豆胞囊线虫病
1.病株　2.孢囊　3.雌成虫　4.雄成虫

（三）侵染循环

该线虫以胞囊在土壤中越冬，也可黏附于种子或农具上越冬，成为翌年初侵染源。胞囊线虫自身蠕动距离有限，主要通过农事操作、灌溉水或借风雨传播，也可随种子的调运作远距离传播。虫卵在胞囊越冬后，以 2 龄幼虫破壳进入土中，侵染幼苗根系，寄生于根的皮层中。经 3、4 龄幼虫后发育成为成虫。雌雄交配后，雄虫死亡。雌虫体内形成卵粒，膨大变为胞囊。条件适宜时胞囊中的卵又孵化，进行再侵染。

（四）发病条件

该病的发生和流行与土壤中线虫量、土质、耕作制度以及品种抗病性密切相关。

1. 土壤内线虫量

土壤内线虫量大是发病和流行的主要因素。成虫产卵适温为 23～28℃，最适相对湿度为 60%～80%。卵孵化适温 16～36℃，以 24℃孵化率最高。幼虫发育适温 17～28℃，幼虫侵入温度 14～36℃，以 18～25℃最适，低于 10℃停止活动。因此，土壤温、湿度适宜时，线虫发育速度快，发生世代数多，造成土壤中线虫量大。

2. 土质

盐碱土、沙质土有利于线虫的生长发育和侵染，因而发病重。

3. 耕作制度

连作田发病重,与非寄主植物轮作发病就轻。

4. 抗病品种

品种间对大豆胞囊线虫的抗性有显著差异。国内大多数栽培品种不抗胞囊线虫,但也选育出了一些抗病品种。

（五）防治

该病的防治采用无病区加强检疫,有病区以农业防治为主、选用抗病品种和药剂防治为辅的综合措施。

1. 无病区加强检疫

该病可通过大豆种子的调运而作远距离传播,因此,无病区应实行检疫,禁止从病区调入种子。

2. 农业防治

应实行合理轮作,与禾谷类或棉花等非寄主作物实行 3 年以上轮作,轮作年限愈长,防治效果愈好。加强肥水管理,增施有机肥,干旱时适时灌溉,以促进大豆健壮生长,提高抗病性。

3. 选用抗病品种

国内抗胞囊线虫的品种多为黑豆,以其为抗源,已选育出一些高世代的抗病品种。如黑龙江的抗线一号、河南商丘选育的 7606、淮阴农科所选育的 83-h、山西兴县灰皮黑豆和五寨黑豆等。

4. 药剂防治

重病田块使用施药防治,在大豆播种前,将足量 200 亿苏云金芽孢杆菌 HAN055 可湿性粉剂混土后均匀沟施,制剂用量为 3000～5000 g/667 m²。种子包衣处理:4000 U/mg 苏云金芽孢杆菌悬浮种衣剂,每 kg 药剂包衣大豆种子 60～80 kg;2.9% 吡唑酯·精甲霜·甲维种子处理悬浮剂每 100 kg 种子制剂用量 835～1110 g。

第二节　重要害虫

一、蚜虫类

蚜虫(aphids)隶属半翅目、蚜科。危害麦类、玉米、高粱、粟等禾本科旱粮作物的主要种类有:麦长管蚜(grain aphid)*Sitobion*（*Macrosiphum*）*avenae*（Fabricius)、禾谷缢管蚜(oat bird-cherry aphid)*Rhopalosiphum padi*（L.）、麦二叉蚜 *Schizaphis graminum*（Rondani)和麦无网长管蚜 *Acyrthosiphon dirhodum*（Walker)、玉米蚜(corn leaf aphid)*Rhopalosiphum maidis*（Fitch)、高粱蚜 *Longiunguis sacchari*（Zehntner)等。其苗期危害时,被害处呈浅黄色斑点,严重时叶片发黄,甚至整株枯死;穗期危害,造成灌浆不足,籽粒秕瘦,千粒重下降,品质变坏(粗蛋白、氨基酸、维生素均下降);另外还传播植物病毒病,其中以传播小麦黄矮病危害最大。

危害豆类的蚜虫种类主要有大豆蚜(soybean aphid)*Aphis glycines* Matsumura、豆蚜 *Aphis craccivora*（Koch)、豌豆蚜 *Acyrthosiphon pisum*（Harris)等,其中,大豆蚜分布我国主要大豆产区,其寄主植物有大豆、鼠李和野生大豆,主要集中在大豆植株的生长点、顶叶和嫩叶背面危害,受害大豆叶片卷缩,植株矮小,产量降低。危害油菜、薯类的蚜虫主要种类有桃蚜 *Myzus persicae*（Sulzer)、萝卜蚜 *Lipaphis erysimi*（Kaltenbach)和甘蓝蚜 *Brevicoryne brassicae*（L.）等,详见第九章。下面重点介

绍麦长管蚜、禾谷缢管蚜、玉米蚜和大豆蚜。

(一)形态特征

1. 麦长管蚜和禾谷缢管蚜

它们的形态特征分别见表 7-1、图 7-10 和图 7-11。

表 7-1　麦长管蚜和禾谷缢管蚜形态特征的比较

种类		麦长管蚜	禾谷缢管蚜
有翅胎生雌蚜	体长	2.4～2.8 mm	约 1.6 mm
	体色	头胸部暗绿色或暗褐色,腹部黄绿色至绿色,腹背两侧各有褐斑 4～5 个	头胸部黑色,腹部暗绿色带紫褐色,腹背后方具红色晕斑 2 个
	触角	比体长,第 3 节有 6～18 个感觉圈	比体短,第 3 节有 20～30 个感觉圈
	腹管	很长,黑色,端部有网状纹	近圆筒形,黑色,具覆瓦状纹
	尾片	与腹部同色,每侧具毛 4～5 根	与体同色,每侧具毛 4～5 根
无翅胎生雌蚜	体长	2.3～2.9 mm	1.7～1.8 mm
	体色	绿色或淡绿色,腹背两侧各有褐斑 6 个	暗褐色或深紫褐色。腹部后方有红色晕斑
	触角	与体等长或稍长,第 3 节有 0～4 个感觉圈,第 6 节鞭部为基部的 5.5～6 倍长	仅为体长的一半,第 3 节无感觉圈,第六节鞭部为基部的 2 倍

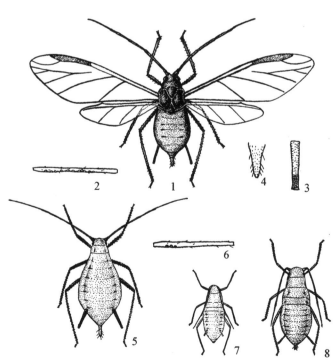

图 7-10　麦长管蚜

有翅胎生雌蚜成虫:1.全图　2.触角第 3 节　3.腹管　4.尾片

无翅胎生雌蚜成虫:5.全图　6.触角第 3 节

若虫:7.初孵若虫　8.成长若虫

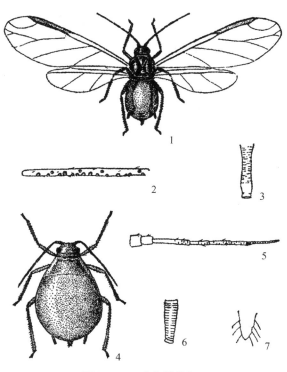

图7－11 禾谷缢管蚜

有翅胎生雌蚜成虫：1.全图 2.触角第3节 3.腹管

无翅胎生雌蚜成虫：4.全图 5.触角 6.腹管 7.尾片

2. 玉米蚜

有翅和无翅孤雌胎生蚜的形态特征(图7－12)如下：

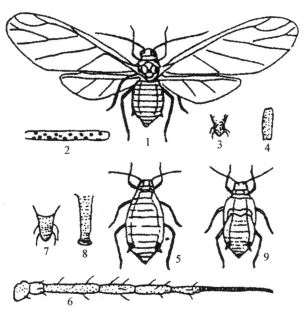

图7－12 玉米蚜

有翅胎生雌蚜成虫：1.全图 2.触角第3节 3.尾片 4.腹管

无翅胎生雌蚜成虫：5.全图 6.触角 7.尾片 8.腹管 9.有翅胎生雌蚜若虫

【有翅胎生雌蚜】体长 1.5～2.5 mm,头胸部为黑色,腹部为暗绿色,无显著粉被。腹管前各节有暗色侧斑,其基部及端部狭长,管口稍缢缩。触角 6 节,第 3 节有感觉圈 10～20 个,基节 1～3 节为绿色,其余各节为黑色。触角、喙、足、腹节间、腹管和尾片黑色,额瘤发达粗糙。

【无翅胎生雌蚜】体长 1.3～2.0 mm,长卵形,体灰绿色至蓝绿色,常有一层蜡粉。腹管、足、尾片及臀板为黑色。触角短,约为体长的三分之一,第 6 节的鞭状部为基部长的 1.5～2 倍,触角端部两节稍为暗黑色,其余各节为土色。腹管暗褐色,短圆筒形,端部稍缢缩,周围略带红褐色。尾片短,中部稍收缩。

3. 大豆蚜

有翅和无翅孤雌胎生蚜的形态特征(图 7-13)如下:

【有翅孤雌胎生蚜】长卵形,体长 0.96～1.52 mm,黄色或黄绿色,体侧有显著的乳状突起。头部淡黑色,顶端突起。复眼暗红色。触角与体躯等长,淡黑色,第 3 节后半部及以后各节均有瓦状纹,第 3 节有 6～7 个感觉圈,排成一行,第 4 节比第 5 节稍长,第 6 节的鞭部为基节的 4～5 倍长,第 5 节末端及第 6 节各有 1 个原生感觉圈。尾片黑色,圆锥形,有 2～4 对长毛;尾板末端钝圆,有许多毛。

【无翅孤雌胎生蚜】体长 0.95～1.29 mm,长椭圆形,黄色或黄绿色。体侧各节有显著的乳状突起;复眼暗红色;触角较身体短,第 4、5 节末端及第 6 节黑色,第 5 节末端和第 6 节基部各有 1 个原生感觉圈,第 6 节鞭部比基部长 2～3 倍。尾部圆锥形,有 3～4 对长毛。

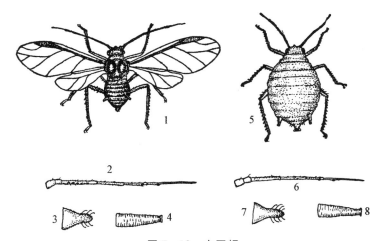

图 7-13　大豆蚜

有翅胎生雌蚜成虫:1.全图　2.触角　3.尾片　4.腹管

无翅胎生雌蚜成虫:5.全图　6.触角　7.尾片　8.腹管

(二)生物学和生态学特性

1. 麦长管蚜和禾谷缢管蚜

2 种麦蚜的生物学和生态学特性如下:

(1) 麦长管蚜

在浙江省一年可发生约 20 代左右。冬季以无翅胎生成蚜和若蚜在麦株心叶、叶鞘和看麦娘、卷耳等杂草心叶里越冬,若天气温暖,仍能爬上麦叶取食活动。

次年 3、4 月后气温上升,越冬蚜虫随植株伸长而向上移动,抽穗后集中穗部危害。四月下旬麦子灌浆期,也正是麦长管蚜繁殖最快、危害最猖獗的时期,并大批产生无翅胎生雌蚜。五月间大麦成熟,小麦已进入灌浆后期,无翅胎生雌蚜开始减少,而有翅胎生雌蚜不断增加。小麦收割前后,大批有翅蚜迁移到杂草及早稻田危害。6—7 月间气温上升到 28℃ 左右，大批麦长管蚜都迁到塘边、树荫下或瓜棚下、高山荫凉场所的禾本科杂草上继续繁殖。9—10 月间，天气转凉，当气温降至 20℃ 左右恰值晚稻抽穗、扬花、灌浆时期，大批有翅蚜又由杂草迁回迟熟晚稻上危害。水稻行将黄熟时，产生有翅蚜，迁到麦苗和附近的杂草上，并在其上繁殖 1～2 代，最后以无翅胎生雌蚜和若蚜在其上越冬。

麦长管蚜喜光照，多分布在麦田和植株上部及叶片正面，而且特别喜欢集中在穗部危害。它还有坠落习性，遇有震动就自行落地。

（2）禾谷缢管蚜

冬季以成蚜和若蚜在麦子叶片的基部和心叶上越冬，5 月上旬危害小麦最为严重。麦子收割以后，迁移到玉米和高粱上危害，9—10 月间玉米成熟后，又迁移到麦苗上繁殖危害，并以成、若蚜进入越冬。喜湿怕光，集中在阴暗处，分布在植株中下部的叶鞘上，甚至根际处。

在正常的环境条件下，麦蚜主要以孤雌生殖方式进行繁殖。气候和营养条件适宜，所产的后代均是无翅胎生雌蚜。1 只蚜虫可活一个月以上，每天平均可产仔 2～5 只。

蚜虫是病毒病的主要传播者，小麦幼苗期，一苗有 1 只麦蚜就能有效传毒。麦蚜在病株上吸食 30 min 即可带毒。带毒蚜虫在健株上吸食 20～30 min 后，就能使健株感染黄矮病；在 20～25℃ 条件下，经过 25～30 d，即可表现症状。

2. 玉米蚜

在浙江一年发生 26 代，冬季以成蚜、若蚜在麦类心叶及向阳生长的早熟禾等禾本科杂草的心叶及叶鞘内侧越冬。翌年 3—4 月间，气温达 11～13℃ 时开始活动，集中在麦苗和杂草心叶里继续危害。

在浙江嘉兴、杭州等地的玉米蚜，一年中在大田有四次迁飞高峰：第一次迁飞高峰发生在 4 月末至 5 月中旬，平均温度为 17℃ 左右，玉米蚜产生有翅蚜迁向春玉米，这次迁飞高峰是全年数量最大的一次；第二次迁飞高峰在 7 月中旬，玉米蚜从春玉米迁向夏玉米，迟熟高粱等作物；第三次迁飞高峰在 8 月下旬至 9 月上旬，玉米蚜从夏玉米迁往秋玉米；第四次迁飞高峰在 10—11 月间，玉米蚜从秋玉米迁到麦田及田边、沟边、塘边等处的杂草上繁殖 1～2 代后越冬。

玉米蚜在 7～28℃ 间均能繁殖，适宜温度为 22～24℃。在平均温度 7℃ 以上，繁殖一代需 18～21 d；23.6℃ 时为 5.5～6 d；27.5～28.5℃ 时为 4～5 d。适宜相对湿度为 85%。玉米心叶期蚜虫集中在上部叶片危害，刺吸汁液，形成蜜露沾染灰尘，覆盖叶面，不仅影响光合作用，而且也影响了雄穗的正常抽穗。特别是蚜虫布满整个雄穗时，由于蜜露的黏沾分布，影响了小花的散开及授粉。玉米蚜聚集在雄穗上危害，形成"黑穗"，影响正常授粉、灌浆，常造成雌穗秃尖，千粒重下降。

3. 大豆蚜

系乔迁蚜类，在浙江省等地的大豆上一年可发生 10 多代。一般在禾本科植物及多年生草本植物上越冬的蚜虫于次年春天，日均气温在 10℃ 以上，越冬卵开始孵化为干母，在越冬寄主上生长繁殖，然后产生有翅胎生雌蚜，于 4 月中下旬，日均气温达到 14℃ 左右，春大豆出土 7～10 d 时，有翅胎生雌蚜就开始陆续迁入豆田繁殖危害。至 5 月中旬，大豆蚜繁殖迅速，虫量突增，5 月下旬田间虫量出现高峰。一般年份春大豆蚜虫量出现 3 个高峰，以春大豆开花结荚期虫量最大，危害最重；而夏秋大豆则以苗期虫最多，受害最重。

气候影响大豆蚜数量变动主要有两个时期：一是春季，正值越冬蚜卵孵化、若蚜成活和成蚜繁殖阶段，如在此期间气温偏高，雨水少，天气闷热，有利于蚜虫的成活和繁殖。另一个是 6、7 月份大豆蚜盛发前期，若旬平均气温达 20～24℃，平均相对湿度在 78% 以下，有利于蚜量的增长，导致花期受害严重。若降雨量大，特别是连降大暴雨，则抑制大豆蚜种群的增长。

（三）防治方法

1. 麦长管蚜和禾谷缢管蚜

主要采用药剂防治。在病毒病流行地区，应掌握在有蚜株率5%、百株蚜量10头左右时用药；在无病毒病地区，可掌握在有蚜株率10%左右时用药防治。有效药剂为：25 g/L高效氯氟氰菊酯乳油、50%氟啶虫胺腈水分散粒剂、15%氯氟·吡虫啉悬浮剂、50%抗蚜威可湿性粉剂、10%吡虫啉可湿性粉剂。在未产生抗性的地区也可使用40%氧化乐果乳油进行防治；但氰戊菊酯和氧化乐果对天敌也有杀伤作用，应谨慎使用。

此外，结合积肥，在播种前清除小麦田附近早熟禾等禾本科杂草，对于防止小麦蚜早期迁入也有一定的作用。

2. 玉米蚜

（1）农业防治

加强田间管理，清除田内外杂草，拔除中心蚜株的雄穗，减少蚜量。积极保护和利用天敌，当玉米苗期草间小黑蛛数量较多情况下，应尽量避免药剂防治或选择对天敌无害的农药防治。

（2）化学防治

在玉米播种时利用600 g/L吡虫啉悬浮种衣剂进行种子包衣。在玉米心叶期、蚜虫盛发前进行防治有效药剂：22%噻虫·高氯氟悬浮剂、25%吡虫啉可湿性粉剂、25%噻虫嗪水分散粒剂、20%啶虫脒可湿性粉剂等。

3. 大豆蚜

主要采用药剂防治：在每株大豆有蚜虫10头以上时进行防治，可喷施35%吡虫啉悬浮剂、5%高效氯氟氰菊酯水乳剂、40%啶虫脒可溶粉剂等。

二、螟蛾类

螟蛾类（pyralids）属鳞翅目、螟蛾科。危害玉米、高粱、豆类、薯类的螟虫有亚洲玉米螟 *Ostrinia furnacalis*（Guenée）、条螟 *Proceras venosatum*（Walker）、小穗螟 *Cryptoblabes gnidiella*（Milliere）、桃蛀螟 *Dichocrocis punetiferalis*（Guenée）、二点螟 *Chilo infuscatellus*（Snellen）、粟穗螟 *Mampava bipunctella* Ragonot、甘薯蠹野螟 *Omphisa anastomosalis*（Guenée）、豆荚螟 *Etiella zinckenella*（Treitschke）和豆卷野螟 *Lamprosema indica* Fabricus 等。下面重点介绍亚洲玉米螟和豆荚螟，桃蛀螟详见第十章。

亚洲玉米螟（Asian corn borer），俗称玉米钻心虫，是我国玉米的主要害虫。它的寄主种类繁多，主要危害玉米、高粱、小米、棉、麻等作物，也能取食大麦、小麦、马铃薯、豆类、向日葵、甘蔗、甜菜、番茄、茄子等。其以幼虫取食危害。它们既可取食寄主叶片，又能钻蛀茎秆、果实。其危害症状因虫龄、作物和生育期不同而异。玉米苗期受害造成枯心；喇叭口期取食心叶，被害叶伸出展开时可见一排排小孔，叫花叶；抽穗后钻蛀穗柄或茎秆，遇风吹折；穗期还会咬食玉米花丝和雌穗籽粒，引起霉烂，降低品质。其危害玉米造成的产量损失以心叶期最大，其次是抽穗期，乳熟期则较轻。心叶末期孵化的幼虫危害造成的损失又显著较心叶中期大。危害高粱，被害部位发红，节间缩短，质地变脆，遇风吹容易折断。危害棉花，嫩茎受蛀。蛀食处上部叶片凋萎枯死；硬茎受蛀，易在蛀入部折断；棉蕾被害，蕾苞末端开放而卷曲或在未开花前即脱落；棉铃受害，引起脱落或铃室固结成黑色饼状，影响吐絮。

豆荚螟（lima pod borer），幼虫俗称豆蛀虫、红虫、豆板虫等，属鳞翅目螟蛾科。寄主仅限于豆科植物，如大豆、豌豆、扁豆、绿豆、菜豆、豇豆、刺槐、苦参以及豆科绿肥。以幼虫在豆荚内蛀食豆粒，被害豆荚内堆满虫粪,豆粒残缺不全或被食尽,不堪食用,对品质和产量影响极大。

(一)形态特征

1. 亚洲玉米螟

各虫态形态特征(图 7 - 14)如下:

【成虫】体长 13～15 mm,翅展 22～34 mm。体黄褐色。触角丝形。雄蛾前翅黄褐色,内外横线锯齿状,两线间有两个小黑斑,外横线与外缘线之间有一褐色宽带。后翅灰黄色,上有褐色宽带与前翅内外横线相连。雌蛾前翅淡黄色,内外横线及斑纹不及雄蛾明显;后翅黄白色;腹部较肥大。

【卵】扁椭圆形,长约 1 mm。初产时乳白色,渐变淡黄色,孵化前端部附近出现小黑点(幼虫头部)。如被赤眼蜂寄生的卵粒则整个漆黑。卵块形状不规则,卵粒呈鱼鳞状排列,一般有 4 排。

【幼虫】成长幼虫体长约 20～30 mm,圆筒形。头深褐色,体背多为淡褐色或淡红色,腹面较淡。背线明显,暗褐色。前胸盾及末节硬皮板淡黄褐色,其上生有刚毛。体上毛片明显,圆形黄;其中后胸每节 4 个,腹部第 1～8 节每节 6 个,前排 4 个较大,后排两个较小。腹足趾钩 3 序缺环。

【蛹】长 15～19 mm,长纺锤形。黄褐色,头及腹部末端颜色较深。腹背密被横皱纹。气门间有细毛 4 列,第 5～6 腹节腹面各有一对腹足痕。腹尾端臀棘黑褐色,顶端有 5～8 根钩刺,有些缠连。

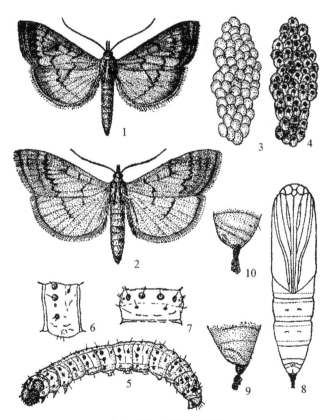

图 7 - 14 亚洲玉米螟

1. 雄成虫 2. 雌成虫 3. 卵块 4. 孵化前卵块 5. 幼虫 6～7. 幼虫第 2 腹节侧面及背面观
8～9. 雄蛹腹面观及末端 10. 雌蛹末端

2. 豆荚螟

各虫态形态特征(图 7 - 15)如下:

【成虫】体长 10～12 mm,翅展 20～24 mm。全体灰褐色,触角丝形,雄蛾鞭节基部有 1 丛灰白色

鳞毛。前翅狭长,灰褐色,近前缘自肩角至翅尖有 1 条明显的白色纵带;近翅基 1/3 处有 1 条金黄色宽横带。后翅黄白色,沿外缘有 1 条褐纹。雄蛾腹末端钝形,且长有长鳞毛丛;雌蛾腹部圆锥形,鳞毛较少。

【卵】椭圆形,长约 0.5 mm。初产时乳白色,后变红色,孵化前暗红色。

【幼虫】成长幼虫 14 mm 左右。头及前胸背板淡褐色,胸腹部颜色变化较大,初孵时菊黄色,后转变为绿色,老熟时背面呈紫色,腹面绿色。前胸硬皮板中央有"人"字形黑纹,两侧各有 1 黑斑,近后缘又有 2 个黑斑。背线、亚背线、气门上线和气门下线都很明显。腹足趾钩双序全环。

【蛹】长约 10 mm,黄褐色,腹末有钩刺 6 根。茧为长椭圆形,白色丝质,外附有土粒。

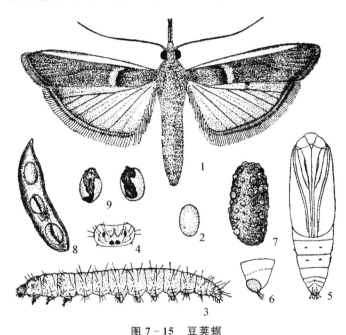

图 7 - 15　豆荚螟

1.成虫　2.卵　3.幼虫　4.幼虫前胸背板　5～6.蛹及其末端　7.土茧　8～9.被害状

(二)生物学和生态学特性

1. 亚洲玉米螟

在我国由北至南一年可发生 1～6 代,在浙江每年发生 4 代。各地都以老熟幼虫在寄主的秸秆、穗轴或根茬内越冬。在浙江一般于次年 4 月后开始化蛹。成虫白天多隐伏在杂草或农作物叶子下面,在傍晚活动。傍晚飞行,飞翔力强,有趋光性,夜间交配,交配后 1～2 d 产卵,雌蛾喜在将抽雄蕊的植株上产卵,产在叶背中脉两侧,少数产在茎秆上。平均每雌蛾产卵 400 粒左右,产 4～13 个卵块,每卵块 20～50 粒不等。幼虫 5 龄。幼虫孵化后先群集于玉米心叶喇叭口处或嫩叶上取食,被害叶长大时显示出成排小孔。玉米抽雄授粉时,幼虫危害雄花、雌穗并从叶片茎部蛀入,造成风折、早枯、缺粒、瘦秕等现象。在豆科植物上,常从嫩茎分枝处蛀入,使上部枯死,蛀口常堆有大量粪屑。老熟幼虫在蛀道内近孔口处化蛹。初孵幼虫多群集危害,3 龄时爬行或吐丝分散到植株不同部位。幼虫有趋糖、趋湿和背光的习性。一般第 3 龄开始蛀茎,第 4 龄开始大量蛀茎,第 5 龄则绝大部分蛀入茎内危害。幼虫多在雄穗柄或茎秆内化蛹,少数爬出在叶鞘或叶背化蛹,越冬代幼虫一般在越冬寄主的茎内、叶鞘或叶片间化蛹。在广东卵期 3～4 d,幼虫期 20～31 d,蛹期 8～10 d。

亚洲玉米螟的发生消长与温、湿度有密切的关系。一般春季雨水多,相对湿度高,气候温和,常是玉米螟大发生年。

2. 豆荚螟

在辽宁和陕西等省年发生 2 代,山东年发生 3 代,在河南、江苏、浙江等省年发生 4~5 代,广东、广西年发生 7~8 代。各地都以老熟幼虫在豆田及其附近的土中越冬。在浙江省各地,豆荚螟越冬幼虫于 4 月上中旬进入化蛹盛期,4 月下旬至 5 月中旬成虫陆续羽化出土,并主要产卵于豌豆、豇豆或各种豆科绿肥作物上产卵,第 2、3 代主要危害春大豆及早播夏大豆及夏播豆科绿肥,第 4 代危害夏播大豆和早播秋大豆,第 5 代危害晚播夏大豆和秋大豆,老熟幼虫 10—11 月间入土越冬。

成虫白天多栖息在豆株叶背、茎上或杂草处,傍晚开始活动,弱趋光性,飞翔力差。羽化后当日即能交尾,隔天就可产卵。一荚只产 1 粒卵,少数有 2 粒以上。产卵时分泌黏液,使卵粒斜黏在豆荚的茸毛间。在未结荚时,卵产于幼嫩的叶柄、花柄、嫩芽及嫩叶的背面。成虫喜欢在多毛大豆品种的豆荚上产卵,无毛或少毛的豆荚上产卵较少。每雌产卵平均 88.1 粒,多的可产 226 粒。产卵期平均 5.5 d。雄成虫寿命约为 1~5 d,雌虫平均为 7.5 d,最长可达 12 d。

卵期 4~6 d。幼虫多在早晨 6—9 时孵出。初孵幼虫先在豆株上爬行寻找豆荚或吐丝悬垂在其他植株的豆荚上,在荚面吐丝结一白色薄茧(丝囊)躲藏其中,然后逐渐咬破荚皮,蛀入荚内危害,丝囊则留荚外。荚内食料不足或环境不适时,幼虫还可转荚危害,每一幼虫可转荚危害 1~3 次,每次转荚危害的侵入孔外均留有白色薄茧,故可以此作检查虫情的依据。幼虫侵入黄熟期豆荚则不转移。幼虫 4 龄后食量大增,半天能食半粒至半粒以上的豆粒,被害豆粒残缺不全,荚内充满黄褐色潮湿粪便。每条幼虫一生能食害 3~5 粒豆。幼虫除危害豆荚外,还能蛀入豆株茎内危害。幼虫共 5 龄,在南京,幼虫期第 1 代 12 d,第 2 代 10 d,第 3 代 6.5 d,第 5 代越冬幼虫长达 165 d。幼虫老熟后,咬破荚壳、入土作茧化蛹,茧外粘有土粒。蛹期 6~12 d,越冬代 28 d 左右。

发育起点温度为 14~15℃,由于各地温度不同,发生的代数也不同。在适宜温度 15~30℃ 范围内,雨水多的年份发生轻,旱年发生重,而且地势高湿度低的豆地比地势低湿度高的豆地受害重。

(三)防治方法

1. 亚洲玉米螟

防治应采用田内与田外相结合,越冬期与生长期相结合,药剂防治与其他防治方法相结合的策略。根据亚洲玉米螟的发生特点,应大力进行冬季防治,在春玉米心叶末期用颗粒剂狠治第 1 代,达到压前控后、保护和利用卵寄生蜂的作用。

(1)农业防治

根据亚洲玉米螟的生活习性和越冬方式,秋翻冬灌。破坏亚洲玉米螟的生活环境,从而起到杀虫效果。焚烧或粉碎玉米和高粱等秸秆,用作燃料或饲料,消灭虫源,压低虫口基数。

(2)物理防治

可利用 400 瓦高压汞灯防治亚洲玉米螟。将汞灯安装在村边及周围较开阔的地方,远离建筑物,灯距 150 m,灯下放一个直径 1.2m、高 12 cm 水盘,用于装水,灯底部距水池水面约 15~20 cm,保持 6 cm 水深,内放约 20 g 洗衣粉,3~5 d 更换 1 次。此外,在亚洲玉米螟羽化期还可用频振式诱虫灯或黑光灯诱杀亚洲玉米螟成虫。

(3)生物防治

人工释放赤眼蜂防治亚洲玉米螟在我国东北和华北地区已经应用近 20 年,该项技术比较成熟,防治效果较好。一般在亚洲玉米螟产卵期每 667 m^2 放蜂 1 万~3 万只,设 2~4 个放蜂点。可将蜂卡卷入玉米叶筒内,蜂卡高度距地面为 1 m 左右。还可利用微生物如白僵菌、苏云金芽孢杆菌防治亚洲玉米螟。可在早春越冬幼虫化蛹前用每克含 50 亿~100 亿个孢子的白僵菌进行秸秆封垛,每立方米秸秆用菌 500 g,加水 50 kg,放入机动喷雾器中施用(蚕区禁用)。也可用 Bt 乳剂 15 g 同 3.5 kg 细砂

拌匀,制成颗粒剂,在心叶中期投入大喇叭口中施用(蚕区禁用)。美国等国已通过种植 Bt 玉米控制欧洲玉米螟的危害,国内就利用 Bt 玉米防治亚洲玉米螟的危害已取得生产应用安全证书开始示范种植,但尚未开展商业化种植。

(4)化学防治

玉米心叶期可用毒土或颗粒剂撒入心叶内防治。使用的农药可选用 3% 辛硫磷颗粒剂、2.5% 敌百虫颗粒剂撒施。也可进行喷雾防治,有效药剂有:10% 四氯虫酰胺悬浮剂、10% 氯虫苯甲酰胺悬浮剂、1% 甲氨基阿维菌素苯甲酸盐乳油等。

2. 豆荚螟

(1)农业防治

选育早熟丰产、结荚期短、豆荚毛少或无毛品种;实行豆田与水稻轮作或玉米与大豆轮作,避免与其他豆科植物轮作或邻作。在秋冬灌水以杀死越冬幼虫。夏大豆开花结荚期,灌水 1～2 次,可增加入土幼虫死亡率,也可增加产量。豆科绿肥应在结荚前翻耕沤肥,及时收割大豆,尽早运出本田,减少本田越冬幼虫。

(2)药剂防治

宜在成虫盛发期或卵孵化盛期喷药。可选用的药剂有:5% 氯虫苯甲酰胺悬浮剂、0.5% 甲氨基阿维菌素苯甲酸盐微乳剂、30% 茚虫威水分散粒剂、4.5% 氯氰菊酯乳油等。

三、夜蛾类

夜蛾类(noctuids)隶属鳞翅目、夜蛾科,危害玉米、高粱、豆类、薯类等旱粮作物的夜蛾主要种类有黏虫 *Mythimna separata* (Walker)、大豆小夜蛾 *Ilattia octo* (Guenée)、小地老虎 *Agrotis ypsilon* (Rottemburg)、大地老虎 *A. tokionis* Butler 等。自 2019 年以来,草地贪夜蛾 *Spodoptera frugiperda* (Smith)侵入到我国对玉米造成严重危害。下面重点介绍黏虫和草地贪夜蛾。

黏虫(army worm),又名行军虫或剃枝虫,是一种多食性害虫,主要危害小麦类、小米、玉米、水稻、高粱、甘蔗等禾本科作物。在大发生年,还能取食豆类、棉花和蔬菜等。黏虫以幼虫咬食叶片。1～2 龄幼虫仅食叶肉成白条斑,3 龄后才取食叶缘形成缺刻,5～6 龄幼虫可食尽叶片成光秆,继而危害嫩穗和嫩茎。

草地贪夜蛾(fall armyworm),又名秋黏虫,是一种多食性害虫,主要危害玉米、水稻、高粱、甜菜、棉花、蔬菜等 80 多种作物。以幼虫咬食叶片危害,低龄幼虫多隐藏在叶片背面取食,取食后形成半透明"窗孔"症状,高龄幼虫取食叶片形成不规则的长形孔洞,可将玉米整株叶片吃光,也可危害嫩穗和嫩茎。

(一)形态特征

1. 黏虫

各虫态形态特征(图 7-16)如下:

【成虫】体长 16～20 mm,翅展 40～45 mm。体淡褐色或淡灰褐色,雄蛾色常较深。触角丝形。前翅与体同色,散布细微黑褐色小点;翅中央有淡黄色近圆形斑 2 个,且在外斑下方还有一个白点,其两侧各衬以小黑斑;翅尖有黑纹一条,斜伸至内缘末端 1/3 处;翅外缘有 7 个小黑点。雄蛾翅缰 1 根,雌蛾 3 根。

【卵】馒头形,稍带光泽,表面有许多网状细脊纹,初为白色,渐成黄褐色,将近孵化前变黑色。卵粒排列成块,呈 2～4 行或重叠排列。

【幼虫】成长幼虫体长约 38 mm，体色变化很大，且发生量多时色较深。头部有明显的网状纹和"凸"形纹。体表有 5 条纵纹，背中线白色，边缘有细黑线，背中线两侧各有 2 条红褐色纵纹，近背面的较宽。腹面污黄色，腹足外侧区有黑褐色斑。幼虫一般有 6 龄。

【蛹】长约 20 mm，红褐或黄褐色。腹部 5～7 节背面近前缘各有一列深褐色隆起点刻，末端有 3 对刺，中央 1 对粗直强大，两侧 2 对细小弯曲。

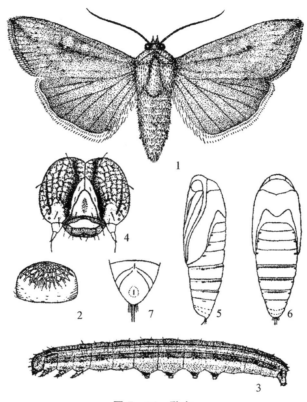

图 7-16　黏虫

1.成虫　2.卵　3.幼虫　4.幼虫头部　5～6.蛹侧面及背面观　7.蛹末端腹面观

2. 草地贪夜蛾

各虫态形态特征如下（图 7-17）：

【成虫】头胸腹部均灰褐色，前翅狭长，翅展 32～40 mm。雌雄虫之间个体大小和前翅翅斑差异较大。雄虫体长约 18 mm，前翅灰褐色，夹杂有白色、黄色和黑色斑纹。环形纹黄褐色，其外缘向下有一条黄白色楔形纹，末端达肾形纹下方。肾形纹灰褐色，杂有黄色斑点，不太明显。前翅外缘顶角有一白色大斑。后翅白色。雌虫约 15 mm，前翅灰褐色，环形纹和肾形纹边缘黄褐色，内侧灰褐色。后翅白色。

【卵】圆顶形，表面呈放射状花纹，有一定光泽。直径约 0.4 mm，高约 0.3 mm，通常 100～300 粒卵堆积成卵块，上覆较疏松鳞毛，初产时浅绿或白色，逐渐变褐色，孵化前为棕色或黑色。

【幼虫】幼虫 6 龄，体色和体长随龄期而变化，头壳褐色或黑色，3～6 龄头部白色或黄色"Y"形纹明显。低龄幼虫体绿色或黄色，高龄幼虫多为褐色，也有黑色或绿色，1-6 龄体长分别为 1～3 mm、3～6 mm、6～11 mm、12～20 mm、20～35 mm、35～45 mm。2～6 龄体表多条纵纹均较明显，背线、亚背线、气门线低龄白色，高龄淡黄色。中胸和后胸背面黑色毛瘤排成一排，腹部第 8 节毛瘤呈正方形排列，其余各节黑色毛瘤呈梯形。

【蛹】长 15～17 mm,宽 4.5 mm,化蛹初期淡绿色,渐变红棕色到黑褐色,椭圆形。腹部末节具两根臀棘,臀棘基部较粗,分别向外侧延伸呈"八"字形,臀棘端部无倒钩或弯曲。

草地贪夜蛾与斜纹夜蛾、甜菜夜蛾均为同一属的重要害虫,寄主均比较广泛,对玉米、蔬菜都能构成重要危害。在田间可同时发生,形态上较难区分,主要形态区分特征见表 7 - 2。

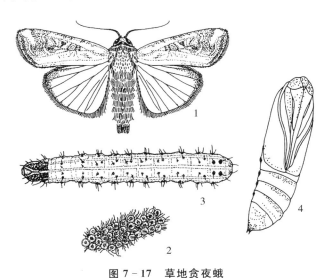

图 7 - 17　草地贪夜蛾
1.成虫(雄虫)　2.卵块　3.幼虫　4.蛹腹面观

(二)生物学和生态学特性

1. 黏虫

每年发生的世代数和发生期因地区和气候的变化而异,我国由北至南年发生 2～8 代,在浙江省年发生 5～6 代。温州冬季可以幼虫和蛹在田埂杂草、麦田土表层下等处越冬。

成虫羽化后需进行营养补充,吸食花蜜以及蚜虫等分泌的蜜露、腐果汁液及淀粉发酵液等。对糖醋液的趋性很强。成虫昼伏夜出。白天隐伏于草丛、柴垛、作物丛间、茅舍等荫蔽处,傍晚开始出来活动。在黄昏午夜活动最盛,取食高峰时间较短,第 1 代在晚上 7 时前至 8 时半左右,第 2、3、4 代依次略有推迟。成虫飞翔力强,在四级以下的风力常迎风飞行,还能随气流作远距离迁飞。一般平均每小时可飞行 20～40 km,一次飞行可达 500 km 左右。

雌蛾产卵前活动力较强,食量较大,而开始产卵后减弱。因此诱捕到的蛾子一般均未产卵。羽化后 2～5 d 交配,6～12 d 开始产卵,前 3 d 内产卵数量多。产卵部位因作物而有不同。麦子上喜产于枯黄叶尖或叶鞘和被地下害虫危害而造成的枯心苗上。在大麦条纹叶枯病发生严重的大麦田里,则以病株的半枯黄叶尖上产卵最多。水稻上,卵多产于下部半枯黄的叶尖上;在玉米和高粱上,多产于干枯叶片边缘和叶尖或穗部苞叶上。每雌产卵 500～1600 粒,少的数十粒,多则可达 3000 粒左右。以胶质物黏结卵粒呈条块状,包于纵折枯叶内,外面不易见到。

幼虫孵化后,群集在折叶内,吃去卵壳后爬出叶面,吐丝分散。第 1、2 龄幼虫仅食叶肉,常把叶面吃成细长的白条斑;第 3 龄后食量渐增,能将叶缘吃成缺刻;第 5、6 龄达暴食期,蚕食叶片,啃食穗轴,其食量占整个幼虫期的 90% 以上。在大发生时不仅食光作物叶片,还咬断穗子。食物不足或环境不适时,常成群结队迁向邻近田块,故有行军虫之称。

除阴雨天外,幼虫多在夜间活动取食。低龄幼虫常躲于作物心叶和叶鞘中取食。由于虫小,危害症状不明显,故往往不易发现。第 4 龄后,幼虫白天还常常潜伏于植物根旁的松土里或土块下,潜土深度一般为 1～2 cm。第 3 龄后的幼虫还有受惊卷缩下落的假死习性。

幼虫老熟后,钻入作物根际 1～2 cm 深松土内作土室化蛹。在稻田内因田水或土壤过湿,常在离水面 1 寸左右的稻丛基部把脚叶和虫粪黏成茧,化蛹其中。

黏虫是一种间歇性猖獗发生的大害虫,黏虫对温、湿度要求比较严格,雨水多的年份黏虫往往大发生。成虫产卵最适条件为 19～23℃,相对湿度 90％左右。黏虫成虫需补充营养,蜜源植物的多寡对黏虫的发生量常常有一定的影响。

表 7－2　草地贪夜蛾与斜纹夜蛾和甜菜夜蛾各虫态形态特征的区分

种类	草地贪夜蛾	斜纹夜蛾	甜菜夜蛾
成虫	体长 14～18 mm,翅展 32～40 mm。体灰褐色,前翅狭长。雌雄虫之间个体大小和前翅翅斑差异较大。雄虫前翅灰褐色,夹杂有白色、黄色和黑色斑纹。环形纹黄褐色,其外缘向下有一条黄白色楔形纹,末端达肾形纹下方。肾形纹灰褐色,杂有黄色斑点,不太明显。前翅外缘顶角有一白色大斑。后翅白色。雌虫前翅灰褐色,环形纹和肾形纹边缘黄褐色,内侧灰褐色。后翅白色	体长 14～20 mm,翅展 35～40 mm,体灰褐色,胸部背面有一簇白色绒毛,尾端丛生茶褐色绒毛。前翅灰褐色,斑纹很多。自前缘向后缘外方有三条白色斜纹(雄蛾明显),后翅灰白。前后翅上常有水红色至紫红色闪光	体长 8～14 mm 翅展 19～30 mm。前翅灰褐色,外缘线由一系列黑色三角形小斑组成,前翅中央近前缘外方有一个肾形纹,内方有一个环形纹,肾形纹和环形纹土红色,有黑边。后翅灰白色半透明,翅脉及翅缘黑褐色
卵	圆顶形,表面呈放射状花纹,有一定光泽。直径约 0.4 mm,通常 100～300 粒卵堆积成卵块,上覆较疏松绒毛,初产时浅绿或白色,逐渐变褐色,孵化前为棕色或黑色	卵粒扁球形,直径 0.4～0.5 mm,初产时黄白色,后变淡绿色,近孵化时呈紫黑色,卵块由三、四层卵粒组成,一般 100～350 粒,外覆有黄色绒毛	近圆形、直径 0.2～0.3 mm,有放射状纹。初产时白色,渐变成黄绿色,孵化前呈褐色。卵块产,每块有卵 8～100 粒不等,卵粒重叠,上覆有雌蛾产卵时遗留的白色绒毛
幼虫	6 龄,头褐色或黑色,3～6 龄头部白色或黄色"Y"型纹明显。低龄幼虫体绿色或黄色,高龄幼虫多为褐色,也有黑色或绿色,6 龄幼虫体长 35～45 mm。2～6 龄体表多条纵纹均较明显,背线、亚背线、气门线低龄白色,高龄淡黄色。中胸和后胸背面黑色毛瘤排成一排,腹部第 8 节毛瘤呈正方形排列,其余各节黑色毛瘤呈梯形	6 龄,头部黑褐色,胸腹部颜色变化较大,有土黄色、青黄色、灰褐色或暗绿色,6 龄幼虫体长 38～51 mm,背线橙黄色,亚背线黄色,自中胸至腹部第九节在亚背线内侧有近似半月形或三角形的黑斑一对。其中又以第 1、7、8 腹节最大	5 龄,老熟幼虫体长约 22 mm,体色变化大,有绿色、暗绿色、黄褐色、褐色等。每一体节的气门后上方各有明显白点。在腹部气门下有明显的黄白色纵线,此线一直达腹部末端,但不到达臀足
蛹	长 15～17 mm,化蛹初期淡绿色,渐变红棕色到黑褐色,椭圆形。腹部末节具两根臀棘,臀棘基部较粗,分别向外侧延伸呈"八"字形,臀棘端部无倒钩或弯曲	体长 15～20 mm,棕褐色,圆筒形。胸部背面及翅上有细横皱纹。腹部背面第四至第七节近前缘处各有一列小刻点。腹部末端臀棘基部分开,臀棘端部有倒钩或弯曲	体长约 10 mm,黄褐色,腹部 3～7 节背面,5～7 节腹面有粗点刻,中胸气门深褐色,显著向外突,位于前胸后缘。臀棘上有刚毛 2 根、腹面基部亦有刚毛 2 根

2. 草地贪夜蛾

草地贪夜蛾起源于美洲,于 2019 年 1 月在我国云南省被发现报道,该虫迁飞能力强,已扩散到全国大部分地区。草地贪夜蛾有玉米型和水稻型两种生物型,经磷酸甘油醛异构酶(Tpi)两个基因片段为分子标记进行检测,我国发现的草地贪夜蛾是玉米型,嗜好取食玉米,也危害甘蔗、花生、甘蓝等其他作物。根据发育起点和有效积温预测该虫在我国海南、台湾、广东、广西等南方地区可发生 7 代以

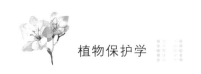

上,在我国江南到江淮区域 3~5 代,山东及黄淮海区域 2~4 代。草地贪夜蛾在 1 月平均温度 10℃以上,约北纬 28 度以南可以周年繁殖,在 1 月平均温度 6~10℃,约北纬 28 度到 31 度间可以越冬。

成虫昼伏夜出,具有趋光性。成虫寿命 2~3 周,羽化后补充营养产卵期和寿命均显著延长。雌成虫可以多次交配产卵,主要在夜间迁飞、交配和产卵,一生可产 6~10 个卵块,每个卵块平均卵粒数 100~300 粒,一生可产卵 900~1000 粒,多至 1500~2000 粒,成虫羽化后一周内的产卵量约占总卵量的 70%。产卵部位一般在玉米植株基部靠近茎秆的叶片背面,卵块覆盖疏松鳞毛起保护作用。草地贪夜蛾成虫可在几百米的高空中借助风力长距离定向迁飞,每晚可飞行 100 km。成虫通常在产卵前可迁飞 100 km,如果风向风速适宜,迁飞距离会更长。草地贪夜蛾有东西两条迁飞路线向北扩散,西线是从缅甸进入云南,再经贵州进入四川、重庆、河南以至陕西、山西;东线是从越南、老挝、泰国进入广东和广西,再直达长江流域和淮河流域,进入华北甚至东北平原。

初孵化幼虫取食卵壳并聚集在卵块附近取食叶片背部叶肉,形成半透明"窗孔"斑。低龄幼虫随吐丝下垂分散取食玉米幼嫩部位。低龄幼虫主要在夜间活动取食,在幼嫩植株上,幼虫倾向于在环绕茎秆的轮生叶部位取食,在成长植物上,幼虫偏好取食靠近雌穗须部的叶片取食。高龄幼虫食量大,可以把叶片咬成长条孔洞,甚至导致叶片断裂。嫩株生长点受害后,新叶和雌穗停止发育。幼虫 3 龄后有自相残杀习性,一株玉米一般只有 1~2 头高龄幼虫。害虫种群密度大时取食雌雄穗,甚至钻蛀嫩茎,粪便也会造成污染。

幼虫老熟后,钻入作物根际 2~8 cm 深松壤土内作土室化蛹。如果土壤太过坚硬,幼虫也会在植物上吐丝化蛹。大约 8~9 d 后成虫羽化。草地贪夜蛾生长发育适宜温度在 24~32℃,低于 20℃和超过 32℃不利于其存活和生殖。通过过冷却点体液冰点测试发现草地贪夜蛾也具有较强的抗寒能力。对其大发生危害和分布有显著的影响。

(三)防治方法

1. 黏虫

(1)诱杀成虫

在蛾子数量开始增加时用糖醋酒液配成诱杀剂进行诱杀。糖醋酒液配比为糖:醋:酒液:水为 3:4:1:2。调匀后加少量杀虫剂。每 0.33~0.67 hm² 放置一盆糖醋酒液配成的诱杀剂,盆高出作物约 30 cm,诱剂保持约 3 cm 深,每天早晨取出蛾子,白天将盆盖好,傍晚开盖。5~7 d 换诱剂 1 次,连续 2~3 周。

(2)诱蛾灭卵

从成虫产卵初期开始直到产卵盛末期为止,在田间插立稻草把,每 667 m² 约 10 个,稻草把应稍高出作物。每 3~5 d 更换稻草把,把旧的带卵草把焚毁。

(3)药剂防治

应掌握在幼虫 3、4 龄期施药。可选用的药剂有:80%敌百虫可溶粉剂、40%辛硫磷乳油、80%敌敌畏乳油、45%马拉硫磷乳油、5.7%甲胺基阿维菌素苯甲酸盐水分散粒剂、4%联苯菊酯微乳剂等。

2. 草地贪夜蛾

从全国范围来说,防控策略上按照主攻周年繁殖区、控制迁飞过渡区、保护玉米主产区的策略,强化"三区"联防和"四带"布控,层层阻截诱杀迁飞成虫,治早、治小,全面扑杀幼虫,最大限度降低危害损失。突出主要作物、关键季节和重点地区,加强统防统治和区域联防,落实防控指导任务。在防控措施上,一是监测预警,即在西南和华南边境地区、迁飞通道设立重点监测点,结合高空测报灯和地面虫情测报灯监测成虫迁飞数量和动态。在长江中下游、黄淮海、东北和西北地区开展灯诱、性诱监测成虫发生情况。以玉米为重点,兼顾甘蔗、高粱和小麦等重要寄主作物,在作物生长季,特别是苗期和心叶期开展大田普查,确保早发现、早控制。二是分区防控重点,即华南及西南周年发生区防控境外迁入虫源,加强成虫诱杀,强化田间幼虫防治,遏制当地滋生繁殖,减少迁出虫源数量;长江流域及江南地区重点扑杀迁入种群,诱杀成虫,扑杀本地幼虫,压低过境虫源基数;黄淮海及北方地区以保护玉米生产为重点,加强迁飞成虫监测,主攻低龄幼虫防治。

具体主要防治方法如下:

（1）生态调控

以草地贪夜蛾周年发生区和境外虫源早期迁入区为重点,强化生物生态预防措施。科学选择种植抗耐虫品种,同时在玉米田可间作套种豆类、洋葱、瓜类等对害虫具有驱避性的植物或在田边分批种植甜糯玉米诱虫带,趋避害虫或集中歼灭,减少田间虫量。

（2）种子处理

在播种前,选择含有氯虫苯甲酰胺、溴酰·噻虫嗪等成分的种衣剂实施种子包衣或药剂拌种,防治苗期草地贪夜蛾。

（3）理化诱杀

在成虫发生高峰期,采取高空杀虫灯、性诱捕器以及食诱剂等理化诱控措施,诱杀成虫、干扰交配,减少田间落卵量。在集中连片种植区,按照每亩设置 1 个诱捕器的标准(集中连片使用,面积超过 66.67 hm², 可按 1 个/$1000.05\sim1333.4$ m² 诱捕器标准设置)全生育期应用性诱剂诱杀成虫。田边、地角、杂草分布区诱捕器设置密度可以适当增加。苗期诱捕器进虫口距离地面 $1\sim1.2$m, 后期则高于植株顶部 $15\sim25$ cm, 随着作物生长,应注意调节诱捕器高度。在使用期内,根据诱芯的持效期,及时更换诱芯,以达到最佳的诱杀效果。

（4）生物防治

作物全生育期注意保护利用夜蛾黑卵蜂、半闭弯尾姬蜂、淡足侧沟茧蜂等寄生性天敌和益蝽、东亚小花蝽、大草蛉和瓢虫等捕食性天敌,在田边地头种植显花植物,营造有利于天敌栖息的生态环境。在草地贪夜蛾卵期积极开展人工释放赤眼蜂等天敌昆虫控害技术。抓住低龄幼虫期,选用苏云金芽孢杆菌、甘蓝夜蛾核型多角体病毒、金龟子绿僵菌、球孢白僵菌等生物农药喷施或撒施,持续控制草地贪夜蛾种群数量。

（5）药剂防治

在全生育期实施性诱防控等综合防控措施的基础上,根据虫情调查监测结果,当田间玉米被害株率或低龄幼虫量达到防治指标时(玉米苗期、大喇叭口期、成株期防治指标分别为被害株率 5%、20% 和 10%,对于世代重叠、危害持续时间长、需要多次施药防治的田块,也可采用百株虫量 10 头的指标),可选用甲氨基阿维菌素苯甲酸盐、乙基多杀菌素、氯虫苯甲酰胺、四氯虫酰胺、茚虫威、虱螨脲、虫螨腈等高效低风险农药,注意重点喷洒心叶、雄穗或雌穗等关键部位。注重农药的交替使用、轮换使用、安全使用,延缓抗药性产生,提高防控效果。

四、瓢甲类

瓢甲类(coccinellids),隶属鞘翅目、瓢甲科。在我国,危害马铃薯的瓢虫主要有 2 种,马铃薯瓢虫 *Henosepilachna vigintioctomaculata*(Motschulsky)和酸浆瓢虫 *H. vigintioctopunctata*(Fabricius),均属鞘翅目、瓢甲科。马铃薯瓢虫(potato lady beetle)又称大二十八星瓢虫,酸浆瓢虫(ladybirdskinner)又称小二十八星瓢虫。马铃薯瓢虫国外分布于俄罗斯、日本、朝鲜、澳洲等,国内分布于东北和华北地区。酸浆瓢虫国内分布较广,北起吉林、内蒙古,南迄华南、华中各省都有分布,其中,长江以南各省(如湖南、浙江、福建、广东)危害较重;在国外分布于日本、东南亚、澳洲等地。在国内,长江以北两种瓢虫混杂发生,黄河以北则以马铃薯瓢虫为主。

2 种瓢虫寄主范围都比较广,但主要嗜食马铃薯。成虫和幼虫都能危害,幼龄幼虫啃食叶肉后残留表皮,在叶面形成许多平行透明的箩底状纹。成长幼虫取食叶片,仅留叶脉,影响马铃薯正常生长,严重时整片植株被害枯死。

(一)形态特征

1. 马铃薯瓢虫

各虫态形态特征(图 7 - 18)如下:

【成虫】雌虫体长 7~8 mm,雄虫较小。体呈半球形,赤褐色,全体密生黄褐色细毛。前胸背板的前缘凹入而前缘角突出;中央有 1 个大而呈黑色的剑状纵纹,其两侧各有 2 个黑色小斑(有时合并为 1 个)。每一鞘翅上有 14 个黑色斑点,鞘翅基部 3 个黑点后方的 4 个黑点不在一直线上。两鞘翅会合处的黑点有 1 对或 2 对相接触。

【卵】长约 1.3 mm,炮弹形,初产时鲜黄色,后渐变成黄褐色。卵块中的卵较散开。

【幼虫】成长幼虫体长约 8 mm,呈纺锤形,中部膨大而背部隆起。头隐在前胸之下,淡黄色,口器及单眼黑色。胸腹部鲜黄色,背面有枝刺,各枝刺大部为黑色;在前胸及第 8、9 腹节上各具 4 个枝刺,各个枝刺分开,其余各节各具有 6 个枝刺;中、后胸背面中央起左右第 1、2 个枝刺较接近,第 3 个较离开;腹部第 1~7 节背面中央的 1 对枝刺接近,其余分开;各枝刺基部均围以淡褐色环纹,但接近的枝刺其环纹常合而为一。

【蛹】长 6 mm 左右,椭圆形,黄色,被有稀疏毛。背面隆起,上有黑色斑纹;腹面平坦,末端为幼虫蜕皮所包被。

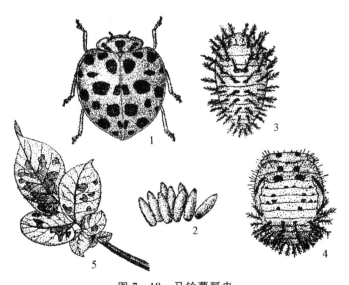

图 7 - 18　马铃薯瓢虫
1. 成虫　2. 卵　3. 幼虫　4. 蛹　5. 被害状

2. 酸浆瓢虫

其形态特征与马铃薯瓢虫很相似,各虫态形态特征(图 7 - 19)主要区别如下:

【成虫】体较小,长约 5.5~6.5 mm。黄褐色,前胸背板多具 6 个黑点;中央 2 个,一前一后,前方的大,横形(有时可分为两个),后方的圆形(或纵长,与前方的相接);两侧各 2 个。鞘翅上黑点小而略圆,鞘翅基部 3 个黑点后方的 4 个黑点几乎在一直线上,两鞘翅会合处黑色不接触。

【卵】长约 1.1 mm,卵形与卵色与马铃薯瓢虫相似,但卵块中卵粒较密集。

【幼虫】成长幼虫体长约 7 mm,体白色,枝刺也是白色,枝刺基部环纹为黑色。

【蛹】长约 5.5 mm,黄白色,背面也有黑色斑纹,但较浅。

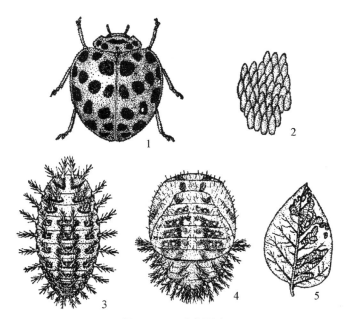

图 7-19 酸浆瓢虫
1.成虫 2.卵 3.幼虫 4.蛹 5.被害状

(二)生物学和生态学特性

1. 马铃薯瓢虫

在北方年发生两代,成虫在背风、向阳的石缝、杂草、灌木、树洞、树根、屋檐等缝隙中过冬,次年 5 月越冬成虫开始出现于田间,先在野生茄科植物上取食。当马铃薯苗高 15 cm 左右时,大部分成虫转移到马铃薯上危害。东北地区 6 月间为转移盛期.转移后不久即在马铃薯叶背部产卵;6 月上、中旬为产卵盛期;7 月下旬至 8 月上、中旬为第 1 代成虫羽化盛期。羽化迟的,不进行交尾,便开始越冬。大部分第 1 代成虫交尾产卵,繁殖第 2 代;8 月上旬为第 2 代幼虫出现盛期,8 月下旬第 2 代幼虫老熟化蛹,不久羽化为成虫;这 1 代成虫交尾而不产卵,9 月中旬开始向越冬场所迁移,10 月上旬迁移结束。在气温剧降时,钻入土中或缝隙内静伏越冬。越冬成虫寿命很长,雄虫为 276~350 d,雌虫为 239~349 d。

成虫早晚静伏,白天觅食、迁移、飞翔、交尾、产卵。成虫具有假死习性。卵主要产在生长茂盛的马铃薯主茎叶片的背面,极少产于叶片的正面。产卵时刻多在白天,以中午 12 时至下午 4 时产卵最多。每雌能产卵 2~38 次,总共可产 26~931 粒卵,平均每次为 58 粒。

卵多在夜间孵化,卵期 5~7 d。初孵幼虫群集叶背不动,静止 6~7 h 后方开始危害,第 2 龄以后开始分散。第 2—3 龄食量渐增,第 4 龄食量最大。第 1 代幼虫期 23 d,第 2 代 1 d 左右。老熟幼虫以腹部末端黏于叶背进行化蛹。化蛹部位大多发生在马铃薯基部叶片的背面。蛹期 5~7 d。

马铃薯瓢虫的发生与环境关系密切。凡越冬入土过浅,冬季过于严寒或过于干燥的,对它的越冬十分不利,死亡率高,直接影响第二年的发生。此外,野生植物较多的地方和山地,及四周荒地较多的田块,往往马铃薯瓢虫发生早而危害重。

2. 酸浆瓢虫

在江苏南京及安徽南部年发生 3 代,江西 5 代,福建等地 5~6 代,以成虫在杂草、松土、篱笆、老

树皮、壁缝等间隙中越冬。翌年3月下旬至4月上旬越冬成虫开始活动,先在龙葵等野生茄科植物上取食,以后陆续迁到马铃薯和茄科植物上危害,夏季天气炎热时又迁到荫凉处生长的茄科杂草上繁殖。

初羽化的成虫,通常经3 h以上方开始取食。取食不分昼夜,但以晴天白昼食量较大。成虫羽化后经3 d以后,始能交尾,一生交尾多次。产卵前期约5 d。产卵于叶背,成块状。产卵多在上午8—9时至下午5—6时,产卵期长达1个月。一生产卵可达1000多粒。气温25~28℃、相对湿度80%~85%的条件下,最宜于成虫生活。成虫在强光下常栖于植株上部的叶背上。具假死习性,飞翔力甚差。初孵幼虫在卵块附近集中于叶背取食危害。第2~3龄时渐分散危害。成虫、幼虫均具有自相残杀习性。幼虫共4龄,老熟幼虫在叶背、茎上以及在杂草上化蛹。

(三)防治方法

1. 越冬期防治

越冬成虫不食不动,是生活史中最薄弱的一环,因此可于冬季或早春进行捕捉。另外,还可以靠铲除和焚烧田间地头的枯枝、杂草,以消灭其越冬场所。

2. 产卵盛期人工捕杀

在产卵盛期采用人工捕杀防治效果很好。具体做法是人工摘除卵块,在成虫的羽化盛期和卵孵化盛期人工捕捉成虫、幼虫。

3. 药剂防治

在马铃薯二十八星瓢虫卵孵化始盛期、幼虫分散危害前进行防治,可选用的药剂有:50%辛硫磷乳油,或用4.5%的高效氯氰菊酯乳油,或10%联苯菊酯乳油,或20%氯虫苯甲酰胺悬浮剂,10%溴氰虫酰胺可分散油悬浮剂等。对于茄子、西红柿等蔬菜田防治二十八星瓢虫时,应尽量不用或少用有机磷农药,宜采用菊酯类农药类,以降低残留对人畜的危害。

五、象甲类

象甲类(weevils)隶属鞘翅目、象甲科。危害旱粮作物的象甲主要种类有甘薯小象甲 *Cylas formicarius* Fabricius、甘薯长足象甲 *Mecyslobus roelofsi*(Lewis)、玉米象 *Sitophilus zeamais* Motschusky、米象 *S. oryzae*(L.)等。下面重点介绍甘薯小象甲。

甘薯小象甲(sweet potato weevil),又称甘薯蚁象、甘薯象甲、甘薯小象虫,是检疫性害虫。国内分布于浙江、江西、湖南、福建、台湾、广东、广西、贵州、四川和云南等地。主要危害甘薯,也取食蕹菜、野牵牛、砂藤、月光花、小旋花、登瓜薯等旋花科植物。但只能在甘薯、砂藤和登瓜薯上完成其生活史,是我国南方重要的甘薯害虫。

甘薯小象甲成、幼虫均能危害,以幼虫危害为主。成虫啃食嫩芽、嫩茎和叶,并将外露薯株啃成许多凹缺,妨碍薯株正常发育,影响产量和品质。幼虫蛀食薯蔓和块根,不但直接阻碍块根的膨大和茎叶的生长,而且还会传播黑斑病、软腐病。被害薯块变成黑褐色,引起腐烂、产生恶臭和苦味,以致不能储藏,也不能食用和饲用,造成极大的损失。

(一)形态特征

各虫态形态特征(图7-20)如下:

【成虫】体长5~8 mm,形似蚂蚁。全体除触角末节、前胸和足呈红褐色外,其余部分均为蓝黑色,具金属光泽。头向前延伸成细长的喙,状如象鼻。复眼半球形突出。触角10节,末节特别长大;雌虫末端长卵形,较其他9节的总和短;雄虫末节长圆筒形,较其他9节的总和长。前胸细长,在后部1/3处缩入如颈状。足细长,腿节棒形。

【卵】椭圆形,长约0.65 mm。初产时乳白色,后转为淡黄色,表面散布许多小凹点。

【幼虫】成长幼虫体长5～8.5 mm。近圆筒形,两端略小,稍向腹面弯曲。头部淡褐色,胸腹部乳白色,生有稀疏白色细毛。胸足退化为很小的革质突起。第2～4龄幼虫胸腹部各节较细瘦,背面和两侧多少杂有紫色或淡红色斑纹;第1龄和末龄幼虫胸腹部各节肥大,无斑纹。

【蛹】长4.7～5.8 mm。体乳白色,复眼褐色,管状喙贴于腹面,末端伸达胸腹部的交界处。腹中部隆起,各节背面隆起处各有一横列小突起,其上各生1细毛,末节具尖而弯曲的刺突1对。

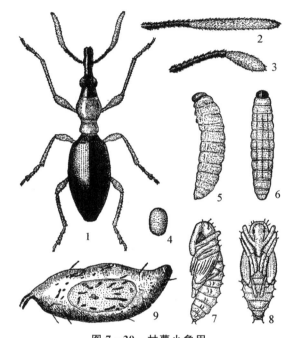

图7-20　甘薯小象甲

1.雄成虫　2.雄成虫触角　3.雌成虫触角　4.卵　5～6.幼虫侧面和背面观
7～8.蛹侧面和腹面观　9.被害薯块

(二)生物学和生态学特性

在台湾、广东年发生6～8代,广西4～6代,福建5代,浙江3～4代。有明显的世代重叠现象。甘薯小象甲可以成虫、幼虫、蛹各虫态越冬。多数以成虫在野外杂草、石隙、土缝、田间残藤叶下越冬,也可以成虫、幼虫或蛹在薯块内,少数在藤内越冬。

成虫羽化后先在薯块内停留3～5 d,待体躯变硬后才爬出活动。羽化后6～8 d进行交尾,一生能产卵多次。交尾后一般经7～8 d才能产卵,最早的2 d,最迟的33 d后才产卵。成虫整天均可产卵,而以早晚6时前后较多。卵多产在外露薯块的表皮下,其次是藤头上,蔓上的较少。产卵时先以口器在薯块或藤头表皮上咬一小孔,然后产卵其中,通常一孔1粒卵,极少数为2粒或3粒一孔的。产卵后分泌黄褐色胶质物封住产卵孔。产卵期15～115 d。每雌产卵30～200粒,平均80粒左右。产卵量受温度影响,以27～30℃时产卵最多,15℃时开始锐减,10℃时基本不产卵。

成虫善爬行,不善飞翔。在闷热夜晚也能作短距离低飞。畏阳光,一般多躲在茎叶荫蔽处,取食露出地面或因土壤龟裂而外露的薯块,或幼芽、嫩叶、嫩茎和薯蔓的表皮。成虫喜干怕湿,当薯地潮湿或下雨后,则爬出活动。有假死性,耐饥力强,可绝食21～42 d。

卵期因温度变化而不一,平均气温为 31℃时,卵期为 5～7 d,22℃时为 13 d,20.4℃时为 18～19 d。孵化率为 58%～81%左右。

整个幼虫期都生活在薯块或藤头内。幼虫孵出后,即向薯块或藤头内蛀食成弯弯曲曲的隧道,在其中边蛀食,边前进,边排粪,虫口后方堆满白色或褐色虫粪,诱致病菌侵入,使被害处的薯块变为黑褐色,产生恶臭。在薯蔓内蛀食的幼虫,一般向下钻蛀,形成较直的隧道,隧道内也有虫粪。藤蔓被害处肿大成不规则状。部分幼虫还可经薯蒂向下蛀入块根中。一个薯块中少的有虫 1～2 头,多的可达 100 头幼虫。幼虫共经 5 龄,幼虫期一般为 20～33 d。

老熟幼虫在隧道内化蛹。化蛹前先向外蛀食到达皮层,咬一圆形羽化孔,然后在羽化孔内侧附近化蛹。蛹期一般为 7～17 d,当平均气温在 30.8℃时,蛹期为 6 d。

甘薯小象甲的发生受气候、土壤和地形、耕作制度和品种等因素的影响。干旱少雨是甘薯小象甲大发生的主导因素,尤其是夏秋 7—8 月份连续高温干旱的年份影响更为明显。黏重或有机质缺乏,保水性差容易龟裂的土壤以及土壤表层浅,薯块容易外露的田块受害较重。连作区甘薯小象甲发生严重,轮作可大大减轻危害。在品种方面,一般结薯部位深而集中,薯块质地较硬,含淀粉和胡萝卜素多,含水分糖分少,白色乳胶多,黏力大的品种,抗虫性好,受害轻。

(三)防治方法

甘薯小象甲的防治必须加强植物检疫,防止其传播蔓延。疫区在做好清洁田园,减少越冬虫源的同时,应狠抓苗期防治。在甘薯扦插后,从冬后成虫迁入薯地后、产卵前的补充营养期开始,用药防治,消灭冬后成虫于产卵前。

1. 清洁田园,处理臭薯和坏薯

番薯收获后,应将好薯和坏薯分开,同时拾净田间臭薯和坏薯以及遗株、藤蒂等,坏薯用作磨渣洗粉,刨丝切片,加工制造酒精等处理。遗株、藤蒂和落叶集中深埋,或作沤肥。

2. 选种抗虫早熟良种

在高产的前提下,尽可能选种早熟良种,以避过甘薯小象甲的严重发生危害期。

3. 药剂防治

防治适期是在甘薯扦插后,越冬成虫迁入而未产卵前开始连续防治 2～3 次,做到早插早防治,迟插迟防治,一直到 6 月底冬后成虫产卵结束为止。药剂防治的重点是薯苗床和薯苗地附近的甘薯地。可选用的药剂有:3.2%阿维菌素乳油、20%虫酰肼悬浮剂、5.7%甲胺基阿维菌素苯甲酸盐乳油喷洒薯苗基部或滴注。

六、豆象类

豆象类(bruchids)隶属鞘翅目、豆象科。危害旱粮作物的豆象主要种类有蚕豆象 *Bruchus rufimanus* Boheman、豌豆象 *B. pisorum*(L.)、四纹豆象 *Callosobruchus maculates*(Fabricius)、绿豆象 *C. chinensis*(L.)、咖啡豆象 *Araecerus fasciculatus*(de Geer)等。下面重点介绍蚕豆象。

蚕豆象(bean seed beetle),又称豆牛,豆乌龟,蚕豆红脚象。原产欧洲,现已分布全世界。抗战时期随日本侵略军马料传入我国,现已遍及华北、华中、华东、华南、西南地区,是国内检疫对象。只危害蚕豆。成虫略食豆叶、豆荚、花瓣及花粉,幼虫专门危害新鲜蚕豆豆粒。被害豆粒内部蛀成空洞,并引起霉菌侵入,使豆粒发黑而有苦味,不能食用;如伤及胚部,则影响发芽率,产量大大降低。幼虫随豆粒收获入仓,继续在豆粒内取食危害,造成严重损失。

（一）形态特征

各虫态形态特征（图 7-21）如下：

【成虫】体长 4.5～5 mm。体椭圆形，黑色。密生黄褐色绒毛。头顶狭而隆起，复眼黑色，呈"U"形，包围于触角基部。触角锯齿形，11 节组成，基部 4 节较细，黄褐色或赤褐色，其余各节黑色。第五、六节长大于宽，第五至第十节前侧角显著，节颈明显；顶节纺锤形，基部较端部为粗；其长度不及宽的 2 倍。前胸背板前缘较后缘略狭，两侧缘中部各有一齿状突起，齿尖向外；齿尖后方显著，向内凹入；后缘中央有一近正三角形白毛斑。鞘翅末端近 1/3 处的白毛斑呈较狭的弧形，两鞘翅末端近 1/3 处的白毛斑各形成一个"八"字形。小盾片方形，后缘中央凹入，密生白色细毛。足粗而较短，除前足腿节的大部分及胫节、跗节赤褐色外，其余均为黑色；后足腿节端部有一个短而钝的刺。腹部末节背面露出在鞘翅外面，密生灰白色细毛。

【卵】椭圆形，一端略尖。长约 0.6 mm。表面光滑，半透明，淡橙黄色。

【幼虫】成长幼虫体长 5.5～6 mm。全体乳白色，肥大。背部隆起，腹背面有明显的红褐色背线，腹面不平坦。头小，头壳长椭圆形，口器褐色。各体节明显。胸足 3 对，圆锥形，无爪。气孔环形。

【蛹】长约 5～5.5 mm。椭圆形，淡黄色。腹部较肥大，前胸与翅上密生细皱纹。前胸两侧各具一不明显的齿突，中胸背面后缘中央向后突出，后胸中央有沟。腹节中央及两侧均有隆起线。

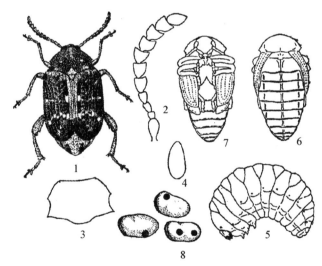

图 7-21 蚕豆象
1.成虫 2.触角 3.前胸背板 4.卵 5.幼虫 6～7.蛹背面和腹面观 8.蚕豆粒上成虫的羽化孔

（二）生物学和生态学特性

年发生一代。7—8月间在豆粒内羽化为成虫后，即躲在其中越冬。如豆粒受到搬移、翻动等振动，成虫常自豆粒中爬出，迁至仓内角落及包装品等缝隙内越冬，少数可飞到野外砖石、杂草下或留在田间作物遗株上越冬。

卵期 10～14 d，幼虫期 80～120 d，蛹期 8～10 d，成虫寿命 6～9 个月。越冬成虫于翌年 3 月下旬开始活动，飞到田间取食豆叶、花瓣、花粉，随后交配产卵。产卵于长 25 mm 以上的嫩蚕豆荚上，每荚产卵 1～3 粒，多的可达 20 粒。每雌一生可产卵 35～40 粒。在浙江嘉兴地区，产卵始于 4 月上旬，盛期在 4 月 20 日左右，产卵以高度在 40 cm 以下的植株所结豆荚上为多。卵的死亡率很高，平均约为

40％。4月中旬起孵化后即侵入豆荚蛀入豆粒内，每豆一般有虫 1～6 个。幼虫自然死亡率为15.73％。蚕豆收割后，幼虫在粒内被带到仓内继续危害。成长幼虫约于 7 月上旬在豆粒内化蛹，7月中旬羽化为成虫，即进入越夏、越冬阶段。

（三）防治方法

1. 储藏期熏蒸防治

由于成虫的飞翔力强，有假死习性，且耐饥力强，能 4～5 个月不食。所以当留种或做干豆的蚕豆收获时，应当趁豆内幼虫尚小，掌握时机，及时将豆粒进行晒干并进行熏蒸处理。将干豆粒置于容器内，每 200 kg 蚕豆用 56％磷化铝片剂 3.3 g(1 片)密封熏蒸 3 d，然后取出药包开启散气，4～5 d 后再储藏，可减轻危害损失，压低越冬基数。

2. 田间药剂防治

在越冬成虫活动高峰日后 15 d，应及时开展田间调查，做好虫情预测预报。当蚕豆象进入产卵盛期后应根据虫情施药防治。因蚕豆象卵孵化后立即蛀入豆荚，所以务必在孵化前开始用药防治。防治药剂可选用 2.5％高效氯氟氰菊酯微乳剂，5％啶虫脒乳油或 10％吡虫啉可湿性粉剂喷雾。

七、潜叶蝇类

潜叶蝇类(leafminers)属双翅目、潜蝇科。危害旱粮作物的潜叶蝇主要种类有豌豆潜叶蝇(油菜潜叶蝇)*Phytomyza horticola* Gourean、豆秆黑潜蝇 *Melanagromyza sojae*(Zehntner)等。下面重点介绍豆秆黑潜蝇。豌豆潜叶蝇(vetgetable leafminer)详见第九章。

豆秆黑潜蝇(soybean stem borer)，又名豆秆蝇，分布北起吉林，南抵台湾，危害大豆、赤豆、绿豆、四季豆、豇豆等豆科作物。幼虫钻蛀，造成茎秆中空，植株因水分和养分输送受阻而逐渐枯死。若在苗期受害，植株因水分和养分输送受阻，有机养料累积，刺激细胞增生，形成根茎部肿大，全株呈铁锈色，比健株显著矮化；重者茎中空，叶脱落，以致死亡。若在后期受害，则造成植株花、荚、叶过早脱落，千粒重降低而减产。

（一）形态特征

各虫态形态特征(图 7-22)如下：

【成虫】体长 2.5 mm 左右，体色黑亮，腹部有蓝绿色光泽，复眼暗红色；触角 3 节，第 3 节钝圆，其背中央生有角芒 1 根，长度为触角的 3 倍，仅具毳毛。前翅膜质透明，具淡紫色光泽，Sc 脉全长发达，在到达 C 脉之前与 R 脉联合，R～M 横脉位于中室近端部 2/5 处，腋瓣和缘缨白色。无小盾前鬃，平衡棍全黑色。雄虫下生殖板甚宽，阳茎内突长，基阳体与端阳体复合体由膜质部分开较远；雌虫产卵器瓣浅褐色，锯齿约 28 枚左右，齿端部稍钝圆。

【卵】长 0.31～0.35 mm，长椭圆形，乳白色，稍透明。

【幼虫】3 龄幼虫体长约 3.3 mm。额突起或仅稍隆起；口钩每颚具 1 端齿，端齿尖锐，具侧骨，下口骨后方中部骨化较浅；前气门短小，指形，具 8～9 个开孔，排成 2 行；后气门棕黑色，烛台形，具 6～8 个开孔，沿边缘排列，中部有几个黑色骨化尖突，体乳白色。

【蛹】长筒形，长约 2.5～2.8 mm，黄棕色。前、后气门明显突出，前气门短，向两侧伸出；后气门烛台状，中部有几个黑色尖突。

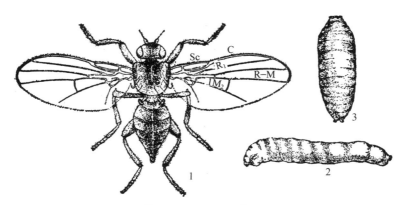

图 7 - 22　豆秆黑潜蝇

1.成虫　2.幼虫　3.蛹

（二）生物学与生态学特性

黄淮流域年发生 5 代,浙江 6 代,福建 7 代,广西 13 代,海南周年发生。以蛹在寄主根茬和秸秆中越冬。黄淮流域大豆产区,越冬蛹 6 月上旬末羽化,6 月中旬羽化盛期。各代幼虫盛发期分别是:1 代 7 月上旬;2 代 7 月末 8 月初;3 代 8 月下旬;4、5 代在 9 月上中旬重叠发生。

成虫羽化后 2～3 d 产卵,卵期 2～3 d。成虫飞翔力、趋化性均较弱,在 25～30℃ 适温下,多集中在豆株上部叶面活动,常以腹末端刺破豆叶表皮,吸食汁液,致使叶面呈现白色斑点的小伤孔。卵单粒散产于叶背近基部主脉附近表皮下,以中部叶片着卵多。一般 1 头雌虫可产卵 7～9 粒,最多可达 400 粒。幼虫孵化后即在叶内蛀食,形成一条极小而弯曲稍透明的隧道,沿主脉再经小叶柄、叶柄和分枝直达主茎,蛀食髓部和木质部。幼虫老熟后,在茎壁上咬一羽化孔,而后在孔口附近化蛹。

虫害的发生与气候、栽培条件、品种、天敌等因素有关。黄淮流域 5 月下旬至 6 月上旬降雨量在 30 mm 以上时,越冬蛹的滞育率低,增加了一代的有效虫量,危害严重;反之则轻。在豌豆花期前后,如遇轻度干旱,晴天多,对豆秆黑潜蝇发生数量有一定抑制作用。但遇到连日降雨,当温度在 25～30℃,旬雨量多于 40 mm 时,该虫极易发生大危害。凡大豆播种早,幼苗都生长发育快,危害轻。不同品种受害程度不同。如 11 号豌豆、604 豌豆、食荚大豌豆 1 号,以后者危害为轻。荷兰豆比软豌豆受害轻。春播大豆品种中凡有限结荚习性、分枝少、节间较短、主茎较粗的品种受害轻;夏播大豆品种中凡生长快,发苗早的受害都较轻。已知天敌有 8 种:豆秆蝇瘿蜂 *Gronotoma* sp.、豆秆蝇茧蜂 *Bracon* sp.、长腹金小蜂 *Stinoplus* sp.、两色金小蜂 *Rohatina* sp.、黑绿广肩小蜂 *Eurytoma* sp.、潜蝇柄腹金小蜂 *Halticoptera* sp.、包腹金小蜂 *Cryptoprgmna* sp.。常年总寄生率近 50%,其中豆秆蝇瘿蜂对越冬蛹的寄生率可高达 100%,其次为豆秆蝇茧蜂和长腹金小蜂,在 8 月中旬以后,相继进入发生高峰,对控制危害有一定作用。

（三）防治方法

1.农业措施

一是选择优良品种,尽量选用茎秆较硬、粗壮、抗虫能力强的品种,如食荚大豌豆 1 号;二是提倡与禾本科作物轮作,与甜椒、辣椒、葱、蒜类套种,以利通风透光,并利用辣椒的味道驱避成虫产卵。避免连片种植,以防大面积传播危害。播种密度以“阴坡适当稀植,阳坡适当密种”为原则,严防播种过密造成田间荫蔽湿润;三是在豌豆生长期发现被害植株应及时拔除,带出田外集中销毁,并用适量生石灰撒于穴内及周围。对收获后的豆秆进行集中浸沤或烧毁;四是适当提早播种期,及时中耕除草和清除残株败叶,摘除带虫、卵的枝叶,减少虫口数量,使植株健壮生长。

2. 物理机械防治

应用 40 目的防虫网,阻隔成虫进入产卵危害。

3. 生物防治

保护天敌。也可释放茧蜂、姬蜂寄生豆秆黑潜蝇卵和幼虫,释放金小蜂寄生蛹。

4. 药剂防治

豌豆田豆秆黑潜蝇防治的关键时期是苗期防治。第 1 次用药应在豆秆黑潜蝇成虫初次出现(8 月上、中旬)后的 5～7 d,以后每隔 7～10 d 防治 1 次,连续防治 3～4 次。选用高效对口药剂,如 2.5% 三氟氯氰菊酯(功夫)乳油,1.8% 阿维菌素乳油或 4.5% 高效氯氰菊酯乳油进行叶面喷雾;也可用 90% 敌百虫晶体或 50% 辛硫磷对植株根茎部进行喷雾或灌根,防治效果可达 85% 以上。对于其他豆类,可参考之。

思考与讨论题

1. 根据症状和病原的特征,如何区别玉米小斑病和大斑病?

2. 为什么长江中下游冬麦区赤霉病发生和危害比较重?

3. 如何区别小麦三种锈病的症状?

4. 从甘薯黑斑病、甘薯瘟病的侵染循环和发病条件提出其防治策略。

5. 怎样防治油菜菌核病?

6. 如何综合防治大豆根腐病?

7. 为什么消灭蚜虫是防治油菜病毒病和大豆花叶病的关键措施?

8. 简述哪些因素会影响大豆胞囊线虫病的发生?

9. 简述大豆害虫的主要种类,并试着制定出一套大豆害虫的综合防治措施。

10. 简述黏虫和玉米螟的危害特点、主要习性,并设计各自的综合治理方案。

11. 简述草地贪夜蛾在我国的入侵与扩散规律、危害特点与主要习性,以及绿色防控措施。

12. 何谓蚜虫的生活史全周期、不全周期、第一寄主、第二寄主(或中间寄主)?

13. 简述各种旱粮和油料主要害虫的形态特征、生活习性、发生规律及防治方法。

14. 在查阅文献的基础上,分别制定麦类、油菜、玉米、大豆、马铃薯和甘薯病虫害的综合治理策略与技术方案。

☆ 教学课件

第八章　棉花病虫害

棉花是重要的经济作物,关系到国计民生和国家安全。棉花在生长过程中,常遭受多种病虫害的危害。我国棉区分布广阔,分为黄河流域棉区、长江流域棉区、西北内陆棉区、北部特早熟棉区和华南棉区等 5 大棉区。不同棉区的自然条件差别大,耕作制度复杂,棉花病虫害种类繁多,但其中能造成严重危害的有 30 余种,而且在各棉区常年危害的仅为少数。棉花生产每年因病虫害所造成的损失在 15% 以上。因此,寻求安全、高效的病虫害综合治理策略与防治途径,使病虫害损失降低至经济允许水平以下,对于保证棉花的可持续生产尤为重要。

全世界已记载棉花病害 120 多种,中国约 40 种,其中苗期和铃期的病害较普遍。棉花枯萎病和黄萎病是最重要的病害,已在各棉区造成严重损失;茎枯病在低温、多雨年份常突发流行;红叶茎枯病在高温、干旱和土壤瘠薄地区易引起生理性早衰;角斑病主要在海岛棉上发生。

就棉花害虫而言,全球有记载的有 1326 种,我国有 300 余种。棉花害虫根据危害时期,可分为苗期害虫和蕾铃期害虫。苗期害虫主要包括危害种子和幼苗根部的种蝇、金针虫和蝼蛄等,咬食嫩茎和叶片的地老虎、蜗牛和蛞蝓等,以及刺吸汁液的棉蚜、蓟马和棉叶螨等;危害后可造成叶片卷缩、变色及棉株畸形等症状。蕾铃期害虫主要包括刺吸汁液的棉盲蝽、棉叶螨和棉叶蝉等,蛀食蕾铃的棉铃虫、红铃虫、金刚钻和玉米螟等,蛀食棉茎的棉茎木蠹蛾,以及咬食叶片的棉小造桥虫、棉大卷叶螟、甜菜夜蛾、斜纹夜蛾、棉蝗、灯蛾和蓑蛾等;危害后可造成卷叶、脱叶、枯头(茎)、落花、落蕾、落铃、僵铃和烂桃等症状。根据寄主种类,棉花害虫又可分为寡食性害虫和多食性害虫两大类。寡食性害虫主要危害以棉花为主的锦葵科植物,如需从早春寄主过渡后迁入棉田的金刚钻和棉大卷叶螟等,以及越冬后直接迁入棉田的红铃虫等。多食性害虫的寄主种类复杂,其发生受棉田外寄主植物组成的影响较大,如具迁飞性的小地老虎,以及非迁飞性的棉铃虫、棉蚜、棉盲蝽、棉蓟马和棉叶螨等,需在早春寄主上繁殖后再转入棉田危害。不同棉区发生的害虫种类组成和主要危害种类不尽相同,既有在多数棉区均有分布的广布种,如棉蚜、棉铃虫、红铃虫和棉叶螨等,又有仅分布于个别棉区的地方性种,如西北内陆棉区的棉长管蚜、华南棉区的埃及金刚钻和棉红蝽以及黄河流域棉区的棉蛛蚧等,还有在各自棉区主要危害的种类,如黄河流域棉区的棉蚜和棉铃虫等、长江流域棉区的朱砂叶螨、红铃虫和棉盲蝽等。

我国对棉花害虫的发生调查与防治始于 20 世纪 30 年代,当时以农业防治为主,包括毒气(氰酸气和二硫化碳)和热气熏蒸棉种杀死红铃虫、植物检疫控制红铃虫和防止墨西哥象虫传入、烧棉材压低越冬虫量、清除棉田杂草、选用无虫棉种和抗虫品种、中耕轮作和冬耕冬灌、诱杀地老虎成虫和利用棉油乳剂防治棉蚜等。50 年代化学杀虫剂开始大量用于棉蚜和棉铃虫的防治,至 60 年代末期,利用有机磷和有机氯农药处理种子和叶面喷雾的化学防治方法是我国棉花害虫防治的主要手段。70 年代以后,化学农药破坏生态平衡、污染环境、诱使害虫再猖獗和棉花害虫的抗药性问题日见突出,如杀虫剂导致棉花蕾铃期的"伏蚜"猖獗现象和高抗药性问题等。我国从"六五"后期开始就棉花主要害虫展开抗药性治理,其中通过综合运用各种措施,保护、增殖利用天敌昆虫和使用生物农药开展生物防治棉花害虫,如保护瓢虫以控制棉蚜,利用胡蜂防治棉铃虫,应用 Bt 制剂防治鳞翅目害虫等。近年来,在棉花品种抗虫性利用与推广上取得了较大的进展,特别是应用现代生物技术在棉花抗虫品种选育方面取得突破性进展,将 Bt 杀虫晶体蛋白基因转入棉花体内,获得了对棉铃虫等鳞翅目害虫具高抗的抗虫转 Bt 基因棉花(Bt 棉),自 1994 年开始在我国小范围试种、示范,1999 年在黄河流域棉区推广

种植,其种植面积现已占全国棉花种植总面积的 70%。随着 Bt 棉的连年种植,尽管对第 2 代棉铃虫幼虫有较好的控制作用,但对 3、4 代棉铃虫的防治效果降低,似有抗性产生趋势,而且一些过去防治棉铃虫时兼治的次要害虫,逐步上升为主要防治对象,一些过去较少发生的害虫,其发生频率明显增加并造成危害。目前,危害 Bt 棉田严重的害虫主要有棉蚜、棉叶螨、甜菜夜蛾、棉盲蝽、棉蓟马和美洲斑潜蝇等。故将 Bt 棉有效地纳入棉花害虫抗性综合治理范畴内,综合预防,延缓棉铃虫抗性产生且有效控制非靶标害虫危害已颇为重要。

以下就棉花重要病害的症状、病原形态特征、侵染循环、发病条件和防治方法,以及重要害虫的形态特征、生物学与生态学特性以及防治方法等分别作一叙述。

第一节　重要病害

一、苗期病害

我国已知有 20 余种棉苗病害(cotton seedling diseases)是由多种病原物引起的,除一种细菌性病害外,多由病原真菌侵染所致。按危害部位分为根茎部病害和叶部病害。根茎部危害严重的有立枯病、炭疽病、红腐病和猝倒病;叶部病害主要有角斑病、轮纹斑病、褐斑病、茎枯病、疫病和叶斑病等。此外,炭疽病和疫病等还能侵害棉铃,引起烂铃。

(一)分布和危害

世界各产棉国家棉苗病害均有发生。由于各地自然条件不同,苗病主要种类及危害程度也不同。中国南方棉区以炭疽病、立枯病常见,其次为红腐病、疫病;北方棉区则以立枯病和红腐病危害较重,疫病极少见。棉苗受害后,轻者引起僵苗迟发,重者造成缺苗断垄,甚至成片枯死。长江流域流行年份,病苗率达 90%,死苗率达 50% 左右;黄河流域棉区,株发病率在 50% 左右,死苗率为 5%~10%。

(二)症状和病原物

5 种病害的症状和病原物如下:

1. 立枯病(cotton soreshin)

该病是一重要的棉花土传病害,引起烂种、烂芽和棉苗出土后死亡。受害幼苗茎基部初为黄褐色病斑,后扩展至四周,茎基环状缢缩,引起幼苗茎基溃腐枯死。潮湿时,在病苗、死苗茎基部及其周围土面常见白色稀疏菌丝体。

病原物有性态为瓜亡革菌 *Thanatephorus cucumeris*(Frank)Donk.,担子菌亚门亡革菌属;无性态为茄丝核菌 *Rhizoctonia solani* Kuhn 半知菌亚门丝核菌属。菌丝初无色,纤细,成锐角分枝;老熟后黄褐色,较粗壮,近直角分枝,分枝基部缢缩,近分枝处有一隔膜;菌核黄褐色,形状不规则,菌核间有菌丝相连。担子圆筒形或长椭圆形,无色单胞,顶生 2~4 个小梗,其上各着生 1 个担孢子;担孢子椭圆形或卵圆形,无色单胞(图 8-1)。

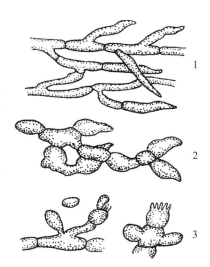

图 8-1　棉立枯病菌
1.幼菌丝　2.老菌丝　3.担子和担孢子

2. 炭疽病（cotton anthracnose）

该病主要侵害棉苗和棉铃,陆地棉比中棉和其他棉更易受害。棉籽刚萌芽即可受害,嫩芽变褐腐烂。棉苗出土后,所在茎基部产生红褐色梭形病斑,略凹陷并具纵向裂痕,严重时病斑环绕茎基部使其变黑褐色腐烂,病苗萎蔫死亡。幼苗根部受害后呈黑褐色腐烂。拔起病苗时,茎基部以下皮层不易脱落,根部很少带有土粒,这种现象可以用来与立枯病病苗的区别。子叶多在边缘产生圆形或半圆形褐色病斑,后期病斑干枯脱落,子叶边缘残缺不全。天气潮湿时,病部表面散生黑色小点和橘红色黏质团（分生孢子盘和分生孢子团）。真叶发病开始为黑色小型斑点,后扩展为暗褐色圆形或不规则形大斑,如遇天气干燥则病斑干枯开裂。叶片受害则造成叶片早枯,而茎部被害多先从叶痕处开始发病,后为暗黑色圆形或长条形斑,表皮常破裂而外露木质部。

病原物有性态为围小丛壳 *Glomerella cingulata*（Stonem.）Spauld. et Schrenk,子囊菌亚门小丛壳属,在自然条件下很少发生;无性态为胶孢炭疽菌 *Colletotrichum gloeosporioides*（Penz.）Penz. & Sacc.,半知菌亚门炭疽菌属。分生孢子盘四周有多根直或弯曲的褐色有隔刚毛;分生孢子梗短棒状,无色单胞,顶生分生孢子,分生孢子长椭圆形,有时一端稍小,内有1～2个油球（图8-2）。

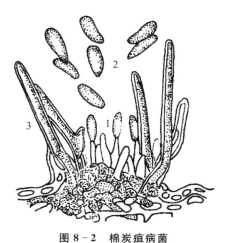

图 8-2　棉炭疽病菌
1.分生孢子梗　2.分生孢子　3.刚毛

3. 红腐病（fusarium rot of cotton）

主要危害幼苗的根部、根茎部、子叶以及成株的棉铃和真叶等部位。苗期发病造成僵苗和死苗。棉苗出土前受害,幼芽及根变褐腐烂;出土后根尖先发病呈黄褐色至褐色,扩展后全根变褐、腐烂,有时病部略肿大。子叶多于叶缘产生半圆形或不规则形病斑,易破,潮湿时病斑表面产生粉红色或粉白色霉层（分生孢子）。

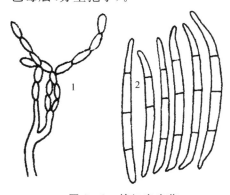

图 8-3　棉红腐病菌
1.小型分生孢子　2.大型分生孢子

病原物主要有串珠镰孢 *Fusarium moniliforme* Sheld. 和禾谷镰孢 *F. graminearum* Schw.,半知菌亚门镰孢属。串珠镰孢:小型分生孢子串生,卵形、椭圆形或梭形,无色,单胞,偶有一隔膜;大型分生孢子镰刀形,直或弯曲,足胞明显或不明显,无色,多有3～5个隔膜,少数有6～7个隔膜（图8-3）。禾谷镰孢无小型分生孢子;大型分生孢子镰刀形,略弯曲,足胞踵状,多数具3～5隔,少数有1～2隔或6～9隔。此外,茄镰孢 *F. solani* Sacc.、半裸镰孢 *F. semitectum* Berk. et Rav.、木贼镰孢 *F. equiseti*（Corda）Sacc.、锐顶镰孢 *F. acuminatum* Ellis & Everhart、三线镰孢 *F. tricinctum*（Corda）Sacc. 等也能侵害棉苗。

4. 疫病（phytophthora blight of cotton）

在苗期主要侵害幼苗的子叶、幼嫩的真叶、幼茎和根等部位,而成株期以危害青铃和茎、根等部位为主。疫病菌危害棉苗子叶多从叶缘开始,初为暗绿色小斑,潮湿时病斑迅速扩展,呈墨绿色水渍状,全叶逐渐呈青褐色至黑褐色凋萎。严重时,病叶全部脱落,棉苗枯死。真叶上的症状与子叶相同,严重时棉苗上的子叶和真叶一片乌黑,全株枯死。

病原物为苎麻疫霉 *Phytophthora boehmeriae* Sawada,鞭毛菌亚门疫霉属。孢囊梗无色,不分枝或假轴状分枝,顶生孢子囊;孢子囊卵圆形,淡黄色,单胞,顶端乳突状,内着生许多球形游动孢子

（图8-4）。该菌可危害棉花、茄科和瓜类等作物。

5．**茎枯病**（cotton stem blight）

茎枯病能危害棉花各个生育期的不同部位。出苗前被侵染造成烂种、烂芽。幼苗出土时受害，近土面的胚茎、胚芽部先产生水渍状病斑，后渐变成暗褐色溃疡，病部尚能看到灰色菌丝并产生小黑粒点。子叶和真叶初生紫红色或褐色斑点，扩大后为近圆形或不规则形褐色病斑，边缘紫红色，具同心轮纹，表面散生许多小黑点（分生孢子器），病斑常破碎脱落。叶柄和茎部病斑梭形，边缘紫红色，中间褐色，略凹陷，上生褐色小点。病斑处易折断。严重时，顶芽萎蔫，病叶脱落成光秆。

病原物为棉壳二孢 *Ascochyta gossypii* Syd.，半知菌亚门壳二孢属。分生孢子器近球形，顶部有稍突起的平头状圆形孔口，黄褐色。分生孢子卵圆形或椭圆形无色，单胞或双胞，双胞的在分隔处略有缢缩（图8-5）。菌丝生长温度范围为5～32℃，最适温度为25℃。该菌除危害棉花外，我国尚未发现其他寄主。

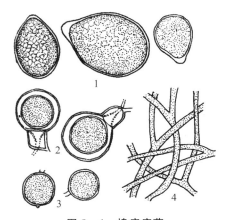

图8-4　棉疫病菌
1.孢子囊　2.雄器、藏卵器和卵孢子
3.厚垣孢子　4.菌丝体

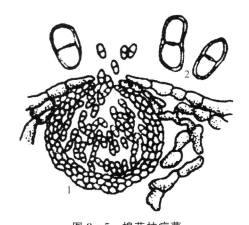

图8-5　棉茎枯病菌
1.寄主组织内的分生孢子器纵剖面
2.分生孢子（放大）

（三）病害循环

棉苗病害的初侵染源可分为两类：一类以土壤带菌为主，如棉苗立枯病、疫病等；另一类以种子带菌为主，如棉苗炭疽病和红腐病等。上述两类病菌都能在田间病残体内越冬而成为翌年发病初侵染源。以土壤带菌为主的立枯病菌等主要借农事操作、流水和地下害虫等在土壤内扩展蔓延，而以种子带菌为主的炭疽病菌等则通过种子调动而传播，棉苗地上部产生的分生孢子借气流、雨水、病健株接触等传播进行再侵染。

（四）发病因素

苗期低温多雨是影响棉苗病害发生的主导因素。棉种纯度低，籽粒不饱满，生活力弱，播种后出苗慢，易遭受病菌侵染而发病重。连作多年的棉田，土壤中病菌积累过多，发病较重，连作年限越长，发病越重。地势低洼，排水不良，播种过早，氮肥施用过多的棉田，发病加重。一般播种后20 d左右病害发生严重，出苗后15 d为死苗高峰期，真叶形成后病情则减轻。

（五）防治

棉苗病害种类多，往往混合发生，因此，棉苗病害的防治应采用以农业防治为主，棉种处理与药剂防治为辅的综合防治措施。

1. 精选棉种

播种前必须精选高质量的棉种,然后晒种 2～3 d,再进行种子消毒,以提高出苗率和出苗势。

2. 药剂消毒棉种

选用 25%噻虫·咯·霜灵按药种比为 1∶(50～100)进行包衣,或用 26%多·福·立枯磷按药种比 1∶(40～50)进行包衣,晾干后即可播种。也可选用 15%多·福按药种比 1∶(40～60)或 10%福美·拌种灵按药种比 1∶(40～50)进行包衣。

3. 热水浸种

在 55～60℃温水中浸种 30 min,水和棉籽应保持 2.5∶1 的比例。下种后应充分搅拌,使棉籽受热一致,浸种后即转入冷水中冷却,捞出晾至绒毛发白。

4. 加强耕作栽培管理

合理轮作,深耕改土,适时播种,育苗移栽,施足基肥,及时追肥,加强田间管理。

5. 药剂防治

一般出苗 80%左右时进行叶面喷雾。常用保护剂为 50%多菌灵可湿性粉剂 800～1000 倍液或 65%代森锰锌 500～800 倍液。治疗药剂有 30%甲霜·噁霉灵 800～1000 倍液或 30%噁霉灵 600～800 倍液。

二、棉花枯萎病

棉花枯萎病(cotton fusarium wilt)是由尖孢镰刀菌侵染棉株维管束引起植株萎蔫的真菌性病害,具毁灭性,一旦发生很难根治。一般受害田块减产 10%～20%,严重时达 30%～40%。该病于 1892 年在美国阿拉巴马州首次被发现,现在南美洲、北美洲、亚洲、非洲、欧洲的 29 个国家均有发生。我国于 1934 年在江苏省南通市首次发现该病,现在东北、西北、黄河流域和长江流域的 20 个省(自治区、直辖市)几乎都有危害发生,其中以陕西、四川、江苏、云南、山西、山东、河南等省危害严重。

(一)症状

棉花整个生育期均可受害,现蕾前后发病最盛。夏季高温时,病状趋向隐蔽。秋季多雨,温度下降时,病株再次表现症状,叶片、蕾铃大量脱落,重者枯死。

症状可归纳为 5 种类型。①黄色网纹型:为棉花枯萎病早期典型症状。病株叶脉变黄,叶肉保持绿色,叶片局部或大部呈黄色网纹状,叶片逐渐萎缩枯干。②黄化型:多从叶片边缘发病,局部或整叶变黄,最后叶片枯死或脱落,叶柄和茎部的导管部分变褐。③紫红型:叶片局部或大部变紫红色,叶脉也呈紫红色,萎缩枯干。④青枯型:叶片突然失水,子叶和真叶叶色稍变深绿,全株或植株一边的叶片萎蔫下垂,最后枯死。⑤矮缩型:5～7 片真叶时,病株节间缩短,株型矮小,叶片深绿,叶面皱缩、变厚。

各种症状的枯萎病株的共同特征是根、茎内部的导管变黑褐色。纵剖茎部,可见导管呈黑褐色条纹状。早春气温较低且不稳定时常出现紫红型和黄化型症状。条件适宜时,尤其在温室中多出现黄色网纹型。夏季雨后骤晴,易出现青枯型。秋季多雨潮湿条件下,枯死的病株茎秆及节部产生粉红色霉层(分生孢子梗和分生孢子)。

(二)病原物

病原物为尖镰孢萎蔫专化型 *Fusarium oxysporum* f. sp. *vasinfectum*(Atk.)Synder & Hansen,半知菌亚门镰孢属。该菌菌丝透明,具分隔,在侧生的孢子梗上生出分生孢子。大型分生孢子无色,镰刀形,略弯曲,两端稍尖,足胞不明显,有 2～5 个隔膜,多数具 3 个隔膜;小型分生孢子卵圆形,无

色,多为单胞,少数为双胞;厚垣孢子顶生或间生,黄色,单生或 2~3 个连生,球形至卵圆形(图 8 - 6)。病菌生长温度范围为 10~33℃,最适温度为 27~30℃。适宜 pH 为 2.5~9.0,最适 pH 为 3.5~5.3。该病菌的生理小种国外报道有 6 个,我国分为 3 个小种:3 号与 8 号这两个小种的致病力弱,7 号小种在我国分布广,致病强,为我国棉花枯萎病菌的优势生理小种。

20 世纪 60 年代以前,人们认为棉花枯萎病菌专化性很强,只能侵害棉花,后来研究发现,棉花枯萎病菌的寄主范围较广,除能危害棉花、秋葵和决明外,人工接种时尚能感染 40 余种作物及棉田杂草。

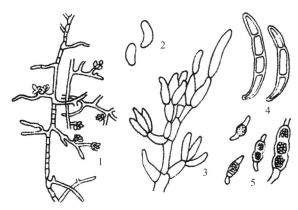

图 8 - 6　棉花枯萎病菌

1.小型分生孢子梗及分生孢子　2.小型分生孢子　3.大型分生孢子梗　4.大型分生孢子　5.厚垣孢子

(三)病害循环

棉花枯萎病菌主要以菌丝体、分生孢子和厚垣孢子在病株种子、病株残体、土壤和未腐熟的土杂肥中越冬,成为翌年的初侵染源,其中带菌土壤尤为重要。该菌可在种子内外存活 5~8 个月,病株残体内存活 0.5~3 年,无残体时可在棉田土壤中腐生 6~10 年,厚垣孢子甚至可存活长达 15 年之久。

病菌的分生孢子、厚垣孢子及微菌核遇有适宜的条件即萌发,产生菌丝,从棉株根部伤口或直接从根的表皮或根毛侵入,在棉株内扩展,进入维管束组织后,在导管中产生分生孢子,向上扩展到茎、枝、叶柄、棉铃的柄及种子上,造成叶片或叶脉变色、组织坏死、棉株萎蔫。病区棉田的耕作、管理、灌溉等农事操作是近距离传播的重要因素。病菌可通过带菌种子和棉籽壳、棉籽饼的调运作远距离传播。

(四)发病因素

1.温、湿度

该病的发生与温、湿度密切相关,地温 20℃左右开始出现症状;当地温上升到 25~28℃时出现发病高峰;当地温高于 33℃时,病菌的生长发育受抑制或出现暂时隐症;进入秋季,当地温降至 25℃左右时,又会出现第 2 次发病高峰。夏季大雨或暴雨后,地温下降易发病。

2.耕作栽培

地势低洼、土质黏重、偏碱、排水不良、偏施氮肥和施用未充分腐熟的带菌粪肥、棉地连作和耕作粗糙以及根线虫多的棉地发生病害严重。

3.棉花种与品种

不同棉花种对枯萎病的抗、感病性不同,一般中棉抗病性最强,陆地棉中度感病,木棉和海岛棉高度感病。同种棉花的不同品种间也存在着抗、感病程度的差异。

4. 棉花生育期

一般棉花苗期易感染枯萎病菌,但发病盛期在现蕾前后;现蕾期过后,往往遇夏季高温,轻病株常可恢复生长,症状趋向隐蔽;蕾铃中后期,秋季气温下降,则又形成第 2 个发病高峰。

(五)防治

应采取保护无病区、铲除零星病株、控制轻病区、重病区推广种植抗病品种及合理轮作的策略。

1. 加强检疫,保护无病区

在无病区建立无病良种繁育基地,禁止从病区调运棉种;调运种子时,严格执行植物检疫制度,做好产地检疫工作,防止带菌棉籽和棉籽饼传入。

2. 选用抗、耐病品种

种植抗病品种是防治枯萎病最简单、经济和有效的措施。如中棉所 24 号、27 号、35 号、36 号、豫棉 19 号、新陆早 9 号、10 号等基本上都是抗病品种,对控制枯萎病的发生都发挥了重要作用。但抗病品种应不断提纯复壮,同时与优良的栽培措施相结合,即良种良法配套,这样才能使抗病性得到充分发挥;还应密切注意生理小种的分布、消长和变异,及时为抗病育种提供依据。枯萎病、黄萎病混合发生的地区,提倡选用兼抗或耐枯萎病、黄萎病的品种,如陕 1155、辽棉 7 号、豫棉 4 号、中棉 12 号等。

3. 实行大面积轮作

最好与禾本科作物轮作,其中以水稻与棉花轮作 1～2 年,效果最好。铲除零星病株、控制轻病区:发现零星病株统一拔除,就地烧毁,然后用石灰或三氯异氰尿酸进行消毒。

4. 加强栽培管理

施足基肥,增施磷、钾肥,提高抗病力。施用无菌净肥。病重田块要施速效氮肥。同时要及时抓好清沟、沥水和中耕工作。

5. 棉种及棉饼消毒

棉种经硫酸脱绒后,在 0.2% 抗菌剂 402 药液中于 55～60℃ 浸 30 min,或用有效成分 0.3% 多菌灵胶悬剂在常温下浸泡毛种子 14 h,晾干后播种。用棉饼作肥料时,棉籽经 60℃ 热炒 4 min 或 100℃ 蒸汽 1.0～1.5 min 制成无菌棉饼。

6. 药剂防治

发病初期用枯草芽孢杆菌乙蒜素、络氨铜或三氯异氰尿酸进行灌根。50% 多菌灵 800 倍液喷雾预防克黄枯。

三、棉花黄萎病

棉花黄萎病(verticillium wilt of cotton)是由大丽轮枝菌侵染棉株维管束引起植株萎蔫的真菌性病害。该病于 1914 年在美国弗吉尼亚州首先被发现,随后南美洲、北美洲、亚洲、欧洲、非洲约 21 个国家相继有报道。20 世纪 30 年代,该病随美棉的引进而传入我国江苏、陕西、山西、河南、河北、山东等棉区,现各主要植棉省(自治区、直辖市)均有发生,北方棉区重于长江流域棉区,且多数病区均与棉花枯萎病混生。目前我国每年棉花黄萎病发病面积达 200 多万 hm^2,经济损失巨大。

(一)症状

棉苗 3～5 片真叶时开始显症,7—8 月开花结铃期为发病盛期。病株由下部叶片开始发生,逐渐向上发展。发病初期,病叶边缘和主脉间叶肉出现不规则淡黄色斑块,叶缘向下卷曲,叶肉变厚发脆,

略呈浮肿状,以后病斑扩大,但叶脉附近仍保持绿色,呈西瓜皮状或掌状斑驳,最后病叶变褐枯死。病叶一般不脱落,但强毒菌株侵染后叶片脱落,病株成光秆,或仅留顶叶 1～2 片。夏季暴雨后,常出现急性萎蔫症状,叶片下垂,叶色暗淡。病株茎秆及叶柄木质部导管淡褐色。秋季多雨时,病叶斑驳处产生白色粉状霉层(菌丝体及分生孢子)。

在棉花枯萎病和黄萎病混发区,两病常在同一棉田或同一棉株上混生,形成并发症,枯萎病和黄萎病症状区别见表 8-1。

表 8-1　棉花枯萎病和黄萎病症状比较

病害种类	枯萎病	黄萎病
发病始期	子叶期	3～5 片真叶
发病盛期	现蕾期前后	开花结铃期
苗期症状	子叶或真叶的局部叶脉变黄,呈黄褐色网纹状,后大块变色,焦枯,最后叶片脱落,苗枯死,在气候变化剧烈时,出现紫红型、黄化型或急性青枯型	自然条件下幼苗发病少或很少出现症状
成株期症状	株型较矮,节间缩短,半边枯死或顶端枯死。节上丛生小枝、小叶。叶片局部焦枯或半边焦枯,病斑呈黄色网状,最后干枯脱落	一般株型不变或略矮。叶肉呈黄色斑驳,有时呈西瓜皮状或边缘焦枯。叶脉不变黄。病叶一般不脱落。下部叶片先显症,逐渐向上发展
内部症状	导管变色较深,呈黑褐色或黑色	导管变色较浅,呈褐色
病斑	潮湿时,在枯死茎秆及节部产生粉红色霉层	潮湿时,在病斑上产生白色粉状霉层

(二)病原物

病原物为大丽轮枝孢 *Verticillium dahliae* Kleb. 和黑白轮枝孢 *V. alboatrum* Reinke et Berth,半知菌亚门轮枝孢属。我国棉区分布的是大丽轮枝孢。

大丽轮枝孢分生孢子梗轮状分枝,一般每轮有 3～5 个小枝,多时可达 7 枝;分生孢子无色,单胞,长卵圆形(图 8-7)。该菌生长最适温度为 22.5℃,最适 pH 为 5.3～7.2。该菌在不同地区、不同品种上的致病力有差异。美国曾报道有 2 个生理小种:T-9 菌系和 ss-4 菌系,前者致病力比后者强 10 倍以上,可引起棉株大量落叶。苏联分为 0 号小种、1 号小种、2 号小种,其中 2 号小种致病力最强。我国分为 3 个生理型,生理型 1 号致病力最强,以陕西泾阳菌系为代表;生理型 2 号致病力弱,以新疆和田菌系为代表;生理型 3 号在江苏被发现,与美国 T-9 菌系相似。

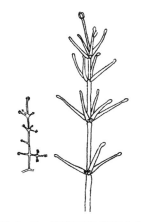

图 8-7　棉花黄萎病菌分生
孢子梗和分生孢子

棉花黄萎病菌的寄主范围极广。我国报道,病菌可寄生锦葵科、茄科、豆科、葫芦科、菊科、大戟科、唇形科、藜科等 20 科 80 种植物,但不侵害大麦、小麦、玉米、高粱和水稻等禾本科作物。

(三)病害循环

以菌丝体及微菌核在棉籽短绒及病残体中越冬,亦可在土壤中或田间杂草等其他寄主植物上越冬。微菌核抗逆能力强,可在土壤中存活 8～10 年。土壤中的病叶等病残体是病菌近距离传播的重要菌源。棉籽带菌率很低,却是远距离传播的重要途径。翌年病菌在土壤中直接侵染根系,病菌穿过皮层细胞进入导管逐渐向枝、叶等部位扩散,并在其中繁殖产生分生孢子及菌丝体,堵塞导管;此外,病菌还产生具很强致萎作用的轮枝毒素,引发病害。病区棉田的耕作、管理、灌溉等农事操作是近距离传播的重要因素。

(四)发病因素

1. 气候

适宜棉花黄萎病发病的温度为 25～28℃,高于 30℃、低于 22℃发病缓慢,高于 35℃出现隐症。在温度适宜范围内,湿度、雨日、雨量是决定该病消长的重要因素。花蕾期降雨较多而温度适宜,发病往往严重。7、8 月间连续降雨,导致土温降低,有利于发病。

2. 耕作栽培

连作棉田、施用未腐熟的带菌有机肥及缺少磷、钾肥的棉田易发病,大水漫灌常造成病区扩大。棉田冬季淹水,微菌核不易存活,翌年发病轻。

3. 棉株生育期

一般蕾期零星发生,花期进入发病高峰期。

4. 棉花种和品种

棉花种间抗病性有显著差异,一般海岛棉抗病、耐病能力较强,陆地棉次之,中棉较感病。虽未发现有免疫品种和品系,但同一种内不同品种间抗病性差异也较明显。例如,陆地棉中的中早熟品种辽棉 5 号有较强的耐病和避病性,而鄂光棉和 86-1 等则感病。

(五)防治

参考棉花枯萎病的防治方法,另还可采取生物防治。放线菌对大丽轮枝孢有较强的抑制作用。细菌中某些芽孢杆菌 *Bacillus* 和假单胞菌 *Pseudomonas* 的某些种能有效抑制大丽轮枝孢菌丝生长。木霉菌 *Trichoderma* spp. 对大丽轮枝孢有较强拮抗作用,可用以改变土壤微生物区系,进而减轻发病。

四、棉铃病害

棉花铃期病害(cotton boll diseases)是由多种病原菌侵染危害棉铃而引起的病害。危害棉铃的病原菌有 40 余种,常见的有 10 余种。我国主要棉铃病害有炭疽病、疫病、红腐病、黑果病,其次为红粉病、软腐病和曲霉病等。棉铃感病后,轻的形成僵瓣,重的全铃烂毁,而且烂铃多是中下部的棉铃,因此对产量、质量的影响很大。通常我国北部棉区比南部棉区烂铃轻,一般棉田烂铃率为 5%～10%,多雨年份可达到 30%～40%。长江流域棉区常年烂铃率为 10%～30%,严重的达 50%～90% 及以上。

(一)症状与病原物

1. 炭疽病

棉铃受害后,初生暗红色或褐色小斑点,扩大后病斑呈圆形,绿褐色或黑褐色,表面皱缩,略凹陷。潮湿时,病斑表面产生橘红色黏质物(分生孢子团)。病原物同棉苗炭疽病病菌(图 8-2)。

2. 疫病

症状多现于棉铃基部、尖端及铃缝处。病斑初期暗绿色、水渍状,迅速扩展至全铃,呈黄褐色至青

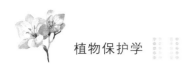
褐色,潮湿时,2～3 d后病铃表面生一层白色至黄白色霉层(菌丝体及孢囊梗、孢子囊)。病原物同棉苗疫病病菌(图8-4)。

3. 红腐病

症状多现于棉铃基部、尖端及铃缝处。病部初呈墨绿色,水渍状小斑,病斑扩展至全铃而呈黑褐色腐烂,并在裂缝及病部表面产生粉红色霉层(分生孢子梗和分生孢子),常使纤维黏结在一起。病原物同棉苗红腐病病菌(图8-3)。

4. 黑果病(cotton diplodia boll rot)

病铃及内部棉絮均变黑且变硬,病铃不易开裂,铃壳表面密生许多小黑点状的分生孢子器,并布满黑色霉状物(分生孢子)。病原物为棉色二孢 *Diplodia gossypina* Cooke.,半知菌亚门色二孢属。分生孢子近球形,黑褐色,顶部小孔明显;分生孢子卵圆形,初期无色、单胞,后转褐色、双胞(图8-8)。

5. 红粉病(cotton pink boll rot)

多在铃缝处产生粉红色霉层(分生孢子梗和分生孢子),霉层厚而疏松,色泽较淡。发病严重时,铃壳内也产生粉状霉层。棉铃不易开裂,纤维黏结成僵瓣。病原物为粉红聚端孢 *Trichothecium roseum* (Pers.)Link,半知菌亚门聚端孢属。分生孢子梗直立,无色,线状,顶部稍膨大,有2～3个隔膜;分生孢子聚生于梗顶端,呈头状,单个孢子无色,聚集时粉红色,双胞,梨形或卵圆形,顶端细胞向一侧稍歪(图8-9)。

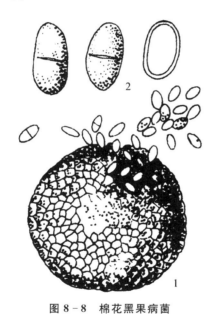

图8-8 棉花黑果病菌

1.分生孢子器和分生孢子 2.分生孢子(放大)

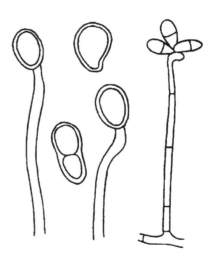

图8-9 棉花红粉病菌分生孢子梗和分生孢子

6. 软腐病(cotton rhizopus boll rot)

此病又称黑腐病,多在铃缝处发生。病斑梭形,褐色或黑褐色,略凹陷,边缘红褐色,表面产生许多白色短毛状物(孢子梗),每根短毛顶端生一小黑点(孢囊梗)。剥开病铃,内部呈湿腐状。病原物为黑根霉 *Rhizopus nigricans* Ehrb.,接合菌亚门根霉属。菌丝无分隔,生于基物表面或内部,有匍匐丝和假根,孢囊梗直立,暗褐色,顶端单生暗绿色、球形孢子囊。

7. 曲霉病(cotton aspergillus boll rot)

铃缝处或虫孔处产生黄绿色、黄褐色或褐色粉状霉,严重时可深入棉絮使其变质。病原物为多种

曲霉 *Aspergillus* spp.，半知菌亚门曲霉属。

8．茎枯病

受害棉铃初生黑褐色小斑，病斑扩展后使全铃呈黑褐色腐烂，并在病部产生许多小黑点状的分生孢子器。病原物同棉苗茎枯病病菌（图 8－5）。

（二）病害循环

病菌多以孢子黏附在种子表面或以菌丝体潜伏于种子内部越冬，也能随病残体在土壤中越冬。翌春，炭疽病和茎枯病等病菌侵染棉苗或其他寄主植物引起发病，病部产生孢子则借风雨、流水和昆虫等传播，经多次再侵染，于铃期侵染棉铃，而曲霉病和软腐病等病菌在生长期产生孢子直接侵染棉铃，引起烂铃。

棉铃病菌依其致病力的强弱，侵入方式可分为两类：侵染力较强的棉炭疽病菌、疫病菌、茎枯病菌和黑果病菌从棉铃苞叶和角质层直接侵入引起发病；侵染力较弱的红腐病菌、红粉病菌、曲霉病菌和软腐病菌常从铃尖裂口、铃壳缝隙、虫孔、伤口或从先期直接侵入的病菌引起的病斑处侵入。

（三）发病因素

凡棉花结铃吐絮期间，阴雨连绵，田间湿度大，特别是久雨伴随低温，铃病发生严重。棉铃虫等钻蛀性害虫危害严重的棉田，铃病也重。一切不利于棉田通风透光、增加田间湿度的栽培措施（如：氮肥施用过迟或过量，不及时整枝、打顶、摘叶，大水漫灌或泼浇棉田等），都会增加铃病的发生。

（四）防治

引起棉花铃病的因子很复杂，尤其与品种生育期，气候条件关系密切，加上棉株封行郁闭，给防治带来困难，因此主要采取以改善棉田生态环境为中心，以农业技术措施为主，药剂防治为辅的综合防治措施。

1．加强栽培管理

合理密植、施肥与排灌，及时整枝，及时抢摘、早剥病铃，加强苗期叶病和铃期虫害的防治，减少菌源与虫伤。

2．选育抗病品种

目前尚无高产抗病品种。必须加强抗病品种的选育工作。

3．喷药保护

8月中旬至9月上旬及时喷药，以保护裂开的棉铃。常用药剂有 25％代森锰锌可湿性粉剂 500～800 倍液，50％多菌灵可湿性粉剂或 50％硫菌灵可湿性粉剂 800～1000 倍液和 14％络氨铜 500 倍液等。

五、其他棉花病害

其他棉花病害的症状、发病规律及防治见表 8－2。

表 8 - 2　其他棉花病害的症状、发病规律及防治

病名	症状	发病规律	防治
棉花细菌性角斑病 *Xanthomonas campestris* pv. *malvacearum*（E. F. Smith）Dowson	病菌能危害棉花各部位,各部位受害初出现水渍状小圆斑,后扩大成不规则形或多角形病斑。叶片上病斑对光呈半透明,有时沿叶脉扩展,形成黑褐色长条状病斑。潮湿时,病部分泌出乳白色露珠状菌脓,干燥后成淡灰色薄膜	带菌棉籽是主要初侵染源,其次是病残体和土壤中残余的病菌。病部产生菌脓借风雨、昆虫传播引起再侵染,从气孔侵入。温暖潮湿、暴风雨有利于发病,虫害严重的密植棉田发病也重	①清除棉田病株残体;②选用抗病品种。陆地棉中岱字棉系统抗性强;③温汤浸种或药剂拌种;④及时喷洒 0.5% 波尔多液或 2% 春雷霉素或 20% 噻唑锌
棉花红（黄）叶茎枯病（生理性病害）	枝梢先端叶叶尖或叶缘先呈失绿状,逐渐脉间叶肉褪绿,由黄转为紫红色,而叶脉保持绿色,叶缘反卷、叶片增厚、皱缩、破脆,叶片自上而下逐渐凋萎脱落,茎秆剖面不变色。在脱落叶柄与茎秆连接处常有干缩的褐斑。病株根部侧根少	该病蕾期始发,花期扩展,铃期盛发。多发生在瘠薄土壤或雨水过多或久旱暴雨后。钾肥不足可加剧病情发展	①重施有机肥、花铃肥,必要时进行根外追肥,出现黄叶茎枯症状时,喷洒 2% 尿素溶液;②加强棉田管理,修好排灌系统,做到久雨能排,久旱能灌
棉花褐斑病 *Phyllosticta gossypina* Ell. et Mart	主要危害叶片。病斑初为紫红色斑点,扩大后呈黄褐色,圆形或不规则形,边缘紫红色,多个病斑融合在一起形成大病斑,中间散生小黑点（分生孢子器）,病斑中心易破碎脱落穿孔	病菌以菌丝体和分生孢子器在病残组织中越冬。翌年从分生孢子器中释放出大量分生孢子,通过风雨传播。低温多雨有利于发病,生长弱小的棉苗发病重	①清除田间病残体;②培育壮苗;③发病初期及时喷药保护,药剂有 70% 代森锰锌、75% 百菌清、80% 喷克、50% 石硫合剂等
棉花黑斑病 *Alternaria tenuis* Ness	叶片受害后形成圆形或不规则黄褐色病斑,潮湿时,病斑表面产生黑色霉层（分生孢子梗和分生孢子）	病菌在种子内外或病残体中越冬,借风雨传播。潮湿阴雨,子叶、真叶冻伤时发病重	①选用无病种子,种子消毒;②清除病残体;③喷药保护,药剂参考棉花褐斑病
棉花轮纹斑病 *Alternaria macrospora* Zimm	主要发生在 1~2 片真叶期,危害子叶和真叶。病斑黄褐色圆形,边缘紫红色,略隆起,有同心轮纹。潮湿时,病斑表面产生黑色霉层（分生孢子梗和分生孢子）	病菌以菌丝体和分生孢子在病残体及棉籽短绒上越冬,借气流和雨水飞溅传播。早春低温高湿,发病重	①清除田间病残体;②硫酸脱绒,药剂拌种;③培育壮苗,棉苗发病始期及时喷药保护,药剂参考棉花褐斑病
棉花叶斑病 *Cercospora gossypina* Cooke	受害叶片初产生暗红色斑点,扩大后呈圆形,边缘紫红色,中央灰白色。潮湿时,病斑表面产生白霉（分生孢子梗和分生孢子）	病菌以菌丝体在病叶上越冬,翌春产生分生孢子,借风雨传播。多雨高湿,秋季低温则重复侵染。受其他病菌侵染后或贫瘠土壤上种植的棉株易发病	参照棉花轮纹斑病

第二节　重要有害软体动物

一、蜗牛类

危害棉花的蜗牛（snails）主要有灰蜗牛 *Fruticicola ravida*（Benson）和同型巴蜗牛 *Bradybaena similaris*（Ferussac）等。蜗牛属软体动物门、腹足纲、柄眼目、巴蜗牛科 Fruticicolidae（或 Bradybaenidae 或 Eulotidae）。

灰蜗牛发生普遍，除西北内陆棉区外，其余各棉区均有分布。同型巴蜗牛广泛分布于华东、华中、西南、华南和西北等地区，尤其以沿江、沿海发生严重。蜗牛的寄主植物种类繁多，除危害棉花外，还危害绿肥、豆类、麦类、油菜、玉米、高粱、薯类及蔬菜等作物。蜗牛用齿舌舐食棉叶，咬成孔洞和缺刻；危害严重时，能食尽棉叶、咬断棉茎。蜗牛行走时遗留的白色胶质和青色线状粪便，板结遮盖叶面，滋生病菌，影响棉苗生长。20 世纪 60—70 年代，由于大量使用砷酸钙等灭蜗药剂，基本控制了蜗牛危害。近年来，随着棉田生态条件变化以及砷酸钙等特效药剂的停用，蜗牛危害又日趋严重。

（一）形态特征

1. 灰蜗牛

成体蜗牛爬行时体长 30～36 mm。贝壳圆球形，壳高 19 mm，宽 21 mm，有 5.5～6.0 个螺层，前几个螺层缓慢增长，膨大。壳面呈黄褐色或琥珀色，有细致密集的生长线和螺纹。壳顶尖，缝合线深。壳口呈椭圆形，口缘完整略外折，锋利，易碎。贝壳前段体躯背部及两侧有 4 条明显的黑褐色纵带，其中近背纵线的 2 条较宽，两侧的 2 条较细，且不达头部。前触角短，后触角长，顶端有黑色眼。贝壳在体躯右侧。生殖孔位于头右后下侧。卵圆球形，直径 1.0～1.5 mm，乳白色，有光泽，卵壳坚硬。常以 10～20 粒以上黏集成卵堆。初孵幼体体长 2 mm，贝壳淡褐色。贝壳随幼体生长右旋增加至 5.5～6.0 个螺层即为成体（图 8 - 10）。

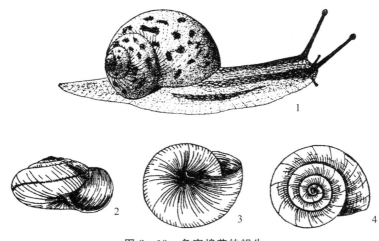

图 8 - 10　危害棉花的蜗牛
1. 灰蜗牛（全图）　同型巴蜗牛贝壳：2. 侧面观　3. 腹面观　4. 上面观

2. 同型巴蜗牛

贝壳扁球形,壳高 12 mm,宽 16 mm,有 5～6 个螺层。前几个螺层缓慢增长,略膨胀。螺旋部低矮,体螺层增长迅速,膨大。壳顶钝,缝合线深。壳面呈黄褐色、红褐色或梨色,有稠密细致的生长线。在体螺层周缘或缝合线上,常有 1 条暗褐色带。壳口呈马蹄形,口缘锋利,轴缘上部和下部略外折,遮盖部分脐孔。脐孔小而深,呈圆孔状(图 8-10)。

(二)生物学与生态学特性

两种蜗牛在长江流域每年发生 1～1.5 代,寿命一般不超过 2 年。以成体或幼体在绿肥作物和蔬菜根部或草堆、石块或松土下越冬。越冬时常分泌一层白膜封住壳口。翌春开始活动取食,先危害棉花前作物,如苜蓿、豌豆、蚕豆、油菜及麦类的嫩叶;4 月棉苗出土后即危害子叶和嫩茎;5—6 月食害真叶,可造成严重危害。7—8 月高温干旱,常潜伏在根部或土下,以分泌白色薄膜封闭壳口越夏;雨后湿度大,可恢复活动,在土面取食棉叶。秋季降雨降温,蜗牛大量活动危害;11 月后转入越冬状态。

蜗牛为雌雄同体,经异体交配后才能受精产卵。通常每年有 2 次交配产卵盛期,分别在 4—5 月和 9—10 月。卵多产于植株根部较疏松湿润的土下 1～3 cm 处,干燥板结土壤多在 6～7 cm 处。卵暴露在日光或空气中,卵壳不久即爆裂。从初孵幼体到经 4 个月生长的具有 3 个螺层的幼体,食量均不大,6 个月后食量增大。幼体期约 8 个月。春季孵化的幼体,入秋可发育为成体;秋季孵化的幼体,到翌年春末就能交配、产卵。

蜗牛以地势平坦的沿江、沿湖及滨海棉区发生较多,尤以低洼潮湿杂草多及新开垦的棉田受害重。蜗牛的发生和危害程度与棉苗期雨水、棉田土壤含水量及茬口等关系密切。土壤湿润、苗期多雨、上年虫口基数大、绿肥蔬菜等连作及棉稻轮作的年份,蜗牛多猖獗危害。干旱年份发生较轻。

(三)防治方法

1. 农业防治

一是改变栖息环境,改造低洼田,清理河沟,降低地下水位,水旱轮作,作物轮植,清除蜗牛滋生地;二是锄草松土、秋耕翻土,久雨新晴时锄草松土,并铲除田边、沟边、塘边杂草,然后撒上石灰沤制堆肥,可消除蜗牛。秋耕翻土,可使蜗牛卵暴露土表而爆裂,以减少虫口密度;三是人工捕捉、放鸭啄食,清晨、傍晚或阴天人工捕捉集中消灭。幼体大量孵化时在棉苗行间堆草诱杀,也可将大麦脱粒后的秸秆细末(含大麦芒)撒于棉田四周,阻止蜗牛爬行危害。同时,还可放鸭啄食。

2. 药剂防治

加强田间管理,发现棉苗被害,平均蜗牛密度在 3 头/m² 以上时,可用 6% 密达颗粒剂或 6% 除蜗灵颗粒剂 250～500 g/667 m²,在距棉苗 40 cm 左右撒施。施药时间应掌握在棉苗 4 片真叶前和蜗牛进入 5 旋暴食阶段以前。也可用 90% 晶体敌百虫 0.5 kg 与炒香的棉籽饼粉 10 kg 拌成毒饵,于傍晚在棉田撒施,每 667 m² 撒 5 kg;用 90% 敌百虫 1000～1500 倍液喷雾;或在清晨蜗牛入土前,用硫酸铜800～1000 倍液或 1% 食盐水喷洒;用 8% 四聚乙醛 1000 倍液喷洒;用 6% 多聚乙醛颗粒剂 0.5 kg,拌细土或沙 15～20 kg 撒施,蜗牛接触之后即会脱水死亡,效果达 95% 以上。

二、蛞蝓类

危害棉花的蛞蝓(slugs)有野蛞蝓 *Agriolimax agrestis*(Linnaeus)、双线嗜黏液蛞蝓 *Phiolomycus bilineatus*(Bonson)和黄蛞蝓 *Limax flavus* Linnaeus 等,其中以野蛞蝓为主。属软体动物门、腹足纲、柄眼目、蛞蝓科(Limacidae)。

蛞蝓在各棉区均有分布,以东南沿海发生最重。严重危害棉花、黄麻幼苗,也能危害烟草、豆类、油菜、玉米、花生、薯类及蔬菜等作物。大发生年份常可造成大面积棉田缺株、断苗、断垄或被连片吃尽。

(一)形态特征

野蛞蝓成体体长 20～25 mm,宽 4～6 mm,爬行时体长 30～36 mm。体躯柔软,无外壳。全体呈灰褐色。头前端有 2 对触角,前触角短,长约 1 mm,具感触作用;后触角长约 4 mm,端部有黑色的眼。前触角下方中央为口,口内具颚片及齿舌,以刮取并磨碎食物。体前背部有外套膜,以保护头部及内脏。外套膜边缘卷起,后下方有 1 块卵圆形透明的贝壳,以保护心脏。生殖孔(即交配孔)位于右后触角的后侧方。外套膜的中后部右侧下方为呼吸孔,体后部背面有树皮状斑纹。腹足扁平,两侧边缘明显(图 8-11)。卵呈卵圆形,直径 2～2.5 mm,透明,卵核明显可见。卵粒黏集成堆,少的 5 粒左右,多的 20～30 粒。初孵幼体长 2～2.5 mm,宽 1 mm。全体淡褐色,外套膜隐约可见,体型同成体。5～6 个月发育为成体。

黄蛞蝓体长 100 mm,宽 12 mm。体表为黄褐色或深橙色,并有散的黄色斑点,靠近足部两侧的颜色较淡。在体背前端的 1/3 处有一椭圆形外套膜(图 8-11)。

双线嗜黏液蛞蝓体长 35～37 mm,宽 6～7 mm。体灰白色或淡黄褐色,背部中央和两侧有 1 条黑色斑点组成的纵带,外套膜大,覆盖整个体背,黏液为乳白色(图 8-11)。

图 8-11　危害棉花的蛞蝓

1.野蛞蝓　2.双线嗜黏液蛞蝓　3.黄蛞蝓

(二)生物学与生态学特性

野蛞蝓在浙江沿海棉区一般每年发生 2 代,以成体或幼体在春花作物根际土下越冬。翌春日均温达 10℃以上时,便外出活动危害;4—5 月日均温达 20℃左右时,活动更甚,越冬幼体逐渐发育为成体。

蛞蝓为雌雄同体,异体或同体受精。春秋两季繁殖,危害主要在 4—6 月和 10—11 月,其中以 4—6 月最盛。成体交配后 2～3 d 产卵,多产于作物根部 2～4 mm 土层或土壤缝隙及凹注处。初孵幼体在土下 1～2 d 内不活动,3 d 后爬出地面觅食,与春播作物苗期相遇,形成第一次危害高峰。7—8 月夏季高温干旱,潜入土下,常在棉株根部、草堆下、石块下或屋旁荫蔽处躲藏;如遇阴雨天气或露水较大的夜晚,仍能爬出危害。9—10 月气候凉爽,又活动危害。秋季产卵孵化后与棉田秋播作物苗期相遇,形成第二次危害高峰。11 月后潜入土下在作物根际越冬。

蛞蝓性喜隐蔽,畏光怕热,在强光下照射 2～3 h 即可死亡;昼伏夜出,通常有 2 次活动高峰,分别在 20～21 时和清晨 4～5 时。野蛞蝓具趋香、甜、腥等习性,喜食双子叶作物,如棉苗、大豆苗和蚕豆嫩叶等。

蛞蝓发育最适温度为 10～20℃,土壤相对湿度为 20%～30%。阴雨天持续时间长,有利其繁殖危害;相反,高温干旱则不利其发生。

(三)防治方法

1. 农业防治

棉花出苗后,加强中耕翻地,降低土壤湿度和曝卵杀虫;及时清园,撒施生石灰粉,破坏其栖息和产卵场所。

2. 药剂防治

在蛞蝓发生初期,每 667 m² 用 6%密达颗粒剂 0.5 kg 拌细干土 15～20 kg,于傍晚均匀撒在受害植株的行间垄上;也可采取条施或点施,药点间距 40 mm 为宜;或用 10%多聚乙醛颗粒剂 70 g/667 m²,拌适量细干土撒施。3～5 d 后视其发生量及取食情况进行补施。施药后如 24 h 内遇大雨,须补施药剂。

第三节　重要螨类

我国危害棉花的螨类(mites)主要为棉叶螨,属蛛形纲、螨目、叶螨科(Tetranychidae)。棉叶螨俗称棉红蜘蛛,是棉花的主要害虫。棉叶螨种类较多,常混合发生;主要有朱砂叶螨 *Tetranychus cinnabarinus*(Boisduval)、截形叶螨 *T. truncatus* Ehara、二斑叶螨 *T. urticae* Koch 和土耳其斯坦叶螨 *T. turkestani* Ugarov et Nikolski。除土耳其斯坦叶螨只分布在新疆棉区外,朱砂叶螨、截形叶螨和二斑叶螨在我国南北棉区均有分布,其中朱砂叶螨和截形叶螨各为南、北棉区的优势种。

棉叶螨(cotton leaf mites)的寄主广泛、种类繁多,农作物、观赏植物和野生杂草等都能受害。据记载,我国已知的寄主植物有 64 科、133 种,其中主要的寄主作物有棉花、高粱、玉米、甘蔗、豆类、芝麻和茄类等,杂草寄主有益母草、马鞭草、野芝麻、蛇莓、婆婆纳、佛座、风轮草、小旋花、车前草、小蓟和芥菜等。

棉叶螨成、若、幼螨常聚集在棉叶背面吸汁危害。受害叶片正面呈现黄斑色,后变红。截形叶螨危害棉叶仅表现黄白斑,不出现红色。叶螨虫口密集时,常聚集在叶背形成的细丝网下。苗期受害可导致叶片干枯脱落,棉株枯死;蕾铃期受害,导致落叶、落蕾、落铃,造成大面积减产甚至无收。近年来,朱砂叶螨在长江流域棉区由于越冬作物和粮棉间作、套种面积扩大、本身抗药性增强等原因,危害日趋严重。

(一)形态特征

朱砂叶螨(carmine spider mite)各虫态的形态特征(图 8-12)如下:

【成螨】雌成螨呈梨形,体长 0.42～0.52 mm,宽 0.28～0.32 mm。体色一般红褐色、锈红色,越冬雌成螨呈橘红色。体两侧各有黑褐色长斑 1 块,从头胸末端起延伸至腹部后端,有时分隔为前后 2 块,前块斑略大。雄成螨体长 0.26～0.36 mm,宽 0.19 mm。头胸部前端近圆形,腹部末端稍尖。阳具弯向背面呈端锤状,近侧突起尖锐或稍圆,远侧突起尖锐,两者长度约相等;端锤前缘呈钝角。

【卵】圆球形,直径 0.13 mm,初产时无色透明,渐变为淡黄色至深黄色,略带红色。

【幼若螨】幼螨有 3 对足。幼螨脱皮后变为若螨,有 4 对足。雌若螨分为前期若螨和后期若螨,雄若螨无后期若螨阶段,比雌若螨少蜕 1 次皮。

截形叶螨和土耳其斯坦叶螨（straw berry spider mite）外部形态与朱砂叶螨十分相似，可根据雄成螨阳具特征进行区分。

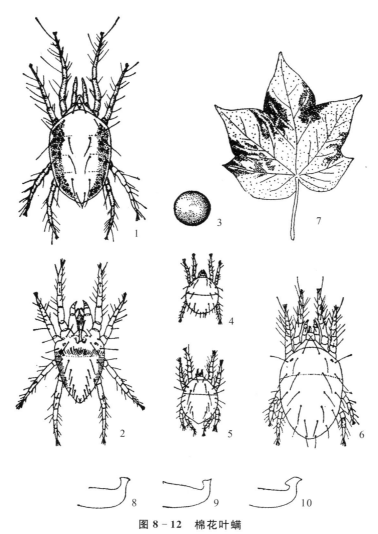

图 8-12　棉花叶螨

1. 雌成螨　2. 雄成螨　3. 卵　4. 幼螨　5. 第一若螨　6. 第二若螨　7. 被害棉叶
8. 朱砂叶螨阳具　9. 截形叶螨阳具　10. 土耳其斯坦叶螨阳具

（二）生物学与生态学特性

棉叶螨在黄河流域棉区年发生 12～15 代，长江流域棉区 18～20 代，华南棉区 20 代以上。棉叶螨在我国北方棉区以雌成螨于 10 月下旬在土缝、枯枝落叶、杂草根部越冬；长江流域以雌成螨、部分卵及若螨在向阳片的枯叶内、春花作物和杂草根际以及土块、树皮缝隙内越冬。棉叶螨越冬后，一般于 2—3 月开始活动取食，在越冬寄主上繁殖 1～2 代后迁移至出土的棉苗上危害，直到棉花拔秆，危害期可长达 5 个多月。棉叶螨在华北地区的发生与危害每年通常有 1～2 次高峰，即 5—6 月和 7 月；长江流域与南部棉区有 3～5 次高峰，即 5 月上中旬、6 月下旬至 7 月上旬、7 月中下旬、8 月上中旬和 9 月上旬。

棉叶螨的繁殖方式有 2 种：一是孤雌生殖，雌成螨不经交配即产卵，孵化后都为雄性螨；二是有性生殖，雌雄成螨交配后产卵，其中雌成螨一生交配 1 次，雄成螨可多次交配。雌成螨交配后 1～3 d 即

可产卵,日产卵量 5~10 粒,产卵期 10~15 d。卵单产于棉叶背面,常与丝网相接略离棉叶表皮。经交配所产生后代的雌雄性比一般为 45:1。朱砂叶螨在田间的雌雄比为 5:1。

雌成螨的滞育主要受光照影响,滞育雌成螨寿命可达 6~7 个月,而非滞育雌螨仅 2~5 周。棉叶螨的每代历期因气温高低而明显不同。平均气温在 28~30℃ 时,完成 1 代需 7~9 d;26~27℃ 时为 8~11 d;23~25℃ 时为 10~14 d;20~22℃ 时为 14~17 d;20℃ 以下时需 17 d 以上。温度超过 34℃,棉叶螨停止繁殖;当气温降至 -2~-3℃ 时,雌成螨不再活动,而若螨和雄成螨则几乎全部被冻死。

棉叶螨具爬迁习性,其在田间的传播扩散有多种途径:一是成、若螨作短距离爬行,蔓延扩散;二是借风力传播,长江流域棉区的小暑南洋风季节,往往是棉叶螨迅速蔓延、猖獗危害的盛期;三是暴雨后的流水携带棉叶螨传播扩散,低洼棉田往往受害较重;四是棉田作业时,农具、衣物和耕畜等携带传播;五是间套作棉田的前茬寄主作物收获时,叶螨向棉株扩散,这是自然传播的主要途径之一。

棉叶螨的种群消长、扩散与气候、耕作制度、棉花品种和施肥水平等因子有关。

1. 气候因子

气候因子是影响棉叶螨种群消长的决定性因子。棉花生长期间的降雨量往往是衡量当年发生病害严重程度的重要标志,其中以 5—8 月份降雨量最为重要。干旱、有风是棉叶螨繁殖和扩散最有利的条件。7—8 月份是长江流域高温和南洋风盛行的季节,也是棉叶螨繁殖和扩散的极有利时机。棉区有"天热少雨发生快,南洋风起棉叶红"之说,正好反映棉叶螨在高温条件下借风力猖獗蔓延的情景。暴风雨连带泥水的冲刷和黏附,常使棉叶螨的死亡率增高。因此,把棉叶螨控制在 6 月底以前,是至关重要的。

2. 耕作制度

棉叶螨的寄主植物广泛,越冬抗寒能力强,因此棉田的前茬作物与棉叶螨的发生消长关系密切。在南方两熟棉区,前作是豌豆、蚕豆的棉田,棉叶螨发生早且重,油菜茬次之,小麦茬较轻。棉田间作或邻近田种植玉米、豆类、瓜类、茄子、芝麻和苜蓿等,受害较重。秋冬未翻耕的套种棉田,杂草多,则越冬基数大,翌年发病早、危害重。

3. 棉花品种与施肥水平

棉叶下表皮厚度超过棉叶螨口器长度或棉叶单位面积内细胞数量多且结构紧密的棉花品种对棉叶螨的抗性较强。棉花细胞渗透压较高(不小于 1327.36 kPa,即 13.61 个大气压)时,棉叶螨的生长发育受到抑制。因此合理使用氮、磷、钾肥,提高棉叶细胞渗透压,可减轻棉叶螨危害。此外,施肥水平较差的棉田,由于棉株瘦小、郁闭度差,植株体内及外来水分易蒸发,从而造成高温低湿的小气候,有利于棉叶螨的生存和繁殖,受害严重。

4. 天敌

棉田捕食棉叶螨的天敌,主要有食卵赤螨 *Abrophees* sp.、拟长毛钝绥螨 *Amblyseius pseudolongispinosus*(Xin,Liang & Ke)、塔六点蓟马 *Scolothrips takahashi* Priesner、深点食螨瓢虫 *Stethorus punctillum* Weise、黑襟毛瓢虫 *Scymus hoffmanni* Weise、七星瓢虫 *Coccinella septempunctata* Linnaeus、食螨瘿蚊 *Acaroletes* sp.、南方小花蝽 *Orius similis* Zheng、大眼长蝽 *Geocoris pallidipennis*(Costa)、草间小黑蛛 *Erigonidium graminicolum*(Sundevall)和中华草蛉 *Chrysopa sinica*(Tjeder)等,对棉叶螨的种群数量分别有不同的控制作用。

(三)防治方法

针对棉叶螨分布广、寄主多、易于暴发成灾的特点,在防治上应采取压前(期)控后(期)的策略,即压治早春寄主上的虫量,控制棉花苗期危害;压治棉花苗期虫量,控制后期危害。棉田防治棉叶螨应加强虫口密度调查,以挑治为主,辅以普治。将棉叶螨控制在点片发生阶段和局部田块,以防止 7—8 月份的大面积蔓延成灾。

1. 农业防治

棉花拔秆后应及时处理枯枝落叶,结合冬春积肥,清除田间沟边杂草,消灭越冬虫源;秋播时翻耕棉田整地,将越冬棉花叶螨压至土下约 20 cm 处杀死,以减轻来年危害。在棉苗出土前,采取及时铲除杂草、积肥等农业措施,可减少棉苗上的棉叶螨虫源的转移。棉田不间套作玉米、豆科和瓜类作物。结合棉田管理,高温季节采取大水沟灌抗旱,以及对受害田增施速效肥料,以促进棉株生长发育,增强抗螨能力。发现棉田有零星危害,人工摘除虫叶。

2. 化学防治

当点片发生,或有螨株率低于 15％时,挑治中心株;当有螨株率超过 15％时进行全田统一防治。春棉每 667 m² 用 1.8％阿维菌素 1000 倍液,20％哒螨灵 3000 倍液。6—8 月份干旱少雨,当棉叶黄白斑率达 20％时,应马上喷洒 20％乙螨唑 8000 倍液或 20％双甲脒 800 倍液、2.5％阿维·甲氰 600 倍液、73％克螨特乳油 3000 倍液等。棉叶螨对上述杀虫剂产生抗药性的地区或田块,可选用 22％螺螨酯 4000～6000 倍液或 30％乙唑螨腈 6000 倍液,对抗性叶螨防效也很高。

第四节　重要害虫

一、蚜虫类

我国危害棉花的蚜虫(aphids)主要有 5 种,即棉蚜 *Aphis gossypii* Glover、苜蓿蚜 *A. medicaginis* Koch、棉长管蚜 *Acyrthosiphon gossypii* Mordvilko、拐枣蚜 *Xerophilaphis plotnikovi* Nevsky 和菜豆根蚜 *Smynthurodes betae* Westwood 等,它们都属半翅目、蚜科(Aphididae)。棉蚜是世界性害虫,分布广泛,我国各棉区都有发生,其中以黄河流域、辽河流域和西北棉区受害较重,长江流域棉区次之。苜蓿蚜在全国虽都有发生,但仅在新疆严重危害棉花。棉长管蚜、拐枣蚜和菜豆根蚜局限于新疆有发生。

棉蚜(cotton aphid)为多食性害虫,全世界已知寄主植物 74 科 285 种,我国已记载 113 种,其中越冬寄主(第一寄主或原生寄主)是棉蚜秋末冬初产卵越冬、翌春孵化后生活一段时间的植物,包括木槿、花椒、鼠李、车前草和夏枯草等;侨居寄主(第二寄主、次生寄主或夏季寄主)是棉蚜春夏秋季生活的植物,主要有棉花、木棉、瓜类、黄麻、红麻、大豆、马铃薯和甘薯等。

棉蚜常群集于棉花嫩茎、嫩叶背面刺吸汁液,使受害棉株呈"龙头"状以及棉叶畸形卷缩等;在苗期危害,可导致棉苗生长停滞,植株矮小,果枝和棉蕾形成延迟,造成晚熟减产;在蕾铃期危害可导致落叶、落蕾和落铃而严重减产。此外,棉蚜大量分泌蜜露能诱发霉菌滋生,阻碍叶片正常的光合作用和生理作用。

(一)形态特征

棉蚜形态具有多型性,不同季节生活在越冬寄主和侨居寄主上的棉蚜形态存在明显差异。各虫态的形态特征(图 8 - 13)如下:

【成虫】体长 1.6 mm,宽约 1.1 mm,体暗绿色。触角 5 节,约为体长的一半,感觉圈在第 4、5 节上。无翅。

无翅胎生雌蚜:体长 1.5～1.9 mm,宽 0.65～0.86 mm。夏季体黄绿或黄色,春、秋季或高纬度地区多呈深绿色、蓝黑或棕色,体背有网纹。触角 6 节,约为体长的 1/2 或稍长,感觉圈生于第 5、6 节上。前胸背板两侧各有1锥形的小乳突。腹管黑色或青色,长0.2~0.27 mm,呈圆筒形,上有瓦砌状纹。尾片乳头状,长0.1~0.15 mm,两侧各有刚毛3根。尾板暗黑色,有毛。

有翅胎生雌蚜:体长1.2~1.9 mm,宽0.45~0.62 mm,体黄色或浅绿色,前胸背板黑色。触角6节,短于体长,第3节有感觉圈6~7个,排成1行。翅两对,透明,前翅中脉三分叉。腹背斑纹明显,第6~8节有狭短黑横带,两侧有3~4对黑斑。

无翅产卵雌蚜:体长1.28~1.4 mm,宽0.5~0.6 mm,体草绿色、灰褐色或赤褐色等。触角5节,感觉圈生于第4、5节。后足胫节膨大为中足胫节的1.5倍,并有排列不规则的分泌性信息素的腺体。尾片常有毛6根。

有翅雄蚜:体长1.3~1.4 mm,宽0.5~0.6 mm,体狭长卵形,绿色、灰黄色或赤褐色。触角6节,第3~5节生有感觉圈。尾片常有毛5根。

【卵】椭圆形,长径0.49~0.69 mm,短径0.23~0.36 mm。初产时橙黄色,后转为深褐色,6 d后变漆黑色,有光泽。

【若蚜】无翅若蚜:夏季体黄色或黄绿色,春、秋季蓝灰色,复眼红色。共4龄,末龄若蚜体长1.63 mm,宽0.89 mm。

有翅若蚜:夏末体淡黄色,秋季灰黄色,形状同无翅若蚜。共4龄,第2龄出现翅芽,3~4龄在第1、6腹节中侧和2~5腹节两侧各有白圆斑1个。

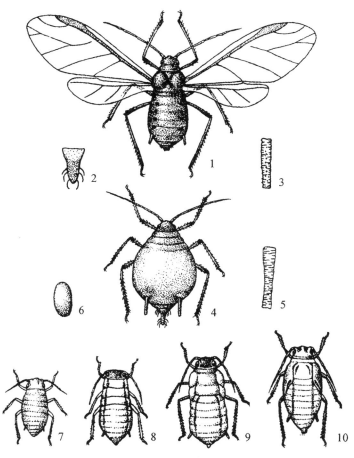

图8－13　棉蚜

有翅胎生雌蚜:1.成虫　2.尾片　3.腹管;无翅胎生雌蚜:4.成虫　5.腹管　6.卵;

有翅胎生雌若蚜:7.1龄若蚜　8.2龄若蚜　9.3龄若蚜　10.4龄若蚜

（二）生物学与生态学特性

棉蚜年发生代数因地区及气候条件不同而异。在辽河流域棉区，棉蚜年发生约 10～20 代，黄河流域、长江流域及华南棉区约 20～30 代。除华南部分地区棉蚜生活史属不完全周期型外，我国其余地区均为异寄主全周期型，即在一年中棉蚜的两性世代和孤雌世代交替出现，且不同世代发生在两类不同的寄主上，分别为产受精卵的越冬寄主和夏季的侨居寄主。

具全生活史周期的棉蚜以卵在越冬寄主如木本植物芽内侧及其附近或树皮裂缝中、草本植物根部等处越冬。当翌春气温升至 6℃以上，即长江流域 3 月间及辽河流域 4 月间时，越冬卵开始孵化为干母。12℃时干母营孤雌胎生形成无翅雌蚜（称为干雌），并在越冬寄主上经胎生繁殖若干代后，于 4 月下旬至 5 月上旬产生有翅胎生雌蚜（称为迁移蚜），向刚出土的棉苗或其他侨居寄主迁移。迁移蚜经胎生繁殖出无翅和有翅胎生雌蚜（又称侨居蚜），在棉苗和其他侨居寄主上危害和繁殖，其中有翅蚜在田间迁飞扩散。其间通常有 1～3 次迁飞，分别发生在棉花现蕾前后、开花期和吐絮期。当晚秋气温降低，侨居寄主衰败时，棉蚜产生有翅性蚜，迁回越冬寄主，胎生产卵型的无翅雌蚜和有翅雄蚜（统称性蚜）。性蚜交配后产卵越冬。雌蚜虽能在棉茎上产卵，但棉秆经冬季堆存枯干后，翌春蚜卵几乎全部死亡。在华南，具不完全生活史周期的棉蚜终年营孤雌胎生繁殖，并以有翅和无翅胎生雌蚜在越冬寄主上越冬，翌春棉苗出土后，有翅蚜迁入棉田繁殖危害。

棉蚜具有极强的繁殖能力，每头成蚜一生繁殖 60～70 头，5～10 d 可繁殖 1 代，田间世代重叠严重。有翅蚜的产生与寄主植物营养条件恶化、种群密度过高以及不适宜气候条件等密切相关。有翅蚜迁入棉田时，其着落受风力、风向和地形等的影响，形成不均匀分布，因此，初期蚜害呈点片状发生。有翅蚜在早出苗田块的着落机会较多，蚜害往往偏重。麦棉套作田块中，小麦对棉苗具有屏障作用，有翅蚜着落机会少，蚜害较轻。有翅蚜具有趋黄习性，可利用该特性设置黄色诱蚜器皿诱集，进行预测预报。

棉蚜具有苗蚜和伏蚜两种生态型。苗蚜发生在棉苗期，个体较大，深绿色，适应较低温度生长，适宜繁殖温度为 16～24℃。伏蚜发生在盛夏高温季节，体型较小，黄绿色，在较高温度条件下可正常发育繁殖。伏蚜在偏低温度下饲养可形成苗蚜种群。辽河流域棉区棉苗发育较迟，蚜害发生晚，苗蚜和伏蚜无明显分界；黄河流域棉区苗蚜一般发生在 5 月中旬至 6 月中旬，伏蚜主要发生在 7 月中旬至 8 月中旬。20 世纪 70 年代以来，随着肥力水平提高、栽培制度改变、棉蚜抗药性产生以及天敌种群数量减少等，伏蚜大发生的频率显著增加，对棉花产量极具威胁性。

棉蚜在田间的数量消长与气候条件、棉花品种和栽培方式以及天敌等有密切关系。

1. 气候条件

棉蚜越冬卵基数、孵化率、干母成活率和在越冬寄主上的增殖倍数等，均受当地、当时气候条件的影响。性母向越冬寄主迁移期间，如气温较高、雨量适中，有利于性蚜繁殖和产卵，则越冬卵量多；如气温较低、遇强寒流侵袭和雨量较大，越冬寄主提早落叶，影响性母和性蚜繁殖，则越冬卵量少。冬季低温可影响棉蚜越冬卵的孵化率；早春三月的低温对发育中的胚胎也有致死作用。干母孵化后，如遇寒流频繁、连续低温，寄主植物嫩芽冻死，棉蚜因低温和缺食而大量死亡。一般 5—6 月份的温度较适宜于棉蚜的发生，如天气干旱少雨，则往往会导致棉蚜大发生。长江流域梅雨季节的推迟到来，也会延长棉蚜的危害时期。因此，棉花苗期的雨量、雨日和降雨强度是左右棉蚜危害轻重的关键因子。在棉蚜危害初期，一般日降水量在 20 mm 以上，种群数量增殖缓慢；危害严重期，日降水量 50 mm 或旬降水量 100 mm 左右，蚜群即受到显著抑制。因此，干旱气候有利于棉蚜增殖和扩散。但是，高温（3 d 平均温 30℃以上）、干旱（相对湿度 50％以下）或暴雨冲刷对伏蚜种群有显著的抑制作用，而时晴时雨的天气对伏蚜发生最为有利。

2. 棉花品种与栽培方式

棉花不同品种间的蚜害存在明显差异。棉叶背多短毛,可影响棉蚜的定殖、取食和活动,棉叶受害较轻。一熟棉田和早播早出苗棉田,棉蚜迁入早,危害期长,蚜害明显重于二熟套作棉田和迟播棉田。与麦类、油菜和豆类套种的棉苗,由于前茬作物阻隔有翅蚜的迁飞,早期蚜量少;到夏收后开始大量迁入危害时,棉苗已进入3叶期以后,抗蚜能力增强;同时前茬作物上的天敌迁至棉苗上捕食棉蚜,导致蚜虫发生晚,种群数量上升缓慢,危害较轻。棉田施氮量增加,可明显提高棉株组织中氮素含量,导致棉蚜种群数量增长。棉苗期喷施生长调节剂,对棉蚜数量有明显影响。

3. 天敌

棉蚜的天敌种类繁多,主要有蜘蛛如草间小黑蛛 *Erigonidium graminicolum*(Sundevall)等;瓢虫如七星瓢虫 *Coccinella septempunctata* Linnaeus、龟纹瓢虫 *Propylaea japonica*(Thunberg)和黑襟毛瓢虫 *Scymnus hoffmanni* Weise 等;草蛉如中华草蛉 *Chrysopa sinica* Tjeder 和大草蛉 *C. septempunctata* Wesmael 等;捕食蝽如微小花蝽 *Orius minutus*(Linnaeus)和华姬猎蝽 *Nabis sinoferus* Hsiao 等;食蚜蝇如四条小食蚜蝇 *Paragus quadrifasciatus* Meigen 等;蚜茧蜂如棉蚜茧蜂 *Lysiphlebia japonica*(Ashmead)和印度蚜茧蜂 *Trioxys indicus* Subba Rao & Sharma 等;捕食螨如内亚波利斯异绒螨 *Allothrombium neapolitum* Oudemans 和无视异绒螨 *A. ignotum* Willmann 等;以及寄生真菌如蚜霉菌 *Entomophthora aphidis* Hoffm 等。在生物群落复杂、生态条件良好的沿江、沿湖、丘陵棉区,天敌常能自然控制棉蚜在经济阈值以下。

(三)防治方法

防治棉蚜宜采取以农业防治为基础,充分保护和利用自然天敌的控害作用,优先应用与生物防治相协调的化学防治方法的综合防治措施。

1. 农业防治

冬春两季铲除田边、地头杂草,减少越冬虫源。实行棉麦套种,棉田中播种或地边点种春玉米、高粱和油菜等,可招引天敌控制棉田蚜虫。一年两熟棉区,采用麦棉、油菜棉和蚕豆棉等间作套种,结合间苗、定苗、整枝打杈,把拔除的有虫苗、剪掉的虫枝带至田外,集中烧毁。加强棉花保健栽培措施,增强抗蚜能力。

2. 生物防治

5—6月份在麦田或油菜田捕捉瓢虫人工助迁。如果查得瓢蚜比小于或等于1/150,便能控制棉蚜危害,可以不用药物防治;如大于1/200,应及时捕放瓢虫,清晨或傍晚释放瓢虫至田间。

3. 化学防治

当益害比低于指标时,黄河流域棉区和西北内陆棉区苗蚜3片真叶前卷叶株率达5%~10%时,或4片真叶后卷叶株率10%~20%时,进行药剂点片挑治。伏蚜单株上、中、下3叶蚜量平均200~300头时,全田防治。

药剂拌种:选用70%高巧(吡虫啉)或25%噻虫嗪种剂按棉种药种比1:(50~100)进行光籽包衣。药剂防治:苗蚜点片发生时,用10%吡虫啉800倍液、20%啶虫脒1000倍液或30%氰戊·氧乐果600~800倍液或26%氯氟·啶虫脒8000~10000倍液点片喷雾。普遍发生时,虫口密度达百株3000头或卷叶株率达30%的防治指标时,选用选择性农药如46%氟啶·啶虫脒8000~1000倍液、22%氟啶虫胺腈3000~5000倍液喷雾防治。当百株单叶伏蚜数量达2000头或卷叶株率5%以上时,可用50g/L环丙双虫酯可分散液剂8000~10000倍液喷雾防治。

二、盲蝽类

棉盲蝽（cotton midids），属半翅目、盲蝽科（Miridae）。主要种类有绿盲蝽 *Apolygus lucorum* (Meyer-Dür)、三点盲蝽 *Adelphocoris fasciaticollis* Reuter、苜蓿盲蝽 *A. lineolatus* Goeze、中黑盲蝽 *A. suturalis* Jakovlev 和牧草盲蝽 *Lygus pratensis* Linnaeus 等。绿盲蝽在全国均有分布，是危害棉花的重要种类；三点盲蝽和苜蓿盲蝽是黄河流域棉区和特早熟棉区的重要种类；中黑盲蝽以陕西和长江流域中、下游发生较重；牧草盲蝽主要发生在西北内陆棉区，黄河流域棉区也有发生。

棉盲蝽除危害棉花外，还能危害多种栽培和野生草本、木本植物，其中主要有红麻、木槿、苜蓿、豆类、玉米、高粱、马铃薯、麦类、桑、茶、桃和梨等。棉盲蝽以成、若虫刺吸棉株顶芽、嫩叶、花蕾及幼铃上的汁液，幼芽受害形成仅剩两片肥厚子叶的"公棉花""无头花"；后长出不定芽，形成"多头花"。棉株顶点和旁心受害后不能正常伸长，仅生长若干不定芽，长出多数分枝后形成"扫帚花"。棉叶受害形成具大量破孔、皱缩不平的"破叶疯"。幼蕾受害发黄变黑，干枯脱落；棉铃受害后遍布黑斑、流胶，僵化落铃。

（一）形态特征

绿盲蝽（green leaf bug）各虫态的形态特征（图 8-14）如下：

【成虫】体长 3.5～4.5 mm，宽约 2.0 mm，体绿色，密被短毛。头宽阔，呈三角形，黄绿色；复眼黑色突出，无单眼；喙 4 节，超过后足基部，尖端黑色；触角丝状，黄褐色，尖端色较深，约为体长的 2/3。前胸背板深绿色，多布小黑点，前缘宽。小盾片三角形微突，黄绿色，中央具一浅纵纹。前翅膜区半透明，暗灰色，二翅室棕褐色。足黄绿色，腿节光滑无刺、绿色；胫节细长，有黑色小刺；跗节 3 节，淡绿色，各节末端及爪黑褐色，爪垫呈片状。

【卵】长袋形，长约 1 mm，宽 0.26 mm；卵盖奶黄色，中央凹陷，两端突起，边缘无附属物。

【若虫】共 5 龄，与成虫相似。初孵时绿色，复眼桃红色；2 龄黄褐色，3 龄出现翅芽，4 龄翅芽超过第 1 腹节；2～4 龄触角端部和足端部黑褐色；5 龄全体鲜绿色，密被黑细毛；触角淡黄色，端部色渐深，眼灰色。

三点盲蝽（cotton dotted plant bug）、苜蓿盲蝽（alfalfa plant bug）、中黑盲蝽（black-striped leaf bug）和牧草盲蝽的形态比较见表 8-3。

（二）生物学与生态学特性

绿盲蝽在北方棉区年发生 3～5 代，长江流域棉区大部分地区可年发生 6 代。产卵期长，达 30～40 d，田间世代重叠。绿盲蝽以卵在苜蓿、苕子、蚕豆、石榴、木槿、苹果和桃等断枝、残茬内以及棉花断枝和枯铃壳内越冬，北方棉区还可产在土内越冬；长江流域以卵和成虫越冬。翌春当 5 d 平均温度达 10 ℃时越冬卵开始孵化，先在越冬寄主上危害 1 代，至 6 月棉株现蕾盛花期时陆续迁入棉田。在棉花发蕾盛期严重危害，8 月以后随花蕾数减少而从棉田向外迁移。9 月第 5 代成虫羽化，产卵越冬。五种棉盲蝽的生活史比较见表 8-4。

棉盲蝽成虫昼夜均可活动，飞翔力强，行动活跃。夜间具趋光性，日间喜在较阴湿处活动取食。产卵部位随寄主种类而异，如在棉花上多产在嫩叶主脉、叶柄、嫩蕾或苞叶的表皮下，呈"一"字形排列；在苜蓿上多产在蕾间隙内。棉盲蝽均以第 1 代产卵量最多，绿盲蝽每雌产卵量达 250～300 粒，三点盲蝽、苜蓿盲蝽和中黑盲蝽约为 60～80 粒，牧草盲蝽高达 300～400 粒，以后逐代产卵减少。

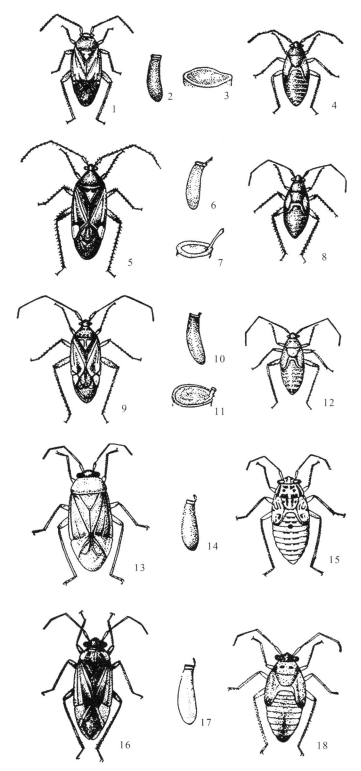

图 8 - 14　棉盲蝽蚜

绿盲蝽:1.成虫　2.卵　3.卵盖顶面观　4.5 龄若虫;　三点盲蝽:5.成虫　6.卵　7.卵盖顶面观　8.5 龄若虫;

苜蓿盲蝽:9.成虫　10.卵　11.卵盖顶面观　12.5 龄若虫;　中黑盲蝽:13.成虫　14.卵　15.5 龄若虫;

牧草盲蝽:16.成虫　17.卵　18.5 龄若虫

表 8-3　四种棉盲蝽的形态比较

虫态	形态	三点盲蝽	苜蓿盲蝽	中黑盲蝽	牧草盲蝽
成虫	体长/mm	6.5～7.3	7.5～8.0	5.8～6.8	5.8～7.3
	触角	与体等长	比体长	比体长	比体短
	体色	黄褐色	黄褐色	草黄色	黄绿色
	前胸背板	前缘有 2 个黑斑,后缘有 2 个黑斑	后缘有 2 个黑色圆点	中央有 2 个黑色圆形斑	中部有 4 条黑纵纹,两侧黑色
	中胸小盾片	菱形,黄色,两基角褐色	中央有 2 条纵纹,其前端向左右延伸	顶端黑色	黄色,基部有黑纹,盾片黄色纹呈"V"形
	前翅	革片前缘部分黄褐色,中央深褐色;爪片褐色;楔片黄色;膜区深褐色	革片前后缘黄褐色;爪片褐色;楔片黄色;膜区暗褐色,半透明	爪片内缘和端部、楔片内方、革片及膜区相接处均黑褐色	革片前缘黄色,中部带褐色;爪片略带褐色;楔片草黄色;膜区透明
卵	长度/mm	约 1.2	约 1.3	约 1.2	约 1.1
	形状与颜色	卵盖椭圆形,暗绿色,中央下陷,盖上有一指状突起,周围棕色	长形,乳白色,颈部略弯曲;卵盖椭圆形,中央凹入,边上有一突起	长形,稍弯曲,淡黄色,颈部短微曲;卵盖长椭圆形,中央凹入,盖上有一指状突起	卵盖边缘有一向内弯曲的柄状物,盖中央稍下陷
成虫	大小/mm	4.0×2.4	6.3×2.1	4.4×2.1	3.5×1.9
	体色	黄绿色,被黑色细毛	暗绿色,具黑色斑点和刚毛	深绿色,被细而短的黑色刚毛	灰绿色,被稀疏黑短毛
	复眼	红褐色	红褐色	红色	黑色
	触角	第 2 至第 4 节基部淡青色,其余各节棕红色	黄色,末端色深	棕褐色	淡色,末端红黄色
	翅芽	末端黑色,达腹部第 5 节	末端黑色,达腹部第 5～6 节	全绿色,末端达腹部第 5 节	达腹部第 5 节

表 8-4　五种棉盲蝽生活史和发生期的比较

种类	绿盲蝽	三点盲蝽	苜蓿盲蝽	中黑盲蝽	牧草盲蝽
发生代数	3～5	1～3	3～4	4～5	3～5
越冬场所	以卵在残茬、枯铃壳和土中	以卵在桃、杏、杨、柳、刺槐等树皮内	以卵在苜蓿、棉秆、杂草茎秆内	以卵在苜蓿、杂草茎内	以成虫在杂草、树皮裂缝内
危害代数	2～4	1～3	2～3	2～3	2～3
侵入棉田时间	6 月上、中旬	5 月下旬	4 月下旬—5 月上旬	5 月中、下旬	5 月下旬
危害盛期	7 月上、中旬	6 月下旬—7 月下旬	6 月上旬—7 月下旬	6 月中旬—7 月下旬	6 月中旬—8 月中旬
迁出棉田时间	8 月中、下旬	8 月上旬	8 月上旬	8 月上旬	8 月中、下旬

棉盲蝽的田间发生与气候条件密切相关,其中以湿度及降水量的影响最为明显。棉盲蝽的适宜温度一般为20~35℃,绿盲蝽适应温度范围较广,卵发育起点温度为3℃,积温为188日度;三点盲蝽卵发育起点温度为7.8℃,积温为186日度。春季低温常使越冬卵延长孵化时间;夏季高温易引起盲蝽大量死亡。棉盲蝽生长发育及活动危害,要求高湿条件。雨后或灌溉后棉田的湿度增高,棉株含水量提高,盲蝽种群数量随之增多。棉盲蝽田间发生与危害还和6—7月份的降水量及降水时间有关。如黄河流域棉区6—7月的降水量均超过100 mm,则发生量大;若降水量不足100 mm,则发生量小。根据降水量与降水时间,棉盲蝽的发生可出现前峰型、后峰型、中峰型和双峰型等4种不同情况。

棉盲蝽喜危害棉花幼蕾,因此棉花现蕾的早晚、多少和持续时间对棉盲蝽的发生与危害有明显影响。现蕾早、数量大且现蕾期长,盲蝽危害发生早且重,危害期长。靠近盲蝽越冬寄主和早春繁殖寄主的棉田,发生早且受害重。密植棉田、棉株生长嫩绿茂密且含氮量高的受害严重。

棉盲蝽的天敌种类繁多。寄生绿盲蝽、三点盲蝽和苜蓿盲蝽等卵的寄生蜂有点脉缨小蜂 *Anagrus* sp.、盲蝽黑卵蜂 *Telenomus* sp.和柄缨小蜂 *Pelymema* sp.。捕食性天敌有南方小花蝽 *Orius similis* Zheng、华姬猎蝽 *Nabis sinoferus* Hsiao、大草蛉 *Chrysopa septempunctata* Wesmael、广腹螳螂 *Hierodula patellifera* Serville 和三突花蛛 *Misumenops tricuspidatus*(Fabricius)及食卵赤螨 *Abrolophus* sp.等。

(三)防治方法

棉盲蝽寄主种类复杂,虫源面广量大,发生病害与耕作制度、作物布局和栽培条件等因素密切相关。因此,在防治策略上应从改变棉盲蝽的发生条件着手,采取控制虫源和棉田防治主害代相结合的对策。

1. 农业防治

合理间套轮作,减少越冬虫源;冬季清除苜蓿残茬和蒿类杂草,消灭越冬卵,压低越冬基数;在若虫期对蚕豆打顶去虫;对多头苗及时整枝,每株棉花仅保留1~2根主枝。

2. 灯光诱杀

成虫高峰期夜间点灯诱杀成虫,以大面积使用双色灯效果为佳。

3. 化学防治

田间药剂防治应在2~3龄若虫盛期进行。当西北内陆棉区蕾期12头/百株、花期20头/百株、铃期40头/百株,黄河流域棉区蕾期5头/百株、花铃期10头/百株,长江流域棉区新被害率3%或百株虫量5头时药剂防治。施药时间应在上午9时前或下午4时后,由田边向内施药,喷雾要均匀周到,重点喷施于棉花顶尖、蕾位和叶正反两面。棉田防治初期,当棉盲蝽虫口密度小时,每667 m² 可用10%吡虫啉5 g;当虫口密度大时,每亩可用10%吡虫啉7 g兑水喷雾,可取得良好的效果。当棉盲蝽大量发生时,可用速度快、防效高的20%好年冬乳油,每667 m² 用200 mL,兑水喷雾,可迅速控制棉盲蝽危害。用大疆无人机喷施15%阿维·螺虫悬浮剂750 mL/hm²(简称阿维·螺虫)、1.8%阿维菌素450 mL/hm²+5%啶虫脒乳油450 mL/hm²(简称阿维+啶虫脒)防治,其中阿维+啶虫脒防治盲蝽的速效性相对较好,而阿维·螺虫后期防效较好。

三、夜蛾类

我国危害棉花的夜蛾类(notuids)害虫主要有棉铃虫 *Helicoverpa armigera* Hübner、金刚钻(鼎点金刚钻 *Earias cupreoviridis* Walker、翠纹金刚钻 *E. fabia* Stoll 和埃及金刚钻 *E. insulana* Boisduval)、棉小造桥虫 *Anomis flava* Fabricius、地老虎(小地老虎 *Agrotis ypsilon* Rottemberg、大地老虎 *A.*

tokionis Butler 和黄地老虎 A. *segetum* Denis & Schiffermüller)及斜纹夜蛾 *Spodoptera litura* Fabricius 等,它们均属鳞翅目、夜蛾科(Noctuidae)。其中,棉铃虫是世界性害虫,在我国各棉区均有分布和危害,以黄河流域棉区危害最为严重,长江流域棉区间歇性受害。常年可造成 15%～20% 产量损失,严重发生年份产量损失在 50% 以上,甚至绝收。从 1990 年以来,棉铃虫进入了 20 世纪 70 年代初大发生后的又一个发生高峰期。除新疆棉区发生较轻外,黄河流域和长江流域等我国主要棉区连续大暴发,其中黄河流域的发生期提早 7～10 d,发生量是常年的 20 倍以上,而且发育参差不齐、世代重叠及对常用药剂产生高水平抗性等。鉴于棉铃虫是棉花生产上首要的钻蛀性害虫,现以棉铃虫为例,概述棉花夜蛾类害虫的形态特征、生物学与生态学特征及防治方法。

棉铃虫(cotton bollworm)系典型的多食性害虫,寄主植物多达 200 余种。除棉花外,还危害玉米、小麦、高粱、豌豆、苕子、苜蓿、番茄、向日葵等多种栽培作物及野生植物。棉铃虫通常发生在棉花生长的中、后期,主要蛀食蕾铃。初孵幼虫取食卵壳后,先危害嫩头上未展开的嫩叶,1 d 后转而危害幼蕾;4 龄后危害大蕾、花和青铃,造成蕾、花和铃的大量脱落和烂铃。1 头幼虫在整个幼虫期可危害 10～20 个蕾铃。

(一)形态特征

棉铃虫各虫态的形态特征(图 8-15)如下:

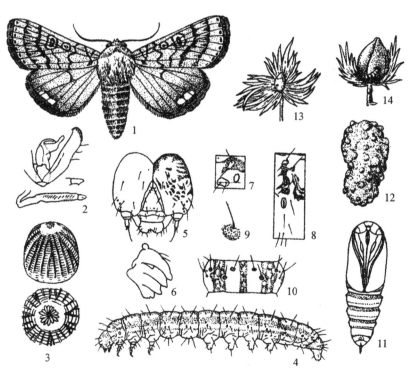

图 8-15 棉铃虫

1. 成虫 2. 雄成虫外生殖器 3. 卵 4. 幼虫 5. 幼虫头部正面观 6. 幼虫右上颚腹面观
7. 幼虫前胸气门前毛片 8. 幼虫第 1 腹节侧面观 9. 幼虫第 1 腹节上的毛片
10. 幼虫第 2 腹节背面观 11. 蛹 12. 土茧 13. 棉蕾被害状 14. 棉铃被害状

【成虫】体长 15～20 mm,翅展 27～38 mm。雌蛾前翅赤褐色或黄褐色,雄蛾多为灰绿色或青灰色;内横线不明显,中横线斜且末端达翅后缘,位于环状纹的正下方;亚外缘线波幅较小,与外横线之间呈褐色宽带,带内有清晰的白点 8 个;外缘有 7 个红褐色小点排列于翅脉间;肾状纹和环状纹暗褐

色,雄蛾的较明显。后翅灰白色,翅脉褐色,中室末端有一褐色斜纹,外缘有 1 条茶褐色宽带纹,带纹中有 2 个牙形白斑。雄蛾腹末抱握器毛丛呈"一"字形。

【卵】近半球形,高 0.51~0.55 mm,宽 0.44~0.48 mm,顶部稍隆起。卵孔不明显,花冠仅一层菊花瓣,12~15 瓣,中部通常有 26~29 条纵棱达底部,每 2 根纵棱间有 1 根纵棱分为二岔或三岔,纵棱间有横道 18~20 根。初产卵黄白色或翠绿色,近孵化时变为红褐色或紫褐色。

【幼虫】成长幼虫体长 35~45 mm,各节上均有毛片 12 个。体色变化大,可分 4 种类型:①体淡红色,背线、亚背线为淡褐色,气门线白色,毛片黑色;②体黄白色,背线、亚背线浅绿色,气门线白色,毛片与体色同;③体淡绿色,背线、亚背线同色,但不明显,气门线白色,毛片与体色同;④体绿色,背线与亚背线绿色,气门线淡黄色。幼虫 5~7 龄,多数为 6 龄。各龄幼虫主要特征见表 8-5。

表 8-5　棉铃虫各龄幼虫的主要特征比较

龄期	体长/mm	头宽/mm	头部	前胸背板	体表	臀板
1 龄	1.8~3.2	0.22~0.23	黑色	红褐色	线纹不明显	淡黑色,三角形
2 龄	4.5~6.0	0.39~0.46	褐色	褐色,两侧缘各有一淡色纵纹	背面和侧面有浅色线条	浅灰色,三角形
3 龄	9.0~12.2	0.62~0.76	淡褐色,有大片褐斑和相连斑点	两侧缘黑色,中间较淡,有简单斑点,二纵纹明显	气门线乳白色	淡黑褐色,褪小
4 龄	15.5~23.9	0.9~1.52	淡褐带白色,有褐色纵斑和小片网纹	有白色梅花斑	有黄白色条纹	斑纹褪成小纵条斑
5 龄	22.0~24.5	1.52~1.70	较小,有小褐斑	白色,斑纹复杂,有时较简单	体侧 3 条线条不清楚	斑纹消失
6 龄	34.4~36.7	2.51~2.57	淡黄白色,白色网纹显著	白色,斑纹复杂	体侧 3 条线条清晰,扭曲复杂	无斑纹

【蛹】长 17~20 mm,纺锤形,第 5 至第 7 腹节前缘密布比体色略深的刻点。气门较大,围孔片呈筒状突出。尾端有臀棘 2 枚。初化蛹时为灰绿色、绿褐色或褐色,复眼淡红色;近羽化时,呈深褐色,有光泽,复眼褐红色。非滞育蛹的后颊部 4 个成排的色素斑点在发育至 3 级时,全部消失;而越冬代滞育蛹在越冬前则不消失。

(二)生物学与生态学特性

棉铃虫年发生代数因地区而异,由北向南逐渐增多。黄河流域棉区常年 3~4 代,长江流域棉区 4~5 代,华南棉区 6~8 代。除华南棉区外,均以滞育蛹在土中越冬;而在 1 月份平均最低温度为 −15℃ 的等温线以北地区,包括河北、山西、陕西及新疆中、北部的广大地区则不能越冬,由华北地区迁入。

长江流域棉区棉铃虫越冬蛹在翌年 4 月底至 5 月上旬,当气温回升到 15℃ 以上时开始羽化,并在早春寄主上产卵。第 1 代幼虫主要危害小麦、豌豆、苕子、苜蓿等,危害盛期在 5 月中下旬。第 1 代成虫一般在 6 月盛发,时值棉花现蕾盛期,成虫迁入棉田产卵。卵多产在棉株嫩头和嫩叶正面,现蕾早、长势好的棉田卵量大,受害重。第 2 代成虫一般 7 月至 8 月上旬盛发,世代重叠明显,盛发期常出现 2~3 个峰次;产卵分散,多产在顶心、边心的嫩叶和嫩蕾苞叶上,以生长旺盛、花蕾多的棉田受害最重。第 3 代成虫发生期长,峰次多,一般在 8 月中下旬盛发,发生量大。卵多散产于嫩蕾、嫩铃苞叶上,以后期旺长的迟发棉田受害较重。第 4 代成虫发生在 9—10 月,由于棉株衰老,大部分成虫迁移至秋玉米、高粱、向日葵、晚秋蔬菜及其他寄主上产卵。各棉区棉铃虫主要危害世代常不一致。辽河和新疆棉区以第 2 代为主;黄河流域棉区一般以第 2 代危害最重,第 3 代次之;长江流域棉区以第 3、4 代危害最重;华南棉区则以第 3、4、5 代危害均重。

成虫羽化后需吸食花蜜、蚜虫分泌物等作为补充营养。成虫飞翔力强,昼伏夜出,有趋光性,特别是对波长为 333 nm 的短光波趋性最强;在黎明前,对杨、柳、洋槐和紫穗槐等半枯萎树枝散发的气味有较强趋性。雌蛾有多次交配习性,繁殖最适温度为 25～30℃。雌蛾平均卵量超过 1200 粒,产卵率高达 97% 以上,高于 30℃ 或低于 20℃ 时则不同程度下降,15℃ 时每雌平均怀卵量仅 200 余粒,35℃ 时产卵量和产卵率急剧降低。雌蛾有趋向作物花蕾期更换寄主植物产卵的习性,而且产卵有明显的趋嫩性和趋表性,即喜产在棉株的幼嫩部位和嫩叶的表面或苞叶的外表面。棉铃虫产卵部位与棉株生育状况有关,当棉株现蕾初期,果枝尚少且未伸长时,卵多产于上部嫩叶正面和顶尖上;现蕾后,果枝增多、伸长,蕾数和群尖增多,产卵部位逐渐转向果枝嫩尖、蕾和花苞。

初孵幼虫通常取食卵壳后,大部分转移至叶背栖息,当天不食不动;翌日多转移至棉株中心生长点,有的至上部果枝生长点,危害不明显;第 3 天蜕皮,蜕皮前后不食不动;第 4 天由生长点转移至幼蕾蛀孔危害。3 龄后多钻入蕾铃危害。在蕾铃期,幼虫通过苞叶或花瓣侵入蕾中取食危害,虫粪排出蕾外,蛀孔较大,被害蕾苞叶张开,变黄脱落;在花期,幼虫钻入花中取食雄蕊和花柱,后从子房基部蛀入危害,被害花不能结铃;在铃期,幼虫从铃基部蛀入,取食一至数室,虫体大半外露在铃外,虫粪排在铃外。棉铃虫幼虫常转移危害,且随虫龄增长,由上而下从嫩叶到蕾、铃依次转移危害。被取食的青铃常被蛀空,仅留铃壳,有时棉铃虫仅蛀食 1～2 个铃室,但其他铃室也会因此引起腐烂或造成僵瓣。3 龄以上幼虫具有互残习性。老熟幼虫阴天常盘踞在花内取食花器,可进行人工捕捉、扫残;而且多在 9:00—12:00 吐丝坠地、入土做室化蛹。一般会在入土前停食数小时,排出体内粪便。土室直径约 10 mm,长约 20 mm,一般在距离棉株 25～50 cm 的疏松土中,土深 2.5～6 cm,有时在枯铃或青铃内化蛹。

棉铃虫为兼性滞育,发生于蛹初期,滞育蛹在后颊中央有 4 个成排的色素斑点。光照时间是引起棉铃虫滞育的决定性因素。在适温 25℃ 条件下,棉铃滞育的临界光周期为 14 h。温度可引起滞育的临界光周期变化,如 20℃ 时的临界光周期为 14～15 h;25℃ 的临界光周期则介于 13 h 至 14 h 之间。食料对棉铃虫种群滞育临界光周期出现时间亦有明显的影响,如以棉铃、番茄等适合棉铃虫发育的食料饲养,临界光周期较以棉叶为食的短。

棉铃虫是典型的兼性迁飞性害虫。辽河流域特早熟棉区的虫源即来自黄河流域棉区,而且相邻棉区间有频繁的种群交流。棉铃虫的田间发生受气候条件、耕作制度、棉花品种和天敌等因素的影响。

1. 气候条件

温度在 25～28℃、相对湿度在 70% 以上时最适于棉铃虫的发生。我国主要棉区在棉花生长期的气温均适于棉铃虫的发生,因此,湿度与降水量是影响棉铃虫发生与危害的关键因子。棉铃虫适宜偏干旱的环境条件,长江流域棉区棉铃虫大发生均是在梅雨偏少、夏季偏旱或伏旱的年份;黄河流域棉区气候常年干旱,是棉铃虫的常发区。雨量可影响土中蛹的存活率,蛹处于浸水状态常大量死亡。降雨还对卵和初孵幼虫有冲刷作用,特别是暴雨的影响更大,但阴雨高湿天气适于棉铃虫卵孵化和幼虫危害。

2. 耕作制度

随着产业结构的调整,各类经济作物种植面积扩大,棉铃虫嗜食植物种类和数量增加,并呈镶嵌式种植,为棉铃虫提供了连续而丰富的食料,尤其是冬作面积扩大、多样化为越冬代成虫提供丰富的蜜源植物,有利于其发育和繁殖,使得虫源基数增多。杂交玉米和高粱推广种植、棉田间套作、化学除草和免耕法推广等都可导致棉铃虫发生危害加重。自 2010 年以来,随着国家种植业结构的战略性调整,黄河流域和长江流域地区棉花种植面积大幅降低,玉米等其他作物种植面积持续上升,抗虫转 Bt 基因棉对棉铃虫区域性种群发生的调控能力明显减弱,导致棉铃虫种群基数不断增加,在其他作物上的发生程度逐年加重。

3. 棉花品种

棉花品种的抗虫性与其形态学性状和生理特点有关。茎叶光滑、少毛的品种和无蜜腺的品种,可

减少棉铃虫落卵量和繁殖率;油腺中的高含量棉酚可引起棉铃虫幼虫死亡率的增加。近年来,利用生物技术已实现将外源杀虫基因导入棉花体内使其获得抗虫性,其中抗虫转 Bt 基因棉已在我国大面积商业化推广。抗虫转 Bt 基因棉与常规棉相比,棉铃虫在棉田的落卵量无显著差异,但棉铃虫幼虫在抗虫转 Bt 基因棉上的存活量显著减少。此外,如果棉铃虫发蛾期与棉花蕾铃期一致,则发生危害重;而且,嫩蕾和嫩铃多的晚发棉田受害重。因此,可通过早熟栽培措施以减轻危害。

4. 天敌

棉田棉铃虫的天敌种类繁多,有寄生蜂、草蛉、瓢虫、食虫蝽和杂食性的蜘蛛、两栖类、鸟类及微生物病原菌等。一般年份主要以前五类的数量大,控制作用明显,主要种类有寄生卵的拟澳洲赤眼蜂 *Trichogramma confusum* Viggiani 和松毛虫赤眼蜂 *T. dendrolimi* Matsumura 等;寄生幼虫的棉铃虫齿唇姬蜂 *Campoletis chlorideae* Uchida、棉铃虫中红侧沟茧蜂 *Microplitis mediator*(Haliday)和伞裙追寄蝇 *Exorista civilis* Rondani 等;捕食性的叶色草蛉 *Chrysopa phyllochroma* Wesmael、中华草蛉 *C. sinica*(Tjeder)、小花蝽 *Orius minutus*(Linnaeus)、龟纹瓢虫 *Propylaea japonica*(Thunberg)、草间小黑蛛 *Erigonidium graminicolum*(Sundvall)和日本肖蛸 *Tetragnatha japonica* Boesenberg & Strand 等。

(三)防治方法

棉铃虫的发生特点是大发生时量大,持续时间长,峰次多,主害代卵历期短,2 龄幼虫即钻蛀蕾铃,防治适期时间短。因此,对棉铃虫的防治必须掌握"预防为主,综合防治"的原则。根据棉铃虫发生危害的特点,南北棉区的防治策略不尽相同。北方棉区越冬基数高,第 2、3 代危害重,棉田外虫量大,应狠抓第 2 代,严控第 3 代;南方棉区越冬基数低,第 1、2 代虫口密度较低,第 3 代危害上升,第 4 代严重危害,因此应注意第 1 代,挑治第 2 代,狠抓第 3 代,控制第 4 代,结合农事操作压低越冬代虫口。近年来,随着抗虫转 Bt 基因棉的推广种植,棉铃虫的发生与危害已得到了较为有效的控制。

1. 农业防治

一是清洁田园,秋耕冬灌,压低越冬蛹基数。秋末拔秆后立即清园,将棉秆、枯枝、烂铃和僵瓣等集中在场院堆放,翌年 3 月底前彻底焚烧;清园后及时适度深耕晒地,冬耕灌水,杀死越冬蛹。

二是小麦收获后及时中耕夹茬。麦田第 1 代幼虫老熟后钻入表土层化蛹,是第 2 代的主要虫源。小麦收割后及时中耕夹茬,既可灭蛹,又可促进套作棉苗早发、丰产。

三是合理调整作物布局,改进棉花种植方式。北方棉区种植早熟小麦品种,使棉铃虫不能完成幼虫发育,或因麦子落黄使食料条件恶化,增加幼虫死亡率。采用棉花与小麦、油菜和玉米等间作套种或插花种植,增加复种指数,丰富棉田天敌资源。

四是结合农事操作,人工灭虫。棉铃虫第 2 代卵盛期人工抹卵 1 次,可灭卵 60%～70%;第 3、4 代棉铃虫产卵分散且多分布于嫩头群尖和幼蕾,可整枝打杈,摘除无效花蕾。结合棉花生长发育需要,在蛹期适时灌水、中耕培土灭蛹。

五是加强棉田管理,推广促早栽培。避免使用春棉进行麦田晚栽晚种,不宜推广麦后直播夏棉,宜推广春棉地膜覆盖栽培技术;麦棉套种采取育苗移栽;在棉花生育期,根据其长势,合理进行化学调控,使之早发、早熟。

六是种植短季节棉花品种,躲避 2 代或控制 4 代发生危害。因地制宜,合理选择短季节棉早种、早发以控制 4 代棉铃虫发生危害;或短季节棉晚播、晚发,躲避 2 代棉铃的危害。

2. 生物防治

一是棉田自然天敌保护与利用。春季使用选择性杀虫剂防治小麦害虫,减少广谱性农药防治次数与用量,保护早春麦田内的天敌资源。利用合理的耕作栽培制度如间套作等增殖棉田自然天敌。

合理进行农事操作,如棉田灌水采用沟灌、多施农家肥和有机肥、南方棉区高茬割麦并且在麦田适当存放、北方棉区低茬割麦和随割随运等。改进施药技术,如采用涂茎、滴心和拌种浸种等,减少对棉田天敌的杀伤。

二是科学使用生物农药防治棉铃虫。目前棉花生产上推广应用的微生物杀虫剂主要是 Bt 制剂和棉铃虫核型多角体病毒制剂。在卵高峰期至幼虫孵化盛期,喷施 Bt 乳剂(含 100 亿伴孢晶体/mL)100 倍或 200 倍液;卵高峰期喷施棉铃虫核型多角体病毒 500~800 倍药液,防效在 70% 以上。

三是人工释放天敌防治棉铃虫。释放人工卵赤眼蜂,可有效控制棉铃虫的发生危害,但需注意人工放蜂与化学防治间的矛盾协调。

3. 诱杀防治

利用棉铃虫成虫具有趋光和趋化等特点,进行诱集杀灭。种植诱集作物诱杀,如种植芹菜、胡萝卜和洋葱等蜜源植物诱集杀灭 1 代棉铃虫;种植玉米、高粱等诱集带诱杀 2、3 代成虫。利用杨树枝把和黑光灯连片诱蛾以及使用性诱剂诱蛾,降低卵量。杨树枝把诱蛾要在发蛾高峰期使用,用杨、柳、紫穗槐等树枝扎成把,每把 5~7 枝,每 667 m² 插 150 把,4~5 d 换 1 次,每天用塑料袋套蛾捕杀。近年棉铃虫食诱剂(由苯乙醛、水杨酸丁酯、柠檬烯、甲氧基苄醇等多种植物挥发性物质组成的为黏稠液体,商品有澳特朗)得到应用,在使用时,在食诱剂中添加化学杀虫剂,再将混配后的食诱剂通过茎叶滴洒或悬挂方盒诱捕器的方式施用,可引诱害虫成虫前来取食并借助杀虫剂集中快速将其杀灭。

4. 种植转 Bt 基因抗虫棉

我国抗虫转 Bt 基因棉花从 1994 年开始小范围试种、示范,1997 年我国在黄河流域地区正式商业化种植转 Bt 基因棉花,2000 年长江流域地区开始种植应用,目前我国 Bt 棉花种植面积占据全国棉花总面积的 95%。Bt 棉花对田间棉铃虫种群的控制效果明显,已成为我国棉铃虫防治的主要途径。种植转 Bt 基因棉花可减少农药用量 60%~80%,可有效控制第 2 代棉铃虫危害,但对 3、4 代棉铃虫的抗虫效果明显减弱。尽管抗虫转 Bt 基因棉对棉田自然天敌如蜘蛛等无显著影响,但棉蚜、棉红蜘蛛和棉盲蝽等危害似有加重趋势,需及时用药防治才能有效控制其蔓延危害。因此,抗虫转 Bt 基因棉花综合防治技术的重点应以控制苗期棉蚜、红蜘蛛和花铃期伏蚜为主,对 2 代棉铃虫应注重虫情监测,在一般发生年份可不施药防治;对 3、4 代棉铃虫应按实际幼虫存量结合防治伏蚜进行兼治,以确保种植抗虫转 Bt 基因棉后明显减少棉田用药次数。

5. 化学防治

当转 Bt 基因棉百株低龄幼虫超过百株 10 头、非转 Bt 基因棉百株累计卵量 100 粒时进行药剂防治。优先选用棉铃虫核型多角体病毒、甘蓝夜蛾核型多角体病毒、短稳杆菌、苏云金芽孢杆菌(转 Bt 基因棉田禁用)等微生物农药,化学农药选用虫螨脲、氟铃脲、氟啶脲、茚虫威、多杀霉素等进行防治。

四、麦蛾类

我国危害棉花的麦蛾类(gelechiids)害虫主要为棉红铃虫 *Pectinophora gossypiella* (Saunders),属鳞翅目、麦蛾科(Gelechiidae)。棉红铃虫是世界性大害虫,原产印度,现已扩散至世界各地,遍布除罗马尼亚、保加利亚和匈牙利等之外的各主要棉区。国内分布亦颇广,除新疆、甘肃、青海和宁夏等尚未发现外,其他各产棉区均有发生,其中以长江流域棉区发生最重。棉红铃虫被列为非侵染区的检疫对象。

棉红铃虫(pink bollworm)的寄主植物有 8 科 27 属 78 种,以锦葵科为主。除危害棉花外,还在秋葵、洋麻、洋绿豆和木槿上均有发现。棉红铃虫以幼虫危害棉花的蕾、花、铃和棉籽等。嫩蕾被害后,苞叶发黄,向外张开、脱落;大蕾被害后花发育不良,花冠短小。幼虫吐丝缀合花瓣形成圆筒形或风车状的虫害花,不能成铃而脱落。幼虫钻入青铃后,咬食嫩纤维、蛀食棉籽,在铃内壁可见芝麻大小的瘤状突起和细小弯曲的虫道,幼铃受害后脱落;大铃被害后易受病菌侵入引起烂铃,造成僵瓣黄花;受害棉籽的出油率降低。

(一)形态特征

各虫态的形态特征(图8-16)如下:

【成虫】体长6.5 mm,翅展12 mm,棕黑色。触角鞭形,棕色,下唇须棕红色,侧扁,向上弯曲如镰刀状。前翅尖叶形,棕黑色,沿前缘有不明显的暗色斑,翅面杂有不均匀的暗色鳞片,并由此组成4条不规则的黑褐色横带,外缘有黄色缘毛;后翅菜刀形,银灰色,缘毛长,色灰白。雄蛾翅缰1根,雌蛾3根。

【卵】长椭圆形,长0.4~0.6 mm,宽0.2~0.3 mm。初产时乳白色,有闪光,表面有花生壳状纹;孵化前一端变红色,出现一黑点。

【幼虫】共4龄。初孵幼虫体长不足1 mm,有时略带淡红色,体毛清晰可见;2龄体长约3 mm,乳白色;3龄体长6~8 mm,多为乳白色,各节体背有4个淡黑色毛片;4龄体长11~13 mm,体背桃红色,头部棕褐色,前胸盾和末节硬皮板棕黑色,前胸盾中央有一淡黄色纵线,两侧各有1个下凹的黄色肾脏形斑点,各节背面有4个淡黑色斑点,两侧各有1个黑色斑点,各斑点周围具明显红色晕圈。雄性幼虫在腹部背面第7、8节间体可透见1对肾状黑斑。

【蛹】长椭圆形,长6~9 mm,宽约2.5 mm。初为润红色,后变淡黄色和黄褐色,有金属光泽,羽化前黑褐色。触角伸达翅芽末端之前,翅芽末端略尖,伸达第5腹节前缘。腹部第5、6节腹面各有腹足痕迹1对,末端臀棘显著,在臀棘后缘背面着生一角状刺,角刺末端略向背方跷起,臀棘腹面后缘着生细长钩刺8根,第10腹节腹面两侧各着生细长钩刺3~4根。越冬幼虫外有灰白色丝茧,椭圆形,较柔软。

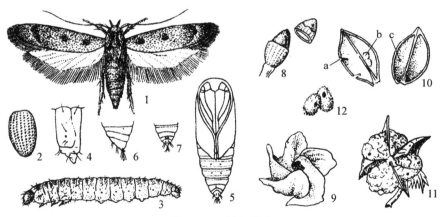

图8-16 棉红铃虫

1.成虫 2.卵 3.幼虫 4.幼虫第3腹节侧面观 5.蛹 6.蛹腹部末端侧面观 7.雄腹部末端腹面观 8.花蕾被害状 9.花被害状 10.棉铃内被害状(a.虫道,b.突起,c.羽化孔) 11.僵瓣铃 12.棉籽被害状

(二)生物学与生态学特性

棉红铃虫在我国年发生2~7代,由北向南逐渐增加,其中东北棉区年发生2代、黄河流域棉区2~3代、长江流域棉区3~4代以及华南棉区年发生6~7代。以老熟幼虫在仓库、棉籽和枯铃中越冬,上述不同场所常年越冬比例各为85%、15%和5%左右。越冬虫数每年随收花期间气候变化而异,如遇多雨、低温,则棉籽和枯铃内的含虫量增加;天气高温、干旱则棉籽和枯铃内含虫量减少,子棉内含虫量增多。棉红铃虫幼虫在子棉里随棉花收、晒、储和轧等工作,分散在棉仓、轧花厂及收、晒花用具等处潜伏结茧越冬;部分幼虫逃避至室外晒场附近沟渠、土缝中,经过冬春低温、降水等多不能存活。南方棉区部分幼虫在室外枯铃内越冬,但仍以室内为主。因此,应重点在室内开展对越冬棉红铃

虫的防治,特别是棉籽内越冬幼虫是重要的传播途径,种子调运应进行严格检疫,杜绝扩散。

翌年气温在 18℃ 以上时,越冬幼虫开始化蛹,持续时间长,约 40～60 d,形成田间世代重叠。24～25℃ 时羽化。羽化后当天即可交配,雌蛾一般交配 1～2 次,雄蛾 3～4 次。交配后第 2 d 雌蛾即开始产卵,产卵期 12～14 d。卵散产或几粒产在一起,一般单雌产卵数十粒到百余粒,最多可达 500 粒。越冬代成虫产卵盛期常与棉花现蕾期相吻合,棉株现蕾早则见卵早,现蕾迟则见卵亦迟。第一代卵大多产在棉株嫩头及上部果枝嫩叶、嫩芽、嫩茎及蕾上;第 2 代大多产卵在棉株下部早现的青铃上,其次为果枝叶片,少量在嫩茎和蕾上;第 3 代成虫产卵期间,棉株下部青铃老熟并开始吐絮,卵粒多集中产在中、下部青铃的萼片内,这使得天敌不易捕食或寄生,且药剂亦难以接触。

成虫飞翔力强;趋光性很弱,但对黑光灯的短光波趋性较强;且对放置在棉田的杨树枝有趋性。成虫寿命一般为 11～14 d,雌蛾寿命常比雄蛾长;在相同温度条件下,高湿时成虫寿命比低湿时长。

卵全天能孵化,卵期在自然情况下(25℃ 左右)一般为 4～5 d。卵适宜发育温度为 25～33℃,相对湿度为 50%～100%,发育起点为 15℃,有效积温为 64 日度。

一代初孵幼虫在棉叶上爬行 1～2 h 后,即侵入花蕾或青铃,幼虫蛀入后不再转移。由于食料和空间限制及其自残性,一般 1 蕾内仅存活 1 头幼虫。幼虫常从蕾顶蛀一小孔钻入,虫孔周围附有绿色细屑状虫粪,1 d 后变乳白色而掉落,虫孔周围形成一黑褐色小圆圈。幼虫在蕾内蛀食、化蛹和羽化。2 代幼虫危害花蕾和青铃。初孵的幼虫即钻入铃内,或在铃上爬行再钻入,大多是由铃基部蛀入。蛀孔小而圆,经 1～2 d 后变暗褐色,孔外堆积黄色小粪粒。幼虫钻蛀嫩铃后,蛀孔愈合后在铃内壁形成一不规则突起,称"虫疣";幼虫钻入较老青铃,常在铃壳内壁与室壁间潜行,给铃壳内壁造成黄褐色或水青色潜痕,称"虫道"。幼虫侵入铃内先咬食纤维,稍大后钻入棉籽危害。3 代幼虫绝大部分集中在青铃上,由于此时青铃中水分减少和脂肪增多而导致幼虫期延长,易引起病菌侵染,棉铃霉烂而成僵瓣。被害棉籽常成双被虫丝缠连而呈"双连子",不宜作种,且出油品质低。

棉红铃虫幼虫滞育在每个世代均有发生,主要受光照、温度和食料等的综合影响。当光照周期短于 13 h,气温低于 20℃,棉籽脂肪含量高时,幼虫即产生滞育;当幼虫取食脂肪较多的棉籽时,即使是在长光照和适宜温度下,也易产生滞育。越冬幼虫滞育期长达 7～8 个月,抗寒能力比非滞育幼虫强。

危害花蕾的幼虫老熟后,随花冠、花蕾落到地面,并在其中化蛹,部分入土化蛹。危害铃的幼虫自铃上咬孔钻出落地入土化蛹,或在铃内孔边化蛹,并吐丝将孔薄封。蛹外被薄茧,入土深度以 3.3～6.7 cm 处为多。

棉红铃虫在田间发生的数量消长主要取决于越冬基数、气候和食料条件等,其中越冬基数是影响发生数量和危害程度的先决条件。棉红铃虫繁殖适宜于较高温度和湿度,一般最适宜温度为 26～32℃,相对湿度为 80% 以上。温度在 20℃ 以下时,不利于成虫产卵,35℃ 以上成虫不交配;相对湿度在 60% 以下时,棉红铃虫不能进行有效繁殖。长江流域棉区 6—10 月气温常在 24℃ 以上,且雨量充足,有利于棉红铃虫繁殖,因此其危害历来较其他地区重。冬季低温影响棉红铃虫的越冬和存活。棉红铃虫存活的低温界限为 -5℃,北部特早熟棉区利用自然低温冷冻可基本控制其危害;黄河流域棉区,亦可采取冬季室外冷冻储花防治。

棉红铃虫各代虫口密度消长与棉花生育期迟早有关。若发蛾期与现蕾期相一致,不仅早期棉株受害重,而且因结铃早、食料充足而导致后期受害加重。1 代以现蕾早、长势好的棉田受害重,2 代以结铃早、结铃多的棉田受害重,3 代以迟衰、后劲足的棉田受害重。近年来,长江流域棉区推广棉花营养钵育苗移栽,棉花现蕾结铃提早,使 1 代有效发蛾期延长,3 代虫源增多,导致迟发、秋桃多的棉花受害加重。取食青铃比取食蕾的存活率和繁殖量要高,2 代发生期易受害的青铃多,且繁殖数量大。因此长江流域棉区防治应以 2 代为重点。

幼虫侵入后的存活率与棉铃日龄关系密切。棉铃日龄大,幼虫成活率低,这可能与老铃中的棉酚含量高以及取食铃龄高的幼虫因不能钻出内表皮而死在铃壳内等有关。棉花品种抗虫性对棉红铃虫

发生颇有影响。多毛、萼片紧合、棉毒素含量高和铃壳厚的品种,发生危害较轻。

越冬虫源远近也能影响第1代的发生量。一般靠近棉仓、轧花厂、收花站和棉秸堆等越冬场所附近的棉田,受害就重。

我国已记载的棉红铃虫天敌有65种,其中寄生卵的有拟澳洲赤眼蜂 *Trichogramma confusum* Viggiani;寄生幼虫的有黑青小蜂 *Dibrachys cavus*(Walker)、红铃虫甲腹茧蜂 *Chelonus pectinophorae* Cushman、黑胸茧蜂 *Bracon nigrorufum*(Cushman)、黄胸茧蜂 *Bracon isomera*(Cushmam)和谷恙螨 *Pediculoides ventricosus* Newport 等;捕食性天敌有小花蝽 *Orius minutus* Linnaeus、草间小黑蛛 *Erigonidium graminicolum*(Sundvall)、华姬猎蝽 *Nabis sinoferus* Hsiao 和中华草蛉 *Chrysopa sinica* (Tjeder)等。天敌对棉红铃虫种群明显的抑制作用,特别是黑青小蜂对棉仓内越冬棉红铃虫的防治效果良好。

(三)防治方法

不同棉区应采取相应的防治策略和措施。东北棉区应以坚持利用冬季自然低温灭虫为主;华北棉区以越冬期防治为重点,同时结合中后期棉虫防治;长江流域棉区应采取越冬期防治和发生期防治相结合、人工防治和药剂防治结合的综合防治措施。

1. 越冬防治

在集中收花、晒花、储花和轧花等基础上,可修建各式除虫仓库,或推行在田头地边设临时晒花场,籽棉晒干后就地包装运走,使籽棉不落仓库,以灭除越冬棉红铃虫。一般情况下,在棉仓内墙上设置封锁,如突砖、水槽和纸带等,并喷洒药剂以阻止幼虫转移越冬。春季棉仓内可投放黑青小蜂进行防治。越冬成虫羽化期间,棉仓内放置黑光灯诱杀;喷洒80%敌敌畏乳油800～900倍液等或使用烟雾剂熏蒸灭蛾。残留棉秆、枯铃等于5月中旬前彻底焚烧。

2. 田间防治

采取农业栽培措施减轻棉红铃虫危害,如两熟棉田可采用麦棉复种方式,实行高密度、早打顶,促使棉花丰产、早熟,避开1代和3代部分棉红铃虫危害。设置10%左右的早棉花作诱杀田,诱集成虫产卵,集中喷药防治。用红铃虫雌虫性信息素,悬挂或粘贴在棉株上,干扰雄蛾寻找雌蛾交配,可以减少棉红铃虫的虫口密度及危害。长江流域棉区主防2代棉红铃虫,在成虫尚未大量产卵前或卵高峰至幼虫孵化尚未侵入蕾铃阶段进行药剂防治。在成虫产卵盛期喷洒2.5%溴氰菊酯丁乳油3000倍液,或10%氯氰菊酯丁乳油1500～2000倍液,或20%氰戊菊酯丁乳油1500～2000倍液,或42%特力克丁乳油600～800倍液,或2.5%天王星丁乳油1000倍液。参照棉铃虫,推广种植转Bt基因抗虫棉也可有效控制棉红铃虫的危害,应用可通过一定比例的Bt棉种和非Bt棉种的混合播种,可起到延缓棉红铃虫对Bt棉抗性的产生。

五、卷叶蛾类

我国危害棉花的卷叶害虫主要有棉卷叶螟 *Sylepta derogata* Fabricius 和棉褐带卷蛾 *Adoxophyes orana* (Fischer von Roslerstamm)等。棉卷叶螟(cotton leaf roller),属鳞翅目、螟蛾科(Pyralidae),国内分布广泛,除新疆、青海、宁夏及甘肃西部外,其他各棉区均有发生,特别以长江流域棉区发生较多。寄主植物有棉花、苘麻、木槿、蜀葵、黄蜀葵、芙蓉、梧桐、木棉、豆类、木薯、茄子、蓖麻和冬苋菜等。棉褐带卷蛾属鳞翅目、卷蛾科(Tortricidae)。国内除西北、西藏外,各省(自治区、直辖市)均有发生。食性广,危害植物主要有棉、茶、油茶、苹果、梨和桑等,为间歇性害虫。下面以棉卷叶螟为例,就其危害状、形态特征、生物学与生态学特征及防治方法作一概述。棉褐带卷蛾详见第十一章。

棉卷叶螟初孵幼虫群集在孵化的叶片上取食叶肉,留下表皮,2龄以后开始分散,吐丝将棉叶卷成喇叭状,并在卷叶内取食,虫粪排于卷叶内,发生多时一卷叶内可有数头幼虫。食尽棉叶后,可危害棉铃苞叶或幼蕾。严重发生时,影响棉株生长和结铃;有时直接危害花蕾和苞叶,影响吐絮和纤维形成。

(一)形态特征

各虫态的形态特征(图8-17)如下:

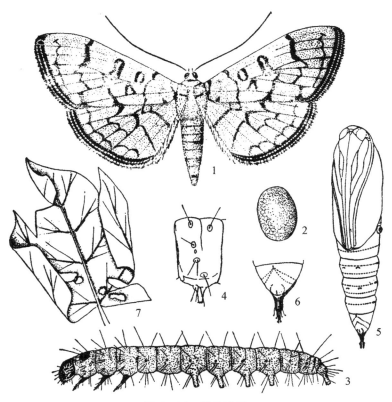

图8-17　棉卷叶螟
1.成虫　2.卵　3.幼虫　4.幼虫第3腹节侧面观　5.蛹　6.蛹腹部末端　7.棉叶被害状

【成虫】体长10～14 mm,翅展22～30 mm,全体黄白色,有闪光。头背面方形扁平,后有一黑褐色小点;复眼黑色,半圆形;触角鞭状,淡黄色,超过前翅的一半。前后翅外缘线、亚外缘线、外横线和内横线均为褐色波形。前翅中部近前缘有似"OR"形褐纹,在"R"纹下有中线1段。雄蛾尾端基部有一黑色横纹,雌蛾黑色横纹则在第8腹节后缘。

【卵】椭圆形略扁,长约1.2 mm,宽约0.9 mm。初产时为乳白色,后变淡绿色,孵化前为灰白色。

【幼虫】成长幼虫体长约25 mm,宽约5 mm。头扁平,赤褐色,杂以不规则暗褐色斑纹。胸腹部青绿色,前胸盾深褐色,胸足黑色。背线暗绿色,气门线稍淡,除前胸及腹部末节外,每节两侧各有毛片5个。

【蛹】长13～14 mm,红棕色。腹部各节背面有不显著横皱纹;第4腹节气门特大;第5～7各节前缘1/3处有明显环状隆起脊;第5、6腹节腹面各有腹足遗迹1对。臀棘末端有钩刺4对。

(二)生物学与生态学特性

棉卷叶螟年发生代数各地不一,辽河流域棉区年发生2～3代;黄河流域棉区3～4代;长江流域棉区4～5代;华南棉区5～6代。各地均以老熟幼虫在棉田落铃落叶、杂草或枯枝树皮缝隙中做茧越冬,少数在田间杂草根际或靠近棉田建筑物上越冬。长江流域棉区越冬幼虫于翌年4月初开始化蛹,

4月下旬开始羽化,4月底至5月初为羽化盛期。第1代危害苘麻、木槿和蜀葵等植物,第2代开始危害棉花,并在其他寄主植物上继续危害。各世代历期长短不一,随3—8月气温逐渐升高,第1~3代历期逐渐缩短,9月以后气温下降,第4代历期渐增长。8—10月份危害最重,当平均气温下降至16℃时开始越冬。

成虫多在夜间羽化,尤以后半夜最盛。成虫昼伏夜出,有强趋光性,喜在郁闭的棉田活动。羽化后第2 d夜晚交配,产卵前期一般为4~5 d,产卵期一般为7~9 d。雌蛾产卵时两翅平展于棉叶上,在棉株上时产时飞,每停落一次产卵数粒。卵散产于叶背,以叶脉边缘较多,一般在棉株中、部侧枝上靠近主茎的叶片分布较多。单雌产卵量为185~256粒。

卵均在夜间孵化,初孵幼虫聚集在叶背取食下表皮和叶肉,留上表皮,不卷叶;3龄始分散,吐丝卷叶,匿居卷叶内取食。幼虫共5龄,1~4龄龄期各为2~4.8 d,5龄龄期有6.1~8.1 d。幼虫有转移危害习性。老熟幼虫以丝将尾端黏于叶上,化蛹于卷叶中。蛹经过7 d左右羽化,完成1代一般需37 d。

棉卷叶螟多在隐蔽处活动,枝叶茂密或附近有房屋、高秆作物及郁闭的棉田发生较重。陆地棉叶片宽大,受害较重;亚洲棉叶片小,受害较轻;鸡脚棉叶片缺刻深,受害轻。早熟棉较晚熟棉受害轻。降雨多、湿度大利于棉卷叶螟发生和危害。

棉卷叶螟天敌主要广黑点瘤姬蜂 *Xanthopimpla punctata* Fabricius、广大腿小蜂 *Brachymeria lasus*(Walker)和螟蛉盘绒茧蜂 *Cotesia ruficrus*(Haliday)及草蛉、蜘蛛等。

(三)防治方法

1. 农业防治

清除田间枯枝落叶,铲除田内、田边杂草,及时烧毁或沤肥。在4月前处理完棉秆、铃壳和枯铃等加以烧毁或沤肥,以消灭越冬幼虫。幼虫卷叶结包时捏包灭虫。

2. 药剂防治

5—6月份在苘麻、木槿和蜀葵等寄主植物上施药防治1代幼虫,减少棉田虫源。3龄以后的幼虫常隐藏于卷叶内,药剂防治困难。因此,药剂防治要掌握在2龄以前。用10%吡虫啉50~60 g拌棉种100 kg,播后2个月内对棉卷叶螟防效优异,而且兼治棉蚜。可于卵孵盛期喷洒白僵菌粉剂(100亿孢子/g)100倍液,也可用20%灭幼脲3号、10%溴马乳油或20%甲氰菊酯乳油2000倍液,1.8%阿维菌素乳油3000~5000倍液,2.5%鱼藤酮300~400倍液,10%天王星乳油4000~5000倍液,16%顺丰3号乳油1500倍液,2.5%溴氰菊酯乳油或2.5%功夫菊酯乳油3000~3500倍液等。

思考与讨论题

1. 阐述主要的棉花病害症状、病原形态特征、侵染循环、发病条件和防治方法。
2. 棉蚜生活史有何特点?何谓伏蚜?导致伏蚜发生的主要原因是什么?
3. 棉叶螨有哪些主要种类,其发生与气候条件有何关系?根据其发生规律在防治上宜采取何种策略?
4. 棉铃虫和红铃虫的综合治理应重点抓好哪些环节?
5. 阐述棉花主要害虫形态特征、生物学与生态学特性及防治方法。
6. 在文献查阅的基础上,阐述抗虫转Bt基因棉花的研发与应用进展、存在的可能风险及其克服途径。

☆ 教学课件

第九章　蔬菜病虫害

我国种植的蔬菜种类很多,常见的有近50种,隶属10多个科。常年生产的蔬菜有14大类150多个品种。随着蔬菜生产水平的提高,蔬菜业在我国农村经济尤其是种植业中的地位越来越重要。2020年,蔬菜播种面积21333千公顷,总产量为7.22亿吨。目前,我国年均蔬菜产值约为2万亿元,高于渔业和林业产值,占种植业总产值的30%,仅次于粮食,排在第二位。但是,病虫害的危害直接影响蔬菜的产量和质量,造成的损失巨大。据记载,蔬菜病害达500种以上,其中危害严重的有数十种,每种蔬菜一般有10~20种病害。害虫有700种,危害比较大的有60余种。因保护地温、湿度有利于病虫害的发生,所以蔬菜苗期的立枯病、猝倒病,以及生长期的白粉病、灰霉病、菌核病、青枯病和枯萎病等发生严重。其中,灰霉病的发病率在发病轻的田块为20%~30%,重病地达40%~50%,一般减产15%~20%,流行年份损失可达40%~60%,严重的甚至绝产。同样,虫害的发生也发生变化,如蚜虫、叶螨和粉虱在保护地蔬菜上的危害相对露地蔬菜明显严重。因此,对待露天蔬菜和保护地蔬菜的病虫害防治应根据实际情况采取相应的策略与措施。

本章就重要蔬菜病害的症状、病原形态特征、侵染循环、发病条件和防治方法,以及重要蔬菜害虫形态特征、生物学与生态学特性及防治方法等作一叙述。

第一节　重要病害

一、卵菌病害(辣椒疫病)

辣椒疫病(phytophthora blight of pepper)是辣椒上的重要病害之一,美国于1918年首次报道,中国江苏于1940年首次报道。中国各地发生普遍,高温多雨区、干旱少雨区、保护地、露地辣椒苗期至成株期均可发病,一般田块发病率为5%~65%,平均达24.4%。因该病造成的死苗率达15.1%,发生严重的可减产4~7成,甚至绝产。

(一)症状

整个生育期均可发病,叶、茎及果实均会被害。叶片上初生暗绿色病斑,继变褐色,最后整叶软腐、枯死。茎被害部位黑褐色至黑色,如被害茎尚未木质化则明显缢缩,病部上端枝叶枯死。果实受害多从蒂部开始,病斑水渍状、暗绿色,边缘不明显,扩大后可遍及整个果实,潮湿时病部可见白色稀疏霉层(孢囊梗和孢子囊),果实内部软腐,随后逐渐失水,形成僵果,残留在枝上。幼苗期受害引起猝倒。

辣椒疫病成株期症状容易和枯萎病混淆,但后者病株全株青枯凋萎,不落叶,维管束变深褐色,根系发育不良,而前者病株仅部分叶片凋萎,相继脱落,维管束色泽正常,根系发育良好。

(二)病原物

病原物为辣椒疫霉 *Phytophthora capsici* Leonian,属卵菌、霜霉目、疫霉属。除辣椒外,还可侵染茄子、番茄、黄瓜、马铃薯和甜瓜等。

菌丝无隔膜，无色，偶有呈瘤状或结节状膨大。孢子囊卵圆形、长椭圆形或瓜子形，无色，单胞，顶端乳突明显，偶有双乳突（图 9-1）。孢子囊成熟脱落后，多带有较长的柄。藏卵器淡黄色至金黄色，雄器围生，扁球形；卵孢子球形，淡黄色至金黄色。厚垣孢子球形，微黄色，但很少形成。病菌生长温度为 10～37℃，最适温度为 28～30℃。病菌有性生殖为异宗配合。异宗菌株在鲜菜汁、燕麦片和 PDA 培养基上对峙培养 45 d 可形成卵孢子。在油菜籽琼脂培养基上能产生大量的孢子囊。

图 9-1　辣椒疫霉孢子囊

（三）病害循环

病菌主要以卵孢子和厚垣孢子在土中或留在地上的病残体内越冬，翌年温、湿度适宜时，产生孢子囊进行初侵染，植株发病后形成发病中心或中心病株，其病部在高湿条件下可形成大量孢子囊，并借助雨水或灌溉水传播，不断进行再侵染。病菌可直接侵入或通过伤口侵入寄主，伤口更有利于病菌侵入。肾形双鞭毛的游动孢子在水中游动到侵染点附近，形成休止孢，再长出芽管侵入寄主。因此，水在病害循环与病害流行中起着重要作用。

（四）致病因素

1. 品种

品种间抗病性与发病有差异，甜椒类常不抗病，辣椒类比较抗病或耐病。在甜椒品种间抗性也有很大差异，较感病的品种有双丰和甜杂等，较抗病的品种有茄门和冈丰 37 等。

2. 植株的龄期

植株的不同龄期抗性不同，苗龄大，组织木栓化程度高，抗性强，发病轻。苗龄越大，潜育期越长，100 d 苗龄的，病菌侵染 35 d 后才发病，而 45 d 苗龄的，病菌侵染后仅 2 d 即发病。

3. 温、湿度

温、湿度与发病的关系密切。在旬平均温度高于 10℃时，始见病害，25～30℃ 最有利于病害的发生，超过 35℃对病害有抑制作用。保护地栽培条件下，土壤含水量超过 40% 时，即可发病，含水量越高，发病越重。大水漫灌和根部积水，极有利于病害的传播扩展，常导致病害暴发。露地栽培时，长期阴雨或雨后积水，或地势低洼，平畦种植，或大水漫灌，也会导致疫病暴发。露地栽培的辣椒疫病发生迟早与降雨的迟早有关，发病轻重与降雨的持续时间长短和雨量的多少关系密切。

4. 栽培管理

不同的灌水方式和栽培方式对辣椒疫病的影响相当明显，滴灌发病轻，膜下灌次之，漫灌病害最重。漫灌水流量大，速度快，携带土壤中大量病菌传播，且漫灌淹没植株根颈部，为病菌孢子萌发与侵染提供了足够的水分条件。平畦栽培发病相对较重，25 cm 高垄，病害则发生轻。另外，偏施氮肥，磷钾肥不足，微量元素缺乏也是病害发生严重的原因，重茬连作，地势低洼，排灌不畅的田块均可加重病害的发生。

（五）防治

辣椒疫病的防治，应以农业防治和药剂防治相结合。

1. 种子处理

先将种子经 52℃ 热水浸种 15～20 min 或用冷水浸泡 5～6 h，再用 1% 硫酸铜溶液浸种 5 min，捞出后拌少量石灰或草木灰，中和酸性，然后催芽播种，或用 1% 次氯酸钠溶液浸种 5～10 min，用清水冲洗干净后，拌草木灰催芽播种。

2. 实行轮作

避免与瓜类、茄果类蔬菜连作，可与豆科或十字花科蔬菜轮作；推广高垄双行栽培，防止大水漫灌，可采取隔行灌水。7—8 月份高温暴雨后及时排水，不积水；增施农家肥，注意氮、磷、钾等配方施肥，避免偏施氮肥，以提高抗病力；清洁田园，收获后应及时彻底清除病残体，生长季节及时拔除病株，带出田外深埋或销毁。

3. 及时处理中心病株

棚室或田间发现中心病株，要迅速拔除病株，用石灰撒入病株穴内消毒，防止病菌扩散。可用 0.3％硫酸铜或 1∶1∶200 波尔多液灌根封闭发病中心，也可用 75％百菌清可湿性粉剂（达科宁）按 1∶50 稀释，涂抹植株根颈部，7 d 后再涂 1 次；同时，全田喷洒 75％百菌清可湿性粉剂（达科宁）600 倍液，田间出现中心病株是药剂防治的关键时期。药剂灌根定植后选用 25％甲霜灵可湿性粉剂 500 倍液或 40％乙磷铝可湿性粉剂 200 倍液或 25％嘧菌酯悬浮剂 1500 倍液或 100 g/L 氰霜唑悬浮剂 750 倍液，每次 100～150 mL。

4. 药剂喷雾

发病初期选用 75％百菌清可湿性粉剂 600 倍液、40％乙磷铝可湿性粉剂 200 倍液、50％甲霜灵、70％代森锰锌等可湿性粉剂 600～700 倍液、250 g/L 吡唑醚菌酯乳油（绿得力）1000～1500 倍液、25％嘧菌酯悬浮剂 1500 倍液、100 g/L 氰霜唑悬浮剂 750 倍液、40％乙磷铝可湿性粉剂（疫霉灵）250 倍液、50％琥铜·甲霜灵可湿性粉剂（甲霜铜）800 倍液喷雾，7～10 d 喷 1 次，连喷 2～3 次，注意不同药剂应交替轮换使用。

二、真菌病害

（一）十字花科蔬菜霜霉病

霜霉病（downy mildew of crucifers）是十字花科蔬菜重要病害之一。该病除危害大白菜外，也可危害萝卜、甘蓝、油菜、芥菜、花椰菜和荠菜等。一般在气温较低的早春和湿度较大的晚秋时节发病较重。病害流行年份大白菜株发病率可达 80％～90％，减产 30％～50％。

1. 症状

主要危害叶片，其次危害茎、花梗、种荚。成株期叶片发病，多从下部或外部叶片开始。发病初期叶片正面出现淡绿色小斑，扩大后病斑呈黄色，病斑扩大常受叶脉限制而呈多角形。空气潮湿时，在叶片相应位置布满白色至灰白色稀疏霉层（孢囊梗和孢子囊）。病斑变成褐色时，整张叶片变黄，随着叶片的衰老，病斑逐渐干枯。大白菜进入包心期以后，若环境条件适合，病情发展很快，病斑迅速增加，使叶片连片枯死，从植株外叶向内叶层层发展，层层干枯，最后只留下叶球。

在留种植株上，受害花梗肥肿、扭曲，故有"龙头病"之称。花器受害后除肥大畸形外，花瓣变为绿色，经久不凋落。花椰菜花球受害后，其顶端变黑，芜菁、萝卜肉质根部的病斑为褐色不规则斑，易腐烂。

2. 病原物

病原物为寄生霜霉 *Peronospora parasitica*（Pers.）Fries，鞭毛菌亚门霜霉属。病原有明显的菌丝、孢子囊、孢囊梗、卵孢子等形态和功能不同的组织。菌丝无隔膜，可产生吸器，吸器为囊状、球状或分叉状。无性繁殖时，从气孔或表皮细胞间隙抽出孢囊梗，基部单一不分枝，顶端二叉分枝 4～8 回，分枝处常有分隔，分枝顶端的小梗细而尖锐，略弯曲，每小梗尖端着生一个孢子囊；孢子囊椭圆形，无

色,单孢,萌发时直接产生芽管。有性生殖产生卵孢子,多在发病后期的病组织内形成,留种株在畸形花轴皮层内形成最多;卵孢子黄至黄褐色,球形,厚壁,外表光滑或略带皱纹,萌发时直接产生芽管(图 9-2)。主要侵染体是孢子囊,当温度在 8～12℃时,最易产生,7～13℃时最易萌发,16℃左右时最易侵染。孢子囊形成、萌发和侵入均需较高的湿度,最好有水滴存在,相对湿度低于 90% 时不能萌发。在有水滴和适温条件下,孢子囊只需 3～4 h 即可萌发。孢子囊对光敏感,不耐干燥,在空气中阴干 5 h 后即失去发芽能力。卵孢子萌发需充足的水分,吸水后的卵孢子明显胀大,色淡黄,壁变薄,两天后开始发芽。

本菌属于专性寄生菌,有明显的生理分化,目前国内分为 3 个变种。

(1) 芸薹属变种 *P. parasitica* var. *brassicae*

对芸薹属蔬菜侵染力强,对萝卜侵染力极弱,不侵染荠菜。在芸薹属变种中,还有致病力差异,至少还可分为三种致病类型:第一,白菜致病类型,对白菜、油菜、芥菜、芜菁等致病力很强,对甘蓝致病力很弱;第二,甘蓝致病类型,对甘蓝、苤蓝、花椰菜致病力很强,对大白菜、油菜、芜菁和芥菜致病力很弱;第三,芥菜致病类型,对芥菜致病力很强,对甘蓝致病力很弱,有的菌株能侵染白菜、油菜、芜菁。

(2) 萝卜属变种 *P. parasitica* var. *raphani*

对芸薹属蔬菜侵染力极弱,对萝卜侵染力很强,不侵染荠菜。

(3) 菜属变种 *P. parasitica* var. *capsellae*

不侵染芸薹属和萝卜属蔬菜,只侵染荠菜。

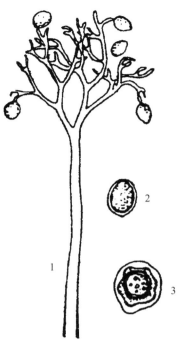

图 9-2　十字花科霜霉病菌
1.孢囊梗　2.孢子囊　3.卵孢子

3. 病害循环

霜霉病主要发生在春、秋两季。冬季气温较高的南方地区,病菌不存在越冬问题,因田间终年种植十字花科作物,病菌借助不断产生的孢子囊在寄主植物上辗转危害。长江中下游地区,病菌以卵孢子、菌丝体随病残体在土壤中越冬,春季条件适宜时萌发侵染春菜,越冬后植株体内的菌丝体可形成孢囊梗和孢子囊,经传播侵染植株。因此,卵孢子和孢子囊是这一地区病害的初侵染源。北方地区,病菌以卵孢子随病残体在土壤中休眠越冬,是春季十字花科蔬菜霜霉病的主要初侵染源。卵孢子只要经过两个月的休眠,春季温、湿度适宜时就可萌发侵染。

田间病害主要靠孢子囊重复侵染,环境适宜时潜育期只有 3～4 d。孢子囊的传播以气流为主。孢子囊萌发产生芽管,从气孔或直接从表皮细胞间隙侵入叶内。长江中下游地区,一般在 9 月下旬,大白菜出苗和 5 片真叶以前时期,田间少数幼苗发病,形成发病中心,发病高峰出现在 10 月下旬至 11 月初,此时气温一般为 10～20℃,大白菜处于莲座末期和包心期,受害后对结球和产量影响很大。11 月中旬后,由于气温下降,病害发展趋于平缓。春季主要危害春菜下部叶片和留种株花轴,造成下部叶片发病和花轴"龙头"状畸形。

4. 发病因素

(1) 气候条件

温、湿度对霜霉病的发生与流行影响很大。孢子囊的产生与萌发,在较低的温度(7～13℃)条件下较为适宜,侵入寄主的适温为 16℃;侵入以后,菌丝体在植株体内则要求有较高的温度(20～24℃)。因此,病害易于流行的平均气温为 16℃。高湿有利于病菌孢子囊的形成、萌发和侵入,也有利于侵入后菌丝体的发展。日照不足、阴雨天多、通风不良、种植过密等都有利于发病。

（2）栽培管理

秋季播种早，作物发育期提前，病害发生早，危害重。十字花科蔬菜连作的田块、通风不良的田块，基肥不足、追肥不及时、田间种植密度过大、包心期缺肥、生长衰弱的植株发病都较重。移栽田病害往往重于直播田。

（3）品种

不同品种间的抗病性差异显著，而且对霜霉病和病毒病的抗性是一致的，即抗霜霉病的品种也抗病毒病，感霜霉病的品种对病毒病抗性也弱。田间感染病毒病的植株，易感染霜霉病。因此，病毒病流行时，霜霉病也容易大发生。大白菜形态与抗病性有一定关系，一般疏心直筒型品种较抗病，圆球型和中心型品种较感病。另外，柔嫩多汁的白帮品种发病重，青帮品种发病轻。

5．防治

霜霉病的防治采用以种植抗病品种、加强栽培管理为主，结合药剂防治的综合防治措施。

（1）选择抗病品种

一般高筒青帮型品种比结球白菜发病轻，抗病毒病的品种一般也抗霜霉病。优质多抗、丰产秦白系列大白菜在全国推广应用。近年来还推出一批杂交品种（杂交一代），如青杂系列、丰抗系列等，且已广泛应用。

（2）加强栽培管理

与非十字花科作物隔年轮作，最好是水旱轮作；秋白菜不宜播种过早，常发病区或干旱年份应适当推迟播种；低湿地采取高畦垄作；合理灌溉施肥，大白菜包心后不可缺水缺肥；油菜要早施薹肥，不可偏施氮肥；收获后清园深翻。

（3）药剂防治

播种前可用 50％福美双可湿性粉剂或 75％百菌清可湿性粉剂拌种，用量为种子量的 0.4％。发病初期或出现中心病株时，应立即喷药保护，喷药时叶片两面要喷均匀。喷药后如天气干燥，可不必再喷药，如阴天、多雾、多露，应隔 5～7 d 再继续喷药 1～2 次。可交替选用以下药剂：64％噁霜·锰锌可湿性粉剂（杀毒矾）500 倍液、68％精甲霜·锰锌水分散粒剂（金雷）500 倍液、250 g/L 吡唑醚菌酯乳油（绿得力）1000 倍液、72％霜脲·锰锌可湿性粉剂（克露）750 倍液、687.5 g/L 氟菌·霜霉威悬浮剂（银法利）800 倍液、80％烯酰吗啉水分散粒剂 2000 倍液喷雾。

（二）茄科蔬菜灰霉病

茄科灰霉病（grey mold of nightshade family）是近 10 年来大棚、温室等保护地蔬菜栽培中的流行性病害，轻病地灰霉病发病率为 20％～30％，重病地达 40％～50％。一般减产 15％～20％，流行年份损失可达 40％～60％，甚至绝产。灰霉病菌寄主范围广，除危害茄科、葫芦科蔬菜外，白菜、莴苣、蚕豆、韭菜、洋葱等幼苗、果实及储藏器官等均易被感染，引起幼苗猝倒、花腐或烂果等。

1．症状

病菌多从开败的花朵侵入，导致花瓣腐烂，并长出淡灰褐色霉层，后扩展到幼果，果实呈水渍状软腐，且表面密生灰色霉层，最后全果腐烂。烂果、烂花落在茎、叶上导致茎叶发病。叶部受害后病斑呈水渍状，后变为浅褐色至黄褐色，病斑中间有时产生灰褐色霉层。茎蔓发病严重时导致茎蔓腐烂折断，植株死亡。苗期发病，地上部嫩茎呈水渍状缢缩，变褐，其上端向下折倒，一般根部正常。

2．病原物

病原物为灰葡萄孢 *Botrytis cinerea* Pers.，半知菌亚门葡萄孢属。病菌分生孢子梗丛生，不分枝或分枝，直立，有分隔，分隔处缢缩，青灰色至灰色，顶端色渐淡，成堆时呈棕灰色，顶端簇生分生孢子（图 9-3），分生孢子呈椭圆形或倒卵形至近圆形，表面光滑，无色，单胞，成堆时淡黄色。菌核黑色，扁平或不规则形。病菌发育温度范围为 4～32℃,最适温度为 20～25℃。温度在 14～30℃时分生孢子均能萌发,以 21～23℃最为有利。分生孢子抗旱力强,在自然条件下经过 138 d 仍具有生活力。

3. 病害循环

病菌以菌核和菌丝体随病残体在土壤中越冬。在温暖地区,也可以分生孢子在病残体上越冬。在大棚和温室内,病菌可终年辗转危害。翌年环境条件适宜时,菌核萌发产生菌丝体,然后产生分生孢子。分生孢子借助气流、雨水、灌溉水、棚膜滴水和农事操作等传播,并在适温高湿条件下萌发芽管,芽管由寄主开败的花器、伤口、坏死组织或受冷害的果实侵入,也可由表皮直接侵染,侵入后的病菌迅速蔓延扩展,并在病部表面产生分生孢子进行再侵染,后期形成菌核越冬。

4. 发病因素

温暖湿润是灰霉病流行危害的主要条件。灰霉病菌发育适温为 20～25℃,相对湿度要求在 95% 以上。保护地的生态条件恰好温暖湿润,很容易引起发病。连阴天、寒流天、浇水后湿度增大易发病;植株徒长、棚室透光差、光照不足易发病;管理不当、粗糙耕作、过于密植、氮肥不足或过量、灌水后放风排湿不及时、阴雨天灌水、施用未腐熟的农家肥、病果及病叶不及时清理等易发病;寄主植物在生长衰弱或组织受冻、受伤时极易感染灰霉病。

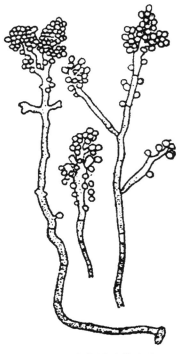

图 9-3 番茄灰霉病菌分生孢子梗和分生孢子

5. 防治

(1)调节棚室环境条件

采用双重覆膜、无滴膜、膜下灌水的栽培措施,不仅可以增加土壤温度,还可明显降低棚室内空气湿度,从而抑制病害的发生。根据天气情况,适时放风,降低棚室内湿度,缩短叶、果面结露时间。

(2)减少初侵染源

收获后,深翻 15 cm 以上,以减少越冬菌源。番茄生长期及时清除植株下部老叶、残花、病果,拔除病株,集中销毁,防止病害扩散蔓延等,减少田间菌源。在蘸花后 7～15 d(幼果直径 10～20 mm)时,清除残留在幼果上的花瓣和柱头,减少病菌的侵染点。

(3)药剂防治

结合蘸花保花素或 2,4-D 稀释液中加 0.1% 的 50% 腐霉利可湿性粉剂(速克灵)或 50% 多菌灵可湿性粉剂,混匀后蘸花,可有效预防病害发生。发病前或发病初期叶面喷施 4% 农抗 120 瓜菜烟草型 500～600 倍液,每隔 7～10 d 喷 1 次,连续喷施 3～4 次。发病较重时,可加喷 50% 腐霉利 5000 倍液、50% 异菌脲 1000 倍液和 50% 乙霉·多菌灵(多霉灵)1500 倍液、50% 啶酰菌胺悬浮剂 1000 倍液、38% 唑醚·啶酰菌水分散粒剂 1500 倍液等药剂,也可烟熏,每 667 m² 用 350 g 百菌清,点燃后闭棚,烟熏 4～6 h。

(三)番茄早疫病

番茄早疫病(tomato early blight),又称轮纹病,是番茄重要病害之一。温室和大田均可发病,发病严重时可引起落叶、落果和断枝,一般减产 1～2 成,重者可减产 3 成以上。本病除危害番茄外,还会危害马铃薯、茄子和辣椒等。

1. 症状

幼苗期、成株期都可危害。幼苗期在茎基部产生褐色环状病斑,表现立枯病状。成株期危害叶、茎及果实,以植株生长中后期发病较多。叶部发病多从下部叶片开始,逐渐向上发展,起初叶片上出现水渍状褐色小点,后发展为不断扩展的轮纹斑,边缘多具浅绿色或黄色晕环,中部出现同心轮纹,潮湿时,病斑上产生黑色霉状物(分生孢子梗及分生孢子),发病严重时,病斑可相互连结,造成叶枯,重病株下部叶片全枯死脱落。茎部多在分枝处发病,病斑稍下陷,灰褐色,椭圆形,轮纹不明显。叶柄受害,出现椭圆形轮纹斑,深褐色至黑色。果实上发病多在果蒂附近,产生圆形或椭圆形直径 1~2 cm 略微凹陷的病斑,病斑呈现褐色或黑色,具同心轮纹,上面布满黑色霉状物。

2. 病原物

病原物为茄链格孢 *Alternaria solani*（Ell. et Mart.）Jones et Grout.,半知菌亚门链格孢属真菌。病菌分生孢子梗单生或簇生,圆筒形,有 1~7 个隔膜,暗褐色,分生孢子长棍棒状,顶端有细长的嘴胞,黄褐色,具纵横隔膜(图 9 - 4)。病菌生长温度范围广(1~45℃),最适温度为 26~28℃。

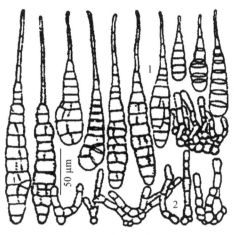

图 9 - 4 番茄早疫病菌
1.分生孢子 2.分生孢子梗

3. 病害循环

病菌主要以菌丝体及分生孢子在病残体或种子上越冬。翌年产生的分生孢子可从气孔、皮孔或表皮直接侵入,也可从伤口中侵入,借雨水、气流和农事操作进行再侵染。在适宜环境条件下,病菌侵入寄主组织后只需 2~3 d 的潜育期就可形成病斑,再经过 3~4 d 就可以产生大量分生孢子进行再侵染。当番茄进入旺盛生长及果实迅速膨大期,基部叶片开始衰老,若遇均温 21℃持续 5 d,相对湿度大于 70%时间大于 49 h,该病即开始发生和流行。在杭州地区,番茄苗有 4~5 叶片时就开始发病,大田一般在 4 月下旬开始发病,5 月中、下旬至 6 月上旬为盛发期,6 月中旬以后病害逐渐减少。

4. 发病因素

高温高湿有利于发病。番茄早疫病在温度 15℃左右,相对湿度 80%以上开始发生,在 20~25℃、连续阴雨、田间湿度大时,病情发展迅速。

在结果初期开始发病,盛果期进入发病高峰。发病与植株营养关系密切,植株衰弱和叶片光合产物少,糖分下降,最易感病。温室栽培比大田栽培发病重,早熟品种易发病。此外,番茄连作、密度过大、灌水过多、基肥不足、磷钾肥不足、低洼积水、结果过多等造成环境高湿、植株生长衰弱等,均有利于该病暴发流行。

5. 防治

番茄早疫病的防治策略是:种植抗(耐)病品种;适期晚定(植),加强栽培管理;掌握时机,及时用药。

（1）种植抗（耐）病品种

选种强丰、密植红、满丝、苏抗 5 号、苏抗 11、毛粉 802 等抗（耐）病品种，在田间种植发病慢，损失少。

（2）轮作与土壤处理

大田与非茄科作物轮作 2 年以上；温室在不能轮作情况下，用氯化苦处理土壤也能减轻病害。

（3）种子处理

应从健康植株上采收种子，也可用 52℃热水浸泡 30 min，晾干后催芽播种。采用 2%武夷霉素浸种，或用种子重量 0.4%的 50%克菌丹可湿性粉剂拌种。

（4）加强栽培管理

选择适当的播种期。发病重的田块，应与其他蔬菜或经济作物实行 3 年以上轮作。苗床内注意保温通气。每次洒水后要通风，待叶面干后再关窗。地势低洼，采用高畦栽种，雨后注意排水，降低定植地的湿度。合理密植，施足基肥，增施磷钾肥，盛果期及时追肥，防治早衰。初期发病应摘除病叶，减少发病的侵染来源。连年发病的日光温室，夏秋季采用密闭日光温室的方法高温闷棚一周。

（5）药剂防治

发现病株要立即喷药，常用的有 70%代森锰锌、75%百菌清、80%代森锰锌可湿性粉剂（喷克）500～600 倍液，50%异菌脲可湿性粉剂（扑海因）1000 倍液，250 g/L 吡唑醚菌酯乳油（绿得力）1000 倍液，10%苯醚甲环唑可分散粒剂（世高）1500 倍液，视病害发展情况而定，一般隔 7～10 d 喷药 1 次，连续选用 2～3 次。为了防止病菌产生抗药性，药剂应轮换使用。或定植前密闭日光温室后，按每 667 m² 用硫黄 1.5 kg、锯末 3 kg，混匀后分几堆点燃熏烟一夜，或采用 45%百菌清烟剂熏烟。

（四）番茄叶霉病

叶霉病（leaf mold of tomato），又称"黑毛"，是国内发生较为普遍的病害。在塑料大棚、温室中对番茄的危害严重，由于造成叶斑和落叶，对产品的质量和产量影响很大，严重时可减产 20%～30%，甚至造成绝收。

1. 症状

主要危害叶片，严重时也危害茎、花、果实等。发病先从植株中、下部叶片开始，逐渐向上蔓延。发病初，被害叶片正面出现边缘不清晰的椭圆形或不规则形、浅绿色或淡黄色褪绿斑，其相对的背面生出霉层，初为白色，后渐变为紫灰色或灰褐色，霉层十分明显，为病菌的分生孢子梗和分生孢子。条件适宜时，病斑正面也长出霉层，病斑扩大后，叶片干枯卷曲。果实发病，果蒂附近形成圆形黑色斑，病部硬化稍凹陷，病斑表皮下有时产生针头状的小黑点，果实不能食用。花被害后发霉枯死。嫩茎、果柄上的症状与叶片相似。

2. 病原物

病原物为褐孢霉 *Fulvia fulva* (Cooke) Ciferri，半知菌亚门褐孢属。病菌分生孢子梗成束从气孔伸出，有分枝，初无色，后呈褐色，有 1～10 个分隔。分生孢子为卵形、椭圆形至长椭圆形或不规则形；初无色，单胞，后变褐色，产生一分隔（图 9 - 5）。

分生孢子在 5～30℃的温度范围内均能萌发产生芽管，而以 20～25℃温度最适宜。在一定的温度下，空气相对湿度在 85%以上时，分生孢子能够萌发。相对湿度增大，萌发率

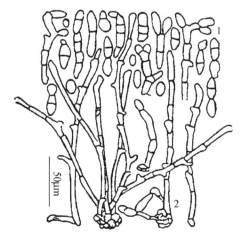

图 9 - 5　番茄叶霉病菌
1. 分生孢子　2. 分生孢子梗

提高,在水中萌发率最高。分生孢子在 pH 2.2～9.0 均能萌发,以 pH 3.5～5.5 萌发最好。光照对孢子萌发无明显影响。

该菌具有明显的生理分化现象,迄今已知番茄叶霉病菌的生理小种至少有 13 个。对于番茄叶霉病菌生理小种的鉴定,国际上采用的是一套含有不同抗性基因的 7 个品种组成的一套鉴别寄主。7 个品种是 Moncymaker、Leaf Mold Resister、Vetomold、V121、Ont7516、Ont7717、Ont7719,它们分别含有 $cf0$、$cf1$、$cf2$、$cf3$、$cf4$、$cf5$ 和 $cf9$ 抗叶霉病基因。据 1992 年调查,我国东北三省番茄叶霉病菌生理小种主要为 1、2、3,据 2005 年调查,北京地区番茄叶霉病菌主要生理小种为 1.2.3、1.2.3.4 和 1.2.3、4.9。

3. 病害循环

病菌的越冬体是菌丝体或菌丝块,它依附在植株病残组织上,也有的分生孢子附着在种子表面,或菌丝潜伏于种皮内越冬。翌年,早春遇到适合的环境条件即产生分生孢子,并借气流、流水或其他农事操作传播。病菌孢子萌发后,从寄主叶背的气孔侵入,菌丝在寄主细胞间隙蔓延,产生吸器汲取寄主养分。病菌也可从萼片、花梗的气孔侵入,并能进入子房,潜伏在种皮上。在适宜的环境条件下,发病部位产生大量分生孢子,借风雨和气流传播引起再侵染,在成株期病害蔓延最迅速。

4. 发病因素

病菌发育最适温度为 20～25℃,侵染最适温度为 24～25℃,相对湿度须在 80% 以上,以 95% 为最适宜。在高温高湿(95%)条件下,仅需 10 d 到半月就可普遍发病。在高温、高湿的保护地内,重茬地、低洼地、密度大、连续阴雨天,病害容易发生。低于 10℃ 或高于 35℃,且干燥的条件下,发病迟缓或停止扩展。光照充足,温室内短期增温至 30～36℃,对病害有很大的抑制作用。

5. 防治

(1)选用抗病品种

品种间对番茄叶霉病具有明显的抗性差异,因此利用抗病品种防治叶霉病是最经济有效的方法。目前育出抗叶霉病比较好的品种有中研 988、硬粉 8 号、浙粉 702、佳粉 17、中杂 7 号、沈粉 3 号等,已在生产中推广应用,并取得了良好的防病效果。目前培育的抗病品种都属于垂直抗性品种,因此连续大面积种植极易导致小种变异,产生新优势小种,使品种抗性丧失,造成极大危害。故利用抗病品种防治病害必须注意抗源品种的合理布局和轮换,以保证防病效果的稳定和持久。

(2)加强栽培管理

加强栽培管理是防治叶霉病的另一重要途径。在生产中,应注意不从病株上采种,并可采用温汤浸种的方法减少种子带菌。保护地可采用福尔马林消毒或用硫黄粉闷闭熏蒸一夜,以减少田间病菌数量。在管理上,要采取控制浇水,加大行距,加强通风透光,降低温、湿度等措施控制病害流行。此外,通过摘除病叶以及与瓜类、豆类等作物轮作等方法减少菌源量,抑制病害流行。

(3)药剂防治

田间喷药是控制番茄叶霉病流行的重要手段。发病前,可采用保护剂如 70% 代森锰锌可湿性粉剂、50% 异菌脲可湿性粉剂(扑海因)等保护剂进行预防保护。发病后,可采用内吸性杀菌剂如 40% 春雷·噻唑锌悬浮剂(碧锐)、70% 甲基硫菌灵可湿性粉剂、40% 氟硅唑乳油(福星)以及 47% 春雷·王铜可湿性粉剂(加瑞农)等进行处理可收到良好的防治效果。在药剂防治时,应注意药剂轮换,尤其是内吸性杀菌剂不能长期连续使用,以免病菌产生抗药性。

(五)瓜类枯萎病

瓜类枯萎病(fusarium wilt of cucurbit crops)是瓜类的主要病害之一,1889 年最先在美国密西西比州发现危害西瓜,中国于 1899 年在西瓜、黄瓜上发现,现在全国各地均有发生。该病主要发生在黄

瓜、西瓜上,黄瓜枯萎病以在北方较重,丝瓜、冬瓜、节瓜枯萎病在南方发生较多。一般重茬或多年连作发病较重,常年损失以病株率计算,在10%～30%,严重的甚至绝产。

1. 症状

瓜类作物枯萎病症状基本相似,苗期至成株期均可发病。幼苗受害,子叶变黄,暗绿色,无光泽,生长缓慢,后整株枯死。被害植株初期为底叶或一侧叶片边缘变黄,随之叶片由下向上凋萎,似缺水症状,中午凋萎,早晚恢复正常,3～5 d后,全株凋萎不再恢复,最后整株枯死。切开主蔓,可见维管束变黄褐色。湿度大时病茎纵裂,表面呈现白色或粉红色霉状物,据此可将该病与同样引起黄瓜死藤的菌核病和疫病区别开来。

2. 病原物

病原物为尖孢镰孢的多种专化型 *Fusarium oxysporum* Schlecht. f. spp.,半知菌亚门镰孢属,在马铃薯蔗糖琼脂培养基平板上,气生菌丝白色絮状,培养基质呈淡黄色或淡紫色至紫黑色。小型分生孢子无色,量多,产生快,长椭圆形,无隔或偶有一个分隔;大型分生孢子无色,量少,产生慢,纺锤形或镰刀形,1～5个分隔,多为3个,顶端细胞较长,渐尖,足胞有或无。厚垣孢子产生慢、量少,顶生或间生,单生或串生,淡黄色,圆形(图9-6)。

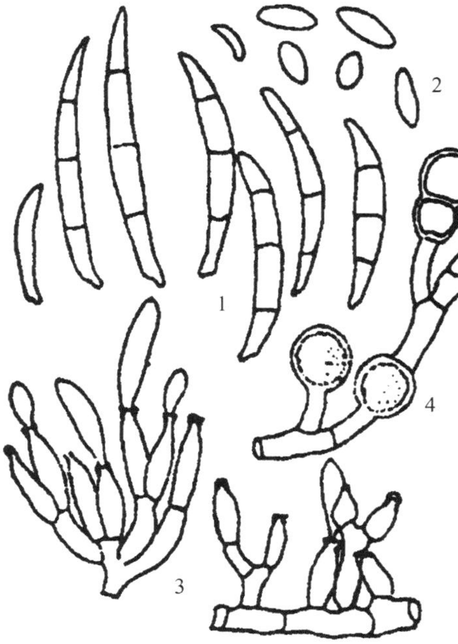

现知瓜类枯萎病菌有7个专化型,即尖孢镰孢黄瓜专化型、甜瓜专化型、西瓜专化型、葫芦专化型、丝瓜专化型、苦瓜专化型和冬瓜专化型。在不同瓜类作物之间,侵染能力有明显差异,对原来的寄主致病力最强,西瓜、甜瓜、黄瓜、冬瓜专化型虽然苗期存在交叉感染,但其选择致病性很强。此外,黄瓜、甜瓜、西瓜专化型还存在不同的生理小种。枯萎病菌发育最适温度为24～28℃,土温在15℃以上开始发病,20～30℃为发病盛期。

3. 病害循环

病菌主要以菌丝体、厚垣孢子和菌核在土壤中或未腐熟的肥料中越冬,成为翌年主要初侵染源。病菌离开寄主在土壤中能存活5～6年。厚垣孢子与菌丝经牲畜消化道后仍保持活力。种子上也带有菌原,但带菌率较小,仅有0.5%～3%的概率。

图9-6 黄瓜枯萎病菌
1.大型分生孢子 2.小型分生孢子
3.分生孢子梗 4.厚垣孢子

病菌通过根部的伤口或从根毛顶端的微孔侵入寄主组织,在根部细胞内外经过一定繁殖活动,随着根部液态养分的体内输送,进入维管束,在导管内继续繁殖、发育,导致维管束的阻塞。同时,分泌一些酶来消解细胞、破坏和堵塞寄主的输导组织,造成寄主秧蔓的萎蔫和死亡。病害有潜伏侵染现象,有些植株虽在幼苗期即被感染,但直到开花结瓜期才表现症状。病菌在田间的传播主要借助灌溉水和土壤的耕耙。地下害虫和土壤中线虫的活动和危害既可传播病菌,又可造成根部伤口,为病菌的侵入创造有利条件。

4. 发病因素

(1)温度

病菌的发育和侵染适温为24～28℃;高于30℃或低于18℃明显受影响。

(2)酸碱度

pH 4.5～5.8最适合病菌发育。也就是说,枯萎菌适合在酸性土壤环境中,而不适合在碱性土壤环境中生长、发育、侵染。

（3）土壤通气性

土壤松散、通气性好，发病轻；土壤黏重、通气性差，发病重。

（4）连作

瓜类枯萎病是土传的积年流行病害，土壤中初始菌量的高低是病害流行的决定因素。瓜类作物的老区发病重于新区；连作年限越长发病越重。在连作条件下，土壤中菌量逐年积累，从零星发病到全田发病，一般露地只需 5～6 年，保护地则不超过 5 年。

（5）品种

品种间的抗病性差异明显，感病品种和抗病品种的死株率可相差一倍以上。瓜类作物中，南瓜高抗枯萎病。在黄瓜和西瓜品种中，目前尚未发现免疫或高抗品种，但抗病性差异显著。

5. 防治

零星发病的田块应采取以选用抗病品种和加强栽培管理为主要控病措施，重病田块应采取以轮作换茬为主的防治措施。

（1）选用抗病品种

密刺系列黄瓜如长春密刺、山东密刺等较抗枯萎病；新红宝、郑杂 7 号、蜜桂、平金龙和平红宝等西瓜品种较抗枯萎病，西瓜以多倍体无子西瓜较抗病；冬瓜有广州青皮冬瓜。

（2）注意轮作

选用 5～8 年没种过瓜类的土壤配苗床土育苗，最好与非瓜类作物间隔 5～6 年轮作，至少也要间隔 3 年。在有条件种植水稻的地区，与水稻轮作，效果较好。改变土壤酸碱度，在重茬栽培黄瓜（西瓜）的地区或重发病地块，结合播前整地，施入适量熟石灰，以改变土壤酸碱度，可减轻枯萎病的发生。

（3）嫁接防病

嫁接栽培是防治瓜类枯萎病的最有效途径之一。以云南黑籽南瓜与黄瓜嫁接，防病、增产效果好；利用南瓜"南砧 1 号"品种等作抗病砧木，与黄瓜等小苗嫁接，对瓜类枯萎病的防治有良好效果。西瓜以葫芦作砧木，亲和力强，品质稳定。此外，西瓜也可用南瓜作嫁接砧木。嫁接方法一般有插接法、劈接法、靠接法等。

（4）加强栽培管理

瓜地要整平，定植前要深耕，施足腐熟的有机肥。定植后要合理浇水，促使植株根系发育，增强抗病力。结瓜后，要及时追肥，以防早衰，此外，还应注意防治地下害虫。播前用 55℃ 的热水浸种 10 min，或用 50％ 多菌灵浸种，黄瓜用 500 倍液浸种 1 h，冬瓜用 100 倍液浸种 24 h。

（5）无土栽培

无土栽培是防治枯萎病及其他土传病害的有效措施，在有条件的地区可大力推广应用。

（6）药剂防治

发病初期，用 40％ 多菌灵可湿性粉剂 500 倍液或 70％ 甲基硫菌灵可湿性粉剂 800 倍液浇灌植株，每株 250 mL，每 10 d 灌 1 次，连灌 2～3 次，对控制病情发展有一定效果。此外，在发病前药剂灌根是比较有效的防治措施，方法是：定植后用 2％ 农抗 120 水剂 200 倍液灌根，7～8 d 后再用 30％ 恶霉灵水剂 600 倍液灌根，每次每株灌药液 500 mL 左右，可收到较好的防治效果。

（六）瓜类白粉病

瓜类白粉病（powdery mildew of cucurbit crops）分布广泛，全球及我国南北菜区均有发生，是危害瓜类生产的重要病害之一。黄瓜、甜瓜、南瓜、西葫芦等发生较重，冬瓜、西瓜、苦瓜、丝瓜等较轻，近年来，一些地区在成片种植的丝瓜上发病也较重。全国各地露地以及温室和塑料大棚等保护地

栽培的黄瓜上均有发生,一般在黄瓜生长中、后期病情发展迅速,引起叶片枯黄、植株干枯,导致减产 20%~30%。

1. 症状

主要发生在叶片上,其次是茎和叶柄上,一般瓜果则较少染病。幼苗期即可受侵染,两片子叶开始出现星星点点的褪绿斑,逐渐发展可使整个子叶表面覆盖一层白色粉状物,这是病菌的菌丝体、分生孢子梗和分生孢子。幼茎也有相似症状。染病子叶或整株幼苗逐渐萎缩干枯。成株叶片自下而上染病,发病初期,叶片正面或背面产生白色圆形的粉霉斑,以后逐渐扩大成边缘不明显的大片白色粉状物。随着许多病斑连片布满整个叶面,粉状物由白色渐变成灰白色或污褐色,叶片枯黄、卷缩、变脆,但一般不脱落。后期病斑粉霉层中散生黑褐色小粒点,这是病菌的有性世代闭囊壳,但在我国南方地区很少发现。叶柄和茎蔓染病,同样在病部会长出一堆堆白粉状霉层,严重时可使叶柄或茎蔓萎缩枯干。

2. 病原物

病原物为子囊菌亚门单丝壳属单囊壳菌 *Sphaerotheca fuliginea* (Schlecht.)Poll. 和白粉菌属二孢白粉菌 *Erysiphe cichoracearum* DC.,这两种菌分布在我国南、北方地区,以前者较为普遍,两种菌引起的白粉病在症状上差异不大。两种病菌的无性态形态相似,都产生成串、椭圆形、无色的分生孢子;分生孢子梗圆柱形,不分枝,产生于分生孢子梗顶端。有性态均产生扁球形、暗褐色、附属丝菌丝状的闭囊壳;子囊椭圆形、近球形;子囊孢子单胞,无色至淡黄色,卵形或椭圆形(图 9-7)。两菌的主要区别在于:单囊壳菌闭囊壳内只生 1 个子囊,内生 8 个子囊孢子;二孢白粉菌闭囊壳内产生多个(一般为 10~15 个)子囊,每个子囊内产生 2 个(少数有 3 个)子囊孢子。白粉菌是表生的专性寄主菌,以吸器穿入寄主表皮细胞内吸取营养,菌丝体不侵入寄主组织内,仅在寄主表面生长繁殖,这就是白粉病一般在病叶上早期不出现坏死斑的原因。但当植物的大量营养物质被病原菌夺取,最后寄主细胞仍可死亡,所以发病后期病叶呈枯黄状。闭囊壳一般多在植株中段以下老熟叶片的背面。

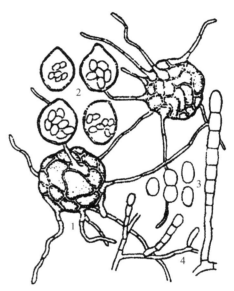

图 9-7 黄瓜白粉病菌
1.闭囊壳 2.子囊和子囊孢子
3.分生孢子 4.分生孢子梗

两菌的分生孢子在相对湿度低于 25%时仍可萌发并侵入危害;在水滴中吸水过多时,膨压过大使孢壁破裂,对孢子萌发不利。孢子萌发适温为 20~25℃,超过 30℃或低于 10℃都不利。两菌的寄主范围都很广泛,除危害葫芦科蔬菜如黄瓜、甜瓜、南瓜、冬瓜等外,单囊壳菌还可侵染菜豆、绿豆、豇豆和赤豆等豆科植物以及向日葵、黄麻、玫瑰、蔷薇、木芙蓉等多种植物;二孢白粉菌还可侵染向日葵、苎麻、绿豆、牛蒡、凤仙花等多种作物和杂草。病菌具有较强的专化性,存在不同的专化性和生理小种。

3. 病害循环

南方温暖地区常年种植黄瓜或其他瓜类作物,白粉病终年不断发生。病菌不存在越冬问题。冬季有保护栽培的地区病菌以菌丝体和分生孢子在温室或大棚内病株上越冬,不断进行再侵染。在低温干燥的地区,病菌以闭囊壳随病株残体遗留在田间越冬,翌年 5—6 月,气温达 20~25℃时,闭囊壳释放子囊孢子或由菌丝体上产生分生孢子,当温、湿度适合时,分生孢子很快长出芽管而由气孔侵入植株,而且在短时间内便可形成吸器穿入表皮细胞内。发病后,菌丝便会产生分生孢子梗及分生孢子频繁进行再侵染。至晚秋,在受害部位形成闭囊壳越冬。

子囊孢子和分生孢子主要借助气流或雨水传播,蓟马及其他昆虫对病害的传播起到一定的作用。

4. 发病因素

（1）温、湿度

病菌分生孢子对湿度的适应性较强,在相对湿度为 25％ 的条件下也能萌发,往往在寄主受到干旱影响的情况下发病重,当连续降雨、叶面存在水滴时,不利于病害发生。露地栽培的瓜类作物,雨水偏少的年份,气温在 16～24℃,遇连续阴天、光照不足、天气闷热或雨后转晴田间湿度较大时,病害易流行。

温室、塑料大棚内早春温度高,通风不良,湿度大,光照不足,非常适合白粉病的萌发,通常较露地黄瓜发病早而且严重。高温（30℃以上）干旱条件下,病情受到抑制。强光照对病害有一定的抑制作用。

（2）栽培管理

保护地瓜类白粉病重于露地,施肥不足,土壤缺水,或氮肥过量,灌水过多,田间通风不良,湿度增加也有利于白粉萌发。

（3）品种

同品种的抗病性差异很大,同品种不同叶龄的叶片对白粉病的抵抗能力也不尽相同,一般是嫩叶及老叶比较抗病,叶片展开后 16～23 d 最易感病。

5. 防治

防治瓜类白粉病应采取以选用抗病品种和改进栽培管理为主,结合药剂防治的综合防治措施。

（1）选用抗病品种

一般抗霜霉病的黄瓜品种均较抗白粉病。

（2）改进栽培管理

种植密度要合理,切忌过密;基肥中要增施磷、钾肥,生长中后期要适当追肥,既要防止植株徒长,也要防止脱肥早衰;要注意田间排水与通风透光,以降低田间湿度。

（3）药剂防治

保护地防治:在瓜苗定植前 2～3 d,每 100 m² 用硫黄 250 g 与锯末 500 g 混合后,均匀地放在棚室内,点燃熏烟消毒。植株生长期,可用 45％ 百菌清烟雾剂熏蒸,用量为 200～250 g/666.7 m²,密闭熏蒸 2 h 后开窗通风。每 7～10 d 施 1 次,整个生长期施 4～5 次。喷施百菌清粉尘剂有良好的防治效果,并能兼治霜霉病,也可喷施三唑酮等药剂。另外,温室还可利用空间电场防病促生技术系统和臭氧防治器防治白粉病。据报道,空间电场防病促生技术系统对白粉病的防治效果在 70％ 左右,辅以温室病害臭氧防治器可达 90％ 以上。此外,在发病前或发病初期,也可选用 3 亿 CFU/g 哈茨木霉菌叶部型可湿性粉剂 300 倍稀释、枯草芽孢杆菌 500 倍稀释液、95％ 矿物油 200～400 倍稀释丁香·芹酚 600 倍液等药剂防治,确保喷雾均匀,每 7 d 施药 1 次。

露地防治:白粉菌对硫制剂较敏感,发病初期可选用无机或有机硫制剂交替喷施 3～4 次,视病情和药种隔 7～15 d 再喷 1 次,前密后疏,喷匀喷足,可收到较好的防治效果,但有些瓜类（如黄瓜、甜瓜）对硫制剂也敏感,要注意喷施浓度,苗期慎用及避免高温下使用。药剂可选用 40％ 氟菌唑甲基硫菌灵悬浮剂（特基灵）500～600 倍液、250 g/L 吡唑醚菌酯乳油（绿得力）1500 倍液、80％ 多福锌可湿性粉剂（绿亨二号）600～800 倍液喷雾,或 70％ 甲基托布津 1000 倍液,或 10％ 苯醚甲环唑水分散剂（世高）2500～3000 倍液,或 25％ 乙嘧酚磺酸酯微乳剂 750 倍液,或 43％ 氟菌·肟菌酯悬浮剂 2000 倍液,或 50％ 多菌灵 500 倍液,或 40％ 硫黄·多菌灵悬浮剂 1000 倍液（多硫剂）喷雾,或 25％ 三唑酮可湿性粉剂 1000～2000 倍液,或 20％ 三唑酮乳油 2000～3000 倍液,或 25％ 三唑酮可湿性粉剂（粉锈宁）2000 倍液,或 20％ 三唑酮乳油（粉锈宁）2000～3000 倍液。

（七）瓜类炭疽病

炭疽病（anthracnose of cucurbit crops）是瓜类作物的一种普遍性病害，在我国的南、北方地区都有发生，其中，西瓜受害最重，甜瓜、黄瓜、冬瓜、瓠瓜和苦瓜次之，南瓜、西葫芦和丝瓜最轻。病害流行年份常造成植株中下部大量叶片干枯，果实产生病斑，品质降低或完全失去商品价值。近年来，随着保护地栽培面积的不断扩大，北方温室和塑料大棚内黄瓜炭疽病的危害呈上升趋势。

1. 症状

此病从瓜类苗期到成株期皆可发生，以生长中、后期危害最重。幼苗受害子叶呈半圆形或圆形稍凹陷褐斑，潮湿时病斑上可产生粉红色黏质物（分生孢子盘及黏孢团），幼茎受害后，缢缩易猝倒死亡。成株期染病，在叶片上先出现湿润状小斑点，逐渐扩大成淡褐色至深褐色近圆形的病斑，大小可达 1～2 cm，病斑周围有一圈 1～2 mm 宽的黄晕，这是识别炭疽病的一个重要特征。潮湿时病斑上长出黑色小粒点，其间还有橘红色黏稠小液滴。在病斑发生的后期，病斑中心产生十字形破裂，这是炭疽病的主要后期症状。叶柄、茎蔓受害，产生黑褐色梭形或短条状稍凹陷的病斑，其上亦长出黑色小粒点，若病斑环绕叶柄或茎蔓一周，则可使病部萎缩，叶片或全株凋萎。瓜果染病产生油渍状近圆形凹陷病斑，严重时可使瓜果腐烂。此病在储运销售期间可继续危害。

2. 病原物

病原物有性态为围小丛壳圆形变种 *Glomerella cingulata* var. *orbicularis* Jenkins et al. ，子囊菌亚门围小丛壳属；无性态为瓜类炭疽菌 *Colletotrichum orbiculare*（Berk. et Mont. ）Arx，半知菌亚门炭疽菌属。有性态在自然条件下极少发生。分生孢子盘上的暗褐色刚毛具有 2～3 个横隔，顶端色淡，较尖；分生孢子梗无色单胞，圆筒形；分生孢子单胞，长圆形或卵圆形，一端稍尖，无色，聚集成堆后呈粉红色（图 9-8）。分生孢子萌发的适宜温度为 4～30℃，以 22～27℃为最适。病菌生长发育的温度为 10～30℃，以 24℃左右为最适。

病菌有生理分化现象，不同生理小种对葫芦科不同种属及同一种内不同品种的致病力不同。

3. 病害循环

病菌以菌丝体及分生孢子盘的形态在病残体或土壤中越冬，翌春温、湿度条件适宜时，长出分生孢子通过风雨溅散或昆虫传播到近地面的叶片、茎和果实上，萌发产生附着胞和侵入丝，从表皮直接侵入或从伤口侵入寄主。若种子带菌，播种出苗后即可引起幼苗发病。在潮湿的条件下，病部产生大量分生孢子，通过流水、雨水、甲虫或人畜的活动进行传播，可频频进行再侵染。在棚室内该病菌不存在越冬问题，可以无性态在寄主上继续危害，或在旧木料上存活。

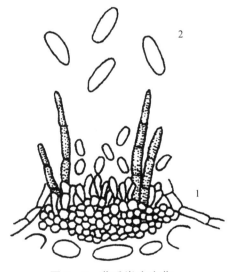

图 9-8　黄瓜炭疽病菌

1. 分生孢子盘　2. 分生孢子

4. 发病因素

湿度和温度是炭疽病发生的主要条件，发病的轻重，主要取决于湿度。病菌孢子萌发的适合温度是 22～27℃，病菌生长的适温是 24℃左右，如果温度超过了 30℃或低于 10℃孢子即无法生长。在适温下，空气相对湿度高，潜育期短。在相对湿度为 87%～95%时，潜育期仅为 3 d，相对湿度降至 54%以下时，病害很少发生。在夏秋交接时，空气湿度明显增加，地面附近的小气候昼夜温差大，清晨相对湿度经常达到 95%或 95%以上。在这种高湿度，加上不冷不热的（24℃左右）气温条件下，病情迅猛发展，很快达到严重发病。栽培因素中，瓜类作物连作或邻作，病菌来源多；瓜田地势低洼排水不良，种植密度过大,田间湿度高;土壤贫瘠、施肥不足或偏施氮肥等,都有利于诱发炭疽病。果实的抗病性随着其成熟度的提高而逐步降低,所以在储藏运输期间,炭疽病也很重。

5．防治

（1）选用无病种子并进行种子消毒

从无病植株和种瓜上采种。播种前用 55℃温水浸种 15 min,浸后对种子用无菌清水擦洗 2～3 次,再催芽备播,也可用 50％多菌灵可湿性粉剂 500 倍液浸种 60 min 或用 40％拌种双可湿性粉剂 1000 倍液浸种 24 h 后直接播种。

（2）加强栽培管理

与非瓜类作物实行 3 年轮作或与水稻轮作 1 年;选择排水良好、土质肥沃的砂壤土栽植,避免在低洼、排水不良的地块种瓜;施足底肥,增施有机肥和磷钾肥。

（3）及早消除中心病株

为了防止病菌随流水扩散,种植西瓜时,最好在瓜下加垫,可减轻病害程度;发病初期,田间摘瓜、绑蔓等农事操作应在无露水时进行。

（4）选种抗病品种

以黄瓜论,南方型品种夏青 4 号、夏青 2 号,北方型品种津杂、津春等系列均较抗此病。

（5）药剂防治

发病初期摘除病叶,喷药保护,可隔 7～10 d 交替喷施,共喷 3～4 次。药剂可选用 50％福美双可湿性粉剂 400 倍液,或 70％代森锰锌可湿性粉剂 600 倍液,或 70％甲基托布津＋75％百菌清可湿性粉剂(1∶1)1000 倍液,或 25％咪鲜胺乳油(施保克)800～1000 倍液,或 50％咪鲜胺可湿性粉剂(施保功)1000～1500 倍液,或 24％腈苯唑悬浮剂(应得)1000 倍液,或 10％苯醚甲环唑水分散剂(世高)2500～3000 倍液,或 250 g/L 吡唑醚菌酯乳油(绿得力)1000～1500 倍液。在棚室保护地内,还可使用 45％百菌清烟剂或百菌清发烟弹或 10％百菌清粉剂进行防治。

三、细菌病害

（一）十字花科蔬菜软腐病

十字花科蔬菜软腐病(bacterial soft rot of crucifers)于 1899 年最早在中国东北地区种植的大白菜上被发现。1900 年,美国、加拿大、德国、荷兰的科学家对该病害进行了研究,并将病原定名。该病是世界性病害,在欧美主要危害甘蓝类,在我国凡是栽培大白菜的地区都有发生,是大白菜三大病害之一。病害流行年份,造成大白菜减产 50％以上,储藏窖内的大白菜软腐严重时可使全窖白菜腐烂。该病除危害十字花科蔬菜外,还经常引起马铃薯、番茄、辣椒、洋葱、黄瓜和莴苣等蔬菜软腐,造成不同程度的经济损失。

1．症状

白菜、甘蓝多从包心期开始发病,起初植株外围叶片在烈日下表现萎垂,早晚恢复常态,数日后,外叶不再恢复,露出叶球。病情严重时,叶柄基部和根茎处心髓组织完全腐烂,充满灰黄色黏稠物,并发出恶臭。病害从根髓或叶柄基部向上蔓延发展,或从外叶边缘和心叶顶端开始向下发展,有的从叶片虫伤处向四周蔓延,最后造成整个菜头腐烂。腐烂的病叶在晴暖、干燥的条件下,失水干枯变成薄纸状。

萝卜受害部初呈水渍状褐色软腐,病健部界线明显,并常有汁液渗出。留种植株往往是老根外观完好,而心髓已完全腐烂,仅存空壳。其他十字花科蔬菜软腐病的症状与大白菜基本相同。

2. 病原物

病原物为胡萝卜软腐欧文氏菌胡萝卜亚种 *Erwiniacarotovora* subsp. *carotovora*(Jones)Bergey et al.，原核生物界，欧文氏菌属。菌体短杆状，周生鞭毛2～8根(图9-9)，无荚膜，不产生芽孢，革兰氏反应阴性。在琼脂培养基上菌落为灰白色，圆形或不定形，稍带荧光性，边缘明晰。

该细菌生长温度为9～40℃，最适温度为25～30℃，pH在5.3～9.3之间都能生长，最适pH为7.2。致死温度为50℃，不耐干燥和日光。在室内干燥2 min，或在培养基上暴晒10 min即可死亡。软腐病菌能分泌消解寄主细胞中胶层的果胶酶，使细胞分离，组织分解离析。组织在腐烂过程中易感染腐败性微生物，细胞蛋白胨被分解后，产生奇臭的吲哚，这是大白菜发臭的原因。

病菌的寄主范围很广，除十字花科蔬菜外还有茄科(番茄、辣椒等)、豆科(菜豆、豌豆等)、瓜类及其他多种作物。

3. 病害循环

软腐病菌可在田间病株、窖藏种株、土壤中未腐烂的病残体及一些害虫体内越冬，病菌可在腐烂的寄主组织内存活较长时间，而在寄主组织腐烂分解后，一般只能存活两周，若通过猪的消化道则全部死亡。中国南方的一些省份冬季种植十字花科蔬菜，不存在越冬问题。

图9-9 大白菜软腐病
1.症状 2.病原细菌

病菌主要由自然裂口、虫伤口、病痕和机械伤处侵入，侵入后在寄主细胞间迅速繁殖，分泌果胶酶分解寄主细胞的中胶层，导致细胞死亡腐烂，并借昆虫、雨水和灌溉水传播进行再侵染，使病害进一步蔓延。此外，软腐病菌自白菜幼芽阶段起，在整个生育期内均可从根部侵入，通过维管束传到地上部分，在寄主抗病性降低时大量繁殖，引起发病。由于病菌的寄主范围广，所以能从春季至秋季在田间各种蔬菜上危害，最后在白菜、甘蓝和萝卜等秋菜上危害。

4. 发病因素

(1)白菜不同生育期的愈伤能力

软腐病菌必须通过伤口才能侵入寄主，因此愈伤能力与发病程度有密切关系。软腐病多发生在白菜包心期以后，其重要原因之一是白菜不同生育期的愈伤能力不同。幼苗期愈伤能力强，只需3 h即开始木栓化，而白菜包心期后愈伤能力下降，伤口木栓化慢，需12 h才开始木栓化。而且，幼苗期的愈伤能力对温度不敏感，在15～32℃细胞木栓化的速度差异不大，而成株期的愈伤能力却对温度很敏感，在26～32℃的温度下，愈伤速度最快，温度低则愈伤速度慢。在连续降雨的条件下，伤口便失去木栓化的能力。

(2)气候条件

气候条件中以雨水与发病的关系最大。白菜包心以后多雨往往发病严重，因为多雨易使叶片基部处于浸水和缺氧状态，伤口不易愈合，有利于病菌的繁殖和传播蔓延。多雨也常使气温偏低，不利于白菜伤口愈合，同时促使害虫向菜内钻藏，软腐病菌随害虫的进入而引起发病。

(3)白菜的伤口种类

大白菜伤口种类有自然裂口、虫伤、病伤和机械伤四种，引起软腐病发病率最高的是叶柄上的自然裂口，其次为虫伤。自然裂口中又以纵裂为主，多发生在久旱降雨以后，病菌从裂口侵入后发展迅速，损害最大。病菌从机械伤侵入引起的发病植株损害最小。

（4）虫害

昆虫与软腐病发生的关系十分密切。一方面由于昆虫在白菜上造成伤口,有利于病菌侵入;另一方面,有的昆虫体内、外携带病菌,直接起到了传播和接种病菌的作用。据报道,黄条跳甲和花菜蝽象的成虫、菜粉蝶与大猿叶甲幼虫的口腔、肠管内部都有软腐病菌,蜜蜂、麻蝇、芜菁叶蜂、小菜蛾等昆虫体内外均带菌,以体表带菌较多,其中以麻蝇和花蝇传带能力最强,可进行远距离传播。我国东北地区的白菜和甘蓝软腐病的发生,与萝卜蝇幼虫和甘蓝夜盗虫、甘蓝夜蛾的危害有关。虫口密度高的地块发病重。金针虫、蝼蛄和蛴螬等地下害虫造成的伤口,也都有利于病菌侵入。

（5）栽培管理

在多雨或低洼地区,平畦地面易积水,土中缺乏氧气,不利于寄主伤口愈合,有利于病菌繁殖和传播,发病重。但在干旱地区,平畦栽培易持水,有利于植株维持抗病性。白菜与大麦、小麦、豆类等轮作,发病轻;与茄科和瓜类等蔬菜轮作,发病重。播种期早,白菜包心早,感病期提早,发病较重,晚播则发病轻。雨水早、雨水多的年份,这种影响更为明显。

（6）品种

白菜品种间存在着抗病性的差异。一般而言,疏心直筒的品种由于外叶直立,垄间不荫蔽,通风良好而发病较轻。另外,青帮菜较抗病,多数柔嫩多汁的白帮菜品种则较易感病。一般抗病毒和霜霉病的品种也抗软腐病。

5. 防治

软腐病防治应以综合防治为主要手段,通过选用抗病品种、加强栽培管理、结合害虫防治、药剂保护等综合措施,才能取得较好的效果。

（1）选用抗病品种

较抗病的大白菜品种有大青口和旅大小根等,以及杂交良种,如丰抗70、鲁白系列和青杂系列等。利用抗病品种应注意提纯复壮,以保持品种的抗病性。

（2）进行轮作

尽可能避免与十字花科蔬菜连作,有条件的地区,白菜可与大、小麦轮作,或与韭、葱、蒜进行间作。

（3）栽培管理

采取深沟高畦短畦栽培,降低地下水位;小水勤浇,减少病菌随水传播的机会。在不影响产量的前提下,可考虑适当迟播。多施有机肥,提高植株抗病力;田间操作避免人为造成伤口。

（4）及时防治害虫

从幼苗起就应加强对黄条跳甲、菜青虫、小菜蛾、猿叶虫和甘蓝夜蛾等害虫的防治。

（5）药剂防治

应从莲座期开始,勤查田头,初发病期每隔7～10 d喷1次药,连喷2～3次。发现病株即用药液浇灌病株及其周围健株。药剂可用20％噻唑锌悬浮剂(碧生)400倍液、40％春雷·噻唑锌(碧锐)悬浮剂750倍液、46％氢氧化铜水分散粒剂(可杀得2000)1000倍液、20％噻菌铜悬浮剂(龙克均)600倍液、47％春雷·王铜可湿性粉剂(加瑞农)800倍液喷雾。此外,还可用生物农药菜丰宁(B1)拌种或灌根等,效果较好。

（二）茄科蔬菜青枯病

茄科蔬菜青枯病(bacterial wilt of nightshade family),又名细菌性枯萎病,是世界性的重大细菌病害,分布范围极广,其中以温暖、潮湿、雨水充沛的热带、亚热带地区发生尤为严重。我国主要分布在华东、华中、华南、中南和西南部分地区。近年来,我国北方保护地面积明显扩大,在部分地区青枯病有所发生和发展,受害较重的是番茄,其次是马铃薯和辣椒,在茄子上也有发生。

1. 症状

青枯病是维管束病害,以开花结果期发生最严重。典型症状为番茄、马铃薯、茄子、辣椒等受害后,初期植株白天茎叶萎垂,夜晚恢复,几天后植株茎叶萎蔫死亡,但茎叶色泽仍保持绿色,故称青枯病。横切病株茎基部可见木质部变褐色,用手挤压,切口处有乳白色黏液渗出(图 9 - 10),这是该病的重要特征,据此可与真菌性枯萎病或黄萎病相区别。

2. 病原物

病原物为茄科劳尔氏菌 *Ralstonia solanacearum* (Smith) Yabuuchi et al.,原核生物界,劳尔氏菌属。菌体短杆状,两端圆,极生鞭毛 1～3 根。在肉汁琼脂培养基上形成污白色、褐色乃至黑褐色的圆形或近圆形菌落,平滑,有光泽。革兰氏染色阴性。病菌生长最适温度为 30～37℃,最高为 41℃,最低为 10℃,致死温度为 52℃(10 min)。对酸碱性的适应范围为 pH 6.0～8.0,以 pH 6.6 为最适。即使没有适当寄主,病菌也能在土壤中存活 14 个月甚至更长时间。病原物经长期人工培养后易失去致病力。

植物青枯病细菌分布地域较广,寄主植物种类众多,可侵染 33 科 200 余种植物,除茄科蔬菜外,烟草、芝麻、花生、大豆、萝卜等均可受害。

图 9 - 10　番茄青枯病
1. 病原细菌　2. 病株萎蔫状

3. 病害循环

病菌可以在土壤中、病残体、马铃薯块茎上越冬,成为病害的主要初侵染来源。病菌从植物根部或茎基部伤口侵入引起初侵染,侵入后在维管束的导管内繁殖,沿导管向上蔓延,有时病菌穿过导管进入邻近的薄壁组织,在茎上出现油渍状坏死斑,使其变褐腐烂。由于导管被大量细菌堵塞,水分运输被阻,导致叶片萎蔫。再侵染作用甚微。主要通过雨水和灌溉水传播蔓延,也可通过农事操作进行传播。

4. 发病因素

(1) 温、湿度

高温和高湿的环境条件利于此病的发生。在南方温暖且比较潮湿的地区发病常严重;而在北方寒冷干燥的地区则很少发病。一般土温在 20℃ 左右时病菌开始活动,田间出现少量病株,当土温达到 25℃ 左右时,田间出现发病高峰。雨水多、湿度大是病害发生的重要条件,因雨水的流动不但可以传播病菌,还可增加土壤湿度,影响寄主根部呼吸,同时在过湿的条件下,根部容易腐烂,产生伤口,有利于病菌的侵入。在久雨或大雨后转晴,气温急剧上升时发病更加严重。南方地区的气温一般容易满足病菌生长的要求,因此,降雨的早晚和多少往往是发病轻重的决定性因素。

(2) 栽培管理

一般高畦种植的田块排水良好,发病轻;低畦种植的田块排水不畅,发病重。番茄定植时,穴开得不好,中间土松,四周土紧,雨后造成局部积水,易引起病害。土壤连作发病重,合理轮作可以减轻发病。微酸性土壤青枯病发生较重,而微碱性土壤发病较轻。若将土壤酸度从 pH 5.2 调到 pH 7.2 或 pH 7.6,就可以减少病害发生。施硝酸钙的比施硝酸铵的发病轻,多施钾肥可以减轻病害的发生。

番茄生长中后期中耕过深,损伤根系或线虫危害造成伤口会加重发病。幼苗健壮,抗病力强;幼苗瘦小,抗病力弱。

5．防治

（1）种植抗病品种

一般早熟番茄品种较抗青枯病。国内较抗病的品种有华南农大杂优1号、西安大红、满丝、黄山1号、黄山2号、秋星（抗青1号）、夏星（抗青19号）和杂交一代粤红玉、粤星等品种。

（2）轮作

轮作是预防青枯病最有效的措施之一。一般发病地实行3年的轮作，重病地实行4～5年的轮作。有条件的地区可与禾本科作物轮作，尤其是与水稻轮作效果最好。蔬菜区如番茄等茄科植物可与瓜类作物轮作，应避免与其他茄科作物、大豆和花生等作物轮作。

（3）调节土壤酸度

青枯病菌适宜于在微酸性土壤中生长，因此对酸性土壤，可在整地时撒施适量石灰，施后翻耕与土壤混合，使土壤呈微碱性以抑制病菌生长，从而减少发病；也可选择某些具有抑病效能的土壤来栽培番茄。例如，江西宜春地区的白泥地对番茄青枯病具有高度抑病效能，连作9年番茄也未发生青枯病，其原因可能是该地土壤含碳酸钙2％以上和pH 7.2以上。

（4）改进栽培技术

苗床应选择干燥且排水良好的无病地块。早播、早定植可减轻发病，提倡早育苗、早移栽，促进早发，增强抗性。番茄幼苗节间短而粗壮者抗病力强；徒长或纤细的幼苗则抗病力弱，应予以淘汰。幼苗移栽时宜多带土，少伤根。采用高畦种植，做好低洼地的排水工作。

注意中耕技术，番茄生长早期中耕可以深些，以后宜浅，到番茄生长旺盛后要停止中耕，同时避免践踏畦面，以防伤害根系。在施肥技术上，要注意氮、磷、钾的合理配合，适当增施氮肥和钾肥。施用硝酸钙比施用硝酸铵的发病轻，多施钾肥可减轻病害的发生。用10 mg/L的硼酸液作根外追肥，能促进寄主维管束的生长，提高抗病力。

（5）种薯消毒

马铃薯青枯病主要由种薯传播，所以应严格挑选无病种薯。在剖切块茎时，必须剔除维管束变黑褐色或溢出乳白色脓状黏液的块茎。剖切过病薯的刀，要用40％福尔马林1∶5稀释液消毒或沸水煮过后再用。对有带病嫌疑的种薯，可用福尔马林200倍液浸2 h。种薯经药液处理后再切种播种，不能先切块再用药液处理，否则容易产生药害。药剂防治：田间发现病株应立即拔除并销毁，并对病穴灌注2％福尔马林液或20％石灰水消毒，也可对病穴撒石灰粉。发病初期喷洒20％噻唑锌悬浮剂（碧生）400倍液，或40％春雷·噻唑锌（碧锐）悬浮剂750倍液，每隔7～10 d喷1次，连续喷3～4次，具有良好的防病效果。或用10％混合氨基酸铜水剂（双效灵）400倍液灌蔸，每蔸灌药液1.5 kg，一般防治2～3次，每隔一周用药1次，也均有一定的防治效果。

四、病毒病害

（一）番茄病毒病

番茄病毒病（tomato virus diseases）是番茄栽培过程中发生普遍且危害严重的一种病害，常见的有花叶病、条纹病和蕨叶病3种，以花叶病发生最为普遍。植株发病后，在我国轻病年减产5％～15％，重病年减产达50％～80％，局部田块甚至绝收。

1．症状

番茄病毒病在田间主要表现为5种类型，其中，花叶型、条斑型和蕨叶型发生最为普遍，条斑型危害最大，蕨叶型次之。

（1）花叶型

田间常见的症状有2种：一种是在番茄叶片上引起轻微花叶或微显斑驳，植株不矮化，叶片不变小、不变形，对产量影响不大；另一种番茄叶片有明显花叶，随后新叶变小，叶脉变紫，叶细长狭窄，扭曲畸形，茎顶叶片生长停滞，植株矮小，下部多卷叶，病株花芽分化能力减退，并大量落花、落蕾，基部已坐果的果小质劣，多呈花脸状，对产量影响较大。

（2）条斑型

病株上部叶片呈现或不呈现深绿色与浅绿色相间的花叶症状。在茎的上中部出现初为暗绿色油渍状条斑，后短条斑之间相互愈合成长条斑，渐渐蔓延扩大，以致病株萎黄枯死。条斑也可在叶背主脉上产生，并向支脉发展。果实畸形，其上有坏死斑或枯斑。

（3）蕨叶型

叶片上花叶症状明显，叶肉组织严重退化使叶片变为披针形，甚至使叶肉组织完全退化，仅剩下主脉。病株伴有丛生、簇生、矮缩症状。发病早的植株不能正常结果。以上病状可以单独出现，也可混合发生，有时会在同一株植株上出现两种以上的病状。

（4）卷叶型

叶脉间黄化，叶片边缘向上方弯卷，小叶扭曲、畸形，植株萎缩或丛生。

（5）坏死型

顶部叶片褪绿或黄化，叶片变小，叶面皱缩，边缘卷起，植株矮化，不定枝丛生；部分叶片或整株叶片黄化，产生黄褐色坏死斑，病斑呈不规则状，多从边缘坏死、干枯，病株果实呈淡灰绿色，有半透明状浅白色斑点透出。

2. 病原物

在我国，可引起番茄病毒病的病毒种类较多，包括番茄黄化曲叶病毒（TYLCV）、烟草花叶病毒（TMV）、黄瓜花叶病毒（CMV）、番茄花叶病毒（ToMV）、番茄褪绿病毒（ToCV）、番茄斑萎病毒（TSWV）等20多种病毒。其中，侵染范围较大，造成番茄产量损失严重的是番茄黄化曲叶病毒、番茄斑萎病毒。

（1）ToMV

ToMV主要引起花叶病，是烟草花叶病毒组（Tobamovirus）成员，在1971年前，业界一直认为ToMV和TMV是同一种病毒，直到1971年才把ToMV从TMV中拉出，划分为一种独立的病毒。ToMV是烟草花叶病毒组中与TMV关系最相近的一种病毒。ToMV与TMV在粒子形态大小、血清学、物理特性和传播方式等方面极为相似，但对鉴定寄主的反应有差异。ToMV存在明显的株系分化，已鉴定出4个株系，分别为0株系、1株系、2株系和1.2株系，各地不同株系出现的频率因不同抗性基因品种的推广而不同。

（2）CMV

CMV主要引起蕨叶病，该病毒寄主范围广，能侵染39科117种植物，除番茄外，辣椒、黄瓜、甜瓜、南瓜、莴苣、萝卜、白菜、胡萝卜、芹菜等蔬菜都能被害，还能危害多种花卉、杂草及一些树木。钝化温度$50\sim60℃$，稀释点为$10^{-4}\sim10^{-2}$，体外可存活$2\sim8$ d，不耐干燥。在指示植物心叶烟和曼陀罗上表现为系统花叶、畸形与蕨叶，在蚕豆和苋色藜上产生局部坏死斑。其可以由60多种蚜虫非持久性传毒，主要是桃赤蚜、萝卜蚜、棉蚜和甘蓝蚜等，19种植物可种传，至少有10种菟丝子属植物可传毒，容易以汁液接种传毒。

此外，ToMV与PVX复合侵染时还可产生条斑病，CMV与其他病毒复合侵染时可出现条斑病或花叶病。

3. 病害循环

番茄花叶病毒可以在多种植物上越冬，种子也带毒，成为初浸染源，主要通过汁液接触传染，只要寄主有伤口，即可侵入，附着在番茄种子上的果屑也能带毒。此外，土壤中的病残体、田间越冬寄主残体、田间杂草等均可成为该病的初侵染源。黄瓜花叶病毒主要由蚜虫传染，汁液也可传染，冬季病毒多在宿根杂草上越冬，春季蚜虫迁飞传毒，引起番茄发病。不同地区由于气候条件、栽培制度等因素存在明显差异，所以番茄病毒病的发病盛期也不尽相同。总的规律是：长江流域以北地区，6月中旬至7月下旬为第一个发病高峰期，9月下旬至11月为第二个高峰期，这一地区春季露地番茄面积大，秋季保护地番茄面积小。因此，以第一个发病高峰为主；长江流域以南各省由于茬口多，番茄播种时间拉得很长，发病高峰从5月中旬一直持续到9月中旬；广东、广西、海南等地冬季露地栽培也很重要，一年中有两个高峰，一般在6月中旬至7月中旬和12月中旬至翌年3月中旬。

4. 发病因素

（1）气候条件

一般温度达20℃时，病害开始发生；25℃时，病害进入盛发期。高温干旱非常有利于蚜虫的繁殖和有翅蚜的迁飞，加速了病毒病的传播蔓延，另外，也利于病毒的增殖及病害症状的表现。因此，高温干旱年份病毒病发生重。

（2）栽培管理

城郊老菜区发病一般比远离城区的菜区重。露地栽培比保护地栽培病害重。露地栽培的番茄中，一般以夏季番茄病害最重，秋番茄次之，春番茄再次之。施用过量的氮肥，会造成菜株组织生长柔嫩，降低植株的抵抗力，可加重病害。另外，春番茄定植期早的发病轻，定植期晚的发病重。番茄定植时苗龄过小，幼苗徒长，或果实膨大期缺水受旱，发病也较重。总之，一切有利于植株健壮生长的措施，都可减轻病害，反之则重。

（3）土壤

土壤中缺少钙、钾等元素，能助长花叶病的发生。条斑病在黏重而含腐殖质多的土壤中能较长期的保存毒力。土壤瘠薄、板结、黏重、排水不良、追肥不及时，番茄花叶病的发生常较重；反之，发病就轻。用硝酸钾作根外追肥，有减轻花叶病发生的现象。这可能是钾素被植株吸收后，提高了抗病力的缘故。

（4）品种

番茄品种对ToMV、CMV的抗性存在明显差异。20世纪80年代以来，我国育成了一批高抗ToMV-0株系、中抗CMV的品种，并在大部分省（自治区、直辖市）推广种植，病害显著减轻。但对ToMV-1、2、1.2株系，未有抗病品种问世，高抗CMV品种也缺乏。因此，病害仍很严重。番茄的整个生育期，可明显划分为抗病和感病两个阶段，植株第四层花结束进入坐果期，即进入抗病阶段，这是感病阶段和抗病阶段的临界期。采取各种措施，促使植株尽早进入抗病阶段，可减轻病害。

5. 防治

防治番茄病毒病，应采用以农业防治为主的综防措施。

（1）针对当地主要毒源，因地制宜选用抗病品种

抗病毒性较强的品种主要有：佳粉10号、冀番2号、东农703、苏粉1号、中蔬6号、中杂4号、早丰、强丰、满丝、双抗2号、西粉3号、浙杂9号、苏抗9号、毛粉802等，可根据不同的栽培时节合理选用。目前，育种者已将生物技术应用到番茄抗病育种工作，克服了番茄常规育种方法无法解决的问题。如将CMV的外壳蛋白基因导入优良的番茄品种中，转基因植株对CMV具有抗性，此抗性可稳定遗传。

（2）实行无病毒种子栽培生产

先用清水浸种3~4 h，再将种子放入10%磷酸钠溶液中浸30 min，捞出后用清水冲净，再催芽播种，或用0.1%高锰酸钾浸种30 min；定植用地要选用未种番茄或未发生番茄病毒病的田块，对曾发生番茄病毒病的田一定要进行深翻，促使带毒病残体腐烂，有条件的可施用石灰，促使土壤中病残体上的烟草花叶病毒钝化。

（3）实行轮作换茬

避免间套作和连作，减少和避免番茄病毒病土壤和残留物的传毒，减轻病毒病的发生；育苗地和栽植棚地应彻底清除带毒杂草，减少病毒病的毒源；推广配方施肥技术，喷施爱多收 6000 倍液，或植宝素 7500 倍液，以增强寄主抗病力。

（4）健苗栽培

一是适期播种，培育壮苗，苗龄适当，定植时要求带花蕾，但又不老化；二是适时早定植，促进壮苗早发，利用塑料棚栽培，避开田间发病期；三是中耕锄草，及时培土，促进发根，晚打杈，早采收，定植缓苗期喷洒万分之一增产灵，可提高对花叶病毒的抵抗力。

（5）早期防蚜虫、粉虱

育苗地和栽植地应尽早使用吡虫啉或高效大功臣喷药防治杂草、周边蔬菜上的带毒蚜虫、粉虱，杜绝蚜虫、粉虱等昆虫媒介传播，尤其是高温干旱年份更要及时喷药，减轻番茄病毒病的发生危害。

（6）药剂防治

防治病毒病的药剂，其防治效果一般在 50%～70%。因此，只能作为辅助措施。其药剂种类有：植病灵、NS‐83 增抗剂、病毒必克等。

（7）应用弱毒疫苗

人工化学诱变获得 ToMV 弱毒株系 N11 和 N14，并研制出弱毒疫苗推广应用。N14 可降低病情指数 30%～50%，增产 15%～20%，并对番茄晚疫病、早疫病和叶霉病也有一定的抑制作用。

五、线虫病害

（一）蔬菜根结线虫病

蔬菜线虫病害（vegetable root knot nematode）在我国各地菜区均有不同程度的发生，引起蔬菜病害的线虫包括根结线虫、肾形线虫、根腐线虫、螺旋线虫、矮化线虫、滑刃线虫等。但从危害程度来看，最为重要的是根结线虫，世界上几乎所有地区都有根结线虫。根结线虫包括南方根结线虫、花生根结线虫、爪哇根结线虫和北方根结线虫。随着保护地蔬菜栽培的迅速发展，根结线虫病的发生日益加重。几乎所有蔬菜种类均可受害，其中以番茄、菜豆、瓜类、胡萝卜和芹菜等受害较重，葱、蒜、韭菜等较轻。线虫除了直接危害蔬菜外，还能加重镰孢菌枯萎病等其他病害。

1. 症状

根结线虫病主要危害根部，以侧根和须根较易受害，被害植株的根部形成大小不一、形状不同的瘤状物，即根瘤或根结，其大小因寄主和根结线虫的种类不同而异，最小的根结肉眼可见，呈微肿状，较大的如蚕豆大小甚更大，有时数个根瘤成串珠状。轻病株症状不明显，植株生长略为缓慢，叶片较小。重病株明显矮化，叶片褪绿，结果少而小，温度高时中午萎蔫，晚间又可暂时恢复正常，随着病情的进一步发展，植株因萎蔫不能恢复而枯死。拔出地下根部，可见侧根、须根上形成许多大小瘤状虫瘿，表面粗糙，浅黄褐色或深褐色。瘤状物内部有很小的乳白色小梨状雌虫。一般在根结上可生出细弱新根，再侵染后形成根结状瘤肿。

2. 病原物

病原物为根结线虫 *Meloidogyne* spp.，异皮科根结线虫属。主要种类有南方根结线虫 *M. incognita*（Kofoid et White）Chitwood、爪哇根结线虫 *M. javanica*（Treub）Chitwood、花生根结线虫 *M. arenaria*（Neal）Chitwood 和北方根结线虫 *M. hapla* Chitwood。其中，分布最广的为南方根结线虫，其次是爪哇根结线虫和花生根结线虫，而北方根结线虫主要分布在北部地区。

根结线虫雌雄异形(图 9-11)。雌虫固定寄生在根内,呈梨形、卵形或柠檬形,乳白色,体表薄,环纹明显。阴门位于虫体末端,呈裂缝状,肛门和阴门周围的角质膜形成的会阴花纹是对其进行分类的重要依据。

南方根结线虫会阴花纹背弓较高,由平滑至波浪形的线纹组成,有些线纹在侧面分叉,但无明显侧线。爪哇根结线虫会阴花纹具有一个圆而扁平的背弓,侧区有明显的侧线。花生根结线虫会阴花纹圆形至卵圆形,背弓扁平至圆形,弓上的线纹在侧线处稍有分叉,并常在弓上形成肩状突起,背面和腹面的线纹常在侧线处相遇,并呈一个角度。北方根结线虫会阴花纹近圆形的六边形至扁平的卵圆形,背弓扁平,背腹线纹相遇呈一定的角度,或呈不规则变化,但侧线不明显,有些线纹可向侧面延长形成 1 或 2 个翼。雄虫是线状,无色透明,体表环纹清楚,侧线 4 条,主要生活在土中。

4 种根结线虫生长发育对温度的要求略有差异:南方根结线虫最适温度为 27℃,爪哇根结线虫为 25℃,花生根结线虫为 25~28℃,北方根结线虫为 20~25℃。北方根结线虫的耐寒性最强,卵块在 0℃ 时可存活 90 d,幼虫在 0℃ 时 16 d 仍具有侵染力,而南方根结线虫在 0℃ 时仅 7 d 就丧失侵染能力。在不同温度条件下,线虫完成一个生活史需 20~60 d。南方根结线虫在最适温度时,完成一代需 17~25 d,而在低温 15℃ 时则需要 57 d 左右。

根结线虫寄主范围极广,南方根结线虫的寄主植物达 2000 多种。根结线虫的致病性分化也较明显,除爪哇根结线虫种外,其他几个种均有分化。南方根结线虫有 4 个小种,花生根结线虫有 2 个小种,北方根结线虫分为 A 小种和 B 小种。

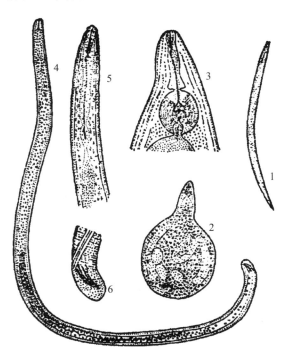

图 9-11 根结线虫形态
1.2 龄幼虫 2.雌虫 3.雌虫前端 4.雄虫 5.雄虫前端 6.雄虫尾部

3. 病害循环

该属线虫以 2 龄幼虫和卵在土壤和病部残体中越冬。越冬后的或由卵孵出的 2 龄幼虫都从嫩根部分侵入。侵入根后,定居不动刺激细胞增生形成根结,然后经过 3 次蜕皮发育为成虫,雌雄成虫交尾后,雄虫就离开根,进入土里,寻找下一段寄生根。根据雌虫位置,卵可产于根组织内部或外部。卵可立即孵化,也可越冬后孵化。孵化后的 2 龄幼虫可以在同一根上引起再侵染,也可再侵染同一植株

其他根，或侵染其他植株。

4. 发病因素

（1）耕作制度

感病寄主连作年限越长，病害越重。保护地蔬菜根结线虫病发生重，与同一田块连作种植感病寄主植株有直接关系。发病地如长期浸水4个月，可使土中线虫全部死亡。

（2）土质和地势

根结线虫是好气性的，凡地势高、含水量少、结构疏松、含盐量低、酸碱度为中性的沙质土，均适宜于线虫的活动，因而发病重。潮湿黏重、结构板结的土壤不利于线虫的生长与繁殖，故发病轻。

（3）耕翻

根结线虫的虫瘿多分布在表层下20 cm的土中，深层土壤不适于线虫的生活，如将表层土壤深翻后，大量虫瘿从上层翻到底层，可以减少甚至消灭一部分越冬虫源。

（4）温度

土壤温度主要影响线虫越冬和发生危害的时间。若翌春气温回升早，则线虫病害发生早。温度适宜时，在作物一个生长季节中，线虫可发生5～6代。我国南方地区温度高，病害一般重于北方地区。保护地比露地土壤升温早，线虫初侵染时间提前，繁殖世代数增加，田间虫口密度在短短几个生长季节内就可积累至可引起严重危害的水平，这是保护地蔬菜根结线虫病发生比露地重的另一重要原因。

5. 防治

"抵御线虫于种苗之外，防线虫于侵染之前，治线虫于定植之初，止线虫于繁殖之前"，这是防治根结线虫的一条主要原则，采取的措施有以下几种。

（1）抗病品种

使用抗、耐病品种是最经济的防治措施。国外已培育出对根结线虫具抗性的番茄、大豆和茄子等作物品种。国内引进的番茄品种瑞光、瑞星和Nematex等对根结线虫均有中等抗性。

（2）选用无病土育苗

采用无线虫病的土壤育苗或播种前用药剂处理土壤，培育无病苗，严防定植病苗，是防治线虫病危害的重要措施。

（3）轮作

轮作能使病情显著减轻，以水旱轮作效果最好。因为线虫在淹水状态下不侵染植物，淹水数月之后，绝大多数线虫会死亡。在冬季低温条件下，线虫处于休眠状态，故淹水防治线虫的效果较差。

（4）清除病残体

收获前应彻底清除病残体，将埋在土层内的须根全部挖出，并将其深埋或烧毁，禁止用来沤肥，这是减轻病害的有效途径。

（5）深翻土壤

鉴于线虫多分布在5～20 cm的土层内活动的特点，可采取深翻土层，将大部分线虫翻到深层，可有效减轻病害。

（6）热力处理

温水处理携带线虫的植物材料也是一种有效的防治技术。在约50℃的温度下，线虫的代谢活动基本停止，直至死亡。在盛夏季节，将塑料薄膜覆盖在潮湿土壤上，太阳能使土壤升温，杀死土壤中的线虫、病原菌和杂草种子。若用吸光能力强的黑色薄膜覆盖，则杀伤效果最好。也可用高温稻草或花秸消毒，具体步骤为：先将棚里的土深翻，翻完以后再在土上均匀撒杂碎的稻草或花秸；把生石灰用水起开后也均匀散在稻草或花秸上，翻耕30 cm左右，然后将地浇透水以后再在地面上附上薄膜，把大棚的棚膜封严,密闭 15～20 d。这样能使地温升到 55℃ 以上,就可以杀死线虫。

（7）药剂防治

可用 1.8％阿维菌素乳油、10％噻唑膦颗粒剂（福气多）、41.7％氟吡菌酰胺悬浮剂（路富达）进行撒施、沟施、穴施。杀线虫剂均有一定的毒性,使用时应注意防护,并应防止对植物产生药害。

六、蔬菜其他部分病害

蔬菜其他部分病害的病原物、症状、发病规律及防治见表 9-1。

表 9-1　蔬菜其他部分病害

病名	症状	发病规律	防治
十字花科蔬菜菌核病 *Sclerotinia sclerotiorum* (Lib.) de Bary	幼苗期至成株期均可受害。病斑水渍状,淡褐色,迅速腐烂。病部产生白色絮状菌丝,后期产生黑色鼠粪状菌核,无臭味。茎部病斑水渍状,由浅褐色变白色,稍凹陷,潮湿时,病部长有白色絮状菌丝,最后茎秆腐烂呈纤维状,茎内中空,内有黑色鼠粪状菌核	病菌以菌核在土壤中或混杂于种子间越冬或越夏,至少可存活 2 年,成为病害的初侵染源。一般越冬的有效菌核数量越多,发病越重。十字花科作物连作,偏施氮肥,发病重。生长季节雨水过多,易诱发病害	①从无病株上采种;②播种前,用 10％盐水选种,汰除菌核;③消灭土中菌核;④与禾本科作物实行隔年轮作;⑥改善植株通风透光性;⑦合理施肥,提高植株抗病能力;⑧发病初期,可喷药保护,有效药剂有菌核净、多菌灵、甲基硫菌灵、速可灵等
十字花科蔬菜黑斑病 *Alternaria brassica* (Berk.) Sacc.	叶片病斑圆形灰褐色,有或无同心轮纹。茎、叶柄病斑梭形,暗褐色凹陷。潮湿时,病部均产生黑霉层（分生孢子梗和分生孢子）	侵染多种十字花科作物,以白菜上更为常见。病菌在种子、病残体、土壤中越冬。风雨传播,气孔或直接侵入。高湿度加重发病	①0.4％福美霜拌种;②与非十字花科作物轮作;③喷药防治。药剂有:百菌清、世高、扑海因、多菌灵等,隔 7～10 d 天喷 1 次,连续喷 2～3 次
十字花科蔬菜炭疽病 *Colletotrichum higginsianum* Sacc.	危害叶片和叶柄。叶片病斑圆形,边缘褐色隆起,中间灰白色,半透明,易穿孔。叶柄病斑纺锤形,褐色凹陷。潮湿时,病部产生红色黏状物	菌丝体或分生孢子在病残体和种子上越冬。雨水传播,多雨发病重。	①种子消毒;②适期喷药,有效药剂有甲基托布津、多菌灵、施保功等,隔 7 d 喷 1 次,连续喷 2～3 次
十字花科蔬菜白锈病 *Albugo candida* (Pers.) Kunfze	主要危害根部叶片,还可危害留种株的花轴和花器。叶片正面病斑黄绿色,背面为白色有光泽的隆起疱斑,破裂后散出白色粉末。茎、花受害后,肥肿畸形,上生白色疱斑,常与霜霉病并发	病菌以菌丝或卵孢子随病残体在土壤中或附着在种子表面越冬。条件适宜时,卵孢子萌发侵入叶片。孢子囊主要借气流传播进行再侵染。低温、多雨高湿有利于发病。地势低洼、排水不良的田块病重	①收获后及时清除病残体;②开沟排水,降低田间湿度;③重病田与非十字花科作物轮作;④发病初期喷洒甲霜灵,或 58％甲霜灵锰锌,或 64％杀毒矾等药剂。隔 10～15 d 喷 1 次,防治 1～2 次。
十字花科蔬菜根肿病 *Plasmodiophora brassicae* Woron	主要危害根部。发病初期病株生长迟缓,矮小,叶色淡绿无光泽,如缺水症状,严重时全株枯死。根部形成大小不等的,纺锤形、手指形或不规则形的肿瘤。肿瘤初期表面光滑,后变粗糙龟裂,易腐烂发臭	病菌以休眠孢子囊随病残体在土壤中和未腐熟的厩肥中越冬。休眠孢子囊萌发产生游动孢子,从根毛或幼根侵入寄主表皮细胞,发育成变形体扩展蔓延。连作田、土壤偏酸性的田块发病重	①严禁从病区调运种苗和蔬菜至无病区;②与非十字花科蔬菜轮作 4～5 年;③于播种前 10 d,适当增施石灰,调节酸性土壤至微碱性,或用 15％石灰乳浇根部,也可用硫菌灵和多菌灵等灌根

续　表

病名	症状	发病规律	防治
十字花科黑胫病 *Phoma lingam* (Todeex Fr.) Desm.	叶片病斑圆形或不规则,中央灰白色,边缘淡褐色,散生小黑点,茎部病斑延长条形,紫褐色,可延伸到根部,使根部腐烂,地上部萎蔫	病菌可在种子、土壤、田间寄主或病残体内越冬。主要是雨水、灌溉水传播。潮湿多雨或雨后病重	①温汤浸种,轮作,选无病田作苗床,防止带病移栽;②发病初期喷 75%百菌清可湿性粉剂 600 倍液
番茄枯萎病 *Fusarium oxysporum* f. sp. *lycopersici* (Sacc.)Snyder et Hansen	叶片变黄、变褐干枯,植株易萎蔫,茎秆、叶柄维管束变为褐色。湿度大时,茎基部产生粉红色霉层	菌丝体或厚垣孢子随病残体在土壤中越冬,菌丝也可在种子内越冬。水流、农事操作传播。连作田、土壤线虫多的田块病重	①选用抗病品种,水旱轮作,种子消毒;②用苯来特或多菌灵药液灌根,每隔 10 d 左右灌 1 次,连续灌 3～4 次
番茄脐腐病 (生理性病害)	发生于幼果脐部。病部黑色,组织崩溃收缩。病斑处扁平状,略凹陷。病果皮柔韧坚实,潮湿时,常有微生物腐生	缺钙和水分供应失调是诱发病害的主要因素。植株不能从土壤中吸收足够的钙素,或因生长旺盛阶段供水骤然不足而发病	加强管理,注意施钙和供水,使植物体内水分保持平衡
茄绵疫病 *Phytophthora parasitica* Dast	主要危害果实。病部凹陷,黄褐色,高湿时,密生白色絮状菌丝,果肉变黑腐烂,易脱落	卵孢子随病残体在土中越冬。风雨传播。多雨、灌溉不当病重	①选用抗病品种,降低田间湿度;②用甲霜灵、瑞毒霉锰锌、杀毒矾、乙膦铝、霜脲锰锌、普力克等药剂喷雾防治
茄褐纹病 *Phomopsis vexans* (Sacc. et Syd.) Harter	危害果实为主。果实病斑近圆形,褐色,稍凹陷,病部出现同心轮纹,其上产生许多小黑点。幼茎上产生褐色、梭形、略凹陷病斑,病苗猝倒或立枯。成株期茎上产生灰白色溃疡斑,后期显露木质部。叶片病斑椭圆形,边缘灰褐色、中部灰白色,易破裂和穿孔	病菌主要在病残体、种皮内部、种子表面越冬,病苗及茎部溃疡上产生的分生孢子是再侵染的来源。病菌主要以分生孢子借风雨、昆虫和田间操作传播。果实上部花萼处最易受害,病菌往往由萼片侵入果实	①选用抗病品种;②设无病留种田,用无病株采种;③苗床灭菌;④重病区采取 3～5 年轮作;⑤药剂防治:发病初期,用 70%甲基托布津 600 倍液,或 65%福美锌 500 倍液,或 70%代毒锰锌 500 倍液喷雾
茄黄萎病 *Verticillium dahliae* Kleb	茄子黄萎病多自下而上或从一边向全株发展。叶片初在叶缘及叶脉间变黄,后发展至半边叶片或整片叶变黄,早期病叶晴天高温时呈萎蔫状,早晚尚可恢复,后期病叶由黄变褐,终致萎蔫下垂以至脱落,维管束变褐	病菌以菌丝体、厚垣孢子和微菌核在土壤中越冬,是主要的初侵染源。翌年,病菌菌丝体从根部侵入。风雨、水流和田间操作传播	①选用无病种与种子处理;②与非茄科作物实行 4 年以上轮作;③用野生茄作砧木嫁接防病;④药剂防治,有效药剂有多菌灵、苯菌灵、琥胶肥酸铜(DT)等
辣椒炭疽病 *Colletotrichum capsici* (Sydow) Butler et Bisby, *Colletotrichum gloeospoides* (Penz.) Penz. & Sacc.	以果实受害重,病斑圆形或不规则形,凹陷,可有同心轮纹,上有许多小黑点,微隆起,病斑易破裂。潮湿时,有红色黏状物渗出	分生孢子、菌丝体在种子内或病残体内越冬。雨水、昆虫传播。多雨和管理不当病重	①选用抗病品种,种子消毒;②发病初期,用多菌灵或代森锰锌或甲基托布津喷洒叶面,7 d 喷 1 次,连喷 2 次

病名	症状	发病规律	防治
马铃薯晚疫病 *Phytophythora infestans*（Mont.）de Bary	叶部病斑多从叶尖叶缘开始，初呈水渍状褪绿斑，扩展后病斑呈暗褐色，病健交界处不明显。潮湿时，边缘长出一圈白霉，叶背长有茂密白霉。后期叶片发黑、萎蔫，发病重的全株枯死。叶柄和茎部病斑为褐色条斑，表面生有白霉	病菌以菌丝体在病薯上越冬。播种后，病菌先侵染幼芽。病幼芽上长出孢囊梗和孢子囊，后危害幼茎、叶片，形成中心病株。中心病株上产生孢子囊，随气流、雨水和昆虫等传播进行再侵染	①选育和利用抗病品种；②建立无病留种地，选用无菌种薯，或进行种薯消毒；③选择排水良好的砂壤土种植，合理灌溉；④马铃薯进入初花期，大田出现中心病株以后，立即采用瑞毒霉、薯瘟消、百德富等新药进行喷雾防治晚疫病
马铃薯环腐病 *Clavibacter michiganensis* subsp. *sepedonicus*（Spieckermann et Kotthoff.）Davis et al.	植株萎蔫或叶片斑驳，叶尖干枯向内卷曲，薯块剖面维管束变为乳黄色	病菌在种薯内越冬。伤口接触传染。延长生育期会加重发病	①选用无病留种和无病种薯；②薯块切口消毒，或整薯播种
黄瓜霜霉病 *Pseudoperonospora cubensis*（Berk. Et Curt.）Rostov	子叶染病，叶面均匀黄化，叶背面可见黑色霉层。真叶染病，病斑被叶脉分隔，呈多角形病斑，后病部黄化，湿度大时，病部叶背面有黑褐色霉层。该病在同一植株由下至上发病，新叶很少感病	南方冬季气温较高的地区或冬季在温室和大棚内栽培黄瓜的地区，病菌在病叶上越冬或越夏；在冬季寒冷的北方地区，病菌越冬困难。该病主要侵害功能叶片	①选用抗病品种；②加强栽培管理、控制田间湿度；③药剂防治，可用甲霜灵、杀毒矾、普力克、甲霜铜、加瑞农等药剂喷雾
黄瓜蔓枯病 *Mycosphaerella melonis*（Pass.）Chiu et Walk.	主要危害瓜蔓。病蔓近节部呈褪色油浸状，并分泌黄白色流胶，干燥后呈红色褐色，病部干枯，其上散生小黑点	病菌以分生孢子器、子囊壳附在病残体、棚架材料上越冬。雨水传播。湿度大病重	①实行轮作，发病初期去除病蔓并烧毁；②75%百菌清可湿性粉剂600倍液或50%多菌灵可湿性粉剂500倍液喷雾防治
瓜类病毒病 Cucumber mosaic virus Melon mosaic virus	叶片花叶、斑驳并伴有皱缩、变小、变硬等症状。果实出现褪绿斑并有扭曲状或肿瘤状畸形	病毒在田间寄主或杂草上越冬。蚜虫或田间操作传播。温度高、日照强、缺水、缺肥，病害重；蚜害重，病害也重	①甜瓜种子可带毒，播种前可用60～62℃热水浸10 min；②清除杂草，防治蚜虫
豇豆锈病 *Uromyces vignae* Barcl.，*Uromyces vignae-sinensis* Miura	主要危害叶片。叶片出现黄褐色夏孢子堆，表皮破裂，散出红褐色粉末（夏孢子）。常在一个夏孢子堆周围产生许多夏孢子堆，围成一圈，其外围有黄晕。后期产生黑色冬孢子堆	冬孢子或夏孢子随病残体越冬。气流传播。高温高湿、田间通风不良、早晚重露多雾易诱发病害	①清除田间病残体；②实行轮作；③发病初期，撒施适量的硫黄粉或3∶1混合的硫黄粉和石灰粉，或用三唑酮、萎锈灵、腈菌唑喷雾
莴苣霜霉病 *Bremia lactucae* Regel	主要危害叶片。叶片正面病斑多角形，黄褐色，叶背有白色霉层。病斑愈合，叶片干枯死亡	卵孢子在病残体上或菌丝在秋播莴苣体内越冬。气流传播，高湿时，发病重	①加强管理，清除病残体；②用瑞毒霉、霜脲锰锌、霜霉威酸盐喷雾

续 表

病名	症状	发病规律	防治
菜豆细菌性疫病 *Xanthomonas axonopodis* pv. *phaseoli*(Smith) Vauterin	叶片上病斑半透明,周围有黄色晕环并有菌浓。成株期茎部病斑,红褐色、长条形、稍凹陷,略呈溃状。豆荚上病斑初呈暗绿色油浸状斑点,后为红色,最后变为褐色,常有淡黄色的菌脓	病菌在种子内、病残体上越冬。病菌为害子叶及生长点,并产生菌脓,经由风雨、昆虫传播,从植株的气孔、水孔及伤口等处侵入	①选用无病种子和种子处理;②与非豆科蔬菜轮作2年以上;③加强田间管理;④初发病时,可喷波尔多液(1∶1∶200),每隔7~10 d喷1次,连续喷2~3次

第二节 重要螨类

蔬菜(包括食用菌)上的害螨至少有40种,以茄科、葫芦科和豆科蔬菜受害为重,此外,莴苣、苋菜、菠菜及百合科蔬菜也常受螨类的危害。主要害螨种类包括茶黄螨 *Polyphagotarsonemus latus*(Banks)(跗线螨科)、朱砂叶螨 *Tetranychus cinnabarinus*(Boisduval)、截形叶螨 *T. truncates* Ehara、二斑叶螨 *T. urticae* Koch(又称棉叶螨)、土耳其斯坦叶螨 *T. turkestani* Ugarov et Nikolski、神泽氏叶螨 *T. kanzawai* Kishida(叶螨科)、卵形短须螨 *Brevipalpus obovatus* Donnadieu(细须螨科)、番茄刺皮瘿螨 *Aculops lycopersici*(Massee)(瘿螨科)等。其中,茶黄螨和朱砂叶螨是发生最为普遍,危害最为严重的两种蔬菜害螨。现以茶黄螨为例介绍如下。

茶黄螨(tea yellow mite),也称侧多食跗线螨、茶跗线螨、黄蜘蛛、白蜘蛛。寄主种类有很多,据华中农业大学调查,蔬菜区的寄主植物包括27科56属63种。茄子、辣椒、番茄、马铃薯、黄瓜、丝瓜、菜豆、豇豆、大豆、扁豆、萝卜、芹菜和苋菜等蔬菜都受其危害,特别是温室栽培的茄子、辣椒和黄瓜受害更重。茶黄螨主要以幼螨和成螨刺吸植物的汁液。茄子受害后,叶片僵硬,叶背呈灰褐色,油浸状,叶缘向下卷曲,花蕾被害,严重者不能开花、坐果,大多在幼果脐部变成淡黄色至黄色,果皮木栓化或龟裂成开花馒头状,种子裸露,味苦。黄瓜生长点受害,轻度时,叶片张开缓慢、增厚,浓绿皱缩;严重时,瓜蔓顶部叶片变小变硬,叶缘向下翻卷,新叶不发,植株生长停滞,叶片变浓绿,植株嫩茎扭曲变形,甚至生长点变暗褐色而枯死。

一、形态特征

各虫态形态特征(图9-12)如下:

【成螨】体初期淡黄色半透明,以后逐渐加深至橙黄色。雌螨体长约0.21 mm,椭圆形,体较宽阔,腹部末端较平,足4对较短,第4对纤细,跗节末端有1根鞭状端毛和亚端毛。雄螨体近菱形,长约0.17 mm,足4对,较长而粗壮,第4对足腿节粗大,末端内缘有一爪状突及1根粗壮的毛,胫节和跗节愈合成胫跗节,其上有1根很长的鞭状毛。

【卵】扁平椭圆形,紧贴在叶面,长约0.1 mm,无色透明。卵面有5~6行纵向排列的白色瘤突,每行6~7个,呈菠萝状。

【幼螨】椭圆形,长约0.12 mm,乳白色半透明,足3对。

【若螨】长椭圆形,两端较尖,长约0.16 mm,淡黄色半透明,足4对,但无活动能力,由雄成螨携带活动。

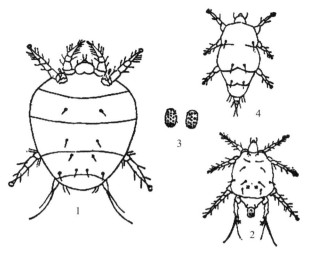

图 9 - 12　茶黄螨
1. 雌成螨　2. 雄成螨　3. 卵　4. 幼螨

二、生物学与生态学特性

年发生 20～30 代,因地而异。在豫北露地可发生 9～14 代,温室内还可发生 4～6 代。以成螨在土缝、杂草根际越冬。冬暖地区和北方温室内可周年繁殖危害,世代重叠现象严重。在京、津及以北地区露地不能越冬,次年春季的虫源来自温室。在华中地区,越冬螨于 4 月中下旬开始扩散危害,5 月中下旬即可在茄子、辣椒上出现被害症状,6—7 月上旬为虫口的急增期,6 月下旬至 9 月中旬为盛发期,7—8 月为发生高峰期,9 月下旬后虫口逐渐减少,12 月进入越冬状态,或在温室内继续危害。

茶黄螨趋嫩性强,成螨和幼螨多在植株的幼嫩部位,尤其喜欢在嫩叶的背面栖息取食。成螨较为活跃,尤其是雄成螨,有携带雄成螨向植株上部幼嫩部位迁移的习性。被雄螨携带的雌若螨在雄成螨体上蜕皮 1 次变为成螨后,即与雄螨交配。卵多散产于嫩叶背面和果实的凹洼处。每雌一生可产卵 40～100 粒,一日可产卵 4～9 粒。雌螨以两性生殖为主,也可以孤雌生殖。但孤雌生殖的后代发育为雄螨,且卵的孵化率低。卵经 2 d 左右孵化;初孵幼螨不太活动,常在卵壳周围取食;幼螨经 2 d 左右变为若螨,若螨期 1 d,静止不动,在幼螨表皮下完成。茶黄螨生活周期短,在温暖潮湿的环境下,繁殖速度更快。完成 1 代在 25℃ 左右只需 12.8 d,30℃ 下只需 10.5 d。发育起点温度为 11～12℃。适宜温度为 13～31℃,最适温度为 16～23℃,温度超过 30℃,雌螨生育力开始下降,且卵的孵化率、幼螨和成螨的成活率下降。成螨对湿度的要求不是很高,相对湿度在 40% 也可保持正常生长、生活和繁殖;但幼螨的发育和卵的孵化要求相对湿度在 80% 以上,否则就会造成大量死亡。茶黄螨远距离传播主要靠人为携带或气流飘移,近距离扩散主要靠其自身的爬行。田间发生初期有明显的点片阶段。在茄子、辣椒、豇豆上均呈聚集分布。虫口密度在茄子和豇豆上的排序是:中部＞上部＞下部,在辣椒上的排序则是:上部＞中部＞下部。

三、防治方法

(一)农业防治

温室栽培蔬菜时,在扣棚前铲除四周和棚内杂草,除净前茬根茬及残枝落叶,并进行杀螨处理,避免人为带入虫源。在茬口搭配上,应避免茄子与黄瓜或豇豆的连作。在植株生长后期,摘除的带虫的

幼花、幼果和枝杈要及时带出温室进行处理。

在白天温室内温度可达 34～35℃ 的地方,每天可在 34℃ 以上的温度保持 2～3 h,同时设法降低温室内的相对湿度到 50%～60%,如采用地膜覆盖、滴灌或膜下暗灌,可以减少卵的孵化,抑制幼螨的发育。

（二）药剂防治

防治茶黄螨要早,尽可能将其控制在点片发生阶段。每叶有虫或卵 2～3 头,田间卷叶株率达到 0.5%～1% 时,即可用药防治。喷药的重点是:作物生长点和幼嫩部位、叶背,对茄子和辣椒还应注意在花器和幼果上喷药。每公顷可用 35% 复方浏阳霉素、35% 杀螨特乳油 750 mL,25% 灭螨猛、50% 三环锡可湿性粉剂 500～750 g,48% 乐斯本乳油 250～500 mL,1.8% 虫螨光乳油、73% 克螨特乳油、5% 尼索郎乳油、20% 灭扫利乳油、15% 哒螨灵乳油 375 mL,15% NC‐129 乳油 185～375 mL,35% 蚜螨灵乳油 250 mL,50% 硫悬浮剂 1.5～4 kg,加水 750 L 喷雾。在密闭的温室内,也可每公顷用 80% 敌敌畏乳油 3.75～6 kg 熏蒸,可杀死若螨和成螨。

第三节　重要害虫

一、蚜虫类

危害蔬菜的蚜虫种类有很多,据上海地区初步调查统计有 16 种。主要的有危害十字花科蔬菜的桃蚜(green peach aphid)*Myzus persicae* (Sulzer)(也称烟蚜、桃赤蚜)、萝卜蚜(mustard aphid)*Lipaphis erysimi* (Kaltenbach)和甘蓝蚜 *Brevicoryne brassicae* (L.);危害瓜类的瓜蚜 *Aphis gossypii* Glover(也称棉蚜);危害豆类的大豆蚜 *Aphis glycines* Matsumura、豆蚜 *Aphis craccivora* Koch(也称花生蚜、苜蓿蚜)、棉长管蚜 *Acyrthosiphon gossypii* Mordviko、豌豆蚜 *Acyrthosiphon pisum* (Harris);危害莴苣的莴苣指管蚜 *Uroleucon formosanum* (Takahashi)等。这些蚜虫均属半翅目、蚜科,分布地域广,有的是世界性害虫。但优势种因地区、季节和作物而异,如危害十字花科的 3 种蚜虫,在南方地区(如浙江)主要是桃蚜和萝卜蚜,5—11 月前后萝卜蚜的数量比例较高,其他月份则以桃蚜的数量比例较高。据记载,危害豆类的棉长管蚜在我国只在新疆、甘肃有分布,大豆蚜则以偏北方大豆产区分布为主。蚜虫有全周期型、不全周期型之分,全周期型的蚜虫有冬寄主、夏寄主之分,冬季以卵越冬,如棉蚜;也有兼具全周期型和不全周期型的,或在南方地区可全年危害,无越冬现象的,如桃蚜和萝卜蚜。蚜虫对蔬菜的危害可分直接危害和间接危害。直接危害是蚜虫以成虫和若虫刺吸植株汁液,造成叶片褪绿、变黄、萎蔫,甚至整株枯死。间接危害是其排泄物(蜜露)可诱发霉污病的发生,影响叶片的光合作用,更重要的是还能传播多种蔬菜病毒病。现以危害十字花科蔬菜的桃蚜和萝卜蚜为例作介绍。

（一）形态特征

1. 桃蚜

形态特征(图 9‐13)如下:

【有翅胎生蚜】体长约 2.2 mm,头、胸部黑色,额瘤明显,向内倾斜。触角较体短,除第 3 节基部淡黄色外,均为黑色,仅第 3 节有感觉圈 9～11 个,在外缘排列成 1 行。翅透明,翅脉微黄。腹部淡绿色,背面有淡黑色的斑纹,各节间斑明显。腹管长,为尾片的 2.3 倍,圆筒形,向端部渐细,有瓦纹。尾片圆锥形,具有 3 对侧毛。

【无翅胎生蚜】体长 2 mm,卵圆形。体呈绿、黄绿、橘黄或赤红色,有光泽。额瘤显著,内倾。触角较体短,第 3 节无感觉圈。腹管、尾片与有翅胎生蚜相似。

2. 萝卜蚜

形态特征(图 9-14)如下:

【有翅胎生蚜】长卵形。长 1.6～2.1 mm,宽 1.0 mm。头、胸部黑色,腹部黄绿色至绿色,腹部第 1、2 节背面及腹管后有 2 条淡黑色横带(前者有时不明显),腹管前各节两侧有黑斑,身体上常被有稀少的白色蜡粉。触角第 3 节有感觉圈 21～29 个,排列不规则;第 4 节有 7～14 个,排成 1 行;第 5 节有 0～4 个。额瘤不显著。翅透明,翅脉黑褐色。腹管暗绿色,较短,中后部膨大,顶端收缩,约与触角第 5 节等长,为尾片的 1.7 倍。尾片圆锥形,灰黑色,两侧各有长毛 4～6 根。

【无翅胎生蚜】卵圆形。长 1.8 mm,宽 1.3 mm。黄绿至黑绿色,被薄粉。额瘤不明显。触角较体短,约为体长的 2/3,第 3、4 节无感觉圈,第 5、6 节各有 1 个感觉圈。胸部各节中央有一黑色横纹,并散生小黑点。腹管和尾片与有翅胎生蚜相似。

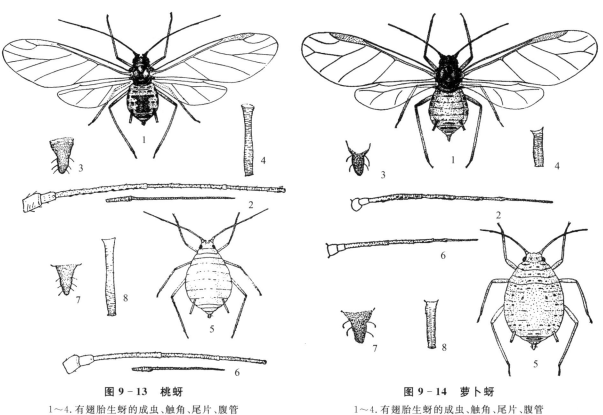

图 9-13　桃蚜
1～4. 有翅胎生蚜的成虫、触角、尾片、腹管
5～8. 无翅胎生蚜的成虫、触角、尾片、腹管

图 9-14　萝卜蚜
1～4. 有翅胎生蚜的成虫、触角、尾片、腹管
5～8. 无翅胎生蚜的成虫、触角、尾片、腹管

(二)生物学与生态学特性

这两种蚜虫的寄主多,桃蚜的寄主全世界已记录的有 350 余种,除为害十字花科蔬菜外,还为害菠菜,茄科的马铃薯、茄子、番茄,黎科、蔷薇科植物;萝卜蚜的寄主已知有 30 余种,除十字花科外,也可为害莴苣。

桃蚜、萝卜蚜在江淮流域以南十字花科蔬菜上常混合发生,秋季 9—10 月是一年中的危害高峰期。年发生代数多,10～30 代,因地而异,全年以孤雌胎生方式繁殖,无明显越冬现象。但在北方地区

的冬季,萝卜蚜也可发生无翅的雌、雄性蚜,交配后在菜叶背面产卵越冬,亦有部分成、若蚜在菜窖内越冬或在温室中继续繁殖,在夏季无十字花科蔬菜的情况下,则寄生在十字花科杂草蔊菜 *Rorippa montama*(Wall.)Small 上。桃蚜则以成蚜在靠近风障下的菠菜菜心里和接近地面的主根上越冬,也可在菠菜菜心里及随收获的秋菜进入菜窖内在大白菜上产卵越冬。

这两种蚜虫均有有翅型和无翅型之分。无翅型蚜虫产仔数较有翅型蚜虫多。蚜虫的危害从春菜到秋菜、秋菜到冬菜、田块到田块,主要靠有翅型蚜虫的迁飞扩散。在迁飞扩散过程中,蚜虫能传播多种蔬菜病毒病,所传播的病毒多数为非持久性病毒,这类病毒在植株内分布较浅,蚜虫只需短时间的试探取食就可获毒、传毒,速度很快。有翅蚜对黄色有正趋性,而对银灰色则有负趋性。具趋嫩的习性,常聚集在十字花科蔬菜的心叶及花序上危害。

桃蚜有翅型和无翅型的发育起点温度分别为 4.3℃ 和 3.9℃,自出生至成蚜的有效积温分别为 137 日度和 119.8 日度,种群增长的温度范围为 5～29℃。在 16～24℃,数量增长最快。若温度高于 28℃ 则对其发育和数量增长不利。温度自 9.9℃ 上升至 25℃ 时,平均发育期由 24.5 d 降至 8 d,每天平均产蚜量由 1.1 头增至 3.3 头,但寿命由 69 d 减至 21 d。

萝卜蚜有翅型和无翅型的发育起点温度分别为 6.4℃ 和 5.7℃,自出生至成蚜的有效积温分别为 116 日度和 111.4 日度,种群能增长的温度范围为 10～31℃,适宜繁殖的为 14～25℃,相对湿度为 75%～80%。当旬平均温度在 30℃ 以上或 6℃ 以下、相对湿度小于 40% 时,会引起蚜量的迅速下降。在旬平均温度高于 28℃ 和相对湿度大于 80% 的情况下,亦会引起蚜量下降。据报道:在 9.3℃ 时,仔蚜—成蚜的发育期为 17.5 d;27.9℃ 时为 4.7 d。每头雌虫平均能产仔蚜 60～100 头,最多可产 143 头。

萝卜蚜比桃蚜对温度的适应范围更广也更耐高温,但桃蚜比萝卜蚜更耐低温。两种蚜虫在一年中不同季节发生的数量比例不同,5—11 月,萝卜蚜的数量比例较高,其他月份则桃蚜的数量比例较高。

夏季雨量大,可促进病原菌对蚜虫的寄生,此外大雨对蚜虫还有机械冲刷作用。如在 9 月上旬出现暴雨,能直接抑制蚜量上升,压低虫口的基数,使蚜量高峰推迟出现,高峰期的蚜量亦显著减少。

蔬菜蚜虫的天敌种类有很多,作用较大的有蚜茧蜂 *Diaeretiella rapae* Mintosh、*Ephedrus* spp.、*Aphidius* spp.、草蛉 *Chrysopa* spp.、食蚜蝇 *Syrphus* sp.,以及多种肉食性瓢虫和天敌微生物蚜霉菌等。田间天敌数量的多寡能直接影响蚜量的消长。因此,在治蚜时要注意保护其天敌,以便充分发挥自然因素的控制作用。

(三)防治方法

防治蔬菜上的蚜虫应掌握好防治适期和防治指标,及时喷药压低基数,控制危害。如果考虑到防治病毒病,则必须将蚜虫消灭在毒源植物上,有翅蚜迁飞之前。在叶菜类上喷药防治,必须选择高效、低毒、低残留的品种,以防引起公害。

1. 农业防治

在病毒病多发区,选用抗虫、抗病毒的高产优质品种,在网室内育苗,防止蚜虫危害菜苗、传播病毒病,是经济有效的防虫防病措施。夏季可少种或不种十字花科蔬菜,以减少或切断秋菜的蚜源和毒源。蔬菜收获后,及时处理残株落叶;保护地在种植前做好清园杀虫工作;种植后做好隔离,防止蚜虫迁入繁殖危害。在露地菜田夹种玉米,以玉米作屏障阻挡有翅蚜迁入繁殖危害,可减轻和推迟病毒病的发生。

2. 物理防治

根据蚜虫对银灰色的负趋性和黄色的正趋性,采用覆盖银灰色塑料薄膜,以避蚜防病,采用黄板诱杀有翅蚜。

3. 保护利用天敌

菜田有多种天敌对蚜虫有显著的抑制作用,喷药时要选用对天敌杀伤力较小的农药,使田间天敌数量保持在占总蚜量的 1‰ 以上。保护地在蚜虫发生初期即释放烟蚜茧蜂 *Aphidius gifuensis* Ashmead,有一定的控制效果。

4. 药剂防治

每公顷可用 1.8％阿维菌素乳油、5％氯氰菊酯乳油、2.5％溴氰菊酯乳油 375 mL,25％噻虫嗪水分散粒剂(阿克泰)180 g,0.5％印楝素可湿性粉剂 500～750 g,10％吡虫啉可湿性粉剂、50％抗蚜威可湿性粉剂 375 g,25％吡蚜酮可湿性粉剂 300 g,20％啶虫脒可溶液剂 150 g,40％烯啶・吡蚜酮可湿性粉剂 225 g,22％氟啶虫胺腈悬浮剂 150 g,加水 750 L 喷雾。可按药剂稀释用水量的 0.1％加入洗衣粉或其他展布剂,以增药效。

二、粉虱类

危害蔬菜的粉虱主要有烟粉虱 *Bemisia tabaci*(Gennadius)(又称棉粉虱、木薯粉虱、甘薯粉虱)、温室白粉虱 *Trialeurodes vaporariorum* Westwood,均属半翅目、粉虱科。烟粉虱为一个隐种复合体,最近研究报道,至少存在 40 个形态上难以区分的隐种,其中,大部分分布于特定的区域内,而"中东-小亚西亚 1"隐种(Middle-East-Asia Minor 1,简称 MEAM1,以前称为 B 生物型)和"地中海"隐种(Mediterranean,简称 MED,以前称为 Q 生物型),因其入侵性极强,已成为世界范围内 2 个主要的入侵隐种。国外曾有学者将烟粉虱 MEAM1 隐种定名为银叶粉虱 *B. argentifolii* Bellows & Perring。烟粉虱隐种因形态难以区分,而需要经其线粒体 DNA(mtDNA)*COI* 基因序列加以鉴定。

这两种粉虱主要分布于热带、亚热带地区,但由于各地保护地栽培面积的不断扩大,现已成为世界性害虫。国内分布范围也很广泛,有报道称,温室白粉虱在国内 24 个省(自治区、直辖市)都有发生。烟粉虱 MEAM1 和 MED 隐种在国内是分布范围最广泛、为害最严重的 2 个入侵隐种;MEAM1 隐种于 20 世纪 90 年代中后期传入我国,并且很快取代了本地隐种,而 MED 隐种于 2003 年第一次在我国云南昆明发现,之后也逐渐取代 MEAM1 隐种而成为我国田间的主要发生种。除入侵隐种外,我国也有一些本地隐种,包括 China 1、China 2、China 6、Asia Ⅰ、Asia Ⅱ1、Asia Ⅱ3、Asia Ⅱ6、Asia Ⅱ7、Asia Ⅱ9。

这两种粉虱的寄主范围均很广,据调查,温室白粉虱的寄主达 65 科 265 种,烟粉虱的寄主截至 1998 年已达到 74 科 600 种,其中,MEAM1 粉虱的寄主更多,包括蔬菜、棉花、果树、中药材及园林花卉等。受害最重的蔬菜是番茄、茄子、西葫芦、黄瓜、甜瓜、菜豆和甘蓝等。粉虱以成虫、若虫为主,在寄主叶片背面刺吸植物汁液,造成叶片褪绿、变黄、萎蔫,甚至整株枯死。同时,成、若虫分泌大量蜜露,污染植物,使之极易发生霉污病,蜜露污染棉絮,使纤维含糖量增加,影响纺织工艺流程的进行。此外,烟粉虱还能传播多种病毒病。现以烟粉虱为例作介绍。

(一)形态特征

烟粉虱(sweet potato whitefly)与温室白粉虱(greenhouse whitefly)各虫态形态特征的区别见表 9-2 和图 9-15。

(二)生物学与生态学特性

烟粉虱的生活周期有卵、若虫和成虫 3 个虫态,年发生的世代数因地而异,在热带和亚热带地区,年发生 11～15 代;在温带地区露地,年可发生 4～6 代。田间发生世代重叠极为严重。在 25℃时,从

卵发育到成虫需要18～30 d不等,其历期取决于取食的植物种类。在棉花上饲养,在平均温度为21℃时,卵期6～7 d,1龄若虫3～4 d,2龄若虫2～3 d,3龄若虫2～5 d,平均3.3 d,4龄若虫(伪蛹)7～8 d,平均8.5 d。这一阶段有效积温为300日度。成虫寿命为2～5 d。有人报道称,烟粉虱的最佳发育温度为26～28℃。烟粉虱成虫羽化后嗜好在中上部成熟叶片上产卵,而在原危害叶上产卵很少。卵不规则散产,在光滑的叶片上也有聚产现象,多产在背面。每头雌虫可产卵30～300粒,在适合的植物上,平均产卵200粒。产卵能力与温度、寄主植物、地理种群密切相关。在棉花上每头雌虫产卵48～394粒。在28.5℃以下,产卵数随温度下降而下降。在美国亚利桑那州,烟粉虱在恒温和光照条件下,低于14.9℃时,在各种棉花品系上均不产卵。烟粉虱的死亡率、形态与植物成熟度有关。有报道称,在成熟莴苣上的烟粉虱1龄若虫死亡率为100%,而在嫩叶期莴苣上其死亡率为58.3%。在有茸毛的植物上,多数蛹壳生有背部刚毛;而在光滑的植物上,多数蛹壳没有背部刚毛;此外还有体型大小和边缘规则与否等的变化。烟粉虱对不同的植物表现出不同的危害症状,叶菜类如甘蓝、花椰菜受害叶片萎缩、黄化、枯萎;根菜类如萝卜受害表现为颜色白化、无味、重量减轻;果菜类如番茄受害,果实不均匀成熟。据在棉花、大豆等作物上的调查,烟粉虱在寄主植株上的分布有逐渐由中、下部向上部转移的趋势,成虫主要集中在下部,从下到上,卵及1～2龄若虫的数量逐渐增多,3～4龄若虫及蛹壳的数量逐渐减少。

烟粉虱的天敌种类十分丰富。据不完全统计,在世界范围内,寄生性天敌有45种,捕食性天敌有62种,病原真菌有7种。在我国寄生性天敌有19种,捕食性天敌有18种,虫生真菌有4种。它们对烟粉虱种群的增长起着明显的控制作用。

表9－2　烟粉虱与温室白粉虱各虫态形态特征的区别

虫态	烟粉虱	温室白粉虱
成虫	雌虫体长0.91±0.04 mm,翅展2.13±0.06 mm;雄虫体长0.85±0.05 mm,翅展1.81±0.06 mm。虫体淡黄白色到白色,复眼红色,肾形,单眼2个,触角发达7节。翅白色无斑点,被有蜡粉。前翅有2条翅脉,第一条脉不分叉,停息时,左右翅合拢呈屋脊状。足3对,跗节2节,爪2个	雌虫体长1.06±0.04 mm,翅展2.65±0.12 mm 雄虫体长0.99±0.03 mm,翅展2.41±0.06 mm。虫体黄色,前翅脉有分叉,停息时,左右翅合拢平坦。当与其他粉虱混合发生时多分布于高位嫩叶
卵	椭圆形,有小柄,与叶面垂直,卵柄通过产卵器插入叶内,卵初产时淡黄绿色,孵化前颜色加深,呈琥珀色至深褐色,但不会变黑。卵散产,在叶背分布不规则	成虫在光滑叶片上把口器插入叶片以吸食点为圆心转动身体产卵,排列成半圆形或圆形,在多毛叶片上卵散产。卵长0.22～0.26 mm,宽0.06～0.09 mm,有长为0.03 mm的卵柄。卵初产时淡黄色,孵化前变为黑褐色,可透见2个红色眼点
若虫（1～3龄）	椭圆形。1龄体长约0.27 mm,宽0.14 mm,有触角和足,能爬行,有体毛16对,腹末端有1对明显的刚毛,腹部平、背部微隆起,淡绿色至黄色,可透见2个黄色点。一旦成功取食合适寄主的汁液,就固定下来取食直到成虫羽化。2、3龄体长分别为0.36 mm和0.50 mm,足和触角退化至仅1节,体缘分泌蜡质,固着为害	椭圆形,扁平。1龄体长0.29 mm,有胸足和触角,体缘有许多蜡刺,腹端有1对尾须,长于体宽;2龄体长0.38 mm,无胸足和触角,尾须短于体宽;3龄体长0.52 mm,体表具长短不一的蜡丝状突起
蛹（4龄若虫）	解剖镜观察:蛹淡绿色或黄色,长0.6～0.9 mm;蛹壳边缘扁薄或自然下陷无周缘蜡丝;胸气门和尾门外常有蜡缘饰,在胸气门处呈左右对称;蛹背蜡丝有无常随寄主而异。制片镜检:瓶形孔长三角形舌状体长匙状,顶部三角形具一对刚毛;管状肛门孔后端有5～7个瘤状突起	解剖镜观察:蛹白色至淡绿色,半透明,长0.7～0.8 mm;蛹壳边缘厚,蛋糕状,周缘排列有均匀发亮的细小蜡丝;蛹背面通常有发达的直立蜡丝,有时随寄主而异。制片镜检:瓶形孔长心脏形,舌状突短,上有小瘤状突起,轮廓呈三叶草状,顶端有一对刚毛;亚缘体周边单列分布着60多个小乳突,背盘区还有4～5对较大的、对称的圆锥形大乳突,第4腹节乳突有时缺

注:粉虱蛹壳主要分类特征模式见图11－24。

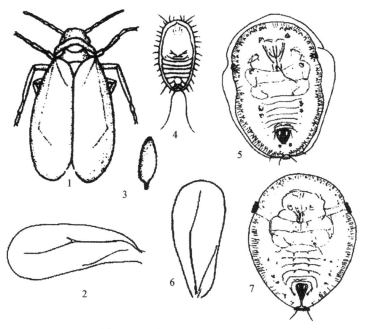

图 9－15　烟粉虱和温室白粉虱

1～5.温室白粉虱成虫、成虫前翅、卵、若虫和伪蛹　6～7.烟粉虱前翅和伪蛹

（三）防治方法

粉虱具有寄主广泛,体被蜡质,世代重叠,繁殖速度快,传播扩散途径多,对化学农药极易产生抗性等特点,给其防治造成很大困难,因而必须采取综合治理措施,特别是要加强冬季保护地的防治。

1. 农业防治

温室或棚室内,在栽培作物前要彻底杀虫,严格把关,选用无虫苗,防止将粉虱带入保护地内。结合农事操作,随时去除植株下部衰老叶片,并带出保护地外销毁。种植粉虱不喜食的蔬菜,如芹菜、蒜黄等较耐低温的蔬菜。在露地,换茬时要做好清洁田园的工作,在保护地周围地块,应避免种植烟粉虱喜食的作物。

2. 物理防治

粉虱对黄色,特别是橙黄色有强烈的趋性,可在温室内设置黄板诱杀成虫。方法是用纤维板或硬纸版用油漆涂成橙黄色,再涂上一层黏性油(可用 10 号机油),每 667 m² 设置 30～40 块,置于植株同等高度。7～10 d,黄色板粘满虫或色板黏性降低时再重新涂油。

3. 生物防治

丽蚜小蜂 *Encarsia formosa*(Gahan)是烟粉虱的有效天敌,许多国家通过释放该蜂,并配合使用高效、低毒、对天敌较安全的杀虫剂,有效地控制了烟粉虱的大发生。我国推荐使用的方法如下:在保护地番茄或黄瓜上,作物定植后,即挂诱虫黄板监测,发现烟粉虱成虫后,每天调查植株叶片,当平均每株有粉虱成虫 0.5 头左右时,即可第一次放蜂,每隔 7～10 d 放蜂 1 次,连续 3～5 次,放蜂量以蜂与虫比为 3∶1 为宜。放蜂的保护地要求白天温度能达到 20～35℃,夜间温度不低于 15℃,具有充足的光照。可以在蜂处于蛹期时(也称黑蛹)释放,也可以在蜂羽化后直接释放成虫。如放黑蛹,只要将蜂卡剪成小块置于植株上即可。

此外,释放中华草蛉、微小花蝽、东亚小花蝽等捕食性天敌对烟粉虱也有一定的控制作用。在美国、荷兰利用玫烟色拟青霉 *Paecilomyces fumosoroseus*(Wize)Brown & Smith 制剂防治烟粉虱,美国

环保局推广使用白僵菌 *Beauveria bassiana*（Bals.）Vuill. 的 GHA 菌株防治烟粉虱。

4. 药剂防治

作物定植后,应定期检查,当虫口密度较高时(黄瓜上部叶片每叶 50～60 头成虫,番茄上部叶片每叶 5～10 头成虫作为防治指标),要及时进行药剂防治。每公顷可用 99％矿物油乳油(敌死虫)1～2 kg,植物源杀虫剂 6％烟百素(绿浪)(nicotine＋tuberostemonine＋toosendanin)、25％噻嗪酮可湿性粉剂(扑虱灵)500 g,10％吡虫啉可湿性粉剂 375 g,20％甲氰菊酯乳油(灭扫利)375 mL,1.8％阿维菌素乳油、2.5％联苯菊酯乳油(天王星)、2.5％高效氯氟氰菊酯乳油(功夫)250 mL,25％噻虫嗪水分散粒剂(阿克泰)180 g,75 g/L 阿维菌素·双丙环虫酯(英雷)150 g,30％吡蚜·螺虫酯悬浮剂 150 g,加水 750 L 喷雾。

此外,在密闭的大棚内可用敌敌畏等熏蒸剂按推荐剂量杀虫。

在进行药剂防治时,应注意轮换使用不同类型的农药,并应根据推荐浓度,不能随意提高浓度,以免害虫产生抗性和抗性增长。同时,还应注意与生物防治措施的配合,尽量使用对天敌杀伤力较小的选择性农药。

三、长绿飞虱

长绿飞虱(green slender planthopper)*Saccharosydne procerus*(Matsumura),属半翅目、飞虱科。国内分布范围很广,只在茭白上能完成生活史。以成、若虫刺吸叶片汁液,使受害叶片发黄,植株萎缩、短小,叶片从叶尖向基部逐渐枯焦,危害严重时,使茭白整株枯死。茭白受害后减产 5％～30％,严重受害的田块可导致绝收。

(一)形态特征

各虫态形态特征(图 9-16)如下:

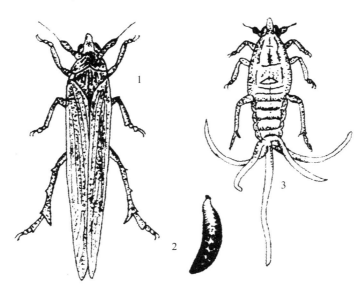

图 9-16　长绿飞虱
1. 成虫　2. 卵　3. 若虫

【成虫】体长 6 mm 左右,黄绿色至绿色,体表具油状光泽。头顶明显突出于复眼前方,大于两复眼间宽度的 2 倍,两中脊彼此延伸至端缘前愈合为 1 条脊;额长,侧缘直,以端部最宽。触角第 1、2 节前面有一黑褐色线状纹,触角短,不达额唇基缝。前胸背板短于头长,侧脊伸达后缘;前翅长,超出腹部末端。有些个体的前翅端部后缘具烟褐色的条纹。后足第 1 跗节细长,为第 2、3 跗节长度之和的两倍多。未见有短翅型成虫。

【卵】长 0.83 mm,茄形,卵帽较短。初产时呈乳白色,半透明,后渐变为灰黄色。卵发育可分 4 个阶段:(1)黄斑期,卵帽端为一红头斑块,卵体半透明或乳白色;(2)眼点期,黄斑达到卵末端,卵前端出现针尖大小嫩红色眼点;(3)胸节期,眼点鲜红,侧看占卵前端横径的 1/6～1/5,腹末有黄斑;(4)腹节期,眼点暗血红色,侧看占卵前端横径的 1/4,腹末有黄斑。

【若虫】共有 5 个龄期。5 龄若虫体长 4 mm 左右,绿色,体具绒毛状蜡质。复眼黄褐色。前翅芽伸达腹部第 4～5 节,完全覆盖后翅芽。腹部末端具有 5 条尾丝,中间 1 条为最长,可达 5.3 mm。低龄若虫形态与 5 龄若虫相似,但前翅芽短于后翅芽,复眼由 1 龄时的鲜红或紫红色逐渐变为 4 龄时的红褐色,5 条尾丝随着虫龄增加而增长和加粗。1、2、3、4 龄若虫体长分别为 1.0～1.5 mm、1.6～2 mm、2.3 mm 和 2.7 mm。初孵若虫体乳白色,3 龄后体变为绿色。

(二)生物学与生态学特性

浙江、上海、江苏等地一年发生 4～5 代,以卵在秋茭白或野茭白的枯叶中越冬。越冬卵于翌年 4 月初,茭白露青后相继孵化。5 月中旬为越冬代成虫盛发期,除少量成虫留在原地繁殖外,大多迁向大田栽培的茭白上产卵繁殖。全年以 7—8 月发生的数量最大,危害最重,故秋茭白受害比春茭白重。世代发生有重叠现象。9—10 月以后,田间虫口逐渐下降,并以卵在茭白及野茭白上越冬。

成虫、若虫有群集性,喜在嫩叶上的中脉附近刺吸取食,稍受惊动,即横向爬行;成虫具有较强的趋光性。羽化后不久即能交尾。雌成虫产卵前期除越冬代外为 3～4 d,产卵高峰日出现在开始产卵后的 1～3 d,一般为 2 d。每雌一生产卵最少 26 粒,最高达 259 粒,平均 109～209 粒,产卵量随温度和食料条件而异。卵大多产在叶脉组织的小隔室内,以叶枕至叶片基部约 30 cm 的叶背产卵最多,虫口密度大时,也可产在叶鞘和老叶上。产卵时,先用产卵管穿刺成圆形的产卵孔,然后将卵产于气腔内,卵单产,或数粒至十多粒排列成相对集中的卵块。卵孔上覆盖着白色蜡粉,抹去蜡粉,可见椭圆形的卵帽突出于表皮外,卵痕周围开始呈水渍状,后变褐色。

长绿飞虱卵期 3～4 d,若虫期 9～13 d,成虫期 15～20 d。耐低温能力较强,对高温适应性较差,最适发育温度为 24～28℃。6—8 月气温适宜年份往往发生危害严重。若虫期取食分蘖期及孕茭期茭白的雌虫产卵量,要比取食老茭白的高 1.8 倍。

天敌种类较多。卵寄生蜂有稻虱缨小蜂 *Anagrus nilaparvatae* Pang et Wang、蔗虱缨小蜂 *A. optabilis*(Perkins)、拟稻虱缨小蜂 *A. paranilaparvatae* Pang et Wang 和长管稻虱缨小蜂 *A. longitubulosus* Pang et Wang,其中以前两者为主,寄生率为 1.8%～14.3%,对长绿飞虱越冬卵的寄生率可达 54%～77%。若虫寄生蜂有黑腹螯蜂、两色螯蜂和稻虱螯蜂。捕食性天敌有蛙、蜘蛛、瓢虫等。其中,主要蜘蛛种类有棕管巢蛛 *Clubiona japonicola* Boes. et Str.、三突花蛛 *Misumenops tricuspidatus* Fabricius、锥腹肖蛸 *Tetragnatha maxillosa*(Thoren)。其中,棕管巢蛛种群数量最多,控制作用强。另外,若遇雨天该飞虱成虫和若虫向植株下部移动时,拟水狼蛛 *Pirata subpiraticus* Boes. et Str. 对其具有很强的捕食作用。

(三)防治方法

1.农业防治

及时割除夏茭残茬,可消灭第二代虫卵,减少秋茭虫源。秋茭收获后,应及时割除茭白地上部分,并将其带出田外集中处理销毁,以压低越冬虫源基数。翌年春季 3 月,再全面清除一次,把残留的枯

叶烧毁或浸入水中,老茭田灌水3～5 d,以淹杀越冬卵。春茭白的种植田尽量远离留种的茭白田,减少越冬代成虫的迁入。

2. 诱杀

利用灯光或黄色粘虫板能有效诱杀长绿飞虱成虫,也可用于茭白田长绿飞虱种群数量的监测及预测预报。

3. 生物防治

保护和利用本地天敌。在茭白生育前期不施药或少施药,发挥天敌对长绿飞虱的自然控制作用。此外,通过茭田养鸭,也可达到一定防治效果。

4. 药剂防治

药剂防治应以越冬代为重点,掌握该虫2～3龄盛末期,在越冬卵大部分孵化时进行施药。可用2%叶蝉散粉剂30 kg/hm² 喷粉,也可每公顷选用50%混灭威乳油600 mL、2.5%溴氰菊酯乳油(敌杀死)300 mL、25%吡蚜酮可湿性粉剂100 g、25%噻嗪酮可湿性粉剂(扑虱灵)500 g或25%噻虫嗪水分散粒剂(阿克泰)180 g,加水50 kg喷雾。

四、蓟马类

危害蔬菜的蓟马(thrips)种类很多,至少有30余种,分属于缨翅目蓟马科、管蓟马科和纹蓟马科,其中,尤以蓟马科的种类居多。危害重的有瓜蓟马 *Thrips palmi* Karny(也称节瓜蓟马、棕黄蓟马)、葱蓟马 *T. alliorum*(Priesner)(也称葱带蓟马)、烟蓟马 *T. tabaci* Lindeman(也称棉蓟马)、稻简管蓟马 *Haplothrips aculeatus*(Fabricius)、葱简管蓟马 *H. allii* Priesner、百合滑管蓟马 *Liothrips vaneeckei* Priesner、花蓟马 *Frankliniella intonsa*(Trybom)和豆带蓟马 *Taeniothrips glycines* Okanoto。成虫、若虫以锉吸式口器取食作物嫩梢、嫩(茎)叶、花和果实的汁液,被害嫩叶变硬并皱缩、畸形,嫩梢缩小,茸毛呈灰褐色或黑褐色,植株生长缓慢。受害较重的蔬菜包括茄科、葫芦科、豆科和葱蒜类作物。蓟马中瓜蓟马发生面广,危害最为严重。现以瓜蓟马(melon thrips)为例介绍。

(一)形态特征

各虫态形态特征(图9-17)如下:

【成虫】体长1 mm左右,雄虫较雌虫小,黄色。单眼间鬃位于单眼三角形连线的外缘。前胸后缘有缘鬃6根。翅细长透明,周缘有许多细长毛。前翅上脉基鬃7条,中部至端部3条。第8腹节后缘栉毛完整。

【卵】椭圆形,长径0.2 mm,淡黄色。

【若虫】体白色或淡黄色,1～2龄时缺单眼和翅芽,触角特别膨大并前伸,行动活泼;3龄后触角向两侧弯曲,翅芽鞘状,后伸达第3、4腹节;4龄触角折于头背上,胸比腹部长,翅芽伸达腹部近末端。

(二)生物学与生态学特性

瓜蓟马嗜好的寄主为茄科和葫芦科蔬菜,也能危害豆科和十字花科蔬菜。茄子叶片被害后,初期呈白色斑点,后期斑点连片,严重危害时,叶片缩小、皱缩,幼果受害后,果实弯曲、凹凸不平、畸形。黄瓜幼果被害后呈畸形弯曲,果实有粗糙疤斑。冬瓜受害瓜蔓嫩梢由黄变黑,严重时不能结果或瓜皮皱缩畸形。

成虫活跃,善飞,对蓝色有趋性,具有孤雌生殖和有性生殖特性,雌虫寿命长,产卵期也长,每雌一生可产卵40～60粒,卵产于叶片组织内。采集被害作物的叶片对光观察,可见到针点状卵痕,白色的为未孵化的卵,褐色的为已孵化的卵。孵化时间以傍晚最多。若虫共 4 龄,初孵若虫体白色,喜群集在叶背叶脉间危害,2 龄若虫爬行迅速,多在植株的幼嫩部分取食,少数在叶背取食,2 龄末停止取食,落入表土 3～5 cm 处,静伏后蜕皮成为预蛹(3 龄若虫),经数天蜕皮后化"蛹"(实为 4 龄若虫)。

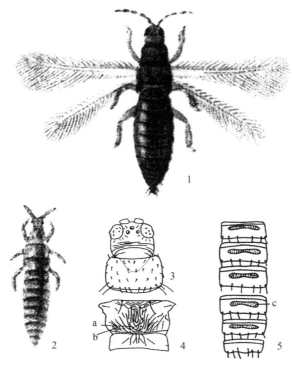

图 9 - 17　瓜蓟马

1.成虫　2.若虫　3.头及前胸背面　4.后胸背面(a.钟形感器,b.纵向线条纹)
5.雄虫第 3～8 腹节腹面(c.腹腺域)

在广州年发生 20 代左右,多以成虫在茄科、豆科、杂草上或土块、土缝下、枯枝落叶间越冬,少数以若虫越冬。次年温度回升到 12℃时,越冬成虫开始活动、取食和繁殖。

整个幼期的发育起点温度为 5℃,有效积温为 310 日度。在 24℃以下,卵期 5～6 d,1～2 龄若虫期为 5～6 d,前蛹和蛹期为 4～6 d。适宜温度为 15～32℃,2℃时仍能生存,但骤然降温易引起死亡。

在浙江春季 3—4 月主要危害保护地内的茄子、黄瓜,春末夏初(4—6 月)以露地黄瓜、冬瓜、茄子为主,夏末和秋季(8—10 月)以秋黄瓜、秋菜豆为主,11 月后再进入保护地危害。

瓜蓟马的平均产卵量和成虫平均寿命在寄主间差异很大,产卵量从大到小排序为:黄瓜＞甜瓜＞茄子＞南瓜,在节瓜品种上,产卵量从大到小为:七星仔＞红心＞黑毛＞杂优。

瓜蓟马的天敌有多种小花蝽 *Orus* spp.,其中以南方小花蝽 *O. similes* Zheng 为主。中华微刺盲蝽 *Campylomma chinensis* Schuh 是我国南方地区控制瓜蓟马比较有潜力的天敌。理论上每头 4 龄、5 龄和成虫每天分别可捕食瓜蓟马 2 龄若虫 60 头、100 头和 120 头左右。

(三)防治方法

1.农业防治

保护地冬季在种植前,通过覆膜连续密封几天,升温后晚间低温时揭膜,使土中羽化的瓜蓟马成虫死亡。茄科作物、葫芦科作物不要连作,应和芹菜、茼蒿等瓜蓟马不嗜食的作物轮作。露地和保护地在栽培前深翻土地,栽培时用地膜覆盖。

2. 物理防治

根据瓜蓟马成虫有嗜好蓝色的特性,可用蓝色板涂上不干胶,挂在保护地内,板应比作物高 10～30 cm。

3. 生物防治

有条件的地方可释放南方小花蝽或中华微刺盲蝽防治瓜蓟马。

4. 药剂防治

每公顷可用 1.8％阿维菌素乳油或 10％虫螨腈乳油(除尽)375 mL,10％吡虫啉可湿性粉剂 375 g,5％啶虫脒乳油(蚜虱净)500 mL,25％噻虫嗪水分散粒剂(阿克泰)180 g、10％溴氰虫酰胺可分散油悬浮剂(倍内威)300 g、20％杀灭菊酯乳油 750 mL,加水 750 L 喷雾。

在覆地膜前,每公顷可用 5％辛硫磷颗粒剂 22.5 kg 加细土 50 kg 制成毒土均匀撒在土表,然后覆膜,可防治出土的成虫,也可兼治其他害虫。

五、菜蛾

菜蛾(diamond-back moth)*Plutella xylostella* Linnaeus 属鳞翅目、菜蛾科,为世界性害虫。我国各蔬菜区均有发生,但以南方地区发生较重。随着蔬菜品种不断改良和更新,大棚蔬菜面积不断扩大,从 20 世纪 70 年代起逐渐上升为长江中下游的主要蔬菜害虫。寄主植物以十字花科蔬菜为主,其中甘蓝、花椰菜、萝卜、白菜、雪里蕻等受害最重;也危害野生的十字花科植物。以幼虫危害叶片,初龄幼虫钻入叶片,食害叶肉,仅留表皮,形成透明斑,高龄幼虫食叶呈小孔或缺刻,在叶质厚的甘蓝叶上也常形成透明斑。

(一)形态特征

各虫态形态特征(图 9-18)如下:

【成虫】体长 6～7 mm,翅展 12～15 mm。头部黄白色,胸、腹背部灰褐色。下唇须细长,第 2 节有褐色长鳞毛,末节白色。翅狭长,缘毛很长,前翅前半部灰褐色,中央有 1 纵向的、三度弯曲的黑色波状纹,其后面部分为灰白色。静止时,两翅覆盖于体背呈屋脊状,灰白色部分合成 3 个连串的斜方块。

【卵】椭圆形,长约 0.5 mm,宽约 0.3 mm。初产时,乳白色,后变淡黄色,表面光滑。

【幼虫】共 4 龄。老熟幼虫体长 1 cm 左右,两头尖细,呈纺锤形。前胸背板有淡褐色小点组成的两个"U"字形纹。臀足后伸超过腹端。

【蛹】长 5～8 mm。初期淡黄绿色,接近羽化时变褐色。腹部 2～7 节背面两侧各有 1 小突起,肛门附近有钩刺 3 对,腹末有小钩状臀刺 4 对。蛹体外覆有稀疏的白色丝茧。

(二)生物学与生态学特性

全国各地普遍发生,年发生 4～19 代不等。黑龙江年发生 3 代左右,华北地区 5～6 代,江苏扬州 8～11 代,杭州 9～14 代,台湾 18～19 代。北方以蛹越冬,扬州以老熟幼虫和蛹在冬菜上过冬,南方无越冬滞育现象。长江下游如南京、扬州、杭州等地,全年种群消长呈双峰型,即上半年在 5 月上旬至 6 月中旬,下半年在 9 月中下旬至 10 月各有 1 危害高峰。秋季蔬菜品种多,种植面积大,加上雪里蕻、大白菜、秋甘蓝等生长期又长,有利于菜蛾繁殖,因此,危害较春季重。北方以春季危害为主,每年 5—6 月早甘蓝和留种菜常受到严重危害。

成虫通常在晚上羽化,白天隐蔽于叶片背面,日落后开始活动。其有趋光性,对黄色也较敏感。雌成虫羽化后即可交尾,有多次交尾习性,交尾后当晚就能产卵,卵多在夜间产于叶背近叶脉的凹陷处,散产或 3～5 粒聚集在一起。产卵期最长可持续到成虫死亡,但产卵量集中在羽化后的第 2 天晚上,其产卵量约占总产卵量的 50.6%。据报道,越冬代成虫寿命为 63 d,产卵期可达 46.8 d。田间世代重叠现象严重。产卵量与温度和补充营养有关,个体之间的差异也较大,最少的数十粒,最多的可达 589 粒。产卵对寄主有选择性,含有异硫氰酸酯类化合物的植物更能吸引成虫产卵。成虫对温度的适应性强,在 0℃ 以下能够存活,在 10～42℃ 都可产卵。虽然其飞行力不强,但可随风作远距离迁移。

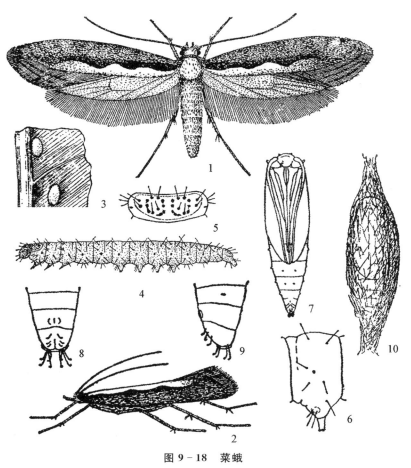

图 9-18 菜蛾
1. 成虫　2. 成虫自然停栖状　3. 卵　4. 幼虫　5. 幼虫前胸背观　6. 幼虫第 3 腹节侧面观
7. 雌蛹　8. 雄蛹腹部末端腹面观　9. 雄蛹腹部末端侧面观　10. 茧

幼虫昼夜都能孵化。初孵幼虫一般在 4～8 h 内钻入叶片上下表皮之间,啃食叶肉或在叶柄、叶脉内蛀食,形成细小隧道;1 龄末、2 龄初从隧道退出,多数在叶背取食下表皮和叶肉,残留上表皮,形成透明斑;3、4 龄后将叶片吃成孔洞或缺刻,部分钻入结球蔬菜的叶球或菜心内危害。大发生时,一棵蔬菜上能群集数百头幼虫,将叶片吃光,仅留叶脉。据在室内饲养测定,1 头幼虫一生可食包菜 1.007 cm²,其中,1、2 龄占总食叶量的 3.1%,3 龄占 13.4%,4 龄进入暴食期,占 83.5%。幼虫对食料质量要求极低,取食老叶、黄叶也能完成发育。因此,清除菜田残枝落叶是综合防治菜蛾的一个重要环节。幼虫行动活跃,振动受惊后即作激烈扭动,并向后倒退或吐丝下垂,故有"吊丝虫"之称。老熟幼虫在叶背或枯叶上,或者在茎、叶柄及枯草上作茧化蛹。茧的两端开放,有利于成虫羽化飞出。

菜蛾对温度的适应性极广,既耐寒冷又耐高温,各虫态的发育历期与温度密切相关,菜蛾在自然条件下,温度在 9～16℃、18～22℃ 和 28～30℃ 范围内,完成 1 世代(从卵到成虫产卵)的平均历期依次为 48 d、27 d 和 16 d。各虫态发育与繁殖的适温为 20～28℃,最适温度为 25℃ 左右。温度影响成虫

的寿命和产卵量,在相同食料条件下,温度低于20℃或高于29℃,产卵量均急剧下降。低龄幼虫对雨水十分敏感,特别是夏、秋两季,常因暴雨冲刷而导致卵和初孵幼虫死亡。

凡十字花科蔬菜周年不断,复种指数高,秋季甘蓝型蔬菜种植面积大,菜蛾的发生危害往往较重。

菜蛾的天敌种类是比较丰富的,捕食性天敌昆虫至少有15种,寄生性天敌昆虫至少有18种。据杭州调查,发现菜蛾有6种原寄生天敌,其中,幼虫期寄生蜂菜蛾盘绒茧蜂 *Cotesia plutellae* Kurdjumov、幼虫—蛹期寄生蜂菜蛾啮小蜂 *Oomyzus sokolowskii* Kurdjumov 和蛹期寄生蜂颈双缘姬蜂 *Diadromus collaris*(Gravenhorst)是3种主要的寄生蜂。每年6—7月和10—11月是两个发生高峰期,寄生率一般在20%~60%,最高时可达80%以上。此外,还有青蛙、蟾蜍、菜蛾幼虫颗粒体病毒等,这些天敌对菜蛾的数量消长,起到了一定的控制作用。

(三)防治方法

1. 农业防治

蔬菜收获后,及时清除残株落叶,随即翻耕,可消灭大量越夏越冬虫源;合理安排蔬菜布局,尽可能避免十字花科蔬菜的周年连作,拆除夏季寄主桥梁田。十字花科蔬菜与瓜类、豆类、茄果类轮作,或与大蒜、番茄等间作,也有利于减轻菜蛾的危害。

2. 生物防治

日平均温度在20℃以上时,每公顷可用各种Bt制剂(如千胜、杀螟杆菌、HD-1、青虫菌等)1~3 kg加水600~900 L喷雾,都有良好的防治效果。菌液中加0.1%洗衣粉,可提高湿润展布性能,提高防治效果,或用Bt生物复合病毒制剂1~1.5 kg加水600 kg喷雾,也可获得较好的防治效果。

在东南亚一些国家和地区引进、释放和保护寄生性天敌控制菜蛾,取得了明显的效果。此外,还可以用菜蛾的性引诱剂诱杀成虫,有些地方将性引诱剂与黑光灯、频振式杀虫灯联合使用,取得了较好的控制效果。

3. 药剂防治

虽然就大范围而言,菜蛾的世代重叠现象严重,但就某一特定田块而言,仍可见各虫态的高峰期。利用人工合成性诱剂诱集成虫,掌握其发生情况,或选择有代表性田块,按5点取样法,每隔3~5 d进行1次调查,掌握在卵孵盛期至2龄前喷药,防治效果好。菜蛾对农药易产生抗性,必须注意轮换使用不同的农药品种,或与生物农药交替使用,以延缓抗性的产生。结球甘蓝上每株虫量,苗期2.5头,莲坐期、包心初期5头,包心中后期20头就应防治。每公顷可用1.8%阿维菌素乳油375 mL,2.5%多杀霉素乳油(菜喜)500~750 mL,20%灭幼脲1号、25%灭幼脲3号乳油500~750 mL,10%虫螨腈悬浮剂(除尽)250~500 mL,5%高效氯氟氰菊酯、10%氯氰菊酯、2.5%溴氰菊酯、20%杀灭菊酯乳油250~375 mL,60 g/L乙基多杀菌素悬浮剂500 g,5%氯虫苯甲酰胺悬浮剂750 mL,加水750 L喷雾。按药剂稀释用水量的0.1%加入洗衣粉或其他展布剂,可提高防治效果。

六、螟蛾类

危害蔬菜的螟蛾类害虫属鳞翅目、螟蛾科,主要种类有菜螟 *Hellula undalis* Fabricius(也称菜心野螟)、茄黄斑螟 *Leucinodei orbonalis* Guenée(也称茄螟、茄白翅野螟、茄钻心虫)、瓜绢螟 *Diaphania indica*(Saunders)(也称瓜螟),以及豆荚螟 *Etilla zinckenella*(Treitschde)、豆野螟 *Maruca testulalis* Geyer、草地螟 *Loxostege sticticalis*(Linnaeus)等。菜螟主要危害萝卜、白菜、甘蓝、花椰菜、芜菁等十字花科蔬菜,尤以秋播萝卜受害为重,以幼虫食害幼苗心叶、破坏生长点,导致植物停止生长或者枯萎死亡。茄黄斑螟主要危害茄子,以幼虫钻蛀茄子花蕾、嫩茎、嫩梢及果实,引起枝梢枯萎、落花、落果及果实腐烂。瓜绢螟主要危害黄瓜、丝瓜、冬瓜、苦瓜等葫芦科作物，也危害茄子、番茄等蔬菜，以幼虫取食叶片为主，也可蛀入瓜果危害。草地螟主要危害豆类、马铃薯等蔬菜和甜菜、向日葵等，属偏北方分布的间歇性发生的害虫。豆荚螟、豆野螟主要危害豆科作物。其中，豆荚螟除危害大豆外，也危害豌豆、绿豆、扁豆、豇豆及柽麻和苕子等豆科作物，主要蛀食豆粒，轻者不能食用，重者豆粒全被食空，严重影响豆子的产量和质量。现以豆野螟（常见油料作物害虫）为例介绍如下。

豆野螟（bean pod borer），又名豇豆荚螟、豇豆螟、豇豆钻心虫、豆荚野螟，在国内分布普遍，在长江以南发生严重，是豇豆、菜豆、扁豆等豆科蔬菜的重要害虫，可危害豆科、苏木科、胡麻科等6科20属35种植物。在蔬菜中尤以四季豆、长豇豆等豆荚表面光滑的豆科蔬菜受害最重。以幼虫蛀食豆科植物的花蕾、鲜荚和种子。蛀食花器，造成落花；蛀食豆荚，早期造成落荚，后期造成种子受害，蛀孔外堆积粪便，造成豆荚腐烂。此外，还能吐丝缀卷数张叶片，在其中蚕食叶肉或钻蛀嫩茎，造成枯梢，一般年份夏豇豆受害损失约二成，对产量和品质的影响很大。

（一）形态特征

各虫态形态特征（图9-19）如下：

【成虫】体长约13 mm，翅展约26 mm。体灰褐色，前翅黄褐色，前缘色较淡，在中室端部有1个白色透明带状斑，在中室内及中室下方各有1个白色透明的小斑纹。后翅白色透明，并有明显的褐色波纹，翅外缘有大块黑斑，其内侧呈波浪形。前后翅均具有紫色闪光。雄虫尾部有灰黑色毛1丛，雌蛾腹部较肥大，末端圆筒形。

【卵】扁平椭圆形，长约0.6 mm。初产时淡黄绿色，后变淡黄色，有光泽。卵壳表面有六角形网状纹。近孵化时，可见到卵内幼虫浅褐色的头部和前胸背板。

【幼虫】分5龄，老熟幼虫中、后胸背板上有黑色毛片6个，排列成前后两排，前排4个较大，各生有2根细长的刚毛，后排2个较小无刚毛。腹部各节背面毛片数、排列同中、后胸，但各毛片上都生着1根刚毛。腹足趾钩双序缺环。

【蛹】长11~13 mm。初化蛹时黄绿色，复眼浅褐色，后变黄褐色，复眼红褐色。羽化前黑褐色，翅芽上能见到成虫前翅的透明斑纹。蛹体外被白色的薄丝茧。

图9-19　豆野螟
1.成虫　2.卵　3.幼虫　4.蛹　5.豇豆被害状

(二)生物学与生态学特性

年发生代数各地均不同,东北2～3代,华北3～4代,西北地区4～5代,华中4～6代,杭州7代,广州9代。以老熟幼虫在土表隐蔽处或浅土层做蛹室结茧,以预蛹越冬。

成虫昼夜均可羽化,但以夜间为主。白天停息在植株丛中较高处,多在茂密的豆株叶背下,稍被惊动就迅速飞散,一般只飞翔3～5 m。傍晚出来活动,以19～21时最活跃,有趋光性。停息时,前后翅平展。产卵前期为3～7 d,其中7、8月为3～4 d,6、9、10月为7 d左右。平均每雌产卵约80粒,最大单雌产卵量达412粒。卵散产,偶尔有2～3粒产于一起,主要产在花瓣、花托、嫩荚和叶柄上,也可产在花梗、荚上,未现蕾开花时也可产卵于叶背的叶脉附近。

幼虫共5龄,初孵化幼虫很快从花瓣缝隙或咬小孔钻入花器,取食花药和幼嫩子房,或蛀入嫩茎危害,被害花蕾或嫩荚不久即脱落,幼虫也随花落地,但可重新爬上植株转移危害花蕾,一头幼虫最多能转移危害花蕾20～25个,转花危害多在夜间。一朵被害花中一般有幼虫1～2头,最多可达14头,但因4龄以后有自相残杀习性,故同一花、荚内很少见到2头4龄以上的幼虫。幼虫有昼伏夜出的习性。晴天白天潜伏在花和豆荚内,黄昏外出活动,晚上20～22时最盛,22时后次之,次日7时日出时停止活动。阴雨天则白天也有零星外出活动的。1～2龄幼虫嗜食花器,3龄后的幼虫大多数蛀入果荚内食害豆粒,蛀入孔圆形,多在两荚碰接处或在荚与花瓣、叶片及茎秆贴靠处蛀入,蛀孔外堆挂有幼虫排出的粪便,常导致被害荚在雨后腐烂。第4～5龄幼虫主要在荚中危害。老熟幼虫多数离开寄主,在附近的土表隐蔽处或浅土层内,豆支架中吐丝将豆叶或泥土缀成疏松的蛹室,在其中结茧化蛹。据调查,82.4%在土表化蛹,5.9%在植株上化蛹,11.7%在豆支架竹竿内化蛹。

豆野螟在16～34℃可正常发育,在24～31℃内发育最快。幼虫期发育起点温度为9.3℃,有效积温为137.5日度;蛹期发育起点温度为8.7℃,有效积温为172.2日度。杭州一般在5月下旬—6月上旬的黑光灯下可见到成虫,11月上旬终蛾。在田间6—8月是危害豇豆(1～3代)的严重时期,生产上,9月之后豆野螟危害明显减轻,10月之后仅危害扁豆,10月下旬或11月上旬幼虫入土以预蛹越冬。

豆野螟喜高温潮湿,7—8月往往能引起大发生。豆野螟的发生危害轻重与豇豆的品种有很大的关系。豆野螟偏嗜豆荚表面光滑少毛、蔓性无序花序的品种。从同一花序长出的荚之间或荚与植株的其他部位不相接触者,花序梗长者,籽小荚短者受害较轻。另据河南南阳调查,绿豆与玉米间作受害轻,纯播绿豆受害重。

(三)防治方法

1. 农业防治

及时清除田间落花、落荚以及摘除被害的卷叶和果荚,以消灭其中的幼虫。因为幼虫主要在豆荚相碰处蛀入,因此,在豆叶过密时,要适当疏掉叶片,使之通风透光、减轻危害。

2. 物理防治

在5—10月大面积种植豇豆、四季豆的田块,如有条件,可用黑光灯、高压汞灯或频振式杀虫灯诱杀成虫,且灯位要高出豆架。同时记载诱集到的成虫数,作为田间幼虫调查开始日期的参考。

3. 药剂防治

掌握2龄幼虫盛期和每一百花虫数10头左右时进行喷药,作为防治适期和防治对象田,重点防治期在始花期和盛花期。最好在上午7—10时或傍晚喷药,连续喷2～3次。主要喷蕾、花、嫩荚,喷药时要求兼喷落地花。豆荚进入采收期后,每收2次防治1次。每公顷可用5%氟啶脲乳油(抑太保)、1%高效氯氰菊酯微乳剂(万家乐)、1.8%阿维菌素乳油250～375 mL,2.5%溴氰菊酯乳油、

2.5％氯氰菊酯乳油、20％氰戊菊酯乳油 250 mL、10％氟氰菊酯乳油、60 g/L 乙基多杀菌素悬浮剂 500 g、5％氯虫苯甲酰胺悬浮剂 750 mL，加水 750 L 喷雾。

七、夜蛾类

　　危害蔬菜的夜蛾类害虫属鳞翅目、夜蛾科，主要种类包括斜纹夜蛾 *Spodoptera litura* Fabricius、甜菜夜蛾 *S. exigua* Hübner、甘蓝夜蛾 *Mamestra brassicae*（L.）、银纹夜蛾 *Argyrogramma agnata* Staudinger、棉铃虫 *Helicoverpa armigera*（Hübner）、烟青虫 *H. assulta* Guenée、小地老虎 *Agrotis yposilon* Rottemberg、黄地老虎 *A. segetum* Schiffermüller、黏虫 *Mythimna separata*（Walker）等。其中，棉铃虫、烟青虫在茄科作物上危害严重，烟青虫还可危害甘蓝。近些年，斜纹夜蛾、甜菜夜蛾各地发生严重；甘蓝夜蛾在局部地区发生也很严重；小地老虎、黄地老虎主要在蔬菜苗期危害；黏虫偶尔危害蔬菜；银纹夜蛾在田间常零星发生，但发生量不大。现以斜纹夜蛾为例介绍如下。

　　斜纹夜蛾（tobacco cutworm），又名莲纹夜蛾，为世界性、暴发性害虫。在我国南、北方地区均有发生，但以长江流域和黄河流域发生、危害严重，有些年份甚至危害成灾。此虫食性很广，据统计，斜纹夜蛾的寄主植物有 109 科 389 种（包括变种），可取食 99 科 283 种植物，其中喜食的有 90 种以上，在蔬菜中有甘蓝、白菜、蘿菜、豆类、瓜类、莲藕、芋芳、茄子、辣椒、番茄等，但以十字花科和水生蔬菜为主；其他作物有甘薯、棉花、玉米、烟草等。以幼虫危害，低龄幼虫群集食害叶肉，受害叶片呈窗纱状；高龄幼虫吃叶成缺刻，严重时除主脉外，全叶皆被吃尽，还可钻蛀甘蓝的心球，将内部吃空，引起甘蓝腐烂，失去食用价值。

（一）形态特征

　　各虫态形态特征（图 9-20）如下：

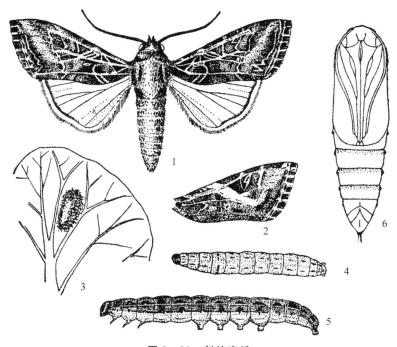

图 9-20　斜纹夜蛾

1. 雌成虫　2. 雄成虫前翅　3. 叶上的卵块　4. 淡色型幼虫　5. 深色型幼虫　6. 雌蛹

【成虫】体长 16～21 mm,翅展 37～42 mm。胸部背面有白色毛丛。前翅黄褐色,具有复杂的黑褐色斑纹,内外横线灰白色,内外横线之间有灰白色宽带,自内横线前缘斜伸至外横线近内缘 1/3 处,灰白色宽带中有 2 条褐色线纹(雄蛾不显著)。中室下方淡黄褐色,翅基部前半部有白线数条,后翅白色,具紫色闪光。

【卵】半球形,黄白色,表面有单序放射状纵棱,卵粒常三四层重叠成块,卵块椭圆形,上覆黄褐色绒毛。

【幼虫】头部灰褐色至黑褐色,颅侧区有褐色不规则网状纹,体色变化很大,发生少时为淡灰绿色,大发生时体色深,多为黑褐或暗褐色。具黄色背线和亚背线,沿亚背线上缘每节两侧常各有 1 半月形黑斑,其中腹部第 1 节的黑斑大,近于菱形,第 7、8 节的为新月形,也较大。气门线暗褐色。气门椭圆形,黑色。气门下线由污黄色或灰白斑点组成。体腹面灰白色。腹足趾钩单序。

【蛹】赤褐色至暗褐色。腹部第 4～7 节背面前缘及第 5～7 节腹面前缘密布圆形刻点。气门黑褐色,呈椭圆形。腹端有臀棘 1 对,短,尖端不成钩状。

(二)生物学与生态学特性

斜纹夜蛾年发生多代,自北向南逐渐增多,河北 3～4 代,湖南、湖北 5～6 代,广东、台湾 6～9 代。此虫无滞育特性,在广东等南方地区,终年都可繁殖,冬季可见到各虫态,无越冬休眠现象。长江流域以北(北纬 30°以北)露地越冬问题尚未明确,但在杭州保护地内可以蛹越冬;一般认为,其虫源主要是由南方迁入的。长江流域以 7—9 月发生数量最多,黄河流域以 8—9 月危害严重。

成虫日伏夜出,白天隐藏在植株茂密处、土缝、杂草丛中,夜晚活动,以上半夜 20～24 时为盛,飞翔力很强,一次可飞数十米,可高达 3～7 m,有较强的趋光性,喜食糖、酒、醋等发酵物,需取食花蜜作营养补充。雌成虫产卵前期 1～3 d,卵多产在叶片背面,每雌能产 3～5 个卵块,每块有卵数十粒至数百粒不等,一般为 100～200 粒,一生能产 1000～2000 粒。日平均温度在 22.4℃时,卵期为 5～12 d,25.5℃时为 3～4 d,28.3℃时为 2～3 d。

幼虫多为 6 龄,少数 7、8 龄。初孵幼虫群栖于卵块的附近取食叶肉,并有吐丝随风飘散的习性。2、3 龄后分散危害,4 龄后为暴食期,大发生时,当食料不足,有成群迁移习性。各龄幼虫皆有假死性,3 龄后表现更为显著。由于幼虫畏阳光直照,因此白天常藏伏于阴暗处,4 龄后幼虫则栖息于地面或土缝,傍晚开始取食危害。幼虫老熟时,入土筑土室化蛹。危害连藕等水生植物的幼虫,老熟后便浮水至岸边,然后入土化蛹。土壤含水量以 20%左右最有利于其化蛹羽化;土壤板结时,则在土表下或枯叶内化蛹。日平均温度在 25℃时,历期为 14～20 d。预蛹期 1～2 d,日平均温度在 29.2℃时,蛹期为 8～11 d;在 23.6℃时为 10～17 d。

斜纹夜蛾是一种喜温性而又耐高温的间歇猖獗危害的害虫。各虫态的发育适温为 28～30℃,在 33～40℃时仍能正常生活。但抗寒力很弱,冬季长时间在 0℃左右的低温下,基本上不能生存。斜纹夜蛾在长江流域地区,危害盛发期在 7—9 月,也是全年中温度最高的季节。

在斜纹夜蛾的发生季节中,水肥条件好、作物生长茂密的田块,虫口密度往往较大。7 月以前灯下诱蛾发生早迟和水生蔬菜上的虫口密度大小,对预测秋季 8—9 月是否大发生有重要意义,如果成虫出现早、虫口基数大,当年就可能大发生。

斜纹夜蛾的天敌种类繁多,包括昆虫、蜘蛛、线虫、微孢子虫、真菌、细菌和病毒等 7 纲、11 目、52 科 169 种。我国斜纹夜蛾寄生蜂有 40 种,其中原寄生蜂有 29 种,重寄生蜂有 11 种,国外已有报道但在我国还未采集到的寄生蜂有 61 种,主要有侧沟茧蜂 *Microplitis prodeniae* Rao and Kurian、斑痣悬茧蜂 *Meteorus pulchricornis*(Wesmael)、斜纹夜蛾盾脸姬蜂 *Metopius rufus browni*(Ashmead)等。据报道,侧沟茧蜂寄生斜纹夜蛾 1～2 龄幼虫,在大田平均寄生率为 22.31%,最高可达 54.80%,对斜纹夜蛾种群有良好的控制作用。捕食性天敌主要有草间小黑蛛 *Hylyphantes graminicola*(Sundevall)、

拟环纹豹蛛 *Pardosa pseudoannulata* (Bösenberg & Strand)、小花蝽 *Orius similes* Zheng、叉角厉蝽 *Cantheconidae furcellata* (Walff)、红彩真猎蝽 *Harpactor fuscipes* (Fabrieius)等。病原性天敌有斜纹夜蛾核型多角体病毒、苏云金芽孢杆菌、爪哇拟青霉 *Paecilomyces javanicus* (Friedrichs & Baily) Brown & Smith、莱氏野村菌 *Nomuraea rileyi* (Farlow) Samson、球孢白僵菌和斯氏线虫等。斜纹夜蛾的病毒和白僵菌在多雨的月份也常引起斜纹夜蛾的大量死亡。

（三）防治方法

1. 农业防治

清除杂草,收获后翻耕晒土或灌水,以破坏或恶化其化蛹场所,有助于减少虫源。结合田间操作（尤其是精耕细作的蔬菜）,及时摘除卵块和尚未分散危害的初孵幼虫群集的被害虫叶。如幼虫已经分散,可在产卵叶片的周围喷药,以消灭刚分散的低龄幼虫。

2. 诱杀成虫

利用趋光性,掌握成虫盛发期,在田间设置黑光灯诱杀,或用频振式杀虫灯诱杀,也可用性信息素或糖、醋、酒诱液诱杀。配制诱液的糖、醋、酒和水的比例为 3:4:1:2,再加诱液量的 1% 的 90% 晶体敌百虫。

3. 生物防治

在幼虫进入 3 龄暴食期前,使用斜纹夜蛾核型多角体病毒 200 亿 PIB/g 水分散粒剂 12000～15000 倍液喷施。用浓度为 $2×10^{11}$ 分生孢子/L 的莱氏野村菌能够有效控制 2～3 龄的斜纹夜蛾幼虫,喷药 19 d 后幼虫死亡率达 88%～97%。

利用诱集植物也可用于控制斜纹夜蛾。据报道,芋艿是斜纹夜蛾最早、最喜欢产卵和取食的作物,并认为芋艿与其他蔬菜的比例为 1:9 时,既能有效控制斜纹夜蛾虫源又不影响主作蔬菜;与单作青菜田相比,青菜田间作大豆或芋艿后斜纹夜蛾种群数量分别减少 37.83%、45.89%,间作大豆或芋艿青菜田捕食性天敌的个体数量、丰富度、多样性指数增加。在田块周围种植彩叶草 *Coleus scutellarioides* (L.) Benth 可驱赶斜纹夜蛾。

4. 药剂防治

发现初孵幼虫及时施药可收到良好效果。斜纹夜蛾低龄幼虫历期很短,宜抓紧时间在 3 龄之前消灭。每公顷可用 2.5% 联苯菊酯乳油(天王星)、60 g/L 乙基多杀菌素悬浮剂 500 g,5% 氯虫苯甲酰胺悬浮剂 750 mL,20% 甲氰菊酯乳油(灭扫利)250 mL,1.8% 阿维菌素乳油 300 mL,2.5% 多杀霉素乳油(菜喜)、24% 虫酰肼悬浮剂(米螨)、10% 虫螨腈乳油(除尽)、5% 农梦特乳油、5% 氟啶脲乳油(抑太保)500 mL,加水 600～750 L 喷雾。防治高龄幼虫时,最好在傍晚喷药,以增加幼虫接触药液的机会。

八、粉蝶类

菜粉蝶属鳞翅目、粉蝶科。我国危害十字花科蔬菜的粉蝶主要有 5 种:菜粉蝶 *Pieris rapae* (Linnaeus)、东方菜粉蝶 *Pieris canidia* Sparrman、大菜粉蝶 *P. brassicae* (Linnaeus)、褐脉粉蝶 *Artogeia melete* Menetries 和斑粉蝶 *Pontia daplidice* (Linnaeus)。其中,菜粉蝶分布于世界各国。国内以华东、华中及华北南部危害较重,而在广东、台湾等省发生较轻;东方粉蝶分布偏南,北界为陕西秦岭、河南开封、山东青岛和济南,以广东、福建和四川发生较多;大菜粉蝶分布于西藏南部、四川、云南及新疆等地;褐脉粉蝶分布于华北、华中、华东等地,发生较少;斑粉蝶分布于东北、华北、内蒙古、西北、西藏、新疆等地。现以菜粉蝶为例介绍如下。

菜粉蝶(small white butterfly)的幼虫称菜青虫,嗜食十字花科植物,又偏食厚叶片的甘蓝和花椰

菜等。在缺乏十字花科植物时,也可以危害其他寄主植物,如莴苣、苋菜、板蓝根等。已知其寄主有
9科35种之多。幼虫主要取食叶片,咬成孔洞或缺刻,危害严重时,叶片几乎被吃尽,仅留较粗的叶脉
和叶柄。幼虫排出的粪便会污染菜叶,从而影响蔬菜品质。危害造成伤口还有利于软腐病病菌的侵
入,引起病害的流行。

(一)形态特征

各虫态形态特征(图 9-21)如下:

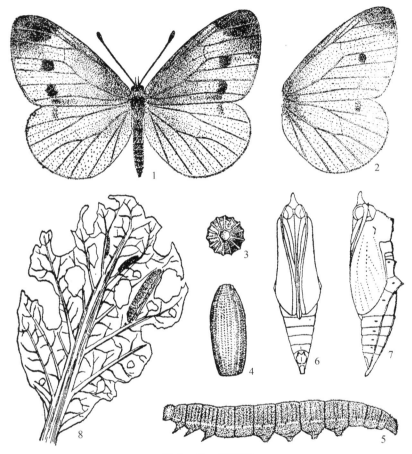

图 9-21 菜粉蝶

1.雌成虫 2.雄成虫前后翅 3.卵 4.卵侧面观 5.幼虫 6.雌蛹腹面观 7.蛹侧面观 8.叶片被害状

【成虫】体长 12~20 mm,翅展 45~55 mm。体黑色,胸部密被白色及灰黑色长毛。翅白色,雌蝶
前翅前缘和基部大部分为灰黑色,顶角有 1 个大三角形黑斑,在中室的外侧有 2 个黑色圆斑,一前一
后,在后者下面有一向翅基延伸的黑带;后翅基部灰黑,前缘也有 1 黑色斑,当翅展开时,可与前翅下
方的黑斑相连接。雄蝶体略小,翅面的黑色部分也较少,前翅的 2 个黑斑中仅前面的那一个较明显。
成虫有春型和夏型之分。春型翅面黑斑小或消失,夏型翅面黑斑显著,颜色鲜艳。

【卵】似瓶状,长约 1 mm,宽约 0.4 mm。初产时淡黄色,后变橙黄色,孵化前变淡紫灰色。卵壳表
面有纵行隆起线 12~15 条,各线间有横线,相互交叉成长方形的网状小格。

【幼虫】老熟幼虫体长 28~35 mm。全身青绿色,背线淡黄色,腹部腹面淡绿而带白色。体密布细
小黑色毛瘤,上生细毛,沿气门线有黄色斑点 1 列,每个体节有 4~5 条横皱纹。

【蛹】体长 18~21 mm。体色随化蛹时的附着物而异,有绿色、黄绿色、淡褐、灰黄、灰绿色等。蛹

体呈纺锤形，头部前端中央有 1 个短而直的管状突起。背中线突起呈屋脊状，在胸部的特别高，成一角状突起；腹部两侧也各有 1 黄色脊，第 2、3 腹节上的特别高，也成一角状突起。

（二）生物学与生态学特性

菜粉蝶在我国各地发生的世代数自北向南逐渐增加。东北和华北一年可发生 4～5 代，南京 7 代，上海 7～8 代，杭州、武汉 8 代，长沙 8～9 代。除南方的广州等地无越冬现象外，各地皆以蛹在被害田附近的篱笆、屋墙、风障、树干上以及杂草或残枝落叶间越冬。浙江宁波地区也有以老熟幼虫在冬季花椰菜上越冬的。因越冬场所不一，越冬代成虫的羽化期也参差不齐，这是以后田间发生世代重叠的主要原因，也给测报和防治带来了一定的困难。

菜粉蝶在上海地区越冬蛹一般于 3 月上旬开始羽化，幼虫危害自 4 月中旬至 11 月中下旬，春季 5—6 月和秋季 9—10 月是全年危害的两个高峰期。老熟幼虫从 10 月下旬开始至 11 月下旬陆续化蛹越冬。

成虫白天活动，夜间、阴天和风雨天则在生长茂密的植物上栖息，并有趋集在白色花间停留的习性。羽化当天即能交尾，尤以晴天无风的中午，常见雌、雄成虫追逐飞翔。产卵前期为 1～4 d，产卵期 3～7 d。白昼产卵，产卵时雌成虫飞翔于菜田内，不断停落在叶上，每停落 1 次就产下 1 粒卵。卵散产于叶片正面或背面，但以叶背为多。在 15℃ 以下时不能产卵，25～28℃ 时为产卵最适温度。每头雌蝶产卵少者仅数粒，多者达 500 粒。产卵多少与气候条件及补充营养有关，从春季到初夏，产卵量逐渐增多，盛夏气温高，产卵少，秋天产卵量又有回升。成虫以吸食花蜜作为补充营养，因此，在距蜜源植物较近的田边菜株上产卵最多，且喜产在十字花科厚叶片的蔬菜如甘蓝、花椰菜上，因这些蔬菜含有芥子油糖苷，可吸引成虫产卵和幼虫觅食。成虫寿命为 2～5 周。

幼虫分 5 龄。卵孵化时间多集中在上午 10—11 时和下午 1—2 时，晚上不孵化。初孵幼虫先吃卵壳，后取食叶片，被害处常仅留一层透明的表皮；2 龄后在叶背或菜心内危害，叶片被吃成缺刻或孔洞；3 龄后蚕食叶片危害，以 4～5 龄食量最大，分别占整个幼虫期食叶面积的 12.89% 和 84.19%。幼虫的活动受气温影响较大，在炎热的夏天，白昼多栖于叶背，仅在凌晨和夜间取食；秋霜后，活动逐渐缓慢，并多栖息于叶面。受惊时，大龄幼虫有卷缩虫体坠落地面的习性。幼虫行动迟缓，但老熟幼虫能爬行很远寻找化蛹场所。化蛹位置除越冬代外，常在老叶背面、植株基部及叶柄等处。化蛹前老熟幼虫以腹部末端黏在附着物上，并吐丝带将腹部第 1 节缚住，然后体躯缩短，蜕皮化蛹。

菜粉蝶卵、幼虫和蛹的发育起点温度分别为 8.4℃、6℃ 和 7℃，有效积温分别为 56.4 日度、217 日度和 150.1 日度。菜粉蝶田间虫口密度春季随着天气转暖逐渐上升，春夏之交达最高峰，到盛夏或雨季迅速下降，秋季气温逐渐下降时又逐渐回升，秋冬之间再度下降，构成春秋两季危害高峰，而春季危害又重于秋季。这种规律在我国南北大致相同，唯盛发期的迟早和消长幅度，常随地区及年份不同而略有差异。幼虫发育适温为 16～31℃，相对湿度为 68%～80%，以 25℃ 及相对湿度在 76% 左右为最适宜，不耐高温。长江中下游地区常年春、秋两季气候适宜，十字花科蔬菜特别是甘蓝栽培较多，食料丰富，因此其繁殖力最强，形成了一年中发生危害的猖獗时期。盛夏季节气温常高于 32℃，且雨水多，特别是暴雨，卵和初孵幼虫常因高温和雨水的机械冲刷作用而大量死亡，加之十字花科蔬菜种植面积少、食料贫乏及天敌的作用等因素的综合影响，导致菜粉蝶夏季世代种群的衰落。华南地区因高温多雨而无明显盛发期，危害较轻。

菜粉蝶卵期捕食性天敌有花蝽 *Orus* spp.，寄生性天敌有广赤眼蜂 *Trichogramma evanescens* Westwood。幼虫期寄生性天敌优势种为菜粉蝶绒茧蜂 *Cotesia glomerata*（Linnaeus），另有少数幼虫被微红绒茧蜂 *C. rubecula*（Marshall）、蝶蛹金小蜂 *Pteromalus puparum*（Linnaeus）和日本追寄蝇 *Exorista japonica* Townsend 所寄生。蛹期天敌优势种为蝶蛹金小蜂，上海在 5—6 月寄生率最高，可达 57.13%～72.71%，其他还有少量蛹被舞毒蛾黑疣姬蜂 *Coccygominus disparis*（Viereck）、广大腿

小蜂 *Brachymeria lasus*（Walker）、次生大腿小蜂 *B. secundaria* Ruschka 和两种蚕蝇寄生。菜粉蝶卵期捕食性天敌有花蝽、青翅蚁形隐翅虫 *Paederus fuscipes* Curtis、中华微刺盲蝽 *Campylomma chinensis* Schwh 等；幼虫和蛹期捕食性天敌有猎蝽、黄蜂和多种蜘蛛等。病原性天敌有菜青虫颗粒体病毒（PbGV）、细菌和真菌等。

（三）防治方法

1. 清洁田园

每茬十字花科蔬菜收获后，特别是春、夏季甘蓝砍去叶球后的残株老叶，应及时处理或耕翻，可减少虫源。

2. 生物防治

每公顷可用各种 Bt（如千胜、杀螟杆菌粉、青虫菌粉或 HD－1 等）1～3 kg 加水 600～900 L 喷雾，可以单用，也可与低浓度的杀虫剂混用。这类细菌农药具有无公害、不杀伤天敌的优点，但药效表现偏迟，施用时间要比化学农药适当提前 2 d 左右。在天敌发生期间，应少用广谱杀虫剂和残效期较长的农药，尽量使用生物农药，有条件的地区，可应用菜青虫颗粒体病毒来防治幼虫。据报道，每公顷施用因菜青虫颗粒体病毒感染而死亡的菜青虫幼虫达 450～600 条，对菜青虫的致死率达 85%～95%，且施用后 20～40 d 的防治效果可维持在 80% 以上。

3. 药剂防治

目前药剂防治在菜青虫的综合防治中仍占有重要地位。施药适期一般掌握在产卵高峰后 1 周左右或 2 龄幼虫高峰期。结球甘蓝上百株虫量，苗期 50 头，莲座期、包心初期 100 头，包心中后期 400 头就应防治。

防治菜青虫每公顷可用 2.3% 高渗苦参碱水剂 750 mL，1.8% 阿维菌素乳油 375 mL，20% 灭幼脲 1 号、25% 灭幼脲 3 号乳油 375～750 mL，10% 虫螨腈悬浮剂（除尽）150 mL，5% 高效氯氟氰菊酯（功夫）、10% 氯氰菊酯、20% 杀灭菊酯乳油 250～375 mL，60 g/L 乙基多杀菌素悬浮剂 500 g，5% 氯虫苯甲酰胺悬浮剂 750 mL，加水 750 L 喷雾。由于甘蓝和花椰菜的叶面上有蜡层，故药剂在叶面上不易展着，可按药剂稀释用水量的 0.1% 加入洗衣粉或其他展着剂，以增加药效。

九、叶甲类

危害蔬菜的叶甲类害虫属鞘翅目、叶甲科，包括跳甲类、守瓜类和猿叶虫类，国内危害蔬菜的跳甲主要有 4 种，即黄曲条跳甲 *Phyllotreta striolata*（Fabricius）、黄直条跳甲 *P. rectilineat* Chen、黄狭条跳甲 *P. vittula*（Redtenbacher）和黄宽条跳甲 *P. humilis* Weise。其中以黄曲条跳甲的分布最广，危害最重。黄狭条跳甲和黄宽条跳甲主要分布在华北、东北和西北地区；黄直条跳甲主要分布在华东和华南地区。在我国危害瓜类的守瓜属害虫已知的有 15 种，但发生较普遍的主要有黄守瓜（黄足亚种）*Aulacophora femoralis chinensis* Weise、黄守瓜（黑股亚种）*Aulacophora femoralis* Mots.、黄足黑守瓜 *A. cattigarensis* Weise、黑足黑守瓜 *A. nigripennis* Mots.。黄守瓜（黄足亚种）在国内各省均有分布，黄守瓜（黑股亚种）仅见于台湾省；两种黑守瓜在国内分布也比较普遍，但黑足黑守瓜分布偏北，而黄足黑守瓜则分布偏南。猿叶虫包括大猿叶虫 *Colaphellus bowringii* Baly 和小猿叶虫 *Phaedon brassicae* Baly。大猿叶虫在国内大多数省份均有分布。在南方地区，两种猿叶虫危害都很严重，常混合发生，但在北方地区则以大猿叶虫发生较多。

跳甲类、守瓜类害虫幼虫主要在根部危害，而成虫则危害地上部分。猿叶虫的幼虫和成虫则均危害地上部分的叶片。现以黄曲条跳甲为例介绍如下。

黄曲条跳甲(striped flea beetle)主要危害青菜、萝卜、芥菜和油菜,其次是花菜和甘蓝等十字花科蔬菜。成虫取食叶片出现密集的椭圆形凹痕或小孔,被害叶片老而带苦味;幼虫在土中危害根部,咬食主根或支根的皮层,形成不规则的条状疤痕,也可咬断须根,使幼苗地上部分萎蔫而死。萝卜被害后,表面蛀成许多黑斑,变黑腐烂。由于成虫喜食幼嫩植物,所以鸡毛菜和小青菜危害特别严重。幼虫还可传播白菜软腐病病菌。

(一)形态特征

各虫态形态特征(图9-22)如下:

【成虫】体长约2 mm,黑色有光泽。触角基部3节及足的跗节深褐色。前胸及鞘翅上有许多刻点,排列成纵行。鞘翅中央有1黄色条纹,两端大,中央狭,外侧的中部凹陷很深,内侧中部直形,仅前后两端向内弯曲。后足腿节膨大,适于跳跃。雄虫比雌虫略小,触角第4、5节特别膨大粗壮。

【卵】长约0.3 mm。椭圆形。淡黄色,半透明。

【幼虫】老熟幼虫体长4 mm左右。长圆筒形,尾部稍细,头部、前胸盾片和腹末臀板呈淡褐色,其余部分为乳白色或黄白色。胸足发达。身体各节都有不显著的肉瘤,其上生有细毛。幼虫多为3龄,各龄头宽依次为151.6 μm、200.9 μm和310.1 μm。

【蛹】长约2 mm,纺锤形。初化蛹时为乳白色,将羽化时变为淡褐色。上颚、触角和各足腿节呈赤褐色。头部隐于前胸下,触角、足达第5腹节,胸部背面有稀疏的褐色刚毛,腹末有1叉状突起。

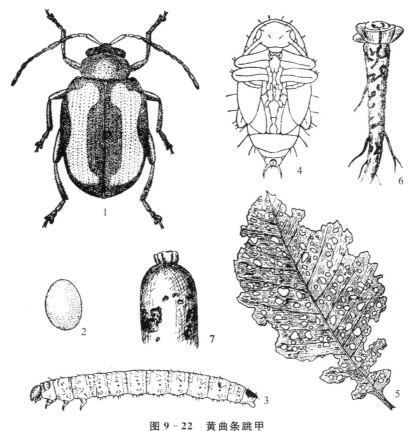

图9-22　黄曲条跳甲

1.成虫　2.卵　3.幼虫　4.蛹　5~7.被害状

（二）生物学与生态学特性

黄曲条跳甲在我国年发生代数，东北 2～3 代，华北 4～6 代，华东 4～7 代，华中 5～7 代，华南 7～8 代。我国南岭以北各地均以成虫越冬，在华南及福建漳州等地无越冬现象，可终年繁殖。在上海，黄曲条跳甲以春季 5—6 月（第 1、2 代）和秋季 9—10 月（第 5、6 代）危害严重，盛夏高温季节发生数量较少，10 月中旬后以成虫在浅土层中越冬。但越冬期间如遇温度回升至 10℃ 以上，成虫仍能出土在叶背取食危害。

成虫寿命长，平均 50 d，最长可达 1 年之久，产卵期可延续 1～1.5 个月，故田间从第 2 代起即出现世代重叠。成虫善于跳跃，高温时能飞翔，具有明显的趋黄色和趋嫩绿的习性，故可用黄盆诱集，略有趋光性，耐饥力差。在高温季节，成虫早晚活动，中午躲藏在心叶内或下部叶片背面；温度较低时于中午活动。成虫喜产卵于根部周围土壤空隙内或细根上，几粒或几十粒成团，也有散产的，以越冬代成虫产卵最多。每头雌虫平均产卵 200 粒。成虫喜在潮湿土壤中产卵，在含水量低的土壤中极少产卵。卵在低于 90% 的相对湿度时，孵化极少。相对湿度在 90% 以上时，孵化率随湿度上升而加大，以接近饱和湿度下孵化率最高。

初孵幼虫先在主根或较粗的支根上啃食表皮，2 龄后期，部分幼虫钻入皮下危害。老熟后离根做土室化蛹。刚羽化的成虫，当天静伏于蛹室中，以后爬出土面活动危害。

黄曲条跳甲的适温范围为 21～30℃，在此范围内成虫活动、取食最盛，生存率最高；当温度低于 20 或高于 30℃ 时，成虫活动明显减少，特别是夏季高温时，食量剧减，繁殖率下降，并有蛰伏现象，因而病害发生较轻。卵、幼虫、蛹的发育起点温度分别为 11.2℃、11.9℃ 和 9.3℃，有效积温为 55.1 日度、134.8 日度和 86.2 日度。

一般十字花科蔬菜连作地区，终年食料不断，有利于虫体的大量繁殖，故受害就重，若与其他蔬菜轮作，则发生危害就轻。叶色嫩绿的受害重，青菜比结球甘蓝、花菜受害重，苗期比后期受害重。

（三）防治方法

根据黄曲条跳甲的生物学特性，防治对策应以农业防治为主，压低虫源基数，再辅以必要的药剂防治。

1. 农业防治

根据其寄主主要限于十字花科蔬菜、耐饥力差、怕干旱等特点，应避免与青菜类连作，越冬寄主田埂不能连作青菜。前茬青菜收获后，立即进行耕翻晒垡，待表土晒白后再播下茬青菜。

2. 生物防治

在菜心 3 叶期，于傍晚每公顷喷 7×10^{10} 条小卷蛾斯氏线虫 *Steinernema carpocapsa*e 或 1.35×10^{11} 条斯氏线虫 *S. feltiae*，或每公顷用 1% 印楝素乳油 750 mL，加水 750 L 喷雾。

3. 药剂防治

防治适期掌握在成虫尚未产卵时，重点在蔬菜苗期。在 3 片真叶前，每平方米 45 头可作为防治的指标，4 片真叶以上，防治指标可适当放宽。防治成虫时，喷药应选择在成虫活动盛期，并从田边向田内围喷，以防成虫受惊而逃。

每公顷用 0.04% 除虫精 25～30 kg 喷粉，或每公顷用 48% 乐斯本乳油、52.52% 农地乐乳油、50% 辛硫磷乳油、50% 马拉松乳油、25% 杀虫双水剂 750 mL，10% 氯氰菊酯乳油、20% 速灭杀丁乳油、2.5% 敌杀死乳油 375 mL，21% 灭杀毙乳油 200 mL，90% 敌百虫晶体 750 g，50% 易卫杀可湿性粉剂 50 g，加水 750 L 喷雾。发现幼虫危害蔬菜根部时，可用 90% 敌百虫晶体 50 g 或 50% 辛硫磷乳油 50 mL，加水 50 L 配成药液灌根，每株菜灌药液为 100～200 mL。连作青菜在耕翻播种前，每公顷均匀撒施 5‰辛硫磷颗粒剂 30～40 kg,可杀死幼虫和蛹,残效期在 20 d 以上。

十、潜叶蝇类

潜叶蝇类是双翅目蝇类中以幼虫在植物叶片内潜食危害的一类害虫。它们以幼虫在寄主叶片的上下表皮之间穿行取食寄主绿色的叶肉组织,致使被害叶片上呈现灰白色弯曲的线状虫道或上下表皮分离的泡状斑块。在蔬菜作物上危害的潜叶蝇种类包括潜叶蝇科的美洲斑潜蝇 *Liriomyza sativae* Blanchard、南美斑潜蝇 *L. huidobrensis*(Blanchard)、番茄潜蝇 *L. bryoniae* Kallenbach、葱斑潜蝇 *L. chinensis* Kato、豌豆潜叶蝇 *Chromatomyia horiticola* Goureau,花蝇科的菠菜斑潜蝇 *Pegomya hyoscyami*(Panzer)等。其中,美洲斑潜蝇和南美斑潜蝇是 20 世纪 90 年代初从国外传入我国的,当时在我国曾列为检疫性害虫,在国内传播蔓延速度快,已造成严重的经济损失。豌豆斑潜蝇为常发性害虫,发生面广,危害较严重,除危害蔬菜外,还危害油菜,使油菜严重减产。

(一)形态特征

1. 美洲斑潜蝇(vegetable leafminer)

各虫态形态特征(图 9－23)如下:

【成虫】体小,长 1.3～2.1 mm,浅灰黑色。触角第 3 节黄色。中胸背板黑色有亮光,中胸小盾片及体腹面和侧板黄色;足基节,腿节鲜黄色,胫节色深。M_{3+4} 脉末段长是次末段长的 3～4 倍。

【卵】椭圆形,长 0.2 mm 左右,白色,半透明。

【幼虫】蛆形,老熟幼虫体长 2～2.5 mm。初孵幼虫半透明,后变为橙黄色。后气门呈圆锥状突起,末端具有 3 孔。老熟幼虫在虫道端部咬破叶片表皮爬出虫道,在叶面或落到地面上化蛹(与豌豆潜叶蝇的区别之一)。

【蛹】椭圆形,长 1.3～2.3 mm。初化蛹时橙黄色,渐变为黄色。

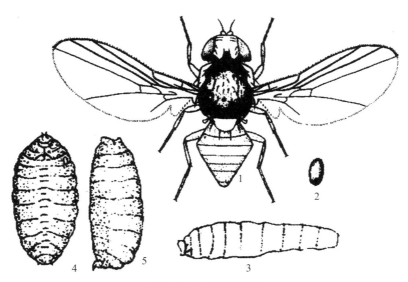

图 9－23 美洲斑潜蝇

1.成虫 2.卵 3.幼虫 4～5.蛹背面和侧面观

2. 豌豆潜叶蝇(pea leafminer)

各虫态形态特征(图 9－24)如下:

【成虫】体型比美洲斑潜蝇大,体长 1.8～2.5 mm,灰黑色。全身多鬃毛,翅长于身体。复眼红褐色,触角黑色。胸部发达,上生 4 对粗大的背中鬃,平衡棒黄白色;足黑色,但腿节和胫节连接处为黄色。

【卵】长椭圆形,长约 0.3 mm,乳白色。

【幼虫】老熟时,体长约 3 mm,黄白色,全体透明,从体外可透视到体内的消化道、头咽骨和通往后气门的气管。头咽骨上臂较长,呈二叉状,向后方略弯成弧形;咽骨下臂较短,左右合并成 1 片。前气门呈叉状,向前方伸出,后气门略突起,末端褐色。老熟幼虫在虫道端部化蛹(与美洲斑潜蝇的区别之一)。

【蛹】体长 2.1 mm 左右,淡黄白色,长椭圆形,体节分节清晰,可见 13 节。前气门呈二叉状向前伸出,后气门褐色略突出。第 13 节(末节)背中央有黑褐色纵沟。

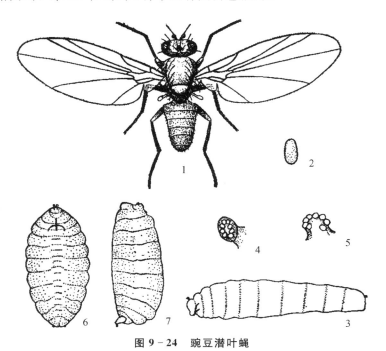

图 9 - 24　豌豆潜叶蝇

1.成虫　2.卵　3.幼虫　4～5.幼虫前气门和后气门　6～7.蛹背面和侧面观

(二)生物学与生态学特性

1. 美洲斑潜蝇

美洲斑潜蝇的寄主植物多达几十个科 50 多种农作物。在蔬菜上主要危害黄瓜、菜豆、番茄。世代历期短,世代重叠严重。在海南一年可发生 21～24 代,无越冬现象。在浙江温州每年可发生 13～14 代,北京 8～9 代,辽宁 7～8 代。在北方自然条件下不能越冬,但在保护地可以越冬和继续危害。每年各地危害盛期一般在 5—10 月。北方露地危害盛期为 8—9 月,保护地为 11 月和来年的 4—6 月。美洲斑潜蝇的羽化、取食、交配活动主要集中在上午,飞翔力不强,交配后当天就能产卵。

成虫(伪)产卵器刺破寄主叶片的表皮,然后吸食渗出的叶汁或将卵产入叶片的叶肉内。常有吸食叶汁后不产卵的,留下一个取食痕。因而叶面上灰色小斑点(包括取食痕和产卵痕)通常多于实际的产卵数。取食痕略凹陷,扇形或不规则的圆形,而产卵痕则长椭圆形,较饱满透明,以此可区别取食痕和产卵痕。卵散产,一般一个小斑痕内只含有 1 粒卵。成虫喜欢在已伸展开的嫩叶上产卵,在日光充足的田边植株上着卵多。成虫对橙黄色有较强的趋性。

幼虫孵化后即在叶内潜食,形成虫道,虫道随着幼虫龄期的增大而延长增宽。同龄幼虫的虫道逐渐变宽,虫龄增大时虫道突然变宽,虫道两侧有黑色的排粪线。通常幼虫只在叶片的栅栏组织中取食危害,大多不危害下部的海绵组织,所以通常只在叶片正面可见虫道。幼虫共 3 龄。老熟幼虫在虫道端部咬破叶片表皮爬出虫道,在叶面或落到地面上化蛹。

美洲斑潜蝇是一种喜温性的害虫,但温度在 34℃ 以上对其不利。它对湿度的要求不是很严,但蛹期怕湿,土壤过湿、地面积水,蛹的羽化率可显著降低,耐寒能力弱。暴风雨可造成田间虫量下降,长江中下游地区的梅雨天和出梅后的高温天气对美洲斑潜蝇的发生不利。

发育起点温度为 9.2℃,整个世代的有效积温为 283.2 日度。温度在 13～34℃ 时,各虫态均能正常生长发育。温度在 20℃、25℃ 和 30℃ 时,完成一个世代分别需要 29 d、18 d 和 12 d,其中,卵历期约占整个世代历期的 15%,幼虫历期占 25%,蛹历期占 60%。

美洲斑潜蝇在发生区内的近距离传播主要是通过成虫的迁移或随气流的扩散,其远距离传播主要靠寄主植物或产品的人为调运和携带。

2. 豌豆潜叶蝇

豌豆潜叶蝇在国内除西藏地区无分布报道外,其他各省(自治区、直辖市)均有分布。其能危害 21 科 77 属 130 多种植物,主要危害十字花科蔬菜、豌豆、蚕豆、草本花卉及杂草。在辽宁 1 年可发生 4～5 代,福建福州可发生 13～15 代。在辽宁至淮河以蛹越冬,长江以南、南岭以北则以蛹越冬为主,也有少数以幼虫和成虫越冬;而在华南地区则冬季也可以发生危害。各地均从早春起虫口数量逐渐上升,春末夏初为危害高峰,然后随着气温的升高和夏熟寄主的成熟枯老,逐渐以蛹越夏;秋季气温下降后继续危害。在湖南,每年 3 月下旬至 4 月下旬、5 月下旬是危害最严重的时期;6—8 月危害较轻,多在瓜类和杂草上生活;8 月以后逐渐转移到萝卜、白菜幼苗上进行危害;10 月下旬至 11 月虫口密度逐渐增加,以后又在油菜上繁殖。

成虫白天活动,吸食花蜜、交尾产卵,性活泼,善飞,受惊时常作螺旋状飞行。夜间常静伏。产卵前期为 1～3 d,喜欢选择幼嫩绿叶产卵,用产卵器将卵产于叶片背面边缘的叶肉里,尤以近叶尖处为多,在叶面留下白色产卵痕。成虫产卵活动以上午和中午最盛。卵散产,一处产卵 1 粒。每雌产卵量可达 45～98 粒,日产卵 9～20 粒。成虫寿命一般为 7～20 d,气温高时为 4～10 d。常用产卵器将叶表皮刺破,取食刺孔处流出的汁液,使刺孔处形成圆形白色取食痕。产卵痕和取食痕形状相似。取食痕数是产卵痕数的 4 倍左右。幼虫孵化后就从孵化处开始向内潜食叶肉而形成白色虫道,虫道随着虫龄增大而日益加粗。潜道曲折迂回,没有一定的方向。严重时一叶内可有数十头幼虫,以致全叶发白、干枯。幼虫还可潜食嫩荚和花梗。幼虫共 3 龄,老熟后就在虫道末端化蛹(这与美洲斑潜蝇不同),并在化蛹处穿破表皮而羽化。豌豆潜叶蝇在 13～15℃ 下,卵期 3.9 d,幼虫期 11 d,蛹期 15 d,共计 30 d 左右;在 23～28℃ 下,卵期 2.2 d,幼虫期 5.5 d,蛹期 6.8 d,共计 14 d 左右。

(三)防治方法

1. 农业防治

种植前应清除田间杂草和上季植株的残体,作物生长期及时摘除虫叶,集中堆沤处理,在化蛹高峰期勤中耕增加地表蛹的死亡率。保护地栽培地区,在扣棚和揭棚前做好棚内的杀虫工作,阻断露地和保护地之间的传播扩散。

2. 物理防治

用黄板诱杀成虫,在黄板上涂上虫胶(机油或食用油),挂于棚内或田间,放置高度与作物高度一致或略高,也可用灭蝇纸诱杀成虫。

3. 药剂防治

在作物每叶片有幼虫 5 头或产卵痕 8 处时,即可进行防治,于幼虫 2 龄前,或虫道长 1 cm 以下时、

上午露水干后进行喷药防治,效果较好。每公顷可用 1.8％阿维菌素乳油(虫螨克)500～750 mL,2.5％高效氯氟氰菊酯乳油(功夫)或 20％甲氰菊酯乳油(灭扫利)375 mL,30％灭蝇胺悬浮剂 750 g,60 g/L 乙基多杀菌素悬浮剂 750 mL,加水 750 L 喷雾;还可用 5％氰戊菊酯乳油(来福灵)、水和土以 1∶7∶300 的比例混合成毒土,每公顷用毒土 750 kg,撒施于地表,以杀死地表的蝇蛹。

十一、实蝇类

实蝇类是危害瓜类蔬菜的重要害虫,属双翅目、实蝇科,体型似蜂,俗称"针蜂"。成虫产卵于幼瓜表皮内,幼虫孵化后在瓜果内蛀食,使被害瓜干枯、畸形或腐烂。主要为害状为受害瓜上的实蝇产卵斑明显或出现流胶疤状,幼虫为害的瓜如果刮去表皮,出现似沸水灼过或机械损伤状水渍斑,幼虫在幼瓜开花前后 2～3 d 侵入致使幼瓜发黄,形成黑褐色枯死瓜,开花 7 d 以后侵入出现局部干枯的畸形瓜,严重影响其产量、质量和经济效益。主要的种类有瓜实蝇 *Bactrocera cucurbitae* (Coquillett)、南亚实蝇 *B. tau* (Walker)、具条实蝇 *B. scutellata* (Hendel)、橘小实蝇 *B. dorsalis* Hende 等。现以瓜实蝇为例介绍如下。

瓜实蝇(melon fly)寄主范围广,种类达 80 余种,如黄瓜、南瓜、丝瓜、西葫芦、苦瓜、桃、梨等果蔬作物,其中主要为害葫芦科作物。该虫于 1913 年首次报道于印度,广泛分布于温带、亚热带和热带的 30 多个国家和地区;据记载,瓜实蝇在我国最早于 1985 年在深圳口岸由香港地区输入内地的白瓜中截获,此后在深圳、昆明、上海、江门和海口口岸多次被截获。该虫主要是以卵和幼虫随寄主运转传播,成虫具有一定飞行扩散能力。目前,该虫已在我国多个省(自治区、直辖市)定殖且危害逐年加重,主要分布于福建、海南、广东、广西、贵州、云南、四川、湖南、台湾等。成虫产卵管刺入幼瓜表皮内产卵,幼虫孵化后即在瓜内蛀食,受害的瓜先局部变黄,而后全瓜腐烂变臭,造成大量落瓜,即使不腐烂,刺伤处凝结着流胶,畸形下陷,果皮硬实,瓜味苦涩,严重影响瓜的品质和产量。据调查,瓜实蝇危害造成减产一般为 20％～30％,严重时达 60％～70％,甚至绝收。

(一)形态特征

各虫态形态特征(图 9 - 25)如下:

【成虫】体型似蜂,黄褐色至红褐色。长 7～9 mm,宽 3～4 mm,翅长 7 mm。初羽化的成虫体色较淡。复眼茶褐色或蓝绿色(有光泽),复眼间有前后排列的两个褐色斑,后顶鬃和背侧鬃明显;翅膜质、透明、有光泽,亚前缘脉和臀区各有 1 长条斑,翅尖有 1 圆形斑,径中横脉和中肘横脉有前窄后宽的斑块;腿节淡黄色。腹部近椭圆形,向内凹陷如汤匙,腹部背面第 3 节前缘有一狭长黑色横纹,从横纹中央向后直达尾端有一黑色纵纹,形成一个明显的"T"形;产卵器扁平坚硬。

【卵】乳白色,细长约 0.8～1.3 m。

【幼虫】初为乳白色,长约 1.1 mm,老熟幼虫米黄色,长 10～12 mm。

【蛹】初为米黄色,后黄褐色,长约 5 mm,圆筒形。

(二)生物学与生态学特性

瓜实蝇在我国适生地区可发生 2～12 代,以发生 4～6 代为主,世代重叠现象明显。其中,在云南瑞丽 7～8 代/年、云南昆明 5 代/年、福建福州 7～8 代/年、江西抚州 4～5 代/年、湖南衡阳 3～4 代/年、广西 7～8 代/年、广东广州 8 代/年,台湾 8～10 代/年。以成虫在杂草、蕉树越冬。次年 4 月开始活动,以 5～6 月危害重。瓜实蝇的正常发育温度是 15～30℃,最适生长发育温度是 25～30℃,35℃时蛹不能存活。

成虫白天活动,夏天中午高温烈日时,静伏于瓜棚或叶背,对糖、酒、醋及芳香物质有趋性,还具有强趋光性,对紫色光和白光趋性最强,黄色光次之,红色、绿色和蓝色最弱。成虫羽化后,9～11 d 营养补充达到性成熟,出现交尾行为,黄昏时开始交尾直到第 2 天早晨分开;该虫具有多次交尾习性,一生交尾 4～8 次,交尾容易受到温、湿度影响,同时受到日出日落、早晚的影响而出现差异。雌虫交尾 2～3 d 后开始产卵,喜在幼嫩瓜果表皮和破损部位产卵,卵块竖状排列,同一产卵孔可被多头雌虫多次产卵,雌虫未交尾也能产卵,但卵不会孵化。每雌一生中平均产卵 764～943 粒,每次产几粒至 10 余粒,每天产卵 9～14 粒,产卵期长达 48～68 d。寄主物理屏障如坚硬的表皮会影响其产卵,其在完好寄主上的产卵量依次为:黄瓜＞苦瓜＞丝瓜＞西葫芦＞佛手瓜＞番茄和南瓜,其中就苦瓜则偏好在谢花 25 d 和 28 d 后的瓜上产卵。

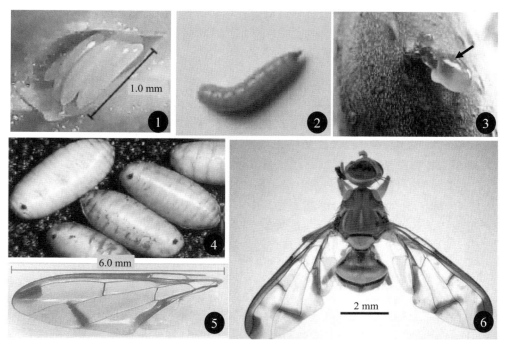

图 9 - 25　瓜实蝇
1. 卵　2. 幼虫　3. 产卵刺伤处流胶　4. 蛹　5. 翅　6. 成虫

卵历期在 23～30℃时为 1～2 d。初孵幼虫从产卵孔向瓜心中央水平为害,然后向下端为害,最后再向上段为害,导致瓜肉糜烂发臭。幼虫历期与寄主有关,番茄接种产卵饲养,幼虫历期为 8～11 d,而用梨则长达 18～28 d。幼虫历期不受光照长短影响,但受温度影响较大,28℃时历期为 4～5 d,25℃时为 5～8 d。老熟幼虫弹跳能力强,可连续弹跳超过 2 m,落地后即可钻入土中化蛹,老熟幼虫入土化蛹深度在 2～8 cm,以 4～6 cm 的居多,预蛹期为 5～6 h,蛹历期 28℃时为 7～8 d,25℃时为 8～11 d。土壤湿度对蛹的影响很大,土壤含水量在 25％以内有利于老熟幼虫化蛹,这个湿度范围内蛹的羽化率较高。

瓜实蝇天敌种类繁多。寄生蜂有弗蝇潜蝇茧蜂 *Opius fletcheri*（Silvestri）、吉氏角头小蜂 *Dirhinus giffardii* Silv.、阿里山潜蝇茧蜂 *Fopius arisanus*（Sonan）、布氏潜蝇茧蜂 *Fopius vandenboschi*（Fullaway）、印啮小蜂 *Aceratoneuromyia india*（Silvestri）、蝇蛹金小蜂 *Pachycrepoideus vindemmiae* Rondani、蝇蛹俑小蜂 *Spalangia endius* Walker 等;捕食天敌有蚂蚁、鸟类、捕蝇草、螳螂、青蛙等;病原性天敌有绿僵菌、球孢白僵菌和拟青霉菌 *Paecilomyces* spp. 等。

（三）防治方法

就瓜实蝇的防治，应根据其发生为害特点采取农业防治、物理防治、生物防治和药剂防治相结合的综合性防治措施，以压制成虫产卵、保护瓜果免受其害为重点。

1. 加强检疫

实蝇类害虫除了自身可以飞翔扩散传播外，多以幼虫随被害果实远距离传播。特别是对成熟期早的品种或果实来说，在后期受害的情况下，幼虫随运销，有可能在新区脱果落地而成活下来，导致新的分布和为害。因此，从实蝇为害区调运果蔬时，必须经过植检机构严格检查，一旦发现虫果必须经有效处理后方可调运。各地农业植物检疫机构应加强检疫工作，积极开展产地和调运检疫，尤其应加大对大型果蔬批发市场的检疫力度，限制受害果蔬等产品调运，防止疫情随果蔬产品及种苗传播，从源头堵住疫情传播渠道，防止疫情进一步扩散。

2. 农业防治

一是冬季翻耕灭蛹：利用瓜实蝇幼虫为害果实，造成落果，幼虫老熟后即脱果入土化蛹的特性，在12月初至翌年2月底对发生园区土壤进行2次浅翻，每次深度在10 cm左右，利用温度、水分等环境因素的改变，恶化虫蛹的生存环境，以压低害虫越冬基数，减轻来年为害。二是清除虫害果、灭杀幼虫：及时清理落果和挂树虫果，落果初期每周清除1次，落果盛期至末期每日1次，做到不留死角，并将收集到的被害果及时处理，可倒入水池中浸1周以上，或用氯氰菊酯等杀虫剂处理后深埋土坑中，并在上面盖土50 cm以上，将土压实，高温天气时也可暴晒48 h，然后深埋，以杀死幼虫。三是套袋护瓜：在常发严重为害地区或名贵瓜果品种，可采用套袋护瓜办法（瓜果刚谢花、花瓣萎缩时进行）以防成虫产卵为害。例如，苦瓜果长3～4 cm时是套袋防治的适宜时期，用高密度聚乙烯塑料袋和无纺布袋效果较好。

3. 诱杀成虫

利用成虫具趋化性，诱杀成虫。一是利用食物诱剂，如用香蕉皮或菠萝皮、南瓜或甘薯等物与90％敌百虫晶体、香精油按400∶5∶1比例调成糊状毒饵，直接涂于瓜棚竹篱上或盛挂容器内诱杀成虫（20个点/667 m²，25 g/点）；蜜糖水或红糖水添加南瓜饵的诱杀效果显著高于其他诱饵，且这种差异性在苦瓜园外更明显，其中在3％～10％范围内红糖水的浓度越高诱杀作用越强；一种营养型实蝇诱剂——实蝇克（主要成分包括阿维菌素0.05％及适当比例的水解蛋白、白糖等）能有效诱集瓜实蝇等常见实蝇，在实蝇高峰期，每隔7 d换药1次，连续换药3次，苦瓜果实带虫率可控制在5％以内，保护作用可达80％以上；另外，生产上应用于防治瓜实蝇最为成功的食物引诱剂产品有"猎蝇"GF－120。二是用信息化合物引诱剂。覆盆子酮乙酸酯［raspberry ketone acetate，4-(p-acetoxyphenyl)-2-butanone，RKA］的商品名为诱蝇酮cue-lure（简称CL或Cue），是目前各种引诱剂中对瓜实蝇等最有效的引诱剂，能诱杀大量雄性成虫，减小了雌虫交配概率，从而降低了虫口密度。覆盆子酮乙酸酯和与其结构相似的化合物覆盆子酮、对甲氧基苯丙酮及几种酯类按照一定比例混配（覆盆子酮乙酸酯∶对甲氧基苯丙酮∶乙酸丁酯＝3∶1∶1）的田间诱捕试验效果最好。丁酸乙酯对瓜实蝇也有一定的引诱作用，当丁酸乙酯与覆盆子酮乙酸酯分别以0.5∶99.5、1∶99、2∶98、3∶97、4∶96比例混配成引诱剂时，其引诱效果均显著高于单剂覆盆子酮乙酸酯，其中，丁酸乙酯、覆盆子酮乙酸酯以3∶97混配的引诱剂所诱集的总虫数是单剂覆盆子酮乙酸酯的2.1倍。三是安装频振式杀虫灯进行诱杀。

4. 生物防治

释放印啮小蜂、蝇蛹金小蜂、蝇蛹俑小蜂等防治瓜实蝇的幼虫或蛹。球孢白僵菌对瓜实蝇的幼虫、蛹和成虫的毒杀作用强，喷施后8 d左右大量死亡，可用其加以防治。

5．药剂防治

在成虫盛发期,于中午或傍晚喷施 21% 灭杀毙乳油 4000～5000 倍液,或者 2.5% 敌杀死 2000～3000 倍液,间隔 3～5 d 喷 1 次,连续喷 2～3 次。另外,也可选用 80% 敌敌畏乳油、90% 灭多威可溶性粉剂 800～1000 倍液或 1.8% 阿维菌素乳油 2000～3000 倍液。

思考与讨论题

1．阐述主要蔬菜病害症状、病原形态特征、侵染循环、发病条件和防治方法。

2．阐述主要蔬菜害虫形态特征、生物学与生态学特性及防治方法。

3．结合分析美洲斑潜蝇在我国迅速传播蔓延的主要原因,设计综合防治方案。

4．蔬菜上的粉虱主要有哪几种? 其主要习性有哪些? 设计冬暖棚以粉虱和斑潜蝇为主的保护地蔬菜害虫综合治理措施。

5．结合文献查阅,试分析小菜蛾抗药性产生的原因,并提出综合治理措施。

6．保护地蔬菜与露地蔬菜在病虫害种类组成、发生特点以及采取防治措施等方面有哪些异同?

7．以一种或一类蔬菜为例,结合文献查阅,阐述无公害蔬菜或绿色蔬菜生产中病虫害的防治策略与关键技术。

☆教学课件

第十章　果树病虫害

我国地域辽阔，气候条件复杂，各地栽培的果树种类繁多，果树病虫害种类和发生规律各异，病虫害不仅影响水果产量，而且还影响水果品质，最终影响到商品价值和出口外销。

据记载，我国 30 多种果树中有 700 多种病害，危害严重的有 60 余种，其中柑橘病害 100 余种，苹果病害约 90 余种，梨树病害约 80 余种，桃树等核果类果树病害约 50 多种。果树害虫约 1000 多种，其中危害严重的有 80 多种，分别危害落叶果树和常绿果树中 30 余种果树。

本章就重要果树病害的症状、病原形态特征、侵染循环、发病条件和防治方法，以及重要果树害虫形态特征、生物学与生态学特性、防治方法等作一叙述。

第一节　重要病害

一、真菌病害

(一)梨锈病

梨锈病(pear rust)，又称赤星病，俗名"羊毛丁"，是果树病害中有转主寄生现象的代表性病害，分布于我国各梨产区。梨锈病除危害梨外，还有山楂、棠梨和木瓜等植物。它们危害的转主寄主有桧柏、高塔柏、龙柏等。

1. 症状

主要危害叶片和新梢，严重时危害果实。叶片受害初正面产生橙黄色小点，后逐渐扩大，成为圆形病斑。病斑中部橙黄色，边缘淡黄色，最外面一层黄绿色圈，病斑表面密布很多橙黄色小粒点(性孢子器)，潮湿时溢出淡黄色黏液(性孢子)。黏液干燥后小粒点变黑色。后期病斑变厚，背面呈淡黄色疱状隆起，并在隆起的部位产生数根灰褐色毛管状物(锈孢子器)。毛管状物破裂，散出黄褐色粉末(锈孢子)。最后病斑逐渐变黑干枯，毛管状物脱落。一张叶片上的病斑数目不等，多时可达数十个，同时叶片向内卷曲，叶色变淡，最后全叶变黑干枯脱落。

幼果受害，初期症状与叶片症状相似，病部稍凹陷，幼果成畸形早落。新梢受害症状与果实相似，受害后病部以上枝条常枯死。

在转主寄主桧柏上，梨锈病危害桧柏绿枝及鳞叶，病部在秋季黄化隆起，翌春形成菌瘿表皮破裂，露出红褐色圆锥形或楔形冬孢子角，吸水膨胀呈橘黄色胶质舌状。

2. 病原物

病原物为亚洲胶锈菌 *Gymnosporangium asiaticum* Miyabe ex Yamada，担子菌亚门胶锈菌属，具专性寄生，转主寄生和孢子多型特性。病菌需要在两类不同的寄主上才能完成其生活史，冬孢子和担孢子在桧柏等柏科植物上产生，性孢子和锈孢子在梨和山楂上产生，无夏孢子阶段。

冬孢子角红褐色或咖啡色，圆锥形，顶部较窄，基部较宽；冬孢子纺锤形，黄褐色，顶壁较厚，双胞，分隔处稍缢缩,柄细长,透明,萌发适温为 17～20℃,萌发产生担孢子。担孢子卵形,淡黄褐色,单孢,可远距离传播,萌发适温为 15～23℃。性孢子器扁烧瓶形,基部埋生在梨叶片正面表皮下,上部突出,从孔口生出丝状受精丝,并释放性孢子;性孢子单孢,无色,纺锤形或椭圆形。锈孢子器丛生于梨叶病斑背面或病梢和病果肿大的病斑上,细长圆筒形,长约 5～6 mm;锈孢子球形或近球形,橙黄色,表面具小瘤(图 10-1)。

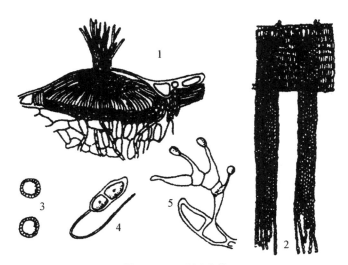

图 10-1　梨锈病菌

1.性孢子器　2.锈孢子器　3.锈孢子　4.冬孢子　5.冬孢子萌发,示担子及担孢子

3.病害循环

病菌以菌丝体在桧柏等转主寄主中越冬,翌春 2—3 月间开始形成冬孢子角。冬孢子角成熟后,吸水胶化,萌发产生担孢子,担孢子脱落后经气流或风传播到梨树幼叶、新梢和幼果上,遇水萌发产生芽管,从气孔、皮孔侵入或从表皮直接侵入,叶龄在 25 d 以内的嫩叶易受侵染,担孢子有效传播距离为 2.5～5 km。病害潜育期长短与气温和叶龄有关,一般约为 10 d。温度越高,叶龄越小,潜育期越短,展叶后 25 d 以上的叶片一般不受侵染。病菌侵入后,叶面产生橙黄色病斑,数天后,性孢子器开始形成,溢出相应性别的性孢子,性孢子通过昆虫或雨水传播,经受精丝交配,约 25 d 后,在叶背形成锈孢子器和锈孢子。锈孢子经气流或风传送至桧柏等转主寄主上危害,并在转主寄主上越夏、越冬,至翌春形成冬孢子角。由于该菌生活史中缺乏夏孢子阶段而不能发生再侵染,故一年只有一次侵染。

4.发病因素

(1)桧柏的有无和距离

该病菌只有在既有梨又有桧柏的地方才能完成其生活史,才能造成病害。所以梨园周围有没有桧柏,就成为该病能否发生的决定条件。病菌的传播距离一般是 2.5 km,最远也不超过 5 km,所以桧柏距果园的远近也决定了该病能不能发生。

(2)气候条件

在有桧柏等转主寄主存在的前提下,病害的流行与否受气候条件影响。当温度低于 5℃ 或高于 30℃ 时,该病不易发生。梨芽萌发后 30～40 d 内多雨潮湿,该病发生较重。在此期间,有 1 次降水持续 2 d 以上、降水量 15 mm 以上、相对湿度 90% 以上时,就有可能发病。一般情况下,2 月份和 3 月份气温升高,3 月下旬至 4 月下旬雨水多是当年病害流行的重要因素。风力的强弱和风向都可影响担孢子与梨树的接触,对发病也有一定的影响。

（3）生育期和品种

病菌一般只侵染幼嫩组织,如嫩叶、幼果或嫩梢,叶龄在 25 d 以内的嫩叶易受侵染。梨树不同种和品种对锈病的抗性有一定差异。一般中国梨最感病,日本梨次之,西洋梨最抗病。常见的慈梨、严州雪梨、黄花梨和二宫白等品种发病较重,鸭梨、三花梨、今村梨和明月等次之,康德梨、晚三吉和博多青等较抗病。

5. 防治

（1）砍除桧柏

在不必要栽培桧柏等柏科植物的地方,彻底砍除梨园四周 5 km 以内的桧柏,使病菌因缺少转主寄主而无法完成生活史,梨锈病就不会发生。同时,在梨的重点产区进行绿化时,不要使用桧柏等柏科植物。

（2）控制桧柏上的病菌

在已有桧柏等柏科植物而又不能砍除的风景区或城市绿化区,在春雨前彻底剪除桧柏上的带菌枝条,喷 3～5 波美度石硫合剂或 1 波美度石硫合剂与 45％晶体石硫合剂 50～100 倍混合液等 1～2 次,以抑制冬孢子萌发。

（3）利用抗病品种

在桧柏等转主寄主多、病害发生严重的地区,应种植抗病品种。

（4）喷药保护梨树

梨树上喷药应在梨树萌发至展叶后 25 d 内进行,有效药剂有 10％苯醚甲环唑可湿性粉剂 1500～2000 倍液、20％三唑酮乳油 2000～2500 倍液、50％多菌灵可湿性粉剂 800 倍液或 430 g/L 戊唑醇悬浮剂 3000～4000 倍液等。三唑酮须在开花末期使用,一般使用 1～2 次即可。

（二）苹果、梨轮纹病

苹果、梨轮纹病(apple and pear ring rot),又称瘤皮病、粗皮病,分布于中国、日本与朝鲜。20 世纪 70 年代以来,随着富士品种的引进、推广和轮纹病菌致病力的变化,苹果轮纹病造成的大量烂果已成为生产上的突出问题。1994 年苹果轮纹病全国大流行,1996、1998、2000 年都是严重发生年(平均每两年大发生一次)。常年一般烂果率可达 20％～60％,病害大流行发生年烂果率可达 60％～80％。

据估计,全国每年因此病损失苹果达数十亿至上百亿元。梨轮纹病在长江流域及河南和山东等省发生普遍,日本梨系统品种发病尤为严重。病树干和主枝上病疤累累,树势衰弱,严重影响产量和果树寿命。果实感病可引起收获前和储运期果实腐烂。

1. 症状

苹果轮纹病与梨轮纹病症状相似。枝干受害后以皮孔为中心产生褐色突起的小斑点,后逐渐扩大成为近圆形的暗褐色病斑,直径约 5～15 mm(梨)或 10～30 mm(苹果)。随着病情的发展,病斑中央呈瘤状坚硬突起,周围组织逐渐下陷成为一个凹陷的圆圈。第二年病斑上产生许多黑色小粒点(分生孢子器或子囊座)。以后,病部与健部交界处产生裂缝,周围逐渐翘起,有时病斑可脱落,向外扩展后,再形成凹陷且周围翘起的病斑。连年扩展,形成不规则的轮纹状。如果枝上病斑密集,则使树皮表面极为粗糙。病斑一般限于树皮表层,在弱树上有时也可深达木质部。

幼果受害后,至近成熟或储运期才表现症状。果实受害,初期以皮孔为中心发生水渍状浅褐色至红褐色圆形坏死斑,有时有明显的红褐色至黑褐色同心轮纹(有些品种上的病斑轮纹不明显)。条件适宜时,病情发展迅速,数日内可使全果腐烂,并发出酸臭气味。发病后期,少数病果自病斑中央表皮下逐渐产生黑色小粒点(分生孢子器)。通常一个果实上有 2～3 个病斑,多时可达 30 多个。在鸭梨上,采收前很少发现病果,多数在采收后 7～25 d 内出现。一些感病品种(如砟子梨)在采收前即可见到大量的病果,而且病果很容易早期脱落。

受害叶片病斑近圆形或不规则形,有时有轮纹。初褐色,渐变为灰白色,也产生小黑粒点。严重病叶常常干枯早落。

2. 病原物

病原物的有性态为贝伦格葡萄座腔菌梨生专化型 *Botryosphaeria berengeriana* f. sp. *piricola* (Nose)Koganezawa et Sakuma,子囊菌亚门葡萄座腔菌属。有性态少见,在病害循环中不重要。无性态为一种簇小穴壳菌 *Dothiorella gregaria* Sacc.,半知菌亚门小穴壳属。

病菌子座埋生在寄主表皮下,成熟时突破表皮外露,黑褐色,球形或扁球形。子囊棍棒形,无色,顶部较宽;子囊孢子椭圆形,单胞,无色至淡褐色。分生孢子器球形至椭圆形,孔口乳突状,分生孢子无色,单胞,纺锤形或椭圆形(图 10 - 2)。菌丝体生长温度范围为 7～36℃,最适温度为 27℃左右,人工培养时需提供适当光线才形成分生孢子器。温度在 15℃以上时,分生孢子均能萌发,以 28℃左右为最适。分生孢子萌发对湿度条件的要求严格,离开水膜时,分生孢子不能萌发。

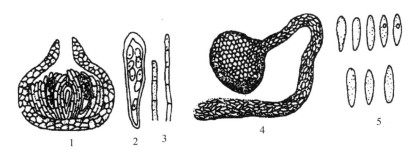

图 10 - 2 苹果、梨轮纹病菌
1. 子囊壳 2. 子囊及子囊孢子 3. 侧丝 4. 分生孢子器正在吐出分生孢子 5. 分生孢子

3. 病害循环

病菌以菌丝体、分生孢子器及子囊壳在被害枝干上越冬。菌丝在枝干病组织中可存活 4～5 年,翌春气温回升后,产生分生孢子,靠雨水飞溅传播,为初侵染源。果园中分生孢子释放时间因地区而异。我国中部地区,一年中有两次孢子释放高峰。树干上越冬的子实体自早春开始释放孢子,4 月至 5 月间为第 1 次释放高峰,6 月后数量减少;前一年侵入、晚春初夏发病形成的溃疡,进入 7—8 月份时大量产生分生孢子,形成第 2 次孢子释放高峰,9 月以后逐渐减少。病菌孢子的释放还与降雨有密切关系,一般在降雨后 2 d 出现孢子释放高峰。孢子的传播距离一般不超过 10 m。在前 3 年形成的病斑上产生的分生孢子侵染力强,后渐弱。病菌孢子主要从皮孔和伤口侵入,也可从生长中的新梢或刚落花的幼果的气孔侵入,侵入后潜伏,到果实近成熟或储藏期,潜伏的菌丝迅速蔓延形成病斑。发病部位多在枝干背面。新病斑当年不形成分生孢子器,第 2～3 年大量形成,第 4 年后减弱,故轮纹病菌田间侵染多属初侵染,无再侵染。

4. 发病因素

(1) 气候条件

当气温在 20℃以上、相对湿度在 75% 以上或降雨量达 10 mm 时,或连续下雨 3～4 d,田间即有孢子释放、传播和侵染。因此,4—7 月间雨量大,降雨日数多,病菌孢子释放量也多,寄主感染概率增加,病害发生就重;相反,少雨年份或地区,果园孢子释放量少,病害发生就轻。但旱害易导致树势衰弱,可诱发枝干严重发病。

(2) 寄主抗病性

不同品种的苹果、梨对轮纹病的抗性存在明显差异,苹果中富士、青香蕉、金冠、王林、红星等受害

最重,元帅、印度、国光、祝光等品种次之,首红、新红星、红玉等较抗病。砧木中圆叶海棠抗性强。

在梨品种中,日本梨系统的品种,一般发病都比较重,其中以二十世纪、江岛、太白、菊水发病最重,黄蜜、晚三吉、博多青次之,今春秋较抗病。而中国梨中白梨系统的秋白梨、鸭梨、早酥梨等发病重,严州雪梨、莱阳梨、黄花梨和三花梨等发病比较轻。西洋梨与中国梨的杂交种康德抗病力很强。

（3）栽培管理

病菌是弱寄生菌,老弱树易感病。果园肥料不足、树势弱、枝干受吉丁虫危害重及果实受吸果夜蛾、蜂、蝇等危害多的均发病重。在病果园中补种的幼树,往往发病严重。

5. 防治

（1）建立无病苗圃

新建果园时,应进行苗木检验,防止病害传入。苗圃位置应与果园有较远的距离,切忌在病果园行间空地育苗。在苗木生长期间,应喷药保护,防止发病。苗木出圃时必须进行严格的检验,防止病害传到新区。

（2）清除越冬菌源

发芽前将枝干上轮纹病斑的变色组织彻底刮干净,病斑刮净后,涂抹下列药剂均有明显的治疗效果:托布津油膏,即70％甲基托布津可湿性粉剂2份加豆油5份;多菌灵油膏,即50％多菌灵可湿性粉剂2份加豆油3份;粉锈灵油膏,即20％粉锈灵乳油1份加豆油1份;另外,用5波美度石硫合剂涂抹也有较好效果。

（3）栽培管理

加强管理,增强树势,加强土肥水管理,合理修剪,合理疏花、疏果。增施有机肥,氮、磷、钾肥料要合理配施,避免偏施氮肥。

（4）药剂防治

我国防治苹果、梨枝干轮纹病,以前与治疗果树腐烂病一样,刮树皮,打石硫合剂,十天半月反复打,结果不仅增加药害,而且成本大、费时。刮皮防治效果不好的原因是:通常刮的是主干上产孢能力差的树皮,但是真正产孢能力强的是看起来病斑比较少的3～4年生的枝条,这些枝条能够产生大量的菌源,造成新枝条的危害与当年的烂果。所以,为了防止苹果、梨果实轮纹病的发生与危害,从5月份开始,一般隔10～15 d喷一次杀菌剂,到收获期喷药次数多达8次。据报道,河北省唐山市农科院苹果轮纹病课题组的一项防治新技术,使用该项防治技术与药剂"轮纹一号",在整个生长期间,药剂防治只需2次,病果率降到5％,枝干上的病斑也脱落。具体做法是:当5月份首次降雨连续2 d或降雨量超过13 mm时,成熟的孢子器便开口散孢,出现散孢高峰。此时,一定要抓住时机,进行打药,集中防治,不仅能够杀死绝大多数病菌孢子,而且此药还能够破坏孢子器内部结构,使它们失去产孢能力,如果先刮老树皮和病斑再喷药则效果更好。果实轮纹病从苹果开始转向成熟的7月中旬到9月中旬第二次打药,果实套袋时也要进行一次防治,这是因为轮纹病菌在果实上从侵入、扩展到最后发病,中间有一潜伏过程。潜伏的原因是小幼果含有大量的果酸和单宁,抑制了病菌进一步向深处发展。扩展的原因是随着果实的膨大、糖分的增加、单宁和果酸含量的降低,已达不到抑制病菌的最低浓度,起不到阻止病菌进一步向深处蔓延的隔离作用。随着病菌的进一步扩展,后期就出现了烂果现象。

此外,果实低温（0～5℃）储藏可基本控制轮纹病的扩展。

（三）梨黑星病

梨黑星病（pear scab）,又叫疮痂病,全国梨产区均有发生,是梨树重要病害之一,尤其是在种植鸭梨和白梨等高度感病品种的梨区,病害流行频繁,造成重大损失。

1. 症状

梨黑星病可侵染梨树所有绿色幼嫩组织：花序、叶片、叶柄、新梢、芽鳞及果实等，其中以叶片、果实为主。最典型的症状是在病部产生明显的黑色霉层，故梨黑星病又有黑霉病之称。叶片受害初期，在叶背主脉两侧和支脉间产生淡黄色近圆形或不规则形的病斑，发病后期病部长出霉状物，发病严重时整个叶背面，甚至正面布满黑霉，黑色霉层产生纺锤形、椭圆形或卵圆形的单细胞、淡褐色至橄榄色孢子。叶片正面常呈多角形或圆形褪色黄斑。叶柄受害产生圆形或长条状霉斑，造成落叶。嫩梢发病初生梭形病斑，后期病部皮层开裂呈粗皮状的疮痂。刚落花后的幼果受害后常不能膨大而脱落。较大果实受害后，病部停止生长，木栓化，形成果面凹凸不平、龟裂的畸形果；后期受害的果实则不畸形，但在表面产生大小不等的黑色、凹陷的圆形病疤，病疤坚硬，表面粗糙，常产生星状开裂。病部均可产生黑霉。

2. 病原物

病原物有 2 种，第一种有性态为纳雪黑星菌 *Venturia nasnicola* Tanaka et Yamamoto，子囊菌亚门黑星菌属，无性态为梨黑星孢 *Fusicladium* sp.，半知菌亚门黑星孢属，主要危害日本梨和中国梨。第二种有性态为梨黑星菌 *V. pirina* Aderh.，无性态为梨黑星孢 *F. pyrinum*（Lib.）Fuck，主要危害西洋梨。我国的梨黑星病菌无论是其有性、无性世代的形态特征，还是其致病性均与 *V. nashicola* 相同，而与 *V. pirina* 有显著差异，我国的梨黑星病菌为第一种。

病菌分生孢子梗暗褐色，5～14 根丛生，直立或稍弯曲，其上有许多分生孢子脱落后留下的疤痕；分生孢子淡褐色或橄榄色，两端尖，纺锤形，单胞，但少数在萌发时可产生 1 个隔膜。病菌子囊壳在过冬后的落叶上形成，圆球形或扁圆球形，黑褐色，以叶背面居多，散生或聚生；子囊棍棒状，内含 8 个子囊孢子；子囊孢子淡黄绿色或淡黄褐色，双胞，上大下小，鞋垫状（图 10 - 3）。

病菌菌丝在 5～28℃下均可生长，最适温度为 22～23℃。分生孢子形成的最适温度为 20℃，萌发的温度范围为 2～30℃，适温 21～23℃。新形成的分生孢子在 25℃下经 24 h 后，萌发率可达 95％以上。分生孢子萌发所需最低相对湿度为 70％，以相对湿度在 80％以上时萌发较好。分生孢子抗逆力强，在 −14～−8℃时，

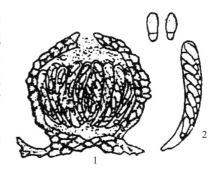

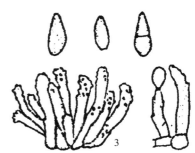

图 10 - 3　梨黑星病菌
1. 子囊壳　2. 子囊及子囊孢子
3. 分生孢子梗及分生孢子

经过 3 个月尚有一半以上的分生孢子能萌发。在自然条件下，病叶上的分生孢子能存活 4～7 个月；而潮湿时，分生孢子易死亡，但有利于子囊壳的形成。病菌易形成大量的假囊壳越冬。病菌种内存在生理和致病性分化现象。

3. 病害循环

梨黑星病菌能以多种形式越冬，但在不同地区、不同年份，其越冬的主要形式各不相同。冬季潮湿偏暖的地区，有性世代的子囊壳是其越冬的主要形式，如四川雅安。冬季干燥寒冷的北方地区，菌丝和分生孢子是其越冬的主要形式。上海、江苏和浙江等地，病菌以菌丝在病梢或芽内越冬为主。越冬方式的不同，造成在树体上的发病部位也有差异。在芽内越冬的，一般在新梢基部先发病；在落叶上越冬的，则先在树冠下部叶片上发病。

病菌的分生孢子和子囊孢子主要通过风雨传播。孢子萌发后可直接侵入，潜育期为 14～25 d。潜育期长短除与温度有关外，还与叶龄有关，展叶后 5～6 d 的叶片受侵染后，潜育期最短，以后随着叶

龄的增长,抗性不断增强,潜育期也延长,展叶后 1 个月以上的叶片不受感染。病害往往从新梢、花序或叶簇基部开始发生,随之发展为田间发病中心,并产生分生孢子,通过风雨传播到附近的叶片、果实和新梢上进行再侵染,加重病情。由于各地的气候条件不同,梨黑星病在各地发生的时期也不一样。长江中下游地区一般在 4 月中下旬开始发病,梅雨季节为发病盛期,7—8 月间由于气温较高,组织老熟,病害受抑制,而 9—10 月间气温下降,一般不再发病,但遇秋雨多时,秋梢上则可再度发病。

我国北方地区,梨黑星病在一个生长季节中有两个发病高峰。第一个高峰出现在 6 月下旬至 7 月上旬,叶、果都能大量发病。第二个高峰出现在 9 月中下旬果实采收前,果实发病最重,来势迅猛。7—8 月份黑星病发病较轻。

4. 发病因素

(1) 寄主抗病性

梨品种之间对黑星病的抗病性有显著差异,一般西洋梨、日本梨较中国梨抗病,中国梨中以沙梨、褐梨、夏梨等系统较抗病,而白梨系统最感病,秋子梨次之。受害严重的品种有鸭梨、秋白梨、京白梨、黄梨、银梨、平梨、酥梨、满园梨、五香梨和光皮梨等,其次为砀山白皮酥梨、莱阳仕梨、严州雪梨、二宫白、黄梨、八云、黄花和菊水等,而玻梨、蜜梨、香水梨、巴梨、新世纪和铁头梨等品种较抗病。

(2) 叶片龄期

叶片龄期不同抗病性也存在明显的不同。在梨树盛花期后 40 日龄以内的叶片抗病性差;40 日龄以后,叶片的抗病性逐渐增强;50 日龄以后,叶片抗病性明显提高,很少再感染黑星病。

(3) 气候条件

病菌侵入寄主的最低温度为 8～10℃,病害流行最适温度为 11～20℃。病菌孢子侵入寄主的最低湿度要求为一次达 5 mm 以上的降雨量和持续 48 h 的阴雨天。在梨树萌芽展叶期,温度易满足病菌侵染和病害发生流行的要求,故降雨的早晚、降雨量的大小及持续时间的长短是左右病害流行的主导因素。春雨早,持续时间长,夏季 6—7 月间雨量多,日照不足,空气湿度大,往往引起病害流行。

(4) 栽培管理

地势低洼、树冠茂密、通风透光不良和湿度较大的梨园,以及肥力不足、树势衰弱的梨树易发病。越冬存活病菌的数量,也与病害发生迟早和流行速度密切相关。

5. 防治

(1) 清园

由于梨黑星病菌主要在病梢、冬芽和落叶上越冬,所以秋末冬初清扫落叶,拾净落果,同时结合修剪彻底剪掉病梢、芽鳞并集中烧毁等,是消灭越冬菌源的有效措施。早春发病初期,及时摘除中心病梢和病花序并烧毁,可以防止病害的扩散蔓延。

(2) 加强栽培管理

病害常发区,在建立新果园时,应选择种植园艺性状良好、抗病性较强的优良品种。增施肥料,特别是有机肥料,可提高植株抗病力。合理修剪,促使树冠内通风透光,降低梨园湿度,创造不利于病菌繁殖和病害蔓延的果园环境条件。

(3) 药剂防治

该病具有再侵染频繁,受环境条件尤其是降雨影响大的特点,因此及时科学地进行药剂防治是十分必要的措施。生长前期是防治梨黑星病的关键时期,在南方梨区,病害发生较早,应在梨树接近开花前和落花 70% 左右时各喷药 1 次,以保护花序、新梢和叶片。以后根据降雨情况和药剂残效期,每隔 15～20 d 喷药 1 次,共喷药 4 次,以保护叶片、新梢和果实。北方梨区,一般在 5 月中旬喷第一次药,即白梨萼片脱落、病梢初现时,以后根据天气情况和病情确定喷药次数和时期,一般在 6 月中旬、6 月底至 7 月上旬以及 8 月上旬各喷药一次。

可选择的杀菌剂有 40％苯醚甲环唑可湿性粉剂 8000～10000 倍液、430 g/L 戊唑醇悬浮剂3000～5000 倍液、40％多·福可湿性粉剂 500～800 倍液、80％代森锰锌可湿性粉剂 1000～1500 倍液、70％甲基硫菌灵可湿性粉剂 800～1000 倍液或 250 g/L 吡唑醚菌酯悬浮剂 1000～1500 倍液，12.5％腈菌唑乳油 1000～1500 倍液、400 g/L 氟硅唑乳油 8000～1000 倍液，也可选用上述药剂复配剂等。前期喷药中可混加氨基酸肥料 800 倍液，中期混磷酸二氢钾 300～500 倍液，不仅防病还有增加营养的作用。

（四）柑橘疮痂病

柑橘疮痂病(citrus scab)，又名癞头疤、钉子果，是柑橘重要病害之一，在我国各柑橘种植区都有发生，在亚热带北缘和温带柑橘产区常常造成严重危害。柑橘苗木和成年树的叶片和枝梢受害后引起嫩梢生长不良，畸形枯焦；受害果实表面粗糙，果小、味酸，品质低劣。

1. 症状

疮痂病主要危害叶片、新梢和果实的幼嫩组织，花器也能受害。受害的叶片初期产生油渍状黄褐色圆形小斑点，逐渐扩大，颜色变为蜡黄色，后病斑木质化而凸起，多向叶背面突出而叶面凹陷，叶背面突起部位呈瘤状或圆锥状，表面粗糙，有时很多病斑集合在一起，使叶片畸形扭曲。

新梢受害症状与叶片基本相同，但突出部位不如叶片明显，枝梢短而小、扭曲。花瓣受害很快脱落。幼果在谢花后不久即可发病，受害的幼果初生褐色小斑，后扩大形成黄褐色圆锥形、木质化的瘤状突起。严重受害的幼果，病斑密布，引起早期落果。受害较轻或成长中受害的果实，则发育不良，成熟时表面粗糙、果小、皮厚、味酸，品质低劣。病果上的瘤状突起随着果皮的展开而渐趋平坦，成为痂皮(癣)状病斑。

此病在发病初期易与柑橘溃疡病相混淆，这两种病害在叶片上的症状主要区别是：溃疡病病斑叶片表里穿破，呈现于叶的两面，病斑较圆，中间稍凹陷，边缘显著隆起，外圈有黄色晕环，中间呈火山口状裂开，病叶不变形。疮痂病病斑仅呈现于叶的一面，一面凹陷，一面突起，叶片表里不穿破，病斑外围无黄色晕环，病叶常变畸形。

2. 病原物

病原物有性态为柑橘痂囊腔菌 *Elsinoe fawcettii* Bitancourt & Jenkins，属子囊菌，痂囊腔属，我国尚未发现；无性态为柑橘痂圆孢 *Sphaceloma fawcettii* Jenkins，属半知菌，痂圆孢属。

分生孢子盘初散生或多个聚生于寄主表皮下，近圆形，后突破表皮外露；分生孢子梗密集排列，圆柱形，顶端尖或钝圆，无色或淡灰色，一般单胞，偶生 1～2 个隔膜；分生孢子着生于分生孢子梗顶端，单生，单胞，无色，长椭圆形或卵圆形，两端各有 1 个油球(图 10-4)。病菌在马铃薯葡萄糖琼脂培养基上生长缓慢，菌丝生长温度范围为 13～32℃，最适温度为 21℃。分生孢子形成的温度范围为 10～28℃，以 20～24℃ 为最适。分生孢子在 13～32℃时均能萌发，以 24～28℃ 为最适。

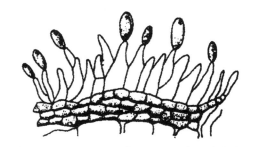

图 10-4 柑橘疮痂病菌分生孢子盘及分生孢子

3. 病害循环

病菌以菌丝体在病叶、病枝梢等病组织内越冬。翌春阴雨多湿，当气温回升到 15℃ 以上时，病菌开始活动并产生分生孢子，通过风雨或昆虫传播，侵害当年的新梢、嫩叶和幼果，经过 3～10 d 的潜育期后即形成病斑。病斑上不久又产生分生孢子，进行再侵染，辗转危害幼嫩叶片、新梢和果实，最后又以菌丝体在病部越冬。病害的远距离传播则是通过带菌苗木、接穗及果实的调运进行的。

4．发病因素

（1）品种感病性

不同种类和品种的柑橘对疮痂病的抗病性存在明显差异，一般橘类最感病，其次为柑类、柠檬类和柚类，甜橙类和金柑类抗病性很强。高感品种有早橘、本地早、温州蜜柑、南丰蜜柑橘、朱红和福橘等；中感品种有蕉柑、茶枝柑、葡萄柚和香柠檬等；高抗品种有脐橙和金柑等。

（2）组织老嫩程度

病菌只侵染幼嫩组织，以尚未展开的嫩叶、嫩梢和刚谢花后的幼果最易感病。随着组织的老熟，抗病力逐渐增强。叶片宽达 1.5 cm 左右、果实至核桃大小时，具有一定抵抗力，组织完全老熟后，则不再感染。苗木和幼年树因抽梢次数多，梢期长，受侵染机会多，所以较壮年树和老年树更易感染，而15年以上的柑橘树发病很轻。

（3）气候因子

病害的发生需要较高的湿度和适宜的温度，以湿度更为重要。发病的适宜温度为 20～24℃，当气温达到 28℃ 以上时就很少发病，故此病在亚热带北缘和温带地区发生严重，越向南则越轻。春梢期的气温更适宜病害的发生，故通常疮痂病以春梢发病最重，夏梢和秋梢发病较轻。凡春梢期阴雨连绵的年份或地区，发病就较为严重，而春雨少的年份或地区发病就较轻。高海拔的山区果园，由于荫蔽、雾大、低温，此病常发生严重，而平原地区的果园，由于温度较高，病害发生很轻。

5．防治

（1）加强栽培管理

结合早春修剪，剪去病梢，清扫园内枯枝落叶，一并烧毁。同时，喷洒 3～5 波美度石硫合剂，以消灭越冬菌源。疏除过密的枝条，使树冠通风透光良好，降低田间湿度，以减轻病害发生。加强肥水管理，适时、适量、合理搭配施用氮、磷、钾肥，以促进树势健壮，新梢抽生整齐，成熟快，缩短感病时间。

（2）接穗、苗木消毒

新开发的柑橘区，对外来的苗木应进行严格检验，发现病苗木或接穗应予以淘汰，或用 50％ 多菌灵可湿性粉剂 500 倍液或 70％ 甲基硫菌灵可湿性粉剂 800 倍液浸泡 30 min，以杀灭病菌。

（3）喷药保护

药剂防治的目的是保护新梢和幼果不受侵染，苗木和幼树以保梢为主，成年树以保果为主。苗木和幼树在各次新梢芽长至 1～2 mm 时喷药 1 次，10～15 d 后再喷 1 次。成年果树在春季萌芽后，芽长至 2 mm 左右时喷第一次药，在落花约 60％～70％ 时喷第二次药。一般年份喷药 2～3 次就可以控制危害，但在气温偏低或多雨年份，或在一些极易感病的品种上，需要在 5 月下旬至 6 月上旬再喷 1～2 次药。有效药剂有 77％ 氢氧化铜可湿性粉剂 600 倍液、50％ 多菌灵可湿性粉剂 500～800 倍液和 70％ 代森锰锌可湿性粉剂 600～800 倍液等。

（五）柑橘炭疽病

柑橘炭疽病（citrus anthracnose）是柑橘上普遍发生和危害较重的病害之一，各柑橘产区均有发生，发病严重时引起大量落叶，枝梢枯死，僵果和枯蒂落果，枝干开裂，导致树势衰退，产量下降，甚至整枝整株枯死。

1．症状

炭疽病主要危害叶片、枝梢、果实，也危害苗木、主干、花及果梗。叶片发病一般分慢性型（叶枯型）和急性型（叶斑型）两种。慢性型病斑多出现在成长叶片或老叶片边缘和叶尖处，半圆形或近圆形，稍凹陷，中央初为黄褐色，后呈灰白色，边缘深褐色，病健组织界限分明。天气潮湿时，病斑上出现散生或呈轮纹状排列的橘红色黏性小粒点（分生孢子盘和分生孢子）；干燥条件下，小粒点转为黑色。

急性型主要发生在雨后高温季节的幼嫩叶片上,病叶腐烂,很快脱落,常造成全株性严重落叶。多从叶缘和叶尖或沿主脉产生淡青色或暗褐色小斑,颇似热水烫伤。迅速扩展成水渍状波纹大斑块,一般直径可达 30～40 mm。在病斑上有时产生朱红色带黏性的小液点,有时呈轮纹状排列。病叶易脱落。

枝梢上症状有两种,一种由梢顶向下枯死,多发生在发育不良和受冻害的秋梢上;另一种发生在枝梢中部,自叶柄基部的腋芽处或受伤处开始发病。前者病部初为褐色,逐渐扩展呈灰白色,病健交界处有一条明显的褐色线纹,最后受害枝梢干枯死亡,其上产生许多小黑点;后者病斑淡褐色,椭圆形,后扩展成长梭形,稍凹陷,当病斑环绕枝梢一周时,其上部枝梢干枯。

果梗受害,初时褪绿呈淡黄色,其后变褐干枯,呈枯蒂状,果实随之脱落。

幼果发病,初为暗绿色油渍状不规则病斑,后扩大至全果。病斑凹陷,变黑色,成僵果挂在树上。成熟果实发病有干疤型和腐烂型两种症状。干疤型病斑多出现在果腰部位,圆形或近圆形,黄褐色至深褐色,病部果皮革质化或硬化,病组织只限于果皮,不深入囊瓣。腐烂型主要发生在采收前和储运期,多从果蒂部或其附近开始发病,病部初为淡褐色水渍状,后变褐色腐烂,潮湿时病斑上产生橘红色黏液。在条件适宜时,干疤型可转变成腐烂型。

苗木受害,多在离地面 7～10 cm 或嫁接口处开始,形成不规则的深褐色病斑,导致主干顶部枯死,并延及枝条干枯。

2. 病原物

病原物为胶孢炭疽菌 *Colletotrichum gloeosporioides* (Penz.)Penz. et Sacc.,半知菌亚门炭疽菌属。分生孢子盘初埋生于寄主表皮下,后突破表皮外露,刚毛深褐色,直或稍弯曲,具有 1～2 个分隔;分生孢子梗在盘内成栅栏状排列,圆柱形,无色,单胞,顶端尖;分生孢子椭圆形至短圆筒形,有时稍弯曲,一端稍小,无色,单胞,内常有 1～2 个油球(图 10−5)。病菌的生长适温为 21～28℃,最低为 9～15℃,分生孢子萌发适温为 22～27℃,最低为 6～9℃。分生孢子在清水中不易萌发,在 4％橘叶煎汁或 5％葡萄糖液中萌发良好。

3. 病害循环

该病菌是一种弱寄生菌,具有潜伏侵染特性。病菌主要以菌丝体和分生孢子在病枝梢、病叶和病果上越冬,但果园的初侵染源主要来自枯死枝梢和病果梗,少数来自病叶片。

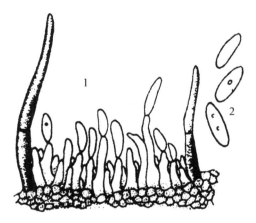

图 10−5 柑橘炭疽病菌
1.分生孢子盘 2.分生孢子

只要温度和湿度适宜,枯死枝,尤其当年春季枯死的病梢上几乎全年都可产生分生孢子,借风雨和昆虫传播,萌发形成芽管和附着胞,通过气孔、伤口或直接穿透寄主表皮侵入,引起发病。

该病在柑橘整个生长季节中均可危害,但一般春梢发生较少,夏梢和秋梢发生较多。在正常气候条件和一般中上管理水平的柑橘园中很少显症发病,但在健康植株的各种器官和组织的外表均普遍存在大量附着孢,当气候异常或栽培管理粗放或其他病虫危害,导致树势衰弱时,就能引起分生孢子萌发,侵入表皮细胞,发育为菌丝,并扩展蔓延,直至显示症状。

4. 发病因素

病菌能危害所有栽培的柑橘种和品种,以甜橙、椪柑、蕉柑、温州蜜柑及柠檬等发病较重。发病程度与树势强弱关系密切。树势强壮时,植株抗病性相对较强,发病轻或一时不表现症状;树势弱时,发病常严重,肥、水不足,施肥不当或偏施氮肥均可加重发病。此外,土质黏重、土层浅、有机质含量少、地下水位高、排水不良、虫害严重、修剪不合理的果园,发病也严重。

冬季和早春冻害严重,春季气温低、多阴雨的年份发病较重。夏、秋季高温多雨,也有利于发病。

晚秋梢易遭冬季冻害。因此,晚秋梢抽生过多,翌春易发枯梢。

5. 防治

柑橘炭疽病病菌具有潜伏侵染的特点,应采取以加强栽培管理、增强树势为重点的综合防治措施。

(1) 加强栽培管理

增强树势、提高抗病力是本病防治的关键。施足基肥,增施氮、磷肥,使树体生长健壮,抗病性增强。促发早秋梢,控制晚秋梢,避免秋梢受冻而加重病害发生。适时排灌,发生秋旱、伏旱和春旱时,要及时灌溉,并增施速效肥,以减少落叶。夏季和秋季多雨季节,应及时开沟排水,促进植株生长健壮,提高抗病力。其次,冬季要清园,剪除病枝梢、病果,清除地面的枯叶、落叶、病果,并结合其他病害的防治,在萌芽前全面喷 1 次 3～5 波美度石硫合剂,以减少越冬菌源。

(2) 喷药保护

保梢于各次新梢嫩叶期各喷药 1 次,保果则于幼果期喷 1 次药,15～20 d 后再喷药 2～3 次。对椪柑等易发生果梗(蒂)干枯落果的品种,应在 8—10 月间喷药 2～3 次,防止病菌侵入果柄,减少采收前的落果和储藏期腐烂。常用的杀菌剂如 65% 代森锰锌可湿性粉剂 600 倍液,50% 多菌灵可湿性粉剂 800 倍液,70% 甲基托布津可湿性粉剂 800～1000 倍液等都能有效阻止病菌分生孢子萌发,另外,也可选用 10% 苯醚甲环唑水分散粒剂 2000 倍液,或 430 g/L 戊唑醇悬浮剂 3000～4000 倍液,50% 咪鲜胺锰盐可湿性粉剂 1000～2000 倍液喷雾 1～2 次。保护药剂可用 78% 波尔多·锰锌可湿性粉剂 600 倍液喷雾。

(六)葡萄霜霉病

葡萄霜霉病(grape downy mildew)在我国各葡萄产区均有分布,是危害最严重的葡萄叶部病害之一,生长季节多雨潮湿的地区发生较重。流行年份,病叶焦枯,提早落叶,枝蔓不成熟,当年可减产 10%～20%,并使第二年产量受到显著影响。

1. 症状

主要危害叶片,其次是新梢、幼果和卷须。被害叶片初呈半透明,边缘不清晰的淡黄绿色油渍状斑点,后扩展成黄色至褐色多角形斑,病斑大小因品种或发病条件而异。湿度大时,病斑愈合,背面产生霜状霉层(孢囊梗和孢子囊),病斑最后变褐,叶片干枯。

新梢、卷须染病,初呈半透明水渍状斑点,后扩展成黄至褐色病斑,表面也生白色霉层,病梢生长停滞,扭曲或干枯。花穗积聚的露水利于病菌侵染,染病小花及花梗初现油渍状小斑点,由淡绿色变为黄褐色,病部长出白色霉层,病花穗渐变为深褐色,腐烂脱落。幼果病部变硬下陷,长出白色霉层、皱缩;果粒大半受害,延及果梗,果实软腐,后干缩脱落。果实着色后不再侵染。

2. 病原物

病原物为葡萄生单轴霉 *Plasmopara viticola* (Berd. et Curt.) Berl. et de Toni,属卵菌,鞭毛菌亚门,单轴霉属。菌丝在寄主细胞间蔓延,以球形吸器伸入叶肉细胞吸收养料。孢囊梗 4～6 根成簇从叶背气孔伸出,无色,单轴分枝,分枝处近直角,分枝末端平钝,有 2～4 个小梗,每小梗顶端着生 1 个孢子囊;孢子囊无色、倒卵形、有乳头状突起,萌发时产生游动孢子。后期叶片组织内产生圆形、褐色、厚垣的卵孢子,卵孢子萌发时产生芽管,在芽管先端形成芽孢囊。芽孢囊萌发时可产生 60 个以上的游动孢子(图 10-6)。

菌丝生长温度范围为 10～30℃,最适温度为 25℃左右。病菌孢子囊形成的温度范围为 13～28℃,最适温度为 15℃,适宜的相对湿度为 95%～100%,至少需要 4 h 的黑暗,故孢子囊一般在夜间形成。孢子囊萌发的温度范围为 5～21℃,最适温度为 10～15℃,在阳光下暴露几小时后即死亡。卵孢子在

13℃以上即可萌发,最适温度为 25℃。

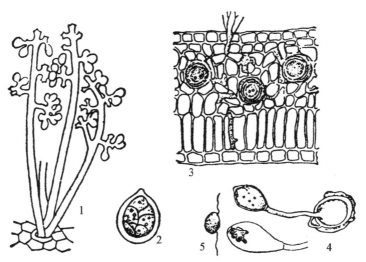

图 10 - 6　葡萄霜霉病菌
1.孢子囊梗　2.孢子囊　3.病组织中的卵孢子　4.卵孢子萌发　5.游动孢子

3. **病害循环**

病菌主要以卵孢子在落叶中越冬。暖冬时也可附着在芽上和挂在树上叶片内越冬。在主脉附近的叶肉病组织中越冬的菌量最多。卵孢子随腐烂叶片在土中能存活 2 年。越冬后,当土温在 13℃左右、降雨达 10 mm 左右时,卵孢子萌发产生芽孢囊,借风雨传播到寄主表面时,萌发产生游动孢子,由气孔、水孔侵入寄主。潜育期随温度升高而缩短、随品种抗性增强而延长,一般为 7~12 d。条件适宜时,在整个生长季节,病菌均可不断产生孢子囊进行再侵染。

4. **发病因素**

(1) 葡萄种类与品种

不同的种类和品种对霜霉病的感病程度不同。通常,欧亚系列品种较感病,美洲系列品种较抗病。圆叶葡萄、沙地葡萄、心叶葡萄较抗病。含钙量多的葡萄抗病力强。葡萄细胞液中钙钾比例是决定抗病力的重要因素之一。当钙钾比例大于 1 时(老叶)表现抗病,小于 1 时(幼叶)则比较感病。不同砧木可影响接穗的抗病性。另外,果园地势低洼,杂草丛生,通风透光不良,也易发病。

(2) 栽培管理

果园地势低洼、通风不良、密度大、修剪差有利于发病;南北架比东西架发病重,棚架低比高的发病重;寄主表面结露及偏施氮肥、树势衰弱等均有利于发病。

(3) 气候与土壤因子

土壤湿度大和空气湿度大的环境条件均有利霜霉病的发生。因此,降雨是引起病害流行的主要因子。孢子囊的形成、萌发和游动孢子的萌发、侵染均需要有雨水和雾露时才能进行。因此,病害通常在秋季发生,尤其在秋季低温多雨、日夜温差大的年份易流行。近年来,在浙江省等地,病害于春夏之交时即发生,梅雨季节时病害即可流行,造成严重的损失。

5. **防治**

防治葡萄霜霉病应采取综合的防治措施才能奏效,具体措施如下:

(1) 选用抗病品种

通过杂交和嫁接尽可能地选用美洲系列的品种,较抗病品种有巨峰、康因尔、康苛、香槟等;较感病品种有龙眼、紫电霜、无核白、牛奶等;感病品种有玫瑰香、黑罕、罗马尼亚等。嫁接时选用抗病砧木。

（2）清除越冬菌源

冬季修剪病枝,扫除落叶,并集中烧毁。萌芽前结合黑痘病防治喷1次3～5波美度石硫合剂与45％晶体石硫合剂50～100倍的混合液,以减少初侵染源。合理修剪,及时摘心、绑蔓、抹副梢,使田间通风透光良好,降低湿度,减少病菌再侵染机会。增施磷、钾肥或石灰,增强寄主抗病力。

（3）药剂防治

铜制剂是防治霜霉病的良好药剂。在发病前,结合防治其他病害,可喷施1∶0.7∶200～240倍的波尔多液。抓住病菌初侵染的关键时期喷药,根据发病的实际情况确定喷药次数,一般隔7～10 d喷1次。叶片正面和背面都要喷均匀,才能取得良好的防治效果。常用药剂有58％甲霜灵·锰锌可湿性粉剂600～800倍液、72.2％霜霉威盐酸盐水剂600～1000倍液、20％霜脲氰悬浮剂2000～2500倍、50％烯酰吗啉可湿性粉剂1500～200倍液、23.4％双炔酰菌胺悬浮剂1500～2000倍液、10％氟噻唑吡乙酮可分散油悬浮剂3000倍液等。避免病菌产生抗药性,上述药剂应交替使用。其他药剂如27.12％碱式硫酸铜悬浮剂400～500倍液、250 g/L嘧菌酯悬浮剂1000～2000倍液、250 g/L吡唑醚菌酯悬浮剂1500～2000倍液、78％波尔多·锰锌水分散粒剂400～600倍液等,都是防治霜霉病的理想药剂,并能兼治黑痘病、炭疽病等其他病害。

（七）葡萄黑痘病

葡萄黑痘病(grape black pox),又名疮痂病、黑斑病、鸟眼病,是葡萄生产上的重要病害之一。各葡萄产区都有分布,尤以春、夏两季多雨潮湿的长江中下游地区和淮河流域发病严重,一般年份造成产量损失10％～30％,多雨年份防治差的田块可造成损失40％～50％。

1. 症状

主要危害葡萄的叶片、果实、穗轴、新梢和卷须等绿色幼嫩部分。

受害的幼嫩叶片初期出现针头大小的红褐色小斑点,之后发展成直径1～4 mm的圆形病斑,中间灰白色,周围暗褐色或紫色,边缘黄绿色,最后病部组织干枯硬化,脱落成穿孔。幼叶受害后多扭曲,皱缩畸形。

被害幼果上的病斑初为圆形、深褐色小点,扩大后成直径可达2～5 mm的圆斑,中部灰白色,略凹陷,边缘红褐色或紫色似"鸟眼"状,多个小病斑联合成大斑,后期病斑硬化或龟裂。病果小、味酸、无食用价值。果实在着色后不易受此病侵染。

新梢、叶柄、果柄、卷须发病初显圆形或不规则形的褐色小点,以后病斑中央呈灰白色,开裂凹陷,边缘深褐色或紫褐色,发病严重的最后干枯或枯死。空气潮湿时,病斑上呈现出粉红色黏质物(分生孢子团)。

2. 病原物

病原物为葡萄痂圆孢 *Sphaceloma ampelinum* de Bary,半知菌亚门,腔菌纲,痂圆孢属。分生孢子盘瘤状,半埋生在寄主表皮下的病组织中,外部突出角质层;分生孢子梗短小,无色,单胞;分生孢子椭圆形或卵形,无色,单胞,稍弯曲,两端各有1个油球(图10-7)。病原物有性世代为 *Elsinoe ampelina* (de Bary)Shan,属子囊菌亚门腔囊菌纲葡萄痂囊腔属(国内尚未报道)。

病菌生长温度范围为10～40℃,最适温度为30℃。分生孢子在室温、高湿时最易形成。分生孢子的萌发温度范围为10～40℃,以24～25℃为最适。

3. 病害循环

病菌以菌丝体或分生孢子盘潜藏在多年或当年生病枝蔓的病痕及芽鳞内越冬;也可在病叶、病果和病梢等病残体中越冬。病菌的生活力很强,在病组织内能存活3～5年之久。翌春,葡萄萌芽展叶期遇春雨时,产生分生孢子,分生孢子借风雨传播到植株绿色幼嫩的部位。孢子萌发后从气孔或表皮直接侵入,进行初次侵染。条件适宜时,不断产生分生孢子,进行多次再侵染,导致病害流行。秋末冬初,病菌又随病组织或病残体休眠越冬。

病害的远距离传播主要依靠带菌的苗木和接穗的调运。

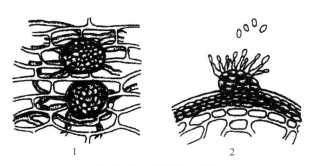

图 10 - 7　葡萄黑痘病菌
1.菌丝及菌丝块　2.分生孢子盘及分生孢子

4. 发病因素

(1)气候条件和生育期

病害的发生和流行与降雨、空气湿度及植株生育幼嫩状况等有直接关系。多雨、高湿有利于分生孢子的形成、传播和萌发侵染;同时多雨高湿又有利于植株的迅速生长,组织柔嫩,有利侵染发病。我国长江中下游地区和淮河流域春夏之交时雨水较多,故黑痘病常成为这些地区葡萄生产的重要限制因素,而华北和华东地区在寄主组织幼嫩时雨水较少,一般病害发生不重。葡萄个体发育的不同时期其抗病力不一样,一般寄主组织木质化程度越高,抗病性越强,生长期不断出现的嫩梢、再次果等最易发病。各器官组织长大、老化后则抗病。

(2)寄主抗病性

葡萄品种间的抗病性差异很大。一般东方品种、地方品种易感病,绝大多数西欧品种较抗病,而欧美杂交种很少发病。感病严重的品种有玫瑰香、佳利酿、红鸡心、牛奶、无核白、保尔加尔等;中等感病的品种有葡萄园皇后、新玫瑰、意大利、小红玫瑰等;抗病品种有白香蕉、金后、巨峰、早生高墨、黑奥林、巴柯、卡门耐特、贵人香、水晶、黑虎香、玫瑰露、黑皮诺、康拜尔等。

(3)栽培管理

凡果园低洼潮湿,排水不良,管理粗放,树势衰弱,肥力不足或偏施氮肥,植株徒长,通风透光差的果园发病均重。尤其在秋冬清园不彻底,留有大量病残的果园,翌年发病尤重。

5. 防治

葡萄黑痘病的防治应采取选用抗病品种、清除菌源、改善栽培管理和及时喷药保护等综合治理措施。

(1)抗病品种的利用

根据品种抗病性的差异,选用园艺性状良好而又抗病的品种。

(2)清园

由于黑痘病的初侵染主要来自病残体上越冬的菌丝体,因此冬季修剪时,剪除病枝梢及残存的病果,刮除病、老树皮,彻底清除果园内的枯枝、落叶、烂果等,集中烧毁,再用铲除剂喷布树体及其周围的地面。常用铲除剂有含 45% 晶体石硫合剂 50～100 倍液或 3～5 波美度石硫合剂或加有 1% 粗硫酸的 10% 硫酸亚铁溶液等。重病区可在早春萌芽前喷 1 次上述石硫合剂,以消灭隐藏在芽鳞内的病菌,压低侵染源,延缓发病时间和病害流行速度,减少葡萄生长期的喷药次数。

（3）加强栽培管理

定植前和采果后施足有机肥，追肥应使用含氮、磷、钾及微量元素的全肥；搞好雨后排水工作，防止果园积水；及时锄草、摘梢、绑蔓，使其通风透光，降低田间温度。

（4）药剂防治

萌芽初期，用46%氢氧化铜水分散粒剂1200～1500倍液喷雾；花前花后可用5%亚胺唑可湿性粉剂600～1000倍液、25%丙环唑乳油3000～5000倍液、10%苯醚甲环唑水分散粒剂3000～5000倍液、75%百菌清可湿性粉剂500～800倍液。以上药剂交替使用，间隔7～10 d施1次。

（八）桃缩叶病

桃缩叶病（peach leaf curl）主要是一种叶部病害，是桃树重要病害之一，分布广泛，长江流域发生尤为严重。桃树早春发病后，导致初夏落叶落果，不仅影响当年的果品产量和树体发育，而且还影响树体的来年生长。

1. 症状

幼叶从芽鳞中抽出时就显现卷曲状，颜色发红。随着叶片展开，卷曲皱缩程度也随之加剧，并肿大，肥厚，变脆，呈红褐色，后期叶面生出灰白色粉状物（子囊层），最后叶片变褐焦枯脱落，受害严重的可引起70%以上早期落叶。枝梢受害后呈灰绿色或黄色，节间短，略呈肿胀，其上叶片常丛生，受害严重的整枝枯死。受害花瓣肥大变长，病果畸形，果面龟裂，常脱落。除危害桃树外，还危害油桃、李、杏、扁桃、蟠桃等核果类果树。

2. 病原物

病原物为畸形外囊菌 *Taphrina deformans*（Berk）Tul.，子囊菌亚门外囊菌属。

病菌子囊裸露无包被，在寄主叶片角质层下排列成层；子囊圆筒形，上宽下窄，顶端平削，无色，子囊内含有4～8个子囊孢子；子囊孢子无色，单胞，椭圆形或圆形。子囊孢子可在子囊内或子囊外芽殖，产生芽孢子。芽孢子卵圆形，可分为薄壁与厚壁两种，前者能继续芽殖，而后者能抵抗不良环境，进行休眠（图10-8）。

病菌生长发育温度范围为7～30℃。厚壁芽孢子存活期长，在30℃下能存活140 d，低温条件下可存活315 d。

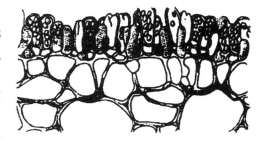

图10-8 桃缩叶病菌子囊及子囊孢子

3. 病害循环

桃缩叶病只在春天发生1次，病菌主要以厚壁芽殖孢子在桃芽鳞片上、树干树皮上过冬，到翌年春季，当桃芽膨大萌发时，芽孢子萌发，由芽管直接穿过桃叶表皮或气孔侵入，菌丝在叶表皮下快速蔓延，刺激叶片细胞大量分裂，引起叶片卷曲皱缩脱落。病害一般在4月上旬开始发生，4月下旬至5月上旬为发病盛期，6月份气温升高后，病情渐趋停止发展。

4. 发病因素

在田间，缩叶病并不会年年严重发生，发病与早春的气候条件密切相关。早春桃萌芽时，如遇到多雨重雾和气温偏低（10～16℃）的年份，不仅病害发生重，而且发生期也长。而干旱高温的年份则发病轻，发病的时间也短。当气温超过21℃时，病害便停止生长。缩叶病的病菌寿命较长，当条件不适合时，它可以在芽中潜藏两年以上，而且还可以附生多年。当年不发病，来年很可能大发生。

品种间以早熟品种发病较重，中熟品种和晚熟品种发病较轻。

5. 防治

新建桃园时,提倡栽培既高产优质又抗病的品种,如安农水蜜、雨花露、曙光甜油桃等。对于进入结果期的桃园,要做好土、肥、水管理和细致的整形修剪工作,改善通风透光条件,促进树势,增强树体的抗病性。

春季桃芽开始膨大时是防治桃缩叶病的关键时期,药剂可用 3～5 波美度石硫合剂、1～3 波美度石硫合剂与 45％晶体石硫合剂 50～100 倍的混合液和 1∶1∶100 波尔多液(上述药剂在桃萌芽后不能使用,以免发生药害)。喷药时,细致周到,使全树的芽鳞和枝干都均匀地黏附有药液。遇特殊天气或发病严重的果园,可在展叶期再喷 1 次 50％多菌灵可湿性粉剂 500 倍液、10％苯醚甲环唑可湿性粉剂 1500～2000 倍液、430 g/L 戊唑醇悬浮剂 3000～4000 倍液。少数枝叶发病集中时,可用手摘除后烧毁,然后再喷药防治。

(九)板栗疫病

板栗疫病(chestnut blight),又称干枯病、溃疡病、腐烂病、胴枯病,是一种世界性病害。在我国各栗区也均有发生,局部地区受害严重。苗木和结果树都可受到侵染,发病严重时常引起树皮腐烂,成片栗树枯死,使板栗果实产量和质量明显下降。

1. 症状

病菌主要危害主干或主枝,少数危害枝梢引起枝枯。病菌自伤口侵入主干或枝条后,形成黄褐色至褐色病斑。剥开粗糙的树皮,受害处呈深褐色至黑褐色,韧皮部变色死亡。病斑组织湿腐,有酒糟味。树皮干缩纵裂,剥开枯死树皮,有污白色至淡黄色扇形菌丝体。春季在病斑上产生橘黄色疣状子座,秋季子座变橘红至紫褐色。随着病斑的扩展,树皮开裂,脱落下来,露出木质部。病斑边缘形成愈合组织,年复一年,形成中心低、边缘高的多层愈合圈。当病斑环绕主干时,会造成整株死亡。

幼树多在树干基部发病,致使上部枯死,下部产生愈伤组织,入夏后在基部产生大量分蘖,多数分蘖纤细瘦弱,但有些分蘖可长成较粗的枝条。翌年基部旧病疤又继续溃烂,分蘖大多枯死,入夏后又萌发大量纤细的分蘖。如此反复几年后,树干基部形成一大块肿瘤状愈伤组织,终致死亡。发病的大树,发芽较晚,发芽后叶小而黄,叶缘焦枯,有时不抽新梢或仅抽出短小的新梢。大树的主枝或主枝基部的丫杈处发病绕枝一周后,即造成整枝或整株枯死。

2. 病原物

病原物为寄生隐丛赤壳 *Cryphonectria parasitica*（Murr.）Barr,子囊菌亚门隐丛壳属。病菌菌丝着生在形成层或皮层内,组成紧密的扇形菌丝层。子座着生于皮层内,扁圆锥形,常橘红色,内生不定形、多腔室的分生孢子器,分生孢子器色淡黄至茶褐色,器壁上密生一层分生孢子梗;分生孢子梗无色,单生,少数有分枝,其中着生分生孢子;分生孢子无色,卵形或圆筒形。子座底部可着生数个至数十个子囊壳;子囊壳暗黑色,球形或扁球形,颈细长;子囊棍棒状,顶壁增厚,中有孔道,周围有一亮环结构,内含 8 个子囊孢子;子囊孢子卵圆或椭圆形,双孢,无色,隔膜处稍缢缩(图 10－9)。

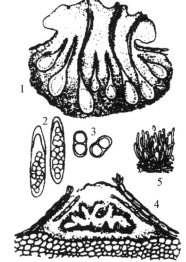

图 10－9　板栗疫病菌
1.子囊壳和子座　2.子囊　3.子囊孢子
4.分生孢子器　5.分生孢子梗和分生孢子

3. 病害循环

病原菌主要以菌丝、子座、子囊壳、分生孢子器及分生孢子在病株枝干、枝梢或以菌丝形式在板栗

果实内越冬。分生孢子可借风、雨、昆虫(栗瘿蜂、栗大蚜、栗花翅蚜、大臭蝽)或鸟类传播。子囊孢子和分生孢子都可侵染,分生孢子是翌年初侵染的主要来源。孢子萌发后从伤口侵入,日灼、冻伤、虫咬、嫁接以及人为因素造成的伤口均为病原菌侵入创造条件。伤口不仅可作为病原菌侵入的通道,而且可为病原菌提供养分,使菌丝体得以扩展,深入寄主组织。当平均温度超过 7℃ 时,病斑开始扩大,气温维持在 20~30℃ 时,最适病原菌的生长和繁殖,病斑发展迅速。一般侵入 5~8 d 后出现病斑,10~18 d 产生子座,随后产生分生孢子器。平均温度下降到 10℃ 以下时,病斑发展迟缓。病菌田间主要借风雨传播,传播距离可达 90~120 m 及以上,而远距离传播则主要通过苗木的调运。

4. 发病因素

(1) 品种

不同品系栗树对板栗疫病的抗性存在明显差异。一般来说,美洲栗不抗病,日本栗较抗病,而中国栗最抗病。半花栗、薄皮栗、兰溪锥栗、新杭迟栗和大底青等品种易感病,红栗、二露栗、领口大栗和油光栗等次之,而明栗和长安栗等则抗性较强,较少发病。

(2) 寄主愈伤能力

由于病菌主要通过各种伤口侵入,故病害的发生与伤口的多少和树体的愈伤能力关系密切。土壤瘠薄或板结,根系发育不良,树势衰弱,抗性下降;施肥不足,尤其是氮肥不足,不利于树体愈伤组织的形成,使树体抗侵入和抗扩展能力低下,导致病害发生严重。此外,嫁接部位也影响病害发生,嫁接部位越低,发病越重,而接口距地面 75 cm 以上的栗树,则很少发病。

(3) 气候条件

在高纬度、高海拔地区,由于受冻土层较厚,根系活动期短,影响营养物质的吸收及输送,病害发生常严重。一般阴坡、地势平缓、土层深厚、土壤肥沃、排水良好、经营管理水平高的果园,栗树生长旺盛,抗病力强,发病率低或不发病;反之,则发病率高。幼龄林当年发病和枯死率高,老龄树当年发病和枯死率低。此外,秋季和冬季干旱,也不利于愈伤组织的形成,加重发病。

5. 防治

(1) 种苗检疫

加强检疫,防止带菌苗木、种子、接穗传到无病区。必须从病区调入的苗木,除严格检验外,尚需在萌芽前用 3~5 波美度石硫合剂或波尔多液(1∶1∶160)喷施,或用 0.5% 福尔马林浸种 30 min、5% 次氯酸钠浸苗 5 min。抓好产地检疫。在疫区内要彻底清除重病株和重病枝,并及时烧毁,减少侵染源。发病轻者可刮除病皮,涂抹 0.1% 升汞、10% 碱水或 401、402 抗菌剂(10% 甲基或乙基大蒜素溶液)200 倍液加 0.1% 平平加(助渗剂)。

(2) 栽培管理

加强栽培管理,提高树体愈伤能力。栽植实生苗后进行嫁接时,应提高嫁接部位。在重病区扩种栗树时,应尽量选用耐寒、抗病品种。通过采取改良土壤、增施肥料、合理密植、晚秋进行树基培土、树干刷白、及时防治蛀干害虫和刮除已溃烂的病疤等措施,增强树体的抗病性,提高树体愈伤能力,从而减轻病害的发生。

(3) 生物防治

美国和欧洲将病菌的低毒力菌株接种到果园,使其在果园内繁殖、蔓延,以阻止强毒力的菌株在栗树上的扩展,从而大大减轻此病的危害。这一实例已成为生物防治的成功典范。病菌的低毒力菌株中存在一种双链核糖核酸(dsRNA)病毒,而强毒力菌株中则没有这种病毒。低毒力菌株常存在于栗树受感染后能很快形成愈伤组织的病斑处。获得合适的低毒力菌株后,接种到受强毒力菌株感染的栗树病斑上,dsRNA 可通过两菌株间发生的菌丝融合,传递到强毒力菌种中,使其转变为低毒力菌株,达到防治病害的目的。

二、细菌病害

（一）柑橘溃疡病

柑橘溃疡病（citrus canker）是一种重要的病害。该病在亚洲、南美洲、北美洲和非洲均有分布，以亚洲国家发生最为普遍，其次是南美洲。中国各柑橘产区分布广泛，以广东、广西、湖南、江西等省（自治区）发生较普遍。由于近几年感病品种种植面积上升，溃疡病有不断加重的趋势。

1. 症状

叶片受害，开始在叶背出现黄色或暗黄绿色针头状大小的油渍状斑，后逐渐扩大为近圆形、灰褐色病斑，正、反两面隆起，病斑边缘木栓化，中央凹陷开裂，如火山口状，并有细轮纹，周围有黄色晕环，在紧靠晕圈外常有褐色的釉光边缘。病斑大小依品种而异，一般直径为 3～5 mm。有时几个病斑联合，形成不规则形大斑。受害严重时，叶片早落，但叶片外观正常，不畸形。

各期枝梢中，以夏梢受害最重。枝梢上的病斑特征与叶片病斑相似，但木栓化隆起和开裂更明显，且无黄绿色晕环。严重时病梢叶片脱落，枝梢枯死。

果实上病斑也与叶片上的类型相似，但病斑较大，一般直径为 4～5 mm，最大可达 12 mm，比叶部病斑更坚实，病斑中央火山口状开裂更显著。有些品种在病健交界处有深褐色釉光边缘。病斑仅限于果皮，不深入果肉。严重时病果早期脱落，轻病果果皮厚，品质低劣。

2. 病原物

病原物为地毯草黄单胞菌柑橘致病变种 *Xanthomonas axonopodis* pv. *citri*（Hasse）Vauterin，细菌，黄单胞菌属。1995 年前该病原物学名为野油菜黄单胞菌柑橘致病变种 *Xanthomonas campestris* pv. *citri*（Hasse）Dye。

病菌菌体短杆状，两端圆，极生鞭毛，有荚膜，无芽孢，革兰氏染色反应阴性，好气性。在马铃薯琼脂培养基上，菌落初呈鲜黄色，后转蜡黄色，圆形，表面光滑，周围有狭窄的白色环带。在牛肉汁蛋白胨琼脂培养基上，菌落圆形，蜡黄色，有光泽，微隆起，黏稠。病菌在水中能运动。

病菌生长适宜温度为 20～30℃，最低为 5～10℃，最高为 35～38℃，致死温度为 55～60℃，病菌耐干燥，在自然条件下，病菌在寄主组织内可存活数月，病菌也耐低温，冰冻 24 h，其生活力不受影响。但在阳光下暴晒 2 h，病菌即死亡。病菌发育的适宜 pH 范围为 6.1～8.8，最适 pH 为 6.6。

病菌主要侵染芸香科的柑橘属和枳属，金柑属也可受侵染。根据巴西报道，酸草 *Trichachne insularis*（L.）Nees 也是此病的寄主。

3. 病害循环

病菌潜伏在病叶、病梢、病果内越冬，尤其是秋梢上的病斑为其主要越冬场所。翌春气温回升并有降雨时，越冬病菌从病部溢出，借风雨、昆虫和枝叶接触传播到附近的嫩梢、嫩叶及幼果上，在幼嫩组织表面保持 20 min 水膜的条件下，病菌即能从气孔、皮孔或伤口侵入。潜育期长短取决于柑橘品种、组织的老熟程度及温度，一般为 3～10 d。发病后病斑上产生菌脓，通过风雨传播，再侵染幼叶、新梢和幼果，加重病情。浙江省柑橘产区在 5—10 月间均可发病，一般春梢发病轻，夏梢发病重，秋梢期雨水多时，发病也重。

沿海地区台风暴雨后，常导致病害严重发生，因为台风和暴雨有利于病原细菌的传播蔓延，且只要幼嫩组织上保持 20 min 的水膜层，细菌就能从气孔和伤口侵入，加之台风和暴雨过后，柑橘上的嫩叶、嫩梢及幼果都会留下很多伤口，有利于细菌从这些伤口侵入。所以在台风和暴雨过后 3～5 d，在柑橘的嫩叶、嫩梢及幼果上会出现许多针头大小的、黄色或暗黄绿色的柑橘溃疡病病斑。

柑橘溃疡病远距离传播,主要通过带病苗木、接穗和果实等繁殖材料的调运。病菌具潜伏侵染特性,从外观健康的温州蜜柑枝条上可分离到病菌,有的秋梢受侵染后,常至翌年春季气温回升后才显现症状。

4. 发病因素

(1)品种

不同种或品种、品系的柑橘对溃疡病的抗病性存在明显差异。通常橙类最感病,柚类次之,柑类和橘类(个别品种除外)较抗病,金柑则免疫。我国发病重的品种有脐橙、沃柑、红江橙、柳橙、雪橙、香水橙、沙田柚、常山胡柚、楚门文旦、葡萄柚和柠檬等,发病轻的有蕉柑、椪柑、瓯柑、温州蜜柑、早橘、乳橘、本地早等,而金柑、漳州红橘、南丰蜜橘和川橘等抗病性很强。柑橘对溃疡病的敏感性与其表皮组织结构、气孔密度和气孔中隙大小有关。

(2)树龄

低龄的柑橘树,由于抽梢次数多、梢期重叠、潜叶蛾危害重,柑橘溃疡病发生也重;而挂果后的成年树,由于控制或抹除夏梢,各次梢抽发整齐,虫害较轻,所以病害常发生较轻。

(3)生育期

溃疡病菌一般只侵入一定发育阶段的幼嫩组织,对刚抽出的嫩梢、嫩叶、刚谢花的幼果、已革质化的叶片、已木栓化的新梢以及着色后的果实均不感染。因为很幼嫩的组织的气孔尚未形成,病菌无法侵入,而老熟了的组织,原有气孔多数处于老化,中隙极小或闭合,病菌侵入困难。据在甜橙上的观察可知,当新梢约 2 cm 长时(萌发后 20~30 d)才开始感病,以后随着新梢的成长,发病率增高。

当梢已老熟时,基本不感病。幼果在横径 9 mm 时(落花后 30 d 左右)开始发病,发病率随果实的长大而增高,至果实大部分转黄时则不感病。

(4)气候条件

溃疡病菌为喜温喜湿菌,25~35℃最有利于病害的发生发展。在气温适宜条件下,雨量与病害的发生呈正相关。高温多雨季节有利于病菌的繁殖和传播,病害发生严重。若遇干旱季节,虽处于嫩梢期,温度亦适宜,但缺少雨水,病害就不会发生或发生很轻。

(5)栽培管理

不合理的施肥不利于柑橘正常生长,偏施氮肥,有利于病害的发生,而增施钾肥,可减轻发病。凡摘除夏梢控制秋梢生长的果园,溃疡病显著减少。留夏梢的果园,溃疡病发生常较严重。潜叶蛾、恶性叶甲和凤蝶等的取食和活动一方面造成伤口,另一方面传播病菌,所以虫害严重的果园溃疡病常发生严重。

5. 防治

(1)苗木检疫

从外地引进的苗木和接穗,可用克菌特 800 倍液或用 700 单位/mL 农用链霉素加 1% 酒精浸 30~60 min,或用 3% 硫酸亚铁浸 10 min。无病区和新区严禁从病区调入繁殖材料和果实,若必须从病区引进柑橘繁殖材料,则应在隔离区试种,经 1~2 年,证实无溃疡病后方可在无病区种植;如发现病株应立即烧毁。

(2)焚毁根治法

采用焚毁根治法可成功地控制病害的扩散,具体措施包括将病苗圃和病园柑橘树连根砍伐、深埋、烧毁。焚毁根治法在发病面积相对较小时可行,但在发病面积较大时难以实行,但采取喷 2,4 - D 除草剂落叶杀菌、截病枝、清园、翻埋表土和药剂保梢等替代措施,也有良好的根治效果。

(3)建立无病苗圃,培育无病苗木

苗圃应设在无病区或远离病橘园 2 km 以上的地方。所用种子应采自无病果实,接穗采自无病区或无病果园。苗期要经常检查，一旦发现病苗，及时烧毁，并对周围健苗喷药保护。苗木应该严格检查，确证无病后才准许出圃。

（4）清理果园

冬季做好清园工作，每年收果后，收集落叶、落果和枯枝，加以烧毁，减少病源。早春结合修剪，除去病虫枝、病叶、徒长枝、弱枝等，以减少病害侵染来源。

（5）加强管理

柑橘抽夏梢时正值高温高湿季节，溃疡病容易大发生。因此，要通过合理的水肥管理，控制夏梢生长。对幼龄树，要使其抽梢统一整齐，以利于喷药保护。对结果树要通过合理的肥水管理，培育春梢及秋梢。控制夏梢的抽梢，可通过人工或药物的方法把夏梢去除。同时，在每次抽梢期应及时做好潜叶蛾的防治。

（6）药剂防治

对苗木和幼树以保梢为主，在各次新梢萌发后 20～30 d、叶片刚转绿时各喷药 1 次，夏梢则在第 1 次喷药后 7～10 d 再喷药 1 次；对成年树以保果为主，分别以花谢后 10 d、30 d 和 50 d 各喷药 1 次。

此外，台风过境后应及时喷药，危害严重时可增加喷药次数。目前市面上常见药剂以无机铜制剂为主，也有新型噻唑基团有机类杀菌剂。铜制剂如 1∶2∶300 波尔多液 600 倍液、46％氢氧化铜可湿性粉剂 1200 倍液、70％王铜可湿性粉剂 1500 倍液、47％春雷·王铜可湿性粉剂 800 倍液等。新型噻唑基团杀菌剂如 20％噻唑锌悬浮剂 400 倍液、40％春雷·噻唑锌悬浮剂 800～1000 倍液、20％噻森铜悬浮剂 400～500 倍液、20％噻菌铜悬浮剂 400～500 倍液等。

（二）果树根癌病

果树根癌病（crown gall of friut crops），又名冠瘿病，是多种果树及苗木上的重要根部病害，病菌寄生于寄主植物根部，形成肿瘤，削弱树势，严重时常常导致果树死亡。在果树的保护地栽培中，根癌病表现也较为严重。

1. 症状

根癌病主要发生在果树的根颈部，嫁接处也较为常见，侧根、葡萄枝蔓上也时有出现。受害根部形成癌瘤，其形状、大小、质地和数目因寄主不同而异。癌瘤通常为球形或扁球形，可互相联合成不规则形。一般木本寄主的瘤大而硬，木质化，草本寄主的瘤小而软，肉质。瘤的数目少的只有 1～2 个，多的可达 10 个以上。瘤的大小差异很大，小如豆粒，大似胡桃和拳头，最大的直径可达数十厘米。苗木上的癌瘤一般只有核桃大，绝大多数发生在接穗与砧木的愈合部位。初生癌瘤乳白色或略带红色，光滑柔软，逐渐变褐色到深褐色，木质化而坚硬，表面粗糙或凹凸不平。

受害苗木地上部发育受阻，生长缓慢，植株矮小，严重时叶片黄化，植株早衰。受害的成年果树生长不良，果实小，结果寿命缩短，发病严重的葡萄全株枯死。

2. 病原物

病原物为根癌土壤杆菌 *Agrobacterium tumefaciens*（Smith & Towns.）Conn.，细菌，土壤杆菌属。菌体短杆状，单生或链生，具 1～6 根周生鞭毛，有荚膜，无芽孢，革兰氏染色反应阴性。在琼脂培养基上菌落为白色，圆形，光亮，透明；在液体培养基上微呈云雾状浑浊，表面有一层薄膜。病菌发育温度范围为 0～37℃，最适温度为 25～28℃，致死温度为 51℃（10 min）。发育最适 pH 为 7.3。根据生化性状、血清型、蛋白质电泳图谱及致病性等特征，病菌可分成生物型Ⅰ、生物型Ⅱ、生物型Ⅲ和生物型Ⅳ等 4 个生物型。北京地区引起桃和梨根癌病的病菌为生物型Ⅰ和生物型Ⅱ；北京、内蒙古、吉林、辽宁和山东等地葡萄上的病菌有生物型Ⅰ、生物型Ⅱ和生物型Ⅲ三种类型。对葡萄致病性较强的以生物型Ⅲ为主，毛白杨和苹果上分离到的病菌为生物型Ⅳ。

病菌的寄主范围很广,能侵染桃、李、杏、樱桃、梨、苹果、葡萄、枣、木瓜、板栗、核桃等 138 科 1193 种植物。

3. 病害循环

病菌在癌瘤组织皮层内越冬,或在癌瘤破裂脱皮后进入土壤中越冬。病菌在土壤中能存活 1 年以上。雨水、灌溉水是传病的主要媒介。此外,蛴螬和蝼蛄等地下害虫及土壤中的线虫在病害传播上也有一定作用。苗木带菌是远距离传播的重要途径。病菌通过嫁接、昆虫或人为因素等造成的伤口侵入寄主,侵入后到显现病瘤所需的时间,一般要经几周甚至 1 年以上。

病菌具有一种携带诱癌基因的环状 Ti 质粒(Tumor-inducing plasmid)。当病菌侵入寄主时,Ti 质粒也随之进入寄主细胞,并整合到寄主细胞的染色体上,干扰细胞的正常转录翻译过程,刺激细胞分裂素的产生,引起细胞异常分裂,形成癌瘤。由于病菌的 Ti 质粒能整合到寄主细胞,故当寄主细胞一旦整合进 Ti 质粒后,即使除去病菌也不能阻止癌瘤的发展与增大。

4. 发病因素

(1) 土壤条件

土温 22℃ 时最适于癌瘤的形成,超过 30℃ 的土温几乎不能形成肿瘤。土壤酸度亦与发病有关,pH 6.2～8.0 的土壤有利于病害发生;pH 值低于 5 时,即使土壤中有根癌细菌也不能引致发病。土质黏重、地势低洼、排水不良的果园发病较重。

(2) 嫁接方式

嫁接口部位、嫁接口大小及寄主愈伤速度均能影响病菌的侵入与病害的发展。在苗圃中,切接苗木伤口大,愈合较慢,加之嫁接后要培土,伤口与土壤接触时间长,染病机会多,发病率较高,而芽接苗木接口在地表以上,伤口小,愈合较快,嫁接口很少染病。此外,耕作不慎或地下害虫危害造成的根部伤口,也有利于病菌侵入,增加发病机会。

5. 防治

(1) 选用抗病砧木

在樱桃砧木中,酸樱桃作砧木时发病重,中国樱桃作砧木则很少发病,吉塞拉作砧木时能显著地抗根癌病。而葡萄嫁接河岸 2 号、河岸 6 号、河岸 9 号、和谐等砧木,对根癌病的抗性较强。

(2) 培育无病苗木和改进嫁接方法

选择无病地块作苗圃,培育无病苗木。发展新果园时,应严格检查外来苗木,发现病苗应及时处理,以防病菌带入。碱性土壤的果园,应适当施用酸性肥料或增施有机肥料,以改变土壤酸碱度,使之不利于病菌存活。宜采用芽接法嫁接苗木,避免伤口与土壤直接接触,减少染病机会。嫁接工具在使用前须用 75% 酒精消毒,以防人为传播。雨季及时排水,改善土壤的通透条件。中耕时应尽量少伤根。

(3) 生物防治

放射土壤杆菌 K84 菌株能在根部土壤中生长、繁殖,并产生具有选择性的抗生素 K84(Agrocin‐84)。病菌的不同生物型对它的敏感性不同。核果类果树根癌病菌对它最敏感,葡萄根癌病则不敏感。使用时以水稀释后浸根、浸种或浸插条。处理后的苗木可有效防止根癌病的发生,有效期达 2 年,还可以用作嫁接伤口的保护。但 K84 只是一种生物保护剂,只有在病菌侵入前使用才能获得良好的防效。我国用 K84 菌株发酵产品制成的拮抗根癌病生物农药——根癌宁,使用其 30 倍稀释液对桃树进行浸桃核育苗、浸根定植、切瘤灌根等生物措施,均能有效控制根癌病的发生,防止效果达 90% 以上。另外,它对核果类的其他树种和仁果类果树的根癌病也有很好的防效。一般用 30 倍的根癌宁液浸根 5 min。对于 3 年以下的幼树,可扒开根际土壤,每株浇灌 1～2 kg 30 倍根癌宁液预防。在病株防治时,可在刮除病瘤的根上贴附吸足 30 倍根癌宁的药棉,并灌以适量药液治疗。

（4）病株处理

在果树上发现病瘤时，先用刀彻底切除病瘤，然后用辛菌胺或三氯异氰尿酸涂刷切口，杀灭病菌，再涂上波尔多液保护。切下的病瘤需立即烧毁，病株周围的土壤用石灰或三氯异氰尿酸消毒。

（5）防治地下害虫

地下害虫危害造成的根部伤口，会增加发病。因此，及时防治地下害虫，可减轻发病。

（三）柑橘黄龙病

柑橘黄龙病（citrus yellow shoot，citrus Huanglongbing）又称黄梢病、黄枯病，是由亚洲韧皮杆菌侵染所引起的、发生在柑橘上的一种毁灭性病害，严重影响产量和品质，甚至造成柑橘树枯死。世界上近 50 个国家和地区的柑橘种植区均会感染该病害，该病主要分布在南北美洲、亚洲、大洋洲、非洲等地，中国 19 个柑橘生产省（自治区、直辖市）已有 11 个受到危害。最近证实，柑橘黄龙病是一种病原体触发的免疫疾病。

1. 症状

叶片：春梢叶片转绿后，先在叶脉基部转黄后部分叶肉褪绿，叶脉逐渐黄化，叶片现不规则黄绿斑块。夏梢在嫩叶期不转绿均匀黄化，叶片硬化失去光泽，似缺氮状；有的叶脉呈绿色，叶肉黄化，呈细网状，似缺铁症状；有的叶上出现不规则、边缘不明显的绿斑。老枝上的老叶也可表现黄化，多从中脉和侧脉开始变黄，叶肉变厚、硬化，叶表无光泽，叶脉肿大，有些肿大的叶脉背面破裂，似缺硼状。

枝干：发病初期部分新梢叶片黄化，出现黄梢，黄梢最初出现在树冠顶部，后渐扩展，经 1～2 年后全株发病。枝条由顶端向下枯死，病枝木质部局部或全部变为橙玫瑰色，最后全株死亡。

果实：结实少，果畸形，果小、无光泽、味酸，果皮变软，着色时黄绿不均匀，有的果蒂附近变橙红色，而其余部分仍为青绿色，称为"红鼻子果"。

植株：病树树冠稀疏，枯枝多，植株矮小。发病初期病树的黄梢和叶片斑驳是柑橘黄龙病的典型症状。

根系：病根腐烂，严重程度与地上枝梢相对称。枝叶发病初期，根多不腐烂，叶片黄化脱落时，须根及支根开始腐烂，后期蔓延到侧根和主根，皮层破碎，与木质部分离。

柑橘黄龙病与柑橘线虫病和柑橘缺锌症的症状有相似之处，不易诊断。主要区别：柑橘黄龙病病果和病叶有特异性症状，表现为新梢黄化，病害发生与柑橘木虱有关，黄梢通常由个别枝梢发生并逐年加重，病树逐年增加，有传染过程。柑橘线虫病病树呈全株性褪绿和黄化衰退，通常根部有根结、根肿和根腐等症状，在根部和根际土壤中可以分离检查到病原线虫。缺锌症果树叶片的叶脉及其周围的叶肉细胞呈绿色，根系一般不会大量腐烂，也没有根结、根肿和黑根等症状，与土壤类型有密切关系，施用锌肥后症状可以消退或缓解。

2. 病原物

柑橘黄龙病菌亚洲种属于原核生物薄壁菌门 α-变形菌纲韧皮部杆菌属，命名为 *Candidatus Liberbacter asianticus*。病原菌呈圆形、卵圆形，大小为（50～600）μm×（170～1600）μm。病菌菌丝生长最适温度为 20℃左右，在 10℃以下及 35℃以上生长缓慢。卵形分生孢子萌发的温度为 5～35℃，适温为 15～25℃。该病菌非洲种和美洲种分别命名为 *Candidatus Liberbacter africanus* 和 *Candidatus Liberbacter americanus*。

3. 病害循环

该病 5 月下旬开始发病，8—9 月份最严重。传播方式主要有柑橘木虱传播和嫁接传播两种。柑橘木虱是柑橘黄龙病的传播媒介，作为柑橘类新梢期的主要害虫，木虱成虫大多在感染病害的嫩树梢上产卵，孵化出若虫后开始吸取嫩梢的汁液，从而产生大量的带菌成虫，这些带菌成虫再飞到新植株

上传播柑橘黄龙病。

该病潜育期的长短与侵染的菌量多少有关,也与被侵染的柑橘植株树龄、栽培环境、温度和光照有关。用带 1~2 个芽的病枝段于 2 月中、下旬嫁接于一至二年生甜橙实生苗上,在防虫网室内栽培,潜育期最短为 2~3 个月,最长可超过 18 个月;在一般栽培条件下,绝大多数受侵染的植株在 4~12 个月内发病,其中又以 6~8 个月内发病最多。

4. 发病因素

(1)品种与发育阶段

不同的柑橘品种对黄龙病的敏感程度不同,部分品种表现出高抗病,而部分品种易感染黄龙病。有调查显示,黄龙病感染严重程度为椪柑＞温州蜜柑＞本地早＞椪橘,宽皮橘＞温州蜜柑＞甜橙＞柚,柚类最耐病,温州蜜柑与椪柑等宽皮橘最感病。从树龄感病来看,六年生以下幼树感病最为敏感;幼树易感病,中成年树较耐病;树势强的抗病力强,树势弱的易感病;春梢发病轻,夏秋梢发病重。

(2)柑橘木虱虫口密度

柑橘木虱虫口密度决定了黄龙病的传播速度。柑橘木虱的寿命很长,耐寒力极强,冬季成虫的寿命可达 60 d,其余季节成虫的平均寿命为 30~40 d,出现大风、台风等强对流天气可以飞至很远的地方,只要在健康的树上吸取汁液 5 h 就可以传毒。柑橘木虱平均虫株率均在 10% 以下,病害则零星和轻发生,而平均虫株率在 10% 以上的,病害则为中、重发生。

(3)气候因子与生态条件

季节和温度对黄龙病的发生和流行有重要影响。春、夏季多雨,秋季干旱,发病重。大冻害后树势减弱,抗性降低,而春旱与暖冬等气候会导致柑橘木虱大发生,病虫危害加剧。极端高温和极端低温对木虱种群非常不利,寒冬会导致木虱无法过冬,降低黄龙病的传播,从而进一步减少黄龙病的发生。黄龙病病菌生长温度范围为 3~35℃;而温度 22~28℃、相对湿度 80%~90% 条件下,有利于病菌的滋生和蔓延。

纬度、海拔、坡度等对黄龙病的发病和流行有较大的影响。黄龙病感染率山地果园大于平地果园;零坡向即平地发病率均显著高于有坡向的发病率,而坡度大的果园发病率相对较轻;高纬度和高海拔生态环境不利于木虱的生存和繁殖,其中纬度比海拔影响更明显。在高海拔地区,气温较低,发病少,病害扩展慢;在日照短、湿度大、具有良好防护林的果园,病害少,扩展慢。因此,在生态条件选择时,应尽量选择有一定坡度的地区,因为有坡度能够使空气流通更好;同时,选择高海拔、高纬度地区以使当地平均温度较低制造不利于黄龙病蔓延的条件。

(4)栽培管理

栽培管理是影响黄龙病发生和蔓延的重要因素。肥、水及抽梢管理好的果园嫩梢老熟速度快,且抽梢一致,木虱取食机会少,病害发展速度延缓。及时摘除多余的嫩梢、控制木虱繁殖,可以减少黄龙病的发生和蔓延。施肥不足,果园地势低洼,排水不良,树冠郁闭,发病重。

高接换种所需的接穗,在采集、调运过程中,必须经过合格的检疫,如夹带了部分带病接穗,则容易引起黄龙病的感染和传播。除此之外,经高接换种后的柑橘树,生长势特别旺盛,春、夏、秋"三梢"的抽发量大于未经高接换种的同类柑橘树。因此,更易受木虱危害,有利于黄龙病的传播。

5. 防治

(1)实施检疫措施

严格依法加大检疫力度,不论是病区、无病区还是新发展区,都必须实施检疫,杜绝人为远程传播,防止带病苗木、接穗传入或输出。一旦发现疫区的苗木和嫁接材料调入,要依法就地烧毁。

此外,对确诊和疑似病树要坚决整株连根砍除集中烧毁,并及时对砍除后的病株根部和现场用生石灰消毒,然后用塑料盖紧盖实。

（2）繁育和栽培无病苗木

应用茎尖嫁接、热处理、化学药剂处理以及玻璃化法-超低温处理等脱毒技术，培育无病苗，实行无病菌育苗和网室栽培。最好种植二年生左右无病大苗，缩短田间生长时间，大苗种植 0.5～1.0 年即可投产，从而降低田间发病率。

（3）物理防治

柑橘黄龙病病原细菌对热颇为敏感，物理防治技术主要利用光照、湿热空气、热水或蒸汽作为传热介质，向患病柑橘植株传递足够热量，即对病树进行热处理使黄龙病病菌钝化甚至死亡以治疗黄龙病。为增强效果，也可将四环素、磺胺、氨苄西林等抗生素化学治疗与热疗联合使用，效果比单独使用其中一种方法更为明显。

由于实际操作困难，效果不够稳定以及缺乏标准和适宜的加热装置等原因，热处理治疗手段尚无规模田间应用的条件，而更多地用于无毒幼苗的培育。有研究表明，在田间利用自然热罩处理病树，90 d 后田间柑橘黄龙病树症状明显减轻，黄龙病病菌浓度也显著降低，平均下降达 80% 以上；经田间湿热蒸汽快速热处理后植株黄龙病病菌浓度显著降低。

（4）药剂防治

利用抗生素对黄龙病的短期治疗，抑制病害的发展。通过树干注射、枝条浸泡等方式，四环素、土霉素、青霉素 G 钠盐、链霉素、氨苄西林、2,2-二溴-3-次氨基丙酰胺、放线菌酮、磺胺二甲氧嘧啶钠等抗生素均对黄龙病病菌有抑制作用。此外，鉴于柑橘黄龙病是一种病原体触发的免疫疾病，可通过叶面喷洒赤霉素或抗氧化剂（尿酸、芦丁）缓解。

同时，关键要抓好柑橘木虱的及时、高效防治。主要抓好 4 个关键用药时期，在春、夏、秋梢抽至 5 cm 左右时各喷施一次，最后一次是冬季清园灭虫时用药。参考药剂包括 20% 氯氟氢乳油、5% 阿维菌素水乳剂、25% 噻嗪酮粉剂等。具体见本章的柑橘木虱部分。

三、果树其他病害

鉴于果树种类及病害种类较多，其他病害的病原、症状、发病规律及防治方法仅作简要概述，具体见表 10-1。

表 10-1　果树其他病害

病名	症状	发病规律	防治
梨黑斑病 *Alternaria alternata* （Fr.）Keissl	叶片上病斑初为圆形黑色斑点，后扩大成近圆形或不规则形，中心灰白色，边缘黑褐色。潮湿时病斑表面密生黑霉。幼果发病后产生黑色、近圆形或椭圆形病斑，病斑略凹陷，并龟裂，裂隙可深达果心，病斑表面及裂缝内可着生很多黑霉，病果往往早落。新梢上的病斑长椭圆形，淡褐色，中间凹陷，后期病健部分界处常发生裂缝	病菌以分生孢子或菌丝体在被害枝梢、芽鳞及落在地面的病残体上越冬。翌春，产生分生孢子，通过风雨传播，萌发后从气孔、皮孔或直接穿透寄主表皮侵入。发病后，病菌可不断产生分生孢子进行多次再侵染。幼嫩组织最感病，展叶后 30 d 以上的叶片不再受感染	①萌芽前剪除病枯枝，清除园内的落叶、落果，并集中烧毁。②套袋保护果实免受病菌侵染。③梨萌芽前喷 1 次 0.3% 五氯酚钠与 3 波美度石硫合剂的混合液。落花后至梅雨季节结束前，果园需喷药保护。药剂有 50% 异菌脲可湿性粉剂 1500 倍液、10% 多抗霉素 1200 倍液等

续　表

病名	症状	发病规律	防治
梨褐斑病 *Mycosphaerella sentina*（Fr.）Schroter	仅危害叶片,最初产生圆形或近圆形斑点,逐渐扩大。病斑中间褪绿成灰白色,密生黑色小点（分生孢子器）,周围褐色,最外一圈为黑褐色。多个病斑可连成不规则形大斑。发病严重的梨树常因早期大量落叶而开秋花,结秋果,影响树势和第二年产量	病菌以分生孢子器或子囊果在落叶上越冬,翌春产生分生孢子或子囊进行初侵染。当年形成的病斑上可不断产生分生孢子进行再侵染。病害一般在 4 月中旬开始发生,5 月下旬开始落叶,采果后大量落叶	①做好清园工作,减少初侵染源。②增施肥料,促进树体健壮,提高抗病能力。③喷药保护:前期可结合梨锈病、黑星病、黑斑病等进行。采收后应继续喷药保护,防止早期落叶。有效药剂同梨黑星病
苹果炭疽病 *Glomerella cingulata*（Stonem.）Spauld. & Schrenk, *Colletotrichumum gloeosporioides*（Penz.）Penz. & Sacc.	该病主要侵染果实。病斑初期果面上出现淡褐色小圆斑,迅速扩大呈褐色或深褐色。果肉腐烂呈漏斗形,表面下陷,后病斑表面形成黑色小粒点,成同心轮纹状排列。湿度大时,分生孢子盘突破表皮,露出粉红色分生孢子团,1 个病斑可扩大到全果的 1/3～1/2。几个病斑连在一起,使全果腐烂、脱落	病菌以菌丝体在枯枝溃疡部及僵果上越冬,翌春产生分生孢子,借风雨或昆虫传到果实上。分生孢子萌发通过角质层或皮孔、伤口侵入果肉。菌丝在细胞间生长,分泌果胶酶,引起果腐。病害潜育期 3～13 d。一般 6 月初发病,7—8 月为盛期,后秋减少。有时病菌侵染幼果,到近成熟期或储藏期发病	①加强栽培管理。②清除病源。③药剂防治:病重果园,在发芽前喷药 1 次。生长期,从幼果期（5 月中旬）开始喷第 1 次药,每隔 15 d 左右喷 1 次,连续喷 3～4 次。药剂同柑橘炭疽病
苹果霉心病 *Alternaria* spp. *Trichotheciumroseum* LK. et Fr. , *Fusariummoniliforme* Sheld. 等	树上病果一般症状不明显,偶尔表现果面发黄,果形不正或着色较早的现象。储藏期发病之初在果实心室与萼筒相连的一端出现淡褐色小斑,扩大形成不规则的褐色至黑褐色斑块,心室壁变色。后期有的病果心室内出现疏密程度不等的白色、灰白色、黑色或粉红色霉（分生孢子梗和分生孢子）,但心室以外的果肉保持完好。当条件适宜时,心室霉变部分可向心室外扩展,致黄褐色腐烂	病菌以分生孢子在病残体或以菌丝体潜伏于枝、叶和果组织中越冬。条件适宜时通过气流传播,在开花期侵染定殖于花器,并进入子房和心室。苹果落花后半个月左右,半数以上的幼果心区已有病菌侵入。病菌也可在幼果期从萼筒或梗洼处的伤口侵入。侵入后菌丝体潜伏在组织内,到后期或储运期进一步扩展,造成果腐。短萼筒的品种易感病	①冬季剪除枯枝,喷射 3～5 波美度的石硫合剂与 45% 晶体石硫合剂 50～100 倍的混合液;②蕾期、初花期、盛花期、谢花期及花后 10 d 各喷 1 次药,防止病菌从花器和幼果侵入。药剂同梨黑斑病;③入库前剔除色泽和果形不整的次果,储藏中温度保持在 1～2℃,可控制病害发展
苹果、梨褐腐病 *Monilinia fructigena* Pers.	被害果实表面初现浅褐色软腐状小斑,病斑迅速向外扩展,果实很快腐烂,在 10℃ 时大约 10 d 即可使整个果实腐烂。在 0℃ 下病菌也可活动扩展。后期病斑自中心部逐渐形成同心轮纹状排列的灰白色、绒球状菌丝团。最后病果干缩成僵果,表面具有特异的蓝黑色斑块,僵果脱落或悬挂在树上	病菌主要以菌丝体在病果（僵果）上越冬,翌春形成分生孢子,借风雨传播,经伤口或皮孔直接侵入。果实近成熟期为发病盛期,染病而未显症的果实被采收包装储运后,即可在储运期发病,并产生分生孢子再侵染健果	①冬季或早春摘除树上僵果,翻耕土壤,清除菌源;②适时采收,剔除病伤果,包装和运输过程中避免碰撞、挤压;③加强储藏期管理;④花前花后和果实成熟时各喷 1 次药,保护果实。药剂同梨黑斑病

续　表

病名	症状	发病规律	防治
苹果紫纹羽病 *Helicobasidium brebissonini*（Desm.）Donk.	发病多从须根开始。被害根和根颈密覆紫褐色绒状或膜状菌丝层，病部皮层腐烂。病菌还可产生紫红色菌核	病菌以菌丝体、菌索和菌核在病根或土壤中越冬。随流水、田间作业和病健根接触传播。栽植过深、地势低洼积水有利于发病。病菌寄主范围广泛	①避免以柳树、榆树、刺槐等作防风林；②加强栽培管理，严格控制结果量，提高树体抗病力；③春季和秋季扒土凉根，去病根后施药处理，并增施草木灰等有机肥，覆新土填平。药剂有70％甲基硫菌灵1000倍液等
柑橘树脂病 *Diaporthe citri*（Faw.）Wolf，*Phomopsis citri* Fawcett	病菌可危害树干、新梢、嫩叶和果实等，症状复杂。侵染枝干时主要症状是流胶和干枯，称"树脂病"；侵染新梢和嫩叶病部表面产生黄褐色坚硬胶质小点，称"砂皮病"；侵染果面时表现"砂皮"或"黑点"症状，又称"黑点病"，主要从幼果侵染果实，膨大期表现症状，严重影响果实外观品质、树势及产量	病菌以菌丝或分生孢子器在病枯枝、病树干或病树皮上越冬，病菌寄生性不强，必须在寄主植物生长衰弱或受伤的时才能侵入为害，这是柑橘遭受冻害后，容易诱发此病发生的主要原因。沙皮或黑点的形成是由于大量的病菌侵入寄主幼嫩组织，但幼嫩组织有较强的活力，能够产生保卫反应，阻止病菌继续深入，因而长成许多沙皮或胶质的黑点	①加强管理，增强树势。冬季要注意防寒，夏天要防止日灼伤。②病树治疗，及早把病部刮除后涂药。药剂可用多菌灵、甲基托布津、1％硫酸铜或1％抗菌剂402。③喷药保护。于春芽萌发前喷0.5％波尔多液一次，落花三分之二及幼果期各喷1次50％托布津可湿性粉剂500～800倍液
柑橘脂点黄斑病 *Mycosphaerella citri* Hiteside	主要危害叶片。症状有①黄斑型：病斑圆形或不规则形，半透明，叶背黄斑上出现棕褐色脂状斑；②褐色小圆星型：病斑圆形或椭圆形，直径1～5 mm，中央微凹陷，灰白色，边缘黑褐色，稍隆起；③混合型：在同一张叶片上可见上述两类病斑	病菌以菌丝体在病叶上越冬，也可以子囊果在落叶上越冬。翌年4—9月间，尤其5—6月间产生子囊孢子，借风雨传播、侵染叶片。老龄树较幼龄树发病重。春梢较夏、秋梢发病重。病害的发生与5—6月间的降雨量呈正相关	①加强栽培管理，增强树势，提高抗病能力；②搞好果园卫生，减少次年侵染源；③喷药保护：前期可结合疮痂病的防治进行。谢花后每隔15～20 d喷药1次，直至7月上旬。药剂同柑橘疮痂病的防治
柑橘裂皮病 *Citrus exocortis* Pospiviroid	病株砧木部分外皮纵向开裂并翘起，后呈鳞片状剥落。树体矮化，新梢少而弱，叶片较小，对树势和产量影响很大。但有些类病毒株系引起感染后，橘树只表现树体矮化，无明显裂皮。故这些类病毒株系可作为柑橘的"矮化因子"来利用	病株和隐症带毒的植株是病害的主要侵染源。病害远距离传播可通过苗木、接穗和种子的调运；田间传播则通过受污染的工具和人与健株韧皮部的接触。菟丝子也能传播，但叶蝉、木虱、蚜虫不传毒。以枳、枳橙和藜檬作砧木的柑橘发病严重，而以酸橙和红橘作砧木的橘树不表现症状，成为隐症寄主	①加强检疫，防止病菌和病接穗从病区向无病区和新区扩散；②从无毒的母树采种和接穗育苗，或通过茎尖微芽嫁接脱毒培育无病苗木；③病树上用过的剪刀等工具用10％～20％漂白粉液处理；④选择抗病或耐病砧木

续　表

病名	症状	发病规律	防治
柑橘黑斑病 *Guignardia citricarpa* Kiely	主要危害近成熟和收获后的果实。有两种症状。①黑星型：病斑边缘隆起，呈红褐色至黑褐色，中部凹陷，灰褐色至灰白色，其上长出很多细小黑色粒点。②黑斑型：病斑暗褐色、稍凹陷，圆形或不规则形，直径可达 3 cm，中部散生许多黑色小点。发病重时多个病斑联合，果实逐渐腐烂	病菌以子囊果和分生孢子器在病枝或地面病残体中越冬。翌春条件适宜时产生子囊孢子或分生孢子侵染幼果，菌丝在角质层与皮层之间的组织中潜育，直到果实着色后，菌丝才得以扩展，并出现症状。早柑、本地早、南丰蜜橘、茶枝柑和蕉柑等发病较重；甜橙、雪柑和红橘等较抗病	①冬季清园，以减少侵染源；②加强栽培管理，增施肥料，提高树体抗病；③喷药保护：在落花至落花后一个半月内（幼果期）每隔 10～15 d 喷药 1 次，以保护果实免遭侵染。有效药剂可参考柑橘疮痂病和柑橘炭疽病防治部分
葡萄炭疽病 *Glomerlla cingulata* (Stonem.) Spauld. et Schrenk，*Colletotrichum gloeosporioides* (Penz.) Penz. et Sacc.	病害一般只发生在着色后或成熟果实上。初在果面产生针头大小的褐色圆形小斑点，扩大后，病斑凹陷，产生轮纹状排列的黑色小粒点，潮湿时，小黑点上溢出粉红色黏质物。病斑扩大，果粒变褐、软腐，易脱落，或逐渐干缩成僵果。果梗及轴上病斑暗褐色、长圆形，凹陷，严重时病部以下果穗干枯脱落	病菌主要以菌丝体在一年生枝蔓及病果梗、僵果、叶痕或节部等处越冬，以节部叶痕处最多。翌春，越冬病菌产生大量分生孢子，经风雨和昆虫传播，引起初侵染，至果实接近成熟后才表现症状。一般年份 7、8 月份为发病盛期。早熟品种和晚熟品种的发病盛期都在果实成熟期。发病后病部很快产生分生孢子进行再侵染。	①结合葡萄冬剪，彻底清园；②在葡萄生长期内，及时摘心、合理夏剪、适度负载；③喷药保护：春季萌动前，结合其他病虫害防治，喷 3～5 波美度石硫合剂。葡萄谢花后，有效药剂可参考柑橘炭疽病防治部分
葡萄灰霉病 *Botrytis cinerea* Pers. Ex Fr.	主要危害花穗和幼果，近成熟果实也能受害。受害花穗呈水渍状褐色软腐，后逐渐萎蔫、干枯脱落，潮湿时病部产生灰褐色霉层。后期，霉层还可形成黑色块状小菌核	病菌以菌丝体、分生孢子和菌核随病残体在树上或土壤中越冬。翌春产生分生孢子借风雨传播，从伤口侵入。花期低温多雨有利于花穗发病。浆果成熟时多裂果，发病严重。巨峰品种发病尤重	①清除病残体，减少初侵染源；②注意排水、摘心绑蔓，改善通风透光条件，降低田间湿度，减轻发病；③喷药保护：开花前及落花 70% 时各喷药 1 次，保护花穗。药剂可选用腐霉利或异菌脲
葡萄白粉病 *Uncinula necator* (Schw.) Burr.	主要危害绿色幼嫩组织。菌丝体表生，与分生孢子共同构成的白色粉状物遍布叶面，使病叶逐渐卷缩枯萎而脱落。受害幼果病部褪绿，出现黑色星芒状花纹，病果小而味酸。新梢、果梗及穗轴受害时，出现黑褐色网状花纹，其上也覆盖着白粉状物。秋季病部产生黑色球形的颗粒状物（闭囊壳）	病菌以菌丝体在被害的组织或芽鳞间越冬，或以闭囊壳在落叶和枝蔓上越冬。翌春病菌产生分生孢子借风力传播，萌发后直接穿透角质层侵入寄主。干旱或闷热多云的天气最有利于发病。降雨可抑制病害发展。栽植过密、氮肥过多、蔓叶徒长、通风透光不良等有利于病害发生	①冬季清园，减少病菌的侵染源；②及时摘心、抹副梢、绑蔓，保持果园通风良好；③喷药保护：葡萄萌芽前喷 1 次 3～5 波美度石硫合剂；发芽后至幼果期可结合葡萄黑痘病防治进行。可选用三唑酮等三唑类杀菌剂

续　表

病名	症状	发病规律	防治
桃干腐病 *Botryosphaeria dothidea* (Fr.) Ces & de Not.	主要危害枝干。初期病部褐色,微肿胀,掀开病表皮,可见皮层褐色腐烂,并有黄色黏稠状胶液渗出。以后病斑扩大,凹陷,呈黑褐色。腐烂部产生圆形或长梭形的小黑点(子座),从树皮裂缝中露出	病菌以菌丝体或子座在病枝干上越冬。条件适宜时产生分生孢子或子囊孢子借风雨传播,从树干、枝条的皮孔和伤口等处侵入。树龄大、树势弱的植株发病严重。地势低洼易积水地块发病也较重	①加强栽培管理,增强树势,提高树体抵抗能力;②从幼树开始刮除病斑,但对病重大树防效差。病斑刮除后可涂药剂防治
枣疯病 *Phytoplasma* sp.	病株花器变成营养器官,花梗延长 4～5 倍,萼片、花瓣和雄蕊均变成小叶,雌蕊全部转变为小枝。一年生发育枝的正芽和多年生的隐芽又萌生,大部分发育成发育枝。新生的发育枝的芽又萌生成小枝,如此逐级生枝,构成丛生枝。病枝纤细,节间缩短,病株叶小,黄化,无光泽,脆硬。枣树一旦发病,翌年很少结果。主根不定芽往往大量萌发,长出短疯枝	病枣树是枣疯病的主要侵染源,病害远距离传播通过苗木的调运,田间主要通过凹缘菱纹叶蝉、橙带菱纹叶蝉和中国拟菱纹叶蝉等 3 种叶蝉传播。叶蝉摄入植原体后就终生携带病原物,持续传染许多枣树。土壤贫瘠、管理粗放、树势衰弱的枣园发病严重。金丝小刺枣易感病,滕县红枣较抗病,有些酸栗枣则免疫	①防止病害传入无病区和新区;②清除病株;③防治传病叶蝉;④培育无病苗木,选用抗病的酸枣和具有枣仁的抗病大枣等作砧木;⑤接穗可用盐酸四环素浸泡 0.5～1.0 h,轻病树用四环素注射,有一定的疗效,但易复发,未能实际应用

第二节　重要螨类

　　螨类,包括叶螨(俗称红蜘蛛、黄蜘蛛)、锈螨、瘿螨。其中以叶螨类危害果树最重。种类多,分布广,对果树构成较大威胁,大多数种类以危害叶片为主。受害后叶片表面呈现许多灰白色小点,失绿,黄叶,失水,影响光合作用进行,严重时大量落叶,导致果树生长缓慢甚至停滞。我国果树发生的种类主要有蛛形纲(Arachnida)蜱螨亚纲(Acari)螨目(Acariformes)叶螨科(Tetranychidae)的山楂叶螨 *Tetranychus viennensis* Zacher、柑橘全爪螨 *Panonychus citri* (McGregor)、苹果全爪螨 *Panonychus ulmi* (Koch)、柑橘始叶螨 *Eotetranychus kankitus* Ehara、构始叶螨 *E. broussonetiae* Wang。上述种类在我国的分布与危害差异较大,发生状况不一。

　　柑橘全爪螨 *Panonychus citri* (McGregor)(citrus red mite),又名柑橘红蜘蛛,属叶螨科。主要分布于华东、华南、西南及湖南、湖北、陕西等地。危害柑橘、柚、橙、黄皮等水果,也危害桂花、佛手、香抛、九里香等苗木,在山东部分地区(济南、泰安)主要危害枸橘。受害叶片正面起初出现许多灰白色小点,失去光泽,严重时一片苍白,之后叶片从中央向叶缘发黄,造成大量落叶,减产。

一、形态特征

　　各虫态形态特征(图 10-10)如下:

　　【雌螨】体长 0.4～0.45 mm,体宽 0.27～0.35 mm,体呈圆形,背面隆起,深红色,背毛白色,共 26 根,着生于粗大的红色毛瘤上,其长超过横列间距。足 4 对,橘黄色;须肢端感器顶端略呈方形,背感器小枝状。气门沟末端膨大。

【雄螨】体长 0.3～0.35 mm,体宽 0.27～0.3 mm。鲜红色,后端较狭,呈楔形。阳具柄部弯向背面,形成"S"形的钩部。

【卵】球形,略扁,红色有光泽,卵上有 1 垂直的柄,柄端有 10～12 条细丝,向四周散射伸出,附着于叶面上。

【幼螨】体长 0.2 mm,初孵时淡红或黄色,足 3 对。

【若螨】形状、色泽近似成螨,但个体较小,足 4 对。经 2 次蜕皮后变为成螨。

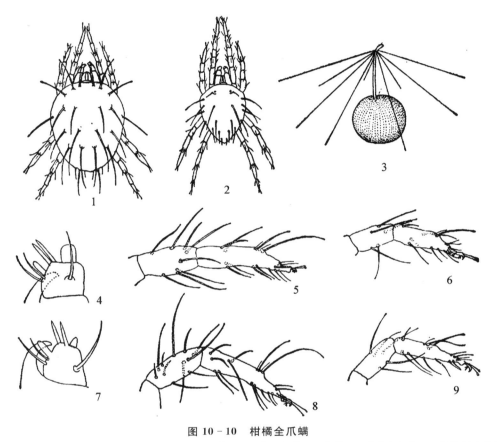

图 10-10　柑橘全爪螨

1.雌螨　2.雄螨　3.卵　4.雌螨须肢附节　5.雌螨足Ⅰ跗节和胫节　6.雌螨足Ⅱ跗节和胫节　7.雄螨须肢附节　8.雄螨足Ⅰ跗节和胫节　9.雄螨足Ⅱ跗节和胫节(1～3,仿中国农科院果树研究所,1960;4～9,仿王慧芙,1981)

二、生物学与生态学特性

发生代数因地区而异。在四川一年可发生 16～17 代,以卵和成螨在枝条裂缝及叶背越冬。发育历期随温度的升高而缩短,室温 20℃,完成 1 代需要 29.7 d,35℃时为 10.2 d,一般地 20～30℃为发育和繁殖的适温范围,25℃为最适温度。雌螨一生可交配多次,交配后 2～4 d 开始产卵,平均单雌日产卵量 2.9～4.8 粒,单雌总产卵量平均为 31.7～62.8 粒。卵多产在当年生枝条和叶背主脉两侧。营两性生殖和孤雌生殖。天敌有多种食螨瓢虫,如深点食螨瓢虫,此外有草蛉、蓟马、虫生菌、病毒等。害螨大发生的高温季节,若平均每叶有 0.5 头食螨瓢虫,便能将害螨虫口迅速压低。胡瓜钝绥螨 *Amblyseius cucumeris* Oudemans 一生能捕食全爪螨 300～500 头,是重要的捕食螨。

三、防治方法

(一)人工防治

树干束草诱集越冬雌成螨,春季出蛰前集中处理。越冬期至出蛰前清理翘皮裂缝、枯枝落叶及杂草等以减少虫源,对以雌成螨越冬的种类效果显著。对以卵越冬的种类,冬季修剪时剪除有越冬卵的枝条,以减少虫源密度。

(二)生物防治

螨类的天敌种类较多,常见的有中华草蛉、大草蛉、深点食螨瓢虫、塔六点蓟马、小花蝽、捕食螨等,对控制害螨起着重要作用,应减用或不用杀虫杀螨剂,加以保护利用。在水果接近成熟,不宜用药的时期,可人工释放捕食螨控制害螨。可于 7 月在果园全园用药防治各种害虫 1 次,20 d 后每棵果树挂 1 袋捕食螨,约能释放 300 头左右(含幼螨、成螨),可取得好的减药控害效果。

(三)药剂防治

冬季清园时,喷布 97% 矿物油乳油 200 倍液;于早春越冬雌成螨出蛰盛期(3 月下旬至 4 月上旬)应及时喷布药剂 0.3～0.5 波美度石硫合剂;越冬卵孵化盛期或麦收前(5 月下旬)及时喷布 1.8% 阿维菌素乳油 800～1000 倍液,或 20% 哒螨灵乳油 3000 倍液,或 20% 乙螨唑悬浮剂 8000 倍液,或 30% 乙唑螨腈悬浮剂 6000 倍液,或 43% 联苯肼酯悬浮剂 2000～2500 倍液,或 22% 阿维·螺螨酯悬浮剂 5000～6000 倍液。间隔 10 d 再喷 1 次,可控制危害。

第三节　重要害虫

一、螟蛾类(桃蛀螟)

桃蛀螟(peach pyralid moth)*Dichocrocis punctiferalis* Guenée,属鳞翅目、螟蛾科。在国内分布普遍,以河北至长江流域以南的产桃区发生最为严重。属多食性害虫,其幼虫蛀食桃、梨、李、杏、板栗、苹果、石榴、无花果、枣、柿、樱桃等的果实、种子,也危害向日葵、蓖麻、高粱、玉米等的种子,甚至危害松、杉、桧等林木。果实被害,虫孔外常有粗粒虫粪,果实易于腐烂脱落。

(一)形态特征

各虫态形态特征(图 10-11)如下:

【成虫】体长 9～14 mm,翅展 26 mm,全体橙黄色,胸部、腹部及翅上都有黑色斑点。前翅散生 25 或 26 个黑斑,后翅有 14 或 15 个黑斑。腹部第 1 和 3 至 6 节背面各有 3 个黑点。

【卵】椭圆形,长 0.6～0.7 mm。初产乳白色,孵化前红褐色。

【幼虫】老熟幼虫体长 22～26 mm。头褐色,胸背暗红色。中、后胸及 1～8 腹节各有褐色毛片 8 个,排成两列,其中前列 6 个,后列 2 个。

【蛹】淡褐色,体长 13 mm,第 1～7 腹节背面各有两列突起线,其上着生刺一列。

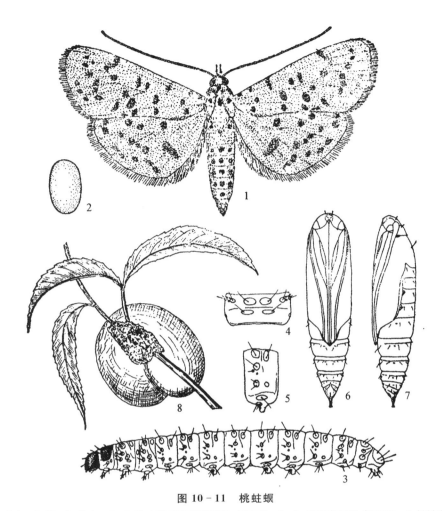

图 10 - 11　桃蛀螟

1.成虫　2.卵　3.幼虫　4~5.幼虫第四腹节背面观、侧面观　6~7.雌蛹腹面观、侧面观　8.桃被害状

(二)生物学与生态学特性

桃蛀螟成虫昼伏夜出,傍晚开始活动,对糖醋液和黑光灯有强趋性。越冬代成虫多产卵于桃、李、杏果实上,而梨果受害不大。第 1 代及其后的成虫除产卵于桃、石榴、板栗上外,还产卵于梨果上。卵期一般为 6~8 d,幼虫期 15~20 d,蛹期 7~9 d,完成一个世代约需 1 个多月。幼虫危害至 9 月下旬果实陆续老熟,然后转移至越冬场所越冬。成虫多于傍晚羽化,白天静伏在寄主植物的叶背,傍晚以后活动,取食花蜜和吸食桃、葡萄等熟果的汁液。有趋光性,对糖、醋有趋化性。卵历期约 3 d,夜间产卵,卵多产在枝叶茂密的桃、板栗、龙眼、荔枝等果实上,或产在松树的嫩枝上。幼虫多于清晨孵化,孵化后啃食嫩梢皮或先在果梗、果蒂基部吐丝蛀食果皮,随后蛀害果肉和种核,被害果的蛀孔和果肉内均排有虫粪。部分幼虫可转果危害。幼虫老熟后可在果内或爬离害果后在果枝、两果接触处和其他适宜场所吐丝结薄茧化蛹。

(三)防治方法

1.农业防治

果园结合开沟施肥,秋冬深翻树盘,能有效地杀伤在土壤内越冬的害虫。园内种植向日葵、杂交高粱,诱集桃蛀螟成虫产卵,集中喷药杀灭。束草诱杀 8 月上旬开始,在主干上刮 10 cm 宽带,用草缠一圈,或捆麻袋片,诱集幼虫入内越冬。冬后取下烧毁。

2．诱杀及物理机械防治

果树生长季节园内设置性信息素(反-10-十六烯醛和顺-10-十六烯醛按9∶1的比例混合)诱捕器诱杀成虫,每667 m²可设6～8个诱捕器。在成虫发生以前对果实套袋,可有效地防治蛀果害虫。及时摘除虫果,能大大减少害虫基数,减轻后期的危害。早春刮除树干的老翘皮,可消灭其中的越冬虫体。

3．生物防治

将昆虫病原线虫施入土壤,可控制地下阶段生活的蛀果害虫。释放赤眼蜂卵,保护甲腹茧蜂、齿腿姬蜂等寄生蜂,利用白僵菌防治脱果幼虫等。例如,施入斯氏线虫 Steinernema feltiae 60万～80万条/667 m²,或白僵菌液(1亿活孢子/mL)喷施树盘封杀出土幼虫,使用时要求3～4 d浇水1次,使土壤保湿。

4．药剂防治

药剂防治蛀果害虫的关键是喷药时间。一般在发蛾高峰期和卵孵化期,若达到防治指标即喷药防治。可用药剂:20％灭扫利、2.5％溴氰菊酯或2.5％高效氯氟氢菊酯或25％灭幼脲Ⅲ号或青虫菌等1500～2000倍液喷雾。于害虫出土前每公顷用25％辛硫磷微胶囊7.5 kg配成毒土或药液撒喷在树冠下。

防治时间的确定关键是要做到预报正确。具体方法:一是成虫发生期预测,即在玉米、向日葵收获后,收集越冬幼虫300头,连同秸秆等放入玻璃器皿中,第2年5月上旬起,每3 d检查1次,记载化蛹数和成虫羽化数,预测越冬代成虫发生期。第1代成虫预测可在6月上旬左右收集被害果中老熟幼虫,并按上述方法处理。也可在田间设置黑光灯、糖醋液或性信息素(反-10-十六烯醛和顺-10-十六烯醛按9∶1的比例混合)诱捕器诱测成虫的发生期和发生量。二是田间产卵量调查,即在第1、2代成虫发生期,选早、中、晚熟易受害品种各5～10株,每株查果实20～30个,每3 d调查1次。当卵量比上次明显增加时,即可喷药防治。

二、卷叶蛾类(梨小食心虫)

梨小食心虫(oriental fruit moth)Grapholitha molesta(Busck),属鳞翅目、卷蛾科。分布于全国南北各果区。以幼虫蛀食梨、苹果的果实和桃、李的嫩梢。桃、李嫩梢被害后萎蔫枯干,影响生长。早期危害的果实外有虫粪,蛀孔周围变黑腐烂;后期的入果孔小,周围青绿色。

(一)形态特征

各虫态形态特征(图10-12)如下:

【成虫】体长5～7 mm,翅展10～15 mm,灰褐色。前翅前缘有8～10组白色短斜纹,近外缘有10个黑褐色小点,中室外缘附近有一白点。后翅灰褐色。

【卵】扁圆形,0.4×0.5 mm,中央略隆起,半透明,淡黄白色。

【幼虫】老熟幼虫体长8～12 mm,头黄褐色,体背桃红色。前胸气门前毛3根,臀栉4～7刺。

【蛹】黄褐色,体长4～7 mm,腹部第3～7节背面各有短刺两列。

【茧】白色,丝质,扁平椭圆形,长10 mm左右。

(二)生物学与生态学特性

在辽南、华北年发生3～4代,我国中部4～5代,南方各省可发生6～7代。以老熟幼虫在果树翘皮裂缝、树干基部土石缝中结白色薄茧越冬。在有桃、李的果园,第 1、2 代幼虫危害嫩梢,以后各代危害各种果实。在 4～5 代区各代成虫发生时间为:越冬代 4 月上旬至 5 月中旬,第 1 代 5 月下旬至 6 月中旬,第 2 代 6 月下旬至 7 月中旬,第 3 代 7 月下旬至 8 月中旬,第 4 代 8 月下旬至 9 月中旬。

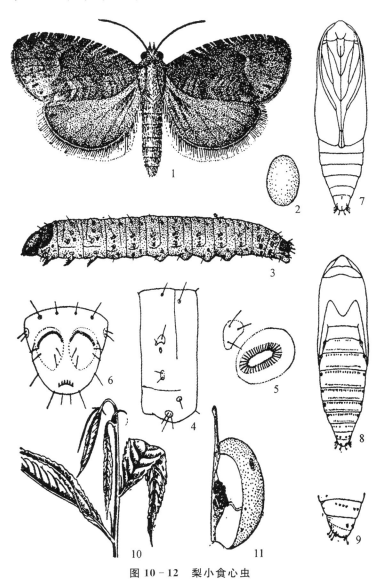

图 10 - 12　梨小食心虫

1.成虫　2.卵　3.幼虫　4.幼虫第二腹节侧面观　5.幼虫腹足趾钩　6.幼虫第 9/10 腹节腹面观(示臀栉及尾足趾钩)
7～8.蛹腹面观和背面观　10.蛹腹部末端侧面观　10.桃梢被害状　11.梨果被害状

成虫夜间产卵,在桃树上多产于桃梢上部第 3～7 叶的叶背,老叶和新发出叶片上很少产卵,每梢产卵 1 粒。在梨果上多产于两果靠接处的果面上。幼虫孵化后,自桃梢端第 2～3 叶的基部蛀入,不久从蛀入孔流出树胶并伴有粒状虫粪排出,桃梢先端凋萎,后叶干枯下垂。幼虫蛀梢后向下蛀食时,碰到桃梢木质硬化部分后,可从被害处爬出,转移至其他梢继续蛀食。1 头幼虫可危害 2～3 个新梢。在梨果上,幼虫孵化先在果面爬行,多从萼洼或两果靠接处蛀入,蛀孔很小,周围变黑,形成黑疤,后期受害处周围变黑并腐烂。幼虫蛀入果心,虫粪也排在果内,蛀入孔亦见粪屑。一般一果只有 1 头幼虫。老熟幼虫在树干基部缝隙间作茧化蛹,也有不出果,就在其内化蛹的。温、湿度对其发生影响较大。雨水多,湿度大的年份发生比较严重。成虫产卵适温为 24～29℃,相对湿度 70%～100%。每雌平均产卵 50～100 粒。气温低于 18℃，产卵减少，高于 19℃，产卵增多。一般在桃、梨、李、苹果等果树混栽的果园，发生严重；纯梨或苹果园受害轻。早熟梨品种受害轻，中、晚熟品种受害重。桃树嫩梢多、长势好的受害重。天敌有寄生幼虫的齿腿姬蜂和茧蜂，以及寄生卵的赤眼蜂。幼虫在越冬期间常被白僵菌感染，发病率约 30％。

（三）防治方法

1. 农业防治

冬前翻挖树盘，将在土中越冬的幼虫翻在地表，让鸟雀啄食或被霜雪低温冻伤，或者深埋，使其不能羽化出土。生长季节及时剪除虫梢，摘除虫果、裂果及黑星病病果以控制其第 1、2 代。

2. 物理机械防治

彻底刮除树体上的粗翘皮，将潜藏其中的越冬幼虫刮死、刮掉集中烧毁，以减少次年成虫的发蛾量。梨果套袋可大大减少梨小食心虫的侵染及危害。用糖醋液挂容器诱捕其成虫，糖醋液（糖：醋：酒：水）比例为（1～2）：（1～4）：1：16，每 667 m² 挂 5～6 碗，兼有测报作用。

3. 生物防治

在成虫发生峰期之后 3 d，在园中释放松毛虫赤眼蜂。

4. 药剂防治

在搞好预测预报的基础上，在卵孵盛期和成虫盛发期及时用药，精确用药。药剂可选用：25％灭幼脲Ⅲ号 2000 倍液、2.5％高效氯氟氰菊酯 1500 倍液、2.5％溴氢菊酯 1500 倍液。

三、夜蛾类（吸果夜蛾）

吸果夜蛾类（fruit-sucking noctuids），属鳞翅目、夜蛾科。吸果夜蛾类种类很多，其中数量最多、危害最严重的为嘴壶夜蛾（smaller orasia）*Oraesia emarginata* Fabricius，其次为鸟嘴壶夜蛾（reddish oraesia）*Oraesia excavavata* Dutler 与枯叶夜蛾（akebia leaf-like moth）*Adris tyrannus* Guenée。它们除危害柑橘外，还能危害枇杷、杨梅、桃、梨、李、葡萄、番茄、无花果等的成熟果实，以成虫吸食危害果实。在橘果外部有针头大小刺孔。在山地露地果园发生较多。

（一）形态特征

1. 嘴壶夜蛾

各虫态形态特征（图 10－13）如下：

【成虫】体长 17～25 mm，头与颈板红褐色，胸腹部褐色，腹中腹面棕红色。雌蛾前翅紫红褐色，触角丝状；雄蛾前翅褐色，触角羽状。前翅顶角突出，外缘中部突成角状，后缘中部内凹；中线仅后半可见，顶角至后缘中部有 1 深色斜线，线内侧衬灰色；翅面上有杂色不规则花纹，有"N"形花纹。后翅褐色、前缘色淡、后缘色深。

【卵】扁圆形，直径 0.8 mm、高 0.7 mm，卵壳面有纵沟纹条。初黄白色，1 d 后呈现暗红色花纹，孵化前灰黑色。

【幼虫】老熟幼虫体长 37～46 mm，尺蠖型，前端较尖，1～3 腹节常弯曲，第 8 节稍隆起。体黑色，头每侧有 4 个黄斑，前唇基乳白色。亚背线为不连续的黄或白斑组成。胸足外侧黑色；腹足乳黄色，外侧有黑斑，第 1 对足退化，第 2 对很小、趾钩 25 个左右，第 3、4 对和臀足趾钩均为 35 个左右。气门椭圆形、前胸和第 1 腹节全黑色，其余气门筛红色，围气门片黑色，第 8 腹节气门比第 7 节稍大。1 龄头黄色、体淡灰褐色。

【蛹】长 17～19 mm，较细长，红褐至暗褐色。前翅端达第 4 腹节后缘；5～7 腹节背腹面前缘有 1 横列深刻纹；腹末方形，上有极细而不规则的网状皱褶，着生较尖的角突 4 个，彼此略分开。

2. 鸟嘴壶夜蛾

各虫态形态特征如下：

【成虫】体长 23～26 mm，头与颈板赤橙色，胸褐色，腹部淡褐色。前翅翅尖向外缘突出部分及后缘中部有一弧形向内凹入的缺刻，均较嘴壶夜蛾明显。后翅淡褐色，外半部色较深。

【卵】卵高约 0.61 mm，直径约 0.76 mm，球形黄白色，卵顶稍隆起，乳黄色，后逐渐显现棕红色花纹，卵壳上具纵轴条纹。

【幼虫】老熟幼虫体长 46～58 mm，全灰褐色，或灰黄色，背腹面由头至尾各有一灰黑色纵纹，头部有 2 个黄边黑点，第 2 腹节两侧各有一个眼状纹。头顶橘黄色，其前面两侧各有 1 个黑斑，前胸盾和臀板黄褐色，第 1 对腹足退化，第 2 对腹足较小，行动呈尺蠖状。幼龄期斑纹不明显。

【蛹】体长约 23 mm，红褐色。第 1～8 腹节背面刻点较密，5～8 腹节腹面刻点较稀；腹末较平截，臀棘为 6 条角状突起。蛹常包在叶片或苔藓中。

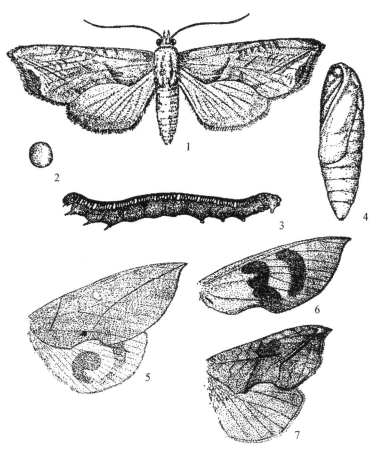

图 10 - 13　嘴壶夜蛾、鸟嘴壶夜蛾和枯叶夜蛾

1～4.嘴壶夜蛾成虫、卵、幼虫和蛹　5～6.枯叶夜蛾前后翅正面，及前翅反面　7.鸟嘴壶夜蛾前后翅

3. 枯叶夜蛾

各虫态形态特征如下：

【成虫】体长 35～42 mm，翅展 98～112 mm。头、胸棕褐色，腹部背面橙黄色，触角丝状，胸部两侧各有 1 个煤黑色斑，后胸两侧的鳞毛上翘，前、中足胫节基部有一银白色圆斑。前翅枯叶褐色，沿翅脉

有 1 列黑点,内线黑褐色,内斜,顶角至后缘凹陷处有 1 条黑褐色斜线,肾形纹黄绿色;后翅橘黄色,亚端区有牛角形黑带,内侧的肾形纹黑色。

【卵】高 0.85～0.9 mm,直径 1～1.1 mm,扁球形,底面平截,乳白色,卵壳外面有六角形网状花纹。

【幼虫】老熟幼虫体长 60～70 mm,体黄褐色或黑色,背线、亚背线、气门上线及腹线为黑色,气门线为不连续的黄点,第 1 腹节背侧区有 2 个不规则黄斑,第 2、3 腹节背侧区各有 1 个黄色眼状斑,第 1～8 腹节散布许多不规则黄斑。腹足 4 对,第 1 对腹足很短,行动时无作用。

【蛹】长 31～32 mm,红褐色至黑褐色。头顶中央略呈尖突,第 1～8 腹节背面和第 5～8 节腹面有稀而浅的刻点,第 9～10 节背、腹面均有纵条纹,臀棘 4 对,中央 2 对较粗大。蛹包被在叶片中。

(二)生物学与生态学特性

1. 嘴壶夜蛾

嘴壶夜蛾年发生 4～6 代,世代重叠,以蛹或老熟幼虫越冬。5—11 月均可见成虫。成虫 9—11 月危害柑橘果实,以 9—10 月危害最甚。成虫白天潜伏,黄昏入园取食。趋光性强,趋化性强,喜食芳香带甜的物质,吸食果汁和花露,交尾、产卵等活动都在夜间进行。在柑橘成熟期,一般夜间 22 时前活动最盛,虫口多;闷热、无风的夜晚,蛾量大,雨天少。卵散产于木防己或汉防己尖端嫩叶的背面或嫩茎上。1、2 龄幼虫常隐藏在叶背面取食,残留表皮,3 龄以后蚕食叶片,5、6 龄进入暴食期。老熟幼虫吐丝将叶片、土粒等卷成筒状,蛰伏其中,在树干基部、杂草丛内或表土层中化蛹。早熟、皮薄品质好的受害重,山地果园和各品种混栽果园受害重。喜食健果,少数取食腐烂果。

2. 鸟嘴壶夜蛾

年发生约 4 代,以成虫、幼虫或蛹越冬。于每年的 6 月至 7 月中旬,7 月至 9 月底,8 月中旬至 12 月初发生,以 8—10 月最多。成虫夜间活动吸食多种水果的汁液,有趋光性,略具假死性,产卵在木防己上。幼虫常在夜间或早晚取食,白天潜伏。幼龄幼虫有吐丝悬挂习性,1、2 龄时取食嫩叶肉,被害叶成网状,仅留下表皮层,3 龄后则从上至下将叶片吃成缺刻,幼虫停食时身体伸直,体色似枯枝,不易被发觉。老熟幼虫常在寄主植物基部或附近杂草丛中,以丝及叶片、碎枝条、苔藓作薄茧化蛹。吸果夜蛾类幼虫不少个体常以上午 10 时至下午 3 时从寄主植物上迁至附近植物上潜伏,下午 4 时又重回寄主植物上取食。已发现的天敌有:赤眼蜂及黑卵蜂,后者寄生率可达 50.9%。其他寄生蜂 5 种,其中 1 种寄生蜂 5—11 月间寄生率可达 30%～50%。吸果夜蛾幼虫中还发现线虫天敌 1 种。成虫天敌有螳螂及蚰蜒。

3. 枯叶夜蛾

年发生 2～3 代,第 1 代发生于 6—8 月,第 2 代 8—10 月,9 月至次年 5 月为越冬代,多以幼虫越冬,也有以蛹和成虫越冬的。成虫高峰多见于秋季,3—11 月都可见到成虫。成虫夜间活动,黄昏后飞入果园危害,天黑时逐渐增多,危害果实进入盛期,天明后隐蔽。成虫夜间交尾,其后 2～4 d 开始产卵于木防己、野木瓜、通草和十大功劳等野生药用植物的叶片背面,散产或数十粒在一起。初孵幼虫有吐丝习性;幼虫静止时头部下垂,尾部上举,仅以 3 对腹足着地,呈倒"U"形,取食寄主叶片。老熟幼虫入土化蛹前吐黄丝缀叶片裹住身体,化蛹其中。吸果夜蛾类幼虫不少个体常以上午 10 时至下午 3 时从寄主植物上迁至附近植物上潜伏,下午 4 时又重回寄主植物上取食。已发现的天敌有:卵寄生蜂赤眼蜂及黑卵蜂,后者寄生率可达 50.9%。寄生蜂 5 种,其中 1 种寄生蜂 5—11 月间寄生率可达 30%～50%,成虫天敌有螳螂及蚰蜒。

（三）防治方法

1. 农业防治

山区新建果园时，应尽量连片种植，切忌过于分散和混栽不同成熟期品种，以减轻危害。栽种幼虫寄主植物，即在果园边有计划栽种木防己、汉防己、通草、十大功劳、飞扬草等寄主植物，引诱成虫产卵、孵出幼虫后加以捕杀。

2. 清除幼虫寄主

对果园周围的野生植物应清理干净，如无法清理的，在幼虫危害期喷洒常规浓度的敌敌畏、敌百虫、杀螟松等农药，均有良好效果。

3. 诱杀成虫

具体方法有：一是灯光诱杀，黑光灯对鸟嘴壶夜蛾、枯叶夜蛾效果好；40瓦黄色荧光灯对嘴壶夜蛾效果好，每6700 m² 果园设置黄色荧光灯或其他黄色灯5～6支。灯管下面应放一个毒药盆，盆中装入适量的水，并加入少许废机油或煤油和0.2%敌百虫。目前多推广应用佳多频振式杀虫灯诱杀。二是糖醋液、烂果汁诱杀，按食糖8%、食醋1%、敌百虫0.2%配成糖醋液，也可用烂果汁加少许白酒代替食糖。注意经常更换糖醋液，特别是在诱杀到较多的成虫时，应在当晚放新鲜的。三是在果实将要成熟前，用甜瓜切成小块，或选用较早熟的荔枝、龙眼果实（果穗），用针刺破瓜、果肉后，浸于90%晶体敌百虫乳油20倍液或40%辛硫磷乳油20倍液等药液中，经10 min后取出，于傍晚挂在树冠上，对健果、坏果兼食的吸果夜蛾有一定诱杀作用。在果实被害初期，将烂果堆放诱捕，或在晚上用电筒照射进行捕杀成虫。

4. 果实套袋

果实套袋是生产无公害优质果、提高经济效益的行之有效的办法。为了生产优质果，梨子、脐橙在谢花后20 d，根据果园常见病虫害发生规律，彻底喷1次杀虫、杀菌剂，待药液干后立即套袋。梨子应选用外灰内黑的双层纸袋。如只是防吸果夜蛾危害果实，可在果实接近成熟期套袋，也可以在树冠周围均匀悬挂浸入了香茅油的纸片（面积为5×6 cm）来拒避蛾子危害。视其树冠大小，每株挂5～10片。每片纸（草纸、报纸等吸水性好的纸）浸香茅油1～1.5 mL。每天晚上悬挂，早上将药片收回放入塑料袋密封好，以后每用一次加原用量一半的茅香油，施用区可大大减少其危害。香茅油是从香茅草蒸馏出来的产品，可以自行种植，加工解决。

5. 药剂防治

及时防治第1代幼虫，一般在5月上中旬第1代幼虫发生时，此时幼虫基数低，出现又较整齐，抓住时机及时喷药防治是关键，可压低全年虫口数量。自8月中旬起用药保护，药剂可用5.7%百树得乳油2000倍液喷雾，间隔20 d用1次，收获前20 d停用。

四、透翅蛾类（葡萄透翅蛾）

葡萄透翅蛾（grape clear-wing moth）*Paranthrene regale* Butler，属鳞翅目、透翅蛾科。分布在山东、河南、河北、陕西、内蒙古、吉林、四川、贵州、江苏、浙江等省（自治区）。幼虫蛀食葡萄枝蔓。髓部蛀食后，被害部肿大，致使叶片发黄，果实脱落，被蛀食的茎蔓容易折断枯死。蛀枝口外常有呈条状的黏性虫粪。

（一）形态特征

各虫态形态特征（图10－14）如下：

【成虫】体长 18～20 mm，翅展 34 mm 左右。全体黑褐色，有蓝色光泽。头的前部及颈部黄色。触角紫黑色。后胸两侧黄色。前翅赤褐色，前缘及翅脉黑色。后翅透明。腹部有 3 条黄色横带，以第 4 节的 1 条最宽，第 6 节的次之，第 5 节的最细。雄蛾腹部末端左、右有长毛丛 1 束。

【卵】椭圆形，略扁平，紫褐色。长约 1.1 mm。

【幼虫】共 5 龄。老熟幼虫体长 38 mm 左右，全体略呈圆筒形。头部红褐色，胸腹部黄白色，老熟时带紫红色。前胸背板有倒"八"字纹，前方色淡。

【蛹】长 18 mm 左右，红褐色。圆筒形。腹部第 3～6 节背面有刺两行，第 7 至 8 节背面有刺 1 行，末节腹面有刺 1 列。

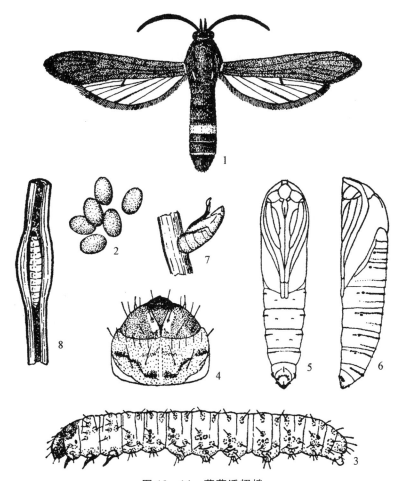

图 10－14　葡萄透翅蛾

1.成虫　2.卵　3.幼虫　4.幼虫头部和前胸背面观　5～6.蛹腹面观和侧面观　7.羽化后残留的蛹壳　8.被害状

（二）生物学与生态学特性

各地均发生 1 代，以老熟幼虫在被害的粗蔓内越冬。在杭州，老熟幼虫于翌年 3 月中旬开始化蛹，4 月底开始羽化为成虫。浙北嘉善试验羽化高峰为 5 月 11—17 日，羽化时间见后，5 月上、中旬产卵，幼虫于 5 月中旬孵化，7—8 月份枝条受害最严重，10 月间幼虫老熟即在茎内越冬。成虫在气温达 15℃ 以上时方能羽化，否则很少羽化。白天潜在叶反面及草丛中，夜间活动，飞翔力强，有趋光性。产卵期 4～14 d，每雌产卵 40～50 粒，单产于当年生枝条的芽、叶柄或嫩茎上；卵历期 10 d；幼虫从叶柄处蛀入，常转枝 1～2 次，幼虫 5 龄，老熟幼虫越冬前，啃取木屑将蛀道堵死，越冬后在离蛀道底部约

2.5 cm处咬一直径约5 mm的圆形羽化孔,并吐丝封闭孔口,不久即行化蛹。葡萄透翅蛾发生与葡萄物候期相吻合。在贵州观察,始蛹期和始蛾期正是葡萄抽芽期和开花期。品种"白香蕉",水晶葡萄受害重,而叶背无茸毛茎秆、叶脉有刺突的品种较抗虫。

(三)防治方法

1. 农业防治

选择抗虫品种,加强田间肥水管理,以增强树势。结合冬季修剪,4月下旬前烧毁;结合春季修剪,5月下旬,果实直径5 mm左右时,修去果柄上一叶以外的嫩头。

2. 诱杀成虫

当年6月份开始悬挂透翅蛾性诱杀虫剂,以消灭成虫,降低危害,并且可以此作为施药适期预报的依据(当诱蛾量出现高峰后,蛾量锐减时,即为当代成虫羽化的盛末期,是药剂防治的最佳时期)。

3. 药剂防治

掌握成虫羽化期和幼虫孵化期,一般是5月中下旬巨峰红香蕉盛花后3 d,康奈尔盛花后6 d,北醇盛花后10 d,用25%灭幼脲Ⅲ悬浮剂2000倍液,20%除虫脲悬浮剂3000倍液。以上药剂用量可视树体大小而定,按以上浓度喷雾至全株均湿,药液滴而不流为止。防治入枝幼虫:6—7月查有虫黄的枝条,枯萎的枝条,小枝剪枝,对大枝则用50%敌敌畏乳油500~1000倍液灌液,注入孔后用黄泥封闭。

五、潜叶蛾类

潜叶蛾类(leaf miners)属鳞翅目、潜叶蛾科。潜叶蛾以幼虫在果树新梢嫩茎、嫩叶表皮下钻蛀危害,呈蜿蜒隧道,被害叶常卷曲,容易落叶。以夏秋梢受害较重,危害严重时常因造成伤口,导致病害侵入流行。同时,被害叶片又常是螨类、粉蚧、卷叶蛾等害虫的越冬或栖存场所。下面重点介绍柑橘潜叶蛾(citrus leaf-miner)*Phyllocnistis citrella* Stainton。

(一)形态特征

各虫态形态特征(图10-15)如下:

【成虫】小型体长约2 mm,翅展约5.3 mm。全体银白色。翅狭长,前翅基部有2条褐色纵纹,中部有黑色"Y"字纹,末端缘毛上有一黑色圆斑。

【卵】椭圆形,长0.3~0.6 mm,无色透明,单产于叶主脉附近。

【幼虫】黄绿色,无足,体扁平,梭形尖细,潜入寄主表皮下,老熟时体长约4 mm,末端有一对细长的尾状物。

【蛹】梭形、黄褐色,长约2.8 mm,腹部1~6节两侧各有一瘤状突,其上各生一条刚毛;末节后缘两侧各有一肉质刺。化蛹于叶缘。

(二)生物学与生态学特性

浙江年发生约9~10代,主要以蛹在危害部位越冬。最早5月开始在梢上危害,7—10月是危害盛期。成虫有趋光性,卵多产在0.5~2.5 cm长的嫩叶背面的叶脉两旁,幼虫孵出后即钻入表皮下危害,老熟后常将叶片边缘卷起,裹在里面化蛹。在广东年发生15代以上,其发生主要有四个高峰期,分别在4月下旬至5月中旬、6月中旬至7月上旬、8月中旬至9月中旬、10月中旬至11月上旬。成虫多在清晨羽化,羽化半小时后即能交尾,交尾后2~3 d于傍晚产卵,卵多散产于嫩叶背面中脉附近。幼虫孵化后,即潜入表皮下取食,老熟幼虫在近叶缘卷曲处结茧化蛹。柑橘潜叶蛾的发生与营养条件有密切关系。由于柑橘夏梢零星陆续抽发,食料丰富,加上夏秋季高温干旱,适宜其繁殖,因此,夏秋季柑橘潜叶蛾常猖獗成灾。

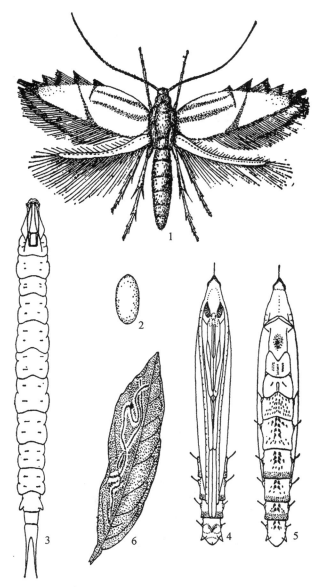

图 10 - 15　柑橘潜叶蛾

1.成虫　2.卵　3.幼虫　4~5.雌蛹腹面观和背面观　6.被害状(1~5,仿刘秀琼,1980)

(三)防治方法

1. 农业防治与物理机械防治

一是抹芽控梢,降低虫口密度。抹芽控梢,去早留齐,去零留整,或在计划放秋梢前 15~20 d 进行夏剪,可以在一段时期内,中断其主要寄主食物,恶化其营养繁殖条件,有效地降低虫口密度,减轻危害。二是摘下或剪下的嫩梢应集中处理,以直接消灭其中的害虫。三是统一放梢,加强管理,缩短抽梢期,减轻危害。放梢前半个月加强肥水管理,促使抽梢整齐,并在新梢叶转绿时叶面喷 0.3% 尿素加 0.2% 磷酸二氢钾 2~3 次,每隔 6 d 用 1 次,以加速嫩叶转绿和枝条充实,从而缩短新梢受害的最危险时期。

2. 药剂防治

一是在新梢大量萌发、叶长不超过 1 cm 时;或放梢后查嫩梢卵(虫)率达 30％时,开始第 1 次喷药,隔 5 d 喷第 2 次药,再每隔 7 d 喷第 3、4 次药,直至停梢为止。有效药剂为 4.5％高效氯氟氰菊酯乳油 1500 倍液;2.5％溴氰菊酯乳油 4000 倍液;200 g/L 氯虫苯甲酰胺悬浮剂 3000 倍液;25％杀虫双水剂 600 倍液;20％水胺硫磷乳油 800 倍液等;苗圃每 667 m² 用 40％毒死蜱颗粒剂 1.5～2.0 kg 和 250 kg 煤灰混合,施于行间 3 cm 的深小沟中,覆土,天旱时适当灌水,能维持药效达 2 个月。

六、细蛾类(杨梅小细蛾)

杨梅小细蛾(myrica gracilariid moth)*Phyllonorycter* sp.,属鳞翅目、细蛾科,是主要的叶部害虫,严重时叶被害率在 40％以上。以幼虫潜伏在上表皮下取食叶肉危害,使叶片被害处仅剩表皮,外观呈泡状斑点。泡状斑点初时呈点状,随着幼虫虫龄增大而不断增大,最后长成长圆形,整张叶子呈饺子状,每个泡状斑只有一条幼虫,最多的每叶可达 15 个,使叶皱缩扭曲,影响光合作用,影响杨梅产量和果实质量。

(一)形态特征

各虫态形态特征(图 10 - 16)如下:

【成虫】体长 3.2 mm,翅展 7.5 mm。复眼黑色,触角长 3.4 mm,黑白相间。头部银白色,顶端有两丛金黄色鳞毛。体银灰色,前翅狭长,翅中后部前后缘各有 3 条黑色和白色相间的条纹,其余黄褐色,缘毛较长。后翅尖细,灰黑色,缘毛特别长。足银白色,黑白相间。

【卵】扁椭圆形,长径约 0.4 mm,乳白色,半透明,有光泽,表面有褐色分泌物覆盖。

【幼虫】体长 4 mm,宽 0.7 mm。初龄幼虫体黄绿色,略扁平,头三角形。体前部宽,后部狭,前胸黑色具光泽,第 6 腹节上无腹足。

【蛹】长约 4 mm,黄褐色,头部两侧各有 1 个黑色复眼,触角略长于身体。

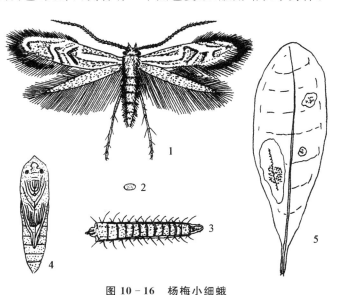

图 10 - 16 杨梅小细蛾
1.成虫 2.卵 3.幼虫 4.蛹 5.被害状

（二）生物学与生态学特性

该虫在浙江慈溪年发生2代,以老熟幼虫或幼虫在泡状斑点内越冬。翌年春暖3月中旬幼虫继续取食叶肉危害,3月下旬,老熟幼虫开始在泡状斑内吐丝形成薄茧化蛹,4月下旬为越冬代化蛹盛期,5月中旬至下旬为羽化高峰,成虫寿命2～3 d,喂食稀糖水寿命可延长到5～7 d。5月下旬至6月上旬为幼虫孵化盛期,8月上旬老熟幼虫开始化蛹,8月下旬至9月上旬为盛期。8月底羽化的第1代成虫产第2代卵,9月初开始孵化,9月中下旬进孵化盛期,幼虫危害至老熟越冬或幼虫越冬。成虫有趋光性,有取食蜜源补充营养习性。卵单产,卵期5～7 d。第1代卵多产于去年秋梢老叶正面,第2代卵多产于春夏梢老叶上。成虫羽化时间大多在19—21时,羽化时成虫顶开蛹壳和泡膜飞出,半个蛹壳斜插在泡膜外面,经久不落。成虫能飞善跳,白天静伏在树冠下部阴凉处,夜晚活动。幼虫主要分布在树体下部,与方位无关。

（三）防治方法

1. 果园清洁

冬季及时清除枯枝落叶,集中烧毁消灭在此越冬的幼虫,减少虫口密度。

2. 物理防治

利用成虫有趋光性的特点,在杨梅园里挂黑光灯诱杀成虫。

3. 药剂防治

主要是幼虫期,由于杨梅小细蛾第1代幼虫刚好是果实采收前发生,因此不宜防治,以选择在第2代幼虫期9—10月份防治为宜。2.5%氯氰菊酯乳油800倍液或1.8%阿维菌素乳油1000倍液喷洒树冠下部,效果较好。

七、瘤蛾类(枇杷瘤蛾)

枇杷瘤蛾(loquat nolid moth)*Melanographia flexilineata* Hampson,属鳞翅目、瘤蛾科,又名枇杷黄毛虫。已知国内分布于江苏、浙江、福建、台湾、广西、湖北、湖南、江西、四川等省(自治区)。寄主植物除枇杷外,尚有梨、李、石榴、芒果等。幼虫食害枇杷嫩芽、嫩叶,嫩叶吃尽也能吃老叶、嫩茎表皮和花果,严重时全树叶子都被吃光,只剩下稀疏的枝干,甚至全株枯死。

（一）形态特征

各虫态形态特征(图10-17)如下:

【成虫】雌蛾体长9～9.8 mm,翅展20～22.5 mm;雄蛾略小,体灰白色。头顶和胸背具银色鳞片。前翅银灰色,内、外横线黑色,亚外缘线浓黑色呈不规则锯齿状,外缘缘毛灰色,短而密,有7个横列黑色锯齿形斑,后翅灰白色,缘毛色较深。

【卵】半球形,直径约0.6 mm,卵壳表面有纵行条纹,初产时黄白色,后渐变为淡黄色。

【幼虫】成长幼虫体长20～23 mm,头部褐色,胸、腹部黄色,中、后胸及腹部各节的亚背线和气门上、下线都具一较大的毛瘤,上各着生白色丛毛。2龄以后,第3腹节亚背线上的毛瘤颜色增浓,3龄以后成黑褐色(形似2个横列黑色斑点)。腹足3对,尾足1对,第2腹节上的腹足退化。腹足趾钩排列为异形中带。

【蛹】椭圆形,长8～11 mm,初化蛹时橙黄色,渐变为红褐色。头部扁平,翅芽及后足伸达第4腹节后缘。第7腹节两侧突出。茧长形,长约13～15 mm,浅土黄色,前端背面有一角状突起。

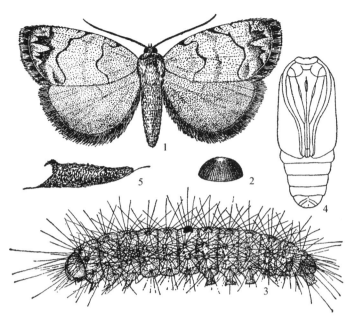

图 10-17 枇杷瘤蛾
1.成虫 2.卵 3.幼虫 4.雌蛹 5.茧

(二)生物学和生态学特性

在安徽歙县一年发生 3 代;浙江杭州、黄岩 3～4 代;江西南昌 4 代为主,部分 3 代;福建福州 8 代,均以蛹茧在枝干树皮凹陷处和裂缝间越冬,也偶有在叶部及枝梢上越冬的。发生 3 代地区,越冬蛹于 5 月中旬羽化为成虫。第 1 代幼虫于枇杷春梢抽生后至采收前发生。第 2 代幼虫于夏梢抽生后发生。第 3 代幼虫发生于秋梢抽生后花苞吐露前,9 月下旬幼虫成熟后,即结茧化蛹越冬。据报道,在福州各代卵期依次为 6～7 d、3～4.5 d、3～4 d、3～5 d 和 5～5.6 d。幼虫期依次为 23～31 d、15～17 d、15～19 d、15～20 d 和 22～28 d。蛹期依次为 16～20 d、12～16.5 d、12～18 d、16～30 d 和 159～166 d。成虫寿命为 2～12 d,一般 5～6 d。成虫多在傍晚羽化,雌蛾于羽化后第 3 d 晚上开始产卵。卵一般散产于新梢嫩叶反面茸毛间。初孵幼虫先咬食卵壳。1 龄幼虫群集于新梢嫩叶正面取食,被害叶呈褐色斑点。2 龄后分散危害。3 龄后食量大增,取食时先用头部将叶背茸毛推开,堆集一边,边堆边吃,被害嫩叶仅剩下薄膜和叶背的茸毛。嫩叶食尽转害老叶、嫩茎表皮和花、果。危害严重时,被害叶仅剩下叶脉。2 龄以后能吐丝随风飘荡转移至他株危害。幼虫 8 龄,部分 6 龄,老熟后多在叶背主脉附近或枝干近地面的荫蔽处结茧化蛹,越冬代则多在树干基部结茧化蛹。天敌有寄生于蛹的广大腿小蜂和 1 种姬蜂;寄生于 2 龄幼虫的一种金小蜂。其他还有 1 种悬茧姬蜂、绒茧蜂和寄生菌等。

(三)防治方法

1. 采除越冬蛹茧

越冬茧多集中于树干基部,冬季应及时清除,结合保护寄生蜂,然后集中处理,能有效地减少次年发生数量。

2. 药剂防治

在每次新梢抽发后进行,特别是第 1 代幼虫盛发期的防治。治好此代,可减轻以后各代的危害,并能保护春梢结果和生长健壮。可喷用 80%敌敌畏乳油 800 倍液、90%晶体敌百虫乳油 1000 倍液、5%甲氨基阿维菌素苯甲酸盐水分散粒剂 1500 倍液或 1.8%阿维菌素乳油 1000 倍液。

八、实蝇类（柑橘大实蝇、柑橘小实蝇）

实蝇类（tephritids），属双翅目、实蝇科，其中危害果树的主要种类有柑橘大实蝇（Chinese citrus fly）*Bactrocera minax*（Enderlein）和柑橘小实蝇（oriental fruit fly）*Bactrocera dorsalis*（Hendel）。柑橘大实蝇又称橘大食蝇、柑橘大果实蝇等，寄主植物仅限于柑橘类，以甜橙、金柑受害最重，柚子、红橘次之。幼虫蛀食果肉和组织，以致果实溃烂，不堪食用，果实未熟先黄，然后脱落，造成大量减产。该虫分布于四川、重庆、湖北、贵州、云南、陕西、广西、广东、湖南等省（自治区、直辖市）。柑橘小实蝇，又名橘小实蝇、东方果实蝇等。寄主植物除柑橘外，尚有桃、李、芒果、枇杷、无花果、荔枝、龙眼、木瓜、香蕉等多种果树。以成虫产卵于柑橘果实内，幼虫蛀食果肉，常引起果实未熟先黄，内部腐烂，早期脱落。该虫在广东、广西、四川、重庆、福建、湖北、浙江、台湾等省（自治区、直辖市）均有发生和危害。

（一）形态特征

柑橘大实蝇和柑橘小实蝇的形态特征见表 10-2、图 10-18 和图 10-19。

表 10-2　柑橘大实蝇和柑橘小实蝇的形态特征比较

虫态	柑橘大实蝇	柑橘小实蝇
成虫	体长 12～13 mm（不包括产卵管），翅展 20～24 mm。体淡黄褐色，头大复眼金绿色，触角芒状黄色，角芒很长，胸部背面中央有深茶褐色"人"形斑纹，其两侧还有 1 条较宽的纵纹；腹部中央黑色"十"字形斑纹。翅透明，翅痣棕色，足黄色，跗节 5 节，腹部 5 节，基部较窄，第 3 节前缘有一宽的黄色横纹与腹部背面中央的一条黑色纵带交叉或"T"字形。肩板鬃常有侧面 1 对，而中央 1 对无或极微小；雌虫产卵管（第 7 腹节）与腹部（第 1 至第 5 腹节）等长，其后狭小部分长于第 5 腹节	成虫体长 6～8 mm（不包括产卵管），翅展 16 mm。黄褐色间深黑色，复眼间黄色，触角细长，第 3 节长为第 2 节的 2 倍，触角芒上无细毛。胸部背面大部分黑色，前胸肩胛鲜黄色，中胸背板黑色较宽，两侧具黄色纵带，小盾片黄色，与前述的两黄色纵带连成"U"字形；腹部黄色至赤黄色，第 1、2 节有 1 黑色横带，第 3 节以下有黑色斑纹，并有 1 条黑色纵带从第 3 节中央直达腹端。前翅鬃 1 对，肩板鬃 2 对，其中中央 1 对较短；雌虫产卵管长不及腹部之半，后端狭小部分短于第 5 腹节
卵	卵长 1.4～1.5 mm，长椭圆形，乳白色中部微弯	卵长约 1 mm，长棱形，乳白色
幼虫	老熟幼虫体长 15～18 mm，两端近透明，圆锥形，共 11 节。体乳白色或淡黄色，口钩黑色，前气门扇形，有乳突 30 个以上；后气门位于末端偏上方，新月形，气门板有 3 个长椭圆形裂孔	老熟幼虫体长 10～11 mm，圆锥形，头端小而尖，尾端大而钝圆，共 11 节。黄白色，口钩黑色。前气门呈小杯形，其上有乳突 10～12 个，后气门新月形，气门板上有 3 个长椭圆形裂口，气门板内侧具明显的纽扣状构造
蛹	长 9～10 mm，宽约 4 mm，椭圆形，黄褐色羽化前略带金绿色光泽。头部稍尖，在其腹面部分有一黑点，幼虫期前后气门痕迹仍然存在	长 5 mm，椭圆形，淡黄色，身体两端具前、后气门痕迹

（二）生物学与生态学特性

1. 柑橘大实蝇

年发生 1 代，以蛹在土中越冬。成虫次年 4 月下旬开始出现，5 月上旬为盛期，6 月上旬至 7 月中旬进入柑橘园产卵，6 月中旬为盛期。7—9 月卵孵化为幼虫，蛀食危害，受害果于 9 月下旬开始脱落，10 月中、下旬为盛期，幼虫随落果至地面经 1～10 d，即脱果入土化蛹。极少数发生较迟的幼虫和蛹能随果实运输，在果内越冬，至第二年老熟后爬出果实，入土化蛹。蛹期常为 117～181 d。越冬蛹于 3 月下旬，地温达 15℃以上时开始发育，4 月下旬气温上升到 19～20℃开始羽化出土，一般雨后初晴羽

化最多。成虫羽化后20余天才开始交尾,一生可交尾数次,交尾多在高温低湿有微风时进行,下午13~14时为多。交尾后约半个月成虫开始产卵。羽化成虫多在晴天中午出土,出土后先在地面爬行,待翅展开后飞入附近有蜜源处活动,直至产卵时才进入橘园。成虫晴天中午最活跃,卵多产于枝叶茂密的树冠外围的大果上。雌虫产卵部位对寄主有一定选择性,而果实被产卵后受害点的症状也因品种而异。甜橙以脐部和果腰产卵多,产卵处有乳状突起;红橘、朱橘多在脐部,产卵处呈黑色圆点或色稍深;柚子则在蒂部,产卵处特别下陷,有黑色斑纹。被害果均有未熟先黄,黄中带红的现象,在柑橘果实着色前易于识别。阴面土壤湿润的果园,附近蜜源多的果园均受害重。

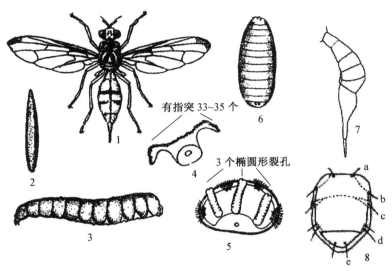

图10-18 柑橘大实蝇

1.成虫　2.卵　3.幼虫　4.幼虫前气门　5.幼虫后气门　6.蛹　7.成虫腹部侧面观,示各腹节及产卵管
8.成虫胸部背面观,示胸背鬃序:a.肩背鬃;b.前背侧鬃;c.后背侧鬃;d.后翅上鬃;e.小盾鬃

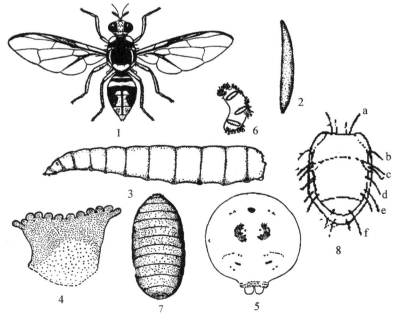

图10-19 柑橘小实蝇

1.成虫　2.卵　3.幼虫　4.幼虫前气门　5.幼虫腹部末节　6.幼虫后气门　7.蛹　8.成虫胸部背面观,
示胸背鬃序:a.肩背鬃;b.前背侧鬃;c.后背侧鬃;d.前翅上鬃;e.后翅上鬃;f.小盾鬃

2. 柑橘小实蝇

年发生 3～5 代,世代重叠,各虫态并存,但在有明显的冬季地区以蛹越冬。成虫早晨至 12 时出土,但以 8 时为盛。夜间交配,夜间喜聚集于叶背面。产卵于果皮下 1～4 mm 深处的果瓤与果皮之间,产卵处有针刺小孔并有汁液溢出凝成胶状,产卵处乳突状,后呈灰色或红褐色斑点。产卵孔以东向为多。每雌产卵 200～400 粒,分多次产出,每孔有卵 2～15 粒。幼虫期 6～20 d。幼虫 3 龄后老熟。老熟幼虫脱果入土化蛹,幼虫先于果实脱落前数日脱果、幼虫少受害轻的果实暂不脱落。

(三)防治方法

1. 种苗与果实检疫

加强检疫措施,防止虫害蔓延。严禁从疫区内调运带虫的果实、种子和带土苗木到无柑橘大实蝇的柑橘产区。由于柑橘小实蝇寄主种类多,故对成批进口、旅客携带以及国内地区间调运柑橘等 30 余种水果与蔬菜要实行严格检疫。

2. 农业防治

摘除受害果和捡拾落果。在 9—11 月巡视果园,发现有受害症状的果实应及时摘除,发生期间每天捡拾落果,集中烧、烫或深埋,将幼虫杀死在入土之前。冬季翻耕果园土壤,可以破坏蛹的适生环境或使其受到机械损伤而亡。

3. 诱杀

对柑橘小实蝇而言,在成虫发生期用甲基丁香酚加 3％二溴磷溶液诱杀雄虫,每 667 m² 约 4 个,悬挂在柑橘树上,每月更换,对雄虫有很显著的诱杀效果,可以降低下代虫量。柑橘大实蝇易被球状物体吸引,2018 年在湖北宜昌大实蝇发生严重的田块悬挂诱蝇球后,其发生率相比 2017 年降低 70.8％～96.2％;也有研究表明,每 666.7 m² 柑橘园悬挂诱捕器 15 个左右黄绿色球形诱捕器,能有效控制脐橙园和蜜橘园柑橘大实蝇为害,且在 5 月中旬成虫羽化高峰期以及 6 月初成虫大量返回时,球形诱捕器的防效最佳。

4. 药剂防治

在幼虫脱果时或成虫出土期用 480 g/L 毒死蜱乳油 1000～1500 倍液、80％敌敌畏乳油或 65％辛硫磷乳油 1000 倍液喷射地面杀成虫,每 7～10 d 喷 1 次,连喷 2 次。在 6—7 月成虫产卵前,用 55％氯氰·毒死蜱乳油 800～1000 倍液、90％敌百虫乳油 1000 倍液或 20％灭扫利乳油 2000 倍液加 3％的红糖,喷洒结果多的植株树冠,全园只喷 1/2 的树即可,每 5 d 喷 1 次,连续 4 或 5 次,在上午或雨后初晴喷药为好。

对柑橘小实蝇而言,应抓好第 1 代幼、成虫防治,在成虫盛发期用浸泡过甲基子丁香粉加 3％二溴磷溶液的蔗渣纤维小块(57 mm×57 mm×10 mm),每 1000 m² 约 50 块,悬挂在柑橘树上,每月 2 次,对雄虫有很显著的诱杀效果。

九、吉丁虫类

吉丁虫类(buprestids)属鞘翅目、吉丁虫科。主要有金缘吉丁虫(pear burprestid beetle)*Lampra limbata* Gebler、苹小吉丁 *Agrilus mali* Matsumura、六星吉丁 *Chrysobothris affinis* Fabr.、柑橘爆皮虫 *Agrilus auriventris*(Saunders)等。

金缘吉丁虫又名梨绿吉丁虫、梨吉丁虫,俗称串皮虫。国外分布于日本,国内各梨产区均有分布,长江流域各省常有危害成灾的报道。寄主植物除梨外,还有苹果、山楂、花红、沙果和杏等果树,主要以幼虫危害梨树枝干,在皮层内串食,使养分运输受阻,引起生长衰弱,抽枝短、叶黄小而薄,流胶,严

重时环食皮层,形成环状剥皮,致整枝或全树枯死。一般衰老或生长衰弱的梨园受害重,如不加强栽培管理,增强树势,结合及时药治,则蔓延迅速,易造成全园梨树毁灭。

(一)形态特征

金缘吉丁虫各虫态的形态特征(图 10-20)如下:

【成虫】体长 15～20 mm,全体翡翠绿色,带金黄色光泽。头小,头顶中央具 1 条蓝黑色隆起纹;复眼土棕色,肾形;触角黑色,锯齿形。前胸背板两侧缘红色,背面有 5 条蓝黑色条纹,中央 1 条最明显。鞘翅前缘红色,翅面上有刻点,并有蓝黑色斑块形成断续的粗细条纹;鞘翅末端有 4～6 个齿突,两侧的齿突较尖锐。

【卵】乳白色,长椭圆形,长约 2 mm。

【幼虫】幼虫体长约 36 mm,扁平。头部黑褐色,缩入前胸,仅见深褐色口器。胸腹部乳白色或乳黄色。前胸背板淡褐色,宽大扁圆形,中央有一明显凹入的"∧"形纹,前胸腹面有一中沟。腹部末端圆钝光滑。

【蛹】初为乳黄白色最后变为绿色,呈棱形,长 13～22 mm。

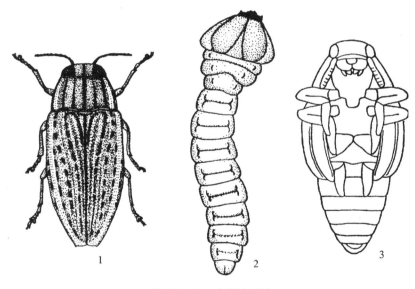

图 10-20　金缘吉丁虫
1.成虫　2.幼虫　3.蛹

(二)生物学与生态学特性

金缘吉丁虫在北方梨区通常两年发生 1 代。长江流域一般年发生 1 代,以老龄幼虫在枝干木质部内越冬,少数以各龄幼虫在皮层下越冬。也有两年发生 1 代的,第一年以幼龄幼虫在皮层下越冬,第二年 3 月开始继续危害,7 月蛀入木质部,至第三年春季才化蛹和羽化。在杭州越冬幼虫于翌年 3 月开始活动,4 月上旬老熟开始化蛹,4 月中下旬为化蛹盛期,4 月下旬至 6 月下旬成虫羽化,5 月中、下旬为羽化盛期。5 月中旬至 6 月中、下旬产卵,5 月下旬至 6 月中旬产卵最盛。6 月中旬至 7 月上旬孵化,6 月下旬为孵化盛期。6 月至 9 月为幼虫危害期,9 月下旬后幼虫陆续蛀入木质部越冬,11 月以后全部越冬。由于越冬幼虫虫龄不一,成虫羽化和产卵时期均不整齐。幼虫共 7 龄。孵出后直接钻入树皮下危害,第 1、2 龄一般多在蛀入孔附近皮层下蛀食,被害枝表皮变黑褐色,较湿润,有时形成流胶,粪便排在虫道内,树干外面看不到虫粪。第 3～5 龄大部分深入形成层和木质部间纵横蛀食,形成不规则的虫道,虫粪堆积在虫道内,使皮层与木质部分离,被害部稍膨大并裂开。老树干上危害症状常不明显。第 4 龄以后即能向木质部蛀食,入木迟又是接近末龄的幼虫,木质部内的虫道常较短;反之则长。木质部内的幼虫老熟后,又向树体外侧蛀食,至靠近皮层时,蛀一长椭圆形蛹室,在其中化蛹。据江西南昌观察,卵期为 9～13 d,平均 10.5 d;幼虫取食期 2.5～3 个月,休眠期 6～7 个月;蛹期依化蛹时间不同而异,2 月中旬化蛹的蛹期 55～60 d,3 月中旬为 47～49 d,4 月上旬为 36～40 d,4 月中旬为 19～28 d,5 月下旬为 10～12 d;成虫寿命 45～50 d。

(三)防治方法

1. 栽培管理

注意肥水管理,及时防治其他病虫害,使树势生长健壮,以提高抗虫性,可减少受害。

2. 清除死树

死枝冬季彻底清除枯死树枝,肃清越冬幼虫,是全年防治的关键。清除的枯树死枝,要在 4 月前处理完毕。火烧或淹水,或用木材干燥窑高温除害。

3. 树干涂药

在幼虫危害初期或成虫尚未羽化出孔时,用 50% 敌敌畏乳油 5～10 倍液涂树干,效果甚佳。浙江梨区一般可在 4 月中旬左右,当 30% 蛹的复眼变蓝黑色时,在主干离地面 2 m 范围内及露天的枝干上,以药拌和黄泥涂刷,可杀死大量未出孔成虫。

4. 防治成虫

可在成虫羽化出孔后喷药。于成虫发生盛期喷 8% 氯氰菊酯微胶囊剂、2% 噻虫啉微胶囊悬浮剂,均有效果。山地果园,喷药困难,可于成虫发生期,利用成虫假死性,在太阳未出前,打树振落成虫,集中消灭。

十、天牛类(星天牛)

星天牛(star longicorn beetle)*Anoplophora chinensis*(Foerster)又名橘星天牛、牛头夜叉、花牯牛、花夹子虫,属鞘翅目、天牛科。国外分布于日本、朝鲜、缅甸。国内分布甚广,除南方各省外,北方的辽宁、陕西、甘肃、山东、河北、山西等省都有分布,可危害 19 科 29 属 40 多种植物,主要有杨、柳、榆、苦楝、刺槐、核桃、梧桐、乌桕、相思树、悬铃木、苹果、梨、桃、杏、枇杷、樱桃、柑橘、荔枝、桑、无花果、红椿及其他林木和果树。幼虫主要钻蛀成年树的主干基部和主根,造成许多孔洞,影响树体养分和水分的输导。危害轻的,果树养分输送受阻;重的,主干被全部蛀空,整株枯萎,易被风吹倒而致全株死亡,缩短结果年限,造成巨大损失。

(一)形态特征

各虫态的形态特征(图 10 - 21)如下:

【成虫】雌成虫体长 36～45 mm,宽 11～14 mm,触角超出身体 1、2 节;雄成虫体长 28～37 mm,宽 8～12 mm,触角超身体 4、5 节。体黑色,具金属光泽。头部和身体腹面被银白色和部分蓝灰色细毛,但不形成斑纹。触角第 1～2 节黑色,其余各节基部 1/3 处有淡蓝色毛环,其余部分黑色。前胸背板中溜明显,两侧具尖锐粗大的侧刺突。鞘翅基部密布黑色小颗粒,每鞘翅具大小白斑 15～20 个,排成 5 横行,变异很大。

【卵】长椭圆形,一端稍大,长 4.5～6 mm,宽 2.1～2.5 mm。初产时为白色,以后渐变为乳白色。

【幼虫】老熟幼虫体长约 45～60 mm,扁圆筒形,淡黄白色。前胸盾后部有凸字形纹,色较深,其前方有黄褐色飞鸟形纹。中胸腹面、后胸及腹部第 1～7 节,各节的背、腹面中央均有步泡突(移动器)。

【蛹】纺锤形,长 30～38 mm,初化之蛹淡黄色,羽化前各部分逐渐变为黄褐色至黑色。翅芽超过腹部第 3 节后缘。

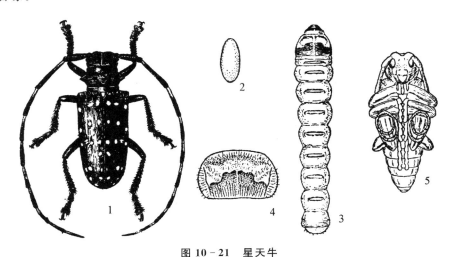

图 10 - 21　星天牛
1.成虫　2.卵　3.幼虫　4.幼虫前胸背板背面观　5.蛹

(二)生物学与生态学特性

在树根颈和根部钻孔危害,并向外排出黄白色木屑状虫粪,堆积在树干周围地面,或因主干被全部蛀空,整株枯萎。成虫食害嫩枝皮层,或产卵时咬破树皮,造成拉毛伤口。年发生 1 代,少数地区两年 1 代或 2～3 年 1 代。11—12 月以幼虫在树干近基部木质部隧道内越冬,翌年 4 月中、下旬化蛹。蛹期短者 18～20 d,长的约 30 d。6 月上旬至 7 月下旬成虫陆续羽化交尾产卵,6 月上旬幼虫开始孵出。幼虫期甚长,约 10 个月左右。雌成虫寿命约 40～50 d,雄虫较短。成虫羽化后在蛹室停留 5～8 d后爬出。雌虫产卵位置一般以离地 3.5～5 cm 居多,先以口器咬破树皮成裂口,然后于树皮下产卵 1粒,产卵处外表隆起呈"上"状的裂口。每雌一生可产卵 20.8 粒。卵期 1～2 周。幼虫孵出后在主干基部树皮里向下蛀食,初呈狭长沟状而少迂回弯曲,抵地平线以下始向干基周围扩展迂回蛀食。幼虫在皮下蛀食 1～2 个月后,方蛀入木质部内,蛀入木质部的位置多在地面下 3～6 cm 处。树干基部周围地面上,常见有成堆的虫粪。排出的虫粪,若纯为屑状,则幼虫尚未成熟;为条状并杂有屑状,则将近成熟;无虫粪排出时,幼虫已成熟,或虽未成熟,却已进入静止状态,准备越冬。幼虫化蛹前紧塞蛀道下端,在上端宽大蛹室顶端向外开一羽化孔,直达表皮,然后静止不动,头部向上,直立蛹室中化蛹。成虫一般在晴天上午及傍晚活动、交尾、产卵,午后高温时多停息于枝梢上,夜晚停止活动。飞翔能力较强,一次可飞行 20～50 m。常在砧木或外露根上交尾,经 10～15 d 后在树干近根处产卵。8 年生以上或主干直径 7 cm 以上的树方被其产卵。

(三)防治方法

1. 农业防治

主要采用加强栽培管理、捕杀成虫、刮除虫卵和初期幼虫、钩杀蛀道内的幼虫和蛹等一套完整的技术措施,特别是钩杀法,老农具有丰富经验。加强栽培管理,促使植株生长旺盛,保持树体光滑,以减少天牛成虫产卵的机会。枝干孔洞用黏土堵塞,及早砍伐处理虫口密度大、已失去生产价值的衰老树,以减少虫源,剪下的虫枝和伐倒的虫害木应在四月前处理完毕。合理栽培,冬季修剪虫枝、枯枝,消灭越冬幼虫,用黏土堵塞虫洞,树干涂白以避免天牛产卵。

2. 物理机械防治

一是捕杀成虫,尽量消灭成虫于产卵之前。在天牛成虫盛发期 6—7 月间经常检查树干及大枝,发动群众开展捕杀。星天牛可在晴天中午经常检查树干基近根处,进行捕杀。也可在天黑后,特别是在闷热的夜晚,利用火把、电筒照明进行捕杀,或在白天搜杀潜伏在树洞中的成虫。二是刮除虫卵和初期幼虫,根据星天牛产卵痕的特点,发现星天牛的卵可用刀刮除,或用小锤轻敲主干上的产卵裂口,将卵击破。当初孵幼虫危害处树皮有黄色胶质物流出,用小刀挑开皮层,用钢丝钩刺皮层里的幼虫。在刮刺卵和幼虫的伤口处,可涂浓厚石硫合剂。三是钩杀幼虫,幼虫蛀入木质部后可用钢丝钩杀。钩杀前先将蛀孔口的虫粪清除,在受害部位凿开一个较大的孔洞,然后右手执钢丝接近树干,左手握钢丝圈(钢丝粗细随蛀孔大小而定),右手随左手转动,把钢丝慢慢推进虫孔。由于钢丝弹性打击树干内部发出声响,如转动时有异样的感觉或无声响时,即已钩住幼虫,然后慢慢转动向外拖出。

3. 生物防治

管氏肿腿蜂 *Scleroderma guani* Xiao et Wu 能从虫害蛀洞钻入木质部寄生天牛幼虫和蛹,如山东大面积放蜂防治青杨天牛,寄生率可达 41.9％～82.3％;广东放蜂防治粗鞘双条杉天牛,寄生率为25.9％～66.2％。福建三明曾从上海引进管氏肿腿蜂防治人行道树木麻黄天牛,也获成效。花绒寄甲能捕食天牛幼虫,可以用于防治天牛幼虫或蛹。利用白僵菌防治星天牛,白僵菌对星天牛有很高的致死率,配合粘膏能提高其对星天牛的致死能力,星天牛平均死亡率达 77.8％。斯氏线虫 *Steinernema feltiae* Bj 和 *S. carpocapsae* MK 这两个品系线虫对星天牛的大龄幼虫有较强的感染能力,线虫进入虫道后,只要温、湿度适宜,就会寻找到星天牛幼虫,只需 4～6 d 就能将其杀死。

4. 药剂防治

一是施药塞洞,幼虫已蛀入木质部则可用小棉球浸 80％敌敌畏乳油或 40％乐果乳油 1 mL 兑水10 mL 塞入虫孔,再用黏泥封口。如遇虫龄较大的天牛时,要注意封闭所有排泄孔及相通的老虫孔。隔 5～7 d 查 1 次,如有新鲜粪便排出则再治 1 次。用兽医用注射器打针法向虫孔注入 40％乐果乳油1 mL,再用湿泥封塞虫孔,效果很好,杀虫率可达 100％,此法对橘树无损伤。幼虫蛀入木质部较深时,可用棉花沾农药或用毒签送入洞内毒杀,或用 40％乐果乳油 2 倍液 0.5 mL 注孔;施药前要掏光虫粪,施药后用石灰、黄泥封闭全部虫孔。

二是喷药,成虫发生期用 2.5％溴氰菊酯乳油 50 mL 兑水 100 kg、80％敌敌畏乳油 60～70 mL 兑水 100 kg 喷药于主干基部表面致湿润,隔 5～7 d 再治 1 次。

十一、蚜虫类(柑橘蚜虫)

蚜虫类(aphids)属半翅目、蚜虫科。危害柑橘的蚜虫有多种,其中以橘蚜(citrus aphid) *Toxoptera citricida* (Kirkaldy)和橘二叉蚜(black citrus aphid) *Toxoptera aurantii* (Boyer de Fonscolombe)为主,其他还有桃蚜、棉蚜、绣线菊蚜等。寄主植物除柑橘外,橘二叉蚜还危害茶、可可、咖啡、柳等;桃蚜还可危害多种蔬菜;棉蚜还可危害棉花、瓜类;绣线菊蚜还可危害多种果木和观赏花木,群集在嫩枝、嫩叶、花蕾和花上吸汁,造成叶片皱缩,严重时引起大量幼果、花蕾等脱落,并能诱发煤污病。

(一)形态特征

1. 橘蚜

无翅胎生雌蚜体长 1.3 mm,全体漆黑色,复眼红褐色,触角 6 节,灰褐色。足胫节端部及爪黑色,腹管呈管状,尾片乳突状,上生丛毛。有翅胎生雌蚜与无翅型相似,翅 2 对白色透明,前翅中脉分三叉,翅痣淡褐色。无翅雄蚜与雌蚜相似,全体深褐色,后足特别膨大。卵椭圆形,长 0.6 mm,初为淡黄色渐变为黄褐色,最后为漆黑色,有光泽。若虫体褐色,复眼红黑色(图 10 - 22)。

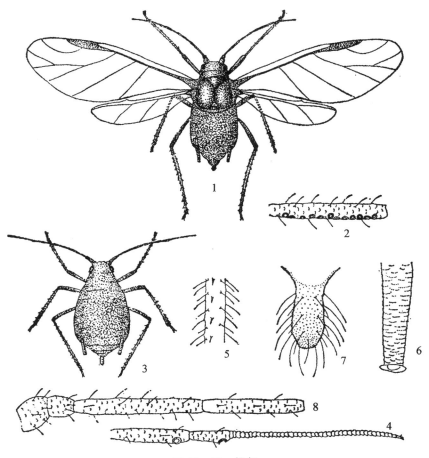

图 10 - 22　橘蚜
有翅胎生雌蚜:1.全体　2.触角　3.尾片　4.腹管　无翅胎生雌蚜:5.成虫　6.触角　7.尾片　8.腹管

2. 橘二叉蚜

无翅胎生雌蚜体长 2 mm,暗褐至黑褐色,胸腹部背面具网状纹,足暗淡黄色。有翅胎生雌蚜体长 1.6 mm,体黑褐色,具光泽,触角暗黄色,第 3 节具 5～6 个感觉圈,前翅中脉仅一分支,腹背两侧各有 4 个黑斑,腹管黑色长于尾片。卵长椭圆形,黑色有光泽。若虫与无翅胎生雌蚜相似,体较小,1 龄体长 0.2～0.5 mm,淡黄至淡棕色(图 10 - 23)。

(二)生物学与生态学特性

1. 橘蚜

在浙江、广东、福建年发生 10～20 代,以卵越冬。繁殖最适温度为 24～27℃,在春夏之交数量最多,秋季次之。3 月下旬至 4 月上旬孵化,不久即胎生繁殖,叶片较老时就大量发生有翅类型,迁移至其他橘树上危害。有性橘蚜在晚秋出现,交配后约 11 月下旬大量地集中产卵于柑橘枝干上越冬。

2. 橘二叉蚜

安徽年发生 25 代以上,以卵在茶树叶背越冬。翌年 2 月下旬气温达 4℃ 以上时,开始孵化,3 月上旬进入盛孵期,以后孤雌胎生,一代代繁衍下去,4 月下旬至 5 月中旬出现高峰,夏季虫少,9 月底至

10月中旬虫口又复上升,11月中旬末代出现两性蚜,开始交配、产卵越冬。该蚜喜聚集在新梢嫩叶背面或嫩茎上,尤其是芽下1～2叶处虫口最多,早春茶蚜多在茶丛中部和下部嫩叶上,春季向上部芽梢处转移,夏天又返回下部,秋季再次定居在芽梢处为害,当芽梢处虫口密度很大或气候异常时,即产生有翅蚜迁飞到新的芽梢上繁殖为害,5月上旬、中旬,第4、5代有翅蚜所占比例较大,有翅蚜迁飞扩展喜在晴朗风力小于3级的黄昏时进行。每只无翅成蚜可产仔蚜35～45头,每个有翅成蚜产仔蚜18～30头,性蚜每雌产卵4～10粒。适温少雨条件下有利该虫发生。

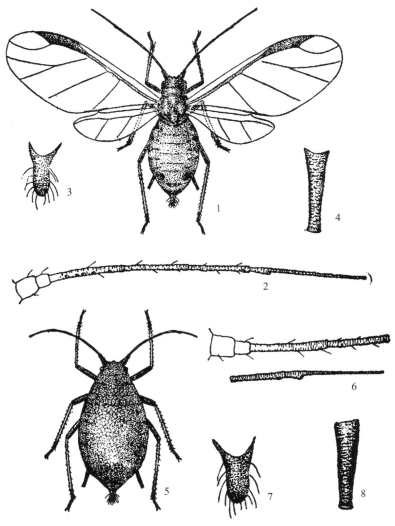

图 10 - 23　橘二叉蚜

有翅胎生雌蚜:1.全体　2.触角　3.尾片　4.腹管　无翅胎生雌蚜:5.成虫　6.触角　7.尾片　8.腹管

（三）防治方法

1. 农业防治

冬夏结合修剪剪除被害有虫、卵的枝梢,销毁越冬虫源,夏、秋梢抽发时,结合摘心和抹芽,打断其食物链,剪除全部冬梢和晚秋梢,压低过冬虫口基数。

2. 保护天敌

瓢虫、草蛉、食蚜蝇、寄生蜂和寄生菌等都是很有效的天敌,在柑橘园内尽可能地采用挑治的办法,以

保护利用天敌。若捕食性天敌(瓢虫、食蚜蝇、草蛉)与蚜虫之比大于 1∶300 时,可以不用药剂防治。

3. 粘捕

橘园中设置黄色黏虫板可粘捕大量的有翅蚜。

4. 药剂防治

新梢有蚜株率 20％以上,被害梢率 25％以上时对中心虫株喷药或用药涂有蚜梢。药剂有 20％吡虫啉可湿性粉剂 1000 倍液或 40％啶虫脒水分散粒剂 2000 倍液(限在本地早、温州蜜柑上用)、46％氟啶·啶虫脒水分散粒剂 8000～1000 倍液、22％氟啶虫胺腈水分散粒剂 3000～5000 倍液、0.3％苦参碱水剂 400 倍液、2.5％鱼藤酮乳油 600～1000 倍液或 50 g/L 双丙环虫酯可分散液剂 8000～10000 倍液喷雾防治。

十二、蚧类(梨圆蚧)

介壳虫(scale insects)为半翅目、蚧总科的总称,果树上危害的主要是蚧科 Coccidae 和盾蚧科 Diaspididae 的种类。该类害虫除以若虫和雌成虫刺吸植物汁液对寄主造成直接危害外,还排泄大量蜜露诱发煤污病,影响寄主的光合作用。少数种类能传播植物病毒病,从而对寄主产生更大伤害。果树上的介壳虫种类很多,常见的种类有:红蜡蚧 *Ceroplastes rubens* Maskell、日本龟蜡蚧 *C. japonicus* Green、矢尖盾蚧 *Unaspis yanonensis*(Kuwana)、梨圆蚧(梨笠圆盾蚧)*Quadraspidiotus perniciosus*(Comstock)、长白蚧 *Lopholeucaspis japonica*(Cockerell)(见第十一章)。下面重点介绍梨圆蚧。

梨圆蚧(San Jose scale, California scale)*Quadraspidiotus perniciosus*(Comstock),又名梨笠圆盾蚧、梨齿盾蚧。国外分布于欧洲、澳洲、北美洲及东南亚的日本、朝鲜等国;国内分布于北京、河北、山西、辽宁、上海、江苏、浙江、安徽、江西、山东、河南、四川、陕西、甘肃、宁夏、新疆等省(自治区、直辖市)。寄主植物很多,据报道有 236 种,包括多种绿化植物和落叶果木,但主要危害毛白杨、刺槐、樱花、柳、榆、苹果、梨、桃、山楂、枣、核桃等。以成、若虫群集在寄主枝、干、叶及果实上吸汁危害,常造成树势衰弱,树皮木栓化,发芽晚,甚至纵裂、坏死,枝条或整株死亡。果实受害后,常出现萎缩,表面呈现紫红色、黑褐色等斑点,形成凹陷、龟裂,降低果品质量及经济价值。

(一)形态特征

各虫态形态特征(图 10 - 24)如下:

【成虫】雌介壳圆形,乳房状,直径约 1.8 mm,活虫介壳蟹青色,死虫介壳灰白色,壳点黄色,位于中央,其周围有同心轮纹。雌成虫体阔梨形,鲜黄色或黄白色,臀板黑褐色。体长约 0.9 mm,宽0.65 mm。触角瘤状,上生 1 根刚毛,两触角距离较近。气门附近无盘状腺。臀板较小,尖削,近三角形。臀叶 3 对,中臀叶大且紧靠,外缘有明显的凹刻,顶端钝圆;第 2 臀叶较小,向中臀叶倾斜;第 3 臀叶退化,仅留三角形突起物。背管腺长,沿臀板每侧节痕各有 4 纵列。围阴腺无。雄介壳较小,椭圆形,长 1.2～1.5 mm,灰白色,壳点黄色,偏向一端。雄成虫体长约 0.7 mm,翅展 1.1 mm,橙黄色。触角 10 节。单眼 2 对,黑紫色。前翅无色透明。腹末交尾器极细长。

【若虫】初产若虫椭圆形,上下极扁平,鲜橘黄色。触角 5 节。足 3 对、发达。腹末有 2 根长毛。2 龄雌若虫体倒梨形,橘黄色,腹末数节黄褐色。触角和足退化。2 龄雄若虫体长椭圆形,黄白色,腹末黄褐色。

【蛹】雄蛹预蛹长椭圆形,橘黄色,眼点紫色,触角、足和翅芽白色透明,腹末端具 2 根短刚毛。蛹体较预蛹稍长,眼点变黑,触角、足、翅芽均为无色。腹末交尾器明显。

（二）生物学与生态学特性

年发生代数依地区和寄主而有差异。在南方年发生 4～5 代，在北方年发生 2～3 代。在山东泰安刺槐、榆树上，该蚧年发生 3 代，以 1 龄若虫在枝上越冬。翌年 3 月，随着树液的流动，越冬若虫即开始在原固定处取食发育，随即蜕皮变为 2 龄。2 龄后期雌雄分化，至 4 月中旬再次蜕皮，雌性变为雌成虫；雄性经预蛹、蛹，于 4 月底 5 月初羽化为雄成虫，持续约 3～5 d。雄成虫脱离介壳后即寻觅雌虫交配，交配后即死亡，寿命 2～3 d。该蚧的生殖方式为两性生殖和孤雌生殖并存，卵胎生，单雌平均产仔 51～72 头。1 龄若虫在母体下静伏 1～2 h 方爬出母体介壳，靠爬行扩散，寻找适宜场所固着危害，这一时期称作涌散期。若虫多固着在枝干上，尤以 2～5 年生枝上为多，且喜群集于阳面；果实和叶上亦有固着者，一般雄虫到叶片上较多，喜于叶背主脉两侧固着危害。固着后经 1～2 d 取食，便分泌棉毛状蜡丝形成介壳。第 1 代若虫涌散高峰在 6 月上旬，第 2 代在 7 月下旬，第 3 代在 9 月下旬。末代若虫固定后发育缓慢，多数发育到 1 龄后期即进入越冬状态，少数个体能发育到 2 龄但不能渡过严冬。温、湿度对初孵若虫的影响较大，高温干燥或暴风雨常造成其大量死亡。天敌种类多达 50 余种。捕食性天敌主要有红点唇瓢虫、肾斑唇瓢虫 *Chilocorus renipustulatus*（Scriba）、二双斑唇瓢虫 *Chilocorus bijugus* Mulsant、黑背唇瓢虫 *Chilocorus gressitti* Miyatake 和日本方头甲等；寄生性天敌主要有食蚧恩蚜小蜂 *Encarsia perniciosi*（Tower）和红圆蚧恩蚜小蜂 *Encarsia aurantii*（Howard）等。

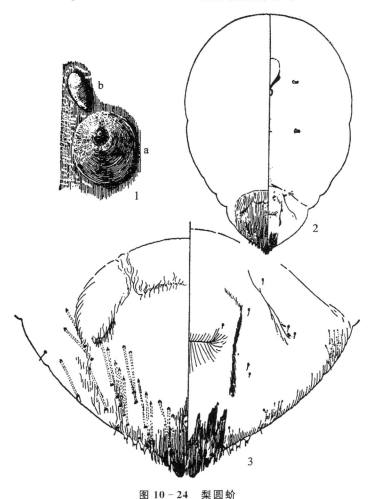

图 10-24 梨圆蚧

1.介壳：a.雄，b.雌　2.雌成虫背/腹面观　3.雌成虫臀板背/腹面观

(三)防治方法

1. 加强检疫措施

严禁带虫苗木、接穗的外调和引进。对有虫苗木可用 52% 磷化铝片剂熏蒸，用药量为 6.6 g/m²，时间为 1.5～2 d。

2. 保护利用天敌

每年 4 月，在优势种天敌红点唇瓢虫和食蚧恩蚜小蜂等寄生蜂活动高峰，要禁用，少用农药，以保护这些天敌的安全存活。

3. 药剂防治

一是早春寄主萌动时可选用 97% 矿物油乳油或 0.5 波美度的石硫合剂防治越冬具介壳的 1 龄若虫。二是各代 1 龄若虫涌散期可选用 3% 吡虫·噻嗪酮悬浮剂 1500 倍液、25% 啶虫·毒死蜱微乳剂 1000 倍液、39% 螺虫·噻嗪酮悬浮剂 2000 倍液或 10% 吡丙醚乳油 1000 倍液。三是 7 月以后盾蚧仍可上果危害，可在准确预报的前提下，针对第 2、3 代盾蚧若虫孵化高峰采用 99% 矿物油农用喷淋油 200～300 倍液防治。

十三、木虱类

柑橘木虱(citrus psylle)*Diaphorina citri*(Kuwayama)属半翅目、木虱科。寄主植物为芸香科植物，柑橘属受害最重，黄皮、九里香和枸橘次之。在柑橘属中以佛手受害最重、甜橙次之，宽皮橘最轻。该虫分布于广东、广西、福建、台湾、浙江、江西、云南、贵州、四川、湖南、重庆等省(自治区、直辖市)。以成虫、若虫吸食芽、梢汁液，引起幼芽、嫩梢萎缩、干枯，新叶扭曲、畸形；并引起霉病发生；而且此虫是柑橘黄龙病的传播媒介。

梨木虱(pear psylle)*Psylla chinensis* Yang et Li，在国内各梨产区均有发生，尤以东北、华北、西北等北方梨区发生普遍。以成虫、若虫吸食梨树芽。叶及嫩梢汁液，受害叶片出现褐色枯斑，甚至全叶变黑，造成早期落叶，且树势衰弱，果面霉污，直接影响了果品的产量和质量，降低了果园的经济效益。同时花芽分化质量差，影响下年产量。主要危害各种梨树。

(一)形态特征

1. 柑橘木虱

各虫态形态特征(图 10 - 25)如下：

【成虫】体小，体长约 3 mm，全体青灰色而有灰褐色刻点，披有白粉。头顶突出如剪刀状，复眼暗红色。单眼橘红色，3 个。触角 10 节，末端具 2 根硬毛。前翅半透明，散布褐色斑纹，翅缘色较深。腹部背面灰黑色，腹面浅绿色，生殖期间腹部橙黄色，足灰黄色，跗节 2 节，末节黑色。

【卵】芒果形，鲜黄色，表面光滑，长 0.3 mm，顶端尖削，底有短柄插入嫩芽组织中。

【若虫】扁椭圆形，背面略隆起。共 5 龄。体黄色，复眼红色，第 3 龄起体黄色带有褐色斑纹。翅芽第 2 龄开始显露。腹部周缘分泌有白色短蜡丝，触角末节同成虫一样具长短不等的硬毛 2 根。

2. 梨木虱

各虫态形态特征(图 10 - 26)如下。

【成虫】分冬型和夏型两种。冬型体长 2.8～3.2 mm，灰褐色，前翅后缘臀区有明显褐斑；夏型体较小，长 2.3～2.9 mm。黄绿色，翅上无斑纹。成虫胸背均有 4 条红黄色纵条纹，静止时，翅呈屋脊状叠于体上。

【卵】卵圆形,初时淡黄白色,后黄色。一端钝圆,其下有一刺状突起,固定于植物组织上,另一端尖细,延长成一根长丝。

【若虫】初孵若虫扁椭圆形,淡黄色,3龄以后呈扁圆形,绿褐色;翅芽长圆形,突出于身体两侧。

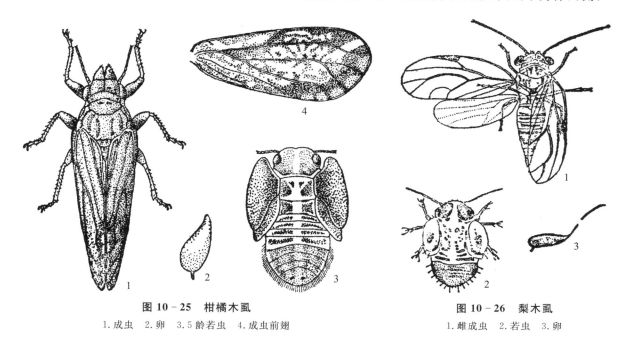

图 10-25　柑橘木虱
1.成虫　2.卵　3.5龄若虫　4.成虫前翅

图 10-26　梨木虱
1.雌成虫　2.若虫　3.卵

(二)生物学与生态学特性

1.柑橘木虱

在浙江一年发生6~7代,福州发生8代,广东发生11~12代,若周年有嫩梢,一年可发生11~14代,主要以成虫密集在叶背过冬。成虫产卵期长,各世代重叠,全年可见各虫态。翌年3—4月,开始在新梢嫩芽上产卵繁殖,危害各个梢期,在福州,虫口数量一年中3个虫量高峰分别出现在3月中旬至4月、5月下旬至6月下旬、7月底至8、9月间,即春、夏、秋梢的主要抽生期,一般秋梢上虫口最多,春梢上次之,夏梢上较少。苗圃和幼年树经常抽发嫩芽新梢,容易发生木虱危害。凡发芽抽梢习性强的柑橘品种和单株,木虱数量就多。光照强度、光照时间对木虱成虫影响很大。一般光照强度大,光照时间长,柑橘木虱成虫存活率高,繁殖量大,发生严重。木虱在8℃以下时静止不动,14℃时能飞会跳,平时分散在叶背叶脉上和芽上栖息取食,以头部朝下,腹部翘起,成45°角。18℃以上开始产卵繁殖,卵产于嫩芽缝隙处,一芽多的有卵300多粒。若虫孵出后集中在原处危害,并分泌蜜露,诱发煤烟病。成虫寿命长,越冬代寿命长达半年以上,温暖季节约45 d以上。卵和若虫在田间作聚集分布。寄生蜂有亮腹釉小蜂 *Tamarixia radiata*(Waterston)、阿里食虱跳小蜂 *Diaphorencyrtus aligarhensis*(Shafee,Alam and Argarwal)等;捕食性天敌昆虫有捕食柑橘木虱的瓢虫有龟纹瓢虫 *Propylea japonica*(Thunberg)、楔斑溜瓢虫 *Olla vnigrum*(Mulsant)、六斑月瓢虫 *Menochilus sexmaculatus*(Fabricius)、异色瓢虫 *Harmonia axyridis*(Pallas)、亚非草蛉 *Chrysopa boninensis* Okamoto 和大草蛉 *Chrysopa septempunctata* Wesmael 等。蜘蛛有近管珠科蜘蛛 *Hibana velox*(Lawrence Becker)、幽禁红螯蛛 *Chiracanthium inclusum*(Hentz)、*Oxyopes lineatus* Latreille 和 *Hentzia palmarum*(Hentz)等。真菌有球孢白僵菌 *Beauveria bassiana*(Balsamo)Vuillemin、绿僵菌 *Metarhizium anisopliae*(Metchnikoff)Sorokin、玫烟色棒束孢 *Isaria fumosorosea*(Wize)Brown et Smith、橘形被毛孢 *Hirsutella citriformis* Speare 和蜡蚧轮枝菌 *Lecanicillium lecanii*(Zimmermann)Vimmer 等。

2. 梨木虱

年发生世代数因地区而异。在辽宁 3～4 代,在河北、山东 4～6 代。世代重叠。各地均以冬型成虫在树皮缝、落叶、杂草及土缝中越冬。每年发生 4～5 代的地区,越冬代成虫在 3 月上旬梨树芽萌发时开始活动。对温度敏感,气温在 0℃以上,天气晴朗则爬出,刺吸汁液,并交尾产卵。4 月初越冬代成虫产卵盛期,卵主要产在短果枝叶痕及芽基部折缝,呈线状排列。4 月下旬至 5 月初为第 1 代若虫盛发期,初孵若虫潜入芽鳞片内或群聚花簇基部及未展开的叶内危害。以后各代成虫多将卵产于叶柄、叶脉及叶缘齿间,每头雌虫可产卵 290 粒左右,卵期一般为 7～10 d。若虫怕光,喜欢潜伏在暗处危害。生长季节若虫多在叶片反面、叶柄基部和芽基部吸食,且分泌大量淡黄色黏液,常将叶子黏合重叠,若虫潜伏其内群聚危害。各代成虫出现期,第 1 代为 5 月上旬至 6 月中旬,第 2 代 6 月上旬至 7 月中旬,第 3 代 7 月上旬至 8 月下旬,第 4 代 8 月上旬开始发生,9 月中下旬出现第 5 代成虫,全为越冬型。天敌有花蝽、草蛉、瓢虫、寄生蜂等,以寄生蜂控制作用最大,卵自然寄生率达 50% 以上。

(三)防治方法

1. 植物检疫

禁止将疫区柑橘苗木及其他芸香科植物运到无虫区栽培。

2. 农业防治

搞好果园规划,合理布局。同一果园内尽量做到品种、砧木、树龄一致,使其抽梢一致。控制好种植密度,保证合适的郁闭度。加强柑橘园栽培管理,抹芽放梢,去零留整,去早留齐,放梢期集中施药等措施。及时挖除病树,减少虫源。

3. 物理防治

通过悬挂白色、红色、青色、绿色、灰色、黑色、黄色、紫色、蓝色、粉色共 10 种颜色的黏虫板对柑橘木虱的诱虫效果进行筛选结果表明,黄板的诱虫效果最好,且将黄板挂向南面方位、高 150 cm 处以及间距 4～5 m 为诱集柑橘木虱最佳悬挂方式。金属化聚乙烯反光地膜对柑橘木虱具有显著的趋避效果,可用于柑橘封行以前的幼树阶段木虱防控。防虫网也可用于阻隔柑橘木虱危害。

4. 保护天敌

尽量避免在天敌发生高峰期施药,如在浙江 4 月为越冬跳小蜂发生高峰期,此时应避免使用药剂防治。

5. 药剂防治

冬季清园用 97% 矿物油乳油 200～300 倍液;春、秋抽梢时结合防治其他害虫各防治 1 次,药剂可用 0.6% 苦参碱水剂 1000 倍液、20% 吡虫啉可溶液剂 4000 倍液、80% 敌敌畏乳油 1500 倍液、3.2% 阿维菌素乳油 1500 倍液或 22% 螺虫·噻虫啉悬浮剂 3000 倍液。

第四节　常绿果树害虫综合治理技术

亚热带常绿果树有柑橘、荔枝、龙眼、香蕉、菠萝、芒果、椰子、枇杷、橄榄、西番莲、番石榴、杨桃、油梨、腰果、番荔枝等,环境湿润,害虫种类多,危害期长,甚至终年危害,但天敌也多。以往防治果树害虫,单纯依赖农药和滥用农药的现象严重,导致害虫产生抗性、杀伤天敌、害虫再猖獗的 3R 问题,同时严重污染环境。而以生态学为基础的害虫综合治理,强调各种防治措施的有机协调,最大限度地利用自然和生物因子,要求少用农药,科学用药,创造不利于害虫发生、而有利于天敌发挥调控作用的生态系统,对害虫数量进行调控,把害虫控制在经济允许水平之下,对防治措施的决策应全盘考虑经济效益、生态效益和社会效益。

一、植物检疫

植物检疫在害虫综合治理中是一项根本性措施,是国家为了防止国内外危险性病、虫、杂草种子随同农产品的调运而传播蔓延所制订的一套法令,许多果树苗木和接穗调运频繁,害虫传播蔓延迅速,如果树苗木、接穗上的蚧类、象虫类、果实中的实蝇类等,往往随调运携带从疫区传播至新区,由于新区无天敌控制,而酿成灾害。因此,做好植物检疫工作,是防止检疫性害虫传播的关键。

二、农业防治

害虫的发生消长与外界环境条件密切相关,农业害虫是以农作物为中心的一个组成部分,农业防治法就是根据害虫、作物、环境三者之间的关系,结合果园的农事操作过程,起到控制害虫的目的。

1. 果园修剪

修剪虫害严重枝叶,集中烧毁,可减轻果树上吹绵蚧、粉蚧类、蜡蚧类、盾蚧类、黑刺粉虱、蚱蝉、蜡蝉类、枝干害虫星天牛、吉丁虫等害虫的危害。

2. 抹芽控梢

柑橘木虱、蚜虫、潜叶蛾是柑橘嫩梢期三大主要害虫,依据害虫发生特点,抹掉早、晚期不整齐芽梢,控制抽梢时间,避过害虫发生盛期,以减轻危害。荔枝、龙眼害虫爻纹细蛾也可以通过控梢栽培,有利结果兼可治虫。

3. 果园覆盖植物

果园地面种植覆盖植物如藿香蓟、印度豇豆等,在干旱季节可保持果园阴湿环境,避免杂草丛生,有利树株强壮,兼可减轻柑橘锈壁虱危害,同时对柑橘红蜘蛛优势种天敌食螨瓢虫和捕食螨繁育有利。

4. 果园锄草耕翻

许多果树害虫,如金龟子类幼虫蛴螬,在土中生活、化蛹、羽化为成虫;油桐尺蠖幼虫有入土化蛹习性;柑橘花蕾蛆老熟幼虫脱果入土越冬;果树象虫类幼虫、蚱蝉若虫在土中生活等,都可通过果园锄草耕翻起到机械杀伤害虫的作用。

5. 果园栽培管理

果树树体强壮与否,与果园栽培管理关系密切,精耕细作,适时施肥,树体强壮者,抗虫害能力强。同时果园成片种植同一品种,抽梢整齐,可避免嫩梢期害虫辗转危害,造成不利于害虫发生的环境条件。果园抹芽控梢、种植覆盖植物、锄草耕翻、施肥灌溉等,都是果园栽培管理必需的农事操作过程,是果树树体强壮、产品丰产丰收的保证,又可起到控制害虫的目的,所以农业防治是害虫综合治理的基础,是一项经济有效且不污染环境的措施。

三、生物防治

自然界中一种害虫种群数量的消长,受到一系列因素的制约,其中有益生物经常抑制着害虫的发生,人们利用害虫的天敌去控制害虫即生物防治法。害虫的天敌种类很多,除捕食性及寄生性昆虫外,尚有病毒、细菌、真菌和原生动物等病原微生物以及线虫等。害虫的天敌在自然界是一种用之不竭的自然资源,生物防治在我国已成为一种安全、高效、经济的防治措施,且已在大面积生产中应用,效果显著。但虽如此,生物防治在目前仍不能完全替代其他防治方法,而只能与其他防治措施有机地

结合与协调,才能更有效地抑制害虫的发生危害。果树害虫种类繁多,但各有其天敌抑制其发生危害。害虫生物防治在生产中大面积应用成功的事例很多,例如:我国柑橘产区头号害虫柑橘全爪螨(红蜘蛛)的优势种捕食性天敌食螨瓢虫,自 20 世纪 80 年代至今,福建在主要柑橘产区大量释放、助迁和保护利用食螨瓢虫,从而在大面积控制柑橘红蜘蛛中取得了显著成效,经济效益、生态效益和社会效益显著。90 年代广东利用捕食螨 Amblyseius spp. 大面积控制柑橘红蜘蛛也获得成功。荔枝蝽 Tessaratoma papillosa Drury 是荔枝、龙眼的主要害虫,福建自 90 年代至今,在荔枝、龙眼产区荔枝蝽盛卵期(5 月间),挂放平腹小蜂 Anastatus japonicus Ashmead 卵卡,大面积控制荔枝蝽成效显著。此外尚有荔蝽菌 Penicillium lilacinum Thom. 寄生于荔枝蝽的若虫和成虫,被寄生的荔枝蝽的体节、足和触角的节间膜处,长出许多灰色菌种,最后死亡,这在荔枝、龙眼果园也较常见。常绿果树盾蚧类主要天敌有日本方头甲 Cybocephalus nipponicus Endrody-Younga,红霉菌 Eussarium coccophilum (Desm.),多种蚜小蜂、跳小蜂及多种食蚧寡节瓢虫和唇瓢虫等。福建曾于 80 年代末在大面积柑橘园释放日本方头甲控制矢尖蚧,成效显著;红霉菌、寄生蜂、食蚧瓢虫在果园也较为常见,且种群数量多,自然控制作用也是显著的。橄榄星室木虱 Pseudophacopteron canarium Yang et Li 在福建闽侯、闽清、莆田等橄榄产区发生普遍且严重,在橄榄园曾利用红星盘瓢虫 Prynocaria congener(Billerg)、红基盘瓢虫 Lemnia circumusta(Mulsant)、黄斑盘瓢虫 Lemnia saucia Mulsant 自然控制橄榄星室木虱,效果也非常显著。此外,利用澳洲瓢虫 Rodolia cardinalis Mulsant 和大红瓢虫 Rodolia rufopilosa Mulsant 控制果树吹绵蚧 Icerya purchasi Maskell,利用孟氏隐唇瓢虫 Cryptolaemus montrouzieri Mulsant 控制果树粉蚧类,在福建、广东都有大面积利用成功的事例。

四、化学防治

施用化学药剂仍是害虫综合治理的应急措施,但必须与其他防治措施,尤其与生物防治有机协调,做到减少施用农药数量和次数,科学用药。因此应对害虫和天敌的发生和种群消长进行预测预报,探明防治适期,避免盲目用药;选择对害虫高效而对天敌低毒的选择性农药,以保护环境又可治虫;减少施药面积,以虫害发生严重的挑治代替普治;施药时间应选择天敌低谷期进行,以保护利用天敌。根据害虫发生的实际情况,改普治为挑治。

五、人工防治

人工防治是害虫综合治理的一项辅助措施,但对有些害虫却是主要而有效的防治方法,果农在生产中常应用的方法有:

1. 刮杀

果树蛀干害虫星天牛 Anoplophora chinensis Forst. 成虫产卵在树干基部,产卵处隆起润湿,易于识别。用小刀刮杀皮下卵粒和初孵幼虫,除治幼虫在其蛀入韧皮部之前,这是天牛类害虫有效的防治方法。

2. 剥茎

香蕉双带象虫 Odoiporus longicollis Oliver 是香蕉重要害虫,成虫藏匿于腐烂的叶鞘内侧,产卵于皮层叶鞘组织内,幼虫蛀食叶鞘,冬季清除残株,割除枯鞘,可大量减少虫源。

3. 摘除

香蕉弄蝶 Erionota torus Evans 幼虫结叶苞隐藏,可摘除虫苞;荔枝蝽 Tessaratoma papillosa Drury 卵块产于荔枝、龙眼叶背,巡视果园易见,每卵块 14 粒卵,初孵幼虫聚集卵块周围,产卵盛期摘除卵块和初孵幼虫,是有效可行的辅助方法;枇杷重要害虫枇杷瘤蛾 *Melanographia flexilineata* Hampson 初龄幼虫群集食害新梢嫩叶,可人工捕杀。

4. 拾毁落果

柑橘实蝇类取食果肉,使果实溃烂,大量落果;爻纹细蛾 *Conopomorpha sinensis* Bradley 蛀食荔枝、龙眼果实,导致落果等,拾毁虫害落果,可减少果园内的虫源。

第五节 温带果树害虫综合治理技术

温带果树多数是冬季落叶树种,以蔷薇科果树为主。主要有苹果、梨、山楂、桃、李、杏、梅、樱桃、葡萄、草莓等。由于温带果树冬季落叶,果园生态环境变化大,故而害虫发生季节性特点明显,影响到防治措施。此外,温带果树除苗期主要受地下害虫危害外,结果期主要有蛀果类(桃小食心虫、梨小食心虫、桃蛀螟、白小食心虫、苹小食心虫、李小食心虫、梨大食心虫、苹果蠹蛾、棉铃虫、梨虎、杏虎),害螨类(山楂叶螨、苹果全爪螨、果苔螨、二斑叶螨、梨植羽瘿螨、桃瘿螨),蚧类(草履蚧、康氏粉蚧、梨圆蚧、桑白蚧、朝鲜球坚蚧、日本球坚蚧、东方盔蚧、日本龟蜡蚧),其他刺吸类(梨木虱、苹果黄蚜、苹果瘤蚜、苹果绵蚜、桃蚜、桃瘤蚜、桃粉蚜、梨二叉蚜、梨黄粉蚜、山楂卷叶棉蚜、李短尾蚜、樱桃瘤头蚜、大青叶蝉、小绿叶蝉、桃一点叶蝉、黑蚱蝉、茶翅蝽、梨蝽、梨网蝽、黄斑蝽、斑衣蜡蝉),蛀干类(桑天牛、星天牛、苹枝天牛、桃红颈天牛、梨眼天牛、苹小吉丁虫、金缘吉丁虫、苹果透翅蛾、咖啡豹蠹蛾、梨瘿华蛾、梨茎蜂),卷叶潜皮类(苹小卷叶蛾、顶梢卷叶蛾、黄斑长卷叶蛾、褐带长卷叶蛾、苹大卷叶蛾、黑星麦蛾、苹果巢蛾、梨星毛虫、杏星毛虫、梨卷叶斑螟、梨卷叶象甲;旋纹潜叶蛾、桃潜叶蛾、金纹细蛾;梨潜皮蛾),以及金龟甲、刺蛾、毒蛾、枯叶蛾、灯蛾、舟蛾、夜蛾、尺蛾、天蛾科和山楂粉蝶等有关食叶类害虫发生危害。在防治对象上,一般以蛀果类、刺吸类为重点,兼治其他害虫。在防治策略上,以果树休眠期和春季防治为基础,以预测防治适期为关键,以生态控制为中心,协调运用物理的、生物的和化学的调控措施,将害虫控制在经济损失水平之下。

一、植物检疫

加强苗木和接穗由疫区向保护区调运的检疫措施,严禁苹果绵蚜、苹小吉丁虫、苹果蠹蛾、美国白蛾等检疫对象传播蔓延。

二、果树休眠期防治

此期是害虫以不同虫态在不同场所越冬的时期,有针对性地采取一系列防治措施,可有效地压低害虫的越冬基数,减轻来年的发生程度。

1. 清洁果园

落叶后及时清除园内的枯枝、落叶、落果和杂草等杂物,集中深埋或焚烧,可消灭部分藏匿在其中的害虫。

2. 清理树体

结合冬季果树修剪,剪除虫枝,摘除虫苞和虫果,堵塞树洞,刮除树干和主侧枝的老翘皮及粗皮,均带出园外烧毁,并在枝干上涂刷白石灰水或3～5波美度石硫合剂,能消灭大量的蚜、螨、蚧、食心虫、卷叶虫等害虫。

3. 树盘防治

结合施肥,深翻树盘内表土,使越冬害虫暴露在地面或破坏越冬场所使其冷冻死亡;也可将 10 cm 的表土填入施肥沟内,使越冬虫态深埋窒息死亡。

4. 药剂防治

在蚜、螨、蚧、木虱等害虫发生严重的果园,芽前喷 3～5 波美度石硫合剂加 0.2％～0.3％洗衣粉、95％蚧螨灵(机油乳剂)1000 mL,加水 50 kg 或 99％矿物油农用喷淋油 200 倍液。

三、生长期防治

1. 加强栽培管理

及时中耕除草、施肥、浇水、疏花、疏果,提高树势,增强抗虫性。

2. 人工防治

及时剪除梨小食心虫、梨茎蜂等危害的虫梢;摘除或捏压卷叶虫虫苞;摘除和拣拾食心虫危害的虫果;用铁丝钩杀枝干虫道内的蛀木害虫;根据害虫的活动规律进行人工捕杀。

3. 物理及性信息性防治

利用黑光灯、性诱剂诱杀多种害虫成虫。对于品质好的果树,进行果实套袋避害,效果十分显著,现已在许多地区普遍应用,可进一步推广。此外,有条件的果园,在天牛产卵期间,将草绳缠绑在果树枝干上,可有效地阻止成虫产卵和幼虫蛀木;秋季在枝干上捆绑谷草,可引诱害虫害螨钻入其中越冬,冬季解下烧掉,可以灭虫。

4. 生物防治

一是注重保护天敌。附近农田常是果园害虫天敌的主要来源基地,因此对于果园及其附近农田害虫防治必须科学合理地使用农药,选择树干基部包扎环涂的隐蔽性施药方法(核果类不宜使用)或用选择性强的药剂喷雾,以便减少对天敌的杀伤。二是释放天敌。当苹小卷叶蛾等害虫产卵始盛期,每公顷每次释放松毛虫赤眼蜂 60 万头,每隔 5 d 释放一次,共 3 次,防治效果达 85％以上。利用昆虫病原线虫如斯氏线虫 *Steinernema feltiae* 防治桃小食心虫,每 667 m² 施入土壤 1 亿～2 亿条线虫,土壤保湿,在秋季对脱果入土幼虫有 98％的防效;在春季对出土幼虫有 83％～93％的防效。此外,利用每克 100 亿活孢子卵孢白僵菌处理树盘土壤,盖草喷水保湿,也可防治桃小食心虫出土幼虫。

5. 药剂防治

根据害虫综合治理的要求,药剂防治可作为重要的应急调控措施,但必须与生物防治相协调。

(1) 地面施药。对桃小食心虫、梨虎、杏虎、杏仁蜂等在土下越冬的害虫,在出土或入土的始盛期和盛期分别用 35％辛硫磷微胶囊悬浮剂或 0.2％联苯菊酯颗粒剂等处理树盘土壤,残效期可达 60 d。

(2) 药剂熏杀。用敌敌畏、杀虫双等药剂放入枝干虫道蛀孔内,然后堵孔口,可有效地将天牛等蛀木害虫熏杀。

(3) 药剂涂干或包扎。蚜、螨、蚧、木虱等刺吸类害虫严重发生时,可选择有效的内吸性高效杀虫剂进行涂干或包扎,3～5 d 后可以收到良好防效。

(4) 树冠喷雾。其一,选用高效、低毒、低残留的选择性强的农药和适当的剂量适时喷雾,大力推广应用生物农药和特异性农药。但应注意:果实采收前半个月应停止用药。其二,采果后往往疏于管理,致使某些后期性害虫大发生,造成早期落叶,影响树势和来年产量。因此,应加强防治。其三,在防治蔷薇科果树害虫的同时,要防治好近邻蔷薇科其他寄主植物上的同类害虫。

思考与讨论题

1. 阐述主要果树病害症状、病原形态特征、侵染循环、发病条件和防治方法。

2. 阐述主要果树害虫形态特征、生物学与生态学特征及防治方法。

3. 影响果树害螨猖獗发生危害的环境因素有哪些？请设计其综合防治措施。

4. 试分析介壳虫的危害和繁殖特点，如何进行介壳虫的综合防治，并指出药剂防治适期。

5. 试述果园刺吸式害虫发生趋于严重的原因与控制对策。

6. 设计桃小食心虫地面和树上的综合防治措施。如何进行果实套袋控制其危害？

7. 结合文献查阅，以一种或一类果树为例，阐述其病虫害的无公害防治策略与关键技术。

☆教学课件

第十一章　茶树病虫害

茶树病虫害对茶叶的产量、质量和品质有很大的影响。据报道,世界上茶树病害有 500 多种,我国近 170 种,其中常见的有 30 多种。国内茶区以叶部病害居多,其次是枝干病害,根部病害较少。这些病害中主要是真菌病害,生产上茶云纹叶枯病、茶饼病、茶炭疽病、茶白星病、茶芽枯病、茶枝梢黑点病等发生普遍,危害也重;细菌病害主要是茶根癌病;线虫病害主要是茶苗根结线虫病。此外,还有寄生性及附生性植物引起的病害,如茶藻斑病、茶菟丝子及茶树苔藓和地衣等。2018 年曾报道了一例病毒病(花叶病毒病 TPNRBV)。

就害虫而言,全国约有 400 余种,其中经常发生的达 50～60 种之多。按其危害部位、危害方式和分类地位,大体可归纳为以下两大类:第一类为咀嚼式口器害虫,其中的食叶性害虫包括鳞翅目的尺蠖类、毒蛾类、刺蛾类、蓑蛾类、卷叶蛾类、斑蛾类、夜蛾类、细蛾和蚕蛾,以及鞘翅目的象甲类和叶甲类等;蛀梗、蛀果的害虫包括茶梢蛾等钻蛀性蛾类、天牛类、吉丁虫类、蠹虫类、蛀果害虫(茶籽象甲、茶籽盾蝽),以及地下危害的白蚁类、金龟子类、蟋蟀类。第二类为刺吸式口器害虫,包括叶蝉类、蚧类、粉虱类、蜡蝉类、蜻类、蚜虫类、蓟马类、瘿蚊类等。此外,还有螨类。本章就茶树重要病害的症状、病原形态特征、侵染循环、发病条件和防治方法,以及重要茶树害虫形态特征、生活习性、发生与环境的关系、防治方法等作一叙述。

第一节　重要病害

一、真菌病害

(一)茶云纹叶枯病

茶云纹叶枯病(tea brown leaf blight),又名茶叶枯病,是茶树上常见的一种叶部病害,在我国各产茶区都有发生,但以湖南、广东、四川、贵州、云南、浙江等省发生较重。被害严重的茶树,叶片大量脱落,造成树势早衰,茶园枯褐色,幼龄茶树可枯死。

1. 症状

主要危害成叶和老叶部位,也可侵染嫩叶、枝梢和果实。叶片被害后多在叶缘或叶尖开始发病,叶片中部组织也会受害。初期病斑呈黄绿色水渍状,后逐渐扩展成为半圆形、近圆形或不规则形的褐色大斑。在扩展过程中,病斑色泽由内向外渐呈灰白色,并有不很明显的同心轮纹,病斑外缘环绕紫红色或暗褐色纹线。后期,病斑表面产生许多黑色小粒点,散生或略作轮纹状排列。嫩叶被害,常常由叶尖向下变黑褐色而枯死。较嫩的成叶被害,病斑色泽往往浓淡不匀,像云纹状。芽叶被害则呈扭曲状枯焦。枝梢被害形成灰褐色不规则形斑块,后期表面散生许多黑色小粒点,常造成枝梢干枯。果实被害产生黄褐色近圆形病斑,后渐变为灰白色,表面也散生许多黑色小粒点,病斑部分有时开裂。

2. 病原物

病原物为山茶球腔菌 *Guignardia camelliae* (Cooke) Butler,子囊菌球座菌属;其无性态为无性真

504

菌类刺盘孢属胶孢复合种（*Colletotrichum gloeosporioides* complex），其中山茶刺盘孢 *C. camelliae* Massee 为优势种，其他包括胶孢刺盘孢 *C. gloeosporioides*、尖孢刺盘孢 *C. acutatum*、果生刺盘孢 *C. fructicola*、暹罗刺盘孢 *C. siamense* 等。病斑上小黑点是病菌的分生孢子盘，初埋生于病组织内，后突破表皮而外露。分生孢子盘直径为 150～330 μm，内着生分生孢子梗，大小为（9～18）μm×（3～5）μm，顶生一个分生孢子，梗丛中有刚毛间生。分生孢子长椭圆形或长卵形，两端圆或略弯，无色，单胞，大小为（10～20）μm×（4.0～4.5）μm，有的内含一个油球。

于秋冬季产生子囊壳。子囊壳球形或扁球形，壁膜质，顶端具乳头状或稍平的圆形孔口，常埋生于病斑反面的海绵组织中，有时也埋生于病斑正面表皮下。子囊棍棒状，顶端略圆，基部狭细，大小为（44～62）μm×（8～12）μm。子囊内有 8 个子囊孢子，大小为（10～18）μm×（3～6）μm，排成两行。子囊孢子呈纺锤形、椭圆形或卵圆形，无色，单胞，常有 1～3 个油球（图 11-1）。

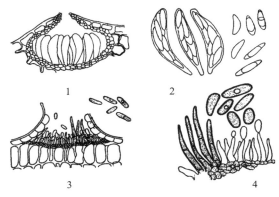

图 11-1　茶云纹叶枯病菌
1. 子囊壳　2. 子囊及子囊孢子　3. 分生孢子盘　4. 分生孢子梗及分生孢子

病菌的生长适温为 23～29℃，最高温度 40℃。对高温和低温的抵抗力均较强。在 −4～−2℃ 低温下可存活 30～60 d，致死温度 60℃。生长最适 pH 为 5.2～5.8。在人工培养基上培养的菌落初为白色，后逐渐变为墨绿色。在 PDA 培养基上把病菌先在低温（−4～−2℃）下培养 10 d，移至 24℃ 下培养 4 d，再放在室温下培养 3 周，可形成子囊壳，而且紫外光对子囊壳的形成和成熟有促进作用。

3. 侵染循环

病菌以菌丝体、分生孢子盘或子囊壳在茶树病部或土表落叶中越冬。茶树上的病叶是翌春主要的初侵染源。翌春当温、湿度条件适宜时，病叶上的分生孢子盘产生分生孢子，越冬的子囊壳产生子囊孢子，借风雨传播，在叶表萌发，从伤口、自然孔口侵入或直接穿透表皮侵入。经 5～18 d 潜育后形成新病斑，病斑上产生的分生孢子再随风雨传播，进行再侵染蔓延。在茶树的一个生长季节里，能进行多次再侵染。我国南方冬季气温较高，病菌无明显的越冬现象，分生孢子可全年产生，周年侵染。在浙江、湖南等省的秋冬季也有子囊壳产生，进行越冬。

4. 发病条件

该病属于高温高湿型病害。一般旬平均气温 28℃ 以上，旬降雨量大于 40 mm 或平均相对湿度高于 80%，易发此病。在浙江杭州茶区，一般 4 月开始发病，5—6 月梅雨期间及 8—9 月秋雨期间均为发病盛期，7 月前后因是伏旱，发病受到抑制。在湖南北部，发病盛期出现在雨量集中的 5 月上中旬和 8 月中下旬。在广东英德，高湿多雨的 6—7 月是发病盛期。

茶树树势衰弱，遭受冻害或采摘过度，虫害严重，抗病性差，发病就重；台刈、密度过大及扦插茶园发病重。长江中下游茶区，夏季干旱，强日照，土层浅，营养不良，地下水位高的茶园，幼龄茶树根系不强，易生日灼斑，若遇骤雨，易发病。

大叶型品种一般表现感病,如云南大叶种、福建水仙、广东水仙易发病。

5. 防治

(1)加强茶园管理

做好防冻、抗旱和治虫工作,及时清除茶园杂草;增强树势,夏季抗旱;施用堆肥、生物有机肥或茶树专用肥,提高茶树抗病力。

(2)选用抗病品种

因地制宜种植抗病品种,如龙井、福鼎、台茶 13 号、毛蟹、清明早、瑞安白毛茶、铁观音、福鼎白毫、藤茶、梅占、龙井群体种等较抗病。

(3)药剂防治

对发病重的茶园,初夏气温突然升高,成叶、老叶发病率为 10%～15%时用药;浙江春茶结束、夏茶开采前(5月下旬—6月上旬)用药,7—8月高温干旱遇降雨,雨后用药。用于防治茶云纹叶枯病的杀菌剂有 75%百菌清可湿性粉剂 800～900 倍液、50%苯菌灵可湿性粉剂 1500 倍液、70%甲基硫菌灵可湿性粉剂 1000 倍液、25%咪鲜胺乳油 1000～1500 倍液、10%苯醚甲环唑水分散颗粒剂 1000～1500 倍液、25%吡唑醚菌酯乳油 1000～1500 倍液、10%多抗霉素水剂或庆丰霉素 100 mg/kg。非采摘茶园可喷洒 0.6%～0.7%石灰半量式波尔多液。

(二)茶轮斑病

茶轮斑病(tea zonate spot)是我国茶树常见的成叶、老叶病害之一,严重时引起枯梢,各大茶区均有发生。

1. 症状

主要危害当年生的成叶和老叶。先在叶尖或叶缘上产生黄褐色小斑,后扩展为圆形至椭圆形或不规则形褐色大斑,并具明显的同心轮纹,后期病斑中间变成灰白色,湿度大时出现呈轮纹状排列、粗大且亮的黑色小粒点。嫩叶发病时,从叶尖向叶缘渐变黑褐色,病斑不规则,呈焦枯状,病斑正面散生煤污状小点,病斑上没有轮纹,病斑多时常相互愈合,致使叶片大部分布满褐色枯斑。此病也可侵染嫩梢,导致枝枯叶落。

2. 病原物

病原物是茶拟盘多毛孢 *Pestalotiopsis theae*(Sawada)Steyaert,无性真菌类拟盘多毛孢属。也有报道茶假拟盘多毛孢 *Pseudopestalotiopsis camelliae-sinensis*、卵圆新拟盘多毛孢 *Neopestalotiopsis ellipsospora* 等类拟盘多毛孢真菌也可引起此病。病斑上的黑色小粒点是病菌的分生孢子盘,直径为 120～180 μm,初埋生在表皮下的栅栏组织间,后突破表皮外露。分生孢子梗丛生,圆柱形。分生孢子纺锤形,大小(20～30) μm×(6～8) μm,具 4 个隔膜,中间 3 胞褐色,两端细胞无色,顶部细胞具 3 根附属丝,无色透明,基部粗,向上渐细,顶端结状膨大(图 11-2)。

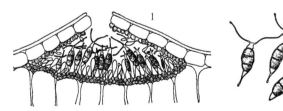

图 11-2 茶轮斑病菌
1.分生孢子盘 2.分生孢子

3. 侵染循环

病菌以菌丝体或分生孢子盘在病组织中越冬。翌春环境条件适宜时,产生分生孢子。分生孢子借风雨传播,进行初侵染。该病菌一般为弱寄生菌,孢子主要从叶片伤口处侵入,经 7～14 d 后产生新病斑。新病斑湿度大时又形成分生孢子盘,释放出成熟的分生孢子,再借雨水飞溅传播,进行多次再侵染。

4. 发病条件

该病害属于高温高湿型病害。气温在 25~28℃，相对湿度在 80%~87% 时，易发病。在高温多雨的夏、秋两季发生重，春茶则少见。生产上机械采茶、修剪、夏季扦插苗及茶树害虫多的茶园易发病。茶园管理粗放，树势衰老，排水不良，栽植过密的扦插苗圃，发病较重。品种间抗病性差异显著。云南大叶种、凤凰水仙、湘波绿等大叶品种比龙井长叶、毛蟹、藤茶和福鼎等中、小叶品种易感病。

5. 防治

参照茶云纹叶枯病。化学防治在春茶后和修剪后进行。

（三）茶炭疽病

茶炭疽病（tea anthracnose）在我国各茶区均有发生，尤以浙江、安徽、江西、湖南等省发生较重。危害当年生成叶，造成大量落叶，病叶脱落后引起秃梢，影响树势。

1. 症状

主要危害当年生成叶。一般从叶尖、叶缘产生水渍状暗绿色不规则斑，后沿叶脉扩大为半透明黄褐色不规则病斑，常以中脉为界，特点是半叶病斑。后期由褐色变为灰白色，病健边界深褐色明显，上散生黑色小粒点，即为分生孢子盘。与云纹叶枯病和轮斑病相比，炭疽病的分生孢子盘最小，排列也较密。病斑部分较薄而脆，容易脱落。早春老叶上有病斑，多是越冬后期病斑。

2. 病原物

病原物为茶树座盘孢菌 *Discula theae-sinensis*（Miyake）Moriwaki & Sato，无性真菌类座盘孢属。也有研究认为病原物为刺盘孢属胶孢复合种 *Colletotrichum gloeosporioides* complex，包括果生刺盘孢 *C. fructicola*、山茶刺盘孢 *C. camelliae*、暹罗刺盘孢 *C. siamense*、隐秘刺盘孢 *C. aenigma* 等种类。分生孢子盘底部平坦略薄，初埋生在表皮下，后期突破表皮外露。分生孢子盘圆形，黑色，大小为 80~150 μm。分生孢子梗单胞无色，大小为（10~20）μm×（1.5~2）μm，顶生分生孢子。分生孢子单胞，两端稍尖，纺锤形，大小（3~6）μm×（1.5~2）μm，内有 1~2 个油球（图 11-3）。病菌生

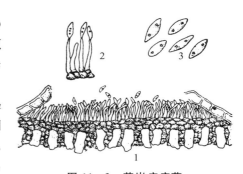

图 11-3　茶炭疽病菌
1. 分生孢子盘　2. 分生孢子梗　3. 分生孢子

长适温 25~27℃，最适 pH 为 5.3。除危害茶树外，还可侵染山茶、油茶、茶梅等近缘植物。

3. 侵染循环

病菌以菌丝体和分生孢子盘在茶园病叶上越冬。翌年春天，当气温达到 20℃ 及相对湿度在 80% 以上时产生大量分生孢子。成熟的分生孢子借雨滴飞溅传播，落到叶片后，从嫩叶背面茸毛处侵入，经 15~20 d 后形成新病斑。病斑上产生分生孢子盘和分生孢子，再借风雨传播，不断进行再侵染。

4. 发病条件

该病害是一种适温高湿型病害。当气温在 22~27℃、相对湿度大于 90% 的多雨潮湿季节，容易造成该病发生。在长江流域茶区，每年以 6 月梅雨期及 9 月秋雨期发病最盛，尤以秋茶为重。在浙江天台苍山、华顶山和乐清雁荡山等高山茶园，由于终年雨雾很多，湿度很高，所以发病较重。

施肥不当，特别是在偏施氮肥、缺少钾肥的情况下，叶片生长较薄以及硬度较低，容易受病菌的侵染而加重发病。遭受冻害及管理粗放的茶树，也易感病。

茶树品种间抗病性有明显的差异。一般角质层薄、叶片软、叶色浅的品种，容易发病；反之，发病较轻。如云南大叶种、毛蟹等品种较抗病，而龙井 43 易感病。

5．防治

（1）加强茶园管理

增施钾肥和有机肥，提高茶树抗病力。

（2）选用抗病品种

选用云南大叶种、毛蟹、梅占、阿萨姆大叶种、台茶 13 号、金橘等抗病品种。

（3）药剂防治

参照茶云纹叶枯病。防治时间在发病盛期前，即春茶后（浙江 5 月下旬）至夏茶萌芽前（6 月上旬）以及夏旱结束后到秋茶雨季前进行。

（四）茶白星病

茶白星病（tea white spot）在国内各茶区均有发生，以西南茶区和高山茶区为主要发生区。主要危害嫩梢芽叶，造成成茶味苦、色浑，严重影响品质。

1．症状

主要危害嫩叶、嫩芽、嫩梢及叶柄，尤以嫩叶为主。叶片受害，初期呈现红褐色针头状小点，边缘为淡黄色半透明晕圈，后扩大成直径 0.5～2 mm 的圆形小斑，中央灰白，略凹陷，边缘具暗褐色至紫褐色隆起线。湿度大时，病部散生黑色小粒点，即病菌分生孢子器。叶脉发病时叶片扭曲或畸形。病斑多时可愈合形成不规则形大斑，后期病斑破裂穿孔。病芽叶制成干茶，味苦，品质下降。嫩梢及叶柄受害后产生暗褐色斑点，后变为灰白色，圆形或椭圆形，发生多时，常互相愈合，使病部以上组织枯死。

2．病原物

病原物为茶叶叶点霉 *Phyllosticta thea folia* Hara，无性真菌类叶点霉属。分生孢子器黑褐色，球形至扁球形，直径 60～80 μm，顶端具乳头状孔口。分生孢子椭圆形至卵圆形，单胞无色，大小（3～5）μm×（2～3）μm（图 11 - 4）。病菌在 PDA 培养基上培养可产生子实体。菌丝体在 2～25℃都可生长，以 18～25℃为最适，28℃以上完全停止生长。分生孢子在 2～30℃都可萌发，以 16～22℃为最适。相对湿度在 90% 以上时，孢子即能萌发。光照有利于病菌的生长和繁殖。

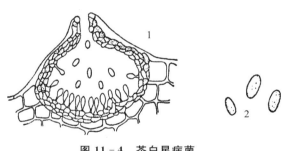

图 11 - 4　茶白星病菌

1.分生孢子器　2.分生孢子

3．侵染循环

病菌以菌丝体或分生孢子器在茶树病叶或落叶上越冬。翌春气温上升至 10℃以上，在潮湿条件下分生孢子器产生并释放分生孢子，借风雨传播，侵染幼嫩芽叶，从气孔或叶背茸毛基部侵入，经 1～3 d 潜育后，形成新病斑。病斑上又产生分生孢子，可多次再侵染。

4．发病条件

该病害属于低温高湿型病害。每年主要发生在春、秋两季，5 月份是发病高峰期，夏季发病少。当旬平均气温 20℃左右，相对湿度大于 85% 时，有利于发病；气温高于 25℃则不利发病。适温下连续阴雨 3～5 d 或日降雨大于 5 mm 时，病害容易流行。海拔高的茶园，发病较重。在贵州和湖南调查发现，海拔小于 800 m 的茶园发病轻，在 800～1400 m 的茶园发病重。高山茶区阴湿多雾也易发病。茶园管理粗放，偏施、过施氮肥，采摘过度，树势衰弱，容易发病。品种间抗病性存在差异，如福鼎大白茶抗病性较强，毛蟹、鸠坑次之，而紫芽茶、清明早和藤茶抗病性则差。

5. 防治

（1）加强茶园管理

增施磷、钾肥和有机肥，适度采摘，增强树势，提高抗病性。

（2）药剂防治

对历年发病重的茶园进行药剂防治。在 3 月底至 4 月上旬春茶萌芽期，喷洒 75％百菌清可湿性粉剂 750 倍液、36％甲基硫菌灵悬浮剂 600 倍液、20％苯醚甲环唑水乳剂 3000～4000 倍液、70％代森锰锌可湿性粉剂 500 倍液。非采摘茶园也可喷 0.6％～0.7％石灰半量式波尔多液。

（五）茶圆赤星病

茶圆赤星病（tea round red spot）在国内各茶区均有发生，以新茶园或高山茶区发生较多。主要危害新发嫩叶。

1. 症状

主要发生于当年新发的嫩叶，以早春鱼叶或第一叶为主，第二、三叶亦有，但较少见，也可见危害于嫩梢、成叶和老叶。叶片发病初期病斑为红褐色小点，后逐渐扩大为直径 0.8～3.5 mm 的圆形褐色斑，中间灰白色凹陷，边缘具暗褐色或紫褐色隆起线。后期在病斑表面散生黑色小粒点，即病菌的子座，高湿条件下产生灰色霉点，即子实层。一张叶片上病斑数从几个到数十个，愈合成不规则形大斑。嫩梢和叶柄感病，形成红褐色至黑褐色斑点，重时可造成枯梢和大量落叶。

2. 病原物

病原物为茶尾孢 *Cercospora theae* Breda deHaan，无性真菌类尾孢属。病部的灰色霉状小点是病菌的分生孢子梗（丛）和分生孢子。分生孢子梗十余根丛生，着生在球状子座上，子座深褐色。分生孢子梗单条状，灰色，上部略弯曲，无分隔，大小为（12～30）μm×（3～4）μm。分生孢子鞭状，着生于孢子梗顶端，由基部向上渐细，略弯曲，无色或灰色，具分隔 4～6 个，大小为（42～106）μm×（2.5～3.5）μm（图 11-5）。

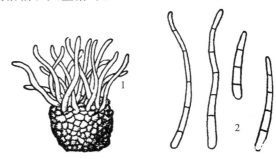

图 11-5 茶圆赤星病菌
1.分生孢子梗丛 2.分生孢子

3. 侵染循环和发病条件

病菌以菌丝体及子座在病叶组织中越冬。翌春适宜条件下产生分生孢子，借风雨传播，侵染新叶，经几天潜育，产生新病斑，后又产生分生孢子，可多次再侵染。

该病害属于低温高湿型病害。当相对湿度高于 80％，气温 20℃时，易发病。以 4 月上、中旬发生为多，春、秋季多雨易发生。平原低洼、潮湿的茶园及高山多雾的茶区尤易发病。幼龄茶树发生多，尤其是幼苗。茶园管理粗放，肥料不足，采摘过度，造成茶树衰弱的发病重。品种间抗病性差异明显。龙井茶、毛蟹、黄叶早等较抗病，而白毛茶、云台山大叶种、凤凰水仙易感病。

4. 防治

参照茶白星病。

（六）茶赤叶斑病

茶赤叶斑病（tea red leaf spot）在国内各茶区均有发生。危害成叶和老叶，引起成叶和老叶枯焦脱落，影响树势。

1. 症状

发生于成叶和老叶，以当年生成叶为主，嫩叶上较少见。病斑从叶尖、叶缘开始，初为淡褐色小斑,后扩大到半叶、大半叶,形成不规则赤褐色大斑,病斑颜色均匀赤褐色,无轮纹,病斑边缘明显,具深褐色隆起线。后期病部生出略凸起的黑色小粒点,即病原菌的分生孢子器。

2. 病原物

病原物为茶生叶点霉 *Phyllosticta erratica*(*theicola*) Petch,无性真菌类叶点霉属。分生孢子器初埋生于寄主表皮下,分生孢子成熟后突破表皮而外露。分生孢子器球形或扁球形,直径为 70~100 μm。分生孢子单胞无色,圆形至广椭圆形,大小为(7~12) μm×(6~8) μm (图 11-6)。

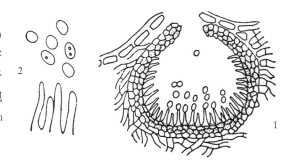

图 11-6 茶赤叶斑病菌
1.分生孢子器 2.分生孢子梗及分生孢子

3. 侵染循环和发病条件

病菌以菌丝体或分生孢子器在病叶组织中越冬。翌春 5 月开始产生分生孢子,借风雨及水滴溅射传播,侵染当年生成叶,引起发病。病部又产生分生孢子进行多次再侵染。

该病害属于高温型病害。6—8 月持续高温,降雨量少,易受日灼伤的茶树最易发生。浙江和安徽茶区,5—6 月开始发生,7—8 月盛发。修剪后萌发,枝叶茂盛又遇干旱,发病重。向阳坡地,土层浅,根系发育不好,水分供应不足,发病重。整个茶园呈红褐色焦枯状,落叶严重。幼龄茶园也易发病。

4. 防治

(1)加强栽培管理

夏季抗旱、保墒,干旱要及时灌溉,合理遮阴,减少阳光直射,以防止日灼。

(2)药剂防治

参照茶云纹叶枯病。

(七)茶褐色叶斑病

茶褐色叶斑病(tea brown leaf spot)在国内各茶区均有分布。危害成叶和老叶,造成落叶,树势衰弱。

1. 症状

发生于成叶和老叶,以老叶为主。病斑多数发生于叶缘,发病初为褐色小斑点,后逐渐扩大成圆形、半圆形直径为 1.0~1.5 cm 的褐色病斑,无明显边缘,但病斑紫黑色边缘较宽,这和茶圆赤星病不同。相互愈合后呈不规则形;叶片中部病斑多呈近圆形,少数为不规则形。病斑颜色均匀褐色,后期散生许多小黑点状的子座组织,湿度大时产生灰色霉点,即病原菌的分生孢子梗和分生孢子。叶缘病斑多时常相互连接,似冻害状,但可从病症上进行区别。

2. 病原物

病原物是 *Cercospora* sp.,为半知菌亚门尾孢属的待定种。表皮下的子座黑褐色,球形至近球形,直径 40~100 μm。分生孢子梗(丛)着生在子座上,分生孢子梗单条,直或略弯曲,大小(12~75) μm×(2~3) μm。分生孢子鞭状,基部粗,顶端渐细,无色或浅灰色,大小(40~92) μm×(3~5) μm,有 4~10 个分隔 (图 11-7)。陈宗懋等研究认为,茶圆赤星病

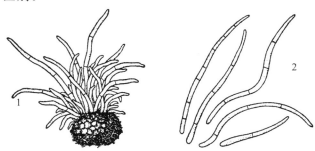

图 11-7 茶褐色叶斑病菌
1.分生孢子梗 2.分生孢子

C. theae 和茶褐色叶斑病是由同一个种引起的,只是在不同叶位上引起不同症状。危害新发嫩叶,引起茶圆赤星病;危害老叶、成叶,引起褐色叶斑病。

3. 侵染循环和发病条件

病菌以菌丝体或子座在病叶组织及病株残体上越冬。翌春在温、湿度适宜的条件下,病部产生分生孢子,借风雨传播,侵染叶片。约经 5 d 潜育,开始发病。后以分生孢子反复进行再侵染。

该病害属于低温高湿型病害。早春、晚秋高湿下发生较重。浙江茶区,11 月到次年 3 月间可见发病,冻伤叶发生重。安徽茶区秋季比春季发病多。遭受冻害、缺肥或采摘过度,茶树树势衰弱易发病。

茶园排水不良,地下水位高发病重。扦插苗圃也常因湿度大比一般茶园发病重。

4. 防治

(1) 加强茶园管理

合理施肥,增施有机肥,增强树体抗病性;做到合理采摘,采养结合;春秋雨季注意茶园排水,降低园地湿度;冬季防寒,防止冻害发生,以减轻发病。

(2) 药剂防治

发病重的茶园进行药剂防治。春季采摘前或早春、晚秋发病初期及时喷 70％甲基托布津可湿性粉剂 1000 倍液、36％甲基硫菌灵悬浮剂 600 倍液、75％百菌清可湿性粉剂 700 倍液。秋后,也可用 0.6％～0.7％石灰半量式波尔多液。

(八)茶饼病

茶饼病(tea blister blight)又称疱状叶枯病或叶肿病,是嫩叶上危害最严重的病害之一,国内各茶区均有发生,尤以云、贵、川三省高山茶区发生最重,危害嫩叶嫩茎,潜育期短,不仅严重影响茶树产量,而且病芽梢制茶味苦易碎,成茶品质下降。

1. 症状

主要危害茶幼芽、嫩叶、嫩梢、叶柄、花蕾和幼果,其中以嫩叶、嫩梢受害最重。嫩叶发病初见浅绿、浅黄或略带红色(红色与品种的花青素含量有关),近圆形半透明小斑点,后扩展成直径 0.3～1.2 cm 圆形斑,病斑黄褐色至暗红色,正面略凹陷,背面突起成疱斑,其上具灰白色粉状物,似饼状,茶饼病由此得名。有时病斑也可向叶正面突起并产生粉状物。后期粉状物消失,突起部分萎缩成褐色枯斑,四周边缘具灰白色圈。发病重时一叶上有几个甚至几十个病斑。如果病斑在中脉边缘,病叶则扭曲或畸形。叶柄、嫩茎发病肿胀并扭曲,严重时病部以上新梢枯死。

2. 病原物

病原物为坏损外担菌 *Exobasidium vexams* Massee,担子菌外担菌属。病斑上的白色粉状物为病原菌的子实层,由担子聚集而成。担子圆筒形至棍棒形,基部较细,顶端略圆,单胞,大小为(49～150)$\mu m \times$(3.5～6)μm,担子顶端具小梗 2～4 个,每个小梗上着生担孢子 1 个。担孢子单胞无色,肾脏形、椭圆形或纺锤形,大小(9～16)$\mu m \times$(3～6)μm,发芽前中间形成 1 个隔膜,变为双胞,发芽时每胞各生 1 芽管侵入寄主(图 11-8)。

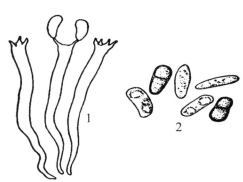

图 11-8 茶饼病菌
1. 担子及担孢子 2. 担孢子

3. 侵染循环

病菌以菌丝体在活的病叶组织上越冬、越夏。翌春 5 月上旬或秋天,平均温度 15～20℃、相对湿度高于 80％时,菌丝生长产生担孢子成为初侵染源。一个病斑可产生一两百万个担孢子。担孢子借气流传播到嫩叶或新梢上,遇有水滴时,2 h 开始萌发,24 h 萌发率高达 70％～80％,萌发的担孢子产生 2 个芽管,从孢子两侧伸出,芽管直接从寄主表皮细胞侵入。当气温为 18～20℃、相对湿度 80％～95％时,潜育期为 10～13 d,20～23℃时为 8～10 d。新病斑形成后 4～6 d,其上长出子实层,并产生担孢子。完成一个侵染过程需时 12～19 d。担孢子成熟后又飞散,进行多次再侵染。在四川,全年可产

生 7～8 次担孢子进行再侵染,贵州可发生 15 次。

4.发病条件

该病害属低温高湿型病害,一般在春茶期和秋茶期发病较重。病菌喜低温、高湿、多雾、少光的环境。平均气温 15～20℃,相对湿度大于 85％或多雨时有利于发病。气温 31℃以上,连续光照 4 h,担孢子生长发育受抑制,病害发生停滞。全国各茶区发病时间不同,西南茶区在 2—4 月开始发病,7—11 月为发病盛期;华东、中南茶区在 4—5 月和 9—10 月为发生盛期;海南茶区在 11—2 月多发,5—6 月越夏停止发病。

该病易发生在各茶区的高山茶园中。因高山茶区气温低,湿度大,雾日数多,日照少,有利于该病的发生。此外,在长期保持高湿度的山峦、凹地及阴坡上的茶园,即使海拔高度较低,但因终年气温较低、湿度较大,也有利于该病的发生。如海南通什茶场、浙江雁荡山、天台山、华顶山等茶园,也常是茶饼病的发病区。茶园管理不当,可引起适合茶饼病发生的小气候。一般偏施、过施氮肥,采摘、修剪过度,管理粗放,杂草丛生,发病重。

5.防治

(1)严格检疫

从茶饼病病区调进的苗木必须进行严格检疫,发现病苗马上处理,防止该病传播和扩散。

(2)加强茶园管理

提倡施用堆肥或生物有机肥,增施磷钾肥,增强树势。及时去掉遮阴树,及时分批采茶,适时修剪和台刈,使新梢抽出期避开发病盛期,以减少感病机会,另外及时除草也可减轻发病。

(3)药剂防治

当连续 5 d 中有 3 d 上午日均日照时间＜3 h,或 5 d 日降雨量 2.5～5 mm 及以上时,应立即喷20％三唑酮(粉锈宁)乳油 1500 倍液、25％吡唑醚菌酯乳油或悬浮剂 1000～1500 倍液、3％多抗霉素可湿性粉剂 300 倍液、75％十三吗啉乳油 3500 倍液、20％萎锈灵乳油 1000 倍液。三唑酮有效期长,发病期用药 1 次即可,其他杀菌剂间隔 7～10 d 喷 1 次,连续防治 2～3 次。非采茶期和非采摘茶园可用 0.6％～0.7％石灰半量式波尔多液预防。

(九)茶网饼病

茶网饼病(tea sheath net blotch),又称网烧病、白霉病、白网病。在安徽、浙江、江西、福建、湖南、四川、贵州、广东、台湾等省局部茶区都有发生。危害不如茶饼病严重,但发病叶片易脱落,影响树势和产量。

1.症状

主要危害成叶和已充分展开的新叶,而老叶及未展开嫩叶少发。多发生在叶缘或叶尖上,先在叶面产生针头大小斑点,淡黄绿色,油渍状,边缘不明显。后逐渐扩大,在叶背,沿叶脉出现网状突起,上着生白色粉状物。后期病叶变紫褐色,网纹变成黑褐色,最后叶片干枯、脱落。

2.病原物

病原物为网状外担菌 *Exobasidium reticulatum* Ito et Sawada,担子菌外担菌属。叶背病斑上网状物是菌丝,白粉状物是子实层。担子长棍棒状或圆柱状,顶端较粗大,单胞,无色,大小为(65～135)μm×(3～4)μm,顶部着生 4 个长 2～3 μm 的小梗,每个小梗顶端着生 1 个担孢子。担孢子倒卵形或长椭圆形,直或略弯曲,单胞,无色,大小(8～12)μm×(3～4)μm,发芽时中间生 1 个隔膜,形成双细胞,从两端或一端长出芽管(图 11-9)。

3.侵染循环

病原物以菌丝体在病叶组织中越冬。翌春在潮湿条件下产生子实体,并释放成熟担孢子,借风雨

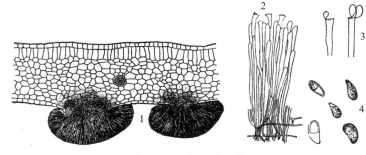

图 11－9　茶网饼病菌

1.子实层　2.子实层放大　3.担子　4.担孢子

传播,侵入成叶,经 10 d 潜育后产生新病斑。湿度大时,在病斑上长出白色粉状子实层,形成大量担子和担孢子,担孢子再借风雨传播蔓延,侵染芽下 1～3 片嫩叶,当嫩叶已长为成叶时形成大型网状病斑。夏季发病停止。秋季再次侵染。

4. 发病条件

该病害属高湿型病害。温度在 22～27℃最利于发病。连阴雨、地势低洼、多雾的高山茶园及四周种植竹林荫蔽的茶园易发病。

担孢子怕强日照,形成和发芽需要相对湿度近 100% 的高湿度,因此病害的发生期一般在 4—6 月以及 9—10 月。光照和干燥对担孢子有抑制发芽作用,因而夏季干旱炎热不利其扩展。

品种间有抗病性差异。一般叶片厚、茶多酚含量高的品种抗病性强,而叶片薄、茶多酚含量低的品种较易感病,如婺源大叶种、上饶大叶种、青心大有、藤茶、香菇寮白毫、苹云、槠叶齐 12 号、毛蟹、铺埔白叶等较抗病。

5. 防治

参照茶饼病。

（十）茶芽枯病

茶芽枯病(tea bud blight)是春茶期发生较重的病害。1974 年,在浙江省首次发现,现主要分布在浙江、安徽、湖南、江苏、江西、广东、广西等各茶区。罹病芽叶生长受阻,变褐枯焦,严重影响茶叶产量和品质。

1. 症状

主要危害春季一芽及以下 1～3 叶。从叶尖、叶缘,多从芽尖开始,出现黄褐色小斑点,后逐渐扩展成不规则形褐色至黑褐色大斑,无明显边缘。后期焦枯,扭曲破裂,严重时整个嫩梢枯死,病部散生许多黑色小粒点,即病菌的分生孢子器。该病与小绿叶蝉危害状相似,但叶蝉危害叶脉,对光看呈红褐色,无小黑点,发生迟,有虫蜕。

2. 病原物

病原物是 *Phyllosticta gemmiphliae* Chen et Hu,无性真菌类叶点霉属。分生孢子器散生于芽叶表皮下,成熟时突破表皮外露,暗褐色或褐色,球形或扁球形,直径 90～245 μm,有孔口。分生孢子单胞无色,椭圆形、圆形或卵圆形,大小为(2～6) μm×(2～4) μm,孢子内通常有 1～2 个油球(图 11－10)。

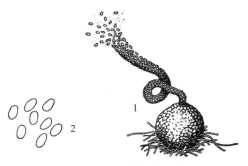

图 11－10　茶芽枯病菌

1.分生孢子器　2.分生孢子

3. 侵染循环

病菌以菌丝体或分生孢子器在老病叶或越冬芽叶中越冬。翌年 3—4 月,平均气温上升至 10℃ 以上,相对湿度大于 80% 时,开始产生分生孢子,借气流和雨水溅落传播,侵入正在萌动的芽叶,经 5~7 d 潜育,出现新病斑。如果发病芽叶留养在茶树上,病部又产生分生孢子进行多次再侵染。

4. 发病条件

该病害属低温高湿型病害。当平均气温上升至 10℃ 以上,日最高气温超过 15℃ 时,病害开始发生;当平均气温达 15~20℃,日最高气温达 20~25℃ 时,病害迅速蔓延。若连续数日日最高气温达 25℃,病害发展则缓慢,并逐渐停止。在浙江、安徽和江苏茶区,3 月底至 4 月初开始发病,4 月中旬至 5 月上、中旬为发病盛期,5 月下旬至 6 月上旬病情发展转慢,6 月中旬以后停止发病。如早春萌芽期遭受寒流侵袭,茶树抗病力降低,易于发病。

茶树树龄与发病有关,一般以幼龄和壮龄的茶树发病较多,尤其是 1~3 年生的幼龄茶树更易受害。茶园密植、管理粗放、偏施氮肥、杂草丛生、茶树长势衰弱易感病。茶树品种间的发病程度有显著差异,一般发芽早的品种发病相对较重,发芽迟的则发病轻,如大叶长、大叶云峰、碧云种、福鼎种发病率较高,其次是龙井 43 号、福建水仙、政和等发病较轻。

5. 防治

(1)加强茶园管理

结合采茶,彻底摘除发病芽叶,以减少病菌的侵染来源。合理施肥,增施磷、钾肥和有机肥,增强树势;及时除草,以利通风透光,减少荫蔽。做好茶园覆盖等防冻工作,以增强茶树抗病力,减少发病。

(2)药剂防治

春茶萌芽期喷药保护是关键。春季萌芽期和发病初期各喷药一次。可选用 43% 戊唑醇 5000 倍液、6% 春雷霉素 1000 倍液、70% 甲基硫菌灵可湿性粉剂 1000 倍液、70% 甲基托布津可湿性粉剂 1000 倍液。发病严重茶园,秋茶侵染后再用药一次。在春茶芽梢萌动前,夏暑芽长 2~3 cm 或寒后喷施 5% 氨基寡糖素水剂 1000 倍液,每 667 m² 用水量 60~75 kg,间隔 7~10 d 喷施 1 次,连续喷施 2~3 次,可提高茶树抗病性。

(十一)茶煤病

茶煤病(tea sooty mold),又称茶烟煤病,是茶树上发生普遍的一种病害,国内各茶区均有分布。危害后造成树势衰弱,芽叶生长受阻。

1. 症状

主要发生于枝条、叶片,以叶为重。叶片上发病初为圆形或不规则形黑点小斑,后逐渐扩大为布满全叶的黑色煤粉状物,叶面为主。蔓延到小枝条上则形成褐色短刺毛状物。发病轻时,以茶丛中下部枝条为主,发病重时向树冠表面发展。严重时茶园一片乌黑,芽叶生长受抑,光合作用受阻,影响茶叶产量和质量,引起树势衰弱。因为病原不同,茶煤病可分为多种,其烟煤层色质、厚度各不相同。

2. 病原物

已知茶煤病病原有十多种,其中以茶新煤炱 *Neocapnodium theae* Hara、山茶小煤炱 *Meliola camelliae*(Catt.)Sacc、富特煤炱 *Capnodium footii* 为主。此外还有田中新煤炱 *Neocapnodium tanakae*(Shirai et Hara)Yamam、头状胶壳炱 *Scorias capitata*、刺三叉孢炱 *Triposporiopsis spinigera*、光壳炱 *Limacinia* sp.、爪哇黑壳炱 *Phaeosaccardinula javanica*(Zimm.)Yamamoto 等。这些病原菌均属子囊菌真菌。茶新煤炱菌丝体浅褐色,从菌丝的隔膜处缢断后产生无色或褐色的星

状分生孢子。星状分生孢子有 3～4 个分叉，每个分叉上具 3～4 个分隔，尖端钝圆。分生孢子器圆筒形或不规则形，大小为 (200～500) μm×(13～16) μm，生于单一或分枝的长柄上，褐色，顶部膨大，具孔口。分生孢子单胞无色，椭圆形或卵圆形，大小为 (3～4.4) μm×(2～2.5) μm。子囊座常与分生孢子器混生，纵长，单一或有分枝，顶端膨大呈球形或头状，黑色，直径 39～72 μm，内生多个子囊。子囊卵圆形或棍棒状，内生子囊孢子 8 个，呈立体排列。子囊孢子椭圆形或梭形，大小为 (8～10) μm×(3～5) μm，初为无色单胞，后呈褐色，有 1～3 个分隔（图 11-11）。

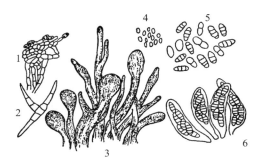

图 11-11 茶煤病菌
1.菌丝体 2.星形分生孢子 3.分生孢子器和子囊壳混生
4.分生孢子 5.子囊孢子 6.子囊

3．侵染循环

病菌以菌丝体、分生孢子器、子囊壳在病叶组织中越冬。翌春环境条件适宜时，产生分生孢子或子囊孢子，随风雨传播，落在茶树上蚧类、粉虱、蚜虫等分泌的蜜露上获取营养，并附于枝叶表面生长蔓延，形成烟煤，并再次产生各种孢子，又随风雨或昆虫传播，引起再侵染。

4．发病条件

粉虱、蚜虫、蚧类的发生是茶煤病发生的前提。发病轻重与害虫发生数量多少密切相关，特别是黑刺粉虱、龟蜡蚧、红蜡蚧有利于繁殖。发病叶上烟煤层颜色及厚薄与害虫种类、分泌物多少有关。茶园管理粗放、荫蔽潮湿、雨后湿气滞留易发病。

5．防治

（1）加强茶园管理

及时适当修剪，勤除杂草，改善通风透光条件；雨后及时排水，严防湿气滞留；合理施肥，增强树势。

（2）及时防治茶园害虫

控制粉虱、蚜虫、蚧类等害虫是防治该病的根本措施。

（3）药剂防治

早春和晚秋非采茶期，喷 0.5 波美度的石硫合剂、30％绿得保悬浮剂 500 倍液、47％加瑞农可湿性粉剂 700 倍液、12％绿乳铜乳油 600 倍液。

（十二）茶枝梢黑点病

茶枝梢黑点病（tea shot black spot）是一种重要的茶树枝干部病害。1963 年在浙江省杭州市最早发现，现在浙江、江苏、安徽、广东、广西、贵州等产茶区均有分布。危害半木质化新梢，引起夏茶生长缓慢，甚至枯梢。

1．症状

危害当年生半木质化新梢。病部初为灰褐色不规则形斑块，后向上下扩展，转为灰白色大斑包围枝梢，可长达 10～20 cm，使病梢呈灰白色。后期病部上散生圆形至椭圆形、黑色略具光泽的隆起小粒点，即病菌的子囊盘。

2．病原物

病原物为 *Cenangium* sp.，子囊菌薄盘菌属。子囊盘初埋生于枝梢表皮下，后突破表皮外露，盘革质，无柄，散生，黑色略具光泽，杯状，大小 0.5 mm。子囊棍棒状，直或稍弯，大小为 (114～172) μm×(20～24) μm，内含 8 个子囊孢子。子囊孢子在子囊的上部排成双行，下部则为单行或交叉排列，单胞无色,长椭圆形或长梭形,有的稍弯曲,大小为(22～42)μm×(5.5～7.5)μm。子囊间有侧丝,较子囊长,大小为(66～363)μm×(3.3～4.4)μm(图 11-12)。

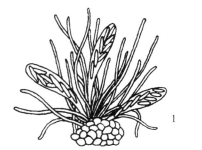
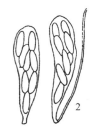

图 11-12　茶枝梢黑点病菌
1.子实体部分　2.子囊及子囊孢子

3. 侵染循环

病菌以菌丝体或子囊盘在病梢中越冬。翌春 3 月下旬至 4 月上旬,温、湿度适宜时产生子囊孢子,借风雨传播,侵染新梢。夏季高温干旱时病害受到抑制,秋季多雨,病害发生也多。一年一次初侵染,无再侵染,因此病害一般需要几年病原累积才可引起流行。

4. 发病条件

该病发生与气候条件密切相关。气温在 20～25℃,相对湿度高于 80% 时,有利于该病发生和扩展;当气温高于 30℃,相对湿度低于 80% 时,发病停止。在长江流域茶区,5 月中旬至 6 月中旬为发病盛期,以后因高温干旱而停止发生。一般偏施氮肥和过量追施氮肥的壮龄茶树,以及管理不善的老茶树,发病均较普遍。品种间抗病性有差异,枝叶生长繁茂、发芽早的品种易感病。

5. 防治

(1) 选用抗病品种

种植抗病品种,如台茶 12 号。避免大面积连片种植单一品种。

(2) 加强茶园管理

及时剪除病梢,带出茶园外集中烧毁。发病重的要重剪,可有效减少初侵染源,减轻发病。

(3) 药剂防治

5 月上、中旬的春茶后(即发病盛期前),及时喷 50% 苯菌灵可湿性粉剂 1500 倍液、25% 三唑酮可湿性粉剂 500 倍液、70% 甲基硫菌灵可湿性粉剂 1000～1500 倍液、70% 甲基托布津可湿性粉剂 1000 倍液、50% 代森铵可湿性粉剂 1000 倍液等药剂。

(十三)茶膏药病

茶膏药病(tea felt fungus)是茶树的一种枝干部病害,在国内各茶区均有分布。老茶树上发生普遍,导致树势衰弱。除危害茶树外,还可侵染柑橘、桑、桃、李、樱桃等木本植物。

1. 症状

危害老茶树中下部枝干。发生于蚧壳虫分泌物上,向四周蔓延,形成一个中央厚、边缘薄的菌膜,像膏药一样贴于枝干,老熟后可干缩龟裂。常见的有灰色膏药病和褐色膏药病两种。灰色膏药病初生白色棉毛状物,后转为暗灰色,中间暗褐色,圆形,表面光滑,湿度大时上面覆盖一层白粉状物。褐色膏药病形成椭圆形至不规则形厚菌膜,栗褐色,较灰色膏药病稍厚,表面丝绒状,较粗糙,边缘有一圈窄灰白色带。

2. 病原物

灰色膏药病的病原为柄隔担耳菌 *Septobasidium pedicellatum*(Schw.)Pat,担子菌隔担菌属。菌丝有分隔,初无色,后为褐色,菌丝体互相交错成菌膜。菌膜上先产生无色近圆形的原担子,后在原担子上长出圆筒形、弯曲的担子,大小为(20～40)μm×(5～8)μm,无色,具 3 个分隔,每个细胞各生 1 个小梗,顶生 1 个担孢子。担孢子单胞无色,长椭圆形或圆柱形,大小为(19～26)μm×(4～5)μm。担孢子萌发时可长出单胞、无色的小孢子。

褐色膏药病的病原物为田中隔担耳菌 *Septobasidium tanakae* Miyabe,担子菌隔担菌属。菌丝具分隔,褐色。从菌丝上直接产生担子,担子棍棒状,无色,具 2～4 个分隔,大小为(49～65) μm×(8～9) μm,侧生的小梗上各生 1 个担孢子。担孢子单胞无色,长椭圆形,大小为(27～40) μm×(4～6) μm(图 11-13)。

3. 侵染循环和发病条件

病菌以菌丝体在病枝干上越冬。次年春末、夏初高湿时,菌丝体形成子实层,产生担孢子,担孢子借风雨或虫传播到蚧壳虫分泌物上,萌发生长形成新的菌膜,可侵入寄主皮层吸取营养。

该病发生与蚧壳虫关系密切。若蚧壳虫不发生,一般则无病;蚧壳虫发生多,发病则重。土质黏重、排水不良、阴暗潮湿及管理粗放的茶园,茶树生长衰弱,易发病。

4. 防治

(1) 防治蚧壳虫

防治茶树蚧壳虫是防治该病的根本措施。

(2) 加强茶园管理

加强茶园的培育和管理,促进茶树生长健壮。

(3) 药剂防治

对发病严重的茶园,冬季刮除菌膜,再用 0.5 波美度的石硫合剂防治。

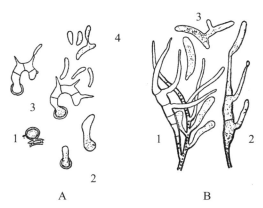

图 11-13 茶膏药病菌

A. 灰色膏药病菌:1. 原担子 2. 原担子产生担子
3. 担子及担孢子 4. 担孢子萌发产生小孢子
B. 褐色膏药病菌:1. 担子 2. 担子及担孢子形成
3. 担孢子及其萌发

(十四)茶苗白绢病

茶苗白绢病(tea southern blight)是一种常见的茶苗根部病害,在国内各产茶区均有分布。受害严重的苗圃,茶苗成片枯死,对发展新茶园影响较大。除茶树外,还可危害棉、麻、烟、花生、大豆、梨、苹果、柑橘等 200 多种植物。

1. 症状

主要危害茶苗茎基部。病部初产生紫褐色条点或条斑,后变为褐色,上生白色绢丝状菌丝体,并逐渐向四周及土面扩展,形成白色绢丝状菌膜。后期病部产生许多油菜籽大小的菌核,菌核颜色由白变黄,最后呈褐色。地上部叶片变黄,枯萎脱落,甚至全株死亡。

2. 病原物

病原物有性态为罗氏阿太菌 *Athelia rolfsii* (Cursi) Tu. & Kimbrough.〔原称罗氏伏革菌 *Corticium rolfsii* (Sacc.) West〕,担子菌阿太菌属;无性态为齐整小核菌 *Sclerotium rolfsii* Sacc.,无性真菌类小核菌属。菌丝初为白色,后略带褐色。菌核球形或椭圆形,直径为 0.8～2.3 mm,表面光滑而有光泽。病部菌膜状的菌丝体表面有时常形成白色的担子层。担子棍棒形,大小为(9～20) μm×(5～9) μm,单胞无色。担孢子近圆形或梨形,单胞无色,大小为(5～10) μm×(3.5～6.0) μm(图 11-14)。病菌生长温度为 13～38℃,以 32～33℃ 为最适;酸碱度为 1.9～8.4,以 5.9 最适。

图 11-14 茶苗白绢病菌

1. 担子 2. 担孢子

3. 侵染循环和发病条件

病菌以菌丝体在病部组织内或以菌核在土壤中越冬。翌春温、湿度适宜时,越冬的菌丝体开始萌发繁殖,菌核则抽生菌丝体,在土表伸展蔓延,遇寄主后从表皮直接侵入。病菌的再侵染主要靠病部产生的菌丝在土表伸展侵害邻株,也可借雨水、水流、苗木调运及田间农事操作等传播扩大危害。担孢子的传病作用不大。

该病喜高温高湿环境。一般6—7月的高温高湿季节易发生。此外,土壤黏重、土质偏酸、排水不良、茶苗生长不好、前作为感病作物的苗圃易发病。

4. 防治

(1)选用无病苗圃和无病苗木

选择无病地作苗圃,最好选荒地育苗,应避免选前作物为感病寄主的地块作苗圃。选用无病苗木,剔除病苗。

(2)加强茶园管理

及时排水,增施磷钾肥及有机肥,促进茶苗生长苗壮,增强抗病性。

(3)药剂防治

发现病株及时拔除,可选用40%菌核净可湿性粉剂1500倍液、50%异菌脲可湿性粉剂1000倍液、43%戊唑醇乳油1500倍液、50%甲基托布津可湿性粉剂800倍液、20%甲基立枯磷500倍液、50%苯菌灵可湿性粉剂1000~1500倍液、50%腐霉利可湿性粉剂1000~1500倍液灌浇病苗基部。

二、细菌病害(茶根癌病)

茶根癌病(tea crown gall)危害茶苗根部,在短穗扦插苗圃发生较为普遍。在国内各茶区均有发生。除茶树外,还可危害桃、梨、苹果、李、梅、杏、葡萄、柑橘等300多种植物。

(一)症状

主要危害扦插苗的根部,特别是切口处最易受害。病菌从茶苗的切口或伤口处侵入,刺激茶苗根部组织和细胞增生,初形成浅褐色球状小突起,后逐渐扩大成瘤状物,小的似粟粒,大的如蚕豆,通常许多小瘤聚集一起成大瘤;后期病瘤变为褐色,内部木质化,表面粗糙,质地坚硬。被害茶苗须根少或不发新根。病苗地上部生长发育不良,叶色逐渐褪绿发黄,严重的叶片脱落,甚至全株枯死。

(二)病原物

病原物为根癌土壤杆菌 *Agrobacterium tumefaciens*(Smith et Townsend)Conn,革兰氏阴性细菌土壤杆菌属。菌体短杆状,大小为(1.0~3.0)μm×(0.4~0.8)μm,具1~5根侧生鞭毛,能游动,无芽孢,有荚膜,革兰氏染色阴性。在琼脂培养基上形成的菌落白色至灰白色,圆形,略突起,有光泽。病菌的发育温度为10~34℃,最适温度为22~30℃,致死温度为51℃(10 min)。在pH 5.7~9.2范围内均能生长,最适pH为7.3。

(三)侵染循环和发病条件

茶根癌病细菌是一种土壤习居菌,在病株周围土壤和病组织中越冬。春季环境条件适宜时,借灌溉水或雨水作近距离传播,也可由地下害虫及农事操作传播。远距离传播主要靠病苗的调运和病土的搬动。病菌从切口或伤口处侵入皮层组织细胞,生长繁殖,刺激茶苗细胞加速分裂,形成大量肿瘤。肿瘤内大量的细菌随着病组织的脱落而进入土壤中,进行新一轮的侵染。

苗木上的伤口和切口是该病发生的主要条件。此外,排水不良、土壤过湿、土质黏重以及地下害虫较多的苗圃,均易诱发此病。

(四)防治

1. 选择无病育苗地

应选择无根癌病史的苗地育苗;选择避风向阳、排水良好、土质疏松肥沃的无病地育苗。施肥以腐熟的有机肥为主,适当增施酸性化学肥料,可抑制根癌菌生长。

2. 控制病苗调运

调运茶苗或移植茶苗时,应严格进行检查,剔除病苗。

3. 加强茶园管理

及时防治地下害虫,尽量减少根部伤口,以促进茶苗生长健壮及减少病菌传播和侵染的机会。

4. 药剂防治

扦插前,插穗在0.1%硫酸铜中浸5 min,再在2%石灰水中浸1 min。发现病株及时挖除,病穴用0.5%硫酸铜或80%抗菌剂402乳剂1000倍液浇灌。

三、线虫病害(茶苗根结线虫病)

茶苗根结线虫病(tea root knot nematode disease)在国内各茶区均有分布。主要危害茶苗和幼龄茶树,造成茶园枯死。此外,还可危害果树、林木、蔬菜、花卉、药材等千余种植物。

(一)症状

主要危害1~2年生实生苗根部或扦插苗根部。病原线虫侵入后,引起寄主主根和侧根形成大小不等的瘤状物,即虫瘿。瘤状物大的如黄豆,小的似油菜籽,初期表面光滑,色泽与健根表皮相似,后变为粗糙,呈褐色或深褐色。主根早期受害,则侧根和须根少发或不发。扦插苗感病,病根多密集成一团,易折断。茶苗根部被害后,吸收水分及养料受阻,引起地上部发育不良,植株矮小,叶色由绿色变黄色至褐色,严重时引起大量落叶,造成全株死亡。

(二)病原物

病原物为根结线虫 *Meloidogyne* spp.,动物界线虫门根结线虫属(*Meloidogyne*)。危害茶树的根结线虫在我国已发现4种,其中主要有南方根结线虫 *M. incognita*(Kofoid et White)Chitwood、花生根结线虫 *M. arenaria*(Neal)Chitwood 和爪哇根结线虫 *M. javanica*(Treub)Chitwood 等3种。根结线虫有卵、幼虫、成虫三个发育阶段。卵椭圆形或长椭圆形,无色透明,大小为0.08 mm×0.03 mm,产于体末的胶质卵囊内,通常卵囊内有数百粒卵。幼虫线形,无色透明,大小为0.4 mm×0.02 mm,初期雌雄无分化,经蜕皮数次后逐渐分化为雌雄异形的成虫。雌成虫梨形或柠檬形,头部尖,有明显的颈部,体躯膨大,大小为(0.44~1.30)mm×(0.33~0.70)mm,初为白色,后为黄白色。雄成虫体型和幼虫相似,但粗长而常卷曲,尾端稍圆,头部略尖,内部各器官较明显,大小为(1.20~1.50)mm×(0.03~0.04)mm(图11-15)。

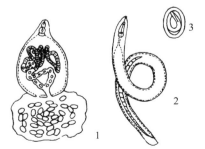

图 11-15 茶苗根结线虫

1.雌成虫及其产卵状 2.雄成虫 3.1龄幼虫

（三）侵染循环和发病条件

该病以幼虫在土壤中或成虫和卵在病根的虫瘿中越冬。翌春当气候条件适宜时，发育成的2龄幼虫即迁入土中，通常从茶根的根尖附近侵入，头接近中柱，体部在皮层，尾部向根尖而静止吸食，并分泌激素刺激组织细胞增生及增大，形成肿瘤。在其内发育为成虫后，雄成虫逸出根部寻找雌虫，交配产卵。卵孵后的1龄幼虫仍在卵内生活，到2龄时离开虫瘿迁入土中活动，作短距离移动后，接触到寄主嫩根又侵入危害。每年可发生7～8代。

根结线虫病发生与土壤的质地和温、湿度密切相关。病原线虫一般在土壤表层10～30 cm处最多。质地疏松、通气好的砂壤土苗地，有利于线虫活动。该虫的最适生长发育土温为25～30℃，土壤相对湿度为40%左右，幼虫在10℃以下即停止活动；致死温度为35℃（5 min）。前作为甘薯、花生等感病作物的熟地易发病，生荒地则发病轻。不同苗龄的茶树抗病性有明显差异。一年生茶苗易发病，随苗龄增加，抗病性也提高。不同品种的茶树抗病性也有较大差异。如云南大叶种、苔茶易感病，而广东饶平水仙种、福鼎则较抗病。

（四）防治方法

1. 选择无病地块育苗

选用生荒地育苗和种植茶树，尽量不使用前作是感病作物的田地育苗与种植。若选择前作地建茶园，可先种植高感线虫病的大叶绿豆及绿肥，测定土壤中有无根结线虫。

2. 控制病苗调运

调运苗木时，注意病苗检查，发现病苗，及时处理销毁。

3. 加强农业防治

在育苗或种植茶树前，行间种植万寿菊、危地马拉草、猪屎豆等能抑制线虫生长发育的植物，以减少线虫量。盛夏或烈日晴天深翻苗圃的土壤，将线虫翻至土表进行暴晒，以杀灭部分线虫，必要时铺地膜或塑料膜，使土温升至45℃以上效果更好。

4. 药剂防治

育苗圃用10%噻唑膦（福气多）颗粒剂1500～2000 g/667 m² 进行撒施、沟施、穴施。或用41.7%氟吡菌酰胺悬浮剂3000倍液蘸根或5000倍液浸根后定植，也可有效预防根结线虫的危害。发生根结线虫时，可先用大水灌溉一次，等水渗下后，相隔一天以后进行第二次浇水，在第二次浇水时再随水冲施20%噻唑膦水乳剂750～1000 mL/667 m²，或21%阿维•噻唑膦500～1000 mL/667 m² 等药剂，可有效控制住根结线虫的危害。淡紫拟青霉（淡紫紫孢菌）菌剂可侵入线虫虫卵及成虫虫体，并毒杀虫体，有较好的防治效果。

四、寄生性及附生性植物引起的病害

（一）茶藻斑病

茶藻斑病（tea cephaleuros leaf spot），又称白藻病，是寄生性藻类在茶树老叶上引起的一种病害。国内各茶区均有分布。除危害茶树外，还可危害柑橘、山茶和油茶等30余种植物。

1. 症状

主要危害茶树中下部老叶，以叶正面为主。初为黄褐色针尖大小圆形病斑或十字形斑点，后逐渐向四周作放射状扩展，形成圆形或近圆形稍隆起的毛毡状物，灰绿色或黄褐色，表面呈纤维状纹理，边缘不整齐,直径 1～5 mm;后期色泽较深,表面也较平滑。

2. 病原物

病原物为绿藻 *Cephaleuros virescens* Kunze,绿藻门头孢藻属。病斑上的毛毡状物为其营养体和繁殖体。营养体在叶表形成很密的二叉状分枝,其上垂直长出孢囊梗,大小为(85～340) μm×(13～20) μm。孢囊梗有多个分隔,顶端膨大,上生多个小梗,其顶端着生游动孢子囊,内生许多椭圆形具双鞭毛的游动孢子(图 11 - 16)。

3. 侵染循环

病菌以营养体在病叶上越冬。翌春温、湿度适宜时,产生游动孢子囊和游动孢子。游动孢子借风雨传播,落到健康叶片的表面,水中萌发后从叶片角质层侵入,并在叶片表皮细胞及角质层之间蔓延,形成新病斑。病斑上又形成游动孢子囊和游动孢子,借风雨传播,不断进行再侵染。

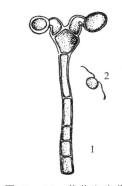

图 11 - 16 茶藻斑病菌
1. 孢囊梗及孢子囊 2. 游动孢子

4. 发病条件

该病害属高湿型病害。寄生性较弱,多寄生在衰弱茶树上。茶园荫蔽、通风透光不良、湿度大时有利于发病。此外,茶丛下部叶片发生较多。

5. 防治

(1)加强茶园管理

合理施肥,增施磷钾肥,中耕除草,合理修剪。老茶树应及时进行台刈更新,以增强树势和改善通风透光条件。

(2)药剂防治

对重病茶园,早春或晚秋发病初期喷 0.6%～0.7%石灰半量式波尔多液或 0.5%硫酸铜溶液进行防治。

(二)茶树苔藓和地衣

苔藓(bryophyte)和地衣(lichen)是老茶树枝干上常见的附生性植物。在国内各产茶区均发生,尤以山区茶园发生为重。附生后造成树势生长衰弱,严重影响茶芽萌发和新梢叶片生长。

1. 症状

主要附生于茶树枝干上。苔藓附生后呈黄绿色青苔状或簇生状物。

地衣呈青灰色或灰绿色的叶状体,根据其外形可分为叶状地衣、壳状地衣和枝状地衣等 3 种。叶状地衣形如叶状,平铺,有时边缘反卷,仅由假根附着于树皮上,易剥离。壳状地衣形状不一,紧贴于树皮或其他基物上,不易剥离,常见的如文字地衣呈皮壳状,表面有黑纹。枝状地衣的叶状体直立或下垂,呈树枝状。

2. 病原物

苔藓是一种高等植物,由苔纲和藓纲的不同类群所组成。无维管束组织,但具绿色的假茎和假叶,可进行光合作用,以假根附着在枝干上吸收水分,或从周围环境中吸水。其有性繁殖体为配子体,配子体呈叶茎状,茎状体顶端生颈卵器及藏精器,受精后发育成具有柄和蒴的配子囊,当其内的孢子成熟后蒴盖随即脱落,孢子随风飞散传播,遇适宜环境即萌发长成新个体。我国危害茶树的苔藓有 20 多种,安徽、浙江等省的优势种有悬藓 *Barbella pendula* Fleis 和中华木衣藓 *Drummondia sinensis* Mill 等。

地衣是真菌和藻类的共生体,其中真菌绝大多数是子囊菌,少数为担子菌,而藻类为蓝藻和绿藻。地衣以叶状体碎片进行营养繁殖,也能以粉芽或针芽繁殖飞散传播。此外,地衣内的真菌也能进行孢

子和菌丝体繁殖,当遇到藻类后即营共生而成为地衣。我国危害茶树的地衣有 13 种。

3. 侵染循环和发病条件

苔藓和地衣在早春气温升至 10℃ 以上时开始生长,产生的孢子借风雨传播蔓延。在春季阴雨连绵或 5—6 月温暖潮湿的梅雨季节生长最盛,在炎热的夏季一般停止生长,秋季气温下降后又恢复生长,冬季进入休眠。

苔藓和地衣的发生与茶园环境、树龄、栽培管理等密切相关。苔藓多发生在阴湿的茶园,地衣则在山地茶园发生较多。幼龄和壮龄茶树生长旺盛,较少发生,而老茶树树势衰弱、树皮粗糙,易发病。

此外,茶园土壤黏重、地势低洼、排水不良、管理粗放、杂草丛生、采摘过度、肥料不足等均易发生苔藓和地衣。

4. 防治

(1) 加强茶园管理

勤除杂草,雨后及时排水,清理丛脚,以改善茶园小气候;及时施肥,增施有机肥,合理采摘,适当修剪,衰老茶树应及时台刈更新,使茶树生长健壮。

(2) 药剂防治

在非采茶季节,用 1‰石灰等量式波尔多液或石硫合剂喷洒枝干,或用草木灰浸出液煮沸并浓缩,涂抹病部,均有良好防效。秋冬季采茶时喷施硫酸亚铁溶液可有效防治苔藓,但对地衣无效。

(三)茶菟丝子

菟丝子(dodder)是一种寄生性种子植物,常见的有日本菟丝子 *Cuscuta japonica* Choisy 和中国菟丝子 *C. chinensis* Lamb。寄生于茶树上的菟丝子是日本菟丝子,在国内主要产茶区均有发生。

1. 症状

茶菟丝子以黄色或橘黄色的藤茎缠绕茶树枝干上,受缠绕的枝干产生缢痕,藤茎在缢痕处形成吸盘,吸收茶树体内的营养物质。藤茎生长迅速,不断分枝攀缠茶树,直至遍布树冠,导致茶树树势衰弱,叶片枯黄脱落,茶芽稀少,严重时全株枯死。

2. 病原物

茶菟丝子是一年生全寄生的种子植物,无根,叶片退化成鳞片状;茎细长、线状,黄色或橘黄色。夏末秋初开小朵黄白色的花,总状花序;蒴果卵圆或椭圆形,内有 1～4 粒种子,扁平,褐色。

3. 侵染循环

茶菟丝子以种子散落在土壤中越冬。翌年 4—5 月温度适宜时发芽,长出淡黄色细丝状的幼苗。随后不断生长,藤茎上端部分飘在空中,遇到茶树茎部便缠绕其上,产生吸盘,固定在寄主组织中。然后分化出导管和筛管,与茶枝干的导管和筛管相连,吸收其中的水分和养分。此时,菟丝子吸盘以下部分退化、消失。吸盘以上部分不断分枝生长,缠绕危害寄主。8—10 月秋雨季节为发病盛期。一般夏末、秋初开花,10 月种子成熟散落于土壤中越冬。

4. 防治

(1) 人工防治

在茶菟丝子种子未成熟前剪除,并带出园外深埋或烧毁,个别茶树受害严重时应一起剪除。秋、冬季翻土 15～20 cm,深埋种子,以免翌年萌发。

(2) 药剂防治

对出土不久的茶菟丝子幼嫩植株,在阴天或早晚每 667 m² 用生物农药鲁保 1 号 1.5～2.0 kg 喷施。

第二节 重要螨类

在我国危害茶树的螨类(mites)主要是茶橙瘿螨 *Acaphylla theae*(Watt)、茶叶瘿螨 *Calacarus carinatus*(Green)、卵形短须螨 *Brevipalpus obovatus* Donnadieu、咖啡小爪螨 *Oligonychus coffeae* (Nietner)、侧多食跗线螨 *Polyphagotarsonemus latus*(Banks)。害螨种类和危害程度因茶区而异,其中茶橙瘿螨和茶叶瘿螨发生较普遍,侧多食跗线螨在四川茶区较严重。

茶橙瘿螨(pink tea rust mite),又名茶刺叶瘿螨;茶叶瘿螨(purple tea mite,ribbed tea mite),又名龙首丽瘿螨、茶紫瘿螨、茶紫锈螨、茶紫蜘蛛;两者均属真螨目、瘿螨科(Eriophyidae)。全国各产茶省均有分布,两者常混合发生,成螨和若螨刺吸茶树叶片液汁,是当前我国茶树最严重的害螨之一。前者主要危害成叶和幼嫩芽叶,也危害老叶;后者主害老叶和成叶。螨少时症状不明显,螨较多则被害叶片呈黄绿色,主脉红褐色,失去光泽,芽叶萎缩,呈现不同色泽的锈斑,严重时甚至枝叶干枯,一片铜红色,状似火烧,后期大量落叶。茶叶瘿螨危害初期被害状不明显,仅略似有灰白色尘末状物散生其上。除茶外,茶橙瘿螨也危害油茶、檀树、漆树及春蓼、一年蓬、苦菜、星宿菜、亚竹草等多种杂草;茶叶瘿螨也可危害山茶、尾叶山茶、落瓣油茶、辣椒及欧洲荚蒾。

卵形短须螨(private mite,scarlet mite,false mite),又名茶短须螨,属真螨目、细须螨科(Tenuipalpidae)。分布于国内各产茶区。寄主有 45 科 120 多种。除茶树外,尚有菊科、杜鹃科、唇形科、玄参科、蔷薇科、毛茛科、梧桐科、金丝桃科、报春花科等,以草本、藤本及小灌木上为多。在茶树上主要危害老叶和成叶,也可危害嫩叶。被害叶逐渐失去光泽,主脉变褐色,叶背有较多紫褐色突起斑,后期叶柄霉变引起落叶,严重时可导致茶园成片落叶,甚至形成光秆。

侧多食跗线螨,又名茶跗线螨(yellow tea mite)、茶半跗线螨等,属真螨目、跗线螨科(Tarsonemidae)。国内长江流域各省茶区均有分布,尤以在四川和贵州发生特别严重。除茶树外,尚危害棉花、黄麻、大豆、花生、柑橘、葡萄、茄子、辣椒、白菜、萝卜、黄瓜、菜豆、豇豆、番茄、马铃薯、橡胶、合欢、榆、野玫瑰、桃叶蓼等,约 29 科 68 种。趋嫩性很强。茶树幼嫩芽叶被害后,自叶背至叶面均呈褐色,并硬化、变脆、增厚、萎缩,生长缓慢甚至停止。

一、形态特征

3 种茶树害螨形态特征的比较见表 11-1 和图 11-17,其中侧多食跗线螨的形态特征见第九章。

表 11-1　3 种茶树害螨形态特征的比较

种类	成螨	卵	幼或若螨
茶橙瘿螨	长圆锥形,长约 0.19 mm,宽约 0.06 mm,黄至橙红色。前体段足 2 对,末端有羽状爪。后体段有很多环纹。腹末 1 对刚毛	球形,无色透明,呈水球状,近孵化时浑浊	幼螨无色至淡黄色;若螨淡橘黄色。后体段环纹不明显
茶叶瘿螨	椭圆形,长约 0.2 mm,宽约 0.07 mm,紫黑色,背面有 5 条纵列的白色絮状蜡质分泌物。前体段足 2 对。后体段背腹面均有很多环纹	圆形,黄白色,半透明	初孵幼螨体裸露,有光泽。若螨黄褐至淡紫色,体被白色蜡质絮状物;后体段环纹不明显
侧多食跗线螨	雌螨椭圆形,长 0.20～0.25 mm,宽 0.10～0.15 mm。初为乳白色,渐转淡黄、黄绿等色,半透明,体背有纵向乳白色条斑。足 4 对,第 4 对足上有 1 根鞭状细长毛。雄螨近菱形,乳白至淡黄色,第 4 对足粗大	椭圆形,无色透明,近孵化时淡绿色。卵表有纵向排列整齐的若干灰白色小疣突	幼螨近椭圆形,乳白色,取食后为淡绿色,其后呈菱形,足 3 对。若螨长椭圆形,背面具带状白斑,足 4 对

植物保护学

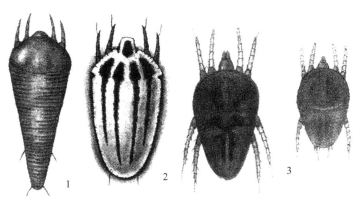

图 11-17　3种茶树害螨

1.茶橙瘿螨成螨　2.茶叶瘿螨成螨　3.卵形短须螨成螨和若螨

二、生物学与生态学特性

(一)年生活史与生活习性

1. 茶橙瘿螨

年发生代数因茶区而异,长江流域一年可发生20余代,台湾30代。据中国农业科学院茶叶研究所观察,从4—10月间每月每旬饲养一代,平均卵期2.0～7.3 d,幼、若螨期平均2.0～6.4 d,产卵前期1～2 d。据推算,在浙江杭州3、4、5、6—8、9、10、11、12月份约各发生1代、2代、3代、4代、3代、2代、1代和1代,一年可发生25代左右。

世代重叠现象颇为严重,虫态混杂。各虫态均可越冬,其中一般以成螨为主,场所多在成、老叶背面。次年3月中下旬气温回升后,越冬虫态开始活动。全年有1～2次明显的发生高峰,发生2个峰时,第1峰在5月中旬至6月下旬,第2峰在8—10月高温干旱季节,以第1峰为主;发生1个峰时,高峰在8—10月,以9—10月虫量最多。

成螨大量行孤雌生殖。卵散产,产于叶背,多在侧脉凹陷处。日夜均可产卵,每雌产卵最多可达50粒,平均20粒左右。成螨寿命因温度而异,在6—8月室温23℃以上时平均4～6 d,9月室温20℃左右时平均约为7 d,10月室温在20℃以下时,个别可长达一个多月。自幼螨至成螨要经历2次蜕皮,第1次由幼螨变为若螨,第2次由若螨变为成螨,每次蜕皮以前都有一个不食不动的静止期。在9月份,静止期约为15 h。据原浙江农业大学多年调查结果显示,幼螨、若螨绝大多数(99%以上)在叶背面,成螨亦以叶背居多(占64.0%～99.9%)。一叶上最多曾见成螨、若螨、幼螨2300头。茶树上部叶片上螨口密度最高,中部次之,下部最低,平均为30.58∶3.35∶1。芽、嫩叶、成叶、老叶上均有分布。春茶之前,多集中在上部老叶上。春茶期,以嫩叶和上部老叶上密度最高。夏茶期,以嫩叶与春留成叶上密度最高。秋茶期,通常以春留成叶与夏留成叶上密度最高,嫩叶上也不少。在芽梢上,若以叶片为单位,一般鱼叶上第1片真叶螨口最多,往上渐次减少,芽上最少,鱼叶上往往相当多,有的甚至超过鱼叶上第1片真叶。由于鱼叶面积小,从单位面积来看,螨口密度常是芽梢上最高的。田间呈聚集型分布。在冬季和早春田间螨量较小,聚集程度较高,聚集度指数为2.1453～4.7687,6月田间螨量大,聚集程度相对较低。

2. 茶叶瘿螨

在长江中下游年发生10余代,主要以成螨在叶背越冬,世代重叠现象也十分严重,全年以7—10月为发生盛期。茶叶瘿成螨主要栖息于叶面,以叶脉两侧和低洼处为多。卵散产于叶面,每雌约产卵

16～28 粒。当平均气温 23℃时,完成 1 代约需 10～12 d,其中卵期 6.5～6.8 d,幼螨期 1～3 d、若螨期 2 d,产卵前期 1～2 d;平均气温 25℃时,完成 1 代约需 13～14 d,其中卵期 5 d,幼、若螨期 4～5 d,产卵前期 4 d;成螨寿命 6～7 d。平均气温 32℃时,完成 1 代仅需 10 d 左右。

3. 卵形短须螨

在浙江、江苏、湖南等省年发生 7 代。主要以成螨群集在根颈部、表土下 0～6 cm 处越冬,个别在落叶和腋芽上。次年 4 月开始往茶树叶片上迁移危害,6 月虫口增长迅速,7—9 月常出现虫口高峰,10 月后虫口下降,11 月后爬至根部越冬,世代重叠现象严重。在海南无越冬现象。在台湾年发生 11 代。当平均温度在 27.5～31℃时,完成 1 代约需 20 d,24～27℃时为 30 d 左右,20～23℃时为 35 d 左右,17～19℃时为 40 d 左右。

成螨寿命很长。非越冬雌成螨平均为 34.9～46.8 d,长的达 72 d,越冬成螨可达 6 个月以上。雄成螨一般为 20～30 d。在自然界,99% 以上为雌螨,主要以孤雌生殖繁殖后代。每雌平均产卵 34.5～40.4 粒。卵散产,叶背最多,占 80.4%,枝条、腋芽、叶柄、叶面分别占 6.7%、6.3%、4.5% 和 2.0%。卵期平均 6.1～22.2 d,幼螨期平均 3.3～8.1 d,第 1、2 若螨期平均各 3.3～8.2 d 和 4.2～14.4 d,产卵前期平均 1.8～6.2 d。雌性自幼螨至成螨需经 3 次蜕皮。每次蜕皮之前都有一个不食不动的静止期,第 1、2、3 次静止期分别需要 1～5 d、1～4 d 和 2.5～8 d。成螨、幼螨、若螨主要栖息于叶背,可达 88%,叶面占 7% 左右,枝条、腋芽、叶柄上也有少量分布。从整株茶树来说,以中部最多,上部最少,8—10 月则上部数量可超过下部。

4. 侧多食跗线螨

年发生 25～30 代,以雌成螨在茶芽鳞片、叶柄缝隙、蚧虫的蜡壳等处越冬,也可在茶丛徒长枝的成叶背面或杂草上越冬。冬温暖的地区,终年能生长繁殖。次年 3、4 月间开始活动,6、7 月份螨口迅速上升。

成螨一般栖息于嫩叶背面,少数在叶片正面活动,多分布芽下第 2 叶。初期危害有明显的发生中心。两性生殖为主,亦营产雄孤雌生殖。卵散产于芽尖和嫩叶背面,每雌产卵 2～106 粒。成螨寿命 4～76 d,越冬雌成螨约达 6 个月。最适的日均温为 22～28℃,超过 38℃,死亡率增加。最适温度下,完成 1 代需 3～8 d;12.5～24.9℃下,卵、幼螨、雌成螨产卵前期各历时 1～8 d、1～10 d 和 1～4 d,1 代需 3～18 d。

(二)发生与环境

1. 茶橙瘿螨和茶叶瘿螨

气象因子对茶橙瘿螨和茶叶瘿螨发生均有明显影响。对茶橙瘿螨而言,平均温度在 18～26℃,相对湿度 80% 以上,茶芽全面伸展对其有利。冬季低温则影响不大。大雨、暴雨,尤其暴风雨冲击之后,螨口急剧下降。但雨量小,雨日多,时晴时雨则有利其发生。7、8 月炎热,日均温长期在 27℃以上,对其发生不利,将影响 7、8 月间螨口高峰的出现,甚至影响整个下半年的螨口。往往向阳坡发生较多,背阴坡发生较少。对茶叶瘿螨而言,一般干旱季节危害严重,大雨对其不利。在福建福安,以 7—10 月发生最多,4—6 月(雨季)与 1—2 月(寒冷季节)螨口和被害叶均大量减少。

茶树对这两种螨的抗性品种间有一定差异。初步看来,叶片表皮角质化高、气孔密度小、茸毛多,以及叶片中含咖啡碱和氨基酸高的品种,茶橙瘿螨数量相对为少。如安徽十字铺农场调查,祁门槠叶种发生较多,而祁门 119、毛蟹、乌牛早等螨口较少。茶叶瘿螨对印度的阿萨姆品种的危害要重于中国品种。天敌主要有瓢虫、粉蛉、草蛉、捕食螨等。据测定,1 头瓢虫成虫每小时能捕食 25 头茶橙瘿螨。

2. 卵形短须螨

气温高低是影响种群消长的关键因子。适宜生长发育与繁殖的温度为 24～32℃,当旬平均温度

在 10～15℃ 时,越冬成螨出蛰,气温降至 17℃ 以下时即进入越冬。高温干燥有利其发生,低温多雨则不利于其发展。干旱季节受害较重。苗圃、幼龄茶园、台刈复壮茶园往往发生较多。地势高燥、土壤含水量少、茶树强采或管理粗放的茶园,受害后落叶较快。红点唇瓢虫和几种捕食螨对其有一定的抑制作用。

3. 侧多食跗线螨

高温、干旱时发生最多,严重影响夏、秋季生产。降雨时间长、雨量多均对其不利。留养茶园、幼龄茶园以及上年秋季未采净的茶园一般发生较多。黔眉 419、云茶等品种受害较轻。天敌有肉食螨、蜘蛛及蓟马等,以德氏钝绥螨 *Amblyseius deleoni* Muma et Denmark 作用最大。

三、防治方法

(一)加强植物检疫

严防将有螨苗木带出圃外。

(二)加强茶园管理

施好、施足基肥和追肥,合理采摘,做好抗旱防旱工作,促使生长健壮,以增强树势,提高抗逆能力。注意清除、处理茶园落叶和杂草。

(三)分批采摘

受害茶园适当增加采摘次数,及时采摘,有一定的作用。但这对茶叶瘿螨作用不大。

(四)生物防治

繁殖捕食螨或食螨瓢虫,在茶园进行释放防治。例如,在 9 月到翌年 3 月可释放德氏钝绥螨防治侧多食跗线螨,用量为 225000～300000 头/hm²。

(五)药剂防治

从 4 月下旬开始注意检查,要抢在高峰出现之前用药。一般可于春茶结束、夏茶开采前抓紧进行。对茶橙瘿螨,当中、小叶种茶树平均每叶螨口为 17～22 头,或叶片上螨口密度为 3～4 头/cm² 时,则应进行防治,可选用藜芦碱、矿物油等。对卵形短须螨和侧多食跗线螨,其防治指标分别是平均每叶有螨 10～15 头和 10～30 头。在茶季结束的秋末,可喷洒 0.5 波美度的石硫合剂,或用 45% 晶体石硫合剂 (3000 g/hm²)。此外,对侧多食跗线螨要狠抓"发虫中心"的防治。

第三节　重要害虫

一、尺蠖类

尺蠖类(gemoetrids)属鳞翅目、尺蛾科(Geometridae),是危害茶树叶片的一类重要害虫。成虫体较细瘦,翅宽大而薄,静止时常四翅平展,前后翅颜色相近并常有细波纹相连。卵常呈椭圆形,初产时多为绿色或近绿色。幼虫体细长,表面较光滑,似植物枝条,腹部仅第 6 节和臀节具足,爬行时体躯一屈一伸,俗称拱拱虫、量寸虫、造桥虫等。尺蠖类均以幼虫危害茶树,低龄幼虫喜停栖于叶片边缘,咬食嫩叶边缘呈网状半透明膜斑,高龄幼虫常咬食叶片呈光滑的"C"形缺刻,甚至蚕食整张叶片。严重时造成枝梗光秃,状如火烧。主要种类有:茶尺蠖 *Ectropis oblique* Prout、灰茶尺蠖 *Ectropis griseescens* Warren、油桐尺蠖 *Buzura suppressaria* Guenee、木橑尺蠖 *Culcula panterinaria*(Bremer et Grey)、茶银尺蠖 *Scopula subpunctaria*(Herrich-Schaeffer)、茶用克尺蠖 *Jankowskia athleta* Oberthür 和云尺蠖 *Buzura thibetaria* Oberthur 等。其中,茶尺蠖与灰茶尺蠖互为近缘种,且在外部形态上极为相似,难以区分。长期以来,茶树植保工作者一直把这 2 个种都认作为茶尺蠖,后由于在田间使用茶尺蠖核型多角体病毒(EoNPV)生物防控时,发现不同地区茶尺蠖种群对 EoNPV 的敏感性明显不同,且具不同敏感性的种群之间存在生殖隔离,因此开展形态特征和线粒体 COI 基因序列的对比分析,进而明确是 2 个种。

研究表明,茶尺蠖主要分布在浙江钱塘江以北、安徽郎溪以东和江苏大部分的茶区,其分布范围较小;灰茶尺蠖在全国大部分产茶区均有发生,分布范围较广,且在浙、苏、皖交界区域常与茶尺蠖混合发生,呈现带状分布。在成虫形态(图 11 - 18,6 和 8)上,茶尺蠖前翅外横线在中部向后突出,且从突出处至前缘段纹路较平,后翅外横线波状纹明显;灰茶尺蠖前翅外横线圆弧形,无明显外突和平直段,后翅外横线较平直,波状纹不明显。在幼虫形态(图 11 - 18)上,茶尺蠖高龄幼虫第 2 腹节背面的"八"字形黑色斑纹相对细长,后 1 对黑点清晰可见;灰茶尺蠖高龄幼虫第 2 腹节背面的"八"字形黑斑较为粗短,前后 2 对黑点均明显可见。由于两者在生活习性、发生与为害等方面均较为相似,以下重点介绍茶尺蠖。

茶尺蠖在国内分布于环太湖周边的江苏、浙江、安徽等地茶区。一年中以夏秋茶期间危害最重。严重时可使枝梗光秃,状如火烧,三茶、四茶不能采,树势衰弱,耐寒力差,冬季易受冻害,2、3 年后才能恢复原有产量。除茶树外,尚可危害大豆、豇豆、芝麻、向日葵及辣蓼等。

(一)形态特征

各虫态的形态特征(图 11 - 18、图 1 - 5)如下:

【成虫】体长 9~12 mm,翅展 20~30 mm。全体灰白色,翅面疏被茶褐或黑褐色鳞片。前翅内横线、外横线、外缘线和亚外缘线黑褐色,弯曲成波状纹,有时内横线和亚外缘线不明显,外缘有 7 个小黑点;后翅稍短小,外横线和亚外缘线深茶褐色,亚外缘线有时不明显,外缘有 5 个小黑点。秋季发生的通常体色较深,线纹明显,体型较大。有时体翅黑色,翅面线纹不明显。

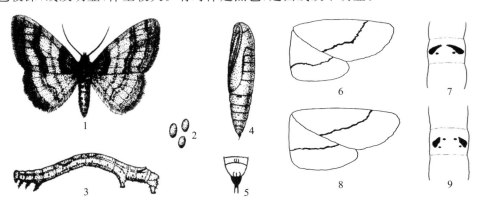

图 11 - 18 茶尺蠖及其与灰茶尺蠖的形态区分
1.茶虫蠖成虫 2.茶虫蠖卵 3.茶虫蠖幼虫 4.茶虫蠖蛹侧面观 5.茶虫蠖蛹腹部末端腹面观 6.茶虫蠖前后翅外横线
7.茶虫蠖高龄幼虫第 2 腹节"八"字纹与黑点 8.灰茶虫蠖前后翅外横线 9.灰茶虫蠖高龄幼虫第 2 腹节"八"字纹与黑点

【卵】椭圆形,长径约 0.8 mm,短径 0.5 mm。初产时鲜绿色,后渐变黄绿色,再转灰褐色,近孵化时黑色。常数十粒、百余粒重叠成堆,覆有灰白色絮状物。

【幼虫】共 4～5 龄。初孵幼虫体长约 1.5 mm;黑色;胸、腹部每节都有环列白色小点和纵行白线,以后体色转褐,白点、白线渐不明显,后期体长 4 mm 左右。2 龄初体长 4～6 mm;头黑褐色,胸、腹部赭色或深茶褐色,白点、白线全消失,腹部第 1 节背面有两个不明显的黑点,第 2 节背面有两个较明显的深褐色斑纹。3 龄初体长 7～9 mm;茶褐色;腹部第 1 节背面的黑点明显,第 2 节背面黑纹呈"八"字形,第 8 节出现一个不明显的倒"八"字形黑纹。4 龄初体长 13～16 mm;灰褐色,腹部第 2～4 节有 1～2 个不明显的灰黑色菱形斑,第 8 节背面的倒"八"字形斑纹明显。5 龄初体长 18～22 mm,充分成长时长达 26～30 mm;亦为灰褐色,腹部第 2～4 节背面的黑色菱形斑纹及第 8 节背面的倒"八"字形黑纹均其明显。

【蛹】长椭圆形,长 10～14 mm,褐色。触角与翅芽达腹部第 4 节后缘。第 5 腹节前缘两侧各有眼状斑一个。臀棘近三角形,有的臀棘末端有一分叉的短刺。

(二)生物学与生态学特性

1. 生活史与习性

在江苏南部和安徽宣、郎、广一带年发生 5～6 代。在浙江杭州年发生 6～7 代,一般年份均以 6 代为主,10 月份平均气温在 20℃ 以上,则可能部分发生 7 代。以蛹在树冠下土中越冬,在杭州翌年 3 月初开始羽化出土。一般 4 月上、中旬第 1 代幼虫开始发生,危害春茶。第 2 代幼虫于 5 月下旬至 6 月上旬发生,第 3 代幼虫于 6 月中旬至 7 月上旬发生,均危害夏茶。以后大体上每月发生 1 代,直至最后一代以老熟幼虫入土化蛹越冬。由于越冬蛹羽化时间不一,加之发生代数多,从第 3 代始即有世代重叠现象。

成虫羽化以清晨和 17—21 时为盛。白天四翅平展静伏茶丛中,傍晚开始活动,有趋光性和一定的趋化性,糖醋液能诱到雌雄蛾。成虫对茶树新梢气味有较强的定向选择性。羽化后当晚即可交配,以次日晚间为多。雌蛾多数仅交配 1 次,个别 2 次,雄蛾能多次交配,最多 5 次,平均 3.4 次。交配后次日即开始产卵,产卵均在夜晚,以 20—24 时为盛。卵成堆地产在茶树上部枝丫间、茎基裂缝和枯枝落叶间。产卵量以春、秋季节较多,每雌产卵 272～718 粒,平均 300 余粒;夏季较少,100～200 粒。成虫寿命一般为 3～7 d。

卵均在白天孵化。卵期 5～32 d,平均温度 19.5℃ 时为 10 d,24～25℃ 时 7 d,27～28℃ 时 6 d。第 1 代卵的发育起点温度为 6.13 ± 0.11℃,有效积温为 153.91 ± 3.87 日度。

初孵幼虫爬行迅速,有趋光、趋嫩性。2 龄后怕阳光,晴天日间常躲在叶背或丛间隐蔽处,以腹足固定,体躯大部离开枝叶,受惊动后立即吐丝下垂。清晨前及黄昏后取食最盛。1 龄幼虫仅食叶肉,残留表皮,被害叶呈现褐色点状凹斑。2 龄即能穿孔,或自边缘咬食嫩叶,形成缺刻(花边叶)。3 龄后食量急增,严重时连叶脉也吃光,造成秃枝,促使茶树衰老,甚至死亡。幼虫共 4 或 5 龄,第 1、2、6 代大多蜕皮 3 次 4 龄即化蛹,少数 5 龄化蛹;而第 3、4、5 代大多 5 龄,仅少数 4 龄化蛹。幼虫历期长短受温度影响颇大,气温高,历期短,其中第 2、3、4、5 代历期较短,第 1 和 6 代则较长,在杭州各代幼虫期分别为 28.6 d、13.3 d、12.1 d、12.8 d、16.0 d 和 22.0 d 幼虫的发育起点温度为 9.46 ± 1.65℃,有效积温为 208.39 ± 24.37 日度。

幼虫老熟后,即落到树冠下入土化蛹。化蛹前先在土中作一土室,入土化蛹的深度一般为 1 cm,越冬蛹约 1.5～3 cm。大发生时也有在落叶间化蛹的,入土部位均在离茶丛基部 3～33 cm 之间,以 20 cm 内为最多。越冬蛹在茶树南面较多,越冬蛹历期 132～164 d,第 1 和 5 代 9～10 d,第 2～4 代一般 6～8 d。

2．发生与环境

（1）地形地势和茶树长势

高山茶园一般发生不多，而山坞、四周环山的地区和避风向阳、阳光充分的茶园常受害较重。茶树生长好、留叶多、较郁蔽的茶园往往发生较多。避风向阳、地势平坦、温度较高、土壤湿润的茶园，第1代发生较早。

（2）气候

若秋季前期温暖，促使发生第7代，到后期低温，第7代幼虫死亡多，越冬蛹的数量减少。如冬季气温特低，越冬蛹死亡增加，同样能够减少来年的发生基数。4月以后，凡阴雨连绵，或多雾多露、温度高，有利于成虫羽化和卵的孵化，虫口会逐代迅速上升。

（3）天敌

目前已发现的有姬蜂、茧蜂、寄蝇、步行虫、蚂蚁、蜘蛛、线虫、病毒、真菌及鸟类等。2种绒茧蜂（茶尺蠖绒茧蜂 Apanteles sp. 和单白绵绒茧蜂 Apanteles sp.）对茶尺蠖自然控制作用大，基本上致死幼虫于3龄，颇值得研究与利用。最近，经形态鉴定和分子比对发现，这2种广义绒茧蜂 Apanteles spp. 实分别为尺蠖原绒茧蜂 Protapanteles immunis（Haliday）和单白绵副绒茧蜂 Parapanteles hyposidrae（Wilkinson）。能捕食茶尺蠖的天敌包括螳螂、草蛉、褐蛉、步甲、螺蠃、蚂蚁、蜘蛛、蛙类和鸟类，其中蜘蛛最主要。蜘蛛的优势种类有：八斑鞘腹蛛 Coleosoma octomaculatum（Bösenberg et Strand）、草间小黑蛛 Erigonidium gramicola（Sundevall）等。病原性天敌主要有茶尺蠖核型多角体病毒（EoNPV）、苏云金芽孢杆菌和圆孢虫疫霉 Erynia radicans（Breefeld）Humber and Ben-Zéev。圆孢虫疫霉能引起茶尺蠖真菌病大流行，该病始于茶尺蠖的第3、4代，但发病率极低，至第5代盛发，其中当虫口密度大且环境适宜（主要阴雨高湿）时会大流行，发病率达90%以上，导致越冬蛹大为减少，进而明显抑制次年第1代的发生量。

（三）防治方法

1．灭蛹

在越冬期间，结合秋冬季深耕施基肥，清除树冠下表土中虫蛹，深埋施肥沟底。若结合培土，在茶丛根颈四周培土10 cm，并加镇压，效果更好。

2．人工捕杀

根据幼虫受惊后吐丝下垂的习性，可在傍晚或天明前打落承接，加以消灭。在羽化高峰期，设置诱虫灯诱杀成虫，也可于清晨在成虫静伏的场所进行捕杀。当茶尺蠖幼虫重度发生（1361.57头/m²）时，10 m间隔挂放1套性信息素诱捕器可显著降低茶尺蠖幼虫的发生数量；当茶尺蠖幼虫轻度发生（38.40头/m²）时，间距为20 m挂放一套性信息素诱捕器时，茶尺蠖的校正防治效果可达88.44%；茶尺蠖性信息素诱捕器在6月上旬、8月上旬、8月下旬至9月初、9月下旬分别有一个明显的诱捕高峰期，与田间茶尺蠖的发生高峰期基本一致，说明茶尺蠖性信息素诱捕器可作为大量诱捕工具。

3．生物防治

尽量减少化学农药次数，降低农药用量，以保护自然的寄生性和捕食性天敌，充分发挥其自然控制作用。可自茶园采集或通过人工饲养得越冬绒茧蜂茧，室内保护过冬，于次年待蜂羽化后释放到茶园中，以防治第1代幼虫；对第1、2、5或6代可施用茶尺蠖核型多角体病毒（EoNPV）悬浮液，一般浓度为1.5×10^{10} PIB/mL，使用时期掌握在1、2龄幼虫期。家鸡食蛹，也吃幼虫，如振动茶丛，幼虫吐丝下垂，放鸡啄食，效果更佳。

4．药剂防治

防治应严格按防治指标实施，虫量未达指标则无须防治。成龄投产茶园的防治指标为45000头/hm²，

施药适期掌握在 3 龄前。防治的重点是第 4 代,其次是第 3、5 代,第 1、2 代提倡挑治。施药方式以低容量蓬面扫喷为宜。药剂可选用茶核·苏云金、苦参碱、短稳杆菌、溴氰菊酯、高效氯氰菊酯、联苯·甲维盐等。要注意轮换用药,并注意保护天敌。寄生蜂寄生率高时,不宜也不必施药。

二、毒蛾类

毒蛾类(tussock moths)属鳞翅目、毒蛾科(Lymantriidae),其幼虫俗称毛虫、毒毛虫等。幼虫有群集性。初孵幼虫常群聚在卵块附近的叶片背面取食下表皮,呈现嫩黄色半透明膜;3 龄后即分群向中、上部茶丛危害,咬食嫩梢芽叶成缺刻、光秆,有明显的危害中心。有些种类在茶丛间吐丝结稀网,并黏结茶叶碎屑及大量粪便。危害茶树的毒蛾类害虫很多,茶园常见的种类有茶黑毒蛾 *Dasychira baibarand* Matsumura、茶毛虫 *Euproctis pseudoconspersa* Strand、茶白毒蛾 *Arctonis alba* Bremer、肾毒蛾 *Cifuna locuples* Walker 等。以茶黑毒蛾和茶毛虫危害最严重,下面重点介绍之。

茶黑毒蛾(black tussock moths)在国内分布于安徽、江苏、浙江、福建、湖南、贵州、广西、台湾等。国外日本有发生。寄主植物除茶树外,还危害油茶等。

茶毛虫(tea tussock moths)分布遍及全国各产茶省,尤以一些老茶区常有发生。国外主要分布于日本、越南、印度等国。茶毛虫除危害茶外,还危害油茶、山茶、油桐、柑橘、梨、枇杷、柿、樱桃、乌桕、玉米等。

(一)形态特征

1. 茶黑毒蛾

各虫态的形态特征(图 11 - 19)如下:

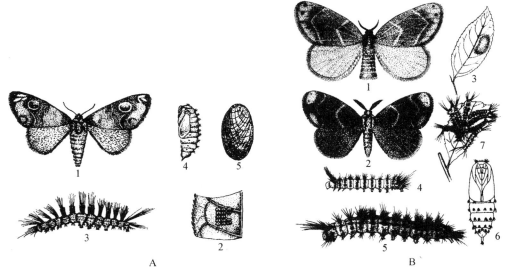

图 11 - 19 茶黑毒蛾(A)和茶毛虫(B)
A.1.成虫 2.卵块 3.幼虫 4.蛹 5.蛹茧
B.1.雌成虫 2.雄成虫 3.卵块 4.3 龄幼虫 5.成长幼虫 6.雌蛹 7.幼虫群集为害状

【成虫】雄蛾体长 13~15 mm,翅展 28~30 mm;雌蛾体长 16~18 mm,翅展 36~38 mm。体、翅暗褐色至栗黑色。触角雄蛾为长双栉齿状,雌蛾为短双栉齿状。前翅浅栗色,上面密布黑褐色鳞片,基部颜色较深,中区铅色,内横线与中横线靠近,锯齿状,外横线稍粗,黑色,呈波形,其内侧近前缘有

1 个近圆形较大的斑纹,斑纹中央黑褐色,边缘白色。下方臀角内侧有 1 个不规则黑褐色斑块。近顶角处常有 3～4 个短小黑色斜纹。后翅灰褐色,比前翅色浅,无线纹。足被长毛,静止时多毛的前足伸向前面。

【卵】扁球形或球形,灰白色,坚硬,中央通常有凹陷,无光泽。卵块一般有卵粒 20～30 粒,有的甚至多达 100 粒以上,排列整齐或不整齐,有的重叠成堆。

【幼虫】共 5 龄。初孵幼虫有小刺状长毛,幼虫老熟时体长 23～30 mm。头部褐色至黑褐色,背中及体侧有红色纵线,各体节疣突上多白、黑色细毛,作放射状簇生。前胸两侧有较大的黑色毛瘤,毛瘤上有多根长毛向前伸出。腹部第 1～4 节背面各有 1 对黄褐色毛束耸立、毛密而排列整齐的毛刷。第 5 节背面有 1 对白色毛束,短而较稀疏。第 6、7 节背中央各有 1 个翻缩腺,椭圆形凹陷,浅黄色。第 8 节背面有 1 束灰褐色毛丛,向后斜伸。

【蛹】长 13～15 mm,黄褐色有光泽,体表多黄色短毛,腹末臀棘较尖,末端有小钩;蛹外有丝质的绒茧。茧椭圆形,多细绒毛,松软,棕黄色。

2. 茶毛虫

各虫态的形态特征(图 11 - 19)如下:

【成虫】雌蛾体长 8～13 mm,翅展 26～35 mm,体黄褐色。前翅浅橙黄色或黄褐色,除前翅前缘、顶角和臀角外,均稀布黑褐色鳞片,内、外横线黄白色,顶角黄色区内有两个黑色圆斑。后翅浅橙黄色或浅褐黄色,外缘和缘毛橙黄色。腹部具黄色毛丛。雄蛾体长 6～10 mm,翅展 20～28 mm,黄褐至深茶褐色,翅的颜色有季节性变化。第 1、2 代为深茶褐色,第 3 代为黄褐色,腹末无毛丛,其余特征同雌蛾。

【卵】卵粒扁球形,黄白色。卵块椭圆形,数十粒至百余粒集成 1 块。卵块上覆雌蛾腹末脱下的黄褐色厚绒毛,长 8～12 mm,宽 5～7 mm,多产于叶片背面。

【幼虫】共 6～7 龄。1 龄长 1.3～1.8 mm,淡黄色;2 龄长 2.2～3.9 mm,淡黄色,前胸气门上线的毛瘤呈浅褐色;3 龄长 3.6～6.2 mm,淡黄色,第 1、2 腹节亚背线上毛瘤变黑色;4 龄后体色逐渐变黄褐色,亚背线上的毛瘤逐渐变黑绒球状。老熟幼虫体长 20～22 mm,头部褐色,体黄棕色。胸部 3 节稍细。气门上线褐色,其上有黑褐色小绒瘤,瘤上生黄白色长毛,气门线上方有隐约可见的白线。从前胸至第 9 腹节均有 8 个毛瘤,分别位于亚背线、气门上线、气门下线和基线上,以亚背线上的最大。毛瘤上有长短不一的黄白色毒毛,第 9 腹节末端长毛向后伸出。腹部第 6、7 节背面中央各有 1 淡黄色翻缩腺。

【蛹】长 8～12 mm,短圆锥形,浅咖啡色,疏被茶褐色毛。翅芽达第 4 节后缘,臀棘长,末端有长钩刺 1 束,20 余根。蛹外有丝质薄茧,黄褐色,长椭圆形,上有长毛。

(二)生物学与生态学特性

1. 茶黑毒蛾

(1)生活史与习性

在皖南、杭州年发生 4 代,浙江中南部年发生 4～5 代(末代不完全),江西年发生 5 代,云南年发生 4～5 代。主要以卵于茶树中、下部老叶背面或杂草上越冬。成虫白天栖于茶丛枝干及叶片背面,黄昏后开始飞翔活动,有趋光性,雄蛾扑灯较多。雌蛾羽化当天即可交配。交配后 1～2 d 开始产卵。卵一般产于老叶背面、茶丛下杂草上,也有产在其他寄主上的。产卵量各代不等。第 1 代的产卵量较大,每雌蛾平均为 277 粒,以后各代产卵量有所减少。卵块近三角形整齐排列在叶背面,有的还重叠成堆。成虫羽化期如遇旬均温 28℃ 以上的高温,就明显抑制虫情的发生。在杭州均温 28℃ 以下,蛹羽化正常,高于 30℃,蛹全部死亡。初孵幼虫群集性很强,常停留在卵块四周取食卵壳,以后群集于茶

丛中、下部叶片背面取食叶肉。2龄后开始分散,并迁至茶丛嫩叶背面危害。多在黄昏至清晨取食。幼虫有假死性,受惊时则吐丝下垂或卷缩坠落。老熟后在茶丛基部土隙中、枯枝落叶下、树干分权等处结茧化蛹。蛹期第4代最长,平均16.5 d,第3代最短,平均9.6 d,第1、2代11～12 d。除第4代外,各代发生都较整齐。

(2)发生与环境

①气象因子:影响最大的是温度和湿度。一般冬季温暖,春暖较早,又有适当的湿度,害虫发生早且严重。温、湿度直接影响各虫态的发育速度。最适温度20～28℃,相对湿度80%以上。高温低湿可造成卵孵化率降低,幼虫生长迟缓,蛹大量死亡。在长江中下游茶区若遇7—8月高温、干旱,则使第3、4代虫量急剧下降。

②天敌:天敌种类在卵期有赤眼蜂 *Trichogramma* sp.、黑卵蜂 *Telenomus* sp.、啮小蜂 *Tetrastichus* sp.,寄生率以越冬代最高,可达40%以上。幼虫期和蛹期有日本追寄蝇 *Exorista japonica*(Townsend)、绒茧蜂 *Apanteles* sp. 和瘦姬蜂 *Diadegma* sp.。此外,还有病毒、捕食性天敌对自然种群也有一定的控制作用。

2.茶毛虫

(1)生活史与习性

年发生代数因各地气候而异。一般长江以北各茶区、西南茶区及浙江中北部多数茶区年发生2代,湖南、江西、浙江南部及福建北部年发生3代,广西、广东、福建南部年发生4代,台湾、海南年发生5代。同一茶区的高山茶园与平地茶园发生代数也有差异。各地均以卵块在茶树中、下部老叶背面近主脉处越冬,但福建南部常有蛹在土中或幼虫在茶树上越冬。各代发生整齐,无世代重叠现象。

成虫多于下午羽化,白天静伏在茶丛间叶背,黄昏后开始活动,19—23时活动最盛。有趋光性,雄蛾较雌蛾强。羽化后的当日或次日交尾,交尾后当日或次日产卵。卵成块产于茶丛中、下部叶片的背面,一般1次产完。每雌蛾产卵50～200粒,多的可达300粒。后期雌蛾产生未受精卵,卵块松散或分成数小块,多数不能孵化。一般越冬卵多产在向阳较暖的茶园中,非越冬卵常产在茶丛枝叶茂盛或荫蔽的茶园中。

幼虫多在早晨至中午孵化。孵化盛期一般在始孵后5 d左右。幼虫群集性很强。1、2龄幼虫常数十至百余头群聚在卵块附近的叶片背面,咬食叶片下表皮及叶肉,留上表皮,被害处呈半透明网状膜斑,后变灰白色。3龄后食量增加,开始分群迁移至茶丛上部枝叶间取食,常吐丝结稀网,受惊后吐丝下落。4龄取食仅留主脉和叶柄,4龄后开始残食全叶,将茶丛叶片食尽。在湖南长沙,幼虫期第1代为49～52 d,第2、3代各为24～34 d和31～35 d。幼虫老熟后爬到茶树根际土块缝中、枯枝落叶下,结茧化蛹。在湖南长沙第1、2和3代蛹期分别为10～14 d、12～21 d和23～31 d。

(2)发生与环境

①气象因子:影响最大的是温度。春天气温回升早且快,则越冬卵孵化早。年发生世代随年平均气温升高而增多。高温干旱,田间湿度低,则化蛹率低,成虫产卵量少,种群数量明显下降。

②栽培管理:管理粗放,杂草丛生,间作高秆作物的茶园,发生严重。

③天敌:天敌种类在卵期有茶毛虫黑卵蜂 *Telenomus euproctidas* Wilicox、赤眼蜂 *Trichogramma* sp.。幼虫期有茶毛虫绒茧蜂 *Apanteles conspersae* Fiske、茶毛虫细颚姬蜂 *Enicosphilus pseudoconspersae* Sonan 等,还有核型多角体病毒。幼虫—蛹跨期寄生的有2种寄蝇 *Ttachind* spp.。此外,还有瓢虫、食虫蝽、步甲、蜘蛛等捕食性天敌。

(三)防治方法

1.加强茶园管理

抓住越冬期及时清除园内枯枝落叶和杂草,结合翻挖茶园和施底肥,根际培土,消灭越冬虫源。

2. 人工捕杀

摘除各代卵块，并及时处理，尤其是 11 月至次年 3 月摘除越冬卵块，效果更好。将摘出的卵块放入寄生蜂保护器内，以利于卵寄生蜂羽化后飞回茶园。在 1、2 龄幼虫期，将群集的幼虫连叶剪下，集中消灭。

3. 培土灭蛹

盛蛹期进行中耕培土，在根际培土 6 cm 以上，稍加压紧，防止成虫羽化出土。

4. 灯光诱蛾

在成虫羽化期，每日 19—23 时在茶园用诱虫灯进行诱杀。根据发蛾数量可作害虫的预测预报。

5. 生物防治

在幼虫 3 龄前喷施 Bt 菌剂或核型多角体病毒。Bt 菌剂浓度以 2 亿孢子/mL 为宜；病毒浓度以 1×10^8 PIB/mL 为宜或 $375\sim450$ 头/hm^2 病毒虫尸悬浮液，防治效果达 95% 以上。利用茶毛虫黑卵蜂、绒茧蜂寄生茶毛虫的卵和幼虫。

6. 性诱杀

利用雌成虫的性激素引诱雄成虫捕杀。从室内饲养老龄幼虫中获得未交尾的雌成虫，将未交配的雌成虫，放入小铁丝笼内，每天黄昏后放入茶园，铁丝笼稍高于茶丛蓬面诱集雄蛾，次日早晨在铁丝笼外集中消灭。收集未经交尾的雌蛾，取腹末 3 节，放入二氯甲烷溶液内浸泡数小时，用研钵磨碎，继续浸泡 24 h 后用滤纸过滤，滤液每毫升 10 个雌当量，滴于 5 cm×5 cm 的滤纸上，制成性诱纸芯。纸芯用铁丝穿串，放在直径为 10 cm 左右的水盆诱捕器中，盆内放水并加入少量洗衣粉，每天黄昏放出，次日清晨收回，可诱集较多雄蛾。中国科学院动物研究所已研制成茶毛虫性引诱剂，制成橡皮塞诱芯，每 667 m^2 悬挂 $2\sim3$ 套于茶丛中，下接水盆，效果很好。

7. 药剂防治

防治指标：在第 1、2 代虫量分别超过 2900 头/667 m^2 和 4500 头/667 m^2 时，均应采取喷药防治。防治适期为 3 龄前，喷雾方式以低容量侧位喷药，也可以用敌敌畏毒砂（毒土）撒施。药剂可选用苏云金芽孢杆菌、苦参碱、短稳杆菌、高效氯氰菊酯、联苯·甲维盐等。要注意轮换用药，并注意保护天敌。寄生蜂寄生率高时，不宜也不必施药。

敌敌畏毒砂（毒土）是防治该毒蛾行之有效、省工、低成本的方法。具体做法是每 667 m^2 用 80% 敌敌畏 $100\sim150$ mL，加干湿适宜的细砂或细土 $15\sim20$ kg 拌匀，而后用塑料薄膜覆盖 $10\sim15$ min，再均匀地撒施在茶园中，其防治效果达 95% 以上。若在撒施后用竹竿赶一下茶蓬效果会更佳。撒施 0.5 h 后下雨，一般不影响防效。

三、刺蛾类

刺蛾类（cochlids）属鳞翅目、刺蛾科（Limacodidae），是茶树的常见食叶害虫之一。其幼虫俗称痒辣子、毛辣子、蚕食叶片。成虫体肥壮，密生绒毛和厚鳞粉，大多黄褐色或暗灰色，少数间有鲜绿色。翅通常短而阔，前翅靠近外缘常有 $1\sim2$ 条斜纹。幼虫体扁，椭圆形或称蛞蝓形，体有 4 列毒枝刺（少数种类体光滑，无枝刺），触及人体皮肤引起红肿疼痛，影响茶园耕作、采茶。幼虫头小，隐于前胸下，胸足短小，腹足由吸盘取代，不善爬行，靠体躯伸缩前进。化蛹前结有石灰质硬茧壳，在茧内化蛹，茧的一端有开口。

幼虫栖居叶背取食。幼龄幼虫取食下表皮和叶肉，留下枯黄半透膜；中龄以后咬食叶片成缺刻，常从叶尖向叶基咬食，留下平直如刀切的半截叶片。危害严重时，叶片蚕食殆尽，仅剩叶柄和枝条。多数种类年发生 $2\sim3$ 代，有的种类在海南年发生 5 代。多以老熟幼虫在茧内于表土或枝叶处越冬。

也有种类,如淡黄刺蛾以幼虫在叶背越冬。成虫多在黄昏后或夜间羽化,趋光性较强。羽化后当晚交尾,交尾后多于次日开始产卵。卵有散产,也有聚集产,产于叶面或叶背。幼虫共有 6 龄,也有多达 9 龄的。幼虫多食性,除危害茶树外,尚危害很多种果树、林木。初孵幼虫有的能咬食卵壳,孵化后常不立即取食叶片。低龄幼虫食量小,中龄后食量渐渐猛增。老熟即爬至土表茶苑分杈处或枯叶下结茧化蛹,或者直接于叶背或枝丫间、枝干上结茧化蛹。因以幼虫在茧内越冬,第 2 年发生较迟,对春茶影响小,主要危害秋茶。

国内各茶区主要种有茶刺蛾 *Iragoides fasciata*（Moore）、扁刺蛾 *Thosea sinensis*（Walker）、丽绿刺蛾 *Parasa lepida*（Cramer）、黄刺蛾 *Cnidocampa flavescens*（Walker）、淡黄刺蛾 *Darna trima* Moore、褐刺蛾 *Setora postornata*（Hampson）等。下面以茶刺蛾为例作一介绍。

茶刺蛾（tea cochlids）,又称茶弈刺蛾,茶角刺蛾。分布遍及全国各产茶区。除危害茶树外,还可危害油茶、柑橘、桂花、玉兰、咖啡等多种植物。幼虫咬食叶片,严重时常将茶树叶片吃光。

（一）形态特征

各虫态形态特征（图 11-20）如下：

【成虫】体长 12～16 mm,翅展 24～30 mm。体和前翅浅灰红褐色,翅面具雾状黑点,有 3 条暗褐色斜线；后翅灰褐色,近三角形,缘毛较长。

【卵】椭圆形,扁平,淡黄白色,半透明,长约 1 mm。

【幼虫】共 6 龄。成长时体长 30～35 mm,长椭圆形,背部隆起,黄绿至绿色。各节有 2 对枝状丛刺,分别着生于亚背线上方和气门上线上方。体前背中有一绿色或红紫色肉质角状突起,明显向前方。体背中部有一红褐色或淡紫色菱形斑。背线蓝绿色,气门线上有一列红点。

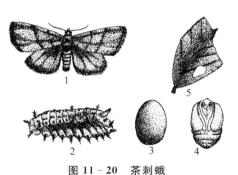

图 11-20　茶刺蛾
1.成虫　2.幼虫　3.茧　4.蛹　5.危害状

【蛹】椭圆形,淡黄色,长约 15 mm。翅芽伸达第 4 腹节。腹部气门棕褐色。茧卵圆形,褐色。

（二）生物学与生态学特性

1. 生活史与习性

在浙江、江西、湖南等省年发生 3 代,在广西年发生 4 代,均以老熟幼虫在根际落叶和表土中结茧越冬。越冬幼虫在浙江、江西、湖南于 4 月化蛹,5 月羽化；在广西桂林 2 月下旬开始化蛹,3 月中旬开始羽化。在浙江,第 1、2、3 代分别发生于 5 月上旬至 8 月上旬、7 月上旬至 9 月中旬和 9 月上旬至次年 5 月下旬,其中 9 月中旬老熟幼虫已开始越冬。

蛹多在上午羽化。成虫白天栖息在茶丛下部叶片背面,夜晚十分活跃,有强趋光性,雄蛾较雌蛾扑灯多。羽化当天即可交配、产卵。卵多散产于叶片反面叶缘处,每雌平均产卵 52 粒,产卵期 2～3 d。

初孵幼虫活动性弱,一般停留在卵壳附近取食。1、2 龄幼虫大多在下部老叶背面取食,3 龄后逐渐向中上部转移,夜间及清晨常爬至叶面活动。幼虫喜食成、老叶,但食尽成、老叶后,也食嫩叶,当一丛蚕食尽后,则逐渐扩散危害。1、2 龄只取食下表皮及叶肉,残留表皮,被害状呈半透明枯斑；3 龄食成不规则孔洞；4 龄开始可食全叶,但一般食去叶片三分之二后,即转移另叶继续取食,大发生时则仅留叶柄,茶树一片光秃。幼虫老熟后爬至根际落叶下或表土内结茧化蛹。其入土深浅、近远,则视土壤疏松程度而异,一般多在 3～5 cm 深处。

在湖南,卵期 5～7 d；幼虫期 22～26 d,成虫期 4～6 d。在广西,卵期 5～6 d；幼虫期 35～45 d,蛹期 15～17 d,成虫期 4～10 d。在安徽皖南,1～6 龄幼虫的历期各为 2.5 d、4.5 d、6.5 d、7.4 d、7.6 d 和 6.7 d。

2. 发生与环境

（1）气候因子

该刺蛾化蛹对气候条件很敏感。土壤湿度大，气温在 28℃ 以下，有利于其存活。若遇高温干旱，存活率则大为降低。

（2）天敌

影响其种群消长的另一主要因子是天敌。天敌有寄生蜂、寄生蝇等。另外，尚有真菌和核型多角体病毒，其中后者控制作用明显，幼虫受病毒感染而死的一般达 20％～30％，也可高达 70％ 以上，甚至达 90％ 以上。

（三）防治方法

1. 清园灭茧

冬季结合茶园培土防冻，在根际 33 cm 范围和蔸内培土 7～10 cm，或冬春结合施肥，将落叶及表土翻埋入施肥沟底，而后施肥盖土，以促使霉变或防止成虫羽化出土。或者于冬季或 7—8 月间摘除枝上的茧蛹，集中深埋。

2. 摘除虫叶、卵叶

生长季节连同叶片摘除群集于叶背的幼虫或卵块。

3. 灯诱杀蛾

据报道，点灯诱蛾的茶园，平均每丛虫口下降 80％～90％，虫株率下降一半以上。光源以黑光灯收效最好。

4. 生物防治

收集病毒病死虫尸体，每 667 m² 用 50 头左右病死虫尸体，研碎加水喷洒，可收到良好防治效果。另可用 Bt 菌以浓度为 0.5 亿孢子/mL 的菌液喷施。

5. 药剂防治

防治适期应掌握在 2、3 龄幼虫期。施药方式以低容量侧位喷雾，药液应喷在茶树中、下部叶背。

四、卷叶蛾类

卷叶蛾（leaf rollers）属鳞翅目、卷蛾科（Tortricidae），是我国茶区的一类主要害虫。其幼虫吐丝卷结嫩叶成苞状，匿居苞中咬食叶肉，阻碍茶树生长，降低茶叶产量与品质。国内茶园常见的有茶小卷叶蛾 *Adoxophyes orana* Fishcher von Röslerstamm 和茶卷叶蛾 *Homona coffearia* Nietner。

茶小卷叶蛾（small tea tortrix），又名小黄卷叶蛾、棉褐带卷叶蛾、网纹卷叶蛾、茶角纹小卷叶蛾。全国各产茶区均有分布。日本、印度、斯里兰卡及东南亚也有发生。除危害茶树外，还危害油茶、柑橘、梨、苹果、棉花等。

茶卷叶蛾（tea tortrix），又名褐带长卷叶蛾、后黄卷叶蛾、茶淡黄卷叶蛾，属卷叶蛾科。全国各产茶区均有分布，局部茶区发生严重。斯里兰卡、印度等也有发生。除危害茶树外，还危害油茶、柑橘、咖啡等。

（一）形态特征

两种卷叶蛾各虫态特征见图 11－21 和表 11－2。

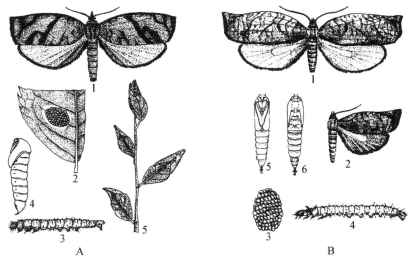

图 11 - 21　茶小卷叶蛾(A)和茶卷叶蛾(B)

A. 1. 成虫　2. 卵块　3. 幼虫　4. 蛹　5. 被害状

B. 1. 雌成虫　2. 雄成虫　3. 卵块　4. 幼虫　5. 蛹(腹)　6. 蛹(背)

表 11 - 2　茶树上 2 种卷叶蛾的形态特征

种类	成虫	卵	幼虫	蛹
茶小卷叶蛾	成虫体长约 7 mm,翅展 15～22 mm,淡黄褐色。前翅近长方形,散生褐色细纹;翅基、翅中部及翅尖有 3 条浓褐色斜行带纹;中部 1 条长而明显且向后分叉呈"H"形,斜向臀角附近;翅尖 1 条前方分叉呈"V"形。雄蛾较雌蛾略小,翅基褐带宽而明显。后翅灰黄色,外缘稍褐	卵为扁平椭圆形,淡黄色。数十或成百粒卵堆聚成鱼鳞状椭圆形卵块,并覆透明胶质。卵块长 5～8 mm	成长幼虫体长 10～20 mm,头黄色,体绿色,前胸背板淡黄褐色	雌蛹体长 9～10 mm,雄略小,绿转褐色。腹部 2～7 节背面各有 2 列钩刺突,且以前缘 1 列较明显
茶卷叶蛾	成虫体长 8～11 mm,翅展 23～30 mm。体、翅多淡黄褐色,色斑多变。前翅略呈长方形,桨状,淡棕色,翅尖深褐色,翅面多深色细横纹。雄蛾前翅色斑较深,前缘中部还有 1 个半椭圆形黑斑,肩角前缘有 1 个明显向上翻折的半椭圆深褐色加厚部分	卵扁平,椭圆形,淡黄色,成百粒在叶面排成鱼鳞状,覆透明胶质,卵块长椭圆形,长约 10 mm	成长幼虫体长 18～26 mm,头褐色,体黄绿色至淡灰绿色。前胸硬质板近半月形,褐色,后缘深,两侧下方各有 2 个褐色小点,体表有白色短毛	蛹体长 11～13 mm,黄褐色至暗褐色。腹部 2～8 节背面前、后缘均有 1 列短刺。臀棘长,黑色,末端有 8 枚小钩刺

(二)生物学与生态学特性

1. 生活史与习性

(1) 茶小卷叶蛾

一般,在华东地区年发生 4～5 代,湖南、江西年发生 5～6 代,华南茶区 6～7 代,台湾 8～9 代。多以 3 龄以上老熟幼虫(个别地区以蛹)在卷叶虫苞或残花内越冬,来年气温回升至 7～10℃时开始活动危害。在年发生 5 代地区,各代幼虫分别于 4 月下旬至 5 月下旬、6 月中下旬、7 月中旬至 8 月上旬、8 月中旬至 9 月上旬、10 月上旬至翌年 4 月间发生。

成虫夜间活动交尾产卵,有趋光性,并喜好糖醋气味。卵块产于成叶或老叶背面。产卵量 110～

400 多粒不等。25℃下寿命 6～10 d。

卵多在 8—15 时孵化,同一卵块的卵同天孵化完毕。25℃下卵期 6～8 d。幼虫孵化后爬上芽梢,或吐丝随风飘至附近枝梢上,潜入芽尖缝隙内或在初展嫩叶端部或边缘吐丝卷结匿居,咬食叶肉,且常以芽下第 1 叶上虫口为多。3 龄后将邻近 2 叶甚至数叶结成虫苞,在苞内咬食成明显透明枯斑,且时有转移结苞的习性,自蓬面渐向下转害成叶和老叶。3 龄后受惊常弹跳坠地逃脱。老熟后即在苞内化蛹。25℃下,幼虫历期 17～22 d,其中 1～5 龄的历期分别为 3～4 d、4～5 d、2～3 d、3～4 d 和 5～7 d;蛹历期 7.5 d 左右。

(2)茶卷叶蛾

在安徽、浙江年发生 4 代,湖南 4～5 代,福建和台湾 6 代,均以老熟幼虫在卷叶苞内越冬。翌年 4 月上旬开始化蛹羽化。4 代区各代幼虫分别于 5 月中、下旬,6 月下旬至 7 月初,7 月下旬至 8 月中旬,9 月中旬至次年 4 月上旬发生。6 代区各代幼虫盛发期分别于 5 月中、下旬,7 月上旬,8 月上旬,8 月中、下旬,10 月上旬,11 月上旬发生。

成虫夜晚活动,趋光性较强。卵块产于成、老叶片正面。每雌蛾平均产卵 330 粒。幼虫幼时具趋嫩性,初孵化幼虫活泼,吐丝或爬行分散,在芽梢上卷缀嫩叶藏身,咬食叶肉。以后随虫龄增长,食叶量日益增加,卷叶数多、苞大,甚至可多达 10 叶,成叶、老叶同样蚕食,受惊即弹跳坠地。食完 1 苞再转结新苞危害。幼虫大多 6 龄,幼虫老熟后即留在苞内化蛹。

在 27.9℃下,卵期、幼虫期、蛹期和成虫期分别为 6～7 d、17～23 d、5～7 d 和 3～8 d;1～6 龄幼虫历期分别是 3～4 d、2～4 d、2～5 d、2～4 d、2～5 d 和 4～9 d。

2. 发生与环境

(1)气候因子

茶小卷叶蛾最适宜于旬平均温度 18～26℃,相对湿度 80% 以上,温暖湿润的条件下繁殖。在适温范围内,湿温系数≥3,其孵化率高达 99% 以上,但当湿温系数＜2 时,其卵极少孵化甚至不孵化。我国长江流域等南方地区,由于梅雨季节温暖湿润,春、初夏茶芽梢发育旺盛,虫口较多,危害较重。夏暑高温干旱,虫口下降,秋季若多雨湿,虫口又会有所回升。对茶卷叶蛾而言,5、6 月间雨湿天气有利其发生,秋季常受干旱制约。

(2)茶园环境

对茶小卷叶蛾而言,茶丛密植郁闭,芽叶繁茂特别是留养的茶园,虫口一般较多。茶树品种间也有一定差异;云南大叶种和水仙种受害较重,且虫害发生较早。对茶卷叶蛾而言,情况相似,长势旺盛,芽叶稠密的茶园发生较多。

(3)天敌

茶小卷叶蛾的天敌多达 20 余种,有一定的自然控制能力。其中卵期有拟澳洲赤眼蜂 *Trichogramma confusum* Girault 和松毛虫赤眼蜂 *T. dentrolimi* Matsumura;幼虫期有卷蛾茧蜂 *Bracon* spp.、甲腹茧蜂 *Ascogaster* sp.、螟蛉疣姬蜂 *Itoplectis naranyae*(Ashmead)、白僵菌和颗粒体病毒(AoGV)等,另还有步甲、蜘蛛和大山雀等捕食性天敌;蛹期有寄蝇、广大腿小蜂 *Brachymeria lasus*(Walker)等。成虫期有斜纹猫蛛等多种蜘蛛捕食。在诸多天敌中,尤以幼虫卷蛾茧蜂寄生能力较强,寄生率有时达 50% 以上,通常是 3、4 代虫口控制的有力自然因素之一。白僵菌和颗粒体病毒也时有局部流行。

茶卷叶蛾常见天敌主要有卵寄生的拟澳洲赤眼蜂,幼虫期寄生有绒茧蜂 *Apanteles* spp. 等。还有步甲和多种蜘蛛等,有一定的自然控制作用。

(三)防治方法

1. 清除虫苞

幼龄幼虫期结合采摘灭虫,平时结合修剪剪除虫苞,是一项很有效的措施。

2. 诱杀灭蛾

发蛾期田间点灯,诱杀成虫,也可用性诱剂诱杀雄蛾。

3. 保护天敌

剪下的有虫苞叶,放在寄生蜂保护器内让天敌飞回茶园再作适当处理。在天敌寄生高峰期,尽量不施农药。

4. 生物防治

用白僵菌、颗粒体病毒和赤眼蜂可取得良好防效。白僵菌每 667 m² 用含量为 100 亿孢子/g 的菌粉 0.5 kg,加水稀释喷雾,防治时间掌握在 1、2 龄,但禁止在蚕区使用。颗粒体病毒每 667 m² 用 200 头病死虫研碎,加水喷雾,防治时间掌握在卵盛孵期。赤眼蜂则在卵期使用,整个卵期可放蜂 3~4 批,前后间隔 4 d 左右,每 667 m² 放蜂 2 万~8 万头。

5. 药剂防治

防治指标为 10000~15000 头/667 m²。防治适期为 1、2 龄。施药方式为低容量蓬面扫喷,发生不严重或虫口密度低时,提倡挑治,即只喷发虫中心。

五、象甲类

象甲类(weevils)属鞘翅目、象甲科(Curculionidae),俗称象鼻虫。常见食叶的象甲主要有象甲科的茶丽纹象甲 *Myllocerinus aurolineatus* Voss、绿鳞象甲 *Hypomeces squamosus* Farbricius 和茶芽粗腿象甲 *Ochromera quadrimaoulata* Voss 等,属鞘翅目象甲科。象甲成虫取食茶树叶片,除茶芽粗腿象甲是在叶片上咬食成近圆形半透明斑外,其他成虫均咬食叶片边缘成不规则缺刻。发生较严重的主要是茶丽纹象甲,下面重点介绍之。

茶丽纹象甲(tea weevil),又名茶叶象甲、黑绿象虫、花鸡娘。国内南方主要产茶省均有分布。除危害茶树外,还危害油茶、山茶、柑橘、梨、桃等。成虫咬食茶树新梢嫩叶,自叶缘咬食,呈许多不规则缺刻,甚至仅留主脉,对夏茶的产量和品质影响较大。幼虫在土下取食茶树须根及腐殖质,发生多时,影响茶树长势。

(一)形态特征

各虫态的形态特征(图 11-22)如下:

【成虫】体长 6~7 mm,灰黑色。体背有由黄绿色闪金光的鳞片集成的斑点和条纹,腹面散生黄绿或绿色鳞毛。头管延伸成短喙型。触角膝状,着生于头管前端两侧,端部 3 节膨大。复眼近于头的背面,略突出。鞘翅上也具黄绿色纵带,近中央处有较宽的黑色横纹。

【卵】椭圆形,长径 0.48~0.57 mm,短径 0.35~0.40 mm。黄白到暗灰色。

【幼虫】乳白至黄白色,成长体长 5.0~6.2 mm,体多横皱,无足。

【蛹】长椭圆形,长 5~6 mm,黄白色,羽化前灰褐色。头顶及各体节背面有刺突 6~8 枚,胸部的刺突较明显。

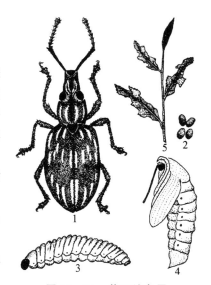

图 11-22 茶丽纹象甲
1. 成虫 2. 卵 3. 幼虫 4. 蛹 5. 被害状

（二）生物学与生态学特性

1. 生活史与习性

各地均为一年发生 1 代。多以老熟幼虫在茶丛树冠下土中过冬。福建于翌年 3—4 月越冬幼虫陆续化蛹，4 月中、下旬成虫开始出土，5 月是危害盛期。在浙江和皖南越冬幼虫 4 月下旬开始化蛹，盛蛹期为 5 月上、中旬；成虫在 5 月中旬初见，6 月上旬盛发，7 月下旬至 8 月初终见。各虫态历期：卵期 7～15 d，幼虫期 270～300 d，蛹期 9～14 d，成虫期 50～70 d。

成虫在白天上午羽化，初羽化成虫为乳白色，在土中潜伏 2～3 d 转黄绿色后方出土，爬到茶丛树冠上活动取食。通常早上露水干后才活动，中午前后多潜伏荫蔽处，14 时后渐趋活跃，直至日落昏暗后又慢慢减弱，取食以 16—20 时最烈。全年以夏茶受害最重。稍受惊动即坠地假死，片刻后再爬上茶树。善爬行，不善飞翔。交尾多在黄昏至晚间进行。雌虫于交尾次日陆续入土产卵。卵分批散产于表土或落叶下，多数分布在根际周围，也有数粒聚集在一起的，以表土中为多。在杭州，产卵期可持续 1 个月，以 6 月下旬至 7 月上旬为盛期，平均每雌产卵 200 多粒。幼虫孵化后即潜入土中，入土深度随虫龄增大而加深，化蛹前再逐渐上移。幼虫 90%～95% 分布于茶树根际周围 33 cm 范围；蛹主要分布于浅土层内。

2. 发生与环境

（1）茶树长势

树冠高大，生长良好的茶园，虫口往往较多。幼龄茶园或留养茶园枝叶幼嫩，发生较为严重。

（2）茶园耕作

7—8 月的茶园耕锄、浅翻，及秋末施基肥、深翻，对初孵幼虫的入土及入土后幼虫的存活有明显影响。

（3）气候因子

冬季低温对越冬幼虫的存活影响不明显，但影响成虫的出土时间。夏季高温影响成虫寿命及产卵量。温度升高，寿命缩短、产卵量下降。

（4）天敌

产于土表的卵可被蜘蛛等捕食性天敌捕食。蛹与成虫常因被真菌感染而受到控制。

（三）防治方法

1. 农业防治

选育发芽早、叶质厚、节间长、茸毛多的茶树良种，可适当减轻成虫危害。在冬季和早春进行土壤翻耕，破坏其越冬和化蛹场所。在 7—8 月或秋末结合施基肥进行清园及行间翻耕，可杀灭大量幼虫。在成虫盛发期，清除茶园落叶杂草集中烧毁。

2. 人工捕捉

利用成虫的假死性，在成虫盛发期，用涂有黏着剂的薄膜轻轻摊放在茶丛下，或用小竹竿轻敲树冠，震落成虫，集中消灭。在早晚进行效果更好。

3. 生物防治

茶园鸟类、蚂蚁、步甲、肥螋等能有效地控制其发生量。要加强这些天敌的保护和利用。靠近居民点的茶园还可放鸡、鸭进园啄食成虫。

4. 药剂防治

防治指标为 10000 头/667 m²。防治适期是成虫出土盛末期，此时成虫大多仍在产卵前期，可取得良好的防效。施药方式为低容量蓬面扫喷。严重发生茶区在幼虫和蛹期均可进行土壤施药。土壤施药前要先翻松土层，离茶丛 20 cm 左右开浅沟，喷药后再混匀覆盖。药剂可选用 80% 敌敌畏 500～

800 倍液,第 1 次防治后如虫口数量多,隔 10 d 左右再喷 1 次。

六、叶蝉类

叶蝉(leaf hoppers)属半翅目、叶蝉科(Cicadellidae),是危害茶树的一类重要刺吸式害虫,俗称叶跳虫、浮尘子、响虫等。成、若虫均刺吸茶树嫩梢或芽叶汁液,雌成虫且在嫩梢内产卵,导致输导组织受损,养分丧失,水分供应不足。芽叶受害后表现凋萎,叶缘泛黄,叶脉变红,进而叶缘叶尖萎缩枯焦,生长停止,芽叶脱落。危害茶树的叶蝉种类较多,且常混合发生。1985—1986 年全国普查显示,主要种类有假眼小绿叶蝉 *Empoasca vitis*(Gothe)、小绿叶蝉 *E. flavescen*(Fabricius)、烟翅小绿叶蝉 *E. limbiferaa* Matsumura、箭纹小绿叶蝉 *E. boninesnis*(Matsumura)、棉叶蝉 *E. biguttula*(Ishida)、颜点斑叶蝉 *Erythroneura shinshana*(Matsumura)、黑尾叶蝉 *Nephotettix bipunctatus*(Fabricius)和绿脉二室叶蝉 *Balclutha graminea* Merino,其中以小绿叶蝉分布广、危害最为严重。2013 年,针对茶园小绿叶蝉展开全国调查,发现主要为小贯小绿叶蝉 *E. onukii*(Matsuda)、锐偏茎叶蝉 *Asymmetrasca rybiogon*(Dworakowska)、拟小茎小绿叶蝉 *E. paraparvipenis* Zhang & Liu、波宁雅氏叶蝉 *Jacobiasca boninensis*(Matsumura)、匀突长柄叶蝉 *Alebroides shirakiellus*(Matsumura)、杨凌长柄叶蝉 *A. yanglinginus* Chou & Zhang、柳长柄叶蝉 *A. salicis*(Vilbaste)和镰长柄叶蝉 *A. falcatus* Sohi & Dworakowska。其中,自 20 世纪 80 年代以来普遍被认为是我国茶区优势种的假眼小绿叶蝉,经过形态学结合分子生物学的鉴定方法以及对比模式标本,发现其实为小贯小绿叶蝉。下面以小贯小绿叶蝉为例作重点介绍。

小贯小绿叶蝉(tea small green leafhopper)是我国各茶区普遍发生的叶蝉优势种。分布范围南起北纬 18°的海南省,北至北纬 37°的山东省;西起东经 94°的西藏自治区,东至东经 122°的台湾省,几乎分布我国所有茶区。除茶树外,还危害多种豆类、蔬菜等作物,以及马唐等杂草。

(一)形态特征

各虫态的形态特征(图 11-23)如下:

【成虫】头至翅端长 3.1~3.8 mm,淡绿至淡黄绿色。头冠中域大多有两个绿色斑点,头前缘有 1 对绿色晕圈(假单眼),复眼灰褐色。中胸小盾板有白色条带,横刻平直。前翅淡黄绿色,前缘基部绿色,翅端透明或微烟褐;第 3 端室的前、后两端脉基部大多起自一点(个别有一极短共柄),至第 3 端室呈长三角形。足与体同色,但各足胫节端部及跗节绿色。

【卵】新月形,长约 0.8 mm,宽约 0.15 mm,初为乳白色,渐转淡绿,孵化前前端透见 1 对红色眼点。

【若虫】共 5 龄。1 龄体长 0.8~0.9 mm,体乳白,头大体纤细,体疏覆细毛,复眼突出,红色;2 龄体长 0.9~1.1 mm,体淡黄色,体节分明,复眼灰白色;3 龄体长 1.5~1.8 mm,体淡绿色,腹部明显增大,翅芽开始显露,复眼灰白色;4 龄体长 1.9~2.0 mm,体淡绿色,翅芽明显,复眼灰白色;5 龄体长 2.0~2.2 mm,体草绿色,翅芽伸达腹部第 5 节,第 4 腹节膨大,复眼灰白色。

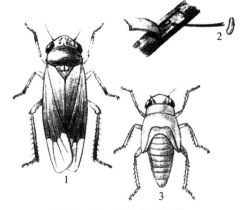

图 11-23 小贯小绿叶蝉
1.成虫 2.卵 3.若虫

(二)生物学与生态学特性

1.年生活史与生活习性

在长江流域年发生 9~11 代,福建 11~12 代,广东 12~13 代,广西 13 代,海南多达 15 代左右。

以成虫在茶丛内叶背、冬作豆类、绿肥、杂草或其他植物上越冬。在华南一带越冬现象不明显,甚至冬季也有卵及若虫存在。在长江流域,越冬成虫一般于 3 月间当气温升至 10℃ 以上,即活动取食并逐渐孕卵繁殖,4 月上、中旬第 1 代若虫盛发。此后每半月至 1 个月发生 1 代,直至 11 月停止繁殖。由于代数多,且成虫产卵期长(越冬成虫产卵期长达 1 个月),导致世代发生极为重叠。

各虫态历期:卵期在生长季节为 7~8 d,早春则长达 20 d 之多;若虫期 10 d 左右,春秋低温季节若虫期长达 25 d 甚至更长;成虫期 25~30 d,越冬代成虫期长达 50 d 左右。

成虫和若虫均趋嫩危害,多栖于芽梢叶背,且以芽下 2、3 叶叶背虫口为多。成虫和若虫均喜横行,除幼龄若虫较迟钝外,3 龄后活泼,善爬善跳,稍受惊动即跳离或沿茶枝迅速向下潜逃。成虫和若虫均怕湿畏光,阴雨天气或晨露未干时静伏不动。一日内于晨露干后活动逐渐增强,中午烈日直射,活动暂时减弱并向丛内转移,徒长枝芽叶上虫口较多。若虫脱下的蜕即留在叶背。

成虫飞翔能力不强,但有趋光和趋色性,其中尤喜趋黄绿色和浅绿色。羽化后 1~2 d 内即可交尾产卵。卵散产于嫩茎皮层和木质部之间,茶褐色的枝条上不产卵。卵在嫩梢上的分布:顶芽至芽下第 1 叶间茎内占 14.2%,芽下第 1~2 叶间嫩茎内占 24.9%,芽下第 2~3 叶间嫩茎内占 55.7%,叶柄处占 5.2%。主脉及蕾柄中很少。雌成虫产卵量因季节而异:春季最多,平均每雌产 32 粒;秋季次之,12 粒;夏季最少,9 粒。

成、若虫刺吸芽叶,随着刺吸频率的增加,芽梢输导组织受损愈趋严重,危害程度随之相应表现为下列 5 个等级。0 级:芽叶生长正常,未受害。1 级:受害芽叶呈现湿润状斑,晴天午间暂时出现凋萎。2 级:红脉期,叶脉、叶缘变暗红,迎着阳光清楚易见。3 级:焦边期,叶脉、叶缘红色转深,并向叶片中部扩展,叶尖、叶缘逐渐卷曲,"焦头""焦边",芽叶生长停滞。4 级:枯焦期,焦状向全叶扩张,直至全叶枯焦,以致脱落,如同火烧。

2. 种群消长规律

农业部全国植保总站 1984—1988 年组织江苏、浙江、江西、福建、四川等省调查,结果显示,其年种群消长规律基本上有三种类型。

(1)双峰型

主要发生在四季分明的平地低丘茶区,冬季有明显的低温期,夏季(7—8 月)有明显的高温干旱期,7 月份平均气温在 28~29℃,年降雨量在 1000 mm 以上,且主要集中在春、秋两季。该叶蝉在这一地区一年中一般有明显的两个高峰,其中第 1 峰自 5 月下旬起至 7 月中、下旬止,以 6 月份虫量最为集中,主要危害第 2 轮茶(夏茶);第 2 峰出现在 8 月中、下旬至 11 月上旬,以 9—10 月虫量较多,主要危害第 4 轮茶(秋茶)。第 1 峰虫量一般高于第 2 峰,第 1 峰是全年的主害峰,但高峰持续期则第 2 峰长于第 1 峰。这一类型发生于浙江、江苏、安徽、福建、江西、湖南、广东等省的黄土丘陵及平地茶区。

(2)迟单峰型

主要发生于浙江、江西、安徽、福建、湖南等省海拔在 500 m 以上的茶区,这类茶区虽然四季分明,但冬季气温较低,无霜期较双峰型短,一般春茶到 5 月上旬才开采,秋茶 9 月底即已结束。在这些茶区全年通常只有一个虫口高峰,但峰期持续较长。一般在 5 月份之前为田间虫量聚积期,6 月中下旬开始进入高峰期,9 月底或 10 月初可结束高峰。峰期虫量以 7—8 月份最大,主要危害整个秋茶。

(3)早单峰型

主要发生于冬季温暖、夏季无酷热的茶区。四川等省的山区茶园是这一类型的代表。这一地区全年气温最低在 1 月份,月平均气温在 8℃ 以上,7 月份气温为最高,月平均气温在 25℃ 左右,雨量充沛,7—8 月份的雨日数在 30~40 d,年降雨量在 1500 mm 以上,这样的环境条件极有利于其繁殖。在这些地区通常只有一个虫口高峰,且峰期特别长。一般 5 月份开始虫口逐渐上升,6—10 月虫量最多,危害整个夏、秋茶,尤以 7 月份虫量最多,茶树受害也最严重。

3. 发生与环境

（1）气候因子

气温、降雨量和雨日数是影响其虫口消长的主要气候因子。冬季气温的高低影响越冬成虫的存活和繁殖。在浙江杭州，越冬成虫的存活率与冬季日平均气温在 0℃ 及 0℃ 以下的天数呈极显著负相关，与气温最低月平均气温呈正相关，即越冬成虫存活率随冬季气温的升高而上升，繁殖力则随冬季气温的降低而减弱。夏季气温主要影响峰型。夏季有明显的高温干旱期是造成双峰型的主要原因。其生长发育与繁殖的适温区为 17～29℃，最适温为 20～26℃。当出现连续平均气温在 29℃ 以上时，虫量急剧下降，经 5 d 后平均下降至 52.45%，10 d 和 15 d 后分别降至 74.1% 和 84.61%。雨日数主要影响其繁殖。一般认为，雨日多，时晴时雨，有利于繁殖。但双峰型地区，3—4 月份雨日多则不利于第 1 峰的聚积，第 2 峰的虫量则随 7—9 月份雨日增多而增加。暴雨会导致虫口明显下降，如在我国东南沿海地区，热带风暴或台风活动频繁的年份，第 2 峰的危害则相对较轻。

（2）茶园栽培环境与管理

背风向阳的茶园，越冬虫口存活较多，春季危害发生较早。冬前存留虫口较多的茶园，由于早春虫口基数较大，也会局部较早发生。芽叶稠密，长势郁闭，留叶较多，杂草丛生，间作豆类，均有利于发生。据调查，杂草多比无杂草的茶园虫口高 6 倍，留叶比不留叶的茶园虫口高 50% 以上。茶叶采摘也能明显影响种群的消长，因为采摘可摘除大量的叶蝉卵和部分低龄若虫。据调查，分批及时采摘的茶园与不采摘的茶园相比，叶蝉峰期虫量前者比后者减少 79.6%～83.7%。在云南，一些邻近阔叶林的茶园受害较重。在茶树品种之间，一般以萌发较早、芽叶较密、持嫩性较强的品种受害较重。据报道，海南种由于芽密，比云南大叶种虫口多 4.55 倍。在安徽调查得知，虫口福鼎大白茶＞黄叶早＞皖农 92 号＞上梅洲＞紫阳槠叶种；经分析，虫口数量与茶叶中多酚类含量及酚氨比值之间呈负相关。

（3）天敌

天敌对害虫有一定的自然控制作用。天敌主要以捕食性的蜘蛛为主，其次有瓢虫、螳螂等。如白斑猎蛛 *Evarcha albaria*（L. Koch），每头雌、雄蛛对该蝉成虫的捕食上限分别为 21.4 头和 12.2 头，对 4～5 龄若虫分别为 24.6 头和 26.9 头；迷宫漏斗蛛 *Agelena labyrinthica* Clerck，每头雌、雄蛛对该蝉成虫的捕食上限分别为 142.9 头和 77.5 头。云南发现有圆子虫霉 *Entomophthora sphoerosperma* Fresenius 等真菌寄生，雨季常有流行。

（三）防治方法

1. 加强茶园管理

及时清除茶园及其附近的杂草，以减少越冬和当年的虫口。

2. 采摘灭虫

及时分批采茶，随芽梢带走大量虫卵，并恶化其营养条件和产卵场所。在采摘中，不留叶和少留叶的灭虫效果更好，但芽梢嫩茎应连叶采下。一些山区老式茶园，春、夏茶集中采，秋茶集中养，由于采摘彻底，对虫口控制也有良好效果。

3. 药剂防治

根据虫情检查，掌握防治指标，及时施药，把虫口控制在高峰到来之前。假眼小绿叶蝉的防治指标因各地生产情况而有所不同。例如，安徽祁门茶研所把防治适期定为百叶虫量 10～15 头，并出现初期被害状（2 级）的芽叶达 5%～8%；杭州茶研所定为第 1 峰百叶虫量超过 6 头或虫量超过 1 万头/667 m²，第 2 峰百叶虫量超过 12 头或虫量超过 1.8 万头/667 m²；广东茶研所定为有虫芽梢率 20%～25%；广西司法厅茶场定为春茶百芽虫口 50 头以上，夏茶百芽虫口 70 头以上。防治适期应掌握在入峰后（高峰前期），且田间若虫占总量的 80% 以上。施药方式以低容量蓬面扫喷为宜。

七、粉虱类

粉虱类(white flies),属半翅目、粉虱科(Aleyrodidae)。系不全变态的特殊类型,雌、雄虫态变化都有1个"伪蛹"期,通常叫作过渐变态。若虫3龄。初孵若虫有足、触角等,能就近爬行,以后定居不动,体背分泌蜡质,2龄后足、触角退化,口器形成细长的口针,插入植物组织内吸取汁液,体背不断分泌蜡质覆盖虫体。3龄后蜕皮,并在原处化蛹。茶树上的粉虱主要有黑刺粉虱 *Aleurocanthus spiniferus*(Quaintance)、柑橘粉虱 *Dialeurodes citri*(Ashmead)等,尤以黑刺粉虱在我国局部茶区严重成灾,下面重点介绍之。

黑刺粉虱(citrus spiny white fly),又名橘刺粉虱,广泛分布于华东、华中、西南、华南各茶区。从20世纪80年代以来,在湖南、江西、广东、安徽等省发生日趋严重。国外在印度、斯里兰卡和肯尼亚也有发生。除茶树外,还严重危害柑橘、蔷薇、玫瑰、枇杷、梨、油茶、柿、樟、茶花、葡萄、棕榈、芭蕉及桂花等。定居于茶叶背面刺吸汁液,并大量排泄"蜜露"于下层叶面上,招致烟煤菌的寄生,严重时烟煤病流行,茶园一片乌黑,阻碍光合作用,造成树势衰弱,无茶可采,甚至枯枝死树。

(一)形态特征

各虫态形态特征(图11－24)如下:

【成虫】体长0.88～1.40 mm,薄敷白粉,翅展2.02～3.43 mm。头、背褐色,复眼红色。触角7节。腹部橙黄色。前翅紫褐色,周缘有7个白斑,后翅褐色,无斑纹。

【卵】长0.21～0.26 mm,宽0.10～0.13 mm。长椭圆形,形似香蕉,基端有1短柄附于叶背。初产时乳白色,渐转淡黄、黄色,孵化前数日转为紫黑色。

【若虫】共4龄,扁平,椭圆形。若虫黑色有光泽,并在体躯周围分泌一圈白色蜡质物。初孵时体长约0.25 mm,淡黄色,半透明。具触角和足,爬出卵壳在附近寻找适宜的场所定居固定。1龄体背有6根浅色刺毛。若虫脱皮壳遗留在体背上。2龄体长约0.50 mm,椭圆形,漆黑色,周缘白色蜡圈明显,胸部分节不明显,腹部分节明显,体背具长短刺毛9对。3龄体长约0.7 mm,漆黑色,白色蜡圈显著加宽,背中隆起,背盘区和亚缘区多刺,雌、雄体长大小有显著差异,雄虫略细小;腹部前半分节不明显,但胸节分界明显;体背具长短刺毛14对(胸部前方1对短毛不计)。4龄近似三龄。刺的对数随虫期增加而逐渐增多。

【伪蛹】伪蛹在第4龄若虫的皮壳下发育形成,而4龄若虫的皮壳亦称"蛹壳",因此,粉虱的蛹被称为"伪蛹"。其形态特征与柑橘粉虱有明显的区别(表11－3和图11－24)。

表11－3　2种粉虱蛹壳形态的区分

种类	形态特征
黑刺粉虱	略椭圆形。长约1.22 mm,宽约0.88 mm。常具蜡质光泽。蛹壳附有颇宽的白色、蜡质的棉状边缘。背盘区向上常稍隆起。亚体缘分布有20或22根刺。背盘区头部边缘分布5对刺,中部分布2对刺;背盘区腹部边缘分布7对刺,中部前端部分分布2对刺。管状孔近心脏形或近似圆形,其周围向上隆起;管状孔内的盖瓣几乎充满孔口。蛹壳之体缘齿刻密布,齿刻顶端圆形
柑橘粉虱	略近椭圆形、前端稍狭,后端稍宽。有时蛹壳外形变化大,甚至不甚规则。蛹壳扁平,壳质软而透明。长约1.35 mm,宽约0.81 mm。背盘区密布网状皱纹。亚体缘很狭长,密布清晰而致密的弯曲横线。蛹壳背面完全无刺,仅在前和后两端各有1对极小的綮状毛。管状孔扁圆形或近圆形,盖瓣略呈倒梯形

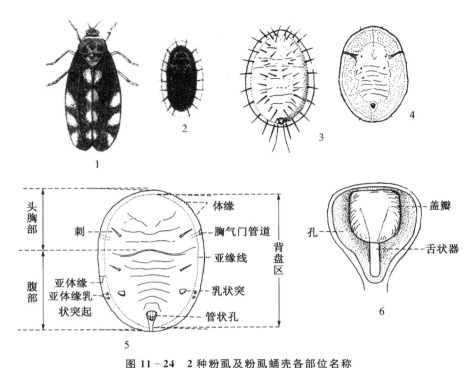

图 11-24　2 种粉虱及粉虱蛹壳各部位名称

1～3.黑刺粉虱成虫、若虫和蛹壳　4.柑橘粉虱蛹壳　5～6.粉虱蛹壳各部位与管状孔模式图

(二)生物学与生态学特性

1. 生活史与习性

在长江中、下游地区一年 4 代,广东部分地区年发生 5 代。多以 3 龄若虫定居于寄主植物的叶背越冬。春季越冬代蛹的发育进程中,按蛹体形态、体色变化,可分为 4 级:1 级蛹体乳白色,体液大部分清澈,略乳浊,历期 12～14 d;2 级蛹体淡黄色,体液浑浊,历期 6～8 d;3 级蛹体橙色,头、胸、腹已分化,无翅芽,后期足已明显,历期 11～12 d;4 级蛹翅芽、复眼和触角形成,历期 3～4 d。第 1 代卵期 22～28 d,按卵颜色变化亦可分为 4 级:1 级乳白色(2～4 d)、2 级淡黄色(2～3 d)、3 级橙红色(15～17 d)、4 级紫黑色(3～4 d)。第 1 代若虫期 25～28 d,其中 1 龄 9～12 d,2 龄 9 d,3 龄 7 d,蛹期 7～8 d。

蛹在白天羽化,以中午最盛,蛹壳留在叶背,在蛹壳背部留有倒"T"字形裂口。刚羽化成虫体橙色,待 15～20 min 后翅平覆在体背,呈屋脊状。成虫喜较阴暗环境,停息于茶树嫩芽叶或嫩叶背,雨天及晨露未干前活动弱,以上午 8～9 时及黄昏活动最盛。营两性生殖,也有产雄虫的孤雌生殖。卵散产,常数粒至十余粒成簇产于叶背凹陷处,常密集成圆弧,每雌平均产卵约 20 粒。卵具短柄,附着叶片上,多产在中、下部成叶或老叶背面,而上部叶背较少,仅占 1.48%。

初孵若虫能缓慢爬行,但爬行距离短,一般就在卵壳附近固定,而不能跨越叶片。蜕皮后 2 龄若虫固定危害,若虫每次蜕皮壳均堆叠于体背,固定若虫即在虫体四周分泌蜡质,老熟后即在原处化"蛹"。

2. 发生与环境

黑刺粉虱的种群消长与气候、天敌和化学农药防治有很大关系。

(1)滥用农药

茶园频繁不合理施用化学农药,大量杀伤天敌而导致成灾。例如,在 20 世纪 50 年代末至 60 年代初、70 年代初、80 年代初和 80 年代末至 90 年代初,黑刺粉虱曾先后暴发成灾,在一定程度上都与农药使用有关。

（2）气候因子

在适宜的气候条件下，发生严重。一般平原重于山区，荫蔽茶园重于通风透光的茶园。例如，1998年皖南茶区越冬代蛹的基数大，1989年春季的温、湿度高于常年，导致黑刺粉虱种群的繁衍大发生。

（3）茶树品种与茶园管理

茶树品种抗虫性有明显差异。例如，毛蟹和上梅洲品种上虫口密度较大。在阴湿郁闭的茶园发生严重，窝风向阳洼地茶园中的虫口密度往往较大。

（4）天敌

天敌资源丰富，已鉴定的有80余种。重要的寄生蜂有刺粉虱黑蜂（粉虱细蜂）*Amitus hesp eridum* Silvestri、黄盾恩蚜小蜂（黄盾扑虱蚜小蜂、斯氏寡节小蜂）*Encarsia smithi*（Silvestri）、黄腹恩蚜小蜂 *Encarsia ishii*（Silvestri）、钝棒恩蚜小蜂 *Encarsia obtusiclava* Hayat、榛黄蚜小蜂 *Encarsia ni p ponica* Silvestri、单毛长缨恩蚜小蜂 *Encarsia lounsburyi*（Berlese et Paoli）、斯氏桨角蚜小蜂 *Eretmocerus silvestrii* Gerling 等，其中刺粉虱黑蜂发生较为普遍，也是国内外曾经应用的重要天敌。重要的虫生真菌有韦伯虫座孢菌 *Aegerita webberi* Fawcett、蚧侧链孢 *Pleurodesmospora coccorum*（Petch）、粉虱座壳孢 *Aschersonia aleyrodis* Webb、枝孢霉 *Cladosporium* sp. 和顶孢霉 *Acremonium* sp. 等，常在"梅雨"和秋雨时期在黑刺粉虱中造成流行真菌病。捕食性天敌昆虫有红点唇瓢虫 *Chilocorus kuwanae* Silvestri、刀角瓢虫 *Serangium ja ponicum* Chapin 和食螨瘿蚊 *Acaroletes* sp. 等。

（三）防治方法

1. 农业防治

分批勤采，尤其是春茶可带走产于新梢上的卵。修剪、中耕和茶丛修边时剪除虫枝。改善茶园通风透光条件。合理施肥，增施有机肥，增强树势。

2. 生物防治

寄生率高的茶园，寄生蜂羽化前连同虫叶移植助迁至高密度粉虱种群中。例如，采集寄生蛹较多的茶树叶片，放在通气纸盒或纸袋中，在寄生蜂成虫盛发期前1周左右，移放到虫害严重的茶园，每50～100张叶片用线穿成串，挂在树上，每百株树挂放5株，每株在树冠下半部内面挂1～2串，可以控制黑刺粉虱的危害。引种定殖虫生真菌至黑刺粉虱种群中，当环境条件适宜，尤其是湿度较高、寄主密度较大时，则成为流行病，可迅速控制粉虱种群。也可将韦伯虫座孢、蚧侧链孢和粉虱座壳孢等致病力较强的菌株制成真菌杀虫剂施用。

3. 药剂防治

防治适期原则上掌握在卵孵化盛末期，对于成虫虫口密度大的，也可考虑在成虫盛期作为辅助施药时期。防治成虫以低容量蓬面扫喷为宜；若虫期提倡侧位喷洒，药液重点喷至茶树中、下部叶背。成虫期选用80%敌敌畏（50～60 mL/667 m²）等。

八、蚧类

蚧类（scales），又叫介壳虫，属半翅目、蚧总科，是茶园中一大类重要害虫，主要隶属于蜡蚧科（Coccidae）、盾蚧科（Diaspididae）、硕蚧科（Margarodidae）、绵蚧科（Monophlebidae）等。蚧类多为小型害虫，若虫和雌成虫都有蜡质物覆盖虫体，形成介壳。介壳的大小、形状、色泽、蜡质的类型是田间识别蚧类的重要特征。20世纪70年代以来，蚧类的危害明显加重。

若虫和雌成虫定居于枝、叶或根部，刺吸汁液。发生初期，因数量少、危害隐蔽，被害状不明显。

在适宜的环境条件下,种群数量增长积累,引起树势衰退、枝梢枯死,甚至整丛整片茶树死亡。许多种类能排泄大量"蜜露",引起烟煤病的发生,容易发现和识别。

蚧类属过渐变态,雌雄虫态变化不同,性二型现象明显。初孵若虫有足、触角、眼、口针,可以爬动,当找到合适的部位即固定不动。多数种类足、触角随即退化,口器形成细长的口针插入植物组织内吸取汁液,体背不断分泌蜡质覆盖虫体;少数种类雌成虫还保留有足,但爬动的距离很短。雄虫由卵孵化为第1龄若虫后,第2龄、第3龄即变为"前蛹"和"蛹",不再取食。雄成虫有1对翅,3对足,可飞翔,寻找雌成虫交配后即死亡,寿命短,田间不易发现。雌性若虫有3龄,无蛹期。雌成虫羽化后仍留在介壳下,无翅,似老龄若虫。交配后仍继续取食,以后陆续产卵。多数种类产在介壳下,少数产在分泌的绵状卵囊中。每雌产卵少的几十粒,多的上千粒,如角蜡蚧每雌最多可产卵3700多粒,一般孵化较整齐。

蚧类分布很广,很多茶园都有发生,有的茶场多达10多种。多数种类寄主很广,如红蜡蚧的寄主已知的有48科34种植物,易随风、雨扩散,随茶苗、茶种远距离调运传播。

茶树上的介壳虫已记载多达60多种。重要种类有蜡蚧科的红蜡蚧 *Ceroplastes rubens* Maskell、日本龟蜡蚧 *C. japonicus* Green、角蜡蚧 *C. ceriferus*(Anderson);盾蚧科的长白蚧 *Lopholeucaspis japonica*(Cockerell)、椰圆蚧 *Aspidiotus destructor* Signoret、蛇眼蚧 *Pseudaonidia duplex*(Cockerell)、茶梨蚧 *Pinnaspis theae*(Maskell)、茶牡蛎蚧 *Paralepidosaphes tubulorum*(Ferris)等。下面重点介绍长白蚧和红蜡蚧。

长白蚧(pear white scale),又名梨长白介壳虫、日本长白蚜、茶虱子等,属盾蚧科。全国各省产茶区大多有发生,常易造成茶树枯枝、死树。寄主植物有茶、苹果、梨、柑橘、李、山楂等10多种。红蜡蚧(red wax scale,ruby scale),又名脐状红蜡蚧、红蜡虫、红蚰,属蜡蚧科,国内分布很广,除危害茶树外,还是柑橘、梨、柿、松树等植物上的主要害虫。

(一)形态特征

1. 长白蚧

各虫态形态特征(图11-25)如下:

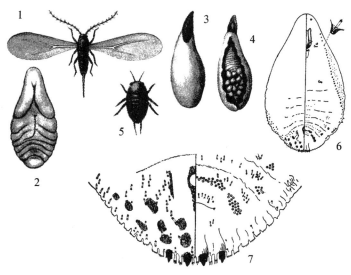

图11-25 长白蚧

1.雄成虫 2.雌成虫 3.雌虫介壳 4.产卵状 5.初孵若虫 6.雌成虫,背/腹面观 7.雌成虫臀板,背/腹面观

【成虫】雌成虫介壳暗棕色,纺锤形,其上常覆盖灰白色蜡质。壳点 1 个,突出于头端。介壳直或略弯,长 1.68～1.80 mm,宽 0.51～0.63 mm。雄虫介壳很小,长形,白色,刻点突出于前端。雌成虫纺锤形,淡黄色,体长 0.6～1.4 mm。腹部分节明显,臀叶 2 对,大且尖。雄成虫细长,体长 0.48～0.66 mm,淡紫色。翅展 1.28～1.60 mm,翅白色,半透明。触角丝状,10 节,每节上簇生感觉毛。胸足 3 对。腹末有 1 长刺状交配器。

【卵】椭圆形,也有不规则形,淡紫色。长 0.20～0.27 mm,宽 0.09～0.14 mm,孵化后卵壳呈白色。

【若虫】共 2(雄)～3(雌)龄。1 龄若虫椭圆形,淡紫色,长 0.20～0.39 mm,腹末有 2 根尾毛。触角、足发达。固定后缩于体下,体背覆盖白色蜡质。2 龄若虫有淡紫、淡黄或橙黄色,体长 0.36～0.92 mm,触角和足均消失,体被白色蜡,介壳前端附一个浅褐色的 1 龄若虫蜕皮壳。3 龄(雌)若虫淡黄色,梨形,腹部后端 3～4 节向前拱起,介壳比 2 龄宽大,颜色较深,蜡质呈灰白色。前蛹(雄)长椭圆形,淡紫色,长 0.63～0.92 mm,宽 0.16～0.29 mm,触角、翅芽、足开始显露,腹末有 2 根尾毛。

【蛹】雄蛹细长,淡紫色至紫色。长 0.66～0.85 mm,宽 0.15～0.22 mm。触角、翅芽和足明显,腹末有 1 针状交配器。

2. 其他蚧类

介壳的形态特征见图 11-26 和表 11-4。

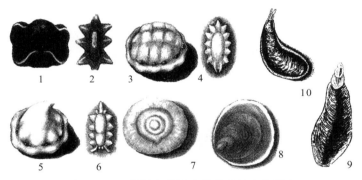

图 11-26　茶树上常见几种蚧类的介壳形态

1～2. 红蜡蚧雌雄介壳　3～4. 日本龟蜡蚧雌雄介壳　5～6. 角蜡蚧雌雄介壳　7. 椰圆蚧雌介壳
8. 蛇眼蚧雌介壳　9. 茶梨蚧　10. 茶牡蛎蚧

表 11-4　茶树上常见几种蚧类的介壳形态及发生规律

种类	介壳形态特征	发生与习性
红蜡蚧	雌虫蜡壳红色且厚,长 3～4 mm,高约 2.5 mm,老熟时深红色,背面中央部分隆起成半球形,顶部凹陷成脐状,两侧共有 4 条弯曲的白色蜡带	多数茶区一年 1 代。以受精成虫在枝干上越冬。在浙江黄岩 6 月上旬卵始孵化。每雌产卵 200 粒以上,最多可达 500 粒以上,产卵期 1 个月左右。初孵若虫善于爬行,定居 2～3 d 后开始分泌蜡质
日本龟蜡蚧	雌成虫蜡壳半球形,长 2.75～3.75 mm。白色,表面呈龟甲状,周缘有 8 个蜡突。雄介壳长椭圆形,有 13 个蜡突	一年 1 代。以受精雌成虫在枝干上越冬。6 月中旬至 7 月中旬盛孵,每雌产卵 1000～2000 粒,最多 3000 粒,产卵期 7～10 d
角蜡蚧	雌虫蜡壳半球形,直径 5～9 mm,灰白色,背中有 1 钩角状突起。周围有 8 个蜡突	一年 1 代。以 1～2 龄若虫,也有以受精雌成虫越冬。6 月中下旬盛孵。每雌产卵 438～1679 粒,平均 925 粒
椰圆蚧	雌虫介壳圆形,略扁平,直径 1.7～1.8 mm,薄而透明,淡黄褐色。蜕皮壳淡褐色,位于介壳中央。雄虫介壳长椭圆形	贵州等一年发生 2 代,浙江、湖南等长江中下游地区一年 3 代,以雌成虫在叶背越冬。3 代地区各代卵盛孵期分别在 4 月下旬至 5 月上旬、7 月上中旬和 9 月中下旬。每雌产卵 60～100 粒

续　表

种类	介壳形态特征	发生与习性
蛇眼蚧	雌虫介壳蚌壳形,背面隆起,直径 2～3 mm。2 个黄褐色若虫皮壳偏在一边。雄虫介壳长椭圆形,1 个蜕皮壳偏在一边	长江流域一年发生 3 代。以受精雌成虫在枝干上越冬。卵盛孵期分别为 5 月中旬和 8 月中旬。每雌平均产卵 137 粒
茶梨蚧	雌虫介壳长椭圆形,黄褐色,长 1.5～2.0 mm。若虫蜕皮壳 2 个,突出于介壳前端。雄虫介壳长形,白色,有 3 条纵脊	长江流域一年发生 3 代。以受精雌成虫在枝干或叶片上越冬。卵盛孵期分别为 5 月上中旬、6 月下旬和 9 月上旬。每雌产卵 18～20 粒,最多 50 粒
茶牡蛎蚧	雌虫介壳长形,稍弯曲,背面隆起,后端扩大,状似牡蛎,长 3～4 mm,暗褐色。壳点灰褐色,突出于前端。雄虫介壳稍狭窄,长 1.6 mm,深褐色	西南、中南茶区一年发生 2 代。以卵在介壳内越冬。卵盛孵期分别为 5 月中旬和 8 月中旬,孵化不整齐,可持续 1 个月,每雌产卵 40～600 粒

(二)生物学与生态学特性

1. 生活史与习性

在浙江和湖南年发生 3 代,多以老熟若虫和前蛹在茶树枝干上越冬。在浙江,第 1 代卵在 5 月上旬开始孵化,5 月下旬为孵化高峰期,成虫 6 月下旬初见;第 2 代卵在 7 月上旬开始孵化,7 月中下旬到孵化高峰,成虫于 8 月上旬初见;第 3 代卵在 8 月下旬开始孵化,9 月上中旬达孵化高峰。第 1 代卵期约 20 d,第 2 和 3 代为 11～13 d;第 1 和 2 代若虫期 23～29 d,第 3 代(越冬)约达 180 d,前蛹期 8～9 d;蛹期约 6 d。

雄成虫飞翔力弱,多在下午羽化后在枝干上爬行,交尾后死亡,最长 1 d。雌成虫寿命长,约达 23～30 d。交配后陆续孕卵,卵产于介壳内、虫体末端。平均每雌产卵因代别而异,其中越冬 1 代为 20 粒,第 1 代为 16 粒,第 2 代为 32 粒。产卵后,雌虫逐渐干缩死亡。雌雄成虫比例因代别而异,其中第 1 代为 1∶1.3,第 2 和 3 代均为 1∶1.1。

同一介壳的卵是陆续孵化的,第 1、2 代约经 6～12 d,第 3 代约经 5～19 d。一日中孵化在 12—17 时均有发生,其中以 12—14 时为最盛。孵化时遇阴雨天则孵化率下降,甚至暂时停止孵化。初孵若虫活泼,可借风力及人畜携带传播,孵化后数小时即在枝叶选适宜位置固定,并逐渐分泌白色蜡质,盖于体背。蜕皮壳附着在虫体前端。若虫在茶树上的分布因代别而异,第 1 代 60% 在叶片上,40% 在枝条上;第 2 代 51% 在叶片上,49% 在枝条上;第 3 代绝大部分在枝条上。叶片上的若虫,雄的大多分布在叶片的边缘锯齿间,雌的大多在主脉两侧。幼嫩的茶树上,若虫分布在中下部,壮龄茶树上则以中上部为多。

其他蚧类的发生规律见表 11-3。

2. 发生与环境

(1) 气候因子

影响最大的气候因子是温度和湿度。适宜繁殖的温度为 20～25℃,相对湿度 80% 以上。日均温达 15℃ 左右时,第 1 代卵孵化。高温低湿对种群的增长不利,可造成产卵量减少,死亡率提高,若虫存活率降低。

(2) 茶树长势与管理

郁闭、低洼、偏施氮肥的茶园发生较重。5 年以上的新茶园和台刈后的虫口密度常大于成龄茶园。品种间虫口差异明显。滥用化学农药,大量杀伤天敌,容易造成爆发成灾。

（3）天敌

主要有寄生蜂和瓢虫。如红点唇瓢虫 *Chilocorus kuwanae* Silvestri 对其有明显的控制作用。寄生蜂有长白蚧长棒蚜小蜂 *Marlattiella prima* Howard、盾蚧长缨蚜小蜂 *Aspidiotiphagus citrinus* (Crawford)等,寄生率可达 20％～30％,甚至 40％以上。

（三）防治方法

1. 苗木检疫

蚧类易于随茶苗的调运而传播,要做好检疫工作。

2. 加强栽培管理

合理施肥,采养结合,以增强茶树长势和抗性。及时除草,清蔸亮脚,以促进茶园通风透光。对受害严重的茶园,应采取深修剪或台刈措施,修剪应在卵 2 盛末期(浙江茶区以春茶后为宜),应剪去蓬面 15～20 cm。对修剪或台刈下的枝叶应清出茶园外,集中堆放,以便天敌返回茶园。经修剪或台刈后留下的茶树树桩适时用药剂防治。

3. 人工防治

角蜡蚧、红蜡蚧、龟蜡蚧等虫体较大,可用竹刀在枝干上人工刮除。刮下的虫体集中堆放,让寄生蜂羽化后再处理。

4. 生物防治

尽量减少化学农药的使用,保护茶园多种天敌。放养各种瓢虫于高密度种群中。"梅雨"或秋雨期间,引种定殖韦伯虫座孢或座壳孢于蚧类种群中造成流行,可有效地控制介壳虫。

5. 药剂防治

在孵化盛期至盛末期采集田间嫩成叶,若百叶若虫量在 150 头以上的茶园应全面喷药。防治适期在田间孵化盛末期(在双目解剖镜下每 2～3 d 检测一批采自茶园的卵囊,计算孵化率,当孵化率达 80％时,即孵化盛末期)。施药方式为低容量喷雾。药剂可选用 25％亚胺硫磷 800 倍液(125 mL/667 m²)、25％亚胺硫磷 800 倍液、50％辛硫磷 1000 倍液和松脂合剂 10～15 倍液等。

第四节　有机茶生产中的有害生物治理

有机茶是在原料生产过程中遵循自然规律和生态学原理,采取有益于生态和环境的可持续发展的农业技术,不使用合成的农药、肥料及生长调节剂等物质,在加工过程中不使用合成的食品添加剂的茶叶及相关产品。有机茶生产必须符合农业部 2002 年 7 月 25 日发布的有机茶行业标准,即要求产地必须符合 NY 5199—2002《有机茶产地环境条件》,生产按 NY/T 5197—2002《有机茶生产技术规程》,加工符合 NY/T 5198—2002《有机茶加工技术规程》,产品达到 NY 5196—2002《有机茶》的要求。

有机茶生产中有害生物的防治必须遵循防重于治的原则,从整个茶园生态系统出发,以农业防治为基础,综合运用物理防治和生物防治措施,创造不利于有害生物(病、虫、草)滋生而有利于各类天敌繁衍的环境条件,提高生物多样性,保持茶园生态平衡,减少各类有害生物造成的损失。有机茶园主要病虫害防治方法见表 11-5。

表 11－5　有机茶园主要病虫害及其防治方法

病虫害名称	防治时期	防治措施
小绿叶蝉	5—6月，8—9月若虫盛发期。百叶虫口：夏茶5~6头，秋茶大于10头	①分批多次采摘，严重时可机械采或轻修剪（3~5 cm）；②湿度大的天气，喷施白僵菌制剂；③秋末采用石硫合剂封园；④喷施鱼藤酮、清源保等植物源农药
茶毛虫	各地发生不一，防治时期有变。一般在5—6月中旬，8—9月。3龄幼虫前施药	①人工摘除群集幼虫、越冬卵块；结合清园，中耕灭茧蛹，灯诱杀成虫；②幼虫期喷施核型多角体病毒制剂；③喷施鱼藤酮、清源保等植物源农药及Bt制剂
茶尺蠖	年发生代数多，以第3、4、5代（6—8月下旬）为重。当虫口密度大于7头/m²时需要施药	①人工挖蛹，或结合冬耕施基肥深埋蛹；②灯诱杀成虫；③1~2龄幼虫期喷施核型多角体病毒制剂；④喷施鱼藤酮、清源保等植物源农药，及Bt制剂
茶橙瘿螨	5月中下旬，8—9月发现个别枝条有危害状的点片发生时，即需要施药	①勤采春茶；②必要时喷施石硫合剂、矿物油等矿物源农药
茶丽纹象甲	5—6月下旬，成虫盛发期	①结合中耕与冬耕，或结合冬耕施基肥灭蛹；②人工振落捕杀；③幼虫期土施喷施白僵菌制剂或成虫期喷施白僵菌制剂
黑刺粉虱	江南茶区5月中下旬、7月中旬、9月下旬至10月上旬	①及时梳枝清园、中耕除草，使茶园通风透光；②湿度大的天气，喷施白僵菌制剂；③喷施石硫合剂封园
茶饼病	春、秋季发病期，5 d中有3 d上午日照小于3 h，或降雨量在2.5~5 mm、芽梢发病率大于35%	①秋季结合深耕施肥，将根际橘枝落叶深埋土中；②喷施多抗霉素；③喷施波尔多液

一、农业防治

（一）选用抗性品种

在发展新茶园或改造老茶园时，换种或种植针对当地主要病虫的抗性较强的品种。

（二）采摘、修剪和台刈

分批及时采摘可除去危害芽叶的病虫，如假眼小绿叶蝉、螨类、茶蚜、茶细蛾幼虫、茶白星病、茶饼病、茶芽枯病。合理修剪或台刈可改善茶园通风条件，抑制喜湿或郁蔽条件的黑刺粉虱、蚧类等，也可控制茶炭疽病、茶梢黑点病、茶膏药病、地衣和苔藓等枝干病害。对病虫危害严重时，采用台刈措施可除去茶丛中上部大多数病虫。对于修剪或台刈的枝条和粗干清除出园后，病虫枝待寄生蜂等天敌逸出后再行销毁。

（三）合理翻耕

秋末结合施基肥深耕培土，可将土表层和落叶层中越冬害虫，如茶尺蠖和扁刺蛾蛹等，以及多种病原菌深埋入土中。中耕可促进通风透气，促进根系生长和土壤微生物活动，破坏害虫的地下栖息场所，如夏秋季翻土1～2次，可控制茶丽纹象甲的危害。

此外，及时除去杂草、清除残枝落叶，能减少病虫；适时灌溉、排水能改变茶园环境条件，也可兼治病虫。

二、物理防治

（一）人工捕杀

采用人工或简单器械捕杀法，可减轻茶毛虫、茶蚕、蓑蛾、卷叶蛾、茶丽纹象甲等害虫虫口密度。对局部发生量大的蚧类、苔藓等可人工刮除。

（二）诱杀

利用害虫的趋性，采用灯光、色板（黄、蓝、绿色）、性诱剂或糖、醋诱杀害虫。

（三）机械或人工除草

定时采用机械或人工方法防除杂草。

三、生物防治

（一）天敌保护利用

保护和利用当地茶园中的草蛉、瓢虫和寄生蜂等天敌昆虫，以及蜘蛛、捕食螨、蛙类和鸟类等捕食性天敌，减少人为因素对天敌的影响。

（二）使用生物制剂

在生产标准范围内，合理使用生物源农药，如微生物、植物和动物源农药。

四、农药使用原则

农药使用原则：一是禁止使用和混配化学合成的杀虫剂、杀螨剂、杀菌剂、除草剂和植物生长调节剂。二是从国外或外地引种，必须进行植物检疫，不得将当地尚未发生的危险性病虫草随种子种苗带入。三是在病虫大发生时根据只用有机茶园主要病虫害防治允许或限制使用的物质与方法，限量使用有关药剂，其中矿物源农药应控制在非采茶季节使用。其中，允许使用的物质有 CO_2、明胶、糖醋、卵磷脂、蚁酸、软皂；允许使用的方法有热法消毒、机械诱捕、灯光诱捕、色板诱杀。非生产季节使用的矿物源农药有石硫合剂、硫悬乳剂、可湿性硫、硫酸铜、石灰半量式波尔多液、石油乳油。限量使用的物质分述如下。

（一）微生物源农药

包括多抗霉素、浏阳霉素、华光霉素、春雷霉素、白僵菌、绿僵菌、苏云金芽孢杆菌（Bt）、核型多角体病毒、颗粒体病毒。

（二）动物源农药

包括性信息素、寄生性天敌（如赤眼蜂和昆虫病原性线虫）、捕食性天敌（如瓢虫、捕食螨、蜘蛛）。

（三）植物源农药

包括苦参碱、鱼藤酮、除虫菊素、印楝素、苦楝、川楝素、植物油。此外,还有烟叶水（只限于非采茶季节用）。

（四）其他物质

包括漂白粉、生石灰、硅藻土。

思考与讨论题

1. 简要说明茶云纹叶枯病的侵染循环及防治措施。

2. 茶园中如何识别茶云纹叶枯病、轮斑病和炭疽病?

3. 从发病条件上分析为什么茶饼病主要发生在高山茶园。

4. 请说明茶芽枯病的主要危害时期、发病条件及防治措施。

5. 请简述茶枝梢黑点病的危害部位、症状以及侵染循环的特点。

6. 茶煤病和茶膏药病各发生在茶树的什么部位? 其发生与哪些茶树害虫有关?

7. 如何区别茶根癌病和茶苗根结线虫病的症状? 它们的防治措施有何异同?

8. 简述各茶树主要害螨和害虫的形态特征,及其与相似种类的区分。

9. 简述各茶树主要害螨和害虫的发生规律及防治措施。

10. 在查阅文献的基础上,阐述有机茶生产中病虫害防治关键技术及注意事项。

☆教学课件

第十二章　常见农田杂草识别与防治

杂草（weeds）是作物地主要的有害生物之一。杂草与作物争夺水分、养分、阳光以及生长空间，降低土表温度，从而影响作物的生长，降低农作物的产量与品质。而且许多杂草对作物具有化感作用，杂草植株挥发物或根系分泌物不利于作物的生长。此外，杂草是病虫的中间寄主，如看麦娘、早熟禾是灰稻虱、麦长管蚜、黑尾叶蝉的越冬寄主，鹅观草、棒头草是麦长管蚜、禾谷缢管蚜的中间寄主，高山上的法氏狗尾草、剪股颖、囊颖草则是麦长管蚜的越夏寄主，而荠菜、薄菜等杂草既是黄瓜花叶病毒的传毒寄主，又是多种十字花科蔬菜害虫如萝卜蚜、小菜蛾、菜青虫的重要寄主。在病虫发生季节，一种杂草往往是多种病虫的寄主，一种病虫亦能寄生多种杂草，从而补充了病虫的营养来源。在不利于病虫发生的条件下，杂草则成了病虫度过不良环境的场所。因此，农田杂草不仅直接引起作物生长受阻而减产，而且加重病虫的发生危害。杂草的防除是有害生物治理的重要方面。

第一节　常见杂草种类及其识别

一、杂草的概念

杂草是一个相对的概念，通常指农田中非有意栽培的植物，或能够在人工生境中自然繁衍其种群的植物。如在大豆地里，稗草、马唐是杂草，除大豆以外其他非有意栽培的植物都是杂草。

杂草的生物学特性，主要表现在以下几个方面：①有多种授粉途径，既能进行自花授粉，也能进行异花授粉，环境适应性强；②多实性，如一株藜能结 200～200000 粒种子，一株蟋蟀草能结 50000～35000 粒种子，且许多杂草一株植株上的种子成熟期有先后，边成熟边落粒，对环境的适应能力强；③多种传播方式，可通过作物引种、灌水、耕作、移土、包装材料等途径进行传播，也可通过动物或借风传播，如菊科杂草的种子上的冠毛有利于其借风传播；④长寿性，如繁缕的种子可存活 600 年，狗尾草种子可存活 9～13 年；⑤出苗迟早不一，不同种类的杂草种子萌发条件不同，发生危害的时间不同；⑥杂草多为 C4 植物，CO_2 和光补偿点低、CO_2 和光饱和点高，生长发育迅速，对作物的竞争能力强；⑦杂合性，由于异花授粉或基因型突变，杂草基因型很少纯合，容易产生抗药性；⑧可塑性，不同条件下杂草的植株大小、个体数量、生物量等自我调节能力强；⑨杂草对作物的拟态性，如稗草与水稻在形态、生长发育规律及对环境条件的要求等方面均较相似，防治极为困难。

二、杂草的分类方法

农田杂草种类很多，形态习性各异，在世界范围内广为分布。面对如此繁杂的农田杂草，识别杂草是进行杂草有效防除的基础。通常根据杂草的形态特征、生长习性等进行分类。

（一）按亲缘关系分类

杂草与杂草之间存在着或远或近的亲缘关系，这是植物长期进化过程中形成的。亲缘关系越近，

其形态特征、生物学习性越相似,对杂草治理措施的反应也越相似。

依据亲缘关系可以把杂草分为五大类:藻类植物(Algae)、苔藓植物(Bryophyta)、蕨类植物(Pteridophyta)、裸子植物(Gymnospermae)和被子植物(Angiospermae)。其中被子植物占杂草的绝大多数。

按亲缘关系分类有专门的各级分类单位,即界、门、纲、目、科、属、种。每一种杂草都有自己的分类位置。例如,稻田杂草稗草 *Echinochloa crus-galli*(L.)Beauv. 是植物界(Regnum vegitabilt)、被子植物门(Angiospermae)、单子叶植物纲(Monocotyledoneae)、禾本目(Graminales)、禾本科(Gramineae)、稗属 *Echinochloa*,与水稻位于同一科,亲缘关系较近,故其形态也较相似。

(二)按生物学习性分类

1. 一年生杂草

一般在春、夏季萌发出苗,夏、秋季开花与结果后死亡,整个生命周期在当年完成。这类杂草主要通过种子繁殖,幼苗不能越冬,是农田的主要杂草类群,种类和数量较多,主要危害棉花、玉米、豆类、薯类、水稻等秋熟作物,是防除的主要对象。按照杂草出苗的早晚又可分为早春杂草和晚春杂草。

(1)早春杂草

早春温度5～10℃即可萌发,当年夏季开花结果,如藜、扁蓄、酸模叶蓼等。

(2)晚春杂草

晚春温度10～15℃开始萌发,最适宜的发芽温度在20℃以上,是农田春播作物中最主要的杂草,如稗、马唐、狗尾草等。雨季高温高湿最有利于这类杂草发芽生长,若不及时清除,危害甚为严重。

2. 越年生或二年生杂草

一般在夏、秋季发芽,以幼苗或根芽越冬,次年夏、秋季开花、结实后死亡,整个生命周期需要跨越两个年度,如黄蒿、益母草等。但其中的一部分也可在春天发芽,当年开花、结实后死亡,表现为一年生的习性,如荠菜、附地菜、看麦娘等。这类杂草也可以种子繁殖,主要危害小麦、油菜等夏熟作物。

3. 多年生杂草

可连续生存三年以上,一生中能多次开花、结实,通常第一年只生长不结实,第二年起结实。在寒冷冬季地上部分常枯死,依靠地下根茎组织越冬,次年又长出新的植株。所以,多年生杂草除了以种子繁殖外,还能利用地下营养器官进行繁殖,后者甚至是更为主要的繁殖方式。依据营养繁殖特性的不同,又可将多年生杂草分为直根杂草、须根杂草、根茎杂草、块茎杂草、球茎杂草和鳞茎杂草等六类。多年生杂草由于防除较为困难,一旦造成草害,作物的损失往往大于一年生杂草。

4. 寄生杂草

不能进行或不能独立进行光合作用、制造养分的杂草,必须寄生在别的植物上,靠特殊的吸收器官吸取寄主的养分而生存。其中有茎寄生,如菟丝子,靠吸器从大豆等寄主的茎内吸取养分而生活;向日葵列当则是从寄主向日葵等的根部吸取养分,称为根寄生。华北山区新开荒地或果园内有一种檀香科(Sanatalaceae)植物百蕊草,它兼营寄生和自生两种生活方式,植物体具有根和吸器,当没有寄主存在时能独立生活,称为半寄生杂草。

(三)按生态学特性分类

根据杂草生活的农田环境中水分含量不同,可将农田杂草分为旱田杂草和水田杂草两大类。从生态学角度看,旱田杂草绝大多数是中生类型的杂草;水田杂草则可再分为湿生型、沼生型、沉水型和浮水型杂草。

1. 湿生型杂草

喜生长于水分饱和的土壤,也能生长在旱田,若长期淹水,对幼苗生长不利,甚至死亡。如稗草、灯心草等是稻田的主要杂草,危害严重。

2. 沼生型杂草

根及植物体的下部在水层下,植物体的上部挺出水面,缺乏水层时生长不良,甚至死亡。如鸭舌草等也是稻田的主要杂草,危害严重。

3. 沉水型杂草

植物体全部沉没在水中,根生于水域底泥中或仅有不定根生长于水中。如金鱼藻、菹草等,是低洼积水田中常见的危害较重的杂草。

4. 浮水型杂草

植株或叶漂浮于水面或部分沉没于水中,根不入土或入土。如浮萍、眼子菜等,此类杂草布满水面时,除吸收养分外,还会降低水温和地温,影响作物生长。

（四）按化学除草的需要分类

因形态与生物学特性的差异,以及对除草剂的吸收、传导与代谢差异,不同种类的杂草对某特定药剂的敏感性不同。生产上常根据这种敏感性的差异选用适当的除草剂品种,控制杂草的危害,而不会对作物生长造成不利的影响。按照化学除草的需要,可将杂草分为以下三类。

1. 禾本科杂草

禾本科杂草属于单子叶植物,为须根系,主根不发达。茎秆圆筒形,有显著的节与节间,节间常中空;叶二列着生,叶鞘在一侧开裂,平行叶脉,叶片较小,狭长竖立,表面有细沟,有蜡质层。这种形态特征,使除草剂不易附着。其生长锥位于植株的基部或地下,并且被包藏在多层紧裹的叶鞘之中,不易受到除草剂的影响。禾本科杂草的幼苗长到三叶期之内,根系较浅,抗逆性较差,容易被除草剂杀死。

2. 莎草科杂草

莎草科杂草也属于单子叶植物,与禾本科杂草的主要区别是:茎秆常呈三棱柱形,少圆柱形,茎实心、无节;叶基生或秆生,三列着生,或叶片退化仅存叶鞘,叶鞘闭合。莎草科杂草多生于湿地或水田中,如异型莎草、香附子等。

3. 阔叶杂草

阔叶杂草主要是双子叶杂草和少数叶片较宽的单子叶杂草(如鸭趾草、鸭舌草、眼子菜)。阔叶杂草大多数为直根系,子叶2片。网状叶脉,叶片较阔而平滑,近于水平展开,幼芽或生长锥或多或少呈裸露状。这些形态特征,有利于除草剂在叶片附着。

三、农田常见杂草种类

（一）禾本科杂草

1. 稗

学名:*Echinochloa crus-galli*(L.)Beauv.;别名:稗草;分类地位:稗属。

【形态特征】一年生杂草,秆高40～100 cm,茎秆粗壮,植株丛生,直立或扩展,茎光滑无毛。叶片线形,中脉明显,无叶耳,无叶舌,这是苗期与水稻秧苗区别的要点。圆锥花序呈不规则的塔形,花序

主轴具棱角,粗糙,小穗长约 3 mm,密集于穗轴一侧,小穗与分枝及小枝有硬刺瘤毛,每小穗含二花,下部花退化;颖片及第 1 外稃革质,脉上有疣毛,芒着生在第 1 外稃上;第 2 外稃成熟后变硬,有光泽,卷抱同质内稃。果实椭圆形,骨质,表面平滑有光泽,顶端有小尖头(图 12 - 1A)。常见变种有下列两种。

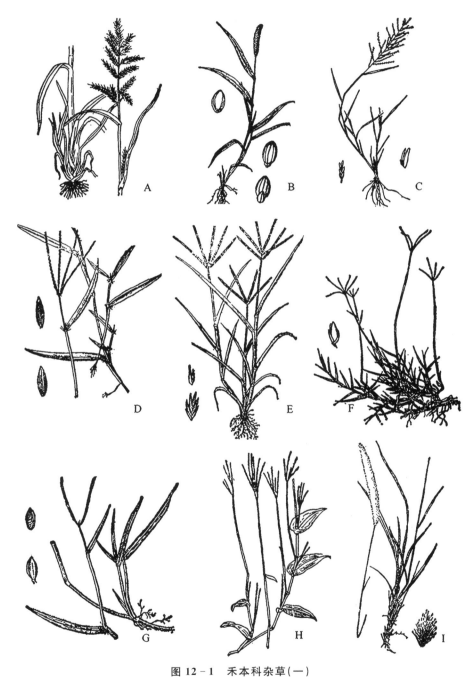

图 12 - 1　禾本科杂草(一)

A.䅟草　B.狗尾草　C.千金子　D.马唐　E.牛筋草　F.狗牙根　G.双穗雀稗　H.荩草　I.白茅

(1)旱稗 var. *hispidula*(Retz.)Honda,圆锥花序较狭窄,下垂,分枝无小枝,小穗较大。花果期 6—9 月。

(2)无芒稗 var. *mitis*(Pursh)Peterm.,圆锥花序直立,小穗无芒或有极短的芒,芒长不超过

0.5 mm,比原种更常见。

同属近似种有光头稗 E. colonum(L.)Link,秆较细,高 15～40 cm,圆锥花序分枝不再生小枝,小穗长 2～2.5 mm,无芒,较规则地 4 行排列在穗轴的一侧。花果期 7—11 月。

【发生特点】以种子繁殖,常随稻谷播种而萌发出草,花果期与水稻穗期相一致。稗草适应性强,喜湿润,耐干旱,抗寒,耐盐碱,繁殖力强,根系发达,吸肥力强,中期生长迅速,成熟期比水稻早,边成熟边落粒,严重抑制水稻生长,是稻田最重要的杂草。

2. 狗尾草

学名:Setaria viridis(L.)Beauv.;别名:绿狗尾草、青狗尾草、谷莠子;分类地位:狗尾草属。

【形态特征】一年生杂草,秆高 20～100 cm,茎直立,基部倾卧,茎秆细圆而较坚硬,有分枝,节及下部粗糙。叶片线状披针形,叶背光滑,正面稍粗糙。叶舌须毛状,长约 0.1 cm。叶鞘光滑,鞘口有须状毛,鞘缘有长柔毛。圆锥花序紧密,呈圆柱形。小穗椭圆形,顶端钝,常 3～6 枚簇生。每小穗下的刚毛多枚,宿存,黄绿色。第 2 颖片和小穗近等长,有 5 或 7 脉。第 2 小花顶端钝,有细点状皱纹(图 12－1B)。

同属植物大狗尾草 Setaria faberi Herrm 植株较狗尾草高大,圆锥花序较粗而长,常下垂,刚毛通常绿色。金色狗尾草 S. glauca(L.)Beauv. 植株矮小,叶鞘光滑无毛,圆锥花序圆柱形,直立,刚毛金黄色或稍带紫色。

【发生特点】以种子繁殖,春季出草,花果期 8—10 月。适应性强,在沙丘和重碱地也有生长,是棉田、玉米田、大豆地、果园、茶园等农田的重要杂草。

3. 千金子

学名:Leptochloa chinensis(L.)Nees;别名:畔茅;分类地位:千金子属。

【形态特征】一年生杂草,株高 30～90 cm,茎秆细,丛生,直立,基部稍倾斜。叶片条状披针形,叶鞘无毛,叶舌膜质,常具小纤毛。圆锥花序长 10～30 cm,由许多穗形总状花序组成,分枝细瘦。小穗多带紫色,排列于穗轴一侧,含 3～7 朵小花。颖具 1 脉,脊上粗糙,第 1 颖短而狭,第 2 颖常短于第 1 外稃。外稃具 3 脉,无毛或下部被微毛。颖果呈椭圆形或卵圆形,长约 1 mm(图 12－1C)。

同属植物虮子草 L. panicea(Retz.)Ohwi. 株形矮小,叶鞘常疏生疣基柔毛。小穗有 2～4 朵小花,为旱田杂草。

【发生特点】以种子繁殖,喜生于湿润环境,花果期 7—11 月。是稻田、甘薯田、西瓜田、大豆田、棉田等农田杂草,尤以稻棉轮作田发生严重。

4. 马唐

学名:Digitaria sanguinalis(L.)Scop;分类地位:马唐属。

【形态特征】一年生杂草,秆高 30～70 cm,通常从根部分生 3～4 茎或更多,向四周平铺生长或卧伏地面,分枝,节部着地生根,光滑无毛。叶片柔软,疏生软毛或无毛。叶鞘常疏生疣基的软毛。总状花序 3～10 枚,排列成指状,基部的近于轮生,披针形,每穗轴节上着生 2 枚小穗,一为长柄,另一为极短柄或无柄。第 1 颖明显,第 2 颖长为小穗的 1/2～3/4,第 1 外稃具 5～7 脉,中央 3 脉明显,脉间距离宽而无毛,侧脉甚接近,常于脉间贴生柔毛。第 2 小花的外稃软骨质,成熟后灰绿色(图 12－1D)。

同属植物紫马唐 Digitaria violascens Link 叶集生于基部,叶鞘常光滑无毛,总状花序 2～7 枚,指状排列,花后期成紫色,为灰稻虱、麦长管蚜、稻蓟马及黑条矮缩病的寄主。

【发生特点】以种子繁殖,花果期 7—10 月。对环境适应性强,生长茂密,是棉田、菜地、果园、桑园、茶园的重要杂草。

5. 牛筋草

学名:Eleusine indica(L.)Gaertn;别名:蟋蟀草等;分类地位:䅟属。

【形态特征】一年生杂草，秆高 15～70 cm，须根，根系深扎，丛生，自基部分枝，斜开或偃卧，秆与叶强韧，不易拉断。叶片条形，中脉明显突出，叶鞘压扁，鞘口常有柔毛，叶舌短。穗状花序 2～7 枚，呈指状排列或顶生于短缩的主轴上，穗轴较宽，有顶生小穗，其余小穗成 2 行着生于穗轴的一侧。小穗无柄，有花 4～6 朵。颖披针形不等长，有脊，脊上粗糙，具小纤毛。颖果三角状卵形，有明显的波状皱纹（图 12 - 1E）。

【发生特点】以种子繁殖，繁殖力强，花果期 6—10 月。该草适应性强，是棉田、瓜地、果园、茶园等农田的重要杂草。

6. 狗牙根

学名：*Cynodon dactylon*（L.）Pers；别名：绊根草、草板筋、铁丝板头根、马拌草等；分类地位：狗牙根属。

【形态特征】多年生杂草，秆高 10～30 cm，匍匐茎长，分枝多，节上生根，向四方蔓延成片。叶片条形，深绿色，叶鞘具脊，鞘口通常有疏长柔毛，叶舌呈小纤毛状。穗状花序 3～6 条，在秆顶排列成指状。小穗无柄，成 2 行着生于穗轴的一侧，灰绿色或带紫色，含两性小花 1 朵，脱节于颖之上。外稃较颖为长，无芒，无毛，内稃与外稃近等长。颖果，花果期 5—10 月（图 12 - 1F）。

【发生特点】以根状茎和种子繁殖，春季萌发，冬季茎叶枯黄，对环境适应性强，繁殖快，往往形成杂草的优势种群，是棉田、麦田、菜地、瓜地、茶园、桑园、果园的恶性杂草。

7. 双穗雀稗

学名：*Paspalum distichum* L.；别名：游水筋；分类地位：雀稗属。

【形态特征】多年生杂草，秆高 20～60 cm，有根状茎及匍匐茎，节上易生根，茎长可达 1 m，开花茎直立。叶片线形至线状披针形，扁平；叶鞘上部及叶基边沿有须状毛，叶舌膜质。总状花序两枚，长约 2.5 cm，小穗成两行排列于穗轴一侧，边缘无丝状毛。果实椭圆形，灰色，顶端具少数细毛，以背面对向穗轴（图 12 - 1G）。

【发生特点】以种子和根状茎繁殖，开花结实期在 6—10 月，适宜在湿润环境生长，是稻田、麦田的重要杂草。

8. 荩草

学名：*Arthraxon hispidus*（Thunb.）Makino；别名：心叶草；分类地位：荩草属。

【形态特征】一年生杂草，秆高 30～45 cm，茎细，分枝多节，基部倾斜，着土生根。叶卵状披针形，基部呈心形抱茎，下部边缘有纤毛。叶鞘被白长毛，叶舌膜质。总状花序细弱，2～10 个呈指状排列或簇生于秆顶，紫褐色。穗轴每节有 2 小穗，有柄小穗退化为刚毛，无柄小穗披针形。颖有小疣状突起，近等长，第 1 颖卵状披针形，顶端尖短，革质有 7～10 脉，第 2 颖舟形，透明膜质，有 3 脉。第 1、2 外稃等长，短于第 1 颖，第 2 外稃基部有一膝曲状芒，下部扭转，内稃缺如。颖果长圆形（图 12 - 1H）。

【发生特点】以种子繁殖，花果期 8—11 月，喜生于潮湿环境，分蘖力强，是棉田、果园、茶园的杂草。

9. 白茅

学名：*Imperata cylindrica*（L.）Beauv. var. *maior*（Nees）C. E. Hubb；别名：茅草、丝茅、茅针、地筋等。分类地位：白茅属。

【形态特征】多年生杂草，秆高 30～80 cm，茎直立，圆柱形，光滑无毛，基部常残留叶鞘。根茎长，白色，有甜味，节间距离近等长，节上有红褐色鳞片。叶条状披针形，正面和边缘稍粗糙，背面无毛。叶鞘缘口有白毛。穗状花序圆柱形，小穗成对着生，基部和颖片密被银白色长软毛，每小穗只含 1 朵两性花。颖果椭圆形，暗褐色，成熟时果序被长白柔毛（图 12 - 1D）。

【发生特点】该草根状茎繁殖力强，常成片发生，花果期 5—9 月，是棉田、大豆地、花生地、果园、茶园等农田的恶性杂草。

10. 看麦娘

学名:*Alopecurus aequalis* Sobol;别名:麦娘娘、麦陀陀;分类地位:看麦娘属。

【形态特征】越年生或一年生草本,秆高 15～45 cm,茎直立或基部略倾斜,少数簇生或不分蘖。叶片扁平,光滑,或表面微粗糙,质柔软。苗期叶色暗绿,茎基部略带紫色。叶鞘光滑,通常短于节间,疏松裹茎,叶舌膜质透明。圆锥花序圆柱形,灰绿色,小穗卵状长圆形,长 2～3 mm,含 1 花,花药橙黄色,长 0.5～0.8 mm,密集于穗轴之上。外稃背部生短芒,无内稃。颖果长约 1 mm(图 12 - 2A)。

同属植物日本看麦娘 *A. japonicus* Steud. ,圆锥花序较粗大,小穗长 5～6 mm,花药淡黄色或白色,长约 1 mm。

【发生特点】以种子繁殖,多秋冬季萌发,花果期 4—7 月,喜生于潮湿地或田埂边,是稻区麦田、油菜田最严重的杂草,亦是紫云英留种田、蚕豆田、菜地等农田的重要杂草。

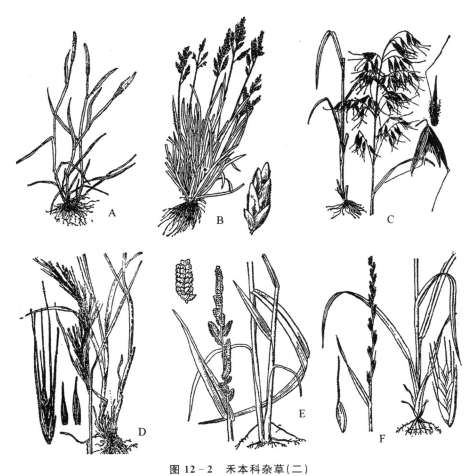

图 12 - 2　禾本科杂草(二)
A.看麦娘　B.早熟禾　C.野燕麦　D.鹅观草　E.茵草　F.毒麦

11. 早熟禾

学名:*Poa annua* L. ;别名:稍草、小鸡草、冷草、绒球草;分类地位:早熟禾属。

【形态特征】越年生或一年生杂草,秆高 10～30 cm,茎丛生,直立,基部稍向外倾斜。叶片绿色,质地柔软光滑,顶端呈船形,叶鞘光滑无毛,自中部以下闭合,基部粗糙,叶舌圆形或三角形。圆锥花序卵状长圆形,每节有 1～3 分枝,每小穗有花 3～6 朵;颖片边沿宽膜质;外稃尖端钝,具宽膜质,基盘上无毛,内稃等长或短于外稃,2 脊上生长柔毛。颖果纺锤形(图 12 - 2B)。

同属植物白顶早熟禾 *Poa acroleuca* Steud 圆锥花序细弱下垂,每节着生 2～5 分枝,每小穗有花 2～3 朵,内稃较外稃稍短,2 脊上生细长丝状毛。

【发生特点】以种子繁殖,多为秋冬季萌发,花果期 2—7 月,适应性强,是麦田、油菜田、蚕豆田、菜地的重要杂草,特别是连年旱作田块发生严重。

12. 野燕麦

学名:*Avena fatua* L. ;别名:乌麦;分类地位:燕麦属。

【形态特征】越年生草本,秆高 60～120 cm,须根,茎直立。叶阔条形,扁平,质柔软,有白色蜡粉,无毛。叶舌短,边缘常为不整齐齿裂,透明膜质。圆锥花序开展,分枝纤细,轮生。小穗着生稀疏,具细柄,下垂,含 2～3 朵小花。颖片 2 枚,近等长。外稃具多数脉,散生粗毛,背部有膝曲状的长芒。小穗轴易脱节,通常密生硬毛。颖果纺锤形,被淡棕色柔毛,腹面具纵沟,基部密生硬毛(图 12 - 2C)。

【发生特点】以种子繁殖,麦田常夹种传播,随麦播种而萌芽,花果期 4—9 月,生命力强,既耐湿,又耐旱,是麦田、橘园等农田的杂草。

13. 鹅观草

学名:*Roegneria Kamoji* Ohwi;别名:瘦鹅观草、弯穗鹅观草、莓串草等;分类地位:鹅观草属。

【形态特征】多年生杂草,秆高 30～100 cm,簇生,基部常膝曲,具短根状茎。叶片条状披针形,光滑或稍粗糙。叶舌短,纸质,顶截平。叶鞘无毛或稍被毛。顶生穗状花序下垂,小穗排列两行,每小穗 3～10 朵花。第 1 颖和第 2 颖卵状披针形,先端尖或渐尖至短芒状,具 3～5 脉,外稃具膜质边沿,芒长。颖果见图 12 - 2D。

【发生特点】以根状茎和种子繁殖,花果期 5—7 月,是麦田、茶园、果园等农田杂草,以田边生长较多。

14. 菵草

学名:*Beckmannia syzigachne*(Steud.)Fernald;别名:水稗草、老头稗等;分类地位:菵草属。

【形态特征】越年生杂草,株高 30～90 cm,茎直立,丛生,质柔软,全体无毛。叶片阔线形,表面粗糙,边缘有细齿,中肋不显著。叶鞘无毛,长于节间,叶舌透明膜质。圆锥花序狭窄,分枝短,直立或斜生。小穗扁圆形,成双行,层层密集于穗轴一侧,每小穗具 1～2 朵花,花药黄色,颖两侧压扁,半圆形,等长,边缘质薄,白色。外稃披针形,稍露出颖外。颖果黄褐色,细小(图 12 - 2E)。

【发生特点】以种子繁殖,花果期 4—6 月,喜生于湿润多肥环境,是麦田、棉田以及稻田埂常见杂草。

15. 毒麦

学名:*Lolium temulentum* L. ;别名:黑麦子、野麦;分类地位:黑麦草属。

【形态特征】越年生或一年生杂草,秆高 40～100 cm,须根。叶条状披针形,叶鞘疏松,长于叶节,有叶舌。穗状花序轮生顶部两侧,穗轴节间长,小穗 4～5 小花,第 1 颖退化,第 2 颖有 7～9 脉,边缘狭膜质,长于其小穗。外稃背部圆形,质地薄,具 5 脉,第 1 外稃长约 6 mm,芒长达 1 cm,内稃约与外稃等长(图 12 - 2F)。

【发生特点】以种子繁殖,夹种传播,随麦播而萌芽,花果期 3—5 月。由于其麦粒有毒,当小麦中混有一定数量的毒麦时,会引起中毒反应,因此该草也是麦田的重要杂草。

(二)莎草科杂草

1. 牛毛毡

学名:*Eleocharis yokoscensis*(Franch. et Savat.)Tang et Wang;别名:牛毛草;分类地位:针蔺属。

【形态特征】多年生矮小杂草,茎高 3～8 cm,常丛生成片,匍匐茎细柔,向四周伸展,节下生根,可形成线形根状茎;地上茎直立,线形,不分枝,细如牛毛。叶退化只剩管形叶鞘,叶鞘膜质。小穗单一顶生,卵形,略扁平;鳞片膜质,淡褐色。小坚果狭长圆形,无棱,表面有细密整齐的隆起网纹(图12-3A)。

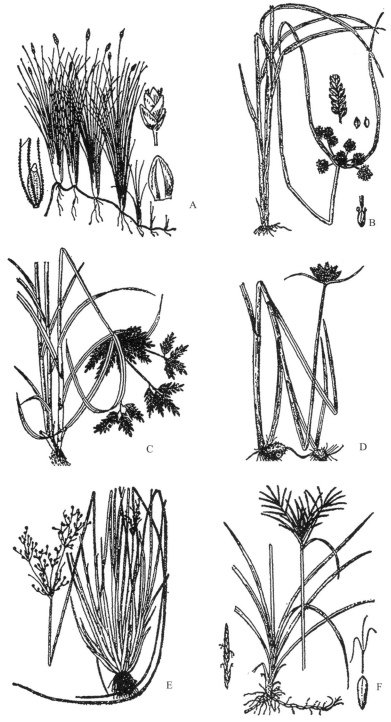

图 12 - 3 莎草科杂草

A.牛毛毡 B.异型莎草 C.碎米莎草 D.扁秆荆三棱 E.水虱草 F.香附子

【发生特点】以种子和匍匐根状茎繁殖,花果期6—9月。喜生于湿水环境,水干易枯死,是水稻秧田和本田的重要杂草。

2. 异型莎草

学名:*Cyperus difformis* L.;别名:碱草、球花蔍草;分类地位:莎草属。

【形态特征】一年生杂草,茎高10~45 cm,须根,丛生,质较柔软,茎扁三棱形,无毛。叶条形或阔条形,中脉表面部分具纵沟,背面具脊;叶鞘较长,褐色。花序聚伞形,分枝长短不一,穗状花序头状;小穗多数,密集,长2~5 mm,有花8~12朵;鳞片折扇状圆形,有3条不明显的脉,边缘白色透明;小坚果三棱状倒卵形,淡黄色,与鳞片近等长(图12-3B)。

【发生特点】以种子繁殖,花果期6—10月,是水稻秧田和本田的重要杂草。由于繁殖力强,能在稻田中成片生长,严重影响水稻生长。

3. 碎米莎草

学名:*Cyperus iria* L.;别名:三方草、碎米蔍草、三棱草;分类地位:莎草属。

【形态特征】一年生杂草,株高30~60 cm,茎丛生,扁三棱形,全株无毛。叶基生,条形,叶质较软,下部成鞘状抱茎。聚伞花序复出,总苞片4~5枚;小穗条状披针形,扁平,有小花6~22朵,黄色,两侧排列松散,鳞片呈宽倒卵形,淡黄绿色,顶端微凹或钝圆,具干膜宽边。小坚果三棱状倒卵形,茶褐色,密生微突起的细点(图12-3C)。

同属植物扁穗莎草 *C. compressus* L.,秆高3~25 cm,秆较细,聚伞花序简单,小穗扁平,条状披针形,排列紧密;鳞片宽卵形,顶端细长尖头。

【发生特点】以种子繁殖,花果期6—10月,适宜生长于水湿环境,也能在旱地生长,是稻田、麦田、棉田、菜地、橘园等农田的重要杂草,还常分布于田边、沟渠边等处。

4. 扁秆荆三棱

学名:*Scirpus planiculmis* Fr. Schmidt(*S. biconcavus* Ohwi);别名:扁秆蔍草、三棱草、地梨子等;分类地位:蔍草属。

【形态特征】多年生杂草,秆高60~100 cm,具纤细而坚韧的匍匐根状茎和块茎,地上茎三棱形,平滑,基部膨大,靠近花序部分粗糙。叶基生和秆生,条形,扁平,基部有长叶鞘。聚伞花序短缩成头状,有1~6个小穗;小穗卵形或矩圆状卵形,锈褐色,具多数花;叶状苞片1~3枚,长于花序,鳞片膜质,被柔毛,有芒,呈螺旋状排列。小坚果宽倒卵形,扁而两面稍凹(图12-3D)。

同属植物荆三棱 *Scirpus yagara* Ohwi,茎高粗壮,高70~120 cm,聚伞花序不分枝;小穗卵状长圆形,密生多数花,鳞片长圆形,有1脉,背面上部有短柔毛。小坚果三棱状倒卵形,表面有细网纹。

【发生特点】以根状茎、块茎和种子繁殖,繁殖力和再生力很强,蔓延快,花果期5—8月,是稻田、橘园等农田的杂草。

5. 水虱草

学名:*Fimbristylis miliacea*(L.)Vahl;别名:日照飘拂草、扁头草、扁排草;分类地位:飘拂草属。

【形态特征】一年生杂草,秆高20~60 cm,茎丛生,扁四棱形。叶剑形,边缘有细齿,顶端渐狭成刚毛状,与秆近等长;基部有1~3枚无叶片的叶鞘;叶鞘背面呈锐龙骨突,无叶舌,苞片2~4枚,刚毛状,聚伞花序复出或多次复出。小穗球形,赤褐色;鳞片螺旋状排列,阔卵形,钝头,有3脉,膜质。坚果三棱状倒卵形,褐黄色,表面具横矩圆形网纹和稀少的小瘤状突起(图12-3E)。

同属植物飘拂草 *F. dlchotoma*(L.)Vahl.,秆丛生,高20~50 cm,叶线形,短于秆。花序下的叶片苞片3~4枚。小坚果宽倒卵形,上具椭圆形网纹,有褐色短柄。

【发生特点】以种子繁殖,花果期7—10月。喜潮湿环境生长,是水稻秧田和本田的主要杂草,亦长于田埂边和湿地。

6. 香附子

学名:*Cyperus rotundus* L.;别名:香附、猪毛青、回头青等;分类地位:莎草属。

【形态特征】多年生杂草,杆高 30～80 cm,茎直立,单生,呈锐三棱形,匍匐根状茎较长,有椭圆形的黑褐色块茎。叶基部丛生,叶片窄线形,全缘,具平行脉。聚伞花序简单或复出,穗状花序有小穗 3～10 个,小穗扁平,线形,有花 10～36 朵。鳞片长椭圆形,顶端钝,有脉 5～7 条,两侧紫红色。小坚果矩圆倒卵形,有三棱(图 12-3F)。

【发生特点】以地下块茎和种子繁殖,地下茎入土较深,蔓延广,繁殖力极强,花果期 5—10 月,喜生长在潮湿环境,是棉田、花生地、甘薯地、桑园、果园、苗圃等农田的重要杂草。

(三)阔叶杂草

1. 蒲公英

学名:*Taraxacum mongolicum* Hand.-Mazz.;别名:婆婆丁、黄花地丁、黄花草;分类地位:菊科蒲公英属。

【形态特征】多年生杂草,株高 20 cm 左右,有白色乳汁。根直立,肥大,圆锥形。叶基生,多贴近地面,无茎生叶。叶片倒披针形,叶缘为不规则的羽状分裂,中脉明显;叶柄常带紫红色,花茎自叶丛间抽出,直立,中空,上部密生白色蛛丝状毛。头状花序单生,全为黄色舌状花。瘦果先端有长喙;冠毛白色,呈伞状(图 12-4A)。

同科植物苦苣菜 *Sonchus oleraceus* L.,高 50～100 cm。叶片柔软无毛,羽状深裂,裂片边缘有不整齐的小尖齿,茎生叶基部常为尖耳廓状抱茎,头状花序数个,在茎端排列成伞房状。为莴苣指管蚜、莴苣超瘤蚜、棉叶螨的重要寄主。

【发生特点】以种子和根状茎繁殖,根再生能力强,切成片段,还可发芽,根深扎 1～2 m,花果期 3—11 月,是棉田、茶园、桑园、果园的重要杂草。

2. 小蓬草

学名:*Erigeron canadensis* L.;别名:小飞蓬、小白酒草;分类地位:菊科白酒草属。

【形态特征】一年生杂草,杆高 30～100 cm,茎直立,有细条纹及粗糙毛,上部多分枝。叶互生,条状披针形或矩圆状条形,基部狭,顶端尖,全缘或有微锯齿,边缘有睫毛,无明显叶柄。头状花序多数,密集成圆锥状或伞房状圆锥形,总花梗短,舌状花白色微紫,很小。瘦果长圆形或线状披针形,有 2～5 棱,冠毛污白色,刚毛状,长为果实的 2 倍(图 12-4B)。

同属植物香丝草(野塘蒿)*Erigeron bonariensis* L.,全株有细柔毛,灰绿色,基部叶披针形,上部叶条形。头状花序较大,花果期 6—8 月。

【发生特点】以种子繁殖,花果期 6—11 月,是茶园、桑园、果园等农田的重要杂草。

3. 鳢肠

学名:*Eclipta prostrata* L.;别名:旱莲草、墨旱莲、墨菜、乌心草、老鸹筋等;分类地位:菊科鳢肠属。

【形态特征】一年生杂草,茎高 15～60 cm,全株被白色糙毛;茎直立或倾斜,略带红褐色,着土易生根,茎折断后流出的汁液数分钟内变成蓝黑色,这是与其他菊科植物区别的要点。叶对生,叶片椭圆状披针形,无柄或基部叶有短柄,全缘或具细锯齿。头状花序单生于叶腋或顶生,通常具花梗,舌状花白色;筒状花的瘦果三棱状,舌状花的瘦果扁四棱形,表面有瘤状突起,无冠毛(图 12-4C)。

【发生特点】以种子繁殖,喜生于潮湿的土壤,花果期 6—10 月,是稻田、麦田、棉田等农田的杂草。

4. 一年蓬

学名:*Erigeron annuus*(L.)Pers.;别名:千层塔、野蒿、治疟草;分类地位:菊科飞蓬属。

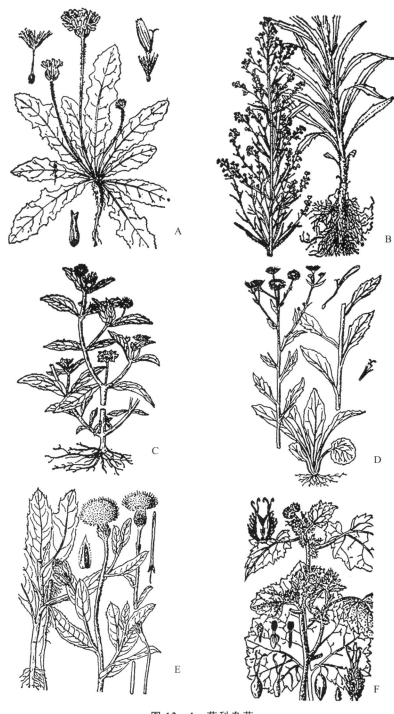

图 12 - 4　菊科杂草

A.蒲公英　B.小蓬草　C.鳢肠　D.一年蓬　E.刺儿菜　F.苍耳

【形态特征】越年生或一年生杂草,株高 30～90 cm;茎直立,上部分枝,全株有短毛。叶互生,叶形变化大,基生叶卵圆形或宽卵形,有长柄,先端钝,基部狭窄,下延成狭翼,叶缘有粗锯齿;茎生叶披针形或长椭圆形,有少数锯齿或全缘,具短柄或无柄。头状花序排列成伞房状或圆锥状,舌状花 2～3 层,线形,白色或略带淡紫色,内层无冠毛,外层冠毛短;筒状两性花黄色。瘦果披针形,扁平,冠毛 2 层,外短,内长(图 12 - 4D)。

【发生特点】以种子繁殖,花果期 6—10 月,是浙江省麦田、花生田、果园、桑园、茶园等农田的重要杂草。

5. 刺儿菜

学名:*Cephalanoplos segetum*(Bunge)Kitam;别名:小蓟、野红花、青青菜、刺狗牙等;分类地位:菊科刺儿菜属。

【形态特征】多年生杂草,株高 25～50 cm;具长匍匐根状茎,地上茎直立,稍带紫红,有纵槽纹,被白色细毛,上部略有分枝。叶互生,无柄,基生叶在开花时凋落,茎生叶长椭圆形,全缘或微齿裂,边缘有刺,两面被白色丝状毛。头状花序单生于顶端,雌雄异株,雄花序较小,花冠淡紫红色,全为管状花,总苞片多层。瘦果椭圆形,冠毛羽状,淡褐色(图 12 - 4E)。

【发生特点】主要以根茎繁殖,根系发达,深扎 2～3 m,根芽均可长成新株,在整个生长期都能长根芽,再生力强,断根仍能成活。花果期 5—8 月,是麦田、棉田、大豆地、玉米地、桑园、果园等农田的杂草。

6. 苍耳

学名:*Xanthium sibiricum* Patrin;别名:野茄子、刺儿棵、敝子;分类地位:菊科苍耳属。

【形态特征】一年生杂草,株高 100 cm 左右,全株密被白色短毛;茎直立,粗壮,中空,上有紫色条状斑纹。叶互生,宽三角形,先端尖,基部心状截形,有 3 条粗脉,边缘有不规则粗锯齿或 3～5 浅裂,叶柄长。头状花序顶生或腋生,数个花集为总状花序,茎上部为雄花序,球形,密生软毛,茎下部为雌花序,椭圆形,内层总苞片联合成囊形,成熟后包在瘦果外的总苞变硬,绿色至淡黄褐色,全株生有钩刺,苞内具卵形瘦果 2 个(图 12 - 4F)。

【发生特点】以种子繁殖,春季萌发,花果期 8—10 月,耐干旱,耐贫瘠,在酸或碱性土壤中均能生长,是棉田、橘园、大豆地、高粱地、玉米地的常见杂草。

7. 繁缕

学名:*Stellaria media*(L.)Cyrill.;别名:鹅肠草、鸡肚肠草、小鸡草;分类地位:石竹科繁缕属。

【形态特征】越年生或一年生杂草,茎高 15～30 cm,直立或平卧,茎基部多分枝,匍匐,节上生根;上部叉状分枝,茎一侧有一行短柔毛,其余部分无毛。叶对生,卵形,全缘,茎上部叶无柄,下部叶有长柄。花单生于叶腋或成顶生聚伞花序,萼片 5 片,上生柔毛,边缘膜质,花瓣 5 瓣,白色,短于萼片,2 深裂几乎达基部;雄蕊 10 枚,花柱 3～4 裂。蒴果卵形或矩圆形,顶端 6 裂,种子黑褐色,圆形,密生小突起(图 12 - 5A)。

【发生特点】以种子繁殖,花果期 3—7 月,喜阴湿环境,是麦田、棉田、果园、桑园、茶园等农田的杂草。

8. 雀舌草

学名:*Stellaria alsine* Grimm;别名:滨繁缕;分类地位:石竹科繁缕属。

【形态特征】越年生或一年生杂草,茎高 15～30 cm,细弱,无毛,下部平铺地面,上部稀疏分枝。叶无柄,矩圆形至卵状披针形,全缘或边缘微波状。花序聚伞状,常有少数花顶生,或单生于叶腋;花梗细长,花瓣 5 瓣,白色,2 深裂几乎达基部;雄蕊 5 枚,花柱 2～3 裂。蒴果 6 裂,内含很多肾形种子,种子麦面有皱纹状突起(图 12 - 5B)。

【发生特点】以种子繁殖,花果期 4—5 月,是麦田、油菜田、棉田、菜地等农田的杂草。

9. 鹅肠菜

学名:*Stellaria aquatica*(L.) Scop.;别名:牛繁缕;分类地位:石竹科繁缕属。

【形态特征】多年生或一年生杂草,株高 50～80 cm,比繁缕显著高大而粗壮;茎多分枝,常常紫色,上部有腺毛,叶卵形或宽卵形,脉间叶面凹凸,茎上部叶无柄或有短柄,自上而下叶柄增长。花顶

生或单生于叶腋,花梗细长,有短腺毛;萼片5片,基部稍连合,雄蕊10枚,花柱5裂,与萼片互生;花瓣5瓣,白色,顶端2深裂达基部。蒴果5瓣裂,每瓣顶端有2裂;种子多数,近圆形,褐色,有显著突起(图12－5C)。

图 12－5 石竹科杂草

A.繁缕 B.雀舌草 C.鹅肠菜 D.漆姑草 E.簇生卷耳

【发生特点】以种子繁殖,多在秋季萌发,花果期4—7月,喜阴湿环境,是麦田、棉田、果园等作物地的重要杂草。

10.漆姑草

学名:*Sagina japonica*(S. W.)Ohwi;别名:瓜槌草;分类地位:石竹科漆姑草属。

【形态特征】越年生或一年生矮小草本,株高5～15 cm,茎簇生,各分枝上部多分枝,稍铺展,上生短腺毛。叶对生,条形,无柄,尖头,基部连成短鞘状。花小,白色,单生于枝端叶腋,具长梗,花梗与萼片皆有短腺毛。花瓣5瓣,先端不裂,全缘或有锯齿,花柱5裂。蒴果广卵形,成熟时先端5瓣裂,有种子多数,种子密生瘤状突起(图12-5D)。

【发生特点】以种子繁殖,秋季至次年春季萌发,花果期3—7月,常分布于麦田、稻田埂、油菜地、蔬菜地、果园等,是农田常见杂草。

11.簇生卷耳

学名:*Cerastiumcaes pitosum* Gilib.;别名:猫耳朵、猫耳草;分类地位:石竹科卷耳属。

【形态特征】越年生或一年生杂草,株高10～30 cm,密生短细毛;茎簇生,自基部分枝,稍倾斜。叶对生,肉质,全缘,由脉向叶背突出;茎基部叶近匙形,或狭倒卵形,茎上部叶卵形至披针形,两面贴生短柔毛。花序聚伞状,花瓣5瓣,白色,倒卵形,微短于萼片,顶端2裂;雄蕊10枚;花柱5裂,与萼片对生。蒴果长为萼片的2倍;种子褐色,有瘤状突起(图12-5E)。

【发生特点】以种子繁殖,多秋冬季萌发,花果期3—6月,是麦田、油菜田、菜地、果园、苗圃的常见杂草。

12.陌上菜

学名:*Lindernia procumbens*(Krock.)Philcox;分类地位:玄参科母草属。

【形态特征】一年生杂草,株高5～20 cm,茎方形,自基部分枝,直立或斜上。叶对生,呈长椭圆形至狭长椭圆形,掌状叶脉3～5条,全缘,光滑,无叶柄。花单生叶腋,花梗长于叶片;萼5深裂至近基部,这与母草花萼分裂一半不同;花冠紫红色,唇形,雄蕊4枚全育。蒴果卵圆形,与萼等长或稍长,先端微凹(图12-6A)。

【发生特点】以种子繁殖,花果期6—10月,喜生于湿润环境,是水稻秧田、本田期的主要杂草。

13.通泉草

学名:*Mazus pumilus*(N. L. Burman)Steenis;别名:兔嘴草;分类地位:玄参科通泉草属。

【形态特征】一年生杂草,株高5～15 cm,茎直立或倾斜,基部分枝,与同属杂草匍茎通泉草的区别是后者有长匍匐茎着地生根。叶多基生,倒卵形或匙形,边缘有不规则的粗钝锯齿,先端圆钝,基部楔形,渐延伸成翼状,柄无毛或有稀疏短毛。总状花序顶生,占茎的大部或全部,花茎常无叶,1至数条自叶丛伸出;苞叶狭小,花萼裂片部分与筒部几乎相等;花冠淡紫色或蓝色,长于花萼。蒴果球形,无毛,稍露出于萼筒外;种子球形,黄色,多数(图12-6B)。

【发生特点】以种子繁殖,花果期2—10月,是棉田、菜地、果园等农田的杂草。

14.水苦荬

学名:*Veronica undulata* Wall;别名:水莴苣、珍珠草、疙瘩草;分类地位:玄参科婆婆纳属。

【形态特征】越年生或一年生杂草,株高20～60 cm。茎肉质,直立,基础匍匐,中空。叶对生,披针形或长椭圆状披针形,基部耳廓状,半抱茎,边缘有波状细锯齿,无柄。总状花序腋生,有多数花,花有短柄,花萼4裂,花冠四裂,淡紫色,管很短,雄蕊2枚,突出。蒴果近圆形,顶端微凹,花柱残存;种子多数,细小,长圆形,扁平(图12-6C)。

【发生特点】以种子繁殖,秋冬季或春季萌发,花果期4—6月,喜生于湿地,多分布于稻田、大豆田、蔬菜地等农田,也长于沟边、河边等地。

图 12 - 6 玄参科杂草

A.陌上菜　B.通泉草　C.水苦荬　D.阿拉伯婆婆纳　E.蚊母草

15.阿拉伯婆婆纳

学名:*Veronica persica* Poir;别名:波斯婆婆纳、大婆婆纳;分类地位:玄参科婆婆纳属。

【形态特征】越年生或一年生杂草,株高 10～45 cm,全株有柔毛,茎自基部分枝,下部匍匐地面,向上斜生。茎基部叶对生,上部叶互生,叶片宽卵形,叶缘有粗钝锯齿,叶基圆形,上部叶柄短。花淡蓝色,单生于叶状的苞腋中,花柄长于苞片。蒴果 2 深裂,倒心形,扁圆,宽大于长,果皮具网纹,种子舟形,腹面凹入有皱纹(图 12 - 6D)。

同属植物直立婆婆纳 *V. arvensis* L.,茎直立,下部叶有极短的柄,上部叶无柄,花蓝色略紫,花梗短,蒴果广倒心形,宽大于长。同属植物婆婆纳 *V. didyma* Tenore,花柄长,与苞叶等长或稍短,花淡紫红色,蒴果顶端微凹。

【发生特点】以种子繁殖,花果期 2—7 月,为棉田、麦田、桑园、果园等的杂草。

16.蚊母草

学名:*Veronica peregrina* L.;分类地位:玄参科婆婆纳属。

【形态特征】越年生或一年生杂草,株高 5～15 cm,全株无毛或有腺毛;茎直立,基部分枝。叶倒披针形,全缘或有稀锯齿,茎下部叶对生,有短柄,上部叶互生,无柄。花小,单生于叶腋,花梗极短,花冠白色,略带淡紫红色。蒴果扁圆形,先端微凹;种子长圆形,扁平,无毛(图 12 - 6E)。

【发生特点】以种子繁殖,秋冬季至春季萌发,花果期 4—6 月,喜生于潮湿土壤,是麦田、菜地等作物地杂草。

17.马齿苋

学名:*Portulaca oleracea* L.;别名:瓜子菜、马舌草、马蛇子菜、豆瓣菜、酱板草、指甲菜等;分类地位：马齿苋科马齿苋属。

【形态特征】一年生肉质杂草，株高 15～30 cm，全株柔软，茎叶无毛，肥嫩多汁，茎圆形，多分枝，带紫红色，平卧地面。叶互生或对生，呈瓜子形，全缘，无柄。花 3～5 朵生于枝顶，较小，色黄；苞片 4～5 片，膜质，萼片 5 片，柱头 4～6 裂。蒴果圆锥形，盖裂，内含许多黑色扁圆的细小种子（图 12－7）。

【发生特点】以种子繁殖，春季萌发，花果期 5—10 月。生命力极强，种子在土中保持 40 年仍具活力，通过牲畜消化道仍能发芽，适应性强，是棉田、果园等地的杂草。

18. 萹蓄

学名：*Polygonum aviculare* L.；别名：猪牙草、扁竹草、乌蓼、地蓼；分类地位：蓼科蓼属。

【形态特征】一年生杂草，株高 10～40 cm，常伏生或斜生；茎自基部分枝，茎有棱角。叶互生，披针形至长椭圆形，先端钝，基部楔形，全缘，绿色带粉质，叶柄短，托叶鞘膜质。抱茎，边缘焦黄多裂。花簇腋生，这是与其他蓼属杂草的主要区别；花被 5 深裂，绿色，边缘白色或淡红色，雄蕊 8 个，瘦果卵形，有三棱，黑色或褐色（图 12－8A）。

【发生特点】以种子繁殖，花果期 4—10 月，是麦田、棉田常见的杂草，亦生于田边、沟边、塘边及湿地。

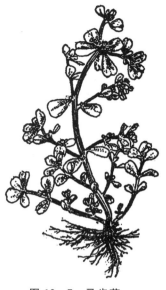

图 12－7　马齿苋

图 12－8　蓼科杂草

A. 萹蓄　B. 水蓼　C. 酸模叶蓼　D. 杠板归

19. 水蓼

学名：*Poygonum hydropiper* L.；别名：辣蓼、大水蓼、斑焦草、红辣蓼；分类地位：蓼科蓼属。

【形态特征】一年生杂草，株高 30～80 cm，紫红色，茎光滑，有膨大节，茎叶辛辣。叶互生，披针形或椭圆状披针形，全缘，两面有黑褐色腺点；叶柄极短，有膜质鞘状托叶。穗状花序细长，顶生或腋生，淡红色，花疏生，下部间断。花被片有腺点。瘦果卵形，有小点，扁平，暗褐色，稍有光泽（图 12－8B）。

【发生特点】以种子繁殖，春季萌发，花果期 8—10 月，喜生于湿地，是桑园、茶园、果园的常见杂草。

20. 酸模叶蓼

学名：*Polygonum lapathifolium* Linn；别名：旱苗蓼、大马蓼、斑蓼；分类地位：蓼科蓼属。

【形态特征】一年生杂草，秆高 30～150 cm，茎直立，有分枝，节部膨大，光滑无毛。叶披针形或宽披针形，顶端渐尖，基部楔形，叶形变异很大，常有黑褐色新月形斑块，无毛，全缘，边缘有粗硬毛；托叶鞘膜质，筒状。圆锥花序顶生或腋生，由数个花序构成；花淡红色或白色，4 深裂，雄蕊 6 枚，柱头 2 裂。瘦果卵形，扁平，两面微凹，黑褐色，有光泽，全包于留存的花被内（图 12－8C）。

变种绵毛酸模叶蓼 var. *salicifolium* Sibth.，与酸模叶蓼极相似，主要区别是本种叶下密生白色绵毛，为旱田常见杂草，为双斑萤叶甲的寄主。

【发生特点】以种子繁殖，花果期 6—10 月，适宜于生长在湿润环境，是棉田、麻田、果园的杂草。

21. 杠板归

学名：*Polygonum perfoliatum* L.；别名：贯叶蓼、犁头草、刺犁头、三角头草等；分类地位：蓼科蓼属。

【形态特征】多年生蔓性杂草，茎长 2 m 左右；茎伏卧或攀缘，茎有棱角，沿棱角倒钩刺，多分枝。叶互生，近三角形，形如犁头，先端尖，基部截形或微心形；叶柄长，有钩刺，叶背主脉疏生小钩刺；托叶鞘盘状，穿茎。花顶生或腋生，花序短穗状，花白色或淡红色，花被 5 深裂，裂片着果时增大，肉质，变深蓝色，包于果外，果球形，黑色，有光泽（图 12－8D）。

【发生特点】花果期 5—9 月，种子发芽深度为 3～4 cm，深层种子数年不丧失活力，是麦田、棉田、大豆地、桑园、马铃薯地等农田的杂草。由于其吸肥力强、生长快、遮阴面大，严重抑制作物生长。

22. 丁香蓼

学名：*Ludwigia prostrata* Roxb.；别名：红茎蓼；分类地位：柳叶菜科丁香蓼属。

【形态特征】一年生杂草，株高 20～60 cm，茎近直立或由下斜生，多分枝，茎有 5 棱，棱面大小不等，略带紫红色。叶互生，披针形，后期呈紫红色。花 1～2 朵，生于叶腋，无柄，基部有 2 片小苞片；萼筒与子房合生，具 4 裂片，宿存；花瓣 4 瓣，黄色，早落。蒴果圆柱状四方形，低温时呈红色，成熟后室背或不规则开裂，种子细小，多数，棕黄色（图 12－9）。

【发生特点】以种子繁殖，花果期 8—11 月。喜生于湿润环境，是稻田杂草。

图 12－9　丁香蓼

23. 荠菜

学名：*Capsella bursa-pastoris*（L.）；别名：地米菜、护生菜；分类地位：十字花科荠菜属。

【形态特征】越年生或一年生杂草，茎高 15～50 cm，全株有毛。叶基生和茎生，基生叶丛生，有柄，叶片羽状深裂，有时浅裂或不裂；茎生叶无柄，基部抱茎，边缘有齿。春天抽出花茎，排列成总状花序，花穗挺立，花小，白色。短角果呈倒三角形，果实扁平，先端微凹。种子两室，每室有种子多数,种子长椭圆形,长 1 mm,淡褐色(图 12 - 10A)。

【发生特点】以种子繁殖,花果期 2—6 月,生活力强,适应性强,是麦田、棉田、菜地等农田的杂草,在田埂、路旁也较常见。

24. 弯曲碎米荠

学名:*Cardamine flexuosa* With.;别名:碎叶荠;分类地位:十字花科碎米荠属。

【形态特征】越年生或一年生杂草,株高 10～30 cm;茎基部多分枝,疏生柔毛,基部茎呈"之"字形连续弯曲,无匍匐茎。羽状复叶互生,小叶 3～7 对,呈长卵形或线形,茎生叶 3～5 对。总状花序,花小色白。长角果细而长,两端渐尖,顶端有柱头点,斜展,果柄长;种子长圆形,黄褐色(图 12 - 10B)。

图 12 - 10　十字花科杂草
A. 荠菜　B. 弯曲碎米荠　C. 蔊菜

同属植物碎米荠 *Cardanine hirsuta* L.,植株具硬毛,小叶一般 9 对,圆形或卵圆形,叶缘具 3～7 波状浅裂。同属植物水田碎米荠 *C. lyrata* Bunge,多年生杂草,茎有沟棱,近基部有匍匐茎,甚长,其上叶宽卵形;茎生叶大头羽状全裂,具裂片 3～7 对。总状花序顶生,花白色,长角果条形,种子椭圆形。

【发生特点】以种子繁殖,花果期 1—5 月,喜生于潮湿环境,是麦田、菜地、苗圃、果园、茶园的杂草。

25. 蔊菜

学名:*Rorippa indica*(L.)Hiern;别名:印度蔊菜;分类地位:十字花科蔊菜属。

【形态特征】越年生或一年生杂草,高达 50 cm,茎绿色至紫色,中上部多分枝。叶形多变,光滑无毛,基生叶和下部叶羽状分裂,叶端大,叶柄长;顶生叶裂片较大,边缘有锯齿,侧生裂片 2～5 对,全缘,无毛,无柄。总状花序顶生,花小,黄色。长角果圆柱形,稍弯曲;种子卵形,褐色(图 12 - 10C)。

【发生特点】以种子繁殖,花果期 4—6 月,是菜地、瓜地、桑园、果园的杂草。

26. 半夏

学名:*Pinellia ternata*(Thunb.)Breitenbach;别名:三叶半夏、麻芋子、天落星、老鸦眼等;分类地位:天南星科半夏属。

【形态特征】多年生杂草,株高 20～30 cm,地下有近球形块茎。叶出自块茎顶端,叶片在幼株上不裂,呈卵状心形,2～3 年生植株上分裂为 3 小叶复叶,小叶片椭圆至披针形,叶柄长,叶柄下部内侧有一个淡紫色球形的珠芽。佛焰花序,有长总梗,超过叶上;肉壁暗紫色,肉穗花序基部一侧与佛焰苞

贴生,雌花淡绿色,着生下部,雄花黄白色,生于上部。浆果绿色,椭圆形
(图12-11)。

【发生特点】以种子、珠芽和块茎繁殖,花果期4—9月,喜生于阴湿
环境,是棉田、茶园、果园的恶性杂草,亦常分布在田野、山坡、溪边、林下
等地。

图12-11 半夏

27.附地菜

学名:*Trigonotis peduncularis*(Trev.)Benth.;别名:紫花菜;分类
地位:紫草科附地菜属。

【形态特征】一年生杂草,株高5～30 cm。茎自基部分枝,纤细,直
立或斜生,有平伏毛。叶匙形、卵圆形或披针形,互生,两面有毛。上部
叶无柄,下部叶有短柄。总状花序顶生,细长;花通常生于花序一侧,有
细梗;花萼5深裂,花冠淡蓝色,喉部黄色5裂;雄蕊5枚,内藏,子房4
裂。小坚果上生毛或无毛,有短柄(图12-12)。

【发生特点】以种子繁殖,花果期4—5月,喜生于湿润环境,是棉田、麦田、果园的杂草。

28.鸭跖草

学名:*Commelina communis* L.;别名:兰花草、鸭脚草、竹叶草、竹节菜等;分类地位:鸭跖草科鸭
跖草属。

【形态特征】一年生杂草,高20～40 cm,茎多分枝,带肉质,下部匍匐地面,上部分枝斜立,茎节稍
膨大,节上常生根。叶互生,披针形或广披针形,全缘,叶基部具膜质的叶鞘,叶脉平行。花蓝色,花冠
不整齐,花瓣3瓣,上部分有花3～4朵,下部分枝花1～2朵,外包有心状卵形的绿色苞片,开花时,
1朵突出苞外。蒴果椭圆形,稍扁,成熟时开裂,内有种子4枚(图12-13)。

【发生特点】以种子繁殖,春季萌发,花果期6—10月,适应性强,喜湿又抗旱,再生力强,是棉田、
麦田、大豆地、玉米地、橘园等地的杂草。

图12-12 附地菜

图12-13 鸭跖草

29.藜

学名:*Chenopodium album* L.;别名:灰菜、灰条菜、白藜等;分类地位:藜科藜属。

【形态特征】一年生杂草,株高60～120 cm,全体无毛,幼时被白粉;茎直立,有棱和绿或紫红色条
纹,上部多分枝。叶互生,有细长柄;叶片卵形、菱形或三角形,先端尖,基部宽楔形,边缘有不整齐的

锯齿,上部叶较窄,全缘,叶背生灰绿色粉粒。圆锥花序顶生或腋生,两性花,花被片 5 片,具纵隆脊和膜质的边缘;柱头 2 裂,羽形。胞果扁圆形,包于花内或顶端稍露,种子横生,双凸镜形,有光泽,表面有不明显的沟纹及小点(图 12-14)。

同属植物小藜 C. serotinum L,株高 20~50 cm,叶具长柄,长卵形,近基部有 2 个较大的裂片,叶面疏生粉粒,花果期 6~9 月。

【发生特点】以种子繁殖,花果期 7—10 月,适应性强,抗寒、耐旱、耐盐碱,喜肥、喜光,能通过粪肥传播,是棉田、橘园、茶园难以根除的恶性杂草。

图 12-14 藜   图 12-15 小旋花

30.小旋花

学名:Calystgia heleracea Wall;别名:打碗花、兔耳草;分类地位:旋花科打碗花属。

【形态特征】多年生杂草,茎缠绕或匍匐,光滑无毛或近无毛;根状茎白色,深埋土中,水平生长,春季萌发出土形成地上茎。叶互生,基部叶全缘,近椭圆形,茎上叶三角状戟形,顶端钝尖,中裂最大,侧裂片开展,有叶柄。花单生于叶腋,花萼裂片长圆形,外有 2 苞片,宿存;花冠漏斗状,粉红色,柱头 2 裂。蒴果卵圆形,光滑;种子卵圆形,背弯状突起,腹面扁平,边具 2 棱,黑褐色(图 12-15)。

【发生特点】以根状茎和种子繁殖,花果期 5—10 月,是棉田、玉米田、菜地、茶园、果园的重要杂草。

31.葎草

学名:Humulus scandens(Lour)Merr.;别名:拉拉藤、牵牛藤、野丝瓜藤等;分类地位:属桑科葎草属。

【形态特征】一年生或多年生蔓性草本,茎长 1~5 m,六棱形,绿色微带紫色,具纵行棱角,茎和叶柄都密生倒刺。单叶对生,上部叶互生,掌状 5~7 深裂,裂片卵圆形,边缘有粗锯齿,叶两面粗糙,背有小黄点,叶柄长。花单性,雌雄异株,雄花序圆锥状,花被片和雄蕊各 5,黄绿色;雌花序穗状,通常 10 余朵花相集而下垂;花梗细长,具短钩刺。瘦果淡黄,扁圆形,被增大的苞片所包围,成熟时形成球状果(图 12-16)。

图 12-16 葎草

【发生特点】以种子繁殖,3 月萌芽,花果期 8—10 月,适应性强,耐寒、抗旱、喜肥、喜光,是棉田、麦田、果园、菜地、瓜地、马铃薯地等农田的杂草。

32.铁苋菜

学名:*Acalypha australis* L.;别名:夏草、海蚌含珠、掌上珠、血见愁等;分类地位:大戟科铁苋菜属。

【形态特征】一年生杂草,株高 30～50 cm,茎直立,分枝。叶互生,椭圆状披针形或菱状卵形,基部三出脉,叶缘锯齿状,有长柄。穗状花序腋生,花单性,雌雄同花序,雌苞序生于叶状的苞片内,苞片展开时肾形,合时如蚌,故有海蚌含珠之称;雄花多数,序生于雌花序上部,呈穗状。果小,钝三角状,被粗毛(图 12－17A)。

同属植物短穗铁苋菜 A. brachystachya Horn,其主要不同点是:茎软弱,叶柄长,穗状花序短,腋生,苞片 3 裂,裂片披针形,花果期 7—9 月,为棉叶螨的重要寄主。

【发生特点】以种子繁殖,春季萌发,种子在土中数年能保持活力,花果期 6—10 月。喜生于湿润环境,是棉田、麦田、果园的杂草,亦常见于田埂、路旁、沟边、竹园等处。

图 12－17 大戟科杂草

A.铁苋菜 B.地锦

33.地锦

学名:*Euphorbia humifusa* Willd;别名:红丝草、奶疳草;分类地位:大戟科地锦属。

【形态特征】一年生杂草,匍匐茎长 10～30 cm,近基部分枝,茎纤细,带紫色,无毛,含白色乳汁。叶小,对生,矩圆形,先端钝圆,基部偏斜,边缘有细锯齿,绿色或带淡红色,4 裂。蒴果三棱状球形,种子卵形,黑褐色,被白色蜡粉(图 12－17B)。

同属植物斑地锦 *Euphorbia maculate* L.,其主要不同点是:分枝紫色,上生白色细毛;叶对生,椭圆形,先端尖,叶面中央有紫色斑。蒴果三棱状球形,被有白毛;种子卵形,有棱。

【发生特点】以种子繁殖,花果期 6—10 月,喜生于湿润土壤,是棉田、麦田、菜地、果园、草坪的常见杂草。

34.猪殃殃

学名:*Galium aparine* L. var. *tenerun*(Gren. et Godr.)Rcbb.;别名:拉拉藤、锯锯藤、锯子草等;分类地位:茜草科猪殃殃属。

【形态特征】越年生或一年生蔓性或攀缘性草本,株高 20～100 cm;茎细长,多分枝,有 4 棱,棱上、叶缘及叶背中脉具倒生细刺。叶轮生,4～8 片,条状倒披针形,1 脉,近无柄,托叶叶状。聚伞花序多腋生,花细小,萼极短,花冠淡黄绿色,4 裂。双悬果为 2 个半球形,小果并生,果皮外密生钩刺,果梗直,每一果有 1 粒种子,种子背面凸起,表面凹入(图 12－18)。

【发生特点】以种子繁殖,初冬萌发,花果期4—5月。生长迅速,危害较重,常缠绕小麦,造成后期倒伏,是麦田重要杂草。除麦田外,棉田、豆田、菜地也有发生。

35.小巢菜

学名:Vicia hirsuta(L.)Gray;别名:雀野豆、硬毛果野豌豆;分类地位:豆科野豌豆属。

【形态特征】越年生或一年生杂草,茎长10～50 cm,常从基部分枝,茎细弱。羽状复叶,小叶4～8对,线状矩圆形,先端微凹,基部楔形,叶片光滑。总状花序腋生,着生2～5朵小白花或淡紫色花;花萼钟形,5裂。荚果长圆形,扁平,有黄色柔毛;种子扁圆形,棕色(图12-19)。

同属植物救荒野豌豆Vicia sativa L.,其不同点是:叶椭圆形或倒卵形,托叶戟形。花1～2朵生于叶腋,花冠紫色或红色。荚果条状,种子圆球形,黑色。同属植物四籽野豌豆Vicia tetrasperma Moench,小叶3～6对,线状长椭圆形,先端钝或锐尖。荚果长圆形,扁平,种子通常4粒,是绿盲蝽的寄主。

【发生特点】以种子繁殖,花果期4—5月,是麦田杂草,亦生长在田埂、路边等场所。

图12-18　猪殃殃

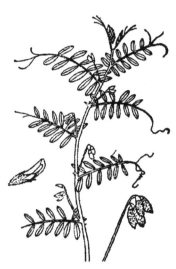

图12-19　小巢菜

36.节 节 菜

学名:Rotala indica(Willd.)Koehne;分类地位:千屈菜科节节菜属。

【形态特征】一年生杂草,株高10～20 cm,质柔软,无毛,茎披散或近直立,略呈四棱形,具分枝,节上生不定根。叶对生,倒卵形或椭圆形,叶边缘软角质,背脉凸起,无柄或近无柄。花小,多数,两性,穗状花序腋生;苞片矩圆状倒卵形,叶状,小苞片2枚,狭披针形;花萼长筒形,膜质透明;花瓣4瓣,小,淡红色,雄蕊4枚。蒴果椭圆形,种子无翅(图12-20)。

同属植物圆叶节节菜Rotala rotundifolia(Buch.-Ham.)Koehne,叶小对生近圆形,茎无四棱。花序顶生,花淡紫红色。同属植物轮叶节节菜R. mexicana,叶3～4片轮生,无花瓣,蒴果球形,其小。

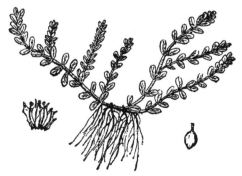

图12-20　节节菜

【发生特点】以种子繁殖,花果期7—11月。喜生于湿地,繁殖力强,是稻田的重要杂草,当水田中有该草大量生长时,妨碍通风透光,消耗养分,影响水稻生长。

37. 矮慈姑

学名：*Sagittaria pygmaea* Miq.；别名：瓜皮草；分类地位：泽泻科慈姑属。

【形态特征】一年生杂草，株高 10～20 cm，茎直立，圆形。叶基生，条状披针形，顶端钝，基部渐狭，无毛。疏总状花序具花 2～3 轮；雌花常 1 朵，无梗，着生下部；雄花 2～5 朵，有长细梗；苞片长椭圆形，钝头；花萼 3，倒卵形；花瓣 3 瓣，较花萼略长，白色，雄蕊 12 枚。瘦果阔倒卵形，扁平，背腹面具翅，翅缘有锯齿（图 12-21）。

同属植物长瓣慈姑 *Sagittaria sagittifolia* L.，茎直立，叶片窄狭，呈飞燕状箭头形。

【发生特点】以种子繁殖，花果期 6—9 月，喜生于浅水湿润环境，是稻田的重要杂草，发生严重时，对水稻生长有较大的影响。

图 12-21 矮慈姑

38. 鸭舌草

学名：*Monochria vaginalis*（Burm. f.）Presl ex kunth；别名：鸭舌头草；分类地位：雨久花科雨久花属。

【形态特征】一年生杂草，株高 10～30 cm，全体无毛，体内有发达的通气组织，主茎极短，其上有数个肉质分枝，丛生，每茎具叶 1 片。基生叶具长柄，茎生叶柄短，叶卵状披针形，先端短尖，基部略呈心形或圆形，叶片质厚，叶基成膜质鞘状。总状花序从叶鞘抽出，较叶短，生花 3～6 朵，两性；苞片不规则，花被不对称，6 片，钟状，蓝色；花梗短于花被，开花后花轴自基部下弯。蒴果长卵形，种子细小（图 12-22）。

同属植物窄叶鸭舌草 *Monochoria plantaginea*（Roxb.）Solms，其不同点是：株高仅 8～17 cm，叶披针形。总状花序有 1～3 朵花，很少有 4 朵，为稻田重要杂草。同属植物雨久花 *Monochria korsakowii* Regel et Maack，其不同点是：茎直立，高达 80 cm。叶阔卵状心形。圆锥花序生于顶茎，花多，色蓝。蒴果狭卵形。生于池塘、沼泽或水稻田，为斜纹夜蛾的寄主植物。

图 12-22 鸭舌草

【发生特点】以种子繁殖，花果期 7—9 月，喜生于多湿沼泽环境，是稻田的重要杂草。

39. 眼子菜

学名：*Potamogeton distinctus* A. Bennett；别名：鸭子菜、水案板；分类地位：眼子菜科眼子菜属。

【形态特征】多年生杂草，根状茎埋土中，茎较细长，节上生鳞片及不定根。叶二型，浮水叶略带革质，阔披针形或披针状卵形，全缘，柄长；沉水叶为条状披针形，顶端尖，基部渐狭，柄短于浮水叶；托叶薄，膜质，早脱落；在浅水环境，水中茎短，沉水叶少。穗状花序生于浮水叶的叶腋；花序梗比茎略粗，密生小花，黄绿色，花柱短。果实斜倒卵形，腹面近于平直，背部有 3 脊，中脊明显突起，侧脊较钝，基部通常有 2 突起（图 12-23）。

同属植物小叶眼子菜 *P. cristatus* Regel et Maack.，其不同点是：浮水叶小，椭圆形或披针形；沉水叶线形，果实斜阔倒卵形，背面有鸡冠状脊，花柱部呈喙状。同属植物漂浮眼子菜 *P. natans* L.，其不同点是：根状茎具红色斑点，茎少分枝，果实倒卵形，背部具脊，侧脊不明显，顶端有宽而短的喙。

图 12-23 眼子菜

【发生特点】以地下茎繁殖为主，繁殖力很强，生长茂盛处能遮盖全田水面，是稻田的恶性杂草。

40. 浮萍

学名：*Lemna minor* L.；别名：青萍、水萍、小浮萍等；分类地位：浮萍科浮萍属。

【形态特征】一年生漂浮杂草，植株叶状体。叶卵形或椭圆形，长 1.5～3.5 mm，宽 1～2 mm，先端圆形，基部钝尖，绿色，光滑，有不明显的 3 脉，背面色淡，叶状体前半部下方有吸根 1 条，吸根丝状，细长，垂于水中，不具维管束，根端钝圆，呈帽状。在叶状体背面吸根的两侧各有一囊体，由此产生新的叶状体。花着生在叶状体基部的凹处，花序近心形，由 1 朵雌花和 2 朵雄花组成；子房瓶状，柱头漏斗形。种子具凸出的胚孔和深而不规则的 12～16 条凸脉（图 12-24A）。

【发生特点】以叶状体、冬芽和种子越冬，春季繁殖，5—6 月间盛发。种子在泥土中经多年仍保持活力，是稻田常见杂草。

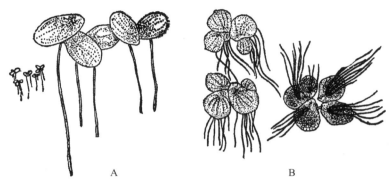

图 12-24　浮萍科杂草

A. 浮萍　B. 紫萍

41. 紫萍

学名：*Spirodela polyrrhiza*（L.）Schleid；别名：紫背浮萍、多根萍、红萍、九子萍等；分类地位：浮萍科紫萍属。

【形态特征】一年生漂浮杂草，扁平叶状体具脉 5～11 条，常 3～4 片生在一起，叶状体大，圆形或倒卵形，正面绿色，有光泽，背面紫色，中部垂生多数细根。花生于茎的边缘，极小，单性，无花瓣，雌雄花各具 1 枚雌雄蕊，每 2 朵雄花及 1 朵雌蕊包于花苞中。果实球形，边缘有翼（图 12-24B）。

【发生特点】具有性繁殖和无性繁殖两种方式。有性繁殖产生种子，是越冬的一种方式。在环境适宜时，常在 5—6 月间，一个母叶状体经无性繁殖可增殖数万、数十万个；以母体产生椭圆形的越冬芽，可沉落水底越冬。紫萍是稻田的重要杂草。

42. 槐叶萍

学名：*Salvinia natans*（L.）All.；别名：蜈蚣漂；分类地位：槐叶萍科槐叶萍属。

【形态特征】一年生漂浮杂草，茎长 8～15 cm，茎无根，被褐色茸毛。叶 3 片轮生，二片浮于水面，一片细裂成线状，在水中形成假根，密有节的粗毛；浮水叶在茎两侧紧密排列，形如槐叶，叶片矩圆形，顶端钝圆，基部圆形或略呈心形，全缘，叶片绿色，中脉明显，有侧脉多数。孢子果球形，膜质，不开裂，单性，簇生于沉水叶柄上；大孢子果生有 10 多个螺旋形排列的大孢子囊，各含 1 个大孢子；小孢子果略大，生多数小孢子囊，各有 64 个小孢子（图 12-25）。

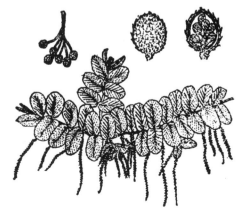

图 12-25　槐叶萍

【发生特点】以孢子囊和营养断体繁殖,囊果期9—10月,是稻田常见杂草,在水沟、池塘等水面也常可见到。

43.喜旱莲子菜

学名:*Alternanthera philoxeroides*(Mart.)Griseb.;别名:水花生、革命草、空心莲子草、空心苋、水蕹菜等;分类地位:苋科莲子草属。

【形态特征】多年生杂草,株高10～100 cm,基部匍匐,上部斜上或全株连枝梢均平卧,着地生根,分枝较主茎细。茎圆或1～2面平坦,上部茎着叶面下凹成沟,沟内有细毛,茎中空。叶对生,倒披针形,顶端圆钝,有芒尖,全缘,基部狭窄成扁薄之柄,两面无毛或上面有伏毛及缘毛。头状花序单生于叶腋,有梗,而莲子草无梗,这是相互区别的要点;苞片卵形,具1脉,子房球形,柱头显著,呈头状(图12-26A)。

【发生特点】开花后结果很少,可由腋芽发育成茎,地下茎繁殖力极强,花果期5—10月,适应性强,既能在水面生长,又能在旱地繁殖,吸肥力强,生长速度快,是稻田、棉田、麦田、果园等农田的重要杂草,并在沟渠、道旁、河边草坪等地广泛分布。

图12-26　苋科杂草

A.喜旱莲子菜　B.刺苋

44.刺苋

学名:*Amaranthus spinosus* L.;别名:刺苋菜;分类地位:苋科苋属。

【形态特征】一年生杂草,秆高30～100 cm,茎有分枝,有棱,稍带红色,几乎无毛。叶互生,鞭状卵形,有长柄,叶柄基部两侧各有一刺。圆锥花序腋生和顶生,花淡绿色,花被片5片,雄蕊5枚。胞果矩圆形,盖裂,种子黑色(图12-26B)。

同属植物反枝苋 *A. retroflexus* L.,植株体多毛,叶腋无针刺,花被片5片,雄蕊5枚。同属植物凹头苋 *A. ascendens* Loisol,全株无毛,茎伏卧地面上升,基部分枝叶片端部凹缺,花被片3片,雄蕊3枚。同属植物皱果苋 *A. viridis* L.,全株无毛,直立,分枝少,有纵条纹,叶卵形及长卵形,叶端微凹,花被片3片,花果期3—6月,为棉铃虫、棉蚜及番茄线虫病寄主。

【发生特点】以种子繁殖,花果期6—10月,是西瓜地、南瓜地、果园等农田的杂草。

第二节　代表性农田杂草防治方法

农田杂草的治理应遵循生态经济管理原则。首先应认识到杂草存在的生态意义,杂草在防止水土流失,增加土壤有机质,改善土壤理化性状,作为有益天敌的食物链组成部分等方面存在有益的一面。在防治策略的制定过程中,应注意杂草危害的阶段性,注重在危害关键期进行防治;杂草的种群数量控制在生态经济危害水平之下即可,而不是除草务尽;充分利用植物检疫、轮作与栽培管理等多种措施进行综合防治;杂草与作物竞争往往发生在水、肥、光等生长因素不足的时候,应提高农田限制性生长因素的水平,减少杂草对作物的不利影响;不同作用方式的药剂轮换使用,延缓抗药性产生。使用除草剂时,应考虑不同作物品种,同一品种在不同生育期,以及在不同环境条件下,对除草剂敏感性的差异。选择对作物安全性高的药剂。避免在过于高温或过于低温时用药,避免在敏感的生育期用药,在经过试验取得用药经验的基础上扩大使用面积,避免药害的发生。还应注意到不同作用方式的药剂在用药方法与用药时机上的差异,只有在合适的杂草生育期,采用科学的施药技术,才能取得理想的除草效果。此外,注意避免除草剂对生态环境的不利影响,保护农田生态环境。

一、水稻田

(一)主要杂草及发生规律

因不同地区气候、土壤性质的差异,以及选用的水稻品种、种植方式有别,杂草的发生危害情况往往不同。根据全国各地的调查结果,稻田常见杂草种类约有 100 种,其中分布广、危害重的主要稻田杂草有稗、无芒稗、千金子、鸭舌草、耳基水苋、丁香蓼、异型莎草、碎米莎草、水莎草、扁秆藨草等;分布较广的常见稻田杂草有萤蔺、鳢肠、日照飘拂草、牛毛毡、野慈姑、多花水苋、水苋菜、空心莲子草、矮慈姑、节节菜、陌上菜、杂草稻等。此外,圆叶节节菜、尖瓣花等在南亚热带和热带稻区危害较重;芦苇、藨草、泽泻等主要在北方的温带稻区形成危害。

稻田杂草的发生一般是在播种或移栽后 5~15 d(秧田一般播种后 5~7 d)出现第 1 个出草高峰,以禾本科的稗草、千金子和莎草科的异型莎草等一年生杂草为主,且发生数量较大、危害重。播种或移栽后 20 d 左右出现第 2 个出草高峰,主要是莎草科杂草和阔叶杂草。

(二)防治方法

1. 秧田

水稻秧田可分为旱育秧田和水育秧田两种。早稻秧田通常采用塑料薄膜育秧,薄膜内温度较高,杂草的发生和除草剂的使用技术与露地秧田有所不同,尤应注意对秧苗的安全性。我国中部和南部中、晚稻秧田大部分为露地湿润育苗和水育苗秧田。全国范围内秧田最主要的杂草是稗草,以防治"夹棵稗"为主,兼除其他杂草,培育壮秧。

(1)旱育秧田

可在播种盖土后,每 666.7 m² 使用 36%丁·噁(丁草胺+噁草酮)乳油 100 mL 兑水 30 kg 进行土表喷雾处理,然后盖塑料薄膜。或在揭膜炼苗 2 d 后每 666.7 m² 使用 17.2%苄嘧磺隆·哌草丹可湿性粉剂 200 g 兑水 30 kg 进行茎叶喷雾处理,能有效防除马唐、牛筋草、鳢肠、藜、异型莎草和碎米莎草等杂草。

（2）水育秧田

杂草以稗草等禾本科杂草为主时，每 666.7 m² 可使用 50% 禾草丹乳油 200～250 mL 或 90.9% 禾草敌乳油 146～220 mL，在秧苗 1 叶 1 心至 3 叶期前拌细土 50～100 kg 撒施。莎草和阔叶杂草较多时，每 666.7 m² 可使用 10% 苄嘧磺隆可湿性粉剂 10～20 g，在秧苗 1 叶 1 心至 3 叶期前兑水 30～40 kg 进行喷雾处理。使用上述药剂时须保持浅水层，注意水层不能淹没心叶，以免出现药害。杂草混合发生时，已催芽的谷种播后 2～4 d，每 667 m² 用 40% 丙·苄（含安全剂）可湿性粉剂 45～60 g，兑水 30～50 kg 进行土表喷雾处理。

2. 直播稻田

直播稻可分为免耕直播稻和翻耕直播稻两类。由于耕作栽培方式不同，杂草种类及发生消长动态差异较大。总体而言，由于直播稻田的水稻与杂草同生期长，杂草发生量较大，危害严重。通常在播种后 4～7 d，处于土表的杂草种子开始大量萌发，播种后 20～25 d，杂草发生量逐渐减少。

（1）免耕直播稻田

可在直播前 10～15 d，每 666.7 m² 用 41% 草甘膦异丙胺盐水剂 150～200 mL，兑水 30 kg 进行茎叶喷雾处理，防治已萌发的杂草。在播后 3～5 d，每 666.7 m² 用 60% 丁草胺乳油 100 mL 或 30% 丙草胺（含安全剂）乳油 75～100 mL，浅水喷雾进行土壤封闭处理，播种时若有水层，须先排干田水。防治稗草，在稗草 2～3 叶期，每 666.7 m² 可用 25 g/L 五氟磺草胺可分散油悬浮剂 60～80 mL，或 10% 噁唑酰草胺乳油 70～80 mL 兑水进行茎叶处理；在水稻秧苗 4.5 叶时，同时稗草不超过 3 个分蘖时，每 666.7 m² 可用 3% 氯氟吡啶酯乳油 40～80 mL 兑水进行茎叶喷雾处理。防治千金子，在千金子 2～3 叶期，每 666.7 m² 可用 100 g/L 氰氟草酯乳油 60～80 mL 兑水进行茎叶处理。防治阔叶杂草和莎草科杂草，在水稻分蘖末期至拔节期，每 666.7 m² 可用 48 g/L 灭草松水剂 100 mL 加 13% 2-甲-4-氯钠水剂 150 mL，兑水进行茎叶处理。可选用相应混剂扩大杀草谱。

（2）翻耕直播稻田

可在播种前 3 d，每 666.7 m² 用 35% 丁·苄可湿性粉剂 120～150 g，兑水 30 kg 进行土表均匀喷雾处理。已催芽的谷种播后 2～4 d 内，每 667 m² 用 40% 丙·苄（含安全剂）可湿性粉剂 45～60 g，兑水 30～50 kg 进行土表喷雾处理。在秧苗 3～4 叶期，每 666.7 m² 用 36% 二氯·苄可湿性粉剂 30～45 g，排干田水后兑水 30 kg 进行均匀喷雾处理，24～48 h 后复水，防治已出苗的杂草。还可参考免耕直播稻田药剂配方防治杂草。

3. 抛秧田

由于抛秧时秧苗较小，田里杂草可生长的空间大，杂草的危害明显重于移栽稻田，但轻于直播稻田。抛秧后 2 d 杂草陆续开始出苗，抛后 10 d 左右达到出苗高峰。

抛秧田除草应选择对秧苗安全性高、杀草谱广且持效期较长的药剂。可在抛秧后 5～7 d，田间灌浅水，每 666.7 m² 用 35% 丁·苄可湿性粉剂 120～150 g 或 35.75% 苄嘧磺隆·禾草丹可湿性粉剂 150～200 g，兑水 30 kg 粗喷雾，或拌尿素撒施。施药后保持水层 5～7 d。还可参考免耕直播稻田药剂配方防治杂草。

4. 移栽（机插）稻田

移栽稻田秧苗与杂草生育期区别较大，可充分利用除草剂的生理生化选择性以及位差选择性，控制杂草的危害。近年来，酰胺类除草剂如丁草胺、丙草胺、乙草胺等，与磺酰脲类除草剂如苄嘧磺隆等的复配制剂开发应用较多。通常，移栽稻田的杂草防除策略是前封后杀，即移栽前（后）进行土壤封闭处理，以防治稗草、一年生阔叶杂草和莎草科杂草为主。必要时在水稻分蘖盛期进行一次茎叶处理。

在小苗移栽的本田（机插稻田相似），杂草以稗草、莎草、阔叶杂草混生的田块，可在移栽后 5～7 d，每 666.7 m² 用 35% 丁·苄可湿性粉剂 100～120 g，拌尿素或细土撒施，保持浅水层 5～7 d。移栽时秧苗较大的地块,可每 666.7 m² 用 18％乙·苄可湿性粉剂 30 g,在移栽后 5～7 d,拌肥料或细土撒施,保持 2～3 cm 水层 5～7 d。还可参考免耕直播稻田药剂配方防治杂草。

二、旱粮田

(一)小麦田

1. 主要杂草及发生规律

在不同的地区,麦田杂草群落结构因气候条件与耕作方式而异。麦田的主要杂草有看麦娘、日本看麦娘、茵草、硬草、牛繁缕、雀舌草、猪殃殃、大巢菜、粘毛卷耳、阿拉伯婆婆纳、播娘蒿等。由于小麦的播种时期正值低温少雨季节,杂草的出苗时间参差不齐。在冬麦区,可以大致分为冬前和春季两个出草高峰。在春麦区,4 月份常为出草高峰时期。

2. 防治方法

小麦播后苗前,每 666.7 m² 用 60％丁草胺乳油 50～100 mL 兑水 40～50 kg,进行土壤封闭处理。小麦出苗后,每 666.7 m² 用 75％异丙隆可湿性粉剂 93～107 g,兑水 20～30 kg 进行喷雾处理,可有效防治阔叶与禾本科杂草。禾本科杂草较多的田块,每 666.7 m² 用 6.9％精噁唑禾草灵(加安全剂)浓乳剂 30～50 mL,兑水 20～30 kg 进行茎叶喷雾处理。阔叶杂草较多的田块,每 666.7 m² 用 75％苯磺隆水分散粒剂 0.89～1.73 g,兑水 20～30 kg 进行茎叶喷雾处理。

(二)玉米田

1. 主要杂草及发生规律

玉米是我国主要的粮食作物之一,主产区在东北和华北。按种植时间可分为春玉米和夏玉米。玉米地主要杂草有马唐、牛筋草、稗草、狗尾草、反枝苋、马齿苋、藜、酸膜叶蓼、苘麻、田旋花、苍耳、铁苋菜、苣荬菜和鳢肠等。玉米生长较快,封行早,出苗较晚的杂草对玉米生长的影响较小。玉米地化学除草以土壤封闭药剂为多,但近年来国内外新的茎叶处理药剂面世,控草效果较为理想。

2. 防治方法

可在玉米播后苗前,每 666.7 m² 用 40％阿特拉津胶悬剂 170～250 mL,兑水进行土壤封闭处理,但要注意该药剂对后茬作物大豆、油菜、棉花等较敏感。也可用 50％乙草胺乳油 70～100 mL 进行土壤封闭处理。也可使用阿特拉津与乙草胺的复配制剂,控制禾本科与阔叶杂草。玉米出苗后,可每 666.7 m² 用 4％烟嘧磺隆悬浮剂 75～100 mL,兑水 20～30 kg 进行茎叶喷雾处理,可有效防治禾本科、莎草科杂草与阔叶杂草。但要注意烟嘧磺隆对甜玉米与糯玉米敏感,不宜使用。也可在玉米 2～3 叶期,杂草 1～3 叶期,每 666.7 m² 用 15％硝磺草酮悬浮剂 60～70 g,兑水 20～30 kg 进行茎叶喷雾处理,可有效防治禾本科与阔叶杂草。

(三)大豆田

1. 主要杂草及发生规律

大豆地危害较重的杂草主要有禾本科的稗草、马唐、狗尾草、牛筋草等,菊科的鳢肠等,及蓼科、藜科、莎草科等的杂草。在黄河、淮河、海河流域,苏、鲁、豫、皖夏大豆区杂草在 6—8 月相对集中,为一个出草高峰,以夏秋季杂草为主。一般在播种后 5～25 d,出草数量达 90％左右,整个出草期持续约 40 d。

2. 防治方法

可在大豆播后苗前，每 666.7 m² 用 50% 乙草胺乳油 70～100 mL，或 33% 二甲戊灵乳油 100～150 mL，兑水进行土壤封闭处理，可有效防治禾本科与阔叶杂草。大豆出苗后，禾本科杂草为主的田块可在禾本科杂草 3～5 叶期，每 666.7 m² 用 10.8% 精氟吡甲禾灵乳油 20～25 mL，或 5% 精喹禾灵乳油 40～60 mL 或 15% 精吡氟禾草灵乳油 40～60 mL，兑水 20～30 kg 进行茎叶喷雾处理。阔叶杂草为主时，每 666.7 m² 用 25% 氟磺胺草醚水剂 50～80 mL，或 48 g/L 灭草松水剂 150～200 mL，兑水进行茎叶喷雾处理。

三、油菜田

（一）主要杂草及发生规律

我国油菜大致可分为冬油菜和春油菜两种栽培类型。冬油菜占总种植面积的 90% 左右，主要分布于黄淮和长江流域。发生的主要杂草可根据农田类型的不同大致分为稻茬和旱茬油菜田杂草。在稻茬油菜田，发生的主要杂草有看麦娘、棒头草、牛繁缕、雀舌草、稻槎菜、碎米荠等。在旱茬油菜田，主要有看麦娘、猪殃殃、阿拉伯婆婆纳、粘毛卷耳等杂草。

冬油菜田的杂草发生高峰主要在 10—11 月间。由于此时油菜苗较小，杂草对油菜生长和产量影响较大。春季出苗的杂草对油菜生长影响较小，因为油菜植株较大，在竞争中处于优势。

（二）防治方法

直播油菜可在播后苗前，移栽油菜可在移栽前，每 666.7 m² 用 50% 乙草胺乳油 70～100 mL，或 50% 敌草胺可湿性粉剂 100～200 g，兑水进行土壤封闭处理，可有效防治禾本科与阔叶杂草。油菜出苗后，禾本科杂草为主的田块可在禾本科杂草 3～5 叶期，每 666.7 m² 用 10.8% 精氟吡甲禾灵乳油 20～25 mL，或 5% 精喹禾灵乳油 40～60 mL，或 15% 精吡氟禾草灵乳油 40～60 mL，兑水 20～30 kg 进行茎叶喷雾处理。阔叶杂草为主时，每 666.7 m² 用 30% 草除灵乳油 50～70 mL，兑水进行茎叶喷雾处理，但应注意草除灵仅适用于甘蓝型油菜，不适用于芥菜型油菜等。禾本科杂草与阔叶杂草混生的田块，可采用草除灵与前述防治禾本科杂草的药剂混用。

四、棉花田

（一）主要杂草及发生规律

棉花是我国重要的经济作物，种植面积超过了 600 万 hm²，主要分布在长江流域、黄淮海和西北地区。在长江流域棉区，棉花苗期在 5—6 月份，雨水较多，杂草生长旺盛，危害严重。主要杂草有马唐、千金子、牛筋草、光头稗、鳢肠、铁苋菜、香附子、马齿苋、碎米莎草、阿拉伯婆婆纳、双穗雀稗、藜、龙葵等。杂草通常有三个发生高峰期，第 1 个高峰在 5 月中旬，第 2 个高峰在 6 月中下旬，第 3 个高峰在 7 月下旬至 8 月初。地膜覆盖的地块杂草出苗比露地提前 10 d 左右。

（二）防治方法

在直播棉花田，播后苗前每 666.7 m² 可用 50% 扑草净可湿性粉剂 100～150 g，或 50% 敌草胺可湿性粉剂 100～150 g，或 48% 氟乐灵乳油 125～150 mL，兑水进行土壤封闭处理，可有效防治禾本科与阔叶杂草。棉花出苗后，禾本科杂草为主的田块可在禾本科杂草 3～5 叶期，每 666.7 m² 用 10.8%精氟吡甲禾灵乳油 20～25 mL，或 5%精喹禾灵乳油 40～60 mL，或 15%精吡氟禾草灵乳油 40～60 mL，兑水 20～30 kg 进行茎叶喷雾处理。多种杂草混生的田块，在棉花茎木质化后，可每 666.7 m² 用 20 g/L 草铵膦水剂 200～400 mL，或 41%草甘膦异丙胺盐水剂 150～200 mL，兑水 30～40 kg，用孔径较大的喷头进行定向喷雾，在喷头处用定向罩控制雾滴向杂草茎叶喷洒，避免药液接触棉株产生药害。此外，在棉田也可用地膜或秸秆覆盖土表的方法控制杂草的发生。

五、蔬菜田

（一）主要杂草

蔬菜品种繁多，生育期长短不一，栽培方式多样，杂草的发生和分布也较为复杂，其中主要危害性杂草有禾本科的马唐、牛筋草、狗尾草、稗草、看麦娘、早熟禾等，双子叶杂草有繁缕、牛繁缕、阿拉伯婆婆纳、马齿苋、斑地锦、猪殃殃、空心莲子草、铁苋菜、凹头苋、藜、通泉草、泥花草等，以及莎草科的香附子、碎米莎草、球穗莎草等。

蔬菜生产的复杂性给杂草的有效防治增加了难度。在蔬菜地进行化学除草，对除草剂的选择要求较高，应选择对蔬菜安全性高、选择性强、杀草谱广、毒性低、在土壤中易降解、持效期适中的除草剂品种，确保蔬菜的安全生产。

（二）防治方法

1. 移栽蔬菜

由于移栽蔬菜经过了育苗阶段，所以对除草剂的耐受能力相对较强，可使用的除草剂品种较多。对番茄、辣椒、茄子等茄果类蔬菜及青菜、甘蓝等十字花科蔬菜在移栽前可选用以下药剂：

（1）24%乙氧氟草醚乳油，每 666.7 m² 可用 50～100 mL，兑水 35 kg，进行土壤封闭处理。该药剂杀草谱较广，对禾本科及阔叶杂草效果均较好。但该药剂对阔叶蔬菜较敏感，应注意避免雾滴飘移产生药害。

（2）33%二甲戊灵乳油，每 666.7 m² 可用 100～150 mL，兑水 40～50 kg 进行土壤封闭处理，可有效防治禾本科与阔叶杂草。

（3）60%丁草胺乳油，每 666.7 m² 用 100～150 mL，兑水 40～50 kg，进行土壤封闭处理，可有效防治禾本科与阔叶杂草。丁草胺等酰胺类药剂对萌芽初期的杂草效果较好，使用时应注意防治适期。

（4）50%敌草胺可湿性粉剂，每 666.7 m² 可用 100～200 g，兑水 40～50 kg 进行土壤封闭处理。该药剂杀草谱较广，但对禾本科杂草的效果优于对阔叶杂草。

（5）70%异丙甲草胺乳油，每 666.7 m² 可用 100～150 mL，兑水 40～50 kg 后进行土壤封闭处理。该药剂杀草谱较广，在土壤湿度大时效果较好。

（6）12.5%噁草酮乳油，每 666.7 m² 可用 200～300 mL，兑水 40～50 kg 后进行土壤封闭处理，可有效防治一年生禾本科与阔叶杂草。

2. 各类阔叶蔬菜

阔叶蔬菜移栽成活后或直播苗较大时，以禾本科杂草为主的田块可在禾本科杂草 3～5 叶期，每 666.7 m² 用 10.8%精氟吡甲禾灵乳油 20～25 mL，或 5%精喹禾灵乳油 40～60 mL，或 15%精吡氟禾草灵乳油 40～60 mL，兑水 20～30 kg 进行茎叶喷雾处理。可有效防治一年生和多年生禾本科杂草，对多数阔叶蔬菜安全。

3. 小粒种子直播蔬菜或苗床

此类蔬菜对除草剂最为敏感,许多在移栽蔬菜中可应用的除草剂不能在直播蔬菜地或苗床上使用,否则会影响蔬菜的出苗或导致死亡。目前在这类蔬菜上可使用的药剂较少,在蔬菜种子播后苗前每 666.7 m^2 可使用 33% 二甲戊灵乳油 100~150 mL,或 50% 敌草胺可湿性粉剂 100~200 g,兑水进行土壤封闭处理,可有效防治禾本科与阔叶杂草。但敌草胺对芹菜、胡萝卜比较敏感,不宜使用,另应注意先摸索使用技术,在取得经验后再推广使用。

4. 大粒种子直播或营养器官繁殖的蔬菜

大豆、豌豆、豇豆、扁豆等以大粒种子直播的蔬菜以及马铃薯、大蒜等以营养器官繁殖的蔬菜可利用除草剂的位差选择性以及时差选择性,提高对作物的安全性。可在播前或播后苗前,用丁草胺、敌草胺、二甲戊灵、噁草酮、异丙甲草胺等药剂,兑水进行土壤封闭处理。在大豆苗后,杂草早苗期,每666.7 m^2 可使用 48 g/L 苯达松乳油 150~200 mL,兑水进行杂草茎叶处理,可有效防治一年生阔叶杂草及莎草科杂草。

5. 水生蔬菜

水生蔬菜主要有藕、茭白、慈姑、菱、水芹等。水生蔬菜田的杂草与水稻田杂草有相似之处,主要有稗草、鸭舌草、异型莎草、眼子菜、矮慈姑等。在茭白田,在杂草萌芽前,每 666.7 m^2 可用 60% 丁草胺乳油 70~100 mL,拌细土或肥料撒施,进行土壤封闭处理,保水 2~3 d。或用 12.5% 噁草酮乳油 150~200 mL,兑水后进行茎叶处理,可有效防治一年生禾本科与阔叶杂草。在杂草出苗前或早苗期,每 666.7 m^2 可使用 10% 苄嘧磺隆可湿性粉剂 15~20 g,兑水进行喷雾处理,也可拌细土或肥料撒施,可有效防治阔叶杂草和莎草科杂草。该药剂也可与丁草胺混用,进而提高对禾本科杂草的防治效果。

6. 保护地蔬菜

地膜覆盖栽培蔬菜。地膜覆盖可提高土壤的湿度与温度,杂草发生早,出苗整齐,且除草剂在地膜内不易光解和挥发,除草剂的除草效果比露地理想,丁草胺、乙氧氟草醚、异丙甲草胺、二甲戊灵、敌草胺等药剂均可使用。在春季茄果类蔬菜移栽前,在整地做畦后进行土壤封闭处理,然后盖地膜。有地膜条件下使用除草剂尤其要注意施药均匀,且用药量通常要比露地用药减少 1/3 左右,以免出现药害。此外,盖膜时地膜与土壤表面不能留有空隙,以利于药效的发挥。

在塑料大棚内,白天温度比棚外高出 5~10℃,土表温度也比棚外高 3~6℃,大棚内杂草周年发生与危害。在温度与湿度较高的条件下,杂草较露地发生早 1 个月左右,且出苗较整齐,生长旺盛。由于大棚内温度高且较密闭,一些露地可使用的除草剂在大棚内使用安全性会降低。大棚内番茄、茄子、辣椒等茄果类蔬菜苗搭秧时,每 666.7 m^2 可使用 50% 敌草胺可湿性粉剂 100 g,兑水进行土壤封闭处理,可有效防治禾本科与阔叶杂草。应注意,大棚内除草剂用量要比露地减少 1/3 左右,以保证蔬菜的安全。

六、果园

杂草是果园重要的有害生物之一,杂草直接影响果树的生长,导致水果的品质与产量下降。此外,果园的杂草还是多种病虫的中间寄主,如苹果红蜘蛛、桃蚜等害虫均可在多种杂草上越冬。

果园杂草种类繁多,常见的约有 40 个科、100 多种,主要有早熟禾、白茅、狗牙根、马唐、牛筋草、狗尾草、芦苇、葎草、荠菜、鸭跖草、羊蹄、独行菜、鸡儿肠、乌蔹莓、空心莲子草、打碗花、双穗雀稗、香附子等,其中多年生杂草所占的比例相当大,防治较为困难。果园杂草一年四季均可发生,发生的主要时期是春季与夏季。春季杂草中阔叶杂草多于禾本科杂草;夏季杂草以禾本科杂草为主,群体密度大,且恰逢高温多雨季节,杂草生长迅速,危害严重。

果园杂草的化学防除。在柑橘园等地,可在杂草幼苗期,每 666.7 m² 用 50％阿特拉津可湿性粉剂 300～400 g,兑水 50 kg 进行定向喷雾处理,可有效防治禾本科杂草与阔叶杂草,持效期达 3 个月以上。防治一年生杂草为主时,可在杂草 3～5 叶期,每 666.7 m² 用 41％草甘膦异丙胺盐水剂 100～200 mL,或 20 g/L 草铵膦水剂 350～580 mL,兑水 20～30 kg 进行定向喷雾处理。防治白茅、狗牙根等多年生杂草为主时,可在杂草 5～6 叶期,每 666.7 m² 用 41％草甘膦异丙胺盐水剂 200～400 mL,兑水 20～30 kg 进行定向喷雾处理。施药时尤其要注意药液不能接触果树植株,否则会产生严重药害。施药时雾滴不能太细,并使用定向喷雾罩,风速大于 3 m/s 时避免施药,以防止雾滴飘移造成药害。应用清水稀释药剂,确保最佳药效的发挥。

七、茶园

茶园发生的杂草种类繁多,优势杂草有马唐、牛筋草、狗尾草、看麦娘、早熟禾、狗牙根、白茅、酸模叶蓼、鳢肠、铁苋菜、马齿苋、鸭跖草、繁缕、一年蓬、小飞蓬、龙葵、空心莲子草、香附子等。不同地区由于生态环境的差异,杂草群落差异较大。直播茶园或幼龄茶园的杂草危害比成龄茶园严重,其主要原因是茶树小时杂草的生长空间大。杂草与茶树争夺养分与水分,直接影响茶树的生长,同时也是许多病虫的中间寄主,会增加病虫害的防治难度。茶园杂草主要有 2 个发生高峰,第 1 个出草高峰在 4 月下旬至 5 月上旬,其中阔叶杂草早于禾本科杂草;第 2 个出草高峰在 7 月上旬至 8 月上旬,禾本科杂草出草高峰略早于阔叶杂草,这一高峰杂草危害尤重。

茶园杂草的化学防除。直播茶园在茶籽播后苗前,每 666.7 m² 用 50％阿特拉津可湿性粉剂 200～300 g,拌细土 20 kg 均匀撒施在土表,可有效防治禾本科与阔叶杂草。防治一年生杂草为主时,可在杂草 3～5 叶期,每 666.7 m² 用 41％草甘膦异丙胺盐水剂 100～200 mL,或 20 g/L 草铵膦水剂 200～300 mL,兑水 20～30 kg 进行定向喷雾处理。防治白茅、狗牙根等多年生杂草为主时,可在杂草 5～6 叶期,每 666.7 m² 用 41％草甘膦异丙胺盐水剂 200～400 mL,兑水 20～30 kg 进行定向喷雾处理。施药时尤其要注意药液不能接触茶树,否则会产生严重药害。此外,在茶园也可用地膜或植物茎叶覆盖土表,有较好的控草效果。

思考与讨论题

1. 杂草具有哪些生物学特性?
2. 杂草对作物的生长有哪些危害?
3. 杂草有哪几种分类方法,各有什么特点?
4. 不同栽培方式的水稻田杂草发生危害有什么不同? 如何防治?
5. 如何根据麦田的杂草发生特点采取相应的防治方法?
6. 简述油菜地杂草的发生特点及其防治方法。
7. 如何根据棉花地杂草发生特点进行有效防治?
8. 如何根据蔬菜栽培方式的特殊性,采取安全、有效的杂草防治措施?
9. 简述果园、茶园的杂草发生特点及其治理技术。

☆**教学课件**

参考文献

[1] 彩万志,庞雄飞,花保祯,等,2011.普通昆虫学.2版.北京:中国农业大学出版社.

[2] 陈利锋,徐敬友,2007.农业植物病理学:南方本.3版.北京:中国农业出版社.

[3] 陈生斗,胡伯海,2003.中国植物保护五十年.北京:中国农业出版社.

[4] 陈宗懋,陈雪芬,1990.茶树病害的诊断与防治.上海:上海科学技术出版社.

[5] 程家安,唐振华,2001.昆虫分子科学.北京:科学出版社.

[6] 程家安,1996.水稻害虫.北京:中国农业出版社.

[7] 邓国藩,王慧芙,忻介六,等,1989.中国蜱螨概要.北京:科学出版社.

[8] 丁锦华,苏建亚,2002.农业昆虫学:南方本.2版.北京:中国农业出版社.

[9] 方中达,1998.植病研究方法.3版.北京:中国农业出版社.

[10] 管致和,1996.植物医学导论.北京:中国农业大学出版社.

[11] 韩召军主编.2019.植物保护学通论.2版.北京:高等教育出版社.

[12] 洪健,李德葆,周雪平,2001.植物病毒分类图谱.北京:科学出版社.

[13] 胡萃,朱俊庆,叶恭银,等,1994.茶尺蠖.上海:上海科学技术出版社.

[14] 匡海源,1986.农螨学.北京:中国农业出版社.

[15] 李隆术,李云瑞,1988.蜱螨学.重庆:重庆出版社.

[16] 李照会,2011.园艺植物昆虫学.2版.北京:中国农业出版社.

[17] 梁来荣,杨庆爽,1981.蜱螨分科手册.上海:上海科学技术出版社.

[18] 陆家云,1997.植物病害诊断.2版.北京:中国农业出版社.

[19] 强胜,2009.杂草学.2版.北京:中国农业出版社.

[20] 苏少泉,1996.中国农田杂草化学防治.北京:中国农业出版社.

[21] 谭济才,2011.茶树病虫防治学.2版.北京:中国农业出版社.

[22] 万方浩,郑小波,郭建英,2005.重要农林外来入侵物种的生物学与控制.北京:科学出版社.

[23] 王金生,1999.分子植物病理学.北京:中国农业出版社.

[24] 王荫长,2004.昆虫生理学.北京:中国农业出版社.

[25] 吴文君,高希武,2004.生物农药及其应用.北京:化学工业出版社.

[26] 忻介六,1989.应用蜱螨学.上海:复旦大学出版社.

[27] 徐汉虹,2018.植物化学保护学.5版.北京:中国农业出版社.

[28] 许再福,2015.普通昆虫学.北京:科学出版社.

[29] 许志刚,2008.植物检疫学.3版.北京:高等教育出版社.

[30] 许志刚,2009.普通植物病理学.4版.北京:高等教育出版社.

[31] 张汉鹄,谭济才,2004.中国茶树害虫及其无公害治理.合肥:安徽科学技术出版社.

[32] 张宏宇,2020.植物害虫检疫学.3版.北京:科学出版社.

[33] 张宗炳,曹骥,1990.害虫防治:策略与方法.北京:科学出版社.

[34] 浙江农业大学,1978.农业植物病理学:上册.上海:上海科学技术出版社.

[35] 浙江农业大学,1980.农业植物病理学:下册.上海:上海科学技术出版社.

[36] 浙江农业大学,1982.农业昆虫学:上册.2版.上海:上海科学技术出版社.

［37］浙江农业大学,1987.农业昆虫学:下册.2 版.上海:上海科学技术出版社.

［38］中国科学院动物研究所,1986.中国农业昆虫:上、下册.北京:中国农业出版社.

［39］中国农业科学院植物保护研究所,中国植物保护学会,2015.中国农作物病虫害:上、中、下册.3 版.北京:中国农业出版社.

［40］朱俊庆,1999.茶树害虫.北京:中国农业出版社.

［41］朱西儒,徐志宏,陈枝楠,2004.植物检疫学.北京:化学工业出版社.

［42］宗兆锋,康振生,2010.植物病理学原理.2 版.北京:中国农业出版社.

［43］Agrios G N,2005. Plant Pathology. 5th ed. California:Elsevier Academic Press.

［44］Chapman R F,Simpson S J,Douglas A E,2012. The Insects:Structure and Function. 5th ed. Cambridge:Cambridge University Press.

［45］Gullan P J,Cranston P S,2004. The Insect:An Outline of Entomology. 3rd ed. Maryland:Blackwell Publishing.

附　录

附录 1　中华人民共和国进出境动植物
　　　　检疫法（2009 年修正）

附录 2　中华人民共和国植物
　　　　检疫条例（2017 年修正）

附录 3　中华人民共和国农药管理
　　　　条例（2017 修订）

附录 4　中华人民共和国农作物
　　　　病虫害防治条例